**Handbuch des Umweltschutzes
und der Umweltschutztechnik**

Springer

Berlin
Heidelberg
New York
Barcelona
Budapest
Hong Kong
London
Mailand
Paris
Santa Clara
Singapur
Tokio

Heinz Brauer (Hrsg.)

Handbuch des Umweltschutzes und der Umweltschutztechnik

Band 4:
Additiver Umweltschutz:
Behandlung von Abwässern

Mit 381 Abbildungen und 107 Tabellen

Springer

Professor Dr. h. c. mult. Dr.-Ing. Heinz Brauer
Technische Universität Berlin
Institut für Verfahrenstechnik
Straße des 17. Juni 135
10623 Berlin

ISBN-13: 978-3-642-64617-1   e-ISBN-13: 978-3-642-60944-2
DOI: 10.1007/978-3-642-60944-2

Die Deutsche Bibliothek – CIP-Einheitsaufnahme

Handbuch des Umweltschutzes und der Umweltschutztechnik /
Heinz Brauer (Hrsg.). – Berlin ; Heidelberg ; New York ; Barcelona ; Budapest ; Hong Kong ;
London ; Mailand ; Paris ; Santa Clara ; Singapur ; Tokio ; Springer.
Literaturangaben
NE: Brauer, Heinz [Hrsg.]
Bd. 4. Additiver Umweltschutz: Behandlung von Abwässern : mit 134 Tabellen. – 1996
ISBN-13: 978-3-642-64617-1

Produktion: PRODUserv Springer Produktions-Gesellschaft, Berlin
Herstellung: Christiane Messerschmidt, Leipzig
Satz: Fotosatz-Service Köhler OHG, Würzburg
Einbandgestaltung: Meta Design GmbH, Berlin
SPIN 10120755   02/3020 – 5 4 3 2 1 0 – Gedruckt auf säurefreiem Papier

Autorenverzeichnis

Professor Dr. h.c. mult. Dr.-Ing. Heinz Brauer
Technische Universität, Institut für Verfahrenstechnik,
Straße des 17. Juni 135, 10623 Berlin

Dr.-Ing. Wolfgang Dorau
Paulinenstr. 18, 12205 Berlin

Dr.-Ing. Andreas Fritz
Wilhelm-Henz-Weg 16,
33184 Altenbeken

Professor Dr.-Ing. Werner Hegemann
Technische Universität Berlin, Institut für Technischen Umweltschutz,
Fasanenstr. 19, Sekr. KF 7, 10623 Berlin

Professor Dr.-Ing. Dietmar Christian Hempel
Technische Universität Braunschweig, Institut für Bioverfahrenstechnik,
Bruchtorwall 9–11, 38100 Braunschweig

Dr. rer nat. Klaus Kermer
Technische Universität Dresden, Institut für Siedlungs- und Industriewasserwirtschaft,
Kasseler Str. 15, 01159 Dresden

Dr. Rainer Krull
Technische Universität Braunschweig, Institut für Bioverfahrenstechnik,
Bruchtorwall 9–11, 38100 Braunschweig

Professor Dr.-Ing. Hans Peter Lühr
Technische Universität Berlin, Institut für Wassergefährdende Stoffe,
Hardenbergplatz 2, 10623 Berlin

Professor Dr. Rolf Marr
Erzherzog-Johann-Universität Graz, Institut für Therm. Verfahrenstechnik und
Umwelttechnik, Inffeldgasse 25, A-8010 Graz

Professor Dr.-Ing. Manfred Helmut Pahl
Universität-GH Paderborn, Fachbereich 10, Mechanische Verfahrenstechnik,
Pohlweg 55, 33098 Paderborn

Dr.-Ing. Jürgen Schaffer
BSL Olefinverbund GmbH, Forschung/Entwicklung, Leiter Polymere,
Postfach 1163, 06201 Merseburg

Professor Dr. Georg Schön
Universität Freiburg, Institut für Biologie/Mikrobiologie,
Schänzlestr. 1, 79104 Freiburg i. Br.

Dr.-Ing. Olaf Sterger
Technische Universität Berlin, Institut für Wassergefährdende Stoffe,
Hardenbergplatz 2, 10623 Berlin

Professor Dr.-Ing. Alfons Vogelpohl
Tannenhöhe 2, 38678 Clausthal-Zellerfeld

Dipl.-Ing. Thomas Werner
Technische Universität Berlin, Institut für Technischen Umweltschutz,
Fasanenstr. 19, Sekr. KF 7, 10623 Berlin

Vorwort

Das letzte Jahrhundert des 2. Jahrtausends der christlichen Zeitrechnung geht zur Neige. Das 1. Jahrhundert des 3. Jahrtausends kündigt sich an. Alle Anzeichen deuten darauf hin, daß sich nicht nur die Jahrhundert- und Jahrtausendzahl ändert, sondern die Menschheit in eine neue Ära geistiger Weltorientierung eintaucht. Die Welt der abgegrenzten Regionen tritt in den Hintergrund menschlichen Tuns und Denkens. Der Mensch ist auf dem Weg, beides universal zu orientieren und zu verantworten.

In der 1. Periode der Menschheitsgeschichte begab sich der Mensch freiwillig, Schutz und Hilfe erflehend, in das System der Theozentrie. Die Götter leiteten und bestimmten des Menschen Tun und Denken. In den verschiedenen Regionen der Welt bildeten sich die großen Religionen aus. Die Theozentrie, häufig zur Theokratie ausgestaltet, etablierte sich mit fester, alle Aspekte menschlichen Daseins bestimmender Herrschaft.

Mit der Renaissance beginnend schuf sich der christliche europäische Mensch ein neues Weltbild. Die 2. Periode der Menschheitsgeschichte nahm ihren Lauf. Mutig, aber mit einem kräftigen Schuß Überheblichkeit, setzte der Mensch dem theozentrischen sein neues, sein anthropozentrisches Weltbild entgegen. Er fand in der Bibel nicht nur die Berechtigung für sein Denken und Handeln, sondern direkt den Auftrag, sich die Welt untertan zu machen, die Welt zu beherrschen. Er setzte sich auf den Weltenthron, beherrschte und gestaltete die Welt allein nach seinen Bedürfnissen mit einer ihm unbegrenzt erscheinenden Herrschermacht.

Aber als die Theozentrie überwunden wurde, erkannte der Mensch im ausgehenden Jahrhundert, daß er den Thron in der von ihm geschaffenen anthropozentrischen Welt, die zur egozentrischen entartet war, aufgeben mußte. Die Welt der Anthropozentrie hat sich in rasch steigendem Maß zur anthropophoben Welt gewandelt.

Der Mensch beginnt zu begreifen, daß er nicht Beherrscher allen Lebens dieser Erde, sondern daß er in dieser Welt Partner in der Gemeinschaft aller Lebewesen ist, und nur in dieser Form am Leben teilhaben kann. Er ist, dank seiner geistigen Kräfte, seiner Kreativität, dazu berufen, in Verantwortung für alles Leben zu handeln und zu gestalten. Das anthropozentrische wird vom physiozentrischen Weltbild überwunden.

In dieser neuen Periode der Menschheitsgeschichte wird der Mensch zum Träger des holophysischen Mandats. In der Verantwortung für alles Leben muß er die Natur mit ihrer immanenten Dynamik und somit die Welt, in die er hineingeboren ist, gestalterisch erhalten.

Nur gestaltend kann der Mensch in dieser dynamischen Welt ein Gleichgewicht allen Lebens suchen und versuchen, es zu erhalten. In diesem Sinne ist Gestaltung der Welt zugleich Schutz der Umwelt, denn diese ist die Welt des Menschen, in der er lebt und wirkt. Der Homo faber besinnt sich dabei auf seine Verpflichtungen als Homo morales.

Die auf 5 Bände angelegte Buchreihe soll hauptsächlich Ingenieuren und Naturwissenschaftlern deutlich machen, welche technischen Möglichkeiten sie bei der Gestaltung unserer dynamischen Welt, auch zu deren Schutz, zur Verfügung haben, um Fehler zu korrigieren, die der handelnde Mensch niemals ausschließen kann. Die Buchreihe ist wie folgt gegliedert:

1. Emissionen und ihre Wirkungen
2. Produktions- und Produktintegrierter Umweltschutz
3. Additiver Umweltschutz: Behandlung von Abluft und Abgasen
4. Additiver Umweltschutz: Behandlung von Abwässern
5. Sanierender Umweltschutz

Der den Emissionen in Luft, Wasser und Boden sowie deren Wirkungen gewidmete 1. Band schließt die medizinischen Probleme praktisch aus. In vorbereitenden Diskussionen stellte sich immer deutlicher heraus, daß diese Probleme weit gründlicher behandelt werden müssen, als in diesem Band mit seiner Zielsetzung möglich gewesen wäre.

Von besonders großer Bedeutung ist der 2. Band, in dem der Produktions- und Produktintegrierte Umweltschutz behandelt werden. Der Produktionsintegrierte Umweltschutz zielt darauf hin, nur die Stoffe nach Quantität und Qualität in den Produktionsprozeß einzuleiten, die für das gewünschte Zielprodukt direkt erforderlich sind. Jedes Zuviel an eingeleiteten Stoffen muß im Prozeßablauf zwangsläufig, in unveränderter sowie durch unerwünschte oder unkontrollierbare Begleitprozesse während der Stoff- und Energieumwandlungen, zur Produktion von Schadstoffen führen. Diese werden am Ende des Prozesses teilweise emittiert oder erfordern zusätzliche Auf- und Verarbeitungsprozesse. Aber auch dann, wenn dem Prozeß nur die für das Zielprodukt erforderlichen Rohstoffe zugeführt werden, können durch Unvollkommenheiten einer chemischen und einer physikalischen Stoffumwandlung unerwünschte Neben- oder Begleitprodukte, somit auch Schadstoffe, produziert werden.

Das Ziel des Produktionsintegrierten Umweltschutzes ist die größtmögliche Vermeidung einer Einleitung und Produktion von Schadstoffen. Die damit verbundenen Probleme sind in starkem Maße von den sehr unterschiedlichen Produktionsprozessen abhängig. Es war daher auch nicht zu umgehen, daß diesem Band eine gewisse Heterogenität eigen ist. Mit fortschreitender wissenschaftlicher Durchdringung der Produktionsprozesse wird diese Heterogenität jedoch überwunden werden. Gleichzeitig wird aber auch, durch Einschluß der Produkte in alle Überlegungen, der Weg zur Kreislaufwirtschaft beschritten.

Der 3. und der 4. Band beinhalten den additiven Umweltschutz, die Reinhaltung von Luft und Wasser. Bei allen Erfolgen, die der Produktionsintegrierte Umweltschutz erreicht hat und weiter anstrebt, werden wir niemals ohne additive Maßnahmen auskommen. Jedoch werden die herkömmlichen Verfahren zu einer Spurstofftechnologie weiterentwickelt werden müssen.

Der 5. und letzte Band ist dem sanierenden Umweltschutz gewidmet. Auch dieses Gebiet ist noch stark in der Entwicklung begriffen. Seine gegenwärtige Bedeutung ist jedoch außerordentlich groß und könnte sogar noch zunehmen.

In der vorliegenden Form legt die Buchreihe nicht nur Zeugnis dafür ab, welche Schäden der Mensch durch seine Tätigkeit der Umwelt zugefügt hat, sondern, und dieses ist für alle im Umweltschutz tätigen und verantwortlichen Ingenieure und Chemiker mindestens ebenso wichtig, daß er die erkannten Schäden wieder beseitigen und durch vorausschauende Planung zukünftig vermeiden kann. Er darf aus dieser Buchreihe die Hoffnung schöpfen, neu aufkommende Probleme erfolgreich bearbeiten zu können. Er darf auf seine Fähigkeiten und Kreativität als Triebkräfte für die Gestaltung unserer Zeit vertrauen.

Für jeden Band haben sich zur Bearbeitung der Probleme zahlreiche technisch und wissenschaftlich hervorragend ausgewiesene Fachkollegen zur Verfügung gestellt. Ihnen allen ist der Herausgeber zu großem Dank verpflichtet. Es ist ihr Verdienst, wenn die Buchreihe „Umweltschutz" den angestrebten Erfolg erzielt. Die Buchreihe hätte aber auch nicht realisiert werden können ohne das große Engagement des Springer-Verlages.

Frau Dr. Hertel hat mit großem Einsatz, mit viel Verständnis und Geduld die Arbeit an diesem Projekt gefördert. Ihr gebührt ganz besonderer Dank.

Die Buchreihe ist all den Menschen gewidmet, die sich gestaltend dem Schutz der Umwelt verpflichtet sehen. Die Kritik der Gestalter und Schützer unserer Umwelt, einer Welt, in der wir in voller Verantwortung für alles Leben zu handeln verpflichtet sind, ist willkommen.

Naturam protegere necesse est

H. Brauer Berlin 1995

Vorwort zu Band 4:
Additiver Umweltschutz:
Behandlung von Abwässern

Abwasser ist das mit Schadstoffen belastete Wasser. Es fällt im kommunalen Bereich und in der Industrie an. Die im Abwasser enthaltenen Schadstoffgruppen sind feste Partikeln sowie unlösliche und lösliche Flüssigkeiten.

Die technischen Verfahren zur Behandlung von Abwässern, die sogenannte Klärtechnik, wurde in großtechnischem Stil zunächst im kommunalen Bereich angewendet und erprobt, dann im industriellen Bereich übernommen.

In der ersten Stufe der Kläranlagen erfolgt zumeist die Abtrennung der partikelförmigen Feststoffe sowie der unlöslichen Flüssigkeiten und Schwimmschlämme. In der zweiten Stufe erfolgt die Abscheidung gelöster flüssiger, vornehmlich organischer Substanzen mittels Mikroorganismen. Die zweite Stufe wird daher auch die biologische Stufe genannt. Ihr folgt im Nachklärbecken die Abtrennung der Mikroorganismen vom behandelten Abwasser. Für die Abtrennung spezieller Stoffe, beispielsweise Ammonium und Phosphat, können weitere Behandlungsstufen zwischen- oder nachgeschaltet werden.

Besondere Beachtung verdient die Behandlung hochbelasteter Abwässer, wobei in anaeroben Verfahren energiereiches Biogas gewonnen werden kann.

Eine für die Industrie bedeutsame Entwicklung vollzieht sich in neuerer Zeit. Unter dem Eindruck stark steigender Kosten für den Umweltschutz werden prozeßtechnische Maßnahmen getroffen, um gleichzeitig die Produktion von Schadstoffen und den Verbrauch von Wasser nachhaltig zu reduzieren. Hierdurch läßt sich die Größe der erforderlichen Anlagen zur Abwasserbehandlung entsprechend verringern, so daß sich die Möglichkeit zur Integration der Abwasserbehandlung in den Produktionsprozeß eröffnet. Dieses wäre ein entscheidender Schritt zur Schaffung prozeßinterner Wasserkreisläufe.

Die wichtigsten Verfahren zur Abwasserbehandlung, technisch erprobter und in der Entwicklung befindlicher, sowie Methoden zur Verringerung des Wassereinsatzes in den Produktionprozessen werden in diesem 4. Band der Buchreihe behandelt.

H. Brauer   Berlin 1996

Inhaltsverzeichnis zu Band 4:
Additiver Umweltschutz:
Behandlung von Abwässern

Inhaltsverzeichnis der Bände 1, 2, 3 und 5

Band 3

Band 5

1 Abwasservermeidung

O. Sterger, H. P. Lühr

1.1
Vorbemerkungen

Abwasser mit seinen Inhaltsstoffen stellt eine Quelle für die stoffliche Belastung der Umwelt dar. Dabei geht es nicht um einzelne „Exoten". Es geht um die rund sechs Millionen Einzelstoffe und unzählbare Mischungen, die literaturmäßig benannt und beschrieben sind. Es geht aber auch um die vielen Millionen Stoffe, die bei der Produktion jedes einzelnen Stoffes insgesamt ungezielt mit anfallen und unbekannt sind. Unbekannt in ihren Wirkungen, in ihren Synergismen und Antagonismen, unbekannt in bezug auf ihre Metaboliten, deren Wirkungspotentiale und wiederum deren Synergismen und Antagonismen [1].

Ein klassisches Beispiel ist die Produktion des Insektizids Lindan, bei dessen Herstellung ca. 85 % an Abfallstoffen anfallen. Über die reine Optimierung der sogenannten Kuppelproduktion (der Abfall wird marktgerecht und verkaufsfähig gemacht) hinaus kommt es in diesem Zusammenhang zur Schaffung von unnötigen Produkten, die auf den Markt kommen. Hier ist die Frage nach den Grenzen des Recyclings aufgeworfen. Ein Paradebeispiel sind die völlig überflüssigen Toilettensteine, die das *para*-Dichlorbenzol als Abfallprodukt aus der Chlor-Aromaten-Chemie enthalten.

Das exemplarische Gaschromatogramm eines Abwassers in Abb. 1.1 zeigt einen Teil der ungewollt mit hergestellten Stoffe, die bei der Produktion nur eines einzelnen Stoffes zwangsweise mit anfallen. Jede Spitze stellt einen in der Regel unbekannten Stoff dar. Das Problem zahlreicher mit hergestellter unbekannter Nebenstoffe stellt sich bei allen organisch-chemischen Stoffsynthesen. Die vor der Produktion zwangsweise mit anfallenden Nebenprodukte der relevanten ca. 100 000 Altstoffe ist nicht annähernd abschätzbar. Die möglichen Wirkungen dieser Stoffe werden deshalb zwangsläufig immer unbekannt bleiben.

Und es geht andererseits auch nicht nur um die Massengüter wie die Mineralöle und deren Produkte. Es geht vielmehr auch um die verschwindend kleinen Mengen chemischer Stoffe, die von der überwiegenden Zahl der

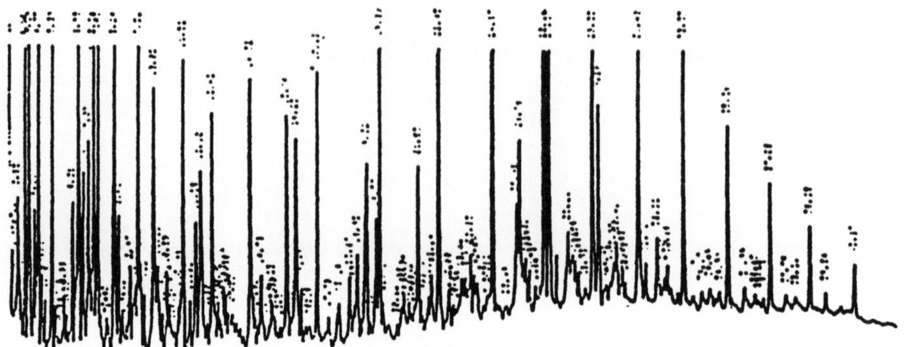

Abb. 1.1. Abwasserzusammensetzung bei der Vinylchloridherstellung (Gaschromatogramm – jede Spitze stellt einen oder mehrere Stoffe dar)

Praktiker aus dem Bau-, Gewerbe-, Sicherheits- und Produktionsbereich als scheinbar irrelevante Mengen angesehen werden, die aber einzeln oder zusammen mit anderen schädliche Wirkungen von schwerwiegendem Ausmaß aufweisen. Das Waldsterben ist ein augenfälliges Beispiel dafür. Hochgiftige Stoffe, die in geringen Mengen von weniger als einem Millionstel Gramm aus Abfalldeponien versickern, sind ein weiteres Beispiel.

Selbst wenn man sehr gute CSB-Ablaufwerte aus einer Kläranlage von 20 mg/l erreicht, kann niemand sagen, was sich mit welchem Wirkungs- und Gefahrenpotential hinter dem 20-mg/l-CSB-Wert an möglichen Stoffen und möglicher Gefährdung verbirgt.

Folgende Situation läßt sich verallgemeinernd für die Entsorgungsproblematik beschreiben:

- Die Zusammensetzung von Abwässern, Abluft und Abfall ist im Hinblick auf die umweltrelevanten Stoffanteile in der Regel unbekannt. Das wird immer so bleiben.
- Selbst wenn die stoffliche Zusammensetzung bekannt wäre, könnten sich diese bei der gleichen Produktion durch geringfügige Änderungen der Produktionsparameter (Rohstoff, Druck, Temperatur, Gefäß usw.) unkontrollierbar verändern.
- Selbst wenn wir alle Einzelstoffe von Abluft, Abfall oder Abwasser kennen, wären in der Regel keine Wirkungsanalysen bzw. -daten verfügbar.
- Selbst wenn wir alle Wirkungsdaten hätten, wären Synergismen und Antagonismen unbekannt.
- Selbst wenn alles das bekannt wäre, gibt es eine praktisch unbegrenzte Vielfalt verschiedener Biotope, die durch noch so umfangreiche Wirkungsanalysen in ihrem Lang- und Kurzzeitverhalten prinzipiell niemals abbildbar sein werden. Es ist nicht einmal die natürliche Veränderung der Biotope vollständig beschreibbar.

Trotz nachweislich erzielter Erfolge in verschiedenen Teilbereichen können die bisherigen Ergebnisse beim Schutz der Umwelt insgesamt bei weitem noch nicht befriedigen. An der Verbesserung und Weiterentwicklung des technischen Umweltschutzes als Verfahrensgebiet ist daher ständig weiterzuarbeiten. Als Schwerpunkte der weiteren Entwicklung des Umweltschutzes in der Industrie haben sich unter dem Gesichtspunkt der Vorsorgepolitik vor allem die folgenden herauskristallisiert:

- ganzheitliche Betrachtung aller Umweltkompartimente, um Verlagerungen der Belastung zu vermeiden und
- Produktions- oder prozeßintegrierter Umweltschutz.

Diese Aspekte werden aus der Sicht des Industrieabwassers näher betrachtet. Bevor jedoch auf die Fragen der Vermeidung, Verwertung oder Behandlung von Abwasser im einzelnen eingegangen wird, sollen einige unverzichtbare Erläuterungen der Grundsätze und Begriffe des deutschen Abwasserrechts vorangestellt werden.

1.2
Gesetzliche Grundlagen

1.2.1
Mindestanforderungen an die Einleitung von Abwasser

Gewässerschutz beginnt beim Abwasserleiter – dieser Grundsatz ist seit vielen Jahren im deutschen Wasserrecht verankert. Besondere Bedeutung hat der 1976 in das Wasserhaushaltsgesetz aufgenommene und 1986 letztmalig novellierte § 7a WHG, wonach „... eine Erlaubnis für das Einleiten von Abwasser ... nur erteilt werden darf, wenn die Schadstofffracht des Abwassers so gering gehalten wird, wie dies bei Einhaltung der jeweils in Betracht kommenden Anforderungen ... möglich ist" [2].

Diese Anforderungen an die Einleitung von Abwasser sind in zwei Stufen gestaffelt:

Als Mindestanforderung gelten die *allgemein anerkannten Regeln der Technik* (a.a.R.d.T.), bei Anwesenheit gefährlicher Stoffe im Abwasser müssen die Anforderungen dem *Stand der Technik* entsprechen[1].

Die *allgemein anerkannten Regeln der Technik* bezeichnen nach der vorliegenden Begriffsbestimmung „... Regeln, die in der praktischen Anwendung eine Erprobung gefunden haben, wobei die Mehrheit der auf dem

---

[1] Das höchste Anforderungsniveau, das an die Behandlung von Abwässern gerichtet werden kann, ist der **Stand der Wissenschaft und Technik**. Es kennzeichnet den neuesten Stand wissenschaftlich-technischer Erkenntnisse, der zur Vermeidung, Verminderung oder Verwertung bzw. Reinigung von Abwässern generell verfügbar ist. Dieses Anforderungsniveau gilt z.B. für die Behandlung von Abwasser aus Anlagen, in denen mit gentechnisch veränderten Organismen im Labor- oder Produktionsmaßstab umgegangen wird.

Fachgebiet tätigen Personen, diesen Regeln entsprechende Vermeidungsmaßnahmen als richtig ansieht. Anhaltspunkte dafür sind, daß entsprechende Forderungen bei Neuzulassungen von Abwassereinleitungen regelmäßig erhoben werden und diese Forderungen von den Betroffenen als in der Praxis durchführbar anerkannt werden" [3].

Der *Stand der Technik* (S.d.T.) wird in Anlehnung an § 3 Absatz 6 BImSchG [4] definiert als „Entwicklungsstand fortschrittlicher Verfahren, Einrichtungen oder Betriebsweisen, der die praktische Eignung von Maßnahmen zur bestmöglichen Begrenzung von Emissionen zum Schutz der Gewässer gesichert erscheinen läßt, ohne daß die Umwelt in anderer Weise schädlicher beeinträchtigt wird. Bei der Bestimmung des S.d.T. sind insbesondere vergleichbare Verfahren, Einrichtungen oder Betriebsweisen heranzuziehen, die mit Erfolg im Betrieb erprobt worden sind." S.d.T. heißt somit, daß für vergleichbare Fälle *eine* verfügbare Anlage mit gesichertem Nachweis des Erfolgs und der wirtschaftlichen Tragfähigkeit genügt[1].

Die Staffelung der Anforderungen nach den o.g. Technikniveaus ist darauf zurückzuführen, daß bei der Festlegung der zulässigen Belastung der Gewässer aus Abwassereinleitungen in Deutschland das sogenannte *Emissionsprinzip* gilt. Danach werden gleiche Anforderungen an alle Abwassereinleiter gestellt, unabhängig davon, wie groß die Vorbelastung des von der Emission betroffenen Gewässers ist. Das Emissionsprinzip zielt entsprechend dem Vorsorgeprinzip darauf ab, die Gewässer jeweils so zu schützen, wie dies nach dem technischen Entwicklungsstand möglich ist. Die Anwendung des Emissionsprinzips entspricht dem Anliegen, nur so wenig Gewässerverunreinigung, wie nach dem heutigem Stand technisch möglich und wirtschaftlich noch vertretbar, zuzulassen. Ferner wird dem Verursacherprinzip und den Forderungen nach Wettbewerbsgleichheit Rechnung getragen.

Das Pendant zum Emissionsprinzip ist das sogenannte **Immissionsprinzip.** Dabei wird die Höhe der zulässigen Emission danach bestimmt, welche Abwasserlast das betroffene Gewässer noch aufnehmen kann, ohne daß das ökologische Gleichgewicht gestört oder vorhandene oder beabsichtigte Nutzungen beeinträchtigt werden. Das Immissionsprinzip erlaubt eine sukzessive Ausschöpfung der Aufnahmekapazität der Gewässer, führt jedoch ggf. zu einer ungerechten Behandlung neu hinzukommender Einleiter (da hierbei zwangsläufig bereits vorhandene Belastungen zu berücksichtigen sind), verursacht somit Wettbewerbsverzerrungen und kompliziert die Kontrolle der Abwassereinleitungen.

Falls die emissionsbezogenen Mindestanforderungen an die Einleitung von Abwasser nicht ausreichen, um die angestrebten Gewässerschutzziele (Zielvorgaben) zu erfüllen, können durch den wasserrechtlichen Vollzug im Einzelfall strengere Anforderungen bis hin zum Einleitungsverbot gestellt werden. Diese Anforderungen werden nach dem Immissionsprinzip abgeleitet.

---

[1] Mit dem Begriff „Stand der Technik" inhaltlich im wesentlichen gleichzusetzen ist der Begriff „Beste verfügbare Technologien", der in internationalen Abkommen Bedeutung erlangt hat. Er entspricht ferner dem im englischen Sprachraum verbreiteten Begriff der „best available means".

Nach § 7a Absatz 1 Satz 3 WHG ist die Bundesregierung ermächtigt, mit Zustimmung des Bundesrates allgemeine Verwaltungsvorschriften über die Mindestanforderungen an die Einleitung von Abwasser in die Gewässer (Direkteinleitung) zu erlassen. Diese Abwasserverwaltungsvorschriften müssen den o.g. Technikniveaus entsprechen.

Zur Klärung, welche Stoffe im o.e. Sinne von § 7a WHG als gefährlich gelten, wurde zunächst eine Stoffliste erstellt. Dabei konnte trotz einer großen Anzahl aufgenommener Stoffe kein befriedigender Konsens zwischen den Beteiligten (Industrie, Verbände, Behörden) gefunden werden. Als Ausweg wurde dann die branchenbezogene Feststellung mit Hilfe der Abwasserherkunftsverordnung [5] gewählt.

Die Bundesregierung ist verpflichtet, für alle in der Abwasserherkunftsverordnung genannten Herkunftsbereiche von Abwasser, das gefährliche Stoffe enthält, Abwasserverwaltungsvorschriften zu erlassen. Gegenwärtig existieren insgesamt 53 Abwasserverwaltungsvorschriften, davon 22 mit Anforderungen nach dem Stand der Technik.

Soweit eine Abwasserverwaltungsvorschrift für einen bestimmten Herkunftsbereich noch nicht vorliegt, werden die Anforderungen an die Abwassereinleitung durch die zuständigen Wasserbehörden in Einzelentscheidungen ohne verwaltungsrechtliche Vorgaben geregelt. Dabei werden oft auch Anforderungen aus Abwasserverwaltungsvorschriften vergleichbarer Herkunftsbereiche zu Rate gezogen.

1.2.2
Zum Begriff der gefährlichen Stoffe im Sinne des § 7a WHG

Mit der Einführung des Begriffs **gefährliche Stoffe** in § 7a WHG ist das deutsche Wasserrecht in bezug auf die Einleitung von Abwasser komplizierter geworden, da nunmehr zwischen gefährlichen und ungefährlichen Stoffen bzw. Abwässern zu unterscheiden ist. Dieser Unterscheidung liegt die Vorstellung zugrunde, daß in einem natürlichen, anthropogen unbelasteten Gewässer gefährliche Stoffe nicht bzw. nicht in aquatoxischen Konzentrationen anzutreffen sind. Diesen Zustand zu erhalten oder wiederherzustellen, ist das Ziel der Bemühungen im Gewässerschutz.

Zu den gefährlichen Stoffen zählen z.B. die Schwermetalle wie Quecksilber, Cadmium, Chrom oder Blei; Sulfide, Cyanide; aromatische und polyaromatische Kohlenwasserstoffe; die meisten halogenorganischen Verbindungen sowie auch Asbest. Außerdem gelten als gefährlich im Sinne von § 7a WHG viele chemische nicht analysierte Stoffe, die sich durch die Giftigkeit des Abwassers gegenüber Wasserorganismen ausweisen, gemessen z.B. an der Fisch-, Algen-, Daphnien- oder Leuchtbakterientoxizität.

Die Begriffe „Gefährliche Stoffe" und „Stand der Technik" erlangen erst durch Konkretisierung in einer Abwasserverwaltungsvorschrift rechtliche Existenz. Die Vollzugsbehörden sollen die im Gesetzestext enthaltenen Begriffe „Gefährliche Stoffe" und „Stand der Technik" nicht selbst auslegen dürfen, bevor diese nicht in den Abwasserverwaltungsvorschriften interpretiert wurden [6]. Mit anderen Worten: Ob Anforderungen nach dem Stand der Technik zu stellen sind oder nicht, richtet sich danach, ob in den Abwasserverwaltungsvorschriften dementsprechende Anforderungen gestellt werden. Wenn noch keine Abwasserverwaltungsvorschrift erlassen wurde, können auch noch keine Anforderungen nach dem S. d. T. erhoben werden. Nichtsdestoweniger widerspricht es den allgemein anerkannten Regeln der Technik, z. B. Stoffe wie Lösemittel oder Schwermetalle in die Gewässer oder in eine Kanalisation einzuleiten. Deshalb bleibt den Wasserbehörden der Länder unbenommen, für bestimmte Stoffe weitergehende Begrenzungen auch dann auszusprechen, wenn die Abwasserverwaltungsvorschriften eine Behandlung nach dem Stand der Technik nicht ausdrücklich vorschreiben.

1.2.3
Anforderungen an die Abwasserableitung für Indirekteinleiter

Die auf der Grundlage von § 7a WHG erlassenen Mindestanforderungen in den branchenspezifischen Abwasserverwaltungsvorschriften galten bis zur Novellierung des WHG im Jahre 1986 nur für die unmittelbare Abwasserableitung in ein Gewässer (**Direkteinleiter**). Für **Indirekteinleiter**, deren Abwässer in das öffentliche Kanalnetz abgeleitet und vor Einleitung in ein Gewässer in einem Klärwerk behandelt werden, galt bis dahin ausschließlich das kommunale Satzungsrecht. Nach der Neufassung des § 7a, Absatz 3 WHG haben die Länder sicherzustellen, daß „... vor dem Ableiten von Abwasser mit gefährlichen Stoffen in eine öffentliche Abwasseranlage..." Maßnahmen durchgeführt werden, die den Anforderungen nach dem Stand der Technik entsprechen. Dies wurde mit den seither erlassenen bzw. novellierten Indirekteinleiterverordnungen der Länder umgesetzt.

Für die Indirekteinleiter gilt somit ein doppeltes Entwässerungsrecht:

- das kommunale Satzungsrecht für die Benutzung von Kanalisation und Kläranlage auf der Basis der a. a. R. d. T. (z. B. in Form allgemeiner Anschlußbedingungen an die öffentlichen Entwässerungs- und Abwasserbehandlungsanlagen) und
- das jeweilige Landesrecht, das für gefährliche Stoffe im Abwasser den Stand der Technik bei der Vorbehandlung der Abwässer festlegt (in Form der Indirekteinleiterverordnungen bzw. Verordnungen über die Genehmigungspflicht für das Einleiten von Abwasser mit gefährlichen Stoffen in öffentliche Abwasseranlagen).

Bei Indirekteinleitungen mit Stoffen, die zwar die Gefährlichkeitskriterien im Sinne des § 7a WHG erfüllen, aber biologisch leicht abbaubar sind oder durch biologischen Abbau in einer kommunalen Kläranlage unschädlich gemacht werden können, kann auf eine Vorreinigung nach dem Stand der Technik verzichtet werden. Hier ist z. B. an Ammoniumverbindungen oder halogenfreie Phenole zu denken. Insoweit enthalten die Indirekteinleiterverordnungen der

Länder eine im Vergleich zu den Abwasserverwaltungsvorschriften des Bundes geringere Zahl der gefährlichen Stoffe bzw. Stoffgruppen.

Die in den kommunalen Abwasser- oder Entwässerungssatzungen genannten beschaffenheitsmäßigen Anforderungen nehmen oft unmittelbar bezug auf das Arbeitsblatt A 115 der Abwassertechnischen Vereinigung [7] oder lehnen sich zumindest an die dort genannten Grenzwerte an. Bei Einhaltung der Anforderungen nach A 115 kann i. d. R. davon ausgegangen werden, daß das betreffende gewerbliche Abwasser in die öffentlichen Abwasseranlagen ohne Besorgnis eingeleitet werden kann. Die kommunalen Satzungen können selbstverständlich von den Anforderungen nach ATV-Arbeitsblatt A 115 abweichende Grenzwerte bestimmen. Auf die Einsichtnahme in die jeweils zutreffende Entwässerungssatzung kann deshalb unter keinen Umständen verzichtet werden.

1.3
Ganzheitlicher betrieblicher Umweltschutz

Die Notwendigkeit der ganzheitlichen Betrachtung aller Umweltprobleme bei der industriellen oder gewerblichen Tätigkeit des Menschen wurde, wie in vielen anderen Problembereichen auch, zunächst durch unerwartet aufgetretene Schäden deutlich: Eine Trinkwasserfassung mußte aufgegeben werden, weil plötzlich Überschreitungen der zulässigen Pestizidgrenzwerte im Reinwasser um den Faktor 1000 auftraten. Was war geschehen? Ein nahegelegenes Unternehmen, in dem Herbizide und Pestizide in kleine Gebinde für den Bedarf von Hobbygärtnern abgefüllt wurden, erhielt die behördliche Auflage, an den Abfüllanlagen gemessene Überschreitungen der MAK-Werte für diese Stoffe kurzfristig abzustellen. Daraufhin wurde eine Exhaustoranlage installiert. Die Belastungen der an den Abfüllanlagen tätigen Arbeitnehmern konnten damit sofort auf ein zulässiges Maß reduziert werden. Allerdings wurde dabei übersehen, daß die Giftstoffe nunmehr aus dem Schlot direkt in das Wasserschutzgebiet verfrachtet wurden...

Dieses Beispiel ist nur eines unter vielen. Die Verlagerung von Schadstoffen aus dem Abwasser via Klärschlamm auf die Felder, die Belastung von Grundwasser aus Deponiesickerwässern oder der von Abgasemissionen der Kraftwerke mit fossilen Brennstoffen oder Müllverbrennungsanlagen – ohne oder mit unzureichender Rauchgasentschwefelung und -entstickung – herrührende „saure Regen", der zu drastischen pH-Wert-Absenkungen betroffener Gewässer mit Fischsterben führen kann, sind mittlerweile bekannte Probleme, deren sich zunehmend auch die Politik annimmt.

Ganzheitlicher Umweltschutz in der Industrie ist gleichzeitig die konsequente Umsetzung des Vorsorgeprinzips, das die Bundesrepublik Deutschland verfolgt. Dabei ist von folgendem Modell auszugehen.

„Alle Maßnahmen haben sich als Teil einer ökologischen Stoffwirtschaft zu verstehen. Das gilt sowohl für den Anlagen- als auch den anwendungsorientierten Umgang mit Stoffen und technischen Produkten.

> Die Produktion von Stoffen/Produkten, der Umgang mit ihnen, d. h. Lagerung, Verwendung, Anwendung, ihr Verbleib nach Ge- und Verbrauch sowie die Entsorgung der bei der Produktion und Anwendung/Verwendung anfallenden festen, flüssigen und gasförmigen Abfallprodukte bilden eine Einheit!"

Das gleiche Technikniveau, das gleiche wissenschaftliche Know-how, das bei der Herstellung des verkaufbaren Produktanteils erreicht wird, ist deshalb auch bei der Behandlung von Abfall, Abluft und Abwasser anzuwenden, um eine verursachergerechte Kostenzuweisung zu ermöglichen.

Es kommt somit auf die Sicherheitsoptimierung des gesamten technischen Systems (nicht nur Teiloptimierung!) der Produktion, der Entsorgung, des technischen Umgangs bei Umschlag, Transport und Verwendung von Stoffen/Produkten an. Das Gefährdungspotential eines Betriebes ist ganzheitlich zu definieren. Über jeden Betrieb ist eine „Käseglocke" zu legen, um über Wege und Verbleib der in den Betrieben gelagerten, eingesetzten, verarbeiteten Stoffe/Zwischenprodukte/Produkte einen nachweisbaren Überblick zu haben. Diese Analyse umfaßt die Produktion, die Entsorgung sowie den innerbetrieblichen Umgang mit den Stoffen/Produkten.

Auf der Grundlage der heutigen Erkenntnisse muß der innerhalb eines Betriebes durchlaufende Stofffluß ganzheitlich geplant und bei der Produktion sicher und umweltgerecht gesteuert werden. Die Produktion von Stoffen, der Umgang mit ihnen sowie die Entsorgung der anfallenden gasförmigen, flüssigen oder festen Abfallprodukte dürfen nicht unkontrolliert und so wenig wie möglich in die Umwelt eingetragen werden.

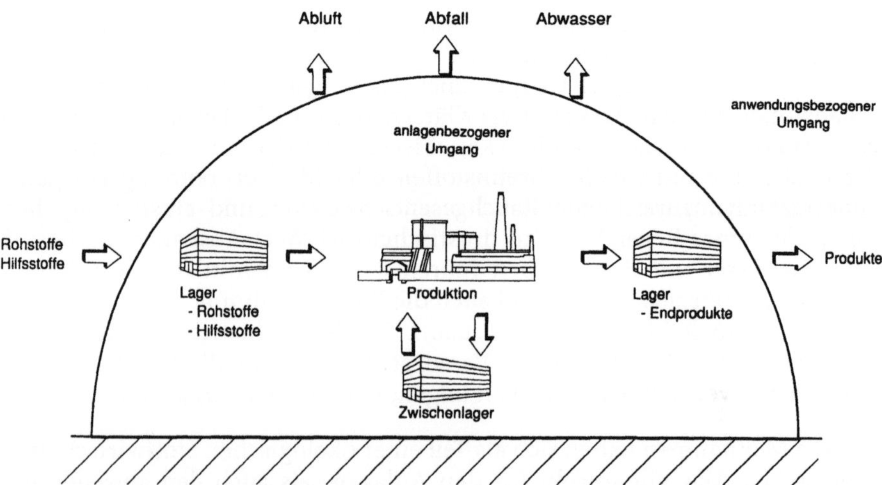

Abb. 1.2. Anlagensicherheitskonzept

Auf Bundes- oder Landesebene sind eine Reihe allgemein oder für ausgewählte Produktionszweige gezielt formulierte Gesetze, Vorschriften, Verordnungen u. a. m. erlassen, die beim anlagenbezogenen Umgang mit gefährlichen/wassergefährdenden Stoffen/Produkten eine Emission in die Umwelt verbieten oder durch gesetzlich fixierte Bedingungen u. a. beschränken:

- Gewässerschutz nach Wasserhaushaltsgesetz und Landeswassergesetzen, insbesondere Abwassereinleitung nach den zu § 7 a WHG erlassenen Abwasserverwaltungsvorschriften;
- Reinhaltung der Luft gemäß BImSchG, einschlägige BImSchV und TA-Luft;
- Boden- und Grundwasserschutz durch ordnungsgemäßen Umgang beim Herstellen, Behandeln, Verwenden, Lagern, Transportieren u. a. m. wassergefährdender Stoffe gemäß Abfallgesetz, Gewerberecht, VbF, GefstoffV, Baurecht, § 19 g ff WHG, VAwS;
- Arbeits- und Gesundheitsschutz nach Chemikaliengesetz, Chemikalien-Verbotsverordnung und Gefahrstoffverordnung, den Technischen Regeln für Gefahrstoffe (TRGS) und den Technischen Regeln für gefährliche Arbeitsstoffe (TRgA);
- Arbeitssicherheit nach dem Gerätesicherheitsgesetz und Sicherheitsanalyse.

Ein ganzheitlicher Umweltschutz berücksichtigt alle diese Punkte bereits in der Herangehensweise. Nicht medial nachsorgen, sondern vorausschauend alle auftretenden Belastungen und deren Querbeziehungen zu berücksichtigen, darauf kommt es an. Durch medienübergreifende Optimierung betrieblicher Umweltschutzmaßnahmen kann die Belastung von Produkten mit Investitionen und Betriebskosten zur Verringerung von Emissionen, die sich im allgemeinen negativ auf die Wettbewerbsfähigkeit auswirken, mit der wirtschaftlichen Zielsetzung eines Betriebes in Einklang gebracht werden. Voraussetzung hierfür ist, daß die in Frage kommenden sektoralen Einzellösungen in den Bereichen Abfallwirtschaft, Abluftbehandlung, Abwasserbehandlung, Energieversorgung, Abwärmenutzung zu einem integrierten Gesamtkonzept zusammengefaßt und aufeinander abgestimmt werden. Vorteile einer solchen Herangehensweise sind u. a.:

- Erleichterung der Beibringung von Nachweisen über den technisch und organisatorisch ordnungsgemäßen Anlagenbetrieb,
- frühzeitige Erkennung von Schwachstellen,
- Reduzierung des Stör- und Unfallrisikos und damit verbundener negativer Einflüsse auf die Umwelt,
- Emissionskataster ermöglichen die zielgerichtete Planung von Maßnahmen (bis hin zur rechtzeitigen finanziellen Absicherung im Unternehmensbudget),
- stabile Gewährleistung der Entsorgungssicherheit und
- Nachweis einer umweltverträglichen Produktion führt zur Verbesserung des Firmenimages.

1.4
Abwasserbehandlung End-of-the-Pipe oder am Ort des Anfalls bzw. vor der Vermischung

Ähnlich wie bei der ganzheitlichen Betrachtung der Umweltmedien geht auch die heutige Aktualität des sogenannten integrierten Umweltschutzes letztlich darauf zurück, daß trotz enormer technischer und finanzieller Anstrengungen die erzielten Ergebnisse hinter den Erwartungen zurückblieben. Auf dem Abwassersektor zeigt sich dies vor allem daran, daß die Belastung der Gewässer, z. B. des Rheins, mit Schwermetallen oder persistenten Organika auch nach der Inbetriebnahme zahlreicher Kläranlagen mit aufwendiger Verfahrensführung bei den Unternehmen der Großchemie nur wenig zurückging.

Anlagen zur Abwasserbehandlung *End-of-the-Pipe* waren viele Jahre Standard in den Gewässerschutzpolitik. Wesentlicher Nachteil der Behandlung von Abwasser aus Industrie und Gewerbe „am Ende der Röhre" aus der Sicht der Reinhaltung der Gewässer ist, daß hochbelastete Abwässer mit gefährlichen Stoffen entweder die biologische Reinigung stören oder zumindest weitestgehend unbeeinflußt passieren und in die Gewässer eingetragen werden. Gegen die ausschließliche Behandlung der Abwässer End-of-the-Pipe spricht auch, daß viele Recycling- oder Behandlungsverfahren prozeßnah mit wesentlich geringeren Abwasservolumenströmen und höheren Konzentrationen, somit in summa wirtschaftlicher durchführbar sind. Deshalb geht man dazu über, die Abwasserreinigung End-of-the-Pipe durch gezielte Behandlungsmaßnahmen auf der Ebene der Anfallstellen, d.h. *am Ort des Anfalls des Abwassers oder vor seiner Vermischung* zu ergänzen.

Deshalb wurde bei der letzten Novellierung des Wasserhaushaltsgesetzes im Jahre 1986 die Regelung in § 7a WHG Absatz 1 Satz 5 aufgenommen: „Die Anforderungen ... können auch für den Ort des Anfalls des Abwassers oder vor seiner Vermischung festgelegt werden."

Genau diesem Verständnis der Regelungen des WHG und der Abwasserverwaltungsvorschriften entspricht auch, daß die Anwendung der technischen Regeln, d.h. der a.a.R.d.T. bzw. des S.d.T. sich nicht nur auf die Abwasserbehandlungsverfahren bezieht, sondern bereits im Produktionsprozeß ansetzt. Bei der Besorgnis des Vorhandenseins gefährlicher Stoffe im Abwasser wird nicht der „Stand der Technik der Abwasserbehandlung", sondern der „Stand der Technik" gefordert. D.h., daß der Abwasserbehandlung vorgelagerte Maßnahmen der Vermeidung, Verminderung oder Verwertung bei der Reduzierung der Abwasserfrachten unbedingt mit in Betracht zu ziehen sind, soweit sie dem Stand der Technik entsprechen.

Die Ermittlung des Standes der Technik umfaßt alle Quellen und Belastungspfade gefährlicher Stoffe eines Betriebes. Sie muß alle Möglichkeiten prüfen, das Abwasser zu entlasten. Dies gilt sowohl für das Produktionsabwasser im engeren Sinne als auch für Abwässer aus Anlagen zur Abluftbehandlung, für Leckagewasser, Kühlwasser, verunreinigtes Niederschlagswasser und sonstige Abwässer aus dem Anwendungsbereich gefährlicher Stoffe.

Integrierter Umweltschutz bedeutet, „... daß Produktionsverfahren und Produkte bereits bei der Konzeption so ausgelegt, optimiert und aufeinander abgestimmt werden, daß Abgase, Abwässer und Abfälle weitgehend gar nicht erst entstehen, sondern möglichst umfassend schon an der Quelle vermieden werden. Unvermeidbare Reststoffe müssen im Sinne einer Kreislaufschließung oder Vernetzung entweder direkt wieder in den Produktionsprozeß zurückgeführt werden oder in anderen Prozessen als Roh- bzw. Hilfsstoffe wieder einsetzbar sein. Die Produkte selbst sollen aus umweltschonenden Stoffen hergestellt sein, sich durch umweltfreundliche Benutzbarkeit auszeichnen und am Ende der Produktlebenszeit in ihren Komponenten oder Ausgangsmaterialien weitgehend wiederverwertbar sein" [8].

Die Leistungsfähigkeit der bisher überwiegend angewendeten additiven Umwelttechnik hat bei vielen Produktionsbereichen ihre ökonomischen und ökologischen Grenzen erreicht. D.h., ohne sehr aufwendige und kostspielige Maßnahmen sind vielfach wesentliche Steigerungen bzw. Verbesserungen des Umweltschutzes nicht mehr zu erreichen.

Wenn sich die Weiterentwicklung des Umweltschutzes an den Prinzipien des produktionsintegrierten Umweltschutzes orientiert, eröffnen sich qualitativ neue Möglichkeiten der Verbindung von Ökologie und Ökonomie. In einem Bericht von Malle [9] über die Arbeiten in der BASF zur Senkung der Abwasserbelastung wird beispielsweise nachgewiesen, daß die spezifischen Investitionskosten für dezentrale Maßnahmen mit 0,46 Mio. DM/t · d CSB-Lastreduzierung insgesamt am niedrigsten liegen. Dies gilt sowohl im Vergleich zum Bau von Trennkanalisation und Zentraler Abwasserbehandlungsanlage; und es gilt erst recht im Vergleich zu weitgehenden zentralen Maßnahmen wie etwa Errichtung von Nachklärbecken, Speicherbecken oder Anlagen zum Kühlwasserschutz.

1.5
Stofflußanalyse

1.5.1
Herangehensweise im Abwasserbereich

Wichtige Prinzipien der Herangehensweise an den prozeßintegrierten Umweltschutz sind [10]:

- Verwendung von weniger verunreinigten Rohstoffen und Vorprodukten,
- Reinigung der Rohstoffe und Vorprodukte,
- Modifikation der Reaktionsstufe,
- Modifikation der Aufbereitungsstufe und
- Anschluß einer zusätzlichen Reinigungsstufe.

Für Untersuchungen, die von der „Abwasserseite" her geführt werden, heißt das vor allem, eine gründliche Bilanzierung der Wasser-Abwasser-Volumenströme und der jeweiligen Stofffrachten durchzuführen. Um Vorschläge für innerbetriebliche Verfahrensumstellungen, zur Teilstrombehandlung oder zur Substitution von Einsatzstoffen zu erarbeiten, gilt es, auf Teilprozeßebene für jeden Verfahrensschritt Wasserzulauf und Abwasserablauf, die eingesetzten Produkte und Hilfsstoffe und unter Umständen besondere Vorgänge (z.B. Rücklösung von Stoffen) abzubilden. Messungen der Volumenströme und der Stoffkonzentrationen bei den Einzelprozessen sind dabei unerläßlich. Grundlage der Bewertung und der Ableitung von Handlungsempfehlungen sind der „Soll-Ist-Vergleich" (Anforderungen an die Einleitung von Abwasser bzw. an die Behandlung von Teilströmen, Defizite im Vergleich zu den Anforderungen) und die technischen und wirtschaftlichen Randbedingungen zur Umsetzung von Maßnahmen des integrierten Umweltschutzes.

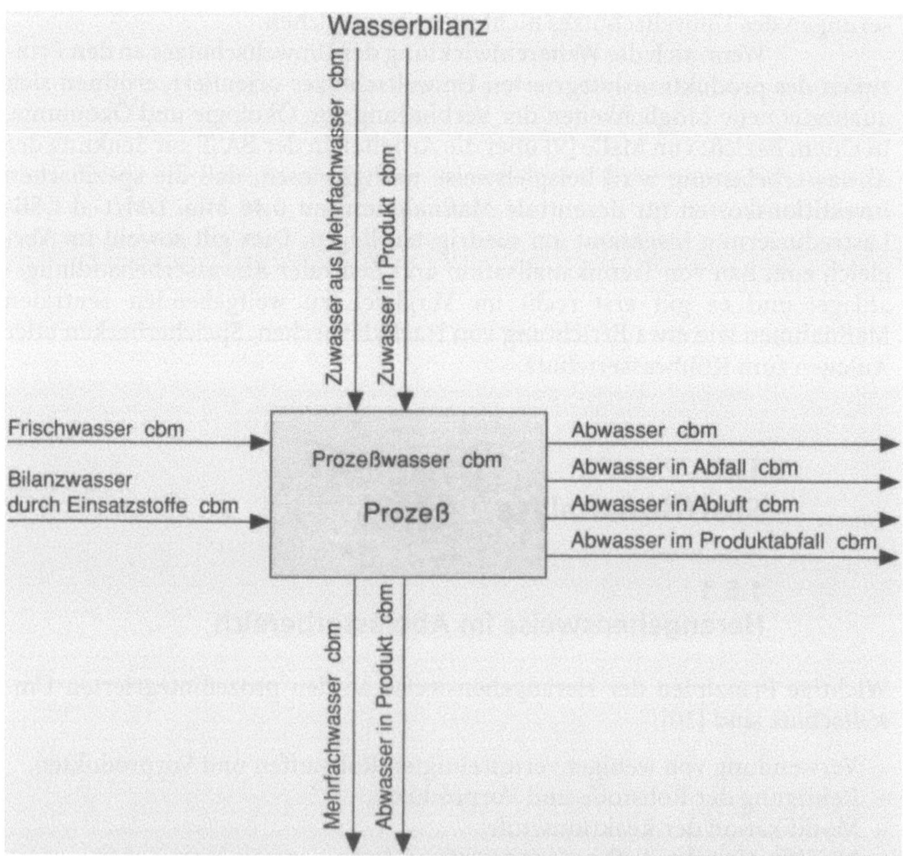

Abb. 1.3. Übersicht über die zu- und abgeführten Volumenströme im Prozeß

1.5.2
Wasser-Abwasserbilanz

Grundgerüst der Frachtberechnung ist die Wasserbilanz.

Abbildung 1.3 zeigt eine Übersicht über die zu- und abgeführten Volumenströme, die für den Prozeß im untersuchten Betrieb gesondert ermittelt werden müssen. Die Syntax der Bezeichnungen wurde für eine computergestützte Bilanzierung unter Zuhilfenahme einer Expertensystem-Shell (NEXPERT OBJECT) gewählt. In Tabelle 1.1 werden die zu berücksichtigenden Einzelvolumenströme mit ihren in der Grafik gewählten Bezeichnungen erläutert.

Tabelle 1.1. Zusammenfassung der Einzelvolumenströme und Kurzerklärung

Bezeichnung	Erläuterung
Abwasser cbm	Abwassermenge in cbm/d, die den Prozeß verläßt
Abwasser im Abfall cbm	Abwassermenge in cbm/d, die mit dem Abfall den Prozeß verläßt
Abwasser in Produkt cbm	Abwassermenge in cbm/d, die mit dem Produkt den Prozeß verläßt
Abwasser im Produktabfall cbm	Abwassermenge in cbm/d, die mit dem Produktabfall den Prozeß verläßt
Abwasser in Abluft cbm	Abwassermenge in cbm/d, die den Prozeß als Abluft (durch Verdampfung) verläßt
Abwasserüberschuß cbm	Abwassermenge in cbm/d, die nicht real als Abwasser den Prozeß verläßt und damit nur an das Produkt gebunden sein kann (Rechengröße bestehend aus der Summe aus Abwasser im Produktabfall und Abwasser in Produkt)
Bilanzwasser durch Einsatzstoffe cbm	Durch flüssige (aber auch feste) Einsatzstoffe eingebrachtes Wasser in cbm/d (aus wäßrigen Lösungen)
Frischwasser cbm	Eingesetztes Frischwasser in cbm/d
Mehrfachwasser cbm	Abgegebenes Prozeßwasser an einen anderen Prozeß in cbm/d
Prozeßwasser cbm	Prozeßwassermenge in cbm/d
Zuwasser aus Mehrfachwasser cbm	Wasser in cbm/d, das durch aus dem vorherigen Prozeß ausgeschleustes Abwasser in den Prozeß eingebracht wird.
Zuwasser in Produkt cbm	Wasser in cbm/d, das mit dem Produkt in den Prozeß eingebracht wird

1.5.3
Analyse des Stoffflusses

Ziel der Stoffflußanalyse ist die Ermittlung der bei den einzelnen Prozeß-
schritten anfallenden und mit dem Abwasser abfließenden Stofffrachten.
Diese Frachten werden durch die Herstellungstechnologie, die Beschaffenheit
der Produkte, die Roh- und Hilfsstoffe und diverse andere Quellen beeinflußt.
Eine Übersicht der dabei berücksichtigten Einflußgrößen gibt Abb. 1.4. Die
Tabelle 1.2 faßt die Einzelfrachten mit Kurzerklärungen zusammen.

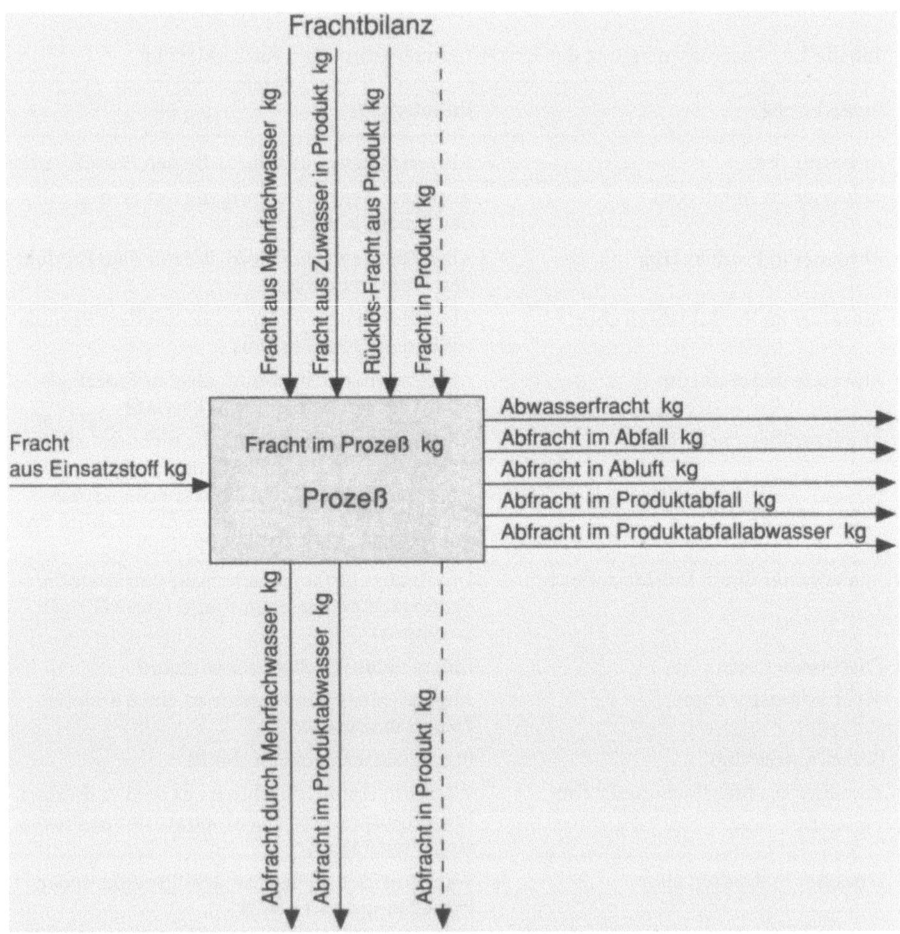

Abb. 1.4. Übersicht über die zu- und abgeführten stoffspezifischen Frachten im Prozeß

Tabelle 1.2. Zusammenfassung der Einzelfrachten und Kurzerklärung

Bezeichnung	Erläuterung
Abfracht im Abfall kg	Fracht in kg/d, die durch den Abfall aus dem Prozeß ausgeschleust wird
Abfracht im Mehrfachwasser kg	Fracht in kg/d, die durch mehrfach benutztes Wasser in der Bilanz erst in einem der nachfolgenden Prozesse in Erscheinung tritt
Abfracht in Produkt geb. kg	Fracht in kg/d, die durch das Produkt aufgenommen wird und damit im Abwasser nicht mehr in Erscheinung tritt
Abfracht im Produktabfall kg	Fracht in kg/d, die mit dem Produktabfall aus dem Prozeß ausgetragen wird
Abfracht im Produktabfallabwasser kg	Fracht in kg/d, die in dem im Produktabfall gebundenen Wasser gelöst ist und mit diesem aus dem Prozeß ausgetragen wird
Abfracht im Produktabwasser kg	Fracht in kg/d, die im Abwasser, das im Produkt gebunden ist, verbleibt
Abfracht in Abluft kg	Fracht in kg/d, die in die Abluft übergeht (z. B. verdampfendes Lösungsmittel)
Abwasserfracht kg	Fracht in kg/d, die durch das Abwasser aus dem Prozeß ausgetragen wird
Brutto Produktabwasserfracht kg	Gesamtfracht in kg/d, die mit dem Produktabwasser den Prozeß verläßt vor Abzug der Fracht, die mit im Abfall ausgetragenen Wasser den Prozeß verläßt
Brutto Produktfracht geb. kg	Gesamtfracht in kg/d, die im Produkt gebunden den Prozeß verläßt vor Abzug der Fracht, die mit dem Produktabfall den Prozeß verläßt
Fracht aus Einsatzstoff kg	Fracht in kg/d, die durch die Einsatzstoffe in den Prozeß eingebracht wird
Fracht aus Mehrfachwaser kg	Fracht in kg/d, die durch Mehrfachwassernutzung in den Prozeß eingetragen wird
Fracht aus Zuwasser in Produkt kg	Fracht in kg/d, die durch im Produkt gebundenes Abwasser und der daraus resultierenden gelösten Fracht in den Prozeß eingetragen wird
Fracht im Prozeß kg	Gesamtfracht im Prozeß in kg/d
Fracht im Prozeßwasser kg	Fracht in kg/d, abzüglich aller Frachten, die über Abluft-, Abfallpfad bzw. an das Produkt gebunden den Prozeß verlassen
Fracht in Produkt kg	Fracht in kg/d, die durch auf dem Produkt angehaftende Einsatzstoffe in den Prozeß eingebracht wird
Rücklös-Fracht aus Produkt kg	Fracht in kg/d, die aufgrund von Rücklösung anhaftender Einsatzstoffe in das Abwasser gelangen

1.5.4
Datenbeschaffung

Die o.e. Zusammenhänge zur Wasserbilanz und Analyse des Stoffflusses zeigen, daß für eine vollständige Bilanzierung eine Fülle von Werten als Datengrundlage erforderlich ist. Diese Angaben stehen bei konkreten betrieblichen Untersuchungen in aller Regel nur lückenhaft zur Verfügung. Es ist daher notwendig, alle verfügbaren Quellen für die Datenbeschaffung zu nutzen, um die zu Beginn der Untersuchungen vorhandenen Daten gezielt zu ergänzen und deren Plausibilität zu bewerten.

Folgende Angaben sollten dabei herangezogen werden:

- Umweltrelevante verfahrenstechnische Produktionsschritte (einschließlich Stoff-Input und -Output);
- Menge und Zusammensetzung der eingesetzten Roh- und Hilfsstoffe, z.B. aus den Lieferscheinen oder anderen Unterlagen über Bestellungen sowie den Sicherheitsdatenblättern der Hersteller oder Lieferanten;
- Ergebnisse aus der betrieblichen Abwassereigenkontrolle;
- Ergebnisse der behördlichen Überwachung der Abwassereinleitung;
- Angaben über das betriebliche Wasserversorgungs- und Abwasserableitungs- und -behandlungssystem (Rohrleitungs- und Kanalnetzpläne, Verfahrensfließbilder der Anlagen zur Teilstrombehandlung und End-of-the-Pipe);
- Angaben über die Abfall- und Abluftentsorgung und -behandlung.

Ein Teil der benötigten Informationen kann oft durch das „Zusammensetzspiel" der o.g. Angaben gewonnen werden. Verbleibende „weiße Flecken" müssen durch gezielte Meßprogramme mit Daten gefüllt werden. Besondere Aufmerksamkeit ist dabei den Anlagen zum internen Recycling und zur Teilstrombehandlung zu widmen, da hierüber i.d.R. nur unzureichende Angaben vorliegen (z.B. zum Wirkungsgrad).

1.6
Methodisches Vorgehen anhand
von Beispielen

1.6.1
Lederherstellung

1.6.1.1
Prozeß- und Anlagenbeschreibung, Einsatzstoffe

Ein für die Betriebe der Leder-Branche typischer Verfahrensablauf ist die Lederherstellung auf dem Wege der *Chromgerbung*; nachfolgend die Prozeß- und Anlagenbeschreibung anhand eines anonymisierten Beispiels.

An den Werktagen (Mo. bis Fr.) werden durchschnittlich 16,5 t Rohware zu ca. 8 t Fertigware verarbeitet. Dabei werden ca. 300 m³/d Wasser (aus einer betriebseigenen Brauchwasserversorgung auf Basis von Oberflächenwasser) sowie eine Vielzahl von Gerbstoffen und -hilfsmitteln eingesetzt. In Abb. 1.5 ist eine zusammenfassende Darstellung von Wassereinsatz und Abwasseranfall der verschiedenen Verfahrensstufen in diesem Betrieb wiedergegeben.

In der ersten Prozeßstufe werden die im Rohwarenlager zwischengelagerten bzw. frisch angelieferten Häute und Felle in sogenannten Haspeln geweicht. Im Regelfall wird der *Vorweiche* ein Konservierungsmittel zugesetzt, das u.a. chlorierte aliphatische Kohlenwasserstoffe (Aracit K) enthält. Die Rohware verbleibt in der Vorweiche i.d.R. etwa 90 min, danach werden die Haspeln in das betriebliche Abwassernetz entleert. In der *Hauptweiche* wird die Rohware 4 h unter Zusatz von Ätznatron und Netz- und Dispergiermitteln (proteolytische Enzyme, Nonylphenolpolyglykolether) gewalkt. Wie aus Abb. 1.5 ersichtlich, nimmt die Rohware sowohl bei der Vor- als auch bei der Hauptweiche eingesetztes Wasser auf, wobei sich der ursprüngliche Feuchtigkeitzustand der Häute und Felle wiedereinstellt. In diesen Prozeßstufen fällt demzufolge weniger Abwasser an, als Frischwasser zugegeben wird.

Charakteristisch für den gesamten Produktionsprozeß im gewählten Beispiel ist, daß in bezug auf den Wassereinsatz sehr sparsam gefahren wird. So wird die Hauptweiche nicht ins Abwasser entlassen, sondern die Äscherchemikalien (Schwefelnatrium, Kalk, Gerbhilfsmittel) werden der aus der Hauptweiche verbliebenen Brühe zugesetzt. Sonstige Hilfsmittel im Äscher bestehen vor allem aus Copolymerisaten auf Basis Acrylsäure und Acrylamid (Amollan AG), Zubereitungen aus Alkylsulfonat-Alkylarylpolyglykolether und *p*-Chlor-*m*-kresol (Cismollan BH flüssig) sowie organischen Thiolverbindungen (Erhavit F), die nach dem im Stoffflußdiagramm (Abb. 1.6 bis Abb. 1.14) skizzierten zeitlichen Ablauf zugesetzt werden. Insgesamt verbleibt die Rohware i.d.R. etwa 20 h im *Äscher*.

Das Äscherabwasser ist neben den o.e. Verbindungen aus den Äscherhilfsmitteln sehr stark mit sauerstoffzehrenden Sulfiden belastet. Eine Teilstrombehandlung dieses Abwassers wird in Form einer katalytischen Sulfidoxidation durch Luftsauerstoff vorgenommen. Als Katalysator kommt Mangansulfat zum Einsatz, der Lufteintrag erfolgt durch die Walze einer Gerbhaspel. Vor Ableitung des Teilstroms ins betriebliche Abwassernetz wird zusätzlich Wasserstoffperoxid zugegeben. Wie sich an den Sulfid-Konzentrationen im Ablauf der betrieblichen Kläranlage zeigte, war jedoch der Behandlungserfolg gering. Den Anforderungen nach dem Stand der Technik mit 2 mg/l Sulfid im Äscherteilstrom wurde zwar formal genügt, auf dem Abwasserfließweg bis zur betrieblichen Kläranlage erhöhte sich jedoch die Sulfidkonzentration wieder soweit, daß im Ablauf des Gesamtabwassers Werte zwischen 30 und 160 mg/l gemessen wurden. Dies war vor allem auf das im Haarschlamm enthaltene native Sulfid zurückzuführen, das bei der Teilstrombehandlung zwar aufgeschlossen, aber nicht eliminiert wird. Weiterer Problempunkt dieser Vorbehandlung war, daß durch das Ausblasen von Ammoniumverbindungen und Aminen eine nicht geringe Abluftbelastung

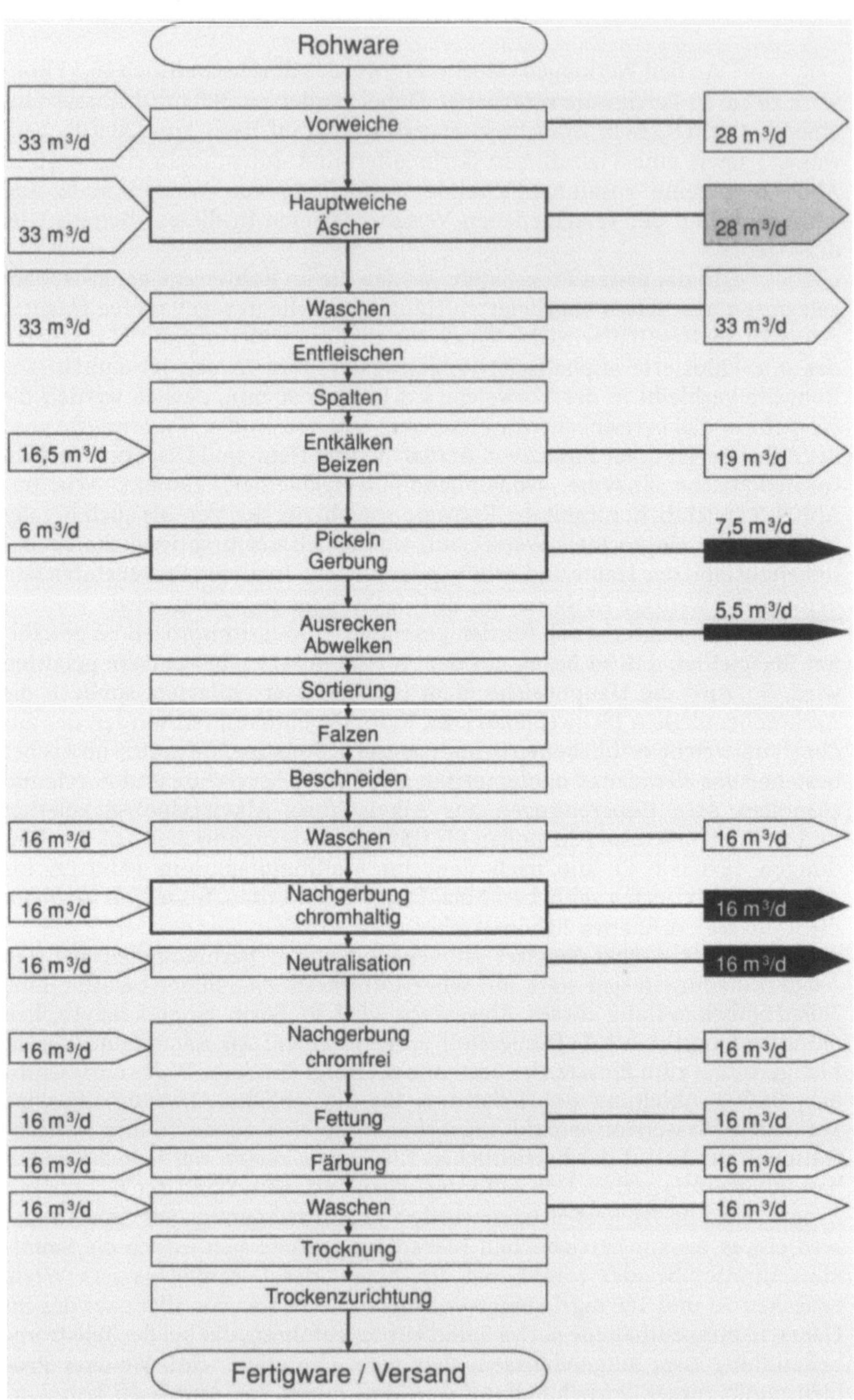

Abb. 1.5. Wassereinsatz und Abwasseranfall der verschiedenen Verfahrensstufen in einer Chromledergerberei (Beispiel)

auftrat. Gaswäscher, die im allgemeinen hierfür zum Einsatz kommen, waren nicht installiert.

Nach dem Äscher schließt sich im allgemeinen noch ein 15-minütiger *Waschgang* unter Zusatz von Coriagen V, einem Natriumpolyphosphat glasiger Struktur, an. Die Waschflotte wird in das Abwasser entlassen. Anschließend werden auf der *Entfleischmaschine* anhaftende Bindegewebsreste von der geäscherten Rohware („Blöße") entfernt. Es folgt das *Spalten*. Der Betrieb verarbeitet selbst nur den sogenannten „Narbenspalt", d.h. die ursprüngliche Außenseite der Häute bzw. Felle weiter. Der sogenannte „Fleischspalt" geht, soweit je nach Dicke der Rohware vorhanden, in den Verkauf an andere Hersteller. Spaltabfälle und das beim Entfleischen anfallende „Maschinenleimleder" gehen je nach Abnahmesituation zur Weiterverarbeitung (Spaltleim, Gelatine) oder auf Deponie.

In der Weiterverarbeitung der Blöße durch *Entkalkung und Beize* wird verbliebener Äscherkalk durch Zugabe von Natriumbisulfit, Ammoniumsulfat und anderen Gerbchemikalien (Decaltal N, aromatische Polycarbonsäuren; Neopalin PF, nichtionogene Tenside; Oropon ON 2, proteolytische Enzyme) entfernt. Die Behandlungsdauer beträgt hier nur 30 min, die Restflotte aus Entkalkung und Beize gelangt ins Abwasser.

Anschließend wird die Blöße im *Pickel* unter Zugabe von Kochsalz, Ameisen- und Schwefelsäure sowie einer alkalischen Zubereitung von Alkylpolyglykolether und Cellulosederivaten (Sandoclean MWD) ca. 3 h behandelt und so für den danach folgenden Hauptgerbprozeß sauergestellt. Die Pickelbeize wird nicht verworfen, sondern durch Zugabe der Gerbchemikalien für die **Hauptgerbung** eingerichtet. Als Gerbchemikalien werden vor allem basisches Chrom und Gerbhilfs- und Konservierungsmittel eingesetzt (Relugan GTW, Melaminkondensationsprodukte als anionischer Harzgerbstoff und Glutardialdehyd; Eskatan GLH, Pastenzubereitung aus Estersulfonaten, Alkylphenylpolyglykolether und langkettigen Alkanen; Ebrozid oder Mergal KM 270, Isothiazolinderivat und quaternäre Ammoniumverbindungen). Der Gerbprozeß wird in Gerbtrommeln durchgeführt.

Im gewählten Beispiel kommt ein *hochauszehrendes Chromgerbverfahren* zum Einsatz. Dabei werden mehr als 99 % des eingesetzten Gerbstoffs Cr_2O_3 umgesetzt, d.h. an das Hauteiweiß gebunden, die *Abwasserfracht* des Teilstroms ist dementsprechend geringer. Dies wird insbesondere durch Auswahl und Dosierung der Gerbchemikalien und die genau darauf abgestimmte lange Gerbzeit – ca. 36 h – erreicht. Im Vergleich zu den Mindestanforderungen nach § 7a WHG ist die *Konzentration* der chromhaltigen Abwasserteilströme dennoch unzulässig hoch: Abwasser aus der Gerbung einschließlich Abwelken und Neutralisation und aus der Naßzurichtung darf höchstens 1 mg/l Chrom enthalten, gemessen in der 2-Std.-Mischprobe oder der qualifizierten Stichprobe. Die Chromkonzentration des Abwassers aus der Hauptgerbung betrug ca. 80...150 mg/l, das Abwasser aus dem sich daran anschließenden *Abwelken* enthielt etwa 100 mg/l Chrom.

Nach dem *Abwelken und Ausrecken* schließt sich die *Sortierung*, das *Falzen* und *Beschneiden* der sogenannten wet-blue-Leder an. Die weiter zu verarbeitende Masse beträgt infolge der verschiedenen Materialverluste (Falzspäne, Beschnitt) nunmehr nur noch ca. 8 t/d.

Unter Zusatz von Essigsäure werden die wet-blue-Leder gewaschen. Das Abwasser dieser *Wäsche* enthält ca. 5 mg/l Chrom in gelöster Form. Eine wesentlich höhere Chromfracht ist in den partikulär enthaltenen Falzspänen festgelegt.

Der nächste Behandlungsschritt ist eine *chromhaltige Nachgerbung*, Behandlungsdauer mindestens 8 h. Als Nachgerbstoffe werden der Flotte Tannesco HN (chromhaltige Phenolsulfonsäure-Kondensate) und Sellasol NG (Ammoniumsalz aromatischer Sulfon- und aliphatischer Dicarbonsäuren) zugesetzt. Das Abwasser dieser Stufe ist mit ca. 90 mg/l Chrom hochbelastet.

Die *Neutralisierung* mit Soda, nach dem Reutlinger Modell im Anschluß an den Hauptgerbprozeß durchgeführt, erfolgt im Beispiel erst nach der chromhaltigen Nachgerbstufe. Neben Natriumformiat als Neutralisationsmittel kommt dabei Eskatan GLH (Pastenzubereitung aus Estersulfonaten, Alkylphenylpolyglykolether und langkettigen Alkanen) und Sellasol NG (Ammoniumsalz aromatischer Sulfon- und aliphatischer Dicarbonsäuren) zum Einsatz. Das Abwasser aus der Neutralisation enthält etwa 30 mg/l Chrom. Maßnahmen zur Teilstrombehandlung im Sinne der Chromreduzierung haben sich demzufolge auf das Abwasser aus Hauptgerbung, Abwelken, chromhaltiger Nachgerbung und Neutralisation zu konzentrieren (in Abb. 1.5 schwarz dargestellte Abwasserblöcke).

Daran anschließend wird noch eine *chromfreie Nachgerbung* unter Zusatz harnstoffhaltiger Gerbhilfsmittel (Relugan D, Kondensationsprodukt auf Basis von Melamin-Harnstoff-Formaldehyd mit organischen Sulfosäuren; Irgatan 4293, Kondensationsprodukt von Harnstoffderivaten mit phenolischen Sulfosäuren) vorgenommen. Die Flotte enthält etwa 5 mg/l Chrom, sie wird vor der nächsten Behandlungsstufe, der Fettung, abgelassen.

In der *Fettung* werden dem Leder natürliche und synthetische Fette und Öle sowie diverse Hilfsstoffe zugesetzt, um die gewünschte Griffigkeit und Geschmeidigkeit zu erzielen. Fettungshilfsmittel sind Sultafon-Öl LAC (Zubereitung eines sulfatierten Öls mit Isopropanol), Lederolinor SV (sulfierte native Fettstoffe), Tetrapol SAF (Natriumsalz eines Fettalkoholpolyglykolethersulfats), Lipodermlicker SC (Zubereitung aus sulfitiertem Fischöl, synthetischem Öl und Alkylsulfonaten) und Sirial NE (chlorierter Fettsäuremethylesther). Die Fettungsflotte wird abgelassen (ca. 5 mg/l Chrom).

Nächste Behandlungsstufe ist die *Färbung*. Die Farbflotte wird aus wasserlöslichen Anilinfarbstoffen unter Zusatz von Ameisensäure hergestellt. Sie wird nach Abschluß der Färbung abgelassen und enthält ebenfalls noch ca. 5 mg/l Chrom.

Letzter Behandlungsschritt mit Abwasseranfall ist ein *Waschgang*. Auch hier wird Chrom in einer Konzentration von etwa 5 mg/l im Abwasserteilstrom gemessen.

Die nun folgenden Bearbeitungsschritte *Trocknung, Ausrecken, Spannen, Stollen, Zurichtung* usw. finden praktisch ohne Wassereinsatz – und Abwasseranfall – statt. Auf nähere Ausführungen dazu soll deshalb hier verzichtet werden.

Die letzte Station des betrieblichen Abwassers vor Einleitung in das städtische Kanalnetz ist eine *Vorbehandlungsanlage*, bestehend aus einem Greiferrechen und zwei belüfteten Absetzbecken. Der Rechengutanfall beträgt ca. 1 m³/d, der TS-Gehalt des Rechenguts liegt bei etwa 35 %.

Zusammenfassend ist festzustellen, daß der gewählte Betrieb im Vergleich zum Reutlinger Modell eine stark wassersparende Technologieführung aufweist; der Wassereinsatz liegt, bezogen auf die Rohware, bei ca. 12,5 m³/t (Reutlinger Modell: 60 m³/t). Probleme bestehen vor allem in der unzureichenden Behandlung der folgenden Abwasserteilströme:

- Hauptweiche/Äscher (Sulfid) sowie
- Pickel/Hauptgerbung (Chrom),
- Ausrecken/Abwelken,
- Nachgerbung (chromhaltig) und
- Neutralisation.

Die mit diesen Teilströmen in die betriebliche Vorbehandlungsanlage geleiteten Abwasserfrachten können nur unzureichend behandelt werden, zumal auch diese Anlage selbst vom technologischen Optimum in bezug auf Verfahrenstechnik und Raumbelastung noch weit entfernt scheint.

Das wird durch die gemessenen CSB-Werte von durchschnittlich ca. 5000 mg/l im Ablauf unterstrichen. Nach den allgemein anerkannten Regeln der Technik darf der CSB eine Konzentration von 250 mg/l in der 2h-Mischprobe oder in der qualifizierten Stichprobe nicht überschreiten. Soweit der CSB im Zulauf der biologischen Stufe im Monatsmittel mehr als 2500 mg/l beträgt, wird als allgemeine Anforderung eine Reduzierung der CSB-Ablaufwerte um 90 v. H. gestellt.

Die für Betriebe der Lederherstellung, Pelzveredlung und Lederfaserstoffherstellung zutreffende Mindestanforderung nach dem Stand der Technik bezüglich der AOX-Belastung (AOX – adsorbierbare organische Halogenverbindungen) des Abwassers im Gesamtablauf beträgt 0,5 mg/l in der Stichprobe.

Die AOX-Belastung wird vorrangig von folgenden Stoffgruppen verursacht:

- leichtflüchtige Halogenkohlenwasserstoffe, vor allem Löse- und Reinigungsmittel;
- schwerflüchtige Halogenkohlenwasserstoffe, z. B. polychlorierte Biphenyle, Terphenyle, chloriertes Diphenylmethan, chloriertes Naphthalin und polychlorierte Paraffine (Hydrauliköle, Transformatorenöle, Schmiermittelzusätze);
- chlorierte Phenole (Desinfektions- und Konservierungsmittel).

Im Beispielbetrieb wurden AOX-Werte in einer Größenordnung von 2 mg/l im Ablauf gefunden. Diese Belastungen waren vor allem auf die eingesetzten Konservierungsmittel und deren Gehalt an chlorierten Kohlenwasserstoffen (z. B. Aracit K) und chlorierten Phenolen (z. B. Cismollan BH) zurückzuführen.

Somit waren insgesamt eingreifende Veränderungen der Prozesse einschließlich Verbesserung der Abwasserbehandlung End-of-the-Pipe erforderlich.

1.6.1.2
Gefährliche Stoffe

Im Sinne des § 7a WHG enthält Abwasser aus der Lederherstellung Stoffe oder Stoffgruppen, die als gefährliche Stoffe zu bewerten sind; die Lederherstellung unterliegt der Abwasserherkunftsverordnung (vgl. § 1 Ziffer 9, Buchst. b) Abw-HerkV).

Die gefährlichen Stoffe im Gerbereiabwasser stammen überwiegend aus den Gerbstoffen und Lederhilfsmitteln, die den Gerbflotten in unterschiedlicher Menge und Zusammensetzung zugegeben werden, z. T. werden sie auch mit der Rohware in den Prozeß eingeschleust (Konservierungsmittel).

Bei der Untersuchung im Betrieb wurde ein Stoffflußdiagramm erarbeitet, in dem alle umweltrelevanten Inputs und Outputs dargestellt sind. Diese werden in Abb. 1.6 bis 1.14 wiedergegeben.

Die in Abb. 1.6 bis 1.14 mit den jeweiligen Handelsnamen dargestellten Lederhilfsmittel sind i.d.R. Mischungen bzw. Zubereitungen aus verschiedenen Stoffen. Eine Einstufung in WGK liegt nur für eine Minderzahl dieser Stoffe vor. Zum Beispiel besteht ESKATAN GLH der Fa. Dr. Th. Böhme KG, Geretsried, das sowohl in der Hauptgerbung als auch in der Neutralisation

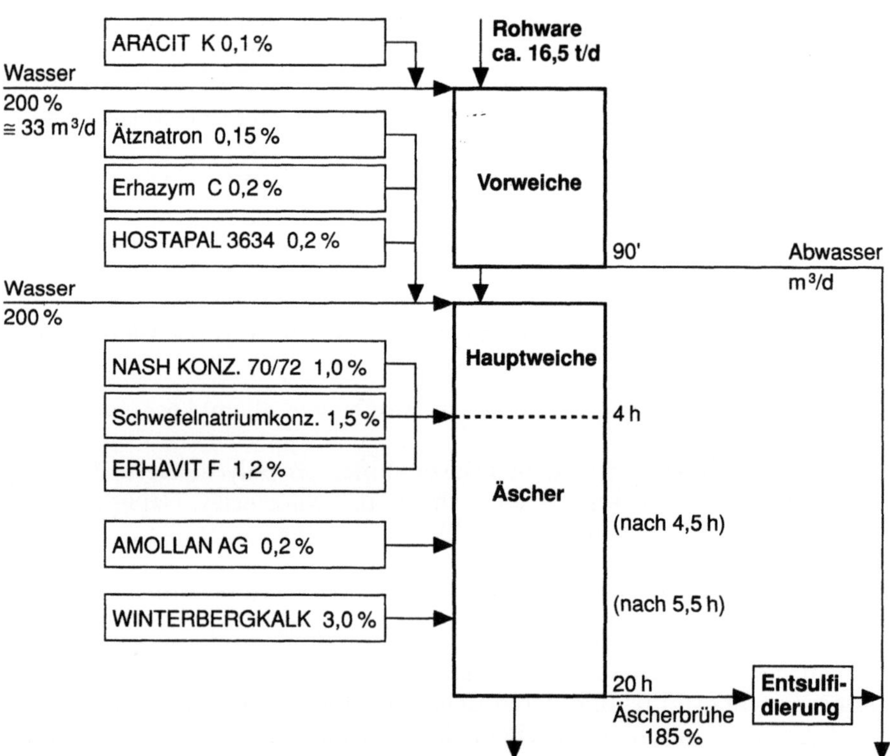

Abb. 1.6. Stoffflußdiagramm Chromgerberei (Beispiel), Teil 1

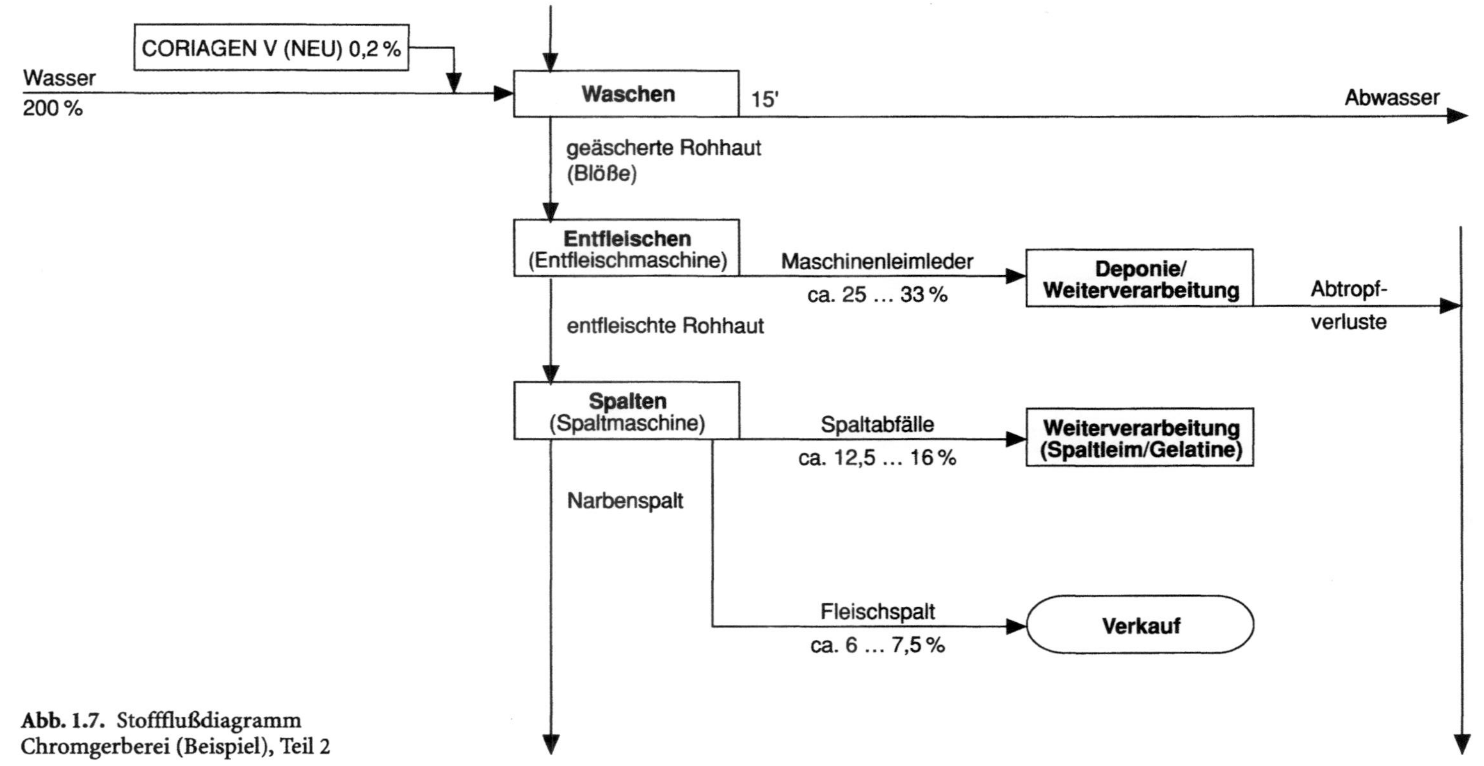

Abb. 1.7. Stoffflußdiagramm Chromgerberei (Beispiel), Teil 2

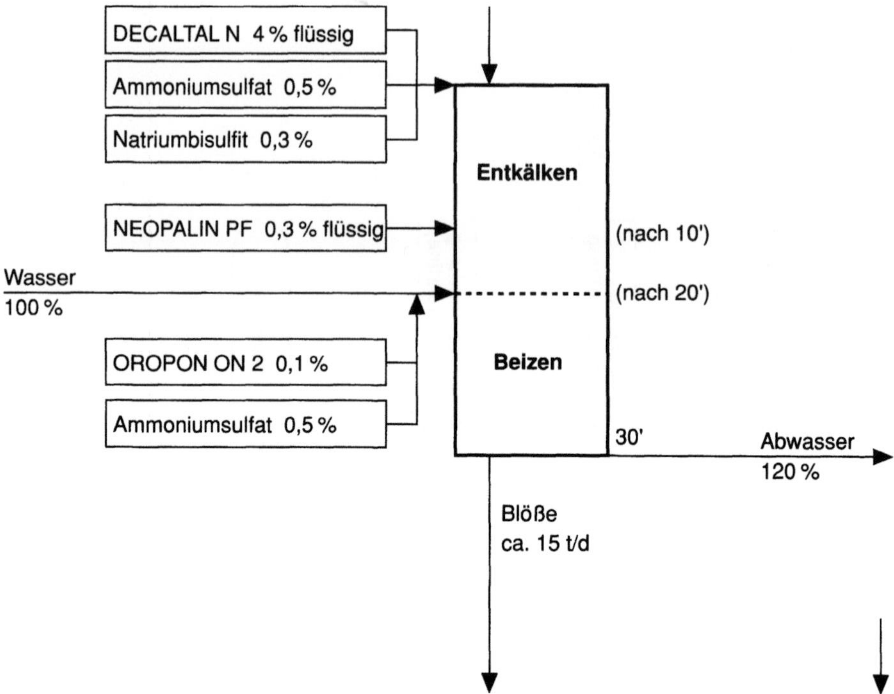

Abb. 1.8. Stoffflußdiagramm Chromgerberei (Beispiel), Teil 3

zum Einsatz kommt, aus Estersulfonaten, Alkylphenylpolyglykolether und langkettigen Alkanen – diese Stoffe sind bisher noch nicht als wassergefährdende Stoffe eingestuft. Daraus kann jedoch keinesfalls der Schluß gezogen werden, daß das o. g. Hilfsmittel unbedenklich sei – im Gegenteil: Ein Vergleich der Stoffangaben im DIN-Sicherheitsdatenblatt mit chemisch ähnlichen Substanzen, für die eine WGK-Einstufung vorliegt, führt zu dem Schluß, daß diesem Lederhilfsmittel die Wassergefährdungsklasse 2 – „wassergefährdend" zuzuordnen ist.

Anhand der Angaben in den DIN-Sicherheitsdatenblättern, Herstellerinformationen und Angaben der Lederfabrik wurden die aufgeführten Handelsprodukte im Hinblick auf die Gefährdungspotentiale bezüglich Gewässerschutz untersucht. Die Gefährdungspotentiale können durch die jeweils eingesetzte Stoffmenge und die Wassergefährdungsklasse umrissen werden.

Die Bemühungen zur Substitution müssen sich unter Umweltaspekten vorrangig auf jene Gerbhilfsmittel konzentrieren, die Komplexbildner wie NTA, EDTA oder APEO (Alkylphenolethoxylate) und organische Chlorverbindungen enthalten. Auf den Einsatz der ebenfalls wassergefährdenden Chromverbindungen und Sulfide kann aus technologischen Gründen nicht verzichtet werden. Hier läßt sich jedoch ggf. eine Reduzierung der Einsatzmengen durch Verbesserung der Stoffumsetzung erreichen.

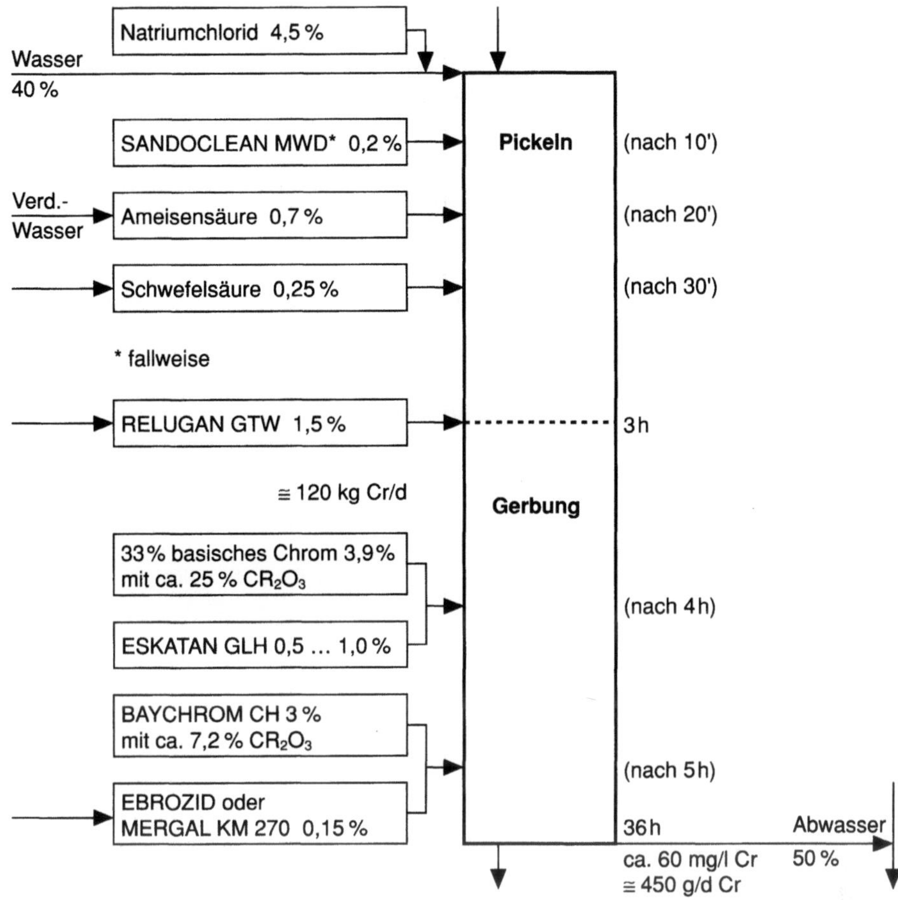

Abb. 1.9. Stoffflußdiagramm Chromgerberei (Beispiel), Teil 4

Im Ergebnis der durchgeführten Stoffflußanalyse wurden u. a. folgende Empfehlungen zum Ersatz von Einsatzstoffen durch weniger gefährliche Produkte ausgesprochen:

Mergal KM 2170	WGK 3, Isothiazolinderivat, quaternäre Ammoniumverbindungen
Ebrozid I, II, III, IV	WGK 3, Isothiazolinderivat, quaternäre Ammoniumverbindungen
Eskatan GLH flüssig	WGK 2, Estersulfonate, Alkylphenylpolyglykolether, langkettige Alkane
Sirial NE	WGK 2, chlorierter Fettsäurenmethylester
Lipoderm-Licker SC	WGK 2, sulfitierte Öle, Alkylsulfonate
Hostapal 3634 hochkonz.	WGK 2, Nonylphenolpolyglykolether
Tetrapol SAF	WGK 2, Fettalkoholpolyglykolethersulfat
Neopalin PF	WGK 2, nichtionogene Tenside
Aracit K	WGK 2, chlorierte aliphatische Kohlenwasserstoffe

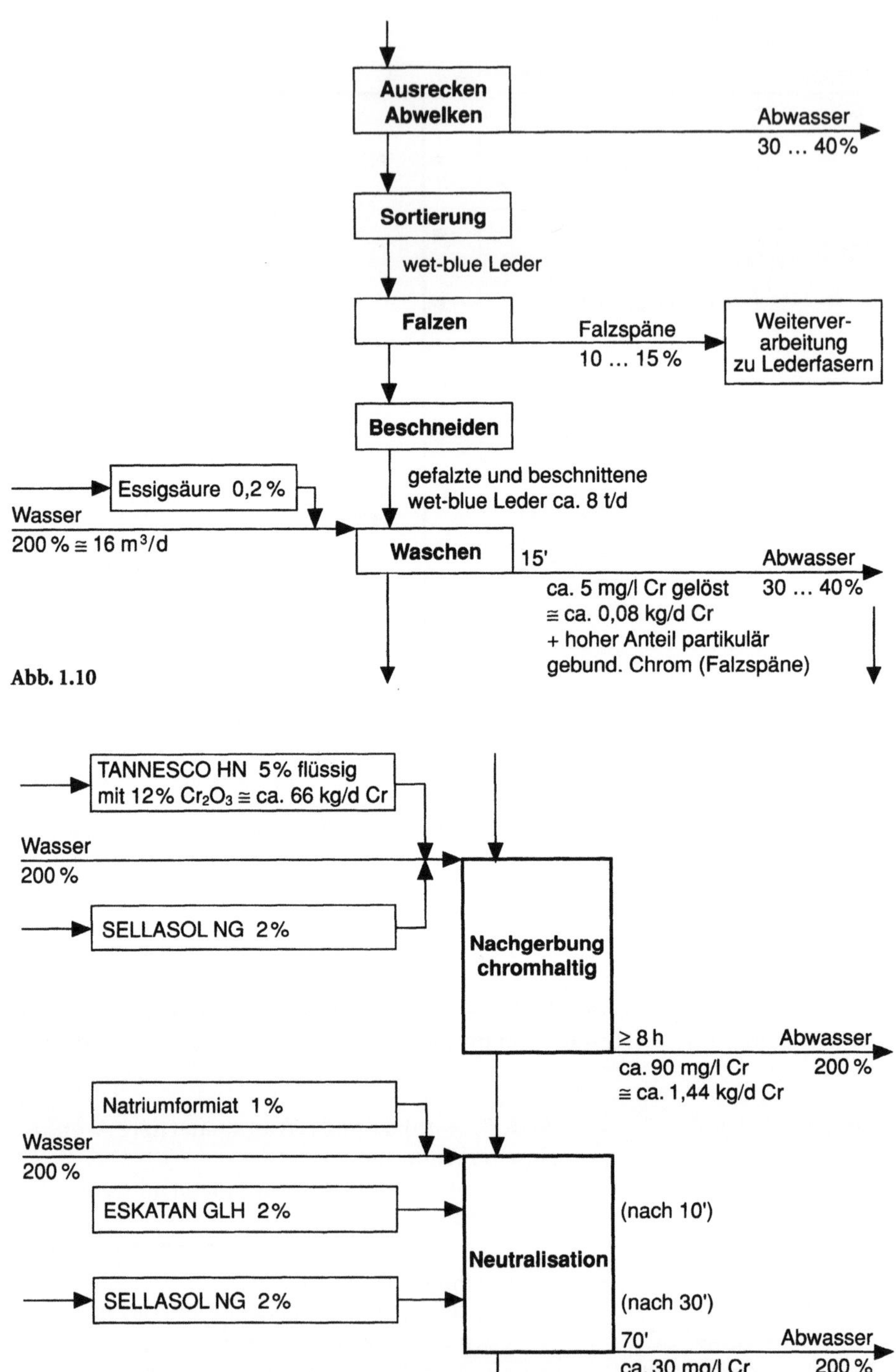

Abb. 1.10

Abb. 1.11

Abb. 1.10 und 1.11. Stoffflußdiagramm Chromgerberei (Beispiel), Teil 5 und 6

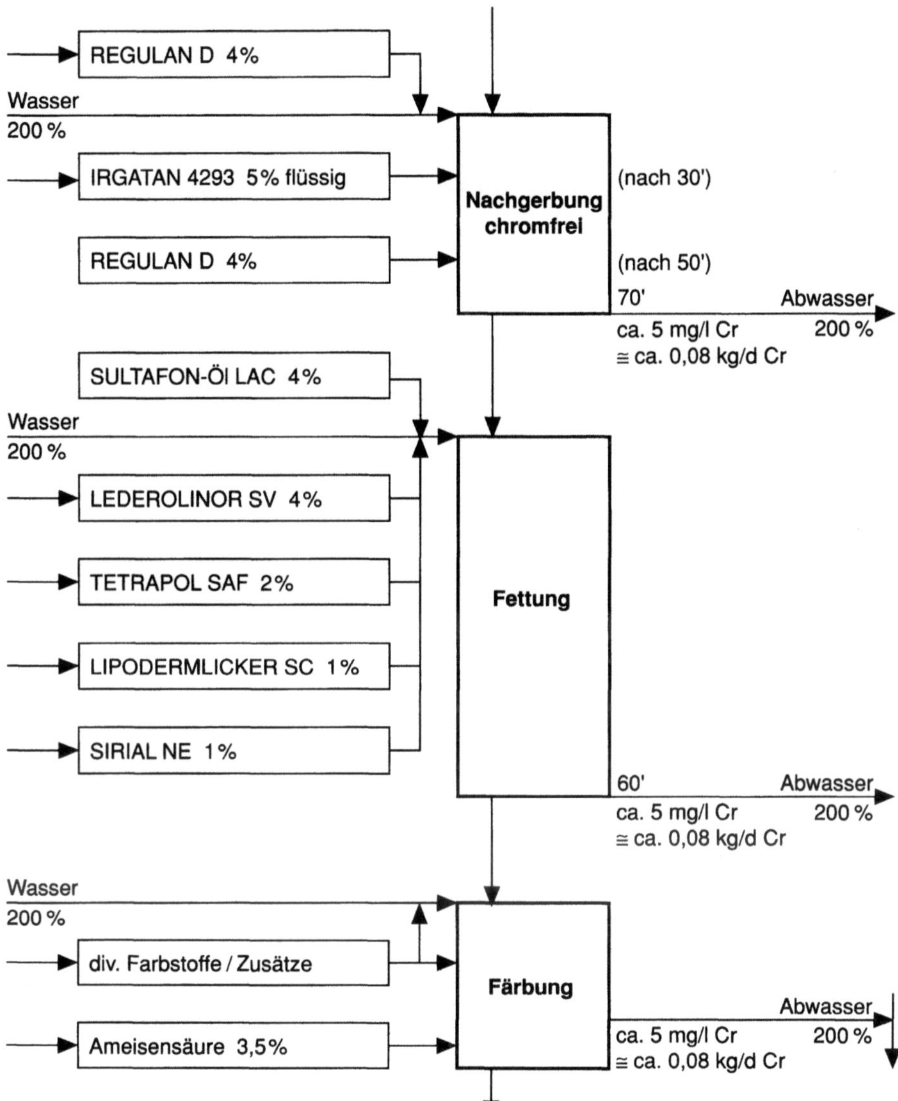

Abb. 1.12. Stoffflußdiagramm Chromgerberei (Beispiel), Teil 7

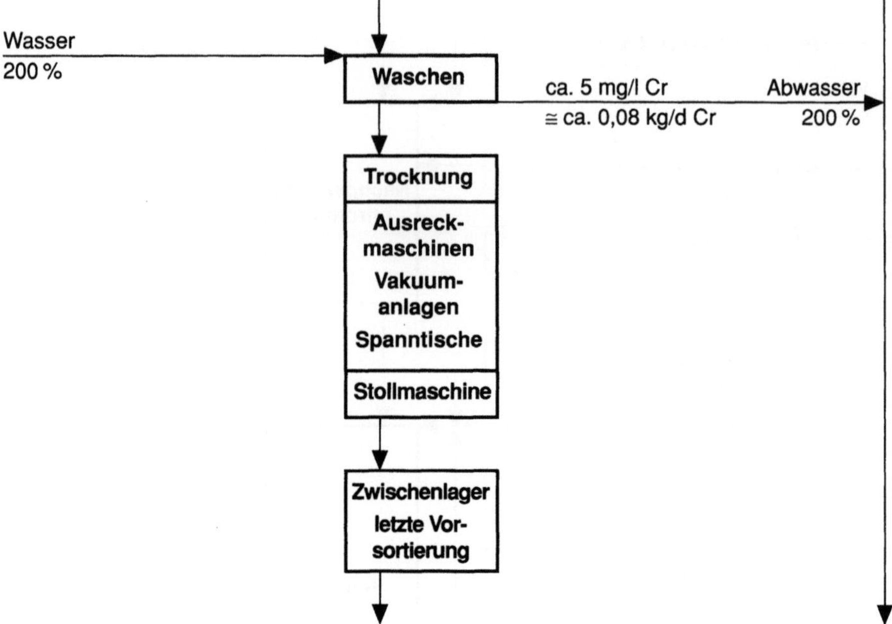

Abb. 1.13. Stoffflußdiagramm Chromgerberei (Beispiel), Teil 8

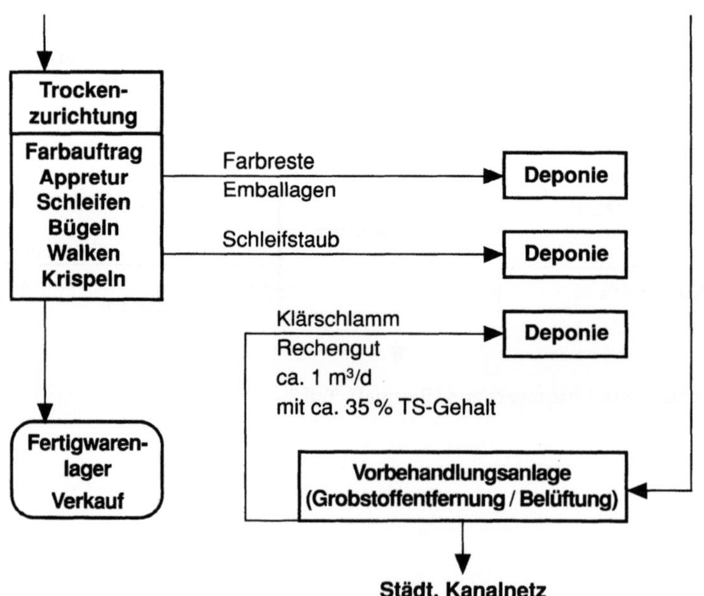

Abb. 1.14. Stoffflußdiagramm Chromgerberei (Beispiel), Teil 9

1.6.1.3
Übersicht abwasserlastsenkender Maßnahmen

Die Gewinnung der verschiedenen Lederarten aus unterschiedlicher tierischer Herkunft verläuft über zahlreiche technische Behandlungsschritte unter Verwendung vieler chemischer Hilfsmittel. Ihr Einsatz erfolgt in den Lederfabriken zumeist nach speziellen, traditionsgebundenen und erfahrungsbezogenen Rezepturen.

Aufgrund wechselnder Rohwarequalitäten und der jeweiligen Kundenwünsche (Einfluß der Mode!) werden Gerbchemikalien in unterschiedlicher Menge und Zusammensetzung zum Einsatz gebracht. deshalb ist selbst innerhalb eines Unternehmens mit z. T. erheblich voneinander abweichenden Beschaffenheiten sowohl der Abwasserteilströme der einzelnen Verfahrensschritte als auch End-Of-The-Pipe zu rechnen.

Mehrere Hilfsmittel und auch die Inhaltsstoffe der flüssigen Rückstände von Lederfabriken besitzen nachweislich deutlich umweltschädigende Eigenschaften.

Die Einleitung von Abwasser aus der Lederherstellung kann deshalb nur nach entsprechender Behandlung erfolgen. Hinsichtlich gefährlicher Stoffe im Sinne des § 7a WHG richtet sich die Behandlung vor allem auf die Reduzierung der Schadstofffrachten für Sulfid, LHKW, Chrom und AOX. Die in Anhang 25 der Rahmen-Abwasser VwV genannten Mindestanforderungen sind dabei sowohl von Direkt- als auch von Indirekteinleitern zu erfüllen. Die erforderliche Verminderung der Schmutzfrachten bezüglich CSB, BSB_5, NH_4-N und Phosphorverbindungen folgt bei Indirekteinleitern den jeweiligen Anforderungen der kommunalen Satzung (Abwassereinleitungsbedingungen). Direkteinleiter haben mindestens die in Anhang 25 genannten Anforderungen zu erfüllen.

Im übrigen ist der die Abwassereinleitung zulassende Bescheid der Wasserbehörde (Erlaubnis) maßgeblich.

Von seiten der lederherstellenden Industrie sind bereits erfolgreich abgeschlossene sowie weiterzuführende Entwicklungsarbeiten im Interesse des Umweltschutzes zu verzeichnen, die in fast allen Fällen auch betriebswirtschaftliche Vorteile mit sich bringen. Hierzu gehören:

- Vermeidung umweltschädigender Hilfsstoffe und Produkte durch entsprechenden Ersatz,
- Verringerung der Hilfsmittelmengen,
- Optimierung des Wasserbedarfes, verbunden mit der Verminderung des Abwasseranfalls u. a. durch Kreislaufführung und
- Senkung der Schmutzstofflast in die Kanalisation oder Gewässer u. a. durch Recycling von Chrom und Schwefel.

Konkrete Beispiele dieser Entwicklung sind in der nachfolgenden Übersicht der Maßnahmen zur Vermeidung oder Verminderung der Abwasserbelastung in Ledergerbereien tabellarisch zusammengefaßt:

Tabelle 1.3. Übersicht der Maßnahmen zur Vermeidung oder Verminderung der Abwasserbelastung in Ledergerbereien

Produktionsschritt	Umweltschützende Maßnahme
Konservierung	– Einsatz naphthalinfreien Konservierungssalzes; – Recycling-Verfahren mit Wiedereinsatz des nach Destillation gewonnenen Salzes
Weiche	– Entfleischen der Haut vor der Weiche; – Zweistufige Weiche: Verwendung des genutzten Hauptweichewassers (2. Stufe) nach Zusatz entsprechender Chemikalien als Äscher – Sparsamer Einsatz von Bioziden

Äscher	– Wiederverwendung nach kontrollierter Chemikalienergänzung
	– Separate Behandlung des Äscher-Abwassers
	  • Entsulfidierung durch Fe-Fällung, katalytische Oxidation mit Luft, O_3, H_2O_2
	  • Reduzierung des Proteingehaltes durch Ansäuerung mit gleichzeitiger H_2S-Rückgewinnung und Wiedereinsatz als Na_2S bzw. NaHS
	– Haarerhaltende Enthaarung (z. Z. wegen einiger Nachteile noch verbesserungsbedürftig) mit
	  • Enzymen,
	  • Dimethylaminsalzen

Entfettung	– Verwendung von Entfettungsmitteln auf Polyethylenglykolbasis; Vermeidung von CKW, HKW, Kation, Tensiden
Pickel	– Nach Aufsäuerung und -salzung der Pickelrestbrühe Rückführung zum Pickel oder – Nach Ergänzung mit Chromsalzen und Konservierungsmitteln Verwendung des genutzten Pickels bei der Hauptgerbung – Verwendung von Rest-Chromgerbbrühe

Chromgerbung	– Vermeidung erhöhter Chromrückstände in den Abwässern durch Steigerung der Chromauszehrung mittels
	  • Anwendung von Abstumpfungsmitteln oder selbstabstumpfenden Gerbsalzen
	  • Anwendung von Maskierungsmitteln
	  • optimale Konzentrationseinstellung von Pickel und Gerbflotte
	– Einsatz von Chromrestbrühen beim Pickel oder Rückführung zur Chromgerbung nach entsprechender Hilfsmittelergänzung
	– Verringerung des Chromgehaltes in den Restbrühen durch Ausfällung mit NaOH, besser MgO, und nach Filtration Auflösung des Chromhydroxids mit Säure, Wiedereinsatz zur Gerbung

Tabelle 1.3 (Fortsetzung)

Produktionsschritt	Umweltschützende Maßnahme
Abwelken	– Reduzierung des Chromgehaltes im Gesamtabwasser durch Rückführung des Abwelkabwassers in die Gerbungsstufe
Naßzurichtung/Nachgerbung	– Zur Vermeidung hoher Chromkonzentrationen in den Abwässern der Naßzurichtung, Anwendung hochauszehrender Chromgerbstoffe – Gemeinsame Ausfällung der Eiweißstoffe von entsulfidierten Abwässern der Wasserwerkstatt und der Nachgerbung (Eine chemische Oxidation, z. B. mit NaOCl, ist zwar wirksam, aber teuer und wegen der möglichen AOX-Bildung nicht unbedenklich)
Naßzurichtung/Deckfarbenzurichtung	– Vermeidung toxischer und biologisch schwer abbaubarer Farbstoffe – Sparsamer Umgang mit Weichmachern (Phthalsäure-Derivate) und Lösungsmitteln wie Butadien und Cyclohexanon
Hydrophobierung	– Vermeidung des Einsatzes größerer organischer Lösungsmittelmengen

1.6.2
Chemische Produktion

1.6.2.1
Vorbemerkungen

Für die chemische Industrie kann aufgrund des äußerst vielgestaltigen Verfahrensablaufs und der oft kompliziert verflochtenen Produktionssysteme keine Verfahrensbeschreibung mit Anspruch auf Allgemeingültigkeit gegeben werden. Jedes Unternehmen ist ein Unikat. Es lassen sich hier nur die allgemeinsten Prinzipien der Herangehensweise schildern.

Kerngedanken des Produktionsintegrierten Umweltschutzes in der chemischen Großindustrie widerspiegeln sich in folgender Prioritätenliste [11]:

1. Maßnahmen zur Vermeidung oder Verminderung von Reststoffen in der betrachteten Anlage
2. Maßnahmen zur stofflichen Verwertung von Reststoffen innerhalb oder außerhalb der betrachteten Anlage
3. Maßnahmen zur energetischen Verwertung von Reststoffen
4. Maßnahmen zur Minderung von Emissionen und zur umweltgerechten Entsorgung von Abfällen

Wenn Reststoffe gar nicht erst entstehen, kann es mit ihnen keine Probleme geben. Reststoffe müssen nicht energetisch verwertet werden, wenn sie vermieden oder stofflich verwertet werden. Abgas, Abwasser oder Abfall müssen nicht behandelt und entsorgt werden, wenn Reststoffe vermieden oder stofflich oder energetisch verwertet werden.

Der integrierte Umweltschutz in der chemischen Großindustrie kann sowohl prozeßintegriert, d.h. bezogen auf Maßnahmen einer Einzelanlage als auch produktionsintegriert, d.h. bezogen auf Maßnahmen im Produktionsverbund realisiert werden [12].

Bei der Herstellung von Phthalsäureanhydrid aus *o*-Xylol durch Oxidation mit Luft in der Gasphase fällt z.B. bei der BASF ein Abgas an, das u.a. Maleinsäureanhydrid enthält. Dieses wurde früher aus dem Abgas ins Abwasser ausgewaschen, das wiederum mit hohem energetischen Aufwand verbrannt wurde. Ein neues Verfahren unter dem Gesichtspunkt der Umsetzung des produktionsintegrierten Umweltschutzes beruht darauf, daß das Maleinsäureanhydrid als Wertstoff aus dem Abwasser extrahiert wird, wobei das Wasser wieder in der Abgaswäsche eingesetzt werden kann [13].

Weitere Praxisbeispiele sind:
- Stoffliche anstelle von energetischer Verwertung:
  - Gewinnung von Olefinen aus Abfallpraffinen
  - Gewinnung von Methanol aus Abgas der Acetylen-Produktion
- Stoffliche Verwertung anstelle von Entsorgung:
  - Wertstoffrückgewinnung von Maleinsäureanhydrid aus Abwasser der Phthalsäureanhydridherstellung
  - Gewinnung von neuen Produkten aus Abfallcarbonsäuren
- Stoffliche und energetische Verwertung anstelle von Entsorgung
  - Soda-Herstellung durch Verbrennung von Produktionsrückständen
  - Verwendung von Abfallruß zur Klärschlamm-Konditionierung
- Stoffliche Verwertung anstelle von Emission
  - Gewinnung von flüssigem Schwefeldioxid aus Kraftwerksrauchgas

Von besonderer Wichtigkeit in der chemischen Industrie ist, daß den Fragen des integrierten Umweltschutzes bereits bei der Konzipierung neuer Produkte oder Herstellungsverfahren entsprechende Beachtung geschenkt wird. Bei der BASF läuft das praktisch so ab [14]:

1. Analyse des Prozeßablaufs bezüglich Funktion und Emission, Diskussion von Alternativen, Aufzeigen von Optimierungspotentialen (chemische Aspekte, z.B. neue und optimierte Synthesewege zur Erhöhung von Umsatz, Selektivität und Ausbeute; verfahrenstechnische Aspekte, z.B. neue oder optimierte verfahrenstechnische Grundoperationen; technische Maßnahmen, z.B. geeignete Apparate und Maschinen, bessere Prozeßführung und -kontrolle)
2. Prüfung der Möglichkeiten zur Verwertung von Reststoffen (intern, extern, stofflich, energetisch)
3. Analyse der Möglichkeiten zur ordnungsgemäßen Beseitigung der nicht verwertbaren Reststoffe

Bei der Suche nach Lösungen hat die Einhaltung vorgegebener Grenzwerte Primat, allerdings sind auch Kostenfragen zu beachten.

1.6.2.2
Zur Anwendung von Anhang 22
der Rahmen-AbwasserVwV

Für die in den Großbetrieben der Chemieindustrie anfallenden Mischabwässer gilt seit Anfang 1992 der novellierte Anhang 22 der Rahmen-AbwasserVwV [15]. Die Anforderungen an die Einleitung von Abwasser nach den allgemein anerkannten Regeln der Technik sind hinsichtlich CSB aus dem Text des Anhangs nicht ohne weiteres zu erschließen. Die nachfolgende Abb. 1.15 kann helfen, den etwas komplizierten Regelungsgehalt verständlicher zu machen.

Auf der Abszisse sind die CSB-Konzentrationen am Anfallort logarithmisch aufgetragen. Die ebenfalls logarithmisch geteilte linksseitige Ordinatenachse kennzeichnet die Anforderungen an die CSB-Konzentration der betrachteten Abwasserströme End-of-the-Pipe, die rechte

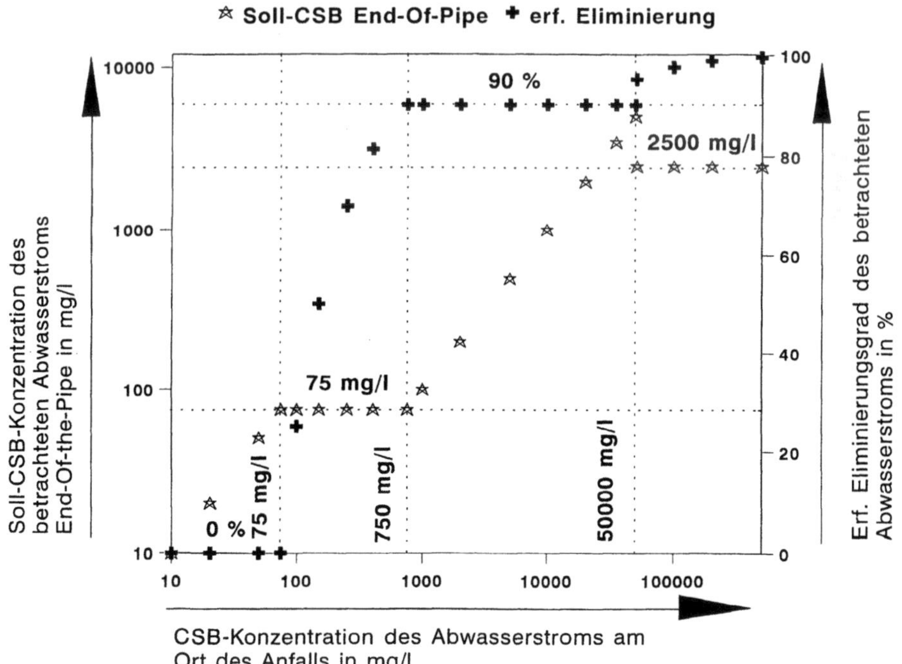

Abb. 1.15. Grafische Darstellung der Anforderungen bezüglich CSB nach Anhang 22 der Rahmen-AbwasserVwV

Ordinate mit linearer Einteilung widerspiegelt den zur Erreichung der Ablaufwerte erforderlichen Abbaugrad. Wesentlich bezüglich der Regelungen zur CSB-Eliminierung nach Anhang 22 ist, daß je nach Konzentration am Anfallort die Anforderungen wechselnd entweder als Anforderungen hinsichtlich der Soll-CSB-Konzentration der betrachteten Abwasserströme End-of-the-Pipe oder als Anforderungen an den Grad der Eliminierung definiert sind.

Dabei sind vier Bereiche zu unterscheiden.

- *Bereich 1: CSB-Konzentration am Anfallort ständig weniger als 75 mg/l:*
  Für diese gering belasteten Abwasserströme gilt, daß zur Ermittlung der zulässigen Fracht End-of-the-Pipe die gleiche Konzentration wie am Anfallort zugrunde gelegt werden darf, d.h. hier gilt die Null-Eliminierung.
- *Bereich 2: CSB-Konzentration am Anfallort ständig zwischen 75 und 750 mg/l:*
  Zur Ermittlung der zulässigen Fracht End-of-the-Pipe ist für diese Abwasserströme eine Konzentration von 75 mg/l zugrunde zu legen. Der geforderte Eliminierungsgrad steigt somit steil von 0% (für den Anfangswert von 75 mg/l) bis auf 90% für den Endwert dieses Bereiches (750 mg/l) an.
- *Bereich 3: CSB-Konzentration am Anfallort ständig mehr als 750 mg/l, aber nicht mehr als 50 000 mg/l:*
  In diesem Bereich gilt als Anforderung ein Eliminierungsgrad von durchgängig 90%. Die End-of-the-Pipe zugrunde zu legende Konzentration beginnt somit oberhalb von 75 mg/l und endet bei 5000 mg/l.
- *Bereich 4: CSB-Konzentration am Anfallort ständig mehr als 50 000 mg/l:*
  Für diese, am höchsten belasteten Abwasserströme gilt als Anforderung eine End-of-the-Pipe zugrunde zu legende Konzentration von einheitlich 2500 mg/l, unabhängig davon, ob die CSB-Konzentration am Anfallort bei 51 000 mg/l, 80 000 mg/l, 100 000 mg/l oder noch höher liegt. Dementsprechend springt der geforderte Eliminierungsgrad von 90% in Bereich 3 hier sofort auf einen Anfangswert von mehr als 95%. Für Abwasserströme mit einer Konzentration von beispielsweise 100 000 mg/l CSB am Ort des Anfalls ist demzufolge eine Eliminierung um 97,5% erforderlich. Bei noch höheren Ausgangskonzentrationen nähert sich der erforderliche Eliminierungsgrad asymptotisch der 100%-Marke.

An der Grenze zwischen Bereich 3 und Bereich 4 weist der Verlauf der Kurven in der Abbildung Unstetigkeiten auf. Der Gesetzgeber hat hier eine Inkonsistenz zugelassen, die sich im Sprung sowohl der Kurve des Soll-CSB End-of-the-Pipe nach unten (von 5000 mg/l auf 2000 mg/l) als auch der Kurve des erforderlichen Eliminierungsgrads nach oben (von 90% auf über 95%) zeigt. Die Ursache hierfür liegt darin, daß für einen Abwasserstrom mit 50000 mg CSB/l an der Anfallstelle eine Eliminierung um 90% gefordert wird, was gleichbedeutend mit einer Soll-CSB-Konzentration End-of-the-Pipe von 5000 mg/l ist, während für alle Abwasserströme über 50 000 mg/l CSB am Anfallort ein Soll-CSB von 2500 mg/l zugrunde zu legen ist.

Dieser Widerspruch ließe sich beseitigen, indem z. B. die Grenzkonzentration zwischen Bereich 3 und 4 anstelle von bisher 50 000 mg/l auf 25 000 mg/l CSB am Ort des Anfalls festgesetzt würde.

1.6.2.3
Beispiel LEUNA-WERKE AG

Ausgangssituation und Zielstellung der Arbeiten im Projektteil Abwasser des Umweltförderprojektes LEUNA-WERKE AG

Nachfolgend zusammengefaßt einige Ergebnisse die im Rahmen einer über zwei Jahre laufenden Arbeit zur Sanierung der Abwasserverhältnisse der LEUNA-WERKE AG gewonnen wurden [16].

Die aus dem IG-Farben-Konzern hervorgegangenen Leuna-Werke waren mit mehr als 30 000 Beschäftigten der größte Industriebetrieb der Ex-DDR. Auf petrolchemischer Basis wurden vor allem Treibstoffe, Düngemittel, Phenole und Plaste hergestellt. Nach der Wende mit den ökonomischen Realitäten des Weltmarkts konfrontiert, mußten zahlreiche veraltete Betriebsteile stillgelegt bzw. Syntheselinien in ihrer Produktion erheblich gedrosselt werden. Die nach der deutschen Vereinigung auch in den neuen Bundesländern geltenden wesentlich schärferen Emissionsgrenzwerte in bezug auf die Abwasserableitung waren damit allein jedoch nicht zu erreichen. Dies gilt vor allem für jene Anforderungen, die mit dem o. e. 22. Anhang zur Rahmen-AbwasserVwV am 1.1.1992 in Kraft getreten sind.

Die Abwasserableitung der LEUNA-WERKE AG erfolgte zum Zeitpunkt der Untersuchungen über drei Hauptentwässerungskanäle, die getrennt in die Saale münden. Bei den Abwässern handelt es sich um

- direkt abgeleitete Produktionsabwässer aus Werkteil I (Altwert)
- Raffinierieabwasser,
- Sickerwasser,
- Rücklaufwasser der Ascheverspülung im Tagebaurestloch Großkayna und
- Abwasser aus der Zentralen Abwasserbehandlungsanlage II (ZAB II).

Die Prozeßabwässer des Werkteils II und einige besonders hochbelastete Teilströme aus Werkteil I werden vor Ableitung in die Saale in der ZAB II gereinigt. Die folgende Tabelle 1.4 gibt einen Überblick der mengenmäßigen Anteile der verschiedenen Ausläufe mit den wesentlichen Einleitern, Stand 1992.

In bezug auf die Belastungsanteile der in Tabelle 1.4 aufgeführten Hauptkanäle ist festzuhalten, daß ca. 88 % der Schadeinheiten nach AbwAG auf HK IV entfallen, wobei davon ca. 61,5 % auf direkteinleitende, unzureichend behandelte Prozeßabwässer und ca. 26,5 % auf die Einleitung des Ablaufs der ZAB II in HK IV zurückzuführen waren.

Tabelle 1.4. Verteilung der Abwasserströme auf die einzelnen Ausläufe, Stand 1992. Durchschnittliche Abgabe 1992 15 800 m^3/h

Hauptkanal	Wichtige angeschlossene Einleiter	Anteil in %
I	Raffineriekühl- und -produktionsabwasser, Kraftwerke, Düngemittelproduktion, Haldensickerwasser aus Sickergraben Ost, Produktionsabwasser aus Werkteil I, Sanitärabwässer, Regenwasser	49,4
II	Sanitärabwasser, Haldensickerwasser aus Sickergraben Nord, geringe Mengen Produktionsabwasser aus Werkteil I	26,6
III	zum Zeitpunkt der Untersuchungen wegen Reparatur stillgelegt	–
IV	Rücklaufwasser TRL Großkayna, Haldenhebewasser, Kühl- und Produktionsabwasser des Werkteils II und des SE-Teiles von Werkteil I	24,0

Die im Projektbereich Abwasser durchgeführten Untersuchungen erfolgten unter folgenden, sich wechselseitig bedingenden Zielsetzungen:

- Erreichung der Gewässergüteklasse II auch unterhalb der Einleitungsstelle der LEUNA-WERKE AG in die Saale (ökologisches Ziel),
- Ermittlung bestehender Defizite der LEUNA-WERKE AG im Vergleich zu den Anforderungen an die Abwassereinleitung nach § 7a WHG und Ableitung erforderlicher Maßnahmen zur Herstellung eines gesetzeskonformen Zustands (wasserrechtliches Ziel) und
- Minimierung der seitens der LEUNA-WERKE AG zu entrichtenden Abwasserabgabe (ökonomisches Ziel).

Der Devise „Vermeiden vor Verwerten vor Behandeln" folgend, die auch für Chemieabwasser uneingeschränkte Gültigkeit besitzt, setzten die Untersuchungen bei der Erfassung der Abwasserströme auf Anfallstellenebene an. An Hand der Bewertung dieser Teilstromlasten galt es, konkrete Handlungsempfehlungen zur Abwasservermeidung und -behandlung auf betrieblicher Ebene abzuleiten. Neben den produktionsintegrierten Maßnahmen waren Empfehlungen zur Trennung und Behandlung von hochbelasteten Teilströmen mit nicht verwertbaren gefährlichen Stoffen im Sinne von § 7a WHG und zur „End-of-the-Pipe-Behandlung" der biochemisch abbaubaren Abwässer zu erarbeiten.

Somit erfolgte die Bestandsaufnahme auf drei Ebenen, und zwar auf der Ebene der innerbetrieblichen Anfallstellen (Anfallstellenebene), den Gesamtabläufen der Anlagen (Syntheselinienebene) und der Gesamtableitung des Unternehmens (vgl. Abb. 1.16). Unter Zugrundelegung der allgemeinen Anforderungen, der Anforderungen nach den allgemein anerkannten Regeln der Technik (a.a.R.d.T.) und der Anforderungen nach dem Stand der Technik (S.d.T.) wurden die Ergebnisse der analytischen Untersuchungen und der abwassertechnischen Bestandsaufnahme einer eingehenden Bewertung nach den relevanten Anhängen der Rahmen-AbwasserVwV unterzogen.

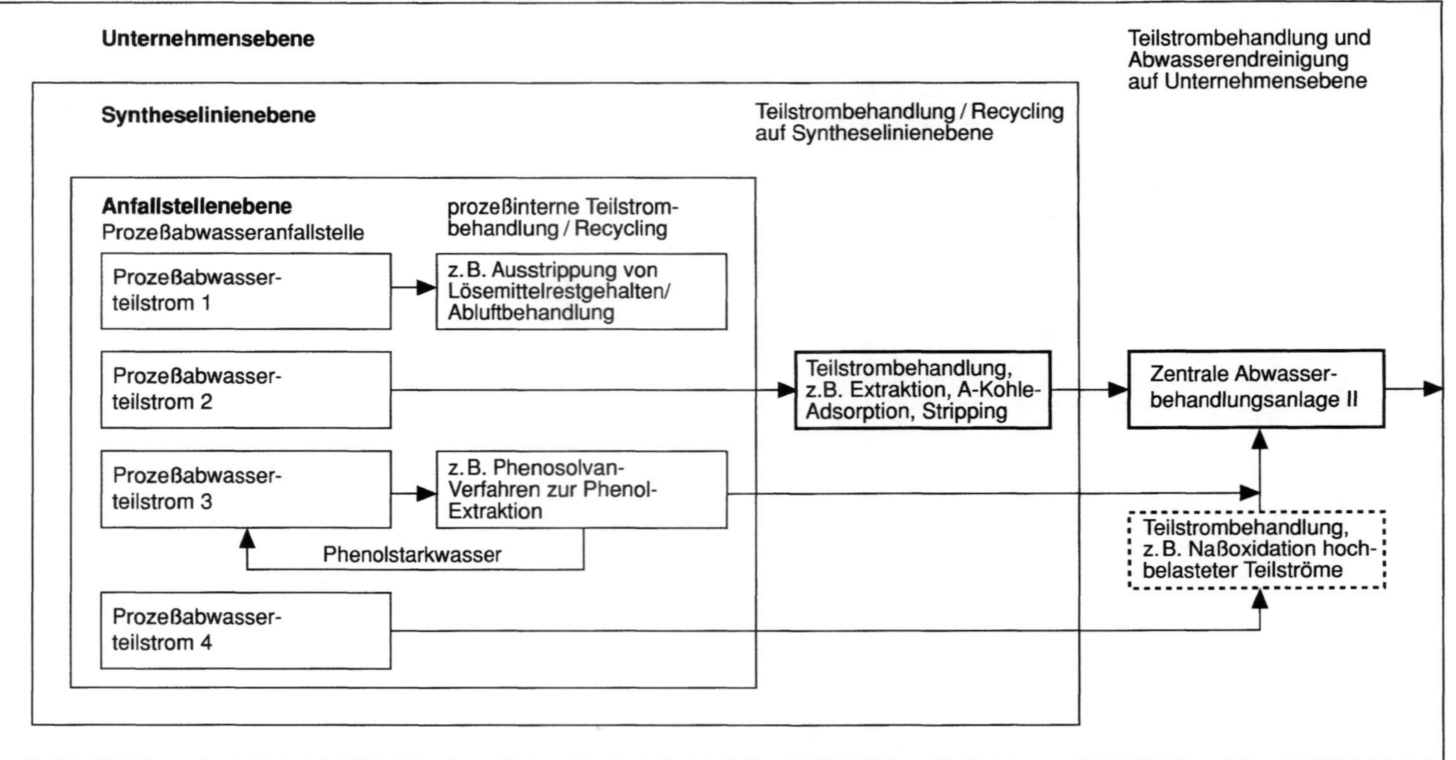

Abb. 1.16. Schema der Betrachtungsebenen Abwasser LEUNA-WERKE AG

Notwendige Voraussetzung für die skizzierte Herangehensweise ist, daß alle biochemisch umsetzbaren Abwasserteilströme der biologischen „End-of-the-Pipe-Behandlung" zugeführt werden und die in der Biologie ankommenden Prozeßabwässer einer biologischen Behandlung auch wirklich zugänglich sind. Zur Beantwortung dieser Frage wurden die Abbauleistungen in Bezug auf prozentuale Abbaueffekte und verbleibende Restkonzentrationen in der gewählten Anlagenkonfiguration der in den jeweiligen Teilströmen *nach* Anwendung von Maßnahmen des produktionsintegrierten Umweltschutzes *und* gezielter Teilstrombehandlung noch verreibenden refraktären Substanzen überprüft. Dazu wurden die einzelnen Abwasserteilströme mit dem sogenannten „Zahn-Wellens-Test" [17] untersucht.

Herangehensweise (Sichtung des Abwasserkatasters, Auswahl tiefer zu untersuchender Syntheselinien)

Die im Abwasserkataster der LEUNA-WERKE AG dargestellten 63 Anlagen wurden im Rahmen einer Erstbewertung in abwasserrelevante Belastungskategorien eingestuft. Die Einstufung erfolgte auf einer relativen Basis unter Berücksichtigung der abgabenrelevanten Schadstofffrachten und, soweit aus den Unterlagen ableitbar, den Informationen bezüglich gefährlicher Stoffe nach § 7a WHG. Es wurden 4 Belastungskategorien definiert, wobei als Klassifizierungsmerkmal vor allem die CSB-Konzentrationen am Ort des Anfalls in Anlehnung an die Anforderungen nach den allgemein anerkannten Regeln der Technik gemäß Anhang 22 der Rahmen-AbwasserVwV herangezogen wurden. Danach ergab sich folgendes Bild:

Problemabwässer (> 50 000 mg/l = Kategorie 1):	9 Anlagen
sehr stark belastete Abwässer (>10 000 mg/l = Kategorie 2):	8 Anlagen
starb belastete Abwässer (>750 mg/l = Kategorie 3):	9 Anlagen
mäßig belastete Abwässer (>75 mg/l = Kategorie 4):	8 Anlagen

Sofern eine der folgenden Prämissen zutraf, wurde die Anlage nicht in die Bewertung einbezogen:

- CSB-Konzentration im Gesamtablauf (ohne Kühlwasseranteil) < 75 mg/l;
- durch geplante, beantragte oder bewilligte Investvorhaben ist kurzfristig eine wesentliche Verbesserung der Abwassersituation zu erwarten.

Neben der schadstofffrachtbezogenen Kategorisierung erfolgte eine weitere Eingrenzung der zu betrachtenden, abwasserrelevanten Anlagen auf der Basis eines ökonomischen Filters. Dieser Filter beinhaltete die mit Stand Juli 1992 eingeschätzte ökonomische Perspektive der Anlage. Aus der Überlagerung beider Filter ergab sich eine Auswahl von 20 Anlagen, die auf Teilstromebene untersucht wurden:

Geschäftsbereich	
Organische Grundstoffe	Salicylsäureherstellung, Niedermolekulare Epoxidharze, Methylamine, Dimethylformamid, Mittelmolekulare Epoxidharze, Leimanlage, Hexamin (Neuanlage), Tenside/E 30-Anlage
Kunststoffe	Caprolactam, Phenolsynthese, Cyclohexanon-Cyclohexanol
Kraftstoffe	Spaltanlage 3, Gastrennanlage 1 und 2, Mittelöldestillation, Butadienanlage, MTBE-Erzeugung
Raffinierie GmbH	Niederdruckmethanolanlage, Tanklager Vergaserkraftstoffe, Tanklager Mineralölprodukte, Tanklager Hydrospaltparaffin

Untersuchungsprogramm

Das Spektrum zu untersuchender Parameter wurde aus der Vereinigungsmenge der nach den Anhängen 22, 36 und 45 der Rahmen-AbwasserVwV zutreffenden Kriterien und den für das jeweilige Verfahren charakteristischen Inhaltsstoffen ermittelt. Stoffe, die verfahrenstechnisch bedingt im Abwasser nicht zu erwarten waren, wurden i.d.R. nur einmal zur Kontrolle überprüft.

Auf Grund des limitierten Budgets des Projektes mußten die betrieblichen Teilstromuntersuchungen auf die Erfassung von Prozeßabwasserströmen (inkl. Mischabwasser) beschränkt werden. Kühlwässer oder Sanitärabwässer konnten keine Berücksichtigung finden.

Das Meßprogramm wurde sowohl mit den Prozeßverantwortlichen vor Ort als auch der zuständigen Behörde (STAU Halle) abgestimmt. Insgesamt wurden 106 Meßstellen je zwei- bis dreimal geprobt. Die Probenahme erfolgte größtenteils als mengenproportionale 24-h-Mischproben.

Zahn-Wellens-Test

Die Zahn-Wellens-Tests zur Ermittlung der biologischen Abbaubarkeit wurden nach DIN 58412, Teil 25 durchgeführt, wobei der Abbau anhand des CSB verfolgt wurde. Die Messungen erfolgten unmittelbar vor Belebtschlamm-Zugabe (Null-Wert) sowie nach 4 h, 24 h, 48 h usw. bis maximal 7 d nach Ansetzen der Tests.

Die Abwasserproben wurden mit Original-Inocculum der ZAB II der LEUNA-WERKE AG beimpft. Somit war von vornherein eine bestmögliche Übertragbarkeit der Befunde auf die tatsächlich zu erwartenden Verhältnisse gegeben.

Ergebnisse

Für jede der o. e. Syntheselinien wurde eine Detailbewertung auf der Grundlage einer Betriebsbegehung und der Befunde der Abwasseruntersuchungen vorgenommen. Darin wurden vorhandene Defizite im Vergleich zu den allgemeinen Anforderungen und den Anforderungen nach den a. a. R. d. T. und, soweit gefährliche Stoffe im Abwasser der Syntheselinie auftraten, nach dem S. d. T. ausgewiesen und Handlungsempfehlungen zur Abstellung der Mängel gegeben. Defizite in der Erfüllung der allgemeinen Anforderungen betrafen insbesondere die Vakuumerzeugung und die Abluftbehandlung, wo teilweise aufgrund historisch gewachsener Verfahrensführung noch Abwässer anfallen, die mit gefährlichen Stoffen im Sinne von § 7a WHG im Zusammenhang mit Anhang 22 (AOX, Schwermetalle) belastet sind.

Der Vergleich zwischen dem derzeitigen Zustand und den wasserrechtlichen Anforderungen wurde im Sinne einer Soll-Ist-Ziel-Betrachtung bei unterschiedlichem Produktionsdurchsatz (durchschnittliche Kapazitätsauslastung des Jahres 1992 und maximale Produktion) geführt. Beispielhaft sind die Ergebnisse für den Parameter CSB in den untersuchten Syntheselinien bei maximaler Produktion in Abb. 1.17 dargestellt. Eine zusammenfassende Übersicht der Ergebnisse bei maximaler Produktion für alle relevanten Abwasserinhaltsstoffe enthält Tabelle 1.5.

Zur Behebung von Defiziten bezüglich a. a. R. d. T. bzw. S. d. T. wurden Maßnahmen auf allen in Abb. 1.16 dargestellten Stufen vorgeschla-

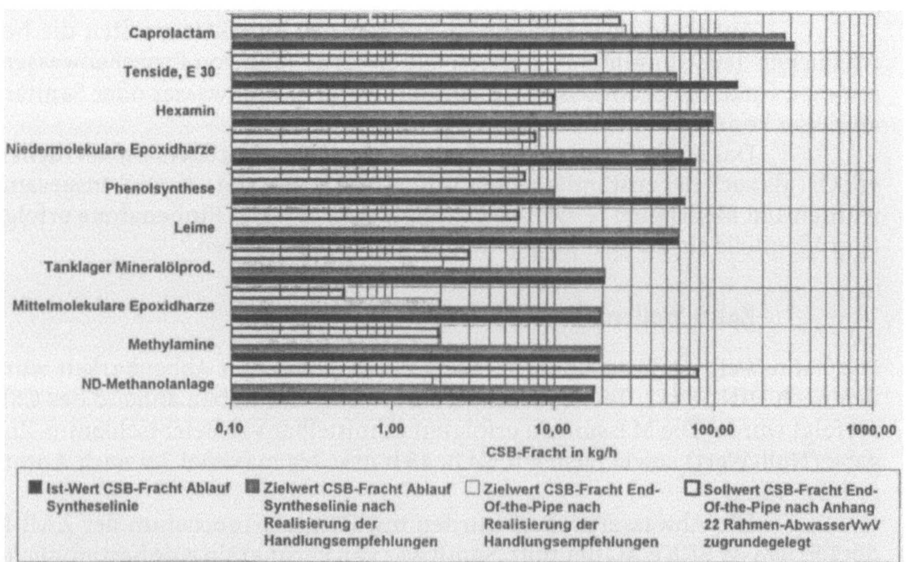

Abb. 1.17. Gegenüberstellung der Soll-, Ist- und Zielwerte der CSB-Frachten im Abwasser ausgewählter Syntheselinien der LEUNA-WERKE AG bei maximaler Produktion

gen und z.T. bereits realisiert bzw. in Angriff genommen. Beispiele zur Reduzierung des Ausstoßes prozeßtypischer Inhaltsstoffe auf Anfallstellenebene sind:

- Veränderung der für den jeweiligen Prozeß eingesetzten Roh- und Hilfsstoffe
- Veränderungen der Verfahrensführung (z.B. Einstellung von Druck und Temperatur oberhalb des Dampfdrucks von Dimethylformamid bei der Destillation des anfallenden Reaktionsgemisches)
- Optimierung vorhandener Reinigungsstufen (z.B. Verbesserung der Feinstkornabscheidung aus dem L-2-Harz-Waschwasser in der Syntheselinie Niedermolekulare Epoxidharze durch Zentrifugation bzw. Filtration)
- Anschluß zusätzlicher Reinigungsstufen zur Abtrennung von Stoffen (z.B. Vakuumverdampfung der bei der Caprolactamherstellung aus der Extraktion anfallenden Restlauge)

Weitere Beispiele zur Verminderung unerwünschter Abwasserinhaltsstoffe sind:

- Anschluß einer zusätzlichen Reinigungsstufe für mehrere Abwasserteilströme auf Syntheselinienebene (z.B. Strippung und Abluftbehandlung leichtflüchtiger Reststoffe aus dem Gesamtabwasser der Phenolsynthese)
- Sonderbehandlung extrem belasteter Teilströme (z.B. externe Verbrennung nicht recyclingfähiger Sumpfprodukte aus der destillativen Aufarbeitung von Methylaminen)

Parallel zu diesen Maßnahmen erfolgt die komplexe Ertüchtigung der Behandlungsanlage End-of-the-Pipe (Biohochreaktor, Schlammverbrennung). Wie aus dem Vergleich zwischen den Frachtsoll- und -zielwerten in Tabelle 1.5 ersichtlich, können nach Realisierung aller Handlungsempfehlungen die Soll-

Tabelle 1.5. Übersicht zur Syntheselinienbewertung der Prozeßabwässer der LEUNA-WERKE AG nach Anhang 22 Rahmen-AbwasserVwV

Schnittstelle	CSB in kg/h	AOX in g/h	N Ges. in kg/h	Ni in g/h
Sollwert der Fracht End-Of-the-Pipe	187,5	(3378[a])	21,6	34,0
Istwert der Fracht auf Syntheselinienebene	881,7	822,3	76,8	140,7
Zielwert der Fracht auf Syntheselinienebene	691,3	106,7	34,1	30,7
Zielwert der Fracht End-Of-the-Pipe	69,1	53,3	15,3	15,4

[a] Der AOX-Bewertung wurde der über die Konzentration ermittelte Sollwert zugrundegelegt. Der Klammerwert gibt den produktionsbezogenen AOX-Fracht-Sollwert an.

werte End-of-the-Pipe in allen relevanten Kriterien komfortabel unterschritten werden.

Außerdem wird eine Neuordnung der werksinternen Hauptableitungssysteme vorgesehen. Diese soll gewährleisten, daß die Einhaltung der gesetzlichen Vorgaben im Rahmen der betriebsinternen Eigenüberwachung sowie der behördlichen Kontrolle besser organisiert werden kann. Im Rahmen der Neuordnung wird angestrebt:

- Sicherstellung einer belastungsorientierten, innerbetrieblichen Abwasserführung
- Einführung einer eindeutigen und kontrollierten Übergabe an das Entsorgungsnetz (Schnittstelle)
- Belastungsorientierte Neuordnung der Abwasserableitung in den Hauptkanälen unter Berücksichtigung einer Anbindung aller frachtrelevanten Prozeßabwässer an die ZAB II
  - Nutzung der Hauptkanäle I und II ausschließlich für die Ableitung nicht behandlungsbedürftiger (abwasserabgabenfreier) Teilströme des Werkteils I (Oberflächenentwässerung und Kühlwässer)
  - Ausschließliche Nutzung des Hauptkanals IV für die Ableitung der in der ZAB II gereinigten Abwasserströme
  - Nutzung des rekonstruierten Hauptkanals III ausschließlich für Produktionsabwässer, deren Gehalte den gesetzlichen Anforderungen entsprechen (i. d. R. < 75 mg/l) sowie für Kühlwässer, Oberflächenwässer, aufbereitete Sicker- und Grundwässer, Rücklaufwasser Großkayna.

Die Anforderungen an die End-of-the-Pipe einzuhaltende AOX-Fracht können nach Anhang 22 wahlweise entweder aus der Sollkonzentration der einzelnen Abwasserströme (1 mg/l) *oder* aus der zulässigen produktionsspezifischen AOX-Fracht von 20 g/t organische Zielprodukte hergeleitet werden. Im Falle der LEUNA-WERKE AG ergab sich bei Zugrundelegung der konzentrationsbezogenen Anforderung ein AOX-Sollwert von ca. 295 g/h, während die produktionsbezogene Ermittlung zu einem Sollwert von ca. 3378 g/h AOX führt (vgl. Tabelle 1.5). Das Verhältnis dieser beiden gleichberechtigt nebeneinander stehenden, rechtlich zulässigen Sollwerte liegt somit bei 1:11,5!

Um sicherzugehen, wurde für die LEUNA-WERKE AG die „schärfere" Anforderung nach der konzentrationsbezogenen Berechnung als Sollwert zugrunde gelegt. Es wäre jedoch zu wünschen, daß bei einer Novellierung von Anhang 22 im Sinne einer besseren Rechtssicherheit der betroffenen Unternehmen hier eine Klarstellung erfolgt.

Der Stufenplan zur Umsetzung der vorgeschlagenen Emissionsminderungsmaßnahmen wurde unter Berücksichtigung des § 10 Abs. 3 AbwAG formuliert, um eine Verrechnung der Investitionsaufwendungen zur Reduzierung der Abwasseremissionen zu ermöglichen. Ab 1996 kann sich danach das jährliche Abwasserabgabenentgelt vor Investitionsverrechnung nach § 10 Abs. 3 AbwAG auf unter 270000 DM reduzieren.

Folgende Zeitstaffel zur Umsetzung der anlagenbezogenen Handlungsemfpehlungen in den Jahren 1993 bis 1995 wurde abschließend vereinbart und bereits teilweise realisiert:

1993: Anbindung der behandlungsbedürftigen Teilströme der Syntheselinien Leime, Dimethylformamid und Methylamin an die ZAB II

1994: A Umsetzung der Teilstrombehandlungsmaßnahmen in den Anlagen Caprolactam, Niedermolekulare Epoxidharze, Niederdruckmethanol, Tenside
      B Umsetzung der Optimierung in den zentralen, betrieblichen Behandlungsanlagen bzw. auf Syntheselinienebene für Niederdruckmethanol, Phenolsynthese, Niedermolekulare Epoxidharze
      C Anbindung von Niedermolekulare Epoxidharze an die ZAB II

1995: A Optimierung Butadien auf Syntheselinienebene
      B Anbindung von Niederdruckmethanol, Tenside, Ammonsulfat, Metaupon, Grundwasserreinigung an die ZAB II

Die LEUNA-WERKE AG kann damit aufbauend auf den bereits eingeleiteten Maßnahmen die Anforderungen an eine abwasserminimierte, ökologisch verträgliche Produktion am Industriestandort Leuna sichern und die Anforderungen des 22. Anhanges der Rahmen-AbwasserVwV für den gesamten Standort erfüllen.

1.6.3
Siebdruck

1.6.3.1
Vorbemerkungen

Siebdruckbetriebe sind im Regelfall Indirekteinleiter. Neuralgische Abwasseranfallstellen im Siebdruckbetrieb sind das Fotolabor und die Siebentschichtung. Die Abwässer aus der Siebentwicklung sind i.d.R. als unproblematisch einzustufen, da hierbei normalerweise kein Chemikalieneinsatz erfolgt. Bei der Siebwäsche fällt Abwasser nur in offenen Anlagen an. Geschlossene Siebwaschanlagen, heute Stand der Technik, arbeiten i.d.R. abwasserfrei.

Im *Abwasser aus dem Fotolabor* werden oft Überschreitungen der zulässigen Silber*konzentrationen* gemessen. Überschreitungen der nach den einschlägigen Indirekteinleiterverordnungen der Länder gültigen *Frachtschwellenwerte* für die Genehmigungspflicht oder der *Frachtgrenzwerte* treten, zumindest bei kleinen Betrieben, kaum auf.

Kleine Siebdruckereien mit geringem Anfall fotografischer Bäder sammeln die Entwickler-, Fixier-, Bleich- oder Bleichfixierbäder getrennt und geben diese an geeignete Entsorgungsfirmen zur externen Verwertung ab. Für Siebdruckereien, die Fotoarbeiten in größerem Maßstab durchführen, ist i.d.R. das interne Recycling der Fotochemikalien wirtschaftlicher. Hierfür werden von verschiedenen Herstellern modulartig aufrüstbare Anlagen angeboten. Die Grundstufe derartiger Anlagen besteht i.d.R. aus dem Fixierbad-Recycling durch Entsilberung, weitere Anlagenmodule zielen auf die Aufarbeitung und Kreislaufführung des Entwicklers und die Entsilberung, weitere Anlagenmodule zielen auf die Aufarbeitung und Kreislaufführung des Entwicklers und die Entsilberung und Filtration des Spülwassers. Als kostengünstige Alternative kann die Silberentfernung aus dem Spülwasser zur Einhaltung vorgegebener Grenzwerte auch durch einfache Adsorptionsanlagen vorgenommen werden. Das zurückgehaltene Silber läßt sich dabei jedoch nicht rezyklieren.

Abwasser aus der Siebentschichtung kann vor allem bei folgenden Stoffen bzw. Stoffgruppen Konzentrationen aufweisen, die eine Behandlung nahelegen: AOX, Mineralölkohlenwasserstoffe, Aromaten und CSB.

In kleinen Betrieben wird die Siebentschichtung heute meist noch in offenen Anlagen manuell vorgenommen. Hier kann die getrennte Sammlung der belasteten Abwässer und ihre Entsorgung als Sonderabfall wirtschaftlich vorteilhaft sein. Dies gilt auch, wenn die *Siebwäsche* noch in offenen Anlagen durchgeführt werden sollte. Anderenfalls muß das dabei anfallende Abwasser vor der Einleitung in das öffentliche Kanalisationsnetz über einen Feststoff- und Leichtflüssigkeitsabscheider geführt werden.

Größere Siebdruckbetriebe verfügen i.d.R. über eine geschlossene automatische Siebentschichtungsanlage. Für die Behandlung der Abwässer aus diesen Anlagen haben sich Verfahrenskombinationen, bestehend aus Feststoff- und Leichtflüssigkeitsabscheidung und/oder Emulsionsspaltanlagen in der Praxis bewährt. Im Regelfall kann dabei auch ein Teil des behandelten Abwassers im Kreislauf geführt werden, so daß Frischwassereinsatz und Abwasseranfall gleichermaßen minimiert werden können. Neuere Entwicklungen beruhen z.B. auf Membranfiltration (Cross-flow), Ozonierung oder/und Aktivkohlefiltration. Anlagen mit thermischer oder biologischer Behandlung befinden sich im Versuchsstadium

Auf diese Punkte soll im folgenden etwas näher eingegangen werden.

1.6.3.2
Abwasser aus der Reproabteilung/Fotolabor

Abwasseranfall und -inhaltsstoffe

Siebdruckereien betreiben in praktisch nahezu allen Fällen eine eigene Repro-Abteilung. Dabei werden die zum Druck von Bildern oder Texten erforderlichen Filmvorlagen hergestellt. Die mit einem Abwasseranfall verbundenen Prozesse sind im wesentlichen die Entwicklung, Fixierung und Wässerung der fotografischen Filme. Dazu werden in der Regel Entwicklungsmaschinen eingesetzt. Die dort ablaufenden Vorgänge sind schematisch in Abb. 1.18 dargestellt.

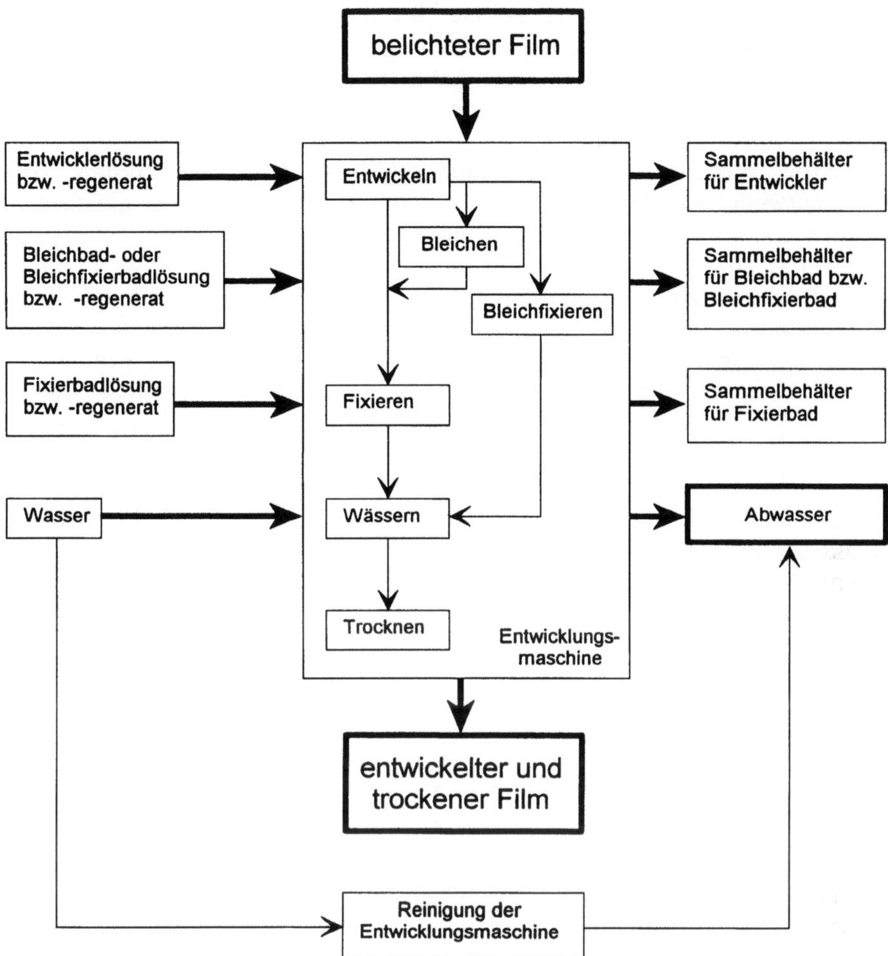

Abb. 1.18. Prozesse incl. Stofffluß in einer Entwicklungsmaschine (unter Verwendung von ATV H 703 [18])

Die zu entwickelnden Filme bestehen aus einem Träger aus Papier oder einer Kunststoffolie, der ein- oder beidseitig mit einer oder mehrerer Gelatineschichten überzogen ist, die Silberhalogenid als lichtempfindliche Substanz sowie andere Stoffe enthalten. Die Dicke der Gelatineschichten schwankt zwischen 2 und 30 µm und hat Einfluß auf die Badverschleppung und damit auf das Abwasser.

Nach der bildmäßigen Belichtung erfolgt die Verarbeitung der Filme in wäßrigen Arbeitslösungen durch Eindiffundieren der wirksamen Substanzen in die Gelatineschichten. Die Fotoindustrie stellt die dafür erforderlichen Verarbeitungsbäder heute üblicherweise in Form von Konzentraten zur Verfügung, die beim Verarbeiter durch Verdünnen mit Wasser gebrauchsfertig gemacht werden. Das durch die Lichteinwirkung aktivierte Silberhalogenid wird bei der Entwicklung zum schwarzen Bildsilber reduziert. Nach der Entwicklung wird der nicht umgesetzte Rest des Halogensilbers durch Fixierbäder in eine wasserlösliche Silberthiosulfatkomplexverbindung ($Na_4[Ag_2(S_2O_3)]_3$) überführt. Bei Colormaterial muß zusätzlich das die Farben schwärzende Silberbild entfernt werden, wozu man entweder vor dem Fixieren in einem sog. Bleichbad oder gleichzeitig beim Fixieren in einem Kombinationsbad (Bleichfixierbad) das Bildsilber in ein fixierbares Silberhalogenid umwandelt. Die üblicherweise anzutreffenden Komponenten fotografischer Bearbeitungsbäder sind in Tabelle 1.6 aufgeführt.

Die in den verbrauchten fotografischen Chemikalienbäder enthaltenen Stoffe verbieten im Regelfall eine Einleitung in die öffentliche Kanali-

Tabelle 1.6. Komponenten fotografischer Bearbeitungsbäder nach ATV H 8702 [20] und ATV M 769 [21]

Schwarz/Weiß-Entwickler
Hydrochinon
Brenzkatechin
Phenidon
Phenylendiamin
Methylaminophenol
Kaliumcarbonat
Kaliumhydroxid
Natriumsulfit
Kaliumbromid
Kalkschutzmittel

Farb-Entwickler
Entwicklersubstanz CD 3 (CD: Color-Developer)
4-N-Ethyl-N-(2-methansulfonamidoethyl)-2-methyl-
1,4-phenylendiamin-sesquisulfat-monohydrat
Entwicklersubstanz CD 4
4-N-Ethyl-N-(2-hydroxyethyl)-2-methylphenylendiaminsulfat
Natriumsulfit
Natriumbromid
Kaliumcarbonat oder Kaliumhydroxid
Hydroxylaminsulfat
Benzylalkohol

Fixierbad	**Bleichbad**
Ammoniumthiosulfat	Ammonium-Eisen(III)-EDTA[a]
Natrumacetat	EDTA
Natriumsulfit	Kalium(Ammonium)bromid
Essigsäure	Kaliumnitrat
Borsäure	

Bleichfixierbad
Ammonium-Eisen-(III)-EDTA
Ammoniumthiosulfat
Natriumhydrogensulfit

---

[a] EDTA: Ethylendiamintetraessigsäure.

sation. Hinsichtlich der Anfallmengen fotografischer Altchemikalien und Spülwässer lassen sich keine gesicherten Angaben machen, da erhebliche Differenzen zwischen den verschiedenen Fotolabors bzw. Repro-Abteilungen in den Siebdruckereien bestehen. Auf den jeweiligen Abwasseranfall und die Anfallmengen an Altchemikalien haben sowohl die installierte Technik (Typ des Entwicklungsautomaten, installierte Recyclinganlagen) als auch die im konkreten Fall eingesetzten Chemikalien sowie die Auslastung des Labors erheblichen Einfluß.

Die Niedersächsische Gesellschaft zur Endablagerung von Sonderabfall nennt in einer Veröffentlichung folgende Werte [19]:

Bei *Altfixierern* fallen ohne Anwendung betriebsinterner Reduktionsmaßnahmen $0,5-0,7\ l/m^2$ belichteten Films an. Mit Reduzierungstechnik wird, je nach Art der Maßnahme, die Anfallmenge auf $0,2-0,4\ l/m^2$ belichteten Films verringert.

Die Anfallmengen für *Altentwickler* werden ohne Reduzierungsmaßnahmen mit $0,8-1,1\ l/m^2$ belichteten Films angegeben. Mit Reduzierungstechnik beträgt der Anfall $0,4-0,5\ l/m^2$ belichteten Films.

Zum *Spülwasseranfall* werden keine Angaben gemacht. Nach eigenen Recherchen ist hier jedoch von mindestens $10-20\ l/m^2$ belichteten Films auszugehen.

Hauptkomponenten der *Fixierbäder* sind Wasser und Fixiersalz, vorwiegend Ammoniumthiosulfat. Die Thiosulfate sowie Sulfite sind reduzierende Substanzen, die stark sauerstoffzehrend wirken. Sie werden zu Sulfaten oxidiert, die wiederum Betonkorrosion verursachen können. Das in den Fixierbädern enthaltene Ammonium wird in einer Kläranlage mit einer funktionsfähigen Nitrifikations-/Denitrifikationsstufe hinreichend abgebaut. Ansonsten gelangen die Stickstoff- und Schwefelverbindungen in die Gewässer und tragen dort zur Sauerstoffzehrung und Eutrophierung bei. Fixierbäder dürfen aber vor allem wegen ihres hohen Gehalts an gelöstem, oligodynamisch (entkeimend) wirkenden und zu den Edelmetallen zählenden Silber (ca. $2-3\ g/l$) nicht in die Kanalisation abgegeben werden.

Entwicklerbäder enthalten als spezifische Entwicklungssubstanz Hydrochinon oder ähnliche, reduzierend wirkende Derivate. Um eine Oxidation von Hydrochinon durch Luftsauerstoff während des Entwicklungsvorganges zu verhindern, wird der Lösung Sulfit zugefügt. Dieses bewirkt gleichzeitig eine im Entwicklungsprozeß durchaus erwünschte In-situ-Regeneration des verbrauchten Hydrochinons, das chemisch zur Bildung von sulfonierten Hydrochinonen führt. Während das stark giftige Hydrochinon (WGK 2) selbst innerhalb gewisser Grenzen in einer kommunalen Kläranlage biologisch abbaubar ist, trifft dies für die sulfonierte Verbindung nicht mehr zu. Diese refraktären organischen Substanzen gelangen somit in die Gewässer. Das ebenfalls im Überschuß in den Entwicklerbädern enthaltene Sulfit ist sauerstoffzehrend und betonkorrosiv. Gegen eine Entsorgung auf dem Abwasserpfad sprechen bei den Entwicklerbädern auch die Carbonat- und Phosphatkonzentrationen.

Umweltrelevanter Hauptbestandteil der *Bleich- und Bleichfixierbäder* sind die Komplexbildner. Aber auch Entwickler- und Fixierbäder können EDTA oder ähnliche Komplexbildner enthalten. Sie binden Calcium- und Magnesium-Ionen aus dem Ansetzwasser der verschiedenen Bäder. Dadurch sollen Kalkflecken auf dem Fotomaterial verhindert werden. Durch die Komplexbildung von EDTA mit dem Metallion bildet sich eine ringförmige Molekülstruktur aus stabilen Fünferringen, die von den Mikroorganismen in den Kläranlagen und Gewässern kaum zerstört werden kann. Hieraus erklärt sich die schwere Abbaubarkeit dieser Verbindungen. Ferner sind in EDTA-Komplexen gebundene Metallionen z. T. durch andere ersetzbar, ohne daß hierdurch der EDTA-Komplex zerstört wird.

Schwermetalle z. B., die als schwerlösliche Verbindungen aus dem Abwasser entfernt wurden oder im Gewässersediment angereichert sind, werden wieder remobilisiert. Aus all diesen Gründen dürfen verbrauchte Entwickler-, Fixier-, Bleich- und Bleichfixierbäder sowie deren Badüberläufe nicht in die Kanalisation oder direkt in den Vorfluter eingeleitet werden, sondern sind in Sammelbehältern getrennt zu erfassen (vgl. Abb. 1.18). Zur Ableitung in die Kanalisation gelangen demnach nur Abwässer vom abschließenden Wässern der Filme und aus der Reinigung der Entwicklermaschine. Maßgeblicher Inhaltsstoff dieses Abwassers ist thiokomplexgebundenes Silber.

Die Indirekteinleiterverordnungen der Länder stellen für Silber (wie auch für andere Abwasserinhaltsstoffe) voneinander z. T. abweichende Anforderungen. Auch die kommunalen Abwassersatzungen der Städte und Gemeinden weisen unterschiedliche Anforderungen auf. Zum Beispiel gilt in Paderborn ein Grenzwert von 0,1 mg/l Silber, in der Universitätsstadt Marburg ein Grenzwert von 0,2 mg/l, während in Nürnberg und Hof ein Grenzwert von 2,0 mg/l festgelegt ist. In jedem Falle ist der Siebdrucker gut beraten, der Silberkonzentration und -fracht im Abwasser aus dem Fotolabor entsprechende Beachtung zu schenken. Als Faustwert wird empfohlen, bei einer Silberkonzentration von mehr als 0,5 mg/l Maßnahmen zur Vermeidung, Verminderung oder Behandlung des Abwassers zu ergreifen.

Maßnahmen zur Abwasservermeidung, -verminderung und -behandlung

Zunächst gilt es, bei der Beschaffung der Fotochemikalien darauf zu achten, daß biologisch schwer abbaubare Inhaltsstoffe, wie z. B. EDTA nicht eingesetzt werden. Die getrennte Erfassung von Fixier-, Entwickler-, Bleich- und Bleichfixierbädern sowie deren Badüberläufe sollte als eine Selbstverständlichkeit betrachtet und unter allen Umständen, auch bei insgesamt gering anfallenden Mengen, vorgenommen werden. Ferner ist die Verschleppung von außen am Entwicklungsgut anhaftenden Badresten durch entsprechend ausreichende Abtropfzeiten oder durch Abstreifer oder Luftdüsen herabzusetzen. Entscheidende Voraussetzungen für alle Maßnahmen sind die optimale Einstellung der Entwicklungsmaschinen sowie die Getrennthaltung der Altfotochemikalien.

Bei der getrennten Sammlung und Entsorgung der gebrauchten Chemikalien als Abfall sind folgende Abfall-Schlüsselnummern zu beachten:

Abfallart	Abfall-Schlüsselnummer
Bleichbäder	52701
Fixierbäder	52707
Entwicklerbäder	52723

Fixierbäder bleiben nach praktischen Erfahrungen bis zu einem Silbergehalt von 4000–5000 mg/l wiederverwendbar. Der Silbergehalt kann mit käuflichen Teststäbchen überprüft werden. Diese simple Form des Recyclings bietet sich vor allem für Kleinbetriebe oder für Entwicklungsmaschinen mit geringem Durchsatz ohne Anschluß an eine Entsilberungsanlage an.

Für die Beseitigung der gebrauchten Fotochemikalien wird grundsätzlich empfohlen, diese Altchemikalien durch Entsorgungsunternehmen einer stofflichen Verwertung zuführen zu lassen. Beim Fachverband der Photochemischen Industrie e.V. kann eine Entsorger-Liste für verbrauchte Fotochemikalien angefordert werden. Die Entsorgungskosten für 1 Liter gebrauchter Chemikalien belaufen sich im Regelfall auf 1,20 bis 2,00 DM, wobei der Silberanteil im Fixierer rückvergütet wird [22].

Die Verwertungsfirmen sammeln die Fotochemikalien, die flächendeckend über das gesamte Bundesgebiet anfallen. Sie sind damit in der Lage, große Mengen zu verarbeiten und dafür auch kompliziertere Verfahren wirtschaftlich zum Einsatz zu bringen. Ein Beispiel hierfür ist das von der Gesellschaft für umweltfreundliche Wertstoffaufbereitung in Mainz entwickelter Verfahren, das aus drei Verfahrensabschnitten besteht [23]:

1. Elektrolyse
   (Silberabtrennung auf 1 mg/l);
2. Physikalische Aufbereitung
   (Eindampfung der entsilberten Fixierbäder mit Vakuum-Naturumlaufverdampfer, anschließend Zentrifugation zur Rückgewinnung des Ammoniumthiosulfats);
3. Chemische Aufbereitung
   (Oxidative Behandlung der Restlauge mit Luft und H_2O_2 und Fällung der Sulfate mit Kalkmilch zu Gips).

Die Kosten für dieses sehr aufwendige Aufbereitungsverfahren werden mit nur 0,40 DM/Liter Abfall-Lösung angegeben.

Die Einrichtung einer Behandlungsanlage für gebrauchte Fotochemikalien und das Spülwasser aus der Filmentwicklung empfiehlt sich für eine Siebdruckerei erst bei größeren Mengen. Bei der Fixierbad-Entsilberung, die im Regelfall elektrolytisch durchgeführt wird, lohnt sich die Aufarbeitung erst ab einer Jahresanfallmenge von etwa 2500 Liter Fixierbad. Ein Liter Fixierbad enthält durchschnittlich etwa 2 g Silber, das entspricht einer Silbermenge von etwa 5 kg. Solche Mengen sammeln sich bei einem kleinen Fotolabor nicht an, so daß als Vorzugslösung die Entsilberung durch Verwertungsfirmen in Betracht kommt.

Beispiel für ein Verfahren zur Kreislaufführung des Fixierers mit Entsilberung ist das sog. agFix-Verfahren der Firma enVIRO-cell Umwelttechnik GmbH, Oberursel [24]. Beim Fixierbad-Recycling nach diesem Verfahren wird das Fixierbad elektrolytisch auf einen Wert von < 15 mg/l Silber entsilbert und anschließend in den Prozeß zurückgeführt. Damit läßt sich der Verbrauch an Fixierbad um mindestens 50% senken. Durch die niedrige Silberkonzentration im Fixierer ist die Verschleppung ins Spülbad wesentlich geringer. Die Anlage zum Fixierbad-Recycling läßt sich ergänzen durch eine Anlage zur Fixierbad-Entsilberung und Spülwasserbehandlung. In diesem Anlagenmodul erfolgt die elektrolytische Rest-Entsilberung bis auf eine Konzentration von < 0,7 mg/l Silber.

Als weiteres Beispiel für eine Anlagenkonfiguration zum Fixierbadrecycling, zur Waschwasserentsilberung und -kreislaufführung ist das modulare System DORYS der Firma Dornier GmbH, Friedrichshafen zu nennen. Die verschiedenen Anlagen werden mit der Entwicklungsmaschine im Stand-by-Verfahren gekoppelt. Die Größe der Module (ca. 40 cm · 44 cm · 144 cm – Breite · Tiefe · Höhe) gestattet die Unterbringung in jedem Fotolabor.

Das Modul DORYS-E zum Fixierbadrecycling und zur Silberrückgewinnung aus der Schwarzweißverarbeitung tauscht das Fixierbad der Entwicklungsmaschine durch eine eingebaute Pumpe in einem geschlossenen Kreislauf aus. Die Silberkonzentration wird ständig überwacht und auf einem niedrigen Wert konstant gehalten, ohne das Fixierbad zu zersetzen. Ein Aktivkohlefilter reinigt das Fixierbad von verschleppten Entwicklersubstanzen. Nach Angaben des Herstellers ermöglicht das Modul DORYS-E bei entsprechend angepaßter Regenerierung eine Mengenersparnis von bis zu 80% der Fixierbadchemikalien. Dementsprechend verringern sich die Fixierbad- und Entsorgungskosten. Darüber hinaus wird durch den konstant niedrigen Silbergehalt im Fixierbad weniger Silber in die Wässerung verschleppt, so daß im Regelfall auf eine Spülwasser-Entsilberung verzichtet werden kann. Die Anschaffungskosten betragen ca. 10 000,– DM (ohne gesetzl. MwSt.).

Weitere nachrüstbare Module werden von dieser Firma unter der Produktbezeichnung DORYS-I zur Spülwasserentsilberung und unter der Produktbezeichnung DORYS-K zur Waschwasserkreislaufführung angeboten [25].

Anlagen zur Kreislaufführung des Entwicklers mit Filtrierung werden mit oder ohne Additiv-Zusatz angeboten. Diese Anlagen müssen gut auf die Funktion und Kapazität der Entwicklungsmaschine abgestimmt werden. Die letzte Ausbaustufe einer Vor-Ort-Behandlung besteht in der Kreislaufführung des Spülwassers. Hierbei kommen vor allen Dingen Ionenaustauscher oder Silberadsorptionsmittel zum Einsatz. Für ein komplettes System zur Behandlung von Entwickler, Fixierer und Spülwasser muß mit einem Preis von ca. 20 000 DM gerechnet werden. In der Ausbaustufe lediglich für Fixierer und Entwickler ist mit Investitionskosten von ca. 10 000,– DM zu rechnen (s. o.).

Für Siebdruckereien, die Probleme mit der Einhaltung des Silbergrenzwertes im Abwasser aus dem Fotolabor haben, aber eine Recyclinganlage wegen der hohen Anschaffungskosten nicht wirtschaftlich betreiben können, existieren mit einfachen Adsorptionsanlagen für das Spülwasser kostengünstige Alternativen. Vorausgesetzt wird dabei, daß die anfallenden gebrauchten Entwickler-, Fixierer-, Bleich- oder Bleichfixierbäder als Abfall gesammelt und einem Entsorger angedient werden.

Beispiel für eine preisgünstige Adsorptionsanlage zur Spülwasserbehandlung ist das sog. DIAKAT-Verfahren der Firma Diehl-Umwelttechnik GmbH in Remscheid [26, 27]. Das System arbeitet mit einem Adsorber-Granulat, das im wesentlichen aus aufgeschäumtem Ton, metallischem Eisen und Kalk besteht. Es kann unselektiv bis zu 13 % Massenanteil Schwermetalle aufnehmen. Durch den Reinigungsprozeß werden praktisch alle Schwermetalle, wie z. B. Chrom, Zink, Kupfer, Blei und Silber und die Anionen Fluorid, Sulfat und Phosphat erfaßt.

Die Anlagen werden in Reaktorgrößen von 0,1, 0,5, 1,0 und 2,5 m³ Inhalt angeboten. Wenn die Adsorptionskapazität des Materials erschöpft ist, wird der komplette Reaktor ausgetauscht. Der Behandlungspreis liegt nach Angaben des Herstellers zwischen 0,45 und 0,80 DM pro m³ Abwasser. Die Eliminierungsleistungen liegen nach Literaturangaben oberhalb von 90 %. Die Ablaufkonzentrationen lagen stabil unterhalb von 0,1 mg/l Schwermetall. Damit können alle Silbergrenzwerte mühelos eingehalten werden.

Die Adsorption der Schwermetalle gelingt auch mit dem Adsorbensmaterial METASORB-W, das von der METASORB Abwassertechnologien GmbH, Dormagen angeboten wird [28]. METASORB-W ist ein spezielles Aluminium-Silicat, dessen Schwermetallbindung durch eine patentierte Aktivierung bedeutend erhöht wurde. Technisch erfolgt die Behandlung analog zum DIAKAT-Verfahren, in dem das belastete Abwasser in Reaktoren über das Granulat perkoliert. Dabei werden die Schwermetalle irreversibel am Granulat gebunden. Die Aufnahmefähigkeit von METASORB-W wird mit ca. 6 % Massenanteil angegeben. Die Entsilberung von Fotoabwasser wird als Einsatzgebiet ausdrücklich genannt, allerdings wird an anderer Stelle als Einsatzgrenze ein maximaler Schwermetallgehalt von 250 mg/l angegeben. Im Spülwasser hat man erfahrungsgemäß jedoch häufig Silberkonzentrationen von 2000 mg/l. Hier muß der Siebdrucker dem Anbieter entsprechende Vorgaben machen. In jedem konkreten Anwendungsfall empfiehlt es sich ohnehin, mittels geeigneter Vorversuche zu überprüfen, ob die seitens der Behörde oder des Betreibers der öffentlichen Abwasseranlagen gesetzten Grenzwerte sicher erreicht werden können. Die Kosten für die Abreinigung von 1 m³ Abwasser mittels METASORB-W werden mit weniger als 1,50 DM/m³ angegeben, wobei Anlagenkosten und Materialverbrauch bereits mit eingerechnet sind.

1.6.3.3
Abwasser aus der Siebreinigung und -entschichtung

Abwasseranfall und -inhaltsstoffe

Beim Siebdruck werden die fotosensibel beschichteten Gewebe belichtet, entwickelt und die Druckfarbe wird mit Rakeln durch die freien Stellen des Gewebes auf den Bedruckstoff übertragen. Die bildgemäß abgedichtete Schablone (Sieb) kann auf verschiedene Weise hergestellt werden. Beim sog. Direktverfahren erfolgen die Beschichtung des Drucksiebs mit fotosensibler Kopieremulsion oder -film und die Belichtung sowie Entwicklung im Sieb. Im Gegensatz dazu findet beim Indirektverfahren der Belichtungs- und Entwicklungsprozeß außerhalb des Drucksiebes statt. Der entwickelte Film wird anschließend an der Unterseite des Siebs angebracht. Für bestimmte Fälle haben sich in der Siebdruckpraxis auch Kombinationen aus Direkt- und Indirektverfahren bewährt.

Allen Verfahren der Schablonenherstellung ist gemeinsam, daß wasserlösliche Basispolymere durch Sensibilisatorsysteme fotovernetzt werden. Dabei wird die Schablone an definierten Stellen für flüssige Medien undurchlässig gemacht, dies geschieht in der Praxis durch UV-Belichtung. Der Vorgang wird durch die in den Kopieremulsionen oder Filmen eingelagerten lichtempfindlichen Komponenten ermöglicht. Eine Übersicht der Beschichtungsverfahren und der dabei zum Einsatz kommenden Stoffmatrix gibt die folgende Tabelle 1.7.

Bei direktbeschichteten Sieben wird die Kopierschicht nach Erledigung des Druckauftrags i.d.R. wieder mit periodathaltigen Mitteln entfernt. Bei der Entschichtung von Indirektgelatinefilmen werden dagegen Produkte auf Enzym- oder Milchsäurebasis eingesetzt, da hier Entschichter auf Periodatbasis versagen. Auf den Einsatz von Chlorbleichlauge sollte wegen der damit verbundenen AOX-Bildung auf jeden Fall verzichtet werden.

Tabelle 1.7. Übersicht der Beschichtungsverfahren und Stoffmatrix (nach Studenroth [29])

	Direktverfahren		Indirektverfahren
	Kopieremulsion	Direktfilm	Indirektfilm
wasserlösliche Basispolymere:	Polyvinylalkohol	Polyvinylalkohol	Gelatine

lichtempfindliche Komponenten:	– Diazoniumharze,
	– fotoinitiierte Acryl-
	  phasen,
	– SBQ-Fotopolymer-
	  Emulsionen[a]
		– Diazoniumharze,
		– fotoinitiierte Acryl-
		  phasen,
		– SBQ-Fotopolymer-
		  Emulsionen
			– Eisen-(III)-Salze
			  (auch Chrom-(VI)-
			  Salze sind möglich,
			  werden aber wegen
			  ihres Gefährdungs-
			  potentials kaum
			  noch eingesetzt)

[a] SBQ: Stilbenium quaternized.

Unabhängig von der Art der verwendeten Kopierschicht und dem jeweils gewählten Farbsystem muß die Siebdruckform in bestimmten Abständen von anhaftenden Farbresten durch *Siebwaschen* befreit werden. Das Waschen der Siebdruckschablonen kann entweder manuell oder in geschlossenen Siebwaschautomaten erfolgen. Als Waschmittel kommen Lösemittel zum Einsatz (meist in Form spezieller Zubereitungen oder Gemische), die auch in den verschiedenen Siebdruckfarben verwendet werden. Eine Übersicht häufig verwendeter Lösemittel enthält Abb. 1.19.

Anlagen für die manuelle Siebwäsche bestehen im Regelfall aus einer Waschwanne, die seitlich und nach oben mit einem Spritzschutz versehen ist. Unterhalb der Wanne ist ein Lösemittelbehälter mit einer Pumpe angeordnet, die das Lösemittel über einen geerdeten Spezialschlauch einer Bürste zuführt. Unverzichtbares Ausstattungsmerkmal ist eine Abluft-Absaugung. Je nach Art der eingesetzten Lösemittel kann auch eine Ex-Schutzausrüstung erforderlich sein.

Die manuellen Siebwaschanlagen können wegen ihrer offenen Bauweise Quelle von Arbeitsschutz- und Abluft-Problemen sein. Aus diesem Grund werden sie mehr und mehr durch geschlossene Siebwaschautomaten abgelöst, die den heutigen Stand der Technik markieren. Die in automatischen Siebwaschanlagen ablaufenden Prozesse sind schematisch in Abb. 1.20 dargestellt.

Die zu reinigenden Siebe werden in die automatische Siebwaschanlage eingeschoben und bei geschlossener Tür gewaschen. Häufig sind die Anlagen mit zwei getrennten Tanks ausgestattet, aus denen die Lösemittel entnommen und mittels Druck auf die zu reinigenden Siebe gesprüht werden. Die beim Reinigungsprozeß abtropfenden Lösemittel mit den gelösten Farbrückständen gelangen in diese Tanks zurück. Sofern getrennte Tanks vorhanden, wird der Vorwaschgang meist mit bereits gebrauchtem Lösemittel vorgenommen. Das Klarspülen erfolgt dann mit wenig oder ungebrauchtem Lösemittel. Wird die Tür der automatischen Siebwaschanlage zur Siebentnahme geöffnet, schaltet sich automatisch eine zusätzliche Absaugung der Türöffnung ein. Damit werden Lösemittelemissionen in den Arbeitsraum weitestgehend vermieden. Nach Verlassen der Siebwaschanlage wird das Sieb getrocknet. Die dabei anfallende Abluft wird abgesaugt und häufig einer Abluftbehandlung zugeführt. Je nach Größe und Verschmutzungsgrad der Siebe können mehrere Waschgänge durchgeführt werden. Hat sich das Lösemittel soweit mit Farbrückständen angereichert, daß kein befriedigendes Reinigungsergebnis mehr erzielt werden kann, muß das Lösemittel aus dem Waschkammertank abgezogen und durch ungebrauchtes Lösemittel ersetzt werden. Im Regelfall wird das verunreinigte Lösemittel entweder zur externen Aufarbeitung abgegeben (z. B. Rückgabe an den Lieferanten), der Entsorgung zugeführt oder im eigenen Unternehmen destillativ aufgearbeitet. Recyclat wird in die Anlage zurückgeführt, dabei müssen nur die Verluste ersetzt werden. Der gesamte Vorgang ist somit i. d. R. abwasserfrei.

Die Prozesse zur *Siebentwicklung und -entschichtung* sind immer mit einem Abwasseranfall verbunden. Auch diese Prozesse können sowohl manuell als auch in automatischen Anlagen erfolgen.

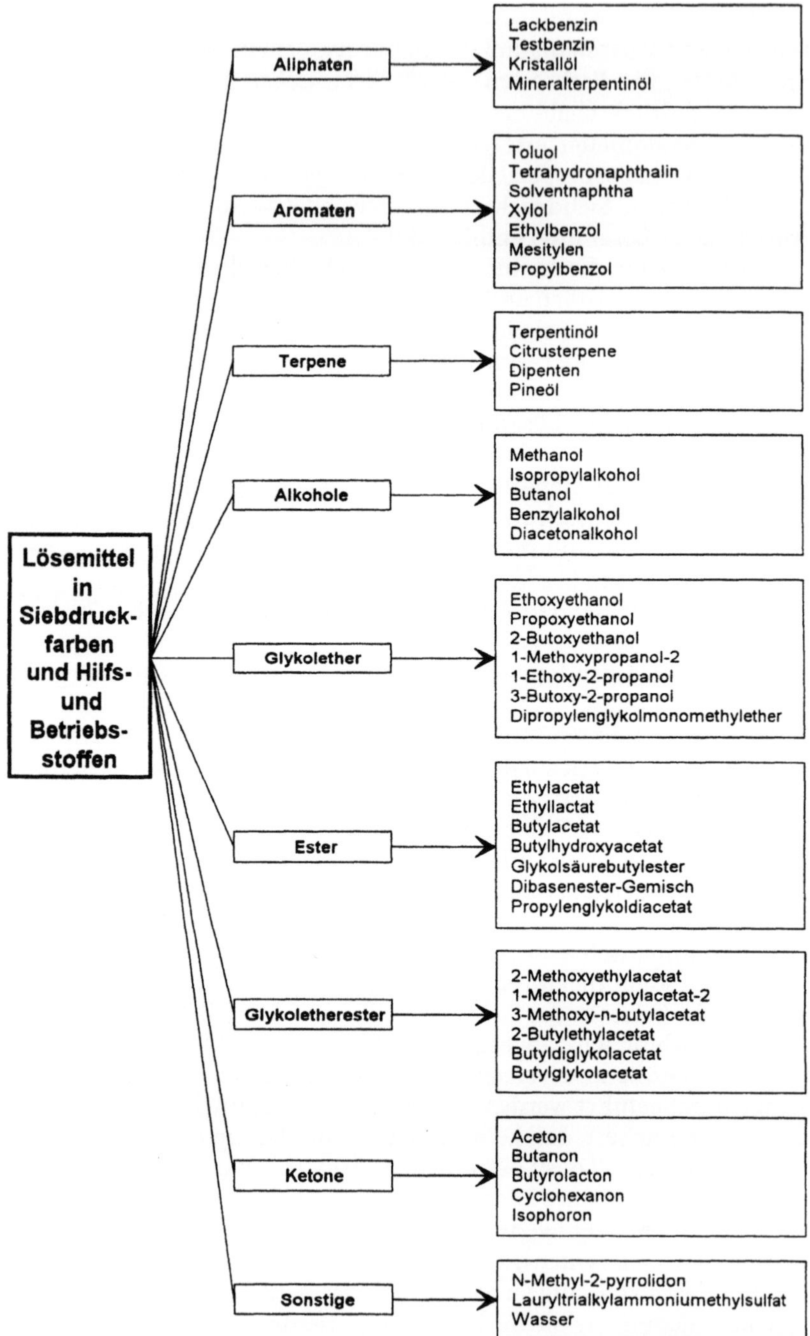

Abb. 1.19. Übersicht der gebräuchlichen Lösemittel für Siebdruckfarben sowie Hilfs- und Betriebsstoffe im Siebdruck

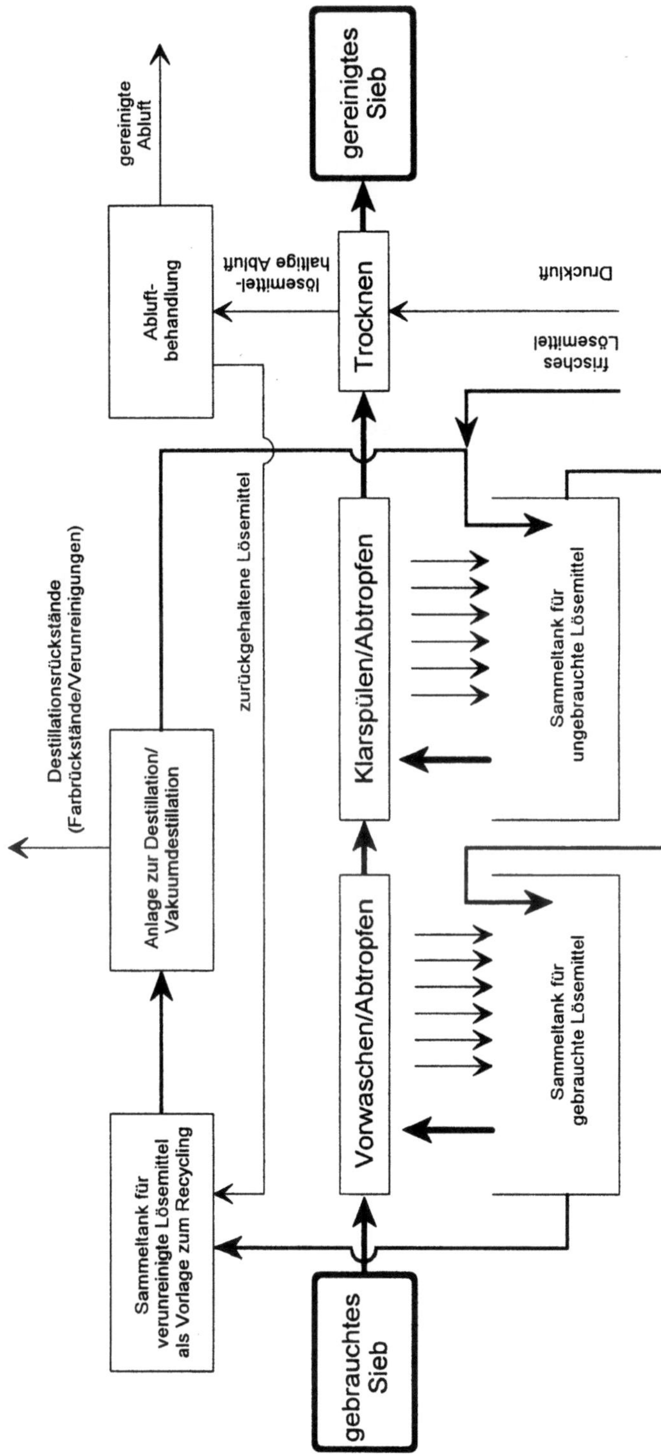

Abb. 1.20. Schematische Darstellung der Prozesse bei der Siebreinigung in automatischen Siebwaschanlagen (Beispiel, mit Lösemittelrecycling und Abluftbehandlung)

Bei der Siebentwicklung wird durch Hochdruckspülen die nicht entwickelte Kopierschicht des Siebs an jenen Stellen entfernt, die für die Siebdruckfarbe durchgängig zu machen sind. Besondere Chemikalienzusätze sind hierbei i.d.R. nicht erforderlich, das Ausspritzen der nicht vernetzten Kopierschichten erfolgt mit Wasser. Bei der Siebentschichtung hingegen werden die durch die UV-Belichtung vernetzten Kopierschichten von den Siebgeweben entfernt. Dabei ist der Einsatz entsprechender chemischer Entfettungs- und Entschichtungsmittel unumgänglich.

Manuelle Siebentschichtungsanlagen bestehen, ähnlich wie manuelle Siebwaschanlagen, im wesentlichen aus einer Wanne mit Rückwand, Gerätedach und Seitenverkleidung. Die Hochdruckspritzpistole, mit der das in die Wanne eingelegte Sieb entschichtet wird, ist über einen flexiblen Schlauch angeschlossen. Unter der Wanne können z.B. Anlagen zur Abwasserbehandlung (Schwerkraftabscheider) angeordnet werden.

Unverzichtbarer Bestandteil einer manuellen Siebentschichtungs- und -entwicklungsanlage sollte eine Absaugvorrichtung für die entstehenden Aerosole (Sprühnebel) sein. Falls der Effekt dieser Absaugung nicht ausreicht, empfiehlt sich zusätzlich die Verwendung einer Schutzmaske.

Manuelle Entschichtungsanlagen besitzen meist einen verschließbaren Abfluß der Wanne. Kleinstanwender, die nicht über Abwasserbehandlungsanlagen verfügen, können damit das beim Entschichten bzw. Entwickeln von Sieben anfallende belastete Abwasser getrennt auffangen und als Abfall entsorgen.

Manuelle Entschichtungsverfahren als wesentliche Quelle der Abwasserbelastung werden heute nur noch in kleinen Betrieben angewendet, wo eine automatische Anlage aus Kostengründen nicht in Frage kommt. Stand der Technik ist der geschlossene Siebentschichtungsautomat. Die in diesen Anlagen ablaufenden Prozesse sind beispielhaft in Abb. 1.21 wiedergegeben.

Ein wichtiger Vorteil der automatischen gegenüber der manuellen Siebentschichtung ist der Prozeßverlauf in einer gekapselten Anlage. Gleichzeitig wird durch präzise Dosierung der Bedarf an Entschichtungs- und Entfettungschemikalien auf ein Minimum reduziert. Dementsprechend gering ist die anfallende und zu behandelnde Abwasserfracht.

Ähnlich wie bei der automatischen Siebwäsche erfolgt bei der automatischen Siebentschichtung die Applikation der Behandlungsmittel i.d.R. durch Aufsprühen auf die zu behandelnden Siebe. Hochdruckwasser, Frischwasser und die eingesetzten Chemikalien haben im Regelfall jeweils eigene Sprühsysteme mit Pumpen, Verrohrung, Sprüharmen und -düsen, so daß eine Vermischung vermieden wird. Je nach Anlagenkonfiguration stehen zwei oder mehrere Chemikaliensysteme zur Verfügung.

Das anfallende Abwasser enthält vor allem Farbreste (Pigmente, Farbstoffe), Bestandteile der Kopierschichten (Fotoemulsionen, Schichtreste, Siebfüller) und der Siebbehandlungschemikalien sowie deren Umsetzungsprodukte. Es wird in den meisten Siebdruckereien heute noch ohne Behandlung der Kanalisation zugeführt. Wichtig ist, daß die zur Siebentschichtung kommenden Siebe vorher gründlich gereinigt und getrocknet wurden, damit die Lösemittelverschleppung in das Abwasser gering gehalten wird.

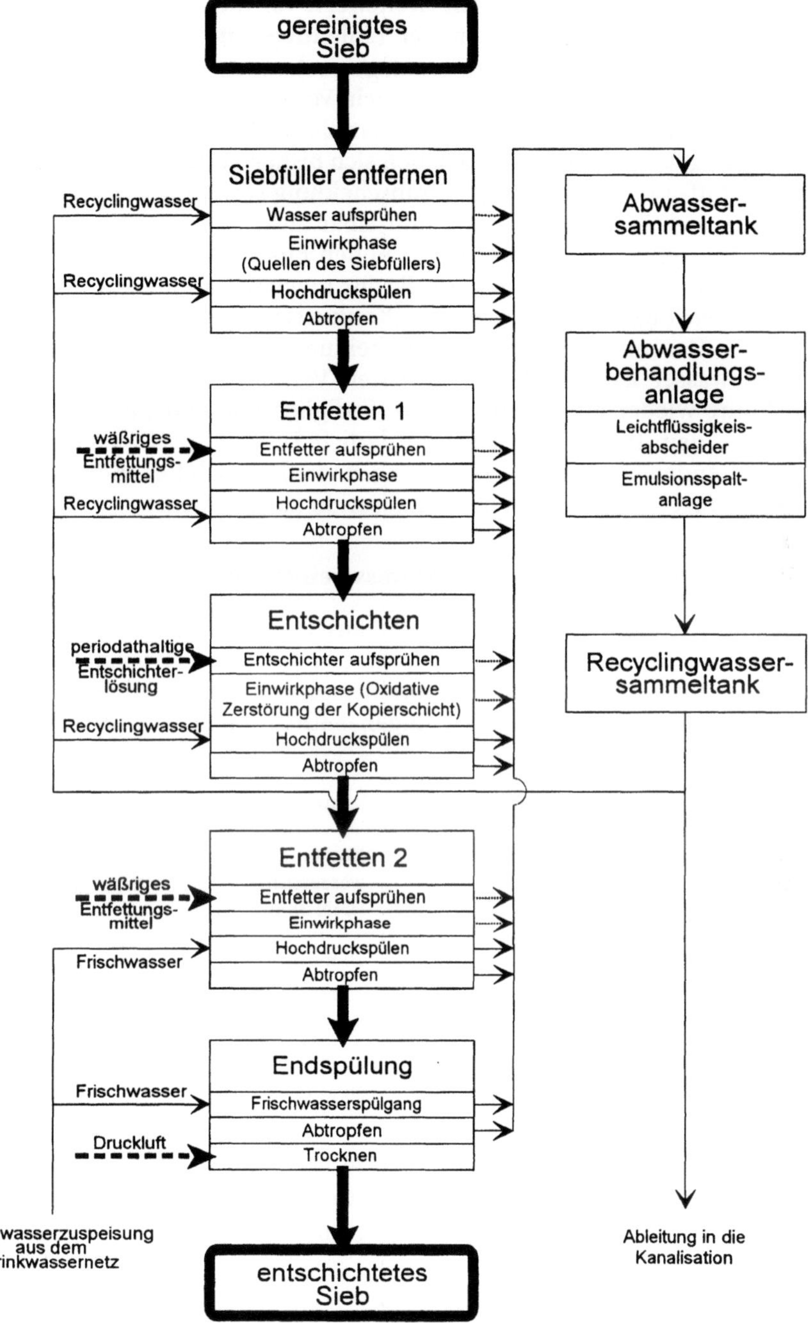

Abb. 1.21. Schema der Prozesse bei der Siebentschichtung in einer automatischen Siebentschichtungsanlage (Beispiel)

Werden die relevanten Grenzwerte für die Ableitung in die Kanalisation überschritten, mußt vor der Einleitung eine Behandlung erfolgen. Soweit eine Abwasserbehandlungsanlage vorhanden ist, wird das Abwasser zunächst in einem Vorlagetank gesammelt. Von dort wird es diskontinuierlich der Behandlung zugeführt. Für die Behandlung des Abwassers aus der Siebentwicklung und -entschichtung haben sich bisher Verfahrenskombinationen aus Feststoff- und Leichtflüssigkeitsabscheidung sowie Emulsionsspaltung in der Praxis bewährt. Eine daran unmittelbar anschließende Aktivkohlefiltration macht wenig Sinn, da wegen der hohen Eingangs-CSB-Konzentrationen bis zum Durchbruch des Filters i.d.R. nur unwirtschaftlich kurze Laufzeiten von wenigen Tagen erreicht werden („Konkurrenzadsorption").

Das mittels Schwerkraftabscheidung und Emulsionsspaltung gereinigte Abwasser kann u.U. in den ersten Verfahrensschritten der Siebentschichtung wieder eingesetzt werden. Lediglich zur Endspülung ist Frischwasser aus dem Trinkwassernetz erforderlich. Die der Frischwasserzuführung entsprechenden Überschußwassermengen werden nach Behandlung aus dem Kreislauf durch Ableitung in die Kanalisation ausgeschleust.

Anforderungen an die Abwassereinleitung

Relevante Kriterien für das Abwasser aus der Siebentwicklung und -entschichtung sind vor allem CSB, Kohlenwasserstoffe bzw. Aromaten und AOX.

Einige willkürlich gewählte Beispiele für diesbezügliche Anforderungen in den kommunalen Satzungen enthält Tabelle 1.8. Wie daraus zu

Tabelle 1.8. Beispiele für Anforderungen in den kommunalen Satzungen

Ort	AOX	Aromaten (DIN 38407 Teil 9)	Kohlen-wasserstoffe (DIN 38409 H 18)	Bemerkungen, sonstige Kriterien
Asschaffenburg	1 mg/l		20 mg/l	
Aßlar	1 mg/l		20 mg/l	org. Lösemittel: 10 mg/l
Bad Wildungen	5 mg/l		20 mg/l	org. Lösemittel: 10 mg/l
Bamberg			20 mg/l	halog. Lösemittel: 1 mg/l
Fulda	1 mg/l		20 mg/l	org. Lösemittel: 10 mg/l
Gießen	0,5 mg/l		20 mg/l	
Kassel	1 mg/l		20 mg/l	CSB: 600 mg/l
Ludwigshafen	0,5 mg/l	10 mg/l	20 mg/l	
Mannheim			20 mg/l	für AOX gilt IndVO und zutreffender Anhang der Rahmen-AbwasserVwV
Marburg	0,5 mg/l	je Einzelstoff: 1 mg/l	20 mg/l	CSB: 600 mg/l, BSB$_5$: 500 mg/l
Nürnberg		20 mg/l	20 mg/l	
Paderborn	1 mg/l		20 mg/l	

ersehen ist, lehnen sich viele Anforderungen an das ATV-Arbeitsblatt A 115 an. Andererseits verdeutlicht die Tabelle auch die durchaus nicht unerheblichen Unterschiede.

Der CSB bewegt sich bei unbehandeltem Abwasser aus der Siebentwicklung und -entschichtung in der Größenordnung von 1000 bis maximal 5000 mg/l. Im Regelfall werden hinsichtlich der CSB-Konzentrationen keine Anforderungen in den kommunalen Satzungen gestellt. Auch das ATV-Arbeitsblatt sieht keine Begrenzung vor. Unabhängig davon kann ein über die CSB-Konzentration normal verschmutzten häuslichen Abwassers (ca. 600 mg/l) hinausgehender Wert zu Starkverschmutzerzuschlägen führen.

Sofern im Einzelfall die kommunale Entwässerungssatzung doch eine Begrenzung des CSB vorsieht, wird empfohlen, einen Zahn-Wellens-Test durchzuführen, um die biochemische Abbaubarkeit des Abwassers zu ermitteln. Zeigt sich dabei, daß das Abwasser gut abbaubar ist (> 70 % Eliminierung), kann der Kläranlagen-Betreiber ggf. doch zu einer Zustimmung zur Einleitung des Abwassers bewegt werden, soweit nicht noch andere Kriterien überschritten sind.

Die AOX-Konzentrationen im unbehandelten Abwasser aus der Siebentwicklung und -entschichtung liegen in der Größenordnung von 1 bis 3 mg/l. Extremwerte von mehr als 10 mg/l sind, soweit bei der Auswahl der Entschichtungschemikalien auf hypochlorit- oder aktivchlorhaltige Mittel verzichtet wurde, im allgemeinen auf fehlerhafte Analytik zurückzuführen. Die Befunde hinsichtlich der Summe der Aromaten liegen normalerweise bei 0,5 bis 1 mg/l. Bei den Mineralölkohlenwasserstoffen nach DIN 38409 H 18 werden i. d. R. Konzentrationen im Bereich von 0,1 bis 10 mg/l gemessen, also weit unterhalb der Anforderungen der kommunalen Satzungen. Alle Befunde hängen aber – siehe oben – sehr stark von den eingesetzten Stoffen und der vorhandenen Anlagentechnik ab.

Maßnahmen zur Abwasservermeidung, -verminderung und -behandlung

Wichtigste Maßnahme zur Reduzierung der Abwasserlast ist eine gewissenhafte Auswahl der einzusetzenden Chemikalien. Schadstoffe, die nicht eingesetzt werden, können im Abwasser gar nicht erst auftreten und demzufolge auch keine unliebsamen Probleme und Kosten verursachen.

Hier sind insbesondere folgende Ansatzpunkte zu nennen [30]:

- Verzicht auf dichromatsensibilisierte Kopierschichten
- Einsatz weitestgehend schwermetallfreier Farbsysteme
- Einsatz wasserbasierter oder lösemittelarmer Farbsysteme
  (soweit konventionelle schwermetall- oder lösemittelhaltige Farbsysteme z.B. aus Gründen der Witterungsbeständigkeit oder Farbechtheit nicht unverzichtbar sind)
- Auswahl von Lösemittel mit geringem Aromatenanteil
- Verzicht auf hypochlorit- oder aktivchlorhaltige Chemikalien zur Siebentschichtung/Geisterbildentfernung

Hinsichtlich der Anlagentechnik ist eindeutig automatischen Siebentwick-
lungs-, reinigungs- und -entschichtungsanlagen der Vorzug zu geben. Das be-
trifft vor allem den Abwasseranfall: Tests ergaben, daß der spezifische Was-
serverbrauch bei der manuellen Siebentwicklung mit ca. 20 l/m² Siebfläche, bei
der manuellen Siebentschichtung mit ca. 70 l/m² zu veranschlagen ist [31].
Automatische Anlagen kommen mit etwa einem Drittel dieser Wassermengen aus; sind Anlagen zur Abwasserbehandlung angeschlossen, kann durch
Kreislaufführung der Wasserbedarf bei der Entschichtung bis auf 10%
reduziert werden.

   Wird zum Recycling des eingesetzten Prozeßwassers oder wegen
der Überschreitung relevanter Grenzwerte eine Behandlung der Abwässer aus
der Siebentwicklung, -nachbehandlung und -entschichtung erforderlich,
kommen heute vor allem Anlagen zur Schwerkraftabscheidung und Emulsionsspaltung zum Einsatz. Ein Beispiel für die praktische Anordnung dem-
entsprechender Anlagen zeigt Abb. 1.22.

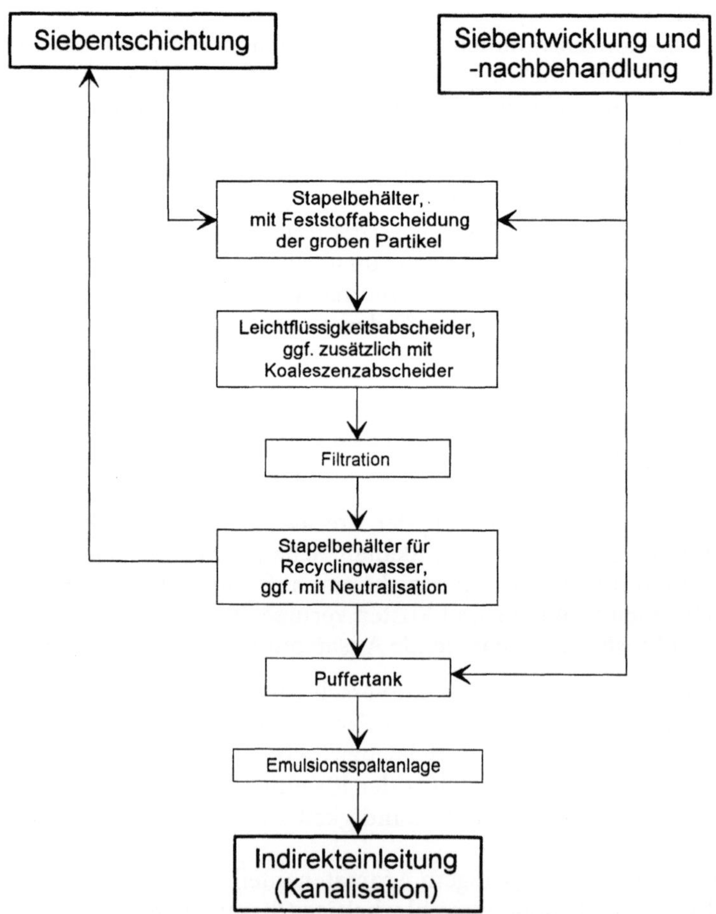

Abb. 1.22. Beispiel für die Behandlung der Abwässer aus der Siebkopie und -entschichtung

Im ersten Behandlungsschritt werden die mitgeschleppten Feststoffe abgesetzt. Hierfür kann z.B. der Kaskadenbehälter der Fa. Maschinenbau Bochonow, Besigheim-Ottmarsheim eingesetzt werden. Im Abwasser auftretende, ungelöste Mineralölbestandteile aus den Lösemitteln sind anschließend durch einen Leichtflüssigkeitsabscheider nach DIN 1999 zu entfernen. Dabei schwimmen oft auch leichte Farbpartikel mit auf, die ebenfalls zurückgehalten werden. Lösemittel im Abwasser können übrigens auch aus der Abluftbehandlung herrühren. Kondensierte Desorptionsdämpfe enthalten i.d.R. Lösemittel in Konzentrationen, die nicht einleitungsfähig sind. Als Beispiele für im Siebdruck bewährte Anlagen zur Abscheidung von Leichtflüssigkeiten sind der Spezialabscheider SOLVEX 50, der u.a. von REMCO Chemie, Heidelberg angeboten wird oder der SIRI-Leichtflüssigkeitsabscheider „H" von der Fa. Maschinenbau Bochonow, Besigheim-Ottmarsheim zu nennen.

Emulsionsspaltanlagen bestehen im wesentlichen aus einem Reaktionsbehälter mit Rührwerk oder hydrodynamischer Vermischung und einer Spaltmitteldosierung. Aus einem Abwassersammeltank als Vorlage werden die zu behandelnden Abwässer diskontinuierlich in den Reaktionsbehälter gefördert und bei laufendem Rührwerk mit dem Spaltmittel versetzt. Dabei flockt ein großer Teil der gelösten oder kolloidalen Schmutzstoffe (emulgierte Kohlenwasserstoffe, Feststoffe aus Kopieremulsionen, Farbreststoffe) aus. Nach Abschalten des Rührwerks vergrößern sich die Flocken und sedimentieren. Nach Einhaltung einer angemessenen Absetzzeit wird die Klarwasserphase in die Kanalisation abgeleitet. Der fest- und schwebstoffhaltige Schlamm wird z.B. in Filtersäcken zurückgehalten, die nach ausreichender Entwässerung entsorgt werden können. Emulsionsspaltanlagen werden einzeln oder im Verbund mit anderen Anlagen u.a. angeboten von esc. Borghoff & Wilk GmbH, Bad Salzuflen, sowie von SPS Siebdruckmaschinen GmbH, Wuppertal (SPS-AQUAPERM); REMCO Chemie, Heidelberg oder Maschinenbau Bochonow, Besigheim-Ottmarsheim in Zusammenarbeit mit ENVIRO-CHEMIE GmbH (SPLIT-O-MAT).

Auch andere technische Lösungen sind auf dem Markt. Die Fa. Dornier, Friedrichshafen bietet z.B. eine gemeinsam mit der KISSEL + WOLF GmbH, Wiesloch entwickelte Anlage zur Behandlung von Siebdruckabwässern an, deren Verfahrensprinzip auf dem Membrantrennverfahren mit den Bausteinen Ozonbehandlung und Querstrommikrofiltration beruht [32, 33]. Die Anlagen unter der Produktbezeichnung „AQUAZON" oder „DORA-6000" ermöglichen nach Herstellerangaben eine Recyclingrate von bis zu 90% der eingesetzten Wassermenge. Die Anlagenkapazität beträgt 2 bis max. 3 m³/d [34].

Ein erfolgversprechender Einsatz derartiger Verfahren erfordert allerdings auch eine sorgfältige Abstimmung der eingesetzten Chemikalien. Veränderungen im Betriebsregime sind z.B. der Ersatz organischer Lösemittel durch wäßrige Entfettungssysteme. Ferner sind gewisse fachliche Kenntnisse seitens des Bedienungspersonals für einen störungsfreien Betrieb unerläßlich.

Vom Grundsatz her sind noch weitere Verfahren wie Flotation oder biologische Behandlung der Abwässer möglich, haben sich aber bisher in der Praxis nicht durchsetzen können. Als aussichtsreich stellt sich die thermische Behandlung dar. Ein gegenwärtig laufender Pilotversuch zur Vakuumdestillation mit Brüdenverdichtung zeigt, daß der Abwasseranfall hier auf ein absolutes Minimum reduziert werden kann [35].

1.6.3.4
Absehbare zukünftige Entwicklungen

Auch im Siebdruck macht Produktions- oder prozeßintegrierte Umweltschutz Sinn. An dieser Stelle soll daher noch auf einige Entwicklungen eingegangen werden, die ganz im Sinne des integrierten Umweltschutzes liegen und bei Anwendung in der Praxis auf Anfallmenge und Beschaffenheit des Abwassers aus Siebdruckbetrieben maßgeblichen Einfluß nehmen können.

An erster Stelle ist die weitere Entwicklung auf dem Gebiet der *Computer- und Mikrosystemtechnik* zu nennen. Computer haben bereits heute in fast allen Siebdruckereien für Aufgaben der grafischen Gestaltung und des Desk-Top-Publishing (DTP) bei der Erstellung der Druckvorlagen Einzug gehalten. Gegenwärtig steht die Computertechnik an, den Weg von der Vorlage zum Sieb drastisch zu verkürzen. Mit der sog. *digitalisierten Direkt-Projektion* der Vorlage aus dem Computer auf die mit der Kopierschicht versehene Schablone entfallen die im konventionellen Verfahren notwendigen Arbeitsgänge im Fotolabor. Dabei wird ein Laserbelichter direkt vom Computer nach der per DTP erarbeiteten Vorlage gesteuert. Derartige Geräte werden von der Fa. Mografo, Billund (Dänemark) angeboten [36].

Ein weiteres Feld technischer Erneuerungen besteht in der Anwendung der Computertechnik für komplette *Farbmischsysteme*. Die Kopplung von immer perfekteren Farbmeßsystemen mit entsprechender Hard- und Software sowie computergestützter Wägetechnik erlaubt, die gewünschten Farbtöne fast verlustfrei zu mischen. Dabei können u. U. auch nicht mehr gebrauchte Restfarbbestände aus älteren Druckaufträgen wiederverwendet werden. Ein Beispiel hierfür ist das Farbmischsystem „C-MIX" der Fa. Wiederhold Siebdruckfarben, Nürnberg [37]. Es liegt auf der Hand, daß mit der Anwendung derartiger Technik vor allem Abfall, aber auch Abwasser eingespart wird.

Bei Anwendung von sog. *Schneidplottern* für den Zuschnitt großflächiger Beschriftungen oder einfacher Strichzeichnungen aus Schneidefilm bzw. -folien, z.B. für die Außenwerbung, steht schon eine Technik zur Verfügung, bei der im Siebdruckbetrieb keinerlei Abwasser mehr anfällt. Praktisch völlig abwasserfrei kann auch gearbeitet werden, wenn sog. *air-brush-Verfahren* zur Anwendung kommen, die von der Arbeitsweise her mit Tintendruckern vergleichbar sind. Die im Computer mittels DTP erstellte Vorlage dient dabei direkt zur Steuerung der Sprühköpfe. Die beim herkömmlichen Verfahren notwendigen Arbeiten im Fotolabor sowie die gesamte mit den Siebdruckschablonen zusammenhängenden Schritte entfallen. Diese Technik kann bisher jedoch nur bei Kleinstauflagen mit großen Formaten wirtschaftlich eingesetzt werden.

Fortschritte im Siebdruck zeichnen sich auch infolge der Anwendung neuester Ergebnisse aus der Materialforschung durch die Verfügbarkeit sogenannter **Nanodispersionen** ab: Dabei kann der Durchmesser der Ausgangsmaterialien z.B. für den Siebdruck elektronischer Bauteile auf 50 nm reduziert werden [38].

Die bisherige untere physikalische Grenze der konventionellen Fotolithographie liegt bei 100 nm.

Bei diesen Nanodispersionen herrschen in der Nähe der Grenzflächen andere molekulare Strukturen als im Innern. Die Grenzflächenphase bestimmt ab einer bestimmten Größenordnung die Eigenschaften dieser Materialien [39].

Als Vorteile der Anwendung dieser Materialien sind vor allem die Erhöhung der Auflösung (Konturenschärfe, Packungsdichte) und der sparsamere Materialeinsatz zu nennen. Allerdings steht z.Zt. einer breiten Anwendung der vergleichsweise hohe Preis dieser Materialien entgegen.

Weitere absehbare Entwicklungen liegen auf dem Gebiet der *prozeßnahen Recycling- und Behandlungstechnik* für siebdrucktypische Einsatz- und Hilfsstoffe und für Wasser. Die skizzierten Anlagen zum Recycling im Fotolabor sowie zur Wasserkreislaufschließung im Bereich der Siebkopie und -entschichtung werden ständig weiterentwickelt, wobei sicher vor allem die Integrierbarkeit neuer Systeme in bestehende Anlagen, die Größe dieser Geräte, ihre Bedienungs- und Wartungsfreundlichkeit und die Entsorgung unvermeidbar anfallender Reststoffe im Zentrum der Aufmerksamkeit stehen werden. Absehbar ist auch, daß sich die wirtschaftlichen Rahmenbedingungen für den Einsatz derartiger Anlagen verbessern werden, einerseits, weil die Preise bei weiterer Miniaturisierung und breiterer Anwendung dieser Anlagen eher fallen dürften und andererseits, weil die Kosten, Gebühren und Abgaben für die Einleitung von Abwasser, für Abfall und Abluft mit Sicherheit steigen.

Literatur

1. Lühr H-P, Staupe J (1986) Der Besorgnisgrundsatz beim Grundwasserschutz. Wasser und Boden, Heft 12
2. Gesetz zur Ordnung des Wasserhaushalts (Wasserhaushaltsgesetz – WHG) vom 23. September 1986 (BGBl 1986 Teil I Nr 50, S 1529) in der Fassung des Gesetzes zur Umsetzung der Richtlinie des Rates vom 27. Juni 1985 über die Umweltverträglichkeitsprüfung bei bestimmten öffentlichen und privaten Projekten (85/337/EWG) vom 12. Februar 1990 (BGBl 1990 Teil I Nr 6, S 205) § 7a Absatz 1. Satz 1
3. Gesetzlicher Rahmen für die Verwaltungsvorschriften veröffentlicht in: Mindestanforderungen an Abwassereinleitungen nach § 7a WHG, Verwaltungsvorschriften, Hinweise, Arbeitsunterlagen (Loseblattsammlung). Herausgeber: Bundesminister des Innern, Länderarbeitsgemeinschaft Wasser (LAWA) März 1982
4. Gesetz zum Schutz vor schädlichen Umwelteinwirkungen durch Luftverunreinigungen, Geräusche, Erschütterungen und ähnliche Vorgänge (Bundes-Immissionsschutzgesetz 4M BImSchG) in der Fassung der Bekanntmachung vom 14. Mai 1990 (BGBl 1990 Teil I S 880), zuletzt geändert durch Gesetz zur Erleichterung von Investitionen vom 22. April 1993 (BGBl 1993, Teil I S 466)
5. Verordnung über die Herkunftsbereich von Abwasser (Abwasserherkunftsverordnung – AbwHerkV) vom 3. Juli 1987 (BGBl 1987, Teil I, S 1578) in der Fassung des Gesetzes zur Regelung von Fragen der Gentechnik vom 20. Juni 1990 (BGBl 1990, Teil I, S 1080)

6. Kaltenmeier, D (1991) Umsetzung der Abwasserverwaltungsvorschriften im Bereich der Chemieindustrie. In: Korrespondenz Abwasser, 38. Jahrgang Heft 9, S 1192–1198

7. Anonymus (1994) Einleiten von nicht häuslichem Abwasser in eine öffentliche Abwasseranlage. ATV-Arbeitsblattt A 115, Stand: 7. Februar 1994

8. Anonymus: Produktionsintegrierter Umweltschutz. Förderkonzept des Bundesministeriums für Forschung und Technologie, Bonn, Januar 1994

9. Malle K-G (1993) Gewässerschutz in der Industrie. Wasser + Boden, Heft 6/93, S 38–41

10. Hassan A, Kostka S (1993) Methodik des produktionsintegrierten Umweltschutzes in der chemischen Industrie. Chem-Ing-Techn 65, Nr 4, S 391–400

11. Lenz H, Molzahn M, Schmitt D W (1989) Produktionsintegrierter Umweltschutz – Verwertung von Reststoffen. Chem-Ing-Tech 61, Nr 11, S 860–866

12. Christ C (1990) Vermeidung von Abfällen in der chemischen Industrie. Sonderdruck aus EntsorgungsPraxis Spezial Heft 1/1990

13. Anonymus (1991) Produktionsintegrierter Umweltschutz – oder: Wie es weitergeht. Denken Planen Handeln – Zum Weltbericht 1991 der BASF

14. Wintermantel K (1992) Umweltschutz wird Teil des Produktionsprozesses. VDI-Nachrichten Nr 39, S 13

15. Anhang 22 Mischabwasser. In: Allgemeine Verwaltungsvorschrift zur Änderung der Allgemeinen Rahmen-Verwaltungsvorschrift über Mindestanforderungen an das Einleiten von Abwasser in Gewässer vom 27. August 1991 (GMBl 1991 Nr 26, S 686)

16. Sterger O, Lüdtke T, Lange J, Bauer I (1994) Erarbeitung eines Konzepts zur Sanierung der Abwasserverhältnisse der LEUNA-WERKE AG Korrespondenz Abwasser, 41. Jahrgang, Heft 1/94, S 82–93

17. Deutsche Einheitsverfahren (1984) Bestimmung der biologischen Abbaubarkeit, statischer Test (L 25). DIN 58412, Teil 25, Januar 1984

18. Anonymus (1991) Abwasser der Druckindustrie. ATV-Hinweis H 703, September 1991

19. Anonymus (1992) Abfall vermeiden und verwerten: Geld sparen bei Photochemikalien. Umwelt-Tip 18/92, S 68 f

20. Anonymus (1991) Abwasser der Druckindustrie. ATV-Hinweis H 703, September 1991

21. Anonymus (1988) Abwasser fotografischer Verarbeitungsbetriebe (Großlabors). ATV-Merkblatt M 769, Entwurf Oktober 1988

22. Neumann P (1993) Abwässer aus Fotolaboren wiederverwerten. Umwelt Bd 23 Nr 3 – März, S 120 ff

23. Külps H-J, Gellermann S T, Neugebauer H (1992) Sekundärrohstoffe aus Abfall-Lösungen, Umweltwissenschaften und Schadstoff-Forschung – Zeitschrift für Umweltchemie und Ökotoxikologie Heft 4/1992 S, 132–135

24. Anonymus (1993) Sauberes Wasser in Fotolabors. UmweltContact Nr 4 August/September 1993, S 25

25. Dorys (1993) Dornier Recycling System für fotografische Entwicklungsprozesse. Informationsmaterial der Fa. Dornier GmbH, Deutsche Aerospace, Friedrichshafen, Stand Dezember 1993

26. Leismann H (1992) DIAKAT – ein Verfahren zur Schwermetallentfernung aus Galvanikabwässern. WLB Wasser, Luft und Boden 5, S 52 f

27. Leismann H (1992) Direkteinleitung von Schwermetallsalzen. WASSER BODEN LUFT Umweltschutz 5, S 23–24

28. Anonymus (1992) Schwermetall-Entfernung aus Grund- und Abwasser. WASSER BODEN LUFT Umweltschutz 9, S 22

29. Studenroth R (1990) Die Siebdruckform: Verfahren und Materialien für die Herstellung. Bundesverband Druck e. V. Abt Technik + Forschung, Wiesbaden

30. Anonymus (1992) Integrierter Umweltschutz für kleine und mittlere Druckereien – Branchenkonzept. AUTEC Ingenieurgemeinschaft für Anlagen- und Umwelttechnik, Berlin, November 1992

31. Anonymus (1992) Integrierter Umweltschutz für kleine und mittlere Druckereien – Branchenkonzept. AUTEC Ingenieurgemeinschaft für Anlagen- und Umwelttechnik, Berlin, November 1992, S 110

32. Schmidt H-J (1993) Mechanisch-physikalische Trennverfahren als Recyclingtechnik unter dem Kostenaspekt. In: Entsorgungspraxis 5, S 348 ff
33. Furtwengler H, Pschera S, Schmidt H-J (1993) Recycling von Siebdruckereiabwässern – Das Aquazon-System. In: Der Siebdruck Nr 4, S 108 ff
34. Schmidt H-J, Geisler G, Schultheiß H (1993) Die abwasserfreie Siebdruckerei. In: Wasser-AbwasserPraxis Nr 3, S 201–203
35. Deck W (REMCO-Chemie, Heidelberg) persönliche Mitteilung
36. Geiß H (1993) Die siebdruckgerechte Vorlage und die Veränderungen in der Druckvorstufe. Vortrag anläßlich der XIX. Woche der Druckindustrie, Fachveranstaltung Siebdruck am 28.10.1993
37. Anonymus (1993) Wiederhold steht für „Fortschritt". Siebdrucknachrichten Heft 2, Wiederhold Siebdruckfarben Coates Brothers GmbH, S 8–9
38. Guenther B (Frauenhofer-Institut für Angewandte Materialforschung, Bremen) persönliche Mitteilung
39. Martin G (1993) Nanotechnik erzeugt neue Werkstoffe für neue Anwendungen. In: VDI-Nachrichten Nr 47, vom 26.11.93, S 6

Abwasserreinigung bis zur Rezyklierfähigkeit

H. Brauer

2.1
Einleitung

Der nachhaltigste Schutz von offenen Gewässern vor Verschmutzung durch schadstoffbelastete Abwässer aus industriellen und gewerblichen Betrieben läßt sich durch abwassertechnische Entkopplung dieser Betriebe von der Umwelt erreichen. Dem mag auf den ersten Blick entgegenstehen, daß für viele Produktions- und Arbeitsprozesse das Wasser ein unabweisbarer Hilfsstoff ist und seine Belastung mit Schadstoffen kaum vermieden werden kann. Die „Produktion" von Abwässern ist demnach zwar einzuschränken, aber nicht vollständig vermeidbar.

Dem Ziel der Entkopplung der Abwasser produzierenden Betriebe von der Umwelt kann man sich jedoch durch konsequente Weiterentwicklung der Abwasserbehandlungsverfahren nähern. Das Ziel ist die Behandlung der Abwässer bis auf jene Qualität, die der industrielle Produktionsprozeß und der gewerbliche Verarbeitungsprozeß an die Qualität von Prozeßwasser vorschreiben. Das für diese Prozesse erforderliche Wasser muß im Kreislauf geführt werden. Die in das Wasser eingeleiteten Schadstoffe müssen durch zusätzliche Prozesse soweit entfernt werden, daß das Wasser die prozeßbedingte „Kreislauf-Qualität" hat. Mit anderen Worten: Das schadstoffbelastete Wasser muß bis zu seiner Rezyklierfähigkeit gereinigt werden.

Die sehr weit über die heute noch üblichen Vorstellungen hinausgehende Forderung nach Reinigung bis zur Rezyklierfähigkeit erfordert eine erhebliche Ausweitung und Verfeinerung der technischen Verfahren zur Abwasserbehandlung [1]. Dieses ist insbesondere dadurch bedingt, daß die „prozeßspezifischen" Anforderungen an die Wasserqualität sehr hoch sind. Im Gegensatz dazu sind die heute geltenden „umweltspezifischen" Anforderungen an die Qualität des eingeleiteten Wassers vielfach vergleichsweise gering. Bestünde diese Diskrepanz nicht, dann würde der Kreislauf des Wassers innerbetrieblich bereits geschlossen sein, womit eine Einsparung von Kosten verbunden wäre.

Die heute noch wichtigsten Verfahren zur Abwasserbehandlung sind die mechanischen und biologischen. Insbesondere in der chemischen Industrie werden Sonderabwässer, die einen erheblichen Anteil am gesamten Abwasseraufkommen darstellen können, bereits in den Produktionsbetrieben mittels thermischer, chemischer und auch membrantechnologischer Verfahren behandelt. In den meisten Fällen bleibt es jedoch bei einer Vorbehandlung, die so weit durchgeführt wird, daß die verbleibenden Schadstoffe in der nachfolgenden biologischen Stufe einer zentralen Behandlungsanlage keine Gefahren mehr für die Mikroorganismen darstellen. Die Absenkung dieser Gefahren wird jedoch in entscheidendem Maße durch Einmischen in den großen Abwasserstrom, der zur zentralen Abwasserbehandlungsanlage geleitet wird, erreicht.

Wird die Absenkung der Konzentration der Gefahrstoffe unter den für die Behandlungsanlage oder für die Umwelt zulässigen Wert durch Vermischung, oder „Verdünnung" erreicht, dann wird der Massenstrom der Schadstoffe nicht verändert. Durch zeitlich zunehmende Akkumulation in Organismen kann das Gefahrenpotential der Schadstoffe wieder ansteigen. Die Absenkung des Gefahrenpotentials durch „Verdünnung" der Schadstoffe kann also zeitlich nur von begrenzter Wirkung sein.

Trotz ihrer heutigen und sicher auch zukünftigen Bedeutung ist die Wirkung der biologischen Verfahren stark eingeschränkt. Sie können das Abwasser nur vorbehandeln, nicht aber in dem Maße, wie es zum nachhaltigen Schutz der Umwelt oder zur Rückführung als Prozeßwasser erforderlich ist, reinigen. Die biologischen Verfahren müssen in Zukunft verstärkt in ein integriertes System, zusammen mit den physikalischen und chemischen Verfahren eingebunden werden. Diese Integration ermöglicht die konsequente Weiterentwicklung der modernen Strategie zur Abwasserreinigung, die zu einem innerbetrieblich geschlossenen Wasserkreislauf führt.

2.2
Verpflichtung zum Wasserkreislauf

Die Schaffung geschlossener Wasserkreisläufe zwingt zur Entwicklung einer neuen Strategie der Abwasserbehandlung. Die bereits mit großem Erfolg eingeleiteten prozeßintegrierten Maßnahmen, die zum Teil zu einer drastischen Einschränkung des Wasserverbrauchs und der Wasserverschmutzung geführt haben, bedürfen der Ergänzung. Jeder Produktionsbetrieb muß zur Realisierung geschlossener Wasserkreisläufe verpflichtet werden und somit die Behandlung der erzeugten Abwässer in eigener Verantwortung übernehmen. Wer die Schadstoffe produziert und in das Wasser transferiert, ist besser als jeder andere über die Eigenschaften der Schadstoffe informiert. Diese Kenntnisse bilden die beste Grundlage für eine erfolgreiche Behandlung der Abwässer. Prozeßintegrierter Umweltschutz muß zum prozeßintegrierten Wasserkreislauf führen.

Die Verpflichtung der Betriebe zu einer betriebsautarken Wasserwirtschaft ist die uneingeschränkte Beachtung des im Umweltschutz geltenden Verursacherprinzips. Die Verantwortung für die Behandlung der produzierten Abwässer darf nicht an eine zentrale Kläranlage weitergereicht werden, auch dann nicht, wenn damit die Übernahme von Kosten verbunden ist.

Die erweiterte Strategie des prozeßintegrierten Umweltschutzes, die zur Schaffung betriebsinterner Wasserkreisläufe führt, ermöglicht die Abkehr vom Zentralismus, wie er mit der zentralen Kläranlage entwickelt wurde. Dieser Zentralismus stützte sich unter anderem auf das Argument, daß durch Vermischung von sehr unterschiedlichen Abwasserströmen die vorgesehene Behandlung erleichtert wird. Die Konzentration solcher Schadstoffe, häufig sind es die für die Umwelt gefährlichsten, die in der zentralen Anlage nicht abgeschieden werden können, wird durch Vermischung mit anderen Abwässern zumindest herabgesetzt. Die erzeugten Massenströme von derartigen Schadstoffen werden jedoch unvermindert in die Umwelt emittiert. Entscheidungen über die Wirkung von Schadstoffen allein auf deren Konzentration im Abwasser zu stützen, sind heute nicht mehr zulässig. Die Vorstellungen von Paracelsus sind in diesem Zusammenhang nicht mehr hinzunehmen. Vielfältige Erfahrungen mit den Wirkungen von Schadstoffen, die sich in Organen oder Organismen anreichern, bestätigen das.

Die Absenkung der Konzentration durch Verdünnung der Schadstoffe führt nur zu einer zeitlichen Verschiebung in der Feststellung der Wirkungen dieser Schadstoffe in der Umwelt. Die Abkehr von der zentralen Kläranlage und Hinwendung zur dezentralen Abwasserbehandlung, als Element des betriebsinternen Wasserkreislaufs, ist das Gebot der Stunde. Nicht die Verdünnung der Schadstoffe, sondern ihre Elimination wird gefordert.

Zur Erreichung dieses Zieles reichen die biologischen Verfahren nicht aus. Sie müssen in Verbund mit physikalischen und chemischen Verfahren eingesetzt werden. Die Grenzen, die den biologischen Verfahren auf Grund der bisherigen Erfahrungen gesetzt sind, werden im folgenden beispielhaft aufgezeigt.

2.3
Leistung und Grenzen der biologischen Abwasserbehandlung

Die Leistung und Grenzen der biologischen Abwasserbehandlung sollen am Beispiel von Hochleistungs-Bioreaktoren aufgezeigt werden, die sich in den Produktionsprozeß integrieren lassen und somit eine Behandlung des Abwassers direkt am Ort ihrer Entstehung ermöglichen.

2.3.1
Anforderungen an Hochleistungs-Bioreaktoren

Damit die Abwasserbehandlung in den Produktionsprozeß integriert werden kann, müssen die Hochleistungs-Bioreaktoren die folgenden allgemeinen Anforderungen erfüllen [2]:

- Geringes Bauvolumen und geringer Grundflächenbedarf.
- Geschlossene, emissionsdichte Bauweise.

- Hohe volumenspezifische biologische Umatzleistung.
- Hohe Flexibilität bei schwankenden Betriebsbedingungen.
- Unabhängigkeit von Scale up-Problemen

Zur Erfüllung dieser Forderungen muß der Hochleistungs-Bioreaktor die folgenden prozeßspezifischen Bedingungen realisieren [3]:

- Erzeugen von sehr kleinen Agglomeraten von Bakterien beziehungsweise von Einzelbakterien, damit für die biochemische Stoffumsetzung die größtmögliche Oberfläche zur Verfügung steht.
- Angepaßte mechanische Beanspruchung der Einzelbakterien zur Verstärkung der biochemischen Stoffumsetzung.
- Beschleunigung der Flockenbildung mit gleichzeitiger Flockenverdichtung bei der Sedimentation, die zur Erhöhung der Biomassekonzentration im Rücklauf und damit auch im Bioreaktor führt.
- Erzeugung sehr kleiner Luftblasen und ihre periodische Erneuerung zur Verbesserung des Sauerstoffeintrags in die Biosuspension mittels der zugeführten Luft. Die Verwendung reinen Sauerstoffs soll wegen der hohen Kosten vermieden werden.
- Intensive Vermischung aller in der Biosuspension befindlichen Komponenten und ihre gleichmäßige Verteilung im Bioreaktor.

Die Kombination dieser Eigenschaften hat zur Folge, daß die zur erfolgreichen Behandlung von hochbelasteten Abwässern in Bioreaktoren erforderliche Verweilzeit ungewöhnlich kurz und somit das Bauvolumen der Bioreaktoren entsprechend klein ist. Bioreaktoren mit diesen Eigenschaften nennt man Hochleistungs-Bioreaktoren. Als Beispiele sei auf die Entwicklung des Kompaktreaktors von Vogelpohl [4, 5] und des Hubstrahlreaktors von Brauer [6] verwiesen.

Die Leistungen und Grenzen der Hochleistungs-Bioreaktoren werden am Beispiel des Hubstrahlreaktors erläutert.

Der Hubstrahlreaktor besteht im wesentlichen aus einem zylindrischen Gefäß mit einem darin zentral angeordneten Hubelement. Dieses ist aus gelochten Scheiben aufgebaut, wobei der Abstand zwischen den Scheiben 5 cm beträgt. Bei seiner Hubbewegung wird die Biosuspension strahlförmig durch die Löcher gedrückt. Um jeden Strahl bildet sich ein Ringwirbel. Bei jeder Richtungsänderung der Hubbewegung ändert sich auch die Richtung der Strahlströmung; gleichzeitig kommt es zu einer Neubildung des Ringwirbels. Jeder der Strahlen, mit seinem Ringwirbel, bildet eine Elementarzelle des Hubstrahlreaktors. Ihr Volumen ist etwa 32 cm^3. Der Hubstrahlreaktor besteht also aus parallel und hintereinander angeordneten Elementarzellen. Bei der Vergrößerung des Hubstrahlreaktors wird allein die Zahl, nicht aber das Volumen der Elementarzellen verändert. Aus diesem Grunde entfallen beim Hubstrahlreaktor Scaling up-Probleme.

2.3.2
Kennzeichnung biologischer Abbauprozesse

Dargestellt wird der mikrobielle Abbau von organischen Kohlenstoffverbindungen mittels der Umsatzgrade φ und φ_n, die wie folgt definiert
sind:

$$\varphi \equiv \frac{\varrho_z - \varrho_a}{\varrho_z} \qquad \text{Eliminationsgrad bezogen auf} \atop \text{TOC bzw. CSB,} \qquad (2.1)$$

bzw.

$$\varphi_n \equiv \frac{\varrho_z - \varrho_a}{\varrho_z - \varrho_n} \qquad \text{biologischer Umsatzgrad.} \qquad (2.2)$$

Hierin bedeuten ϱ_z und ϱ_a die durch ein Summenmaß ausgedrückten Schadstoffkonzentrationen im zulaufenden (Index z) und im ablaufenden (Index a)
Abwasser. Als Summenmaß wird entweder der TOC-Wert (*Total Organic Carbon* im Abwasser) oder der CSB-Wert (*Chemischer Sauerstoff-Bedarf* für die
Oxidation der im Abwasser enthaltenen und chemisch oxidierbaren Schadstoffe) verwendet. Zwischen den beiden Summenmaßen besteht kein allge-
meingültiger Zusammenhang; er muß für jedes Abwasser gesondert bestimmt
werden. Häufige wird der Zusammenhang durch folgende Näherungsglei-
chung erfaßt:

$$\varrho_{CSB} \approx 2,5 - 3,5 \, \varrho_{TOC}. \qquad (2.3)$$

Angaben zur Schadstoffbelastung mittels der TOC- und CSB-Werte garantieren keineswegs, daß alle im Abwasser enthaltenen Schadstoffe erfaßt sind. Es
gibt viele Abwasserinhaltsstoffe, die durch diese Summenmaße nicht berücksichtigt werden.

In Gl. (2.2) bezeichnet ferner ϱ_n die biologisch nicht weiter herabzusetzende Schadstoffkonzentration. Sie ist an die Bakterienpopulation
gebunden, die sich in einem gegebenen Abwasser, d.h. bei gegebener Zusammensetzung der im Abwasser enthaltenen Schadstoffe, auszubilden
vermag. Für das von den Berliner Entwässerungswerken bezogene Filtrat-
Abwasser, das aus der thermischen Konditionierung von Überschuß-
schlämmen stammte, war $\varrho_n = 0,3 \, \varrho_z$. Die Bestimmung von ϱ_n wurde bei
optimaler Betriebstemperatur von 36 °C durchgeführt [7]. Versuche mit
sehr verschiedenen Abwässern ergaben, daß etwa $^1/_4$ bis $^1/_3$ der durch
TOC bzw. CSB ausgedrückten Schadstoffkonzentration im Zulauf biologisch nicht abgebaut werden kann. Somit muß der TOC- bzw. CSB-
Eliminationsgrad φ stets erheblich kleiner sein als der biologische Umsatzgrad φ_n.

Die biologische Umsatzleistung eines Bioreaktors kann allein durch
φ_n ausgedrückt werden. Die Güte der Schadstoffelimination bezüglich des
TOC- bzw. CSB-Wertes kann dagegen nur durch den Eliminationsgrad φ erfaßt
werden. Einer der Werte von φ und φ_n sowie der biologisch nicht abbaubare
Anteil müssen zur Beurteilung des Abwasserbehandlungsprozesses bekannt
sein.

Bei einer gegebenen Schadstoffzusammensetzung im Abwasser ist der biologische Umsatzgrad φ_n von den in der folgenden Gleichung angegebenen Parametern abhängig:

$$\varphi_n = f\left(Re;\ \dot{V}_r^*;\ t_V^*;\ \varrho_z^*\right) . \tag{2.4}$$

Die Kennzahlen sind wie folgt definiert:

$$Re \equiv \frac{a^2\, f}{\nu} \qquad \text{Reynolds-Zahl,} \tag{2.5}$$

$$\dot{V}_r^* \equiv \frac{\dot{V}_r}{\dot{V}_z + \dot{V}_r} \qquad \text{Rücklaufverhältnis,} \tag{2.6}$$

$$t_V^* \equiv \frac{V_R \cdot f}{\dot{V}_z + \dot{V}_r} = t_V\, f \qquad \text{bezogene Verweilzeit,} \tag{2.7}$$

$$\varrho_z^* = \varrho_z/\varrho_n \qquad \text{bezogene Schadstoffkonzentration im Zulauf.} \tag{2.8}$$

Die Reynolds-Zahl Re kennzeichnet die von der Bewegung des Hubelementes hervorgerufene Strahlströmung der Biosuspension. Dabei sind a = 100 mm die Hubamplitude, die bei allen Versuchen unverändert blieb, f die in weitem Bereich ($0,6 - 1,35\ \mathrm{s}^{-1}$) veränderte Frequenz der Hubbewegung und ν die kinematische Viskosität des Wassers.

Im Rücklaufverhältnis $\dot{V}_r^*$ sind $\dot{V}_r$ der aus dem Sedimentationsgefäß kommende, bereits behandelte, aber mit Biomasse angereicherte Rücklaufstrom und $\dot{V}_z$ der Zulaufstrom des unbehandelten Rohwassers. $\dot{V}_r^*$ wurde zwischen 0,3 und 0,7 verändert. Bei $\dot{V}_r^* = 0,5$ ist der Volumenstrom des Zulaufs gleich dem des Rücklaufs.

Die bezogene Verweilzeit t_V^* ist das Produkt von tatsächlicher Verweilzeit t_V des Gemisches von Zulauf ($\dot{V}_z$) und Rücklauf ($\dot{V}_r$) im Bioreaktor und der Hubfrequenz f. Bei den Versuchen wurde t_V zwischen 15 und 60 Minuten geändert.

Die bezogene Schadstoffkonzentration ϱ_z^* ist das Verhältnis aus der Zulaufkonzentration ϱ_z und der biologisch möglichen Endkonzentration ϱ_n.

2.3.3
Aerober biologischer Abbau von organischen Schadstoffen

Als Beispiel für die erzielten Versuchsergebnisse ist in Abb. 2.1 der biologische Umsatzgrad φ_n über der mittleren Verweilzeit t_V für zwei Werte der Zulaufkonzentration $\varrho_z = 0,6\ \mathrm{kg\ TOC/m^3} = 2,1\ \mathrm{kg\ CSB/m^3}$ und $\varrho_z = 2\ \mathrm{kg}$ $\mathrm{TOC/m^3} = 7\ \mathrm{kg\ CSB/m^3}$ dargestellt. Unverändert blieben bei diesen Versuchen die optimale Betriebstemperatur von T = 36 °C und das Rücklaufverhältnis $\dot{V}_r^*$ mit dem praktisch üblichen Wert von 0,5, bei dem der Zulaufstrom $\dot{V}_z$ gleich dem Rücklaufstrom $\dot{V}_r$ ist.

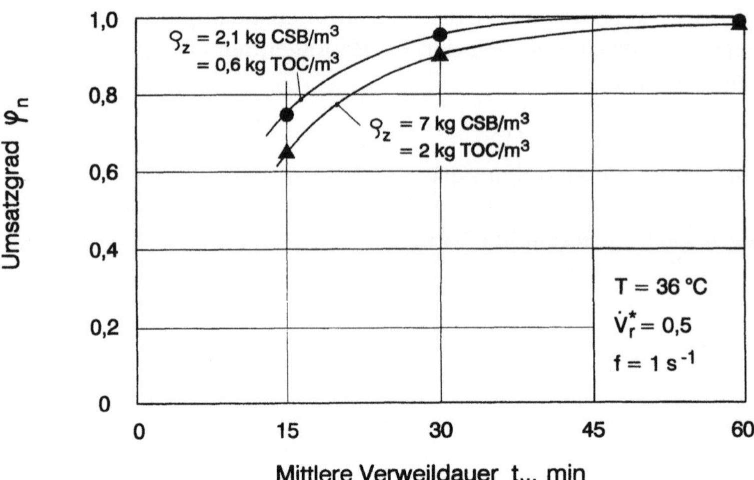

Abb. 2.1. Abhängigkeit des biologischen Umsatzgrades φ_n von der mittleren Verweildauer t_v bei der aeroben Behandlung von Filtratabwasser für zwei Werte der Schadstoffkonzentration ϱ_z im Zulauf

Aus Abb. 2.1 geht hervor, daß der biologische Umsatzgrad den Wert $\varrho_n = 1$ bereits nach nur 45 bis 60 Minuten erreicht hat. Bei dem sehr kleinen Wert der Verweilzeit von 30 Minuten beträgt der biologische Umsatzgrad für $\varrho_z = 0,6$ kg TOC/m^3 noch $\varrho_n = 0,96$ und für $\varrho_z = 2$ kg TOC/m^3 noch $\varrho_n = 0,92$. Damit werden biologische Umsatzgrade selbst bei den ungewöhnlich kurzen Verweilzeiten, die höchstens $^1/_{10}$ oder noch weniger als in herkömmlichen biologischen Behandlungsanlagen betragen, erreicht.

Der Hochleistungs-Bioreaktor hat seine Eignung zur Integration in den Produktionsprozeß bewiesen. Das erforderliche Bauvolumen ist, wie bereits erwähnt, der Verweilzeit direkt proportional und somit sehr klein. Gleichzeitig wurde aber auch nachgewiesen, daß ein sehr beträchtlicher Anteil der im Rohwasser befindlichen Schadstoffbelastung nicht biologisch eliminiert werden kann. Dieser Anteil beträgt beispielsweise bei einer Schadstoffbelastung im Zustrom von $\varrho_z = 2$ kg TOC/m$^3 = 7$ kg CSB/m^3 immerhin mindestens $\varrho_n = 0,6$ kg TOC/m$^3 = 2,1$ kg CSB/m^3.

Die durch biologische Behandlung des Abwassers erzielbare Elimination der Schadstoffe ist viel zu gering, um das behandelte Abwasser in offene Gewässer zu emittieren oder prozeßintern zu rezyklieren. In beiden Fällen sind weitergehende Maßnahmen erforderlich, damit der Eliminationsgrad auf das erforderliche Maß gesenkt wird.

Als zusätzliche Maßnahmen kommen biologische, physikalische und chemische Verfahren in Frage. Der Einsatz biologischer Verfahren erfordert zusätzliche biologische Reaktionsstufen. Jede Stufe muß einen von den anderen Stufen unabhängigen Kreislauf für die Biomasse aufweisen, damit sich eine den speziellen Abbauanforderungen angepaßte stufenspezifische Bakterienpopulation ausbilden kann. Der zusätzliche Aufwand wächst überproportional mit der Zahl der biologischen Stufen.

Als realistische Maßnahmen zur weitergehenden effektiven Abwasserbehandlung, die eine Kreislaufführung des Wassers ermöglichen kann, ist man auf den Einsatz physikalischer und chemischer Methoden angewiesen.

Erwähnt sei an dieser Stelle aber auch, daß die heute vornehmlich angewendete Abwasserbehandlung in Zentralanlagen die Möglichkeit der Konzentrationsabsenkung der Schadstoffe durch Vermischen unterschiedlich belasteter Abwasserströme nutzt. Die Vermischung führt jedoch allein zu einer Verdünnung hochbelasteter Teilströme. Die emittierte Schadstoffmasse des hochbelasteten Teilstromes bleibt erhalten, wenn nicht durch den Vermischungsprozeß Reaktionen zwischen einzelnen Schadstoffkomponenten auftreten, die eine weitergehende Elimination fördern.

2.3.4
Biologischer Abbau von Ammonium

Der biologische Abbau des Ammoniums setzt voraus, daß die organischen Kohlenstoffverbindungen bereits weitgehend abgebaut sind. Dem Ammoniumabbau muß daher in einer biologisch getrennten Stufe der CSB-Abbau vorausgehen.

Die Elimination des Ammoniums aus dem vorbehandelten Abwasser erfolgt in zwei getrennten Reaktionsschritten, die als Nitrifikation und Denitrifikation bezeichnet werden. Die Nitrifikation ist ein aerober, die Denitrifikation dagegen ein anaerober Prozeß. Die Ammoniumelimination erfordert also zwei biologisch voneinander getrennte Reaktoren. Unter Berücksichtigung der vorgeschalteten CSB-Stufe heißt das also, daß der vollständige Prozeß insgesamt aus drei Stufen besteht. Jede Stufe besteht aus einem Bioreaktor und einem Sedimenter zur Anreicherung der Biomasse für den Rücklauf.

Die Nitrifikation erfolgt in zwei Schritten, der Nitritation und der Nitratation. Bei der Nitritation wird das Ammonium, NH_4^+, von der Bakteriengattung *Nitrosomonas* mit dem zugeführten Sauerstoff in Nitrit, NO_2^-, umgewandelt. Die weitergehende Oxidation durch die Bakteriengattung *Nitrobacter* führt zum Nitrat, NO_3^-. Ein erfolgreicher Verlauf der Nitrifikation ist nur gewährleistet, wenn das Nitrit unmittelbar nach seiner Entstehung zu Nitrat weiteroxidiert wird. Es darf zu keiner Nitritanreicherung im Bioreaktor kommen. Die Nitrifikation verläuft erheblich langsamer als der CSB-Abbau. Die für eine erfolgreiche Nitrifikation erforderliche Verweilzeit betrug im Mittel etwa drei Stunden. Sie ist der geschwindigkeitsbestimmende Schritt für den Gesamtprozeß. Die Verweilzeit ist durch Gl. (2.7) definiert.

In der nachgeschalteten Denitrifikation wird unter anaeroben Bedingungen das Nitrat gespalten, so daß molekularer Stickstoff, N_2, freigesetzt wird. Die Denitrifikation verläuft sehr schnell im Vergleich zur Nitrifikation und auch im Vergleich zum CSB-Abbau.

Die im folgenden beschriebenen Ergebnisse für die Umsatzgrade wurden bei Versuchen mit einem speziellen Filtratabwasser erzielt. Sein CSB-

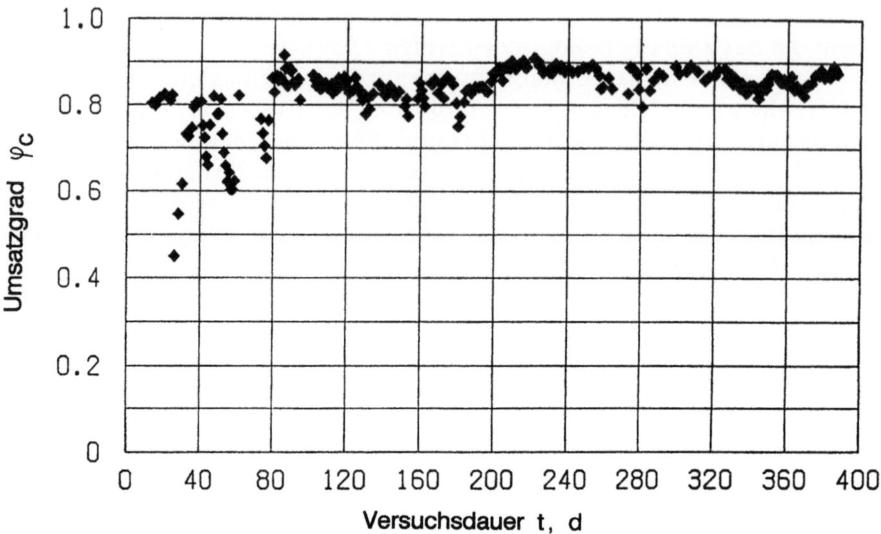

Abb. 2.2. Eliminationsgrad φ_C der Kohlenstoffverbindungen in einer dreistufigen Anlage abhängig von der Versuchsdauer t bei der aeroben Behandlung von Filtratabwasser

Wert schwankte im Zulauf zwischen etwa 6 und 10 kg CSB/m^3; der Ammonium-Stickstoff wies Werte zwischen 0,5 und 1,2 kg NH$_4^-$N/m^3 auf.

Die Ergebnisse für den CSB-Eliminationsgrad φ_C sind in Abb. 2.2 über der Versuchszeit, die etwa 400 Tage dauerte, dargestellt [8]. Die Schwankungen während der ersten 80 Tage sind auf einige technische Störungen während der Anfahrzeit zurückzuführen. Nach dem 80. Versuchstag wurden für den Eliminationsgrad φ_C-Werte zwischen 0,8 und 0,9 erreicht. Diese Werte liegen etwa 10 bis 20 % über denen, die im vorangehenden Abschnitt beschrieben und für eine biologisch einstufige CSB-Elimination erhalten wurden. Die höheren Werte in Abb. 2.2 sind durch den Kohlenstoffverbrauch der Bakterien zum Aufbau von Zellsubstanz in der Nitrifizierstufe bedingt.

Die Ergebnisse für den Ammonium-Eliminationsgrad φ_N sind in Abb. 2.3 dargestellt. Im Mittel ergibt sich für φ_N ein Wert zwischen 0,7 und 0,9. Die Elimination findet im wesentlichen in der Nitrifizier-Stufe statt. In der vorgeschalteten CSB-Stufe erreicht die Elimination von Ammonium einen Anteil von etwa 10 bis 15 %, der zum Aufbau von Zellsubstanz verbraucht wird. Bemerkenswert ist die im Hubstrahlreaktor erreichte hohe Abscheideleistung bei äußerst kurzer Verweildauer des Abwassers von nur etwa drei Stunden in der Nitrifizierstufe.

Die Versuche zeigen, daß bei höheren Konzentrationen der biologische Abbau von Ammonium auch in einem Hochleistungs-Bioreaktor unvollkommen ist. Eine weitergehende Elimination erfordert den zusätzlichen Einsatz physikalischer und chemischer Verfahren. Die Möglichkeiten der biologischen Verfahren sind offensichtlich, wie es auch bereits für die CSB- bzw. TOC-Reduzierung gefunden wurde, ausgeschöpft.

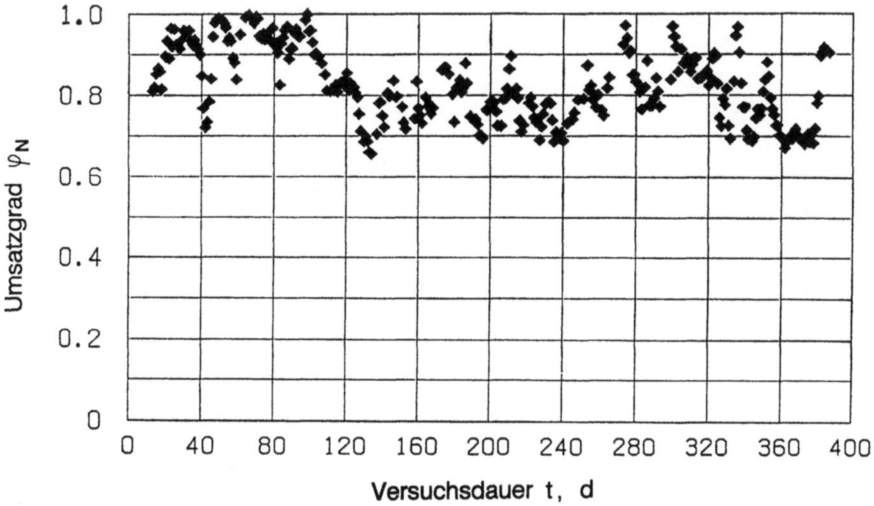

Abb. 2.3. Eliminationsgrad φ_N des Ammoniums in einer dreistufigen Anlage abhängig von der Versuchsdauer t bei der aeroben Behandlung von Filtratabwasser

2.3.5
Anaerober biologischer Abau von organischen Schadstoffen mit Biogasproduktion

Die anaerobe Abwasserbehandlung hat auf Grund einiger sehr bedeutsamer vorteilhafter Eigenschaften große Aufmerksamkeit auf sich gezogen. Diese Vorteile sind insbesondere:

- Einsparung von Energie, da kein Sauerstoff für die mikrobiellen Stoffumsetzungen erforderlich ist.
- Gewinn an Energie durch die Produktion von Biogas, dessen Heizwert durch den Anteil von Methan bestimmt wird.
- Möglichkeit des Verzichtes auf eine Biomasse-Rückführung, die evtl. zum Verzicht auf eine Sedimentationsstufe führt.

Diesen Vorteilen steht aber eine Reihe gewichtiger Nachteile gegenüber:

- Großes Bauvolumen, da die Verweilzeit des Abwassers im Bioreaktor erheblich länger ist als bei aeroben Verfahren.
- Notwendigkeit der Füllung des Bioreaktors mit Trägermaterial, das von den Bakterien zur Erhöhung der Populationsdichte besiedelt werden kann.
- Häufig geringerer CSB-Abbau als bei aeroben Verfahren.
- Produktion von Ammonium, das nicht nur einen sekundären Schadstoff für die öffentlichen Gewässer darstellt, sondern auch die Methanbildung im Bioreaktor hemmt.

Die anaerobe Abwasserbehandlung wurde in einer aus zwei Bioreaktoren bestehenden Anlage durchgeführt. Im ersten Bioreaktor erfolgte die Säurebildung, die vornehmlich zur Essigsäure führte, die im zweiten Bioreaktor als Ausgangsstoff für die Biogasproduktion diente. Das Biogas besteht im wesentlichen aus Methan und Kohlendioxid.

Als Rohwasser diente Rübenmelasseschlempe von der Versuchs- und Lehranstalt für Spirituosenherstellung und Fermentationstechnologie in Berlin. Dieses Rohwasser wurde mit Leitungswasser verdünnt, so daß die CSB-Konzentration bei Eintritt in den Bioreaktor etwa 30 kg CSB/m^3 betrug.

Im Versäuerungsreaktor bildete sich parallel zur Essigsäure eine erhebliche Menge von Ammonium. Je nach Zusammensetzung des Rohwassers hatte das versäuerte Abwasser eine sehr hohe Ammoniumkonzentration, die, ausgedrückt durch den Ammonium-Stickstoff ($NH_4^+ - N$), zwischen 1,5 und 2,5 kg $NH_4^+ - N/m^3$ schwankte. Um die inhibierende Wirkung des Ammoniums auf die Biomasse im Methanisierungsreaktor einzuschränken, wurde das versäuerte Abwasser zum Ausfällen von Ammonium in eine Kristallisationsstufe geleitet. Dieser Prozeß erforderte die Zugabe von Phosphorsäure und Magnesiumoxid. Das Kristallisationsprodukt war Magnesiumammoniumphosphat. Bis zu 70 % des Ammoniums konnte durch Kristallisation dem Abwasser entzogen werden [9].

In Abb. 2.4 ist der Eliminationsgrad φ_C für den CSB-Gehalt des Abwassers abhängig von der Verweildauer t_V für den Betrieb der Anlage ohne und mit Auskristallisation des Ammoniums angegeben. Blieb die Ammonium-Konzentration durch Auskristallisation bei der stark wechselnden Zusammensetzung des Rohwassers stets unterhalb von 1,0 kg $NH_4^+ - N/m^3$, so stellte sich für den Eliminationsgrad bis zu einer Herabsetzung der Verweildauer auf nur 10 Stunden ein konstanter Wert von $\varphi_C = 0,66$ ein. Wurde kein Ammonium auskristallisiert, ergab sich für $t_V = 10$ h ein Eliminations-

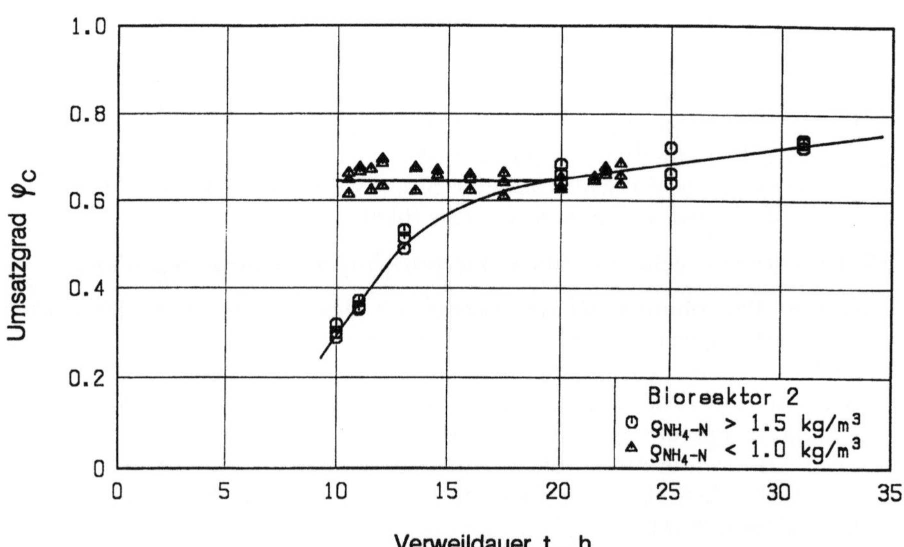

Abb. 2.4. Eliminationsgrad φ_C bei anaerober Behandlung von Melasseschlempe ohne und mit Auskristallisation von Ammonium abhängig von der Verweildauer t_V

grad von nur noch $\varphi_C = 0{,}3$. Die Verweildauer muß bis auf $t_V = 20\,h$ erhöht werden, um auch unter dieser Betriebsbedingung einen Eliminationsgrad von $\varphi_C = 0{,}66$ zu erreichen.

Wie Abb. 2.5 zeigt, wirkt sich die Ausfällung des Ammoniums erwartungsgemäß auch auf die Biogasproduktivität sehr günstig aus. Diese Größe ist über der Raumbelastung B_C aufgetragen; bei $B_C \approx 73\,kg\ CSB/(m^3\ d)$ beträgt die Verweildauer 10 Stunden. Die Produktivität wird bei dieser Raumbelastung mehr als verdoppelt. Alle Untersuchungen zeigten, daß die je abgebautem kg CSB erzeugte Methanmenge $0{,}35\ m^3$ betrug.

Die Zusammensetzung des Biogases ist in Abb. 2.6 beispielhaft angegeben. Sie erwies sich als unabhängig von den Betriebsbedingungen.

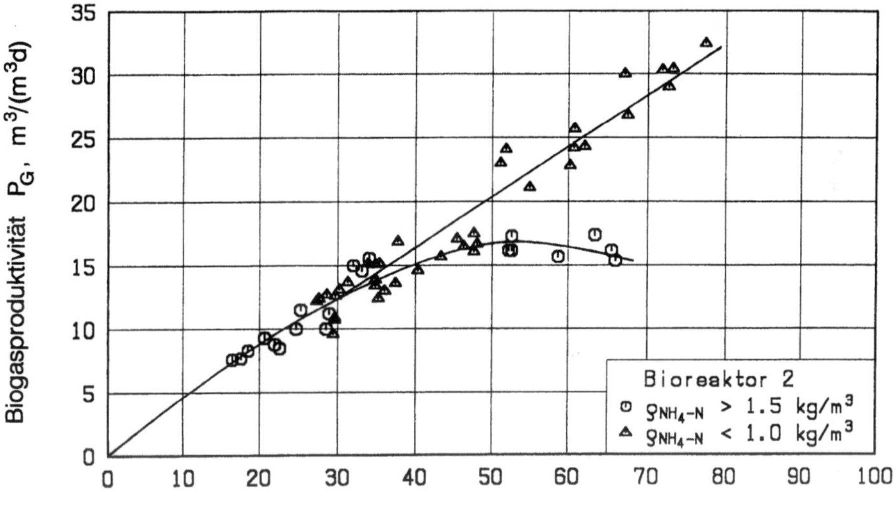

Abb. 2.5. Biogasproduktivität P_G bei anaerober Behandlung von Melasseschlempe ohne und mit Auskristallisation von Ammonium abhängig von der Raumbelastung B_C

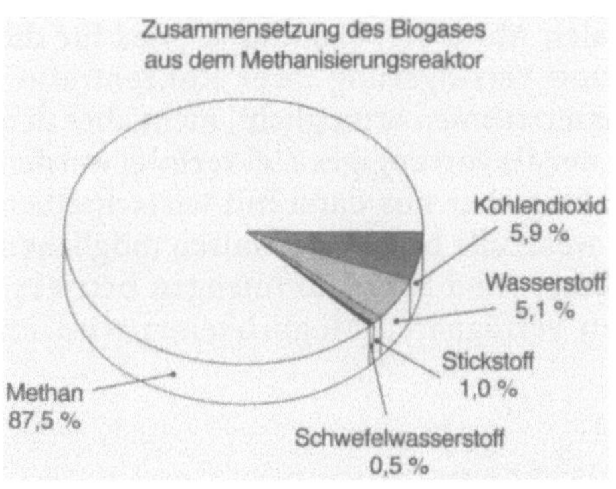

Abb. 2.6. Zusammensetzung des Biogases, das bei der anaeroben Behandlung von Melasseschlempe im Methanisierungsreaktor erzeugt wird

Bemerkenswert ist der ungewöhnlich hohe Methangehalt von 87,5 %. Er ist darauf zurückzuführen, daß das gebildete Kohlendioxid bei dem pH-Wert von 8,0, der sich im Methanisierungsreaktor einstellte, als Carbonat im Wasser verbleibt.

Die hervorragenden Eigenschaften des Hochleistungsreaktors dürfen nicht darüber hinwegtäuschen, daß etwa $^1/_3$ der CSB-Fracht der Melasseschlempe, also etwa 10 kg CSB/m^3, biologisch anaerob nicht abgebaut werden konnte. Eine weitergehende Eliminierung der CSB-Fracht ist nur in Kombination mit biologisch aerober Behandlung sowie physikalischer und chemischer Verfahren möglich. Dabei ist ferner zu beachten, daß der CSB-Wert keineswegs alle im Abwasser enthaltenen Schadstoffe erfaßt.

2.4
Kreislauf des Wassers
in einem Produktionsbetrieb

2.4.1
Allgemeine Zielsetzung

Das Ziel industrieller Produktionsbetriebe ist die Erzeugung marktfähiger Produkte nach vorgegebener Quantität und Qualität mit einem Minimum an Roh- und Hilfsstoffen sowie einem Minimum an Energie bei geringstmöglicher Belastung der Umwelt durch Emissionen. Die wichtigsten Emissionen sind stofflicher, thermischer, akustischer und radioaktiver Natur. Im folgenden wird als Teilgebiet dieser Problematik allein die Minderung der Emission an Abwässern behandelt.

Abwasser ist das im Verlauf des Produktionsprozesses mit Schadstoffen beladene Wasser. Im Rahmen des produktionsintegrierten Umweltschutzes muß angestrebt werden, dieses Wasser so weit von den eingetragenen Schadstoffen zu befreien, daß es dem Prozeß wieder zugeführt werden kann. Es muß ein weitgehend geschlossener Wasserkreislauf, also eine betriebsinterne Rezyklierung des Wassers erreicht werden.

Die Realisierung betriebsinterner Wasserkreisläufe ermöglicht die Abwendung vom Konzept der „zentralen Abwasserbehandlung", das für die bedenklichsten Schadstoffe primär eine Verringerung ihrer Konzentration durch Verdünnung mit anderen Abwasserströmen ermöglicht, nicht aber den erforderlichen Abbau der Schadstoffe, der als vorrangiges Ziel verfolgt werden muß. Wasserrezyklierung ist kostenmäßig aber nur dann mit wirtschaftlich vertretbarem Aufwand zu realisieren, wenn alle betriebstechnisch möglichen Maßnahmen zur Reduzierung der Wasser- und Schadstoffmengen betriebsintern genutzt werden. Auf die hierzu verfügbaren Möglichkeiten wird im folgenden eingegangen.

2.4.2
Produktion und Behandlung des Abwassers

2.4.2.1
Strukturierung des Produktionsprozesses

Wasser dient nicht nur als Hilfsstoff zur Durchführung technischer Prozesse, sondern gleichzeitig als Trägermedium für die im Verlauf dieser Prozesse anfallenden Schadstoffe. Die Produktion von Abwässern umfaßt daher sowohl die Menge des in den Prozeß eingeleiteten Wassers als auch Art und Menge der im Verlauf des Prozesses produzierten und in das Wasser transferierten Schadstoffe. Eine Analyse der Produktionswege für Abwässer soll dazu beitragen, die Möglichkeiten zur Reduzierung der Abwasserproduktion zu erkennen.

Um den Weg des Wassers und der Schadstoffe sowie die Produktion des Abwassers und seine Reinigung bis zur Rezyklierbarkeit in übersichtlicher Form diskutieren zu können, wird der Produktionsbetrieb in mehrere Stufen unterteilt, die in Abb. 2.7 stark schematisiert dargestellt sind:

- Eingangsstufe für Roh- und Hilfsstoffe,
- Stoff- und Energiewandlungsstufen,
- Produktstufe,
- Vorreinigung des Abwassers,
- Feinreinigung des Abwassers.

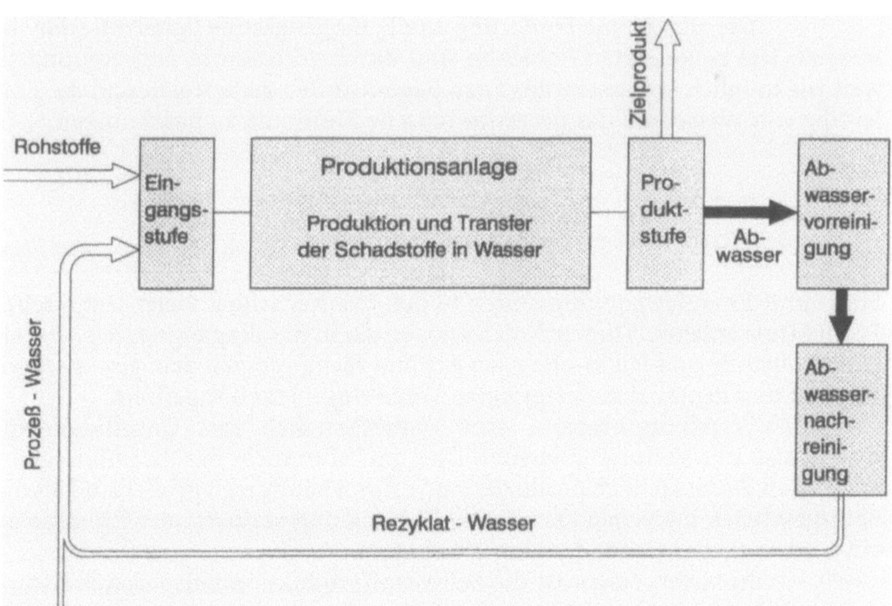

Abb. 2.7. Schematische Darstellung eines Produktionsprozesses mit Schadstoffbewegung und Wasserkreislauf

Auf die wichtigsten Aspekte der Abwasserproduktion, die in jeder Stufe zu beachten sind, wird im folgenden eingegangen.

2.4.2.2
Eingangsstufe

Die Probleme der Abwasserbehandlung beginnen in der Eingangsstufe. Die eingesetzten Roh- und Hilfsstoffe (zu den Hilfsstoffen zählt auch das Wasser) bestimmen weitgehend die im Verlauf der Stoff- und Energiewandlungsprozesse ungewollt, häufig unvermeidbarerweise, produzierten Schadstoffe nach Qualität und Quantität. Der Forderung nach weitergehender Aufbereitung der Rohstoffe unter dem Gesichtspunkt verminderter Schadstoffproduktion muß weiterhin steigende Aufmerksamkeit geschenkt werden. Die Integration der Aufbereitungstechnik in die Verfahrenstechnik eines optimalen Produktionsprozesses muß verstärkt beachtet werden. Jeder Schadstoff, bzw. die dafür verantwortlichen Vorprodukte, die nicht in den Produktionsprozeß eingeleitet werden, müssen später nicht mit besonderem Aufwand vom Trägermedium Wasser getrennt werden.

Der in den Prozeß eingeleitete Hilfsstoff Wasser ist das Trägermedium für viele der eingeleiteten und produzierten Schadstoffe. Die für den Prozeß erforderliche Menge an Wasser muß auf das prozeßtechnische Minimum gesenkt werden. Die Kosten für die später folgende Abwasserbehandlung hängen nicht nur von der Menge der abzuscheidenden Schadstoffe, sondern auch von der Menge des zu behandelnden Wassers ab.

Die allgemeine Forderung an die Eingangsstufe lautet zusammenfassend: Die eingesetzten Rohstoffe sind durch verbesserte Aufbereitung so weit wie möglich von unerwünschten Begleitstoffen zu befreien und die Einleitung von Wasser auf das prozeßtechnische Minimum zu beschränken.

2.4.2.3
Stoff- und Energiewandlungsstufen

Stoff- und Energiewandlungsstufen bilden das Kernstück vieler technischer Produktionsanlagen. Diesen Stufen werden die in der Eingangsstufe aufbereiteten Rohstoffe und Hilfsstoffe nach Art und Menge gemäß dem gewünschten Produkt und gemäß dem festgelegten Wandlungsprozeß zugeführt.

Wandlungsprozesse sind naturgesetzlich mit Unvollkommenheiten, also mit Verlusten behaftet. Dies darf aber nicht darüber hinwegtäuschen, daß die tatsächlich produzierten Verluste häufig weit größer sind als die naturgesetzlich unvermeidbaren. Die Entwicklung verlustarmer Prozesse ist ein vordringliches Gebot des Umweltschutzes.

In vielen Fällen ist die Schadstoffproduktion beispielsweise stark vom reaktionskinetischen Ablauf der chemischen Stoffwandlung und den begleitenden physikalischen Transportprozessen für Impuls, Wärme und Stoff abhängig. Eine bessere Beherrschung dieser mikro- und makrokinetischen

Vorgänge in den technischen Geräten wird dazu beitragen, die Schadstoffproduktion näher an das naturgesetzliche Minimum heranzuführen.

In den Wandlungsstufen werden die Schadstoffe jedoch nicht nur produziert, sondern auch in das Trägermedium Wasser transferiert und in ihm dispers verteilt. Dieser Transfer- und Dispergierprozeß führt zu einer starken Verdünnung der Schadstoffe. Die Folge ist ein erhöhter Aufwand für die Trennung der Schadstoffe vom Trägermedium. Dieser Aufwand läßt sich beispielsweise bei konstanter Schadstoffproduktion durch Verringern des Volumenstromes für das Trägermedium Wasser herabsetzen.

Das mit Schadstoffen beladene Trägermedium durchströmt im allgemeinen nachfolgende Anlagenkomponenten. Dadurch können nicht nur die dort stattfindenden Wandlungsprozesse empfindlich gestört, sondern auch Apparate- und Maschinenelemente durch Korrosion und Erosion beschädigt werden. In solchen Fällen muß also geprüft werden, ob Schadstoffe nicht unmittelbar nach ihrer unvermeidbaren Produktion zwischen aufeinanderfolgenden Wandlungsstufen in kleinen Hochleistungsanlagen abgeschieden werden können.

Ist die Produktion von Schadstoffen unvermeidbar, dann sollte ihr Produktionsprozeß nach Möglichkeit so beeinflußt werden, daß sie anschließend leicht abscheidbar werden. Ein hierdurch komplexer gewordener Wandlungsprozeß könnte zur Vereinfachung des Prozeßablaufs in nachfolgenden Stufen führen.

Zusammenfassend sind an die Wandlungsstufen folgende Forderungen zu stellen:

- Die Schadstoffproduktion ist dem naturgesetzlich gegebenen Minimum anzunähern.
- Die unvermeidbare Produktion von Schadstoffen ist so zu beeinflussen, daß nur Schadstoffe in leicht abscheidbarer Form entstehen.
- Der Transfer der produzierten Schadstoffe in das Trägermedium und die disperse Verteilung in ihm sind so weit wie möglich einzuschränken.
- Die Schadstoffe sollten möglichst nahe am Ort ihrer Produktion in integrierten, kleinen Hochleistungsanlagen vom Trägermedium Wasser abgetrennt werden.

Die an die Wandlungsstufen zu stellenden Forderungen sind nicht allein durch prozeßtechnische Verbesserungen zu erfüllen. In vielen Fällen sind prozeßtechnische Mängel durch Unvollkommenheiten in der Formgestaltung der Apparate und Geräte bedingt und können durch deren Änderung beseitigt oder zumindest eingeschränkt werden.

2.4.2.4
Produktstufe

In der Produktstufe werden das Zielprodukt und eventuell anfallende sonstige Wertstoffe aus dem Wandlungsprozeß ausgeschleust. Dieser Prozeß kann unvollkommen verlaufen, so daß Anteile des Produktes und der Wertstoffe im

Trägermedium verbleiben und somit verlorengehen. Diese Anteile belasten das Trägermedium als Schadstoffe.

In vielen Fällen erfolgt die Produktaufarbeitung unter Einsatz von Zusatzstoffen, die im Verlauf des Prozesses selbst wieder zu Schadstoffen werden.

Alle bei der Produktausschleusung auftretenden Schwierigkeiten sind letztlich auf Unvollkommenheiten bei der Aufbereitung der Rohstoffe in der Eingangsstufe und bei den physikalischen, chemischen oder biologischen Prozessen in den Wandlungsstufen zurückzuführen. Aber auch dann, wenn in diesen Stufen alle Möglichkeiten zur Einschränkung der Einleitung und Produktion von Schadstoffen erfolgreich genutzt werden, wird die Produktabtrennung stets unvollkommen bleiben. Sie läßt sich nur durch konsequente Weiterentwicklung der Prozesse und der Geräte verbessern. Die Aufarbeitungsverfahren bieten noch ein großes Betätigungsfeld für Innovationen.

2.4.2.5
Abwasserbehandlungsstufen

In den Abwasserbehandlungsstufen soll das inerte Trägermedium – Wasser – soweit von allen Schadstoffen befreit werden, daß es, bei Rezyklierung, den prozeßspezifischen Anforderungen, und, bei Emission in die offenen Gewässer, den umweltspezifischen Anforderungen entspricht. Im allgemeinen sind die prozeßtechnischen Anforderungen wesentlich höher als die umweltspezifischen. Man glaubt, daß die Umwelt stärker mit Schadstoffen belastet werden darf als die Stoff- und Energiewandlung, für die das Wasserrezyklat als Prozeßwasser benötigt wird. Die Abwasserbehandlungsstufen bieten die letzte Möglichkeit, Unvollkommenheiten bei der Auswahl der Rohstoffe und der Wandlungsprozesse mit ihren Geräten auszugleichen.

Die Behandlung des Abwassers erfolgt in zwei Stufen, der Grob- und der Feinreinigung. Diese Behandlungsverfahren und einige ihrer wesentlichen Eigenschaften werden in gesonderten Abschnitten behandelt. Im folgenden wird zunächst auf einige Größen eingegangen, die zur Kennzeichnung der Schadstoffabscheidung und gleichzeitig zur Beurteilung vorausgegangener Prozeßschritte dienen.

Die Behandlung der Abwässer erfolgt in Klär- bzw. Reinigungsanlagen. Abbildung 2.8 zeigt in schematisierter Form eine Reinigungsstufe. In diese Reinigungsstufe tritt das Abwasser mit dem Volumenstrom $\dot{V}$ [m³/s] ein, der auf dem Weg durch die Anlage als konstant angenommen wird. Der Wasserstrom ist bei Eintritt in die Stufe mit dem Schadstoffmassenstrom:

$$\dot{M}_{S1} = \dot{V}\varrho_{S1} \tag{2.9}$$

beladen, wobei ϱ_{S1} [kg/m³] die Schadstoffkonzentration im Trägermedium ist. Diese ist ein Summenmaß für im Abwasser enthaltene Schadstoffe. Nach

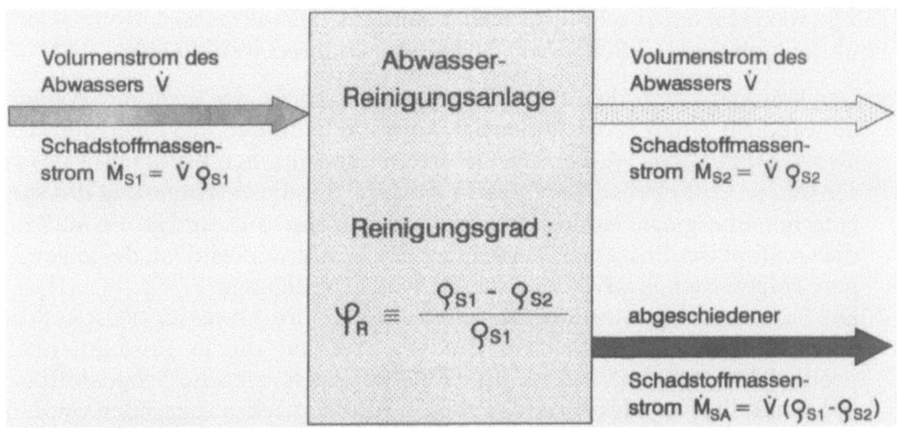

Abb. 2.8. Bewegung der Ströme für Schadstoffe und Trägermedium durch eine Abwasserbehandlungsstufe

Durchströmen der Reinigungsanlage ist der Schadstoffmassenstrom verringert auf den Wert:

$$\dot{M}_{S2} = \dot{V}\varrho_{S2}, \tag{2.10}$$

mit ϱ_{S2} [kg/m^3] als summierte Schadstoffkonzentration im Abstrom. Die in der Anlage erzielte Reinigung läßt sich durch den Reinigungsgrad φ_R ausdrücken, der wie folgt definiert ist:

$$\varphi_R \equiv \frac{\dot{M}_{S1} - \dot{M}_{S2}}{\dot{M}_{S1}} = \frac{\varrho_{S1} - \varrho_{S2}}{\varrho_{S1}}. \tag{2.11}$$

Der abgeschiedene Schadstoffmassenstrom $\dot{M}_{SA}$ ist durch die Gleichung:

$$\dot{M}_{SA} = \dot{V}(\varrho_{S1} - \varrho_{S2}), \tag{2.12}$$

gegeben, über den, je nach Art der abgeschiedenen Schadstoffe, zur weiteren Behandlung verfügt werden muß. Dabei ist zu beachten, daß die tatsächlich zu behandelnde Masse auf Grund chemischer und mikrobieller Prozesse erheblich größer ist als die durch Gl. (2.12) angegebene.

Von besonderer Bedeutung ist der im Abwasser verbleibende Schadstoffmassenstrom. Verbleibt dieser im Rezyklat, dann wird er $\dot{M}_{S2}$ (Schadstoff-Rezyklat-Strom), verbleibt er in dem in die Umwelt emittierten Wasser, dem Emittat, dann wird er $\dot{M}_{SE}$ (Schadstoff-Emissions-Strom) genannt. Diese beiden Schadstoffströme sind bereits durch Gl. (2.10) gegeben. Unter Verwendung von Gl. (2.11) soll diese jedoch wie folgt umgeformt werden:

$$\dot{M}_{SZ\,(E)} = \dot{V}\varrho_{S1}\,(1 - \varphi_R). \tag{2.13}$$

Der im Rezyklat bzw. im Emittat verbleibende Schadstoffmassenstrom ist eine Funktion von drei Größen, deren Bedeutung erläutert werden soll:

1. Der Volumenstrom des Wasser $\dot{V}$ gibt zu erkennen, wie groß der Wasseraufwand für einen Prozeß oder der Aufwand je Einheit des Zielproduktes, also der spezifische Wasseraufwand ist. Den spezifischen Wasseraufwand zu senken, ist eine ebenso bedeutsame Aufgabe wie die Verringerung des spezifischen Energieaufwandes. Der spezifische Wasseraufwand ist ein Maß für die Qualität des Prozesses. Je geringer der Wasseraufwand ist, desto geringere Folgekosten ergeben sich für die Wasserreinigung.
2. Die Summenkonzentration der Schadstoffe ϱ_{S1} im Abwasser weist auf die Schadstoffproduktion in dem Prozeß, bzw. auf die je Produkteinheit produzierte Schadstoffmasse hin. Eine solche spezifische Schadstoffproduktion sollte für jedes einzelne Produkt eines Betriebes angegeben werden. Dieses Maß soll Anstoß geben für die nachhaltige Verringerung der Schadstoffproduktion in jeder Stufe eines Prozesses. Es sollte ein zusätzliches Qualitätsmerkmal für jeden Prozeß sein.
3. Der Reinigungsgrad φ_R gibt Aufschluß über die Qualität des Reinigungsverfahrens und des Gerätes. Er ist in sehr starkem Maße abhängig von den Eigenschaften der abzuscheidenden Schadstoffe. Werden diese abscheidespezifischen Eigenschaften während des Produktionsprozesses günstig beeinflußt, läßt sich ein hoher Reinigungsgrad für das Trägermedium erreichen.

Der durch Gl. (2.13) ausgedrückte Schadstoffmassenstrom ist eine summierte Größe, von der viele Schadstoffe, unabhängig von ihrer Wirkung, zusammengefaßt werden. Mit fortschreitenden Erkenntnissen der Wirkungsforschung wird man gezwungen werden, die Summengröße durch Komponentengrößen ergänzen bzw. sogar ersetzen zu müssen. Dieses ist sowohl für das in die Umwelt gerichtete Emittat als auch für das in den Prozeß zurückgeführte Rezyklat von großer Bedeutung.

2.5
Grob- oder Vorreinigungsstufe

Das aus den Stoff- und Energiewandlungsstufen sowie der Produktaufarbeitung stammende Abwasser ist ein Mischabwasser, das zahlreiche gelöste und ungelöste partikelförmige Schadstoffe enthält. Die Vorreinigung besteht im allgemeinen aus einer Sedimentationsstufe und einer biologischen Stufe.

Die Sedimentationsstufe dient zur Abscheidung verhältnismäßig grober Partikeln, wobei keine besonderen Probleme auftreten. Auf die Abscheidung feiner Partikeln kann in dieser Stufe häufig verzichtet werden, da diese in Zusammenhang mit der Abscheidung von Biomasse in der nachfolgenden biologischen Stufe leicht abgetrennt werden können.

Die biologische Stufe der Vorreinigung dient der mikrobiellen Umwandlung organischer und anorganischer Massenschadstoffe. Die Zusammensetzung des Mischabwassers ist wegen der großen Zahl der Schadstoff-komponenten in den meisten Fällen nur lückenhaft bekannt. Im allgemeinen begnügt man sich mit der Angabe des CSB-Wertes (*Chemischer Sauerstoff-Bedarf*) oder des BSB_5-Wertes (*Biologischer Sauerstoff-Bedarf in 5 Tagen*) als Summenmaß für die Schadstoffkonzentration im Abwasser. Beide Summen-maße geben also den Bedarf an Sauerstoff in kg für $1\,m^3$ Abwasser an, dessen Schadstoffe entweder chemisch oder biologisch oxidiert werden. Beide Kon-zentrationsmaße vermögen keinesfalls alle in Abwässern enthaltenen Schad-stoffe zu erfassen und sind daher unvollkommen. Der CSB-Wert erfaßt im all-gemeinen jedoch mehr Schadstoffe als der BSB_5-Wert. Spezielle und besonders wichtige Schadstoffe müssen daher durch gesonderte Analysen ermittelt werden.

Drückt man das Ausmaß der Schadstoff-Elimination durch Bakte-rien mittels des Summenmaßes BSB_5 aus, so kann man im Idealfall einen Um-satzgrad von 1 erreichen. Alle biologisch abbaubaren Stoffe sind dann tatsäch-lich abgebaut. Wendet man jedoch als Summenmaß den CSB-Wert an, dann muß der Umsatzgrad stets kleiner sein als 1; häufig liegt dieser nur in der Größenordnung von 0,7 bis 0,8.

Zur Kennzeichnung der Wirksamkeit einer biologischen Stufe ist daher, streng genommen, nur der mit dem BSB_5-Wert bestimmte Umsatzgrad geeignet. Der Gesetzgeber hat jedoch die Verwendung des CSB-Wertes vorge-schrieben. Dabei ist zu beachten, daß auch durch diesen Summenwert keines-wegs alle Schadstoffe erfaßt werden. Zur Beurteilung einer biologischen Anlage, die für die Vorreinigung eingesetzt wird, ist dieser Mangel des CSB-Wertes jedoch nur von untergeordneter Bedeutung. Die Schwächen des CSB-Wertes treten erst dann hervor, wenn der Abscheideprozeß tatsächlich alle Schadstoffe, bzw. die bei Verwendung des Rezyklats als Prozeßwasser wich-tigen Schadstoffe, erfassen soll.

Bei der aeroben biologischen Behandlung von Mischabwässern bil-det sich eine Mischpopulation von Bakterien. Dieser Prozeß nimmt seinen Ausgang von den mit der Luft eingetragenen Bakterien. Die weitere Entwick-lung der Population hängt von einer großen Zahl von Parametern ab. Der Ein-fluß der einzelnen Parameter auf die Masse und die Zusammensetzung der Bakterienpopulation ist im allgemeinen kaum zu durchschauen.

Wichtige Parameter für die Ausbildung der Bakterienpopulation sind die abwasserspezifischen Größen (Zahl und Art der Schadstoffkompo-nenten sowie deren Konzentration), prozeßspezifische Größen (Temperatur, pH-Wert, Sauerstoffkonzentration, Menge der Bakterien, Verweildauer des Abwassers in der Anlage, Rücklaufverhältnis, Konzentration der Bakterien im Rücklauf und Vermischung der Biosuspension), und schließlich anlagenspe-zifische Größen (Form und Abmessungen des mikrobiologischen Reaktions-raumes und der nachgeschalteten Sedimentationsanlage).

Abhängig von den aufgeführten Einflußparametern können sich einzelne Bakterienarten oder auch Bakteriengruppen bevorzugt ausbilden und die Entwicklung anderer Bakterienarten und -gruppen behindern. Das heißt aber, daß bestimmte Schadstoffe bevorzugt abgebaut werden, während der Abbau anderer Schadstoffe, obgleich biologisch abbaubar, entweder gar nicht oder nur in begrenztem Rahmen abgebaut werden. In diesem Falle kann der biologische Umsatzgrad den Wert 1 nicht erreichen. Gewisse anlagen- und spezielle prozeßtechnische Maßnahmen können diese Situation verändern.

Die biologische Behandlung von hochbelasteten Mischabwässern bleibt im allgemeinen unvollkommen, auch wenn Hochleistungs-Bioreaktoren eingesetzt werden, da sie die Entwicklung bakterieller Mischpopulationen fördert, in denen sich einzelne Bakterienarten oder auch -gruppen in ihrer Aktivität gegenseitig behindern können. Eine ähnliche Behinderung kann auch durch die zu hohe Konzentration eines bestimmten Schadstoffes kommen. Der Abbau dieses Schadstoffes ist nur gewährleistet, wenn seine Konzentration unterhalb eines bestimmten Schwellenwertes bleibt. Wird der Schwellenwert überschritten, kann es im Grenzfall zu einer Vergiftung, also zum Absterben der schadstoffspezifischen Bakterien kommen.

Eine weitergehende Reinigung von Abwässern erfordert zusätzliche Reinigungsmaßnahmen in nachgeschalteten Anlagen. Hierauf wird im folgenden Abschnitt näher eingegangen.

2.6
Fein- oder Nachreinigungsstufe

An die Abwasserbehandlung in der Feinreinigungsstufe, die im allgemeinen einer vorausgegangenen Grobreinigung nachgeschaltet ist, müssen die höchsten Forderungen gestellt werden. Das behandelte Abwasser soll einen solchen Reinheitsgrad aufweisen, daß es als Rezyklat dem Produktionsprozeß wieder zugeführt werden kann. Dieses Ziel ist nur erreichbar, wenn die bisher übliche Strategie zur Abwasserbehandlung überdacht und erweitert wird. Die bisher verfolgte Strategie stützt sich insbesondere auf die folgenden Grundsätze:

- Verminderung oder Vermeidung der Abwasserproduktion durch geeignete prozeßtechnische Maßnahmen.
- Zusammenführung verschiedenster Abwasserströme zur Erzeugung eines Mischabwassers, so weit wie irgend möglich.
- Behandlung des Mischabwassers in einer zentralen Kläranlage.
- Vorbehandlung von Abwässern mit besonders gefährlichen Schadstoffen in dezentralen Anlagen nahe dem Ort der Abwasserproduktion nur dann, wenn diese Abwasserströme den Reinigungseffekt in der zentralen Anlage gefährden können.
- Emission des in der Zentralanlage behandelten Abwassers in offene Gewässer, vornehmlich in Flüsse.

Mit dieser Strategie konnten in den vergangenen $1^1/_2$ bis 2 Jahrzehnten sehr beachtliche Erfolge erzielt werden. Abbildung 2.9, entnommen einem Bericht von Geywitz [10], zeigt die Entwicklung dieser Erfolge in den Jahren von 1970 bis 1992. Aufgetragen ist der mit dem behandelten Abwasser in die Umwelt

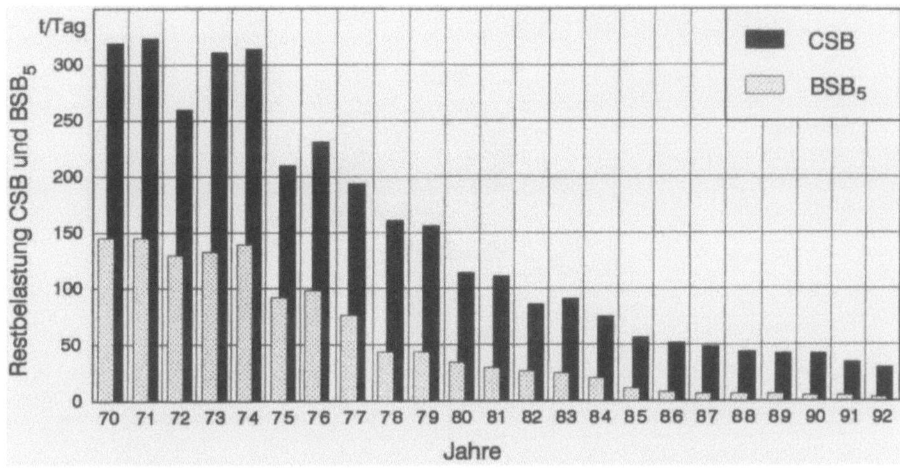

Abb. 2.9. Schadstoffmassenstrom $\dot{M}_{SE}$, der von der Hoechst AG in den Jahren 1970 bis 1992 täglich mit dem Abwasser in die Umwelt emittiert wurde

emittierte Schadstoffmassenstrom $\dot{M}_{SE}$, ausgedrückt mit Hilfe des CSB-Wertes und des BSB_5-Wertes, über die Jahre von 1970 bis 1992.

Die bisher angewendete Strategie hat zu beachtlichen Erfolgen geführt. Der emittierte biologisch abbaubare Schadstoffmassenstrom konnte während dieser Zeit von etwa 150 t/d auf nur etwa 3 – 4 t/d, also auf 2 bis 2,7 % verringert werden. Für die CSB-Fracht erfolgte eine Reduzierung von etwa 320 t/d auf etwa 30 t/d, also auf weniger als 11 %. Zu dieser Restbelastung kommen natürlich noch zusätzliche Schadstoffmassenströme, die durch den CSB-Wert nicht erfaßt werden.

Ursachen für die erheblich reduzierte emittierte Schadstofffracht sind der Ausbau zentraler Abwasserbehandlungsanlagen, deren konsequente Leistungssteigerung und der Übergang zur Vorbehandlung besonders kritischer Abwässer in dezentralen Anlagen, die in die Produktionsbetriebe integriert sind. Im Umweltbericht der Bayer AG [11] wird darauf hingewiesen, daß im Jahre 1992 bereits 61 % der insgesamt anfallenden CSB-Fracht in dezentralen Anlagen eliminiert wurde.

Weitere Maßnahmen zur Verringerung des emittierten Schadstoffmassenstromes betreffen unmittelbar den Produktionsprozeß. Der produktions- bzw. prozeßintegrierte Umweltschutz zielt vornehmlich auf Verbesserung der physikalischen, chemischen und biologischen Stoffwandlung sowie der Produktaufarbeitung. Diese prozeßinternen Maßnahmen können zu erheblicher Reduzierung der Abwasserproduktion beitragen.

Als Beispiel für den Erfolg prozeßintegrierter Maßnahmen zum Umweltschutz sei auf Abb. 2.10 verwiesen [12]. Dargestellt ist der Stoff- und Energiefluß für die Herstellung von Etinol, einem Zwischenprodukt für die Vitaminproduktion, in dem ursprünglichen und dem neuen Prozeß. Die im neuen Prozeß anfallende Abwassermenge beträgt nur noch einen Bruchteil

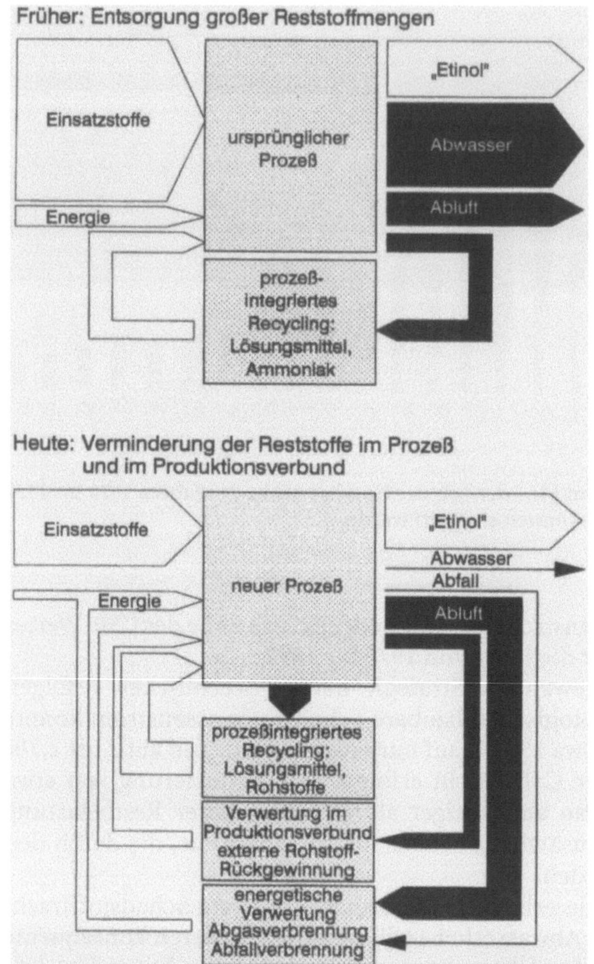

Abb. 2.10. Stoff- und Energieflüsse nach altem und neuem Verfahren zur Herstellung von „Etinol", einem Zwischenprodukt bei der Vitamingewinnung in der Firma Hoffmann-La Roche

derjenigen im ursprünglichen Prozeß. Die insgesamt mit dem neuen Prozeß erzielten Vorteile werden von den Autoren wie folgt angegeben:

- höhere Produktausbeute,
- keine störenden Nebenprodukte,
- Verbesserung prozeßintegrierter Rezyklierung von Stoff- und Energieströmen,
- Verbesserung der Stoffausnutzung im Produktionsverbund,
- Verbesserung der Energieverwertung und
- Verbesserung der Wirtschaftlichkeit durch Einsparen von Rohstoffen und Energie.

Dieses Beispiel belegt in überzeugender Weise, daß ökologische Forderungen mit ökonomischen Vorteilen verbunden werden können. Erforderlich sind hierfür primär eine klare Zielvorgabe und der Einsatz kreativen Geistes von Chemikern und Ingenieuren zur Realisierung innovativer technischer Prozesse.

Das angegebene Beispiel steht zugleich für viele andere Prozesse, die in dem Bericht „Produktionsintegrierter Umweltschutz in der chemischen Industrie" [12] beschrieben werden. Die erzielten Erfolge sind im allgemeinen mit verbesserten Stoffwandlungsprozessen sowie mit dem Bemühen verbunden, Stoff- und Energieverluste durch prozeßinterne Rezyklierung herabzusetzen oder zu vermeiden.

Das Prinzip der Rezyklierung von Reststoffen und Energie wird grundsätzlich bereits anerkannt und beherrscht und zum ökologischen und ökonomischen Vorteil realisiert. Ausgeschlossen von diesem Rezyklierungs-Prinzip ist jedoch das Abwasser. Gerade weil die je Produkteinheit produzierte Abwassermenge nur noch sehr gering ist, sollte die Rezyklierung des Wassers in die Maßnahmen des produktionsintegrierten Umweltschutzes eingeschlossen werden.

Die Rezyklierung des Wassers erfordert nach der Vorreinigung eine zusätzliche Feinreinigung. Aus dem Abwasser muß ein hohen Qualitätsansprüchen gerecht werdendes Prozeßwasser werden. Zur Erzielung von Prozeßwasserqualität muß für die Abwasserbehandlung folgende Strategie verfolgt werden:

- Minimierung der Abwasserproduktion,
- Produktion von Schadstoffen, die leicht abscheidbar sind,
- Vermeidung von Mischabwässern,
- Anwendung schadstoffspezifischer Abscheideverfahren,
- Integration der Abwasserbehandlung in die Produktionsanlage.

Die Behandlung des produktionsspezifischen Abwassers bis zur Rezyklierfähigkeit erfordert sowohl prozeßinterne als auch nachgeschaltete, aber an den Prozeß gebundene Maßnahmen. Die prozeßinternen Maßnahmen ergeben sich aus der Weiterentwicklung der im Rahmen des produktionsintegrierten Umweltschutzes bereits erfolgreich eingesetzten Verfahren. Sie führen zu einer Minimierung der Schadstoffproduktion und zu leicht abscheidbaren Schadstoffen. Zur Ausnutzung dieser vorteilhaften Eigenschaften sollte jeder Abwasserstrom mit schadstoffspezifischen Maßnahmen gesondert behandelt werden.

Die Zusammenführung verschiedener Abwasserströme zu einem Mischabwasser sollte grundsätzlich vermieden werden, es sei denn, es ergeben sich dadurch nachweisbare Vorteile. Die Verdünnung der Schadstoffe sollte nicht als Vorteil akzeptiert werden, da der Schadstoffmassenstrom dadurch unverändert bleibt.

Zur Fein- und Nachreinigung produktionsspezifischer Abwässer können sowohl physikalische als auch chemische sowie biologische Verfahren eingesetzt werden. Bei den biologischen Verfahren kommen sowohl ein- als auch mehrstufige Anlagen mit schadstoffspezifischen Bakterien oder anderen

Mikroorganismen in Frage. Für die Erfüllung dieser Aufgaben sind Hochleistungs-Bioreaktoren einzusetzen.

Die Integration der Abwasserbehandlung in den Produktionsprozeß bietet die beste Gewähr für die Anwendung optimaler Methoden. Die Produktion von Schadstoffen und ihre Beseitigung liegen in der gleichen Hand, also im gleichen Verantwortungsbereich. Die Verbindung von Verantwortungs- und Verursacherprinzip fordert die Handlung unmittelbar vor Ort. Sie bedeutet also den Übergang von der zentralen zur dezentralen Verantwortung und ist Motivationsschub für die Behandlung des Abwassers bis zum prozeßspezifischen Rezyklat.

Abkürzungen

φ Umsatzgrad
TOC   Total Organic Carbon
CSB   Chemischer Sauerstoffbedarf
Re   Reynoldszahl
$\dot{V}_r^*$ Rücklaufverhältnis
t_V^* bezogene Verweilzeit
ϱ_z^* bezogene Schadstoffkonzentration im Zulauf
B_C Raumbelastung
$\dot{M}$ Schadstoffmassenstrom

Indizes

z   Zulauf
a   Ablauf
n   nicht abbaubar

Literatur

1. Brauer H (1991) Abwasserreinigung bis zur Rezyklierungsfähigkeit des Wassers. Chem-Ing-Techn 63:415–427
2 Brauer H, Sucker D (1979) Biological waste water treatment in a high efficiency reactor. Ger Chem Eng 2:77–86
3. Brauer H (1970) Biologischer Abbau von organischen und anorganischen Schadstoffen im Wasser. Wissenschaftliche Zeitschrift TH Leuna-Merseburg 32:317–347
4. Vogelpohl A (1985) Biologische Reinigung von Abwässern mit dem Kompaktreaktor. Chem Ing 37:43–46
5. Vogelpohl A, Manger M u. Mitarb. (1986) Abwasserklärung mit dem Kompaktreaktor. Umwelt 8:529–531
6. Brauer H (1985) Biological waste water treatment in a reciprocating jet bioreactor. In: Rehm H-J, Reed G (eds) Biotechnology, vol 2, pp 519–535. VCH-Verlagsgesellschaft Weinheim
7. Grüger W, Brauer H (1987) Verfahrenstechnische Untersuchung der Abwasserreinigung im Hubstrahlreaktor. VDI-Forschungsheft 643. VDI Düsseldorf

8. Walter Ch, Brauer H (1990) Biologischer Abbau von Kohlenstoff-, Stickstoff- und Phosphatverbindungen eines hochbelasteten Abwassers in einer halbtechnischen dreistufigen Hubstrahlreaktoranlage. VDI-Forschungsheft 661. VDI Düsseldorf
9. Kuttig U, Brauer H (1992) Mehrstufige anaerobe Abwasserreinigung mit integrierter Auskristallisation von Ammonium. Fortschritt-Berichte VDI, Reihe 3: Verfahrenstechnik Nr. 279. VDI Düsseldorf
10. Greywitz J (1994) Im Umweltschutz weiter voran. Chemische Industrie Heft 2:14–16
11. Umweltbericht Bayer AG (1993) Konzernverwaltung Öffentlichkeitsarbeit, Leverkusen
12. Wiederkehr H, Ziegler H, Wiesner J (1990) Neuer Prozeß vermindert Umweltbelastung einer Vitamin-Großproduktion. In: Produktionsintegrierter Umweltschutz in der chemischen Industrie. Herausgegeben von: DECHEMA-GVC-SATW. Frankfurt

Aufbau und Wirkungsweise kommunaler und industrieller Kläranlagen

W. Hegemann

3.1
Abwassermengen

Die Summe aller Schmutzwasserarten einschließlich Fremdwasser und gegebenenfalls der Regenwasserabfluß werden Abwasser genannt. Kommunales Abwasser setzt sich aus folgenden Teilströmen zusammen:

- häusliches Schmutzwasser
- gewerbliches Schmutzwasser
- industrielles Schmutzwasser
- Fremdwasser
- Regenwasser.

3.1.1
Häusliches Schmutzwasser

Die Mengen häuslichen Schmutzwassers und des Schmutzwassers aus Kleingewerbe werden in der Regel gemeinsam erfaßt. Diese gemeinsame Ermittlung basiert meistens auf dem Trinkwasserverbrauch, da der Trinkwasserverbrauch von den Wasserwerken nicht nach der Art des Abnehmers, sondern nur nach der Menge unterschiedlich erfaßt wird (Kleinverbraucher, Großabnehmer). Das hat zur Folge, daß der spezifische Trinkwasserverbrauch und damit auch der Schmutzwasseranfall in kleinen Siedlungen wegen des fehlenden Gewerbes niedriger als in Mittel- oder Großstädten ist. Daneben spielen Lebensgewohnheiten und Wohnkomfort eine Rolle. Insgesamt besteht eine Tendenz zum sparsamen Verbrauch von Trinkwasser und damit auch zu einem stagnierenden Schmutzwasseranfall. In der Literatur angegebene Werte von z.B. $300\,l/(E \cdot d)$ für Städte $> 250\,000$ Einwohner [1] sind unrealistisch und heute nicht mehr vertretbar.

In Tabelle 3.1 sind Schmutzwassermengen aus Haushalt und Gewerbe angegeben, wie sie zukünftig zu erwarten sind. Da das Abwasser nicht

Tabelle 3.1. Häusliches Schmutzwasser, einschließlich Kleingewerbe, im Kläranlagenzulauf

Siedlungsgröße E	tägl. Schmutzwasseranfall l/(E · d)	Spitzenzufluß	mittlerer Zufluß	Nachtzufluß
> 1 000	125	1/10	1/14	1/40
1 000 – 5 000	135	1/10	1/14	1/40
5 000 – 10 000	150	1/14	1/16	1/40
10 000 – 50 000	170	1/16	1/18	1/36
50 000 – 250 000	190	1/18	1/20	1/32
> 250 000	200	1/20	1/22	1/28

gleichmäßig über 24 Stunden verteilt auf der Kläranlage ankommt, werden zu Bemessungszwecken der mittlere stündliche Zufluß, der maximale stündliche Zufluß und der minimale Nachtzufluß als Quotient der 24-h-Menge in m³/h oder l/s angegeben. Diese Quotienten sind weiterhin von der Zahl der angeschlossenen Einwohner und damit von der Größe des Einzugsgebietes abhängig. Die Tagesschwankungen durch Abflußverzögerungen im Kanalisationsnetz werden mit steigender Größe des Einzugsgebiets geringer. Die Quotienten für den Spitzenzufluß, den mittleren Zufluß und den Nachtzufluß sind ebenfalls in Tabelle 3.1 angegeben.

3.1.2
Fremdwasser

Fremdwasser setzt sich aus eindringendem Grundwasser, aus unerlaubten Anschlüssen von Dränage- und Regenwasserleitungen und aus der nicht vermeidbaren Einleitung von Regenwasser, z.B. über die Schachtabdeckungen, zusammen. Grundsätzlich sollte der Fremdwasserzufluß so gering wie möglich gehalten werden, z.B. durch eine Sanierung undichter Kanäle oder die Abtrennung von Fehlanschlüssen. Trotzdem wird bei der Dimensionierung von Schmutzwasserkanälen in der Regel mit einem Fremdwasserzuschlag von 100 % gerechnet [1]. Bei Mischwasserkanälen, in denen der Regenabfluß gemeinsam mit den übrigen Schmutzwasseranteilen abgeleitet wird, kann das Fremdwasser vernachlässigt werden, weil die Regenwassermenge ein Vielfaches der Schmutz- und Fremdwassermenge ist, häufig das 60–100fache. Im Kläranlagenzulauf wird meistens mit einer Fremdwasserspende von 0,05–0,15 l/(s · ha) gerechnet.

3.1.3
Gewerbliches und industrielles Schmutzwasser

Soweit gewerbliches Schmutzwasser getrennt erfaßt wird, wird die Menge unter Berücksichtigung eines spezifischen Ansatzes berechnet, wobei auf Beschäftigte, Rohstoffeinsatz oder Produktmenge bezogen wird. Ein Beispiel zeigt Tabelle 3.2.

In Industriebetrieben fallen häufig größere Schmutzwassermengen an. Soweit sie über die Kanalisation in kommunale Kläranlagen eingeleitet und dort mitbehandelt werden, empfiehlt sich eine getrennte Erfassung. Spezifische Angaben in der Literatur, z.B. bei Rüffer und Rosenwinkel [3], weisen erhebliche Schwankungsbreiten auf, was auf eine unterschiedliche Intensität der Kreislaufführung oder wassersparende Produktion zurückzuführen ist. Eine individuelle Ermittlung ist daher unerläßlich. Die Ermittlung des Abwasseranfalls aus geschlossenen Gewerbegebieten, die heute meistens außerhalb städtischer Bebauung errichtet werden, ist außerordentlich schwierig, da in der Regel im Voraus nicht bekannt ist, welche Arten von Gewerbebetrieben sich dort ansiedeln. Häufig werden Abflußspenden von $0,5-1,5\ l/(s \cdot ha)$ angegeben [1]. Es empfiehlt sich, mit dem niedrigeren Wert zu rechnen und bei der Ansiedlung abwasserintensiver Betriebe besondere Maßnahmen zu ergreifen, z.B. durch die Forderung nach wassersparender Technik die Schmutzwassermengen zu begrenzen oder eine getrennte Ableitung vorzusehen.

Tabelle 3.2. Einwohnergleichwerte (EGW) aus Gewerbebetrieben, nach [2]

Beherbungsstätten, Internate		Vereinshäuser ohne Küchenbetrieb	
1 Bett	= 1 bis 3 EGW (je nach Ausstattung)	5 Benutzer	= 1 EGW
Camping- und Zeltplätze		Sportplätze ohne Gaststätte und Vereinshaus	
2 Personen	= 1 EGW	30 Besucherplätze	= 1 EGW
Gaststätten ohne Küchenbetrieb		Fabriken, Werkstätten ohne Küchenbetrieb	
3 Plätze	= 1 EGW	2 Betriebsangehörige	= 1 EGW
mit Küchenbetrieb und höchstens dreimaliger Ausnutzung eines Sitzplatzes in 24 h			
1 Platz	= 1 EGW	Bürohäuser ohne Küchenbetrieb	
je weitere dreimalige Ausnutzung in 24 h		3 Betriebsangehörige	= 1 EGW
Zuschlag	je 1 EGW		
Gartenlokale ohne Küchenbetrieb			
10 Plätze	1 EGW		

3.1.4
Regenwasser

Der Regenwasserabfluß übertrifft den Schmutzwasserabfluß um ein Vielfaches. Für die Bemessung der Kanalisation ist die Regenspende in $l/(s \cdot ha)$ maßgebend. Genauere Angaben sind der Literatur zu entnehmen, z.B. [1, 2]. Durch Abtrennung von Teilmengen des Mischwasserabflusses, Zwischenspeicherung und Behandlung in Regenbecken und teilweise Ableitung in Oberflächengewässer wird die der Kläranlage zugeleitete Menge in der Regel auf den zweifachen Trockenwetterzufluß (plus die einfache Fremdwassermenge) begrenzt. Allerdings erfolgt dieser erhöhte Zufluß in der Kläranlage durch die Speicherung von Teilmengen im Netz über einen längeren Zeitraum, bis nach Ende der Regenereignisse alle Regenbecken über die Kanalisation entleert sind. Mit weitergehendem Ausbau der Mischkanalisation mit Regenwasserbehandlungsanlagen erhöht sich damit die Jahresabwassermenge.

Anstelle einer Sammlung und Ableitung des Regenwassers sollte wenn irgend möglich, insbesondere wenn die Qualität dies zuläßt, eine Versickerung am Anfallort erfolgen. Dies gilt insbesondere für Dachabläufe, die in der Regel kaum verschmutzt sind. Möglichkeiten der Versickerung sind im ATV-Arbeitsblatt A 138 aufgeführt [4]. Neuerdings hat sich das Mulden-Rigolen-System als sehr wirkungsvoll erwiesen [5].

3.1.5
Abwassersammlung und -ableitung

Im Prinzip gibt es zwei unterschiedliche Systeme der Abwassersammlung und -ableitung, das Trennverfahren und das Mischverfahren. Beim Trennverfahren werden zwei Leitungen verlegt, eine für das Schmutzwasser und eine mit einem deutlich größeren Durchmesser für das Niederschlagswasser. Letzteres wird auf schnellstem Wege in das nächstliegende Oberflächengewässer abgeleitet.

Beim Mischverfahren werden Schmutzwasser und Niederschlagswasser in einer gemeinsamen Leitung zur Kläranlage geleitet. Da im Laufe des Fließweges die Abwassermengen zu groß würden, werden an geeigneten Stellen im Kanalnetz Regenüberläufe angeordnet, durch die eine Entlastung des Mischwassers in ein Oberflächengewässer erfolgt. Nach heutigen Vorschriften gelangt in der Regel der zweifache Trockenwetterzufluß in die Kläranlage.

Die Kanäle werden möglichst so verlegt, daß das Abwasser in freiem Gefälle zur Kläranlage fließt. In flachen Gebieten muß das Abwasser nach einer gewissen Fließstrecke mittels Pumpwerken angehoben werden, da sonst der Kanal zu tief verlegt werden müßte, was sehr kostenaufwendig ist.

In Sonderfällen, insbesondere bei kleinen Einzugsgebieten, kann man die Unterdruck- oder die Druckentwässerung anwenden (s. Abschn. 3.6.5).

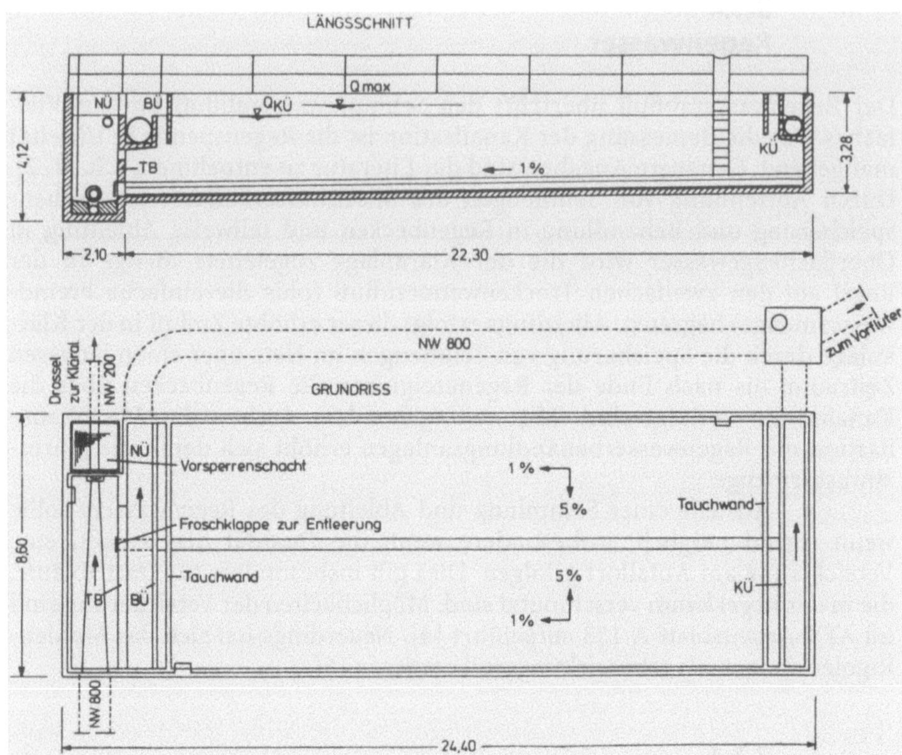

Abb. 3.1. Regenüberlaufbecken als Durchlaufbecken, nach [52]

Nach den heutigen Vorschriften darf Mischwasser nicht ohne eine Vorbehandlung in ein Gewässer eingeleitet werden. Deshalb müssen die Regenüberläufe durch Regenüberlaufbecken ersetzt werden. Diese fangen zunächst den anfänglichen Schmutzstoß auf, der sich einstellt, wenn bei anlaufendem Niederschlagswasserabfluß die Schlammablagerungen im Kanal aufgeschwemmt und abtransportiert werden (Spülstoß). Bei einem Regenrückhaltebecken wird der gesamte Niederschlagsabfluß gespeichert und verzögert zur Kläranlage geleitet.

Auch bei der Einleitung von Regenwasser aus dem Trennsystem kann ein Regenklärbecken erforderlich werden, in dem absetzbare Stoffe zurückgehalten werden. In Abb. 3.1 ist ein Regenüberlaufbecken dargestellt. Anstelle eines Beckens kann man auch einen im Querschnitt vergrößerten Kanal verwenden (Stauraumkanal). Weitere Hinweise, insbesondere zur Bemessung der Becken, sind dem ATV-Arbeitsblatt A 128 [6] zu entnehmen.

3.2
Abwasserinhaltsstoffe und Abwasserbeschaffenheit kommunaler Abwässer

3.2.1
Organische Belastung

Zur Kennzeichnung der organischen Belastung häuslicher, gewerblicher und industrieller Schmutzwässer werden in der Regel Summenparameter wie BSB_5, CSB oder TOC verwendet. Zur Bestimmung des CSB wird heute Kaliumdichromat als Oxidationsmittel eingesetzt. Das früher als Oxidationsmittel eingesetzte Kaliumpermanganat ($KMnO_4$-Verbrauch) ist heute nicht mehr üblich. In der ehemaligen DDR wurde allerdings $KMnO_4$ bis 1990 verwendet, der so ermittelte Parameter hieß CSV. Die Werte des $KMnO_4$-Verbrauchs (CSV, Chemischer Sauerstoffverbrauch) sind im allgemeinen niedriger als die des CSB, da Kaliumpermanganat ein schwächeres Oxidationsmittel ist [7].

Wegen der bei der Analytik eingesetzten Chemikalien ist der CSB allerdings umstritten, es wird angestrebt, ihn durch den Parameter TOC (Total Organic Carbon; gesamter organischer Kohlenstoff) zu ersetzen.

Für kommunales Abwasser (häusliches, gewerbliches und geringe Anteile von industriellem Schmutzwasser) gelten die in der Tabelle 3.3 aufgeführten Konzentrationen:

Tabelle 3.3. Konzentrationen von kommunalem Abwasser, in Anlehnung an Koppe und Stozek [6]

	BSB_5 mg/l	CSB mg/l	TOC mg/l
Rohabwasser	300	450–600	150–180
sedimentiertes Abwasser	200	300–400	100–120

Der spezifische Anfall des BSB_5 beträgt 60 g/(E · d) im Rohabwasser und 40 g/(E · d) nach Sedimentation.

Organische Einzelstoffe werden im kommunalen Abwasser in der Regel nicht bestimmt.

3.2.2
Nährstoffe

Im Zusammenhang mit der Gewässereutrophierung sind die Nährstoffe Stickstoff und Phosphor relevant. Darüber hinaus ist Stickstoff als reduzierter

Stickstoff sauerstoffzehrend und in der Bindungsform Ammoniak (NH_3) und Nitrit (NO_2^-) fischtoxisch.

Im kommunalen Abwasser liegt *Stickstoff* als reduzierter Stickstoff organisch gebunden und gelöst als Ammoniumstickstoff (NH_4^+) vor. Analytisch wird er als TKN (Total Kjeldahl Nitrogen) bestimmt. Er stammt vorwiegend aus menschlichen Abgängen (Urin, Fäkalien), in geringerem Umfang direkt aus Nahrungsmitteln. Schon während der Abwasserableitung im Kanalnetz wird der organisch gebundene Stickstoff ammonifiziert. Der ammonifizierte Anteil hängt von den Bedingungen im Kanalisationsnetz ab, in großen Netzen mit langen Fließzeiten ist die Konzentration des organisch gebundenen Stickstoffs im Kläranlagenzulauf sehr gering (einige mg/l), in kleineren Netzen mit kurzen Fließzeiten ist sie eher hoch (40–50% des reduzierten Stickstoffs). Einen festen Zusammenhang gibt es nicht. Die Konzentrationen von reduziertem Stickstoff im Rohabwasser betragen etwa 60 mg/l bei einem spezifischen Anfall von 12 g N/(E · d). Oxidierter Stickstoff ist in Kläranlagenzuläufen in der Regel nicht feststellbar. Bei manchen Industrieabwässern wird allerdings zeitweise Nitrat in Form von Salpetersäure eingeleitet. Häufig verwenden die Bakterien im Kanalnetz (Sielhaut) das Nitrat als Sauerstoffquelle (Denitrifikation), so daß auch in solchen Fällen nur geringe Konzentrationen (einige mg/l) bis zur Kläranlage gelangen. Auch bei erhöhtem Fremdwassereinfluß und bei Mischwasserzulauf sind geringe Nitratkonzentrationen meßbar.

Nitritkonzentrationen liegen, wenn überhaupt im Rohabwasser vorhanden, deutlich unter 1 mg/l.

Auch der *Phosphor* im Kommunalabwasser stammt im wesentlichen aus menschlichen Abgängen und Nahrungsmittelresten, nachdem in Deutschland praktisch keine phosphathaltigen Waschmittel mehr angeboten werden. Der Phosphor im Rohabwasser liegt vorwiegend als Orthophosphat (PO_4^{3-}) vor, er ist damit gut fällbar. Der spezifische Anfall beträgt ca. 2 g P/(E · d), die Konzentrationen liegen in der Regel unter 10 mg/l P. In manchen Betrieben der Nahrungsmittelindustrie (z.B. Milchverarbeitung) wird zur Entkeimung von Leitungen und Behältern anstelle von Salpetersäure auch Phosphorsäure eingesetzt. Bei Ableitung über das Kanalnetz können dann kurzzeitige Stoßbelastungen von Phosphor auftreten (je nach Verdünnungsverhältnis z.B. 20–40 mg/l P). Bei P-Elimination durch Fällung ist das zu berücksichtigen.

3.2.3
Sonstige Inhaltsstoffe

Im kommunalen Abwasser sind eine Vielzahl von Einzelstoffen enthalten, die aber in der Regel nicht bestimmt werden. Auch synthetische Verbindungen gelangen nicht nur aus Gewerbe und Industrie, sondern auch aus Haushalten in das Abwasser (Haushaltschemikalien). Zu solchen Stoffen gehören u.a. Tenside, chlororganische Verbindungen, Kohlenwasserstoffe, Komplexbildner, Schwermetalle. Zunehmend an Bedeutung gewinnen zwei Stoffgruppen, nämlich die organischen Fettsäuren, weil sie für die biologische Phosphorelimination und Denitrifikation eine große Bedeutung haben, und die adsorbierbaren organischen Halogenverbindungen (AOX), die abwasserabgaberelevant sind. Bei den *Fettsäuren* überwiegen in der Regel Essigsäure und Propionsäure. Höhere Fettsäuren wie Buttersäure oder Valeriansäure sind in der Regel nicht nachweisbar. Sie entstehen bei Umsetzungsprozessen unter anaeroben Bedingungen im Kanalnetz (Versäuerung). Bei der CSB-Bestimmung werden sie mit erfaßt. Nach Reinhold [8] wurden im Aachener Rohabwasser 13–18 mg/l, im vorgeklärten Abwasser 6–9 mg/l gefunden, jeweils als Summe aller flüchtigen Fettsäuren C_2–C_5.

Im Klärwerk Berlin-Ruhleben werden Konzentrationen von 50–80 mg/l als Essigsäure im Ablauf der Vorklärung gemessen [9].

AOX stellt die Gesamtheit der Halogene (Chlor, Brom, Iod), die in organischen Verbindungen enthalten sind und an Aktivkohle adsorbiert werden können, dar. Koppe und Stozek [7] geben durchschnittliche Konzentrationen von 200 ± 100 µg/l Cl im Rohabwasser an. Die Elimination in üblichen biologischen Reinigungsstufen ist nicht sehr hoch ($\sim 50\,\%$).

3.3
Inhaltsstoffe und Beschaffenheit industrieller Abwässer

Abwasserinhaltsstoffe und damit die Abwasserbeschaffenheit hängen im wesentlichen von den Einsatzstoffen und dem Produktionsprozeß ab. Im Zusammenhang mit der biologischen Abwasserreinigung sollen nur die vorwiegend organisch belasteten Abwässer behandelt werden. Dabei schwankt innerhalb einer Branche die Konzentration des Abwassers beträchtlich, je nachdem, ob eine Kreislaufführung, wassersparende Produktionsverfahren oder wasserfreie Teilschritte in der Produktion vorhanden sind.

Neben der organischen Belastung spielen besondere Abwasserinhaltsstoffe, z.B. „gefährliche Stoffe", biologisch schwer abbaubare, persistente Stoffe oder organische Halogenverbindungen, die durch den Parameter AOX beschrieben werden, eine Rolle.

3.3.1
Organische Belastung

Die organische Belastung kann wie beim kommunalen Abwasser mit den Summenparametern BSB_5, CSB oder TOC beschrieben werden. Dabei deuten CSB/BSB_5-Verhältnisse über 2 auf höhere Anteile biologisch nicht oder schwer abbaubarer Inhaltsstoffe hin. Bei Konzentrationen > 2000 mg/l BSB_5 wird von „hoch konzentriertem" Abwasser gesprochen. Tabelle 3.4 gibt beispielhaft übliche Konzentrationsbereiche einiger industrieller Abwässer an. In Tabelle 3.5 ist beispielhaft der spezifische Abwasseranfall und die spezifische orga-

Tabelle 3.4. Übliche Konzentrationsbereiche einiger industrieller Abwässer, zusammengestellt aus [3], Angaben in mg/l

	CSB	BSB_5	$N_{ges.}$	$P_{ges.}$
Zuckerindustrie	7500 – 10000	5000 – 7000	–	–
Stärkeindustrie				
Kartoffeln	5700	4900	480	17
Weizen	21750 – 52500	18600 – 37500	650 – 2500	12 – 270
Mais	8000 – 30000	9500 – 14000	500 – 1350	–
Konservenindustrie				
Sauerkraut	15000 – 85000	10000 – 55000	–	–
Obst	4000 – 5700	700 – 1700	–	–
Gemüse	700 – 9000	300 – 6000	–	–
Schlachtung und Fleischverarbeitung	1000 – 6000	1000 – 4000	140 – 580	10 – 80
Molkereien	700 – 2900	500 – 2000	50 – 280	20 – 100
Fruchtsaftherstellung	3000 – 6000	1500 – 3000	–	–
Brauereien	1800 – 3000	1100 – 1500	30 – 80	10 – 30
Hefefabriken	5000 – 25000	3500 – 18000	500 – 1200	10 – 50
Tierkörperbeseitigungsanstalten	1800 – 26500	1370 – 23700	250 – 5600	–

Tabelle 3.5. Spezifische Abwassermenge und organische Belastung bei Schlacht- und Fleischverarbeitungsbetrieben [61]

Bezugseinheiten	spezifische Schmutzwassermenge	spezifische Schmutzfracht	
	l/E	BSB_5 g/E	CSB g/E
Schlachtung einer Großvieheinheit (GV) (insb. Rinder)	500 – 1000	1000 – 3500	1400 – 5000
Schlachtung einer Kleinvieheinheit (KV) (insb. Schweine)	100 – 300	200 – 350	300 – 600
Verarbeitung einer Großvieheinheit (GV)	1000 – 1500	1000 – 1400	1400 – 2000
Verarbeitung einer Kleinvieheinheit (KV)	300 – 400	300 – 400	400 – 600
Zerlegen von 1000 kg Fleisch in Zerlegebetrieben	150 – 170	75[a] – 100[a]	100[a] – 150[a]
Verarbeitung von 100 kg Schlachtgewicht in Fleischwarenfabriken	500 – 700	700 – 900	1000 – 1300

Tabelle 3.5 (Fortsetzung)

Bezugseinheiten	spezifische Schmutz-wassermenge	spezifische Schmutzfracht	
		BSB$_5$	CSB
	l/E	g/E	g/E
Schlachtung von Federvieh, bezogen auf 1 kg Schlachtgewicht	10–30	7–20	10–40
Schleimen von 100 Schlägen Därmen[b]	2000–5000	9000–26000	13000–28000

E = Bezugseinheit.

[a]   Schätzwerte.

[b]   zusätzliche Belastung bei Bearbeitung der Därme; ein Schlag Darm entspricht dem Darm eines Tieres.

Tabelle 3.6. Typische Konzentrationen von Gerbereiabwässern

Parameter	Gerberei A				Gerberei B			
	n	min.	max.	mittel	n	min.	max.	mittel
CSB [mg/l]	55	2100	27500	8700	80	1590	16000	5720
DOC [mg/l]	50	500	3800	1100	80	260	2050	970
Sulfat [mg/l]	50	100	2600	950	78	365	3590	1400
Sulfid [mg/l]	50	0,1	600	70	80	0,1	650	178
TKN [mg/l]	40	310	850	580	50	70	1170	490
NH_4^+ [mg/l]	40	300	650	380	50	50	590	230
Chrom [mg/l]	40	0,1	290	40	60	0,1	112	9,4

n = Anzahl der Proben.

nische Belastung eines Schlacht- und Fleischverarbeitungsbetriebes zusammengestellt.

Ein Beispiel für spezielle Inhaltsstoffe, teilweise auch anorganischer Art, sind Gerbereien. Neben hohen Konzentrationen an organischen Stoffen (BSB$_5$, CSB, TOC) fallen hohe Gehalte an Chlorid, Sulfat, Sulfid und bei der Chromgerbung auch an Chrom, an (Tabelle 3.6).

Einen guten Überblick über eine Vielzahl industrieller Abwässer geben Rüffer und Rosenwinkel [3].

3.4
Auswirkungen von Abwasserinhaltsstoffen auf Gewässer

Die Einleitung von Abwasser in ein Oberflächengewässer führt dem Gewässer organische leicht abbaubare, organische persistente und anorganische Stoffe zu. Dadurch werden die Biozönosen eines Gewässers beeinflußt. Darüber hinaus kann die Nutzung des Gewässers, z. B. als Trinkwasser oder für Freizeit und Erholung, beeinträchtigt werden.

Folgende Einflüsse können unterschieden werden:

3.4.1
Einflüsse auf den Sauerstoffhaushalt

Bei Einleitung von Abwässern mit leicht abbaubaren Kohlenstoffverbindungen setzen durch im Gewässer vorhandene Bakterien Oxidationsprozesse ein. Dabei werden einerseits die organischen Verbindungen mineralisiert und damit unschädlich gemacht (Selbstreinigung des Gewässers), andererseits wird dabei Sauerstoff verbraucht. Je nach der Konzentration des Abwassers, der Verdünnung mit dem Gewässer und der natürlichen Sauerstoffzufuhr kann der Gehalt an gelöstem Sauerstoff im Gewässer vermindert werden. Bei Sauerstoffkonzentrationen < 4 mg/l tritt Fischsterben ein.

Neben organischen Kohlenstoffverbindungen wird auch Ammonium durch im Gewässerbett angesiedelte Nitrifikanten oxidiert, mit gleicher Wirkung auf den Sauerstoffgehalt. Nitrifikanten können sich allerdings im Gewässer nur halten, wenn die organische Belastung gering und ausreichend gelöster Sauerstoff vorhanden ist. Die spezifischen Sauerstoffverbräuche zur Oxidation von 1 mg BSB_5 beträgt $1,2-1,5$ mg O_2 und für 1 mg NH_4^+–N 4,6 mg O_2.

3.4.2
Toxische Einflüsse

Mit dem Abwasser können auch toxische Stoffe in ein Gewässer gelangen. Allerdings akkumulieren viele Stoffe, die toxisch wirken, z. B. Schwermetalle, im Klärschlamm. Dieser stellt sowohl für Schwermetalle als auch viele organische Schadstoffe eine Senke dar. Wird ungereinigtes Abwasser in ein Gewässer geleitet, so sammeln sich diese Stoffe im Bodenschlamm, können aber bei Hochwasser wieder mobilisiert werden. Dadurch können u. U. Toxizitätsgrenzen überschritten werden. Ein für Fische akut toxischer Stoff ist Ammoniak NH_3, der im Wasser mit dem ungiftigem NH_4^+ in Abhängigkeit vom pH-Wert (und der Temperatur) im Gleichgewicht steht (Abb. 3.2).

Da durch Algenwachstum unter CO_2-Verbrauch bei Lichteinstrahlung der pH-Wert eines Gewässers in den alkalischen Bereich steigen kann,

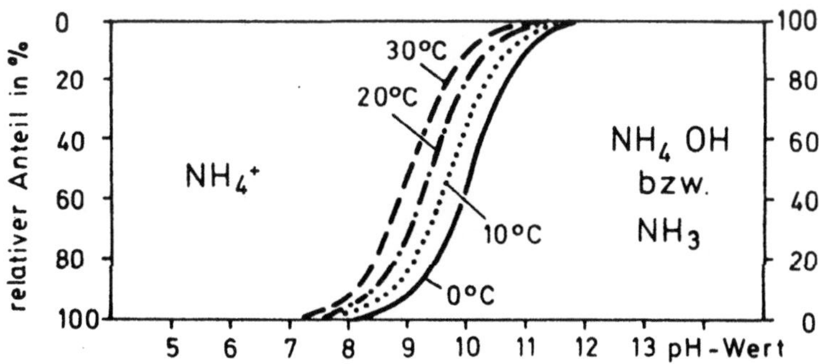

Abb. 3.2. NH$_4^+$/NH$_3$-Verteilung in Abhängigkeit vom pH-Wert und der Temperatur, aus [7]

können auch ohne veränderte NH$_4^+$-Zufuhr im Gewässer fischtoxische NH$_3$-Konzentrationen entstehen. Auf diese Weise hervorgerufene Fischsterben treten dann am späten Nachmittag eines sonnenreichen Tages ein. Auch Nitrit NO$_2^-$ ist fischtoxisch. Es kann im Gewässer bei unvollständiger Nitrifikation entstehen. Im Kläranlagenablauf treten erhöhte Nitritkonzentrationen kurzzeitig bei einsetzender Nitrifikation, z.B. im Frühjahr, auf. Auch bei Nitrateinleitung in die Kanalisation können bei Mangel an organischem Kohlenstoff infolge unvollständiger Denitrifikation erhöhte Nitritkonzentrationen auftreten.

3.4.3
Sonstige biozönotische Einflüsse

Sowohl Schwermetalle als auch organische Schadstoffe (PCB, Pestizide, Herbizide) können sich im Fettgewebe von Fischen anreichern. Ohne daß es zu einem Absterben der Fische kommt, können Grenzwerte für Nahrungsmittel überschritten werden. Als sehr empfindliche Gewässerbiozönosen gelten Muscheln. Abwassereinleitungen in Muschelgewässer sind möglichst zu vermeiden.

3.5
Gesetzliche Grundlagen
der Abwasserentsorgung

Nach § 75 GG sind die Bundesländer für das Wasser zuständig. Damit fällt auch die Kompetenz für die Einleitung von Abwasser in ein Gewässer und die Anforderungen an die Qualität des einzuleitenden Abwassers und das damit zusammenhängende Wasserrechtsverfahren in den Bereich der Länder. Damit im Gebiet der Bundesrepublik Deutschland Rechtsgleichheit besteht, erläßt der Bund Rahmengesetze, die von den Ländern durch Landeswassergesetze ausgefüllt werden.

Alle Bundesländer, auch die 5 neuen Bundesländer, haben festgelegt, daß die Abwasserbeseitigung Pflichtaufgabe der Gemeinden ist. In rechtlicher Hinsicht gleichgestellt sind öffentlich-rechtliche Zweckverbände. Die Gemeinden bzw. die Verbände werden im Rahmen der Daseinsvorsorge für die einzelnen Bürger tätig, der Bürger ist in voller Höhe zur Erstattung der Kosten verpflichtet. Diese Heranziehung zu den Kosten der Abwasserbeseitigung erfolgt über Beiträge und Gebühren.

Das wichtigste Rahmengesetz des Bundes im Bereich des Wassers ist das *Wasserhaushaltsgesetz (WHG)* vom 27. Juli 1957, das inzwischen mehrmals novelliert wurde. Hierin ist festgelegt, daß die Einleitung von (gereinigtem) Abwasser in ein Gewässer eine Gewässerbenutzung darstellt (§ 4), daß eine Gewässerbenutzung genehmigungspflichtig ist (§ 2) und daß die Genehmigung in Form einer Erlaubnis (§ 7) oder einer Bewilligung (§ 8) erfolgen kann. Nach § 7a WHG darf bei der Einleitung von Abwasser in ein Gewässer nur eine Erlaubnis erteilt werden. Sie ist zeitlich begrenzt, ist mit Auflagen an die Qualität des Abwassers verbunden und diese Auflagen können falls erforderlich jederzeit geändert werden. Die Erlaubnis stellt gegenüber der Bewilligung nach § 8 WHG ein minderes Recht dar.

Die Qualitätsanforderung an ein Abwasser, das in ein Gewässer eingeleitet werden soll, wird nach § 7a WHG von der Bundesregierung mit Zustimmung der Bundesländer einheitlich im Wege von Verordnungen festgelegt (*Mindestanforderungen*). Diese Anforderungen sind von allen Einleitern einzuhalten, so daß gleiche Lasten für alle Einleiter unabhängig von ihrem Standort und dem Gewässer, in das eingeleitet wird, bestehen. In besonderen Fällen, z.B. bei einem besonders schützenswerten Gewässer, können durch die Länderbehörden im Rahmen des Wasserrechtsverfahrens strengere Anforderungen gestellt werden.

Diese Mindestanforderungen sind in der *„Allgemeinen Rahmen-Verwaltungsvorschrift über Mindestanforderungen an das Einleiten von Abwasser in Gewässer-Rahmen-AbwasserVwV"* mit 53 Anhängen festgelegt. Im Anhang 1 sind die Anforderungen an Gemeinden für das Einleiten kommunalen Abwassers dargestellt, die übrigen 52 Anhänge sind nach Branchen bzw. Produktionszweigen von Gewerbe und Industrie gegliedert. Sie gelten nur für Direkteinleiter, d.h. für Betriebe, die ihr Abwasser nach Reinigung ohne Benutzung einer kommunalen Anlage in ein Gewässer einleiten.

Nach Anhang 1 zur Rahmen-AbwasserVwV werden die Anforderungen bei der Einleitung kommunalen Abwassers in 5 Größenklassen eingeteilt (Tabelle 3.7). Begrenzt werden die Parameter BSB_5, CSB, NH_4^+-N, gesamter anorganischer Stickstoff (NH_4^+-N + NO_2^--N + NO_3^--N) und Gesamt-Phosphor.

Bei den Anhängen 2 bis 53 werden neben diesen Parametern, soweit sie im betreffenden Abwasser enthalten sind, produktionsspezifische Stoffe

Tabelle 3.7. Mindestanforderungen für kommunale Kläranlagen, aus Anhang 1 der Rahmen-Abwasser VwV

Proben nach Größenklassen der Abwasserbehandlungsanlagen	Chemischer Sauerstoffbedarf (CSB) mg/l	Biochemischer Sauerstoffbedarf in 5 Tagen (BSB$_5$) mg/l	Ammoniumstickstoff[a] (NH$_4$–N) mg/l	Phosphor gesamt (P$_{ges}$) mg/l	Stickstoff gesamt[a] als Summe von Ammonium-Nitrit- und Nitrat-Stickstoff (N$_{ges}$) mg/l
	Qualifizierte Stichprobe oder 2-h-Mischprobe				
Größenklasse 1 kleiner als 60 kg/d BSB$_5$ (roh)	150	40	–	–	–
Größenklasse 2 60 bis kleiner 300 kg/d BSB$_5$ (roh)	110	25	–	–	–
Größenklasse 3 300 bis kleiner 1200 kg/d BSB$_5$ (roh)	90	20	10	–	18[b]
Größenklasse 4 1200 bis kleiner 6000 kg/d BSB$_5$ (roh)	90	20	10	2	18[b]
Größenklasse 5 6000 kg/d BSB$_5$ (roh) und größer	75	15	10	1	18[b]

[a] Diese Anforderung gilt bei einer Abwassertemperatur von 12 °C und größer im Ablauf des biologischen Reaktors der Abwasserbehandlungsanlage. An die Stelle von 12 °C kann auch eine zeitliche Begrenzung vom 1. Mai bis 31. Oktober treten.

[b] Im wasserrechtlichen Bescheid kann eine höhere Konzentration bis zu 25 mg/l zugelassenwerden, wenn die Verminderung der Gesamtstickstofffracht mindesten 70 v. H. beträgt. Die Verminderung bezieht sich auf das Verhältnis der Stickstofffracht im Zulauf zu derjenigen im Ablauf in einem repräsentativen Zeitraum, der 24 Stunden nicht überschreiten soll. Für die Fracht im Zulauf ist die Summe aus organischem und anorganischem Stickstoff zugrunde zu legen.

Tabelle 3.8. Mindestanforderungen an Abwässer aus der Lederherstellung, Pelzveredlung und Lederfaserstoffherstellung bei Direkteinleitung, aus 2-h-Mischproben oder qualifizierter Stichprobe

1. Gesamtabwasser			2. Teilströme			
Chemischer Sauerstoffbedarf (CSB)	mg/l	250	2.1 Wasserwerkstatt (Weiche, Äscher, Entkälkung)			
Biochemischer Sauerstoffbedarf in 5 Tagen (BSB$_5$)	mg/l	25	Sulfid		mg/l	2
Ammoniumstickstoff (NH$_4$-N)	mg/l	10	2.2 Pelzentfettung			
Phosphor gesamt	mg/l	2	LHKW (Σ Trichlorethen, Tetrachlorethen, 1,1,1-Trichlorethan, Dichlormethan)			
1.1 Bei Zulaufkonzentrationen zur biologischen Stufe			(Stichprobe)	Cl	mg/l	0,1
CSB > 2500 mg/l						
Mindestelimination 90 %			2.3 Beize			
BSB$_5$ > 1000 mg/l			Chrom (VI)		mg/l	0,05
Mindestelimination 97,5 %						
1.2 Fischgiftigkeit			2.4 Gerbung und Naßzurichtung			
$G_F = 4$ (Pelzveredlung)			Chrom, gesamt		mg/l	1
$G_F = 2$ (Lederherstellung, Lederfaserstoffherstellung)						
1.3 AOX (Stichprobe)	mg/l	0,5				

begrenzt. Tabelle 3.8 enthält beispielhaft die Parameter für den Bereich Lederherstellung, Pelzveredelung und Lederfaserstoffherstellung (Anhang 25 der Rahmen-AbwasserVwV). Begrenzt werden die Parameter Sulfid, LHKW, Chrom VI, Chrom gesamt, CSB, BSB$_5$, NH$_4^+$-N, P$_{gesamt}$, AOX und Fischtoxizität.

Die Konzentrationen sind als sogenannte „Überwachungswerte" definiert. Sie werden aus kurzzeitigen Probenahmen analysiert, wobei den Ländern freigestellt ist, in ihrem Gebiet für die amtliche Gewässergüteüberwachung die Probe als 2-h-Mischprobe oder als sogenannte „qualifizierte Stichprobe" zu entnehmen. Eine „qualifizierte Stichprobe" setzt sich aus 5 einzelnen Stichproben, die im Abstand von nicht weniger als 2 Minuten entnommen werden, zusammen.

Insbesondere beim Parameter NH$_4^+$-N wirkt sich diese Probenahme anlagenvergrößernd und damit kostensteigernd aus, ohne einen erhöhten Gewässerschutz zu bewirken.

Die *EG-Richtlinie vom 21. Mai 1991 über die Behandlung von kommunalem Abwasser* begrenzt im Anhang I ebenfalls BSB$_5$ und CSB sowie abweichend von den Mindestanforderungen suspendierte Schwebestoffe und in „empfindlichen Gebieten", in denen Eutrophierung von Gewässern erfolgen kann, auch Phosphor und Stickstoff. Die Werte für die organische Belastung liegen in der gleichen Größenordnung oder etwas höher als die Mindestanforderungen, beim Phosphor gelten die gleichen Werte mit dem Unterschied, daß Kläranlagen > 10000 EW Phosphor eliminieren müssen, beim Stickstoff wird N_{gesamt} begrenzt auf 15 mg/l bei Anlagen 10000–100000 EW und 10 mg/l > 100000 EW. Für alle Parameter kann auch eine prozentuale Verminderung, bezogen auf den Zulauf, gewählt werden (Tabellen 3.9 und 3.10).

Ein wesentlicher Unterschied zu den Mindestanforderungen liegt in der Probenahme, die als mengen- oder zeitproportionale 24-h-Probe zu entnehmen ist. Aus den Ergebnissen der Analysen bei vorgeschriebener Probenhäufigkeit wird ein Jahresmittelwert errechnet.

Eine weitere rechtliche Grundlage des Bundes ist die Indirekteinleiterverordnung *(Verordnung über die Genehmigungspflicht für das Einleiten gefährlicher Stoff in öffentliche Abwasseranlagen und ihre Überwachung (VGS).*

Tabelle 3.9. Anforderungen an Einleitungen aus kommunalen Abwasserbehandlungsanlagen, die den Bestimmungen der Artikel 4 und 5 unterliegen. Anzuwenden ist der Konzentrationswert oder die prozentuale Verringerung

Parameter	Konzentration	Prozentuale Mindestverringerung[a]	Referenzmeßverfahren
Biochemischer Sauerstoffbedarf (BSB_5 bei 20 °C) ohne Nitrifikation[b]	25 mg/l O_2	70 – 90 40 gemäß Artikel 4 Absatz 2	Homogenisierte, ungefilterte, nicht dekantierte Probe. Bestimmung des gelösten Sauerstoffs vor und nach fünftägiger Bebrütung bei 20 °C ± 5 °C in völliger Dunkelheit. Zugabe eines Nitrifikationshemmstoffes
Chemischer Sauerstoffbedarf (CSB)	125 mg/l O_2	75	Homogenisierte, ungefilterte, nicht dekantierte Probe. Kalium-Dichromat
Suspendierte Schwebstoffe insgesamt	35 mg/l[c] 35 gemäß Artikel 4 Absatz 2 (mehr als 10000 EW) 60 gemäß Artikel 4 Absatz 2 (2000–10000 EW)	90[c] 90 gemäß Artikel 4 Absatz 2 (mehr als 10000 EW) 70 gemäß Artikel 4 Absatz 2 (2000–10000 EW)	– Filtern einer repräsentativen Probe durch eine Filtermembran von 0,45 µm. Trocknen bei 105 °C und Wiegen – Zentrifugieren einer repräsentativen Probe (mindestens 5 Min. bei einer durchschnittlichen Beschleunigung von 2800 bis 3200 g). Trocknen bei 105 °C und Wiegen

[a] Verringerung bezogen auf die Belastung des Zulaufs.
[b] Dieser Parameter kann durch einen anderen ersetzt werden: gesamter organischer Kohlenstoff (TOC) oder gesamter Bedarf an Sauerstoff (TOD), wenn eine Beziehung zwischen BSB_5 und dem Substitutionsparameter hergestellt werden kann.
[c] Diese Anforderung ist fakultativ.

Tabelle 3.10. Anforderungen an Einleitungen aus kommunalen Abwasserbehandlungsanlagen in empfindlichen Gebieten, in denen es zur Eutrophierung kommt. Je nach der Gegebenheit vor Ort können ein oder beide Parameter verwendet werden. Anzuwenden ist der Konzentrationswert oder die prozentuale Verringerung

Parameter	Konzentration	Prozentuale Mindest-Verringerung[a]	Referenz-meßverfahren
Phosphor insgesamt	2 mg/l P (10 000 – 100 000 EW) 1 mg/l P (mehr als 100 000 EW)	80	Molekulare Absorptions-Spektrophotometrie
Stickstoff insgesamt[b]	15 mg/l N (10 000 – 100 000 EW) 10 mg/l N (mehr als 100 000 EW[c]	70 – 80	Molekulare Absorptions-Spektrophotometrie

[a] Verringerung bezogen auf die Belastung des Zulaufs.

[b] Stickstoff insgesamt bedeutet: die Summe von Kjeldahl-Stickstoff (organischer N + NH_3), Nitrat (NO_3)-Stickstoff und Nitrit (NO_2)-Stickstoff.

[c] Wahlweise darf der tägliche Durchschnitt 20 mg/l N nicht überschreiten. Die Anforderung gilt bei einer Abwassertemperatur von mindestens 12 °C beim Betrieb des biologischen Reaktors der Abwasserbehandlungsanlage. Anstatt der Temperatur kann auch eine begrenzte Betriebszeit vorgegeben werden, die den regionalen klimatischen Verhältnissen Rechnung trägt. Diese Alternative gilt, wenn nachgewiesen werden kann, daß Nummer 1 Abschnitt D des vorliegenden Anhangs erfüllt ist.

Diese Verordnung schreibt vor, daß bei der Einleitung der Schwermetalle Arsen, Blei, Cadmium, Chrom, Kupfer, Nickel, Quecksilber, Silber und Zink, von halogenierten Kohlenwasserstoffen, gemessen als AOX, der Einleitung der vier chlororganischen Verbindungen 1,1,1-Trichlorethan, Trichlorethen, Tetrachlorethen und Trichlormethan sowie Gesamtchlor in öffentliche Abwasseranlagen (Indirekteinleitung) eine Genehmigung erforderlich ist. Die Länder regeln, welche Behörde die Genehmigung erteilt. Damit wird in das Recht der Gemeinden, die Bedingungen für die Benutzung der gemeindlichen Kanalisation und Kläranlage selbst festzulegen (siehe Ortssatzung) eingegriffen. Bei Überschreitung von Schwellenwerten (Fracht und/oder Konzentration) werden Vorbehandlungsverfahren am Anfallort nach dem „Stand der Technik" erforderlich. Zur Vereinfachung der Erfassung von Betrieben, die möglicherweise gefährliche Stoffe einleiten, wurde vom Bund die Abwasserherkunftsverordnung erlassen (*Verordnung über die Herkunftsbereiche von Abwasser-Abwasserherkunftsverordnung-Abw-HerkV*). Hierbei sind 10 Bereiche und jeweils detaillierte Produktionen aufgeführt, z. B. im Bereich Metall die

- Metallbearbeitung und Metallverarbeitung: Galvaniken, Beizereien, Anodisierbetriebe, Brünierereien, Feuerverzinkereien, Härtereien, Leiterplattenherstellung, Batterieherstellung, Emaillierbetriebe, mechanische Werkstätten, Gleitschleifereien,
- Herstellung von Eisen und Stahl einschl. Gießereien,

– Herstellung von Nichteisenmetallen einschl. Gießereien,
– Herstellung von Ferrolegierungen.

Schließlich ist noch auf das *Abwasserabgabengesetz (AbwAG)* zu verweisen. Es ist wie das Wasserhaushaltsgesetz ein Rahmengesetz des Bundes, das durch Länderabwasserabgabengesetze ausgefüllt wird.

Das Abwasserabgabengesetz legt fest, daß beim Einleiten von Abwasser in ein Gewässer eine Abgabe zu entrichten ist (§ 1). Die Höhe der Abgabe richtet sich nach der Schädlichkeit des Abwassers (§ 2). Für die Ermittlung der Schadeinheiten werden die Parameter CSB, Phosphor, Stickstoff, AOX, die Schwermetalle Hg, Cd, Cr, Ni, Pb, Cu sowie die Fischgiftigkeit verwendet (Anlage A zu § 3). Diese Schadstoffgehalte werden aus der nicht abgesetzten, homogenisierten Probe bestimmt. Tabelle 3.11 gibt die Schadeinheiten sowie Schwellenwerte an, bei deren Unterschreitung die Erhebung der Abgabe entfällt.

Tabelle 3.11. Ermittlung der Schadeinheiten und Schwellenwerte. Die Bewertungen der Schadstoffe und Schadstoffgruppen sowie die Schwellenwerte ergeben sich aus folgender Tabelle:

Nr.	Bewertete Schadstoffe und Schadstoffgruppen	Einer Schadeinheit entsprechen jeweils folgende volle Meßeinheiten	Schwellenwerte nach Konzentration und Jahresmenge	
1	Oxidierbare Stoffe in chemischem Sauerstoffbedarf (CSB)	50 Kilogramm Sauerstoff	20 Milligramm je Liter und 250 Kilogramm Jahresmenge	
2	Phosphor	3 Kilogramm	0,1 Milligramm je Liter und 15 Kilogramm Jahresmenge	
3	Stickstoff	25 Kilogramm	5 Mikrogramm je Liter und 125 Kilogramm Jahresmenge	
4	Organische Halogenverbindungen als adsorbierbare organisch gebundene Halogene (AOX)	2 Kilogramm Halogen, berechnet als organisch gebundenes Chlor	100 Milligramm je Liter und 10 Kilogramm Jahresmenge	
5	Metalle und ihre Verbindungen:		und	
5.1	Quecksilber	20 Gramm	1 Mikrogramm	100 Gramm
5.2	Cadmium	100 Gramm	5 Mikrogramm	500 Gramm
5.3	Chrom	500 Gramm	50 Mikrogramm	2,5 Kilogramm
5.4	Nickel	500 Gramm	50 Mikrogramm	2,5 Kilogramm
5.5	Blei	500 Gramm	50 Mikrogramm	2,5 Kilogramm
5.6	Kupfer	1000 Gramm Metall	100 Mikrogramm je Liter	5 Kilogramm Jahresmenge
6	Giftigkeit gegenüber Fischen	3000 Kubikmeter Abwasser geteilt durch G_F	$G_F = 2$	

G_F ist der Verdünnungsfaktor, bei dem Abwasser im Fischtest nicht mehr giftig ist.

Die Abgabe ist keine Steuer und darf nur für Maßnahmen, die der Erhaltung oder Verbesserung der Gewässergüte dienen, zweckgebunden verwendet werden (§ 13). Solche Maßnahmen sind z.B.

- der Bau von Abwasserbehandlungsanlagen,
- der Bau von Regenrückhaltebecken und Anlagen zur Reinigung des Niederschlagswassers,
- der Bau von Ring- und Auffangkanälen an Talsperren, See-und Meeresufern sowie von Hauptverbindungssammlern, die die Errichtung von Gemeinschaftskläranlagen ermöglichen,
- der Bau von Anlagen zur Beseitigung des Klärschlamms,
- Maßnahmen im und am Gewässer zur Beobachtung und Verbesserung der Gewässergüte wie Niedrigwasseraufhöhung oder Sauerstoffanreicherung sowie zur Gewässerunterhaltung,
- Forschung und Entwicklung von Anlagen oder Verfahren zur Verbesserung der Gewässergüte,
- Ausbildung und Fortbildung des Betriebspersonals für Abwasserbehandlungsanlagen und andere Anlagen zur Erhaltung und Verbesserung der Gewässergüte.

Die Höhe der Abgabe beträgt z. Zt. 60 DM/SE und wird von den Bundesländern erhoben.

Als letzte bundesrechtliche Regelung soll noch die *Klärschlammverordnung (AbfKlärV)* erwähnt werden. Sie wurde 1982 erlassen und 1992 wesentlich geändert. Sie gilt für Klärschlämme, die direkt zur Aufbringung auf landwirtschaftlich oder gärtnerisch genutzten Flächen verwendet werden sollen. Auch Gemische aus Klärschlamm und Kohlenstoffträgern, Kalk- oder Gesteinsmehlzusätzen, unterliegen dieser Verordnung, soweit sie nicht dem Düngemittelrecht unterliegen.

Vor dem Erstaufbringen von Klärschlamm auf landwirtschaftlich oder gärtnerisch genutzten Flächen müssen Bodenuntersuchungen durchgeführt werden, die im Regelfall alle 10 Jahre wiederholt werden müssen. Auch der Klärschlamm ist regelmäßig zu untersuchen, und zwar mindestens alle 6 Monate. Folgende Parameter sind mindestens zu untersuchen:

- die Schwermetalle Pb, Cd, Cr, Cu, Ni, Hg und Zn,
- AOX,
- Gesamt-N, NH_4^+-N, Phosphor,
- Kalium, Magnesium,
- Trockenrückstand und organische Substanz,
- basisch wirkende Stoffe, pH-Wert.

Vor dem Erstauftrag und dann alle 2 Jahre ist auf

- polychlorierte Biphenyle,
- polychlorierte Dibenzodioxine und Dibenzofurane

zu untersuchen. Die Kosten aller Untersuchungen hat der Kläranlagenbetreiber zu tragen.

Verboten ist die Ausbringung von rohen, nicht stabilisierten Schlämmen, die Ausbringung auf Gemüse- und Obstanbauflächen, desgleichen auf Dauergrünland und forstwirtschaftlich genutzten Böden sowie in den Schutzzonen I und II von Wasserschutzgebieten und Uferrandstreifen.

Sowohl für den Boden, auf den Klärschlämme ausgebracht werden sollen, als auch für die Klärschlämme selbst sind Grenzwerte von Schadstoffen festgelegt worden, bei deren Überschreitung eine landwirtschaftliche Verwertung unzulässig ist (Tabellen 3.12 und 3.13).

Über die beschlammten Flächen sowie die Aufbringungsmengen und die Beschaffenheit des Schlammes hat der Kläranlagenbetreiber Buch zu führen.

Erbauer und Betreiber der Abwasseranlagen (Kanalisation, Kläranlage) sind die Gemeinden. Auch sie haben zum Schutze ihrer Anlagen die Möglichkeit, Anforderungen an die Beschaffenheit des Abwassers, das in ihren

Tabelle 3.12. Grenzwerte für Böden, bei deren Überschreitung keine Klärschlämme aufgebracht werden dürfen, in mg/kg Trockensubstanz

Stoff	Grenzwert	
Blei	100	
Cadmium	1,5	(1)[a]
Chrom	100	
Kupfer	60	
Nickel	50	
Quecksilber	1	
Zink	200	(150)[a]

[a] bei „leichten" Böden.

Tabelle 3.13. Grenzwerte für Klärschlämme, bei deren Überschreitung eine landwirtschaftliche Verwertung verboten ist, in mg/kg Trockenmasse

Stoff	Grenzwert	
Blei	900	
Cadmium	10	(5)[a]
Chrom	900	
Kupfer	800	
Nickel	200	
Quecksilber	8	
Zink	2500	(2000)[a]
AOX	500	
PCB[b]	0,2	
TCDD/TCDF	100[c]	

[a] bei „leichten" Böden.
[b] Kongenere 28, 52, 101, 138, 153, 180.
[c] ng TCDD-Toxizitätsäquivalente/kg Schlammtrockenmasse.

Anlagen behandelt wird, zu stellen (*kommunales Abwasserrecht*). Dies erfolgt über die *Entwässerungssatzung* (Ortssatzung). Für die Umlegung der Kosten auf die Bürger ist eine *Beitrags- und Gebührensatzung* zu erlassen.

Mustersatzungen haben die Vertretungen der Städte und Gemeinden in den einzelnen Bundesländern (Gemeindetag, Städtetag u. ä.), aber auch Landesministerien erlassen, beispielsweise das Bayerische Staatsministerium des Innern [10]. Hierin sind u. a. das Anschluß- und Benutzungsrecht, der Anschluß- und Benutzungszwang, Befreiungsmöglichkeiten vom Anschluß- und Benutzungszwang, Herstellung und Prüfung der Grundstücksentwässerungsanlage (Hausanschluß), Maßnahmen der Überwachung, die Einleitungsbedingungen, die vor allem für gewerbliche und industrielle Abwässer gelten und solche Stoffe oder Qualitätsmerkmale betreffen, die nicht in der Indirekteinleiterverordnung geregelt sind, dargestellt.

Bezüglich der Qualitätsanforderungen bei der Einleitung gewerblicher und industrieller Abwässer kann auf das ATV-Arbeitsblatt A 115 [11] Bezug genommen werden. Die Begrenzung der Stoffeinleitung ist in der Regel danach ausgerichtet, daß

- an den baulichen Anlagen der Ortsentwässerung keine Schäden entstehen,
- das Betriebspersonal nicht gefährdet wird,
- die Wirkungsweise der Kläranlage nicht gestört wird und
- der Betrieb der Anlagen nicht behindert und erschwert wird.

In den Gebührensatzungen wird festgelegt, nach welchen Bemessungsgrundsätzen Beiträge und Gebühren erhoben werden. Dabei sind *Beiträge* einmalige Beträge, die z. B. im Zusammenhang mit der Herstellung des Hausanschlusses fällig werden und eine Art Baukostenzuschuß für die Entwässerungseinrichtungen darstellen. Hierdurch verringert sich das Kreditvolumen, das die Gemeinde zur Erstellung der Anlagen aufnimmt und damit auch die Höhe der laufenden *Gebühren* um den entsprechenden Anteil der Kapitalkosten (Zinsen und Amortisation). Die Gebühren enthalten darüber hinaus die Betriebskosten.

Die Kosten der Abwasserbehandlung sind vollständig auf den Bürger umzulegen und damit letztlich gedeckt. Sie dürfen nicht aus allgemeinen Steuereinnahmen bezahlt werden. Die Anlagen zur Abwasserbehandlung sind Sondervermögen und nicht in die Berechnung der Verschuldung einer Gemeinde einzurechnen. Insofern sind die Kosten der gemeindlichen Abwasserbehandlung anders zu bewerten als solche Kosten, die nicht durch Gebühren abgedeckt werden können (Kulturhaushalt, Freizeit, Erholung, Sport usw.).

Bei der Errechnung der Gebühren hat sich der sogenannte „Frischwassermaßstab" durchgesetzt. Dabei wird unterstellt, daß das vom Versorgungsunternehmen gelieferte und mit Wasserzählern gemessene Trinkwasser und das anfallende Abwasser in der Menge gleich sind. Bei Trinkwasserverbrauch ohne Abwasseranfall, z. B. bei Gärtnereien, wenn Trinkwasser zur Bewässerung der Kulturen verwendet wird, können in den meisten Satzungen Sonderregelungen getroffen werden.

Bei Industrie- und Gewerbebetrieben kann eine Messung des wirklichen Abwasseranfalls gefordert werden. Die Gebührenermittlung kann auch einen Starkverschmutzerzuschlag berücksichtigen, wenn der Betrieb höhere Konzentrationen als häusliches Abwasser liefert. Hierbei dürfen von der Kommune allerdings nur die „verschmutzungsabhängigen" Kosten, nicht jedoch die Kosten z.B. für den Abwassertransport in der Kanalisation berücksichtigt werden.

Die Kosten für die Regenwasserableitung werden häufig auf der Grundlage der angeschlossenen zu entwässernden Flächen ermittelt (Dachflächen, Hofflächen).

Die Ermittlung der einmaligen Beiträge erfolgt z.B. nach der Grundstücksgröße, der Länge der Straßenfront oder der auf dem Grundstück vorhandenen Wohnfläche. Dieser Maßstab ist häufig ein Streitpunkt. Die Länge der Straßenfront scheint ein relativ gerechter Maßstab zu sein.

3.6
Genereller Aufbau kommunaler Kläranlagen

3.6.1
Grundlagen

Das Grundprinzip kommunaler Abwasserreinigung besteht darin, im Abwasser enthaltene partikuläre Stoffe aus dem Abwasser abzutrennen, und zwar in der Regel durch Sedimentation, gelegentlich auch durch Flotation. Gelöste Stoffe werden durch biologische oder chemische Verfahren in ungelöste Stoffe umgewandelt und dann abgetrennt. Bei der biologischen Umwandlung gelöster Stoffe entsteht u.a. Biomasse, die als Überschußschlamm abgezogen wird. Daneben wird ein Teil der gelösten Stoffe zur Energieversorgung der Mikroorganismen (Dissimilation) verwendet und dabei zu CO_2 und H_2O mineralisiert. Bei der chemischen Umwandlung (Fällung/Flockung) werden in der Regel metallhaltige Lösungen zudosiert, wobei die Metallkationen (Fe, Al, Ca) sich mit Anionen im Abwasser (OH, PO_4) zu unlöslichen Verbindungen vereinen.

Aufbauend auf diesen Prinzipien bestehen kommunale Kläranlagen aus einer Abfolge von Schritten, wobei zunächst die ungelösten Stoffe fraktioniert aus dem Abwasser abgetrennt (Grobstoffe mittels Rechen und Sieben, vorwiegend mineralische Stoffe im Sandfang, Fette und Leichtstoffe im Fettfang, vorwiegend organische partikuläre Stoffe im Absetzbecken) und anschließend die gelösten organischen Stoffe in Bioreaktoren (in der Regel Belebungsbecken – suspendierte Biomasse) oder Tropfkörperverfahren (sessile Biomasse) umgewandelt werden. Die Trennung der Biomasse vom gereinigten Abwasser erfolgt nochmals in einem Absetzbecken.

Die Fällung/Flockung wird in der Regel nur eingesetzt, um Phosphor aus dem Abwasser zu entfernen. Soll reduzierter Stickstoff oxidiert werden (Nitrifikation), kann man durch niedrige Belastung der Bioreaktoren das Wachstum von speziellen Bakterien (Nitrifikanten) gewährleisten. Ist Stick-

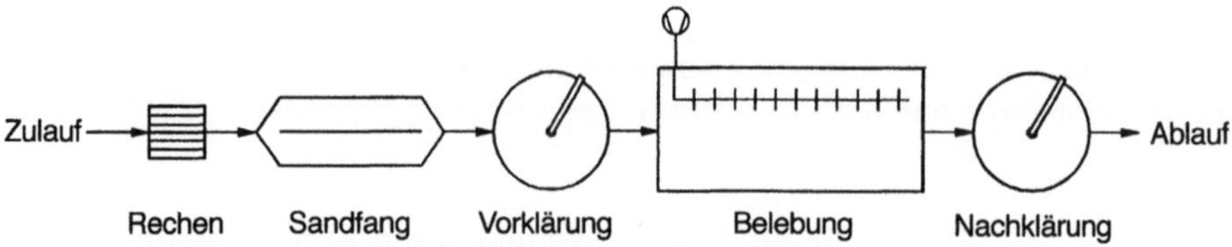

Abb. 3.3. Schematisches Fließbild einer kommunalen Kläranlage, biologische Stufe als Belebungsverfahren, zum Kohlenstoffabbau

stoffelimination (Denitrifikation) gefordert, kann man durch angepaßte Verfahrenstechnik (kein gelöster Sauerstoff bei gleichzeitig möglichst hohem Kohlenstoffangebot) die heterotrophen, kohlenstoffabbauenden Bakterien dazu bringen, Nitrat zu veratmen und es zu elementarem, gasförmigen Stickstoff zu reduzieren. N_2 entweicht in die Luft.

Durch eine angepaßte Verfahrenstechnik (wechselweise anaerobe/ aerobe Bedingungen) kann man bestimmte Bakterien dazu zwingen, vermehrt Phosphor zu speichern. Durch den Überschußschlammabzug kann dann biologisch gespeicherter Phosphor aus dem Abwasser entfernt werden.

Das Verfahrensschema einer kommunalen Kläranlage zum Kohlenstoffabbau ist in Abb. 3.3 dargestellt.

3.6.2
Behandlung und Beseitigung der Feststoffe

Die aus dem Abwasser entfernten Feststoffe – Rechengut/Siebgut, Sandfanggut, Fettfanggut, Vorklärschlamm, biologischer Überschußschlamm – müssen behandelt und beseitigt werden. Vor allem die Forderung der Beseitigung stellt heute das größte Problem kommunaler und häufig auch industrieller Kläranlagen dar.

Rechengut setzt sich aus Textilien, Kunststoffpartikeln, Papierresten, Haaren, Korken, u. U. metallischen Partikeln, noch nicht zerteilten Fäkalien u. a. zusammen. Es ist sehr wasserreich und neigt zu schnell einsetzender Gärung, wobei es zu erheblichen Geruchsemissionen kommt. Durch eine mechanische Entwässerung in Kombination mit dem Rechen/Sieb wird nicht nur eine deutliche Volumenreduktion erreicht, sondern auch die Vergärung eingeschränkt. Eine gute Behandlungsmethode ist die Verbrennung und anschließende Deponierung der dann weitgehend inerten Reststoffe. Eine Mitverbrennung in Müllverbrennungsanlagen wird von den Betreibern der Verbrennungsanlagen häufig nur ungern gestattet, die Entwässerung mit anschließender Ablagerung z. B. auf eine Hausmülldeponie ist nach der TA Siedlungsabfall nicht mehr gestattet (Ausnahmen noch möglich). Getrennte Verbrennung allein des Rechengutes hat sich bisher nicht durchgesetzt und ist auch nur auf sehr großen Kläranlagen sinnvoll.

Sandfanggut ist als weniger kritisch zu beurteilen. Der organische Anteil ist sehr gering. Durch Waschung des Sandes mittels Klassierer oder

Zyklon kann der organische Anteil auf unter 5% gesenkt werden. Damit ist auch in Zukunft eine direkte Deponierung möglich.

Fette und andere *Leichtstoffe* werden in getrennten Fettfängen oder in Fettabscheidern in Kombination mit einem belüfteten Sandfang durch Flotation entfernt. In den meisten Kläranlagen fehlt eine getrennte Fettentfernung, Leichtstoffe werden als Schwimmschlamm in der Vorklärung abgeschieden.

Die Beseitigung des Fettfanggutes erfolgt in der Regel über die Faulbehälter, in denen das Fett bei guter Gasbildung schnell und weitgehend abgebaut wird. Nach neuen Untersuchungen werden viele lipophile Schadstoffe des Abwassers im Fett angereichert [12]. Zur Beseitigung dieser Schadstoffe wäre eine getrennte Behandlung des Fettfanggutes, z.B. durch Verbrennung, sinnvoll, um so auch den Klärschlamm zu entlasten.

Der *Vorklärschlamm* (Primärschlamm) besteht aus den leichteren, vorwiegend organischen partikulären Stoffen des Rohabwassers und, soweit der biologische Überschußschlamm nicht getrennt behandelt, sondern in den Zulauf der Vorklärung geleitet wird, auch aus sedimentierter Biomasse. Er ist sehr wasserreich (90–97%) und neigt aufgrund des hohen organischen Anteils (70–80%) schnell zur Versäuerung, was wieder mit starken Geruchsemissionen verbunden ist. Schlammengen und Konzentrationen sind in Tabelle 3.14 zusammengestellt.

Tabelle 3.14. Liste der Schlammengen, nach [58]

	Feststoff-menge in g/(E · d)	Feststoff-gehalt in %	Wasser-gehalt in %	Schlamm-menge in l/(E · d) $\dfrac{a}{b} \cdot \dfrac{100}{1000}$
A. Absetzanlage mit Faulraum:				
1. roher, unter Wasser abgepumpter Schlamm aus Trichterbecken	45	2,5	97,5	1,80
2. wie vor, eingedickt	45	5,0	95,0	0,90
3. ausgefaulter Schlamm, eingedickt	30	10,0	90,0	0,30
4. ausgefaulter Schlamm, entwässert	30	30,0	70,0	0,10
B. Tropfkörper mit Faulraum:				
5. Schlamm der Nachbecken	25	4,0	96,0	0,63
6. roher, gemischter Schlamm aus Vor- und Nachklärbecken, eingedickt	70	4,7	95,3	1,50
7. ausgefaulter, gemischter Schlamm, naß	45	3,0	97,0	1,50
8. ausgefaulter, gemischter Schlamm, entwässert	45	28,0	72,0	0,16

Tabelle 3.14 (Fortsetzung)

	Feststoff-menge in g/(E · d)	Feststoff-gehalt in %	Wasser-gehalt in %	Schlamm-menge in l/(E · d) $\frac{a}{b} \cdot \frac{100}{1000}$
C. Belebungsanlage mit Faulraum oder aerober Schlammstabilisation				
9. roher gepumpter Überschußschlamm	35	0,7	99,3	5,00
10. roher, gemischter Schlamm aus Vorbecken und Überschußschlamm	80	4,0	96,0	2,00
11. ausgefaulter, gemischter Schlamm, naß	50	2,5	97,5	2,00
12. ausgefaulter, gemischter Schlamm, entwässert	50	22,0	78,0	0,23
13. aerob stabilisierter gemischter Schlamm, eingedickt	50	2,5	97,5	2,00
14. wie vor, entwässert	50	20,0	80,0	0,25
D. Chemische Fällung und Flockung				
15. Vorfällung, roher Schlamm der Vorklärbecken, eingedickt	65	4,0	96,0	1,60
16. Schlamm der Vorfällung, ausgefault und eingedickt	45	5,0	95,0	0,90
17. Simultanfällung (beim Belebungsverfahren) roher Schlamm aus Vor- und Nachklärbecken, eingedickt	90	4,0	96,0	2,25
18. gemischter Schlamm der Simultanfällung, ausgefault und eingedickt	60	3,0	97,0	2,00
19. Nachfällung, roher Schlamm der Tertiärstufe, eingedickt	15	1,5	98,5	1,00

Wegen der ungünstigen Beschaffenheit der Vorklärschlämme sind folgende Behandlungsschritte erforderlich

- Eindickung zur Volumenreduktion,
- Stabilisierung zur Vermeidung von Problemen bei der weiteren Behandlung, insbesondere durch Geruchsemissionen.

Je nach den Möglichkeiten der weiteren Beseitigung können sich folgende Verfahren zur Volumenverminderung anschließen:

- Entwässerung,
- Trocknung,
- Verbrennung.

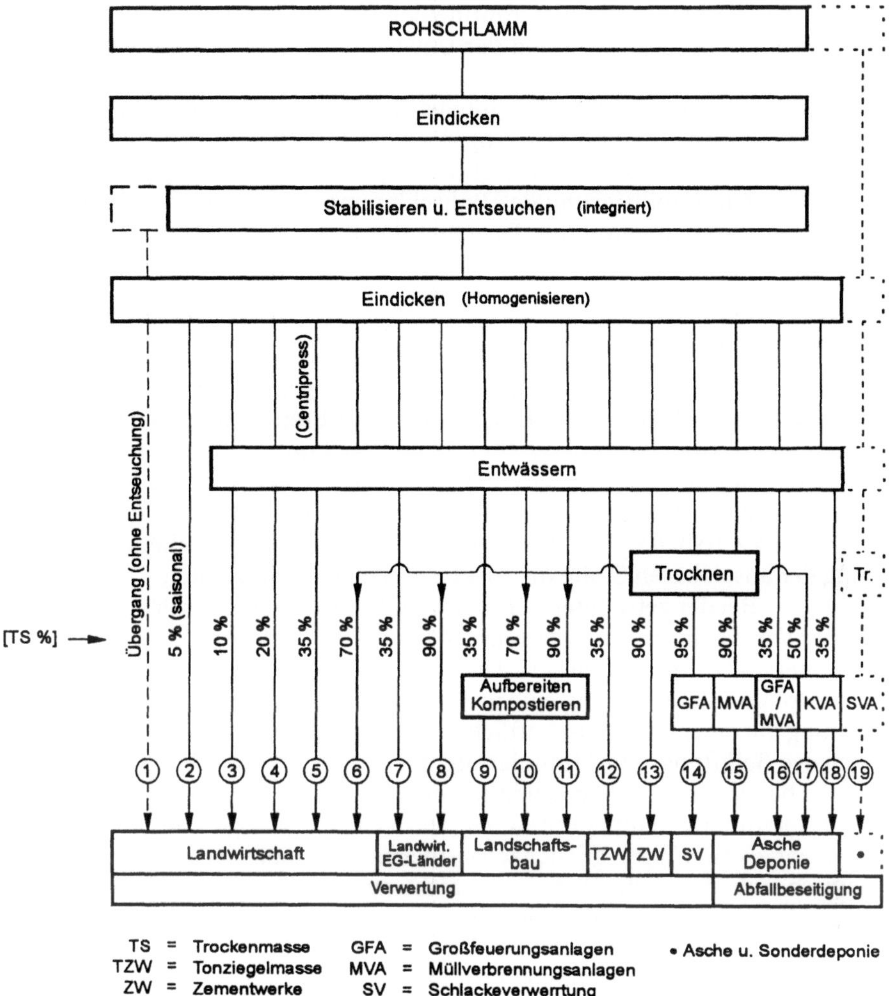

Abb. 3.4. Verfahrensstammbäume der kommunalen Klärschlammbehandlung, aus [13]

Für die Beseitigung stehen zwei Möglichkeiten zur Verfügung:

- Deponierung,
- landwirtschaftliche oder landbauliche Verwertung.

Typische Verfahrensstammbäume sind in Abb. 3.4 dargestellt. Weitergehende Literatur ist Bever [13] und Hertle et al. [14] zu entnehmen.

Eine Stabilisierung der Klärschlämme ist in jedem Fall vorzunehmen, um Probleme bei der weiteren Behandlung der Schlämme zu vermeiden. Auch bei einer Verbrennung ist trotz des damit verbundenen Energieentzuges durch Teilmineralisierung des organischen Anteils eine Stabilisierung zu empfehlen, weil z.B. eine Zwischenlagerung nicht stabilisierten Schlammes bei

Ausfall der Verbrennung oder routinemäßiger Außerbetriebnahme zu Wartungszwecken ohne Belästigung der Umwelt nicht oder nur mit erheblichem Aufwand (abgedeckte Stapelbehälter, Abluftbehandlung) möglich ist. Durch die Stabilisierung erfolgt darüberhinaus eine Vergleichmäßigung der Zusammensetzung und eine Verbesserung der Entwässerbarkeit, was für die nachfolgenden Verfahrensschritte vorteilhaft ist.

Zur Stabilisierung des Rohschlammes werden in der Regel biologische Verfahren angewendet. Es stehen im Prinzip zwei Möglichkeiten zur Verfügung:

- aerobe Stabilisierung,
- anaerobe Stabilisierung.

Bei der *aeroben Stabilisierung* ist die sogenannte „gemeinsame Stabilisierung" insbesondere bei kleineren Kläranlagen weit verbreitet. Bei diesem Verfahren wird die Belastung der biologischen Stufe (Belebungsverfahren) so weit herabgesetzt, daß nicht nur die gelösten, sondern auch partikuläre Stoffe bakteriell mineralisiert werden. Üblicherweise wird die Schlammbelastung auf $B_{TS} = 0,05\,kg\ BSB_5/(kg\,TS \cdot d)$ eingestellt. Auf eine vorhergehende Abscheidung der absetzbaren Stoffe im Vorklärbecken wird verzichtet.

Bei der getrennten aeroben Stabilisierung wird der Primärschlamm aus der Vorklärung in einen getrennten belüfteten Reaktor gefördert und unter Luftsauerstoffzufuhr stabilisiert. Diese Verfahrensvariante hat nur als „aerob-thermophile" Stabilisierung eine gewisse Bedeutung erlangt, vor allem in Verbindung mit einer landwirtschaftlichen Verwertung des Klärschlammes. Durch intensive Belüftung und Minimierung der Wärmeverluste reicht die Wärmeabgabe bei der bakteriellen Oxidation der organischen Schlammstoffe aus, um den Schlamm auf Temperaturen von 50–55 °C zu erhitzen. Bei Verweilzeiten von mehr als zwei Tagen gilt der aerob-thermophil stabilisierte Schlamm als hygienisch unbedenklich. Wegen der nicht mehr zulässigen Aufbringung von Klärschlämmen auf Grünland ist dieser Vorteil nicht mehr relevant.

Die *anaerobe Stabilisierung* (Faulung) erfolgt in geschlossenen, auf etwa 37 °C erwärmten Faulbehältern unter Luftabschluß. Die Verweilzeit beträgt 15–20 Tage. Das Schema eines Installationsplanes ist in Abb. 3.5 dargestellt. Durch den Anaerobprozeß entsteht Faulgas (Biogas), das zu 60–70 % aus brennbarem Methan besteht. Im Gegensatz zum aeroben Verfahren, bei welchem dem Prozeß auf dem Wege einer Belüftung Energie zugeführt werden muß, wird beim anaeroben Prozeß Energie gewonnen. Allerdings sind die spezifischen Investitionskosten für Faulbehälter deutlich höher als für offene Aerobreaktoren. Das hat dazu geführt, daß bei kleineren Anlagen die aerobe Stabilisierung, bei großen Anlagen die anaerobe Stabilisierung kostengünstiger ist. Kostengleichheit liegt in der Größenordnung von 20000–40000 angeschlossenen Einwohnerwerten (EW). Neuere Untersuchungen zeigen, daß auch bei kleineren Anlagen das Anaerobverfahren schon kostengünstiger ist [15]. In jedem Fall empfiehlt sich, eine Entscheidung aufgrund einer Kostenvergleichsrechnung zu treffen.

Die mikrobiologische und verfahrenstechnischen Grundlagen des Anaerobverfahrens werden in Kapitel 7 dargestellt.

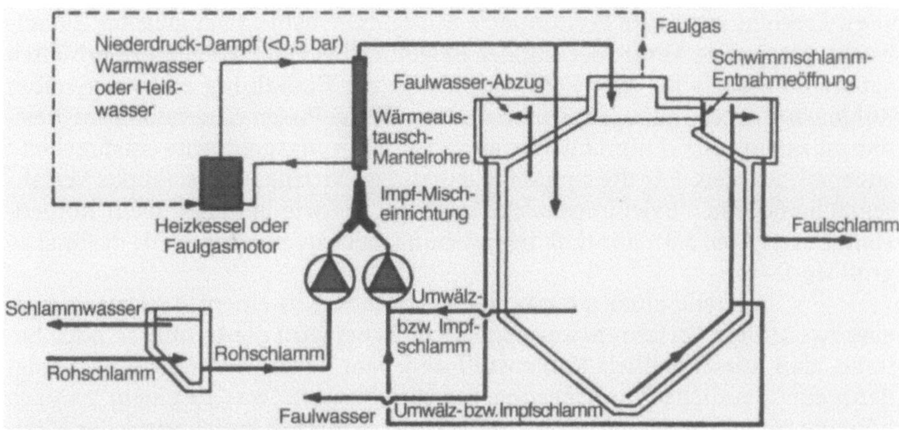

Abb. 3.5. Schematische Darstellung eines Faulbehälters mit den notwendigen Installationen und Betriebseinrichtungen, nach [53]

Der *biologische Überschußschlamm* wird entweder in den Zulauf der Vorklärung eingeleitet, im Vorklärbecken abgeschieden und wie zuvor beschrieben als Primärschlamm weiterbehandelt, oder er wird getrennt eingedickt, z. B. mit einer Zentrifuge, und dann direkt in den Faulbehälter gefördert. Die getrennte Eindickung hat den Vorteil, daß bei beiden Schlammarten – reiner Vorklärschlamm und biologischer Sekundärschlamm – eine stärkere Eindickung und damit eine größere Volumenreduzierung erreicht werden kann (s. Tabelle 3.14).

Erfolgt zur Phosphor-Elimination eine Zudosierung von Fällungs/ Flockungsmittel, erhöht sich der Schlammanfall, weil aus den vormals gelösten Stoffen feste Stoffe gebildet werden. Darüber hinaus werden auch Kolloide mitgefällt (ca. 2,5 g TS/g Fe, ca. 4 g TS/g Al). Je nach Dosierstelle (s. Abschn. 3.6.4) fällt der chemische Schlamm in der Vorklärung, als Überschußschlamm der biologischen Stufe oder getrennt als reiner chemischer Flockenschlamm an.

3.6.3
Erweiterung der Grundoperation der biologischen Abwasserreinigung zur Stickstoffelimination

Aufbauend auf der Grundoperation Kohlenstoffabbau wird nachfolgend die Erweiterung zur Stickstoffoxidation (Nitrifikation) und Stickstoffelimination (Denitrifikation) beschrieben. Die Bemessungsansätze werden in den Abschnitten 6.1 und 6.2 vorgestellt. Die mikrobiologischen Grundlagen sind in Kapitel 5 zusammengestellt. Eine gute Übersicht gibt auch Wilderer [16].

Eine *Nitrifikation* beim Belebungsverfahren wird dadurch erreicht, daß die Schlammbelastung herabgesetzt wird. Dies führt zu einer verminderten Überschußschlammproduktion und damit zu einem erhöhten Schlammalter. Erreicht wird eine verminderte Schlammbelastung bei gleicher Zulauffracht durch eine Vergrößerung des Belebungsbeckens. Wegen des erhöhten Sauerstoffbedarfs für die Nitrifikation und zur Einhaltung einer gegenüber Kohlenstoffabbau höheren Konzentration des gelösten Sauerstoffs im Belebungsbecken von ~ 2 mg/l müssen auch die Belüftungsaggregate entsprechend angepaßt werden. Für die simultane, einstufige Nitrifikation sieht das Verfahrensschema einer Belebungsanlage genauso aus wie bei alleinigem Kohlenstoffabbau (Abb. 3.3), nur daß die Belebungsbecken etwa zwei- bis dreimal so groß sind.

Anstelle einer simultanen Nitrifikation in einem Becken ist auch eine zweistufige Verfahrensweise möglich. Dabei wird die 1. Stufe so hoch belastet, daß ausschließlich Kohlenstoff abgebaut wird. In der 2. Stufe erfolgt dann eine deutliche Anreicherung der Nitrifikanten, was zu einem 2–3fach höheren raumbezogenen TKN-Umsatz führt. Um die Anreicherung der Nitrifikanten in der 2. Stufe zu gewährleisten, müssen die Rücklaufschlammkreisläufe getrennt werden. Dies führt zu Nachklärbecken für jede Stufe. Insgesamt ist das Beckenvolumen für Bioreaktoren und Absetzbecken geringer als bei einer einstufigen Anlage. Dieser Vorteil wird aufgehoben, wenn Denitrifikation gefordert wird.

In Abb. 3.6 ist das Schema einer zweistufigen Belebungsanlage mit Nitrifikation in der 2. Stufe dargestellt.

Beim Tropfkörper, der verfahrenstechnisch ein von oben nach unten durchflossener Rohrreaktor ist, erfolgt die Nitrifikation nach weitgehendem Kohlenstoffabbau in den oberen Schichten erst in den unteren Schichten der Tropfkörperfüllung. Da bei diesem Verfahren die Mikroorganismen immobilisiert sind, ist die Gefahr des Auswaschens der Nitrifikanten bei hydraulischen Stoßbelastungen geringer. Auch beim Tropfkörperverfahren entstehen Probleme, wenn Denitrifikation gefordert wird.

Unter *Denitrifikation* versteht man die bakterielle Reduktion des oxidierten Stickstoffs (Nitrat) zu elementarem, gasförmigen Stickstoff N_2, der in die Luft entweicht. Die meisten heterotrophen Bakterien sind in der Lage, anstelle des gelösten Sauerstoffs den chemisch gebundenen Nitratsauerstoff zu verwenden. Dieser Stoffwechsel ist für sie allerdings energetisch ungünstiger (s. Abschn. 5.3.1.2) und sie stellen nur dann auf Nitratatmung um, wenn kein gelöster Sauerstoff, dagegen Nitrit (NO_2^-) oder Nitrat (NO_3^-) vorhanden sind.

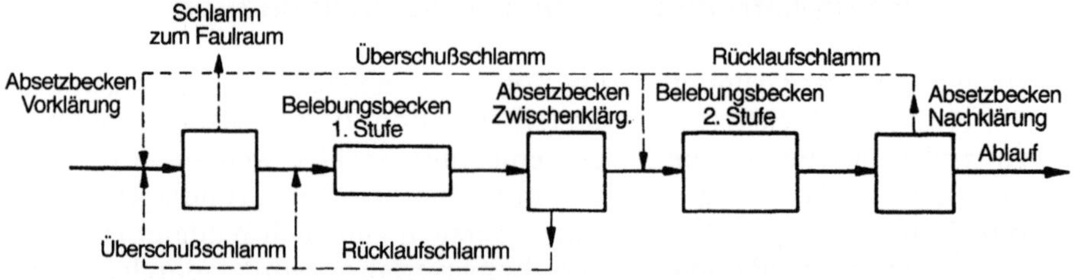

Abb. 3.6. Schema des zweistufigen Belebungsverfahrens mit Nitrifikation in der zweiten Stufe, nach [17]

Um die Denitrifikation effektiv, d.h. mit hohen Umsatzraten zu gestalten, sollte das Kohlenstoffangebot möglichst hoch sein. Je geringer das Kohlenstoffangebot, desto geringer ist die Atmung und damit auch die Denitrifikationsgeschwindigkeit. Dies führt zu einer Vergrößerung des Denitrifikationsbeckens.

Denitrifikation ist nur in Kombination mit Nitrifikation möglich. Die Anordnung des Denitrifikationsbeckens in der Kombination C-Abbau – Nitrifikation – Denitrifikation gibt den Namen für das Gesamtsystem.

In Abb. 3.7 sind verschiedene übliche Verfahrenskombinationen schematisch dargestellt. Am weitesten verbreitet sind die vorgeschaltete Denitrifikation und die simultane Denitrifikation, aber auch die intermittierende Denitrifikation.

Bei der *vorgeschalteten Denitrifikation* wird das DN-Becken hinter der Vorklärung und vor dem Belebungsbecken angeordnet. Hier ist das höchste Angebot an leicht abbaubarem Kohlenstoff, somit können die höchsten

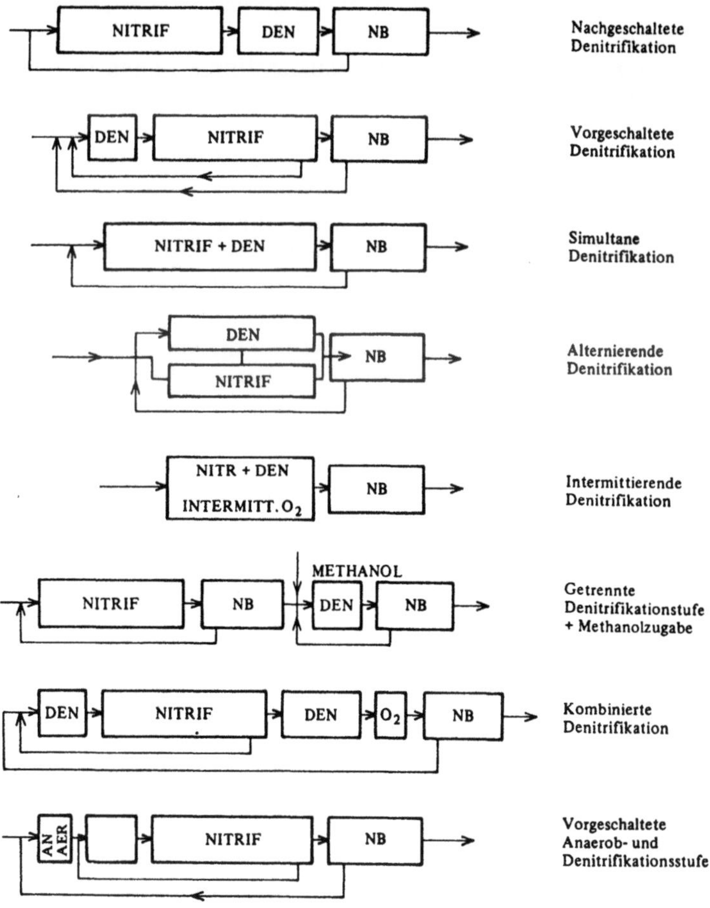

Abb. 3.7. Verschiedene Verfahren der Denitrifikation, nach [17]

Denitrifikationsgeschwindigkeiten erreicht werden und das Beckenvolumen ist kleiner als bei anderen Verfahren. Das Nitrat gelangt mit dem Rücklaufschlamm in das DN-Becken. Da bei einem üblichen Rücklaufschlammverhältnis von ca. 100 % nach der Formel

$$\eta_{DN} = \frac{n}{n+1}$$

mit n = Rücklaufschlamm + Kreislauf nur max. 50 % des Nitrats denitrifiziert werden können, müßte das Rücklaufschlammverhältnis erhöht werden, was aber zu einer Überlastung der Nachklärung führt. Durch einen sogenannten „internen Kreislauf" – Entnahme von nitrathaltigem Abwasser und belebtem Schlamm aus dem Ablauf der Belebung vor Einleitung in die Nachklärung – kann das Problem gelöst werden. Durch die Rückleitung des nitrathaltigen Ablaufs der Belebungsanlage erfolgt gleichzeitig eine Verdünnung des Kohlenstoffs im Zulauf zum DN-Becken. Dadurch wird die Denitrifikationsgeschwindigkeit wieder vermindert und das Beckenvolumen muß vergrößert werden.

Um den belebten Schlamm in Schwebe zu halten, werden in den DN-Becken tiefliegende Rührer angeordnet.

Die *simultane Denitrifikation* setzt sauerstofffreie Zonen in einem Becken voraus. Dies ist am leichtesten in einem Umlaufbecken mit Walzenbelüftern zu erreichen (Abb. 3.8). Durch Abschalten einzelner Walzen kann der Sauerstoffeintrag so weit vermindert werden, daß dort anoxische Zonen entstehen. Dabei wird durch die restlichen in Betrieb befindlichen Belüfter eine ausreichende Kreislaufströmung erreicht, so daß der belebte Schlamm in Schwebe bleibt. Im belüfteten Bereich wird nitrifiziert, im unbelüfteten denitrifiziert. Durch interne Rückmischung ist die BSB_5-Konzentration in den Denitrifikationszonen geringer als im Anlagenzulauf, so daß die Denitrifikationsgeschwindigkeit geringer ist als bei der vorgeschalteten Denitrifikation und deshalb die anoxischen Zonen größer sind. Durch die mögliche Variation des Belüfterbetriebs besteht eine bessere Anpassung an schwankende Zulaufkonzentrationen.

Bei der *intermittierenden Denitrifikation* wird ein Becken wechselweise belüftet (Nitrifikation) und nicht belüftet (Denitrifikation). Während

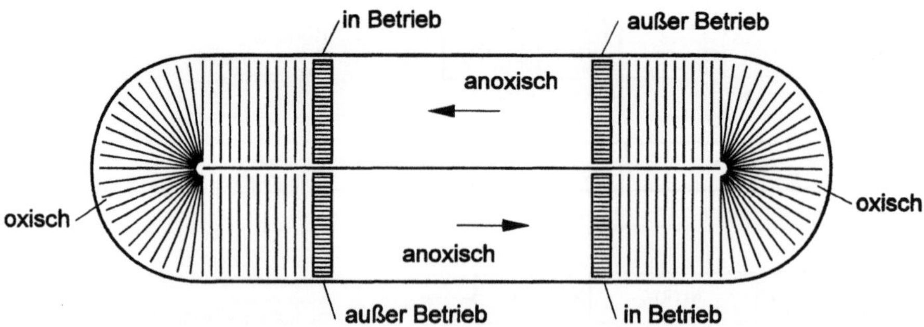

Abb. 3.8. Umlaufbecken zur Nitrifikation (oxische Zonen) und simultanen Denitrifikation (anoxische Zonen)

der Zeit ohne Belüftung muß der belebte Schlamm durch Rührwerke wie bei der vorgeschalteten Denitrifikation in Schwebe gehalten werden. Während der Zeit ohne Belüftung wird das aus der vorhergehenden Belüftungsperiode im Becken noch befindliche Nitrat reduziert. Da gleichzeitig Abwasser zufließt, steigt der Ammoniumgehalt im Ablauf langsam an. Bei Erreichen einer vorgegebenen Konzentration muß die Belüftung wieder eingeschaltet werden, damit die NH_4^+-Konzentration wieder vermindert wird. Eventuell noch vorhandenes Nitrat kann dann nicht mehr reduziert werden.

Durch Anpassung der Zeiten mit und ohne Belüftung ist eine gewisse Flexibilität der Anlage erreichbar. Voraussetzung ist allerdings, daß Ammonium und Nitrat kontinuierlich gemessen werden. Meßgeräte stehen dafür heute zur Verfügung.

Wegen der sägezahnartigen Schwankungen von Ammonium und Nitrat im Ablauf können sehr niedrige Ablaufkonzentrationen deutlich unterhalb der Mindestanforderungen (s. Kapitel 3.5) nicht erreicht werden.

Eine Variante der vorgeschalteten Denitrifikation ist die *Kaskadendenitrifikation* (Abb. 3.9). Bei diesem Verfahren durchfließt das Abwasser nacheinander mehrere Beckenkombinationen DN – N, wobei in jedes DN-Becken ein Teilstrom des Zulaufs eingeleitet wird. Im ersten DN-Becken wird das mit dem Rücklaufschlammstrom mitgeführte Nitrat reduziert, das mit dem Zulauf zugeführte Ammonium wird dann im ersten belüfteten Becken nitrifiziert. Das hier entstandene Nitrat wird im zweiten DN-Becken denitrifiziert, usw. Auf diese Weise erspart man sich den internen Kreislauf. Das Verfahren bietet eine große betriebliche Sicherheit, weil Restkonzentrationen, die im jeweils vorhergehenden Becken nicht eliminiert wurden, im nachfolgenden Becken mit behandelt werden.

Die ursprüngliche Form der *nachgeschalteten Denitrifikation* gewinnt wieder an Bedeutung, wenn wegen eines zu ungünstigen BSB_5/N-Verhältnisses leicht abbaubarer Kohlenstoff zugesetzt werden muß. Auch bei zweistufigen Anlagen, die für eine Nitrifikation sehr leistungsfähig sind, ergeben sich Probleme, wenn eine vorgeschaltete Denitrifikation vorgesehen ist. Bei Anordnung des DN-Beckens vor der 1. Stufe wird wegen des erforderlichen nitrathaltigen Rücklaufs aus der 2. Stufe die Zwischenklärung überlastet bzw. muß vergrößert werden, bei Anordnung vor der 2. Stufe fehlt Kohlenstoff, so daß das DN-Becken deutlich vergrößert werden muß. Durch Dosierung von

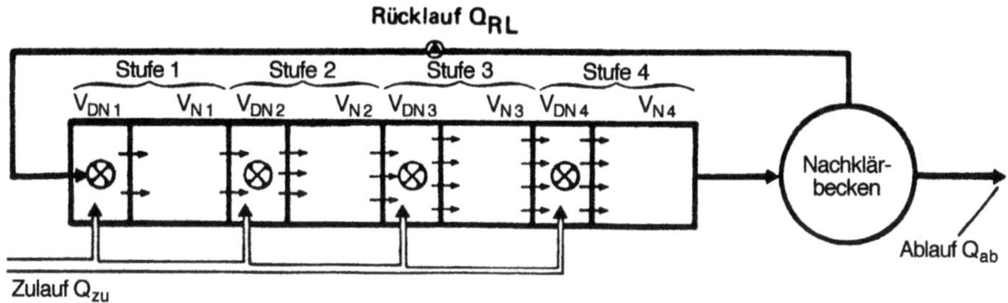

Abb. 3.9. Kaskadendenitrifikation, nach [54]

Kohlenstoff vor der 2. Stufe, entweder in Form von Acetat, Methanol, einem industriellen Abwasser oder einem Teilstrom des Zulaufs kann auf eine Vergrößerung des DN-Beckens verzichtet werden, allerdings entstehen gegebenfalls zusätzliche Betriebskosten durch den Kauf der Kohlenstoffverbindung. Darüber hinaus muß bei zusätzlicher Dosierung von Kohlenstoff der bei dessen Umsatz entstehende Überschußschlamm beachtet werden, dessen Behandlungskosten nicht vernachlässigt werden dürfen.

Steht im Einzugsgebiet ein hochkonzentriertes, leicht abbaubares industrielles Abwasser zur Verfügung, ist es sinnvoll, dies getrennt zur Kläranlage zu transportieren und gezielt zur Denitrifikation zu dosieren. Hierdurch fallen allenfalls Transportkosten an, insbesondere ist aber der Überschußschlammanfall nicht höher, wenn dieses Abwasser sowieso in der Anlage behandelt wird. Der Betrieb erspart sich gegebenenfalls Starkverschmutzergebühren.

Die denitrifizierenden Bakterien müssen sich an die Zugabe von Methanol zunächst adaptieren. Diese Adaptionszeit dauert mehrere Tage. Die Dosierung von Methanol ist daher nur sinnvoll, wenn eine dauernde Zugabe erforderlich ist. Muß dagegen nur gelegentlich, z. B. an Wochenenden oder zu bestimmten Tageszeiten dosiert werden, empfiehlt sich die Verwendung einer anderen Kohlenstoffquelle.

Wird keine produzierte Kohlenstoffquelle mit konstanter Konzentration verwendet, ergibt sich durch Konzentrationsschwankungen die Gefahr einer zusätzlichen Belastung des Ablaufs. Auf eine kontinuierliche Messung, z. B. des TOC, und angepaßte Dosierung kann darum nicht verzichtet werden. Eventuell muß sogar dem DN-Becken ein weiteres Belüftungsbecken nachgeschaltet werden (s. Abb. 3.7, kombinierte Denitrifikation).

3.6.4
Erweiterung der Grundoperation der biologischen Abwasserreinigung um Phosphorelimination

Zur Elimination des Phosphors kommen zwei unterschiedliche Verfahren zur Anwendung, das chemisch-physikalische Verfahren der Fällung/Flockung und das Verfahren der weitergehenden biologischen Phosphatelimination. Das Verfahren Fällung/Flockung entspricht den „allgemein anerkannten Regeln der Technik" (a.a.R.d.T.), die ATV hat dazu ein Arbeitsblatt herausgegeben [18]. Das Verfahren der weitergehenden biologischen Phosphatelimination wird zwar in der Praxis mit Erfolg angewandt, es existiert auch ein Merkblatt der ATV [19], die mikrobiologischen Hintergründe sind jedoch noch nicht eindeutig geklärt.

3.6.4.1
Verfahren der Fällung/Flockung

Bei der Fällung/Flockung erfolgt durch die Dosierung von Chemikalien in das Abwasser (Fe- und Al-Verbindungen, Calciumhydrat) eine Reaktion der Metallkationen mit im Abwasser enthaltenen Anionen, z. B. PO_4^{3-}, es bilden sich unlösliche Metallphosphate. Diese chemische Fällungsreaktion verläuft sehr schnell, das Ergebnis sind unlösliche, jedoch durch physikalische Verfahren nicht abtrennbare Mikroflocken. Gleichzeitig erfolgt eine Destabilisierung negativ geladener Kolloide. Durch das Zusammenstoßen der Mikroflocken bilden sich größere, abscheidbare Makroflocken. Dabei werden die Kolloide mit in die Makroflocken eingebaut, was zur Folge hat, daß auch nicht fällbare organische Stoffe in absetzbare Stoffe umgewandelt werden. Dementsprechend kann man die Vorgänge bei der Fällung/Flockung in 5 Verfahrensschritte gliedern, die einzeln optimiert werden können:

1. Dosierung und Einmischung des Fällmittels in das Abwasser (hoher Energieeintrag, sehr kurze Verweilzeit von 1 – 2 Minuten)
2. Bildung unlöslicher Verbindungen von Phosphatanionen (PO_4^{3-}) und Fällmittelkationen (Al^{3+}, Fe^{3+}, Ca^{2+}) (Fällungsreaktion) sowie Bildung anderer unlöslicher Verbindungen, insbesondere Hydroxide. Es entstehen nicht abtrennbare Mikroflocken.
3. Destabilisierung der Kolloide (Koagulation).
4. Flockung der Mikroflocken zu abtrennbaren Makroflocken bei geringem Energieeintrag und längerer Verweilzeit (20 – 30 Minuten). Dabei werden Kolloide und andere feine Flocken mit angelagert und in die Makroflocken eingebaut (Mitflockung).
5. Abtrennung der Flocken durch Sedimentation, seltener Flotation.

Insbesondere die Verfahrensschritte 2 und 4 sind von großer Bedeutung für die Leistung des Verfahrens. Sollte bei üblichen Fällmitteldosiermengen die erwartete Leistung, z.B. 1 mg/l P im Ablauf, nicht erreicht werden, sollten zunächst die Randbedingungen für die Fällung und Flockung überprüft werden. Als Richtwert für den erforderlichen Energieeintrag werden Leistungsdichten von 100 – 200 W/m^3 für den Verfahrensschritt 2 und 5 – 10 W/m^3 für den Verfahrensschritt 4 angegeben. Vertiefende Angaben sind der Literatur zu entnehmen [20].

In der Regel können in einer Kläranlage Stellen gefunden werden, in denen solche Bedingungen vorherrschen, so daß auf getrennte Fällungs- und Flockungsbecken verzichtet werden kann. Eine bevorzugte Dosierstelle ist der Einlauftrichter des Nachklärbeckens, in dem hohe Turbulenzen herrschen. Im Mittelbauwerk des Nachklärbeckens kann dann die Makroflockung ablaufen.

Als *Fällmittel* werden in der Regel Eisen- und Aluminiumverbindungen in Form ihrer Salze, als saure oder alkalische Lösungen oder als Granulate eingesetzt, z.B. Eisen-(III)chlorid, Eisen-(III)chlorid-Sulfat, Eisen-(II)sulfat (Grünsalz), Aluminiumsulfat, Polyaluminiumchlorid, Natriumaluminat (Alton) oder Mischprodukte (AVR, Südflock). Von diesen Fällmitteln reagieren alle mit Ausnahme des Altons sauer und beeinflussen den pH-Wert des Abwassers.

Bei der Dosierung von Kalk ist die entscheidende Reaktion die Erhöhung des pH-Wertes, dann fallen im Abwasser enthaltene Calciumionen aus. Den gleichen Effekt kann man auch durch die Dosierung von Laugen, z.B. NaOH, erzielen. Nur bei weichen Wässern spielt die Zugabe von Calciumionen eine Rolle.

Die erreichbare Restkonzentration des Phosphats ist abhängig von der Löslichkeit der entstehenden Phosphatverbindungen. Die Löslichkeit ist

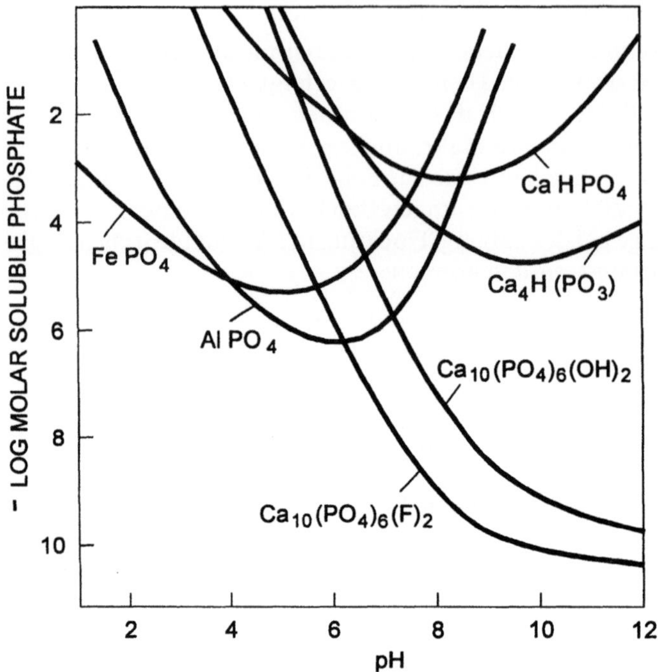

Abb. 3.10. Löslichkeit von Metallphosphaten in Abhängigkeit vom pH-Wert, nach [20]

pH-abhängig. Bei Eisen liegt der günstigste pH-Wert bei ~ 5,5, bei Aluminium bei 6 (Abb. 3.10). Häufig verläuft jedoch die Flockung bei diesen pH-Werten nicht optimal, so daß der pH-Wert leicht angehoben werden sollte.

Die Fällmittelmenge errechnet sich unter Verwendung des β-Wertes:

$$\beta = \frac{\text{zudosierte Kationmenge, mol}}{\text{vorhandene P-Menge, mol}}$$

Wegen der konkurrierenden Reaktion, z. B. der Hydroxidbildung, ist eine überstöchiometrische Dosierung erforderlich. In der Regel wird $\beta = 1,5$ gewählt [18]. Durch Optimierung der Verfahrensschritte 1 bis 5, bei im Abwasser schon vorhandenen Fällmittelkationen, z. B. aus Einleitungen industrieller Abwässer, oder durch eine Zwei-Punkt-Fällung kann die Dosiermenge vermindert werden. Beispiele zur Berechnung, wieviel der Fällmittellösung zu dosieren ist, sind im Arbeitsblatt A 202 enthalten [18].

Die auf dem Markt befindlichen Fällmittel sind in der Regel Nebenprodukte anderer Prozesse, z.B. der Herstellung von Titandioxid (weißes Pigment). Über die verwendeten Rohstoffe und Zuschlagstoffe für diese Produktionen werden häufig andere, nicht erwünschte Schwermetalle und andere Schadstoffe in die Fällmittel mit eingetragen. Es wird deshalb empfohlen, die Konzentrationen durch die Lieferanten angeben zu lassen. Im ATV-Arbeitsblatt sind Konzentrationen angegeben, die nicht überschritten werden sollen (Tabelle 3.15).

Tabelle 3.15. Auf die Wirksubstanz Eisen oder Aluminium bezogene Schwermetallgehalte, die in Fällmitteln unterschritten werden sollen, um in jedem Fall eine landwirtschaftliche Klärschlammverwertung sicherzustellen, (aus [18])

	Eisen mg/kg	Aluminium mg/kg
Blei	2250	3600
Cadmium	15	24
Chrom	2250	3600
Kupfer	2000	3200
Nickel	500	800
Quecksilber	20	32
Zink	5000	8000
AOX	1200	2000

Bei Mischprodukten ist zu interpolieren.

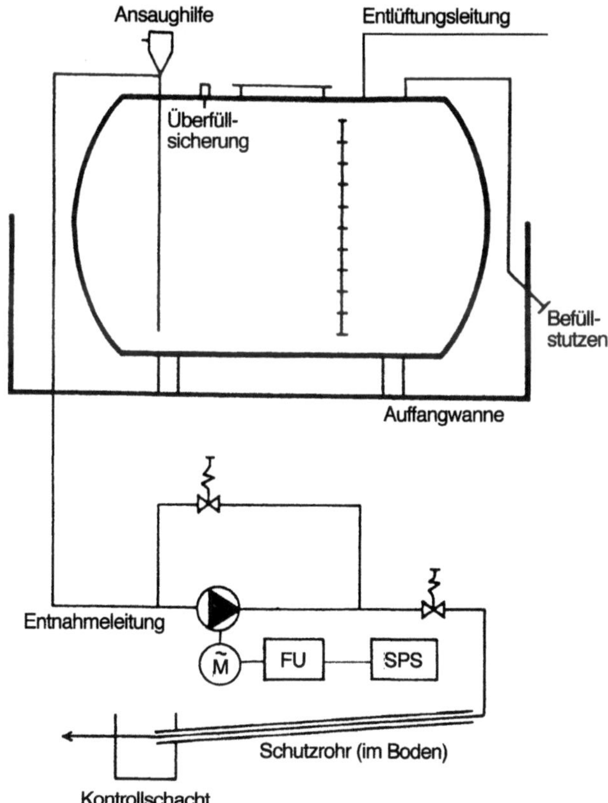

Dosierpumpe mit Drehstrommotor (M)
Frequenzumrichter (FU)
Speicherprogrammierbare Steuereinheit (SPS)

Abb. 3.11. Schema einer Lager- und Dosiereinrichtung für Metallsalzlösungen, nach [22]

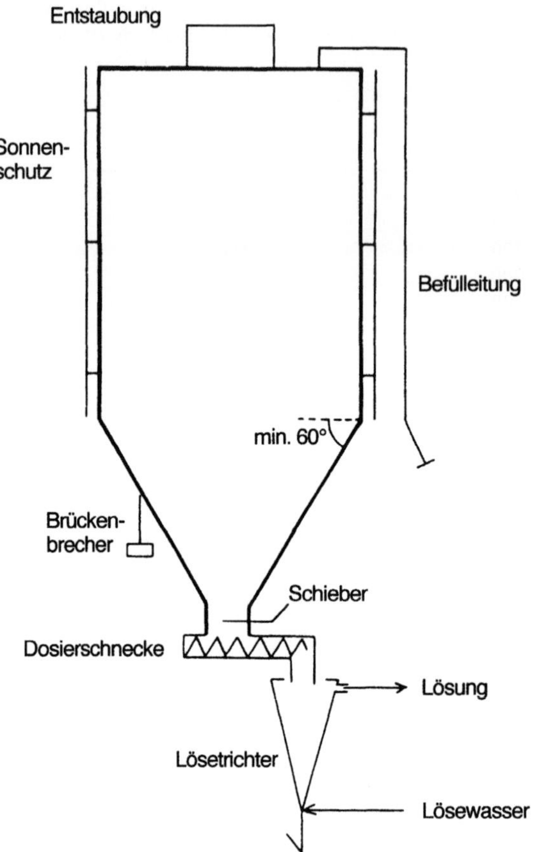

Abb. 3.12. Schema einer Lager- und Dosiereinrichtung für rieselfähige Metallsalze, nach [22]

Die Fällmittel werden in der Regel mit Lastzügen angeliefert. Die Lagersilos auf der Kläranlage sollten so ausgelegt werden, daß sie eine volle Lastzugladung aufnehmen können, z. B. 25 t. Die Einrichtungen zur Lagerung und Dosierung sind der Beschaffenheit der Fällmittel anzupassen. Abbildung 3.11 zeigt das Schema einer Lager- und Dosieranlage für Metallsalzlösungen, Abb. 3.12 eine Anlage für rieselfähige Metallsalze, Abb. 3.13 das Schema eines Einsumpfbunkers für Eisensulfat und Abb. 3.14 eine Anlage für die Kalkmilchaufbereitung.

Je nach der Dosierstelle unterscheidet man die Vorfällung, Simultanfällung und Nachfällung. Bei der *Vorfällung* (Abb. 3.15) erfolgt die Dosierung des Fällmittels vor der Vorklärung, z. B. am Ende eines belüfteten Sandfangs, oder vor einer Venturi-Meßstelle, der sich bildende Fällungsschlamm wird im Vorklärbecken mit abgeschieden. Bei der *Simultanfällung* (Abb. 3.16) erfolgt die Dosierung im Bereich des Belebungsbeckens, vorzugsweise im Zulauf zur Nachklärung. Der Schlamm wird im Nachklärbecken abge-

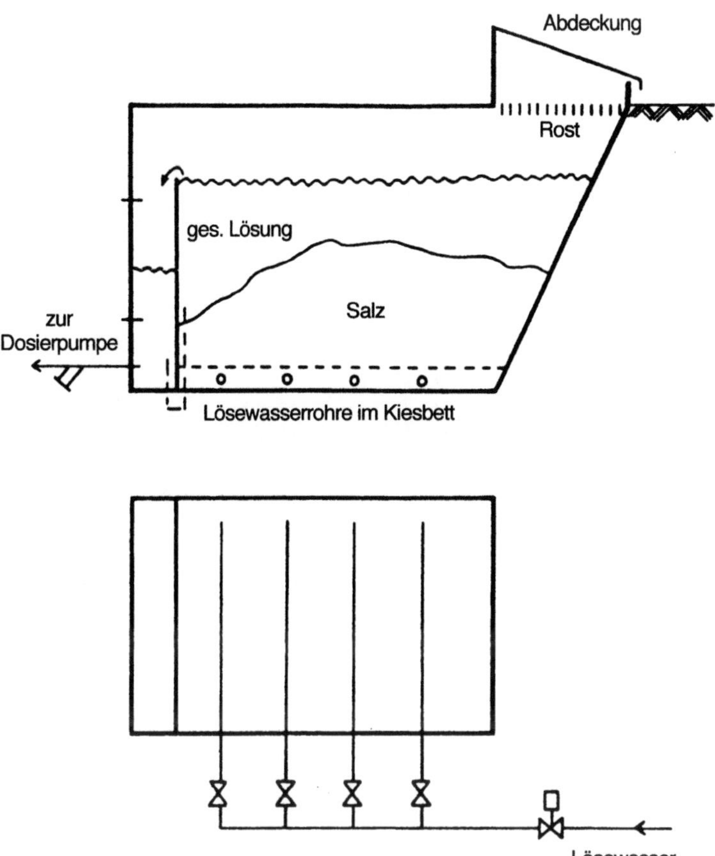

Abb. 3.13. Schema eines Einsumpfbunkers für Eisensulfat, nach [22]

trennt und mit dem Überschußschlamm ausgeschleust. Bei der *Nachfällung* (Abb. 3.17) werden getrennte Bauwerke für die Fällung/Flockung und die Abtrennung des Schlammes erforderlich, der Schlamm fällt als reiner chemischer Schlamm an. Das Verfahren erfordert hohe Investitionskosten und bietet gegenüber den beiden anderen Verfahren keine Vorteile, z.B. im Hinblick auf die erreichbare Elimination.

Mit allen Verfahren können Ablaufkonzentrationen von 1 mg/l P oder etwas darunter erzielt werden. Bei der Dosierung von Kalk liegen die Ablaufwerte häufig bei 1–2 mg/l P, das hängt mit der Löslichkeit des Calciumphosphats bei dem zur Kalkfällung üblicherweise eingehaltenem pH-Wert von 9–9,3 zusammen. Bei höheren pH-Werten fällt vorwiegend $CaCO_3$ aus, was zu Problemen durch Ablagerungen führen kann. Bei pH-Werten über 11 wird vermehrt Calciumphosphat eliminiert. Wegen der dafür erforderlichen hohen Kalkmengen (> 200 mg/l) ergibt sich ein außerordentlich hoher Schlammanfall, so daß die Kalkfällung bei pH 11 in der Praxis nicht angewendet wird.

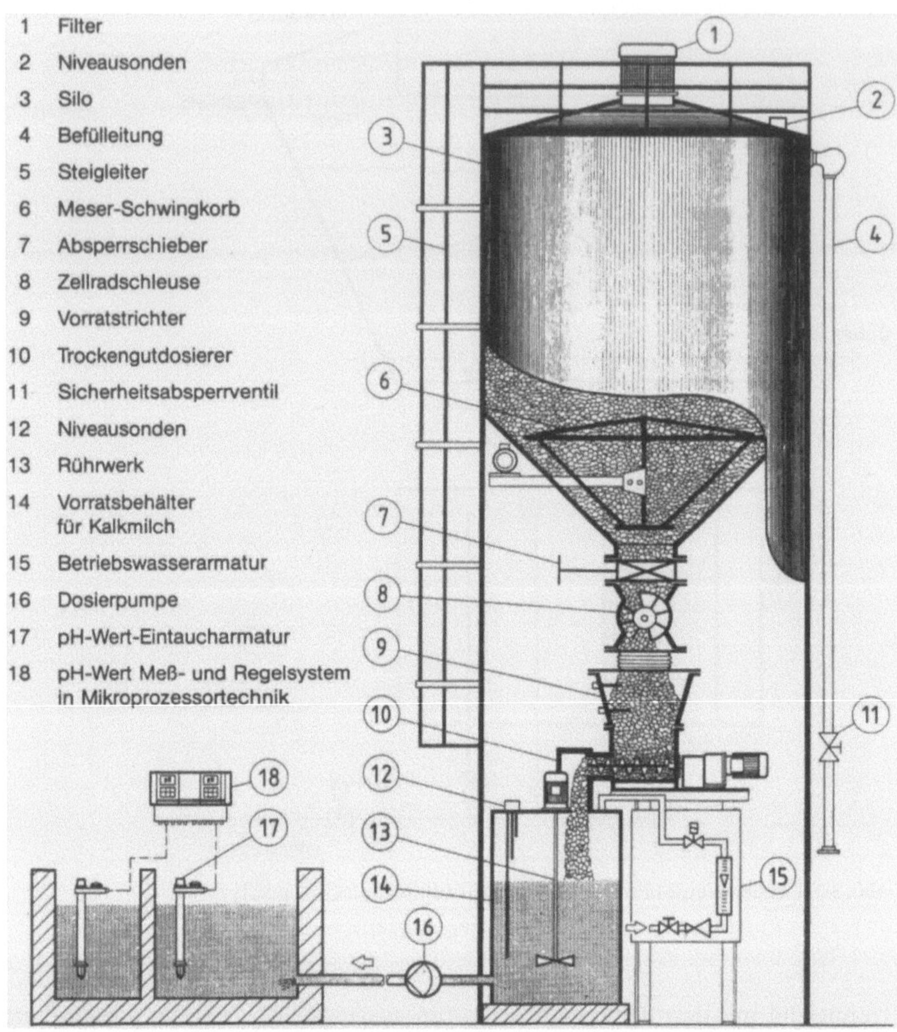

Abb. 3.14. Schema einer Kalkmilchaufbereitungsanlage, (Werksbild Wallace + Tiernan)

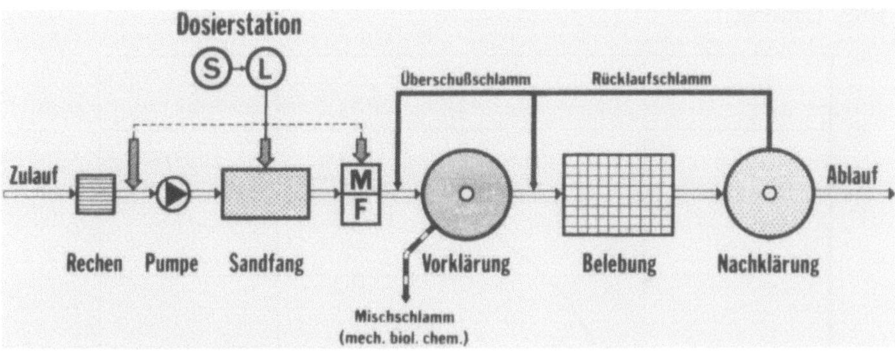

Abb. 3.15. Schema der Vorfällung, nach [22]

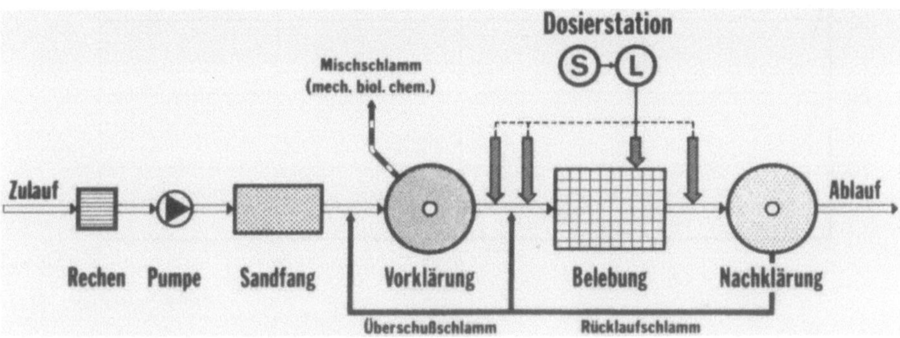

Abb. 3.16. Schema der Simultanfällung, nach [22]

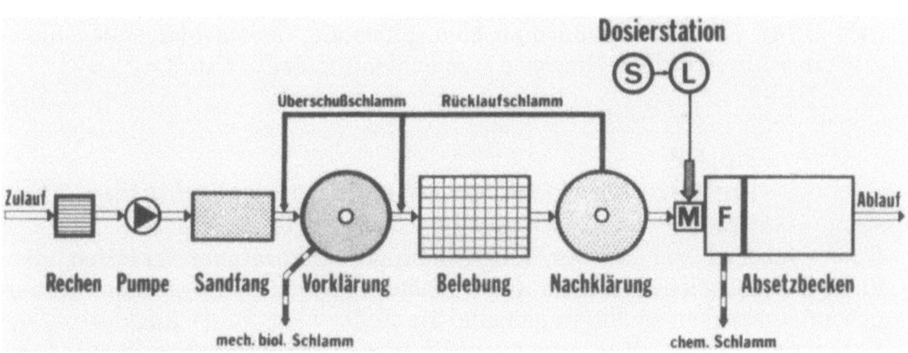

Abb. 3.17. Schema der Nachfällung, nach [22]

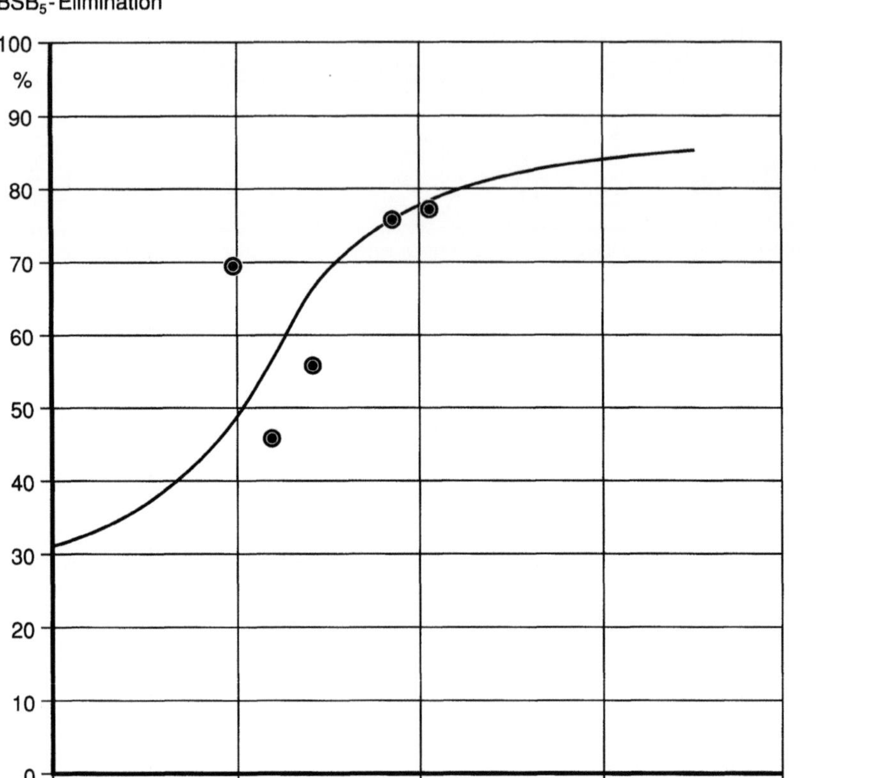

Abb. 3.18. Zusätzliche Elimination organischer Abwasserinhaltsstoffe durch Mitfällung bei der Vorfällung, nach [25]

Durch den Effekt der Mitfällung kann bei der Vorfällung eine zusätzliche Entfernung organischer Abwasserinhaltsstoffe erreicht werden (Abb. 3.18). Hierdurch kann man eine Entlastung der nachfolgenden biologischen Stufe erreichen. Hinweise zum Schlammanfall s. Kap. 3.6.2.

3.6.4.2
Weitergehende biologische Phosphorelimination

Das Verfahren beruht auf der Fähigkeit einiger strikt aerober Bakterien, mehr Phosphat zu speichern, als für das Wachstum erforderlich ist. Unter vorübergehend anaeroben Bedingungen sind sie in der Lage, unter Rücklösung des Phosphors Energie zu gewinnen, um während der anaeroben Zustände zu überleben.

Verfahrenstechnische Grundlagen. Um die dazu befähigten Bakterien zu zwingen, unter aeroben Bedingungen vermehrt Phosphor aufzunehmen, müssen sie wiederholt aeroben und anaeroben Bedingungen ausgesetzt werden. Dies erreicht man dadurch, daß man den Rücklaufschlamm in ein vorgeschaltetes Anaerobbecken leitet, bevor er in das aerobe Belebungsbecken fließt. Im Anaerobbecken wird unter Verbrauch organischer Substanz Phosphor freigesetzt, im Aerobbecken wieder gespeichert. Je mehr Phosphor rückgelöst wird, desto mehr Phosphor wird auch gespeichert. Die Rücklösung im Anaerobbecken wird durch leicht abbaubaren Kohlenstoff gefördert, durch Anwesenheit von Nitrat behindert. Bezüglich des leicht abbaubaren Kohlenstoffs steht das Verfahren der weitergehenden biologischen Phosphorelimination in Konkurrenz zur Denitrifikation.

Die Entfernung des Phosphors erfolgt mit dem Überschußschlamm. Um niedrige Ablaufwerte zu erreichen, ist darauf zu achten, daß die Verweilzeit des belebten Schlammes im Nachklärbecken nicht zu lang ist, denn sonst würden dort schon unerwünschte Rücklösungen auftreten.

Aufgrund dieser beschriebenen Zusammenhänge wurden verschiedene Verfahren entwickelt, die sich in Hauptstrom- und Nebenstromverfahren einteilen lassen. In Abb. 3.19 sind die Verfahren schematisch dargestellt.

Verfahren, die mit wenig Einzelbecken auskommen, wie das Phoredoxverfahren, sind mittlerweile relativ weit verbreitet. Beim UCT-Verfahren wird der Eintrag von Nitrat minimiert, indem belebter Schlamm aus dem anoxischen DN-Becken entnommen und in das Anaerobbecken gefördert wird. Allerdings ist eine zusätzliche Pumpe erforderlich.

Beim Phostrip-Verfahren, dem einzigen Nebenstromverfahren, ist das Anaerobbecken als sogenannter Stripper ausgebildet. Der Betrieb ist allerdings nicht ganz einfach, weil im Stripper nicht nur der Phosphor gelöst, sondern die phosphatreiche Flüssigkeit vom belebten Schlamm getrennt werden muß. Durch Rühren oder eine Art Gegenstromwäsche von unten nach oben kann der Trennvorgang verbessert werden. Das phosphatreiche Überstandswasser wird in einem weiteren Becken mit Kalk gefällt, der am Stripperboden abgezogene entphosphatierte Schlamm wird in den Kläranlagenzulauf geleitet. Durch die Fällung ist der Phosphor weitgehend gebunden und unlöslich. Der Vorteil dieses Verfahrens gegenüber einer Abwasserfällung liegt in den Einsparungen an Kalk, der nicht stöchiometrisch dosiert werden muß, sondern nur bis pH ~ 9. Bei sehr weichem Abwasser muß die Kalkdosierung erhöht werden.

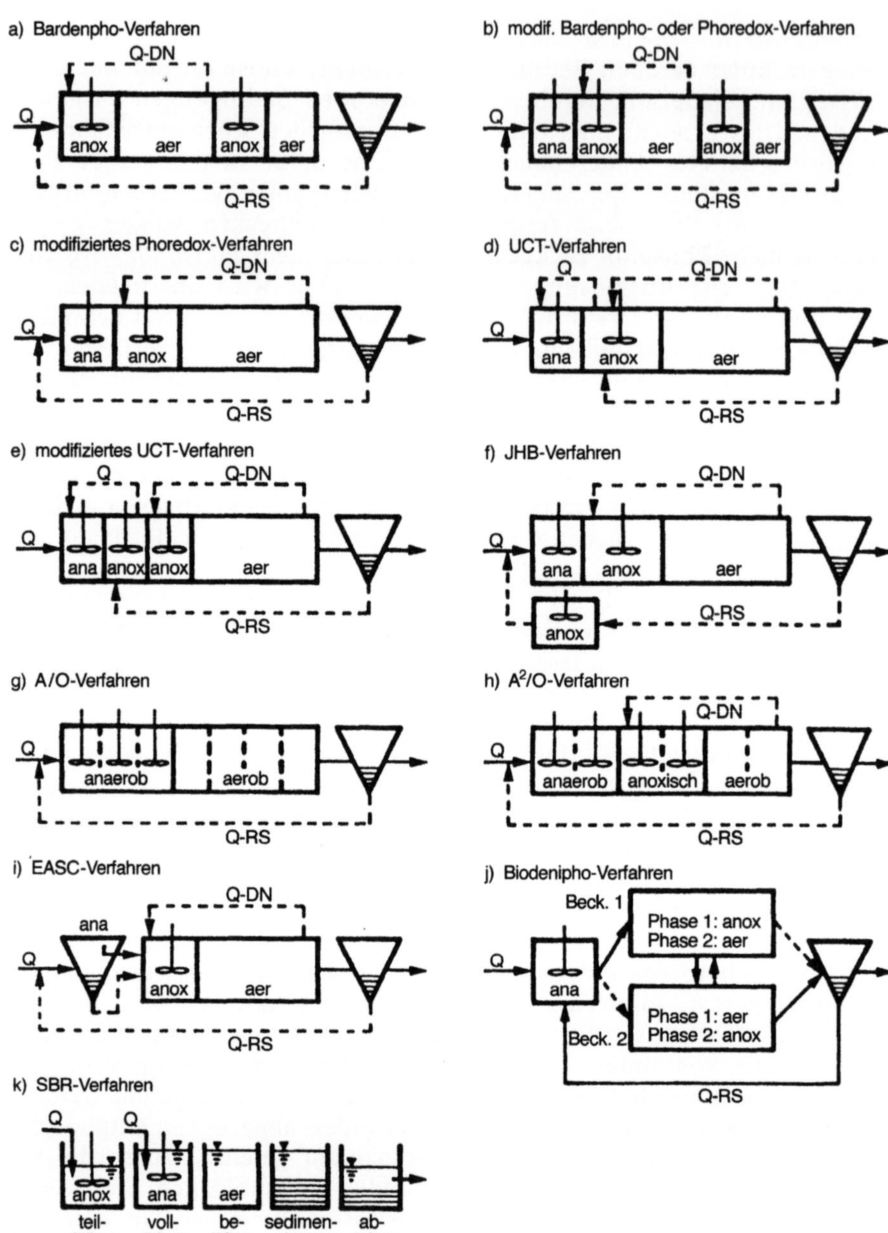

Abb. 3.19 a, b. Verschiedene Verfahrensvarianten der biologischen P-Elimination, nach [26],
a Hauptstromverfahren

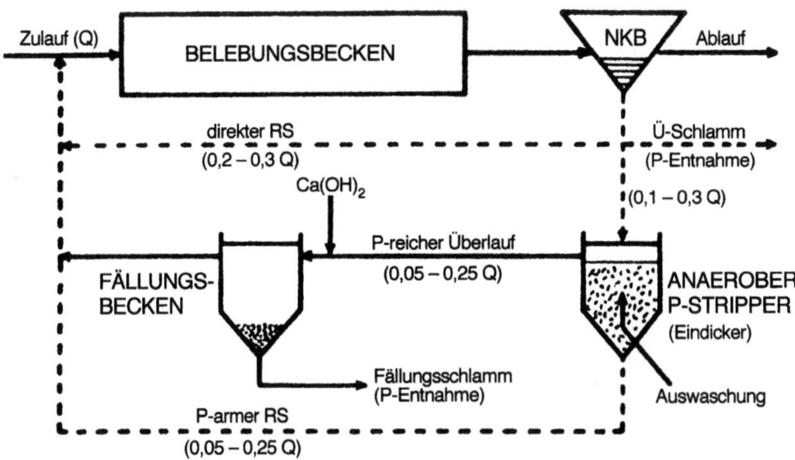

Abb. 3.19 b Nebenstromverfahren

3.6.5
Abwasserbehandlung im ländlichen Raum

Gegenüber urbanen, dichter besiedelten Gebieten sind bei der Abwasserbehandlung im ländlichen Raum eine Reihe von Besonderheiten zu beachten [27]:

- lockere Bebauung mit relativ großen Grundstücksflächen, dadurch eine geringe Einwohnerdichte,
- oft kleine, weit auseinanderliegende Ortschaften und Siedlungsgebiete, Weiler, Einzelgehöfte,
- geringer Anteil befestigter Flächen,
- häufig wenig Industrie und Gewerbe, manchmal aber auch ein dominierender Industriebetrieb mit höherem Abwasseranfall als aus den Haushalten,
- wenn Freizeiteinrichtungen vorhanden sind, saisonal stark schwankender Abwasseranfall und
- oft kleine, leistungsschwache Vorfluter.

Bei der Ortsentwässerung führt die geringe Einwohnerdichte (< 25 E/ha) zu relativ großen spezifischen Kanallängen (bis 20 m/E) und damit zu hohen Kosten für die Abwassersammlung [28]. Um die Kosten zu vermindern, sind folgende Überlegungen bei der Planung zu prüfen:

- nur Sammlung des Schmutzwassers; Niederschlagswasser von Dächern und unverschmutzten Flächen am Anfallort versickern lassen,
- ist eine Versickerung am Anfallort nicht möglich, z. B. weil der Untergrund nur eine geringe Versickerung zuläßt, sollte das nicht behandlungsbedürftige Niederschlagswasser über offene Gräben, Mulden oder Mulden-Rigolen-Systeme in ein Gewässer oder ein zentrales Versickerungsbecken geleitet werden,

- stärker verschmutztes, somit behandlungsbedürftiges Niederschlagswasser
  wird gesammelt und einer Behandlung zugeführt (s. Entwässerungssysteme).

Durch Vermeidung von Abwasser und Trennung von Teilströmen können die hydraulisch erforderlichen Durchmesser der Kanalisation deutlich verringert und
damit die Kosten für die Herstellung des Kanalisationsnetzes minimiert werden.

3.6.5.1
Entwässerungssysteme

Neben den in städtischen Gebieten üblichen Misch- und Trennsystemen (s. Abschn. 3.1) bieten sich im ländlichen Raum noch an

- *qualifiziertes Trennsystem*
  Neben der Schmutzwasserleitung nimmt eine getrennte Regenwasserleitung
  nur das behandlungsbedürftige Niederschlagswasser auf. Das nicht behandlungsbedürftige Niederschlagswasser (Konzentrationen der Inhaltsstoffe geringer als Kläranlagenablauf) wird am Anfallort genutzt oder versickert.
- *qualifiziertes Mischsystem*
  In den Abwasserkanal wird häusliches (und gewerbliches) Schmutzwasser
  sowie das behandlungsbedürftige Niederschlagswasser eingeleitet.

Für die Abwasserableitung bietet sich die Freigefälleentwässerung an, für die
Schmutzwasserableitung die Druckentwässerung oder die Unterdruckentwässerung [29]. Bei Druck- und Unterdruckentwässerung kann man kleinere
Rohrdurchmesser wählen, insbesondere auch für die häufig sehr langen Haus-
anschlußleitungen (≤ 50 mm), und die Tiefenlage der Kanalisation kann auf die
Frosttiefe beschränkt werden, weil das Schmutzwasser aus den Häusern mittels
Pumpe in das Netz gefördert wird. Gegebenenfalls sind Pumpen mit Schneid-
einrichtungen zu wählen. Allerdings können dadurch kleine, kaum noch absetzbare Partikel entstehen, die in der Kläranlage zu Problemen führen können. Hoch- und Tiefpunkte innerhalb des Netzes sind möglich.
     Ähnliche Grundsätze gelten auch für die Unterdruckentwässerung,
allerdings wird das Vakuum zentral erzeugt. Auf die Besonderheiten bei der
Planung und Verlegung des Netzes ist zu achten [29].
     Bei beiden Systemen vermindern sich gegenüber einer üblichen
Freispiegelleitung die Investitionskosten, aber die Betriebskosten für die Förderung des Abwassers sind u. U. höher.
     Auch bei Freispiegelleitungen kann die Tiefenlage deutlich ver-
ringert werden, wenn auf eine generelle Kellerentwässerung verzichtet wird.

3.6.5.2
Abwasserreinigung

Die Ausbaugröße von Kläranlagen im ländlichen Raum liegt in der Regel
unter 5000 EW, teilweise auch unter 500 EW. Sie liegen hinsichtlich der

Anforderungen an die Ablaufqualität in den Größenklassen 1 und 2 des Anhangs 1 der Allgemeinen Abwasserverwaltungsvorschrift (s. Abschn. 3.5), d.h. daß keine Anforderungen an die Nährstoffelimination gestellt werden, wenn nicht aufgrund der Vorflutersituation weitergehende Anforderungen zu stellen sind.

Für die Bemessung und den Betrieb von kleinen Kläranlagen (50–500 EW) gilt folgende Richtlinie:

- ATV-Arbeitsblatt A 122 (Grundsätze für die Bemessung, Bau und Betrieb von kleinen Kläranlagen mit aerober biologischer Reinigungsstufe für Anschlußwerte zwischen 50 und 500 Einwohnerwerten [30]).

Für die Bemessung und den Betrieb von Kläranlagen zwischen 500 und 5000 EW gilt das Arbeitsblatt

- ATV-Arbeitsblatt A 126 (Grundsätze für die Abwasserbehandlung in Kläranlagen nach dem Belebungsverfahren mit gemeinsamer Schlammstabilisierung bei Anschlußwerten zwischen 500 und 5000 Einwohnerwerten [31]).

Daneben gelten für Kläranlagen dieser Größe ohne genaue Festlegung der Einwohnerwerte noch folgende Richtlinien:

- ATV-Arbeitsblatt A 123 (Schlammbeseitigung) [32].
- ATV-Arbeitsblatt A 129 (Fremdenverkehrseinrichtungen) [33].
- ATV-Arbeitsblatt A 135 (Tropfkörperanlagen) [34].
- ATV-Arbeitsblatt A 201 (Teichanlagen) [35].
- ATV-Arbeitsblatt A 257 (Teichanlagen mit Tropf- oder Tauchkörpern) [36].
- ATV-Hinweis H 262 (Pflanzenbeete) [37].
- ATV-Hinweis H 254 (Verfahrenskombinationen) [38].
- ATV-Hinweis H 258 (Feinstrechen und Siebe) [39].

Für Kleinkläranlagen (4–50 EW) gilt DIN 4261, Teil 1–4.

Planungsgrundsätze. In der Regel stellt sich als erstes die Frage, ob eine Orts- oder eine Gruppenkläranlage errichtet werden soll. Aus Untersuchungen in Niedersachsen ergab sich, daß kleine, i.d.R. naturnahe Kläranlagen (Pflanzenkläranlagen, Teichanlagen) gleiche Leistungen wie große, technische Anlagen produzieren (abgesehen von der gesicherten Nährstoffelimination). Von daher ist die Leistungsfähigkeit kein Entscheidungskriterium mehr, es kann im wesentlichen nach Kostengründen entschieden werden [40].

Zur Ermittlung der Wirtschaftlichkeit empfiehlt sich das Verfahren der „Kostenvergleichsrechnung" [41]. Hierbei werden Investitionskosten, Betriebskosten, Reinvestitionskosten für Anlagenteile mit geringer Lebensdauer, Restwerte für Anlagenteile mit längerer Lebensdauer als der Vergleichszeitraum finanzmathematisch so aufbereitet, daß als Vergleichszahlen sogenannte Kostenbarwerte errechnet werden. Auf diese Weise können auch Verfahren mit geringeren Investitionskosten, aber höheren Betriebskosten oder kürzerer Lebensdauer mit solchen mit höheren Investitionskosten, längerer Lebensdauer und niedrigen Betriebskosten verglichen werden.

Ein wesentlicher Aspekt bei der Kostenvergleichsrechnung ist ein möglichst realistischer Ansatz der Grundkosten. Durch eine falsche Annahme der Basiskosten können die Ergebnisse der Berechnung stark beeinflußt, sogar ins Gegenteil verkehrt werden. Im Zusammenhang mit der Kostenvergleichsrechnung werden schon die verschiedenen Möglichkeiten der Abwassersammlung, Abwasserableitung und die Verfahren der Abwasserbehandlung berücksichtigt. Zur Abwasserbehandlung bestehen folgende Möglichkeiten:

1. Technische Anlagen:
   - Belebungsanlagen (mit gemeinsamer Schlammstabilisierung),
   - Tropfkörperanlagen,
   - Tauchkörperanlagen.
2. Naturnahe Verfahren:
   - Teichanlagen,
   - Pflanzenkläranlagen.

Technische Anlagen haben bei geringen Anschlußwerten (< 500 EW) größere Probleme wegen der starken Abwasserschwankungen, da sie nur geringe Verweilzeiten aufweisen und daher Stoßbelastungen kaum ausgleichen können. Naturnahe Anlagen weisen in der Regel sehr lange Verweilzeiten auf (mehrere Wochen), so daß übliche Stoßbelastungen keinen Einfluß auf die Ablaufbeschaffenheit haben, sie erfordern aber eine große Fläche ($5-15\ \mathrm{m^2/E}$). Aus Kostengründen liegen ihre Grenzen etwa bei 1000 EW.

Technische Anlagen. Weit verbreitet ist das *Belebungsverfahren* in verschiedenen Ausführungen, z.B. als ovales Umlaufbecken meistens mit Bürstenbelüftung (Oxidationsgraben), als kreisförmiges Umlaufbecken mit beweglicher Druckbelüftung oder stationärer Belüftung und getrennter Umwälzung, aber auch Rechteckbecken. Neuerdings werden sogenannte Container-Kläranlagen angeboten, bei denen mehrere Anlagenteile und die notwendigen Zusatzausrüstungen (Belebungsbecken, Nachklärbecken, Gebläsestation, Rücklaufpumpe, E-Verteilung usw.) in einem Norm-Container meistens sehr kompakt untergebracht sind.

Da bei diesen Verfahren der Schlamm bei sehr niedriger Schlammbelastung ($B_{TS} \sim 0{,}05\ \mathrm{kg\ BSB_5/(kg\ TS \cdot d)}$) aerob stabilisiert wird, kann auf eine Vorklärung verzichtet werden.

Der biologische Überschußschlamm, der die nicht abgebauten Anteile des Rohschlammes enthält, muß in der Regel als Naßschlamm zwischengespeichert werden. Hierfür eignen sich neben Erdbecken, deren Entleerung nicht ganz einfach ist, Betonbecken oder Behälter aus Kunststoff, wie sie im landwirtschaftlichen Bereich zum Einsatz kommen und die recht preisgünstig sind. Bei entsprechenden Abzugseinrichtungen für Überstandswasser können solche Speicher auch als Eindicker betrieben werden.

Beim *Tropfkörperverfahren* ist eine wirksame Vorklärung erforderlich, damit der Tropfkörper nicht durch nicht abgeschiedene Feststoffe verstopft. Eine aerobe Stabilisierung des Vorklärschlammes ist bei diesem Verfahren daher nicht möglich. Eine gute Stabilisierung kann aber erreicht

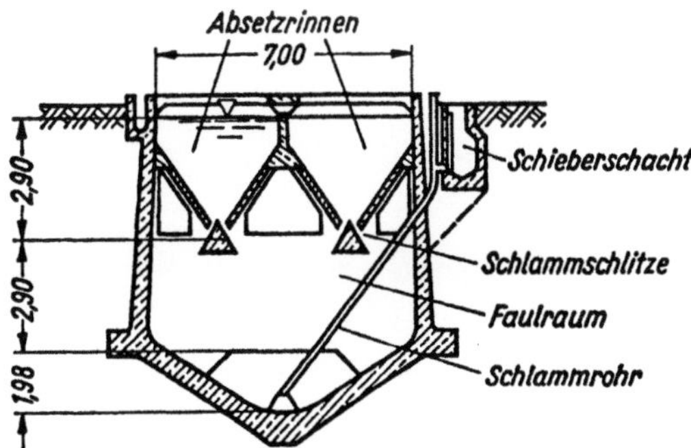

Abb. 3.20. Querschnitt eines Emscher-
beckens, nach [55]

werden, wenn Vorklärung und Schlammstabilisierung in Form eines Em-
scherbeckens kombiniert werden (Abb. 3.20).

Wegen der niedrigen Temperaturen im unten angeordneten Faulteil ist die Verweilzeit auf 90 d einzustellen (kalte Faulung).

Als Füllmaterial für die Tropfkörper werden die gleichen Materialien verwendet wie bei großen Tropfkörpern (Brockenfüllung mit natürlichen Materialien wie Bims, Lavaschlacke, u.ä. Füllung mit Schüttungen aus
Kunststoffmaterial oder gepackten Füllungen aus geformtem Kunststoff).

Eine Besonderheit stellen *Scheibentauchkörper* dar (engl. rotating
disc). Auf einer horizontalen Welle sind große Scheiben aus Kunststoff ($\varnothing$ bis
2,5 m) im Abstand von 10–20 mm angeordnet. Das Scheibenpaket taucht in einen
angepaßten Trog ein (Abb. 3.21). Durch Drehen der Welle werden die Scheiben
mit dem sich darauf ansiedelnden Biomassenbewuchs (Biofilm) abwechselnd in
das Abwasser eingetaucht (Nährstoffaufnahme) und der Luft ausgesetzt (Sauer-
stoffaufnahme). Anstelle der Scheiben werden auch Körbe mit Kunststoffschüt-
tungen oder geformten Kunststoffpackungen angeboten (Abb. 3.22).

Tauchkörper sind klimatisch sehr anfällig. Insbesondere bei starkem Schneefall kann es zu Vereisungen und aufgrund der hohen Lasten sogar
zum Bruch der Tauchkörperwelle kommen. Tauchkörper müssen deshalb ein-
gehaust werden. Um eine aufwendige Klimatisierung zur Verhinderung von
Schwitzwasserbildung zu vermeiden, sollten die Umhausungen so gebaut
werden, daß hier Luftaustausch mit der Umgebung möglich ist.

Tauchkörperanlagen erfordern nur einen sehr geringen Energieaufwand und wenig Wartung, sind daher sehr günstig in den Betriebskosten.

Naturnahe Verfahren. Abwasserteichanlagen als ein naturnahes Abwasserreinigungsverfahren haben sich vielfältig bewährt. Sie sind vor allem in Bayern und
in Niedersachsen verbreitet. Die eigentliche Form ist die unbelüftete Teichanlage, besser natürlich belüftete Teichanlage, da die Sauerstoffzufuhr nur über
die Oberfläche ohne irgendwelche technischen Einrichtungen erfolgt. Zu kleine,
überlastete Teiche wurden mit einer künstlichen Belüftung (Oberflächenbelüfter, z.B. als schwimmender Kreisel, Druckbelüftung verschiedenster Bauarten)
nachgerüstet und werden heute als belüftete Teiche gebaut und betrieben.

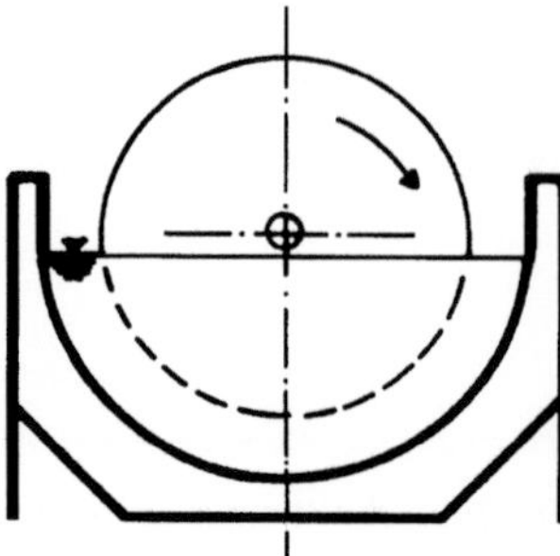

Abb. 3.21. Schematische Darstellung eines Scheiben-
tauchkörpers, nach [56]

Abb. 3.22. NSW-Walzentauchkörper (Werksbild NSW)

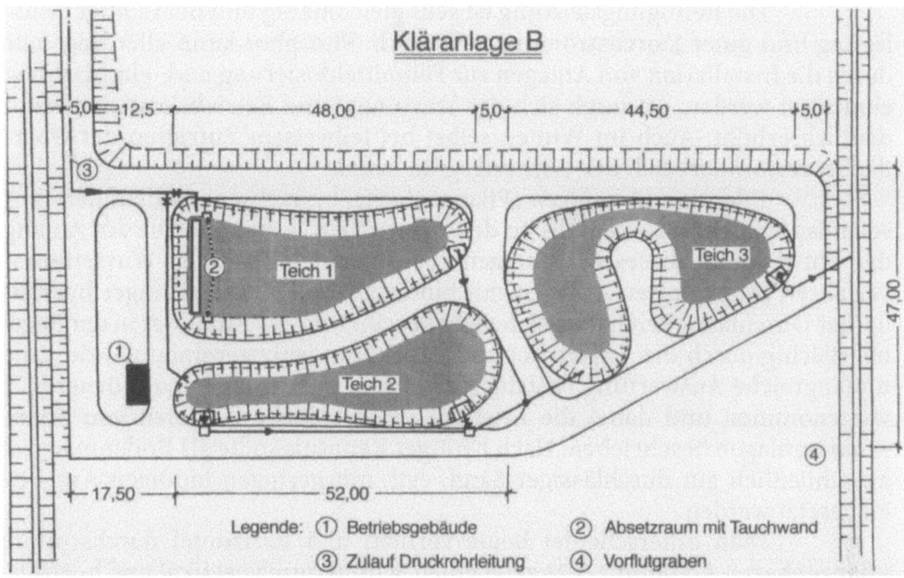

Abb. 3.23. Lageplan einer Teichanlage mit befestigter Absetzzone im ersten Teich, nach [57]

Teichanlagen werden in mehrere, hintereinander kaskadenartig durchflossene einzelne Erdbecken aufgeteilt. Der erste Teich kann als reiner Absetzteich dienen, er hat eine kurze Verweilzeit, ist meist anaerob und führt vor allem im Sommer zu Geruchsemissionen. Dies kann vermieden werden, wenn der erste Teich vergrößert wird und im vorderen Bereich eine evtl. befestigte Absetzzone integriert wird (Abb. 3.23). Durch die größere Oberfläche ist eine verbesserte Sauerstoffzufuhr gewährleistet, so daß auch in der Absetzzone anaerobe Bereiche weitgehend vermieden werden.

Aufgrund der großen Flächen können natürlich belüftete Teiche auch teilnitrifizieren, bei Rückführung des nitrifizierten Ablaufs in den Zulauf kann u.U. im ersten Teich auch eine Teildenitrifikation erreicht werden.

Hauptsächlich im letzten Teich kann sich insbesondere im Sommer eine starke Algenbildung einstellen, die zu einer Belastung des Gewässers führt. Ob und wie sich solche Belastungen auswirken, ist bisher nicht untersucht.

Die Herstellung der Teiche ist sehr einfach, es werden praktisch nur Erdbaugeräte benötigt. Daher sind die Baukosten niedrig, allerdings sind Grunderwerbskosten wegen des großen Flächenbedarfs 10 m²/E bei BSB₅-Abbau, 15 m²/E bei Nitrifikation u.U. hoch.

Teiche lassen sich durch eine entsprechende Formgebung im Grundriß und durch flache, gegebenenfalls bepflanzte Uferböschungen gut in die Umgebung einpassen. Sie müssen allerdings in der Regel eingezäunt und als Abwasserbehandlungsanlagen gekennzeichnet werden, um den Zutritt für Personen zu verhindern.

Die Reinigungsleistung ist sehr gleichmäßig und bei richtiger Auslegung und guter Durchströmung sehr hoch. Phosphor kann allerdings nur durch die Installation von Anlagen zur Fällmitteldosierung und -einmischung eliminiert werden, wodurch sich der Wartungs- und Betriebskostenaufwand deutlich erhöht. Auch im Winter, selbst bei teilweisem Zufrieren der Oberfläche, vermindert sich der Wirkungsgrad kaum.

Pflanzenkläranlagen (Pflanzenbeete, bewachsene Bodenfilter, Binsenanlagen) gehören ebenfalls zu den naturnahen Verfahren. Die am Anfang der Entwicklung dieses Kläranlagentyps unter dem Nahmen Wurzelraumverfahren propagierten Anlagen mit bindigem Boden und geringer hydraulischer Durchlässigkeit haben sich nicht bewährt, da das Abwasser in der Regel oberflächig durch die Anlage lief und dabei nur wenig gereinigt wurde. Eine umfangreiche Auswertung bestehender Pflanzenkläranlagen hat Börner [42] vorgenommen und dabei die Leistung verschiedener Bauarten von Pflanzenkläranlagen beschrieben. Nach heutiger Kenntnis sollte als Bodenmaterial ausschließlich gut durchlässiger Sand, evtl. mit geringen bindigen Anteilen eingesetzt werden.

Man unterscheidet heute vertikal und horizontal durchströmte Pflanzenbeete. Abbildung 3.24 zeigt einen Schnitt durch vertikal und horizontal durchströmte Anlagen. Vertikal durchströmte Anlagen gewährleisten in der Regel eine bessere Sauerstoffzufuhr.

Als Pflanzen werden typische Sumpfpflanzen wie Schilf, Binsen, Rohrkolben, Schwertlilie, Seggen eingesetzt. Rohrkolben wächst schnell, bildet jedoch nur eine flache Durchwurzelung und ist anfällig gegen Wind. Umgefallene Pflanzen ersticken andere Pflanzen, so daß große Löcher in der Pflanzendecke entstehen können.

Die Aufgabe der Pflanzen ist weniger die Reinigung des Abwassers als eher eine Offenhaltung des Bodens, eine Teilsauerstoffversorgung des Bodens und die Unterstützung der Entwicklung der Bodenbakterien im Wurzelbereich. Die Abwasserreinigung erfolgt durch Bodenbakterien. Insofern besteht Ähnlichkeit mit Rieselfeldern.

Die Pflanzenbeete haben eine Tiefe von 0,8–1,2 m, die Sohle ist abgedichtet (Folie oder natürliche Dichtung), durch die Ablaufkonstruktion sollte die Möglichkeit der Veränderung des Wasserspiegels im Bodenkörper bzw. eine kurzzeitige Entleerung mit dem Ziel der Luftzufuhr in die Bodenporen gegeben ein. Auch eine intermittierende Beschickung kann vorteilhaft sein.

Die Bepflanzung, insbesondere Schilf, führt zu einer hohen Verdunstung. Insbesondere im Sommer kann es dann zu längeren Perioden ohne Ablauf aus der Anlage kommen. Die Reinigungsleistung im Winter ist ähnlich wie bei den Teichen kaum verschlechtert. In der Literatur sind einige gut funktionierende Anlagen ausführlich beschrieben [43–45]. Wenn man Anlagen in gleicher Form plant und baut, können gute Ergebnisse erreicht werden. Auch Pflanzenkläranlagen sind Ingenieurbauwerke und erfordern eine überlegte Planung, Bauausschreibung, Bauüberwachung und auch einen richtigen Betrieb. Hierzu gehört insbesondere die Verhinderung einer Verschlammung durch eine gut funktionierende Vorklärung. Die früher propagierte Beschickung mit Rohabwasser hat sich nicht bewährt.

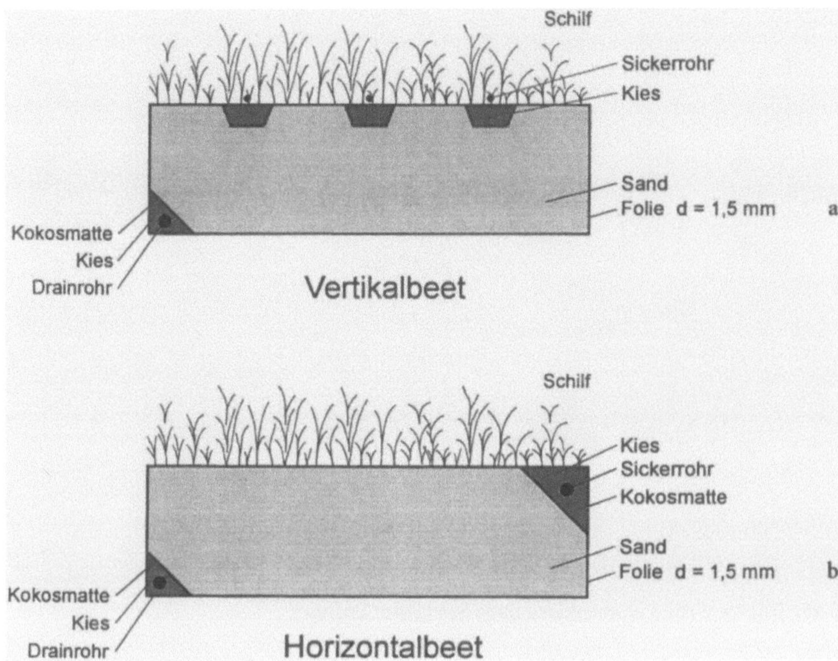

Abb. 3.24. Schnitt durch ein vertikal und ein horizontal durchströmtes Pflanzenbeet, nach [59]

Die Gestaltung der Vorklärung, insbesondere die Stabilisierung des Vorklärschlammes, ist mit Sorgfalt zu überlegen. Neben Absetzteichen sind Emscherbecken gut geeignet. Die teilweise eingesetzten Mehrkammergruben oder Mehrkammerausfaulgruben führen häufig zu einer deutlichen Erhöhung des Stickstoffs im Abwasser durch Lösung von Feststoffen. Durch eine Trennung zwischen Absetzteil und Ausfaulteil im Emscherbecken ist der Stickstoffanstieg im Abwasser deutlich geringer.

Daß die Einbindung in die natürliche Umgebung bei Pflanzenkläranlagen in der Regel gut gelingt, zeigt Abb. 3.25.

Eine Besonderheit stellen Teichanlagen mit zwischengeschalteten Tropf- und Tauchkörperanlagen dar. Durch die Kombination kann eine Verbesserung der Leistung erzielt werden, insbesondere auch hinsichtlich der Nitrifikation.

Wartung. Technische Anlagen haben zwar den Vorteil, daß steuernd und regelnd in den Prozeß eingegriffen werden kann, aber der Wartungsaufwand ist hoch. Im Prinzip müssen technische Anlagen laufend überwacht werden. Dies sollte nicht nur eine Überwachung der Funktion z.B. durch einen Elektriker beinhalten, sondern auch eine Verfahrensüberwachung, z.B. mit Messung des Gehaltes an gelöstem Sauerstoff, Überprüfung der Rücklaufschlammfördermenge, der Konzentration des belebten Schlammes, usw. Wegen der kurzen

Abb. 3.25. Blick auf die Pflanzenkläranlage See (Foto: Dafner)

Verweilzeiten und der einstraßigen Anordnung (ein Belebungsbecken, ein Nachklärbecken usw.) wirken sich Störungen sehr schnell auf den Ablauf aus.

Naturnahe Anlagen sind weniger anfällig, einmal wegen der langen Verweilzeiten, vor allem aber wegen des geringen technischen Ausrüstungsgrades. Die Wartung minimiert sich auf eine Überprüfung, ob das Abwasser in die Anlage hineinfließt und ohne Stau bis zum Auslauf durchfließt. Der Abwasserverband Saar, der ein interessantes Betriebsmodell für dezentrale, kleine Anlagen entwickelt hat, indem solche Anlagen von einer zentralen Anlage durch einen mobilen Klärwärter betreut werden, gibt die Überprüfung der naturnahen Anlagen mit einmal wöchentlich an [46]. Auf diese Weise ist der Betriebsaufwand außerordentlich gering.

3.7
Besonderheiten industrieller Aufbereitungsverfahren

Industrielle Abwasseraufbereitungsanlagen weisen im Vergleich zu kommunalen Kläranlagen einige Besonderheiten auf, die durch die Abwasserzusammensetzung, die Reinigungsziele, Einschätzungen des betrieblichen Aufwandes, verfahrenstechnische Erfahrungen, stärker ausgeprägtes Kostendenken und steuerliche Gesichtspunkte beeinflußt sind.

Die *Abwasserzusammensetzung* beeinflußt die Verfahrensschritte, z. B. Erfordernis einer Neutralisation, das biologische Verfahren (aerob/anaerob), die Reaktorform und -art (Rührkessel, Kaskade, Rohrreaktor, offene oder geschlossene Reaktoren).

Als *Reinigungsziel* kann eine Vollreinigung, z. B. bei Direkteinleitern, oder eine Teilreinigung z.B. zur Einhaltung der Indirekteinleiterverordnung oder gemeindlicher Satzungen oder zur Verminderung von Starkverschmutzerbeiträgen (s. Abschn. 3.5) erforderlich sein. Immer stärker kommt eine gezielte Behandlung von Teilströmen in Betracht. Die Teilströme enthalten nämlich höhere Stoffkonzentrationen, eine geringere Anzahl von Stoffgruppen und weniger Stoffe, die eine optimale Behandlung stören. Aus diesen Gründen vereinfachen sich die Behandlungsverfahren für die Teilströme.

Je nach Art des Betriebes haben Mitarbeiter in der Betreibung und Wartung von Verfahren und Apparaten Erfahrung, die auch bei der Abwasserbehandlung zum Einsatz kommen können. Die Entscheidung für oder gegen ein Verfahren kann daher durch eine realistische *Einschätzung* des *betrieblichen Aufwandes* und vorhandene *verfahrenstechnische Erfahrungen* wesentlich beeinflußt werden.

Im industriellen und gewerblichen Bereich müssen Aufwendungen für die Abwasserreinigung in der Regel durch Gewinne abgedeckt werden, im kommunalen Bereich werden die Kosten über Gebühren auf die Bürger umgelegt. Allein die unterschiedliche Aufbringung der Kosten führt schon tendenziell zu einem *ausgeprägteren Kostendenken* bei der industriellen Abwasserreinigung. Damit ist allerdings noch nicht automatisch eine preisgünstigere Abwasserbehandlung garantiert, da billige Lösungen nicht immer auch die preisgünstigsten sind.

Zulässige Abschreibungszeiträume für feste oder bewegliche Sachen können aus *steuerlichen Gründen* die Wahl der Verfahren oder Geräte und Apparate beeinflussen. Dieser Aspekt spielt im kommunalen Bereich keine Rolle, weil Abschreibungen unter steuerlichen Gesichtspunkten nicht berücksichtigt werden. Kommunen zahlen für die Tätigkeit Abwasserreinigung nämlich keine Steuern.

Bei den nachfolgenden Beispielen industrieller Kläranlagen sind spezielle Verfahren oder Reaktorformen zur Anwendung gekommen, die im kommunalen Bereich bisher nicht eingesetzt wurden.

Bei dem von der Fa. Bayer AG, Leverkusen entwickelten und in mehreren Werken eingesetzten turmförmigen Belebungsbecken (Abb. 3.26) (Bayer-Turmbiologie, [46]) wird Platz gespart und wegen des langen Blasenweges eine hohe Sauerstoffausnutzung erreicht. Ähnlich ist es bei der von der Hoechst AG, Frankfurt/Main entwickelten Bauform des Hochreaktors (Abb. 3.27, [47]). Die gute Sauerstoffausnutzung wird durch einen speziellen Belüfter unterstützt, der sehr feine Blasen erzeugt (Abb. 3.28) [48].

In Abb. 3.29 ist ein Wirbelbettreaktor zur anaeroben Behandlung eines Abwassers der Hefeindustrie dargestellt. Als Trägermaterial wurde Sand eingesetzt. Bei einer Raumbelastung von ca. 20 kg CSB/(m$^3 \cdot$ d) wurde ein Wirkungsgrad, bezogen auf CSB, von 60 – 70 % erreicht [49].

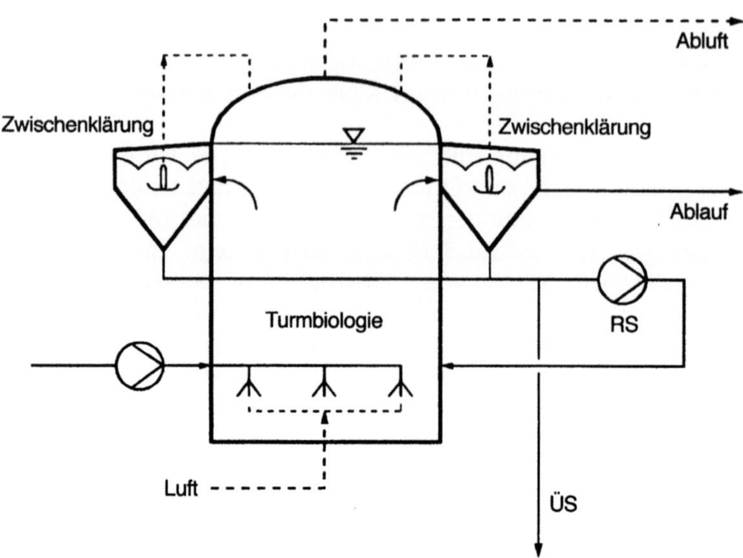

Abb. 3.26. Bayer-Turmbiologie

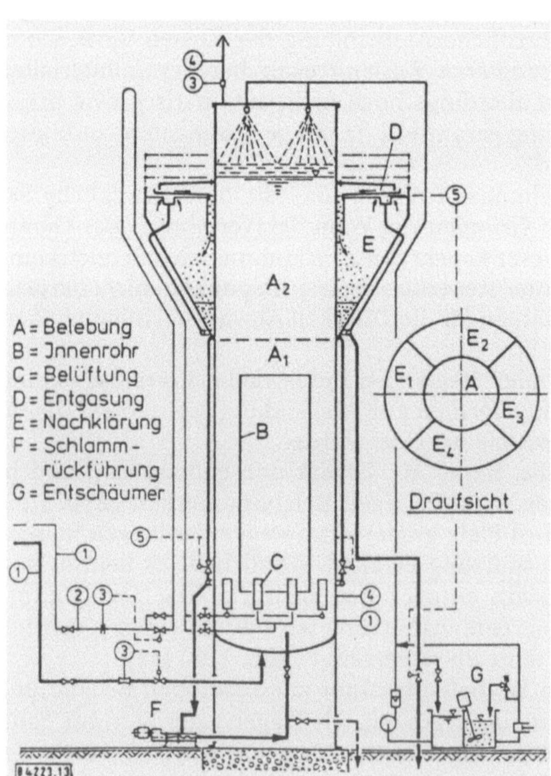

Abb. 3.27. Bio-Hochreaktor der Hoechst AG, nach [47]

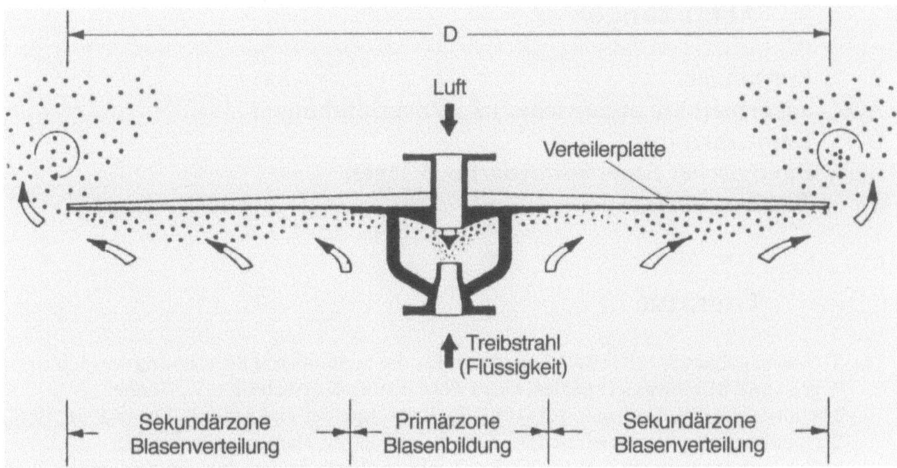

Abb. 3.28. Radialstrombegaser, nach [48]

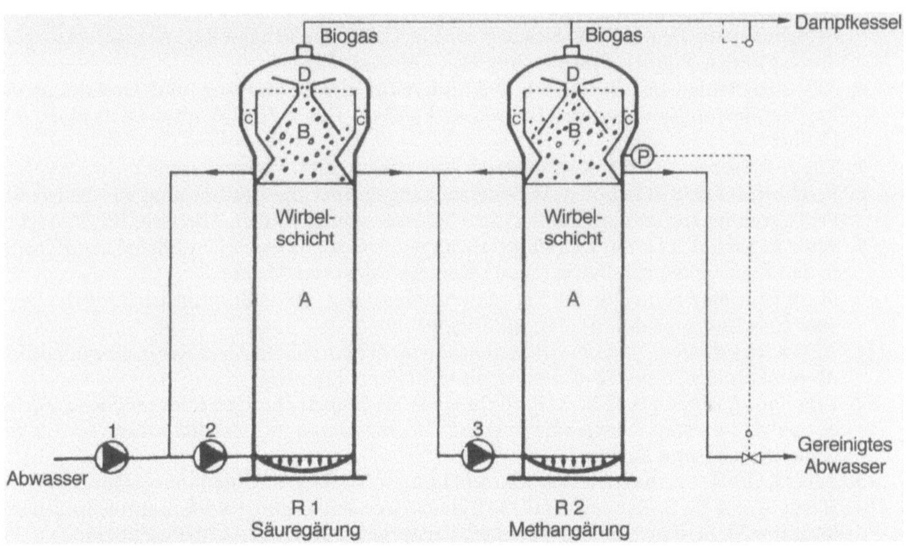

Abb. 3.29. Wirbelbettreaktor zur anaeroben Behandlung des Abwassers einer Hefefabrik, nach [49]

Die für die Industrieabwasserreinigung eingesetzten Reaktoren und Verfahrenskonstruktionen sind sehr unterschiedlich und meistens stark an die Abwasserzusammensetzung und die örtlichen Gegebenheiten angepaßt, so daß generelle Aussagen kaum möglich sind. Über die genannten Beispiele hinausgehend sind weitere Hinweise der Literatur zu entnehmen, z.B. Rüffer und Rosenwinkel [3], Böhnke, Bischofsberger und Seyfried [50] oder Seyfried [51].

Abkürzungen

E   Einwohner
AOX   adsorbierbare organische Halogenverbindungen
DN   Denitrifikation
BSB$_5$ Biologischer Sauerstoffbedarf in 5 Tagen
TS   Trockensubstanz

Literatur

1. ATV-Arbeitsblatt A 118 (1984) Richtlinien für die hydraulische Berechnung von Schmutz-, Regen- und Mischwasserkanälen, Ges z Förd d Abwassertechnik e. V., Hennef
2. Bischofsberger W, Teichmann H (1993) in: Bretschneider H, Lecher K, Schmidt M (Hrsg), Taschenbuch der Wasserwirtschaft, 7. Aufl, Paul-Parey, Hamburg Berlin, 855
3. Rüffer H, Rosenwinkel K-H (1991) Taschenbuch der Industrieabwasserreinigung, R. Oldenbourg, München Wien
4. ATV-Arbeitsblatt A 138 (1990) Bau und Bemessung von Anlagen zur dezentralen Versickerung von nicht schädlich verunreinigtem Niederschlagswasser, Ges z Förd d Abwassertechnik e.V., Hennef
5. Grotehusmann D, Khelil A, Sieker F, Uhl M (1992) Naturnahe Regenwasserentsorgung durch Mulden-Rigolen-Systeme, Korresp. Abwasser 39:666
6. ATV-Arbeitsblatt A 128 (1992) Richtlinien für die Bemessung und Gestaltung von Regenentlastungsanlagen in Mischwasserkanälen, Ges z Förd d Abwassertechnik e. V., Hennef
7. Koppe P, Stozek A (1993) Kommunales Abwasser, 3. Aufl, Vulkan Essen
8. Reinhold F (1976) Methodische Untersuchungen über die Bestimmung von Fetten und Fettsäuren im kommunalen Abwasser, Gewässerschutz, Wasser, Abwasser Bd 20, Aachen
9. Peter A, Sarfert F (1989) Betriebserfahrungen mit der biologischen Phosphatentfernung in den Klärwerken von Berlin (West), Korresp. Abwasser 36:242
10. Muster für eine gemeindliche Entwässerungssatzung (1988) Bekanntmachung des Bayer Staatsministeriums des Inneren AllMBl, 562/591
11. ATV-Arbeitsblatt A 115 (1994) Einleiten von nicht häuslichem Abwasser in eine öffentliche Abwasseranlage, Ges z Förd d Abwassertechnik e.V., Hennef
12. Klöpffer W, Rippen G, Gihr R, Partscht H (1992) Untersuchungen über mögliche Quellen der polychlorierten Dibenzodioxine und Dibenzofurane in Klärschlämmen, Texte 22/92, Umweltbundesamt Berlin
13. Bever J, (1994) Perspektiven der Klärschlammentsorgung, R. Oldenbourg, München Wien
14. Hertle A, König E, Renner G (1993) Klärschlammentsorgung: Verfahrenstechniken und Konzepte, Schriftenreihe Umweltverfahrenstechnik, Bd 1, Sulzbach-Rosenberg
15. Meyer H, Biebersdorf N (1994) Schlammfaulung oder simultane aerobe Stabilisierung, Seminar „Technologie zur Abwasserreinigung in kommunalen Kläranlagen", Dresden
16. Wilderer P (1988) in: Rheinheimer G, Hegemann W, Raff J, Sekoulov I (Hrsg), Stickstoffkreislauf im Wasser, R. Oldenbourg, München Wien
17. Lehr- und Handbuch der Abwassertechnik (1985) 3. Aufl, Bd IV, Ernst & Sohn, Berlin
18. ATV-Arbeitsblatt A 202 (1992) Verfahren zur Elimination von Phosphor aus Abwasser, Ges z Förd d Abwassertechnik e.V., Hennef
19. ATV-Merkblatt M 208 (1994) Biologische Phosphorentfernung bei Belebungsanlagen, Ges z Förd d Abwassertechnik e.V., Hennef
20. Stumm W, Sigg L (1979) Kolloidchemische Grundlagen der Phosphor-Elimination in Fällung, Flockung und Filtration, Zeitschr f Wasser- u Abwasser-Forschung 12:73
21. Stumm W, Morgan JJ (1970) Aquatic Chemistry, Wiley Interscience, New York London Sydney Toronto, 522

22. Technischer Leitfaden zur Elimination von Phosphor in kommunalen Kläranlagen (1989) Merkblatt des Landesamtes für Wasser und Abfall NRW, Nr 1, Düsseldorf

23. Bidder HG (1987) Transport, Lagerung und Dosierung fester und flüssiger Eisensalze, in: Bischofsberger W (Hrsg) Berichte aus Wassergütew und Gesundheitsingenieurw, Nr 76, München, 85

24. Peschen N, Schuster G (1983) Steigerung der Reinigungsleistung und Stabilisierung des Klärprozesses bei mechanisch-biologischen Kläranlagen durch Kalkfällung, Korresp Abwasser, 30:18

25. Bischofsberger W, Ruf M (1976) Anwendung von Fällungsverfahren zur Verbesserung der Leistungsfähigkeit biologischer Anlagen, Ber aus Wassergütew und Gesundheitsingenieurw, Nr 13, München, 132

26. Boll R (1988) Zur erhöhten biologischen Phosphorentfernung mit dem Belebungsverfahren, Veröffentl Inst f Siedlungswasserw, Bd 46, Braunschweig

27. ATV-Merkblatt M 200 (1995) Grundsätze für die Abwasserentsorgung in ländlich strukturierten Gebieten (Entwurf), Ges z Förd d Abwassertechnik e. V., Hennef

28. Nowak J, Platzer Chr, Naciri-Göttlich A (1993) Aspekte der Abwasserentsorgung im ländlichen Raum von Brandenburg und Mecklenburg-Vorpommern, Korresp Abwasser 40:1750

29. ATV-Arbeitsblatt A 116 (1992) Besondere Entwässerungsverfahren – Unterdruckentwässerung, Druckentwässerung, Ges z Förd d Abwassertechnik e. V., Hennef

30. ATV-Arbeitsblatt A 122 (1991) Grundsätze für Bemessung, Bau und Betrieb von kleinen Kläranlagen mit aerober biologischer Reinigungsstufe für Anschlußwerte zwischen 50 und 500 Einwohnerwerten, Ges z Förd d Abwassertechnik e. V., Hennef

31. ATV-Arbeitsblatt A 126 (1993) Grundsätze für die Abwasserbehandlung in Kläranlagen nach dem Belebungsverfahren mit gemeinsamer Schlammstabilisierung bei Anschlußwerten zwischen 500 und 5000 Einwohnerwerten, Ges z Förd d Abwassertechnik e. V., Hennef

32. ATV-Arbeitsblatt A 123 (1985) Behandlung und Beseitigung von Schlamm aus Kleinkläranlagen, Ges z Förd d Abwassertechnik e. V., Hennef

33. ATV-Arbeitsblatt A 129 (1979) Abwasserbeseitigung aus Erholungs- und Fremdenverkehrseinrichtungen, Ges z Förd d Abwassertechnik e. V., Hennef

34. ATV-Arbeitsblatt A 135 (1989) Grundsätze für die Bemessung von Tropfkörpern und Tauchkörpern mit Anschlußwerten über 500 Einwohnergleichwerten, Ges z Förd d Abwassertechnik e. V., Hennef

35. ATV-Arbeitsblatt A 201 (1989) Grundsätze für Bemessung, Bau und Betrieb von Abwasserteichen für kommunales Abwasser, Ges z Förd d Abwassertechnik e. V., Hennef

36. ATV-Arbeitsblatt A 257 (1989) Grundsätze für Bemessung von Abwasserteichen und zwischengeschalteten Tropf- oder Tauchkörpern, Ges z Förd d Abwassertechnik e. V., Hennef

37. ATV-Hinweis H 262 (1989) Behandlung von häuslichem Abwasser in Pflanzenbeeten, Ges z Förd d Abwassertechnik e. V., Hennef

38. ATV-Hinweis H 254 (1986) Allgemeine Beurteilungskriterien für Kläranlagen mit besonderen Verfahrenskombinationen oder -varianten für Ausbaugrößen bis 10 000 Einwohnerwerte, Ges z Förd d Abwassertechnik e. V., Hennef

39. ATV-Hinweis H 258 (1987) Einsatz von Feinstrechen und Sieben auf kleinen kommunalen Kläranlagen, Ges z Förd d Abwassertechnik e. V., Hennef

40. Hegemann W, Platzer Chr (1994) Abwasserkonzeptionen im ländlichen Raum – Umweltrelevanz und Wirtschaftlichkeit, 3. Allgem Koll f Wasser und Abwasser, IWU-Tagungsberichte, Magdeburg

41. Leitlinien zur Durchführung von Kostenvergleichsrechnungen (1992), Hrsg LAWA, Vertrieb Bayer Landesamt für Wasserwirtschaft, München

42. Börner T (1992) Einflußfaktoren für die Leistungsfähigkeit von Pflanzenkläranlagen, Schriftenreihe WAR Nr 58, Darmstadt

43. Dafner G (1987) Betriebserfahrungen mit einer Pflanzenkläranlage, gwf-Wasser/Abwasser 128:241

44. Geller G, Kleyn K, Lenz A, Netter R, Rettinger S, Hegemann W (1992) Bewachsene Bodenfilter zur Abwasserreinigung, Freunde d Landschaftsökologie Weihenstephan, Bd 7, Freising

45. Fehr G, Schütte H (1992) Leistungsfähigkeit und Wirtschaftlichkeit der Abwasserentsorgung im ländlichen Raum, Korr Abwasser 39:818
46. Diesterweg G, Fuhr H, Reher P (1978) Die Bayer-Turmbiologie, Industrieabwasser, 7
47. Leistner G, Müller G, Sell, G, Bauer A (1979) Der Bio-Hochreaktor – eine biologische Abwasserreinigungsanlage in Hochbauweise, Chem Ing Techn 51:288
48. Müller G, Sell G (1984) Der Radialbegaser – ein leistungsfähiger Belüfter für biologische Abwasser-Reinigungsanlagen, Chem Ing Techn 56:399
49. Heijnen JJ, Enger WA, Mulder A, Lourens PA, Keijzers AA, Hoeks FWJMM (1985) Anwendung der anaeroben Wirbelschichttechnik in der biologischen Abwasserreinigung, gwf-Wasser/Abwasser 126:81
50. Böhnke B, Bischofsberger W, Seyfried CF (1993) Anaerobtechnik, Springer, Berlin Heidelberg New York
51. Seyfried CF (Hrsg) (1991) 4. Hannoversche Industrieabwassertagung, Veröffentl d Inst f Siedlungswasserwirtschaft und Abfalltechnik, Universität Hannover, H 80
52. Lehr- und Handbuch der Abwassertechnik (1982) 3. Aufl, Bd II, Ernst & Sohn, Berlin, 180
53. Martz, G (1981) Siedlungswasserbau, Teil 3, Werner Ingenieurtexte Nr 19
54. Rheinheimer G, Hegemann W, Raff J, Sekoulov I (1988) Stickstoffkreislauf im Wasser, R. Oldenbourg München Wien
55. Hosang, Bischof W (1984) Abwassertechnik, 8. Aufl Teubner Stuttgart
56. Habeck-Tropfke L, Habeck-Tropfke H-H (1992) Abwasserbiologie, 2. Aufl Werner Düsseldorf
57. Öffentliche Abwasserbeseitigung im ländlichen Raum (1989), LWA-Materialien, 5/89 Düsseldorf
58. Imhoff K, Imhoff KR (1990) Taschenbuch der Stadtentwässerung, 27. Aufl, R. Oldenbourg München Wien, 242
59. Fehr G, Schütte H (1991) Leistungsfähigkeit intermittierend beschickter, bepflanzter Bodenfilter, gwf-Wasser/Abwasser 132:207

Abscheidung von Feststoffen aus Abwässern

W. Hegemann

Im kommunalen Rohabwasser sind beträchtliche Anteile an partikulären Stoffen enthalten, die durch physikalische Verfahren der Feststoffabtrennung zu relativ geringen Kosten aus dem Abwasser eliminiert werden können. Weit verbreitet ist die Sedimentation, teilweise werden auch Flotationsverfahren angewendet. Grobstoffe werden dagegen durch Rechen oder Siebe entfernt.

In industriellen Abwässern kann der Anteil partikulärer Stoffe sehr gering sein, dann haben diese physikalischen Verfahren praktisch keine Wirkung.

4.1
Siebe und Rechen

Siebe und Rechen dienen bei kommunalem Abwasser der Abtrennung von groben Stoffen, z.B. von Textilien, Kunststofftüten, Konservendosen u.a. Aus dem gewerblichen Bereich gelangt häufig sogenannte Putzwolle in das Abwasser. Ziel der Entfernung dieser Stoffe ist weniger ein Beitrag zur Abwasserreinigung als vielmehr der Schutz von Aggregaten nachfolgender Stufen vor Verstopfungen. Die abgetrennten Partikel bilden das Rechengut. Zusammensetzung und Behandlung des Rechengutes ist in Abschn. 3.6.2 beschrieben.

Weit verbreitet sind Stabrechen. Das Rechengut wird durch senkrecht zur Fließrichtung in einem Gerinne angeordnete Stäbe aufgefangen. Die Entfernung des Rechengutes erfolgt in der Regel maschinell durch eine Harke, die an der Sohle des Gerinnes zwischen die Stäbe greift und das Rechengut nach oben aus dem Gerinne herauszieht. Über eine Abwurfkante wird das Rechengut auf eine Transporteinrichtung geworfen, z.B. ein Förderband, mit dem es entweder direkt oder über eine Rechengutpresse in Container transportiert wird. In diesen Containern wird das Rechengut dann zur endgültigen Beseitigung abgefahren.

Die Anordnung eines Stabrechens in einem Gerinne ist in Abb. 4.1 dargestellt. Je nach Stababstand unterscheidet man Grobrechen (Stababstand

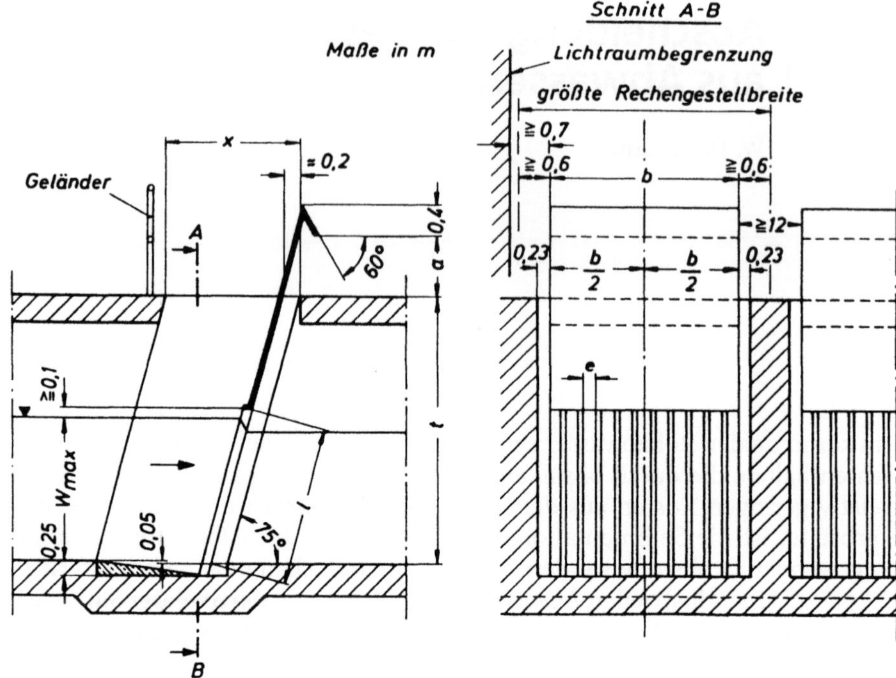

Abb. 4.1. Stabrechen in einem Gerinne – nach DIN 19554, Teil 1

50–100 mm) und Feinrechen (Stababstand 15–30 mm). Als alleiniger Rechen ist immer ein Feinrechen zu wählen.

Die Rechenreinigungsmaschine (Harke, Greifer) ist naturgemäß starkem Verschleiß unterworfen. Es ist daher sinnvoll, sie nicht dauernd in Betrieb zu halten. Die Reinigung moderner Rechen erfolgt daher geregelt, d.h. die Reinigung wird dann in Betrieb genommen, wenn der Rechen eine vorgegebene Belegung aufweist. Diese Belegung wird indirekt durch den erzeugten Aufstau erfaßt. Da jedoch der Wasserspiegel vor dem Rechen nicht nur durch Belegung des Rechens, sondern auch von der Durchflußmenge beeinflußt wird, ist eine sinnvolle Regelung nur dadurch möglich, daß die Wasserspiegeldifferenz vor und hinter dem Rechen laufend erfaßt und bei Erreichen einer vorgegebenen Größe die Reinigung in Gang gesetzt wird. (Abb. 4.2).

Die Reinigung des Rechens, gegebenenfalls die Entwässerung des Rechengutes durch Rechengutpressen sowie der Transport zu und die Ablagerung des Rechengutes in den Containern, bei größeren Anlagen auch die Verschiebung des gefüllten und die Bereitstellung eines leeren Containers erfolgen automatisch. Trotzdem ist eine ständige Überwachung des Rechens, z.B. mit einer Kamera, sinnvoll, um Störungen schnellstens erkennen zu können. Rechenanlagen werden aus Sicherheitsgründen wenn irgend möglich minde-

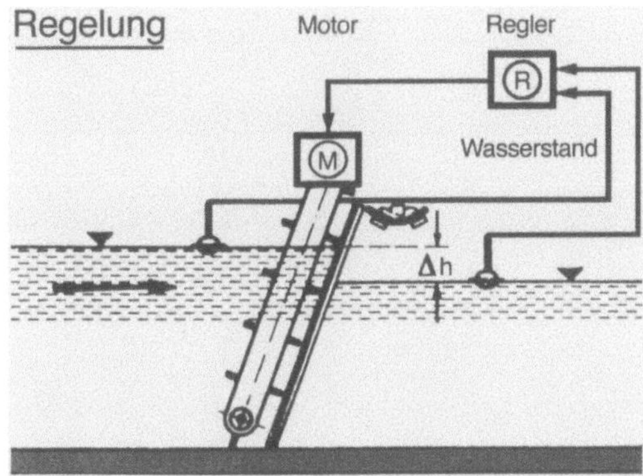

Abb. 4.2. Beispiel einer Regelung der Rechenreinigung, nach [7]

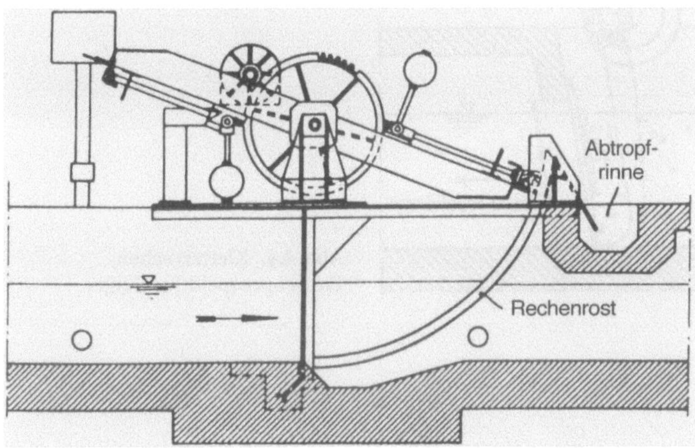

Abb. 4.3. Bogenrechen, Firmenprospekt Fa. Passavant

stens zweistraßig ausgeführt, so daß immer eine Einheit als Reserve zur Verfügung steht. Beispiele verschiedener Stabrechen sind in den Abb. 4.3–4.5 dargestellt.

Der Rechengutanfall beträgt $5-15\,l/(E \cdot d)$ [1]. Die Bemessung erfolgt in zweifacher Hinsicht:

- Fließgeschwindigkeit vor dem Rechen und
- Kammerbreite.

Die Fließgeschwindigkeit sollte $\leq 0,5$ m/s betragen, um mit Sicherheit Sandablagerungen vor dem Rechen zu verhindern. Andererseits darf sie nicht zu hoch sein, weil sonst der Abscheidegrad verringert wird. Eine obere Fließgeschwindigkeit von 1 m/s zwischen den Stäben hat sich bewährt [1].

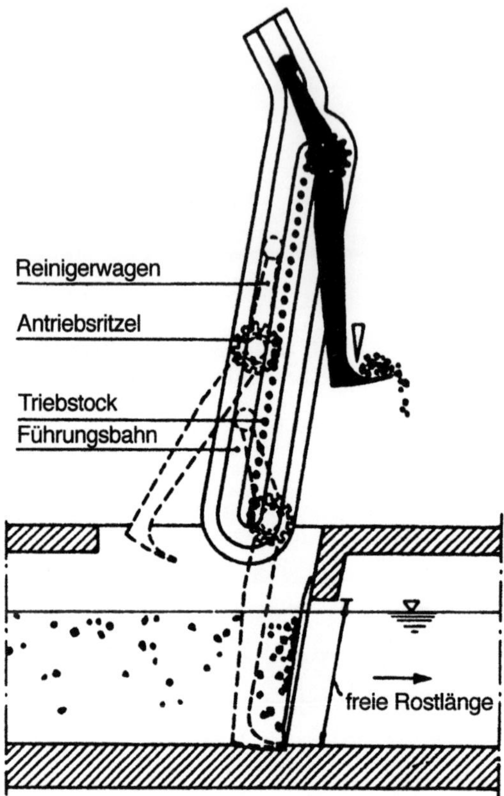

Abb. 4.4. Kletterrechen, Firmenprospekt Fa. Geiger

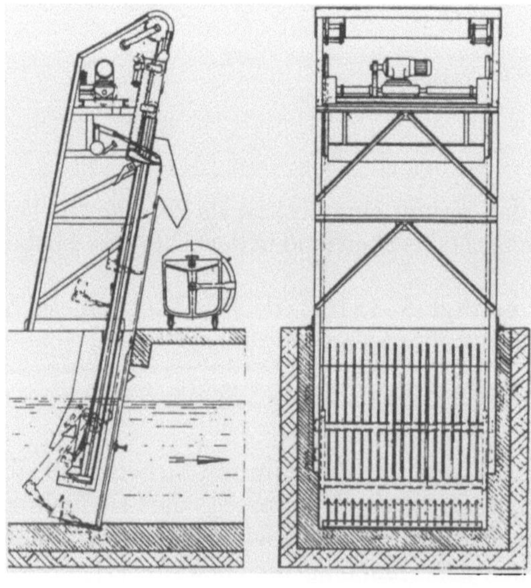

Abb. 4.5. Maschinell geräumter Stabrechen, Firmenprospekt Fa. Geiger

Die Kammerbreite errechnet sich nach der Gleichung:

$$b = \left(\frac{b_g}{e} - 1\right)(s + e) + e \,, \tag{4.1}$$

mit

  b : Kammerbreite, mm
  b_g : Gerinnebreite, mm
  e : Spaltweite (Stababstand), mm
  s : Stabdicke, mm.

Neuere Entwicklungen führen zu engeren Spaltenweiten. Zum einen werden Siebrechen entwickelt (Abb. 4.6), zum anderen bewegliche Trennroste mit geringen Durchtrittsweiten, die als umlaufendes Band Trennung und gleichzeitigen Transport des Rechengutes aus dem Abwasser bewerkstelligen (Abb. 4.7). Durch diese Entwicklungen wird eine weitergehende Abtrennung von Grobstoffen erreicht, aber auch der Rechengutanfall deutlich erhöht. Imhoff gibt 35 l/(E · d) an [1].

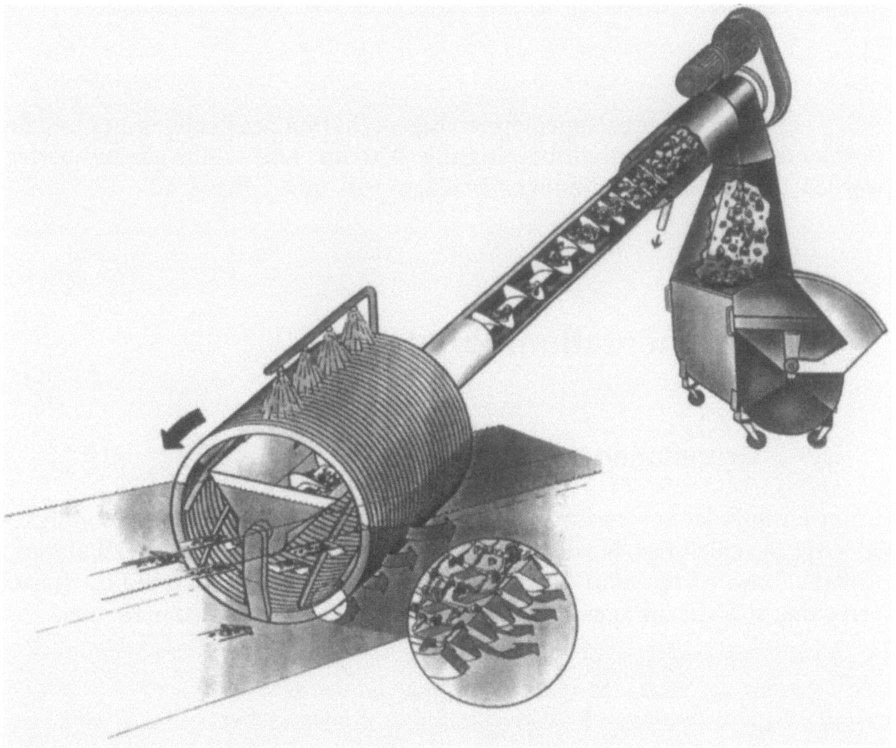

Abb. 4.6. Siebrechen ROTAMAT mit integrierter Rechengutpresse, Firmenbild Huber, Berching

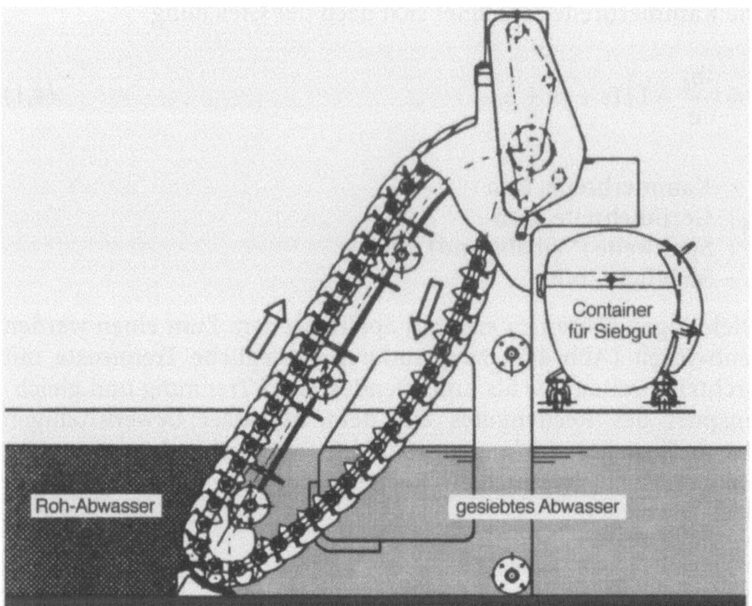

Abb. 4.7. Paternoster-Siebrechen AQUA-GUARD, Firmenbild Noggerath, Ahnsen

Wegen der unangenehmen Eigenschaften des Rechengutes und der Probleme bei der Rechengutbeseitigung (Abschn. 3.6.2) sollte genau überlegt werden, ob solche Entwicklungen in jedem Fall anwendbar sind.

4.2
Sedimentationsverfahren

4.2.1
Grundlagen der Sedimentation

Unter Einfluß der Schwerkraft werden Feststoffe in ihrer Sinkgeschwindigkeit so lange beschleunigt, bis die auf sie einwirkenden Kräfte, Erdanziehung und Auftrieb bzw. Widerstand der Flüssigkeit, im Gleichgewicht sind [2]. Danach errechnet sich die Sinkgeschwindigkeit v_s der Teilchen nach der Formel:

$$v_s = \sqrt{\frac{2\,g \cdot (\varrho_s \cdot \varrho) \cdot V_o}{\lambda_w \cdot \varrho \cdot F}} \; , \; cm/s \qquad (4.2)$$

mit

g : Erdbeschleunigung, cm/s^2
ϱ_s : Dichte der Feststoffteilchen, g/cm^3

ϱ : Dichte der Flüssigkeit, g/cm^3
V_0 : Volumen des Feststoffteilchens, cm^3
F : Fläche des Feststoffteilchens senkrecht zur Bewegungsrichtung, cm^2
λ_w: Widerstandsbeiwert, –.

Diese Formel gilt für im ruhenden Wasser frei schwebende, nicht koagulierende Feststoffteilchen. Für kugelförmige Feststoffteilchen vereinfacht sich Gl. (4.2) zu:

$$v_s = \sqrt{\frac{4\,g \cdot (\varrho_s \cdot \varrho) \cdot d}{3 \cdot \lambda_w \cdot \varrho}}\,, \ cm/s \tag{4.3}$$

mit

d: Durchmesser des Feststoffteilchens, cm.

Darüber hinaus spielt auch die Temperatur eine Rolle, mit steigender Temperatur nimmt die Sinkgeschwindigkeit zu.

In der Praxis der Abwasserreinigung ergeben sich bei Berechnung von Sedimentationsanlagen mit solchen Gleichungen folgende Schwierigkeiten:

– Der Absetzvorgang erfolgt nicht in ruhendem Wasser, sondern in einem langsam horizontal durchströmten Becken, meistens mit turbulenter Strömung.
– Die Abmessungen und die Dichte der Feststoffteilchen sind unterschiedlich und nur sehr schwer zu definieren. Insbesondere organische Partikel neigen zur Koagulation, d. h. während des Absetzens werden durch die Anlagerung anderer Partikel Abmessungen, Form und gegebenfalls Dichte verändert.
– Die Abwassertemperatur verändert sich saisonal und bei industriellen Einflüssen häufig auch während des Tages.

Bei der Bemessung von Sedimentationsbecken zum Abscheiden von Sand und ähnlichen vorwiegend mineralischen Partikeln (Sandfängen) und zur Abtrennung von vorwiegend organischen, eher flockigen und häufig koagulierenden Partikeln (Vorklärbecken, Nachklärbecken) werden daher auch andere Formeln verwendet, wobei in der Regel von der sogenannten Flächenbeschickung q_A in m^3/(m$^2 \cdot$ h) oder m/h ausgegangen wird, die jeweils empirisch bestimmt werden muß. Daneben ist auch die Verweilzeit ein zusätzlicher Bemessungsparameter.

4.2.2
Sandfänge

Bekannt sind folgende Sandfangtypen [2];

– Tiefsandfänge,
– Flachsandfänge (DORR-Sandfang),
– Rundsandfänge,
– Langsandfänge,
– belüftete Sandfänge.

Tiefsandfänge, Flachsandfänge und Rundsandfänge haben praktisch keine Bedeutung, während Langsandfänge und insbesondere belüftete Sandfänge weit verbreitet sind.

4.2.2.1
Langsandfang

Am weitesten verbreitet ist der sogenannte „Essener Langsandfang" (Abb. 4.8). Im Prinzip besteht er aus einem Gerinne, häufig mit trapezförmigem Querschnitt, das im Querschnitt so angelegt ist, daß eine Fließgeschwindigkeit von 30 cm/s eingehalten wird. Bei dieser Fließgeschwindigkeit werden vorwiegend Sand und solche Bestandteile des Abwassers, die sich bezüglich der Sinkgeschwindigkeit wie Sand verhalten (z.B. Obstkerne), abgetrennt.

Der abgeschiedene Sand wird an der Sohle in einer Rinne gesammelt. Die Entfernung des Sandes erfolgt meistens über eine Tauchpumpe, die ein Sand-Wasser-Gemisch in ein Silo oder einen Klassierer fördert. Aus dem Silo fließt das mitgeförderte Abwasser wieder in den Sandfang zurück, der Sand wird von Zeit zu Zeit aus dem Silo entleert und meistens auf eine Mülldeponie gefahren. Der Klassierer dient der Waschung des Sandes, d.h. einer Auswaschung der im Sandfang abgetrennten Anteile organischer Partikel (Abb. 4.9).

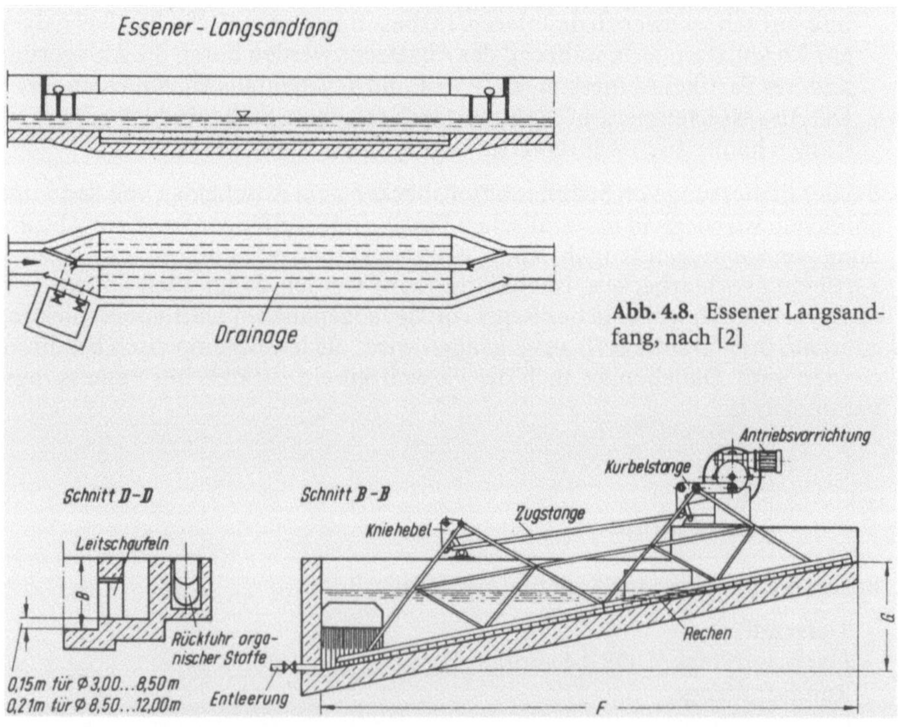

Abb. 4.8. Essener Langsandfang, nach [2]

Abb. 4.9. Sandklassierer, nach [2]

Dies geschieht dadurch, daß der Sand unter Harkbewegungen der an einem Träger hintereinander angeordneten Kratzer eine schiefe Ebene hinauftransportiert wird und gleichzeitig Wasser die schiefe Ebene herunterläuft. Der so gewaschene Sand enthält nur einen sehr geringen Anteil an organischen Stoffen und kann über lange Zeit gelagert werden, ohne daß es zu Geruchsproblemen kommt.

Die Einhaltung der geforderten Fließgeschwindigkeit von 30 cm/s ist wegen des schwankenden Abwasserzulaufs nicht ganz einfach. Möglichkeiten bestehen in der Wahl eines trapezförmigen Querschnitts, der Anordnung von Stauprofilen an der Ablaufseite (Abb. 4.10) oder in der Anordnung mehrerer, parallel betreibbarer Sandfanggerinne.

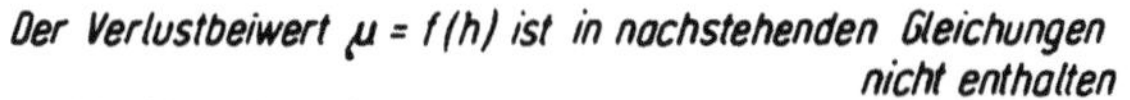

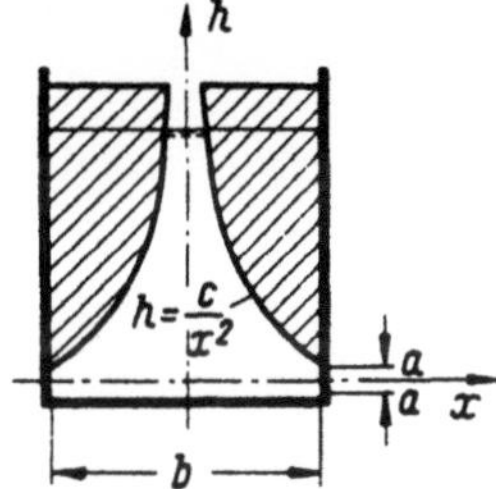

Stauprofil: $\quad h = \dfrac{v^2 \cdot b^2}{8 \cdot g} \cdot \dfrac{1}{x^2}$, $x = \dfrac{v \cdot b}{2\sqrt{2 \cdot g}} \cdot \dfrac{1}{\sqrt{h}}$

$\quad a = \dfrac{v^2}{2g}$, $\quad c = \dfrac{v^2 \cdot b^2}{8g}$

Gerinneprofil: $x = \dfrac{b}{2}$

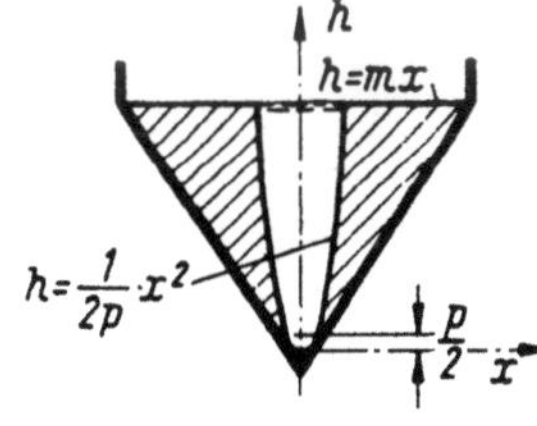

Stauprofil: $\quad x = \sqrt{2p \cdot h}$

Gerinneprofil: $h = \dfrac{2 \cdot v}{\sqrt{3 \cdot p \cdot g}} \cdot x$, $x = \dfrac{\sqrt{3 \cdot p \cdot g}}{2 \cdot v} \cdot h$

$\quad m = \dfrac{2 \cdot v}{\sqrt{3\,p \cdot g}}$

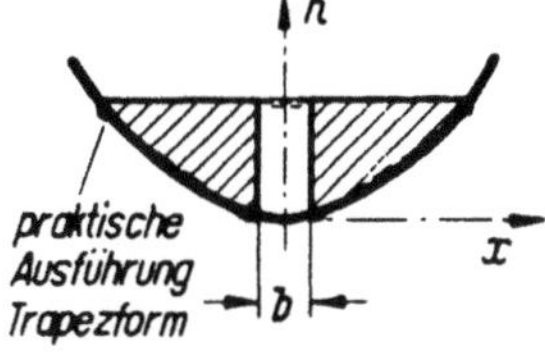

Stauprofil: $\quad x = \dfrac{b}{2}$

Gerinneprofil: $h = \dfrac{6 \cdot v^2}{g \cdot b^2} \cdot x^2$, $x = \dfrac{b\sqrt{g \cdot h}}{\sqrt{6} \cdot v}$

$v = $ Strömungsgeschwindigkeit im Sandfang, zumeist 0,30 m/s
$g = $ Erdbeschleunigung 9,81 m/s^2
$p = $ doppelter Abstand des Brennpunktes der Parabel von der x-Achse

Abb. 4.10. Stauprofile, nach [2]

Die Bemessung des Langsandfangs erfolgt mittels folgender Gleichungen:

$$O = B \cdot L = \frac{Q}{q_A} \tag{2.4}$$

und

$$F = \frac{Q}{v}. \tag{2.5}$$

Hierin bedeuten

L : Sandfanglänge, m
B : Sandfangbreite, m
Q : Zulaufmenge, m³/h
q_A : zulässige Flächenbeschickung, m/h
F : durchströmte Querschnittsfläche des Sandfangs, m²
v : zulässige Strömungsgeschwindigkeit, m/h.

q_A kann aus Abb. 4.11 entnommen werden und für v ist 30 cm/s = 1080 m/h einzusetzen.

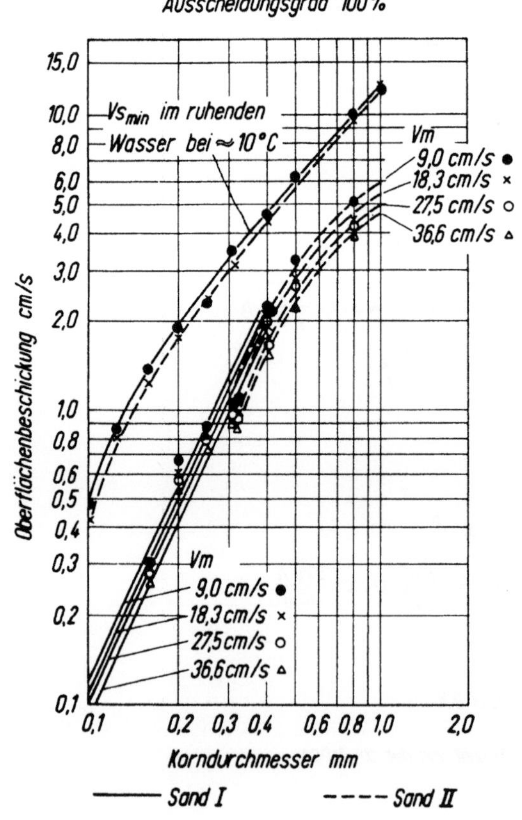

Abb. 4.11. Zulässige Flächenbeschickung eines Langsandfanges, nach [2]

4.2.2.2
Belüfteter Sandfang

Wegen der Schwierigkeit, eine konstante Fließgeschwindigkeit im Sandfang einzuhalten, wurde der belüftete Sandfang entwickelt. Durch eine entlang einer Längswand angeordneten Druckbelüftung wird eine walzenförmige Querströmung erzeugt, die der Längsströmung durch den Sandfang überlagert wird und verhindert, daß leichtere organische Stoffe zur Ablagerung kommen. Der durchströmte Querschnitt wird so angelegt, daß bei maximalem Zufluß eine Fließgeschwindigkeit von etwa 20 cm/s erreicht wird.

Ein typischer Querschnitt eines belüfteten Sandfangs ist in Abb. 4.12 dargestellt.

Kalbskopf [3] schlägt für die Bemessung einen zweifachen Ansatz vor:

- Ermittlung des Volumens aus der erforderlichen Verweilzeit nach Tabelle 4.1.
- Ermittlung der Oberfläche und damit der Breite und der Länge aus einer zulässigen Flächenbeschickung q_A nach Tabelle 4.2.

Die erforderliche Luftmenge kann aus Abb. 4.13 entnommen werden.

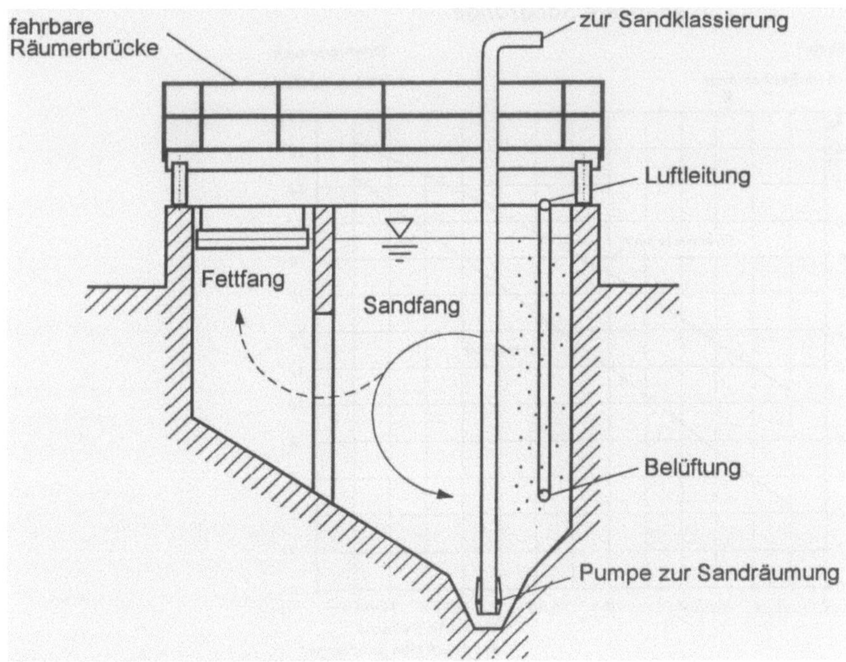

Abb. 4.12. Querschnitt eines belüfteten Sandfangs

Tabelle 4.1. Erforderliche Aufenthaltszeit t [s]

Korndurchmesser	Abscheidegrad			
mm	100%	95%	90%	80%
0,125–0,16	1100	850	650	370
0,16 –0,2	700	550	420	260
0,2 –0,25	366	280	210	150
0,25 –0,315	200	160	135	90
0,315–0,4	125	105	90	65

Tabelle 4.2. Zulässige Oberflächenbeschickung q_A [cm/s]

Korndurchmesser	Abscheidegrad			
mm	100%	90%	85%	80%
0,125–0,16	0,10	0,17	0,22	0,29
0,16 –0,2	0,16	0,26	0,33	0,45
0,20 –0,25	0,30	0,48	0,59	0,75
0,25 –0,315	0,55	0,82	1,00	1,20
0,315–0,4	0,88	1,23	1,47	1,70

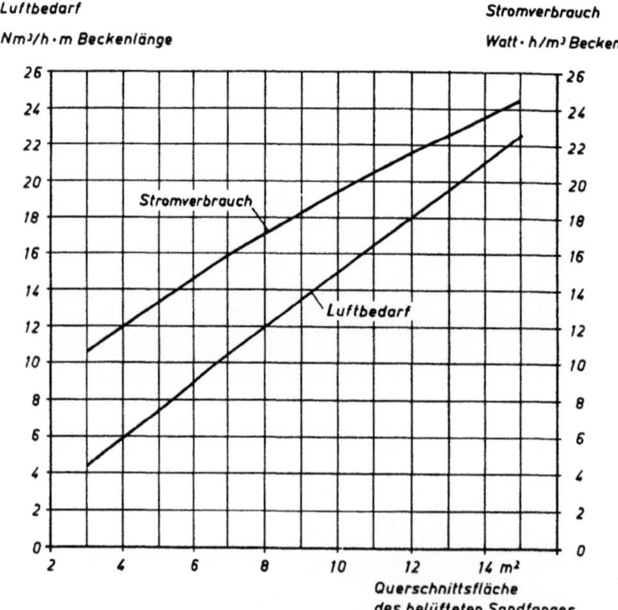

Abb. 4.13. Erforderliche Luftmenge für einen belüfteten Sandfang, nach [3]

Wenn man die der Belüftung gegenüberliegende Wand als Schlitz-wand ausführt und dahinter ein Becken parallel zum belüfteten Sandfang an-ordnet, kann man in diesem Becken mit den Luftblasen flotiertes Fett ab-scheiden (Fettfang).

An Sandfanggut fallen $2-5\ l/(E \cdot d)$ an [4].

4.2.3
Absetzbecken

Absetzbecken werden für folgende Arbeiten eingesetzt:

- Entfernung der im Rohabwasser enthaltenen absetzbaren organischen Stoffe (Vorklärbecken).
- Trennung der Biomasse vom gereinigten Abwasser nach dem Belebungs-becken oder dem Tropfkörper (Nachklärbecken).
- Entfernung von Flockenschlamm nach einer chemischen Abwasserbehand-lung (Absetzbecken nach Nachfällung).

Unter hydraulischen Gesichtspunkten unterscheidet man:

- Horizontal durchströmte Becken und
- vertikal durchströmte Becken.

Unter Gesichtspunkten der baulichen Gestaltung unterscheidet man:

- Rechteckige Längsbecken und
- Rundbecken.

Im Prinzip können alle Beckenformen und alle Durchströmungsrichtungen für alle Aufgaben eingesetzt werden. Für die Aufgabe „Nachklärung von Bele-bungsanlagen" werden jedoch vorzugsweise horizontal oder vertikal durch-strömte Rundbecken verwendet.

4.2.3.1
Horizontal durchflossene Absetzbecken

Abbildung 4.14 zeigt den Längsschnitt durch ein horizontal durchflossenes, rechteckiges Längsbecken. Der Schlamm setzt sich am Boden ab und wird mit einem Schlammschild, das an einem Räumerwagen (Räumerbrücke) befestigt ist, gegen die Fließrichtung in den Schlammtrichter an der Zulaufseite geräumt. Im Trichter kann der Schlamm dann weiter eindicken und von Zeit zu Zeit oder auch kontinuierlich oder quasi-kontinuierlich zur weiteren Be-handlung abgezogen werden.

Anstelle eines Räumerwagens mit Schlammschild kann auch ein Kettenräumer montiert werden (Abb. 4.15). Hierbei liegen Antrieb und Um-lenkrollen für die Ketten unter Wasser. Wartung und Reparaturen erfordern deshalb eine Außerbetriebnahme und Entleerung des Beckens. Dagegen kann ein Schlammschild an einer Räumerbrücke in der Regel auch während des

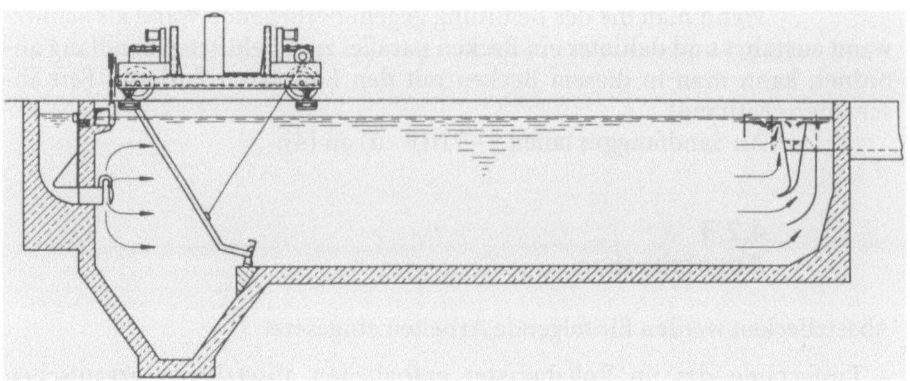

Abb. 4.14. Längsschnitt durch ein horizontal durchflossenes Rechteckbecken mit Räumerwagen, nach [5]

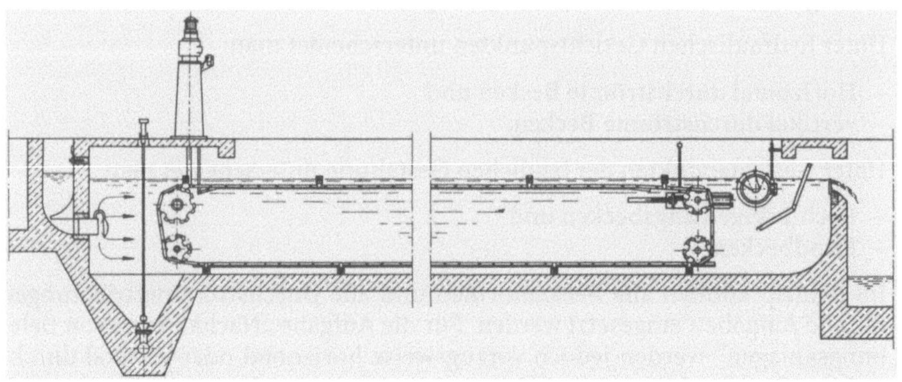

Abb. 4.15. Längsschnitt durch ein horizontal durchflossenes Rechteckbecken mit Kettenräumer (Bandräumer), nach [5]

Betriebs ohne Beckenentleerung aus dem Abwasser herausgehoben werden. Wenn der Schlamm mittels Saugräumer vom Boden entfernt wird, kann man auf den Schlammtrichter verzichten und damit Baukosten einsparen. Allerdings ist der Schlamm weniger eingedickt. Eine Mindestsaugleistung ist einzuhalten, was u. U. zu einem sehr dünnen Schlamm führt.

Um eine volle hydraulische Ausnutzung des Beckenquerschnitts zu erreichen, ist die Gestaltung der Beckeneinläufe sehr wichtig. Die Zutrittsöffnungen sollen über die gesamte Einlaufseite gleichmäßig verteilt sein. Zur Umwandlung der Bewegungsenergie des einströmenden Abwassers werden vor den Öffnungen Prallplatten (Abb. 4.16) oder Gitterwände angeordnet.

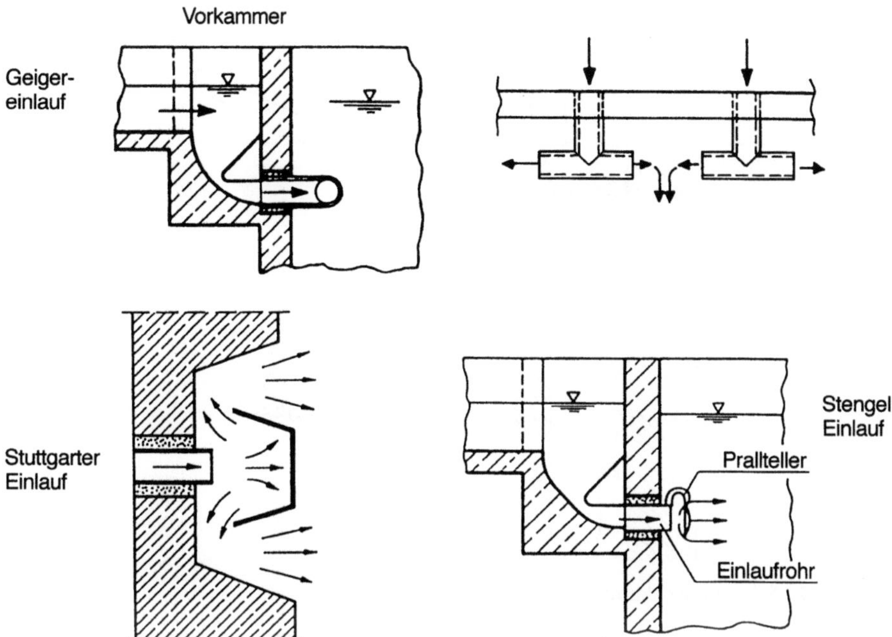

Abb. 4.16. Einlauf in ein rechteckiges Absetzbecken mit Einrichtungen zur Energieumwandlung, nach [8]

Das Abwasser verläßt das Becken über eine exakt horizontal eingestellte Überfallkante, meistens mit einer Zahnschwelle. Dies führt zu einem gleichmäßigeren Wasserauslauf. Überfallkanten sind beweglich zu montieren, damit sie gegebenfalls nachgerichtet werden können.

Vor den Überfallkanten ist eine Tauchwand anzuordnen, um Schwimmschlamm zurückzuhalten. Zur Reinigung des Schwimmschlamms sind entsprechende Vorrichtungen vorzusehen, z.B. ein Räumschild in Wasserspiegelhöhe an der Räumerbrücke montiert, mit dem der Schwimmschlamm zu einer Abzugsrinne transportiert wird (Abb. 4.17).

Zur Verringerung der Gefahr einer zu starken Strömung im Ablaufbereich kann es notwendig sein, durch eine vorgezogene Rinne die Überlaufkantenlänge zu vergrößern (s. Bemessung).

In Abb. 4.18 ist der Schnitt durch ein rundes, horizontal durchströmtes Absetzbecken dargestellt. Das Abwasser gelangt durch einen Düker unter der Beckensohle in das Mittelbauwerk und tritt durch Öffnungen in den eigentlichen Absetzteil. Am Beckenrand ist die Überlaufkante mit der Ablaufrinne angeordnet. Aufgrund der geometrischen Verhältnisse ist die Kantenlänge gegenüber einem Rechteckbecken vergleichsweise groß. Trotzdem können im Abstand von 1–2 m vom Beckenrand eingehängte, beidseitig angeströmte Ablaufrinnen insbesondere bei leichten Schlämmen (Nachklärbecken) sinnvoll

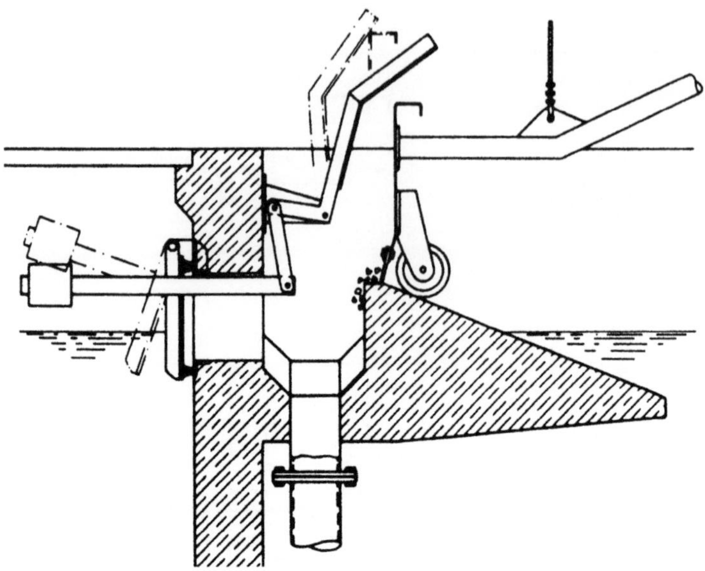

Abb. 4.17. Schwimmschlammablaufrinne, nach [5]

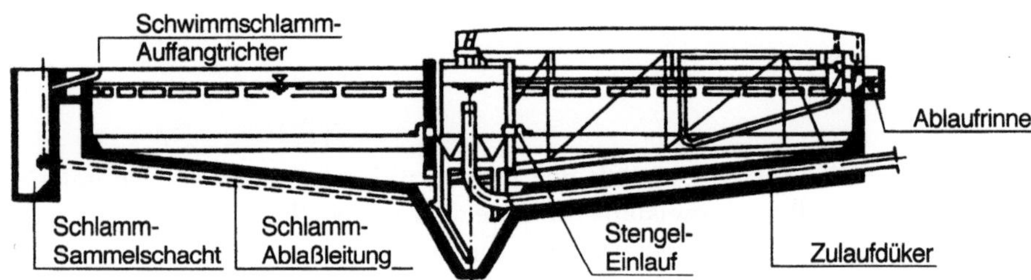

Abb. 4.18. Schnitt durch ein rundes, horizontal durchflossenes Absetzbecken, nach [8]

sein. Einlaufgestaltung und Tauchwand sind analog zu den Längsbecken vorzusehen. Wenn man anstelle der Überlaufkante mit Ablaufrinne unter dem
Wasserspiegel Rohre mit Bohrungen anordnet, wird das Abwasser großflächig
abgezogen und auf eine Tauchwand kann verzichtet werden.

Im Gegensatz zum Rechteckbecken erfolgt die Schlammräumung
mittels Räumerbrücke und Schlammschild kontinuierlich. Durch das um-
laufende Schlammschild fließt der abgesetzte Schlamm langsam auf der
geneigten Sohle in den unter dem Mittelbauwerk angeordneten Schlammtrichter. Wegen der kontinuierlichen Räumung werden Rundbecken gern als
Nachklärbecken von Belebungsanlagen eingesetzt. Auch bei Rundbecken
können Saugräumer eingesetzt werden.

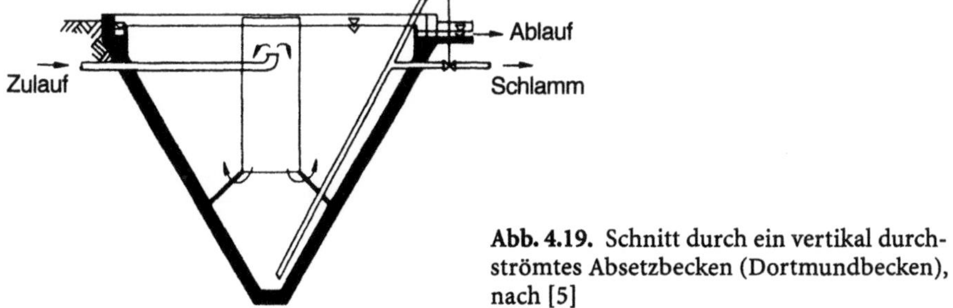

Abb. 4.19. Schnitt durch ein vertikal durchströmtes Absetzbecken (Dortmundbecken), nach [5]

Da aufgrund der großen Oberfläche runde Becken anfällig gegen durch Wind hervorgerufene Strömungen sind, sollte der Durchmesser nur in Ausnahmefällen den Wert von 50 m überschreiten.

4.2.3.2
Vertikal durchflossene Absetzbecken

Das Becken ist trichterförmig mit steilen Sohlwänden (~ 60°) ausgebildet, dadurch erspart man sich eine maschinelle Räumung (Abb. 4.19). Allerdings ist der Durchmesser und damit auch das Volumen beschränkt, weil sonst zu große Bautiefen und damit zu hohe Investitionskosten erforderlich werden.

Das Abwasser wird in einen Mittelzylinder geführt und tritt nach unten in den Absetzraum aus. Vor dort fließt es langsam zu der oben am Beckenrand angeordneten Überlaufkante. Bei der Abtrennung von Flockenschlamm (belebter Schlamm, chemischer Schlamm) bildet sich im Bereich der Gleichheit von Aufwärtsströmung und Sinkgeschwindigkeit der Flocken ein sogenanntes „schwebendes Flockenfilter", in dem auch sehr feine Partikel zurückgehalten werden. Ein vertikal durchströmtes Nachklärbecken ist deshalb höher belastbar (s. Bemessung).

4.2.3.3
Bemessung

Absetzbecken werden wie Sandfänge im Prinzip auf Flächenbeschickung und Verweilzeit bemessen. Nur für Nachklärbecken von Belebungsanlagen gibt es ein etwas aufwendigeres Bemessungsverfahren, insbesondere zur Ermittlung der erforderlichen Beckentiefe.

Die erforderliche Durchflußzeit ist in Anlehnung an [5] in Tabelle 4.3, die zulässige Flächenbeschickung in Tabelle 4.4 zusammengestellt. Über die Durchflußzeit wird das erforderliche Volumen, über die Flächenbeschickung die erforderliche Oberfläche berechnet.

Tabelle 4.3. Erforderliche rechnerische Durchflußzeiten in Stunden bei Trockenwetterzufluß

	Vor-klärbecken	Nach-klärbecken	Zwischen-klärbecken
Nur mechanische Reinigung	1,7–2,5	–	–
Bei chemischer Fällung	0,5–0,8	2 –3	1
Bei Tropfkörperanlagen	1,7–2,5	2 –3	2,5
Bei Belebungsanlagen	0,5–1,0	2,0–3,5	1,5

Tabelle 4.4. Zulässige Flächenbeschickung q_A (m/h)

	Vor-klärbecken	Nach-klärbecken	Zwischen-klärbecken
Nur mechanische Reinigung	1,5–0,8	–	–
Bei chemischer Fällung	4 –2,5	1,5–1,0	> 2,5
Bei Tropfkörperanlagen	1,5–0,8	1,5–1,0	> 2
Bei Belebungsanlagen	4 –2,5	A 131	> 2,5

Die Bemessung der Nachklärbecken von Belebungsanlagen erfolgt nach dem ATV-Arbeitsblatt A 131 [6]. Für die Bemessung nach dem ATV-Arbeitsblatt A 131 gelten folgende Voraussetzungen:

- Die Länge rechteckiger Nachklärbecken ist auf 60 m begrenzt, der Durchmesser runder Becken auf 50 m,
- der Schlammindex soll den Wert von 180 ml/g nicht überschreiten,
- das Vergleichsschlammvolumen soll unter 600 ml/l liegen und
- der Rücklaufschlammfluß soll unter $1{,}5 \cdot Q_t$ gehalten werden.

Der Bemessungsansatz bestimmt zunächst die erforderliche Beckenoberfläche und anschließend die Beckentiefe. Aus diesen beiden Größen errechnet sich das Volumen.

Als maßgebliche Größe ist der maximale Zufluß bei Regenwetter zu wählen.

Die erforderliche Beckenoberfläche errechnet sich mit der Formel

$$A_{NB} = \frac{Q_m}{q_A} \ , \ m^2 \ . \tag{4.6}$$

Die zulässige Flächenbeschickung q_A ist im wesentlichen abhängig von den Eigenschaften des abzutrennenden belebten Schlamms:

$$q_A = \frac{q_{SV}}{VSV} = \frac{q_{SV}}{TS_{BB} \cdot ISV} \ , \ m/h \tag{4.7}$$

mit

q_{SV} : Schlammvolumenbeschickung, $l/(m^2 \cdot h)$
VSV : Vergleichsschlammvolumen, ml/l
ISV : Schlammindex, ml/g
TS_{BB} : Konzentration des belebten Schlamms im Belebungsbecken, g/l.

Tabelle 4.5. Schlammindex nach [6]

	Schlammindex in ml/g	
	bei $B_{TS} > 0{,}05$	bei $B_{TS} \leq 0{,}05$
Abwasser mit geringen org.-gewerbl. Anteilen	100–150	75–100
Abwasser mit hohen org.-gewerbl. Anteilen	150–180	100–150

Der Schlammindex ISV wird vorgegeben (Tabelle 4.5), allerdings treten häufig Diskrepanzen mit der Praxis auf. Höhere Werte als 180 ml/g sind nicht vorgesehen.

Auch die Schlammvolumenbeschickung ist mit $q_{SV} \leq 450\ \mathrm{l/(m^2 \cdot h)}$ für horizontal durchflossene Becken und $q_{SV} \leq 600\ \mathrm{l/(m^2 \cdot h)}$ für vertikal durchflossene Becken zur Erreichung einer Ablaufqualität $TS_e \leq 20$ mg/l begrenzt.

Die Biomassenkonzentration TS_{BB} hängt von dem Rücklaufschlammverhältnis RV und der im Nachklärbecken erreichbaren Konzentration des Rücklaufschlamms ab:

$$TS_{BB} = \frac{RV \cdot TS_{RS}}{1 + RV}, \ \mathrm{kg/m^3}. \tag{4.8}$$

Üblicherweise schwankt das RV zwischen 50 und 150%, bezogen auf den Zufluß Q_t und TS_{BB} liegt in der Praxis zwischen 2,5 und 5 g/l (s. Tabelle 6.8). Es ist zu prüfen, ob eine Eindickung des belebten Schlamms im Nachklärbecken soweit möglich ist, daß Gl. (4.8) erfüllt werden kann.

Die Konzentration TS_{RS} hängt wiederum von den Eindickeigenschaften des belebten Schlamms, gekennzeichnet durch den Schlammindex ISV, von den Eindickbedingungen im Nachklärbecken, beeinflußt von der Höhe der Eindickzone und der Verweilzeit des Schlamms in dieser Zone und der Leistungsfähigkeit des Räumersystems ab. Durch die Räumung erfolgt eine Verdünnung der Konzentration, die sich an der Beckensohle einstellt. Die Konzentration an der Beckensohle kann mit der Formel

$$TS_{BS} = \frac{1000}{ISV} \cdot \sqrt[3]{t_E}, \tag{4.9}$$

mit

TS_{BS}: Trockensubstanzgehalt an der Beckensohle, g/l
t_E : Eindickzeit, h

errechnet werden. Aus TS_{BS} kann dann vereinfacht TS_{RS} zu

- $TS_{RS} \sim 0{,}7 \cdot TS_{BS}$ bei Schildräumern und
- $TS_{RS} \sim 0{,}5 - 0{,}7 \cdot TS_{BS}$ bei Saugräumern

angenommen werden.

Die Beckentiefe ermittelt sich aus vier Teiltiefen

h_1 Klarwasserzone,
h_2 Trennzone,
h_3 Speicherzone,
h_4 Eindick- und Räumzone.

Die Klarwasserzone ist eine Sicherheitszone und wird pauschal festgelegt mit $h_1 = 0{,}5$ m.

In der Trennzone erfolgt die Verteilung des Schlamm-Wasser-Gemisches, wobei Flockungsvorgänge den anschließenden Absetzvorgang begünstigen. Die Verweilzeit soll mindestens 0,5 h betragen. Daraus folgt:

$$h_2 = \frac{0{,}5 \cdot q_A \, (1 + RV)}{1 - VSV/1000} \; , \; \text{m} \, . \tag{4.10}$$

Die Speicherzone hat die Aufgabe, die bei beginnendem Regenzufluß aus dem Belebungsbecken zusätzlich ausgeschwemmte Biomasse aufzunehmen und zu speichern. Wird kein Mischwasser eingeleitet, kann sie entfallen.

$$h_3 = \frac{0{,}3 \cdot TS_{BB} \cdot ISV \cdot 1{,}5 \cdot q_A \, (1 + RV)}{500} \; , \; \text{m} \, . \tag{4.11}$$

Schließlich ist noch die Eindick- und Räumzone zu bemessen:

$$h_4 = \frac{TS_{BB} \cdot ISV \cdot q_A}{C} \cdot (1 + RV) \cdot t_E \; , \; \text{m} \, . \tag{4.12}$$

Hierin ist

C : empirischer Konzentrationswert, l/m^3

$C = 300 \cdot t_E + 500 \, ,$ $\hfill$ (4.13)

t_E : Eindickzeit, h

Die Eindickzeit t_E muß so groß sein, daß die erforderliche Konzentration TS_{BS} an der Beckensohle nach Gl. (4.9), die wiederum die Rücklaufschlammkonzentration TS_{RS} bestimmt, erreicht wird. Dabei sollte t_E den Wert von 2 h nicht überschreiten.

Bei rechteckigen Längsbecken sollte die Mindesttiefe an der Ablaufseite 3 m betragen, bei runden Becken 2,5 m und auf $^2/_3$ des Fließweges 3 m.

Abbildung 4.20 zeigt schematisch die Zoneneinteilung für ein Rundbecken.

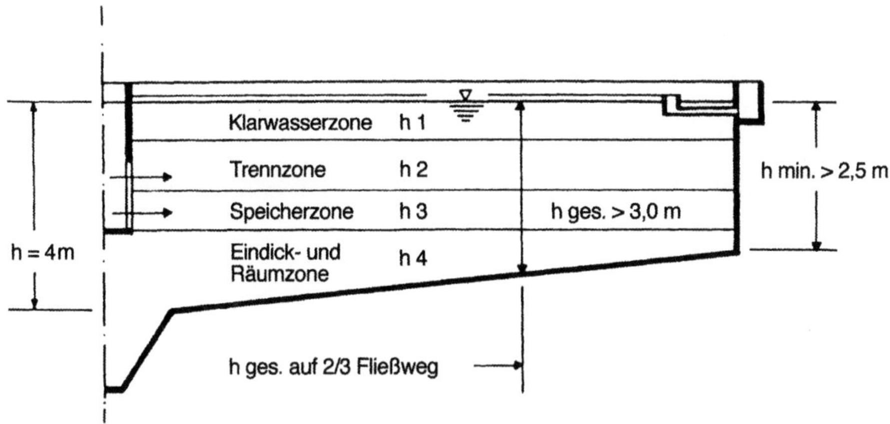

Abb. 4.20. Rundbecken mit den Zonen $h_1 - h_4$, nach [6]

Abkürzungen

E	Einwohner
b_g	Gerinnebreite
b	Kammerbreite
e	Spaltweite
s	Stabdicke
g	Erdbeschleunigung
ϱ_s	Dichte der Feststoffteilchen
ϱ	Dichte der Flüssigkeit
V_0	Volumen des Feststoffteilchens
F	Fläche des Feststoffteilchens senkrecht zur Bewegungsrichtung
λ_W	Widerstandsbeiwert
d	Durchmesser des Feststoffteilchens
q_A	zulässige Flächenbeschickung
L	Sandfanglänge
B	Sandfangbreite
Q	Zulaufmenge
Q_t	Zulaufmenge bei Trockenwetter
F	durchströmte Querschnittsfläche des Sandfangs
v	zulässige Strömungsgeschwindigkeit
q_{TS}	Schlammvolumenbeschickung
VSV	Vergleichsschlammvolumen
ISV	Schlammindex
TS_{BB}	Konzentration des belebten Schlamms im Belebungsbecken
RV	Rücklaufschlammverhältnis
TS_{BB}	Biomassekonzentration
TS_{BS}	Trockensubstanzgehalt an der Beckensohle
t_E	Eindickzeit
h_{1-4}	Teiltiefen
C	empirischer Konzentrationswert

Literatur

1. Imhoff K, Imhoff KR (1990) Taschenbuch der Stadtentwässerung, 27. Aufl, R. Oldenbourg, München Wien: 118
2. Lehr- und Handbuch der Abwassertechnik (1983) 3. Aufl, Bd III, Ernst & Sohn, Berlin: 91–112
3. Kalbskopf KH (1966) Über den Absetzvorgang in Sandfängen. Veröffentl d Institutes f Siedlungswasserwirtschaft, TH Hannover, Nr. 24
4. Imhoff K, Imhoff KR (1990) Taschenbuch der Stadtentwässerung, 27. Aufl, R. Oldenbourg, München Wien: 129
5. Lehr- und Handbuch der Abwassertechnik (1983) 3. Aufl, Bd III, Ernst & Sohn, Berlin: 136/187
6. Arbeitsblatt A 131 (1991) Bemessung von einstufigen Belebungsanlagen ab 5000 Einwohnerwerten, Ges z Förd d Abwassertechnik e. V., Hennef
7. Bischofsberger W, Hruschka H (1975) Anwendung der Regeltechnik bei der Abwasserbehandlung, Ber aus Wassergütew u Gesundheitsing, TU München, Nr 8:113–134
8. – (1978) Handbuch für Klärfacharbeiter, F. Hirthammer, München

Mikrobielle Grundlagen zur biologischen Abwasserbehandlung

G. Schön

5.1 Abbau biologisch verwertbarer Stoffe des Abwassers durch Selbstreinigung

Abwasser aus Haushalt und Industrie enthält in der Regel große Mengen an organischen Stoffen. Werden die Abwässer direkt in Flüsse und Seen geleitet, so drohen (abgesehen von Belastungen mit Giftstoffen) besonders zwei Gefahren: Ausgelöst durch das beste organische und anorganische Nährstoffangebot kommt es erstens zu einer explosionsartigen Entwicklung von Mikroorganismen, von denen aller gelöster Sauerstoff aufgezehrt und damit die Vernichtung des tierischen Lebens im Wasser eingeleitet wird; zweitens überdauern viele Krankheitskeime mehr oder weniger lange im Abwasser, so daß Trink- und Badewasser verseucht werden und Epidemien ausbrechen können. Abwasser sollte daher, besonders wenn es in großen Mengen anfällt, vor der Einleitung in natürliche Gewässer in Kläranlagen weitgehend biologisch gereinigt werden.

Ist die Abwasserbelastung nicht zu hoch, tritt eine Selbstreinigung der Gewässer in verhältnismäßig kurzer Zeit ein (Abb. 5.1). Am Abbau der belastenden organischen Stoffe sind viele Organismengruppen beteiligt. Die

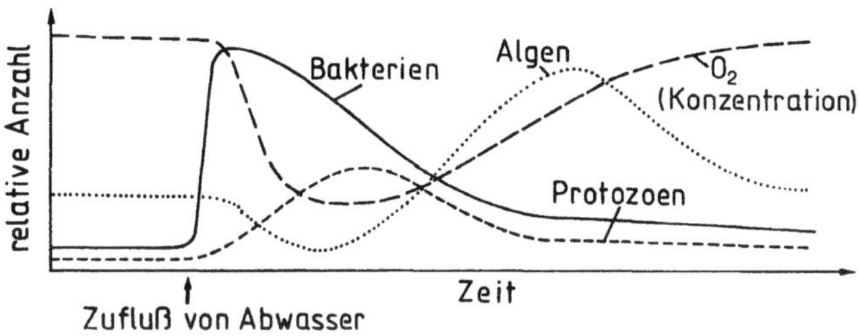

Abb. 5.1. Verteilung von Bakterien, Algen und Protozoen sowie Gehalt an gelöstem Sauerstoff nach Einleitung von Abwasser in einen Fluß

entscheidende Rolle spielen aber Bakterien und Pilze, die im günstigsten Fall die meisten organischen Substanzen vollständig mineralisieren, d.h. zu anorganischen Stoffen abbauen. In einem Milliliter Abwasser leben viele Millionen Saprophyten, z.B. chemoorganotrophe Bakterien wie Pseudomonaden, *Proteus*, Bazillen, aber auch Vertreter fast aller anderen physiologischen Bakteriengruppen. So sind ebenfalls schwefeloxidierende Bakterien, Eisenbakterien und Eisenorganismen sowie Nitrifizierer in großer Zahl vertreten [1–6].

Ein zu hoher Gehalt an Schmutzstoffen führt durch Sauerstoffzehrung zu Störungen in der Selbstreinigung. Es entstehen anaerobe Zonen, in denen durch Fäulnis und Sulfatreduktion große Mengen an Schwefelwasserstoff anfallen. Der Sauerstoffmangel und der toxische Schwefelwasserstoff bewirken, daß im Wasser fast alle höheren Lebewesen und auch viele Mikroorganismen abgetötet werden. Durch die ungünstigen Umweltbedingungen und die dezimierte Population an Mikroorganismen wird in der Regel das organische Material nicht mehr vollständig abgebaut. Der durch Eisensulfide schwarz gefärbte Faulschlamm bringt das Leben höherer Organismen am Boden zum Absterben. Der schwefelwasserstoffhaltige Bodenschlamm der Seen kann auch ein umfangreiches Fischsterben verursachen, wenn er durch Stürme plötzlich an die Oberfläche gelangt.

Mit den Abwässern und Abfällen von Industriebetrieben fließen oft Giftstoffe in die Gewässer, die nicht nur Fische, sondern auch die Mikroflora schwer schädigen. Gefährlich sind Schwermetallverbindungen, Cyanide, organische Giftstoffe und zu starke pH-Änderungen beim Ablassen von konzentrierten Säuren oder Basen.

Mit den häuslichen Abwässern gelangen auch menschenpathogene Mikroorganismen in die Gewässer. Obwohl sie sich in der Regel nicht vermehren und mit der Zeit zugrunde gehen, können sie doch einige Tage bis viele Wochen überleben und ihre Infektionsfähigkeit behalten. Als Krankheitserreger für Menschen treten hauptsächlich pathogene Darmbakterien auf, Typhuserreger (*Salmonella typhi*, *Salmonella paratyphi*), seltener bakterielle Ruhrerreger (Shigellen). In tropischen Ländern mit unzureichend gereinigtem Trinkwasser können auch noch heute Choleraepidemien (durch *Vibrio cholerae*) auftreten. In Deutschland war die letzte Choleraepidemie 1892 in Hamburg. Gefährlich sind roh genossene Muscheln und Austern aus abwasserbelasteten Gewässern. Sie filtern nämlich das Wasser und reichern pathogene Bakterien an. Der Genuß hat öfter zu Typhus- und Choleraepidemien geführt.

Menschenpathogene Pilze werden in belasteten Gewässern häufig gefunden; vor allem der Hefepilz *Candida albicans*, der zu gefährlichen Schleimhauterkrankungen (Soor) führen kann. Häufig treten auch andere Pilze auf, die Hauterkrankungen hervorrufen.

Ein großes Problem sind die zahlreichen menschenpathogenen Viren, die ihre Virulenz auch außerhalb des Menschen für einige Zeit erhalten. Viröse Darmerkrankungen, Sommergrippe und Hepatitis (Gelbsucht) können durch verschmutztes Wasser übertragen werden. Möglicherweise kann es auch zu Infektionen mit Kinderlähmungsviren (Polio) kommen, die oft im Abwasser großer Städte nachweisbar sind. Abwasser enthält auch hohe Zahlen an tier- und pflanzenpathogenen Mikroorganismen.

Ein Zusammenbruch der Selbstreinigung natürlicher Gewässer und die Infektionsgefahr lassen sich bei den heutigen riesigen Abwassermengen nur durch eine Reinigung der Schmutzwässer in Kläranlagen erreichen, in denen die natürliche, biologische Selbstreinigung beschleunigt und erhöht wird (s. Kap. 3). Neben der organischen Belastung mit Kohlenstoffverbindungen enthält das städtische Abwasser viele anorganische und organische Stickstoffverbindungen (z.B. Fäkalien, Urin, Ammonium, s. Abschn. 5.3.1.2). Die Verminderung des organischen Materials in häuslichen und kommunalen Abwässern wird in den Kläranlagen meist durch eine aerobe und anaerobe biologische Zersetzung erreicht [7–15]. Vom einfließenden Abwasser fängt man die groben Bestandteile (z.B. Holz, Kunststoff), Fette und den Sand ab (mechanische Reinigung). Das Abwasser gelangt in ein Vorklär- oder Absetzbecken, wo sich größere organische Partikel absetzen. Im Rohabwasser beginnt schon ein langsamer aerober Abbau, im Schlamm eine geringe anaerobe Zersetzung der organischen Substanzen. Nach einer mechanischen Abtrennung von Grob- und Feinstoffen wird das vorgereinigte Abwasser anschließend einer intensiven biologischen Reinigung unterworfen.

In der biologischen Abwasserreinigung werden heute verschiedene Reinigungsleistungen verlangt. Die wichtigsten Aufgaben sind:

1. Die möglichst vollständige Entfernung gelöster organischer Schmutzstoffe.
2. Die Beseitigung von Stickstoff durch Nitrifikation und anschließender Denitrifikation.
3. Eine weitergehende Phosphorelimination, die auch biologisch durch die Biomasse – anstelle oder zusammen mit einer chemischen Phosphatfällung – ablaufen kann.

Während der aeroben Behandlung des Abwassers werden die organischen Schmutzstoffe durch einen Abbau zu anorganischen Verbindungen (CO_2, H_2O, NH_4 = Mineralisation) stark vermindert und zum Teil in die Biomasse eingebaut (Tabelle 5.1).

Der Zuwachs an Biomasse wird als Überschußschlamm aus der Kläranlage entfernt, oft erst nach einer Schlammstabilisierung mit weiterem Um- und Abbau organischer Schmutzstoffe unter anaeroben Bedingungen im Faulturm.

Tabelle 5.1. Mineralisation organischer und Oxidation anorganischer Schmutzstoffe unter aeroben Bedingungen (z.B. im Belebungsbecken)

$$\text{Organischer Kohlenstoff:} \xrightarrow{\text{Atmung}} CO_2, H_2O$$

$$\text{Organischer Stickstoff:} \xrightarrow{\text{Abspaltung}} NH_4^+ \xrightarrow{\text{Ammoniumoxidation}} NO_2^- \xrightarrow{\text{Nitritoxidation}} NO_3^-$$
$$\text{Nitrifikation}$$

$$\text{Organischer gebundener Schwefel:} \xrightarrow{\text{Abspaltung}} H_2S \xrightarrow{\text{Schwefeloxidation}} SO_4^{2-}$$

$$\text{Organisch gebundener Phosphor:} \xrightarrow{\text{Abspaltung}} PO_4^{3-}$$

Unter aeroben Bedingungen kann auch eine Oxidation von Ammonium zu Nitrat durch nitrifizierende Bakterien erfolgen. Zur Beseitigung des Nitrats aus dem Abwasser muß sich unter anoxischen Bedingungen eine Reduktion des Nitrats zu gasförmigem Stickstoff (N_2) durch denitrifizierende Bakterien anschließen. N_2 wird bei erneuter Belüftung ausgegast. Die biologische Phosphorelimination läßt sich durch Anreicherung bestimmter Bakterien erhalten, die Phosphat als Polyphosphat speichern. Die Entfernung des in der Biomasse festgelegten Phosphors erfolgt in den meisten Verfahren gleichfalls beim Abzug des Überschußschlammes.

5.2
Energiestoffwechsel und Wachstum von Mikroorganismen

Für die verschiedenen Anforderungen an die Reinigungsleistung sind stoffwechselphysiologisch unterschiedliche Mikroorganismen verantwortlich, die z. T. unterschiedliche Ansprüche an die Umweltbedingungen stellen. Die Organismen in der mikrobiellen Lebensgemeinschaft (Biozönose) in der „Biologie" der Kläranlage unterstützen sich meist gegenseitig im Stoffwechsel. So ist eine weitergehende N-Entfernung durch eine Denitrifikation nur möglich, wenn vorher in der Nitrifikation die Umwandlung von Ammonium zu Nitrat erfolgte.

Auch im anaeroben Faulturm läuft eine mehrstufige „Nahrungskette" ab, ehe polymere organische Stoffe (z. B. Cellulose, Eiweiße, Fette) zu Methan und CO_2 abgebaut werden. Es kann dabei zu einer Konkurrenz um bestimmte Nährstoffe kommen, die die Zusammensetzung der Abwasserflora verändert (s. Abschn. 5.4).

Allgemein hat der Stoffwechsel (Metabolismus) der Zellen zwei Hauptfunktionen [16–19]:

1. Neue Zellbestandteile für Wachstum und Vermehrung aufzubauen und
2. Energie für diese Syntheseleistungen und andere energieabhängige Prozesse bereitzustellen (Abb. 5.2).

Im Baustoffwechsel, auch Anabolismus oder Biosynthese genannt, werden niedermolekulare und makromolekulare Bestandteile der Zelle synthetisiert. Die Mechanismen der Biosynthesen sind bei allen Organismen ähnlich. Der Gewinn von freier, verwertbarer Energie im Energiestoffwechsel, die zur Erhaltung der komplexen Zellstrukturen (Erhaltungsstoffwechsel), der Ausführung mechanischer Arbeit (z. B. zellulärer Bewegung), dem aktiven Transport von Molekülen und Ionen sowie für die Synthesen der Zell-Biomoleküle aufgewendet werden muß, kann dagegen auf zwei völlig unterschiedlichen Wegen erfolgen: durch den *chemotrophen* Energiestoffwechsel und den *phototrophen* Energiestoffwechsel.

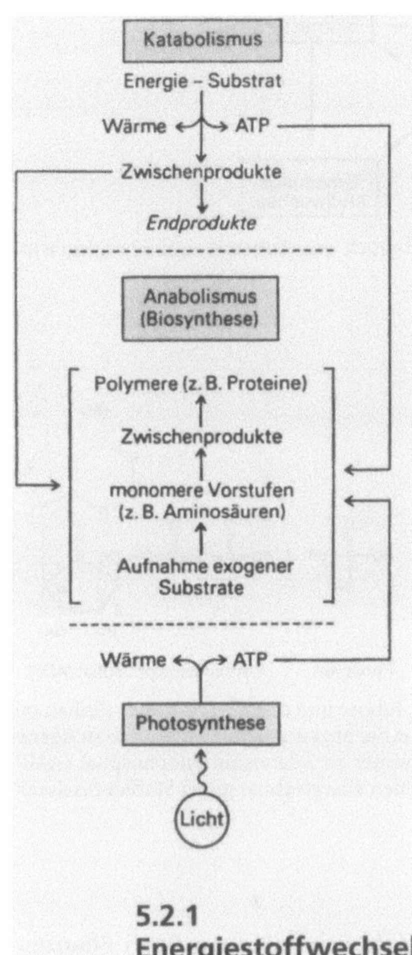

Abb. 5.2. Stoffwechsel bei Bakterien: Energie (ATP)-Gewinn durch Oxidation anorganischer bzw. den Abbau organischer Stoffe (Katabolismus) oder in der Photosynthese. Der Aufbau von Zellkomponenten (Anabolismus) kann aus organischen Substraten oder CO_2 erfolgen

5.2.1 Energiestoffwechsel

Im chemotrophen Energiestoffwechsel (Katabolismus) wird beim Abbau von organischen oder der Oxidation anorganischer Substrate ein Teil der frei werdenden chemischen Energie von den Zellen verwertet (Abb. 5.3). Im phototrophen Stoffwechsel (Photosynthese) erfolgt der Energiegewinn durch Umwandlung von Lichtenergie in chemische Energie. Universeller Überträger dieser biologisch verwertbaren Energie aus beiden Stoffwechselwegen zu energieverbrauchenden Reaktionen ist meist Adenosintriphosphat (ATP, Abb. 5.4).

Die meisten Mikroorganismen gewinnen ihre Energie in chemischen Reaktionen durch eine Oxidation (Dehydrogenierung) von organischen Substraten (z. B. Glucose); sie haben einen chemoorganotrophen Stoffwechsel, wie alle Tiere. Eine kleine Gruppe von Bakterien verwertet anstelle von organischen Verbindungen reduzierte anorganische Substrate (z. B. H_2, NH_3, NO_2^-, H_2S) zum Energiegewinn. Dieser Energiestoffwechsel heißt chemolithotroph (griech.: lithos = Stein).

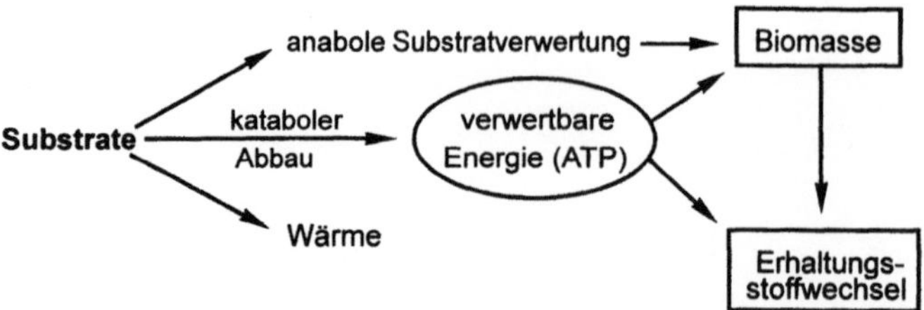

Abb. 5.3. Chemotropher Energiestoffwechsel: Verbrauch von Substrat und Energiegewinn (ATP) für Wachstum und Erhaltungsstoffwechsel

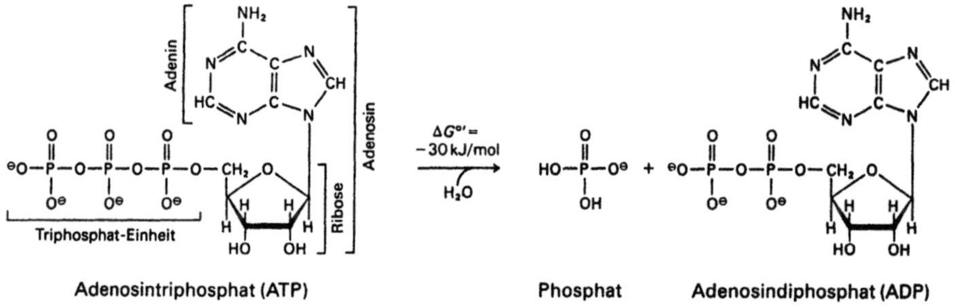

Abb. 5.4. Adenosintriphosphat besteht aus Adenin, Ribose und einer Triphosphat-Einheit mit zwei inneren Phosphorsäureanhydridbindungen. Bei der enzymatischen Hydrolyse zu Adenosindiphosphat (ADP) und [hier nicht dargestellt] weiter zu Adenosinmonophosphat (AMP) wird Bindungsenergie freigesetzt, die in verschiedenen energieabhängigen Stoffwechselreaktionen der Zelle genutzt wird

Phototrophe Bakterien nutzen (ähnlich wie die grünen Pflanzen) die Sonnenenergie als Energiequelle aus. Sie oxidieren aber auch chemische Verbindungen zur Bildung von „Reduktionskraft", die für Syntheseleistungen notwendig ist. Man unterscheidet somit auch photolithotrophe und photoorganotrophe Bakterien, je nachdem, ob der Wasserstoff für die Bildung der Reduktionskraft von anorganischen Verbindungen (z.B. H_2O, H_2, H_2S), oder organischen Verbindungen (z.B. Succinat, Malat) verwendet wird.

Der Stoffwechsel der Mikroorganismen wird auch durch die Kohlenstoffquelle charakterisiert. Wird der Kohlenstoff zur Synthese der Zellsubstanzen aus Kohlendioxid (CO_2) gewonnen, sind die Zellen C-autotroph; werden organische Substrate für die Neusynthesen benötigt, sind sie C-heterotroph. Nach der Art des Energiegewinns, der Substrate für den katabolen Stoffwechsel oder für die „Reduktionskraft" sowie der Kohlenstoffquelle werden Bakterien in physiologische Gruppen eingeteilt (Tabelle 5.2). Bevor wir die einzelnen für die Kläranlage wichtigen Stoffwechseltypen etwas genauer beschreiben, soll kurz auf einige Grundbegriffen des Energiegewinns eingegangen werden.

Tabelle 5.2. Mikrobielle Stoffwechseltypen

Art des Energiegewinns (Energiequelle)	Elektronendonor (bzw. H-Donor) zum Energiegewinn und/oder für Reduktionen	Kohlenstoffquelle	Bezeichnung des Gesamtstoffwechsels
photo- Umwandlung von Strahlungsenergie (Licht) [Phototrophie]	*lithotroph* anorganische Substrate [H_2, H_2O, H_2S, S^0, $S_2O_3^{2-}$ u.a.]	*C-autotroph* Kohlendioxid (CO_2)	*photolithoautotroph* (= *photoautotroph*) [Photolithotrophie]: grüne Pflanzen, Cynobakterien, phototrophe Bakterien (teilweise)
	organotroph organische Substrate [Säuren, Alkohole, Zucker u.a.]	*C-heterotroph* organische Substrate [Säuren, Alkohole, Zucker u.a.]	*photoorganoheterotroph* (= *photoheterotroph*) [Photoorganotrophie]: viele phototrophe Bakterien
chemo- chemische Oxidations-Reduktions-Reaktionen (anorganische oder organische Substrate)	*lithotroph* anorganische Substrate [H_2, NH_4^+, NO_2^-, H_2S, $S_2O_3^{2-}$, Fe^{2-} u.a.]	*C-autotroph* Kohlendioxid (CO_2) [CO_2 u. Kohlenmonoxid (CO)]	*chemolithoautotroph* (= *chemoautotroph*) [Chemolithotrophie]: einige Bakteriengruppen
	organotroph organische Substrate [alle biosynthetisch entstandenen Verbindungen]	*C-heterotroph* organische Substrate [alle biosynthetisch entstandenen Verbindungen]	*chemoorganoheterotroph* (= *chemoheterotroph*) [Chemoorganotrophie]: Tiere, die meisten Mikroorganismen (Protozoen, Pilze, Bakterien), grüne Pflanzen im Dunkeln, nicht-photosynthetisierende Pflanzenzellen

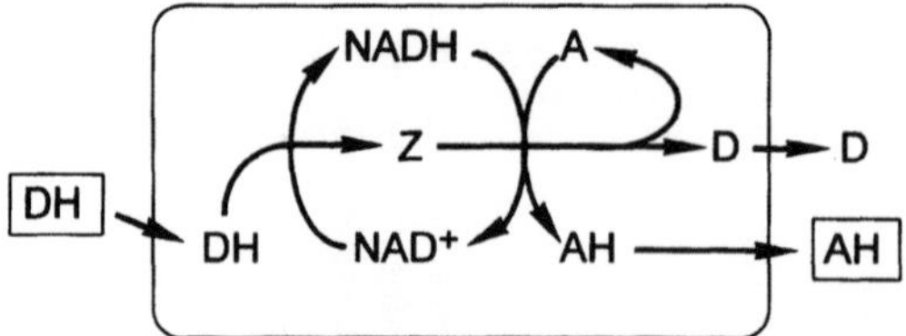

Abb. 5.5. Umbau des Gärungssubstrats (Energie- u. Kohlenstoffquelle) und Elektronen [H]-Fluß. DH = reduziertes organisches Substrat mit hohem Energiegehalt, AH = reduziertes organisches Substrat mit niedrigerem Energiegehalt; Z = Zwischenprodukte, D, A = oxidierte organische Zwischen- bzw. Endprodukte

5.2.1.1
Chemotropher Energiegewinn

Im chemotrophen Energiestoffwechsel werden organische oder anorganische Substrate in Oxidations-Reduktions-Reaktionen (Redoxreaktionen) ab- bzw. umgebaut und dabei im Stoffwechsel verwertbare Energie gewonnen:

$$DH_2 + A = D + AH_2 + \text{freie (verwertbare) Energie.} \qquad (5.1)$$

Das reduzierte Substrat DH_2 [Wasserstoffdonor] wird zu D oxidiert, Substrat A [Wasserstoffakzeptor] wird dabei zu AH_2 reduziert; die dabei frei werdende Energie wird im Stoffwechsel verwertet und z. T. als Wärme frei.

Im einfachsten Fall, wenn die Elektronendonoren (DH_2) und Elektronenakzeptoren (A) organische Verbindungen sind und kein Sauerstoff an der Umsetzung beteiligt ist, spricht man von *Gärungen* oder *Fermentationen*. Der Elektronenakzeptor ist normalerweise ein oxidiertes Zwischenprodukt des teilweise abgebauten Gärsubstrats (Abb. 5.5). Aufgrund der dabei entstehenden reduzierten organischen Hauptendprodukte unterscheidet man z. B.:

– Alkoholische (Ethanol) Gärung,
– Propionsäuregärung,
– Essigsäuregärung,
– Methangärung,
– Milchsäuregärung,
– Buttersäuregärung und
– Ameisensäuregärung.

Historisch werden alle Abbauprozesse unter Sauerstoffabschluß (anaerob) nach L. Pasteur (1857) als Fermentationen oder Gärungen bezeichnet. Stoffwechselvorgänge bei denen der Abbau der Substrate unter O_2-Beteiligung abläuft, nennt man dagegen Atmungen (Abb. 5.6).

Heute wird dagegen meist – zumindest in der allgemeinen Mikrobiologie – der chemotrophe Energiestoffwechsel nicht nach der Verwertung von Sauerstoff als Elektronenakzeptor, sondern nach der Art des Energie-

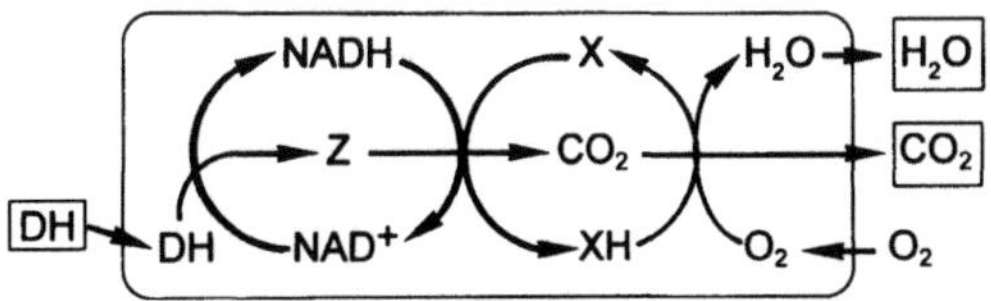

Abb. 5.6. Aerobe Atmung mit organischem Substrat: Abbau des Substrats (Energie- u. Kohlenstoffquelle) und Übertragung der Reduktionsäquivalente [H] bzw. Elektronen auf O_2. Z = Zwischenprodukte, X = Redoxkomponenten der Atmungskette

gewinns unterschieden. „Echte" Gärer sind danach Organismen, die bei Verwertung organischer Substrate die biochemische Energieform (ATP) direkt an energiereichen organischen Zwischenverbindungen des Abbaus gewinnen (= Substratstufenphosphorylierung, siehe Glycolyse, S. 182/183).

Im Atmungsstoffwechsel dienen dagegen (im Gegensatz zu den Gärungen) anorganische Verbindungen oder *extrazellulär* vorliegende organische Verbindungen als Elektronenakzeptoren. Die Zellen gewinnen freie (im Stoffwechsel verwertbare) Energie bei einer Übertragung der Elektronen von organischen oder einigen anorganischen Substraten auf eine Reihe verschiedener membrangebundener Elektronen- bzw. Wasserstoffüberträgern (Redoxkomponenten), die in einer Atmungskette zusammenwirken (s. u.).

In speziellen Stoffwechselwegen kann unter anaeroben Bedingungen (d. h. unter Luftabschluß) aber auch anstelle von O_2 eine andere oxidierte anorganische Verbindung (z. B. Nitrat, Sulfat, Carbonat) oder Fumarat, in einigen Fällen auch Trimethylaminoxid (TMAO) und Dimethylsulfoxid (DSMO) die Elektronen aufnehmen. Man spricht dann von einer *anaeroben* Atmung, da die energieliefernden Reaktionen denen des aeroben Atmungsstoffwechsels entsprechen (siehe auch S. 191 u. Abb. 5.15).

Nach der Art des Elektronenakzeptors unterscheidet man z. B.:

- O_2-Atmung,
- Schwefelatmung,
- Arsenatmung,
- Nitratatmung,
- Fumaratatmung,
- Manganatmung,
- Sulfatatmung,
- Carbonatatmung,
- Selenatatmung und
- Eisenatmung.

Der Gewinn an freier Energie im Atmungsstoffwechsel beim Abbau organischer oder anorganischer Substrate erfolgt – anders als bei Gärungen – primär durch die Ausbildung eines Protonen (H^+)-Gradienten und eines elektrischen Potentials über die Cytoplasmamembran (bei höheren Organismen Mitochondrienmembran); dadurch werden die Membranen in einen energetisierten Zustand gebracht. Erst sekundär wird ATP beim Ausgleich der Gradienten durch die

ATP-Synthase (= $F_0 F_1$-ATPase) gebildet und für Biosynthesen und andere energieabhängige Prozesse genutzt (s. aerobe Atmung, S. 184).

Nach der obigen Definition gewinnen methanbildende Bakterien, obwohl sie obligate Anaerobier sind, ihre Stoffwechselenergie mit H_2 als Substrat und CO_2 als Elektronenakzeptor nicht in einer Methangärung, sondern in einer anaeroben (Carbonat-)Atmung, da bei diesen Redoxreaktionen ein Protonen- bzw. Ionengradient zur ATP-Synthese aufgebaut wird (s. Abschn. 5.4.1)

In der Biotechnologie hat die Bezeichnung „Fermentation" mehrfache Bedeutung: es werden darunter nicht nur Gärungen verstanden, sondern alle Herstellungsprozesse, die durch Mikroorganismen, Teilen von Mikroorganismenzellen oder Enzymreaktionen ablaufen, unabhängig davon, ob O_2 dafür benötigt wird oder nicht beteiligt ist.

Organische Substrate als Energiequelle

Gärungen. Im Gärungsstoffwechsel werden hauptsächlich Kohlenhydrate als Energiequellen genutzt. Glucose ist eines der wichtigsten Substrate, da viele Hüll- und Speicherstoffe der Pflanzen aus Polyglucose bestehen. Der am weitesten verbreitete Weg des Zuckerabbaus ist die Glykolyse (= Fructose-1,6-diphosphat-Weg = Embden-Meyerhof-Parnas Weg = EMP). Wahrscheinlich ist er ein ursprünglicher Stoffwechselweg, da er bei allen Organismengruppen zu finden ist (Abb. 5.7).

Betrachten wir den Energiegewinn im Verlauf der Glykolyse, so haben wir einen Gewinn von 2 ATP pro C_3-Verbindung, das entspricht 4 ATP pro abgebauter Glucose. Da 2 ATP in den einleitenden Reaktionen verbraucht werden, beträgt der Nettogewinn nur 2 Mole ATP pro Mol Glucose. Das in der Gärung bei der Substratdehydrogenierung entstehende NADH (= Nicotinamidadenindinucleotid = Wasserstoffüberträger) muß re-oxidiert werden, um beim weiteren Abbau von Glucose für die Dehydrogenierungsreaktionen zur

Abb. 5.7. Glykolyse, Hauptabbauweg von Glucose zu Pyruvat. Der Abbauweg von Glucose bis zum Pyruvat kann in zwei Abschnitte unterteilt werden:
1. die einleitenden (vorbereitenden) Reaktionen, die Glucose unter Energieverbrauch (ATP) durch Phosphorylierungen aktivieren und in zwei C_3-Verbindungen spalten ($C_6 \rightarrow 2\ C_3$);
2. die eigentlichen energieliefernden Reaktionen. In der ersten Phase entstehen aus einem Molekül Glucose über Fructose-1,6-diphosphat (Aldolase-Reaktion) ein Molekül Glycerinaldehydphosphat zusammen mit einem Molekül Dihydroxyacetonphosphat. In der Regel wird Dihydroxyacetonphosphat (durch die Triosephosphat-Isomerase) auch fast vollständig in Glycerinaldehydphosphat umgewandelt. Anschließend, bei der Oxidation von Glycerinaldehydphosphat zu 1,3-Diphosphoglycerat, wird ein anorganisches Phosphat aufgenommen und damit ein Teil der Oxidationsenergie im Molekül konserviert. Dieses energiereiche gemischte Säureanhydrid (Phosphorsäure + Carbonsäure) kann die an der Carboxylgruppe gebundene Phosphatgruppe auf ADP (Adenosindiphosphat) übertragen, so daß ATP entsteht. Die bei der Oxidation frei werdenden Elektronen werden von NAD^+ aufgenommen, das zu NADH reduziert wird. In den weiteren Glykolyse-Schritten (Phosphorylverschiebung, Wasserabspaltung) wird das sehr energiereiche Phosphoenolpyruvat gebildet. Phosphoenolpyruvat kann auch seine Phosphatgruppe zur ATP-Sythese auf ADP übertragen; dabei entsteht Pyruvat, das in unterschiedlichen Wegen um- bzw. abgebaut werden kann

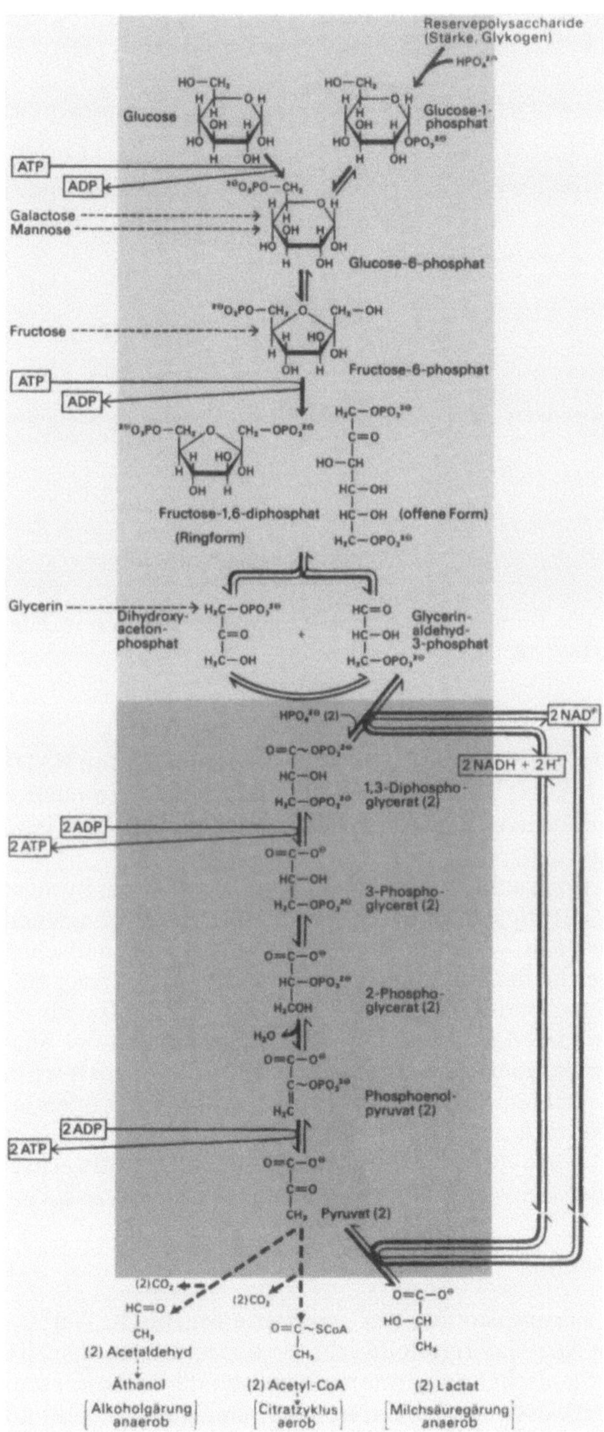

Reservepolysaccharide
(Stärke, Glykogen)
HPO₄²⁻
Glucose
HO—CH₂
Glucose-1-
phosphat
OPO₃²⁻
ATP
ADP
Galactose
Mannose
²⁻O₃PO—CH₂
Glucose-6-phosphat
Fructose
²⁻O₃PO—CH₂   CH₂—OH
Fructose-6-phosphat
ATP
ADP
²⁻O₃PO—CH₂   O   CH₂—OPO₂²⁻
Fructose-1,6-diphosphat
(Ringform)
H₂C—OPO₂²⁻
C=O
HO—CH
HC—OH
HC—OH   (offene Form)
H₂C—OPO₂²⁻
Glycerin
Dihydroxy-
aceton-
phosphat
H₂C—OPO₂²⁻
C=O
H₂C—OH
+
HC=O
HC—OH
H₂C—OPO₃²⁻
Glycerin-
aldehyd-
3-phosphat
HPO₄²⁻ (2)
2 NAD⁺
2 NADH + 2H⁺
O=C~OPO₂²⁻
HC—OH
H₂C—OPO₂²⁻
1,3-Diphospho-
glycerat (2)
2 ADP
2 ATP
O=C—O⁻
HC—OH
H₂C—OPO₂²⁻
3-Phospho-
glycerat (2)
O=C—O⁻
HC—OPO₂²⁻
H₂COH
2-Phospho-
glycerat (2)
H₂O
O=C—O⁻
C~OPO₂²⁻
H₂C
Phosphoenol-
pyruvat (2)
2 ADP
2 ATP
O=C—O⁻
C=O
CH₃   Pyruvat (2)
(2)CO₂
HC=O
CH₃
(2) Acetaldehyd
Äthanol
Alkoholgärung
anaerob
(2)CO₂
O=C~SCoA
CH₃
(2) Acetyl-CoA
Citratzyklus
aerob
O=C—O⁻
HO—CH
CH₃
(2) Lactat
Milchsäuregärung
anaerob

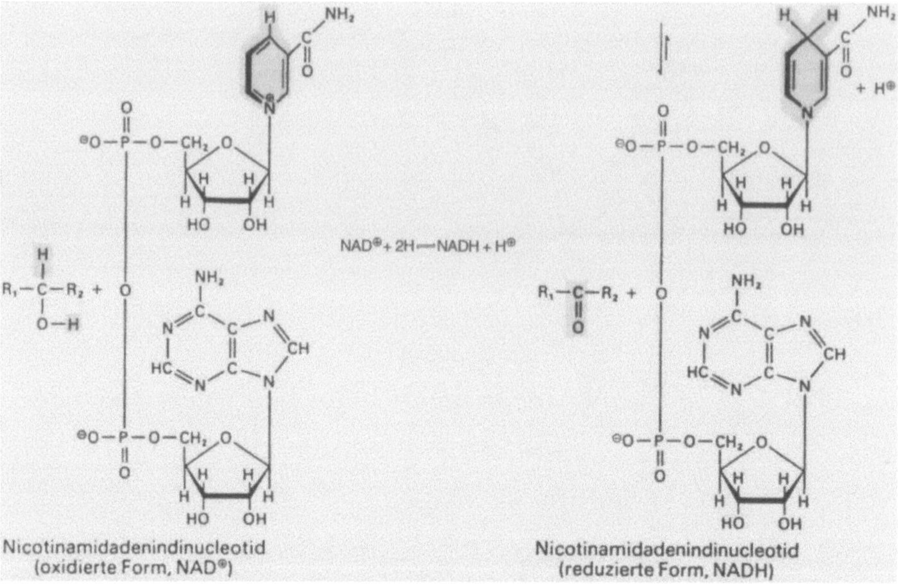

NAD$^⊕$ + 2H —— NADH + H$^⊕$

Nicotinamidadenindinucleotid
(oxidierte Form, NAD$^⊕$)

Nicotinamidadenindinucleotid
(reduzierte Form, NADH)

Abb. 5.8. Oxidierte und reduzierte Form von Nicotinamidadenindinucleotid, dem wichtigsten Wasserstoff [H]-Überträger in Organismen

Verfügung zu stehen (Abb. 5.8). Eine Möglichkeit zur Regeneration von NAD$^+$ (der oxidierten Stufe von NADH) besteht darin, den Wasserstoff (Protonen + Elektronen) von NADH auf Pyruvat zu übertragen; dabei entsteht Lactat (bzw. Milchsäure = Milchsäuregärung).

Zucker können noch auf anderen Wegen abgebaut werden; Pyruvat ist aber meist eines der wichtigsten Zwischenprodukte der verschiedenen Gärungswege, da es von seinem „Schicksal", seiner weiteren enzymatischen Umwandlung, abhängt, welche der zahlreichen Endprodukte der Gärung auftreten (Abb. 5.9). In wenigen Sonderfällen können Gärer ihre Stoffwechselenergie dadurch gewinnen, daß der Abbau von Dicarbonsäuren mit der Ausbildung eines Na$^+$-Gradienten über die Cytoplasmamembran gekoppelt wird, der zur Synthese von ATP genutzt werden kann [19]. Ein zusätzlicher Energiegewinn kann bei einigen Gärern auch durch Ausschleusen von Protonen aus den Zellen beim Transport von Säuren erfolgen, die im katabolen Stoffwechsel gebildet wurden, z.B. bei der Dehydrogenierung von Zuckern zu Milchsäure.

Atmungsstoffwechsel

O$_2$-Atmung. Während im Gärungsstoffwechsel reduzierte organische Verbindungen als Endprodukte des Energiestoffwechsels auftreten, werden im Atmungsstoffwechsel die organischen Substrate meist vollständig zu Wasser und CO$_2$ abgebaut (mineralisiert), dabei ist der Citratcyclus beteiligt (Abb. 5.10). In ihm wird das im Katabolismus als Zwischenprodukt auftretende Acetat (bzw.

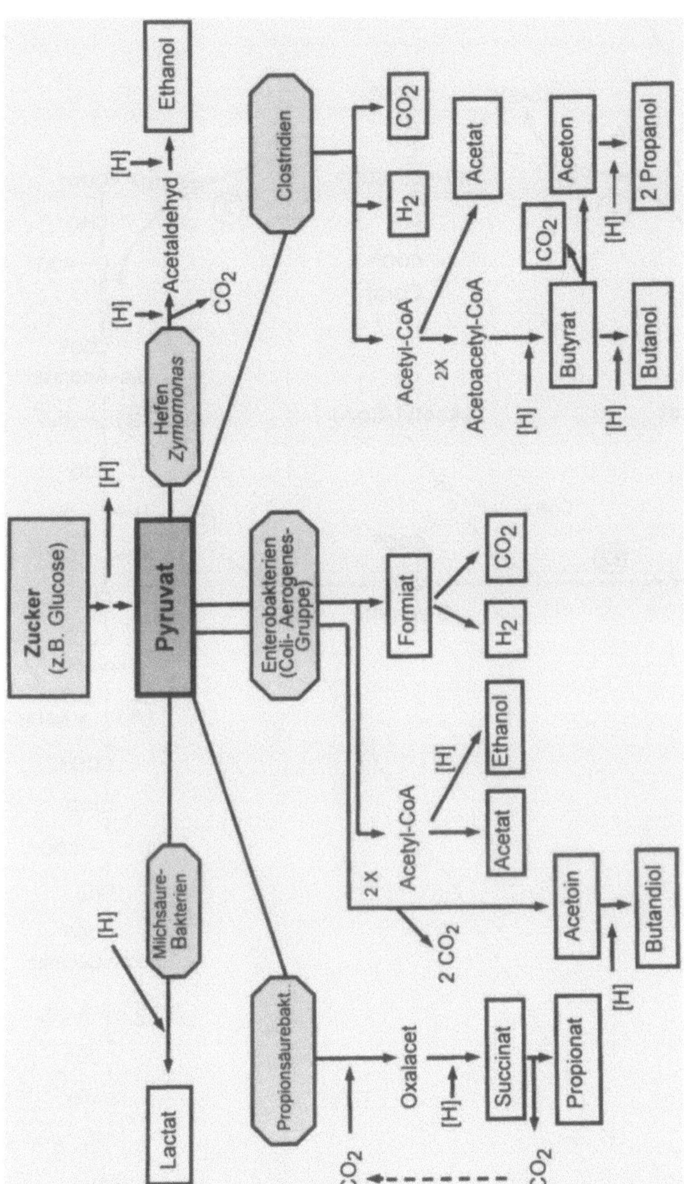

Abb. 5.9. Wichtige Endprodukte in bakteriellen Gärungen, die beim Umbau von Pyruvat, dem wichtigsten Zwischenprodukt bei der Zuckerverwertung, auftreten können. Als Endprodukte sind bei Säuren ihre Salze angegeben, wie sie normalerweise im (neutralen) Medium vorliegen; der Gärtyp wird aber nach der Säure benannt, z.B. Milchsäuregärung, wenn Lactat als Hauptendprodukt auftritt

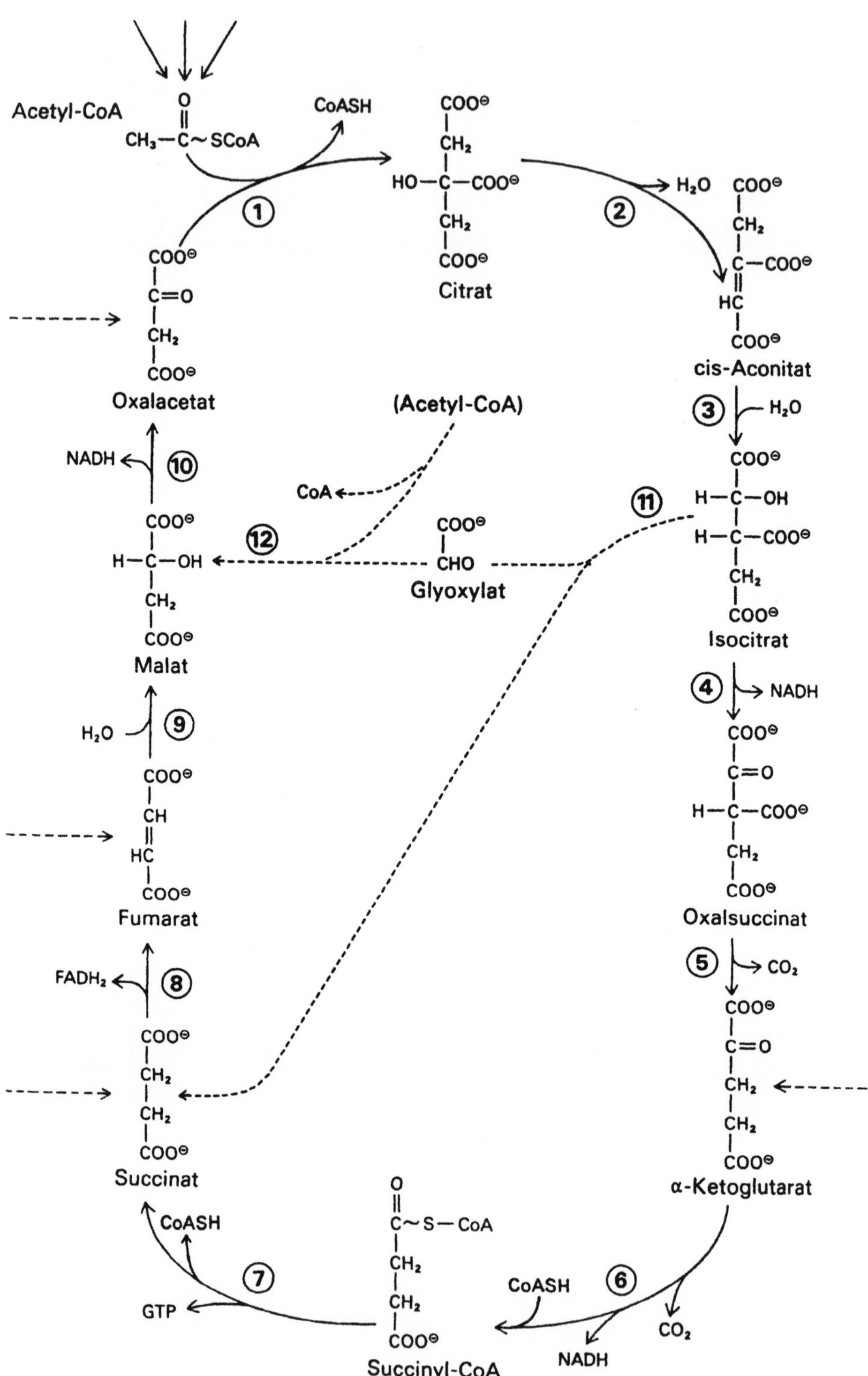

Acetyl-CoA
CH₃—C~SCoA
O
CoASH
COO⊖
CH₂
HO—C—COO⊖
CH₂
COO⊖
Citrat
H₂O
COO⊖
CH₂
C—COO⊖
HC
COO⊖
cis-Aconitat
H₂O
COO⊖
C=O
CH₂
COO⊖
Oxalacetat
(Acetyl-CoA)
CoA
COO⊖
H—C—OH
H—C—COO⊖
CH₂
COO⊖
Isocitrat
NADH
COO⊖
H—C—OH
CH₂
COO⊖
Malat
COO⊖
CHO
Glyoxylat
NADH
COO⊖
C=O
H—C—COO⊖
CH₂
COO⊖
Oxalsuccinat
H₂O
COO⊖
CH
HC
COO⊖
Fumarat
CO₂
COO⊖
C=O
CH₂
CH₂
COO⊖
α-Ketoglutarat
FADH₂
COO⊖
CH₂
CH₂
COO⊖
Succinat
CoASH
GTP
O
C~S—CoA
CH₂
CH₂
COO⊖
Succinyl-CoA
CoASH
CO₂
NADH

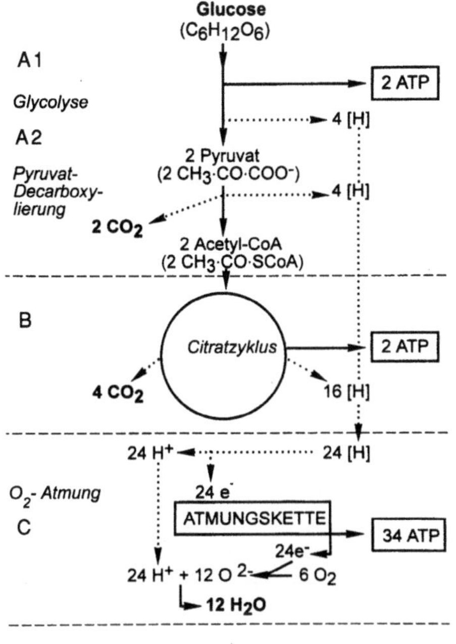

Abb. 5.11. Schema des vollständigen Abbaus von Glucose in der O_2-Atmung, Anzahl der gebildeten Reduktionsäquivalente (Protonen[H^+]- und Elektronen [e^-]-Transport) und Energie (ATP)-Gewinn. A1 = Glykolyse, A2 = CO_2-Abspaltung aus Pyruvat, B = Endoxidation des Substrats im Citratcyclus, C = Atmungsstoffwechsel: [H]-Oxidation mit ATP- und Wasserbildung. Während der Oxidation von 1 mol Glucose werden in der Atmungskette formal 12 mol H_2O gebildet; da aber 2 · 3 mol H_2O während des Abbaus (Citratcyclus) aufgenommen werden, treten in der Summenformel nur 6 mol H_2O auf

Acetyl-CoA) zu H_2O und CO_2 abgebaut. Es werden dabei gleichfalls ATP und reduzierte Wasserstoffüberträger gebildet. Zwischenprodukte des Citratzyklus dienen auch als Bausteine für Zellkomponenten (z. B. Aminosäuren).

Unter aeroben Bedingungen können viele Mikroorganismen die reduzierten Wasserstoffüberträger (z. B. NADH), die aus der Dehydrogenierung der Substrate anfallen, mit molekularem Sauerstoff (O_2) unter Bildung von Wasser wieder oxidieren (Abb. 5.11). Bei dieser biochemischen Knallgasreaktion verbinden sich aber die Komponenten [H] und O_2 nicht direkt. Der Wasserstoff ([H] = Protonen [H^+] + Elektronen [e^-]) wird vielmehr

◄————————————————————————————

Abb. 5.10. Citratcyclus. Im Citratcyclus werden Acetyl-CoA und Oxalacetat durch die Citratsynthase (das sog. condensing enzyme) unter CoA-Abspaltung addiert. Im Laufe des Cyclus werden 2 CO_2 freigesetzt und die Wasserstoff-Atome durch 4 verschiedene Dehydrogenasen entzogen: Es bilden sich 3 NADH und $FADH_2$, die ihren Wasserstoff zur ATP-Bildung auf die Atmungskette übertragen. Im Citratcyclus entsteht noch durch eine Substratstufenphosphorylierung ein energiereiches Guanosintriphosphat (GTP), das dem ATP entspricht. Die gestrichelt gezeichneten Wege zeigen die Beziehung zwischen Citratcyclus und Glyoxylatcyclus (Glyoxylsäurecyclus), der funktionsfähig ist, wenn den Zellen Acetat als Substrat vorliegt. Die einzelnen Reaktionen werden durch folgende Enzyme katalysiert: *1* Citrat-Synthase; *2* und *3* Aconitase; *4* und *5* Isocitrat-Dehydrogenase; *6* Succinat-Thiokinase; *7* a-Ketoglutarat-Dehydrogenase; *8* Succinat-Dehydrogenase; *9* Fumarase; *10* Malat-Dehydrogenase; *11* Isocitrat-Lyase; *12* Malat-Synthase. Die gestrichelten äußeren Pfeile bezeichnen die Stellen, an denen die Moleküle – neben dem überwiegenden Einmünden über Acetyl-CoA – auf andersartigen Abbauwegen in den Cyclus eingeschleust werden können

stufenweise über Redoxkomponenten (Redoxüberträger) auf O_2 übertragen (Abb. 5.12). Dadurch wird erreicht, daß die freiwerdende Energie nicht nur wie bei einer normalen Knallgasreaktion als Wärme abgegeben, sondern auch in energiereichen Zellverbindungen konserviert wird. Durch die stufenweise kontrollierte, langsame Änderung der freien Energie werden biochemische Reaktionen ermöglicht, die einen beträchtlichen Teil der freien Energie z. B. in Form von ATP als biologisch verwertbaren Energieüberträger binden. Der Energiegewinn beträgt 36 Mole ATP beim vollständigen Abbau von einem Mol Glucose; das ist etwa 18 mal so viel wie in der Milchsäuregärung.

Dieser besondere „energieliefernde Apparat" ist in Membranen lokalisiert und wird als Atmungskette oder Elektronentransportkette der Atmung (= ETK = Elektronentransportsystem) bezeichnet. Seine Redoxkomponenten sind an Proteine gebunden und so in Serie angeordnet, daß der negativste (energiereichste) Überträger am Anfang und der positivste (energieärmste) Akzeptor am Ende der Kette steht. Schlüsselkomponenten sind Flavoproteine, Schwefeleisenproteine, Chinone, und Cytochrome. Der wichtigste terminale Elektronenakzeptor ist molekularer Sauerstoff (O_2), der zu Wasser reduziert wird (Redoxpotential $H_2O/O_2 = +0,82$ V). Der Energiegewinn über die Redoxkomponenten der Membran (auch anaerob) wird als oxidative Phosphorylierung oder Elektronentransportphosphorylierung bezeichnet.

Die aerobe Atmungskette besteht aus alternierenden Wasserstoffüberträgern und Elektronenüberträgern. Dadurch findet ein gerichteter Protonentransport (H^+-Transport) durch die Membranen statt. Bei Bakterien wird in der O_2-Atmung an der Innenseite der Cytoplasmamembran Wasserstoff $[H = H^+ + e^-]$ bei der Substratoxidation von einem Wasserstoffüberträger übernommen und an die Außenseite transportiert (Abb. 5.13). Es folgt zur Innenseite der Membran ein reiner Elektronenüberträger, so daß die Protonen nach außen abgegeben werden müssen. Die folgende Komponente ist wieder ein Wasserstoffüberträger, der Protonen von innen aufnimmt und nach außen abgibt, weil der folgende Überträger wieder nur Elektronen transportiert. Dieser Vorgang wiederholt sich noch einmal, so daß im dreimaligen Wechsel beim Abfall der Elektronen vom (energiereichen) NADH auf O_2 sechs Protonen nach außen transportiert werden.

Die Cytoplasmamembran ist für Protonen (H^+) und Hydroxylionen (OH^-) undurchlässig. Auf diese Weise entsteht durch den gerichteten Protonentransport an der Außenseite ein Überschuß an H^+ (und an der Innenseite von OH^-). Es baut sich ein Protonengradient auf, der durch die Membranbarriere aufrechterhalten wird. Da der Protonentransport die Außenseite (durch einen Überschuß an H^+) sauer und die Innenseite (durch einen Überschuß an OH^-) alkalischer macht, ist über die Membran ein pH-Gradient ausgebildet. Zusätzlich findet auch eine Trennung von $(-)$ und $(+)$ statt, die einer elektrischen Ladungstrennung entspricht: Es bildet sich dadurch ein elektrisches Feld aus. Der Aufbau der Gradienten ist ein energieabhängiger Prozeß, der durch den (energetischen) Abfall der Elektronen in der Atmungskette ermöglicht wird.

An bestimmten Stellen der Membran können die Protonen über ein Enzym, die ATP-Synthase, *kontrolliert* wieder nach innen gelangen. Der Ausgleich der Gradienten ist die Kraft (= Δp = pmf = protonenmotorische Kraft =

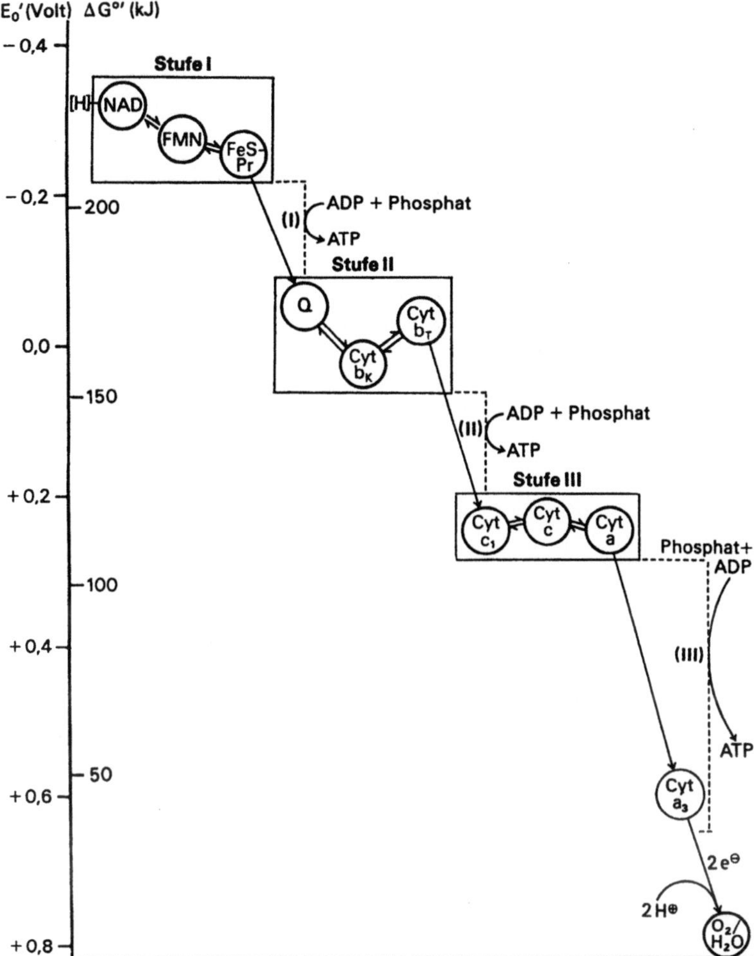

Abb. 5.12. Schema der aeroben Atmungskette in vielen Bakterien und in Mitiochondrien. Die Atmungskette kann in Stufen unterteilt werden, bei denen das Redoxpotential (E_0) schrittweise zunimmt und die freie Energie schrittweise abnimmt. Beim Abfall der Elektronen von einer Atmungskettenstufe zu anderen und auf die letzte Stufe O_2/H_2O (I → II → III → O_2) reicht die Änderung der freien Energie aus, um ATP zu bilden. ATP wird aber nicht direkt an den ATP-Bildungsstellen (I–III) synthetisiert, sondern indirekt über einen Protonengradienten an der Membran, in der die Redoxkomponenten der Atmungskette lokalisiert sind (s. Abb. 5.13). NAD = Nicotinamidadenindinucleotid; FMN = Flavinmononucleotid; FeS-Pr = Eisen-Schwefel-Proteine; Cyt = Cytochrome; ATP = Adenosintriphosphat; Q = Coenzym Q. Stufe I = Enzymkomplex 1, Stufe II = Komplex 2, Stufe III = Komplex 3 (s. Abb. 5.14)

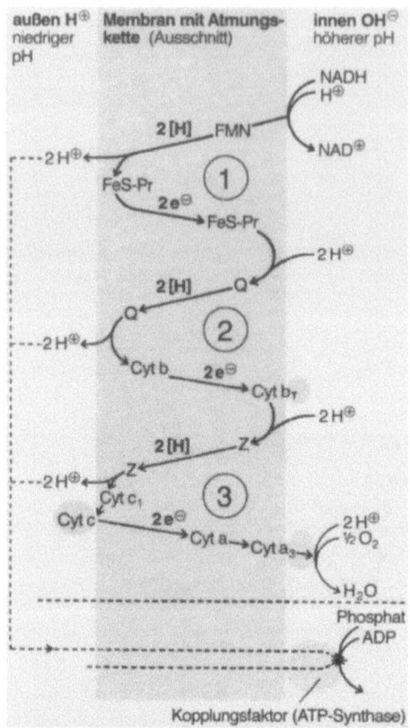

Abb. 5.13. Energie (ATP)-Gewinn an der aeroben Atmungskette: In der Atmungskette werden durch die Redoxkomponenten in alternierender Folge Wasserstoff ($H^+ + e^-$) und Elektronen (e^-) transportiert, so daß in jeder „Schleife" Protonen nach außen abgegeben werden (bei Bakterien ins Medium, bei Mitochondrien in den Intracristaeraum). Durch den gerichteten Protonentransport bildet sich über der Membran ein pH-Gradient aus. Das Herauspumpen der Protonen wird durch 3 große Enzymkomplexe katalysiert: 1. = NADH: Ubichinon-Oxidoreduktase (= NADH-Dehydrogenase), 2. Ubichinon: Cyt-C-Oxidoreduktase (= Cytochrom-Reduktase) 3. Cytochrom-C: O_2-Oxidoreduktase (= Cytochromoxidase). An bestimmten Stellen der Membran (Kopplungsstellen, ATP-Synthase) können die Protonen kontrolliert wieder nach innen gelangen. Dieser Ausgleich des Gradienten wird mit der Bildung von ATP gekoppelt. Abkürzungen: Cyt a-c = Cytochrome; FeS-Pr = Eisenschwefel-Protein; FMN = Flavinmononucleotid; Q = Coenzym Q; Z = Protonentransport durch den Cytochromoxidase-Komplex. Die Atmungskette kann stark verkürzt sein: Im einfachsten Falle wird ein Protonengradient dadurch aufgebaut, daß bei der Oxidation des Substrats an der Außenseite der Membran Elektronen nach innen oder Protonen nach außen transportiert werden

protonentreibende Kraft = Protonenpotential), die zur ATP-Bildung bzw. der ATP-Freisetzung vom Enzym führt. Sie setzt sich aus dem elektrischen Membranpotential und der pH-Differenz zusammen (nach Mitchell [20]).

$$\text{pmf} = \Delta p = \Delta \psi - \frac{2,3\,RT}{F} \cdot \Delta pH = \Delta \psi\, Z \cdot \Delta pH \qquad (5.2)$$

$\Delta \psi$ = elektrisches Membranpotential,
ΔpH = pH-Differenz,

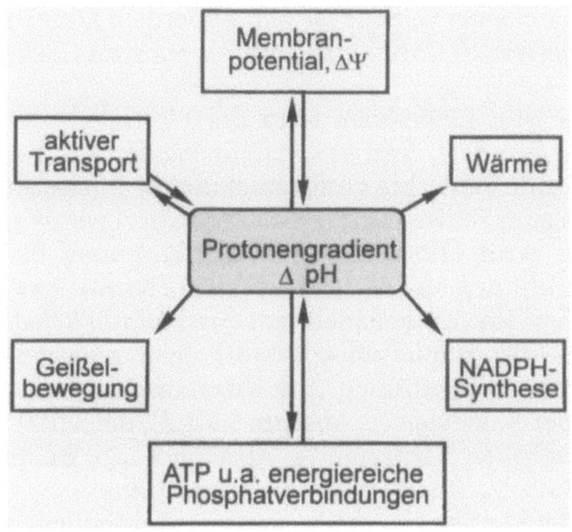

Abb. 5.14. Energieabhängige Reaktionen in Bakterien, an denen der Protonengradient (aus der Atmung) beteiligt ist, und andere Energieträger, durch die ein Protonengradient aufgebaut werden kann

$$
\begin{aligned}
R &= \text{Gaskonstante,} \\
F &= \text{Faradaykonstante,} \\
T &= \text{absolute Temperatur,} \\
Z &= 2{,}3 \cdot R \cdot T/F.
\end{aligned}
$$

Die ATP-Synthase koppelt dabei den Protonentransport in das Zellinnere mit der ATP-Synthese aus ADP und anorganischem Phosphat (P_i); dabei wird Wasser frei:

$$ADP + P_i + H^+ \rightleftharpoons ATP + H_2O \tag{5.3}$$

Die protonentreibende Kraft ist aerob nicht nur für die ATP-Bildung, sondern auch für eine Reihe weiterer energieabhängiger Prozesse in den Zellen verantwortlich (Abb. 5.14).

Organismen, die keinen Atmungsstoffwechsel besitzen, benötigen für einige energieabhängige Reaktionen gleichfalls einen Protonengradienten, der dann durch Verbrauch von ATP aufgebaut wird (umgekehrte ATP-Synthase-Reaktion [= ATPase-Reaktion]).

Anaerobe Atmung mit oxidierten Stickstoff- oder Schwefelverbindungen als Wasserstoffakzeptoren. Der Energiegewinn in der Atmung mit Sauerstoff unter Beteiligung einer Atmungskette ergibt eine bedeutend höhere ATP-Ausbeute als im Gärungsstoffwechsel. Einige Bakteriengruppen haben Mechanismen ausgebildet, die dazu führen, daß auch unter Luftabschluß eine vollständige oder verkürzte Atmungskette funktionsfähig ist. Anstelle des Sauerstoffs dienen meist oxidierte anorganische Verbindungen, z.B. Nitrat, Schwefel oder Sulfat, als Elektronenakzeptoren. Diese Verbindungen werden dabei reduziert. Dadurch kann auch ohne molekularen Sauerstoff das Substrat in vielen Fällen weitgehend oxidiert werden. Die ATP-Ausbeute ist bei diesen Atmungsvorgängen oft deutlich höher als bei einer reinen Gärung. Außerdem können von den meisten anaeroben Atmern auch Gärendprodukte als Substrat (Elektronendonor) genutzt werden.

Durch die Aufnahme von Elektronen wird die Wertigkeit des Stickstoff- oder Schwefelatoms geändert, und es entsteht Wasser wie bei der Sauerstoffatmung. Nitrat kann dabei bis zum molekularen Stickstoff oder zum Ammoniak, Sulfat bis zum Schwefelwasserstoff reduziert werden. Diese Art des Energiegewinns wird als *Nitrat-* bzw. *Sulfatatmung* bezeichnet. Man nennt diese Reduktionen auch *dissimilatorische Nitrat-* bzw. *dissimilatorische Sulfatreduktion* im Unterschied zur *assimilatorischen Nitrat-* und *Sulfatreduktion*, die für Synthesen stickstoff- bzw. schwefelhaltiger Verbindungen in den Zellen stattfinden. Die Nitratatmung findet man bei einer Reihe sonst aerober Bakterien (s. Abschn. 5.3.1.2), die Sulfatatmung bei einigen obligat anaeroben Bakterien (s. Abschn. 5.4.2). Beide Bakteriengruppen spielen im Naturhaushalt eine bedeutende Rolle.

Neben Nitrat und Sulfat können eine Reihe weiterer Verbindungen als anaerobe Elektronenakzeptoren dienen (s. Abb. 5.15).

Anorganische Substrate als Energiequelle

Die Oxidation anorganischer Verbindungen im chemolithotrophen Energiegewinn ist auf einige spezialisierte Bakteriengruppen beschränkt, aber alle sind im Stoffkreislauf der Natur und einige auch in Kläranlagen von sehr großer Bedeutung. Die H-Donoren werden entweder von anderen Organismen gebildet, z.B. beim Abbau von Proteinen, oder sind geochemischen Ursprungs. Verwertbare Verbindungen sind H_2, NH_3, NO_2^-, Fe^{2+}, CO und reduzierte Schwefelverbindungen (H_2S, S°, $S_2O_3^{2-}$). ATP wird meist unter aeroben Bedingungen im Atmungsstoffwechsel gewonnen. Einige Formen können bei Fehlen von O_2 die Elektronen auch auf Nitrat bzw. Nitrit übertragen.

Als Kohlenstoffquelle dient den meisten chemolithotrophen Bakterien CO_2, das sie wie die grünen Pflanzen autotroph assimilieren.

Nitrifikation. Die chemolithotrophen nitrifizierenden Bakterien oxidieren Ammonium (bzw. Ammoniak) über Nitrit bis zum Nitrat und gehören damit zu den wichtigsten Organismen im Stickstoff-Kreislauf der Natur. Sie kommen überall im Boden und im Wasser vor, wo NH_4^+ (bzw. NO_2^-) zur Verfügung steht, O_2 vorhanden ist und neutrale bis alkalische pH-Werte vorherrschen (s. Abschn. 5.3.1.2).

Einige chemoorganotrophe Bakterien und Pilze können auch Ammonium, besonders aus organischen Stoffen, bis zum Nitrat oxidieren (= *heterotrophe Nitrifikation*). Die Rate dieser Nitratbildung ist jedoch im Vergleich zur „echten" (= lithotrophen) Nitrifikation sehr gering und wahrscheinlich ohne Bedeutung für die Ammoniumoxidation in Kläranlagen.

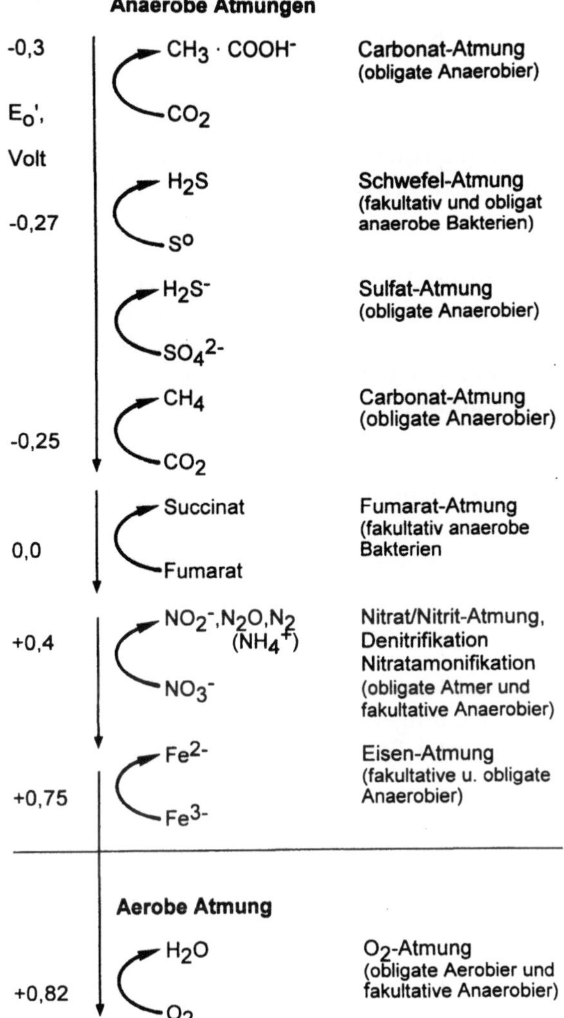

Abb. 5.15. Wichtige anaerobe Atmungen, aerobe Atmung und das Oxidations-Reduktionspotential (E_0', = Redoxpotential), bei denen sie ablaufen (nach [19]) sowie Elektronenakzeptoren und die bei der Reduktion entstehenden Endprodukte

Schwefeloxidation. Fließen der Belebung reduzierte Schwefelverbindungen (z.B. Schwefelwasserstoff bzw. Sulfide) zu, so können sie zu Schwefelsäure oxidiert werden (s. Abschn. 5.3.1.3):

$$S^{2-} \text{ (Sulfid)} + 2\,O_2 \rightarrow SO_4^{2-} + \text{freie Energie} \tag{5.4}$$

Reduzierte Schwefelverbindungen werden von sehr unterschiedlichen Bakteriengruppen zum Energiegewinn genutzt werden. Die ATP-Bildung erfolgt hauptsächlich in einer oxidativen Phosphorylierung an einer verkürzten Atmungskette.

Eisenoxidation und Eisenbakterien. In sauren Gewässern finden sich Bakterien, die außer Schwefel auch Eisen-II-Verbindungen als Elektronendonor verwerten können:

$$4\,Fe^{2+} + 4\,H^+ + O_2 \rightarrow 4\,Fe^{3+} + 2\,H_2O + \text{freie Energie} \qquad (5.5)$$

Eine Reihe von Bakterien lagern Eisenoxide an den Zellen oder besonderen Zellfortsätzen ab; wieweit diese Formen Eisen auch als Energiequelle nutzen können, ist noch umstritten.

Oxidation von molekularem Wasserstoff. Die wasserstoffoxidierenden Bakterien (Knallgasbakterien) sind üblicherweise alle fakultativ chemolithotroph. Sie können mit H_2, O_2 und CO_2 chemolithoautotroph wachsen, aber (bis auf eine Ausnahme) genauso gut eine Reihe organischer Substrate (z. B. Fructose) als Kohlenstoff- und Energiequelle nutzen.

$$6\,H_2 + 2\,O_2 + CO_2 \rightarrow [CH_2O]\,(= \text{Zellsubstanz}) + 5\,H_2O \qquad (5.6)$$

Der Energiegewinn erfolgt an einer Atmungskette. Die Knallgasbakterien gehören sehr unterschiedlichen Bakteriengruppen an.

5.2.1.2
Phototropher Energiegewinn

Im phototrophen Energiestoffwechsel wird von den Organismen Licht (Strahlungs)-Energie in Stoffwechselenergie umgewandelt.

Es muß dabei zwischen zwei Formen der Photosynthese unterschieden werden:

1. der oxygenen Photosynthese, in der O_2 freigesetzt wird, und
2. der anoxigenen Photosynthese, in der kein O_2 entsteht.

Formal kann der phototrophe Stoffwechsel durch folgende Gleichungen beschrieben werden:

$$1.\ \ CO_2 + 2\,H_2O \xrightarrow{\text{Licht}} [CH_2O]\,(= \text{Zellsubstanz}) + O_2 + H_2O \qquad (5.7a)$$

$$2.\ \ CO_2 + 2\,H_2S \xrightarrow{\text{Licht}} [CH_2O]\,(= \text{Zellsubstanz}) + 2\,S + H_2O \qquad (5.7b)$$

Sauerstoff entsteht aus Wasser bei der Photosynthese von Algen, höherer grüner Pflanzen und auch bei Cyanobakterien (Blaugrüne Bakterien, Blaualgen) in einem Photosyntheseapparat mit zwei Lichtreaktionen (2 Photosysteme, I u. II). Der Wasserstoff [H] aus dem Wasser wird zur Bildung von Reduktionsäquivalenten für die Reduktion von CO_2 für Zellsubstanzen genutzt.

In der Photosynthese der phototrophen Bakterien (Grüne- u. Purpurbakterien), die nur ein Photosystem (I) besitzen, kann aus energetischen Gründen kein Wasser gespalten werden. Die phototrophen Bakterien verwenden stattdessen zur Bildung von Reduktionsäquivalenten für Biosynthesen reduzierte Schwefelverbindungen, molekularen Wasserstoff und/oder organische Substrate.

Diese bakterielle Photosynthese findet nur unter *anaeroben* Bedingungen im Licht statt, hat daher für die technische Abwasserklärung keine Bedeutung, obwohl sich fakultativ phototrophe Purpurbakterien auch aus Belebtschlamm isolieren lassen. Die oxygene Photosynthese ist dagegen bei der Nachbehandlung von geklärtem Abwasser in Teichen als O_2-Lieferant (am Tage) wichtig.

5.2.2
Wachstum

Wachstum ist die geordnete (irreversible) Zunahme aller chemischen Komponenten der Zelle, die zu einer Vergrößerung und Teilung der Zelle führt. Bei Bakterien ist mit dem Wachstum in der Regel eine Vermehrung verbunden. Die Bedingungen für Wachstum und Vermehrung von Mikroorganismen sind außerordentlich vielfältig. Wie alle Organismen benötigen auch Mikroorganismen eine Reihe von Nährstoffen, die sie aus der Umwelt aufnehmen. Neben der organischen oder anorganischen Energie- und Kohlenstoffquelle, der Stickstoffquelle und Phosphat, ist noch eine Reihe von Metallionen (z.B. Fe-, Cu-, Ca-, Mg-Ionen) notwendig, die in kommunualen Kläranlagen in der Regel in ausreichender Menge vorhanden sind. Weitere Umweltfaktoren, die den Stoffwechsel und das Wachstum stark beeinflussen, sind die Wasserstoffionenkonzentration (pH-Wert), die Temperatur, der Sauerstoffgehalt und das Redoxpotential.

Bakterien vermehren sich überwiegend durch Zweiteilung. Bei ungestörtem Wachstum steigt die Zellzahl exponentiell; man spricht dann von einem exponentiellen oder auch logarithmischen Wachstum. Die Zellzahl (N) in einem bestimmten Volumen beträgt dann nach n Teilungen, wenn N_0 die Anfangskonzentration an Zellen war, $N = N_0 \cdot 2^n$.

Die Anzahl der Zellteilungen beträgt demnach:

$$n = \frac{\lg N - \lg N_0}{\lg 2} = \frac{\lg N - \lg N_0}{0{,}301}$$

Die Teilungsrate (v = Zellteilung/Stunde):

$$v = \frac{n}{t} = \frac{\lg N - \lg N_0}{\lg 2\,(t - t_0)} = \frac{\lg N - \lg N_0}{0{,}301\,(t - t_0)}$$

Die Generationszeit (= Zeit für einen Teilungscyclus):

$$g = \frac{t}{n} = \frac{1}{v}$$

Prinzipiell lassen sich zwei Arten der Mikroorganismenkultur unterscheiden:

1. Das Wachstum in geschlossenen Systemen (= statische Kultur) und
2. das Wachstum in offenen Systemen (= kontinuierliche Kultur).

5.2.2.1
Statische Kultur

Werden Mikroorganismen in ein Nährmedium eingeimpft und während des Wachstums weder frische Nährlösung zugeführt noch Stoffwechselprodukte entfernt, so spricht man von einer statischen Kultur. Im allgemeinen laufen in diesem „geschlossenen Lebensraum" vier Wachstumsphasen ab (Abb. 5.16):

Die Anlauf- oder Lag-Phase, die exponentielle oder Log-Phase, die stationäre Phase und die Absterbephase. In der Anlaufphase stellen sich die Zellen auf die neuen Wachstumsbedingungen ein. Die Dauer dieser Phase ist besonders vom Alter und der Vorkultur der Zellen abhängig. In der Log-Phase erfolgt das Wachstum exponentiell mit konstanter Teilungsrate. Jede Bakterienart hat abhängig von den äußeren Wachstumsbedingungen eine spezifische Teilungsrate. Am Ende der Log-Phase erfolgt ein allmählicher Übergang in die stationäre Phase, in der die Zellzahl nicht mehr zunimmt. Eine Verminderung des Wachstums setzt bereits vor Substraterschöpfung ein. Auslösende Faktoren könnten z.B. zu hohe Bakteriendichte, begrenzte O_2-Versorgung, limitierendes Nährstoffangebot oder eine Anhäufung von hemmenden Stoffwechselprodukten sein. In der Absterbephase nimmt die Lebendzellzahl wieder ab. Die Abtötung kann durch im Stoffwechsel gebildete Säuren erfolgen, möglicherweise tritt auch eine Selbstauflösung (Autolyse) durch zelleigene Enzyme ein.

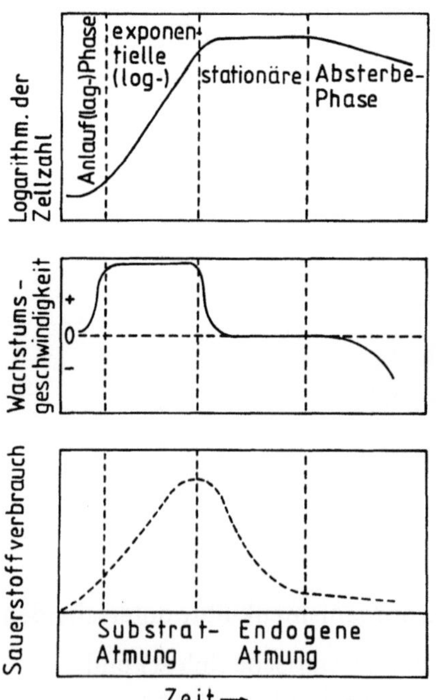

Abb. 5.16. Wachstumskurve einer statischen Bakterienkultur: Zellzahl, Wachstumsgeschwindigkeit und O_2-Verbrauch

5.2.2.2
Kontinuierliche Kultur

In kontinuierlicher Kultur wachsen die Mikroorganismen in einem „offenen Lebensraum", in dem fortlaufend frisches Nährmedium zufließt und verbrauchtes Medium (mit Mikroorganismen) aus dem Fermenter (Reaktor) abgezogen wird (Abb. 5.17, 5.18). Im Idealfall, wenn eine wachstumslimitierende Menge an Nährmedium zufließt, stellt sich eine konstante (selbstregulierende) Zelldichte ein (= Chemostat, Abb. 5.17).

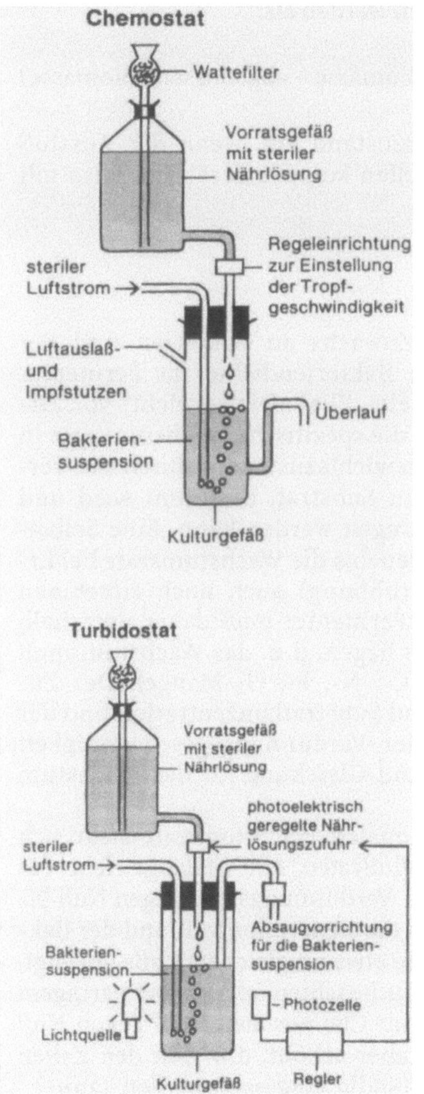

Abb. 5.17. Chemostat: Im Chemostaten wird kontinuierlich eine konstante wachstumslimitierende Menge an Nährlösung dem Kulturgefäß zugeführt. Nach einer Anpassungsphase bleibt die Bakteriendichte auch nahezu konstant (selbstregulierend). Der Bakterienzuwachs ist dabei genau so groß wie die Anzahl der Bakterien, die abgezogen werden

Abb. 5.18. Turbidostat: Im Turbidostaten wird eine konstante Bakteriendichte durch eine Trübungsmessung und eine Regeleinrichtung erreicht, die nach den erhaltenen Meßdaten den Zufluß an neuer Nährlösung steuert. Im Unterschied zum Chemostaten sind im Turbidostaten alle Nährstoffe im Überfluß vorhanden; dadurch sind die Wachstumsraten höher

Das Wachstum im Chemostaten läßt sich folgendermaßen beschreiben:

Der Fluß des Mediums durch das System wird durch die Verdünnungsgeschwindigkeit (Verdünnungsrate) D dargestellt, die definiert ist als:

$$D = \frac{F}{V} \tag{5.8}$$

Dabei ist D die Verdünnungsgeschwindigkeit (Verdünnungsrate) (h^{-1}),
V das Volumen (l) und F die Durchflußgeschwindigkeit (Zuflußrate) (h^{-1}).

Die Veränderung der Konzentration an Zellen im Fermenter während einer Zeitspanne kann beschrieben werden als:

$$\frac{dx}{dt} = \mu x - Dx \quad (= \text{Zuwachs an Biomasse} - \text{abgeflossene Biomasse})$$

Im System stellt sich ein Gleichgewichtszustand ein, wenn der Ausstoß an Biomasse durch das Wachstum der Zellen kompensiert wird. Also gilt dann:

$$\frac{dx}{dt} = 0 \,; \quad \mu x = Dx \,; \quad \mu = D$$

Unter diesen Bedingungen, wenn der Zuwachs an Bakterien und der Auswaschverlust gleich sind, bleibt die Bakteriendichte im Fermenter ungefähr konstant (chemostabil); es liegt ein „Fließgleichgewicht" vor. Die obige Gleichung macht auch deutlich, daß die spezifische Wachstumsrate in einem Chemostaten während des Gleichgewichtszustandes durch die Verdünnungsgeschwindigkeit, dem Zufluß an Substrat, bestimmt wird und damit durch Einstellen der Zuflußrate geregelt werden kann. Eine Selbstregulation kann aber nur solange stattfinden, bis die Wachstumsrate bei Erhöhung der Durchflußrate (= Substraterhöhung) auch noch zunehmen kann. Die spezifische Wachstumsrate im Fermenter muß daher unterhalb der maximalen Wachstumsrate der Zellen liegen, d.h. das Wachstum muß substratlimitiert sein, z.B. durch einen C-, N-, P-, O_2-Mangel. Der Zusammenhang zwischen Wachstumsrate und Substratkonzentration und der Mechanismus, der dem Kontrolleffekt der Verdünnungsgeschwindigkeit zugrunde liegt, läßt sich an aus der Monod-Gleichung für das Wachstum ableiten (s.u., Abb. 5.20).

Im Bereich unterhalb der maximalen Wachstumsrate stellt sich im Fermenter bei verschiedenen Durchflußraten ein Gleichgewicht ein (Abb. 5.19): Über einen weiten Bereich, von Verdünnungsrate gegen Null bis nahe an die Auswaschrate, vermindert sich die Generationszeit und der Bakterienertrag nimmt zu. Da die Auswaschrate etwa im gleichen Maße ansteigt, bleibt die Bakteriendichte nahezu gleich. Zu beachten ist, daß bei geringem Substratzufluß die Substratkonzentration im Chemostatengefäß gegen Null geht, mit steigendem Substratzufluß sich aber erhöht, d.h. von den Zellen während des Durchflusses nicht mehr vollständig umgesetzt werden kann.

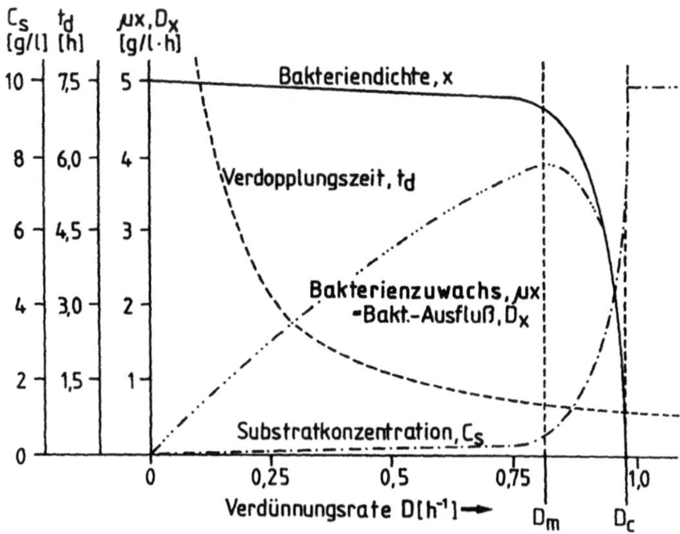

Abb. 5.19. Chemostat: *Theoretische* Zusammenhänge von Verdünnungsrate (D), der Bakterienkonzentration (x), der Substratkonzentration im Reaktionsgefäß, dem Verdopplungswert der Bakterien (t_d) und dem Bakterienzuwachs (μx), der der ausfließenden Bakterienmasse (Dx) entspricht. D_m = Verdünnungsrate mit maximalen Bakterienertrag, D_c = Auswaschpunkt. μmax. = 1,0 h⁻¹, Ertragskoeffizient (γ) = 0,5; K_s = 0,2 g/l, Substratkonzentration im Zufluß = 10 g/l, (nach Herbert et al., 1956 [22])

Hauptunterschied zwischen einer statischen Kultur und dem kontinuierlichen Wachstum im Chemostaten sind:

– Der Chemostat ist ein offenes System, in dem sich ein Gleichgewichtszustand in der Kultur einstellt; die Wachstumsbedingungen bleiben konstant. Die Substratkonzentration muß aber wachstumslimitierend sein, so daß die Wachstumsrate unterhalb der maximalen Wachstumsrate (μmax) bleibt.
– Die statische Kultur ist ein geschlossenes System, in der während der Log-Phase ein Überschuß aller Nährstoffe vorliegt. Abhängig von den weiteren Umweltbedingungen kann das Wachstum mit maximaler Rate ablaufen. Zu jedem Zeitpunkt liegen andere Wachstumsbedingungen vor, so daß verschiedene Wachstumsphasen auftreten.

Eine konstante Mikroorganismenzahl kann auch durch Messung der Zelldichte im Reaktor und eine Regeleinrichtung erhalten werden, durch die der Zufluß an Medium und der Abzug an Biomasse gesteuert wird (= Turbidostat, Abb. 5.18).

Das Wachstum von Mikroorganismen wird durch enzymatische Reaktionen gesteuert und läßt sich (nach Monod, 1942 [22]) daher summarisch wie eine Enzymreaktion beschreiben (Michaelis-Menten-Gleichung).

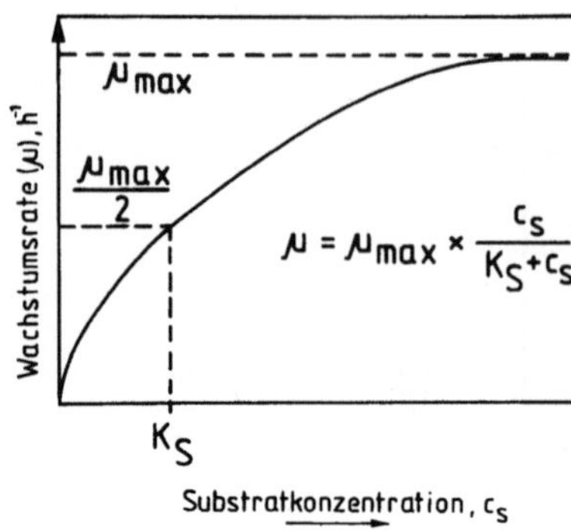

Abb. 5.20. Graphische Darstellung der Monod-Gleichung über die Abhängigkeit der Wachstumsrate (μ) von der Substratkonzentration (C_s) [23]. K_S = Substratkonzentration bei halbmaximaler Wachstumsrate

Die Wachstumsrate (μ) ist dabei ein Maß für die Geschwindigkeit des Zellwachstums (pro Stunde bzw. Tag) und läßt sich während der exponentiellen Wachstumsphase nach folgender Formel berechnen:

$$\mu = \mu_{max} \cdot \frac{C_S}{K_S + C_S} \ (= \text{Monod Kinetik}) \tag{5.9}$$

C_S = Substratkonzentration (mg/l);

K_S = Substratkonzentration, bei der die spezifische Wachstumsrate μ ihren halben maximalen Wert erreicht ($K_S = \mu_{max/2}$; μ_{max} = maximale spezifische Wachstumsrate (pro h) = Sättigungskonstante).

Die spezifische Wachstumsrate (Wachstumskonstante) eines Mikroorganismus ist vom wachstumslimitierenden Substrat abhängig. Trägt man sie gegen die Substratkonzentration auf, so erhält man eine Sättigungskurve (Abb. 5.20): mit steigender Substratkonzentration erhöht sich die Wachstumsrate bis ein Maximalwert erreicht ist. Durch eine weitere Erhöhung der Substratkonzentration läßt sich die Wachstumsrate nicht mehr steigern.

Die Wachstumskinetik eines bestimmten Mikroorganismus ist von seiner spezifischen Wachstumsrate und der Substratkonzentration, aber auch von der Substratart sowie weiteren Umweltfaktoren (z. B. Temperatur, O_2-Gehalt) abhängig.

Sowohl die Erhöhung der spezifischen Wachstumsrate (μ) mit zunehmender Substratkonzentration als auch die maximale Wachstumsrate können sich bei verschiedenen Bakterienarten sehr stark unterscheiden. Es kann dadurch bei einer Änderung der Wachstumsbedingungen zu entscheidender Verschiebung in der Zusammensetzung der Abwasserflora kommen, wenn sich z.B. das Nährstoffangebot im Zufluß oder die BSB_5-Schlammbelastung (s. 5.3) ändern. Eine graphische Darstellung der Wachstumsrate bei verschiedenen Substratkonzentrationen und sonst konstanten Umweltbedingungen von zwei Organismen, die unterschiedliche Wachstumskonstanten besitzen, ist in Abb. 5.21 aufgetragen [24]. Organismus I zeigt bei geringer Substratkonzentration eine langsamere Vermehrung als Organismus II. Bei höherer Substratkonzentration erreicht Organismus I aber eine

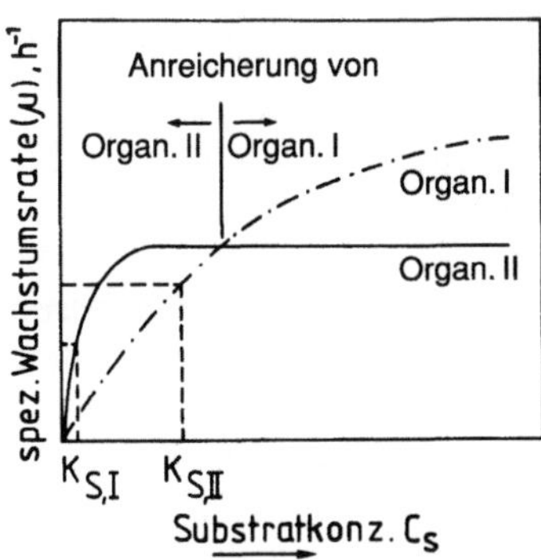

Abb. 5.21. Unterschiedliche spezifische Wachstumsraten zweier Organismen in Abhängigkeit von der Substratkonzentration (nach Chudoba et al., 1973 [24]). Organismus I (= Organ. I), z.B. ein stäbchenförmiger Flockenbildner; Organismus II (= Organ. II), z. B. ein fädiger Blähschlammbildner. K_S, I u. K_S, II = Substratkonzentration bei halbmaximaler Wachstumsrate von Organismus I bzw. II

höhere maximale Wachstumsrate. Dieses unterschiedliche Wachstumsverhalten bedeutet, daß sich Organismen vom Typ II bei geringen Substratkonzentrationen und Typ I bei hohen Substratkonzentrationen anreichern. In Mischkultur wird sich somit bei den entsprechenden Substratkonzentrationen jeweils ein Typ durchsetzen und den anderen Wachstumstyp weitgehend verdrängen.

5.2.3
Adaptation an wechselnde Umweltbedingungen

Die Zusammensetzung einer Biozönose und die Stoffwechselaktivität der Mikroorganismen bilden ein „dynamisches System", das an die auf sie einwirkenden Umweltfakoren angepaßt ist. Es kann dabei zwischen abiotischen Faktoren, chemischen und physikalischen Faktoren, die stark von der Verfahrens- und Betriebsweise abhängig sind, und den biotischen Faktoren, z.B. Nahrungskonkurrenten oder symbiontische Partner, unterschieden werden. Bei einer Änderung der Abwasserzusammensetzung kann sich die bereits in der Kläranlage vorhandene Mikroflora in ihrer Abbauleistung anpassen, da viele Bakterien ein breites Spektrum an Substraten verwerten und bei unterschiedlichen Konzentrationen mit hoher Rate wachsen können. Größere Veränderungen, z.B. ein Wechsel der Betriebsbedingungen oder eine stoßweise Belastung mit besonderen Schmutzstoffen aus der Industrie, setzen eine Anpassung an die neuen Milieubedingungen voraus, ehe wieder ein Gleichgewicht in der Zusammensetzung der Mikroorganismen und der Abbauleistung eintritt. Es kann daher zwischen zwei Formen der Adaptation unterschieden werden:

- Eine Adaptation des Enzymsystems der bereits vorhandenen Flora (enzymatische Adaptation), die in Minuten oder innerhalb weniger Stunden erfolgen kann. Die Veränderungen in der neuen Abbauleistung wird dabei über eine Aktivierung oder Synthese neuer Enzyme durch Induktion oder Derepression geregelt.

– Eine Veränderung des Artenspektrums der Organismen im Belebtschlamm, die erst nach Tagen oder Wochen abgeschlossen ist.

Im zweiten Fall findet eine Verschiebung in der Populationsdichte verschiedener Bakteriengruppen durch sich verändernde Wachstumsraten statt. So können vorher in geringer Anzahl vorliegende Bakterien zur dominierenden Flora werden, wenn ihre Wachstumsrate sich durch den Zufluß eines besonderen Substrats gegenüber der der anderen Mikroorganismen erhöht. Beim Einleiten von Kohlenhydraten aus der Nahrungsmittelindustrie wird beispielsweise die Entwicklung einiger fadenförmiger Bakterien gefördert (s. Abschn. 5.3.4). Ein Zufluß schwefelwasserstoffhaltigen Abwassers kann wiederum die Populationsdichte von schwefeloxidierenden Bakterien stark erhöhen. Neben den bereits vorhandenen Mikroorganismen können sich auch zufällig eingebrachte Arten durch neue Umweltbedingungen in der Kläranlage anreichern. In Kläranlagen mit unterschiedlicher Substratkonzentration im Belebungsbecken, z.B. bei einem Vor-Kopf-Zufluß im längsdurchströmten Becken, oder bei einer Kaskadenunterteilung, beispielsweise beim Vorschalten eines Selektors (mit sehr hoher Substratkonzentration), scheint besonders die Entwicklung von Bakterien gefördert zu werden, die Reservestoffe speichern können.

Für die Ansiedlung von bestimmten Mikroorganismen mit hoher Populationsdichte sind neben der Abwasserzusammensetzung auch die Verfahrensweise und die Betriebsbedingungen wichtig. Es ist daher notwendig, gezielt Maßnahmen zu ergreifen, durch die sich die Lebensgemeinschaft der Mikroorganismen in der Abwasserklärung so zusammensetzt, daß die erwünschten Bakterien Wachstumsvorteile gegenüber den unerwünschten Formen erhalten. Neben den stoffwechselphysiologischen Eigenschaften zur optimalen Reinigung des Abwassers sind auch morphologische Voraussetzungen notwendig, in Belebungsanlagen z.B. die Fähigkeit zur Flockenbildung, die für eine gute Trennung von geklärtem Abwasser und Bakterienschlamm notwendig ist, oder in Tropfkörperverfahren eine intensive Schleimbildung, durch die eine feste Anheftung des Biofilms erfolgt (s. Abschn. 5.3). Die betriebliche Steuerung der Artenzusammensetzung bzw. die gewünschten Reinigungsanforderungen (entsprechend dem stoffwechselphysiologischen Verhalten) lassen sich über den O_2-Gehalt, einen periodischen Wechsel zwischen belüfteten und unbelüfteten Phasen, die Verfügbarkeit von Substrat (BSB_5-Schlammbelastung (s. Abschn. 5.3 [F/M-Quotient]), die Verweilzeit der Organismen im System (Schlammalter) und die Durchflußzeit im Belebungsbecken (s. Abschn. 5.3.1) oder auch die Kontaktzeit in einer anaeroben Mischzone von Abwasserzufluß und Rücklaufschlamm einzustellen. Läßt sich durch eine ungünstige Abwasserzusammensetzung trotzdem keine ausreichende Klärung erreichen, kann letztere oft durch Zusatz von Nährstoffen verbessert werden. So erhöht sich z.B. durch Zugabe einer Extra-Kohlenstoffquelle für Denitrifikation oder weitergehende biologische Phosphorentfernung in vielen Fällen die Beseitigung von Stickstoff und Phosphor deutlich.

5.3
Aerobe Abwasserbehandlung

In der biologischen, aeroben Abwasserklärung soll vor allem der Anteil gelöster organischer Schmutzstoffe durch einen Abbau im Atmungsstoffwechsel und Einbau in die Biomasse möglichst vollständig entfernt werden. Da in den technischen Verfahren eine schnelle Mineralisation des relativ hoch belasteten Abwassers erforderlich ist, muß die Umsetzung in diesem Reinigungsprozeß, im Vergleich zur Selbstreinigung in natürlichen Gewässern, stark erhöht werden. Eine Beschleunigung des Abbaus wird dadurch erreicht, daß:

– die Biomassekonzentration erhöht und
– die O_2-Versorgung verbessert wird.

Außerdem muß ein guter Kontakt von Schmutzstoffen und Biomasse stattfinden sowie der Zufluß toxischer Stoffe, die den Stoffwechsel der Abwasserorganismen hemmen können, möglichst verhindert werden.

Diese Voraussetzungen lassen sich auf relativ kleinem Raum prinzipiell durch zwei Verfahren erreichen:

a) Durch *Festbettreaktoren*, in denen die Biomasse durch einen Aufwuchs der Mikroorganismen als Biofilm auf einem Festbett konzentriert wird, und
b) im *Belebungsverfahren*, in dem die Mikroorganismen frei im Abwasser, aber in großen Flocken zusammengehalten, aktiv sind. Die Flockenbildung ist notwendig, damit im Nachklärbecken eine Sedimentation der Biomasse eintritt und es so zu einer guten Trennung von gereinigtem Abwasser und Belebtschlamm kommt.

Die Bestimmung der Abwasserbelastung mit organischen Stoffen erfolgt meist mit Hilfe von zwei Methoden: Dem chemischen Sauerstoffbedarf (CSB), durch den der gesamte Gehalt organischer Stoffe gemessen wird, und dem biochemischen Sauerstoffbedarf (BSB), der den biologisch abbaubaren Anteil angibt.

Unter dem CSB versteht man den Sauerstoff (in g/l), der zur *chemischen Oxidation* der gesamten organischen Substanzen bis zu CO_2 und H_2O benötigt wird. Als Oxidationsmittel wird meist Kaliumdichromat ($K_2Cr_2O_7$ in schwefelsaurer Lösung bei 148 °C) eingesetzt und der bei der Oxidation verbrauchte Chromat-Sauerstoff als CSB angegeben. Im Abwasser werden durch Kaliumdichromat auch reduzierte Schwefelverbindungen (z. B. Schwefelwasserstoff oder SH-Gruppen) von Aminosäuren und Mikroorganismenzellen, aber keine reduzierten Stickstoffverbindungen oxidiert. 1,0 g Kohlenhydrate entsprechen normalerweise etwa 1,0 g CSB, wie sich aus folgender stöchiometrischer Gleichung ergibt:

$$C_6H_{12}O_6 + 6\,O_2 \rightarrow 6\,CO_2 + 6\,H_2O \qquad (5.10)$$

$$1 \cdot 180\,g + 6 \cdot 32\,g \rightarrow 6 \cdot 44\,g + 6 \cdot 18\,g$$

Bei der Oxidation von Aminosäuren liegen die CSB-Werte in der Regel etwas unter 1,0 g/l. Diese chemische Bestimmungsmethode erlaubt keine Aussage über die biologische Abbaubarkeit der organischen Schmutzstoffe.

Der Anteil an gelösten und nicht-absetzbaren organischen Stoffen, die *biologisch oxidiert* werden können, wird als BSB_5 angegeben. Darunter wird die Sauerstoffzehrung (mg/l O_2) im Dunkeln, bei 20 °C innerhalb von 5 Tagen verstanden. Voraussetzung für eine direkte Korrelation des biologisch nutzbaren Kohlenstoffgehaltes im Abwasser und der gemessenen O_2-Zehrung sind:

- Kein Mangel an anderen Nährstoffen (z. B. P und N),
- keine ungünstigen Umweltfaktoren (z. B. zu tiefer pH-Wert),
- kein Vorliegen von toxischen Substanzen,
- kein O_2-Verbrauch durch Nitrifikation.

Für die BSB_5-Bestimmung sind eine Reihe verschiedener Methoden entwickelt worden (Methoden siehe [11]). Die Nitrifikation wird dabei durch eine starke Verdünnung des Abwassers oder durch Hemmstoffe (z. B. Allylthioharnstoff) verhindert oder so verlangsamt, daß in den ersten 5 Tagen kein signifikanter O_2-Verbrauch durch die Nitrifikanten eintritt.

Bei einer länger andauernden Bestimmung des O_2-Verbrauchs, z. B. in verdünntem Abwasser, läßt sich oft eine 1- oder sogar eine 2-stufige O_2-Zehrung beobachten (Abb. 5.22). Meistens wird eine erneute stärkere O_2-Aufnahme durch den Beginn der Nitrifikation verursacht. Ein erneuter Anstieg kann aber auch durch Adaptation der Biomasse an schwer abbaubare Substrate oder bei hohem Protozoengehalt durch Verzehr von Bakterienbiomasse bedingt sein.

Der BSB ist immer niedriger als der CSB, auch wenn die gesamten organischen Schmutzstoffe des Abwassers biologisch abbaubar wären, da neben der Mineralisation der organischen Substrate ein Teil als Biomasse gebunden wird:

$$\text{Organische Substrate} + O_2 \xrightarrow{\text{Mikroorganismen}} CO_2 + H_2O + NH_4^+ \, (= \text{Mineralisation})$$
(Kohlenhydrate, Proteine, Fettsäuren)
$$+ \text{Biomasse.}$$

$$(5.11)$$

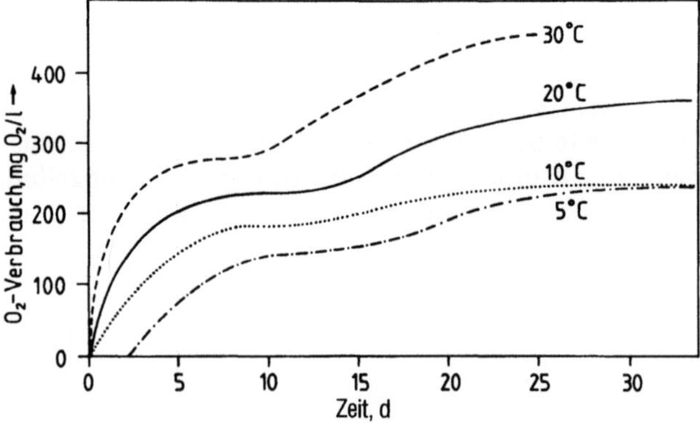

Abb. 5.22. Sauerstoffzehrung im verdünnten Abwasser bei verschiedenen Temperaturen. Der 2. Anstieg des O_2^--Verbrauchs wird meist durch eine Nitrifikation verursacht (nach Hartmann, 1992 [15])

Die meisten Mikroorganismen haben bei der Veratmung von organischen Substraten einen Zellertrag von ca. 0,4 g Zelltrockensubstanz pro 1,0 g CSB [25]. 1,0 g Zelltrockensubstanz enthält ca. 0,5 g C, bei dessen Oxidation ein CSB von 1,33 benötigt wird. Daraus ergibt sich, daß 1,0 g Kohlenhydrat-Substrat $\rightarrow$ 0,53 g Biomasse-CSB entspricht (= 0,4 g Zelltrockengewicht $\cdot$ 1,33 CSB).

Somit wird etwa die Hälfte des organischen Substrats in der Biomasse festgelegt. In diesen Umrechnungen wurde der Substratabbau für den Erhaltungsstoffwechsel nicht berücksichtigt. Der Erhaltungsstoffwechsel wird meist als konstant angesehen und mit ca. 0,1 g O_2-Verbrauch pro Gramm Zelltrockensubstanz angegeben [Lit. s. 25]. Berücksichtigt man den Anteil des Wachstums-CSB und des CSB für den Erhaltungsstoffwechsel, ergibt sich, daß in kommunalen Anlagen der BSB_5 ca. 0,65 $\cdot$ CSB entspricht. In industriellen Abwässern, wenn hohe Anteile an biologisch nicht- oder nur sehr schwer abbaubaren Stoffen vorliegen, kann der Umrechnungsfaktor viel kleiner sein (z.B. BSB_5/CSB = 0,1). Auch im Abfluß einer Kläranlage, wenn die verwertbaren organischen Stoffe in der Kläranlage weitgehend abgebaut wurden, fällt der BSB_5/CSB auf ca. 0,3. Zur Charakterisierung der Abwasserzusammensetzung und der Klärleistung sind sowohl CSB als auch BSB_5 zu bestimmen, da sich durch das Verhältnis von BSB_5/CSB der prozentuale Anteil der biologisch abbaubaren organischen Schmutzstoffe erfassen läßt. Niedrige Werte können auch das Vorhandensein toxischer Stoffe anzeigen.

Zum Wachstum der Biomasse ist außer Kohlenstoff noch Stickstoff und Phosphat in höherer Konzentration notwendig. Die Trockenmasse von Bakterien enthält C:N:P etwa im Verhältnis 50:14:3. Da etwa 50% der organischen Substrate bei der Synthese veratmet werden, muß ein ausgewogenes Verhältnis von C:N:P theoretisch 100:14:3 betragen. Im vorgeklärten häuslichen und kommunalen Abwasser ist das Verhältnis von C:N:P etwa 60:12:3 [26]. Das bedeutet, daß der Kohlenstoffgehalt wachstumslimitierend ist und die N-Verbindungen und Phosphor (im Verhältnis zur C-Konzentration) in deutlich höherem Maße vorhanden sind, als für die Biosynthesen notwendig. Diese Nährstoffe lassen sich daher nicht allein durch Einbau in die Biomasse festlegen. Für eine weitergehende Entfernung von N und P müssen deswegen besondere Betriebsweisen angewandt werden.

5.3.1
Belebungsverfahren

Im Belebungsverfahren kann neben der Mineralisation der gelösten organischen Schmutzstoffe auch eine weitergehende N- und P-Entfernung ablaufen. Im belüfteten Becken wird eine gute Sauerstoffversorgung und gleichzeitig eine gute Durchmischung meist durch Einblasen von Luft erhalten. Im Belebungsbecken finden dabei eine Reihe von Wechselwirkungen zwischen chemoorganotrophen und chemolithotrophen Bakterien sowie Protozoen statt (Abb. 5.23). Die Anreicherung der Biomasse erfolgt durch Rückführung eines Teils des Schlammes aus der Nachklärung. Um eine ausreichende

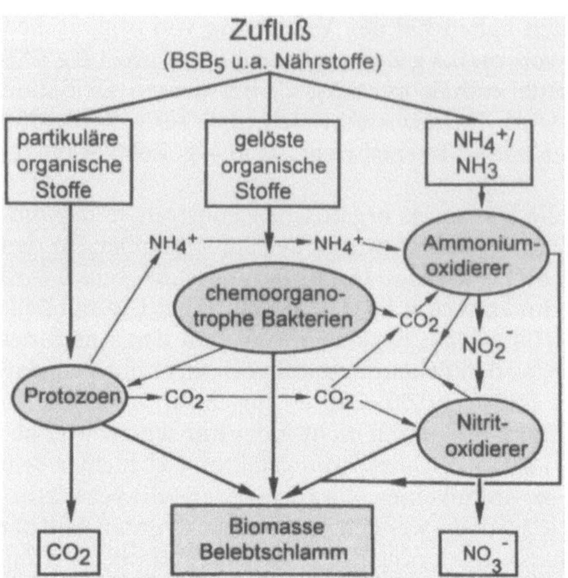

Abb. 5.23. Wechselwirkung zwischen chemotrophen Bakterien, Nitrifizierern und Protozoen im Belebungsbecken

Biomassekonzentration zu erhalten, ist auch dafür eine möglichst gute Sedimentation des Schlammes im Nachklärbecken notwendig. Ist der Biomassezuwachs höher als der benötigte Rücklaufschlamm, wird er als Überschußschlamm abgezogen und kann zur Ausfaulung einer anaeroben Behandlung zugeführt werden.

5.3.1.1
Abbau organischer Schmutzstoffe

Durch die relativ kurze Verweilzeit ($t_{R,BB}$) des belebten Schlammes in der aeroben Belebung (4–8 Stunden, in besonderen Verfahren auch länger) werden hauptsächlich leicht abbaubare organische Schmutzstoffe mineralisiert (Abb. 5.24).Unter *leicht abbaubaren Stoffen* sind Substrate zu verstehen (z.B. Zucker, kurzkettige Säuren, Alkohole), für deren Mineralisation die erforderlichen Enzyme bereits in ausreichender Menge in der Biomasse vorhanden sind oder schnell aktiviert werden können. *Schwer abbaubare Stoffe* sind oft polymere oder andere organische Substanzen, für deren Verwertung die Kontaktzeit in der Belebung nicht ausreicht, weil die erforderlichen Enzyme nicht in ausreichender Konzentration vorhanden sind, der Abbau allgemein sehr langsam erfolgt oder auch eine Hemmung der Enzymaktivität vorliegt, solange leicht verwertbare Substrate vorhanden sind.

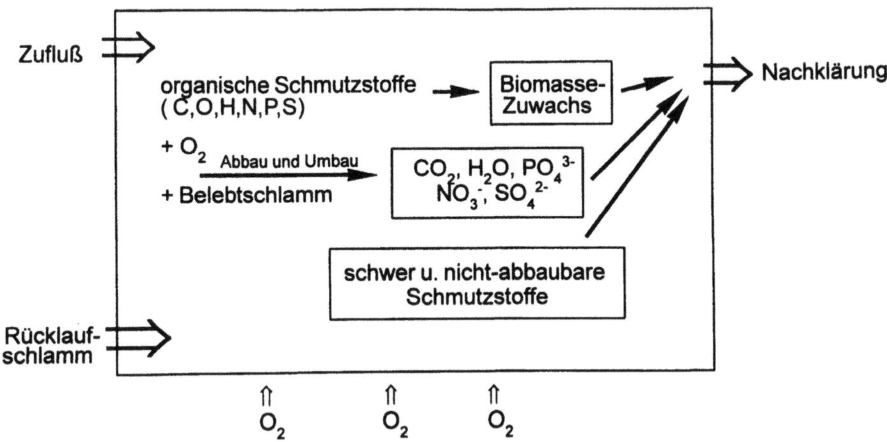

Abb. 5.24. Abbau und Umsetzungen von Schmutzstoffen im Belebungsbecken

Die Rate des Abbaus wird von verschiedenen Umweltfaktoren wie Temperatur und Säure (pH)-Wert beeinflußt. Die Abbauleistung und damit die BSB_5-Ablaufwerte sind auch wesentlich von der Schlammbelastung (B_{TS} = kg BSB_5/kg TS · d) abhängig (Abb. 5.25). Die Schlammbelastung ist direkt mit dem O_2-Bedarf korreliert, so daß bei höherer Belastung auch die Belüftung erhöht werden muß.

Das Belebungsbecken kann als Bioreaktor mit Biomasserückführung angesehen werden. Es ist ein kontinuierliches Verfahren, doch handelt es sich hierbei nicht um eine „echte" kontinuierliche Kultur (Chemostat, Turbidostat) – auch wenn das Substratangebot i. d. R. in wachstumslimitierender Konzentration vorliegt – da die Wachstumsbedingungen für die Biomasse im Schlammumlauf (aerobe Belebung, Nachklärung, anoxische Zone) nicht konstant bleiben.

Die Wachstumsrate der Biomasse in Becken mit voller Durchmischung läßt sich nach der Monod-Gleichung für das Wachstum unter substratlimitierten Bedingungen berechnen (s. Abschn. 5.2.2). Es ist aber zu beachten, daß nicht nur das organische Substrat (Energie- und Kohlenstoffquelle) sondern auch andere Nährstoffe, z. B. die N-Quelle, der P-Gehalt oder der gelöste Sauerstoff in wachstumslimitierender Konzentration vorliegen können. Außerdem kann sich der Stoffwechsel der Mikroorganismen bei einer Veränderung des Verhältnisses von C : N : P im Abwasser umstellen. So läßt sich bei N-limitiertem Wachstum oft eine verstärkte Reservestoffbildung durch die Zellen beobachten. Es ist aber auch zu bedenken, daß Mikroorganismen in vielen Fällen bei einer sehr geringen Konzentration eines Nährstoffes mit einer Änderung des Aufnahmesystems reagieren, z. B. für Phosphat, so daß es zu einer Anpassung der Zellen an die veränderte Nährstoffkonzentration durch eine höhere Affinität (niedrigerer Ks-Wert) des Enzymsystems für sein Substrat kommt.

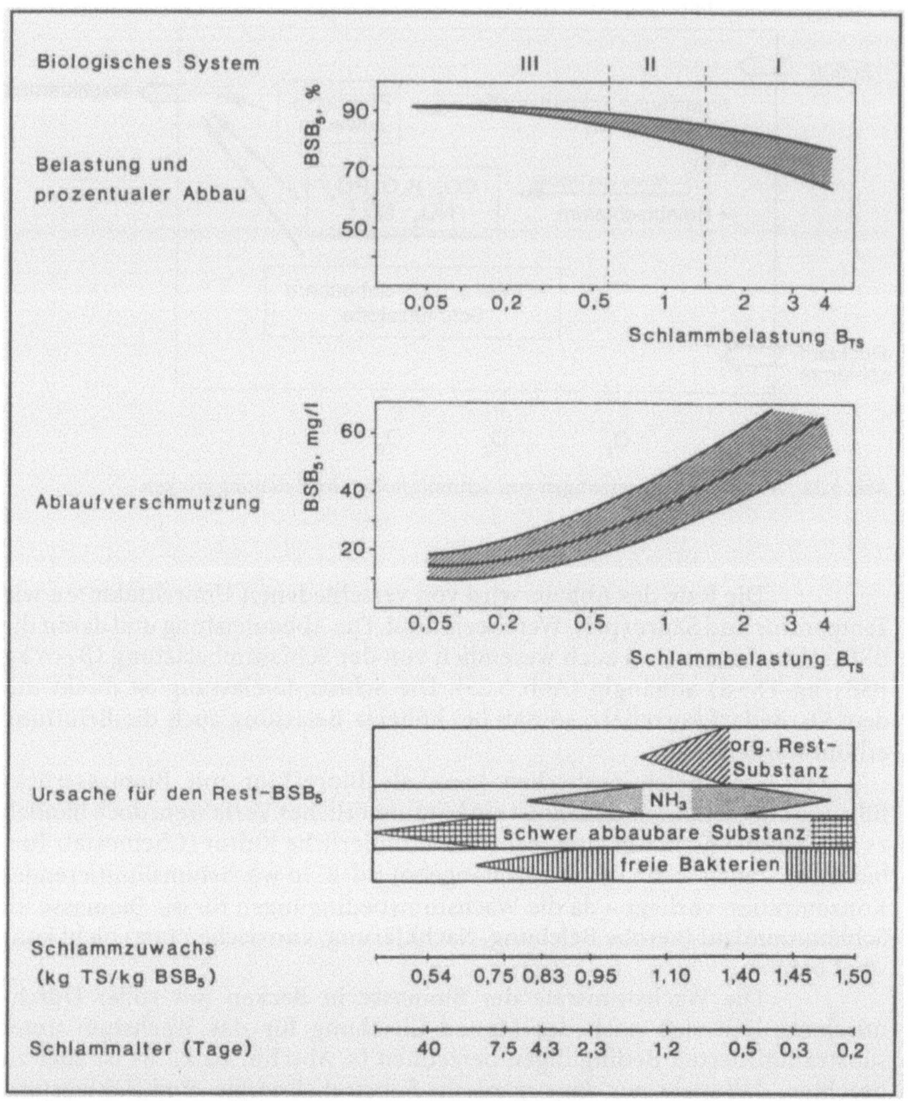

Abb. 5.25. Wirkung der Schlammbelastung auf die BSB$_5$-Ablaufwerte und andere biochemische und technologische Parameter (aus Hartmann, 1992 [15])

In den neueren Verfahren mit Vor-Kopf-Zufluß und hochbelastetem Selektor oder einer anderen Kaskaden-Unterteilung haben die Mikroorganismen in einem Umlauf stark wechselnde Wachstumsbedingungen, so daß sich ihre Wachstumskinetik mit den üblichen Formeln noch nicht befriedigend beschreiben läßt. In diesen Fällen ist auch die Definition der Massenbilanzen (z.B. Schlammbelastung, Schlammalter) sehr kompliziert und üblicherweise unübersichtlich.

Im Gegensatz zu den meisten anderen biotechnologischen Verfahren steht in der Abwasserklärung nicht ein hoher Biomassezuwachs, sondern ein möglichst schneller Substratumsatz im Vordergrund. Ein geringer Zellzuwachs wird durch die Rückführung hoher Biomassekonzentration (als Rücklaufschlamm) aus der Nachklärung in das Belebungsbecken erreicht; dadurch bleibt die Schlammbelastung mit organischen Schmutzstoffen relativ gering, so daß sich der Substratabbau für den Erhaltungsstoffwechsel im Verhältnis zum Wachstum erhöht. Durch diese Substratlimitierung verlängern sich die Generationszeiten auf mehrere Tage (4–20 d). Andererseits bewirkt die hohe Biomassekonzentration einen schnellen Substratabbau, so daß die Verweilzeit ($t_{R,BB}$) im Belebungsbecken relativ kurz gewählt werden kann. Die Biomassekonzentration darf aber auch nicht zu hoch sein, da die Bakterien sonst einem zu langen Hungerzustand ausgesetzt sind und sich ihre Aktivität stark verringern kann.

5.3.1.2
Mikrobielle Oxidation und Reduktion von Stickstoffverbindungen

Städtische Abwässer enthalten zum großen Teil Fäkalien, die abbaubare organische Stickstoffverbindungen (z.B. Harnstoff) enthalten. In normalen häuslichen Abwässern beträgt die Konzentration reduzierter N-Verbindungen 30–50 mg/l N, die als Ammonium oder in organisch gebundener Form vorliegen (Tabelle 5.3). Aus den organischen N-Verbindungen (z.B. Eiweißen) wird bereits im Kanalnetz ein Teil des Ammoniums freigesetzt. Harnstoff wird durch das Enzym Urease zu Ammoniak und Kohlendioxid gespalten:

$$O = C \underset{NH_2}{\overset{NH_2}{\diagdown}} \quad + \quad \xrightarrow{\text{Urease}} \quad 2\,NH_3 + CO_2 \,. \tag{5.12}$$

Harnstoff

Tabelle 5.3. Typische Zusammensetzung von häuslichem Abwasser (aus [14])

Parameter	Belastung (mg/l)		
	stark	mittel	schwach
BSB$_5$	400	220	110
CSB	1000	500	250
organ. N	135	15	8
NH$_4$-N	50	25	12
Gesamt-N	85	40	20
Gesamt-P	15	8	4
Gesamtfeststoffe	1200	720	35
suspendierte Feststoffe	350	220	100

Proteine werden zu Peptiden und Aminosäuren abgebaut, von denen die Ammoniumgruppe abgespalten wird (R = Rest des Aminosäuremoleküls):

- Ammoniumabspaltung durch oxidative Desaminierung:

$$R - \underset{\underset{\text{Aminosäure}}{|}}{\overset{|}{C}H} - COOH + {}^{1}/_{2}\,O_2 \rightarrow R - \underset{\underset{\text{Ketosäure}}{\|}}{\overset{\|}{C}} - COOH + NH_4^+ \tag{5.12a}$$

- Ammoniumabspaltung durch reduktive Desaminierung:

$$R - \underset{\underset{}{|}}{\overset{|}{C}H} - COOH + 2\,[H] \rightarrow \underset{\text{Säure}}{R - CH_2 - COOH + NH_4^+} \tag{5.12b}$$

Ammonium und Ammoniak liegen in wäßriger Lösung abhängig vom pH-Wert in unterschiedlicher Konzentration vor. Ammonium (NH_4^+) findet sich hauptsächlich unter sauren und neutralen Bedingungen; steigt der pH-Wert an, erhöht sich die Ammoniak (NH_3)-Konzentration, so daß im alkalischen pH-Bereich ein Ausgasung erfolgen kann:

$$NH_4^+ \rightleftharpoons NH_3 + H^+ \,.$$

Stickstoff ist notwendiger Nährstoff für alle Organismen. Für Biosynthesen der Mikroorganismen im Schlamm wird aber nur ein geringer Teil des zufließenden Stickstoffs benötigt und mit dem Überschußschlamm entfernt. Die N-Elimination in kommunalen Anlagen beträgt dadurch nur 25–30%. Um Eutrophierungen von Gewässern zu verhindern oder zu vermindern und Vergiftungen von Fischen durch zu hohe Ammonium- bzw. Nitritkonzentrationen auszuschließen, ist eine weitergehende N-Elimination notwendig [6, 27]. Hohe Ammoniumzuflüsse können im Vorfluter oder in anderen Gewässern, wenn erst dort eine Nitrifikation einsetzt, auch zu einer gefährlichen O_2-Zehrung führen.

Zur Beseitigung von Stickstoff aus dem Abwasser ist 1. eine Oxidation von Ammonium (bzw. Ammoniak) zu Nitrat durch nitrifizierende Bakterien notwendig, ehe 2. unter anoxischen Bedingungen Nitrat durch denitrifizierende Bakterien zu molekularem Stickstoff (N_2) reduziert werden kann. Das N_2 wird bei erneuter Belüftung ausgegast.

Nitrifikation. Die Umwandlung von Ammonium zu Nitrat unter aeroben Bedingungen wird durch chemolithotrophe nitrifizierende Bakterien durchgeführt [28]. Diese Oxidation erfolgt in zwei Stufen: Arten der Gattung *Nitrosomonas* oder anderen Gattungen aus der „Nitroso-Gruppe" können Ammonium nur bis zum Nitrit (NO_2^-) oxidieren (Ammoniumoxidierer); die weitere Oxidation zum Nitrat (NO_3^-) erfolgt durch *Nitrobacter*-Arten oder andere Vertreter der „Nitro-Gruppe" (Nitritoxidierer):

$$NH_4^+ + 1{,}5\,O_2 \rightarrow 2\,H^+ + H_2O + NO_2^- + \text{freie Energie} \tag{5.13}$$

$$NO_2^- + 0{,}5\,O_2 \rightarrow NO_3^- + \text{freie Energie} \tag{5.14}$$

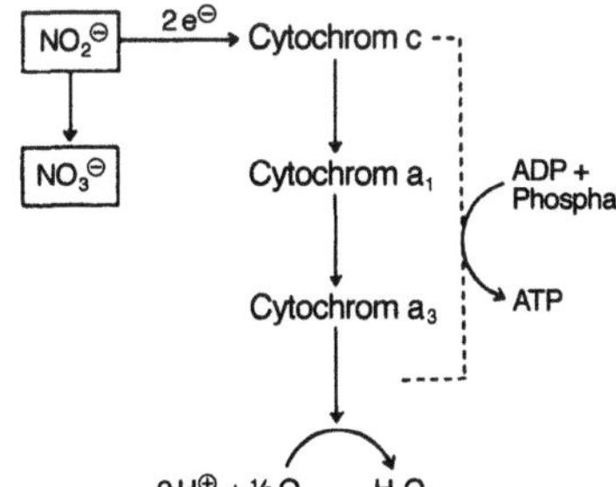

Abb. 5.26. Verkürzte Atmungskette bei dem Nitritoxidierer *Nitrobacter*

Das Wachstum der Nitritoxidierer ist schneller als das der Ammoniumoxidierer, so daß in der Regel die Umwandlung von NH_4^+ zu NO_2^- der limitierende Schritt in der Nitrifikation ist, wenn keine weiteren wachstumslimitierenden Bedingungen vorliegen (s. u.).

Die meisten chemolithotrophen Nitrifizierer verwenden Kohlendioxid als Kohlenstoffquelle (C-Autotrophie). Durch den geringen Energiegewinn bei der Oxidation der anorganischen Stickstoffverbindungen (stark verkürzte Atmungskette, Abb. 5.26) und den hohen Bedarf an Reduktionsäquivalenten zur Umwandlung von CO_2 zu organischen Zellsubstanzen ist der Substratumsatz sehr hoch, die Wachstumsrate im Vergleich zu den meisten heterotrophen Abwasserbakterien, die die Hauptmasse der Abwasserflora ausmachen, jedoch sehr langsam (ca. $^1/_{10}$). Die Generationszeit beträgt 10–20 h und kann noch länger dauern.

Die Beckengröße und die Durchflußzeit des belebten Schlammes in der aeroben Belebung muß der geringen Wachstumsrate der Nitrifizierer angepaßt werden. Die Verweilzeit des Schlammes im Gesamtsystem, das Schlammalter muß daher mindestens 8–10 Tage oder noch länger sein. Da das Schlammalter von der BSB_5-Schlammbelastung abhängt, darf diese nicht zu hohe Werte erreichen, sonst werden die Nitrifizierer durch den höheren Schlammabzug aus der Kläranlage herausverdünnt. Eine Nitrifikation setzt erst beim Absenken der Schlammbelastung auf ca. 0,15 [kg BSB_5/kg TS · d] ein (Tabelle 5.4). Die Nitrifikation ist weitgehend unabhängig vom Gehalt an organischen Stoffen im Abwasser, z. T. wurde auch eine geringe Förderung der Ammonium- bzw. Nitritoxidation durch Zusatz bestimmter organischer Substrate beobachtet. Eine Hemmung der Nitrifikation, die in einigen Fällen bei einem hohen Verhältnis von BSB_5/Gesamtstickstoff beobachtet wurde, ist wahrscheinlich nicht direkt durch die organischen Substanzen, sondern eher durch das schnellere Wachstum chemoorganotropher Bakterien bei verbessertem Substratangebot und der damit verbundenen erhöhten O_2-Zehrung verursacht worden. Unter solchen Umständen kann sich ein O_2-limitiertes Wachstum der Nitrifizierer einstellen.

Ein weiterer wichtiger Faktor, der das Wachstum der Nitrifizierer stark beeinflußt und bei der Auslegung der Kläranlage mit berücksichtigt werden muß, ist die deutliche Verlängerung der Generationszeit bei Temperaturen unter 15 °C. Nitrifizierer, besonders Ammoniumoxidierer, sind sehr

Tabelle 5.4. Einige Bemessungswerte für eine Abwassererklärung mit und ohne Nitrifikation im Belebungsverfahren (nach Imhoff, 1990 [9])

Art des Verfahrens	Biologische Reinigung		
	ohne Nitrifikation	mit Nitrifikation	mit aerober Schlammstabilisierung
BSB_5-Raumbelastung ($kg\ BSB_5/m^3 \cdot d$)	1,0	0,5	0,25
Schlammgehalt im B.B. ($kg\ TS/m^3$)	3,3	3,3	5,0
BSB_5-Schlammbelastung ($kg\ BSB_5/kg\ TS \cdot d$)	0,3	0,15	0,05
erreichbarer Mittelwert im Ablauf ($mg\ BSB_5/l$)	20	15	15

empfindlich gegenüber toxischen Substanzen, z.B. Cyanide, Thioharnstoff, Phenole, Aniline und Schwermetalle.

Kläranlagen mit Nitrifikation müssen wegen des besonderen Stoffwechsels der nitrifizierenden Bakterien ein größeres Volumen haben, als Anlagen, die nur für eine Verminderung der organischen Belastung ausgelegt sind. Außerdem muß die Belüftung höher sein (ca. 2,0 mg/l O_2) und darf nicht unter 0,5 mg/l abfallen, da sonst Sauerstoff leicht zum wachstumslimitierenden Faktor für die Nitrifikation werden kann. Zur Oxidation von 1 g Ammonium-N zu Nitrat werden ca. 4,3 mg O_2 benötigt (siehe Gln. (5.13) u. (5.14)).

Probleme können auch bei ungenügender Pufferkapazität des Abwassers auftreten, wenn der pH-Wert durch die Säurebildung bei der Ammoniumoxidation (s. Gl. (5.13)) unter 6,7–6,5 abfällt und sich Nitrit durch die Hemmung der Nitritoxidierer anhäuft (Abb. 5.27). Aber auch zu hohe pH-Werte wirken sich negativ auf die Nitrifikation aus, da dann die erhöhte Ammoniakkonzentration (NH_3) die Nitrifizierer hemmt [29].

Nitratatmung und Denitrifikation. Unter Sauerstoffmangel können verschiedene aerobe Abwasserbakterien den Substratwasserstoff aus organischen Substraten (bzw. deren Elektronen) oder H_2 auf Nitrat übertragen. Der Energiegewinn in dieser „anaeroben Atmung" verläuft wie in der O_2-Atmung über eine Atmungskette; die ATP-Ausbeute ist jedoch um 10–30% geringer als mit O_2, aber noch sehr viel höher als beim Abbau von Substraten im Gärungsstoffwechsel. Bei der anaeroben Nitratatmung lassen sich drei Wege unterscheiden, die durch unterschiedliche Endprodukte bei der Nitratreduktion charakterisiert sind:

$$[H] + NO_3^- \rightarrow N_2\ (= \text{Denitrifikation}) \tag{5.15}$$

$$[H] + NO_3^- \rightarrow NH_4^+\ (= \text{Nitratammonifikation}) \tag{5.16}$$

$$[H] + NO_3^- \rightarrow NO_2^-\ (= \text{Nitrat-Nitritatmung}) \tag{5.17}$$

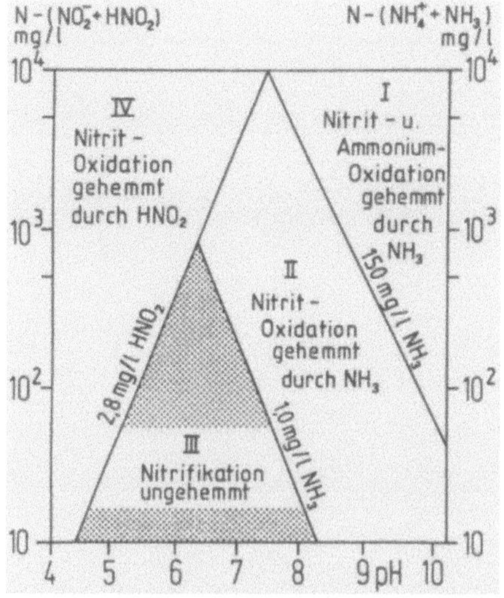

Abb. 5.27. Hemmung der Nitrifikation durch NH_3 und HNO_2 in Abhängigkeit vom pH-Wert (nach Anthonisen et al., 1976 [29])

Eine weitergehende Nitratentfernung aus dem Abwasser ist aber nur durch die Reduktion von Nitrat zu gasförmigem Stickstoff (N_2) in der Denitrifikation zu erreichen [28, 31, 32]. Eine starke Verminderung der Nitratkonzentration ist stets notwendig, wenn eine erhöhte biologische Phosphorentfernung stattfinden soll (s. Abschn. 5.3.1.4).

Denitrifikation. In der Denitrifikation entstehen aus Nitrat gasförmige Endprodukte, hauptsächlich molekularer Stickstoff (N_2). Als Nebenprodukt kann auch Distickstoffoxid (Lachgas, N_2O) freigesetzt werden. Der Energiegewinn erfolgt an einer Atmungskette (Abb. 5.28).

Dieser Reduktionsweg von assimilierbaren N-Verbindungen zu N_2 wird auch als Stickstoffentbindung bezeichnet. Eine erneute Bindung von N_2 und damit eine erneute Nutzungsmöglichkeit für die anderen Organismen kann nur durch N_2-fixierende Bakterien erfolgen [16]. Eine N_2-Bindung durch Cyanobakterien ist oft der erste Schritt zur Gewässereutrophierung, wenn das Wachstum nicht durch einen P-Mangel limitiert ist.

Eine Denitrifikation können verschiedene aerobe Bakterien ausführen, wenn ihnen Nitrat als Elektronenakzeptor und ein geeignetes Substrat als Elektronendonor zur Verfügung steht. Es sind im Regelfall Bakterien mit einem obligaten Atmungsstoffwechsel, die anaerob keine Stoffwechselenergie durch Gärungen gewinnen können (z.B. *Pseudomonas- Alcaligenes-, Paracoccus*-Arten). Die Enzyme in den einzelnen Stufen der Denitrifikationskette werden meist erst adaptiv bei O_2-Mangel und bei Vorliegen von Nitrat gebildet. Formal werden 10 Substratwasserstoffe aus dem dehydrogenierten (= oxidierten) organischen Substrat oder aus H_2 stufenweise auf den fünfwertigen Nitratstickstoff (N^V) übertragen, so daß als reduziertes Endprodukt molekularer Stickstoff (N_2, 0-wertig) entsteht:

$$10\,[H] + 2\,H^+ + 2\,NO_3^- \rightarrow N_2 + 6\,H_2O + \text{freie Energie} \qquad (5.18)$$

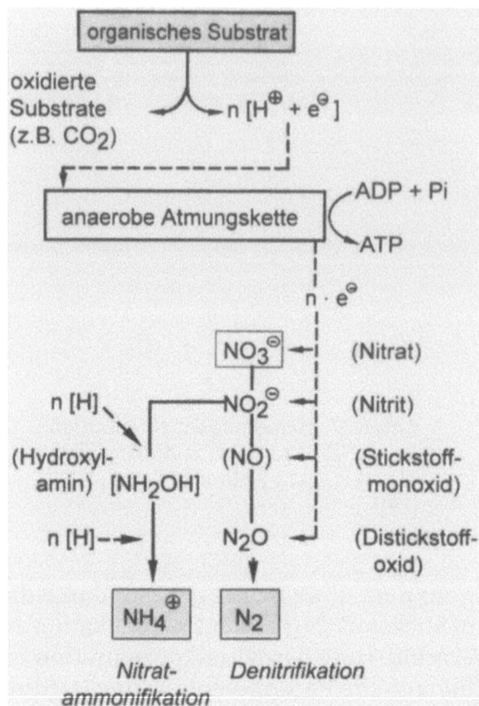

Abb. 5.28. Elektronentransport in der Denitrifikation und Nitratammonifikation

Die frei werdenden Protonen H^+ und 2 zusätzliche Protonen bilden mit dem Nitratsauerstoff Wasser. Durch Aufnahme der 2 zusätzlichen Protonen und der damit verbundenen Freisetzung von OH^--Ionen steigt der pH-Wert an, das Abwasser wird alkalischer. Dadurch wird etwa die Hälfte der Ansäuerung, die aerob durch eine Nitrifikation eintritt, wieder neutralisiert. Die gesamt-stöchiometrische Umsetzung von Methanol mit Nitrat zeigt folgende Formel (aus [28]):

$$1,1\ CH_3OH\ (Methanol) + NO_3^- \rightarrow 0,07\ C_5H_7O_2N\ (Biomasse)$$

$$+ 0,76\ HCO_3^- + 0,24\ OH^- + 1,44\ H_2O + 0,47\ N_2 \qquad (5.19)$$

Hydrogencarbonat (HCO_3^-) entsteht mit dem CO_2 aus dem Substratabbau oder bereits aus der Reaktion von dem im Abwasser gelösten CO_2 mit den OH^--Ionen. Dient H_2 als Elektronendonor, so steigt der pH-Wert noch stärker an, da dem Wasser durch eine autotrophe CO_2-Assimilation für die Synthese von Biomasse CO_2 entzogen wird. Die pH-Erhöhung kann sich in der anschließenden belüfteten Zone positiv auf die Nitrifikation auswirken.

   Da sehr viele aerobe chemoorganotrophe Bakterien denitrifizieren können, ist sofort oder nach sehr kurzer Adaptationszeit eine effektive Denitrifikation zu erhalten. Voraussetzung ist jedoch – neben Nitrat bzw. Nitrit als Elektronenakzeptor – ein ausreichendes Angebot an leicht verwertbaren organischen Schmutzstoffen. Bei einem zu geringen Zufluß an leicht verwertbaren organischen Stoffen ist eine extra Zugabe von Substraten (z.B. organischen Säuren oder Alkoholen) für eine gute weitergehende N-Entfernung notwendig. Anderseits kann auch eine unerwünschte Denitrifikation in der Nachklärung stattfinden, wenn ein unvollständiger Abbau der gelösten oder adsorbierten organischen Schmutzstoffe in der Belebung vorliegt oder die Zellen einen hohen organischen Speicherstoffgehalt besitzen; bei höherer Gasbildung (N_2 und CO_2) ist die Sedimentation gestört, da dann die Belebtschlammflocken aufschwimmen (Schwimmschlammbildung).

Die Stickstoffentbindung setzt üblicherweise erst unter O_2-limitierenden Bedingungen ein, da die O_2-Atmung einen höheren Energiegewinn als die NO_3-Atmung ergibt und die Enzyme in der Denitrifikationskette meist O_2-empfindlich sind. Anoxische Bedingungen stellen sich bereits ein, wenn die Belüftung stark vermindert wird, auch wenn noch eine Umwälzung des Abwassers stattfindet. Eine Denitrifikation kann in einem weiten Temperaturbereich (5–60 °C) und bei pH-Werten von 6–8 ablaufen. Bei pH-Werten unter 6,0 kann es zu einer Nitritanhäufung und verstärkten Freisetzung von Lachgas kommen.

Nitratammonifikation. In diesem Stoffwechselweg wird der Substratwasserstoff im ersten Schritt gleichfalls auf Nitrat übertragen, so daß Nitrit entsteht und an einer anaeroben Atmungskette ATP gewonnen wird.

Die weiteren Reduktionschritte führen jedoch nicht zum molekularen Stickstoff, sondern zum Ammonium (NH_4^+) bzw. Ammoniak (NH_3); dabei sind die Komponenten der Atmungskette nicht mehr beteiligt, so daß bei diesen Reduktionen kein zusätzliches ATP an der Atmungskette mehr gebildet wird (Abb. 5.28).

$$8\,[H] + H^+ + NO_3^- \rightarrow NH_4^+ + OH + 2\,H_2O + \text{freie Energie}$$

Die Übertragung von Reduktionsäquivalenten (von NADH) auf die oxidierten N-Verbindungen verbessert jedoch indirekt die Energieausbeute im Gärungsstoffwechsel, da Zwischenprodukte des Substratabbaus nicht reduziert werden müssen (s. Abschn. 5.2.1.1.1, Glykolyse). So kann durch einen weiteren Ab- bzw. Umbau des Substrats auch im Gärungsstoffwechsel ein zusätzlicher ATP-Gewinn erfolgen. Es entsteht z.B. nicht Ethanol, sondern Acetat als Endprodukt aus dem Zwischenprodukt Acetyl-CoA über Acetylphosphat; dabei wird ADP aus AMP synthetisiert. 2 ADP werden dann zu einem ATP und wieder zu AMP umgesetzt. Die Nitratammonifikation führt zu keiner Entbindung von Stickstoff. Diese Art der anaeroben Nitratatmung findet man in einer Reihe fakultativ anaerober Bakterien z.B. *Escherichia coli* und *Enterobacter aerogenes.*

Nitrat-Nitritatmung. Eine Reihe von Bakterien (z.B. *Aeromonas*-Arten) reduzieren in der anaeroben Atmung Nitrat nur bis zu Nitrit, das aber im allgemeinen von Denitrifizierern weiter reduziert werden kann, so daß es sich nicht anhäuft. Welche Wege der Nitratreduktion im belebten Schlamm ablaufen, hängt vom Spektrum der Bakterienflora und damit von der Zusammensetzung des Abwassers und weiteren Umweltfaktoren, z.B. dem pH-Wert, ab. Besondere Bedeutung kommt wahrscheinlich auch dem Verhältnis C/N zu. So scheint bei geringen Nitratkonzentrationen (wenn kein Ammonium vorliegt) verstärkt die Nitratammonifikation und bei hohem Nitratgehalt die Denitrifikation abzulaufen.

5.3.1.3
Mikrobielle Oxidation von Schwefelverbindungen

Fließen der Kläranlage schwefelhaltige Schmutzstoffe zu oder wird Trübwasser aus den Faultürmen in die Vorklärung geleitet, so kann der bei reduzierenden Bedingungen entstandene Schwefelwasserstoff in der Belebung bis zur Schwefelsäure oxidiert werden. Die reduzierten Schwefelverbindungen werden von sehr unterschiedlichen gramnegativen Bakteriengruppen (mit obligat und fakultativ chemolithotrophen Arten) zum Energiegewinn genutzt, z. B. *Thiobacillus*-Arten oder *Thiothrix* [16].

$$\text{Sulfid:} \quad S^{2-} + 2\,O_2 \rightarrow SO_4^{2-} + \text{freie Energie}$$

$$\text{Schwefel:} \quad S^o + H_2O + 1\tfrac{1}{2}\,O_2 \rightarrow SO_4^{2-} + 2\,H^+ + \text{freie Energie}$$

$$\text{Sulfit:} \quad SO_3^{2-} + \tfrac{1}{2}\,O_2 \rightarrow SO_4^{2-} + \text{freie Energie}$$

$$\text{Thiosulfat:} \quad S_2O_3^{2-} + H_2O + 2\,O_2 \rightarrow 2\,SO_4^{2-} + 2\,H^+ + \text{freie Energie}$$

Der ATP-Gewinn erfolgt hauptsächlich in einer oxidativen Phosphorylierung an einer verkürzten Atmungskette.

Die Sulfat (bzw. Schwefelsäure)-Bildung kann zu Korrosionen an Metallarmaturen und zur Zersetzung von Beton führen.

5.3.1.4
Weitergehende biologische Phosphorentfernung

Im Abwasser befinden sich gelöste Phosphate (PO_4^{3-}) und anorganisches Polyphosphat sowie organisch gebundenes Phosphat. Polyphosphate und andere hydrolysierbare Phosphorverbindungen werden normalerweise schnell von Mikroorganismen (durch Exoenzyme) zu Phosphat ge- bzw. abgespalten. Im Belebungsbecken liegen daher die gelösten Phosphorverbindungen überwiegend als Phosphate vor. In dieser Form wird Phosphor in die Zellen aufgenommen, so daß man anstelle von biologischer Phosphorentfernung auch von einer biologischen Phosphatentfernung sprechen kann. Beim konventionellen Belebungsverfahren wird ein Teil des gelösten Phosphats von den Mikroorganismen zur Synthese von Biomasse aufgenommen. Außerdem können Phosphatverbindungen an den Schlammflocken adsorbieren. Der belebte Schlamm enthält dadurch 1–2 % Phosphor auf die Trockenmasse bezogen. Der Phosphorgehalt im Abwasser wird dabei nur um 20 %–30 % vermindert.

Durch besondere Verfahrensweisen, in denen der Schlamm wechselweise anaeroben und aeroben Bedingungen – zeitlich oder örtlich – unter-

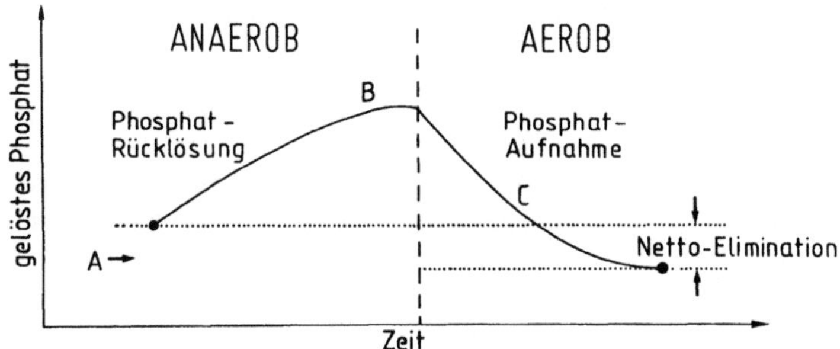

Abb. 5.29. Anaerobe Phosphatrücklösung und aerobe Phosphataufnahme durch Belebtschlamm aus einer Kläranlage mit weitergehender biologischer Phosphorentfernung. Da aerob mehr Phosphat aufgenommen wird als anaerob rückgelöst wurde, reichert sich Phosphor in der Biomasse an und kann mit dem Überschußschlamm entfernt werden. A = zufließendes Phosphat, B = rückgelöstes Phosphat, C = aufgenommenes Phosphat

worfen wird (s. Kap. 3), verändert sich die Biozönose. Es reichern sich bestimmte Bakterien im belebten Schlamm an, die aerob Phosphat in hoher Konzentration als Polyphosphat in den Zellen speichern können; dadurch wird Phosphor in der Biomasse konzentriert [27], so daß sich mit dem Überschußschlamm deutlich mehr Phosphor aus dem Abwasser entfernen läßt als in konventionellen Anlagen [27, 33–36].

Gelangt dieser P-angereicherte Schlamm, z. B. als Rücklaufschlamm, unter anaerobe Bedingungen, so wird ein Teil des aerob aufgenommenen Phosphats wieder ins Abwasser rückgelöst; bei der anschließenden Belüftung bindet dieser Schlamm aber mehr Phosphat als vorher abgegeben wurde, so daß trotz der anaeroben Rücklösung eine Nettoelimination von Phosphor stattfindet (Abb. 5.29). Nach der Umstellung einer ausschließlich aeroben Belebungsanlage auf eine aerob-anaerobe Betriebsweise kann es mehrere Wochen oder auch Monate dauern, ehe eine weitergehende Phosphorentfernung stattfindet. Je höher das Schlammalter, um so länger ist in der Regel die Anpassungsphase.

In Kläranlagen mit weitergehender biologischer Phosphorentfernung kann Phosphat neben der Aufnahme für das normale Wachstum und der Speicherung als Polyphosphat in den Zellen noch zusätzlich durch chemisch-physikalische Vorgänge gebunden werden. Diese nicht-biologische Fixierung wird durch die Stoffwechselaktivität der Mikroorganismen gefördert und ist von der Zusammensetzung des Abwassers, besonders dem Calciumgehalt, und dem Anstieg des pH-Wertes (z. B. durch den biologischen Säureabbau) abhängig. Der Phosphorgehalt im belebten Schlamm mit weitergehender biologischer Phosphorentfernung beträgt in der Regel über 3% und kann sogar Werte über 5% der Trockenmasse erreichen. Die Phosphorkonzentration im Abwasser läßt sich dadurch um über 90% verringern. In günstigen Fällen werden P-Ablaufwerte erreicht die unter 1 mg/l P liegen.

Grundsätzlich lassen sich alle Belebungsverfahren durch Einfügen einer anaeroben Zone (oder Phase) anpassen; doch müssen noch eine Reihe anderer Bedingungen eingehalten werden (s. u.).

Aerobe Phosphataufnahme und anaerobe Phosphatrücklösung

Aufgrund experimenteller Befunde in Versuchsanlagen, der Beobachtung in Betriebsanlagen und der Kenntnisse über bakterielle Stoffwechselwege wurden bereits einige Modellvorstellungen über die stoffwechselphysiologischen Zusammenhänge bei der erhöhten Phosphorelimination entwickelt [37, 38], (Abb. 5.30a, b). Als Modellorganismus diente dabei *Acinetobacter* (s. u.); doch lassen sich die Stoffwechselreaktionen im aerob-anaeroben Phosphatkreislauf nur bedingt auf eine Bakterienart zurückführen. So ist in Bakterienreinkulturen nur in Ausnahmefällen eine schnelle Phosphatrücklösung unter anaeroben Bedingungen beobachtet worden. Möglicherweise lassen sich die beobachteten Kinetiken der Phosphataufnahme und Phosphatrücklösung und die Abhängigkeit des Phosphatstoffwechsels von organischen Reservestoffen nur im symbiontischen Stoffwechsel verschiedener Bakterien erhalten.

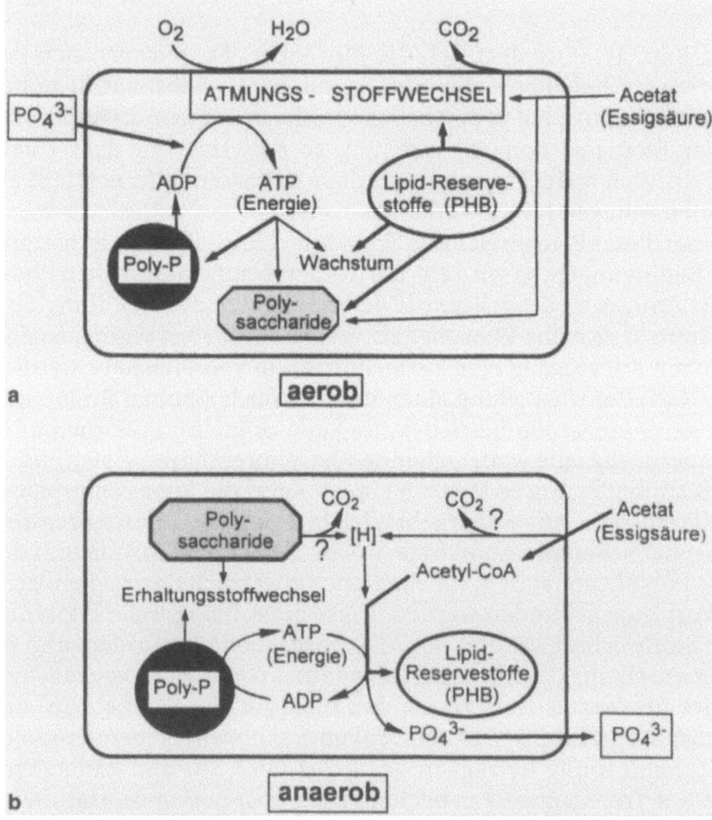

Abb. 5.30a, b. Modell des Stoffwechsels obligat aerober, polyphosphatspeichernder Bakterien unter aeroben **a** und anaeroben **b** Bedingungen; stark vereinfacht nach Wentzel u. Mitarb. [37] P = Phosphat, Poly-P = Polyphosphat, PHB = Poly-β-hydroxybuttersäure oder andere Lipid-Speicherstoffe, [H] = Reduktionsäquivalente aus oxidierten Substraten, ATP = Adenosintriphosphat, ADP = Adenosindiphosphat, PS = Polysaccharide

In der belüfteten Zone werden Wachstum und Phosphataufnahme der Poly-P-Bakterien in der Regel durch verschiedene, leicht abbaubare organische Substrate gefördert, besonders durch kurzkettige organische Säuren (Abb. 5.30a). Für eine schnelle Phosphataufnahme zu Beginn der belüfteten Phase werden zum Energiegewinn jedoch hauptsächlich die vorher in der anaeroben Zone gespeicherten Lipide und sorbierten Substrate veratmet. Durch Verwertung der endogenen Speicherstoffe können sich die Zellen schnell an das aerobe Milieu anpassen und sofort mit Atmungsstoffwechsel und Wachstum beginnen. Der Energie (ATP)-Gewinn aus der Veratmung der endogenen und exogenen Substrate dient gleichzeitig zur Aufnahme von Phosphat, seiner Speicherung als Polyphosphat und der Synthese von Biomasse. Die Menge des aerob aufgenommenen Phosphats übersteigt dabei meist deutlich den Anteil des anaerob rückgelösten Phosphats.

In kommunalen Kläranlagen ist für eine unzureichende Phosphorentfernung oft eine zu geringe Konzentration an leicht verwertbaren organischen Schmutzstoffen verantwortlich. Für eine effiziente Phosphataufnahme sind im belüfteten Becken außerdem stets aerobe Bedingungen notwendig, sonst kann es bereits dort zu einer unerwünschten Phosphatrücklösung kommen. Schon eine Verminderung des gelösten Sauerstoffs auf Werte unter 0,5 mg/l O_2 kann unter Nitrat-freien Bedingungen (z.B. in der Nachklärung) eine P-Rücklösung auslösen.

Eine Schlüsselfunktion für die weitergehende Phosphorentfernung in der aeroben Belebung hat die vorgeschaltete anaerobe Zone. Sie kann in unterschiedlichen Verfahrensweisen realisiert werden (s. Kap. 3). In dieser O_2- und NO_3^--freien Zone, die für eine stabile weitergehende Phosphorentfernung in der anschließenden belüfteten Zone notwendig ist, läuft eine Reihe von biologisch-biochemischen Vorgängen ab, deren Mechanismen aber nur zum Teil bekannt sind (Abb. 5.30b). Die obligat aeroben, polyphospatspeichernden Bakterien können anaerob zwar nicht wachsen, ihr Polyphosphat unter diesen „Streßbedingungen" jedoch als Energiequelle zum Überleben und für bestimmte Synthesen nutzen; dadurch wird Phosphat wieder freigesetzt. Der Anstieg an gelöstem Phosphat aus Polyphosphat ist mit der Synthese von organischen Speicherstoffen, besonders Lipiden (z.B. Poly-β-hydroxybuttersäure) in den Zellen korreliert [Lit. s. 33, 38]. Substrate für die Lipidsynthese sind z.B. Essig- und Propionsäure, die mit dem Abwasser zufließen oder durch fakultativ anaerobe Bakterien aus schnell vergärbaren Schmutzstoffen als Gärendprodukte unter den O_2^-- und NO_3^--freien Bedingungen gebildet werden. Der überwiegende Teil des Substrats wird in der Regel bereits in ungefähr einer Stunde vom Schlamm aufgenommen. Nach Beginn der Belüftung werden die daraus synthetisierten und gespeicherten Lipide im aeroben Stoffwechsel verwertet (Abb. 5.30a). Je höher die anaerobe Phosphatrücklösung und damit die Lipid-Speicherstoffbildung, um so effizienter ist die anschließende Phosphorentfernung in der aeroben Belebung.

Durch die Speicherung organischer Reservestoffe unter anaeroben Bedingungen haben die Poly-P-Bakterien Wachstumsvorteile gegenüber den anderen obligaten Aerobiern, die aerob für ihre Synthesen nur auf exogene Substrate angewiesen sind. Wahrscheinlich werden die Poly-P-Bakterien durch diese stoffwechselphysiologischen Eigenschaften bei entsprechender anaerob-aerober Verfahrensweise im Belebtschlamm angereichert.

Unter anaeroben Bedingungen findet in den Zellen auch ein Abbau gespeicherter Polysaccharide – korreliert zur Phosphatrücklösung – statt. Ihre Synthese erfolgt wie die von Polyphosphat unter aeroben Bedingungen. Dünnschichtchromatographische und enzymatische Analysen ergaben, daß sie hauptsächlich aus Glucose bestehen und Glykogen-ähnlich zusammengesetzt sind [Lit. s. 33].

Die Bedeutung der Polysaccharide für die Polyphosphat-speichernden Bakterien und ihrer anaeroben Lipidsynthese sind noch weitgehend unbekannt. Es wird angenommen, daß sie für das Überleben der aeroben, polyphosphatspeichernden Bakterien unter anaeroben Bedingungen wichtig sind und für die Synthese endogener Lipid-Speicherstoffe (mit Acetat als Substrat) die Reduktionsäquivalente bereitstellen.

In der anaeroben Kontaktzone werden auch organische Substrate an den Flocken bzw. Schleimhüllen der Bakterien sorbiert. Diese Substrate können die Flockenbakterien unter aeroben bzw. anoxischen Bedingungen schnell verwerten. Der bakterielle Stoffwechsel in den verschiedenen Zonen einer Kläranlage mit biologischer Phosphorentfernung ist in Tabelle 5.5 zusammengefaßt.

Die Phosphatrücklösung und damit die Synthese von Lipidspeicherstoffen wird unter sauerstofffreien Bedingungen durch Nitrat gehemmt; meist

Tabelle 5.5. Zusammenhänge zwischen verschiedenen Milieubedingungen, der Art des Energiegewinns und dem Stoffwechsel der Bakteriengruppen in einer Kläranlage mit biologischer Phosphorentfernung

Begriffe	Milieu-bedingungen	Energiestoff-wechsel	Wachstum von	Stoffwechsel-aktivitäten
aerob (oxisch)	gelöster O_2 vorhanden NO_3^-/NO_2^- kann vorhanden sein	O_2-Atmung	obligaten Aerobiern (mit u. ohne Poly-P-Speicherung), fakultativen Anaerobiern Nitrifikanten	Um- u. Abbau von organischen Substraten (BSB/CSB), Nitrifikation, P-Aufnahme
anoxisch	NO_3^-/NO_2^- vorhanden kein gelöster O_2	Nitratatmung (Denitrifikation)	obligaten Atmern mit Nitratatmung (Denitrifikanten), fakultativen Anaerobiern	Um- u. Abbau von organischen Substraten (BSB/CSB), P-Aufnahme oder keine P-Veränderung oder P-Rücklösung, Denitrifikation
anaerob	kein gelöster O_2 kein NO_3^-/NO_2^-	Gärungen	fakultativen Anaerobiern mit Gärungsstoffwechsel	Umbau organischer Substrate (BSB/CSB), P-Rücklösung

findet unter anoxischen Bedingungen sogar eine Phosphataufnahme statt, deren Rate im allgemeinen jedoch deutlich geringer ist als unter aeroben Bedingungen. Da die anaerob gespeicherten Lipide eine wesentliche Rolle bei der anschließenden aeroben Phosphataufnahme und Polyphosphatspeicherung spielen, ist auch die aerobe Phosphorelimination vermindert. In Anlagen mit einer hohen Nitratbelastung oder bei einer Nitratbildung durch eine Nitrifikation muß daher zwischen der aeroben und anaeroben Zone noch eine anoxische Zone zwischengeschaltet werden, um durch eine effektive Denitrifikation den Eintrag von Nitrat in die anaerobe Zone so klein wie möglich zu halten.

Es wird angenommen, daß unter anoxischen Bedingungen eine Konkurrenz von „normalen Denitrifizierern" und Poly-P-Bakterien um das verfügbare Substrat für die Nitrathemmung verantwortlich ist. Möglicherweise wirken auch Zwischenprodukte der Denitrifikation, z. B. NO, hemmend auf Enzyme des Phosphatstoffwechsels [39]. Wahrscheinlich sind am Nitrateffekt aber auch regulative Vorgänge beteiligt, die vom Energiegehalt und dem Reduktionszustand ($NADH/NAD^+$-Verhältnis) der Zellen sowie von den Wachstumsbedingungen abhängig sind.

Polyphosphatspeichernde Bakterien

In Betriebsanlagen ließ sich bisher kein eindeutiger Zusammenhang zwischen biologischer Phosphorentfernung und der Anreicherung bestimmter Bakterienarten finden. Trotz sehr vieler Untersuchungen ist noch nicht geklärt, welche polyphosphatspeichernden Bakterien für die erhöhte Phosphorentfernung in der Belebung hauptsächlich verantwortlich sind. Möglicherweise ist im Abwasser ein symbiontisches Zusammenwirken verschiedener Stoffwechseltypen für die hohe aerobe Phosphataufnahme und die anaerobe Phosphatrücklösung notwendig. In der Literatur werden als dominierende Bakterien für die Phosphorentfernung im Abwasser oft *Acinetobacter*-Arten angegeben, deren Phosphat- und Energiestoffwechsel besonders eingehend untersucht wurde [39].

Elektronenmikroskopische und populationsdynamische Untersuchungen sprechen aber eher dafür, daß abhängig von der Verfahrensweise und der Abwasserzusammensetzung das Spektrum der polyphosphatspeichernden Bakterien sehr unterschiedlich sein kann. Neben den einzelligen polyphospatspeichernden Bakterien werden in den letzten Jahren immer häufiger fädige Formen beobachtet, die sowohl in Anlagen mit weitergehender biologischer Phosphorentfernung als auch in Anlagen mit chemischer Phosphatfällung Schwimmschlamm verursachen können. Es handelt sich dabei hauptsächlich um *Microthrix parvicella* und teilweise auch um nocardioforme Bakterien (s. Abschn. 5.3.4). Fettartige Substanzen, möglicherweise auch bestimmte Tenside, fördern das Wachstum der Nocardioformen und *Microthrix*; sie sind aber auch oft in Anlagen mit „normaler" Abwasserverschmutzung zu finden und scheinen besonders aktiv in Anlagen zu sein, die nach modernsten Verfahrensweisen arbeiten.

Biologisch interessant ist, daß diese Schwimmschlammbildner sowohl Polyphosphat als auch organische Reservestoffe speichern können. Damit besitzen sie zwei wichtige Stoffwechseleigenschaften, durch die sich auch die „typischen" einzelligen, polyphosphatspeichernden Bakterien auszeichnen. Wieweit diese fädigen Bakterien direkt an der weitergehenden Phosphorentfernung beteiligt sind, ist noch ungeklärt.

5.3.2
Biofilm und Flockenbildung

Mikroorganismen, die den gleichen oder unterschiedlichen Stoffwechseltypen angehören können, leben oft in enger Lebensgemeinschaft zusammen, in der die einzelnen Zellen, auch verschiedener Arten, durch schleimartige Substanzen zusammengehalten werden. In Kläranlagen finden sich diese Bakterienaggregate als makroskopisch sichtbare Flocken (Belebtschlammflocken) im Abwasser suspendiert oder als Biofilm auf anorganischen Trägermaterialien (z.B. Füllmaterial in Tropfkörpern). Die Schleimmatrix, die von den Mikroorganismen ausgeschieden wird, besteht meist aus Polysacchariden, in die celluloseähnliche Fibrillen eingelagert sind; es werden aber auch Exopolymere aus Proteinen gefunden. Bei der Vermehrung bleiben die Zellen in den Schleimhüllen gebunden. In diese Schleimmatrix können sich aber auch Mikroorganismen einlagern, die selbst zu keiner intensiven Schleimausscheidung befähigt sind. Die Flocken werden durch Einträge von Energie (Umwälzung, Belüftung) in Schwebe gehalten. Hört die Durchmischung auf (z.B. in der Nachklärung) vernetzen sich die Flocken zu größeren Aggregaten, in die auch noch anorganische Feststoffe aus dem Abwasser sorbiert werden. Die Bindung der organischen und anorganischen Partikel zu Flocken scheint durch eine Kombination von Wasserstoffbindungen, ionische, bipolare und hydrophobe Interaktionen zu erfolgen. In Belebungsanlagen ist die Flockenbildung durch die Bakterien eine wichtige Voraussetzung für eine effektive Abwasserklärung, da in der Nachklärung eine Sedimentation der flockigen Biomasse aus dem geklärten Abwasser erfolgen muß.

Die Flocken im Belebungsbecken enthalten neben der Mikroorganismen-Biomasse auch organische und anorganische Verbindungen (z.B. Metallhydroxide, Phosphate, Carbonate). Der Anteil der Biomasse in dieser komplexen Flockenstruktur hängt von der Betriebsweise der Anlage ab. Der gesamte organische Anteil, Biomasse und organische Feststoffe, kann durch Ausglühen der getrockneten Flocken bestimmt werden; dieser „Glühverlust" (= organische Trockensubstanz = oTS) beträgt 35 % – 85 %, normalerweise um 70 %. Bei hoher Schlammbelastung mit einer Vorklärung ist der Glühverlust besonders hoch (deutlich über 70 %). Der Anteil der lebenden Biomasse läßt sich grob über den Stickstoffanteil (der hauptsächlich aus den Eiweißen stammt) feststellen; er beträgt 6 – 8 %.

Die Zusammensetzung der Biomasse in der Flocke, der Anteil anorganischer Bestandteile und die physikalischen Eigenschaften werden durch die Abwasserzusammensetzung und das Reinigungsverfahren beeinflußt. Die Flockenstruktur, Zusammensetzung, sowie Form und Konsistenz, kann daher von Anlage zu Anlage sehr unterschiedlich sein und sich auch in derselben Anlage relativ schnell verändern. Schwach belastete Anlagen haben meist kom-

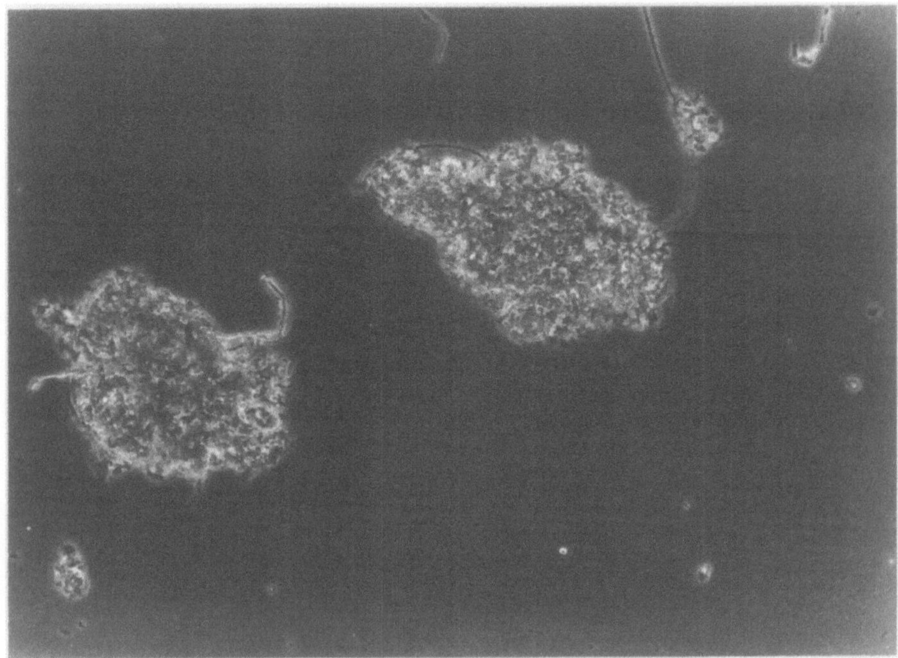

Abb. 5.31. Normale, kompakte Abwasserflocke mit dichtem Kernbereich

pakte Flocken, die einen dunkleren Kernbereich und eine hellere Randzone aufweisen (Abb. 5.31).

Der Kern enthält überwiegend mineralische Komponenten (z. B. Si-, Al-, Eisenhydroxide, Ca-Phosphat u. a. Metallsalze). In den Randzonen sind die aktive Biomasse und sorbierte Schmutzstoffe aus dem Abwasser konzentriert. Die Flockengröße kann sehr unterschiedlich sein [40]. Meist beträgt sie (50) 125–350 µm, aber auch ca. 1000 µm. In hoch belasteten Anlagen entwickeln sich meist größere Flocken(Abb. 5.32), die oft auch fingerförmige Schleimauswüchse aufweisen, in denen Bakterienansammlungen gut zu erkennen sind. In vielen Fällen lassen sich in den Flocken auch fädige Bakterien beobachten, die sich unter bestimmten Bedingungen in Massen entwickeln, so daß es zu Störungen der Reinigungsleistung kommen kann (s. Abschn. 5.3.4).

Als Maß für die Größe oder genauer die Absetzbarkeit der Schlammflocken wird üblicherweise der Schlammvolumenindex (SVI) bestimmt. Obwohl die Flocken oft nur eine geringe morphologische Differenzierung zeigen, können die von Schleim zusammengehaltenen Flockenbakterien unterschiedlichsten Stoffwechseltypen angehören und somit andere Reinigungsleistungen aufweisen. Die verschiedenen Bakterienarten in den Flocken sind nur zum Teil bekannt, da viele Arten sich nicht auf den üblichen Nährböden kultivieren lassen. Es wird aber geschätzt, daß mehrere hundert verschiedene Arten bzw. Stämme im Belebtschlamm vorkommen können.

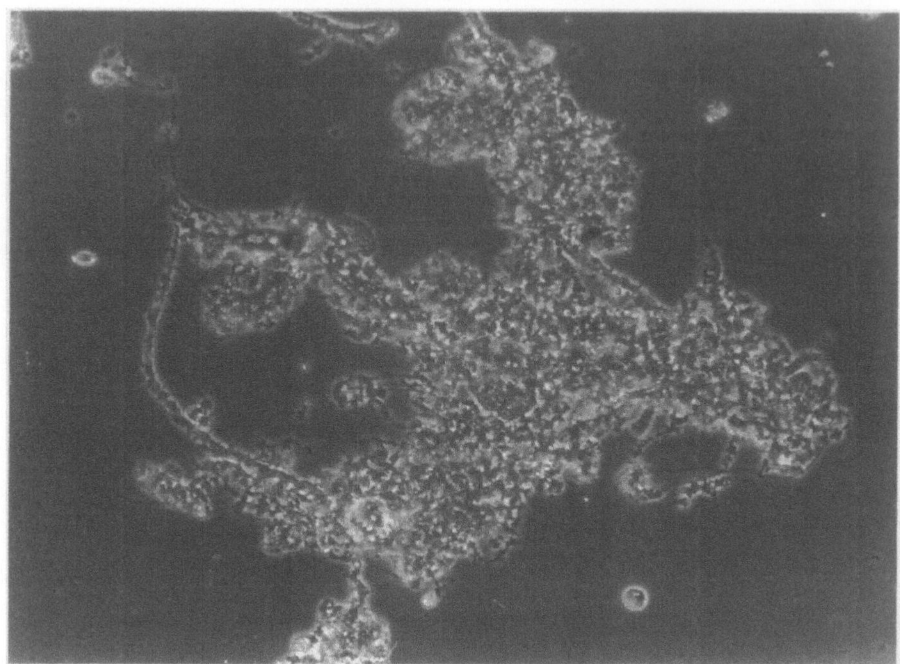

Abb. 5.32. Große Abwasserflocke mit lockerem Aufbau

Die Ursachen für die ausgedehnte Schleimbildung, die Voraussetzung für eine Flockenbildung ist, sind noch nicht eindeutig geklärt. Die Fähigkeit zur Synthese und Ausscheidung von polymeren Schleimstoffen ist genetisch festgelegt, aber erst bestimmte Umweltbedingungen führen zu einem Wechsel vom Zustand der Einzelzell-Suspension zur Zellaggregation. Wahrscheinlich löst eine Veränderung des Substratangebots die Schleimbildung aus; wobei extrazelluläre Schleime verstärkt in der Hungerphase ausgeschieden werden. Für die Synthese der Schleimsubstanzen in der Hungerphase verwerten die Zellen intrazelluläre Reservestoffe, die vorher, bei hohem Substratangebot, gespeichert wurden. Besonders günstig scheint ein periodischer Wechsel zwischen Wachstum (mit Reservestoffbildung) und Hungerbedingungen zu sein. Diese Bedingungen lassen sich leicht dadurch erreichen, daß das Belüftungsbecken in mehrere Kaskadenstufen aufgeteilt wird, so daß sich entlang der Fließstrecke in den belüfteten Stufen ein Substratgradient ausbildet. Turbulenzen des Abwassers durch die Belüftung wirken sich wahrscheinlich auch positiv auf die Aggregationsbildung aus.

Die Flocken sind keine abgeschlossenen Klümpchen aus Biomasse, sondern schwammig, von vielen Poren durchzogen, so daß Flüssigkeit und Gasbläschen durch die Flocken strömen können. Wahrscheinlich dient die Ausbildung von Bioflocken während eines substratlimitierten Wachstums dazu, die Substratadsorption und -aufnahme zu verbessern. Weitere Vorteile im engen Flockenkontakt könnten gegenseitige (symbiontische) Beeinflussung des Stoffwechsels und ein erleichterter genetischer Austausch sowie eine Konzentration von extrazellulären Enzymen sein, die, in der Matrix gebunden, nicht so leicht ins freie Abwasser abdiffundieren. Die Zusammenballung der Biomasse gibt auch einen teilweisen Schutz vor räuberischen (höheren) Mikroorganismen, z.B. Protozoen. Die in Flocken lebenden Mikroorganismen werden zusätzlich durch die Selektion im Nachklärbecken angereichert, da sie im Gegensatz zu den frei schwimmenden Bakterien nicht mit dem Überstandswasser aus der Nachklärung in den Vorfluter abfließen.

5.3.3
Mikroorganismen im Belebungsbecken

Der Belebtschlamm wird in der Klärtechnik meist lediglich durch Summenparameter wie Trockengewicht oder Glühverlust beschrieben. Doch kann bei gleichem organischen Anteil oder gleicher Biomassekonzentration die Zusammensetzung der Abwassermikroorganismen und die Populationsdichte der verschiedenen Arten sehr unterschiedlich sein. Neben Bakterien, die hauptsächlich für den Abbau der Schmutzstoffe verantwortlich sind, können auch Pilze, Protozoen, Rotatorien und Nematoden auftreten.

Umfassende Analysen der Bakterienflora ergaben auf den üblichen Nährböden, daß im Belebtschlamm normalerweise hauptsächlich Gram-negative Bakterien vorherrschen. Aber auch eine Reihe Gram-positiver Formen läßt sich aus dem Abwasser isolieren (Tabelle 5.6).

Tabelle 5.6. Auswahl einiger Bakteriengattungen, die aus dem Belebungsbecken isoliert wurden

Gram-negative	Gram-positive
Pseudomonas	*Arthrobacter*
Zoogloea	*Bacillus*
Flavobacterium	*Brevibacterium*
Aeromonas	*Corynebacterium*
Acinetobacter	*Micrococcus*
Alcaligenes	*Microthrix*[b]
Enterobacteriacea	Nocardioforme Actinomyceten[b]
(*Aerobacter, Enterobacter,*	(z.B. *Rhodococcus, Nocardia, Gordona,*
Klebsiella, Escherichia)	*Tsukamurella*)
Flavobacterium	*Nostocoida*[b]
Comamonas	*Cellulomonas*
Paracoccus	
Nitrosomonas[a]	
Nitrobacter[a]	

[a] in nitrifizierenden Anlagen
[b] Bläh-u. Schwimmschlammbildner

Die Populationsdichte der verschiedenen Bakterienarten ist von verschiedenen Umweltfaktoren, z.B. Art und Konzentration der Abwasserinhaltsstoffe, dem Verhältnis von C/N, dem Schlammalter und der Belüftung, abhängig.

Auch fädige Abwasserbakterien sind sehr oft im Belebungsbecken zu beobachten. Unter bestimmten Bedingungen kommt es zu einer Massenentwicklung dieser Formen, so daß Bläh- oder Schwimmschlamm entsteht (s. Abschn. 5.3.4).

Obwohl eine hohe Anzahl verschiedener Bakterienarten aus dem Abwasser bereits bekannt ist, gibt es Schätzungen, daß bisher nur ca. 10 % der Abwasserbakterien in Reinkultur isoliert und damit taxonomisch bestimmt werden konnten.

In vielen Anlagen sind auch verschiedene Pilze zu beobachten, z.B. *Geotrichum*, *Fusarium* und Hefen. Tierische Einzeller, Protozoen, lassen sich auch im Belebtschlamm nachweisen; sie fallen durch ihre Größe auf. Ihr Anteil an der gesamten Biomasse beträgt ca. 5 %; pro ml können bis zu $5 \cdot 10^4$ Zellen vorkommen. Für die Reinigungsleistung haben sie im Vergleich zu den Bakterien nur geringe Bedeutung. Sie ernähren sich von partikulären organischen Substanzen, im Abwasser wahrscheinlich vorwiegend von freischwimmenden Bakterien oder feinsten suspendierten Schmutzteilchen. Dadurch tragen sie wesentlich zur Klärung des Abwassers bei und fördern indirekt die Anreicherung flockenbildender Bakterien. Die Wechselwirkung zwischen Protozoen und Bakterien sind in Abb. 5.23 (S. 206) skizziert.

Eine Reihe von Protozoen stellen besondere Ansprüche an die Wachstumsbedingungen im Abwasser oder vertragen höhere Konzentrationen an toxischen Substanzen (z.B. H_2S). So kann das Vorkommen oder Fehlen bestimmter Formen als Indikator für den Zustand des Belebtschlammes oder der Wassergüte genutzt werden [41].

Wichtige Vertreter der Protozoen sind:

- Flagellaten (Geißeltierchen), z.B. *Bodo*-Arten
- Amöben (Wechseltierchen; Rhizopoda [Wurzelfüßer]), z.B. *Amoeba*-Arten
- Cilaten (Wimpertierchen), z.B. *Colpidium campylum*, *Paramecium caudatum*, *Aspidisca costata*, *Epistylis*-Arten, *Vorticella*-Arten (Glockentierchen), (Abb. 5.33).

Neben den einzelligen Protozoen kommen im Belebtschlamm die mehrzelligen Rotatorien (Rädertierchen) und Nematoden (Fadenwürmer) vor, die sich von suspendierten Schmutzteilchen, Bakterien und Protozoen ernähren (Abb. 5.34).

Aufgrund der Beschaffenheit der Schlammflocken, dem Vorkommen bestimmter tierischer Mikroorganismen (besonders Ciliaten) und ihrer Anzahl läßt sich die Belastung von Kläranlagen abschätzen [41].

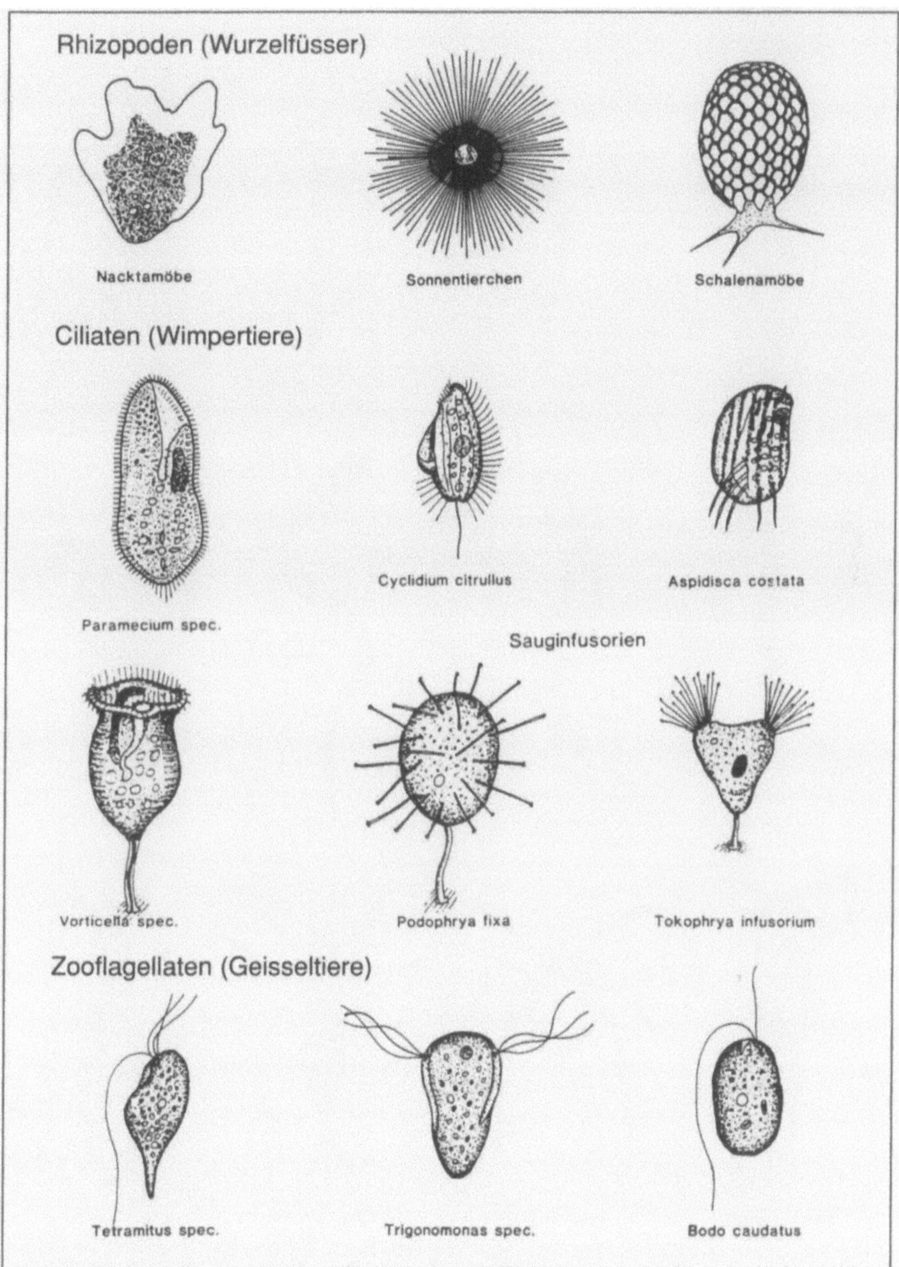

Abb. 5.33. Verschiedene Protozoen (Einzeller) (aus Hartmann, 1992 [15])

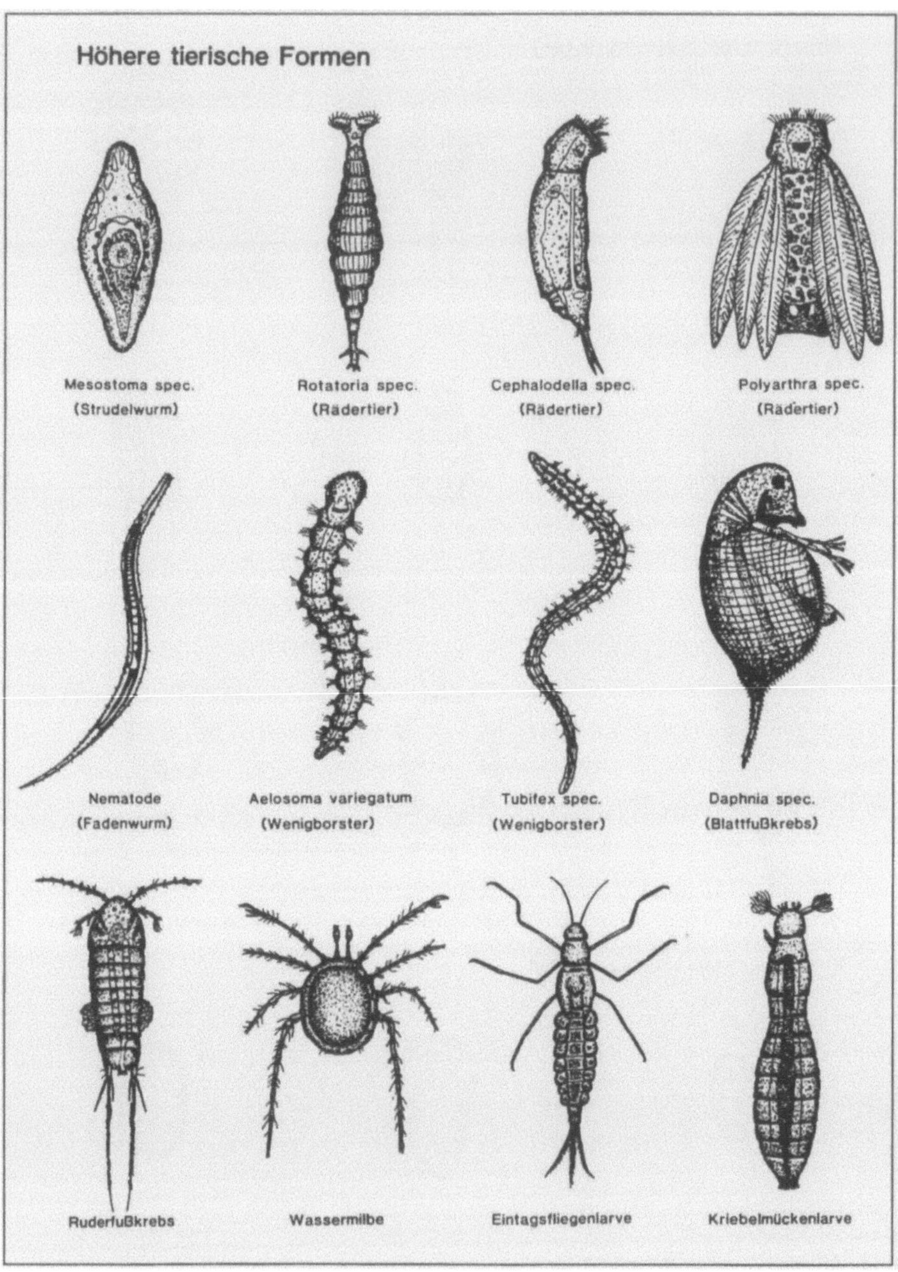

Abb. 5.34. Mehrzellige tierische Wasserbewohner aus Abwasser, Tropfkörper und Abwasserteichen (aus Hartmann, 1992 [15])

5.3.4
Bläh- und Schwimmschlammbildner

Für eine effektive Reinigung in Belebungsanlagen ist die Abtrennung und Verdichtung der Biomasse durch eine Sedimentation im Nachklärbecken notwendig. In einigen Fällen setzt sich der Schlamm jedoch nur sehr langsam oder gar nicht ab, so daß sich keine klare Überstandszone ausbildet.

Der Grund für diese Störung liegt meist in der Massenentwicklung von fädigen Abwasserbakterien, die zu einer Oberflächenvergrößerung der Belebtschlammflocken führen.

Bei starker Blähschlammbildung können die Flockenaggregate noch durch fadenförmige Formen vernetzt sein. Der Schlamm wird dadurch voluminöser. Setzt sich der Schlamm in der Nachklärung nicht mehr richtig ab, spricht man von Blähschlamm, steigt er an die Wasseroberfläche, wird er als Schwimmschlamm bezeichnet. Das Absetzverhalten des Belebtschlammes wird meist durch den Schlammvolumenindex (SVI) bestimmt. Fädige Abwasserbakterien können in sehr vielen Kläranlagen beobachtet werden. Als Grenzwert gilt ein Schlammvolumenindex (SVI) von 150 ml/g, bei dessen Überschreitung Belebtschlamm definitionsgemäß Blähschlamm genannt wird. Die relative Anzahl der fädigen Bakterien läßt sich auch mikroskopisch nach der Fädigkeitskategorie (Eikelboom u. Buijsen, [42]) bestimmen (Abb. 5.35 a – d).

Eine Massenentwicklung der Fadenbildner wird durch verschiedene Ursachen ausgelöst [42, 43]. Die wichtigsten sind: Eine zeitlich zu hohe Belastung mit organischen Stoffen, besonders wenn es dadurch zu einem Mangel eines anderen Nährstoffs (z. B. Phosphat oder Stickstoff) kommt. Stoßbelastungen durch Industrieabwässer, die auch ein Ungleichgewicht in der Nährstoffzusammensetzung verursachen können. Auch ein hoher Sulfidgehalt durch angefaultes Abwasser oder eine zu geringe Belüftung im Belebungsbecken können als auslösende Faktoren wirken. Meist werden wahrscheinlich mehrere Faktoren zusammen das verstärkte Wachstum der Blähschlammbildner auslösen. Für das verstärkte Auftreten von fädigen Bakterien unter diesen besonderen Umweltbedingungen sind ihre unterschiedlichen stoffwechsel-physiologischen Eigenschaften im Vergleich zu flockenbildenden Bakterien verantwortlich. Fadenbakterien haben pro Volumeneinheit eine größere Oberfläche, so daß sie dadurch bei geringem O_2- und Nährstoffgehalt die Verbindungen leichter aufnehmen und somit schneller wachsen können als Flockenbakterien. Außerdem wird die halbmaximale Wachstumsrate oft bei einer sehr geringen Substratkonzentration (Ks) erreicht (s. u. und Abb. 5.36); sie haben somit eine hohe Affinität für ihre Substrate. Viele Formen können lange Hungerzustände überdauern. Eine Reihe von Fadenbildnern ertragen auch hohe Konzentrationen an Schwefelwasserstoff, den sie durch Oxidation zu Schwefel entgiften und gleichzeitig zum Energiegewinn nutzen (z. B. *Thiothrix-, Beggiatoa*-Arten).

Für die Blähschlammbildung sind eine Reihe verschiedener fadenförmiger Mikroorganismen verantwortlich (Abb. 5.36 a – d). Es sind über 30 morphologische Formen bekannt [42], von denen bisher nur einige in Rein-

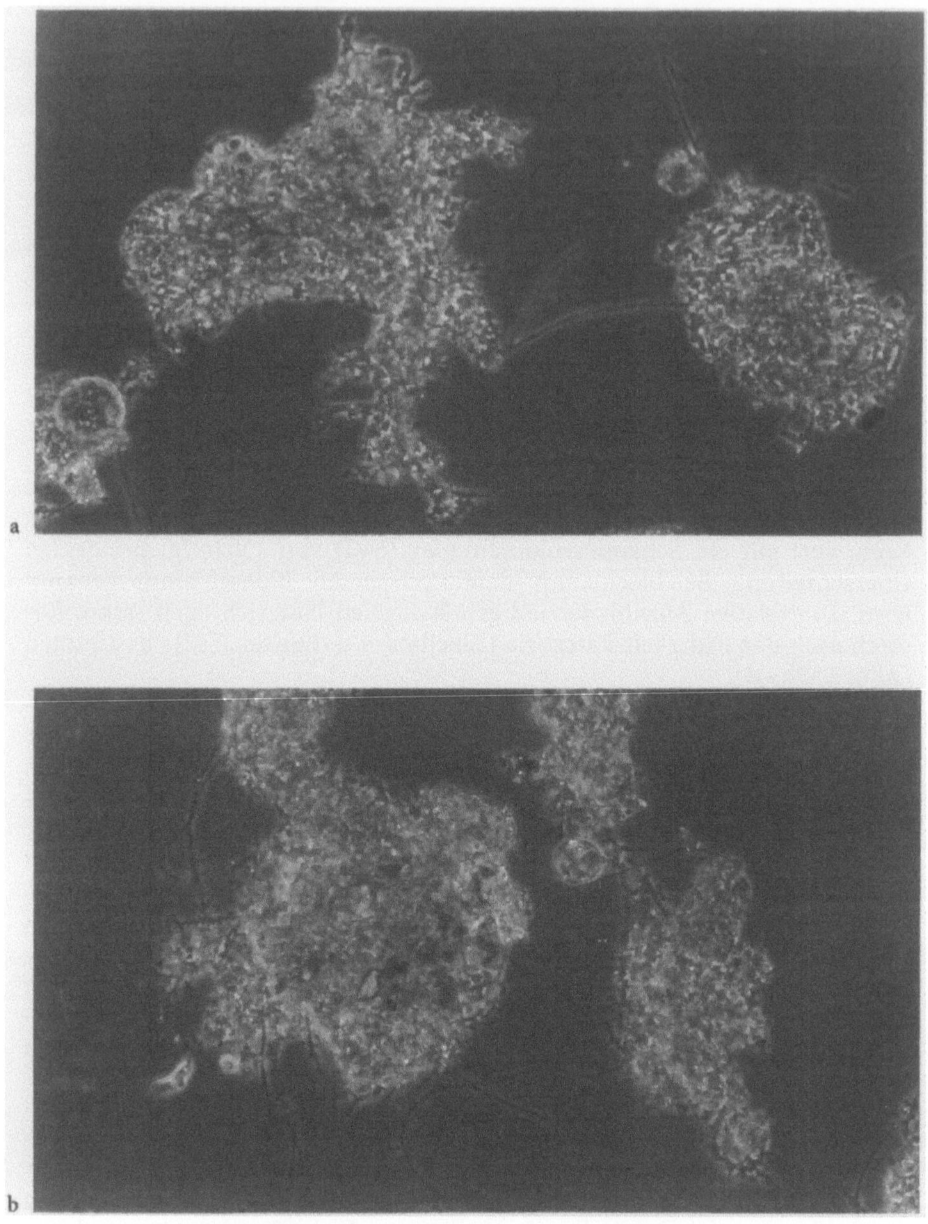

Abb. 5.35a–d. Fädigkeitskategorien I–IV nach Eickelboom 1983 [42]: a = I, b = II

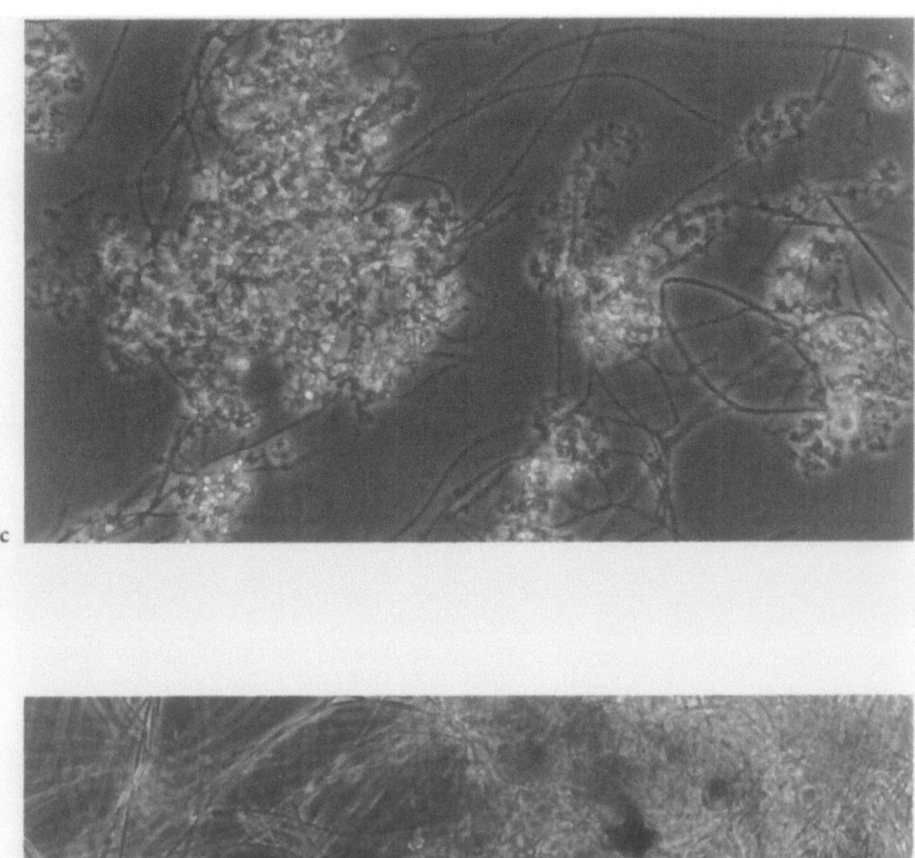

Abb. 5.35 c–d: c = III, d = IV

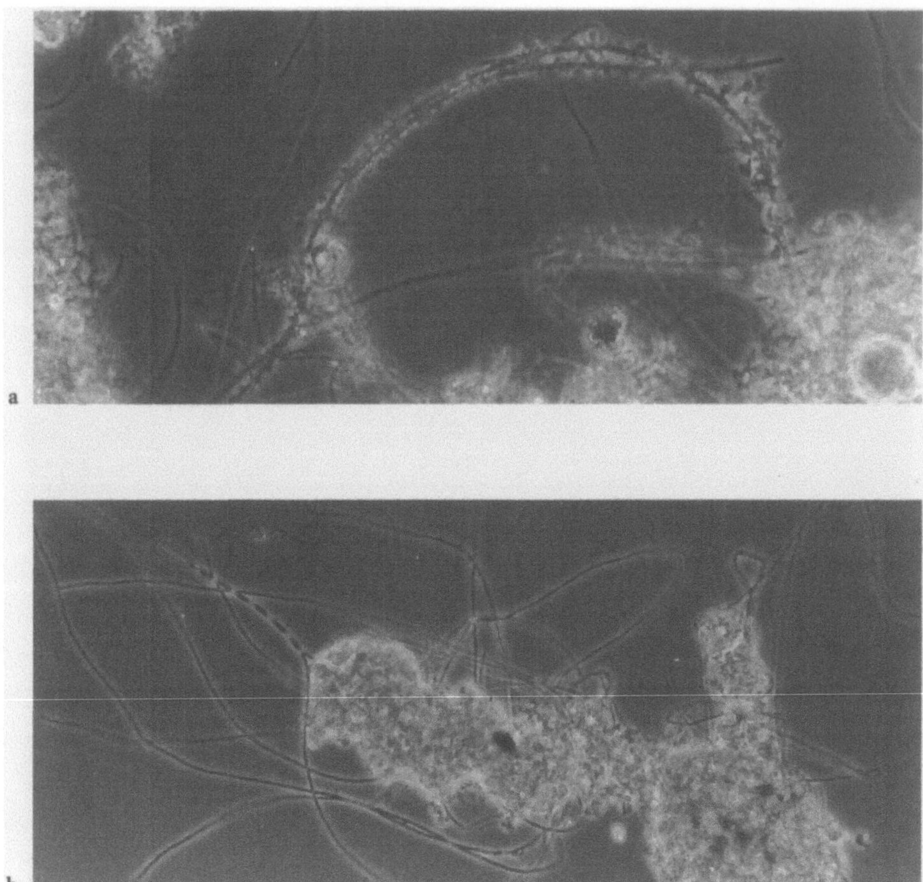

Abb. 5.36a–d. Einige wichtige fädige Abwasserbakterien: **a** Typ 0041, **b** Typ 021 N, **c** *Thiothrix* ssp, **d** *Sphaerotilus natans*

kultur isoliert werden konnten, z. B. *Sphaerotilus natans* oder *Thiothrix*. Einige Formen haben nur eine Typbezeichnung, z. B. Typ 021 N. In einigen Fällen läßt sich über die Bestimmung des hauptsächlich auftretenden Fadenbildners die Ursache für die Blähschlammbildung erkennen. So tritt bei niedriger O_2-Konzentration besonders *Sphärotilus natans*, bei unausgeglichenem Nährstoffangebot Typ 021 N und bei niedrigem Substratangebot Typ 0041 auf [42–44].

In den letzten Jahren läßt sich in Kläranlagen verstärkt Schwimmschlamm beobachten, auch oder gerade in Anlagen, die nach modernsten Verfahrensweisen betrieben werden. Im Gegensatz zum Blähschlamm sind die fadenförmigen Bakterien nicht gleichmäßig im Abwasser verteilt, sondern steigen an die Wasseroberfläche und bilden auf der Belebung und der Nachklärung eine viskose braune Bakteriendecke, die sich sogar zu einem dicken

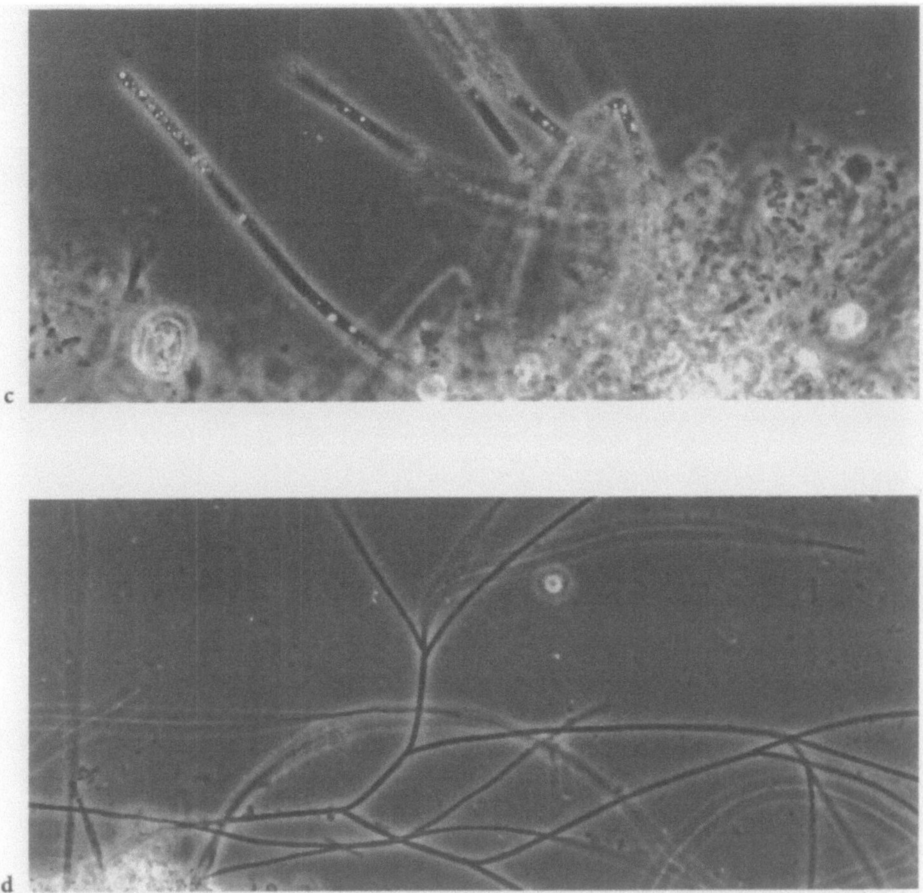

Abb. 5.36 c–d: c *Thiothrix* ssp., d *Sphaerotilus natans*

Schaum entwickeln kann. In Deutschland sind dafür hauptsächlich zwei fädige Bakteriengruppen verantwortlich: *Microthrix parvicella*, der auch Blähschlamm verursachen kann, und nocardioforme Actinomyceten (z. B. *Rhodococcus*- u. *Nocardia*-Arten, Abb. 5.37 a, b). Die Flotation der Schwimmschlammbakterien auf der Belebung und ihr Aufschwimmen in der Nachklärung wird bei Actinomyceten hauptsächlich durch ein stabiles Anheften von Gasbläschen an die hydrophoben Zellknäuel und Zellnetze verursacht. Neben dem Abschwimmen der Bakterien in den Vorfluter verursachen die Schwimmschlammbildner auch höhere Kosten durch die zusätzlichen Reinigungsleistungen, z. B. der Beseitigung der Schaumdecke oder des angetrockneten Schaumes an den Geräten. Beim Verwehen des leichten Schaumes können auch pathogene Mikroorganismen weit verbreitet werden. Außerdem kann Schaum große Probleme bei der anaeroben Schlammbehandlung im Faulturm verursachen.

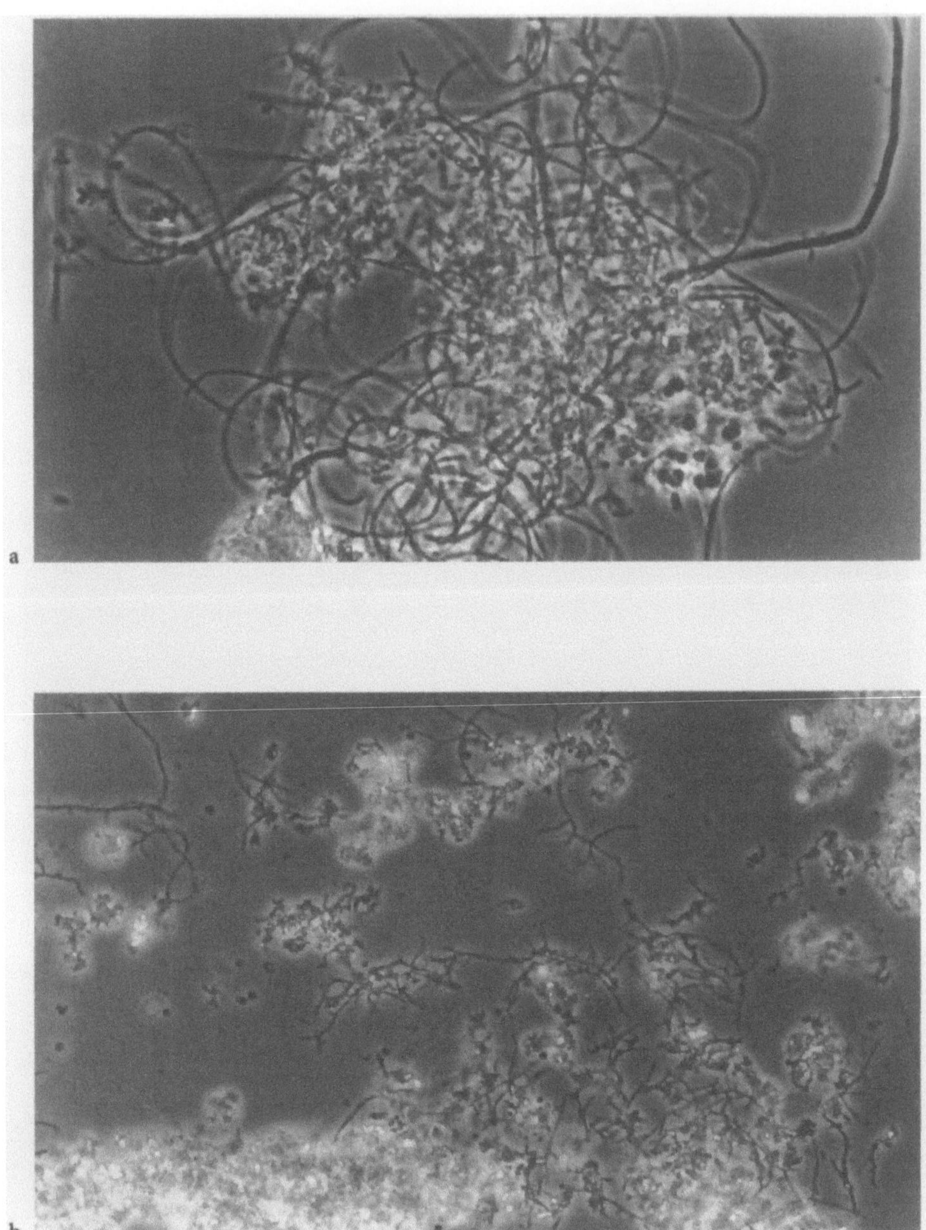

Abb. 5.37 a, b. Wichtige Schwimmschlammbildner **a** *Microthrix parvicella,* **b** nocardioforme Actinomyceten

Neben den fädigen Mikroorganismen können auch oberflächenaktive organische Substanzen oder schwer abbaubare Detergentien eine (weiße) Schaumbildung auslösen.

Die Bekämpfung der fädigen Bläh- und Schwimmschlammbildner muß in erster Linie – soweit bekannt – in der Beseitigung der Ursachen liegen, z.B. in einem Ausgleich der Nährstoffe bei einem N- oder P-Mangel. Bei einer Gruppe der Blähschlammbildner (z.B. Typ 021 N), hat sich das Vorschalten einer kleinen hochbelasteten Kaskade (= Selektor) bewährt. Notmaßnahmen, wie die Chlorierung, Ozonierung oder die Zugabe von Wasserstoffperoxid, die die fädigen Bakterien wegen ihrer relativ großen Oberfläche stärker schädigen sollen, haben meist keine entscheidende Wirkung. Auch bei einer Beschwerung des Schlammes durch Eisensalze zeigt sich meist kein großer Erfolg.

Nach Chiesa und Irvine [45] lassen sich die Bakterien in der Belebtschlammbiozönose nach ihrem Wachstumsverhalten bei verschiedenen Substratkonzentrationen und ihrer Sauerstoffaffinität in drei Gruppen einteilen:

1. Flockenbildende Mikroorganismen, die eine hohe Wachstumsrate bei relativ hohen Substratkonzentrationen haben,
2. fädige Mikroorganismen mit niedriger Wachstumsrate, die aber auch bei niedriger Substratkonzentration wachsen können und
3. fädige Mikroorganismen, die bei hoher Substratkonzentration schnell wachsen, auch wenn die Sauerstoffkonzentration gering (limitierend) ist, da sie eine hohe O_2-Affinität besitzen (Abb. 5.38).

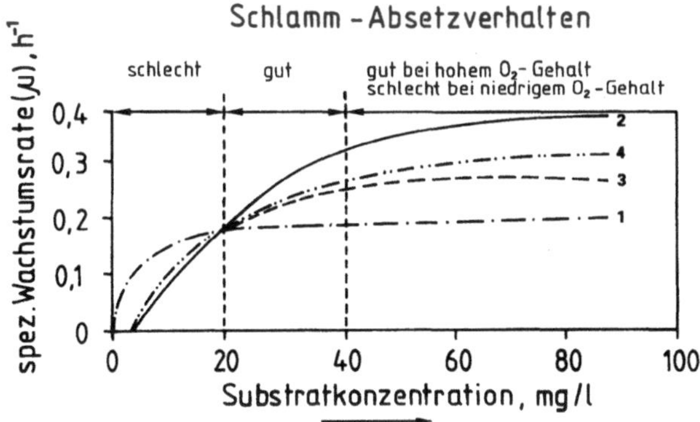

Abb. 5.38. Wachstumskinetik von 3 unterschiedlichen Abwasserbakterien-Gruppen in Abhängigkeit von der Substratkonzentration und dem Gehalt an gelöstem Sauerstoff. Nach der Hypothese von Chiesa u. Irvine, 1985 [45] reichern sich bei geringer Schlammbelastung fädige Formen an, die eine hohe Substrataffinität haben (1); im mittleren Belastungsbereich setzen sich Flockenbakterien durch (2) und bei hoher Belastung, bei ausreichender Sauerstoffversorgung, Flockenbakterien (2) oder, bei niedrigem O_2-Gehalt, fädige Formen mit hoher O_2-Affinität (4); bei niedrigem O_2-Gehalt wachsen Flockenbakterien (3) langsamer als bestimmte fädige Formen (4)

Dieses Modell des unterschiedlichen Wachstumsverhaltens von Flocken- und Fadenbildnern und der dadurch verursachten (substratabhängigen) Bildung von Bläh- und Schwimmschlamm ist nur zum Teil zutreffend. Eine Reihe von fädigen Formen lassen sich nicht in eine dieser drei Gruppen einordnen, z.B. die Schwimmschlammbildner *Microthrix parvicella* und die nocardioformen Actinomyceten.

Ein schlechtes Absetzen der Biomasse in der Nachklärung kann auch ohne Beteiligung fädiger Bakterien beobachtet werden. Mögliche Ursachen sind:

- Schlechte Flockenbildung, die bei sehr hoher BSB_5-Schlammbelastung auftreten kann,
- zu kleine Flockenaggregate,
- zu starke Schleimbildung, die die Absetzgeschwindigkeit verlangsamt,
- Aufschwimmen des Schlammes durch eine Denitrifikation in der Nachklärung bei zu hoher Belastung.

Diese Absetzstörungen sind jedoch seltener und von geringerer Bedeutung als die von fädigen Bakterien ausgelösten Bläh- und Schwimmschlammereignisse.

5.3.5
Krankheitserreger im Abwasser

Im Abwasser sind pathogene Bakterien, Protozoen und Viren sowie Eier von parasitären Würmern zu finden. Eine Infektion kann besonders durch nicht ausreichend gereinigtes Abwasser und Aerosolen in der Kläranlage erfolgen.

Wichtige pathogene Keime, die im Abwasser vorkommen können sind:

- **Bakterien:** verschiedene Enterobakteriaceae (Darmbakterien), z.B. *Salmonella typhi* (Typhus), *Shigella*-Arten (Shigellose, bakterielle Ruhr), *Escherichia coli* (Diarrhoe), *Vibrio cholerae* (Cholera), *Mycobacterium tuberculosis* (Tuberkulose), *Leptospira interrogans, Serogruppe icterohaemorrhagiae* (Weil'sche Krankheit = Kanalarbeiterkrankheit), *Francisella* (Tularämie).
- **Viren:** Coxsackievirus (Bornholmer Krankheit, Meningitis [Hirnhautentzündung]), Poliovirus (Poliomyelitis [Spinale Kinderlähmung]), Hepatitisvirus (Gelbsucht), Echovirus (Picornaviren; Diarrhoe, Gastroenteritis).
- **Protozoen:** *Giardia lamblia* (Giardiasis-Darmerkrankung), *Entamoeba histolytica* (Amöbenruhr), *Naegleria* (Meningoenzephalitis [Hirnhaut-Gehirnentzündung]).
- **Wurminfektionen** z.B. Spulwurm (*Ascaris lumbricoides*).

In den verschiedenen Reinigungsstufen der Kläranlagen werden die meisten pathogenen Mikroorganismen abgetötet bzw. inaktiviert, doch ist der Abfluß in der Regel nicht frei von Krankheitserregern. Durch Chlorierung oder UV-Behandlung kann die Keimzahl auf unbedenkliche Werte herabgesetzt werden.

5.3.6
Tropfkörper

Im Tropfkörper wird die für eine schnelle Reinigung notwendige Biomasse durch einen Biofilm auf verschiedene Aufwuchsflächen erreicht [s. Kap. 6]. Das Füllmaterial, auf dem sich die Organismen festsetzen können, besteht aus mineralischem oder kunststoffartigem Material. Abhängig von der Belastung des Abwassers wächst auf den Oberflächen des Füllmaterials ein Biofilm, der „Tropfkörperrasen", auf (Abb. 5.39), der normalerweise nur begrenzt abge-

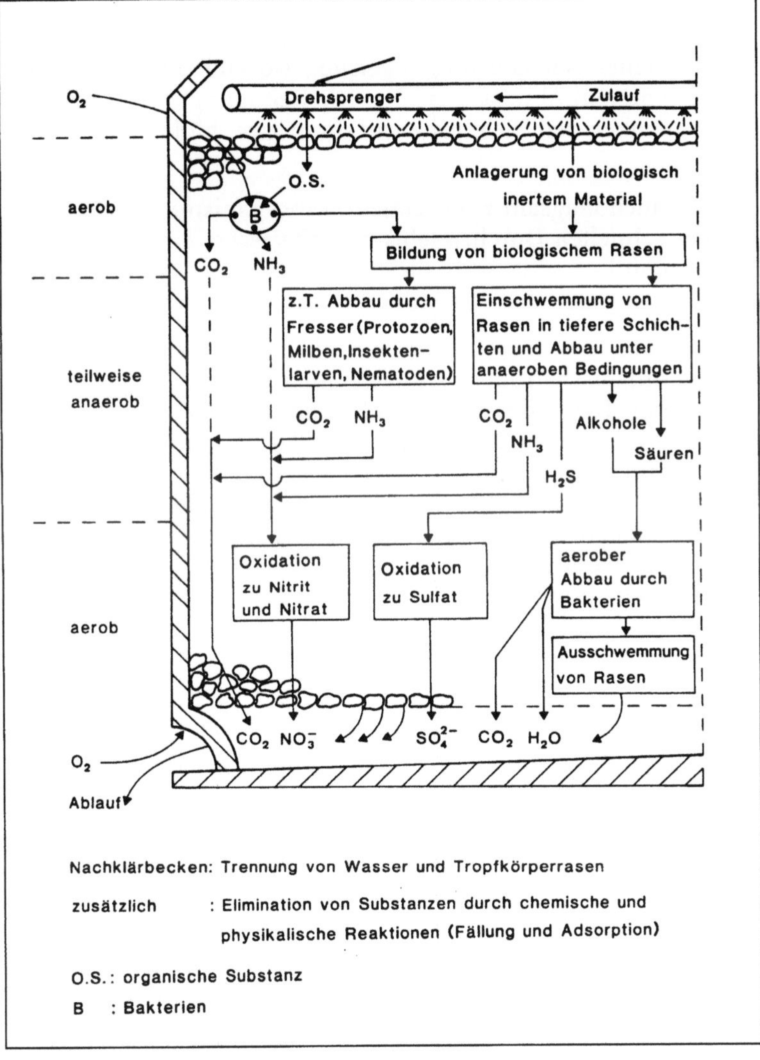

Abb. 5.39. Mineralisation organischer Stoffe aus dem Abwasser und Nitrifikation durch den Biofilm eines Tropfkörpers (aus Hartmann, 1992 [15])

spült wird. Seine Dicke beträgt im Durchnitt ca. 2 mm, kann aber von 0,1 bis auf ca. 10 mm anwachsen. Das mechanisch vorgereinigte Abwasser wird von oben über den Tropfkörper gerieselt. Je nach Belastung genügen 20–60 min Durchlaufzeit, bis die leicht verwertbaren organischen Stoffe vom Biofilm abgebaut sind. Durch Lufteintrittsöffnungen unten am Tropfkörper und durch die Oxidationswärme im Inneren des Reaktors wird genügend Luft für den Atmungsstoffwechsel der Mikroorganismen angesogen; die Hohlräume erlauben eine gute O_2-Diffusion zum Biofilm. Die Sauerstoffversorgung reicht bis ca. 3 mm Tiefe aus, darunter stellen sich O_2-limitierte Bedingungen ein. Im äußeren Belag findet danach eine aerobe Mineralisation statt, verdichtet sich der Biofilm zu stark, laufen im Inneren Teil des Belages anaerobe Stoffwechselprozesse ab. Durch O_2-Mangel oder eine Nährstofflimitierung im Inneren kann sich der Biofilm ablösen. Das gereinigte Abwasser und abgespülte Rasenteile werden einer Nachklärung zugeleitet, wo eine Abtrennung von Schlamm und gereinigtem Abwasser erfolgt. Die Reinigung im Tropfkörperverfahren hat gegenüber dem Belebungsverfahren zwei biologisch wichtige Vorteile:

1. Es können sich auch langsam wachsende Mikroorganismen ansiedeln, so daß trotz eines schnellen Durchrieselns des Abwassers eine Nitrifikation stattfinden kann und
2. die Empfindlichkeit gegenüber Belastungsschwankungen ist gering.

Durch die Berieselung des Tropfträgers von oben stellt sich ein Konzentrationsgefälle der organischen Substrate nach unten ein (Abb. 5.40). Unter der Oberfläche im oberen Teil findet ein besonders hoher BSB_5-Abbau statt, im unteren Bereich nimmt die Nitrifikation, die Oxidation von Ammonium zu Nitrat, zu. Die Veränderung in der Abwasserzusammensetzung während des Durchrieselns des Abwassers führt auch zu einer unterschiedlichen Verteilung der Mikroorganismen in den einzelnen Zonen des Tropfkörpers. An der Oberfläche eines offenen Tropfträgers können sich blaugrüne Cyanobakterien (= Blaualgen) ansiedeln. Im Biofilm sind über 200 Arten von Bakterien, Algen,

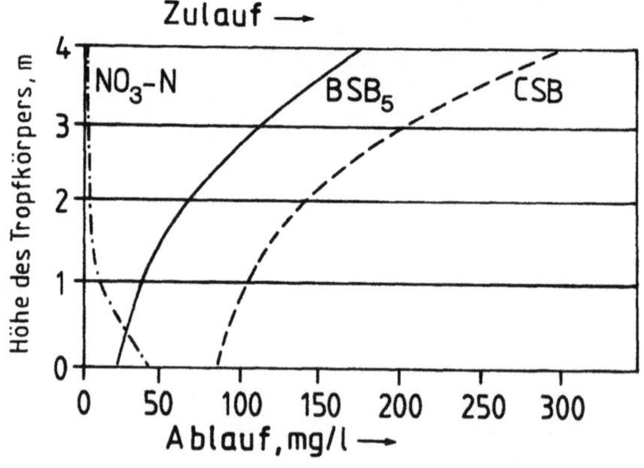

Abb. 5.40. Reinigungsablauf, Abbau von organischen Stoffen (BSB₅ und CSB) und Nitrifikation (NO₃⁻-Bildung), beim Durchfließen des Abwassers im Tropfkörper (modifiziert nach [7, Band IV])

Protozoen, Würmern und Insekten beschrieben worden. Aber – wie bereits bei den Flockenbakterien erwähnt – konnte bisher sicherlich nur ein Teil der Bakterienarten isoliert und bestimmt werden.

Als tierische Organismen treten in schwach belasteten Tropfkörpern neben Protozoen im Vergleich zum Belebungsbecken eine höhere Anzahl und ein vielfältiges Spektrum höherer Organismen als Sekundär-Besiedler auf, z.B. Springschwänze (Collembolen), Milben, Faden- und Ringelwürmer, Rotatorien und Zuckmückenlarven. Auffällig ist auch die „Tropfkörperfliege" (*Psychoda alternata*), die taxonomisch zu den Schmetterlings-Mücken gehört. Ihre Larven entwickeln sich im Tropfkörperrasen, bei hohen Sommertemperaturen kann es zu einem Massenflug der ausgewachsenen Insekten kommen. Im Vergleich zu den Bakterien tragen die höheren Organismen sehr wenig zur Reinigung des Abwassers bei; als Bakterien- und Detritusfresser weiden sie aber den Biofilm ab, so daß der Zuwachs des Biofilms verlangsamt und die Verstopfungsgefahr vermindert wird. Außerdem fressen sie Gänge in den Bakterienrasen und verbessern damit die O_2-Versorgung in den inneren Schichten.

In hochbelasteten Tropfkörpern (Spültropfkörper) entwickelt sich ein stärkerer biologischer Aufwuchs, der sich durch die höhere Spülkraft aber schneller ablösen kann. Die Artenvielfalt der Bakterien und die Anzahl der Bakterienfresser ist geringer als bei einer schwächeren Belastung.

Eine Kombination von fixierter Biomasse und Belebungsverfahren sind verschiedene *Tauchkörperverfahren*. Beim Scheibentauchkörper rotieren Walzen aus Kunststoff im Abwasser; dabei taucht ein Teil im Abwasser ein, während der andere Teil der Luft ausgesetzt ist. Es findet damit abwechselnd eine O_2-Versorgung und eine Aufnahme von Schmutzstoffen durch die Biomasse statt.

5.4.
Anaerobe Abwasserreinigung

Die anaerobe Behandlung von Abwasser hat mehrere Zielsetzungen: Eine Stabilisierung des Primärschlammes aus der Vorklärung und des bei der aeroben Abwasserreinigung anfallenden Überschußschlammes aus der Nachklärung, um die organische Belastung weiter herabzusetzen, das Volumen zu vermindern und die Entwässerung zu verbessern. Dabei wird auch Methangas erhalten und pathogene Bakterien sowie Dauerstadien parasitischer Würmer werden abgetötet oder ihre Anzahl zumindest stark vermindert. Eine anaerobe Abwasserbehandlung wird auch in besonders hoch belasteten industriellen Abwässern (z.B. aus der Lebensmittelindustrie) an den Anfang der Klärung gestellt, um einen hohen Methangewinn zu erhalten [48, 49]. Meist ist aber noch eine aerobe Nachbehandlung des Abwassers notwendig.

In den anaeroben Reaktoren laufen die gleichen Stoffwechselreaktionen ab wie in O_2- (und NO_3^-)-freien Biotopen überall in der Natur, z.B. in

Böden mit stauender Nässe, in Sedimenten von Seen, Teichen und anderen stehenden Gewässern. Bei Fehlen von Sauerstoff vergären Mikroorganismen viele organische Verbindungen. Außerdem können anaerobe Atmungen ablaufen, abhängig davon, welche Elektronenakzeptoren vorliegen, die anstelle von O_2 genutzt werden können.

Historisch werden alle anaeroben Stoffwechselvorgänge Gärungen genannt (s. Kap. 5.2.1). In der Praxis wird zur Unterscheidung, der mikrobielle Abbau von stickstoffhaltigen Stoffen (z.B. Eiweiß) oft als Fäulnis und nur der Abbau von Kohlenhydraten als Gärung bezeichnet. Da die Fäulnisvorgänge meist mit auffallend unangenehmen Gerüchen verbunden sind, nennt man den Anaerobreaktor in Kläranlagen auch *Faulturm*, obwohl die verschiedenen organischen Schmutzstoffe auf unterschiedlichen Wegen zersetzt werden.

5.4.1
Methanbildung

Die Stoffwechselvorgänge im Faulturm sind sehr komplex. Es laufen verschiedene Gärungen und anaerobe Atmungen ab, wobei das Endprodukt der Gärung einer Bakteriengruppe der anderen als Substrat dienen kann. In den anaeroben Atmungen dient fast ausschließlich CO_2 als Elektronenakzeptor; dabei entsteht Methan. In geringer Konzentration kann auch H_2S durch Reduktion von Sulfat in einer Sulfatatmung auftreten. Bei der Zersetzung der organischen Stoffe entwickelt sich in hohen Mengen CO_2 aus verschiedenen Gärungen und zusätzlich bei der Methanbildung aus Acetat. Die Umwandlung organischer Schmutzstoffe zu den gasförmigen Verbindungen CO_2 und Methan vermindert somit auch die organische Belastung des Schlammes. Der Biomassezuwachs ist anaerob sehr gering, da wegen des geringen Energiegewinns in den Gärungen nur ca. 10% der umgesetzten Kohlenstoff-Substrate in Zellsubstanz umgewandelt werden, so daß nur ein geringer Bedarf an anderen Nährstoffen für das Wachstum besteht.

Bei der anaeroben Behandlung der Schlämme aus Vor- und Nachklärung werden hauptsächlich unlösliche organische Stoffe, z.B. Cellulose, Stärke, Lipide und Eiweiße, um- bzw. abgebaut. Diese Umsetzungen, z.B. von Cellulose, erfolgen schrittweise in einer „anaeroben Nahrungskette". An den Zersetzungsvorgängen sind unterschiedliche physiologische Bakteriengruppen beteiligt. Die Umwandlung der polymeren organischen Schmutzstoffe kann in 4 Schritte unterteilt werden (Abb. 5.41):

1. **Hydrolyse Phase:** Umwandlung der makromolekularen organischen Stoffe in lösliche Verbindungen durch extrazelluläre Enzyme (Polysaccharidasen [z.B. Cellulase], Proteasen, Lipasen), die durch obligat und fakultativ anaerobe Bakterien (z.B. *Clostridium-Bacteroides-Eubacterium*-Arten) ausgeschieden werden.
2. **Versäuerungsphase:** Vergärung der löslichen Verbindungen (z.B. Zucker) zu Buttersäure, Propionsäure, Alkoholen, H_2 und CO_2 durch obligate und

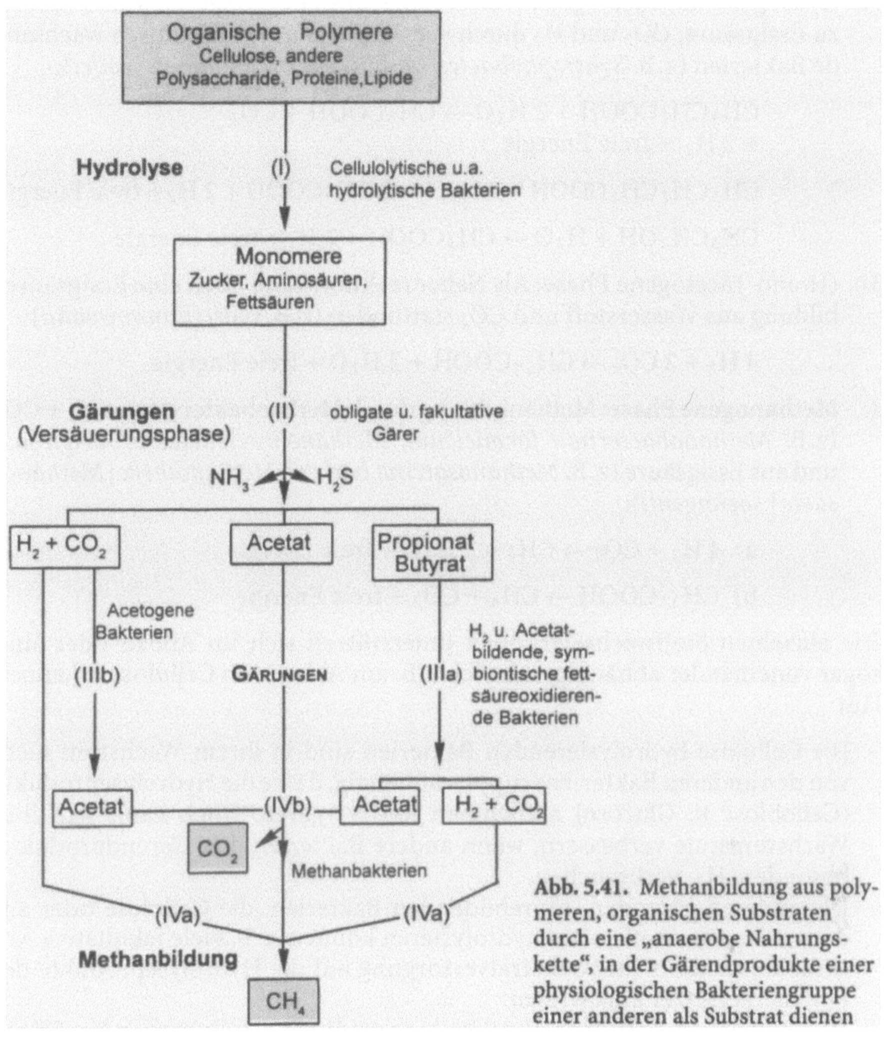

Abb. 5.41. Methanbildung aus polymeren, organischen Substraten durch eine „anaerobe Nahrungskette", in der Gärendprodukte einer physiologischen Bakteriengruppe einer anderen als Substrat dienen

fakultative Gärer (z. B. *Clostridium*-, *Streptococcus*-, *Bifidobacterium*-, *Lactobacillus*-, *Eubacterium*-Arten, Enterobacteriaceen):

$$C_6H_{12}O_6 + 2\,H_2O \rightarrow 2\,CH_3COOH \text{ (Essigsäure)} + 4\,H_2$$
$$+\,2\,CO_2 + \text{freie Energie}$$

$$1{,}5\,C_6H_{12}O_6 \rightarrow 2\,CH_3CH_2COOH \text{ (Propionsäure)} + CH_3COOH$$
$$+\,CO_2 + H_2O + \text{freie Energie}$$

$$C_6H_{12}O_6 \rightarrow CH_3CH_2CH_2COOH \text{ (Buttersäure)} + 2\,CO_2$$
$$+\,2\,H_2 + \text{freie Energie}$$

3a. **Hydrogene- und acetogene Phase:** Vergärung der Fettsäuren und Alkohole zu Essigsäure, CO_2 und H_2 durch spezifische, nur symbiontisch wachsende Bakterien (z.B. *Syntrophobacter wolinii, Syntrophomonas wolfei*):

$$CH_3CH_2COOH + 2\,H_2O \rightarrow CH_3COOH + CO_2$$
$$+ 3\,H_2 + \text{freie Energie}$$

$$CH_3CH_2CH_2COOH + 2\,H_2O \rightarrow 2\,CH_3COOH + 2\,H_2 + \text{freie Energie}$$

$$CH_3CH_2OH + H_2O \rightarrow CH_3COOH + 2\,H_2 + \text{freie Energie}$$

3b. **(Homo-)Acetogene Phase:** Als Nebenreaktion kann noch eine Essigsäurebildung aus Wasserstoff und CO_2 stattfinden (z.B. *Clostridium woodii*):

$$4\,H_2 + 2\,CO_2 \rightarrow CH_3\text{-}COOH + 2\,H_2O + \text{freie Energie}$$

4. **Methanogene Phase:** Methanbildung durch Methanbakterien aus $H_2 + CO_2$ (z.B. *Methanobacterium formicicum, Methanobrevibacter arboriphilus*) und aus Essigsäure (z.B. *Methanosarcina barkeri, Methanothrix [Methanosaeta] soehngenii*):

$$\text{a)}\quad 4\,H_2 + CO_2 \rightarrow CH_4 + 2\,H_2O + \text{freie Energie}$$

$$\text{b)}\quad CH_3\text{-}COOH \rightarrow CH_4 + CO_2 + \text{freie Energie}$$

Die einzelnen Stoffwechselgruppen unterstützen sich im Abbau oder sind sogar voneinander abhängig, wie sich z.B. am Abbau von Cellulose erkennen läßt:

- Die Cellulose-hydrolysierenden Bakterien sind in ihrem Wachstum nicht von den anderen Bakteriengruppen abhängig, da sie die Hydrolyseprodukte (Cellobiose u. Glucose) aufnehmen und vergären. Doch kann sich ihre Wachstumsrate verbessern, wenn andere Bakterien ihre Gärendprodukte, besonders H_2, verbrauchen.
- Die anderen gärenden, säurebildenden Bakterien, die Cellulose oder andere polymere Stoffe nicht hydrolysieren können, z.B. viele fakultative Anaerobier, sind für ihre Substratversorgung auf die Hydrolyseprodukte der Polymerzersetzer angewiesen.
- Die acetogenen, Fettsäure und Alkohole oxidierenden Bakterien benötigen wiederum die Gärendprodukte der Primärgärer. Den Acetogenen, die neben Acetat noch H_2 entwickeln, kommt besondere Bedeutung zu, da die Methanbildner beide Endprodukte als Substrat nutzen. Anderseits sind diese nur symbiontisch wachsenden Bakterien auf den H_2-Verbrauch durch Methanbildner angewiesen, da ihr Säureabbau aus energetischen Gründen nur ablaufen kann, wenn die H_2-Konzentration im Medium sehr niedrig ist [17].
- Die Methanbildner sind von allen gärenden Bakteriengruppen abhängig; sowohl H_2 und CO_2 als auch Acetat (Essigsäure) sind Endprodukte der verschiedenen Gärungen. Die methanbildenden Bakterien können normalerweise neben H_2 und Essigsäure nur noch wenige andere (C-1-)Substrate wie Formiat, Methanol, CO sowie Mono-, Di- und Trimethylamine verwerten.

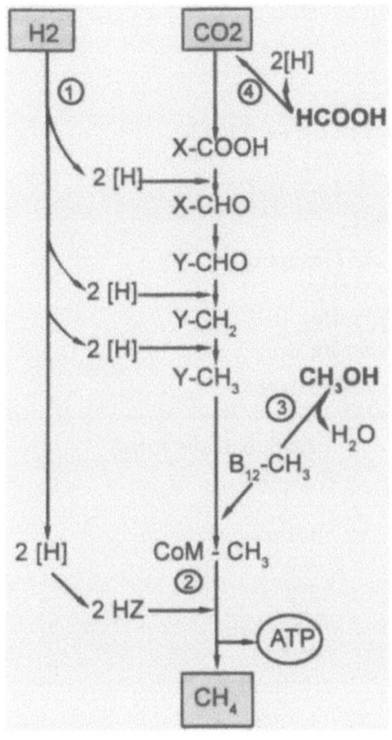

Abb. 5.42. Schema der Methanbildung aus H_2 und Einkohlenstoff-Verbindungen durch methanbildende Bakterien. CO_2 wird stufenweise in gebundener Form (an verschiedenen Enzymkomponenten), bis zum Methan reduziert; im letzten Schritt bei der Reduktion der Methylgruppe zu Methan ②, wird Energie gewonnen. X = Methanofuran. y = Tetrahydromethanopterin (THMP), CoM = Coenzym M, Mercaptoäthansulfonsäure), B_{12} = B_{12} Coenzym. ① = Hydrogenase-Reaktion, liefert Reduktionsäquivalente ([H]); ② = Methylreductase-Reaktion; ③ = Methyltransferase-Reaktion; ④ = Formiat-Reductase. Als Elektronenüberträger ist auch das fluoreszierende 5-Deazariboflavin-Derivat F_{420} beteiligt

Für den gesamten Abbau ist normalerweise die Hydrolyse der Polymere die limitierende Reaktion, besonders bei schwer abbaubaren Stoffen wie Cellulose. Für die Rate der Methanbildung ist dagegen die Bereitstellung von $H_2 + CO_2$ bzw. Acetat durch verschiedene Gärungen (einschließlich der acetogenen Bakterien) der limitierende Schritt in der Rate der Methanbildung. Die einzelnen Reduktionsschritte von CO_2 zu Methan sind in Abb. 5.42 dargestellt.

Diese anaeroben Abbauprozesse laufen im Faulbehälter ab, der periodisch mit Primärschlamm (aus der Vorklärung) und Überschußschlamm (aus der Nachklärung) bestückt wird. Nach dem Ausfaulen wird der Faulschlamm, der auch biologisch nichtabbaubare Stoffe und Bakterienzellen enthält, abgezogen und nach einem Eindicken der weiteren Schlammbehandlung zugeführt (s. Kap. 16). Die Zusammensetzung des Biogases (Faulgases) hängt von der Art der Kohlenstoffquellen ab (Tabelle 5.7). Je reduzierter das Substrat, um so höher ist der prozentuale Gehalt an Methan, von ca. 60–80%; der Rest ist CO_2 mit Spuren anderer Gase (NH_3, H_2S). Die Verweilzeit im Faulbehälter beträgt wegen des langsamen Abbaues der polymeren organischen Schmutzstoffe 2 Wochen bis zu einem Monat.

Die Methanbildung kann in zwei Temperaturbereichen ablaufen: Ein Optimum liegt im mesophilen Bereich bei 35–37 °C, das andere im thermophilen Bereich bei 55–60 °C. Da an der Methanbildung bei den unterschiedlichen Temperaturoptima unterschiedliche Methanbakterien beteiligt sind, muß der Temperaturbereich möglichst konstant gehalten werden. Im allgemeinen werden Temperaturen zwischen 33 °C und 35 °C bevorzugt, da sie

Tabelle 5.7. Biogaszusammensetzung in Abhängigkeit von Substrat und Gasausbeute in einigen Kläranlagen (aus Hartmann, 1989 [15])

a) Summenformel der Substratgruppen

Kohlenhydrate (allg. Form): $(C_6H_{10}O_5)_m + m\,H_2O \rightarrow 3\,m\,CH_4 + 3\,m\,CO_2$

Fettsäuren (Beispiel): $4\,C_{15}H_{26}O_6 + 22\,H_2O \rightarrow 37\,CH_4 + 23\,CO_2$

Eiweiß (Beispiel): $6\,CH_3\,CHOH\,CHNH_2\,COOH + 6\,H_2O$
$\rightarrow 12\,CH_4 + 12\,CO_2 + 6\,NH_3$

b) Zusammensetzung von Biogas (Faulgas) und spezifische Gasmenge

Kohlenhydrate: 50 % CH_4; 50 % CO_2; 790 ml/g

Fette: 68 % CH_4; 32 % CO_2; 1250 ml/g

Eiweiße: 71 % CH_4; 29 % CO_2; 704 ml/g

c) Gasausbeute und Zusammensetzung in kommunalen Kläranlagen

	Org. Sub. zugeführt ml Gas/g	Org. Subst. abgebaut ml Gas/g
Baden-Baden	483	631
Essen-Frohnhausen	442	650
Berlin	383	1250
München	410	800
Karlsruhe	–	960

einfacher einzuhalten sind. Wichtig ist auch ein stabiler pH-Wert, möglichst neutral bis leicht alkalisch. Da verschiedene Abbaureaktionen voneinander abhängig sind, ist dieses System auch sehr anfällig gegenüber toxischen Stoffen. Bereits die Hemmung eines Stoffwechselweges in dieser anaeroben Nahrungskette kann auch zu Störungen anderer Abbauwege führen. Methanbildner sind besonders empfindlich gegen Giftstoffe, z. B. gegen Schwermetalle und halogenierte organische Verbindungen. Die Methanbildung kann auch bei einem zu hohen Gehalt an Nitrat oder Sulfat im Faulschlamm gestört werden, da dann durch die Nitrat- bzw. Sulfatatmung den Methanbakterien ihr Substrat entzogen wird. Das bei der Sulfatatmung entstehende Sulfid hemmt in seiner undissoziierten Form (H_2S) die Methanbildner auch auf direktem Wege.

5.4.2
Sulfatatmung (Desulfurikation)

Wenn unter O_2- und NO_3^--freien Bedingungen, z. B. im Faulturm, aber auch im Zufluß der Kläranlage (Silhaut), Sulfat vorhanden ist, können organische Schmutzstoffe und H_2 auch in einer Sulfatatmung abgebaut werden. Die sulfatreduzierenden Bakterien haben im Unterschied zu den Nitratreduzierern einen obligat anaeroben Stoffwechsel und können daher nur unter sauerstofffreien Bedingungen wachsen. Sie verwerten Sulfat als terminalen Wasserstoffakzeptor.

$$8\,[H] + SO_4^{2-} \rightarrow H_2S + 2\,H_2O + 2\,OH^- + \text{freie Energie}$$

Als Substrat werden hauptsächlich organische Säuren (Milchsäure, Äpfelsäure, Brentztraubensäure), Alkohole und molekularer Wasserstoff genutzt. Die organischen Substrate werden bei einigen Arten nicht bis zum Kohlendioxid und Wasser endoxidert; so daß Essigsäure (Acetat) als Endprodukt ausgeschieden wird (anaerobe Essigsäurebildung).

Eine Reihe von Sulfatreduzierern können bei Abwesenheit von Sulfat auch einige organische Substrate vergären. Bei einer Vergärung von Pyruvat entstehen Acetat und Wasserstoff (z. B. bei *Desulfovibrio desulfuricans*):

$$CH_3\text{--}CO\text{--}COOH + H_2O \rightarrow CH_3\text{--}COOH + CO_2 + H_2 + \text{freie Energie}$$

Sind Pyruvat und Sulfat im Medium vorhanden, so bilden sich Acetat und Schwefelwasserstoff (anstelle von Wasserstoff):

$$4\,CH_3\text{--}CO\text{--}COOH + H_2SO_4 \rightarrow 4\,CH_3\text{--}COOH + 4\,CO_2$$
$$+ H_2S + \text{freie Energie}$$

Mit molekularem Wasserstoff als Elektronendonor können Sulfatreduzierer chemolithoautotroph wachsen. Außerdem ist ein chemolitotropher Energiegewinn durch Disproportionierung von Thiosulfat zu Sulfat und H_2S gefunden worden [16].

Desulfovibrio und andere Sulfatreduzierer wachsen nicht im Belebungsbecken, können aber leicht aus Faulschlamm isoliert werden. Die schwarze Färbung des anaeroben Schlammes entsteht durch eine Ausfällung von Eisensulfid (FeS) oder anderen Schwermetallsulfiden. In verunreinigten Gewässern sind im Milliliter $10^4 - 10^6$, im Faulschlamm 10^7 Sulfatreduzierer enthalten. Bei hohem Zufluß von Sulfat in den Faulturm kann es zu Störungen der Methanbildung kommen, da die Sulfatreduzierer Wasserstoff und Acetat schneller umsetzen als die Methanbildner.

5. 5
Pflanzenkläranlagen

In ländlichen Gemeinden, wenn nicht zu hohe Abwassermengen anfallen, oder als zusätzliche Reinigungsstufe, kann Abwasser auch in Teichen oder in bepflanzten Bodenfiltern gereinigt werden [49, 50]. In diesen Verfahren werden die natürlichen Reinigungsprozesse ausgenutzt. Im Gegensatz zum Belebungs- und aeroben Tropfkörperverfahren laufen gleichzeitig aerobe und anaerobe Stoffwechselvorgänge ab. Welche Abbauprozesse überwiegen, hängt von der O_2-Versorgung ab und somit von der Wassertiefe, der Zusammensetzung des Abwassers, der Konzentration an organischen Schmutzstoffen und der Durchflußzeit. Licht (für die O_2-Bildung in der Photosynthese) und Temperatur beeinflussen gleichfalls die Reinigungsleistung. Neben chemotrophen Organismen sind zusätzlich phototrophe Mikroorganismen und höhere Pflanzen an der Reinigung beteiligt. In Teichen tragen auch tierische Organismen zur Klärung bei, besonders filtrierende Formen wie Kleinkrebse (Daphnien) und

Rotatorien. Flagellaten und Ciliaten sind auch in hoher Anzahl vorhanden. Die Reinigungskette reicht somit von Bakterien und Pilzen als Destruenten über Cyanobakterien, Algen und andere Pflanzen als Produzenten bis zu den tierischen Konsumenten, deren Spektrum von den Protozoen bis zu Fischen reichen kann.

5.5.1
Teichverfahren

Es gibt viele Arten von Abwasserteichen, die meist nach ihrer Anwendung benannt werden.

Wichtig sind die unbelüfteten und belüfteten Abwasserteiche, Schönungsteiche und Fischteiche sowie Abwasserpflanzenfilter, bei denen auch höhere Pflanzen weitgehend zur Reinigung beitragen. Ein Nachteil der Teichverfahren ist die lange Durchflußzeit, die nach Art des Verfahrens mehrere Tage bis Wochen dauern muß. Doch können hohe Stoßbelastungen ausgeglichen werden.

Abwasserteiche. In Abwasserteichen werden die organischen Schmutzstoffe durch Atmungsvorgänge im O_2-haltigen Wasser und durch Gärungen im Sediment geklärt (Abb. 5.43). Die Gärungsprodukte (z.B. Fettsäuren und Methan) können dann im O_2-haltigen Oberwasser weiter abgebaut werden. Sauerstoff diffundiert über die Wasseroberfläche ein und wird am Tage auch

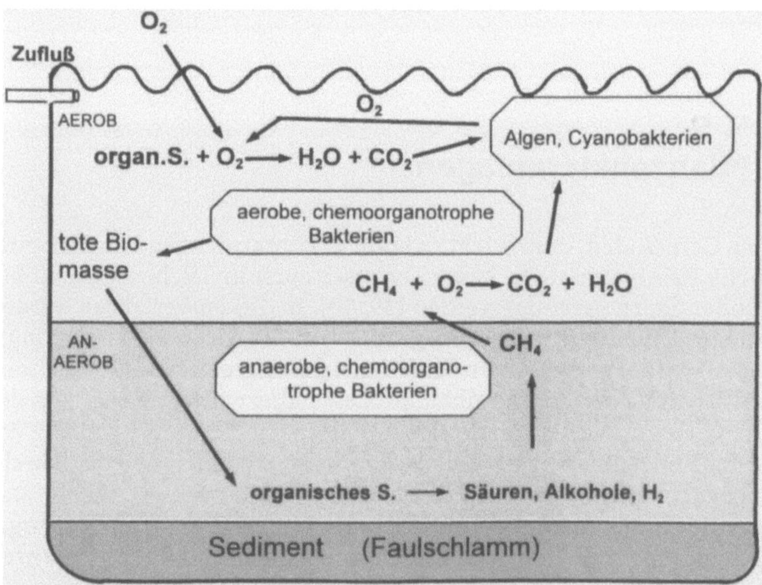

Abb. 5.43. Um- und Abbau organischer Stoffe in Abwasserteichen

durch phototrophe Organismen gebildet. Eine zusätzliche Belüftung (= belüftete Abwasserteiche) oder eine Wasserumwälzung fördert den Abbau der organischen Stoffe und die Nitrifikation. Da im unteren Bereich des Teiches anaerobe Zonen entstehen, kann gleichzeitig eine Denitrifikation ablaufen, so daß auch eine N-Entbindung stattfindet. Die Durchlaufzeit beträgt 3–4 Wochen.

Schönungsteiche. In Schönungsteichen wird bereits geklärtes Abwasser (z.B. aus Belebungsanlagen) einer Nachbehandlung unterzogen, um den Rest-BSB_5 und die Konzentration der schwer abbaubaren Stoffe zu vermindern. Zum größten Teil werden auch die anorganischen Nährstoffe durch die pflanzliche Biomasseproduktion festgelegt.

Fischteiche. Eine besondere Form der Abwasserteiche sind Fischteiche, in denen die Schmutzstoffe, über die Nahrungskette umgewandelt, Fischen als Futter dienen. Um für die Fische eine ausreichende O_2-Versorgung zu gewährleisten und aus hygienischen Gründen darf das Abwasser nicht zu hoch belastet sein, so daß im allgemeinen eine Vorreinigung notwendig ist.

Wasserpflanzenfilter. Im Gegensatz zu normalen Abwasserteichen werden in diesem Verfahren gezielt höhere Pflanzen zur Verbesserung der Abwasserklärung eingesetzt. In warmen Klimazonen (z.B. Florida) läßt sich eine extrem hohe Reinigungsleistung mit schwimmenden Wasserpflanzen (Wasserhyazinthen, Wasserlinsen) erreichen. Durch die Pflanzen wird in großen Mengen O_2 entwickelt, die für die Atmung der Mikroorganismen notwendig ist; ein zusätzlicher Vorteil ist die Aufnahme von Giftstoffen, z.B. Schwermetallen (Cadmium, Blei, Zink) durch die Pflanzen. Dieses System benötigt jedoch höhere Temperaturen.

Schilf-Binsen-Teiche. Die Reinigungsleistung von Abwasserteichen läßt sich auch verbessern, wenn die Uferzonen mit höheren Wasserpflanzen (z.B. Binsen, Schilf) bepflanzt sind. Durch die Pflanzenwurzeln findet eine bessere Sauerstoffversorgung in den Bodenzonen statt, außerdem kann es zu einer höheren Fixierung von Nährstoffen (z.B. Phosphat) kommen. Das Pflanzensystem dient auch als zusätzliche Aufwuchsfläche für chemotrophe Mikroorganismen.

5.5.2
Bepflanzte Bodenfilter

Die Verrieselung von Abwasser über Landflächen ist eines der ältesten Verfahren, Schmutzstoffe aus Abwässern zu entfernen. Neben dem Abbau organischer Stoffe findet auch eine teilweise Immobilisierung der anorganischen Nährstoffe durch das Pflanzenwachstum statt. Phosphat wird aber hauptsächlich als schwerlösliche Aluminium-, Calcium- oder Eisenverbindung im Boden festgelegt.

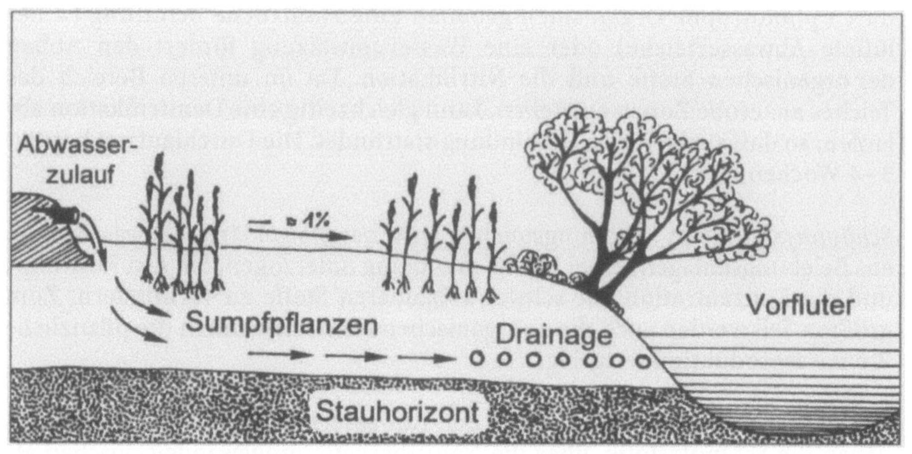

Abb. 5.44. Reinigung des Abwassers im Bodenfilter nach dem „Wurzelraumverfahren"

Wurzelraumverfahren. Eine intensive Reinigung von allen Schmutzstoffen läßt sich, wenn die Belastung nicht zu hoch ist, im sogenannten „Wurzelraumverfahren" erreichen, einem bewachsenen bindigen Bodenfilter (Sumpfbeete) mit abgedichtetem Boden. Das Abwasser durchströmt vertikal und horizontal die ca. 1 m dicke Bodenschicht (Abb. 5.44). Zur Bepflanzung dient hauptsächlich Schilf *(Phragmites australis)*, dessen Wurzeln bis in 1 m Tiefe reichen. Obwohl der Boden immer voll wassergesättigt ist, findet über die Schilfwurzeln, die spezielle Luftleitungen besitzen, eine ausreichende O_2-Versorgung statt; auch abgestorbene Halme tragen zum O_2-Transport in tiefere Bodenschichten bei. Schilfpflanzen nehmen keine giftigen Stoffe (z.B. Schwermetalle) auf. Doch werden Schwermetalle und auch Phosphor im Boden fast vollständig gebunden. Durch den Wechsel von aeroben und anaeroben Zonen mit Nitrifikation bzw. Denitrifikation findet gleichfalls eine weitergehende N-Entfernung statt. Pathogene Keime werden nahezu vollständig abgetötet bzw. inaktiviert. Die Reinigung von Abwasser im Wurzelraumverfahren und in anderen bepflanzten Bodenfilter-Verfahren basiert auf den gleichen aeroben und anaeroben Stoffumsätzen von Mikroorganismen, wie bei der Reinigung im Belebungsbecken bzw. im Faulturm; doch wird zusätzlich der Stoffwechsel höherer (wurzelreicher) Pflanzen ausgenutzt.

Abkürzungen

ATP   Adenosintriphosphat
EMP   Embden-Meyer-Parnas-Weg
NADH   Nicotinamidadenindinucleotid
pmf   protonenmotorische Kraft
Ψ elektrisches Membranpotential

F	Faradaykonstante
R	Gaskonstante
T	absolute Temperatur
D	Verdünnungsgeschwindigkeit
V	Volumen
c_S	Substratkonzentration
K_S	spezielle Substratkonzentration
BSB_5	biologischer Sauerstoffbedarf in fünf Tagen
B_{TS}	Schlammbelastung
SVI	Schlammvolumenindex

Literatur

1. Rheinheimer G (1991) Mikrobiolgie der Gewässer, 5. Aufl Fischer, Stuttgart
2. Schwoerbel J (1993) Einführung in die Limnologie, 7. Aufl Fischer, Stuttgart
3. Uhlmann D (1990) Hydrobiologie, 3. Aufl Fischer, Stuttgart
4. Brehm J, Meijering MPD (1982) Fließgewässerkunde. Quelle u. Meyer Heidelberg
5. Liebmann H (1962) Handbuch der Frischwasser- und Abwasserbiologie, Bd I u II, Oldenbourg, Wien München
6. Auswirkung von Abwassereinleitung auf die Gewässerökologie (1993) Herausgegeben von der Bayrischen Landesanstalt für Wasserforschung 47
7. Abwassertechnische Vereinigung (ATV) (1982–86): Lehr- und Handbuch der Abwassertechnik, Bd I–VII, Ernst & Sohn, Berlin München
8. Höll K (1979) Wasser-Untersuchung. Beurteilung, Aufbereitung, Chemie, Bakteriologie, Virologie, Biologie. de Gruyter, Berlin New York
9. Imhoff K, KR (1990) Taschenbuch der Stadtentwässerung. 27. Aufl, Oldenbourg, München Wien
10. Rehm H-J, Reed G (Hrsg) (1986) Biotechnology, Band 8, Microbial degradations, ed: Schönborn, W., VCH-Verlagsgesellschaft, Weinheim
11. Mudrack K, Kunst S (1991) Biologie der Abwasserreinigung. 3. Aufl Fischer, Stuttgart
12. Habeck-Tropfke L, H-H (1992) Abwasserbiologie. 2. Aufl Werner, Düsseldorf
13. Pöpel F (1975/76) Lehrbuch für Abwassertechnik und Gewässerschutz (Loseblattsammlung). Deutscher Fachschriften, Mainz
14. Bitton G (1994) Wastewater microbiology, Wiley-Liss, N Y
15. Hartmann L (1992) Biologische Abwasserreinigung. 3. Aufl Springer, Berlin Heidelberg New York
16. Schlegel HG (1992) Allgemeine Mikrobiologie. 7. Aufl Thieme, Stuttgart New York
17. Gottschalk G (1985) Bacterial Metabolism. 2. Aufl Springer, New York Berlin Heidelberg
18. Schön G (1983) Mikrobiologie, 3. Aufl Herder, Freiburg
19. Brock TD et al. (1994) Biology of Microorganisms. 7. Aufl Prentice Hall, Englewood Cliffs
20. Kröger A (1987) ATP-Synthese bei anaeroben Bakterien mit energiearmen Substraten. forum mikrobiologie 12:487–493
21. Mitchell P (1966) Chemiosmotic coupling in oxidatve and photosynthetic phosphorylation. Biol Rev 41:445–502
22. Herbert D et al. (1956) The continuous culture of bacteria: a theoretical and experimental study. J gen Microbiol 14:601–622
23. Monod J (1942) Recherches sur la croissance de cultures bacteriennes. Hermann et Cie, Paris
24. Chudoba J et al. (1973) Control of activated sludge filamentous bulking, II. Selection of microorganisms by means of a selector. Wat Res, 7, 1389–1406
25. Verstraete W, v. Vaerenbergh E (1986) Aerobic activated sludge, in [10], 43–112
26. Schönborn W (1986) Historical developments and ecological fundamentals, in [10], 3–42

27. Bischofsberger W, Deiminger A, (eds) (1991) Weitergehende Abwasserreinigung. Berichte aus Wassergütewirtschaft u. a., TU München, 104
28. Rheinheimer G et al. (Hrsg) (1988) Stickstoffkreislauf im Wasser, 2. Aufl Oldenbourg, München Wien
29. Anthonisen AC et al. (1976) Inhibition of nitrification by ammonia and nitrous acid. J WPCF, 48:835-852
30. Schneider M (1983) Denitrifikationsverfahren und deren Bedeutung für den Betrieb von Kläranlagen. Münchner Beiträge 36:65-80
31. Bever J, Teichmann H (Hrsg) (1990): Weitergehende Abwasserreinigung. Oldenbourg, München Wien
32. ATV-Fachausschuß 2.6 u. 2.8 (1987) Umwandlung und Elimination von Stickstoff im Abwasser. Korrespondenz Abwasser, 34:77-85, 167-171
33. Schön G (1994) Biologische Phosphorentfernung bei der Abwasserreinigung im Belebtschlammverfahren, BioEngineering, 4:23-32
34. ATV-Fachausschuß 2.8 (1983) Phosphatelimination (3. Arbeitsbericht). Korrespondenz Abwasser, 30:191-198
35. Yeoman S et al. (1988) The removal of phosphorus during wastewater treatment. An Rev, Environm, 49, 183-233
36. Jenkins D, Tandoi V (1991) The applied microbiology of enhanced biological phosphate removal, accomplishments and needs. Water Res, 25:1471-1478
37. Wentzel MC et al. (1991) Evaluation of biochemical models for biological excess phoshorus removal. Wat Sci Technol, 23, 567-576
38. Satoh H et al. (1992) Uptake of organic substrates and accumulation of polyhydroxyalcanoates linked with glycolysis of intracellular carbohydrates under anaerobic conditions in the biological excess phosphate removal processes. Wat Sci Technol, 26:933-942
39. Kortstee GJJ et al. (1994) Biology of polyphosphate-accumulating bacteria involved in enhanced biological phosphorus removal. FEMS Microbiology Rev, 15:137-153
40. Li, DH, Ganozarczyk J (1991) Size distribution of activated sludge flocs. Res J WPCF, 63:806-814
41. Mauch E (1986) Biologische Gewässeranalyse und Auswertung auf der Basis des Saprobiensystems. Münchner Beitr Abwasser-, Fischerei-, und Flußbiol, 40:34-85
42. Eikelboom DW, Buijsen HJJ (1987) Handbuch für die mikroskopische Schlammuntersuchung. Hirthammer, München
43. Lemmer H (1992) Fadenförmige Mikroorganismen aus belebtem Schlamm: Vorkommen-Biologie-Bekämpfung, ATV-Dokumentation, 30
44. Schön G, Mertens F (1992) Blähschlamm- und Schwimmschlammbakterien aus Belebtschlamm. Eigenverlag, Freiburg
45. Chiesa SC, Irvine RL (1985) Growth and control of filamentous microbes in activated sludge: An integrated hypothesis. Wat Res, 19:471-479
46. Braun R (1982) Biogas-Methangärung organischer Abfallstoffe. Springer, Heidelberg Wien New York
47. Hasenböhler A (1982) Anaerobe biologische Abwasserreinigungsanlagen. Zucker, 107:835-838
48. Sahm M (1982) Umweltbiotechnologie: Abwasserreinigung mit anaeroben Verfahren. In: Handbuch der Biotechnologie, Hrsg: Praeve et al., Akadem Verlagsgesellschaft, Wiesbaden
49. Seidel K, Happel H (1981) Pflanzenkläranlage „Krefelder Systeme". Sicherheit in Chemie und Umwelt 1, Springer, Heidelberg Berlin New York
50. Bucksteeg K (1987) Pflanzenkläranlagen, Bau und Betrieb von Anlagen zur Wasser- und Abwasser-Reinigung mit Hilfe von Wasserpflanzen. Grundlagen – Verfahrensvarianten – praktische Erfahrungen. U. Pfriemer, Wiesbaden Berlin

Aerobe Verfahren zur biologischen Abwasserreinigung

W. Hegemann *

Nachfolgend werden ausschließlich die sogenannten „Technischen Verfahren" zur aeroben biologischen Abwasserbehandlung, das sind das Belebungsverfahren und das Tropfkörperverfahren behandelt. Beide Verfahren sind weit verbreitet und seit vielen Jahren im Einsatz.

Während das Tropfkörperverfahren die „Technisierung" der Bodenbehandlung des Abwassers, z.B. in Rieselfeldern, darstellt, werden mit dem Belebungsverfahren die Abbauvorgänge in einem Gewässer intensiviert. Beide Verfahren wurden zu Ende des vergangenen bzw. zu Anfang dieses Jahrhunderts in England entwickelt, das Tropfkörperverfahren von Corbett 1893/94 und das Belebungsverfahren von Arden und Lockett 1914.

Die mikrobiellen Grundlagen sind für beide Verfahren im Prinzip gleich (s. Kap. 5). Beim Tropfkörper als Festbettreaktor bildet sich auf dem Füllkörpermaterial ein sogenannter Biofilm aus fest angewachsenen Bakterien und anderen Kleinlebewesen, beim Belebungsverfahren bildet die suspendierte Biomasse Flocken, die im Reaktor in Schwebe gehalten werden. Strömungstechnisch ist der Tropfkörper ein von oben nach unten durchströmter Rohrreaktor mit sehr geringer Rückvermischung, während Belebungsbecken häufig als totales Mischbecken oder Rührkessel anzusehen sind.

Sowohl die unterschiedliche Art des Biomassenwachstums als auch das Strömungsregime haben einen Einfluß auf den Reinigungsverlauf und die Reinigungsleistung. Durch die sessile Biomasse im Tropfkörper erfolgt eine Trennung von Abwasserverweilzeit und Biomassenverweilzeit. Daher ist die Gefahr des Auswaschens beim Tropfkörperverfahren geringer als beim Belebungsverfahren. Ein Rührkesselreaktor, bei dem die Konzentration des Beckeninhalts gleich der des Ablaufs ist, bietet dagegen den Vorteil schneller Verteilung und Vergleichmäßigung schwankender Zulaufbelastungen. Wenn toxische Belastungen im Zulauf auftreten, bleiben die entsprechenden Konzentrationen u.U. sogar unterhalb von Toxizitätsgrenzen.

Darüber hinaus bieten Tropfkörper wegen der in der Regel natürlichen Belüftung und der kaum beeinflußbaren Biomassenkonzentration, die im wesentlichen nur durch die Abspülung infolge der hydraulischen Verhält-

---

* Unter Mitarbeit von Th. Werner.

nisse im Reaktor und damit der Beschickungsmenge verändert wird, wenig Möglichkeiten zu steuernden oder regelnden Eingriffen während des Betriebes. Beim Belebungsverfahren können sowohl der Sauerstoffeintrag als auch die Biomassenkonzentration, letztere durch vermehrten oder verringerten Überschußschlammabzug, zumindest in gewissen Grenzen beeinflußt werden.

Während Tropfkörper durch erhöhte Feststoffkonzentrationen im Zulauf verstopfen können und somit eine sehr gut wirkende Vorklärung erforderlich ist, kann das Belebungsverfahren im Prinzip mit Rohabwasser beschickt werden, d.h. es genügt eine Vorklärung mit sehr kurzer Verweilzeit (0,5–1 h) oder es kann gänzlich auf die Vorklärung verzichtet werden.

Bei gleicher Reinigungsleistung sind die Investitionskosten für Tropfkörper in der Regel höher als für Belebungsanlagen.

Alle diese Gründe haben dazu geführt, daß die Tropfkörper zur biologischen Abwasserreinigung gegenüber dem Belebungsverfahren deutlich an Bedeutung verloren haben und allenfalls noch bei kleinen Anlagen (500–10 000 EW) zur Anwendung kommen. Aber auch bei diesen Anschlußgrößen bietet das Belebungsverfahren Vorteile, weil man auf die Vorklärung verzichten und die absetzbaren Stoffe des Rohabwassers bei niedriger Belastung direkt im Belebungsbecken stabilisieren kann.

6.1
Tropfkörperverfahren

6.1.1
Verfahrensbeschreibung

Tropfkörper zur Abwasserbehandlung bestehen aus oberirdisch angeordneten, zumeist zylindrischen Behältern, die mit Abwasser von oben beschickt werden. Das Abwasser rieselt durch die Hohlräume der Tropfkörperfüllung zur durchlässigen Tropfkörpersohle. Das gereinigte Abwasser gelangt in einen unter der Sohle angeordneten Abwassersammelraum, von dem das Abwasser über Rinnen in das Nachklärbecken geleitet wird (Abb. 6.1).

Die Abwasserbeschickung erfolgt in der Regel über Drehsprenger, die zentral gelagert sind und deren Arme sich durch den Rückstoß beim Abwasseraustritt bewegen (Abb. 6.2).

6.1.2
Füllmaterial

Als Füllmaterial können natürliche Materialien, z.B. Bims, Lawaschlacke, Kies, Kalkstein und andere Natursteine oder Schlacken eingesetzt werden. Als Korngrößen für das Brockenmaterial werden 40–80 mm mit einer spezifischen Oberfläche von 90–96 m^2/m^3 verwendet. Material mit einer rau-

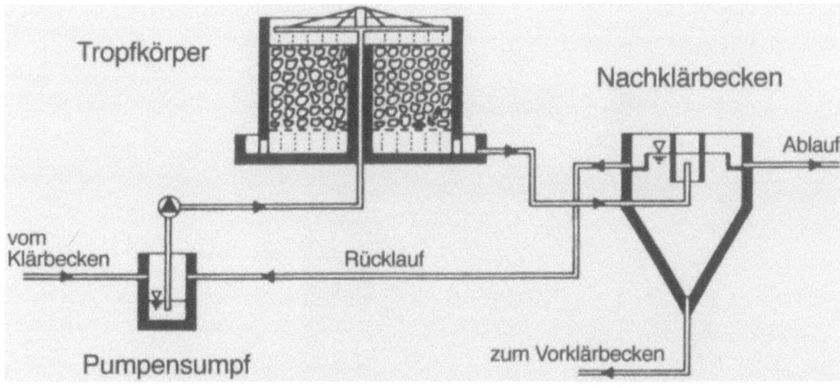

Abb. 6.1. Schnitt durch einen brockengefüllten Tropfkörper, nach [38]

Abb. 6.2. Blick auf eine Tropfkörperoberfläche und die Abwasserverteilung mittels Drehsprenger, nach [38]

hen oder porösen Oberfläche (Bims, Lawaschlacke) ist vorteilhafter, weil die Oberfläche etwas größer ist, der Biofilm besser anhaftet und das Gewicht geringer ist [1]. Da die volumenbezogene Reinigungsleistung wesentlich von der Oberfläche abhängt, die für die Entwicklung des Biofilms zur Verfügung gestellt wird, bietet Füllkörpermaterial mit großer spezifischer Oberfläche Vorteile. Das führte dazu, daß künstlich geformte Füllelemente

Abb. 6.3. Paketweiser Einbau von Kunststoff-Füllelementen, nach [1]

aus Kunststoff mit spezifischen Oberflächen bis 225 m²/m³ [1] zunehmend an Bedeutung gewannen. Abbildung 6.3 zeigt den Einbau von regelmäßig geformten Kunststoff-Füllelementen. Daneben werden auch Schüttungen aus Kunststoff-Rohrabschnitten oder senkrecht angeordneten Rohre oder Wellbahnen angewendet. Kunststoff-Füllmaterial besitzt neben einer großen spezifischen Oberfläche auch ein großes Hohlraumvolumen, wodurch im Gegensatz zu einer Brockenfüllung die Belüftung verbessert und die Verstopfungen durch suspendierte Stoffe im Zulauf oder starken Biofilmwachstum vermindert ist.

6.1.3
Tropfkörperhöhe

Tropfkörper in der kommunalen Abwasserreinigung haben in der Regel eine Füllhöhe von 3–4 m, bei höher konzentrierten industriellen Abwässern und Kunststofffüllung bis zu 10 m (Turmtropfkörper). Bei höheren Abwasserkonzentrationen sind höhere Tropfkörper erforderlich, weil dadurch die Durchtropfzeit

(Kontaktzeit) verlängert wird. Aufgrund des hydraulischen Regimes (Rohrreaktor) besteht im Tropfkörper ein Konzentrationsgradient, so daß niedrige Ablaufkonzentrationen nur bei entsprechend langem Fließweg erreicht werden.

6.1.4
Belüftung

Die Belüftung erfolgt durch natürliche Ventilation in den Hohlräumen des Füllmaterials infolge der Temperaturdifferenz zwischen der Außenluft und der Luft im Innern des Tropfkörpers. Bei Luftaufwärmung durch das Abwasser im Inneren bei kalter Außenluft (Winter) entsteht eine Aufwärtsströmung (Kaminwirkung), bei warmer Außenluft im Sommer eine Abwärtsströmung. Die Strömungsrichtung und die Strömungsgeschwindigkeit ist Abb. 6.4 zu entnehmen. Die damit erreichte Luftbeschickung von 18 m^3/(m$^2 \cdot$ h) reicht i. a. aus, um die erforderliche Sauerstoffzufuhr zu gewährleisten [1].

In klimatisch exponierten Lagen kann die natürliche Belüftung zu einer starken Abkühlung des Tropfkörpers und damit zu einer Leistungsverminderung führen. Dann läßt sich die Luftzufuhr durch Teilverschluß der Belüftungsöffnungen am Fuß des Tropfkörpers drosseln (Abb. 6.5).

6.1.5
Reinigungsleistung

Die Reinigungsleistung ist im wesentlichen von der Raumbelastung abhängig. Bei BSB$_5$-Raumbelastungen $B_R \leq 600$ g/(m$^3 \cdot$ d) sind nach Auswertungen des Ruhrverbandes Ablaufwerte unter 20 mg/l BSB$_5$ zu erreichen [2] (Abb. 6.6). Eine Auswertung von Betriebsergebnissen bayerischer Anlagen bezüglich der Nitrifikationsleistung zeigte, daß zur Einhaltung von Ablaufwerten um 10 mg/l NH$_4$–N eine BSB$_5$-Raumbelastung von $B_R \leq 200$ g/(m$^3 \cdot$ d) eingehalten werden sollte [3] (Abb. 6.7).

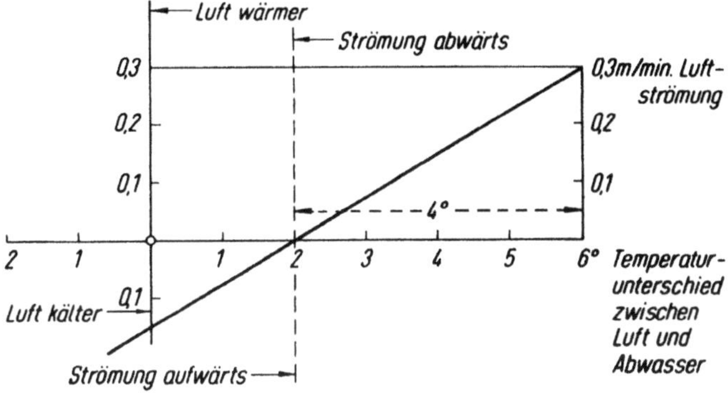

Abb. 6.4. Luftströmung im Tropfkörper, nach [1]

Abb. 6.5. Tropfkörperaußenwand mit Belüftungsöffnungen am Fuß des Tropfkörpers

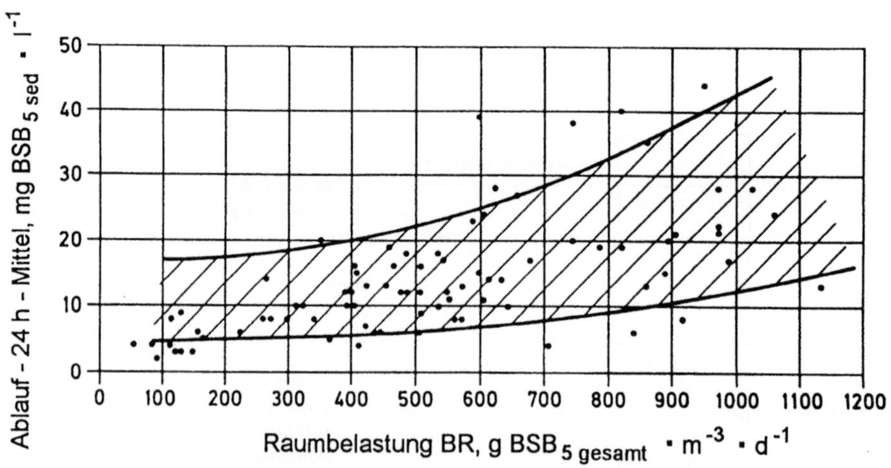

Abb. 6.6. BSB$_5$-Konzentration in der 24-h-Mischprobe in Abhängigkeit von der BSB$_5$-Raumbelastung, nach [2]

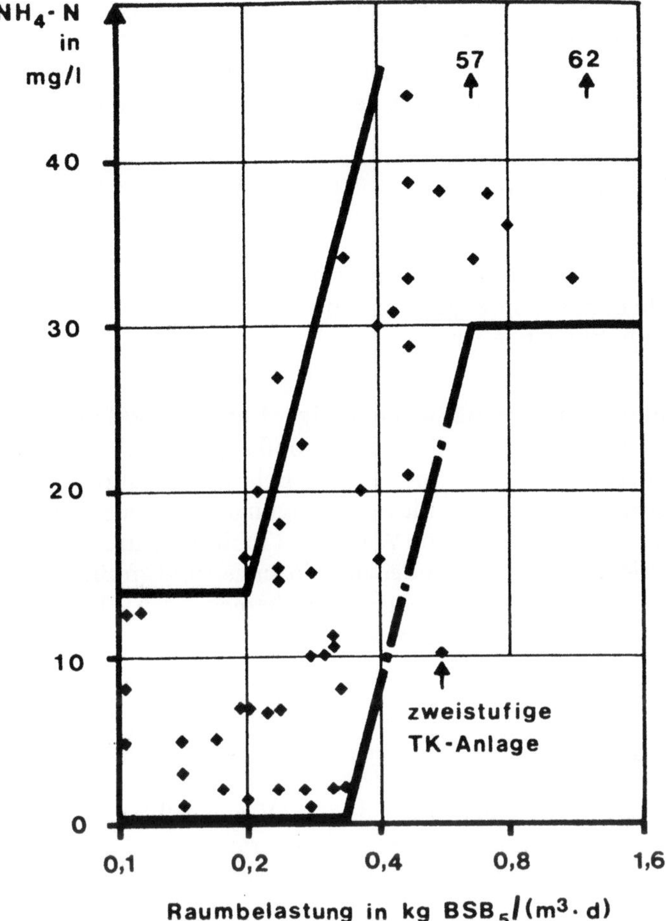

Abb. 6.7. NH$_4$–N-Konzentration in Abhängigkeit von der BSB$_5$-Raumbelastung, nach [3]

6.1.6
Betrieb

Da sich wegen der relativ kurzen Kontaktzeit im Tropfkörper Belastungsschwankungen leicht bis in den Ablauf durchsetzen können, sollte eine Vergleichmäßigung der Zulaufbelastung angestrebt werden. Wenn durch eine ausreichend dimensionierte Vorklärung (Verweilzeit 2 – 3 h) diese Vergleichmäßigung nicht erreicht werden kann und ein getrenntes Ausgleichsbecken nicht zur Verfügung steht, kann man einen Teilstrom gereinigten Abwassers rückpumpen und damit den Zulauf verdünnen. Es ist allerdings zu prüfen, ob dadurch nicht die Kontaktzeit unzulässig verkürzt wird. Als Maß für die Beschickung wird die Oberflächenbeschickung in m³/(m²· h) verwendet

(s. Abschn. 6.1.7 Bemessung). Die Oberflächenbeschickung ist auch ein wichtiger Parameter für die erforderliche Spülwirkung, die so stark sein muß, daß ein Zuwachsen der Hohlräume zwischen dem Füllmaterial verhindert wird. Die Spülkraft SK sollte 2–6 mm je Beregnungsvorgang betragen. Sie kann nach der Formel

$$SK = \frac{q_A}{a \cdot n} \cdot 1000 \ , \ mm \ ,$$
(6.1)

mit

q_A = Oberflächenbeschickung, $m^3/(m^2 \cdot h)$
a = Zahl der Drehsprengerarme und
n = Umdrehungen je Stunde

errechnet werden [4].

Im Biofilm sind regelmäßig vielzellige Tiere wie Würmer und Insektenlarven anzutreffen, insbesondere die „Tropfkörperfliege" Psychoda. Die schlüpfenden Fliegen können zu einer starken Belästigung führen. Durch häufiges verstärktes Spülen kann man diese Belästigungen in Grenzen halten.

Durch Massenentwicklung von Würmern (Tubifex) kann es zu einem weitgehenden „Abweiden" des Biofilms oder zu Ablösungen und großflächigem Auswaschen des Biofilms mit der Folge eines – vorübergehenden – Leistungsabfalls kommen. Auch hier helfen häufigere verstärkte Spülungen.

6.1.7
Bemessung

Die Bemessung erfolgt in der Regel nach dem ATV-Arbeitsblatt A 135 [4], wobei nach der Ablaufqualität und nach dem Füllmaterial unterschieden wird. Hinsichtlich der Leistung (Ablaufqualität) wird unterschieden zwischen

- Abwasserreinigung ohne Nitrifikation und
- Abwasserreinigung mit Nitrifikation.

Bei brockengefüllten Tropfkörpern wird von einer konstanten Oberfläche von $100 \ m^2/m^3$ ausgegangen, bei Kunststoff-Füllelementen werden Oberflächen (nach Herstellerangaben) von $100–200 \ m^2/m^3$ erreicht.

Die Bemessung erfolgt mit einem zweifachen Ansatz. Das Volumen wird über die Raumbelastung B_R nach der Formel:

$$V = \frac{c_0 \cdot Q_d}{1000 \cdot B_R} \cdot$$
(6.2)

mit

c_0 = Zulaufkonzentration ohne Rücklaufwasser, g/m^3
Q_d = Tagesmenge des Zuflusses bei Trockenwetter, m^3/d
B_R = BSB_5-Raumbelastung, $kg/(m^3 \cdot d)$

errechnet. Die Oberfläche wird in Abhängigkeit von der Oberflächenbeschickung q_A ermittelt, wobei zunächst die Höhe der Tropfkörperfüllung errechnet und dann q_A überprüft wird.

Tabelle 6.1. Bemessungswerte für Abwasserreinigung ohne Nitrifikation

Brockengefüllte Tropfkörper		Tropfkörper mit Kunststoff-Füllelementen	
		BSB_5-Flächenbelastung	$B_A = 4$ g/(m$^2 \cdot$ d)
BSB_5-Raumbelastung erfolgt ein 24 h-Ausgleich, ist es zulässig, B_R bis auf 0,6 kg/(m$^3 \cdot$ d) anzuheben.	$B_R = 0,4$ kg/(m$^3 \cdot$ d);	BSB_5-Raumbelastung bei $A_R \approx 100$ m^2/m^3 $A_R \approx 150$ m^2/m^3 $A_R \approx 200$ m^2/m^3	$B_R = 0,4$ kg/(m$^3 \cdot$ d) $B_R = 0,6$ kg/(m$^3 \cdot$ d) $B_R = 0,8$ kg/(m$^3 \cdot$ d)
Oberflächenbeschickung	$q_{A\,(1+RV)} = 0,5 - 1,0$ m/h	Oberflächenbeschickung bei $A_R \approx 100$ m^2/m^3 $A_R \approx 150$ m^2/m^3 $A_R \approx 200$ m^2/m^3	$q_{A\,(1+RV)} = 0,8 - 1,0$ m/h $q_{A\,(1+RV)} = 1,0 - 1,5$ m/h $q_{A\,(1+RV)} = 1,2 - 1,8$ m/h
Verhältnis des Rücklaufs zu Q_t	$RV \leq 1$	Verhältnis des Rücklaufs zu Q_t	$RV \leq 1$

Tabelle 6.2. Bemessungswerte für Abwasserreinigung mit Nitrifikation

Brockengefüllte Tropfkörper		Tropfkörper mit Kunststoff-Füllelementen	
		BSB_5-Flächenbelastung	$B_A = 2$ g/(m$^2 \cdot$ d)
BSB_5-Raumbelastung	$B_R = 0,2$ kg/(m$^3 \cdot$ d);	BSB_5-Raumbelastung bei $A_R \approx 100$ m^2/m^3 $A_R \approx 150$ m^2/m^3 $A_R \approx 200$ m^2/m^3	$B_R = 0,2$ kg/(m$^3 \cdot$ d) $B_R = 0,3$ kg/(m$^3 \cdot$ d) $B_R = 0,4$ kg/(m$^3 \cdot$ d)
Oberflächenbeschickung	$q_{A\,(1+RV)} = 0,4 - 0,8$ m/h	Oberflächenbeschickung bei $A_R \approx 100$ m^2/m^3 $A_R \approx 150$ m^2/m^3 $A_R \approx 200$ m^2/m^3	$q_{A\,(1+RV)} = 0,6 - 1,0$ m/h $q_{A\,(1+RV)} = 0,8 - 1,2$ m/h $q_{A\,(1+RV)} = 1,0 - 1,5$ m/h
Verhältnis des Rücklaufs zu Q_t	$RV \leq 1$	Verhältnis des Rücklaufs zu Q_t	$RV \leq 1$

Die Höhe H der Tropfkörperfüllung errechnet sich nach der Formel:

$$H = \frac{14 \cdot q_A \, (1 + RV) \cdot c_m}{1000 \cdot B_R} \, , \qquad (6.3)$$

mit

q_A	= Oberflächenbeschickung, $m^3/m^2 \cdot h$
$q_A(1 + RV)$	= Oberflächenbeschickung bei Rückpumpbetrieb, m/h
RV	= Verhältnis des Rücklaufs zu Q_t
Q_t	= Trockenwetterzufluß in den Tagesstunden, m^3/h, $= Q_d/14$
c_m	= mittlere BSB_5-Konzentration aus Zufluß Q_t und Rückpumpwasser.

Die zulässige Raumbelastung B_R und Flächenbeschickung q_A sind in Abhängigkeit von der spezifischen Oberfläche des Füllmaterials in Tabelle 6.1 für das Reinigungsziel „ohne Nitrifikation" und in Tabelle 6.2 für das Reinigungsziel „mit Nitrifikation" zusammengestellt [4].

6.1.8
Tauchkörper

Tauchkörper sind eine Sonderform des Festbettreaktors. Aus Kostengründen werden sie in der Regel nur für kleine Anschlußwerte eingesetzt, sie sind in Abschn. 3.6.5.2 beschrieben.

Die Bemessung erfolgt ebenfalls nach dem ATV-Arbeitsblatt A 135 [4]. Die Anordnung der Tröge erfolgt kaskadenartig, wobei mindestens zwei Tröge, beim Reinigungsziel Nitrifikation drei Tröge, hintereinander angeordnet werden. Der maßgebliche Bemessungsparameter ist die BSB_5-Flächenbelastung B_A, d.h. die auf die Aufwuchsflächen bezogene BSB_5-Belastung. Die zulässige Belastung ist in Tabelle 6.3 zusammengestellt.

Die erforderliche Bewuchsfläche A errechnet sich nach der Formel:

$$A = \frac{c_m \cdot Q_d}{B_A} \, . \qquad (6.4)$$

Tabelle 6.3. Bemessungswerte für Tauchkörper

Abwasserreinigung ohne Nitrifikation		Abwasserreinigung mit Nitrifikation	
mindestens 2 Walzen in Fließfolge	$B_A = \ 8 \ g/(m^2 \cdot d)$	mindestens 3 Walzen in Fließfolge	$B_A = 4 \ g/(m^2 \cdot d)$
mindestens 3 Walzen in Fließfolge	$B_A = 10 \ g/(m^2 \cdot d)$	mindestens 4 Walzen in Fließfolge	$B_A = 5 \ g/(m^2 \cdot d)$

6.2
Belebungsverfahren

6.2.1
Verfahrensbeschreibung

Das Belebungsverfahren kann als die Umsetzung der natürlichen, in Gewässern ablaufenden Selbstreinigungsprozesse in ein technisches Verfahren verstanden werden. Im Unterschied zu den natürlichen Gegebenheiten in Gewässern zeichnet sich das Belebungsverfahren durch

- eine deutlich erhöhte Organismenkonzentration (belebter Schlamm),
- die Möglichkeit, einen erhöhten Sauerstoffbedarf durch technische Einrichtungen (künstliche Belüftung) abzudecken und durch
- die Erzeugung ausreichender Durchmischung mit dem Ziel eines optimalen Kontaktes zwischen Biomasse, Schmutz- und Nährstoffen sowie Sauerstoff aus.

Beim Belebungsverfahren entwickeln sich die Mikroorganismen als suspendierte Biomasse in Flockenform. Die Erhöhung der Biomassenkonzentration im Belebungsbecken erfolgt durch die Abtrennung des belebten Schlammes vom gereinigten Abwasser in einem Nachklärbecken und Rückführung des im unteren Beckenbereich eingedickten Schlammes als Rücklaufschlamm in das Belebungsbecken. Das Nachklärbecken ist damit ein wesentlicher Teil des Belebungsverfahrens. Abbildung 6.8 zeigt das prinzipielle Fließschema des Belebungsverfahrens, wobei im Gegensatz zum Tropfkörperverfahren auf die Vorklärung unter bestimmten Umständen verzichtet werden kann (s. Bemessung, Abschn. 6.2.6).

6.2.2
Beckenformen und Strömungsverhältnisse

Die Beckenform wird im wesentlichen durch das gewählte Belüftungssystem festgelegt. Bei der weitverbreiteten Druckbelüftung mit Luftzufuhr im Bereich der Beckensohle ist der Beckenquerschnitt annähernd quadratisch, wobei die Wassertiefe häufig mit 4 m gewählt wird (Abb. 6.9). Größere Tiefen sind

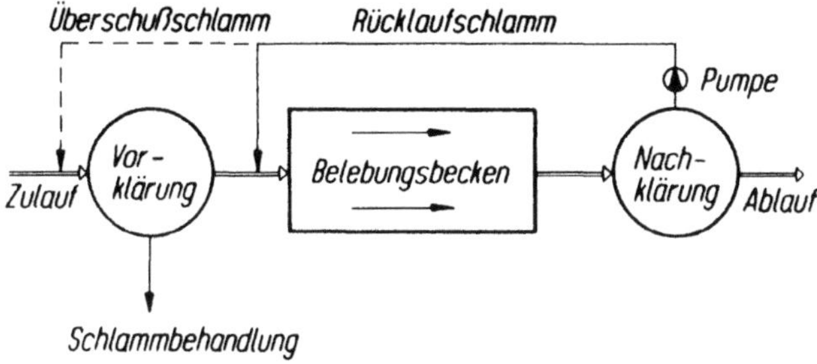

Abb. 6.8. Fließschema des Belebungsverfahrens, nach [1]

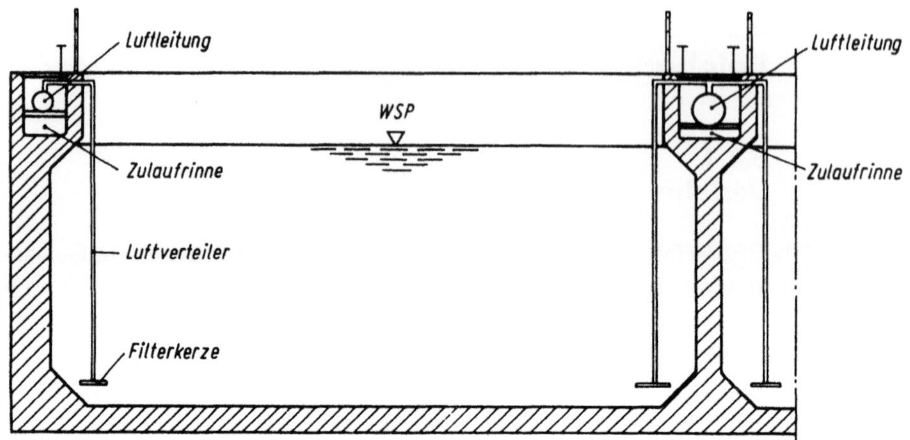

Abb. 6.9. Belüfteranordnung bei Breitbandbelüftung

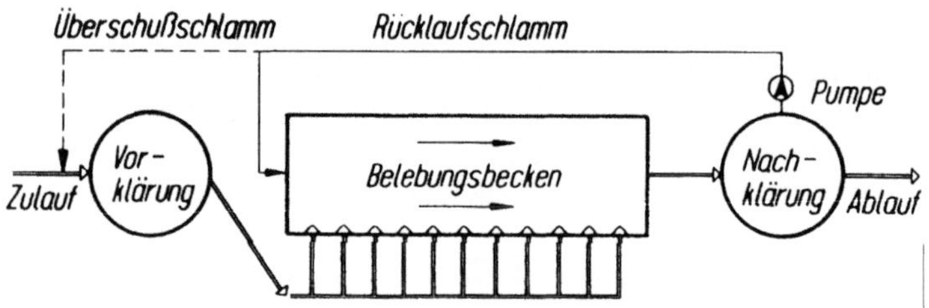

Abb. 6.10. Belebungsbecken mit verteilter Abwasserzuführung, nach [1]

möglich, erfordern aber in bestimmten Fällen andere Drucklufterzeuger. Im Grundriß sind solche Becken rechteckig. Unter strömungstechnischen Gesichtspunkten werden solche Becken als Rohrreaktoren bei Vor-Kopf-Beschickung mit Abwasser (s. Abb. 6.8) oder als durchmischte Becken bei Verteilung der Abwassserzufuhr über einen großen Teil der Beckenlänge betrieben (Abb. 6.10). Die Ausprägung als Rohrreaktor kann verbessert werden, wenn das Becken durch die Anordnung von Querwänden als mehrstufige Kaskade ausgebildet wird, weil die Unterteilung die Rückvermischung weitgehend verhindert.

Bei Rohrreaktoren bildet sich bezüglich der Belastung ein Konzentrationsgradient vom Zulauf zum Ablauf aus. Im Zulaufbereich ist die Sauerstoffzehrung daher höher als am Ablauf. Es ist nicht ganz einfach, die Sauerstoffzufuhr passend einzustellen. In der Regel versucht man dies durch eine unterschiedliche Bestückung mit Belüftungsaggregaten.

Bei einem voll durchmischten Becken sind die Verhältnisse bezüglich Nahrungsangebot und Sauerstoffverbrauch gleichmäßiger, weil im gesamten Becken die Ablaufkonzentration, also eine sehr niedrige Konzentration, herrscht. Neben der schon beschriebenen verteilten Abwasserzufuhr erreicht man eine volle Durchmischung auch durch Kreiselbelüfter (Abb. 6.11).

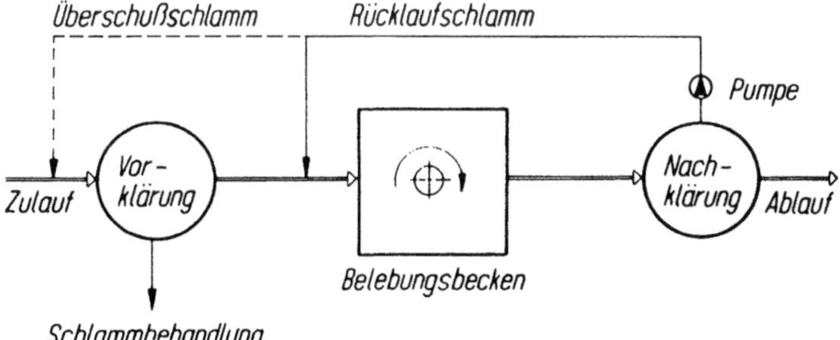

Abb. 6.11. Volldurchmischtes Belebungsbecken mit Kreiselbelüfter, nach [1]

Abb. 6.12. Umlaufbecken mit Walzenbelüftung (Werksfoto Passavant)

Kreiselbelüfter sind Oberflächenbelüfter (s. Abschn. 6.2.3.2), die aber u. a. wegen der deutlich höheren Emission von Schadstoffen in die Luft heute nicht mehr so häufig eingesetzt werden. Bei Belebungsbecken mit Kreiselbelüftern ist der Grundriß quadratisch (s. Abb. 6.11), und die Beckentiefe ist eher etwas niedriger als bei Druckluftbecken (3,5–4 m). Mehrere Kreiselbecken können ohne Trennwände hintereinander angeordnet werden. Bei Anordnung von zwei bis drei Becken hintereinander ohne Trennwände ist die Rückvermischung sehr hoch, so daß sich praktisch kein Belastungs-

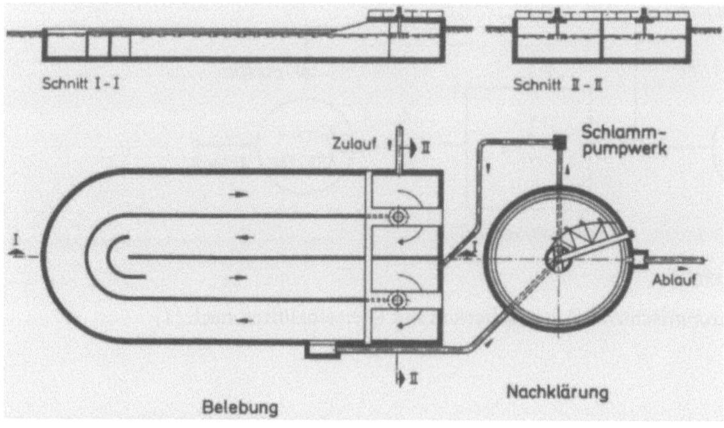

Abb. 6.13. Carrousel-Becken, nach [1]

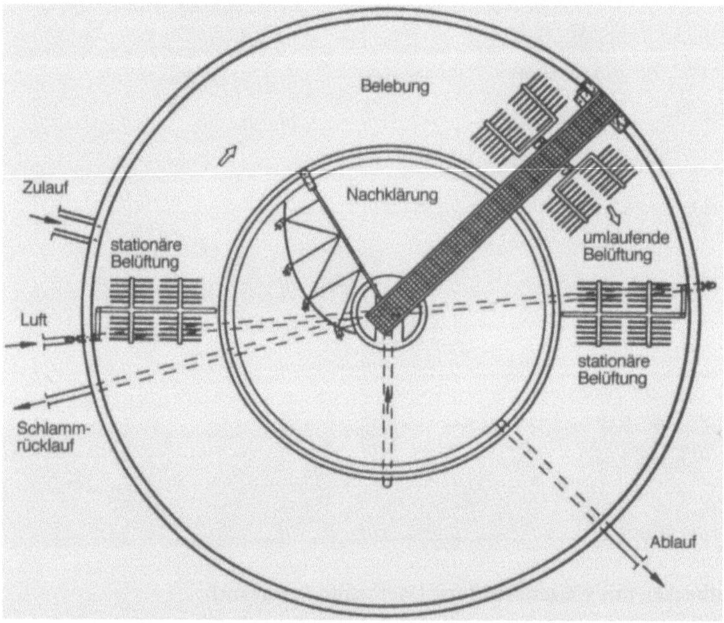

Abb. 6.14. Umlaufbecken als Kombinationsbecken mit stationärer und umlaufender Belüftung, nach [1]

gradient ergibt. Bei mehr als drei hintereinander angeordneten Becken kann eine verteilte Abwasserzufuhr sinnvoll sein, wenn man ein volldurchmischtes Becken anstrebt.

Auch Walzenbelüfter sind Oberflächenbelüfter, die sich im Gegensatz zu den Kreiselbelüftern um eine horizontale Welle drehen. Sie werden heute im ovalen oder kreisförmigen Umlaufbecken eingesetzt (Abb. 6.12). Die

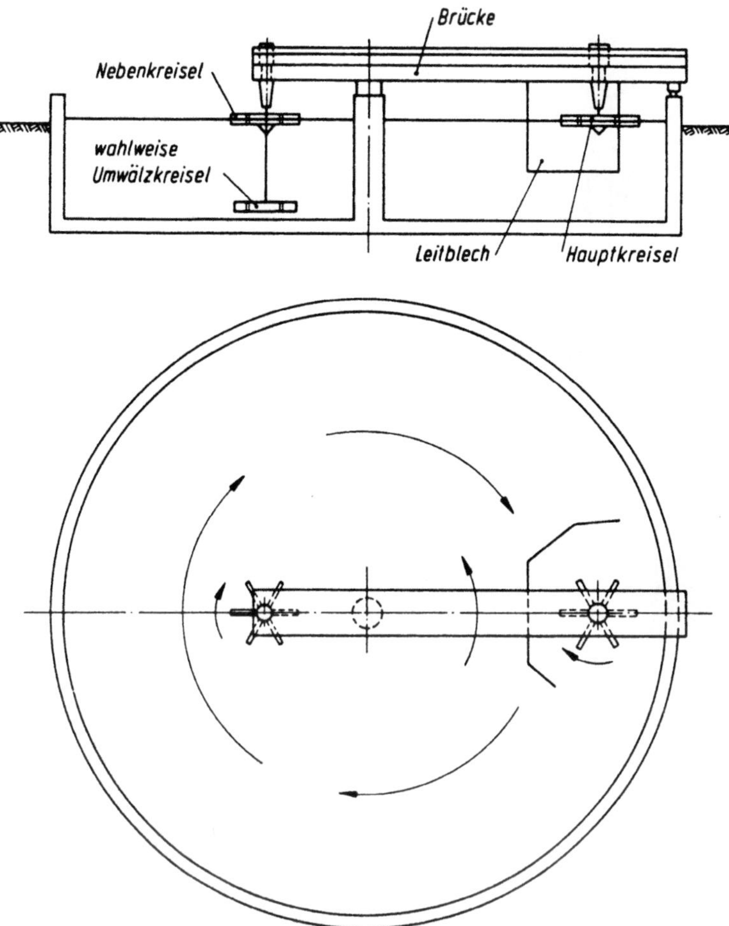

Abb. 6.15. Kreisförmiges Belebungsbecken mit Kreiselbelüftung, nach [1]

Beckenbreite wird von der Länge der Walzen (max. 9 m) bestimmt, die Beckentiefe liegt meistens bei 3–3,5 m. Wegen der hohen Turbulenz im Becken, die zu einer hohen Rückvermischung führt, sind auch Umlaufbecken als volldurchmischte Becken anzusehen. Deshalb kann das gereinigte Abwasser im Prinzip an jeder Stelle dem Becken entnommen werden. Zur Vermeidung von Kurzschlußströmungen sollte allerdings zwischen Zu- und Ablauf ein gewisser Abstand bestehen. In einem Umlaufbecken können je nach Erfordernis auch mehrere Walzen angeordnet werden (s. Abb. 6.12), die allerdings getrennt angetrieben und getrennt zu- und abschaltbar sein sollten.

Umlaufbecken können auch mit Kreiselbelüftern ausgerüstet werden, sie werden Carrousel-Becken (Firmenbezeichnung) genannt (Abb. 6.13).

Kreisbecken können als Kombinationsbecken mit innenliegendem Nachklärbecken und ringförmigen Belebungsbecken gebaut werden. Die

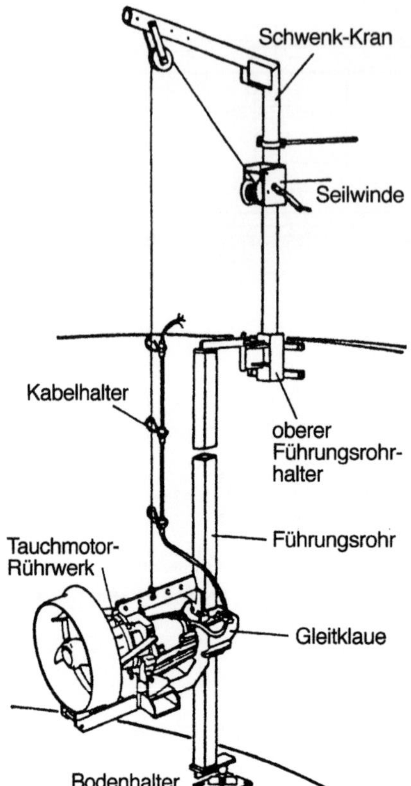

Abb. 6.16. Propeller für eine getrennte Umwälzung im Belebungsbecken, Prospekt ITT Flygt Pumpen GmbH

Belüftungsvorrichtung, entweder Druckluftbelüfter (Abb. 6.14) oder Oberflächenbelüfter (Abb. 6.15) sind dabei an einer umlaufenden Räumerbrücke befestigt. Bei Kombibecken ist die gleichmäßige Aufteilung des Zulaufs auf mehrere Becken nur dann einfach, wenn alle Becken die gleiche Größe haben. Bei Erweiterungen führt diese Tatsache möglicherweise zu Einschränkungen, denn jede zusätzliche Einheit muß von gleicher Größe sein wie die schon vorhandenen Becken.

In der Regel erfolgt durch die Belüfter gleichzeitig die Sauerstoffzufuhr und die Umwälzung. Bei niedriger Belastung kann es vorkommen, daß trotz überhöhten Sauerstoffgehaltes der Energieeintrag für die Belüftung nicht vermindert werden kann, weil sonst die Turbulenz nicht ausreicht, um den belebten Schlamm in Schwebe zu halten. Dies führte zu Entwicklungen, daß Sauerstoffzufuhr und Umwälzung getrennt erfolgen können. Verschiedene Anbieter liefern Propeller, die unabhängig von der Luftzufuhr eine horizontale Strömung erzeugen können (Abb. 6.16).

6.2.3
Belüftungseinrichtungen

Wichtige Kenngrößen für die Wirksamkeit eines Belüftungssystems sind der *Sauerstoffeintrag und der Sauerstoffertrag*. Der *Sauerstoffeintrag* OC_R in $g/(m^3 \cdot h)$ gibt die Masse Sauerstoff an, die in einer Stunde im Belebungsbecken gelöst werden kann. Häufig wird auch die Sauerstoffzufuhr in $g\ O_2/(m_N^3 \cdot m)$ angegeben, d. h. die Masse an Sauerstoff, die aus einem Kubikmeter Luft unter Normalbedingungen je Meter Einblastiefe gelöst werden kann. Der *Sauerstoffertrag* O_N in $kg\ O_2/kWh$ gibt an, wieviel Energie aufgewandt werden muß, um 1 kg Sauerstoff im Belebungsbecken zu lösen, er ist somit ein Maß für die Wirtschaftlichkeit des Systems. Dabei wird unterschieden nach Eintrag im Reinwasser oder Eintrag in das Gemisch von Abwasser und belebtem Schlamm. Das Verhältnis dieser beiden Werte wird durch den Sauerstoffzufuhrfaktor α angegeben. Bei Druckluftsystemen liegt der α-Wert zwischen 0,6 und 0,85 [5]. Pöpel et al. geben eine Leistungstabelle an, in der der Sauerstoffausnutzungsgrad in %/m und der Sauerstoffertrag angegeben sind (Tabelle 6.4) [5].
Die wichtigsten Belüftungssysteme sind

- Druckluftbelüftungssystemen und
- Oberflächenbelüftungssysteme.

Daneben gibt es Sonderformen wie Strahlbelüfter, Ejektoren, Tauchbelüfter u.a., die aber nur in bestimmten Anwendungsbereichen eingesetzt werden (s. Abschn. 3.7) oder keine größere Verbreitung gefunden haben.

Oberflächenbelüftungssysteme (Kreisel, Walzenbelüfter), die in den 60er und 70er Jahren eine weite Verbreitung fanden, sind in ihrer Bedeutung durch effiziente Druckbelüftungssysteme verdrängt worden. Man findet sie jedoch noch in vielen älteren Kläranlagen. Es werden deshalb einige Systeme hier vorgestellt.

Tabelle 6.4. Leistungstabelle für Druckbelüftung, nach [5]

	günstig		mittel	
	%/m	kg/kWh	%/m	kg/kWh
Reinwasserbedingungen				
Breitbandbelüftung	4,1	2,2	3,1	1,7
flächendeckende Belüftung	5,7	3,2	4,3	2,4
Plattenbelüftung (Folien)	7,6	3,9	5,7	2,9
Umwälzung und Belüftung	4,8	3,0	3,6	2,3
Betriebsbedingungen				
Breitbandbelüftung	2,5	1,3	1,9	1,0
flächendeckende Belüftung	3,4	1,9	2,6	1,4
Plattenbelüftung (Folien)	4,6	2,3	3,4	1,8
Umwälzung und Belüftung	2,9	1,8	2,2	1,4

6.2.3.1
Druckbelüftung

Alle Druckluftsysteme, die heute auf dem Markt sind, erzeugen relativ feine Blasen mit einem Blasendurchmesser um oder über 1 mm. Früher eingesetzte mittel- und grobblasige Druckbelüftungssysteme sind in bezug auf den Sauerstoffeintrag unwirtschaftlich und werden nicht mehr angewendet.

Die heute gebräuchlichen feinblasigen Druckbelüftungssysteme können nach Pöpel et al. [5] eingeteilt werden in:

- Bandbelüftungssysteme,
- flächendeckende Druckbelüftung,
- Druckbelüftung mit Plattenbelüftern aus Folienmaterial,
- getrennte Umwälzung und Belüftung.

Bandbelüftungssysteme

Die Verteilung der Luft im Belebungsbecken erfolgt durch parallel zur Längswand angeordnete Filterrohre aus poröser Keramik (Porengröße ca. 0,1–0,2 mm) oder gelochtem oder geschlitztem Kunststoffmaterial (Abb. 6.17). Beckenquerschnitte mit verschiedenen Möglichkeiten der Belüfteranordnung sind in Abb. 6.18 dargestellt. Das sich aufgrund der Belüftung ergebende Strömungsbild ist ebenfalls in Abb. 6.18 gezeigt. Die starke Aufwärtsströmung

Abb. 6.17. BRANDOL-Rohrbelüfter
(Werksfoto Schumacher)

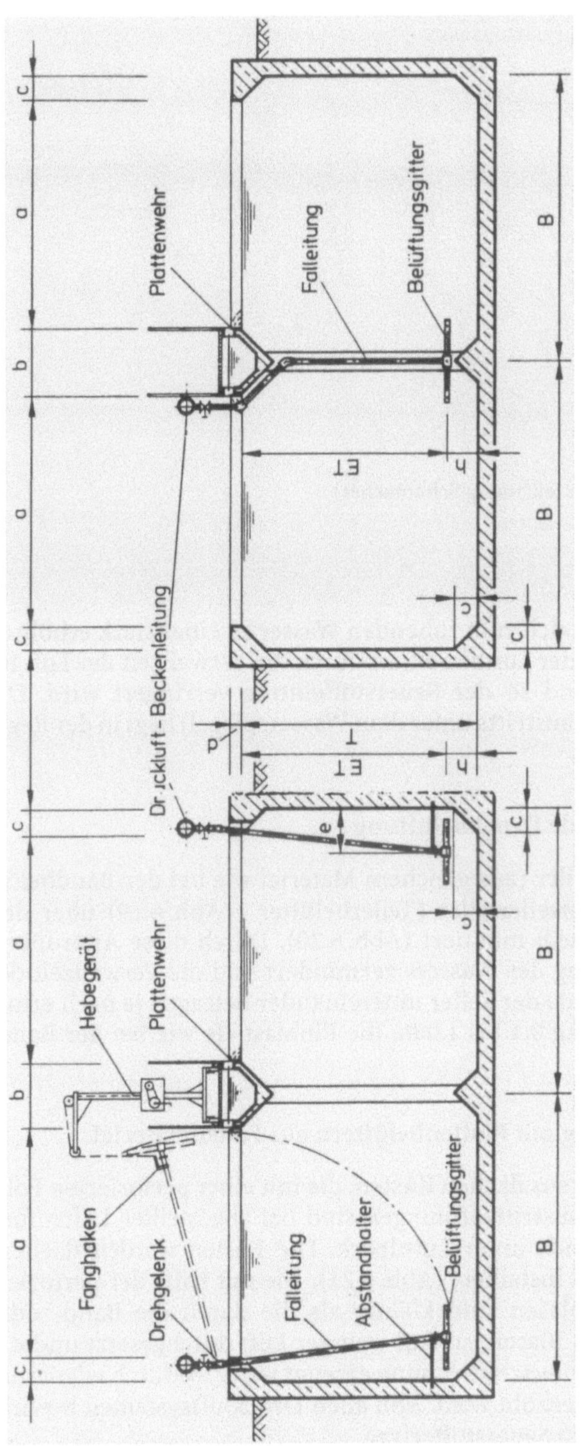

Abb. 6.18. Beckenquerschnitt bei Druckbelüftung (Werksfoto Schumacher)

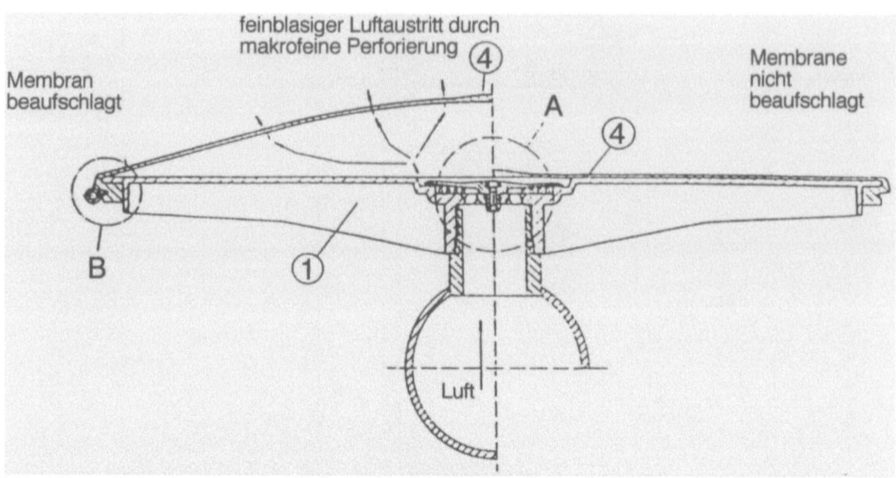

Abb. 6.19. Tellerbelüfter (Werkszeichnung Schumacher)

des Wassers führt im Vergleich zum ruhenden Wasser zu einer stark erhöhten Aufstiegsgeschwindigkeit der Luftblasen, wodurch die Verweilzeit der Luft im Wasserkörper verkürzt und so der Sauerstoffeintrag verringert wird. Die Einblastiefe (Tiefe des Luftaustritts unter dem Wasserspiegel) liegt in der Regel bei 3,5 bis 6 m.

Flächendeckende Druckbelüftung

Hier werden die Luftverteiler (aus gleichem Material wie bei der Bandbelüftung) in der Regel als Verteilerteller (Tellerbelüfter – Abb. 6.19) über den ganzen Beckenboden verteilt montiert (Abb. 6.20). Durch diese Anordnung wird die Aufwärtsströmung des Wassers vermindert und die Verweilzeit der Blasen erhöht. Die Abstände der Teller untereinander betragen je nach erforderlichem Sauerstoffeintrag 0,4 bis 1,0 m, die Einblastiefe wie bei der Bandbelüftung 3,5 bis 6 m.

Druckbelüftung mit Plattenbelüftern aus Folienmaterial

Die Luftverteiler bestehen aus flachen Kästen, die mit einer perforierten Folie überzogen sind. Die Luftaustrittsöffnungen sind bei abgestellter Luftzufuhr geschlossen und öffnen sich unter Luftdruck. Die Kästen werden flächendeckend am Beckenboden installiert (Abb. 6.21). Die mit Hilfe der perforierten Folie erzeugten Luftblasen sind kleiner als die durch die Band- oder Flächenbelüfter erzeugten Blasen, so daß weniger Luft durchgesetzt und damit eine noch geringere Aufwärtsströmung erzeugt wird, wodurch wiederum die Sauerstoffausnutzung erhöht wird. Von allen Druckluftsystemen bewirkt dieses System den höchsten Sauerstoffertrag.

Abb. 6.20. Flächendeckende Druckbelüftung (Werksfoto Passavant)

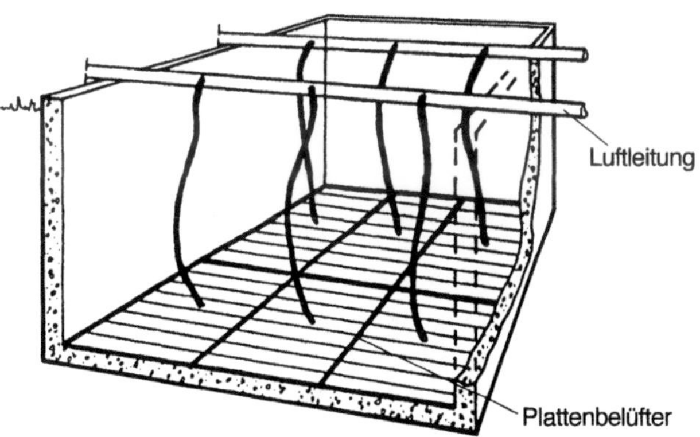

Abb. 6.21. Druckbelüftung mit Plattenbelüftern

Getrennte Umwälzung und Belüftung

Bei der Trennung der beiden Funktionen eines Belüftungssystems, Sauerstoffeintrag und Durchmischung, wird mittels Propellern oder einer rotierenden Brücke (Abb. 6.22) eine horizontale Strömung erzeugt, die die Sedimentation des belebten Schlammes verhindert. Durch die Horizontalströmung werden die aus den feinblasigen Luftverteilern austretenden Blasen abgelenkt und der Blasenweg verlängert. Der besondere Vorteil des Verfahrens liegt im Bereich

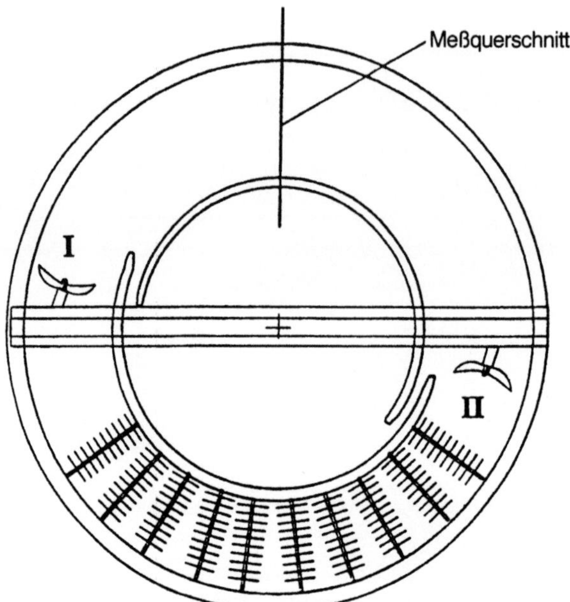

Abb. 6.22. Getrennte Umwälzung durch Propeller, nach [39]

niedriger Belastungen, weil dann ohne Rücksicht auf die Mischung mit sehr niedriger Luftbeaufschlagung gefahren werden kann. Der Ertrag für Mischung und Sauerstoffzufuhr kann somit optimiert werden.

6.2.3.2
Oberflächenbelüfter

Von der Vielzahl der ursprünglich angebotenen Oberflächenbelüfter [6] sind heute nur noch wenige erhältlich, z.B. der OS-Kreiselbelüfter oder ein Kreisel der Fa. Landustrie aus Holland. Auch die Walzenbelüfter, die von der Fa. Passavant hergestellt werden, haben noch eine Bedeutung.

Sauerstoffeintrag und Sauerstoffertrag

Der Sauerstoffeintrag eines Oberflächenbelüfters wird durch die Umdrehungsgeschwindigkeit und die Eintauchtiefe des Kreisels in den (ruhenden) Wasserspiegel beeinflußt. Die Sauerstoffzufuhr nimmt mit steigender Umdrehung und größerer Eintauchtiefe zu. Gleichzeitig erhöht sich dadurch der Energiebedarf. Üblicherweise werden Kreisel mit polumschaltbaren Motoren ausgerüstet, wodurch zwei Umdrehungszahlen erreicht werden können. Reicht die damit erreichbare Abstufung der Sauerstoffzufuhr nicht aus, kann eine Höhenverstellbarkeit vorgesehen werden. Der maschinentechnische und damit auch der Kostenaufwand für eine Höhenverstellung ist erheblich.

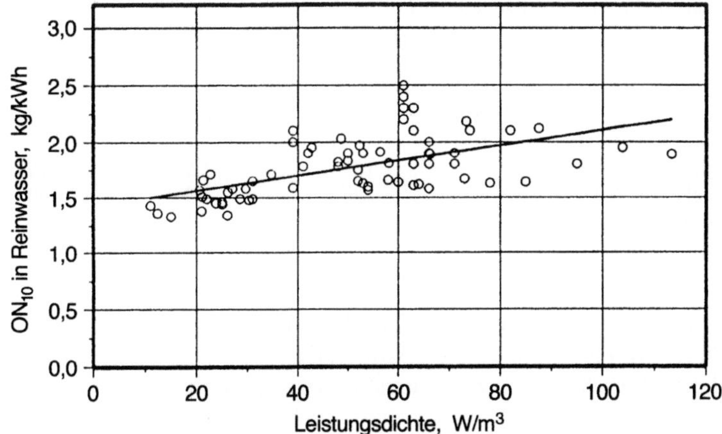

Abb. 6.23. Sauerstoffertrag von Kreiseln in Mischbecken, nach [5]

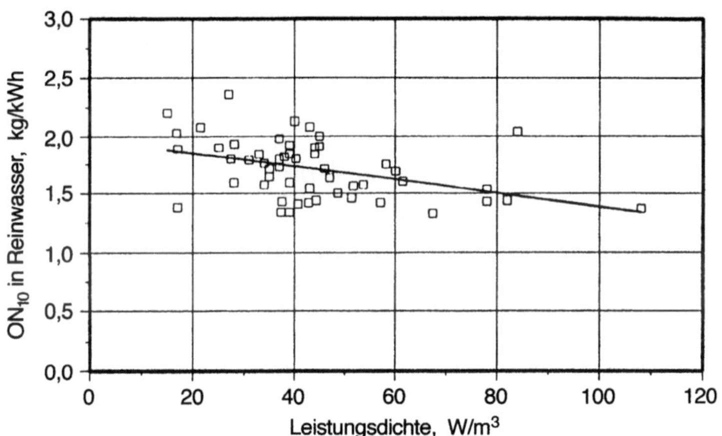

Abb. 6.24. Sauerstoffertrag von Walzen in Umlaufbecken, nach [5]

Bei Walzenbelüftern besteht darüber hinaus die Möglichkeit der Zu- und Abschaltung einzelner Walzen.

Pöpel et al. [5] haben den Sauerstoffertrag in Kreiseln (Abb. 6.23) und Walzen (Abb. 6.24) untersucht. Während der Sauerstoffertrag mit zunehmender Leistungsdichte ansteigt, nimmt er bei Walzen leicht ab. Wenn man die Mindestleistungsdichte (Kreisel $10-20\,\text{W/m}^3$, Walzen $30-40\,\text{W/m}^3$) betrachtet, weisen Walzenbelüfter einen etwas günstigeren Ertragswert auf.

Analog zur Leistungstabelle für Druckbelüftung (Tabelle 6.4) haben Pöpel et al. [5] auch eine Tabelle für Oberflächenbelüfter zusammen-

Tabelle 6.5. Leistungstabelle für Oberflächenbelüfter, nach [5]

kg/kWh	Reinwasser		Betrieb	
	günstig	mittel	günstig	mittel
Kreisel in Mischbecken	1,7	1,3	1,5	1,15
Kreisel in Umlaufbecken	2,1	1,6	1,9	1,40
Walzen in Umlaufbecken	1,7	1,3	1,5	1,15

gestellt (Tabelle 6.5). Verglichen mit der Druckbelüftung ist der Sauerstoffertrag der Oberflächenbelüfter deutlich geringer. Da jedoch der α-Wert etwas höher liegt, ist der Unterschied unter Betriebsbedingungen nicht ganz so groß.

Kreiselbelüfter

Kreiselbelüfter rotieren um eine vertikale Achse. Sie werden in der Regel an einer Brücke, die quer über dem Belebungsbecken angeordnet ist, aufgehängt (Abb. 6.25). Durch die Rotation wird Wasser aus dem Becken in die Luft geworfen, beim Wiedereinfall des Wassers in das Becken wird Luft mitgerissen. Über die Anforderungen an die angepaßte Beckenform s. Abschn. 6.2.2. Um eine völlige Durchmischung des Beckeninhalts zu gewährleisten, ist die Wassertiefe auf 2,5 bis maximal 4 m begrenzt. Bei kleinen Becken bis 500 m³ je Kreisel ist eine Leistungsdichte von 20 W/m³ und bei größeren Becken von 2000 m³ eine Leistungsdichte von 10 W/m³ erforderlich. Aus der erforderlichen

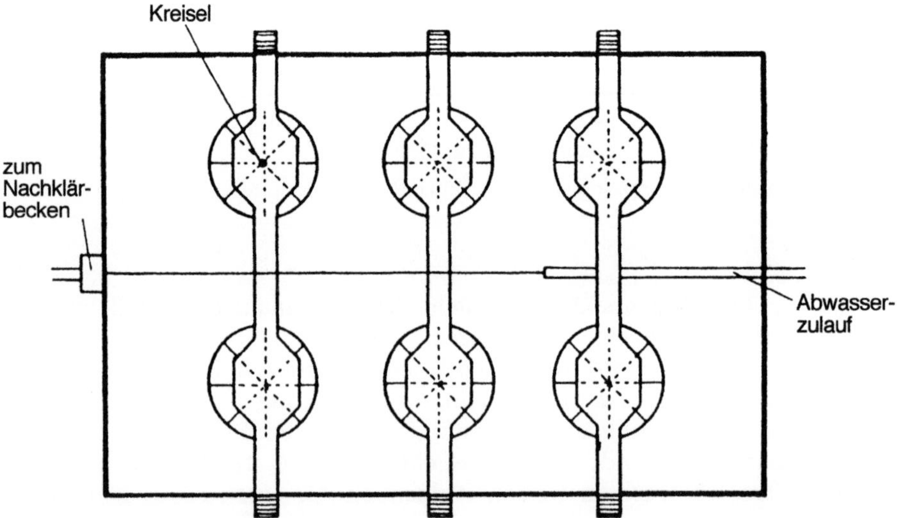

Abb. 6.25. Grundriß eines Belebungsbeckens mit Brückenkonstruktion zur Aufhängung der Kreiselbelüfter

Leistungsdichte und dem Sauerstoffzufuhrvermögen, das von den Kreisel-
abmessungen abhängt, lassen sich Kreiseldurchmesser und Beckenvolumen
errechnen. Das Sauerstoffzufuhrvermögen in Abhängigkeit von der Leistungsdichte gibt z. B. Pöpel [5] gemäß Abb. 6.26 an.

Durch die rotierende Bewegung bildet sich manchmal unterhalb
des Kreisels eine Strömungstrombe aus. Hierdurch können am Beckenboden
starke, abrasiv wirkende Kräfte auftreten, die den Beton der Beckensohle
zerstören können. Die Betonqualität ist darauf einzustellen. Alternativ eignet
sich eine Platte aus korrosionsbeständigem Stahl, die auf der Bodenplatte
unterhalb des Kreisels angebracht wird.

Ein großes Problem bei Kreiseln ist die Aerosolbildung, die deutlich höher als bei Druckbelüftungen ist. Dies ist damit zu erklären, daß bei
Kreiselbelüftern ein Mehrfaches der Luftmenge umgesetzt wird als bei Druckbelüftung. Eine Abdeckung des Kreisels (Abb. 6.27) kann die Aerosolbildung
deutlich zurückdrängen.

Die Abb. 6.28 und 6.29 zeigen zwei noch heute angebotene Kreisel.

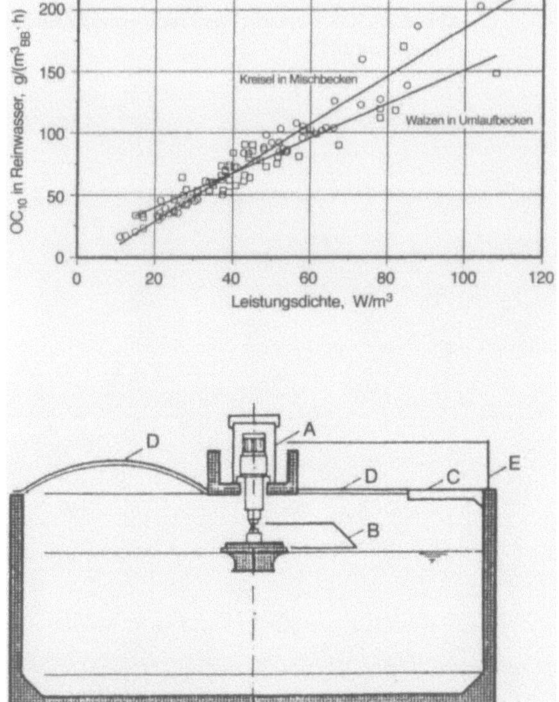

Abb. 6.26. Sauerstoffzufuhrvermögen von Walzen- und
Kreiselbelüftern in Abhängigkeit von der Leistungsdichte,
nach [5]

Abb. 6.27. Abgedeckter Kreisel
zur Minimierung der Aerosolbildung, nach [5]

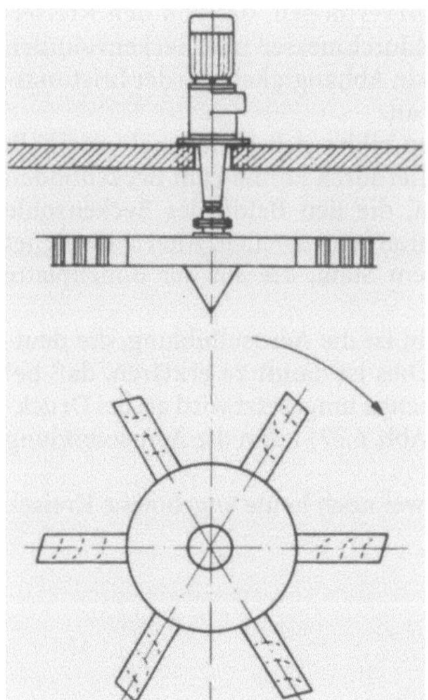

Abb. 6.28. OS-Kreisel (Werkszeichnung Oswald Schulze GmbH)

Abb. 6.29. Landy-F-Belüfter (Werksfoto Landustrie GmbH)

Walzenbelüfter

Walzenbelüfter, auch Bürstenbelüfter oder Rotoren genannt, drehen sich um eine horizontale Achse. Sie werden heute mit einem Durchmesser von 0,7 oder 1 m bei einer maximalen Baulänge von 9 m angeboten. Auf der horizontalen Welle sind kammartig Stahl- oder Kunststoffstäbe angeordnet (Abb. 6.30), die ins Wasser einschlagen und beim Auftauchen einen Anteil Wasser in die Luft werfen. Wie beim Kreiselbelüfter erfolgt der Sauerstoffeintrag im wesentlichen dadurch, daß beim Einfallen des Wassers ins Becken Luftblasen mitgerissen werden.

Auch Walzenbelüfter führen zu verstärkter Aerosolbildung, die jedoch durch eine geeignete Abdeckung zurückgedrängt werden kann (Abb. 6.31).

Walzenbelüfter werden heute nur noch in Umlaufbecken eingesetzt (Abschn. 6.2.2). Die Sauerstoffzufuhr kann durch polumschaltbare Motoren (weniger gebräuchlich), durch eine Veränderung der Einbautiefe, z.B. durch ein höhenverstellbares Wehr am Ablauf, aber auch, wie am häufigsten geschehen, durch Zu-und Abschalten einzelner Aggregate geregelt werden. Durch die Abschaltung einzelner Walzen können auch anoxische Zonen zur Denitrifikation geschaffen werden. Es muß allerdings gewährleistet sein, daß eine Mindestleistungsdichte im Bereich von 30–40 W/m^3 eingehalten wird [5], damit die Sedimentation des belebten Schlammes verhindert wird.

Abb. 6.30. Walzenbelüfter (Werksfoto Passavant)

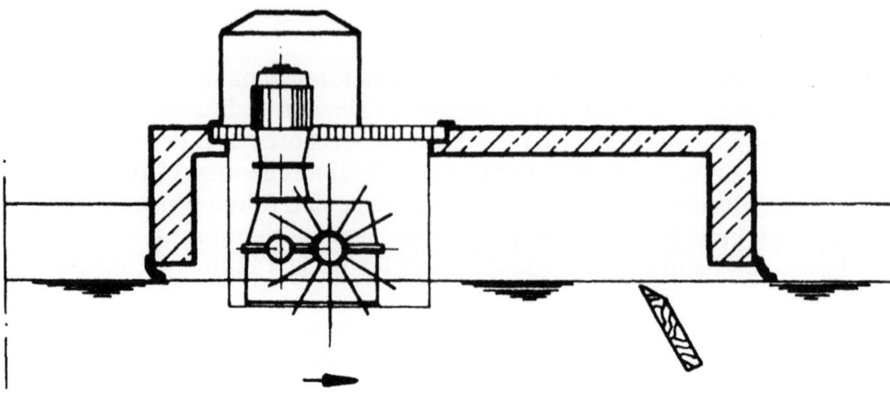

Abb. 6.31. Abdeckung einer Walzenbelüftung zur Minimierung der Aerosolbildung, nach [7]

6.2.4
Reinigungsleistung

Die Reinigungsleistung hängt von der Schlammbelastung B_{TS} in kg BSB_5/ (kg TS $\cdot$ d) ab. Die Schlammbelastung stellt das Verhältnis der täglich zugeführten BSB_5-Fracht zur im Belebungsbecken vorhandenen Biomasse dar, wobei die Biomasse als Trockensubstanz TS, manchmal auch als organischer Anteil der Trockensubstanz o. TS, bestimmt wird. Je niedriger die Belastung eingestellt wird, desto weitgehender ist die Reinigung, so daß nicht nur organische Stoffe abgebaut werden, sondern auch nitrifiziert werden kann und bei noch niedrigerer Belastung auch ungelöste organische Stoffe teilmineralisiert werden (s. aerobe Stabilisierung, Abschn. 3.6.2).

Für vorwiegend häusliches Abwasser mit geringen gewerblichen und industriellen Abwasseranteilen und optimalen Betriebsbedingungen hängen BSB_5-Abbau und Schlammbelastung, wie in Abb. 6.32 dargestellt voneinander ab. Danach können bei Schlammbelastungen unter 0,3 kg BSB_5/(kg TS $\cdot$ d) bezogen auf den BSB_5 Wirkungsgrade um 90 % erreicht werden. Bei Schlammbelastungen unter 0,15 kg/(kg $\cdot$ d) setzt Nitrifikation ein, bei Schlammbelastungen unter 0,05 kg/(kg $\cdot$ d) wird Schlammstabilisierung erreicht.

Außer durch optimale Betriebsbedingungen, insbesondere ausreichende Sauerstoffversorgung, wird die Reinigungsleistung durch die Abwasserzusammensetzung beeinflußt.

Während die heterotrophen, organischen Kohlenstoff-abbauenden Bakterien relativ unempfindlich sind, reagieren die Nitrifikanten deutlich auf Schadstoffe im Abwasser, z. B. auf erhöhte Schwermetallkonzentrationen, insbesondere wenn diese stoßweise anfallen. Auch Belastungsstöße mit leicht abbaubaren organischen Stoffen können die Nitrifikation beeinträchtigen, insbesondere wenn dadurch der Gehalt an gelöstem Sauerstoff abfällt.

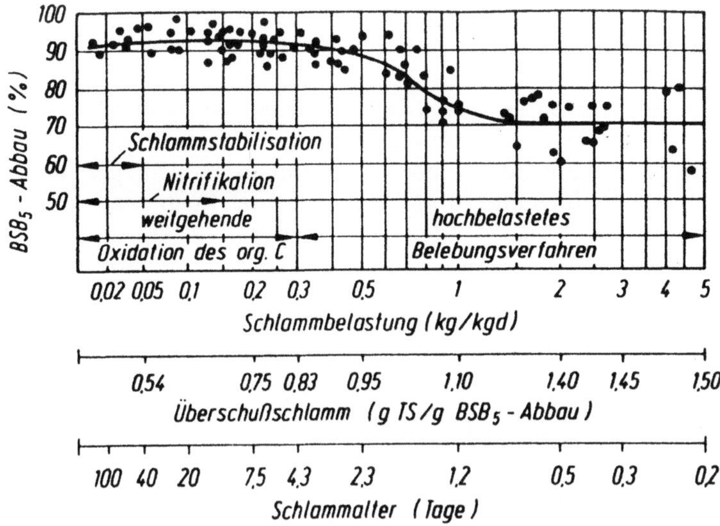

Abb. 6.32. BSB₅-Abnahme in Abhängigkeit von der Schlammbelastung

Die Leistungsfähigkeit der Nitrifikanten wird auch bei niedrigen Temperaturen, niedrigen und stark schwankenden pH-Werten, z. B. bei nicht ausreichender Pufferungskapazität des Abwassers, oder stoßweisen hohen Ammoniumbelastungen beeinflußt. Da Ammonium gelöst vorliegt und es bei der Abwasserreinigung keine Anlagerung und Speicherung wie bei organischen Kolloiden gibt, kann nur soviel NH_4^+-N oxidiert werden, wie bei maximaler Umsatzleistung in der zur Verfügung stehenden Verweilzeit im Reaktor oxidiert werden kann. Bei kurzzeitig höherer Belastung steigt dann die Ablaufkonzentration an. Es ist deshalb erforderlich, bei einem geforderten Überwachungswert von 10 mg/l NH_4^+-N einen Betriebsmittelwert im Ablauf von 1–2 mg/l anzustreben, um die täglichen Zulaufschwankungen sicher abbauen zu können.

Wenn das Belebungsbecken oder die Tropf-/Tauchkörperanlage so ausgelegt sind, daß im Ablauf Betriebsmittelwerte von 1–2 mg/l NH_4^+-N erreicht werden, liegt der BSB₅ immer im Bereich unter 10 mg/l. Daher braucht der BSB₅ bei geforderter Nitrifikation nach den Mindestanforderungen eigentlich nicht mehr als weiterer einzuhaltender Wert festgelegt werden. Die Überwachungskosten für den Betreiber im Rahmen der Eigenkontrolle könnten dadurch deutlich vermindert werden. Leider hat sich diese Erkenntnis bisher noch nicht durchgesetzt.

6.2.5
Betrieb

Hauptaufgabe des Betriebs ist es, durch optimale Einstellung der Betriebsbedingungen die geforderten Reinigungsleistungen nach dem wasserrechtlichen Bescheid einzuhalten, eine Belästigung der Anlieger durch
Gerüche und Geräusche weitgehend zu vermeiden und den Kostenaufwand für
den Betrieb zu minimieren. Insbesondere sind auch Betriebsstörungen, die
zu einer erhöhten Belastung des Gewässers führen, so weit wie möglich einzuschränken.

Die Betriebssicherheit kann durch steuernde und regelnde Eingriffe erhöht werden. Hierzu werden als wichtigste Betriebsparameter:

- Zulaufmenge,
- Zulaufkonzentration, organische Komponente,
- Zulaufkonzentration, reduzierter Stickstoff,
- Biomassengehalt im Belebungsbecken,
- Rücklaufschlammenge,
- Konzentration des Rücklaufschlammes,
- Überschußschlammenge,
- Konzentration des Überschußschlammes und
- Gehalt an gelöstem Sauerstoff im Belebungsbecken

kontinuierlich oder quasikontinuierlich gemessen und mit Datenverarbeitung
laufend ausgewertet und nach einem vorgegebenen Modell beeinflußt.

Da mit steigendem Automatisierungsgrad auch die Anfälligkeit des
Systems bezüglich Steuerung und Regelung steigt, ist es wichtig, das Betriebspersonal so auszubilden, daß es den Betrieb jederzeit von Hand übernehmen
kann. Dies ist nur möglich, wenn der Betreiber die Betriebszusammenhänge
voll verstanden hat und nicht nur mechanisch auf Anzeigen, die eine Abweichung vom Sollwert ergeben, reagiert.

Betriebsstörungen können von außen hervorgerufen werden, z. B.
durch die Einleitung störender Abwasserinhaltsstoffe über den Zulauf. Diese
Art von Störungen sind in der Regel nur schwer zu erkennen. Es ist von Fall zu
Fall zu entscheiden, ob solche Störungen, wenn sie öfter auftreten, durch
Ersatzparameter, z. B. die Leitfähigkeit, erfaßt werden können. Die Anlage
eines Einleitkatasters industrieller und gewerblicher Abwässer in das Kanalnetz mit möglichen störenden Stoffen kann bei der nachträglichen Aufklärung
des Verursachers einer Betriebsstörung hilfreich sein.

Betriebsstörungen können aber auch intern auf der Kläranlage
selbst hervorgerufen werden, entweder durch falsches Handeln oder durch
Unterlassung. Ein Beispiel für den ersten Fall ist übermäßiger Überschußschlammabzug im Winter aus einer nitrifizierenden Belebungsanlage. Hierbei
können so viel Nitrifikanten entfernt werden, daß, wegen des langsamen
Wachstums der Nitrifikanten, insbesondere bei niedrigen Abwassertemperaturen die Wiederherstellung der ursprünglichen Populationsdichte mehrere
Wochen dauert und während dieser Zeit erhöhte NH_4^+–N-Abläufe ins Gewässer gelangen.

Ein Beispiel für Betriebsstörungen durch Unterlassung ist ein Maschinenschaden nach nicht erfolgter oder nicht ausreichender Wartung. Soweit die Maschine unmittelbar für die Einhaltung der Ablaufqualität erforderlich ist, z. B. ein Gebläse bei Druckbelüftung, kann es insbesondere bei nicht ausreichender Reserve zu Überschreitungen der geforderten Ablaufwerte kommen. Beispiele für die Verbesserung der maschinentechnischen Überwachung gibt Bode [8].

Zur Vermeidung der Belästigungen der Umwelt können neben konstruktiven Maßnahmen, z. B. Abdeckung der Oberflächenbelüfter, s. Abschn. 6.2.3, auch betriebliche Eingriffe möglich sein. Hierzu gehören die Abdeckung von Schlammschächten mit Gummimatten zur Verhinderung des Austritts von Gerüchen, aber auch z. B. die Verkürzung der Verweilzeit des Schlammes in Eindickern, so daß der Schlamm gerade noch nicht versäuert.

Zur Abgrenzung der Verantwortlichkeiten für den Betrieb empfiehlt es sich, eine Betriebsanweisung zu erlassen, die die Zuständigkeiten festlegt, z. B. auch, wer intern und extern bei Betriebsstörungen zu informieren ist. Im ATV-Regelwerk ist eine Muster-Betriebsanleitung für den Kanalbetrieb [9, 10] und für den Kläranlagenbetrieb [11] enthalten.

6.2.6
Bemessung

Für das Belebungsverfahren gibt es eine Vielzahl von Bemessungsansätzen. Neben statischen Bemessungen – es werden Grundbedingungen wie Zulauffracht, Biomassenkonzentration, u. a. festgelegt und danach bemessen – gibt es auch modellgestützte Bemessungen, die mit kinetischen Parametern, häufig auf der Basis von Michaelis-Menten und Monod, arbeiten und dynamische Bemessungen, bei denen über eine Variation der Parameter das richtige Beckenvolumen ermittelt wird. Alle Bemessungen auf Nitrifikation gehen vom Schlammalter (Reziprokwert der Wachstumsgeschwindigkeit der Nitrifikanten) aus, bei der Bemessung des Denitrifikationsbeckens werden unterschiedliche Parameter wie Denitrifikationsgeschwindigkeit oder eine Bilanz des Sauerstoffverbrauchs durch C-Oxidation und des Sauerstoffangebots aus Nitrat im DN-Becken angewendet.

6.2.6.1
Bemessung nach ATV-A 131

Die Bemessung von kommunalen Kläranlagen in Deutschland erfolgt am häufigsten nach dem ATV-Arbeitsblatt A 131 [12]. Dieses unterliegt seit der Herausgabe 1991 einer heftigen Kritik, insbesondere, weil durch viele Sicherheitszuschläge relativ große Anlagen errechnet werden. Hierbei spielt aber auch eine Rolle, daß es bei Nitrifikation durch Belastungsstöße relativ schnell zu Überschreitungen des Überwachungswertes kommen kann und daher die Bemessung große Sicherheiten erfordert.

Tabelle 6.6. Minimales Schlammalter in Abhängigkeit vom Reinigungsziel und der Kläranlagengröße

Reinigungsziel	Größe der Anlage	
	bis 20 000 EW	über 100 000 EW
Abwasserreinigung ohne Nitrifikation	5	4
Abwasserreinigung mit Nitrifikation (Bemessungstemperatur 10 °C)	10	8
Abwasserreinigung mit Nitrifikation und Denitrifikation (Bemessungstemperatur 10 °C)		
V_D/V_{BB} = 0,2	12	10
= 0,3	13	11
= 0,4	15	13
= 0,5	18	16
Abwasserreinigung mit Nitrifikation, Denitrifikation und Schlammstabilisierung	25	nicht empfohlen

Anmerkung: Für eine stabile Nitrifikation bei 12 °C ist eine Bemessungstemperatur von 10 °C erforderlich

Dieser Bemessungsansatz gilt unter folgenden Randbedingungen:

- vorwiegend häusliches Abwasser, allenfalls mit geringen industriellen Anteilen, deren Eigenschaften denen häuslichen Abwassers entsprechen,
- spezifischer N-Anfall von 10 g/(E · d) nach Sedimentation als TKN. Das entspricht einer Konzentration von 50–60 mg/l.

Bei der Anwendung werden diese Einschränkungen häufig nicht beachtet. Die Bemessung läuft in folgenden Schritten ab:

1. Wahl des erforderlichen Schlammalters gemäß Tabelle 6.6. Bei Bemessung auf Denitrifikation werden feste Verhältnisse V_D/V_{BB} vorgegeben.
2. Ermittlung der dem Schlammalter entsprechenden Schlammbelastung B_{TS} unter Berücksichtigung der Überschußschlammproduktion.

Hierzu werden folgende Formeln verwendet:

$$B_{TS} = \frac{1}{\ddot{U}S_B \cdot t_{TS}} = \frac{B_{dBSB_5}}{V_{BB} \cdot TS_{BB}}, \tag{6.5}$$

$$\ddot{U}S_B = \ddot{U}S_{BSB_5} + \ddot{U}S_P. \tag{6.6}$$

Hierin bedeuten

- B_{TS}: Schlammbelastung, kg BSB$_5$/(kg TS · d)
- $\ddot{U}S_B$: spezifische Überschußschlammproduktion, kg TS/kg BSB$_5$
- $\ddot{U}S_{BSB_5}$: Anteil der spezifischen Überschußschlammproduktion infolge BSB$_5$-Abbau, kg TS/kg BSB$_5$

Tabelle 6.7. Überschußschlammproduktion ÜS_{BSB_5} (kg TS/kg BSB_5) in Abhängigkeit vom Schlammalter und TS_0 (Druckfiltration mit Membranfilter 0,45 µm) zu BSB_5 im Zulauf zum Belebungsbecken bei 10 °C

TS_0/BSB_5	Schlammalter in Tagen					
	4	6	8	10	15	25
0,4	0,74	0,70	0,67	0,64	0,59	0,52
0,6	0,86	0,82	0,79	0,76	0,71	0,64
0,8	0,98	0,94	0,91	0,88	0,83	0,76
1,0	1,10	1,06	1,03	1,00	0,95	0,88
1,2	1,22	1,18	1,15	1,12	1,07	1,00

- ÜS_P: Anteil der spezifischen Überschußschlammproduktion aus der P-Elimination durch Simultanfällung, kg TS/kg BSB_5
- TS_BB: Trockensubstanzgehalt im Belebungsbecken, kg TS/m³
- t_TS: Schlammalter, d
- Für die Ermittlung von ÜS_{BSB_5} werden Vorgaben gemacht (Tabelle 6.7).

- ÜS_P kann nach der Formel:

$$\text{ÜS}_\text{P} = 6,8 \cdot \frac{\text{P}}{\text{BSB}_5} \tag{6.7}$$

bei Fällung mit Eisensalzen und

$$\text{ÜS}_\text{P} = 5,3 \cdot \frac{\text{P}}{\text{BSB}_5} \tag{6.8}$$

bei Fällung mit Aluminiumsalzen berechnet werden.

3. Ermittlung des gesamten Beckenvolumens V_BB nach der Formel:

$$V_\text{BB} = \frac{B_{\text{d BSB}_5}}{B_\text{TS} \cdot \text{TS}_\text{BB}} \cdot \tag{6.9}$$

Die zu wählende Biomassenkonzentration ist ebenfalls in einer Tabelle vorgegeben (Tabelle 6.8).

Die Aufteilung des Beckenvolumens in V_D und V_N erfolgt aufgrund der Vorgaben bei der Wahl des Schlammalters.

Bei der Durchführung der Bemessung ist das Arbeitsblatt A 131 genau zu beachten.

Die Kritik am Arbeitsblatt A 131 hat insbesondere bei den Betreibern sehr großer Kläranlagen zur Beschäftigung mit anderen Verfahren, insbesondere zur Denitrifikation, geführt. Neben nachgeschalteten Filtern mit externer Kohlenstoffdosierung [13, 14] wurden Festbettreaktoren (Biofilter) [15] oder, insbesondere bei zweistufigen Anlagen, besondere Verfahrensführungen [16] diskutiert.

Tabelle 6.8. Trockensubstanzgehalt des belebten Schlammes

Reinigungsziel	TS_{BB} (kg/m³)	
	mit Vorklärung	ohne Vorklärung
ohne Nitrifikation	2,5–3,5	3,5–4,5
mit Nitrifikation (und Denitrifikation)	2,5–3,5	3,5–4,5
Schlammstabilisierung	–	4,0–5,0
Phosphorentfernung (Simultanfällung)	3,5–4,5	4,0–5,0

6.2.6.2
Bemessung nach dem Hochschulansatz

Dieser Bemessungsansatz wurde von Mitarbeitern vieler siedlungswasser-wirtschaftlicher Lehrstühle in Deutschland, Österreich und der Schweiz erarbeitet [17]. Gegenüber dem Bemessungsvorschlag des ATV-Arbeitsblattes ergeben sich folgende Unterschiede [18]

– Das erforderliche Schlammalter wird in Abhängigkeit von kinetischen Parametern nach der Gleichung:

$$\text{erf } t_{TS,A} = f' \cdot \cfrac{1}{\cfrac{\mu_{max}}{S} \cdot \cfrac{(NH_4^+\text{–}N)_{e,Sp}}{K_N + (NH_4^+\text{–}N)_{e,Sp} \cdot f_{T,A} - b_A \cdot f_{T,bA}}}$$

errechnet.

Hierin bedeuten

- f':   Sicherheitsfaktor zur Berücksichtigung von hemmenden Einflüssen (Empfehlung: $f' = 1{,}25$),
- S: Schwankungen der zu nitrifizierenden Stickstofffracht (Empfehlung: $S = 2{,}0$ für $\leq 20\,000$ EW, $S = 1{,}7$ für $> 20\,000$ EW),
- μ_{max}:   max. Wachstumsrate der Nitrifikanten, (Empfehlung: $\mu_{max} = 0{,}52\ d^{-1}$),
- b_A: Sterberate der Nitrifikanten (Empfehlung: $b_A = 0{,}05\ d^{-1}$),
- $f_{T,A}$:   Temperaturfaktor der Wachstumsrate, (Empfehlung: $f_{T,A} = 1{,}103^{(T-15)}$),
- $f_{T,bA}$:   Temperaturfaktor der Sterberate, (Empfehlung: $f_{T,A} = 1{,}090^{(T-15)}$),
- $(NH_4^+\text{–}N)_{e,Sp}$: NH_4^+-N-Konzentration im Belebungsbecken, bei voll durchmischtem Becken gleich der Ablaufkonzentration.

Formal ist dieser Ansatz zur Ermittlung des Schlammalters etwas detaillierter, indem eine getrennte Wahl der verschiedenen Faktoren möglich ist. Voraussetzung ist, daß diese im konkreten Fall ermittelt werden und nicht der Einfachheit halber die empfohlenen Werte eingesetzt werden.

- Bei der Ermittlung des Denitrifikationsvolumens wird wie in A 131 angenommen, daß die Kohlenstoffatmung im anoxischen Becken (= Denitrifikationszone) die gleiche ist wie im aeroben Becken (= Nitrifikationszone), jedoch wegen der Verwendung von Nitratsauerstoff im Vergleich zum elementaren Sauerstoff verlangsamt ist. Der Hochschulansatz verzichtet aber auf einen zusätzlichen Sicherheitsfaktor zur Reduzierung der Atmungsaktivität. Das hat zur Folge, daß nach dem Hochschulansatz das Denitrifikationsvolumen etwas kleiner oder die NO_3^--Ablaufkonzentration etwas niedriger ist.

Die Autoren des Hochschulansatzes geben selbst an, daß bei „normalen" Verhältnissen zum Bemessungsansatz nach A 131 kein wesentlicher Unterschied besteht, daß nach dem Hochschulansatz jedoch auch eine Bemessung möglich ist, wenn die Randbedingungen nach A 131 nicht zutreffen [18]. Der Vorteil dieses Ansatzes zeigt sich jedoch nur dann, wenn die aufgeführten kinetischen Parameter im konkreten Fall mit dem zu behandelnden Abwasser in Versuchen unter sonst realistischen Randbedingungen ermittelt worden sind.

6.2.6.3
Bemessung nach Pöpel

Pöpel verwendet einen doppelten Bemessungsansatz. Über das Schlammalter wird zum einen ein Volumen errechnet, das ausreicht, damit sich Nitrifikanten in der Anlage halten können. Über die Nitrifikationsgeschwindigkeit wird zum anderen ein Volumen berechnet, das den geforderten TKN-Umsatz und damit die gewünschten Ablaufwerte garantiert [19]. Das größere Beckenvolumen ist dann maßgebend. Die Bemessung des Denitrifikationsbecken erfolgt über eine Bilanzierung des Sauerstoffbedarfs zur Veratmung des im Denitrifikationsbecken vorhandenen Kohlenstoffs und des im gleichen Becken vorhandenen Nitrat-Sauerstoffs [20]. Dieses Bemessungsverfahren ist somit auch bei anderen als häuslichen Abwässern für höhere TKN-Konzentrationen geeignet. Das gilt allerdings nur, wenn Parameter wie die Nitrifikationsgeschwindigkeit V_N mit dem zu behandelnden Abwasser und den wirklichen Konzentrationen bestimmt werden. Aus einer Literaturauswertung empfiehlt Pöpel für V_N bei 15 °C einen Wert von 70 g N/(kg TS · d) bei einstufigen Anlagen und 100 g N/(kg TS · d) in der 2. Stufe einer zweistufigen Anlage.

Die einzelnen Schritte bei der Bemessung des Nitrifikationsbeckens sind wie folgt:

1. Bestimmung des Schlammalters t_{TS} nach der Gleichung:

$$t_{TS} = \frac{1}{\mu} \cdot SF \,, \tag{6.11}$$

mit

μ = Wachstumsgeschwindigkeit der Nitrifikanten, $g/(g \cdot d)$
SF = Sicherheitsfaktor.

Bei 15 °C ergibt sich für t_{TS} ein Wert von 7 d. Der Temperatureinfluß kann nach der Gleichung:

$$t_{TS,T} = t_{TS,15} \cdot 0{,}907^{(T-15)} \,, \tag{6.12}$$

berücksichtigt werden.

2. Die Bestimmung der Schlammbelastung erfolgt nach den von Kayser [21] vorgeschlagenen Zusammenhängen nach der Gleichung:

$$\ddot{U}S_R = TS_{BB} \cdot [0{,}6 \cdot B_{TS} \cdot (\eta + TS_O/S_O) - 0{,}072 \cdot GV \cdot fT] \,;$$

$$kg \; TS/(m^3 \cdot d) \,, \tag{6.13}$$

mit

TS_{BB} = Feststoffgehalt im Belebungsbecken, kg/m^3,
η = BSB_5-Abbau, %,
GV = Glühverlust des belebten Schlammes, %,
fT = Funktion der Temperatur = $1{,}072^{(T-15)}$,
TS_O/S_O = Verhältnis der abfiltrierbaren Stoffe und BSB_5 im Zulauf.

Eine direkte Berechnung von B_{TS} nach Gleichung (6.13) ist nicht möglich, weil auch der organische Anteil GV des belebten Schlammes von der Schlammbelastung abhängt, desgleichen auch der Wirkungsgrad des BSB_5-Abbaus η. Die Ermittlung der zulässigen Schlammbelastung geht nur iterativ, wobei GV mit Hilfe einer Hilfsgröße HG zu

$$GV = HG - \sqrt{HG^2 - 8{,}33 \cdot B_{TS}/fT} \tag{6.14}$$

und

$$HG = 0{,}555 + 4{,}167 \cdot (\eta + TS_O/S_O) \cdot B_{TS}/fT \tag{6.15}$$

sowie der BSB_5-Abbau zu

$$\eta = 0{,}98 - \frac{0{,}28}{1 + 0{,}2174/B_{TS}^{2{,}5}} \tag{6.16}$$

errechnet werden.

3. Das Ergebnis dieser Berechnung ist dann die Verweilzeit t_R:

$$t_R = \frac{S_O}{B_{TS} \cdot TS_{BB}} \,, \; d \,. \tag{6.17}$$

Das erforderliche Beckenvolumen V_N errechnet sich dann zu:

$$V_N = Q_t \cdot t_R \, , \, m^3 \, . \tag{6.18}$$

Bei dem so berechneten Volumen ist das Vorhandensein von Nitrifikanten im Belebungsbecken sichergestellt.

Bei der Ermittlung der Verweilzeit nach der Nitrifikationsgeschwindigkeit wird folgendermaßen vorgegangen:

– Ermittlung des zu nitrifizierenden Stickstoffs nach der Gleichung:

$$dN = N_O - N_{\ddot{U}} - N_{red} \, , \, mg/l \, , \tag{6.19}$$

mit

N_O = reduzierter Stickstoff (TKN) im Zulauf, mg/l,
$N_{\ddot{U}}$ = im Überschußschlamm gebundener Stickstoff, mg/l,
N_{red} = reduzierter Stickstoff im Anlagenablauf, mg/l.

Wenn der Stickstoff im Überschußschlamm nicht gemessen werden kann, so ist eine sinnvolle Annahme, daß er im Zulauf 4–6 %, (im Mittel 5 %) der BSB_5-Belatung ausmacht.
Der reduzierte Stickstoff im Ablauf setzt sich zusammen aus dem meistens behördlich festgelegten Wert des Ammoniums und dem organisch gebundenen Stickstoff, der in der Regel 1–5 mg/l (im Mittel 2 mg/l), beträgt.

– Errechnung der für die Nitrifikation erforderlichen Verweilzeit t_N nach der Gleichung:

$$t_N = \frac{dN}{V_N \cdot TS_{BB}} \, , \, d \, , \tag{6.20}$$

und des erforderlichen Beckenvolumens mittels:

$$V_N = Q_t \cdot t_N \, , \, m^3 \, . \tag{6.21}$$

Das größere Beckenvolumen ist maßgeblich.

Zur Ermittlung des Volumens des Denitrifikationsbeckens sind folgende Schritte erforderlich:

– Ermittlung des erforderlichen Denitrifikationsumfanges ddN mittels der Gleichung:

$$ddN = dN + N_{ZOX} - N_{OX} \, , \, mg/l \, , \tag{6.22}$$

mit

dN   im Nitrifikationsbecken nitrifizierter Stickstoff gemäß Gl. (6.19), mg/l,
N_{ZOX} im Zulauf evtl. vorhandenes Nitrat, mg/l,
N_{OX} Nitratstickstoff im Ablauf, mg/l.

- Ermittlung der erforderlichen Schlammbelastung im Denitrifkationsbecken $B_{TS,D}$ nach der Gleichung:

$$B_{TS,D} = \frac{0{,}24 \cdot GV \cdot fT}{\dfrac{ddN}{0{,}35 \cdot f_D \cdot S_O} - 0{,}5 \cdot \eta_D} \, , \qquad (6.23)$$

mit

$f_d =$ zur Nitratatmung befähigter Anteil des belebten Schlammes, (im Mittel 70 %)

Der Wirkungsgrad des BSB_5-Abbaus im DN-Becken wird nach der gleichen Formel wie im Nitrifikationsbecken (Gl. (6.16)) berechnet, nur wird als Schlammbelastung $B_{TS,D}$ eingesetzt. Es muß auch in diesem Ansatz iteriert werden.

- Berechnung der Denitrifikationszeit t_D nach der Gleichung:

$$t_D = \frac{S_O}{TS_{BB} \cdot B_{TS,D}} \, , \ d \, . \qquad (6.24)$$

- Berechnung der effektiven Gesamtverweilzeit im Nitrifikationsbecken und Denitrifikationsbecken mit der Beziehung:

$$\text{eff } t_G = t_N + f_D \cdot t_D \, , \ d \, . \qquad (6.25)$$

- Berechnung der effektiven Gesamtschlammbelastung nach der Gleichung:

$$\text{eff } B_{TS} = \frac{S_O}{\text{eff } t_G \cdot TS_{BB}} \, . \qquad (6.26)$$

Sofern eine effektive Schlammbelastung unter der kritischen Schlammbelastung für die Nitrifikation allein liegt, garantiert die Bemessung das Vorhandensein von Nitrifikanten. Ist sie höher, muß t_N oder t_D vergrößert werden.

Der Schwachpunkt dieser Bemessung ist die Nitrifikationsgeschwindigkeit V_N, sofern nur Annahmen mittlerer Geschwindigkeiten aus der Literatur genommen werden. Verbessert werden könnte die Bemessung, wenn durch Versuche mit dem jeweiligen Abwasser Nitrifikationsgeschwindigkeiten für den konkreten Fall bestimmt würden.

6.2.6.4
IAWPRC-Modell

Basierend auf Ansätzen zur mathematischen Modellierung des Belebungsverfahrens, die in Südafrika entwickelt wurden [22], wurde von der IAWPRC (International Association of Water Pollution Research and Control – heute IAWQ – International Association of Water Quality) eine Arbeitsgruppe ein-

gesetzt, die 1986 das „Activated Sludge Model No. 1" vorstellte [23]. Dieses
Modell berücksichtigt insgesamt 13 Parameter (Tabelle 6.9), und zwar:

- Gelöster, nicht abbaubarer CSB,
- Leicht abbaubarer CSB,
- Ungelöster, nicht abbaubarer CSB,
- Langsam abbaubarer CSB,
- Aktive heterotrophe Biomasse als CSB,
- Aktive autotrophe Biomasse als CSB,
- Ungelöste Stoffe durch absterbende Biomasse als CSB,
- Sauerstoff,
- Oxidierter Stickstoff,
- Ammonium-Stickstoff,
- Gelöster abbaubarer organischer Stickstoff,
- Ungelöster abbaubarer organischer Stickstoff,
- Alkalität.

Die Abbauschritte – Kohlenstoffabbau, Nitrifikation und Denitrifikation – sind
in acht Teile aufgeteilt und werden unter Berücksichtigung kinetischer und
stöchiometrischer Parameter nach Gleichungen berechnet, die in Tabelle 6.9
aufgeführt sind (Process Rate).

Die Ermittlung der einzelnen Parameter ist teilweise sehr aufwendig, z. B. die verschiedenen Fraktionen des CSB oder des Stickstoffs. Teilweise müssen Laboranlagen betrieben werden, um einzelne Parameter zu bestimmen, z. B. den nicht abbaubaren CSB oder den leicht abbaubaren CSB. Einige andere, z. B. Ammonium, können durch direkte Standardanalytik aus Proben des Zulaufs bestimmt werden.

Der Vorteil dieses Verfahrens liegt in der guten Anpassung an die realen Verhältnisse, wenn man die erforderlichen Parameter einzeln bestimmt, was aber sehr aufwendig ist. Man kann dann für jedes Abwasser eine angepaßte Bemessung durchführen.

Die Ermittlung der einzelnen Parameter ist in [23] ausführlich beschrieben.

6.2.7
Sonderverfahren

Als Sonderverfahren sollen hier solche Verfahren bezeichnet werden, die von den bisher überwiegend eingesetzten und zuvor beschriebenen Verfahren, die in der Regel den „allgemein anerkannten Regeln der Technik" entsprechen, abweichen, sich noch in der Entwicklung befinden oder nur in Sonderfällen angewendet werden oder für die es noch keine festen Bemessungsregeln gibt. Hierzu gehören z. B.:

- Belebungsverfahren mit Sauerstoffbegasung,
- sogenannte „Kombinierte Verfahren",
- Biofilter,
- Wirbelbettreaktoren.

Tabelle 6.9. IAWPRC – Modell No. 1 für Kohlenstoffabbau, Nitrifikation und Denitrifikation, nach [23]

j Prozeß \ Komponente i	1 S_I	2 S_S	3 X_I	4 X_S	5 $X_{B,H}$	6 $X_{B,A}$	7 X_P	8 S_O
1 Aerobes Wachstum von heterotrophen Mikroorganismen		$-\dfrac{1}{Y_H}$			1			$-\dfrac{1-Y_H}{Y_H}$
2 Anoxisches Wachstum von heterotrophen Mikroorganismen		$-\dfrac{1}{Y_H}$			1			
3 Aerobes Wachstum von autotrophen Mikroorganismen						1		$-\dfrac{4,57-Y_A}{Y_A}$
4 „Abnahme" von heterotrophen Mikroorganismen				$1-f_P$	-1		f_P	
5 „Abnahme" von autotrophen Mikroorganismen				$1-f_P$		-1	f_P	
6 Ammonifizierung löslichen organischen Stickstoffs								
7 „Hydrolyse" gebundener organischer Verbindungen		1		-1				
8 „Hydrolyse" von gebundenem organischem Stickstoff								

Beobachtete Umwandlungsgeschwindigkeit $[ML^{-3}\,T^{-1}]$

$$r_i = \sum_j v_{ij}\,\varrho_j\,,$$

Stöchiometrische Parameter:
Heterotrophe Ausbeute: Y_H
Autotrophe Ausbeute: Y_A
Biomasse-Fraktion mit partikulärer Produktausbeute: f_P
Masse N/Masse COD in der Biomasse: i_{XB}
Masse N/Masse COD in Produkten aus der Biomasse: i_{XB}

1 S_I	2 S_S	3 X_I	4 X_S	5 $X_{B,H}$	6 $X_{B,A}$	7 X_P	8 S_O
Lösliche inerte organische Stoffe $[M\,(COD)\,L^{-3}]$	Leicht bioabbaubares Substrat $[M\,(COD)\,L^{-3}]$	Suspendierte inerte organische Partikeln $[M\,(COD)\,L^{-3}]$	Langsam bioabbaubares Substrat $[M\,(COD)\,L^{-3}]$	Aktive heterotrophe Biomasse $[M\,(COD)\,L^{-3}]$	Aktive autotrophe Biomasse $[M\,(COD)\,L^{-3}]$	Suspendierte Partikel, die beim Biomasseabbau entstehen $[M\,(COD)\,L^{-3}]$	Sauerstoff (Negatives COD) $[M\,(COD)\,L^{-3}]$

Tabelle 6.9 (Fortsetzung)

9 S_{NO}	10 S_{NH}	11 S_{ND}	12 X_{ND}	13 S_{ALK}	Prozeßgeschwindigkeit, ϱ_j [ML^{-3} T^{-1}]
	$-i_{XB}$			$-\dfrac{i_{XB}}{14}$	$\hat{\mu}_H\left(\dfrac{S_S}{K_S+S_S}\right)\left(\dfrac{S_O}{K_{O,H}+S_O}\right)X_{B,H}$
$-\dfrac{1-Y_H}{2{,}86\,Y_H}$	$-i_{XB}$			$\dfrac{1-Y_H}{14\cdot 2{,}86\,Y_H}-i_{XB}/14$	$\hat{\mu}_H\left(\dfrac{S_S}{K_S+S_S}\right)\left(\dfrac{K_{O,H}}{K_{O,H}+S_O}\right)$ $\times\left(\dfrac{S_{NO}}{K_{NO}+S_{NO}}\right)\eta_g\,X_{B,H}$
$\dfrac{1}{Y_A}$	$-i_{XB}-\dfrac{1}{Y_A}$			$-\dfrac{i_{XB}}{14}-\dfrac{1}{7\,Y_A}$	$\hat{\mu}_A\left(\dfrac{S_{NH}}{K_{NH}+S_{NH}}\right)\left(\dfrac{S_O}{K_{O,A}+S_O}\right)X_{B,A}$
			$i_{XB}-f_P\,i_{XP}$		$b_H\,X_{B,H}$
			$i_{XB}-f_P\,i_{XP}$		$b_A\,X_{B,A}$
	1	-1		$\dfrac{1}{14}$	$k_a\,S_{ND}\,X_{B,H}$
					$k_h\,\dfrac{X_S/X_{B,H}}{(K_X+X_S/X_{B,H})}\left[\left(\dfrac{S_O}{K_{O,H}+S_O}\right)+\eta_h\left(\dfrac{K_{O,H}}{K_{O,H}+S_O}\right)\left(\dfrac{S_{NO}}{K_{NO}+S_{NO}}\right)\right]X_{B,H}$
		1	-1		$\varrho_7\,(X_{ND}/X_S)$
Nitrat- und Nitritstickstoff [M (N) L^{-3}]	NH$_4^+$, NH$_3$ Stickstoff [M (N) L^{-3}]	Löslicher bioabbaubarer organischer Stickstoff [M (N) L^{-3}]	Partikulärer bioabbaubarer organischer Stickstoff [M (N) L^{-3}]	Basizität – Molare Einheiten	Kinetische Parameter: Heterotrophes Wachstum und Abnahme: $\hat{\mu}_H$, K_S, $K_{O,H}$, K_{NO}, b_H Autotrophes Wachstum und Abnahme: $\hat{\mu}_A$, K_{NH}, $K_{O,A}$, b_A Korrekturfaktor für anoxisches Wachstum von heterotrophen Mikroorganismen: η_g Ammonifizierung: k_a Hydrolyse $k_h\cdot K_x$ Korrekturfaktor für anoxische Hydrolyse: η_h

6.2.7.1
Belebungsverfahren mit Sauerstoffbegasung

Bei hochbelasteten Stufen und der Forderung nach weitgehendem Kohlenstoffabbau kann aufgrund der nicht ausreichenden Kapazität der Belüftungssysteme die Versorgung der Biomasse mit gelöstem Sauerstoff begrenzend werden. Bei einem geschlossenen Becken erhöht sich bei Verwendung von technisch reinem Sauerstoff (90–98% O_2) gegenüber Luft (ca. 21% O_2) der Sättigungswert c_S des gelösten Sauerstoffs im Wasser um das 4,3–4,6fache und damit auch das Sauerstoffdefizit [24]. Damit kann ein deutlich verbesserter Sauerstoffeintrag erreicht und somit das erforderliche Beckenvolumen verringert werden. Da jedoch bei kommunalem Abwasser die Forderung nach Nitrifikation ein hohes Schlammalter und damit niedrige Schlamm- und Raumbelastungen zur Folge hat, werden hochbelastete Belebungsanlagen nicht mehr gebaut. Damit ist ein wesentlicher Vorteil des Belebungsverfahrens mit Sauerstoffbegasung nicht mehr gegeben.

Abbildung 6.33 zeigt schematisch den Schnitt durch ein Belebungsbecken mit Sauerstoffbegasung. Zur besseren Ausnutzung des Sauerstoffs wird das Becken zumindest im Gasraum kaskadenartig unterteilt und das Abgas der vorherliegenden Kammer in der folgenden nochmals verwendet. Auf diese Weise kann eine Sauerstoffausnutzung von 80–90% erreicht werden. Die Abgasmengen sind sehr gering, was insbesondere bei einer erforderlichen Abgasbehandlung, z.B. zur Geruchsverminderung, von Vorteil ist.

Dem durch das höhere Defizit verbesserten Sauerstoffeintrag und Sauerstoffertrag ist der Energieverbrauch für die Sauerstofferzeugung hinzuzurechnen. Weitere Angaben hierzu und auch zu den Verfahren der Erzeugung des technischen Sauerstoffs sind der Literatur zu entnehmen, z.B. [25].

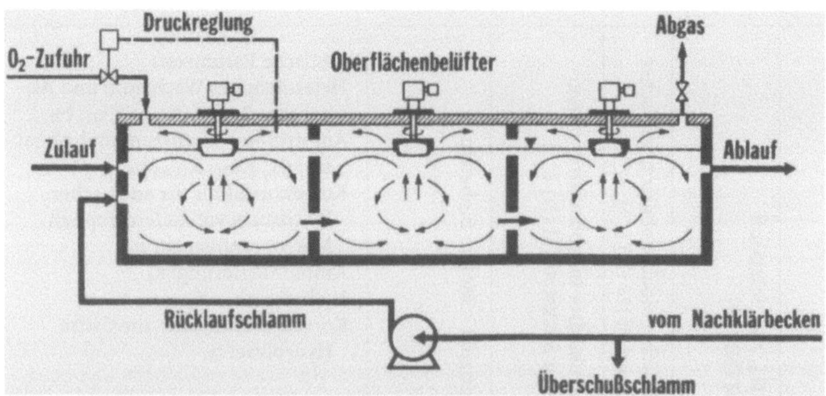

Abb. 6.33. Belebungsbecken mit Sauerstoffbegasung, nach [1]

6.2.7.2
Kombinierte Verfahren

Unter diesem Begriff versteht man Verfahren, bei denen suspendierte Biomasse (Belebungsverfahren) und Biofilme auf Aufwuchsträgern in einem Reaktor kombiniert sind [26]. Das Trägermaterial ist entweder fest eingebaut [27, 28] (Abb. 6.34) oder in Form von schwimmenden Partikeln, z.B. aus Polyurethanschaum [29, 30], im Belebungsbecken verteilt. Die schwimmenden Träger werden durch die Belüftung in Schwebe gehalten, eine Siebkonstruktion im Ablauf verhindert das Ausschwemmen aus dem Belebungsbecken [31] (Abb. 6.35). Durch die Bewegung im Belebungsbecken wird ein Teil der Biomasse, die sich im Innern des Schaumstoffs ansiedelt oder akkumuliert, laufend ausgewaschen, so daß keine Verschlammung eintritt. Im Bereich des kommunalen Abwassers ist der besondere Vorteil des Verfahrens in der Biomassenanreicherung gegenüber reinem belebtem Schlamm und damit bei gleichem Beckenvolumen eine Erhöhung des Schlammalters bzw. eine Verringerung der Schlammbelastung zu sehen. Je nach Volumenanteil der Aufwuchsträger – bei PU-Schaum bis zu 30 % – können bis 8 kg/m^3 TS der Biomasse erreicht werden. Hierzu trägt infolge Verbesserung des Schlammindexes auch eine Erhöhung der Konzentration der suspendierten Biomasse bei.

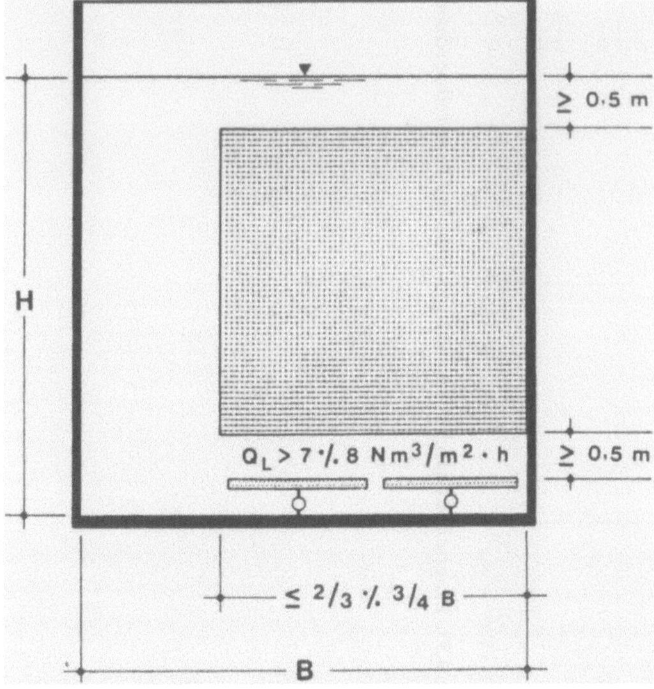

Abb. 6.34. Anordnung von getauchten Festbettkörpern im Belebungsbecken, nach [28]

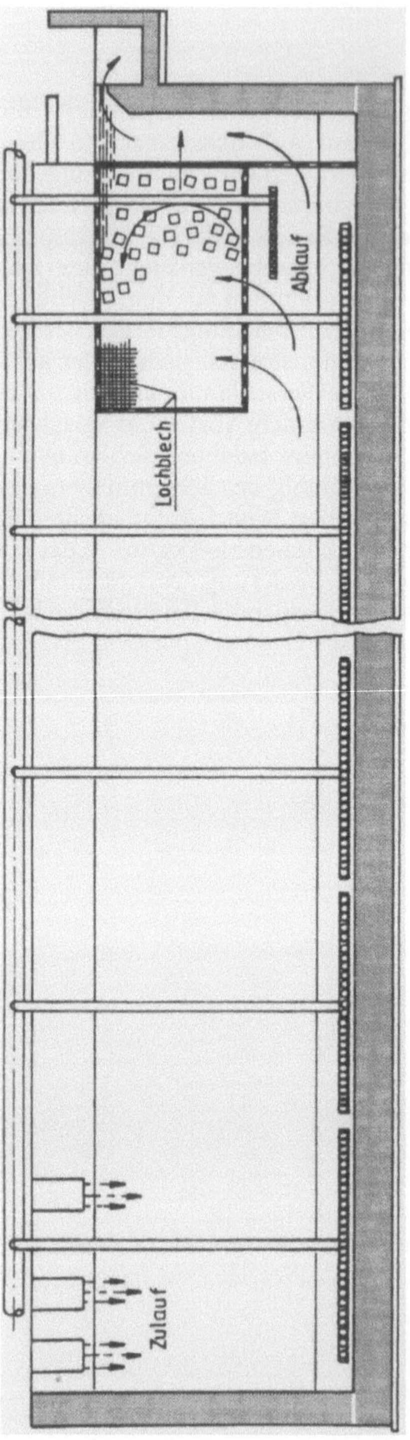

Abb. 6.35. Längsschnitt durch ein Belebungsbecken mit Polyurethanschaumstoff als Trägermaterial, nach [31]

Das Verfahren eignet sich insbesondere zur Leistungsverbesserung bestehender, überlasteter Anlagen ohne bauliche Erweiterung [30]. Bei nitrifizierenden Anlagen können sich bei richtiger Einstellung des Gehaltes an gelöstem Sauerstoff im Innern des Trägermaterials anoxische Zonen ausbilden, die zu einer simultanen Denitrifikation führen [31].

Neuerdings ist das Verfahren zur Immobilisierung spezieller adaptierter Kulturen zur Reinigung industrieller Abwässer oder durch organische Schadstoffe belasteter Grundwässer eingesetzt worden [32, 33], wobei ein besonderer Vorteil darin liegen kann, daß die abzubauenden Schadstoffe im PU-Schaum ad/absorbiert und angereichert werden und so ein Belastungsausgleich ohne externes Speicherbecken eintritt [34].

6.2.7.3
Biofilter

Unter Biofiltern versteht man Verfahren, die im Prinzip wie ein Schnellfilter aufgebaut sind, aber eine zusätzliche biologische Wirkung haben, z.B. zum weitergehenden Kohlenstoffabbau oder zur Nitrifikation oder Denitrifikation. Diese Verfahren wurden hauptsächlich in Frankreich entwickelt [15, 35]. Als besonderer Vorteil wird der geringe Platzbedarf genannt. Bei den heutigen Anforderungen an niedrige Ablaufwerte auch bei kurzzeitiger Probenahme (Überwachungswerte) liegen sie nach heutigen Erkenntnissen in den Investitionskosten in der gleichen Größenordnung wie konventionelle Belebungsanlagen oder höher [15]. Abbildung 6.36 zeigt einen Schnitt durch ein aufwärts durchströmtes Biofilter (BIOFOR).

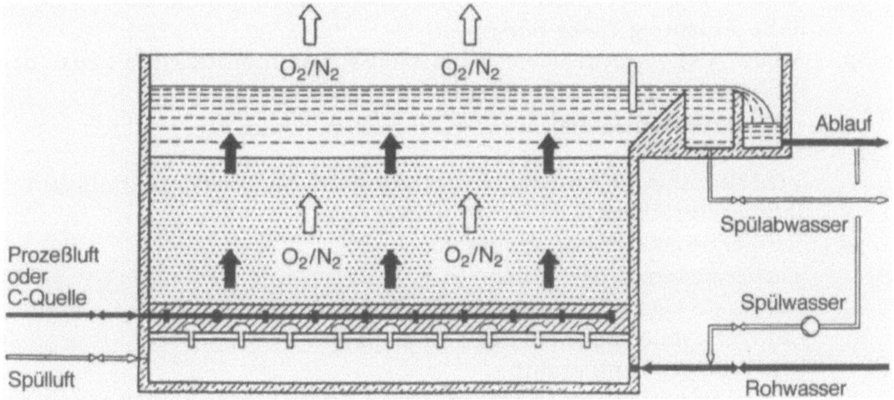

Abb. 6.36. Schnitt durch ein aufwärts durchströmtes Biofilter, System BIOFOR, nach [35]

6.2.7.4
Wirbelbettreaktoren

Auf den Einsatz von Wirbelbettreaktoren zur Reinigung industrieller Abwässer wurde schon im Abschnitt 3.7 hingewiesen. Im kommunalen Bereich wurden sie bisher nur im Pilotmaßstab untersucht [36, 37]. Als Trägermaterial werden Quarzsand und Blähton verwendet. Der große Vorteil dieser Verfahren liegt in der außerordentlich hohen Biomassenkonzentration, die bis zu $50\,\text{kg/m}^3$ betragen kann, das 15fache konventioneller Belebungsanlagen. Das dadurch bedingte geringe Reaktorvolumen kann wahrscheinlich die erhöhten spezifischen Kosten der speziellen Reaktoren und den Energieaufwand für die Aufrechterhaltung des Wirbelbettes kostenmäßig kompensieren.

Abkürzungen

BSB_5	Biologischer Sauerstoffbedarf
BR	BSB_5-Raumbelastung $\text{kg/(m}^3 \cdot \text{d)}$
SK	Spülkraft mm
q_A	Oberflächenbeschickung $\text{m}^3/(\text{m}^2 \cdot \text{h})$
a	Zahl der Drehsprengarme
n	Umdrehungen pro Stunde
c_O	Zulaufkonzentration ohne Rücklaufwasser g/m^3
RV	Verhältnis des Rücklaufes zu Q_t
Q_t	Trockenwetterzufluß in den Tagesstunden m^3/h
c_m	mittlere BSB_5-Konzentration aus Zufluß Q_t und Rückpumpwasser
A_R	Bewuchsfläche m^2/m^3
OC_R	Sauerstoffeintrag $\text{g O}_2/(\text{m}^3 \cdot \text{h})$
O_N	Sauerstoffertrag kg O_2 kWh
B_{TS}	Schlammbelastung $\text{kg } BSB_5/(\text{kg} \cdot \text{d})$
$\ddot{U}S_B$	spezifische Überschußschlammproduktion $\text{kg TS/kg } BSB_5$
$\ddot{U}S_{BSB_5}$	Anteil der spezifischen Überschußschlammproduktion infolge BSB_5-Abbau $\text{kg TS/kg } BSB_5$
$\ddot{U}Sp$	Anteil der spezifischen Überschußschlammproduktion aus der P-Elimination durch Simultanfällung $\text{kg TS/kg } BSB_5$
TS_{BB}	Trockensubstanzgehalt im Belebungsbecken kg TS/m^3
t_{TS}	Schlammalter d
f'	Sicherheitsfaktor zur Berücksichtigung von hemmenden Einflüssen
$f_{T,A}$	Temperaturfaktor der Wachstumsrate
$f_{T,bA}$	Temperaturfaktor der Sterberate
b_A	Sterberate der Nitrifikanten
μ_{max}	maximale Wachstumsrate der Nitrifikanten 1/d
GV	Glühverlust des belebten Schlammes %
f_T	Funktion der Temperatur
N_0	reduzierter Stickstoff (TKN) im Zulauf g/m^3
$N_{\ddot{U}}$	im Überschußschlamm gebundener Stickstoff g/m^3

N_{red} reduzierter Stickstoff im Anlagenablauf g/m^3
dN   im Nitrifikationsbecken nitrifizierter Stickstoff g/m^3
N_{ZOX} Nitratstickstoff im Zulauf g/m^3
N_{OX} Nitratstickstoff im Ablauf g/m^3
f_d zur Nitratatmung befähigter Anteil des belebten Schlammes
t_D Denitrifikationszeit d
t_N Nitrifikationszeit d
CSB   Chemischer Sauerstoffbedarf

Literatur

1. Lehr- und Handbuch der Abwassertechnik (1985) 3. Aufl, Bd IV, Ernst & Sohn, Berlin 147–156
2. Imhoff KR (1979) Betriebsergebnisse von Tropfkörperanlagen und Bemessungsvorschlag im Hinblick auf § 7a WHG, gwf-Wasser/Abwasser 120:47–49
3. Wolf P (1980) Brockengefüllte Tropfkörper in ein- und mehrstufigen Anlagen, gwf-Wasser/Abwasser 121:476–482
4. ATV-Regelwerk (1985) Grundsätze für die Bemessung von einstufigen Tropfkörpern und Scheibentauchkörpern mit Anschlußwerten über 500 Einwohnergleichwerten, ATV-Arbeitsblatt A 135, Ges z Förd d Abwassertechnik eV, Hennef
5. Pöpel HJ, Wagner M (1991) Grundlagen von Belüftung und Sauerstoffeintrag, Schriftenreihe WAR, Darmstadt, Nr 54:1–42
6. Lehr- und Handbuch der Abwassertechnik (1985) 3. Aufl, Bd IV, Ernst & Sohn, Berlin: 340–341
7. Lehr- und Handbuch der Abwassertechnik (1985) 3. Aufl, Bd IV, Ernst & Sohn, Berlin: 337
8. Bode H (1995) Vermeidung von Betriebsstörungen in öffentlichen Kläranlagen, gwf-Wasser/Abwasser 136:449–454
9. ATV-Arbeitsblatt A 140 (1990) Regeln für den Kanalbetrieb, Teil I: Kanalnetz, Ges z Förd d Abwassertechnik eV, Hennef
10. ATV-Arbeitsblatt A 148 (1994) Dienst- und Betriebsanweisung für das Personal von Abwasserpumpwerken, -druckleitungen und Regenbecken, Ges z Förd d Abwassertechnik eV, Hennef
11. ATV-Arbeitsblatt A 124 (1989) Dienst- und Betriebsanweisung für das Personal von Kläranlagen, Ges z Förd d Abwassertechnik eV, Hennef
12. ATV-Arbeitsblatt A 131 (1991) Bemessung von einstufigen Belebungsanlagen ab 5000 Einwohnerwerten, Ges z Förd d Abwassertechnik eV, Hennef
13. Eichinger J, Kramer P (1992) Großversuch zur Denitrifikation im Sandfilter des Klärwerks München II, Korrespondenz Abwasser 39:1026
14. Mittsdörfer R, Gerhart U (1992) Nachgeschaltete Methanol-Denitrifikation im Sandfilter, gwf-Wasser/Abwasser 133:429
15. Strohmeier A (1994) Einsatzmöglichkeiten und großtechnische Erfahrungen mit der Biofiltration in der weitergehenden Abwasserreinigung, ATV-Infotage Nürnberg, 6./7.4.1994
16. Kristeller W (1995) Erste Ergebnisse von Versuchen zur nachgeschalteten Denitrifikation mit einem Fließbettreaktor am Beispiel der Abwasserbehandlungsanlage der Stadt Frankfurt am Main, Schriftenreihe WAR, Darmstadt Nr 85:97
17. Böhnke B (1989) Bemessung der Stickstoffelimination in der Abwasserreinigung – Ergebnisse eines Erfahrungsaustausches der Hochschulen, Korrespondenz Abwasser 36:1046
18. Abeling U, Härtel L, Hartwig P, Nowak O, Otterpohl R, Schwendtner G, Svardal K, Wolffson C (1991) Bemessung von Kläranlagen zur Stickstoffelimination, Korrespondenz Abwasser 38:222

19. Pöpel HJ (1987) Grundlagen der Bemessung der biologischen Stickstoffelimination, Teil 1: Nitrifikation, gwf-Wasser/Abwasser 128:415
20. Pöpel HJ (1987) Grundlagen der Bemessung der biologischen Stickstoffelimination, Teil 2: Denitrifikation, gwf-Wasser/Abwasser 128:469
21. Kayser R (1983) Ein Ansatz zur Bemessung einstufiger Belebungsanlagen für Nitrifikation – Denitrifikation, gwf-Wasser/Abwasser 124:419
22. Dold PL, Ekama GA, Marais G v R (1980) A general model for the activated sludge process, Prog Wat Technol 12:47–77
23. Henze M, Grady jr CPL, Gujer W, Marais G v R, Matsuo T (1987) Activated Sludge Model No 1, IAWPRC, London
24. Hegemann W (1974) Beitrag zur Anwendung von reinem Sauerstoff beim Belebungsverfahren, Techn-Wissensch Schriftenreihe der ATV, Nr 3
25. Lehr- und Handbuch der Abwassertechnik (1985) 3. Aufl, Bd IV, Ernst & Sohn, Berlin: 358
26. ATV-Arbeitsbericht (1989) Einstufige kombinierte biologische Abwasserreinigungsverfahren, Korrespondenz Abwasser 36:79–84
27. Eberhardt H, Kell O, Weber W (1984) Leistungssteigerung einer überlasteten Belebungsanlage durch Einbau submerser Festkörper, Wasserwirtschaft 74:3–7
28. Schlegel, S (1986) Der Einsatz von getauchten Festbettkörpern beim Belebungsverfahren, gwf-Wasser-Abwasser 127:421
29. Fuchs U (1982) LINPOR-Verfahren zur biologischen Abwasserreinigung, Ber d ATV Nr 34:457
30. Hegemann W, Englmann E (1983) Belebungsverfahren mit Schaumstoffkörpern zur Aufkonzentrierung von Biomasse, gwf-Wasser/Abwasser 124:233–239
31. Hegemann W, Wildmoser A (1986) Sanierung einer Belebungsanlage durch den Einsatz von schwimmenden Aufwuchskörpern zur Biomassenanreicherung, gwf-Wasser/Abwasser 127:415
32. Schäfer M (1994) Untersuchungen zum Abbau chlorierter Benzole durch Mischkulturen in kontinuierlich betriebenen Reaktoren, Ber zur Siedlungswasserw Berlin, Nr 3
33. Nowak J (1994) Umsatz von Chlorbenzolen durch methanogene Mischkulturen aus Saalesediment in batch- und Reaktorversuchen, Ber zur Siedlungswasserw Berlin, Nr 4
34. Hegemann W, Schäfer M, Nowak J (1995) Polyurethanschaumstoff in einem Wirbelbettreaktor zur Adsorption von Chlorbenzolen und zur Biomassenimmobilisierung, Ber aus Wassergüte- und Abfallwirtschaft TU München 122:105
35. Rogalla F, Lamouche A, Specht W (1994) Biofilter zur Stickstoffelimination: Erfahrungen und Beispiele aus der Praxis, ATV-Infotage Nürnberg, 6./7.4.1994
36. Pöpel HJ, Meyer U (1994) Nachgeschaltete Denitrifikation im Fließbett mit Methanol, ATV-Infotage Nürnberg, 6./7.4.1994
37. Kugel G, Hellfeier G (1995) Versuche mit Wirbelbettreaktoren zur Stickstoffelimination, Korrespondenz Abwasser 42:770
38. Mudrack K, Kunst S (1991) Biologie der Abwasserreinigung, 3. Aufl, Gustav Fischer, Stuttgart
39. „Forum Klärtechnik", Fa. KSB, 23.11.1994 in Halle

7 Anaerobe Verfahren zur biologischen Abwasserbehandlung

W. Hegemann*

Die mikrobiologischen Grundlagen anaerober Verfahren sind in Kapitel 5 dargestellt. In Kapitel 3 ist schon auf die anaerobe Klärschlammstabilisierung hingewiesen worden. Die in kommunalen Kläranlagen anfallenden Schlammengen sind in Kapitel 3, Tabelle 3.14 zusammengestellt.

7.1 Zielsetzung der anaeroben Schlammstabilisierung

Die leicht versäuerbaren organischen Anteile im Klärschlamm werden bei der Versäuerung u.a. zu niedrigen organischen Fettsäuren abgebaut, die sehr unangenehm riechen. Um diese Geruchsprobleme zu vermeiden, wird der anfallende Klärschlamm einer gezielten Stabilisierung unter anaeroben Bedingungen unterworfen (Faulung). Dabei kommen zwei Maßnahmen zum Tragen:

- Versäuerung in einem geschlossenen Behälter (Faulbehälter),
- Verwendung der organischen Säuren als Nahrung für die Methanisierung.

Der ausgefaulte Schlamm ist lagerfähig, ohne daß es zu Geruchsproblemen kommt.

Bei der Ausfaulung des kommunalen Klärschlamms ergeben sich einige Nebeneffekte:

- Erhöhung der Eindickfähigkeit und Entwässerbarkeit,
- Verminderung des Feststoffgehaltes,
- Gewinnung eines brennbaren Gases (Methan),
- Verminderung des Heizwertes und
- Vergleichmäßigung der Schlammeigenschaften.

---

* Unter Mitarbeit von Th. Werner.

In Abhängigkeit von den weiteren Verfahrensschritten der Klärschlammbehandlung (Eindickung, Entwässerung, Trocknung oder Verbrennung) ist die Erhöhung der Eindickfähigkeit und Entwässerbarkeit positiv, bei einer geplanten Verbrennung die Verminderung des Heizwertes jedoch negativ zu bewerten.

Im Klärwerksbetrieb werden allerdings Aspekte wie eine Vergleichmäßigung der Schlammeigenschaften sowie die Lagerfähigkeit des ausgefaulten Schlammes ohne Störung der Umwelt und der Anlieger höher bewertet als die Verminderung des Heizwertes, so daß in der Regel auf eine Stabilisierung nicht verzichtet wird.

7.2
Zielsetzung der anaeroben Abwasserbehandlung

Wegen der im Vergleich zu aeroben Prozessen deutlich längeren Verweilzeit anaerober Verfahren ist ein Kostenvorteil für die anaerobe Abwasserreinigung nur bei hohen Abwasserkonzentrationen nachzuweisen. Dabei muß zusätzlich berücksichtigt werden, daß

- Anaerobreaktoren in der Regel spezifisch teurer (DM/m^3 Volumen) sind als Aerobreaktoren,
- der anaerobe Prozeß in der Regel im mesophilen Bereich ($\sim 35-38\,°C$) abläuft, also mit einem zusätzlichen Heizaufwand verbunden ist,
- die Reinigungsleistung von anaeroben Verfahren geringer ist als von aeroben Verfahren und
- insbesondere keine Oxidation von Stickstoffverbindungen möglich ist.

Das hat zur Folge, daß Direkteinleiter allein mit einer Anaerobanlage die geforderte Qualität des gereinigten Abwassers nicht erreichen können. Daraus ergeben sich bei der anaeroben Behandlung hoch konzentrierter industrieller Abwässer folgende Möglichkeiten:

- Weitgehender Abbau organischer Inhaltsstoffe mit geringem Energieaufwand und mit niedriger Produktion neuer Biomasse mit dem Ziel, den Ablauf der Anaerobanlage z.B. über die gemeindlichen Abwasseranlagen einer weiteren Behandlung zuzuführen, evtl. damit verbunden die Einsparung oder zumindest Verminderung von Starkverschmutzerzuschlägen
- Bei Direkteinleitern Anwendung eines zweistufigen Verfahrens anaerob/aerob mit dem Ziel, die leicht abbaubaren Abwasserinhaltsstoffe mit möglichst kurzer Verweilzeit anaerob, die langsamer umsetzbaren Stoffe und den reduzierten Stickstoff aerob zu oxidieren.

Beispiele für anaerob gut abbaubare Abwässer sind insbesondere Abwässer der Nahrungsmittelindustrie [1] – Milchverarbeitung, Fruchtsaft- und

Getränkeindustrie, Brauereien, Margarine-, Fett- und Ölfabriken, Schlachthöfe und fleischverarbeitende Betriebe, Fischverarbeitung, Konservenfabriken, Stärkeherstellung und Kartoffelverarbeitung, Hefeherstellung, Weinherstellung, Brennereien, Zuckerfabriken. Teilweise können bei kurzen Verweilzeiten (< 24 h) hohe Wirkungsgrade von über 90 % CSB-Abbau erzielt werden. Dann sind Anaerobverfahren wirtschaftlicher als aerobe Prozesse, selbst wenn eine aerobe Nachbehandlung erforderlich ist.

Ein Beispiel für hoch konzentrierte, aber anaerob weniger gut abbaubare Abwässer ist Abwasser aus Gerbereien. Selbst beim Einsatz sehr effizienter Reaktoren, z.B. Festbettreaktoren, kann bei 3–4 d Verweilzeit nur eine CSB-Elimination von 60–70 % erreicht werden. Verantwortlich dafür sind die hohen Chlorid-und Sulfatkonzentrationen in dieser Art von Abwasser, aber auch die eingesetzten Gerbstoffe [2].

7.3
Grundlagen

Die Stoffwechselvorgänge in einem Faulbehälter können nach Kunst und Mudrack [3] als eine mehrstufige, simultane Folge von

- Hydrolyse (enzymatische Umsetzung hochmolekularer, oft ungelöster Stoffe in gelöste Bruchstücke),
- Versäuerung (Umbau der hydrolisierten Stoffe zu kurzkettigen organischen Säuren wie Buttersäure, Propionsäure, Essigsäure, zu Alkoholen, Wasserstoff und Kohlendioxid durch fakultativ und obligat anaerobe Bakterien,
- Abbau der bei der Versäuerung entstehenden höheren Säuren außer Essigsäure und der Alkohole zu Essigsäure durch acetogene Bakterien und
- Umsetzung der zuvor gebildeten Essigsäure und des Wasserstoffs und Kohlendioxids zu Methan durch methanogene Bakterien

beschrieben werden.

In Abb. 7.1 sind diese Vorgänge, die bei einem gut eingefahrenen und ungestörten Betrieb gleichzeitig ablaufen, schematisch dargestellt. Die Umsatzgeschwindigkeit eines nachfolgenden Schrittes ist dabei von der Menge des im vorhergehenden Schritt erzeugten Zwischenproduktes abhängig. Bei kommunalen Klärschlämmen ist die Hydrolysephase der insgesamt geschwindigkeitsbestimmende Schritt. Bei der anaeroben Behandlung von bereits gelöst vorliegenden Substraten (z.B. bestimmte industrielle Abwässer), können andere Schritte, z.B. die Methanogese, geschwindigkeitsbestimmend sein.

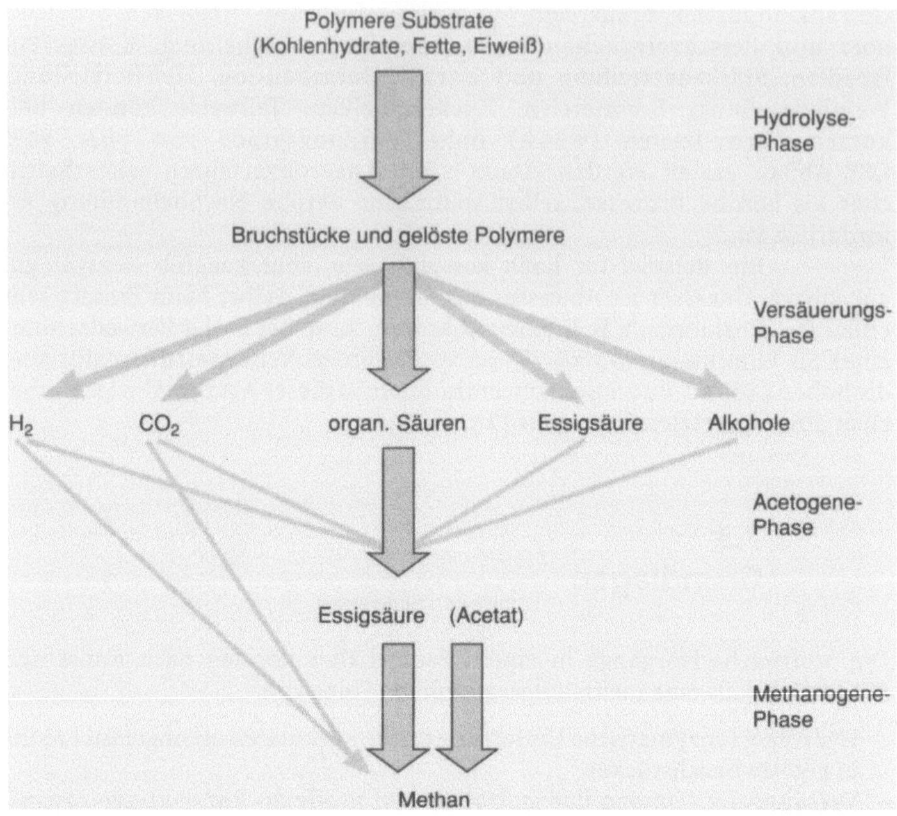

Abb. 7.1. Schema des mehrstufigen anaeroben Abbaus, nach [2]

7.4
Milieueinflüsse

Die wesentlichen Umweltbedingungen, die den Anaerobprozeß beeinflussen können, sind nach [4]

- Temperatur,
- pH-Wert,
- Durchmischung,
- Substratzusammensetzung, insbesondere hemmende und toxische Stoffe sowie
- Spurenelemente.

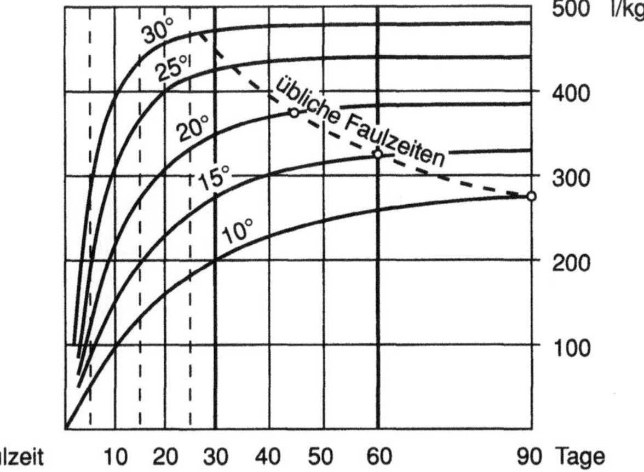

Abb. 7.2. Erforderliche Faulzeiten und spezifischer Gasanfall in Abhängigkeit von der Temperatur, nach [5]

7.4.1
Temperatur

Bei der anaeroben Klärschlammstabilisierung unterscheidet man drei Temperaturbereiche

- psychrophil, Temperatur 10–20 °C (kalte Faulung),
- mesophil, Temperatur 35–38 °C und
- thermophil, Temperatur 50–60 °C.

Die kalte Faulung wird bei unbeheizten Faulbehältern, z.B. Emscherbecken, durchgeführt. In Osteuropa sind offene, unbeheizte Faulbehälter noch heute weit verbreitet. Nach Imhoff [5] ist bei einer Bemessungstemperatur von 10 °C eine Faulzeit von 90 Tagen erforderlich (Abb. 7.2), im mesophilen Bereich in beheizten Faulbehältern bei 35 °C nur ca. 27 Tage. Nach neueren Erfahrungen sind bei optimalem Betrieb – gleichmäßige Beschickung, gute Durchmischung, keine Hemmstoffe im Abwasser und Schlamm – ca. 15 Tage Verweilzeit ausreichend. Durch thermophile Faulung läßt sich die Verweilzeit praktisch nicht verkürzen.

Entscheidend ist, daß die einmal eingestellte Temperatur möglichst konstant gehalten wird. Schon geringe Temperaturverminderungen führen zu einem schnellen Absinken der Gasproduktion, ohne daß allerdings die Mikroorganismen geschädigt werden. Ist nach kurzer Zeit die ursprüngliche Temperatur wieder hergestellt, setzt die Gasproduktion wieder im vollen Umfang ein. Dies ist bei der Beschickung beheizter Faulbehälter zu beachten. Ist die Heizanlage zu klein, um auch bei stoßweiser Beschickung die Temperaturkonstanz zu gewährleisten, ist die Gasbildung über den Tag stark schwankend. Auch aus anderen Gründen sollte die Beschickung in gleichmäßigen Intervallen erfolgen, z.B. mehrmals am Tag oder automatisiert jede Stunde.

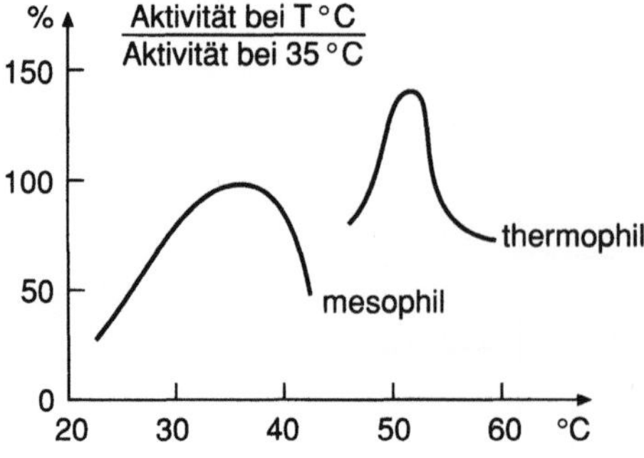

Abb. 7.3. Relative maximale Versäuerungsrate von Glucose in Abhängigkeit von der Temperatur, nach Zoltemeyer et al., zitiert bei [4]

Die am Faulprozeß beteiligten Bakterien sind unterschiedlich temperaturempfindlich, die fermentativen Bakterien weniger, die methanogenen mehr. Untersuchungen zur Versäuerung von Glucose zeigten ein breiteres Maximum im mesophilen und ein deutlich engeres im thermophilen Bereich an (Abb. 7.3), woraus sich auf die Prozeßstabilität der beiden Temperaturbereiche schließen läßt.

Auch die anaerobe Abwasserbehandlung wird in der Regel im mesophilen Bereich durchgeführt. Dieser Temperaturbereich kann als bewährt und optimal angesehen werden.

7.4.2
pH-Wert

Für anaerobe Biozönosen wird ein optimaler pH-Wert von 6,8 bis 7,5 angegeben. Es ist allerdings zu berücksichtigen, daß die fermentativen Bakterien eher einen sauren pH-Wert (pH ~ 5–6) bevorzugen, während die methanogenen Bakterien eher im leicht alkalischen Bereich ihr Optimum haben. Bei einem simultanen Faulprozeß ist daher ein pH-Wert zwischen 6,8 und 7,5 ein Kompromiß.

Bei der anaeroben Stabilisierung stellt sich, wenn der Prozeß eingefahren ist, ein pH-Wert um den neutralen Bereich dann von selbst ein, wenn das zu behandelnde Substrat selbst annähernd neutral ist. Dies ist bei kommunalen Klärschlämmen in der Regel der Fall. Ursache für dieses Einpendeln ist, daß die gebildeten Säuren ohne großen Zeitverzug von den methanogenen Mikroorganismen verwertet werden. Während der Einfahrphase bei noch zu geringen Konzentrationen methanogener Bakterien kann es dagegen zu einer Säureakkumulierung kommen, wodurch das Wachstum der Methanbakterien erschwert wird. Die Zudosierung von Kalkmilch ist in dieser Phase hilfreich.

Auch wenn ein zu behandelndes Industrieabwasser schon im sauren Bereich liegt, wird das Wachstum methanogener Bakterien behindert. Im Extremfall kann die alkalische Faulung ausbleiben. Das Abwasser muß deshalb neutralisiert werden.

Der pH-Wert sinkt auch dann, wenn die Methanbakterien durch hemmende oder toxische Abwasser- oder Schlamminhaltsstoffe gestört sind (s. Abschn. 7.4.5).

Ist eine organische Überlastung für die Übersäuerung verantwortlich, hilft häufig bereits eine Verringerung der Beschickung.

7.4.3
Durchmischung

Wie bei allen biologischen Verfahren kann durch ausreichende Substratzufuhr zu den Mikroorganismen und schnelle Ableitung der Stoffwechselprodukte die Umsatzleistung gesteigert werden. Bei Reaktoren mit suspendierter Biomasse läßt sich diese Forderung durch eine gute Durchmischung des Reaktorinhalts erreichen. Allerdings sollte die Umwälzung schonend sein, damit flockige Aggregate nicht zerstört werden und damit die Trennung Feststoffe/Wasser problematisch wird. Bei der Schlammfaulung wird die Eindickfähigkeit und die Entwässerbarkeit beeinträchtigt, bei der anaeroben Abwasserbehandlung die Abscheidung der Biomasse in einem Klärbecken.

Auch im biologischen Prozeß können durch hohe Turbulenzen Störungen auftreten. Die Umsetzung der höheren Fettsäuren und der Alkohole durch acetogene Bakterien (s. Abb. 7.1) zu Essigsäure läuft nur dann ab, wenn der Wasserstoffpartialdruck niedrig gehalten wird. Wasserstoff entsteht in der Versäuerungsphase. Nur wenn in enger räumlicher Koppelung mit den acetogenen Bakterien Wasserstoffverwerter vorhanden sind, in diesem Fall methanogene Bakterien (syntrophe Koppelung), können die acetogenen Bakterien arbeiten [3]. Durch zu starke Durchmischung oder bei Durchmischung mit schnellaufenden Pumpen kann es zu einer Störung dieser Koppelung kommen.

7.4.4
Substratzusammensetzung

Bei dem Substrat, das von Bakterien zur Energie- und Nährstoffgewinnung verwertet werden kann, sind als Hauptstoffe Kohlenhydrate, Fette und Proteine, daneben vorwiegend anorganische Nährstoffe wie Stickstoff, Phosphor, Calcium, Natrium oder Kalium sowie Spurenstoffe zu unterscheiden. Bezüglich der wichtigsten Nährstoffe Stickstoff und Phosphor wird für den anaeroben Abbau ein Verhältnis CSB:N:P = 800:5:1 als ausreichend angesehen [4]. Bei aeroben Verfahren liegt das Verhältnis bei 200:5:1. Die geringeren Nährstoffmengen beim anaeroben Prozeß sind dadurch zu erklären, daß weniger neue Biomasse gebildet wird.

Im kommunalen Klärschlamm sind die erforderlichen Stoffe ausreichend vorhanden, so daß es zu keiner Substratlimitierung kommt. Bei industriellen Abwässern kann u.U. eine Dosierung von Nährstoffen notwendig sein. Das Verhältnis Kohlenhydrate:Fette:Proteine ist wichtig für die Menge des gebildeten Methangases [6]. Beim Abbau von Kohlenhydraten und Proteinen ist das Verhältnis $CO_2 : CH_4$ gleich, beim Fett wird deutlich mehr Methan erzeugt ($CO_2 = 28\%$, $CH_4 = 72\%$). Beim Eiweißabbau entsteht zusätzlich Ammonium und Schwefelwasserstoff.

7.4.5
Hemmende und toxische Stoffe

Schwermetalle

Schwermetalle wirken vor allem auf die Methanbakterien toxisch. In der Folge ist die Gasproduktion vermindert, das Verhältnis $CO_2 : CH_4$ wird in Richtung CO_2 verschoben und der pH-Wert sinkt, weil die gebildeten Säuren nicht mehr verwertet werden.

In Gegenwart von Sulfat und Sulfit können sich schwer lösliche Metallsulfide bilden, die keine toxische Wirkung haben. Dies gilt für die wichtigsten Metalle, die im Klärschlamm vorkommen, wie Zink, Nickel, Blei, Cadmium und Kupfer, nicht jedoch für Chrom.

Die an der Faulung beteiligten Bakterien können sich an erhöhte Schwermetallkonzentrationen adaptieren, daher sind Stoßbelastungen kritischer als konstant erhöhte Belastungen. Angaben in der Literatur über hemmende und toxische Konzentrationen schwanken (Tabelle 7.1).

Chlorkohlenwasserstoffe

Es gibt in der Literatur nur wenige Hinweise auf eine toxische Wirkung von chlorierten Kohlenwasserstoffen [4]. Diese Stoffe spielen heute auch nur in seltenen Fällen eine Rolle, wenn beispielsweise bei Betriebsunfällen plötzlich größere Mengen über Indirekteinleitung in das kommunale Abwasser gelangen. Andererseits lassen sich chlororganische Verbindungen anaerob abbauen, wenn die Mikroorganismen an diese Verbindungen adaptiert sind [7].

Tabelle 7.1. Schadwirkung von Schwermetallen, nach [4]. Angaben verschiedener Autoren in mg/l

Schwermetalle		Köhler, R.		Scherb, K.; Steiner, A.		Konzelli-Katsiri, A.; Kartsonas, N.	
		Hemmung	Toxizität	Hemmung	Toxizität	Hemmung	Toxizität
Kupfer	(Cu)	150–250	300	40–250	170–300	40–250	170–300
Cadmium	(Cd)	–	–	150–600	–	–	20–600
Zink	(Zn)	rd. 150	250	250–400	250–600	150–400	250–600
Nickel	(Ni)	100–300	500	10–300	130–500	10–300	30–1000
Blei	(Pb)	–	–	340	340	300–340	340
Chrom III	(Cr)	100–300	500	120–300	260–500	120–300	200–500
Chrom VI	(Cr)	rd. 100	200	100–110	200–220	100–110	200–420

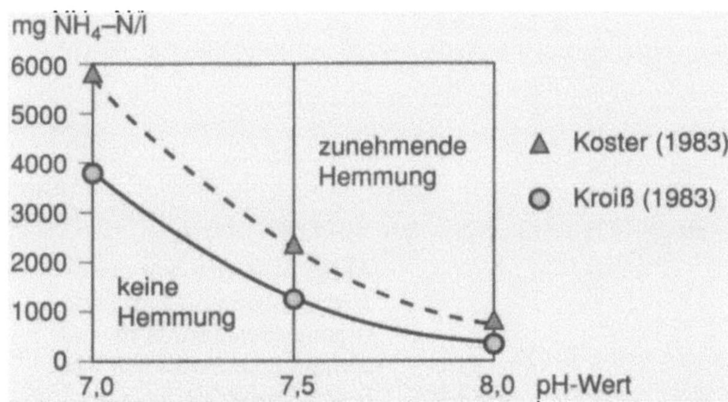

Abb. 7.4. Zulässige NH_4^+-N-Konzentrationen in Abhängigkeit vom pH-Wert bei unterschiedlichen Temperaturen (nach Kroiss, zit. in [4])

Nitrat- und Ammoniumstickstoff

Bei nur nitrifizierenden Anlagen kann über den Überschußschlamm eine erhöhte Nitratkonzentration im Rohschlamm auftreten und dadurch die Methanisierung behindert sein. Erst wenn durch Denitrifikation der Sauerstoff abgespalten und verbraucht ist, können strikt anaerobe Bedingungen erreicht werden.

Auch erhöhte Ammoniumkonzentrationen können zu einer Hemmung der Methanbakterien führen. Mit erhöhter Ammoniumzuführung steigt der pH-Wert an, was zunächst für die Methanbakterien günstig ist. Da aber gleichzeitig das NH_4^+/NH_3-Gleichgewicht in Richtung zu NH_3 verschoben wird (s. Abschn. 3.1, Abb. 3.2), steigt gleichzeitig die NH_3-Toxizität. Durch die weiter ungestörte Versäuerung sinkt der pH-Wert allerdings wieder, und damit reguliert sich der Prozeß selbst, wenn nicht dauernd erhöhte Ammoniumkonzentrationen zugeführt werden. Zulässige NH_4^+-N-Konzentrationen in Abhängigkeit vom pH-Wert und Temperaturen im Reaktor gibt Kroiss an (nach [4]) (Abb. 7.4).

Organische Säuren

Wie beim Ammonium hemmt auch bei den organischen Säuren der undissoziierte Anteil R–COOH. Das Gleichgewicht $R–COOH \cong R–COO^- + H^+$ ist pH-abhängig, mit steigendem pH-Wert nimmt der undissoziierte Anteil ab und damit auch das Ausmaß der Hemmung. Umgekehrt ist bei niedrigen pH-Werten der Anteil an R–COOH hoch und damit wirken die org. Säuren bei niedrigen pH-Werten toxischer als bei höheren.

Abbildung 7.5 zeigt das Verhältnis der Anteile undissoziierter zu dissoziierter Säuren in Abhängigkeit vom pH-Wert (nach Kroiss [4]), Abb. 7.6 die Hemmung der Methanbildung in Abhängigkeit von Essigsäurekonzentrationen und pH-Wert, ebenfalls nach Kroiss.

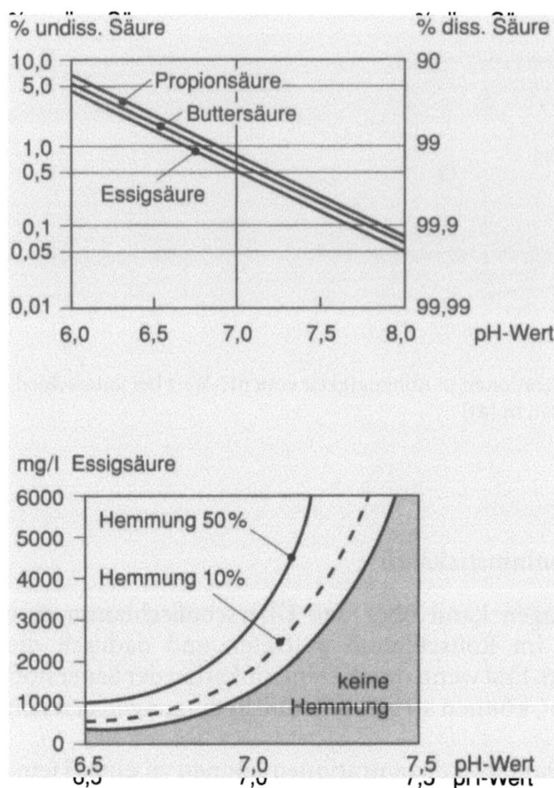

Abb. 7.5. Anteil von dissoziierten und undissoziierten organischen Säuren in Abhängigkeit vom pH-Wert (nach Kroiss, zit. in [4])

Abb. 7.6. Hemmung der Methanbildung in Abhängigkeit vom pH-Wert und der Essigsäurekonzentration (nach Kroiss, zit. in [4])

Schwefelverbindungen

Viele industrielle Abwässer, z.B. aus Gerbereien [2], Brennereien [8], bestimmten Bereichen der chemischen Industrie, der Glasherstellung, Beizereien, Eloxiereien oder der Photoherstellung [9] enthalten erhöhte Konzentrationen an Schwefelverbindungen. Schwefelverbindungen sind ebenfalls in ihrer undissoziierten Form toxisch.

Unter anaeroben Bedingungen liegen Schwefelverbindungen als Sulfid vor, und zwar

- als Schwefelwasserstoff (H_2S) gasförmig,
- als Schwefelwasserstoff (H_2S) undissoziiert in der Flüssigkeit,
- in dissoziierter Form als HS^- oder S^{2-}.

Das Gleichgewicht zwischen den undissoziierten und den dissoziierten Anteilen ist vom pH-Wert abhängig (Abb. 7.7). Bei pH 6 liegt nur H_2S vor, bei pH 9 nur HS^-.

Neben der toxischen Wirkung des H_2S führt Sulfat im Abwasser zu einer Verminderung der Methanbildung, weil Desulfurikanten und Methan-

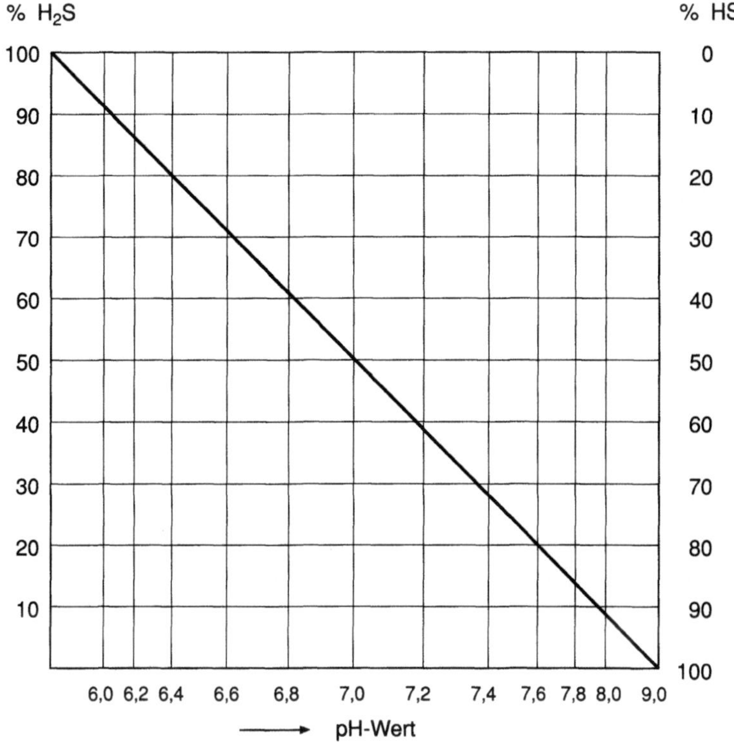

Abb. 7.7. HS⁻/H₂S-Gleichgewicht in Abhängigkeit vom pH-Wert (nach Kroiss, zit. in [4])

bakterien um Wasserstoffionen und Essigsäure konkurrieren. Da die Desulfurikation gegenüber der Methanisierung energetisch begünstigt ist, geht die Methanbildung zurück.

Nach Kroiss (zit. in [4]) besteht ein Zusammenhang zwischen der H_2S-Toxizität und dem Verhältnis aus abbaubarem CSB und reduzierbarem Schwefel. Er gibt folgende Verhältnisse und die Wirkung von Schwefelwasserstoff an:

- $CSB_{red}/S_{red} \geq 100$: keine Probleme,
- $15 < CSB_{red}/S_{red} < 100$; anaerobe Behandlung möglich, aber H_2S-Probleme berücksichtigen,
- $CSB_{red}/S_{red} < 15$ Methanproduktion nur in Sonderfällen möglich.

Wenn sulfathaltige Abwässer anaerob behandelt werden sollen und ungünstige Verhältnisse CSB_{red}/S_{red} vorliegen, kann eine zweistufige anaerobe Behandlung nützlich sein. In der 1. Stufe sollte neben der Versäuerung eine möglichst weitgehende Desulfurikation erfolgen, in der 2. Stufe die Methanisierung. Es gelingt jedoch in der Praxis nicht immer, die Desulfurikation in der 1. Stufe weitgehend durchzuführen.

7.5
Reaktoren

Die historische Entwicklung von Reaktoren zur anaeroben Abwasser-/Schlamm-behandlung ist in der Literatur ausführlich dargestellt [1, 10], so daß in diesem Zusammenhang darauf verzichtet werden kann.

Aufgrund unterschiedlicher Anforderungen ist es sinnvoll, Reaktoren für feststoffreiche Substrate, z.B. kommunale Abwasserschlämme, und Substrate mit geringem Feststoffgehalt, z.B. hoch konzentrierte industrielle Abwässer, getrennt zu behandeln.

7.5.1
Reaktoren zur Stabilisierung kommunaler Abwasserschlämme

Die anaerobe Stabilisierung kommunaler Abwasserschlämme im mesophilen Temperaturbereich ($\sim 37\,°C$) entspricht den a.a.R.d.T. und ist in Deutschland weit verbreitet (s. Kap. 3.6.2).

Die Reaktoren werden in der Regel aus Beton erstellt, gelegentlich werden auch Stahlbehälter eingesetzt. Verfahrenstechnisch handelt es sich um voll durchmischte Reaktoren (Rührkessel), allerdings mit mäßiger Durchmischung (2–3mal pro Tag). Einstufiger Betrieb ist üblich, manchmal erfolgt der Betrieb auch zweistufig hintereinander geschaltet. Der 2. Reaktor dient dann häufig auch als Eindicker mit ganz geringer oder fehlender Umwälzung. Wegen der hohen Baukosten der Faulbehälter ist diese Betriebsweise aber sehr teuer, besser wäre eine getrennte Eindickung in einem offenen und damit billigeren Eindicker. Als Bauform für Faulbehälter haben sich Zylinder mit Kegelspitzen als Sohle und Behälterdecke oder bei größeren Behältern die Eiform (Spannbetonkonstruktion) durchgesetzt. Die Sohlneigung sollte möglichst steil, z.B. 60°, ausgebildet sein, damit sich der Schlamm ohne die Bildung von Ablagerungen zur Behälterspitze hin bewegt. Dort wird er dem Reaktor als ausgefaulter, stabilisierter Schlamm entnommen.

Die in Deutschland nur selten gebauten Faulbehälter mit flachen Sohlen müssen mit starken Räumvorrichtungen ausgerüstet werden, damit der Schlamm auch aus dem Behälter entfernt werden kann.

Die Kegelspitze führt zu einer geringen Ausdehnung der Schwimm-schlammdecke, die dann auch einfach, z.B. durch eine Klappe in Höhe des Schlammspiegels, entfernt werden kann. Auf der Kegelspitze ist der Gasdom montiert, in dem das Faulgas gesammelt und abgezogen wird (s.a. Abschn. 7.5.3).

Zur Minimierung der Wärmeverluste werden die Behälter isoliert. Über der Isolierung wird eine Verkleidung als Wetterschutz montiert, häufig aus Faserbetonplatten, Metall, Kunststoff o.ä. Beispiele für Faulbehälter kommunaler Kläranlagen zeigen die Abb. 7.8 bis 7.10.

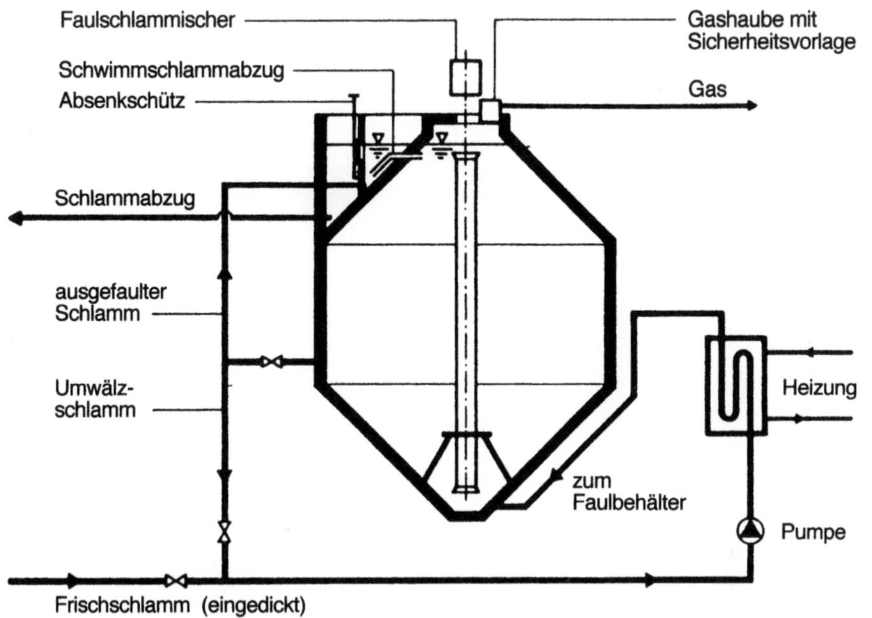

Abb. 7.8. Schematische Darstellung eines Faulbehälters mit den erforderlichen Betriebsein-richtungen, nach [11]

Auf die besondere Stellung der Emscherbrunnen ist schon hingewiesen worden. Sie gewinnen heute, insbesondere bei kleinen, dezentralen Anlagen im ländlichen Raum, wieder an Bedeutung (s. Abb. 3.20). Da sie nicht beheizt sind, erfordern sie Verweilzeiten von 60–90 d im Faulteil.

7.5.2
Reaktoren zur anaeroben Abwasserbehandlung

Ein Hauptproblem bei der anaeroben Behandlung hoch konzentrierter Abwässer ist die Biomassenanreicherung. Wegen des langsamen Wachstums anaerober Mikroorganismen sind Anaerobreaktoren sehr empfindlich auf Biomassenauswaschungen. Nur bei hohen Biomassenkonzentrationen können die erforderlichen Verweilzeiten drastisch verkürzt werden. Alle heute verwendeten Reaktoren sind deshalb mit besonderen Einrichtungen zum Biomassenrückhalt ausgerüstet.

Folgende Maßnahmen zur Biomassenanreicherung können eingesetzt werden:

- externe Abtrennung und Rückführung (Kontaktprozeß),
- interner Rückhalt (Schlammbettreaktor),
- Immobilisierung (Festbett-, Schwebebett-, Wirbelbettreaktor).

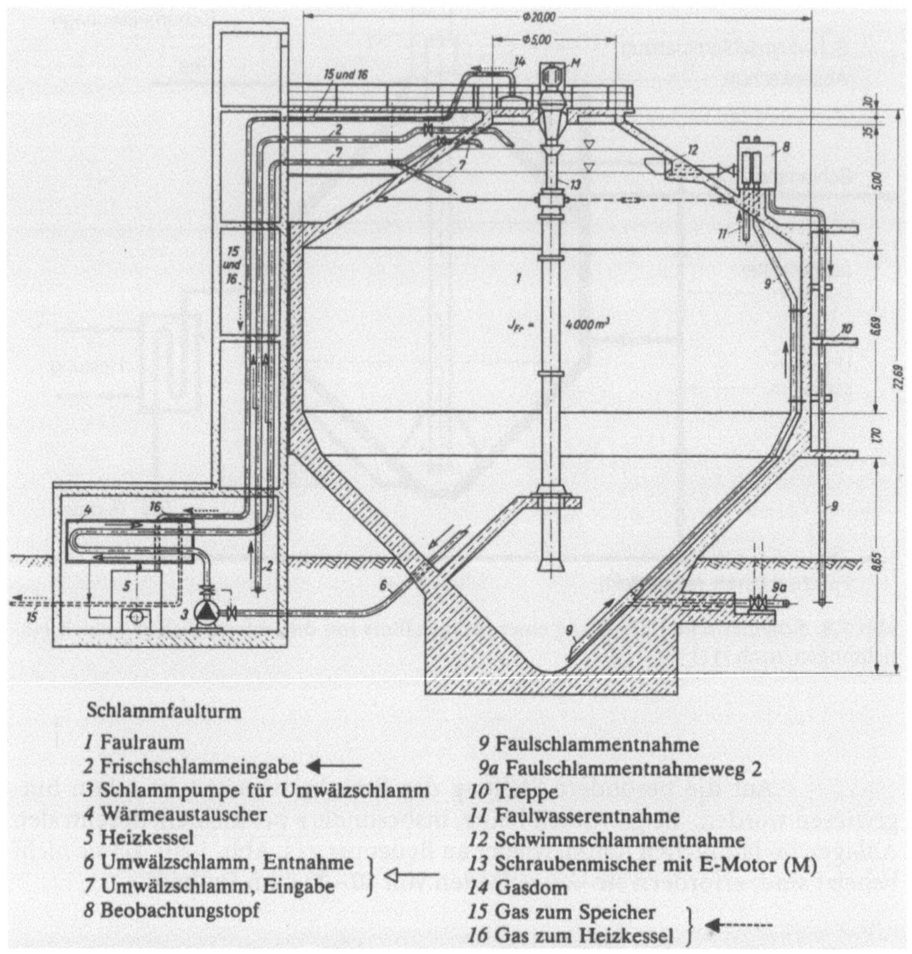

Abb. 7.9. Faulbehälter in zylindrischer Bauform, nach [12]

Die verschiedenen Firmen haben unterschiedliche Reaktorformen entwickelt.
Sie werden unter Bezeichnungen angeboten, die keinen Hinweis auf die Bauart
geben.

7.5.2.1
Kontaktprozeß

Dieses Verfahren wird auch „anaerobes Belebungsverfahren" genannt, weil es
im Aufbau dem Belebungsverfahren sehr ähnelt. Die aus dem Reaktor ausgetragene Biomasse wird in einem Nachklärbecken vom Abwasser abgetrennt,
eingedickt und dann dem Anaerobreaktor, der als Rührkessel ausgebildet ist,

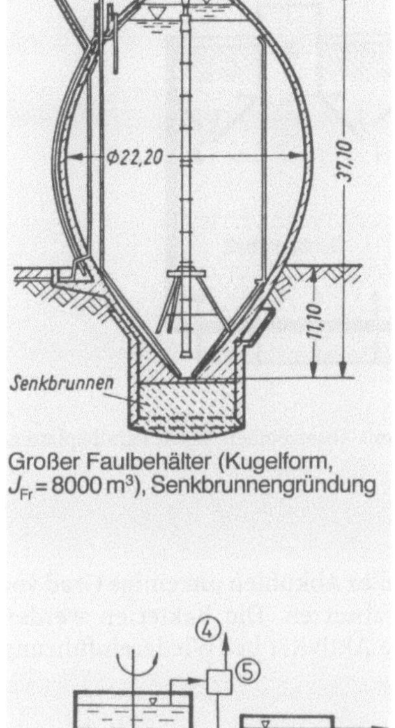

Großer Faulbehälter (Kugelform,
J_{Fr} = 8000 m³), Senkbrunnengründung

Abb. 7.10. Faulbehälter, Eiform, Spannbeton, nach [12]

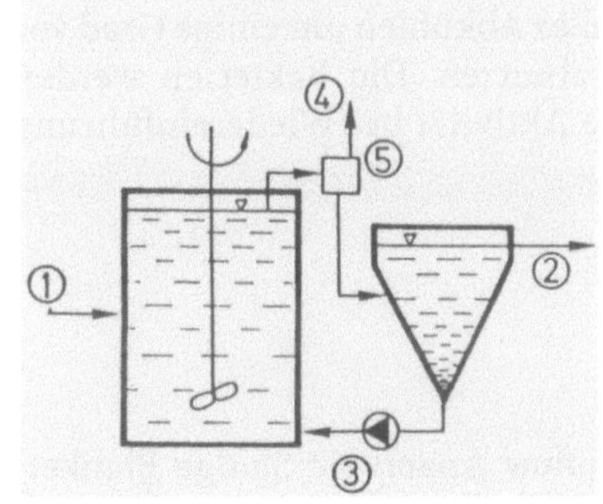

Abb. 7.11. Kontakt-Prozeß (anaerobes Belebungs-verfahren), nach [13],
1 Zufluß, *2* Abfluß, *3* Schlammrückführung, *4* Gasabzug, *5* Entgasungseinrichtung

als Rücklaufschlamm wieder zugeführt (Abb. 7.11). Eine großtechnische Anlage dient der Vorbehandlung von Schlammwässern einer thermischen Schlammkonditionierung [14].

Probleme gibt es bei diesem Verfahren bei der Biomassenabtrennung im Nachklärbecken durch das sogenannte Nachgasen, d. h. Gasentwicklung im Absetzbecken, wodurch die Sedimentation gestört wird und Flockenabtrieb und damit Biomassenverlust eintritt. Zum einen kann die Gasbildung darauf zurückzuführen sein, daß beim Übergang vom unter Druck stehenden Anaerobreaktor zum drucklosen Nachklärbecken gelöstes Gas in den gasförmigen Zustand übergeht; dann kann die Zwischenschaltung einer Entgasungsstufe Abhilfe schaffen. Zum anderen kann die Ursache darin liegen, daß sich der anaerobe Abbau im Nachklärbecken fortsetzt; in diesem Fall läßt sich die

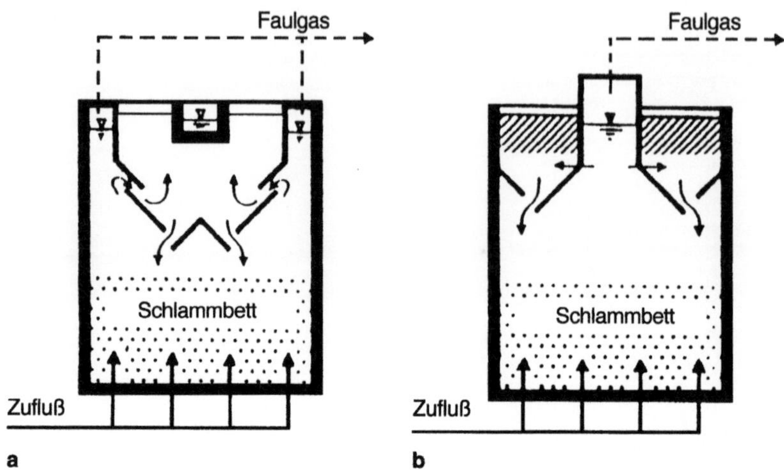

Abb. 7.12a, b. Schlammbettreaktoren, nach [13], **a** mit Absetzeinheit, **b** mit Parallelplatten-abscheider

Aktivität der Mikroorganismen durch schnelles Abkühlen um einige Grad vor der Einleitung in das Nachklärbecken herabsetzen. Die Bakterien werden dadurch nicht geschädigt und entfalten ihre Aktivität bei Wiedereinführung in den warmen Reaktor erneut.

7.5.2.2
Schlammbettreaktor

Schlammbettreaktoren (UASB-Reaktor = Upflow Anaerobic Sludge Blanket) wurden von Lettinga in Holland entwickelt [15]. Sie werden von unten nach oben durchströmt. Durch Einbauten im oberen Reaktorteil wird die Biomasse weitgehend zurückgehalten (Abb. 7.12). Durch die Aufwärtsströmung bildet sich gleichzeitig ein Schwebebett aus Schlammpartikeln aus. Wenn es gelingt, durch richtige Einstellung der Aufströmgeschwindigkeit die Bakterien zur Ausbildung kompakter Pellets zu veranlassen, ist der Biomassenverlust sehr gering. Die Pelletbildung ist aber auch von der Abwasserzusammensetzung abhängig. Auch ohne Ausbildung von Pellets kann eine Biomassenanreicherung erreicht werden. Eine detaillierte Beschreibung der Randbedingungen, des Einflusses der Abwasserzusammensetzung und der Betriebsweise auf die Pelletbildung ist in [1], Abschn. 6 zu finden. Nach Lettinga et al. [16] können die in Tabelle 7.2 zusammengestellten Raumbelastungen angewendet werden.

Schlammbettreaktoren bieten den Vorteil einer hohen Biomassenanreicherung bei Pelletbildung und führen damit zu kurzen Verweilzeiten. So wurde in Holland Schlachthofabwasser in 0,6 d mit einem Wirkungsgrad von 75–85 % CSB abgebaut [17], und in einer Versuchsanlage in Bayern ein Wir-

Tabelle 7.2. Zulässige Raumbelastung in Abhängigkeit von der Abwasserbelastung und des Anteils ungelösten CSB, nach Lettinga et al. zitiert in [1]

Abwasser-konzentration (mg CSB/l)	Anteil ungelöster CSB (%)	anwendbare Raumbelastung bei 30 °C (kg CSB/m^3 · d)		
		granulierter Schlamm	flockiger Schlamm	
			signifikanter TS-Abbau	geringer TS-Abbau
bis 2000	10– 30	2–4	8–12	2–4
	30– 60	2–4	8–14	2–4
	60–100	[a]	[a]	[a]
2000–6000	10– 30	3–5	12–18	3–5
	30– 60	4–6	12–24	2–6
	60–100	4–8	[a]	2–6
6000–9000	10– 30	4–6	15–20	4–6
	30– 60	5–7	15–24	3–7
	60–100	6–8	[a]	3–8
9000–18000	10– 30	5–8	15–24	4–6
	30– 60	ungewiß bei TS > 6–8 g/l	ungewiß bei TS > 6–8 g/l	3–7
	60–100	[a]	[a]	3–7

[a] Die Anwendung des UASB-Prozesses macht unter diesen Bedingungen keinen Sinn.

kungsgrad von 87 % CSB in 2,8 d bzw. von 94 % CSB in 4 d [18]. Bei Brauereiabwässern wurden bei Verweilzeiten von 5–6 d Wirkungsgrade von 75–85 % erreicht [17] und bei Kartoffelstärkeabwässern bei 1 d Verweilzeit ein Abbau von 85 % CSB [17].

Die in der Literatur angegebenen Werte sind sehr unterschiedlich, so daß vor der Planung einer Schlammbettanlage mit dem betreffenden Abwasser nach dem gleichen Verfahren Versuche im Labor- und/oder halbtechnischen Maßstab durchgeführt werden sollten.

7.5.2.3
Festbettreaktoren

Bei Festbettreaktoren werden den Bakterien inerte Materialien als Aufwuchsträger angeboten. Als Trägermaterial werden eingesetzt

- Naturstoffe wie Kalkstein, Granitsplitter, Quarzsand, Lavaschlacke und
- künstlich hergestellte Stoffe wie Blähton, Sinterglas, PU-Schaum, Folien, geformte Kunststoffelemente.

Die natürlichen Träger, Sinterglas sowie PU-Schaum werden als ungeordnete Schüttungen in den Reaktor eingebracht. Es können aber auch geformte, vorgefertigte Träger wie bei Tropfkörpern und mit ähnlichem Füllmaterial in Blöcken geordnet werden. Schüttungen sind gegen Verstopfungen anfällig. So gefüllte Reaktoren eignen sich nur zur Behandlung eines weitgehend feststofffreien Abwassers.

In der Regel werden die Festbettreaktoren von unten nach oben durchströmt. Je nach Belastung können im Ablauf von Festbettreaktoren erhebliche Biomassekonzentrationen festgestellt werden, insbesondere bei hoher Beschickung bzw. kurzer Verweilzeit. Dieser Biomasseverlust kann leistungsbegrenzend sein.

Auch Festbettreaktoren führen zu einer guten Biomassenanreicherung. Bei Schlachthofabwässern wurde in Dänemark bei einer Verweilzeit von 0,65 d ein CSB-Abbau von 60–65 % erreicht [17], in Bayern in einem Festbettreaktor mit PU-Schaum bei 3 d Verweilzeit ein CSB-Abbau von 98 % [18].

7.5.2.4
Schwebebett- und Wirbelbettreaktoren

Bei beiden Reaktortypen wird ein inertes Material (Sand, Aktivkohle, Blähton, Schaumstoff, Bims) als Aufwuchsträger für die (immobilisierte) Biomasse verwendet. Im Gegensatz zum Festbettreaktor wird durch Anwendung einer erhöhten Aufstromgeschwindigkeit das Filter fluidisiert und ausgedehnt. Von einem Schwebebett spricht man, wenn die Träger schweben, aber in ihrem Standort verharren. Wird die Aufstromgeschwindigkeit weiter erhöht, nimmt die Expansion des Bettes zu und die Träger bewegen sich im Reaktor.

Das Trägermaterial nimmt in der Regel 10–20 % des Reaktorvolumens, in besonderen Fällen bis zu 30 % ein [19]. Durch eine hohe Geschwindigkeit bildet sich in der Regel ein kompakter, jedoch dünner Biofilm aus. Dadurch können hohe Biomassenkonzentrationen bis 40 g/l erreicht werden, mit der Folge, daß sehr hohe Raumbelastungen (bis 70 kg $CSB/(m^3 \cdot d)$) und dadurch kurze Verweilzeiten erreicht werden können [13]. Die Leerrohrgeschwindigkeit beträgt je nach Dichte des Trägermaterials 10–30 m/h und wird dadurch erreicht, daß der Ablauf zurückgeführt und nochmals durch den Reaktor gefördert wird. Zur Verbesserung der Fluidisierung werden die Wirbelbettreaktoren sehr hoch und schlank gebaut (H = 15–20 m, H/D ≤ 1) [13]. In Abhängigkeit vom Reaktordurchmesser kann man die erforderliche Beschickung zur Erzielung der notwendigen Aufstromgeschwindigkeit und damit auch das Rezirkulationsverhältnis ausrechnen.

Die Leistung von Wirbelbettreaktoren wird mit 60–85 % CSB-Abbau bei Verweilzeiten von 1,2–3,2 h angegeben (Tabelle 7.3).

Im Gegensatz zu Festbettreaktoren sind Wirbelbettreaktoren wenig anfällig gegen Verstopfungen durch Feststoffe im Zulauf. Einen Wirbelbettreaktor zur Behandlung von Hefeabwasser zeigt Abbildung 3.29 (Abschn. 3.7).

Tabelle 7.3. Beispiele großtechnischer Wirbelbettreaktoren, nach [13]

Abwasserart (Hersteller/Land)	$C_{0,\,CSB}$ g/l	B_R kg CSB/m³ · d	t_R h	n_{CSB} %	Jahr	Literatur
Abwasser aus Sojaproteinprod. (Dorr-Oliver)	1,5	max. 14	–	75 – 85	1982	Sutton/Huss [7.22] Heijnen u. a. [7.23]
Backhefe- u. Penicillinabwässer (Gist-Brocades/ Niederlande)	3,2	20	1,2 – 2,8	60 – 70	1984 1985	Heijnen u. a. [7.23]
– (Gist-Brocades/ Frankreich)	3,6	20	3,2	75	1985	Heijnen u. a. [7.23]
Brauereiabwasser (Degrémont/ Spanien)	2 – 2,5	bis 60	2,1	78 (65)	1987	Oliva u. a. [7.23]

7.5.3
Maschinentechnische Ausrüstung

In den Abb. 7.8 und 7.9 sind die Einrichtungen von Schlammfaulbehältern angegeben, die für einen optimalen Betrieb der Reaktoren erforderlich sind. Im einzelnen handelt es sich dabei um folgende maschinentechnische Ausrüstungen:

- Pumpen für die Beschickung und gegebenenfalls die externe Umwälzung,
- alternativ einen Kompressor zur Gaseinpressung, falls dieses Verfahren zur Durchmischung angewendet wird,
- alternativ ein Rührwerk (Schraubenmischer) mit Steigleitung, falls auf diese Weise die Umwälzung erfolgt,
- Heizkessel und Wärmetauscher,
- Rohrleitungen zur Faulwasserentnahme,
- Klappe zur Schwimmdeckenentnahme,
- Gasdom an der Behälterspitze und Gasfilter,
- die erforderlichen Leitungen für die Rohschlammbeschickung, gegebenenfalls die Entnahme und Rückführung des Umwälzschlammes unter Einbeziehung des Wärmetauschers,
- die Entnahmeleitung aus der Faulbehälterspitze für den Faulschlamm,
- die Heißwasserleitung in den Wärmetauscher und die Rücklaufleitung zum Heizkessel.

Bei größeren Anlagen wird das anfallende Faulgas (CH_4-Gehalt 65 – 70 %) in Gasmotoren verbrannt und über Generatoren Strom erzeugt, der wiederum in der Kläranlage eingesetzt werden kann. Dann erfolgt die Beschickung des Wärmetauschers mit dem Kühlwasser der Gasmotoren.

Tabelle 7.4. Literaturangaben zum spezifischen Gasanfall in (l Gas/kg oTS_O) nach [1]

Quelle		Spezifische Gasmenge (l Gas/kg oTS_O)
ATV	[25]	400 – 500
Imhoff	[26]	450
Roediger	[27]	600
Hoffmann	[28]	480
Meyer	[29]	480

Der Faulgasanfall und der CH_4-Gehalt des Gases ist eine wichtige Größe für die Bemessung der Anlagen zur Gassammlung, Gasspeicherung und Gasverwertung. Bei der Klärschlammfaulung werden in der Literatur teilweise spezifische Werte in $l/(E \cdot d)$ angegeben. Da die Werte sehr stark von der Schlammzusammensetzung und den Abwasserreinigungsverfahren abhängen, schwanken die Mengen sehr stark. Es ist daher besser, die Werte auf die organische Trockensubstanz des Rohschlamms zu beziehen. Werte von 450 – 500 l Gas/kg oTS sind üblich (Tabelle 7.4). Der Methangehalt liegt etwa bei 70 %.

Bei der Faulung von Fetten entstehen sehr hohe Gasmengen von 1250 l/kg, von Kohlenhydraten und Eiweißen nur 790 l/kg bzw. 700 l/kg [20].

Bei der anaeroben Behandlung organisch belasteter Abwässer wird der Gasanfall in der Regel auf den CSB bezogen. Theoretisch kann 0,25 g CH_4/g CSB-Abbau entstehen. In der Praxis werden die Werte jedoch häufig nicht erreicht.

An Meß- und Regeleinrichtungen werden im allgemeinen eingesetzt:

- Schlammengenmeßgeräte, z.B. IDM,
- Temperaturfühler auf der Wärmeträgerseite des Wärmetauschers und auf der Schlammseite hinter dem Wärmetauscher,
- pH-Messung des Faulbehälterinhalts (z.B. in der Umwälzung),
- Faulgasmengenmessung,
- CH_4- und/oder CO_2-Messung im Faulgas.

Zur Sicherung der Gasmengenmeßgeräte sind in die Gasleitung vor dem Meßgerät Schaumfallen oder Kiesfilter zu montieren. Die Beschickung sollte möglichst häufig mit geringen Mengen (quasi-kontinuierlich) erfolgen. Dies erreicht man über eine Steuerung der Beschickungspumpe mittels Zeitschaltuhr oder über eine Regelung aufgrund der Schlammspiegelmessung im Vorklärbecken.

Erhöhte Schwefelgehalte (H_2S) im Gas können zu Korrosion in den Gasmotoren führen. Bei Kläranlagen, in denen mit Eisensalzen gefällt wird, fällt der Schwefel als Eisensulfid aus, und die H_2S-Gehalte im Gas sind niedrig. Die Zugabe von Filterspülschlämmen aus der Trinkwasserenteisenung in den Faulbehälter hat den gleichen Effekt [21].

7.6
Dimensionierung

Bei der Dimensionierung der Faulbehälter kommunaler Kläranlagen ist die Verweilzeit der übliche Bemessungsparameter. Dies gilt für Klärschlämme allein oder die Mischung aus Vorklärschlämmen und biologischen Überschußschlämmen mit 4–6% TS.

Üblicherweise wird eine Verweilzeit von 20 d für ausreichend angesehen. Bei guter Durchmischung, möglichst gleichmäßiger Beschickung, geringen Temperaturschwankungen und der Vermeidung der Einleitung von störenden oder hemmenden Stoffen kann auch noch bei 15 d ein guter Betrieb mit weitgehender Stabilisierung des Schlammes erreicht werden. Es ist aus Sicherheitsgründen für die Bemessung eine Verweilzeit von 20 d anzusetzen.

Bei der anaeroben Abwasserbehandlung erfolgt die Bemessung in der Regel nach der CSB-Raumbelastung und der Verweilzeit. Die zulässige Raumbelastung ist nicht nur von der Abwasserart und der CSB-Konzentration, sondern wesentlich auch von der Reaktorbauart abhängig. Obwohl für viele Abwässer Versuchs- und Betriebsergebnisse vorliegen, sind die Schwankungen so groß, daß daraus keine Bemessungswerte abgeleitet werden können. Es wird deshalb empfohlen, für solche Fälle Versuche im halbtechnischen Maßstab mit dem gleichen Reaktorsystem wie für die spätere Anwendung geplant durchzuführen. Hierbei können die Werte in der Literatur als Anhaltswerte für die Versuchsplanung verwendet werden.

Abkürzungen

CSB	Chemischer Sauerstoffbedarf
IDM	Induktiver Durchflußmesser
TS	Trockensubstanz
UASB-Raktor	Upflow Aerobic Sludge Blanket Reactor (Schlammbettreaktor)

Literatur

1. Böhnke B, Bischofsberger W, Seyfried CF (1993) Anaerobtechnik, Springer, Berlin Heidelberg New York
2. Genschow E (1994) Anaerobe Reinigung von Gerbereiabwässern – Auswertung mit komplexen statistischen Methoden, Ber zur Siedlungswasserwirtschaft, Berlin, Nr 2
3. Kunst S, Mudrack K (1993) in [1]: 46–48
4. Dauber S (1993) in [1]: 62–95
5. Imhoff K, Imhoff KR (1990) Taschenbuch der Stadtentwässerung, 27. Aufl, R. Oldenbourg, München Wien: 251
6. Roediger H (1967) Die anaerobe alkalische Schlammfaulung, 3. Aufl, R. Oldenbourg, München Wien
7. Nowak J (1994) Umsatz von Chlorbenzolen durch methanogene Mischkulturen aus Saalesediment in batch- und Reaktorversuchen, Ber zur Siedlungswasserwirtschaft, Berlin, Nr 4

8. Bischofsberger W, Temper U, Pfeiffer W, von Mücke J, Carozzi A, Steiner A (1986) Stand und Entwicklungspotentiale der anaeroben Abwasserreinigung unter besonderer Berücksichtigung der Verhältnisse in der Bundesrepublik Deutschland, Mitt der Oswald-Schulze-Stiftung, Nr 7

9. Fricke J (1994) Sulfathaltiges Abwasser – ein Indirekteinleiterproblem? gwf-Wasser/Abwasser 135, Nr 1:7–14

10. Temper U, Pfeiffer W, Bischofsberger W (1986) Stand und Entwicklungspotentiale der anaeroben Abwasserreinigung, Ber aus Wassergütew u Gesundheitsing, TU München, Nr 67

11. Mudrack K, Kunst S (1991) Biologie der Abwasserreinigung, 3. Aufl, Gustav Fischer, Stuttgart

12. Hosang, Bischof (1984) Abwassertechnik, 8. Aufl, Teubner, Stuttgart

13. Austermann-Haun U, Saake M, Seyfried CF (1993) in [1]:335–466

14. Schlegel S (1974) Die anaerobe Behandlung von Filtratwässern thermisch konditionierter Schlämme, Veröffentl d Inst f Siedlungswasserw und Abfalltechn, Universität Hannover, Nr 39

15. Bischofsberger W (1993) in [1]:121

16. Lettinga G, Hulshoff Pol LW (1990) UASB-process design for various types of wastewater, Workshop Anaerobic Treatment Technology for Municipal and Industrial Wastewater, Valladolid/Spain, 23.–26.9.1991

17. Austermann-Haun U, Kunst S, Saake M, Seyfried CF (1993) in [1]:467–727

18. Güldner C, Hegemann W (1996) Anaerobe Behandlung von Schlachthofabwasser mit immobilisierter Biomasse in einem Festbett- und einem Schlammbettreaktor, Fleischwirtschaft, 76:220–227

19. Hegemann W, Englmann E (1983) Belebungsverfahren mit Schaumstoffkörpern zur Aufkonzentrierung von Biomasse, gwf-Wasser/Abwasser, 124:233–239

20. Lehr- und Handbuch der Abwassertechnik (1978) 2. Aufl, Bd III, Ernst & Sohn, Berlin

21. Benzinger St, Dammann E (1995) Einsatz von Eisenhydroxidschlamm aus der Grundwasseraufbereitung zur Schwefelwasserstoffbekämpfung in der Abwasserbehandlung, gwf-Wasser/Abwasser, 136:261–265

22. Sutton P, Hussy L (1984) Anaerobic fluidized bed biological treatment: Pilot to fullscale demonstration Anitron-System, Dorr-Oliver-Biological-Systems-Information

23. Heijnen JJ, Mulder A, Enger W, Hoeks F (1986) Review on the application of anaerobic fluidized bed reactors in waste water treatment, Proc. EWPCA Conf on Anaerobic Waste Water Treatm Amsterdam: 159–173

24. Oliva E, Jacquart JC, Prevot C (1990) Treatment of waste water at the El Aquila Brewery (Madrid, Spain) Methanization in fluidized bed reactors, Water Science and Technology 22:483–490

25. Lehr- und Handbuch der Abwassertechnik (1978) 2. Aufl, Bd III, Ernst & Sohn, Berlin München Düsseldorf

26. Imhoff K, Imhoff KR (1976) Taschenbuch der Stadtentwässerung, 24. Aufl, R. Oldenbourg, München Wien

27. Roediger H (1960) Messung, Steuerung und Automatisierung auf den Kläranlagen, Städtehygiene, Nr 9

28. Hoffmann H (1981) Übersicht über Faulverfahren und Faulgasanfall in Nordrhein-Westfalen – Ein Beitrag zur Energiebilanzierung auf Kläranlagen. Gewässerschutz – Wasser-Abwasser, Bd 45:277–294

29. Meyer H, Kaudelka A, Podewils W (1983) Technischwirtschaftliche Aspekte der Klärgasverwertung auf Kläranlagen im Zusammenwirken von Abwasserreinigung und Energieautarkie. Mitt d Oswald-Schulze-Stiftung, Bd 4:39–45

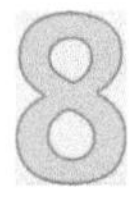

8 Biologische Behandlung von Abwässern mit schwerabbaubaren Inhaltsstoffen

D.C. Hempel, R. Krull

8.1 Einleitung

Für die biologische Reinigung kommunaler Abwässer hat sich das seit etwa 80 Jahren praktizierte Belebtschlammverfahren bestens bewährt. Die Anwendung im industriellen Abwasserbereich wirft aber trotz zahlreicher technischer Verbesserungen Probleme auf. So wird z.B. eine große Anzahl organischer Abwasserinhaltsstoffe, die gegenüber der Natur einen Fremdstoffcharakter aufweisen, durch den Belebtschlamm konventioneller Kläranlagen nicht oder nur unzureichend abgebaut. Zur Anpassung an die Probleme der Praxis werden daher leistungsfähige Spezialkulturen entwickelt und gezielt in kompakten, dezentralen Entsorgungseinheiten etabliert. Die industriellen Abwässer werden dazu direkt am Ort ihres Entstehens, d.h. als Teilstrom in ein- oder mehrstufiger Prozeßführung, mit Hilfe der Spezialkulturen oder aber in Kombination mit chemischen und physikalischen Verfahren gereinigt.

Die Probleme, die eine derartige Spezialbiologie, die an die Eigenschaften des Abwassers angepaßt ist, mit sich bringt, können durch eine Immobilisierung der Mikroorganismen an geeignete Trägermaterialien wirkungsvoll überwunden werden. Als geeignete Reaktoren zum Einsatz dieser immobilisierten Spezialkulturen werden in der biologischen Fremdstoff-Abwassertechnik je nach Einsatzzweck anaerobe und aerobe Festbett- und Fließbettreaktoren eingesetzt. Diese können als leistungsfähige und kompakte Reinigungseinheiten in Produktionsprozesse integriert werden.

Der vorliegende Artikel soll einen Überblick über die biologische Behandlung von Abwässern mit schwerabbaubaren Inhaltsstoffen geben. Dabei kann keinesfalls umfassend auf den biologischen Abbau aller schwerabbaubaren Abwasserinhaltsstoffe eingegangen werden. Es soll an dieser Stelle beispielhaft eine Auswahl verschiedener schwer metabolisierbarer Substanzklassen vorgestellt werden, die bisher umfassend auf ihre biologische Abbaubarkeit untersucht und unter praxisrelevanten Bedingungen z.T. auch im technischen Maßstab eingesetzt wurden. Auf bestimmte Stoffgruppen und Verbindungen wie sie z.B. in Abwässern der teerverarbeitenden Industrie enthalten sind, die Klasse der Naphthalinsulfonsäuren mit ihren Amino- und Hydroxyisomeren, Azofarbstoffe sowie synthetische organische Komplexbildner soll im Rahmen dieses Artikels näher eingegangen werden.

Die Grundlage der im folgenden vorgestellten Entwicklungen zum biologischen Abbau fremdstoffartiger Verbindungen und Substanzgruppen bilden vor allem die in den letzten 15 Jahren durchgeführten Forschungstätigkeiten in der Arbeitsgruppe *Chemische und biologische Verfahrenstechnik* im Fachgebiet *Technische Chemie und Chemische Verfahrenstechnik* an der Universität – Gesamthochschule Paderborn (1980–1984) sowie am *Institut für Bioverfahrenstechnik* der Technischen Universität Braunschweig (seit 1994).

8.2
Biologischer Abbau persistenter Abwasserinhaltsstoffe

In Industrie und Gewerbe fallen jährlich ca. 15 Mrd. m^3 Abwasser an, wobei der Anteil von mehrfach genutztem Wasser stetig steigt. Industrieabwässer sind aufgrund ihrer Zusammensetzung und Konzentration sowie ihrer biologischen Abbaubarkeit sehr unterschiedlich. Prozeßabwässer wie sie beispielsweise in der lebensmittelverarbeitenden Industrie anfallen, gelten als unproblematisch und biologisch leicht abbaubar. Als schwer abbaubar gelten jedoch synthetische Verbindungen anthropogener Art. Dazu gehören u.a. halogenierte Kohlenwasserstoffe, Pestizide, Farbstoffe, Naphthalinsulfonsäuren, organische Komplexbildner sowie heterocyclische Verbindungen auf die im Rahmen dieses Artikels näher eingegangen werden soll. Tabelle 8.1 zeigt eine Zusammenstellung von Schadstoffen, die unter Labor- und Technikumsbedingungen abgebaut werden [1]. Diese Xenobiotika oder xenobiotische Substanzen sind chemische Verbindungen, die nicht natürlich vorkommen. Im Gegensatz zu natürlichen Substanzen, werden sie vom Belebtschlamm einer konventionellen zentralen Sammelkläranlage nur selten oder überhaupt nicht abgebaut [2]. Sie werden daher als persistent, d.h. biologieunfähig bezeichnet. Diese Verbindungen belasten die Betriebsabwässer verschiedener Industriezweige, vorwiegend der kohleverarbeitenden, Metallveredlungs-, farbstoffproduzierenden, Textil-, Lack-, Leder- und Papierindustrie in ganz erheblichem Umfang. Sie sind deshalb Gegenstand derzeitiger Forschungs- und Entwicklungsaktivitäten in der Bio- und Umweltverfahrenstechnik.

8.2.1
Abwässer der teerverarbeitenden Industrie

Steinkohleteer stellt mengenmäßig mit drei Gewichtsprozent neben Rohbenzol das wichtigste Koppelprodukt der Steinkohleverkokung dar [19]. Bei der Aufarbeitung von Kokereirückständen fallen Prozeßabwässer an, die neutrale, saure (phenolische) und basische Aromaten als organische Inhaltsstoffe enthalten. Üblicherweise werden diese Abwässer einer mehrstufigen Ölabscheidung und einer Phenolextraktion unterworfen, bevor sie einer Reinigung in

Tabelle 8.1. Xenobiotika, die unter Labor- und Technikumsbedingungen abgebaut werden [1]

Abwasserinhaltsstoffe	Konzentration	Mikroorganismen	Literatur
Aromaten			
Benzol, Toluol	0,04 – 0,02 mM	Mischkultur, anaerob	3
Benzol, Toluol, Naphthalin	(0,1 %)	Reinkultur, aerob	4
Benzoate und Salicylsäuren	2 mM	Reinkulturen, anaerob	5
Ethylbenzol, Xylen, Ethyltoluol, Trimethylbenzol	1 – 1000 mg/l	Mischkultur, aerob	6
Phenole			
Bisphenole	1,5 mM	Reinkultur, aerob	7
Di- und Trichlorphenole	0,03 mM	Mischkultur, anaerob	8
Phenol	1000 mg/l und > 2000 mg/l	Mischkultur, anaerob	9
Phenol	bis zur Substrathemmung	Reinkultur, aerob	10
Phenol	1 – 20 g/l	Mischkultur, aerob	11
Phenol, Phenolessigsäure, o-Phenylphenol	500 mg/l bis 900 mg/l bzw. 0,4 mM	Rein- und Mischkultur, anaerob	12
Phenole aus Kohlenteer	–	Mischkultur, aerob	13
Phenol, 2-Methyl- und 3-Methylphenol	5 mM	Reinkultur, aerob	4
Phenol, 4-Aminophenol	2 mM	Reinkultur, anaerob	5
Halogenaromaten			
Chlor- und Bromphenole	0,4 mM	Mischkultur, anaerob	12
2,3,6-Trichloro- und 2,5-Dichlorbenzoesäure	2,5 mM	Mischkultur, anaerob und Reinkultur, mikroaerob	14
Mono- und Dichlorbenzole	–	Reinkultur, aerob	4
Aromatische Sulfonsäuren			
Naphthalin-2-sulfonsäure	500 mg/l	Reinkultur, aerob	36
aromatische Sulfonsäuren	–	Mischkultur, aerob	15
6-Amino-2-naphthalin-sulfonsäure	630 mg/l	Mischkultur, aerob	64
5-Aminosalicylsäure	430 mg/l		
Naphthalinmono- und -disulfonsäuren	3200 mg/l	Mischkulturen, aerob	52
Lösungsmittel			
1-Methyl-2-pyrrolidon	800 mg/l	Mischkultur, aerob	16
Glycole, Propanole, Diaminoethanol	2500 mg$_{DOC}$/l	Mischkultur, aerob	161
Sonstige Inhaltsstoffe			
stickstoffhaltige aromatische Basen		Mischkultur, aerob	13
Thiazole, Imidazole	–	Mischkultur	17
EDTA	< 300 mg/l	Mischkultur, aerob	88
Chlorethen	1000 mg/l	Reinkultur, aerob	18

Tabelle 8.2. Komponenten und Zusammensetzung eines typischen Abwassers der Steinkohleteerverarbeitung (Abkürzungen: R_1, R_2, R_3 = –H, –CH_3, R_4 = $COCH_3$)

Komponententyp	Substanz (Auswahl)	Strukturformel
Phenole (saure Aromaten) (30–60%)	Phenol mono- und dimethylierte Phenole	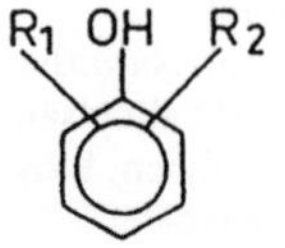
neutrale Aromaten (10–30%)	Naphthalin	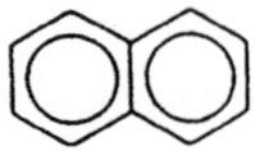
	Acetophenon	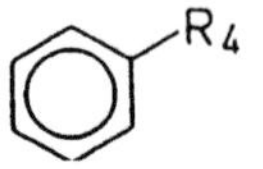
stickstoffhaltige aromatische Basen (10–40%)	Pyridin mono-, di-, tri-methylierte Pyridine	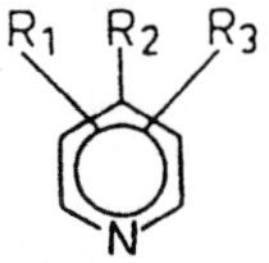
	Chinolin methylierte Chinoline	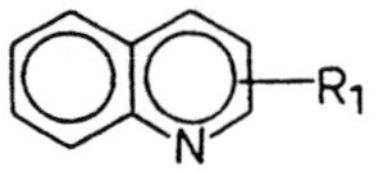
	Isochinolin	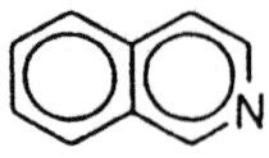

einer biologischen Sammelkläranlage zugeführt werden. Die Hauptsubstanzen bzw. -klassen sowie die Zusammensetzung typischer Prozeßabwässer aus der Steinkohleteeraufarbeitung sind in Tabelle 8.2 aufgeführt.

Phenolische Aromaten werden in der Regel durch Monooxygenasen in einen zentralen Metaboliten überführt. So wird beispielsweise Phenol zu Brenzcatechin und 4-Hydroxybenzoesäure zu Protocatechuat umgewandelt, (s. Abb. 8.1).

Ebenso wird Anilin unter Abspaltung von Ammoniak zu Brenzcatechin überführt. Nitrobenzol liefert ebenfalls Brenzcatechin, der Stickstoff wird dabei teils in oxidierter Form als Nitrit, teils in reduzierter Form als Ammoniak entfernt [20].

Gewöhnliche ein- und zweikernige Aromaten, wie z.B. Naphthalin, unterliegen ohne weiteres dem biologischen Abbau [21]. Die katabolischen Initialreaktionen werden unter aeroben Bedingungen stets durch Dioxygenasen katalysiert. Sie führen zu einigen Schlüsselmetaboliten, von denen Salicylsäure, Gentisinsäure und Brenzcatechin die wichtigsten sind.

Beim mikrobiellen Abbau von Naphthalin und seinen Derivaten sind grundsätzlich drei Wege zu unterscheiden (Abb. 8.2).

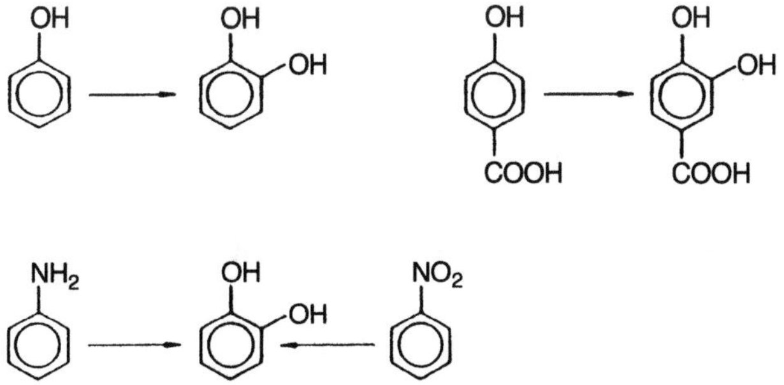

Abb. 8.1. Vorbereitung von Phenolen, Amino- und Nitroaromaten zur Ringspaltung

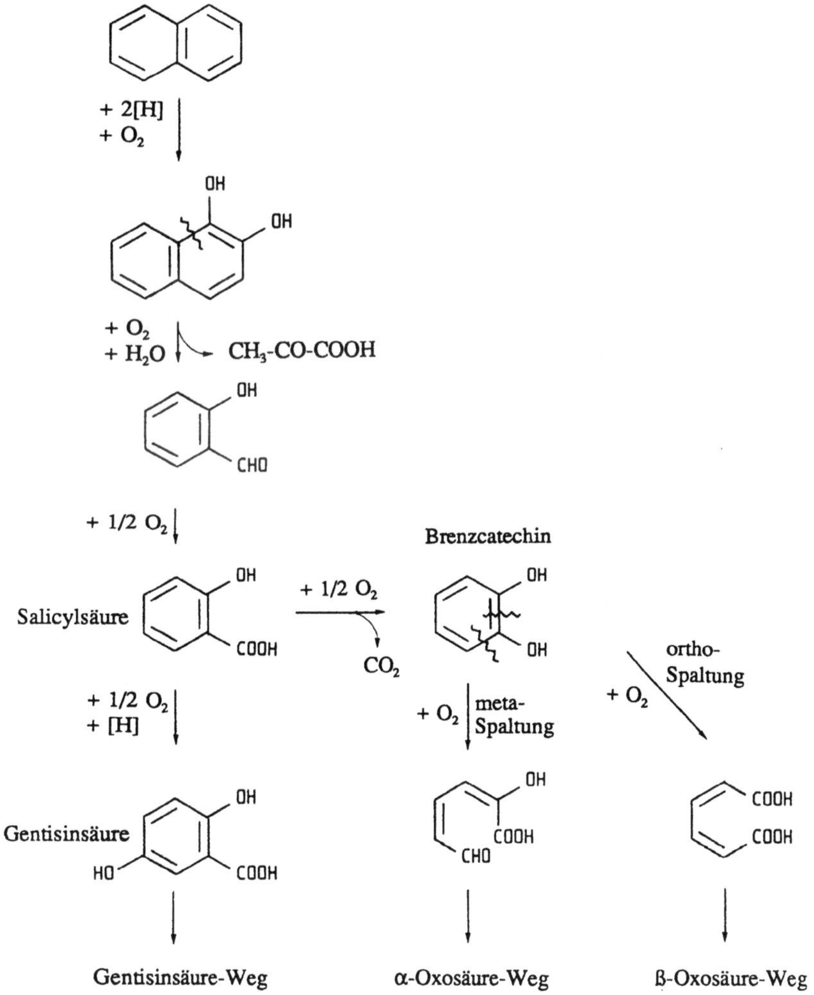

Abb. 8.2. Möglichkeiten des Naphthalin-Abbaus

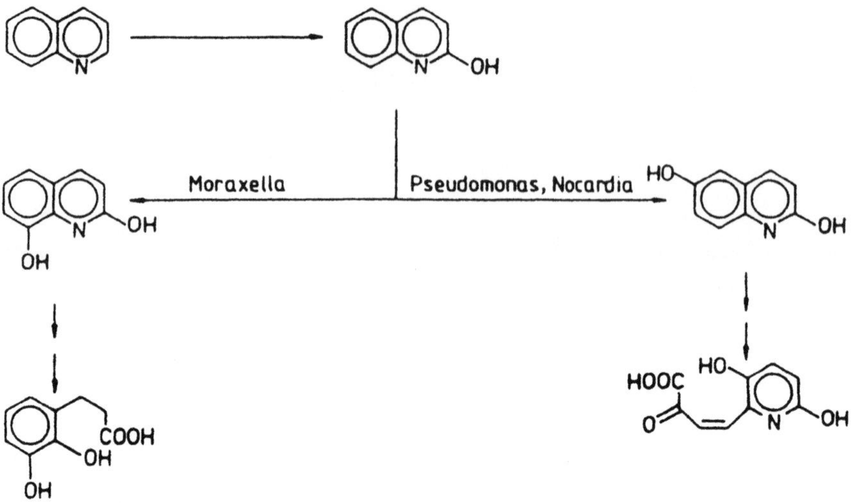

Abb. 8.3. Mikrobieller Abbau von Chinolin

Nach Öffnung des ersten Ringes kann entweder Salicylsäure oder Brenzcatechin entstehen. Brenzcatechin kann durch meta-Spaltung über den α-Oxosäure-Weg oder durch ortho-Spaltung via β-Oxosäure abgebaut werden. Ein alternativer Weg führt über die Oxidation der Salicylsäure zu Gentisinsäure.

Als Bestandteil vieler Naturstoffe sind Pyridinderivate mikrobiell gut abbaubar. Eine detaillierte Übersicht zur Verwertung dieser Substanzklasse wurde von Shukla [22] zusammengestellt. Der Abbau von Chinolin wurde von Shukla [23] und Bennett et al. [24] untersucht (vgl. Abb. 8.3). Bei der Verwertung durch verschiedene Spezies wurde als zentraler Metabolit 2-Hydroxychinolin nachgewiesen. Mit einer *Moraxella sp.* wurde als weiteres Oxidationsprodukt 2,8-Dihydroxychinolin gebildet, während mit den Mikroorganismen einer *Pseudomonas* bzw. *Nocardia sp.* 2,6-Dihydroxychinolin gefunden wurde. Grant und Al-Najjar fanden als weiteres Intermediat dieses Abbauwegs 2,5,6-Trihydroxychinolin, an dem die Ringspaltung zwischen C 5 und C 6 erfolgt [25].

Bei einem anderen Abbauweg wird 2-Hydroxychinolin durch eine *Moraxella sp.* zu 2,8-Dihydroxychinolin umgewandelt. Durch die Spaltung des Pyridinringes entsteht dabei über 8-Hydroxycumarin das Produkt 2,3-Dihydroxyphenylpropionsäure [22]. In weiteren Arbeiten wird die Spaltung des Benzolringes zwischen C 8 und C 9 bei derartigen Chinolinderivaten berichtet, die in 7- und 8-Position bereits hydroxiliert sind [25–27].

Kinetische Untersuchungen zum aeroben Abbau von Chinolin mit immobilisierter Biomasse führten Ulonska et al. [28] in einem 5 l-Airlift-Schlaufenreaktor durch. Als Trägermaterial dienten körnige Keramiken und Sintergläser (d = 0,5 – 2 mm, Porengröße = 60 – 300 µm, inneres Porenvolumen

= 0,17–0,52 l/kg). Bei Durchflußraten von 0,3 l/h konnten die Autoren spezifische Abbauleistungen von 0,47 $g_{Chinolin}/(h\, g_{BTM})$ erzielen.

Koch et al. [29] konnten aus verschiedenen Bodenproben industrieller Standorte durch Selektion in Schüttelkolben eine Mischkultur isolieren, die in der Lage ist, Phenole, Aniline sowie Pyridin- und Chinolinderivate in einem komplexen Gemisch von 22 Substanzen als C-Quelle zu nutzen. Die wesentlichen Vertreter dieser Bakterienmischpopulation wurden als Pseudomonaden identifiziert [159]. Als Trägermaterialien zur Zellimmobilisierung wurden Bruchsand, Aktivkohle, ein Zeolithmaterial, angeätzte Glaskugeln sowie Anionen- und Kationenaustauscher eingesetzt. Auf Bruchsand bildeten sich bei Durchflußraten von D = 0,45 l/h nach 4 bis 5 Tagen Bewuchskeime aus. Ein geschlossener Biofilm entwickelte sich vollständig nach ein bis zwei Wochen. Auf Aktivkohle erfolgt die Erstbesiedelung zwar in kürzerer Zeit, und der Biofilm war nach knapp einer Woche voll ausgebildet, im weiteren Verlauf brachte der Einsatz von Aktivkohle jedoch gegenüber Sand keine Vorteile. Beim Einsatz der übrigen Trägermaterialien entwickelte sich unter gleichen Versuchsbedingungen auch nach mehrwöchigem Betrieb keine ausreichende Mikrokolonisierung. Bei einem durchschnittlichen DOC-Abbaugrad von 60 % bei einer Eingangskonzentration von 1000 mg_{DOC}/l und einer Durchflußrate von D = 0,45 l/h konnte eine reaktorvolumenbezogene Abbauleistung von 270 mg/(l h) bzw. eine biomassebezogene Abbauleistung von 57 mg/(g_{BTM} h) bestimmt werden.

Aufbauend auf den von Koch et al. durchgeführten Laboruntersuchungen wurde ein Airlift-Schlaufenreaktor zur Behandlung von Abwässern der teerverarbeitenden Industrie im Pilotmaßstab betrieben [149]. Als Bestandteil einer zweistufigen Anlage wurde dieser mit dem Auslauf der ersten Stufe gespeist. Da der Reaktor durch eine Ultrafiltrationseinheit von der ersten Stufe biologisch entkoppelt war, konnte eine Mikroorganismenkultur etabliert werden, die der in der Laboranlage vergleichbar ist (s. Abschn. 8.7.2).

8.2.2
Naphthalinsulfonsäuren

Naphthalinsulfonsäuren sind wichtige Zwischenprodukte in vielen Bereichen der organisch-chemischen Industrie. Ihre Hydroxy- und Aminoderivate wurden zunächst als Kupplungskomponenten bei der Azofarbstoffsynthese eingesetzt. Aus dem Einsatz in der Farbstoffsynthese heraus werden einige dieser Verbindungen als „Buchstabensäuren" bezeichnet, z. B. H-Säure, I-Säure, G-Säure und γ-Säure (s. Abb. 8.4). Heute dienen sie weiterhin als Ausgangskomponenten für hochelastische Kunststoffe, u. a. in Federungspaketen von Stoßdämpfern sowie als Einsatzstoffe der Gerbereiindustrie.

Die bakteriellen Initialreaktionen des Abbaus werden unter aeroben Bedingungen durch Dioxygenasen katalysiert. Dabei wird der elektrophile Angriff der Aren-Dioxygenasen bei der Anwesenheit von Sulfonsäuregruppen aber auch bei Halogen- oder Nitrosubstituenten aus sterischen Gründen sowie durch eine Herabsetzung der Elektronendichte im aromatischen Kern erschwert [30].

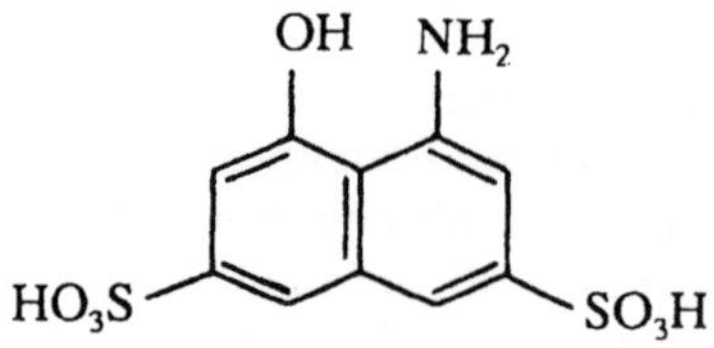

1-Amino-8-naphthol-3,6-disulfonsäure
H-Säure

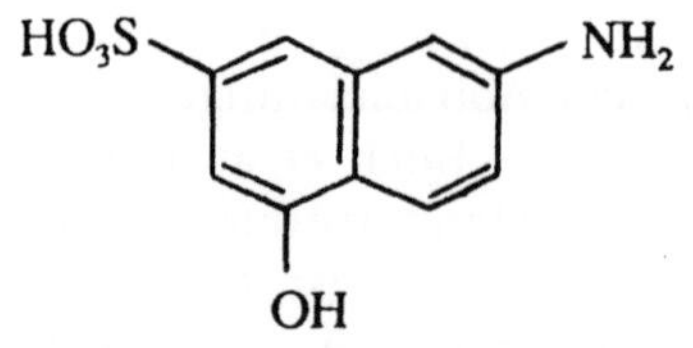

2-Amino-5-naphthol-7-sulfonsäure
I-Säure

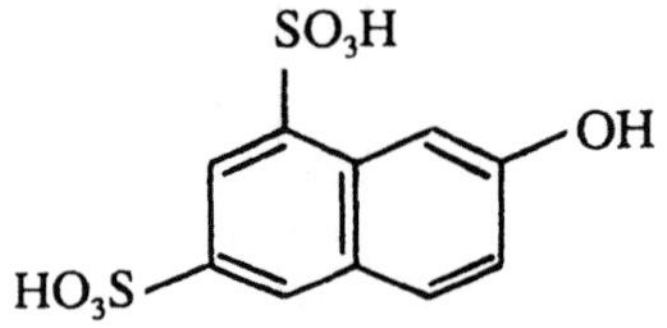

2-Naphthol-6,8-disulfonsäure
G-Säure

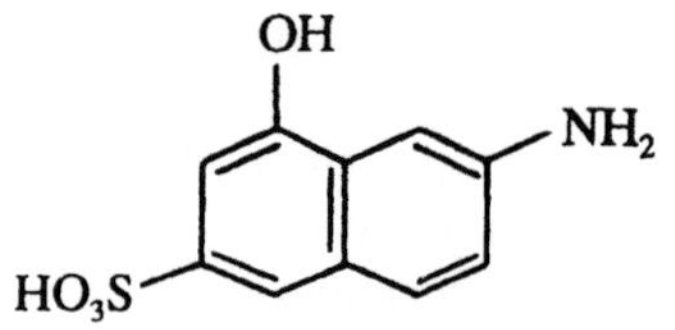

2-Amino-8-naphthol-6-sulfonsäure
γ-Säure

Abb. 8.4. Buchstabensäuren

8.2.2.1
Naphthalinmonosulfonsäuren

Durch kontinuierliche Adaptation gelang es Brilon et al. [31, 32], aus einer Naphthalin-verwertenden Bakterienmischkultur Mikroorganismen einer *Pseudomonas* Spezies zu isolieren, die in der Lage sind, neben Naphthalin auch Naphthalin-2-sulfonsäure (2NS) und Naphthalin-1-sulfonsäure (1NS) abzubauen. Während bei den klassischen Naphthalinverwertern der zentrale Metabolit Salicylsäure über Brenzcatechin und den β-Oxosäure-Weg (3-Oxoadipat-Weg) abgebaut wird, setzen die bislang bekannten Naphthalinsulfonsäure-verwertenden Stämme Salicylsäure mittels einer Salicylsäure-5-hydroxylase über den Gentisinsäure-Weg um (Abb. 8.5).

Die Initialreaktion wird durch eine Naphthalin-1,2-Dioxygenase katalysiert. Das intermediär entstehende Diol rearomatisiert spontan unter Abspaltung von Hydrogensulfit zu 1,2-Dihydroxynaphthalin. Dieses wird durch eine weitere Dioxygenase und durch eine Isomerase in cis-2'-Hydroxybenzalpyruvat überführt. Das Pyruvat wird hydrolytisch abgespalten und das entstandene Salicylaldehyd zu Salicylsäure oxidiert. Dieser Metabolit wird durch eine spezifische Hydroxylase zu Gentisinsäure umgesetzt, die über Fumarat und Pyruvat dem Tricarbonsäurecyclus (TCC) zugeführt wird.

Die beiden Isomeren werden vom Mikroorganismenstamm *Pseudomonas testosteroni* A 3 (Ps. test. A 3) in sequentiellem Wachstum vollständig abgebaut, wobei 2 NS als leichter assimilierbare Substanz zuerst metabolisiert wird.

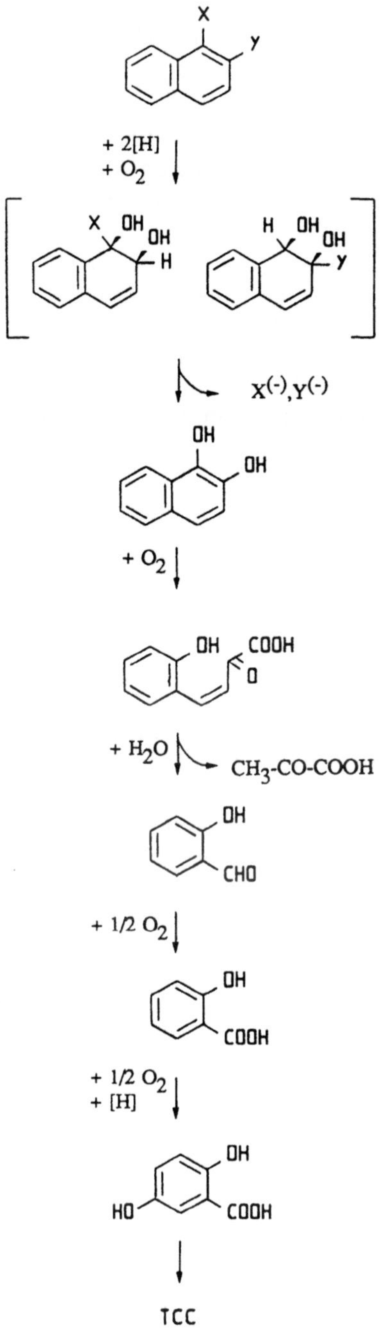

für X = SO$_3$H und Y = H: Naphthalin-1-sulfonsäure
für X = H und Y = SO$_3$H: Naphthalin-2-sulfonsäure

1,2-Dihydroxynaphthalin

cis-2'-Hydroxybenzalpyruvat

Salicylaldehyd

Salicylsäure

Gentisinsäure

Abb. 8.5. Hypothetischer Abbauweg von Naphthalin-1- bzw. -2-sulfonsäure durch eine _Pseudomonas spezies_

Ohe und Watanabe [33] sowie Ohe et al. [34] isolierten ebenfalls Mikroorganismen der Spezies *Pseudomonas*, die in der Lage sind, neben Naphthalin-1- und -2-sulfonsäure auch 2-Naphthylamin-1-sulfonsäure (Tobias-Säure) zu verwerten.

In Chemostatversuchen konnten Wagner und Hempel [35] die Kinetik und reaktionstechnischen Grundlagen des mikrobiellen Abbaus von Naphthalin-2-sulfonsäure bestimmen. Exemplarisch führten sie am 2NS-verwertenden Stamm *Ps. test. A 3* verschiedene Techniken zur Immobilisierung von Bakterien durch [36] (s. Abschn. 8.5). Die Autoren konnten bei Versuchen in kontinuierlicher Kultur zeigen, daß durch die Anlagerung der Biomasse auf Bruchsand (d = 200 µm) ein sehr viel stabilerer Betrieb ermöglicht wird, als bei einer Chemostatkultur mit submersen Mikroorganismen. Bei diesen Experimenten konnten in speziell hierfür entwickelten Airlift-Schlaufenreaktoren bei Abbaugraden von 99% eine maximale Abbauleistung von 35,4 $kg_{2NS}/(m^3 d)$ entsprechend 58 $kg_{CSB}/(m^3 d)$ erzielt werden.

8.2.2.2
Naphthalindisulfonsäuren

Ein größeres Problem als die Monosulfonsäuren stellen für nichtadaptierte Klärfloren die Naphthalin*di*sulfonsäuren dar, deren xenobiotischer Charakter aufgrund der zweiten Sulfonsäuregruppe noch stärker ausgeprägt ist. Dennoch konnten aus der Natur bzw. aus vorbelasteten Standorten Mikroorganismen isoliert werden, die die Isomeren Naphthalin-1,6- und -2,6-disulfonsäure (1,6NDS und 2,6NDS) vollständig mineralisieren.

Wittich et al. [38] isolierte Mikroorganismen der *Moraxella* spezies aus Belebtschlamm einer industriellen Kläranlage. Ohe und Watanabe [39] gelang die Isolierung von Bakterien der Gattung *Pseudomonas* aus fremdstoffbelasteten Bodenproben. Eine 1,6- und 2,6NDS-verwertende Mischkultur konnte von Nörtemann [40] aus einer Flußwasserprobe angereicht werden. Die Kinetik des 2,6NDS-Abbaus durch diese Mischkultur wurde im Chemostaten bestimmt und durch ein Modell beschrieben [41]. Aus der Mischkultur wurden vier morphologisch unterscheidbare Reinkulturen (RK1–RK4) isoliert. Umsatzversuche mit den isolierten Reinkulturen zeigten, daß allein der Stamm RK3 verantwortlich für den Umsatz von 1,6NDS und 2,6NDS ist.

Abbildung 8.6 zeigt den von Wittich et al. [38] postulierten Abbauweg für 1,6NDS und 2,6NDS. Der Abbau erfolgt analog dem bekannten Abbauweg der 1NS und 2NS (vgl. Abschn. 8.2.2.1).

Untersuchungen zur Verwertung anderer Substanzen als Wachtumssubstrate mit 1,6- und 2,6NDS-abbauenden Bakterienkulturen führten Beckmann [42] mit Naphthalin-1,4-, -1,5- und -2,7-disulfonsäure (1,4NDS, 1,5NDS und 2,7NDS) und Krull [43] mit verschiedenen Sulfonsäure-Derivaten (u.a. 8H1,6NDS; 3H2,6NDS; 4H2,6NDS und 1,3,6NTS) durch. Beckmann zeigte, daß Mikroorganismen 1,5NDS und 2,7NDS teilweise adsorbieren und diese nach Lyse wieder freisetzen. Versuche zur Cooxidation der obengenannten Verbindungen mit 1,6- und 2,6NDS-verwertenden Kulturen zeigten keinerlei Umsatz.

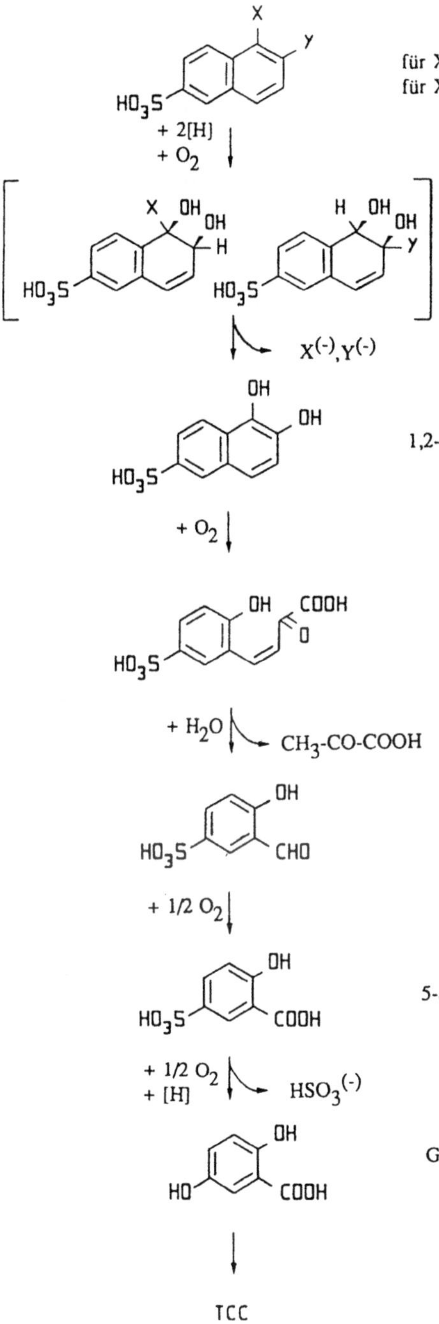

für X = SO_3H und Y = H: Naphthalin-1,6-disulfonsäure
für X = H und Y = SO_3H: Naphthalin-2,6-disulfonsäure

1,2-Dihydroxynaphthalin-6-sulfonsäure

5-Sulfosalicylsäure (5SS)

Genüsinsäure

Abb. 8.6. Hypothetischer Abbauweg von Naphthalin-1,6- und -2,6-disulfonsäure durch eine *Moraxella spezies*

2,7 NDS-verwertende Mikroorganismen wurden von Rast [44] angereichert. Aus dieser Mischkultur wurde ein Stamm *K1* isoliert, der in der Lage ist, 2,7 NDS als alleinige Kohlenstoff- und Energiequelle ohne Zusatz an Cosubstraten zu nutzen [43]. Bei der Betrachtung des bakteriellen Abbauwegs von 1,6- und 2,6 NDS wird deutlich, daß bei Annahme eines konvergenten 2,7 NDS-Abbaus die Dioxygenierung in 1,2-Position als Initialreaktion nicht zu 5-Sulfosalicylsäure (5 SS), sondern zu 4-Sulfosalicylsäure führt (4 SS). 4 SS ist dem Abbau über den Gentisinsäure-Weg jedoch nicht zugänglich.

Eine Möglichkeit zur vollständigen Metabolisierung von 4 SS besteht im Angriff einer Decarboxylase und der anschließenden Umwandlung zu 4-Sulfobrenzcatechin (4 SC), das nach ortho-Spaltung über den β-Oxosäure-Weg abgebaut werden kann (Abb. 8.7). Bereits seit einigen Jahren ist der Abbau von Brenzcatechin über diesen Abbauweg bekannt [45, 46]. Ornston und Stanier [47] konnten in ihren Untersuchungen mit *Pseudomonas putida* zeigen, daß Muconolacton ein Intermediat in der Abbausequenz von Brenzcatechin darstellt. Feigel [48] sowie Feigel und Knackmuss [49] konnten den Abbau von Sulfanilsäure über 4-Sulfobrenzcatechin (4 SC) durch eine Zweispezieskultur aufklären. Ein konvergenter Abbaumechanismus scheint für 2,7 NDS über 4 SC prinzipiell möglich zu sein.

Die ortho-Spaltung von 4 SC führt zunächst zu 3-Sulfomuconsäure (3 SM). Eine Muconat-Cycloisomerase wandelt 3 SM spontan zu einem 4-Sulfomuconolacton (4 SL) um. Der Lactonring wird durch eine Hydrolase unter Abspaltung des Sulfits zu Maleylessigsäure und durch eine Reduktase zu 3-Oxoadipinsäure abgebaut. Diese Verbindung wird durch eine CoA-Transferase aktiviert und in Succinat und Acetyl-CoA gespalten, die auf den Wegen des Intermediärstoffwechsels umgesetzt werden.

Krull et al. [50] und Da Canalis et al. [51] führten Batch- und kontinuierliche Versuche zum Abbau von 1,6- und 2,6 NDS und Naphthalinsulfonsäure-Gemischen im Airlift-Schlaufenreaktor mit auf Sand immobilisierten Zellen der Stämme *RK 3* und *Ps. test. A 3* durch. Wachstumsversuche mit unterschiedlicher Substratzusammensetzung und verschiedenen Rein- und Mischkulturen zeigten, daß ein naphthalinmono- und -disulfonsäurehaltiges Abwasser durch das Zusammenwirken verschiedener Mikroorganismenkonsortien effektiv in zweistufiger Betriebsführung gereinigt werden kann (s. Abschn. 8.7.1).

Luther [53], Luther und Soeder [54] sowie Soeder et al. [55] untersuchten die Nutzung von Naphthalinsulfonsäuren als Schwefelquelle für die Mikroalge *Scenedesmus obliquus*. Die Mikroalgen sind in der Lage, 1 NS, 2 NS, 1,6 NDS und 2,6 NDS, wenn auch mit sehr viel geringeren Abbauraten als Bakterien, sowie 1,5 NDS, 2,7 NDS und sogar die bisher nicht abbaubare Naphthalin-1,3,6(7)-trisulfonsäure zu desulfonieren. Über den Grad der Desulfonierung wurden bisher nur Vermutungen angestellt. Wahrscheinlich wird nur eine Sulfonsäuregruppe vom Molekül abgespalten. Die Untersuchungen zeigten, daß keine Verwertung der verbleibenden Hydroxynaphthalinsulfonsäuren durch Mikroalgen möglich ist. Luther et al. [56] schlagen daher für den Abbau komplexer Sulfonsäuregemische ein Algen-Bakterien-Mischsystem vor.

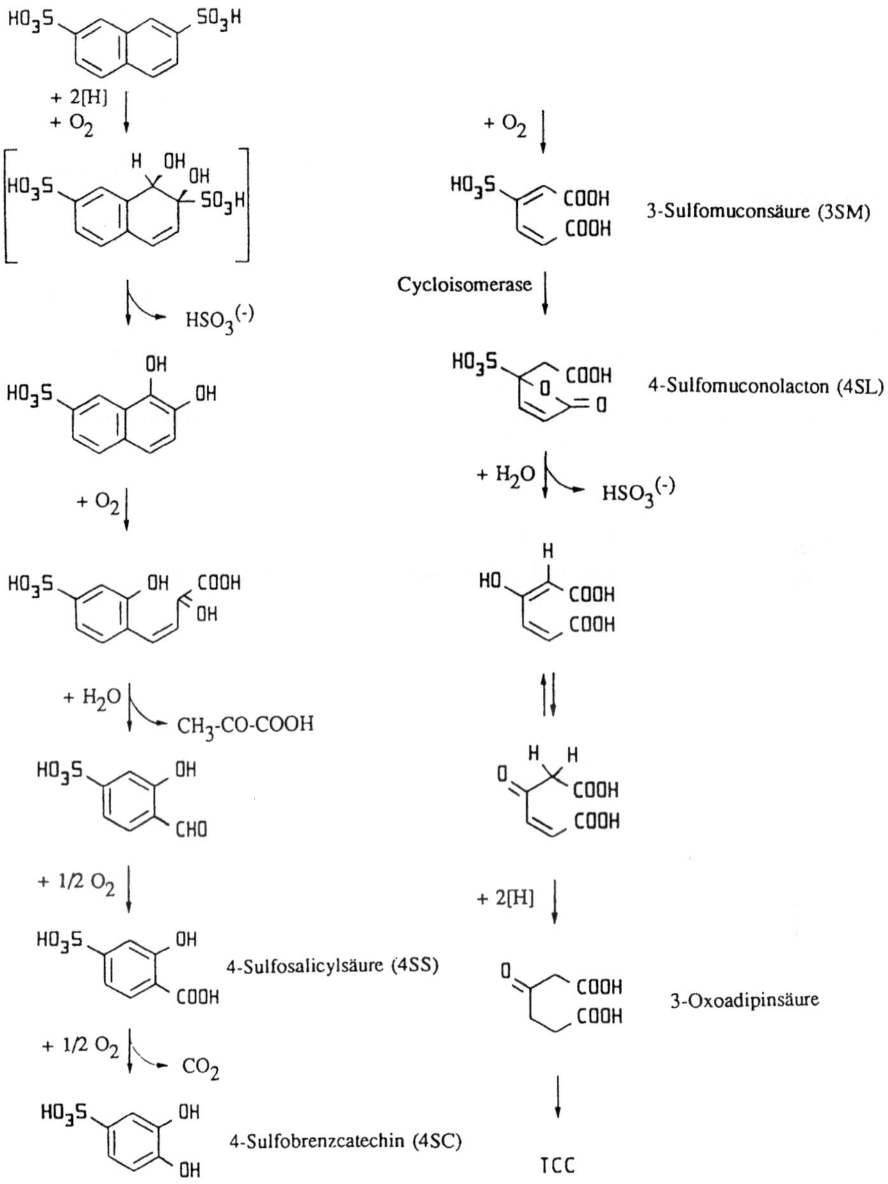

Abb. 8.7. Hypothetischer Abbauweg von Naphthalin-2,7-disulfonsäure über den β-Oxosäure-Weg

8.2.2.3
Amino- und Hydroxynapthalinsulfonsäuren

Nicht in allen Fällen des biologischen Fremdstoffabbaus wird das Substrat von einem Mikroorganismus allein vollständig mineralisiert. Ein Beispiel für die syntrophen Wechselwirkungen innerhalb einer Mischkultur stellt der Abbau von Amino- und Hydroxynaphthalinsulfonsäuren dar.

Nörtemann et al. [57] sowie Nörtemann und Knackmuss [58] konnten aus einer Elbwasserprobe eine Bakterienmischkultur isolieren, die in der Lage ist, Naphthalin-2-sulfonsäuren mit zusätzlicher Amino- und Hydroxygruppe in 5-, 6-, 7- oder 8-Position des Naphthalingerüstes vollständig zu den entsprechenden Amino- und Hydroxysalicylaten umzusetzen. Aus der isolierten Mischkultur wurden zunächst die direkt am Abbau beteiligten Spezies *BN6*, *BN9* und *BN11* isoliert, von denen jedoch nur zwei Bakterienstämme (*BN6*, *BN11*) essentiell für den Abbau des Fremdstoffes sind.

Der Totalabbau von 6-Aminonaphthalin-2-sulfonsäure (6A2NS) wird wie beim Abbau von 1NS und 2NS durch die Naphthalin-1,2-dioxygenase eingeleitet, wobei 6A2NS vom *Pseudomonas vesicularis* Stamm BN6 zu 5-Aminosalicylsäure (5AS) und Pyruvat umgesetzt wird. Das Pyruvat wird dem Stoffwechsel zugeführt und die 5AS quantitativ ausgeschieden. Fehlen 5AS-Verwerter, so polymerisiert 5AS in Anwesenheit von Sauerstoff zu schwarzbraunen Polymeren, die nicht weiter abbaubar sind (*dead-end* products). In Symbiose übernehmen die Stämme *BN9* und *BN11* die 5AS, die effizient durch die Spezies *BN11* und mit einer sehr viel geringeren Abbaurate durch den Stamm BN9 über die Stufe des Fumarylpyruvats vollständig mineralisiert wird.

Im Laufe weitergehender Untersuchungen mit der obengenannten Mischkultur zum Abbau von Einzelstoffen bzw. Substratgemischen aus 6-Aminonaphthalin-2-sulfonsäure (6A2NS), 8-Aminonaphthalin-2-sulfonsäure (8A2NS) und 6-Hydroxynaphthalin-2-sulfonsäure (6H2NS), traten Instabilitäten bei der submersen, kontinuierlichen Kultivierung auf [59, 60]. Zur Ursachenerforschung dieser Instabilitäten des 6A2NS-Abbaus führten Zwicker et al. [61, 62] Untersuchungen mit definierten Mischkulturen unterschiedlicher Zusammensetzung durch. Nach Langzeitkultivierung der ursprünglichen Mischkultur *BN6/BN9/BN11* wurde ein Stamm *BN12* isoliert, der eine Mutante des Stammes *BN11* darstellt. *BN12* ist in der Lage, neben dem Metaboliten 5AS auch das Substrat 6A2NS abzubauen. Spezies *BN12* kann aber dennoch den Stamm *BN6* nicht vollständig aus dem Konsortium verdrängen, da er zum Wachstum mit 6A2NS als Cosubstrat u.a. die durch Stamm *BN6* hergestellte 5AS in geringen Konzentrationen benötigt (vgl. Abb. 8.8) [63]. Die Autoren führen diese kommensalistische Abhängigkeit des Stammes *BN12* von der 5AS-Bildung durch *BN6* und die gleichzeitige Konkurrenz der beiden Stämme um das Substrat 6A2NS als mögliche Ursache der Inkompatibilitäten für den Abbau in submerser Kultur an.

Grundlegende Untersuchungen zur Abbaukinetik von 6A2NS sowie der Verbindungen 8A2NS und 6H2NS wurden von Diekmann et al. [64] und Göbel [60] durchgeführt. Im Rahmen der Experimente wurden die kine-

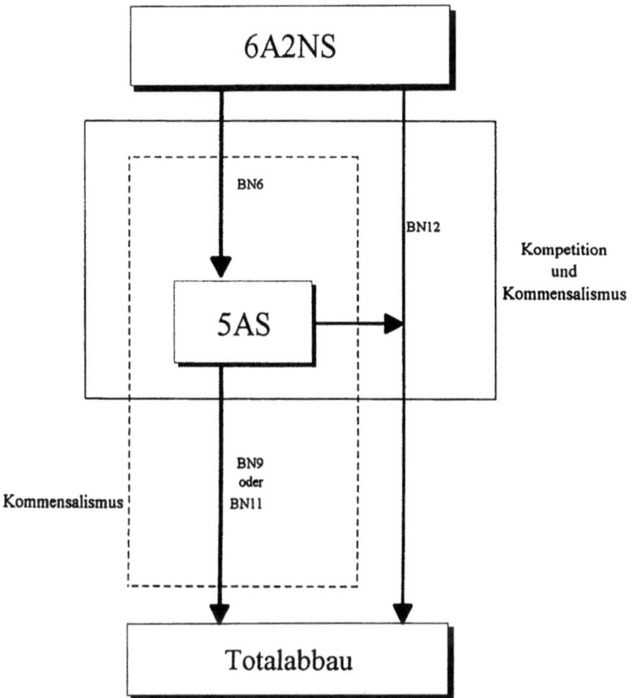

Abb. 8.8. Schematische Darstellung der mikrobiellen Wechselwirkungen in der 6A2NS-abbauenden Mischkultur BN6/BN9/BN11/BN12

tischen Konstanten der Teilsequenzen des Abbaus von 6A2NS zu 5AS, sowie die weitere vollständige Mineralisierung dieses Intermediats bestimmt. Der Abbau konnte durch ein strukturiertes Modell auf Grundlage der *Monod*-Kinetik, das die weitere Metabolisierung von 5AS berücksichtigt, beschrieben werden. Abbildung 8.9 zeigt die gute Übereinstimmung der experimentellen Ergebnisse mit den berechneten Daten des Modells.

Die Kohlenstoffbilanzierung des 6A2NS-Abbaus zu Biomasse und CO_2 konnte sowohl für das submerse als auch für das auf Sand immobilisierte System durch den Ansatz von Luedeking und Piret beschrieben werden [65]. Für die Submerskulturen wurden die Produktbildungsraten für CO_2 unter Berücksichtigung der experimentell bestimmten reaktionstechnischen Konstanten nach einem Modell von Yamane und Shiotani vorausberechnet. Die Submerskulturen setzen im Energiestoffwechsel den zur Verfügung stehenden organischen Kohlenstoff bis zu 64% in CO_2 um. Bei Untersuchungen mit immobilisierten Kulturen wurden Werte von bis zu 82% gemessen. Diese hohen Werte führen die Autoren auf den Umstand zurück, daß die mittleren Wachstumsraten der immobilisierten Mikroorganismen in einem Bereich liegen, in dem bei submerser Kultivierung der endogene Stoffwechsel für den Substratumsatz bestimmend ist (vgl. Abb. 8.10).

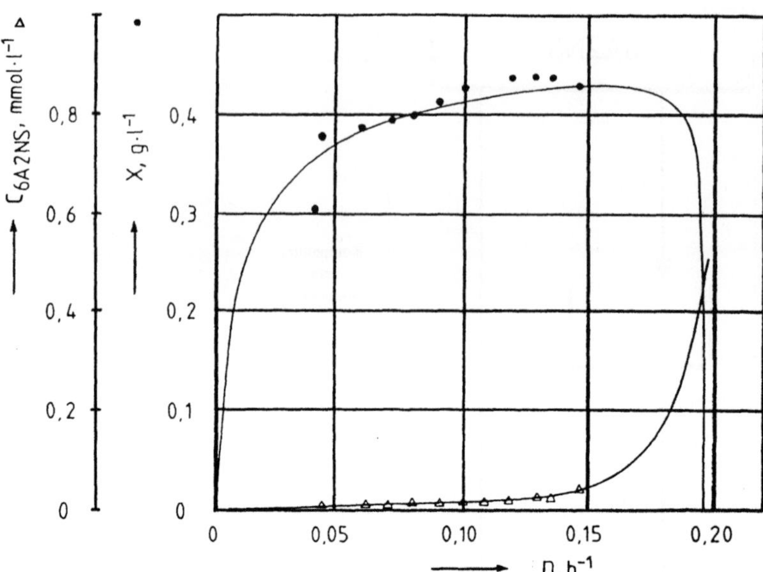

Abb. 8.9. Berechnete Biomassekonzentration und Substratkonzentration des synergistischen 6A2NS-Abbaus in Abhängigkeit zur Durchflußrate – Vergleich mit experimentellen Werten (6A2NS-Eingangskonzentration 630 mg/l (2,83 mmol/l))

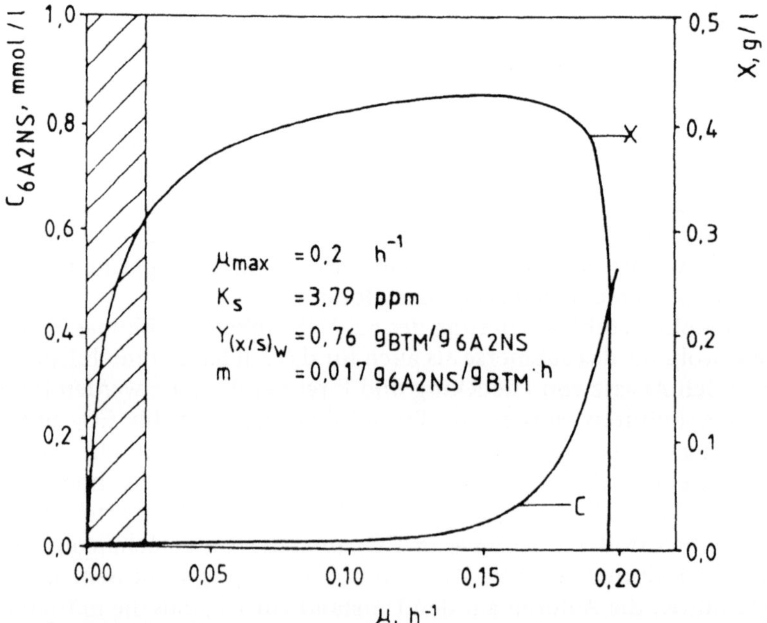

Abb. 8.10. Biomasse- und Substratkonzentration einer 6A2NS-verwertenden Mischkultur in Abhängigkeit von der Wachstumsrate in submerser Chemostatkultivierung. Der schraffierte Bereich entspricht den Wachstumsraten immobilisierter Mikroorganismen

Der Interspezies-Transfer und die rasche Metabolisierung von 5 AS ist, wie oben beschrieben, für den vollständigen Abbau der 6 A 2 NS mit der symbiotischen Mischkultur kritisch, und ein kontinuierlicher Abbau von 6 A 2 NS kann nur durch Immobilisierung der Mischkultur stabil betrieben werden [66]. Offensichtlich muß, um ein Fehlleiten von 5 AS oder anderer kritischer Metabolite durch Autoxidation zu vermeiden, ein intensiver Zellkontakt der am Abbau beteiligten Partnerstämme in dem Konsortium bestehen [67]. So konnten mit der auf Sand immobilisierten 6 A 2 NS-abbauenden Mischkultur im Airlift-Schlaufenreaktor Abbauleistungen von 6,4 $kg_{DOC}/(m^3\,d)$ bzw. 18,6 $kg_{CSB}/(m^3\,d)$ erreicht werden.

8.2.3
Abwässer der Textilindustrie

In der Textilindustrie fallen bei der Veredlung und der Färbung organisch hochbelastete Abwässer u. a. als Restflotten und Spülwässer an. Große Abwassermengen mit hohen Schadstofffrachten entstehen insbesondere bei der Entschlichtung der Webwaren sowie beim Färbeprozeß. Die hierbei entstehenden Abwässer machen allein 30 – 60 % der gesamten CSB-Fracht des Rohabwassers der Textilbetriebe aus.

In der Bundesrepublik Deutschland existierten im Jahre 1990 ca. 1700 Textilbetriebe. Davon sind etwa 170 zumeist klein- und mittelständische Betriebe auf die Veredlung von Textilien spezialisiert, die als Emittenten der Entschlichtungsabwässer besondere Probleme haben [68].

Nach dem heutigen Stand der Technik ist das verbreiteste Abwasserbehandlungsverfahren, das derzeitig in der Textilveredlungsindustrie zum Einsatz kommt, die physikalisch-chemische Flockung. Dabei werden mit Eisen- bzw. Aluminiumhydroxid in Verbindung mit Kalkmilch oder NaOH zur pH-Werteinstellung und unter Zuhilfenahme polymerer organischer Flockungshilfsmittel die Abwasserinhaltsstoffe zum Teil adsorptiv an Flocken gebunden aber auch kolloidal gelöste Substanzgruppen koaguliert und ausgeflockt. Weiterhin werden physikalisch-chemische mit biologischen Verfahren kombiniert aber auch rein biologische Verfahren angewandt, wobei die biologische Behandlung am ehesten für sich in Anspruch nehmen kann, daß die Abwasserinhaltsstoffe abgebaut werden. In der Entwicklungsphase befinden sich derzeitig noch Membranverfahren (Nanofiltration) [69].

Bei vielen der Prozesse handelt es sich lediglich um Entfärbungsmechanismen; ein vollständiger Abbau wird bislang nur durch die Kombination verschiedener Behandlungsmethoden erreicht. Eine biologische Abwasserreinigung mit dem konventionellen Belebtschlammverfahren hat sich bisher für eine effiziente Entsorgung farbstoffhaltiger Abwässer als wenig praxistauglich erwiesen [70, 71]. Eine häufig beobachtete Entfernung der Farbbelastung im Belebungsbecken einer Kläranlage ist oftmals auf die Adsorption der Farbstoffverbindung an Schlammflocken zurückzuführen.

Die Weltjahresproduktion an organischen Farbstoffen betrug 1978 insgesamt 700 000 t, in der Bundesrepublik allein 136 000 t und 1987 bereits

156 000 t [72, 73]. Mit einem Marktanteil von etwa 50 % stellen die Azofarbstoffe den Hauptteil der heutigen Farbstoffproduktion dar [74]. Azofarbstoffe werden in großen Mengen zum Färben von Papier, Leder, Natur- und synthetischen Fasern verwendet. Aufgrund ihrer chemischen Stabilität und dem Vorhandensein von fremdstoffartigen Strukturelementen wie die Diazo- oder Sulfonsäuregruppe, gehören die Azofarbstoffe zu den problematisch einzustufenden Abwasserinhaltsstoffen.

Auf dem Gebiet der biologischen Reinigung azofarbstoffhaltiger Industrieabwässer existieren bisher nur wenige Erfahrungen [75, 76]. Ein gesicherter mikrobieller Abbau von Azofarbstoffen unter aeroben Bedingungen konnte bislang nicht nachgewiesen werden [77]. Unter anaeroben Bedingungen können Azofarbstoffe jedoch durch eine Vielzahl biologischer Systeme zu aromatischen Aminen reduziert werden [78].

Haug et al. [79] konnten beispielhaft mit der Azoverbindung Mordant Yellow 3 (MY 3) zeigen, daß die Azobrücke des Farbstoffes unter anoxischen Bedingungen durch eine Azoreduktase des Stammes BN 6 C reduktiv unter Bildung von 6 A 2 NS und 5 AS gespalten wird (vgl. Abb. 8.11). Für den kontinuierlichen Abbau des Azofarbstoffs muß ein Redoxpotential $\leq - 400$ mV eingehalten werden, das durch Bereitstellung zusätzlicher Reduktionsäquivalente in Form leichtverwertbarer Cosubstrate wie z. B. Glucose oder n-Butanol realisiert werden kann. Die gebildeten Intermediärprodukte lassen sich durch dieselbe Kultur, die die reduktive Spaltung bewirkt, wie in Abschn. 8.2.2.3 beschrieben unter aeroben Bedingungen vollständig mineralisieren.

Ausgehend vom Modellsystem Aminonaphthalinsulfonsäure-verwertende Bakterienmischkultur/Mordant Yellow 3 wurde von Glässer et al. [80] ein Verfahren zum biologischen Abbau von Färbereiabwässern entwickelt. Abbildung 8.12 zeigt den schematischen Aufbau des zweistufigen Verfahrens.

Für die erste Stufe wurde ein anaerober Schwebebettreaktor konzipiert, in der die reduktive Spaltung des Azofarbstoffes MY 3 erfolgt. Die effektive Rückhaltung der auf Bruchsand (d = 60–80 µm) trägerfixierten Mikroorganismen wird durch die Herabsetzung der hydraulischen Aufstromgeschwindigkeit im erweiterten Kopfteil des Reaktors gewährleistet. Der Ablauf des Anaerobreaktors, der die in stöchiometrischen Mengen gebildete 6 A 2 NS und 5 AS enthält, gelangt über eine zwischengeschaltete Nachklärung in die aerobe Stufe, die als Airlift-Schlaufenreaktor ausgelegt ist. Hier werden die entstandenen Spaltungskomponenten vollständig mineralisiert. Da eine genügend große Biomasseproduktion nur in der aerob betriebenen Stufe stattfindet, wird über eine der aeroben Stufe nachgeschaltete Sedimentations- und Entgasungseinheit eine Versorgung der ersten anaeroben Stufe mit aktiver Biomasse gewährleistet.

In Abb. 8.13 sind der zeitliche Verlauf des MY 3-Umsatzgrades im Schwebebettreaktor (SBR) und des 6 A 2 NS-Abbaugrades im Airlift-Schlaufenreaktor (ASR) bei unterschiedlichen Durchflußraten abgebildet. Im SBR wurden Durchflußraten zwischen D = 0,04 und 0,1 1/h entsprechend einer mittleren Verweilzeiten von 25 bis 10 h eingestellt. In der zweiten Stufe wurden Durchflußraten zwischen 0,25 und 0,34 1/h, entsprechend Flüssigphaseverweilzeiten von 4 bis 2,9 h, realisiert. Die Biomassekonzentration im ASR

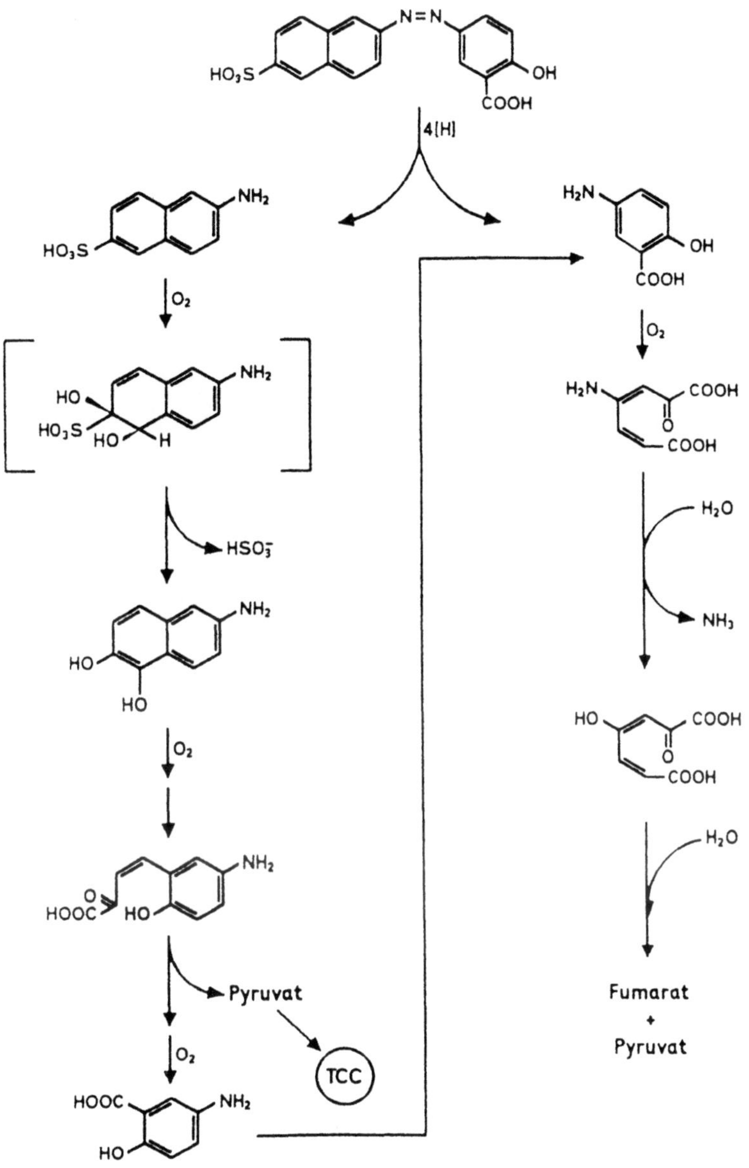

Abb. 8.11. Abbau des Modellazofarbstoffs Mordant Yellow 3 durch die 6-Aminonaphthalin-2-sulfonsäure-verwertende Bakterienmischkultur

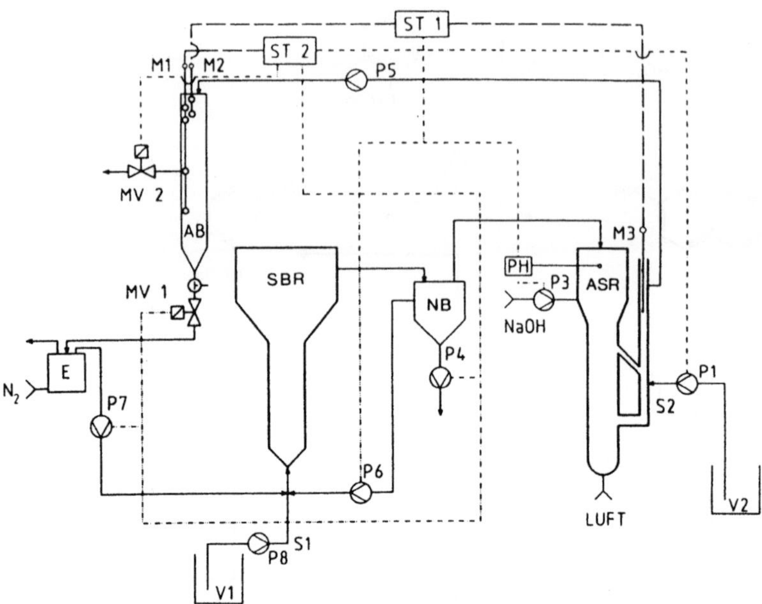

Abb. 8.12. Zweistufige Anlage zum kontinuierlichen Abbau azofarbstoffhaltiger Abwässer. AB Absetzbecken, ASR Airlift-Schlaufenreaktor, E Entgasungsbehälter, M Meßwertaufnehmer, MV Magnetventil, NB Nachklärbecken, P Schlauchpumpe, PH pH-Regelung, S1 Substratstrom MY3, S2 Substratstrom 6A2NS, ST1 Steuergerät Überlaufschutz, ST2 Steuergerät Füllstandsteuerung, V Vorratsbehälter, SBR Schwebebettreaktor, —— Volumenströme, - - - Meßwertaufnahme, -·-·- Stromversorgung

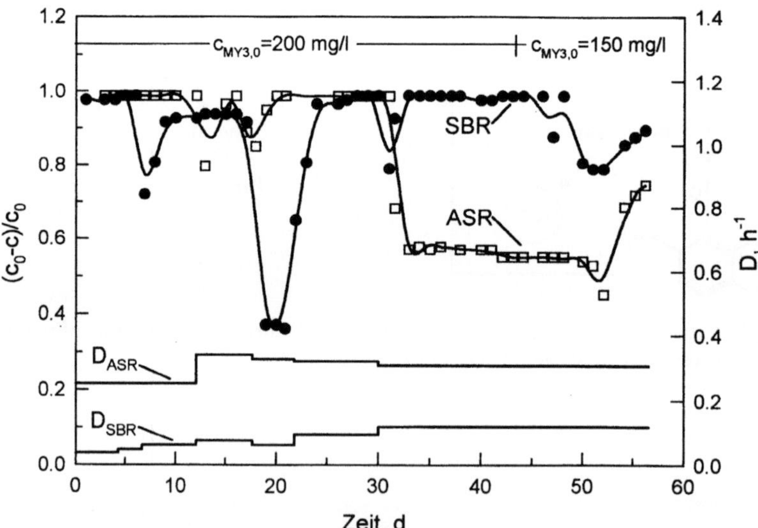

Abb. 8.13. Mordant Yellow 3-Umsatz- bzw. 6-Aminonaphthalin-2-sulfonsäure-Abbaugrad der Teilreaktionssysteme SBR bzw. ASR

lag beim kontinuierlichen zweistufigen Betrieb über 56 Tage zwischen 3,5 und 5,5 g_{BTM}/l. Im SBR wurde die Biomassekonzentration durch entsprechende Rückführung von Überschußbiomasse aus der aeroben Stufe auf 8 g_{BTM}/l eingestellt. Der Anaerobreaktor wurde zur Steigerung des Farbstoffumsatzes zusätzlich mit *n*-Butanol als Cosubstrat versorgt [81].

Basierend auf den Erfahrungen und Abbauergebnissen wird derzeit das entwickelte Zweistufenverfahren auf die Teilstrombehandlung eines Flottenabwassers mit wasserlöslichen Farbstoffkomponenten eines mittelständischen Textilveredlungsbetriebes angepaßt.

8.2.4
Synthetische organische Komplexbildner

Der Komplexbildner Ethylendiamintetraacetat (EDTA) wird bei einer Vielzahl von industriellen Anwendungen u.a. in der Metallveredlung, Fototechnik, Waschmittel- und Kosmetikindustrie sowie in Industriereinigern eingesetzt. Aufgrund dieses umfangreichen Einsatzfeldes sowie der schlechten biologischen Abbaubarkeit, gehört EDTA stellenweise bereits zu den meßbaren organischen Einzelverbindungen mit der höchsten Konzentration [82, 83]. Aus Oberflächenwasser gewonnenes Trinkwasser enthält bis zu 30 mg/l EDTA [84]. Aufgrund der Gefahr einer Remobilisierung von Schwermetallen aus Gewässersedimenten, wird vom Gesetzgeber eine Halbierung der EDTA-Emissionen bis zum Jahr 1996 gefordert [85].

Lauff et al. [86] konnten aus einer Industriekläranlage eine EDTA-abbauende Reinkultur gewinnen, die in der Lage ist, EDTA bis 500 mg/l abzubauen, jedoch unterhalb dieser Konzentration den weiteren Abbau des Komplexbildners einstellt. Eine EDTA-verwertende Mischkultur sowie ein daraus isolierter Stamm BNC1 (DSM 6780), die zum EDTA-Abbau bis in den Milligramm-Bereich befähigt sind, wurde von Nörtemann et al. aus industriellem Klärschlamm angereichert [87, 88]. Eine weitere EDTA-abbauende Mischkultur wird von Gschwind beschrieben [89].

Auf Grundlage des von Belly et al. [90] postulierten EDTA-Abbauweges und dem von Egli [91] beschriebenen Metabolismus des Komplexbildners Nitrilotriacetat (NTA) sowie eigenen Untersuchungen diskutieren Klüner et al. [92, 93] zwei verschiedene Abbauwege von EDTA (Abb. 8.14). Danach wird der Komplexbildner zunächst in die nachgewiesenen Metabolite Ethylendiamintriacetat (ED3A) und Glyoxylat gespalten. Ethylendiamintriacetat wird nach der ersten Abbauvariante unter sukzessiver Abspaltung von Glyoxylat über das identifizierte Zwischenprodukt N,N′-Ethylendiamindiacetat (N,N′-EDDA) und Ethylendiaminmonoacetat (EDMA) zu Ethylendiamin abgebaut. Ein zweiter und von den Autoren durch Induktionsexperimente mit den unterschiedlichen potentiellen Intermediaten postulierter Abbaumechanismus besteht in der Spaltung des ED3A-Moleküls in Iminodiacetat (IDA) und Iminoacetaldehydacetat (IAA). Die Oxidation des Aldehyds führt ebenfalls zu Iminodiacetat. Diese Verbindung kann unter abermaliger Glyoxylatabspaltung zu Glycin umgesetzt werden. Beide Intermediate (Glycin und Ethylendiamin)

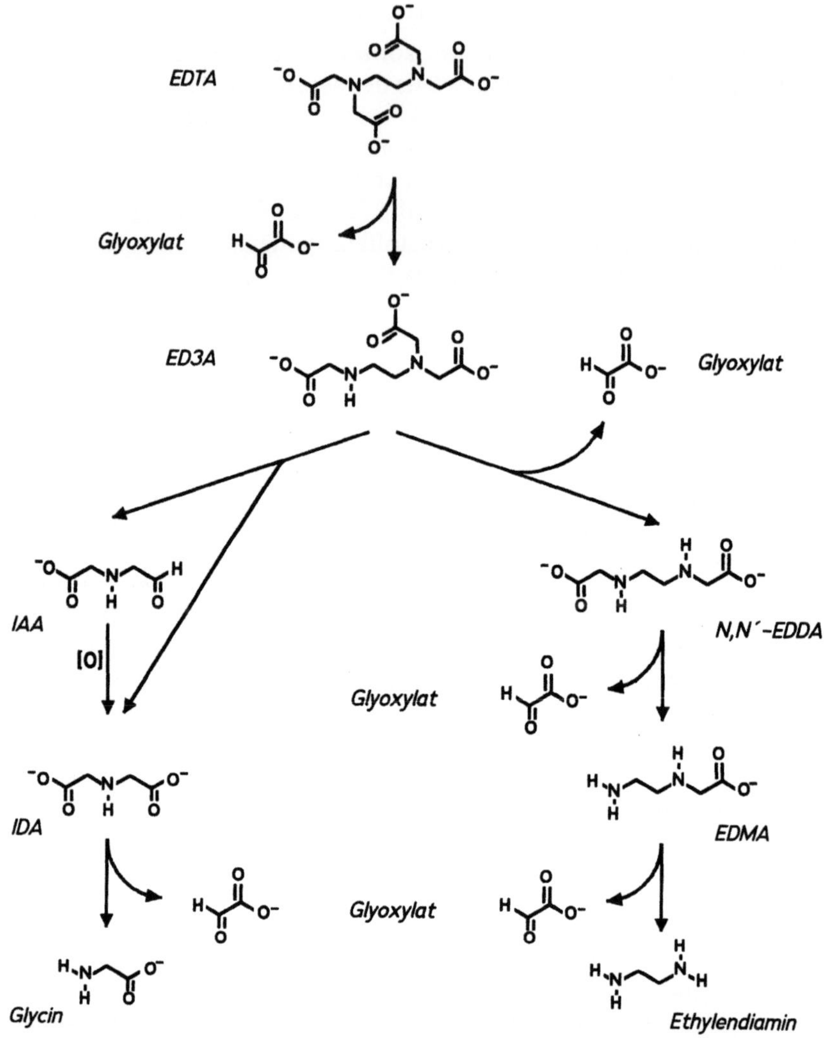

Abb. 8.14. Hypothetischer EDTA-Katabolismus, nach [93] vereinfacht dargestellt

können über weitere Zwischenprodukte zu CO_2, NH_3 bzw. NH_4^+ und H_2O verstoffwechselt werden.

Henneken et al. [94] führten reaktionstechnische Untersuchungen zum mikrobiellen Abbau des Komplexbildners in Submers- und Fließbettreaktoren mit einem synthetischen Abwasser durch, das Prozeßwässern der Kesselreinigung ähnlich ist. Neben EDTA sind in diesem Abwasser Calcium(II), Magnesium(II) und Eisen(III) als prozeßrelevante Metallionen enthalten (Tabelle 8.3).

Bei Submerskultivierung im Satzbetrieb war bei einem geringen molaren Überschuß an Metallionen der Abbau von 1100 mg/l EDTA möglich.

Tabelle 8.3. Zusammensetzung des EDTA-haltigen Modellabwassers

Molverhältnis der Abwasserinhaltsstoffe Satzbetrieb		kontinuierlicher Betrieb	
EDTA	1,0	EDTA	1,0
Mg(II)	1,19	Mg(II)	0,66
Ca(II)	0,50	Ca(II)	0,27
Fe(III)	0,11	Fe(III)	0,012
EDTA-Anfangskonzentration: 0,17–3,76 mmol/l (50–1100 mg/l)		EDTA-Eingangskonzentration: 1,54 mmol/l (450 mg/l)	

Aufgrund des schwer metabolisierbaren Anteils an Eisen(III)-EDTA im Abwasser mit seiner relativ hohen konditionellen Komplexbildungskonstante kam das Bakterienwachstum bei einer EDTA-Restkonzentration von 0,18 mmol/l (53,6 mg/l) zum Erliegen (vgl. auch Abschn. 8.3). Unter Berücksichtigung dieser Restkonzentration konnte die Kinetik des EDTA-Abbaus sowie der Biomasse- und Produktbildung (für NH_4^+) in einer Chemostatkultivierung aufgenommen und mit dem Monod-Modell beschrieben werden.

Bei Langzeitexperimenten im Labormaßstab zur Ermittlung von Leistungsgrenzen der EDTA-verwertenden Mischkultur wurde mit auf Sand immobilisierten Mikroorganismen in einem Dreiphasen-Fließbettreaktor (Airlift-Schlaufenreaktor) eine maximale Abbaurate von 1,824 mmol/(l h) bzw. 0,533 g/(l h) bei Verweilzeiten von 0,8 h erzielt [94]. Im Vergleich zu diesem Ergebnis wurde in den Versuchen von Gschwind [90] mit einer auf Polyurethanschaumflocken mit einpolymerisiertem Aktivkoks (PUR REA 90/18, fein, Fa. Bayer) trägerfixierten Mischkultur im „sequential batch"-Betrieb eine maximale Abbauleistung von ca. 0,33 mmol/(l h) erreicht.

Die Verbesserung des EDTA-Abbaus in Prozeßwässern, mit Anteilen des biologisch nur schlecht verwertbaren und sehr stabilen Eisen(III)-EDTA-Komplexes, konnten Henneken et al. [94] durch die Einführung einfacher Abwasservorbehandlungsmethoden erreichen. So bewirkt die Änderung des pH-Wertes von 8 auf 11 durch eine Ausfällung der Eisen(III)-Ionen als Hydroxid bereits eine erhebliche Verbesserung des biologischen Abbaus. Ein nahezu vollständiger EDTA-Abbau wird hingegen bei Zusatz eines zehnfachen molaren Überschusses an Ca(II) bei pH = 8 und der damit verbundenen Umkomplexierung erzielt (Abb. 8.15).

8.2.5
Abbau chlorierter Kohlenwasserstoffe

Der biologische Abbau von kurzkettigen chlorierten Kohlenwasserstoffen ist in den letzten Jahren besonders intensiv untersucht worden. Diese Verbindungen, die besonders vorteilhafte Eigenschaften, wie geringer Dampfdruck, schwere Entflammbarkeit und geringe Wasserlöslichkeit aufweisen, wurden

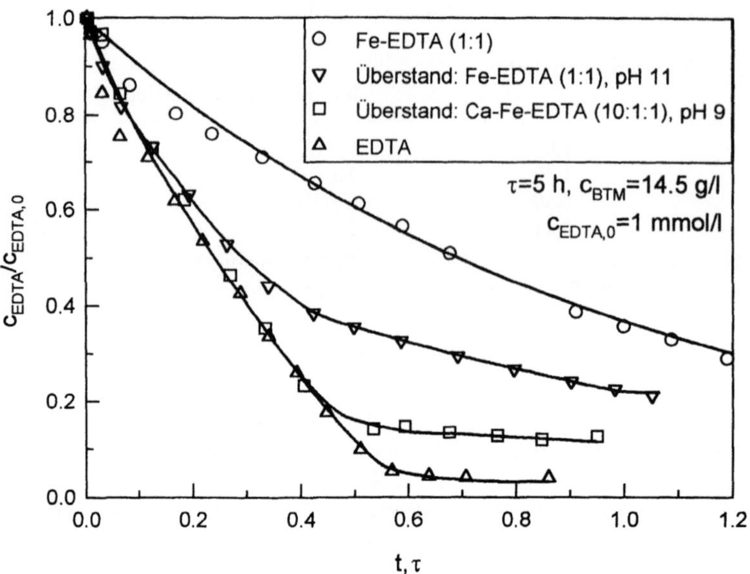

Abb. 8.15. Biologischer EDTA-Abbau unterschiedlich vorbehandelter EDTA-Proben

und werden z. T. noch heute in großen Mengen als Lösemittel zur Metallent-
fettung, zur Lackentfernung, als Extraktionsmittel, in der Wäschereiindustrie
und in der chemischen Industrie eingesetzt.

Chloralkane werden im allgemeinen vollständig und schnell biologisch metabolisiert, während die chlorierten Ethene, u. a. Trichlorethen („Tri")
sowie Tetrachlorethen (Perchlorethen, „Per") relativ energiearm sind und nur
über cometabolische Substrate (z. B. Isopren) mineralisiert werden können
[18]. Die Entfernung des Chlors aus der organischen Verbindung ist prinzipiell
über verschiedene Mechanismen möglich [95]:

- reduktive Dehalogenierung (Chlor wird durch Hydrierung reduktiv entfernt),
- Dehydrodehalogenierung (Chlor wird zuammen mit Wasserstoff aus dem
  gleichen Molekül entfernt),
- hydrolytische Dehalogenierung (Chlor wird bei der Hydrolyse durch eine
  OH-Gruppe des Wassers ersetzt) oder
- oxidative Dehalogenierung (Chlor wird durch Oxidation entfernt).

Für den mikrobiellen Abbau chlorierter Kohlenwasserstoffe gilt, daß bei einem
hohen Chlorierungsgrad der anaerobe Abbau und bei niedrigem Chlorierungsgrad der aerobe Abbau eher möglich ist. Je höher der Chlorierungsgrad,
desto langsamer verläuft die Mineralisierung. Das gleiche gilt auch für die
Gruppe der chlorierten Aromaten bzw. die Gruppe der Pestizide bzw. Pflan-
zenbehandlungs- und Schädlingsbekämpfungsmittel (PBSM).

Pestizide entstammen den unterschiedlichsten Substanzklassen
und enthalten sehr häufig Chlor. Derzeit sind in Deutschland ca. 1800 Pflan-

Tabelle 8.4. Pflanzenbehandlungs- und Schädlingsbekämpfungsmittel (PBSM), nach [96]

Anilide	Metazachlor, Propachlor, Picloram
Carbamate	Aldicarb, Primicarb, Propham, Thiram, Maneb
Carbonsäuren und Derivate	Dichlorprop, Mecoprop, Metalaxyl
Harnstoffderivate	Isoproturon, Linuron, Bromacil, Chlortoluron
Organochlorverbindungen	DDT, γ-HCH (Lindan, γ-Hexachlorcyclohexan), Endosulfan, Methoxychlor
Phenolderivate	Bromoxinil, Dinoseb
Phosphorsäureester	Azinphos, Parathion (E 605)
Triazinderivate	Atrazin, Simazin, Terbutylazin, Terbutryn, Metamitron

zenschutzmittel zugelassen, mit ca. 280 Wirkstoffen. Jährlich kommen 30 000 t Wirkstoffe zur Anwendung. Mengenmäßig sind Herbizide („Unkrautvernichtungsmittel") die wichtigste PBSM-Gruppe [96]. Da sie großflächig ausgebracht werden und die meisten Wirkstoffe persistent eingestuft werden, besitzen sie ein hohes Wassergefährdungspotential [97]. Das im Maisanbau verwendete Atrazin und Triazin-Derivate sind mittlerweile häufig in Grund- und Oberflächenwasser anzutreffen [96]. Eine Reihe hochtoxischer Insektizide wurde inzwischen in vielen Ländern verboten bzw. wurde ihre Anwendung eingeschränkt, so z.B. Aldrin, Dieldrin, Endrin, Isodrin, Chlordan, Heptachlor, Toxaphen, DDT (1,1,1-Trichlor-2,2-bis-(4-chlorphenyl)-ethan), HCH (Hexachlorcyclohexan). Für das sehr langlebige Insektizid DDT (Halbwertzeit 15 Jahre) konnte ein kombinierter biologischer Abbau von anaerober mit anschließender aerober Stufe gefunden werden [98]. Tabelle 8.4 zeigt eine Übersicht einiger Pflanzenbehandlungs- und Schädlingsbekämpfungsmittel (PBSM).

Ein weiteres schwerwiegendes Problem für den biologischen Abbau stellen Desinfektionsmittel und Konservierungsmittel, die u.a. auch chlorierte Kohlenwasserstoffe enthalten und unter dem Begriff „Mikrobiozide" zusammengefaßt werden können, dar. Diese Verbindungen sind nicht nur für den Kläranlagenbetrieb, sondern auch für die Selbstreinigung von Oberflächengewässern und die Trinkwasseraufbereitung problematisch [99]. Das Hauptproblem für die biologische Behandlung derartiger Abwässer besteht in der großen Anzahl der Substanzen und ihrer unterschiedlichen Eigenschaften. Dies zeigt eine Studie ausgewählter Modellsubstanzen mit Pentachlorphenol (PCP), Tributylzinnoxid, Formaldehyd und Benzalkoniumchlorid [100].

Als biologisch besonders schwer abbaubar gilt bisher die Gruppe der Dioxine. Zwar konnte ein biologischer Abbau der nicht halogenierten Grundverbindungen Dibenzofuran und Dibenzodioxin sowie mono- und dichlorierter Dibenzodioxine nachgewiesen werden [101], der mikrobielle Abbau der Verbindung 2,3,7,8-Tetrachlordibenzodioxin (Seveso-Dioxin) war bisher jedoch noch nicht erfolgreich [102].

Die bisherigen Untersuchungen zum Abbau chlorierter Kohlenwasserstoffe befinden sich derzeitig noch zum größten Teil im Laborstadium.

Forschungsschwerpunkte beim biologischen Abbau dieser vielfältigen Substanzgruppe bilden u. a.

- die Suche nach geeigneten Cosubstraten sowie der Abbau der Schadstoffe bei geringen Konzentrationen,
- die Entwicklung kombinierter anaerober und aerober Abbausysteme und
- die Möglichkeiten der AOX-Entfernung durch kombinierte Behandlungsverfahren, z. B. chemische Vorbehandlung durch Oxidation mit anschließender biologischer Stufe.

8.3
Ursachen für die Persistenz bestimmter Abwasserinhaltsstoffe

Als Ursache für die Persistenz, d. h. der unzureichenden biologischen Abbaubarkeit gewisser Naturstoffe, u. a. Lignine, Huminsäuren und Melanine, werden Eigenschaften wie hohes Molekulargewicht oder starke intramolekulare Vernetzung verantwortlich gemacht. Weiterhin sind geringe Wasserlöslichkeit, starke Adsorption oder Flüchtigkeit – also eine geringe Bioverfügbarkeit der betreffenden Substanz – Eigenschaften, die einen biologischen Abbau limitieren können. Die Langlebigkeit synthetischer niedermolekularer Fremdstoffe, u. a. polychlorierte Biphenyle (PCB), Phenole, halogenierte und sulfonierte Kohlenwasserstoffe, kann auf diese physikalischen Eigenschaften allein jedoch nicht zurückgeführt werden. Vielmehr gründet sich die Persistenz dieser Verbindungen auf bestimmte chemische Strukturelemente, insbesondere auf Eigenschaften sterischer sowie induktiver und mesomerer Art.

Die wichtigsten chemischen Strukturelemente zur Charakterisierung der Beeinträchtigung der biologischen Abbaubarkeit sind die in der Natur nur sehr selten vorkommenden Chlor-, Brom- oder Nitro-Substituenten. Echten Fremdstoffcharakter besitzen die Substituenten Fluor, Perfluoralkyl sowie Sulfonsäure und die in Farbstoffen häufig vorhandene Azogruppe, die unter Naturstoffen sehr selten oder gar nicht bekannt sind [67].

In der Regel wird allein der sterische Einfluß der Substituenten die Abbaugeschwindigkeit der betreffenden Verbindung stark verlangsamen bzw. den Angriff von Enzymen nicht zulassen [103]. Nörtemann [40] diskutiert so z. B. das Vorhandensein eines „Substrataufnahmekanals", der die Permeation des Substrates in die Zelle und die Umsetzung durch spezifische Enzyme nur für sterisch besonders „günstige" Moleküle erlaubt.

Bei der Stoffgruppe der Naphthalindisulfonsäuren ergibt sich so z. B., daß durch Substituenten in den Positionen C1, C4, C5 und C8 des Naphthalingerüstes die Aufnahme des Substrates in die Zelle besonders behindert ist, da diese Moleküle eine relativ große transversale Raumausdehnung aufweisen (Abb. 8.16). Der bakterielle Abbau der Substanzen 1,4 NDS und 1,5 NDS wurde tatsächlich bisher noch nicht beobachtet.

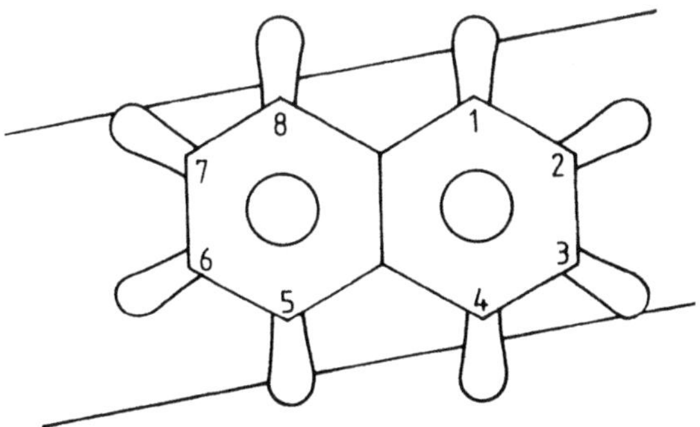

Abb. 8.16. Sterische Hinderung der Aufnahme von Naphthalindisulfonsäuren in die Zelle durch Substituenten transversal zur Substratachse

Tabelle 8.5. Einfluß von Metallionen auf den mikrobiellen Abbau von EDTA (unter den Elementsymbolen sind die jeweiligen logarithmischen konditionellen Komplexbildungskonstanten bei pH 8, einer Ionenstärke von 0,1 und einer Temperatur von 25 °C angegeben)

Ca	= Ba	≥ Mg	> Sn	= Mn	> Zn	≫ Cd	≥ Fe	= Pb	= Cu	> Ni	> Hg
8,35	5,45	6,35	?	11,65	14,40	14,40	13,68	15,23	16,15	16,23	9,78
stabilisierend				neutral		hemmend					inaktivierend

Ganz anders diskutiert werden müssen die Persistenzursachen bei organischen Komplexbildnern, wie z.B. EDTA. Diese Verbindung besitzt von seiner molekularen Struktur her keinen erkennbaren Fremdstoffcharakter. Seine schlechte biologische Abbaubarkeit wird auf die stark komplexierenden Eigenschaften des Chelatbildners zurückgeführt. Bis auf wenige Ausnahmen (Zink-, Cadmium- und Quecksilber-EDTA-Komplex) nimmt die Biologiefähigkeit von EDTA mit steigender Komplexbildungsstabilität ab [88, 104], (vgl. Tabelle 8.5).

EDTA entzieht sich noch aus einem weiteren Grund dem biologischen Abbau: Es kann essentielle Metallionen aus den bakteriellen Zellwänden binden und dadurch die Mikroorganismen hemmen bzw. inaktivieren. Untersuchungen von Klüner et al. [92] zeigen, daß ein verzögerter EDTA-Abbau bei Umsatzversuchen mit Ruhezellen durch den Zusatz von Erdalkali- (Mg^{2+}, Ca^{2+} und Ba^{2+}) sowie von Zinnionen ganz oder teilweise vermieden werden kann. So werden bei Zugabe der obengenannten Kationen diese vom Chelatbildner anstelle der membrangebundenen Metallionen bevorzugt komplexiert, was zu einer deutlichen Verkürzung der Anlaufphase bei EDTA-Umsatzversuchen führt.

In Gegenwart sehr stabiler Metall-EDTA-Komplexe z.B. mit Kupfer-, Cadmium-, Nickel-, Kobalt-, Blei- oder Eisen(III)-Ionen kann der EDTA-Abbau in drei Phasen unterteilt werden. Anhand von Abb. 8.17 soll der EDTA-Umsatz beispielhaft bei der Anwesenheit von Cadmiumionen diskutiert werden. In der Regel wird in der ersten Phase nur das überschüssige freie EDTA metabolisiert. Die Cadmiumkonzentration bleibt sowohl in der Lösung als

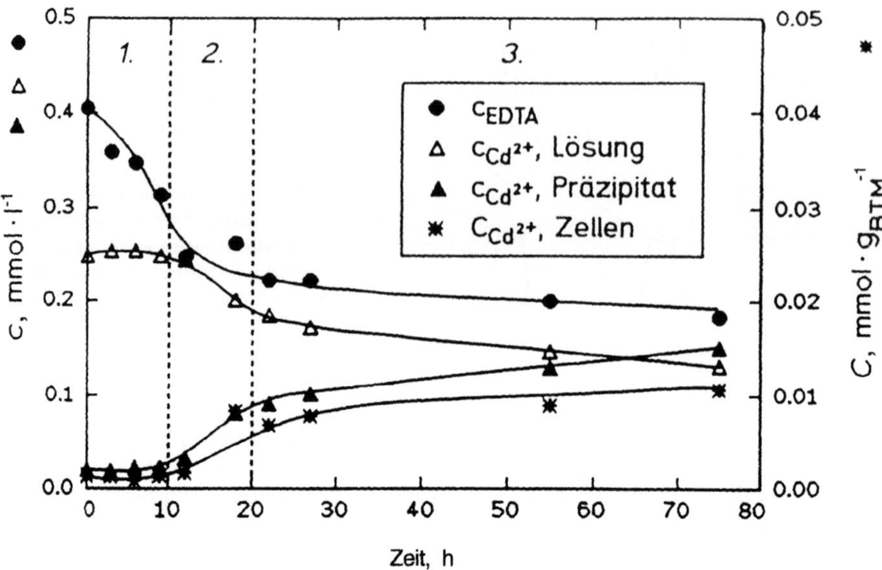

Abb. 8.17. Verlauf der Cadmiumkonzentration in der Lösung, den Zellen und im Präzipitat beim Umsatz von EDTA durch Ruhezellen des Stammes BNC1 ($c_{BTM} = 0,27$ g/l)

auch im Präzipitat und in den Zellen konstant. In der zweiten Phase wird zunehmend auch der Cadmium-EDTA-Komplex in die Zellen aufgenommen, was in der Abnahme der Cadmiumkonzentration in der Lösung und der gleichzeitigen Zunahme der intrazellulären Cadmiumkonzentration zu erkennen ist. Erst bei Einstellung annähernd äquimolarer Mengen von EDTA-Konzentrationen und Schwermetallkonzentration wird EDTA entsprechend dem thermodynamischen Gleichgewicht mit sehr geringen Reaktionsraten oxidiert (dritte Phase) [92].

Die oben diskutierten Substrateigenschaften und ihre Auswirkungen auf die biologische Abbaubarkeit sind in Tabelle 8.6 nochmals zusammenfassend dargestellt.

Die bisherigen Erkenntnisse über die Evolution neuer Abbaueigenschaften für Fremdstoffe zeigen, daß sich diese katabolischen Fähigkeiten zur Verwertung nichtbiogener Substanzen in relativ kurzer Zeit unter optimalen Selektions- und Wachstumsbedingungen entwickeln können. Zusammengefaßt [105] hängen sie ab von

- einer analogen Raumerfüllung des Fremdstoffes zu einer bisher abbaubaren Verbindung (marginale Abbausequenz),
- der Polarität des Fremdstoffes für die Bindung am aktiven Zentrum,
- einer vergleichbaren Reaktivität zwischen Fremdstoff und „natürlichem" Substrat,
- dem Vorhandensein von Abbauenzymen mit geeigneter und veränderbarer Spezifität,

Tabelle 8.6. Substrateigenschaften und ihre Auswirkungen auf die Bioabbaubarkeit (+ = Verbesserung, – = Verschlechterung der Bioabbaubarkeit)

Eigenschaften des Substrates	Auswirkungen auf die Abbaubarkeit
Wasserlöslichkeit	+
geringes Molekulargewicht	+
Monomere im Vergleich zu Polymeren	+
hoher Vernetzungsgrad	–
polare Gruppen, Ladungen	je nach Ladung + (neutral > negativ > positiv) –
komplexierende Eigenschaften	– abhängig von der Komplexbildungskonstante mit jeweiligem Metallion
unphysiologische Substituenten: – sterische Hinderung des Stofftransportes durch Substituenten	–
– induktive und mesomere Effekte von Substituenten am Substratmolekül auf die Enzymaktivität	enzymabhängig
Heteroatome	–
u.a. Chlor-, Brom-, Nitrosubstituent	enzymabhängig
echten Fremdstoffcharakter besitzen Fluor, Perfluoralkyl-, Sulfonsäure-, Diazogruppe	
hoher Oxidationsgrad	– (bei aerobem Stoffwechsel)

– dem Vorhandensein eines Transportsystems für die Aufnahme des Fremdstoffes in die Bakterienzelle sowie
– entsprechend aktivierbaren Regulationsmechanismen.

8.4
Konzepte zur Behandlung von Abwässern mit schwerabbaubaren Inhaltsstoffen

Der Entwicklungsstand zur Eliminierung umweltgefährdender Stoffe ist trotz der in den letzten 15 Jahren erzielten technischen Fortschritte von Verfahren zur Behandlung von Abwässern mit schwerabbaubaren Abwasserinhaltsstoffen immer noch außerordentlich unbefriedigend. Die aktuellen Forschungs- und Entwicklungsaktivitäten zum biologischen Abbau von Fremdstoffen werden in den Tabellen 8.7 a und b stichpunktartig zusammengefaßt.

Der Abbau der schwerabbaubaren Abwasserinhaltsstoffe wird oftmals durch die Vermischung mit weniger belasteten Abwässern nur vorgetäuscht. In den letzten Jahren sind seitens des Gesetzgebers eine Reihe von

Tabelle 8.7 a. Abbau von Fremdstoffen mit Spezialkulturen: Forschungsziele in der Biologie und Immobilisierungstechnik

- Spezialkulturen, Mischpopulationen: kritische Metabolite im Fremdstoffabbau
- Abbauspektrum in Mischpopulationen (spielen mutualistische Wechselwirkungen eine Rolle?)
- kinetische Untersuchungen im Multisubstratgemisch (Wachstumskinetik einzelner Stämme in der Mischkultur, Cometabolismus, kompetitive Substrate?), Populationszusammensetzung
- Immobilisierung: Mechanismen der Biofilmbildung (Flockungsphänomene, Adsorptionsphänomene, Exopolymermatrix)
- Stofftransportvorgänge im Biofilm
- Identifizierung der Spezialisten im Biofilm, Populationsdynamiken
- Stabilität von Biofilmen (Stofftransport, physiologische Veränderung der Mikroorganismen, Schereinfluß)

Tabelle 8.7 b. Abbau von Fremdstoffen mit Spezialkulturen: Forschungsziele in der Reaktortechnik und Reaktionsführung

- Verfahrenstechnische Grundlagen in Fließ- und Festbettreaktoren (Aufwirbelcharakteristik, Durchmischung, Sauerstoffeintrag, Hydrodynamik, scale-up)
- Schereintrag in Reaktoren und Reaktorbauteilen
- mathematische Modellierung von Reaktoren unter Einschließung biologischer Vorgänge (auf der Basis von Algorithmen und wissensbasierter Systembeschreibung; Modelle für Störfälle?)
- Multi-Substrat-Regelung (Online- bzw. Inline-Probenahme, Prozeß-HPLC, Fließinjektionsanalytik, Summenparameter (AOX, DOC, etc.)
- Trennung der Biozönose bei mehrstufiger Reaktionsführung
- Zuimpfung von Spezialisten aus einer Nebenstromanzucht?
- Erhöhung der Biologiefähigkeit durch Voroxidation von persistenten Substanzen (u. a. mit Ozon, Ozon/Wasserstoffperoxid, Wasserstoffperoxid/UV)

Auflagen gemacht worden, die die Industrie zur Umstellung von Produktionsverfahren, zur Minimierung der problematischen Schadstoffe und zur Abwasservermeidung veranlassen wird.

Insbesondere bei der Behandlung von biologisch schwerabbaubaren Abwasserinhaltsstoffen können die konventionellen Kläranlagen das Reinigungspotential der Mikroorganismen nur unzureichend nutzen. Zum einen wird durch das Vermischen unterschiedlicher Abwasserströme ein Verdünnungseffekt erzielt, so daß kritische Problemstoffe nur noch in Konzentrationen vorliegen, die nicht ausreichen, um einen biologischen Abbau zu initiieren. Zum anderen bieten zentrale Sammelkläranlagen den Spezialisten aufgrund ihrer hohen Wachstumsanforderungen keine genügenden Etablierungschancen [1], (vgl. Abb. 8.18).

Einen Ansatz zur Verbesserung dieser Problematik bietet die gezielte Abwasserbehandlung von besonders belasteten Teilströmen in kompakten Entsorgungseinheiten. Diese Teilströme werden dazu direkt am Ort ihres Entstehens mit Hilfe verschiedenartiger Verfahren – je nach Art ihrer Zusammensetzung – behandelt (siehe Abb. 8.19).

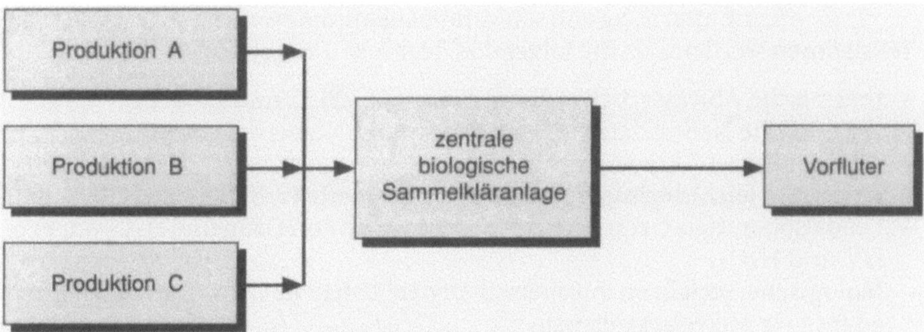

Abb. 8.18. End-of-pipe-Abwasserbehandlung direkteinleitender Betriebe

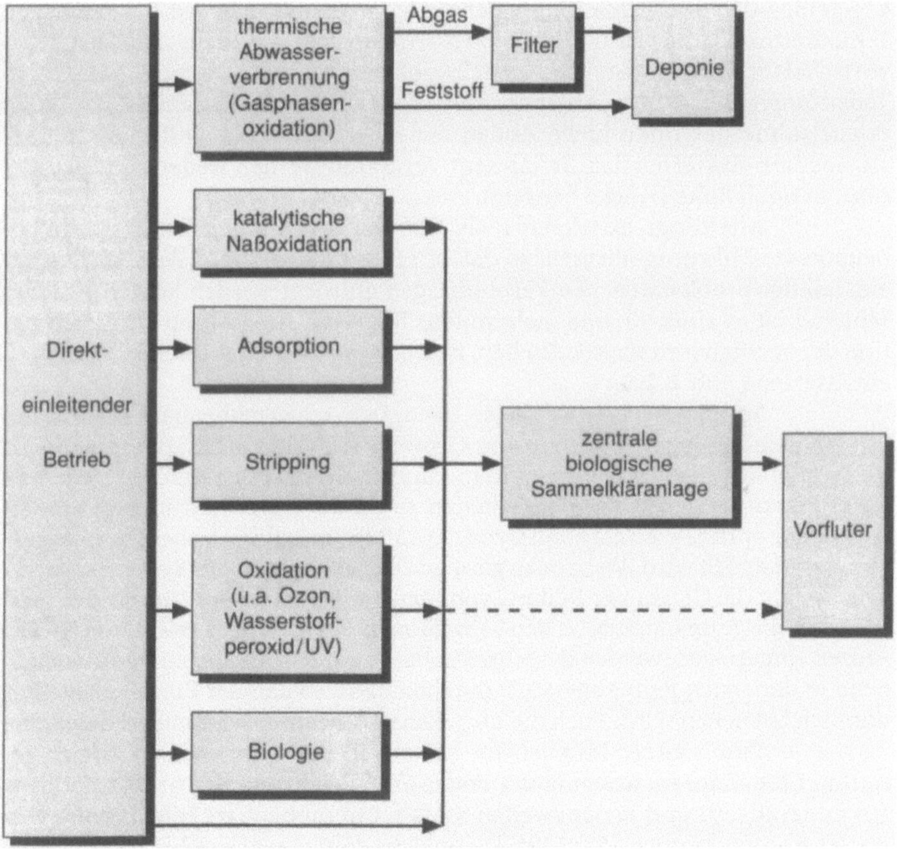

Abb. 8.19. Teilstrombehandlung direkteinleitender Betriebe

Zur Entfernung von schwerabbaubaren Abwasserinhaltsstoffen aus Teilströmen werden z. Z. die folgenden Techniken angewendet

- thermische Abwasserbehandlung zwischen 500 °C und 1100 °C,
- katalytische Naßoxidation (Hochdruck- und Niederdruckverfahren),
- Adsorption an Aktivkohle,
- Strippung leichtflüchtiger Abwasserinhaltsstoffe (z. B. NH_4^+ als NH_3),
- Oxidation mittels Ozon oder der Kombination von Ozon und H_2O_2 oder von UV und H_2O_2,
- biologische Verfahren mit speziell an den Abbau der Abwasserinhaltsstoffe adaptierte Mikroorganismen,
- Membranverfahren.

Die Energiekosten für die katalytische Naßoxidation sind geringer als die für die Verbrennungsverfahren. Die Verfahren zur Oxidation der schwerabbaubarem Substanzen mittels Ozon oder UV/Wasserstoffperoxid bieten gegenüber den Naßoxidationsverfahren den Vorteil, daß sie bei niedrigen Temperaturen und zum Teil bei Normaldruck arbeiten. Die betriebswirtschaftlich sinnvollste und gleichwohl eleganteste Lösung – gerade bei Teilströmen mit hohen Anteilen von biologisch abbaubarem CSB – stellt zweifelsohne der mikrobielle Abbau der Abwasserinhaltsstoffe mit speziell angepaßten Bakterien dar. Bei diesem Verfahren werden weder hohe Temperaturen noch hohe Drücke benötigt.

Allerdings existieren nicht für alle organischen Inhaltsstoffe abbaupotente Mikroorganismen, so daß auf rein biologischem Wege bisher nur ein Teil der problematischen Verbindungen entsorgt werden können. In diesem Fall ist es sinnvoll eine mehrstufige Teilstrombehandlung als Kombination der verfügbaren physikalischen, chemischen und biologischen Verfahren einzusetzen (Abb. 8.20).

So können beispielsweise biologisch schwerabbaubare Substanzen mit Hilfe des gezielten Einsatzes von Ozon bis zur Biologiefähigkeit anoxidiert und schließlich einer biologischen Reinigungsstufe zugeführt werden [106]. Zentraler Punkt bei den Forschungsarbeiten zu dieser Prozeßführungsvariante ist derzeit der optimale Eintrag von Ozon, so daß ein möglichst hoher Ozonausnutzungsgrad erzielt wird. Werden zu geringe Ozonmengen in das System eingetragen, besteht die Gefahr der Bildung von Metaboliten, die unter Umständen toxischer als die Ausgangssubstanzen sein können [107]. Wird zuviel Ozon in den Prozeß eingetragen, werden die schwerabbaubaren Verbindungen schon weitgehend in der ersten Reinigungsstufe durchoxidiert, so daß der Prozeß nicht ökonomisch betrieben wird. Auch die umgekehrte Verfahrensvariante ist denkbar.

Eine weitere Möglichkeit besteht in der Kombination zweier getrennter Biozönosen, wobei in der ersten Stufe leichtverwertbare Komponenten mineralisiert und in der zweiten Stufe schwerabbaubare Inhaltsstoffe verwertet werden können [52, 149]. Die gleiche Verfahrenskombination könnte auch eine aerob und anaerob betriebene Reinigungsstufe beinhalten [80].

Eine chemisch-physikalische Verfahrensweise stellt die Oxidation mit anschließender Adsorption der anoxidierten Abwasserinhaltsstoffe an Aktivkohle dar.

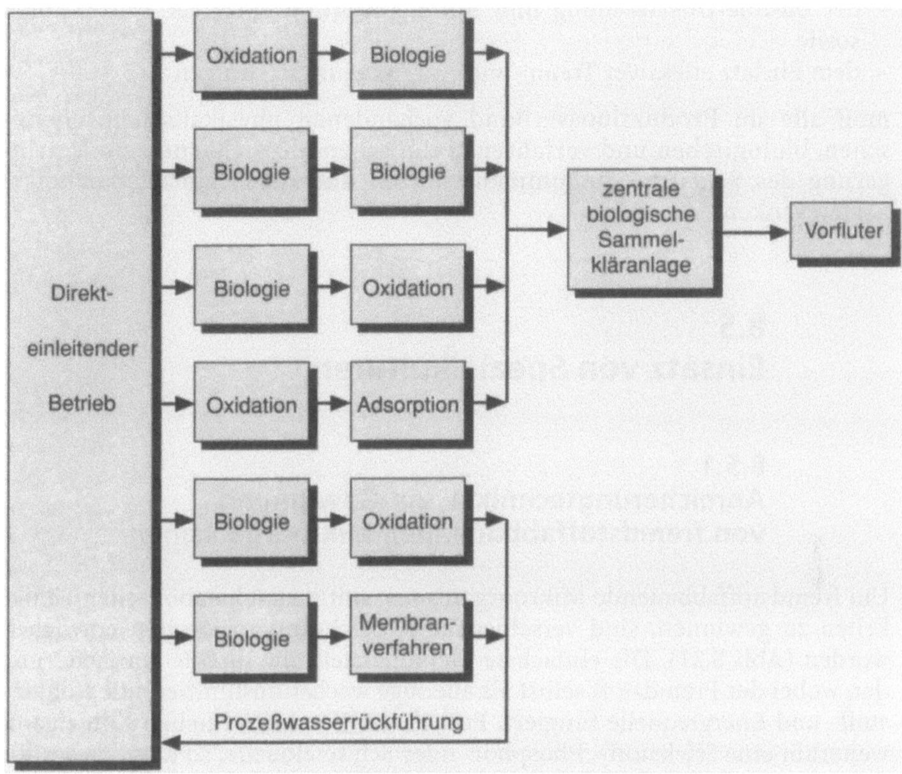

Abb. 8.20. Mehrstufige Teilstrombehandlung direkteinleitender Betriebe

Eine Rückführung des gereinigten Abwassers in den Prozeß kann z. B. durch Membrantrennverfahren zur Rückhaltung der Biomasse bzw. durch die Nachschaltung einer Ozonisierungsstufe zur Abtötung von Restkeimen [108] erreicht werden. Durch die Einführung dieser Maßnahme kann im Idealfall der zunehmend geforderte abwasserfreie Produktionsprozeß verwirklicht werden.

Man kann davon ausgehen, daß in Zukunft die Entsorgung von Schadstoffen integraler Bestandteil einer Produktionsanlage sein wird. Um die Leistungsfähigkeit zukünftiger Abwasserbehandlungstechniken in diesem Punkt weiter voranzutreiben, wird man dabei im verstärkten Maße die Produktion unter Umweltgesichtspunkten mit in die Planung einbeziehen. Dabei muß versucht werden, durch neuartige Prozeßführungen reststoffarme Synthesewege zu entwickeln [109, 110], mit dem Ziel gleichzeitig die Wirtschaftlichkeit des Herstellungsverfahrens zu verbessern und das Prozeßwasser unmittelbar an der Stelle seiner Erzeugung zu behandeln und rückzuführen. Diese Abkehr vom „End-of-pipe"-Umweltschutz zum produktionsintegrierten Umweltschutz mit den Zielsetzungen

- der Herstellung von Produkten mit hoher Umweltverträglichkeit,
- der Entwicklung reststoffarmer Synthesewege,

- der on-line-Überwachung und Automatisierung einzelner Prozeßstufen sowie
- dem Einsatz effektiver Trenn- und Anreicherungstechniken

muß alle im Produktionsverbund vorhandenen physikalischen, chemischen, biologischen und verfahrenstechnischen Möglichkeiten zur Verringerung des Schadstoffaufkommens nutzen und dabei ggf. Herstellungskosten senken.

8.5
Einsatz von Spezialkulturen

8.5.1
Anreicherungtechniken zur Gewinnung
von fremdstoffabbauenden Mikroorganismen

Um fremdstoffabbauende Mikroorganismen mit neuen katabolischen Fähigkeiten zu gewinnen, sind verschiedene Anreicherungsstrategien entwickelt worden (Abb. 8.21). Die einfachste Methode stellt die direkte Anreicherung dar, wobei der Fremdstoff selbst als alleinige wachstumslimitierende Kohlenstoff- und Energiequelle fungiert. Enthält der Fremdstoff neben Kohlenstoff weiterhin eine Stickstoff-, Phosphor- oder Schwefelquelle, so kann dieser für die Anreicherung in Gegenwart einer zusätzlichen C-Quelle angeboten werden. Falls die Mikroorganismen in der Lage sind, diese essentiellen Elemente zum Wachstum zu nutzen, kann unter Umständen das Fremdstoff-Molekül seine Struktur verändern und biologisch abbaubar werden. Eine weitere Anreicherungstechnik besteht darin, fremdstoffabbauende Mikroorganismen mit einer strukturanalogen Verbindung, die im günstigsten Fall einen identischen Abbauweg besitzt, voranzureichern. Diese strukturanaloge Verbindung wird im weiteren Verfahren sukzessive durch den eigentlichen Fremdstoff ersetzt. Besitzen Mikroorganismen cooxidative Fähigkeiten, d.h. Eigenschaften zur Bildung von dead-end Metaboliten, die eventuell toxischer und persistenter als die Ursprungsverbindung sind, so kann der Fremdstoff in Gegenwart von komplexen Substratgemischen (u.a. Pepton-Fleischextrakt, Zucker), deren Konzentration fortlaufend verringert wird, zur Anreicherung eingesetzt werden.

8.5.2
Immobilisierungsmethoden und Biofilmbildung

Die Etablierung der nach diversen Anreicherungsstrategien isolierten Spezialkulturen in technischen Reaktorsystemen der Fremdstoffabwasserbiologie stellt derzeitig das zentrale Arbeitsgebiet in Forschung und Entwicklung dar.

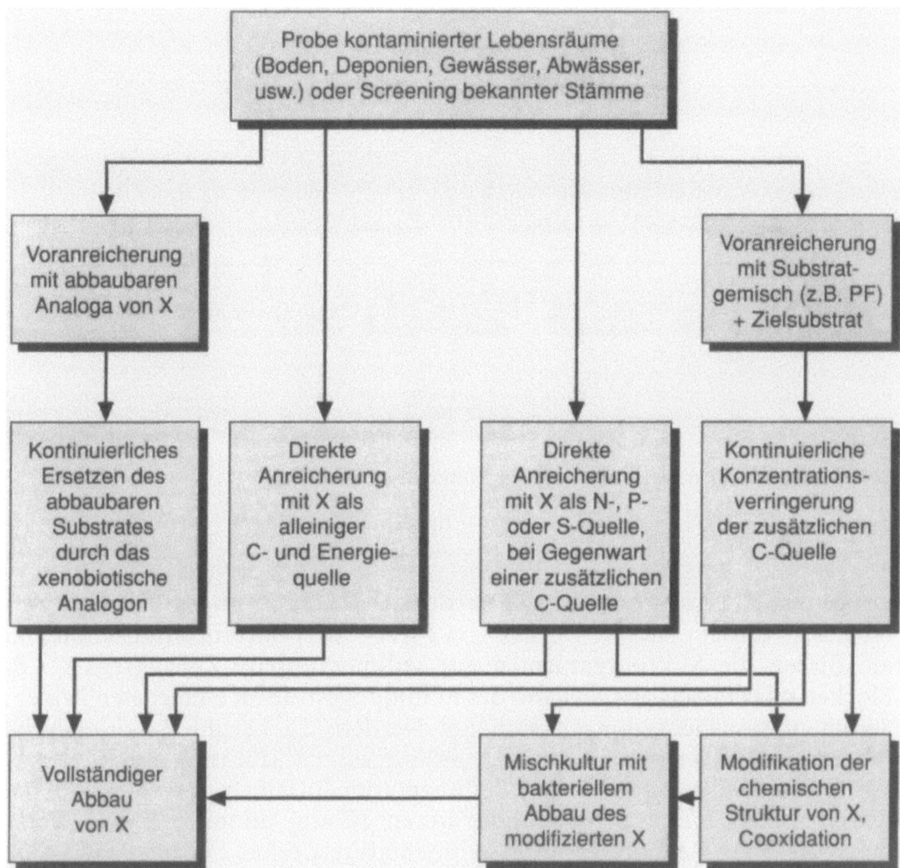

Abb. 8.21. Schema mikrobiologischer Anreicherungstechniken, nach [111]

Da die spezifischen Wachstumsraten der fremdstoffabbauenden Mikroorganismen aufgrund mikrobieller Stoffwechseleigenschaften, hoher Substratlimitierungen oder Inhibierungen durch Begleitstoffe oft sehr niedrig sind, ist es besonders wichtig, hohe Biomassekonzentrationen in den Abwasserreaktoren einzustellen [112].

Eine Zellanreicherung im Reaktor kann entweder durch Biomasse-*rückführung* oder *-rückhaltung* realisiert werden. Technische Maßnahmen hierzu beruhen entweder auf der externen Aufkonzentrierung der Biomasse durch Sedimentations-, Flotations- und Filtrationsverfahren mit anschließender Bakterienrückführung in den Reaktor oder auf einer Rückhaltung der Mikroorganismen im Reaktor durch Fixierung auf ruhenden oder fluidisierten Trägermaterialien (Abb. 8.22).

Submerse Zellen, d.h. vereinzelt in der Flüssigphase vorkommende Mikroorganismen, können schon bei größeren Belastungsschwan-

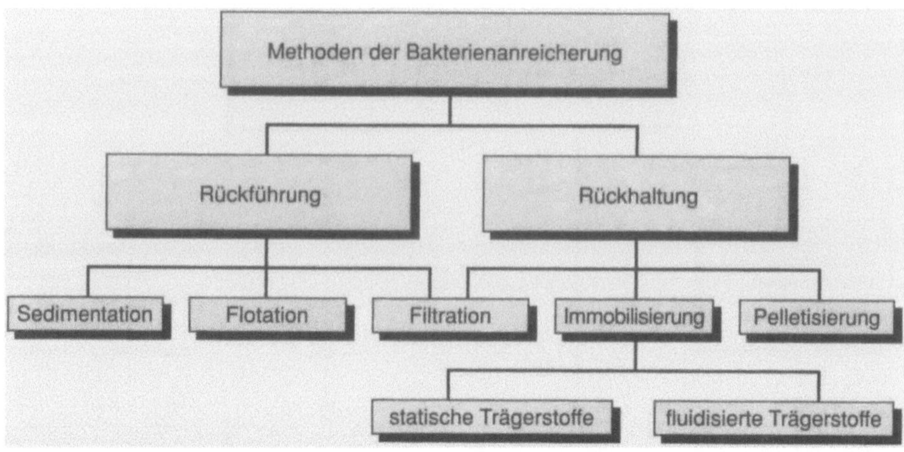

Abb. 8.22. Methoden zur Anreicherung von Biomasse, nach [113]

kungen aus der Anlage ausgespült werden. Als Rückführungsmaßnahme bietet sich in diesem Fall der Einsatz von Ultra- und Mikrofiltrationseinheiten an. Bilden die Mikroorganismen gut sedimentierbare Zellaggregate z.B. Flocken oder Pellets aus, so kann der Reinigungsstufe im einfachsten Fall ein Sedimentationsbecken nachgeschaltet werden. So beruht das klassische Belebtschlammverfahren u. a. auf einer Biomasserückführung durch Flokulation und der anschließenden Sedimentation in einem nachgeschalteten Absetzbecken, z.B. ein Dortmundbrunnen. Häufig kommt es jedoch unter den anaeroben Bedingungen im Sedimentationsbecken zum Aktivitätsverlust der Biomasse. Hohe Zellaktivitäten stellen aber die Grundvoraussetzung für die effektive Abbauleistung dar und lassen sich sehr wirkungsvoll mit einer Biomasserückhaltung durch immobilisierte Mikroorganismen erreichen. Die Vor- und Nachteile der Zellimmobilisierung bzw. Fixierung sind in Tabelle 8.8 zusammengestellt.

Für die Immobilisierung ganzer Zellen sind eine Vielzahl von Methoden und Techniken entwickelt worden, die in Tabelle 8.9 zusammengefaßt sind.

Nach einem Klassifizierungsschema von Klein [117] kann zwischen Immobilisierung durch Bindung und Einschluß der Zellen unterschieden werden. Im Falle der Bindungsimmobilisierung differenziert man weiterhin zwischen Haupt- und Nebenvalenzbindung, wobei diese Fixierung von Mikroorganismen untereinander durch Aggregation, Flockulation oder Pelletbildung und auf inerten Trägern eingegangen werden kann. Bei den Einschlußverfahren in Polymernetzwerken wie z.B. Carrageenan, Alginat, Polyacrylamid oder der Membraneinkapselung basiert die Immobilisierung vor allem darauf, daß ein Auswaschen der Zellen aus rein geometrischen Gründen verhindert wird. In der biologischen Abwassertechnik hat sich als die vorteilhafteste Methode zur Biomasserückhaltung die Adhäsion an inerten Träger-

Tabelle 8.8. Vor- und Nachteile der Zellimmobilisierung in der Abwassertechnik, nach [66, 114–116]

Vorteile	Nachteile
- einfache Biomasseabtrennung - Wiederbenutzung der Biomasse z.B. bei wiederholtem batch-Betrieb - hohe Biomassekonzentrationen durch große Aufwuchsflächen - Entkopplung von Zellwachstum und hydraulischer Verweilzeit; Reaktorbetrieb oberhalb der maximalen Wachstumsrate der Zellen möglich - Erhöhung der Abbauleistung - geringe Wachstumsraten, weniger Überschußbiomasse - große Verweilzeit der Biomasse (hohes Schlammalter) - keine Blähschlammbildung - günstige ökologische Bedingungen für Mischkulturen - Toleranz gegenüber suboptimalen Wachstums- und Abbaubedingungen - Adsorption von Wasserinhaltsstoffen an adsorptionsaktiven Trägern (z.B. Aktivkohle) - Erhöhung des Oxidationspotentials von O_2 an adsorptionsaktiven Trägern	- Stofftransportlimitierungen - Konzentrationsgradienten im Biofilm (bei Anwesenheit toxischer Verbindungen auch von Vorteil) - Scherempfindlichkeit (mit Einschränkung) - Entsorgung der Biomasse u.U. schwieriger - Erhöhung des Feststoffanteils im Reaktor

Tabelle 8.9. Methoden zur Immobilisierung ganzer Zellen, nach [66, 116]

Einschluß in Polymeren

natürliche Polymere	*synthetische Polymere*
- Carrageenan - Alginat - Chitosan - Collagen	- Polyacrylamid

Membraneinkapselung

feste Membranen	*flüssige Membranen*

Flockulation und Pelletbildung

natürlich	*künstlich*
- Flockung - Pelletbildung	- Quervernetzung - Metallhydroxidflocken

Adhäsion oder Bewuchs in oder auf festen Trägern

poröse Träger	*auf Oberflächen*
- A-Kohle, Braunkohle, Koks - Lavaschlacke - poröses Glas - Schaumstoff	- Holzspäne - Sand, Gestein, Schlacke - Glas - Kunststoff - Metallträger - Ionenaustauscher

materialien (u. a. Bruchsand, Aktivkohle, porösen Sintergläsern oder Ionenaustauscherharzen) gegenüber den relativ teuren und scherempfindlichen Polymerträgern bewährt. Dabei ist es weitgehend unerheblich, ob poröse oder nichtporöse Träger eingesetzt werden. Die gelegentlich genannten Vorteile des größeren Schutzes der Zellen in den Poren wird durch Stofftransportlimitierungen im porösen Träger erkauft. So ist es in erster Linie vom Reaktorsystem (Festbett-Fließbett, aerob-anaerob, leichtabbaubare-schwerabbaubare Substanz) abhängig, ob dem Bewuchs *in* porösen Trägern oder dem *auf* Oberflächen nichtporöser Träger der Vorzug gegeben wird [66].

Bei der Anlagerung von Zellen und dem Bewuchs von festen Trägermaterialien wirken prinzipiell die gleichen Mechanismen, die auch für die Flockulation und Pelletbildung ursächlich sind. Nach Characklis und Cooksey [118] sowie Trulear und Characklis [119] können bei kontinuierlicher Betriebsführung verschiedene Phasen der Bildung von Biofilmen unterschieden werden. Während die *lag-* oder *Induktionsphase* durch die Anlagerung einzelner Zellen durch schnelle Adsorption mit geringer Bindungsstärke (Physisorption) bestimmt wird, kommt es in der nachfolgenden Phase zu einer *exponentiellen Zunahme* sowohl der Zellzahl auf dem Träger als auch der metabolischen Aktivität, die wiederum eng mit dem endogenen Zerfall als auch mit dem Aufbau von extrazellulären Polymeren verknüpft ist. An der äußeren Mikroorganismenhülle, der sog. Glycocalix, können weitere Zellen und Zellaggregate adhäsiv gebunden werden. Die rein physikalischen, hydrophoben oder ionischen Bindungskräfte, die unter dem Begriff der Adhäsion zusammengefaßt werden, reichen dabei oft nicht aus, um die Mikroorganismen bei Anwesenheit von hydrodynamischen Scherkräften auf der Oberfläche stabil zu fixieren. Erst die Ausbildung polymerer Brücken vermag die Zellen scherstabil zu binden [66]. Weiterhin scheint insbesondere in Systemen mit hoher Scherbelastung die Oberflächenstruktur des Trägermaterials einen entscheidenen Einfluß auf die Anlagerung von Zellen auszuüben [29, 120]. Der exponentiellen Wachstumsphase schließt sich eine Periode der stofftransportlimitierten *linearen Zunahme* des Biofilms an, die schließlich in die *Plateauphase* mündet. In dieser Phase bildet sich ein dynamisches Gleichgewicht zwischen Zellwachstum und Biofilmabrieb aus. Biofilmabrieb erfolgt einerseits durch die wirkenden Scherkräfte im Reaktorsystem *(shearing)* andererseits durch das Ablösen einzelner Biofilmsegmente *(sloughing)*, das durch eine Unterversorgung der Zellen in den untersten Biofilmschichten verursacht wird [36].

Begünstigt wird die Bildung von Biofilmen durch hohe Durchflußraten, insbesondere bei $D \geq \mu_{max}$. Heijnen [121] erklärt diese Beobachtung mit einem konkurrierenden Wachstum von sessilen und nicht-sessilen Mikroorganismen. Nicht-sessile Zellen können zwar keine Glycocalixhülle aufbauen, sie sind jedoch in der Lage, Depolymerasen zu bilden, die die Polymerausscheidungen der anderen Bakterien auflösen und deren Zellaggregation und -anlagerung verhindern. Erst unter der Bedingung, daß $D \geq \mu_{max}$ ist, werden die Polymerabbauer aus dem Reaktorsystem ausgetragen, so daß eine effektive Trägerfixierung stattfinden kann.

Falls bei der Anreicherung von Mikroorganismen mit geringen Wachstumsraten die Immobilisierung durch Biomasserückführung eingeleitet werden soll, können u.U. bereits ausgetragene und so zurückgeführte Depolymerasen den gegenteiligen Effekt, nämlich die Ablösung bereits gebildeter Mikrokolonien vom Träger bewirken. Aufgrund des konkurrierenden Wachstums anhaftender und nicht-anhaftender Zellen sollte gerade bei Mischkulturen, die Populationen mit großen Wachstumsdifferenzen beinhalten, eine Trennung der Biozönose vorgenommen werden, so daß für die unterschiedlichen Populationen eine ausreichende Immobilisierung erreicht wird.

8.5.3
Trägermaterialien

Abhängig vom Reaktortyp, der Betriebsweise des Abwasserbehandlungsverfahrens und der Mikroorganismen werden in der Abwassertechnik die verschiedenartigsten Trägermaterialien zur Bakterienfixierung eingesetzt. Einen Überblick gibt Tabelle 8.10.

Tabelle 8.10. Trägermaterialien in der Abwassertechnik, nach [66, 122–131]

Reaktor	Rotating biological contactors (RBC)	Festbett	Wirbelbett Fließbett
Material	Kunststoffe z.B. PE	Steine, Kies, Ton, Keramik Sinterglas (porös) Anthrazit, A-Kohle Kunststoffe: PE, PVC, Polyester, PUR-Schaum	Sand, Al_2O_3 A-Kohle, Braunkohlekoks Schaumstoffe (hauptsächlich PUR, modifizierte Schäume)
äußere Form	Scheiben: Waben oder Kanäle	Kunststoffe: Füllkörperschüttungen, -packungen, Folien	Schäume: Würfel, u.U. Magnetit, Ionenaustauscher, A-Kohle, Braunkohle eingelagert
Durchmesser		Steine: 4–8 cm Füllkörper < 5 cm	Sand: 0,1–1 mm Schaum: 3–15 mm
Porosität		Sinterglas: 50–70% Kunststoffe: ~ 96%	Schaum: ~ 97%
spez. Oberfläche	150–200 m²/m³ (Gesamtvolumen)	Steine: 90 m²/m³ Kunststoffe: 60–320 m²/m³ (Bionet, Plasdek, Flocor, Hydropak)	Sand: 2500–4000 m²/m³ A-Kohle: 800–1200 m²/g Braunkohle: 250–300 m³/g
Porengröße		Sinterglas: 50–300 µm Kunststoff: mm-Bereich	Schäume: ~ 1,25 mm (Hohlräume ~ 4 mm)
Biofilmdicke	~ 2,5 mm	Sinterglas: 1–2 mm tief Kunststoff: 1–4 mm	Sand: 60 – 200 µm

Kernstück des *Rotating Biological Contactors* (RBC) ist ein Paket Polyethylen-Kunststoffscheiben. Aufgrund der geringen Scherung im langsam rotierenden System bilden sich Biofilmdicken von bis zu 2,5 mm aus.

Die in Festbett- bzw. Wirbelbettreaktoren eingesetzten Trägerstoffe unterscheiden sich zunächst durch die Partikelgrößen. Die großvolumigen nichtporösen Granulate und Füllkörper bieten den Mikroorganismen zum Bewuchs 60 bis 320 m^2/m^3 spezifische Oberfläche. Bei porösem Sinterglas oder Kunststoff lassen sich zwar um Zehnerpotenzen größere spezifische Oberflächen realisieren, dem biologischen Bewuchs sind jedoch nur die Poren größer ca. 10 µm zugänglich. In den Poren von Sinterglas siedeln sich Mikroorganismen bis zu einer Tiefe von ca. 1–2 mm an, die Besiedlungstiefe in Kunststofffüllkörpern ist bei anaeroben Prozessen bis zu 4 mm dick.

Die Durchmesser der Trägerteilchen in Fließbettreaktoren sind systembedingt wesentlich kleiner als im Festbett, um eine gute Fluidisierung zu gewährleisten. Aus der kleinen Körnung des Sandes resultieren spezifische Oberflächen bis zu 4000 m^2/m^3, auf denen die Biomasse bei Biofilmdicken von 60 bis 200 µm bis zu 100 g_{BTM}/l im Film fixiert werden kann [66]. Durch den Einsatz von Schäumen mit eingelagerten Aktivkohlen wird versucht, die Vorteile eines großporigen Trägermaterials mit denen der großen Adsorptionskapazität der Aktivkohle zu kombinieren.

Neben den in Tabelle 8.10 aufgeführten Kriterien, sollten bei der Auswahl geeigneter Trägermaterialien die mechanische Stabilität, die chemische Inertheit, die einfache Handhabung und die Kosten nicht vernachlässigt werden.

8.5.4
Suboptimale Wachstumsbedingungen

Um die verbesserte Widerstandsfähigkeit immobilisierter Systeme gegenüber submersen Mikroorganismen aufzuzeigen, wurden unterschiedliche Belastungstests unter suboptimalen Wachstumsbedingungen beispielhaft an 2 NS und 6 A 2 NS-abbauenden Bakterien (vgl. Abschn. 8.2) durchgeführt. So untersuchten Gerdes-Kühn et al. und Diekmann et al. [120, 133] den Einfluß der Parameter Temperatur, pH-Wert und Gelöstsauerstoff auf den Fremdstoffabbau. Dazu wurden im Airlift-Schlaufenreaktor auf unterschiedlichen Trägermaterialien (Aktivkohle, Bruchsand und porösen Glaspellets) immobilisierte Biokatalysatoren jeweils eine Stunde bei pH-Werten von 3,5 und 10 und einer Temperatur von 50 °C ausgesetzt. Anschließend erfolgten bei optimalen Abbaubedingungen (pH = 7 und T = 30 °C) nach 2 bzw. 6 h Respirationsmessungen. Auf Bruchsand trägerfixierte Bakterien zeigten dabei das beste Rekonvaleszenzverhalten.

Weitere Untersuchungen mit 6 A 2 NS-abbauenden Mikroorganismen zeigten in einem Temperaturbereich zwischen 12 °C und 35 °C unverändert nahezu vollständigen Abbau [133]. Während die Biomassekonzentration bei höheren Temperaturen konstant blieb, wurde die mit niedrigen Temperaturen abnehmende Stoffwechselaktivität der Mikroorganismen unterhalb von 25 °C durch einen Zuwachs an Biomasse im Biofilm vollständig kompensiert (Abb. 8.23).

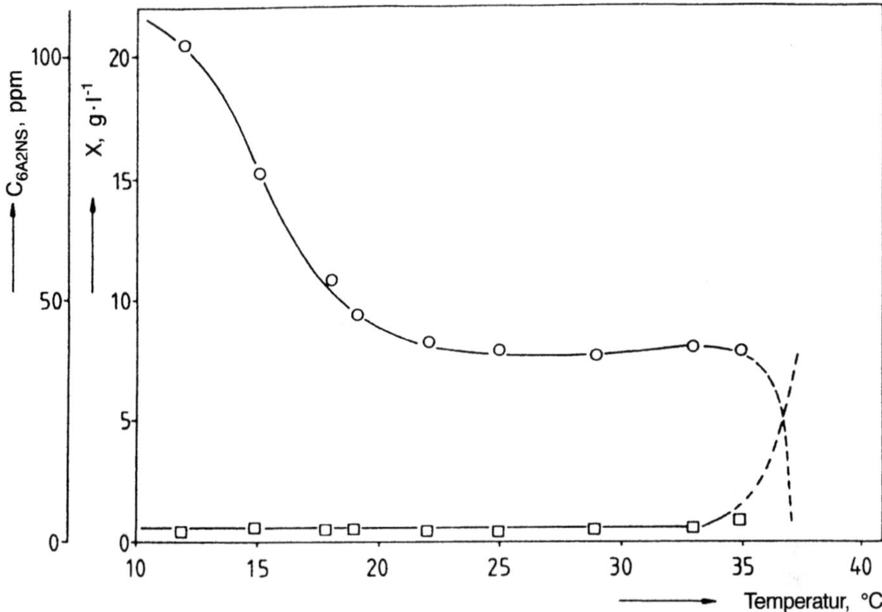

Abb. 8.23. Biomasse- und Substratkonzentration einer 6 A 2 NS-verwertenden Mischkultur in Abhängigkeit von der Temperatur

In anderen Versuchen wurden die immobilisierten Mikroorganismen für Zeitintervalle von 0,5 bis 68 h Sauerstoffmangelsituationen (Begasung mit Stickstoff) ausgesetzt. Dabei konnte festgestellt werden, daß beim Abbau von 6 A 2 NS und 2 NS eine direkte Proportionalität zwischen Rekonvaleszenzzeit und der Zeit der Sauerstoffunterbrechung besteht. Bei einer 68stündigen Sauerstoffunterbrechung wurde nach 28 h wieder vollständige Abbauaktivität der Mikrooragnismen erreicht.

Unter schockartigen und dauernden Belastungen mit anorganischen Salzen, Schwermetallen und toxischen Substanzen konnte in weiteren Experimenten gezeigt werden, daß immobilisierte Mikroorganismen in der Lage sind, extreme suboptimale Umweltbedingungen zu verkraften, sehr rasch zu rekonvaleszieren und hohe Abbauraten auch unter diesen widrigen Milieubedingungen zu erbringen. So untersuchten Lobas et al. [37] den Einfluß von Salzlasten auf den Abbau von 2 NS. Submerse Bakterien des Stammes *Ps. test. A 3* wurden mit Na_2SO_4 und NaCl in Konzentrationen von 1–100 g/l belastet. Während bis zu 10 g/l Salzbelastung keine Beeinflussung des Abbaus festgestellt wurde, bewirkten Salzkonzentrationen von 50 g/l Na_2SO_4 und 20 g/l NaCl eine deutliche Hemmung des Abbaus. Bei höheren Salzkonzentrationen kam der Substratabbau völlig zum Erliegen. Mit der immobilisierten Kultur wurde ein vollständiger Abbau von 2 NS (Eingangskonzentration von 500 mg/l) selbst bei einer kontinuierlichen Salzlast von 40 g/l (Na_2SO_4 und NaCl) und bei Durchflußraten bis 1,5 l/h (entsprechend einer mittleren

Verweilzeit von 40 min) erzielt. Dabei wurde auch in diesem Fall die verminderte spezifische Aktivität der Mikroorganismen unter Salzbelastung durch einen Zuwachs an immobilisierter Biomasse ausgeglichen, so daß der Abbau vollständig war.

Untersuchungen zum Einfluß von Schwermetallen auf den Abbau von 2 NS wurden von Gerdes-Kühn und Hempel sowie Gerdes-Kühn et al. [134, 135] mit immobilisierten Zellen der Reinkultur *Ps. test.* A3 durchgeführt. Selbst bei kontinuierlichen Belastungen mit 10 mg/l Nickel und 50 mg/l Cadmium waren die immobilisierten Mikroorganismen in der Lage, sich an die Gegenwart der Schwermetalle zu adaptieren und diese durch Biosorption aus dem Abwasser zu entfernen. Der im Reaktor eingestellte pH-Wert von 7,4 hatte zu Folge, das Cadmiumphosphat teilweise ausgefällt wurde, so daß es sich bei dieser Abtrennung nicht um eine reine Biosorption der Cadmiumionen handelt. Es wurde eine Schwermetalleliminierung von 20 % für Nickel und 90 % für Cadmium aus dem Abwasser erzielt. Eine Beeinträchtigung des gleichzeitigen vollständigen 2 NS-Abbaus fand nicht statt.

Das Adsorptionsverhalten von Nickel, Cadmium und Zink sowie deren toxische Wirkung auf den mikrobiellen 2 NS-Abbau wurde von Rudolph et al. [136] untersucht. Während bei Umsatzversuchen mit Ruhezellen bei der Anwesenheit von Zink ($< 1,53$ mmol/g_{BTM}) kaum eine hemmende Wirkung festgestellt werden konnte, wurde der Umsatz bereits bei niedrigen Nickel- ($0,026$ mmol$_{Ni}$/g_{BTM}) und Cadmiumkonzentrationen ($0,007$ mmol$_{Cd}$/g_{BTM}) deutlich verlangsamt. Weiterhin zeigte Cadmium auch die geringste molare spezifische Adsorption. Die Autoren führen dieses Verhalten einerseits auf eine geringe Affinität der funktionellen Gruppen der Zellwand für dieses Metall, andererseits auf den großen Ionenradius des Cadmiums und damit der geringen Anzahl von geeigneten Adsorptionsstellen an der Zellwand zurück. Im Gegensatz dazu weisen die beiden essentiellen Spurenelemente Zink und Nickel eine nahezu doppelt so hohe Adsorptionskapazität von ca. $0,2$ mmol/g_{BTM} auf.

8.6
Reaktoren zur Abwasserreinigung mit immobilisierten Mikroorganismen

Abbildung 8.24 zeigt Prinzipskizzen von Reaktoren zur Abwasserreinigung mit immobilisierter Biomasse. Eine Übersicht von Betriebsdaten anaerober und aerober Festbett- und Fließbettreaktoren geben die Tabellen 8.11 a – c. Dabei wurden neben Anlagen zum Abbau von Problemstoffen auch Betriebsparameter von Behandlungsanlagen für kommunale Abwässer und für Abwässer der lebensmittelverarbeitenden Industrie mit berücksichtigt [66].

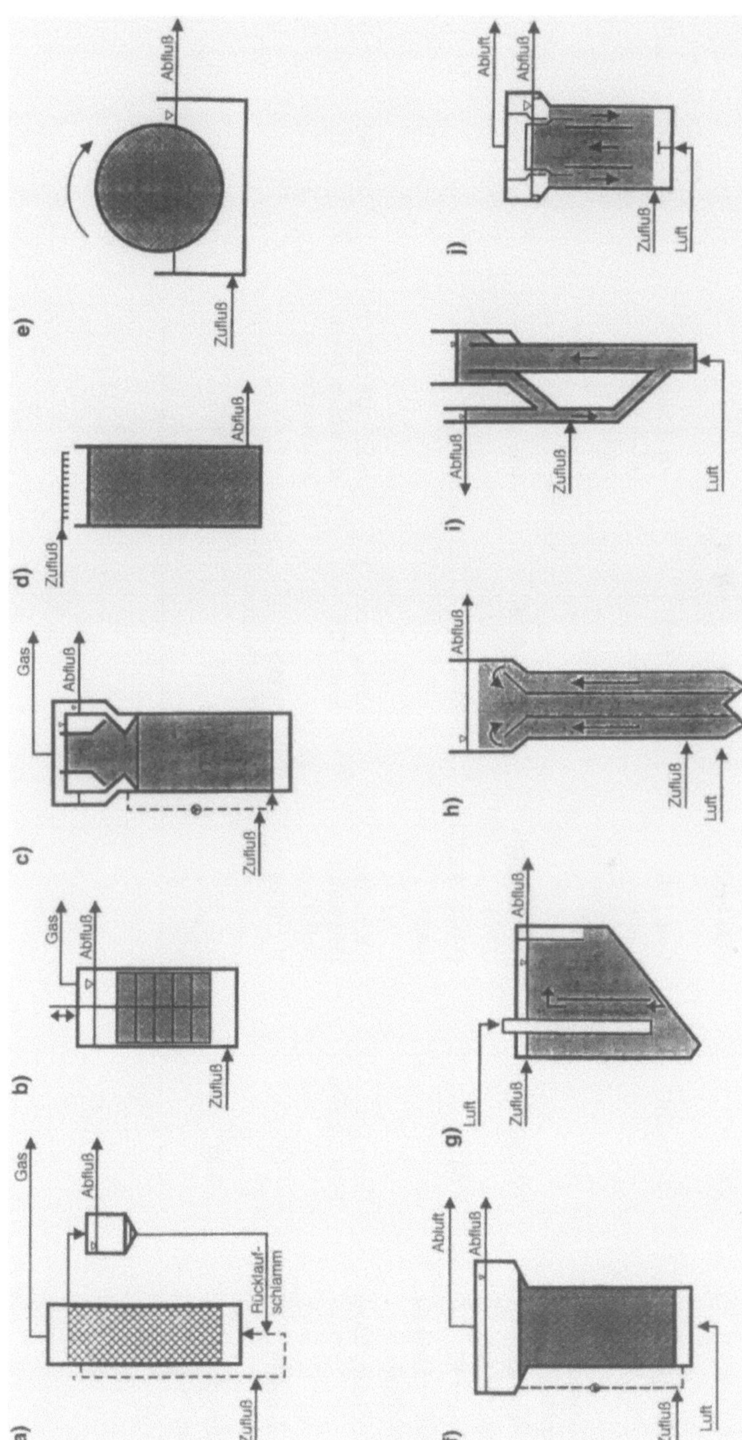

Abb. 8.24 a–j. Prinzipskizzen von Reaktoren zur Abwasserreinigung mit immobilisierter Biomasse: **a** anaerober Festbettreaktor, **b** Pulsreaktor (anaerob), **c** anaerober Wirbelbettreaktor, **d** aerober Tropfkörper, **e** Rotating Biological Contactor, **f** aerober Wirbelbettreaktor, **g–i** Airlift-Schlaufenreaktor (Katox, Uni Paderborn, Gist-Brocades)

Tabelle 8.11a. Betriebsdaten ausgeführter anaerober Festbett- und Fließbettreaktoren, nach [66, 122–127, 137–141]

Reaktor	Pulsreaktor	Anaerober Festbett-reaktor	Anaerober Wirbel-reaktor	Anaerober Wirbelb.: Zellstoffbleicherei-abwässer	„Fenox" Bleicherei-abwässer
τ [h]	> 4	(0,2) 6–200	2–20 (0,2)		0,2–0,6 (BSB_7) (~120 mg Cl_{org}/l)
Zulauf [kg/m³]	12–15 CSB	1–40 (70) (CSB)	3–30 (60) (CSB)	~ 6 (CSB) (AOX ~ 50–60 mg/l)	
Biomasse [kg/m³]		5–15		15–85	
Belastung [kg/(m³ d)]	75 (CSB)	(1)4–15 (200) (CSB)	1–100 (CSB)	1,5–3 (CSB)	1–3 (BSB_7)
Abbau [%]	> 80	(50)70–90(95)	70–75	70–75	
Methanausbeute [m³/kg_{CSB}]		~ 0,35			
Füllstoffe, Träger	Gitter mit PUR-Schaum	z.B. Sinter-glas, Kunst-stoff, Lava	häufig Sand, mod. PUR	mod. PUR, z.B. mit kation. Ionen-austauscher	Rinde
Geometrie		H < 10 m	H/D > 1 H = 15–20 m		
Flüssigleerrohr-geschw. [m/h]	~ 0,25			10–30	

Tabelle 8.11b. Betriebsdaten ausgeführter aerober Festbettreaktoren, nach [66, 128–130; 142–145]

Reaktor	Rotating Biological Contactor	Tropfkörper	Mycopor-Verf. Bleichereiabw.	Festbett aerob BP-Abwässer	Festbett aerob 4-Cl-Phenol in kommun. sterilis. Abwasser
τ [h]	1–2	0,3–1	14–48	~ 2–5	
Zulauf [kg/m³]	0,75–1,5 (BSB$_5$)			0,01–0,04 (BSB$_5$) 0,06–0,27 (CSB)	0,1 (CSB)
Biomasse [kg/m³]			(*Phanerochaete chrysosporium*)		(*Alcaligenes* sp. A 7–2)
Belastung [kg/(m³ d)]	2–4 (BSB$_5$)	0,2–3 (BSB$_5$)		~ 1 (CSB)	bis 0,9 (CSB)
Abbau [%]	80–90		(AOX: 60–80)	CSB: 50–70	
Energiebedarf [kWh/kg BSB$_5$]	0,25–0,4	0,4–0,5			
Füllstoffe, Träger	Scheiben: Waben oder Kanäle	Brocken 4–8 cm Kunststoff	Schaumstoff	Blähton Schüttung 600 kg/m³	„Lecaton" poröser Ton
Geometrie				Festbett: H = 6 m	
Flüssigleerrohrgeschw. [m/h]				1,5–4	

Tabelle 8.11c. Betriebsdaten ausgeführter aerober Fließbettreaktoren, nach [66, 131, 146–149]

Reaktor	aerober Wirbelbett-reaktor	Airlift-Schlaufen-reaktor (Katox) Textilabwasser	Biohochreaktor chem. Industrie	Airlift-Schlaufenreaktor (Ohio State Univ.) Phenol	Airlift-Schlaufenreaktor (Uni Paderborn) basische Aromaten, Teerraffinerie
τ [h]		3,3			2–4
Zulauf [kg/m^3]		0,5–0,8 (CSB) (CSB/BSB$_5$ ~ 2,2)	~ 0,5–1,5 (BSB$_5$)	~ 0,3 (CSB)	~ 1 (CSB)
Biomasse [kg/m^3]			12–15		3–10
Belastung [kg/(m^3 d)]	6–24 (CSB)	1–2 (CSB)	0,5–1 (BSB$_5$)		(5)6–12(15) (CSB)
Abbau [%]		80	75–90	> 99	50–60
Energiebedarf			~ 0,33 kWh/kg O$_2$		0,5–1 kWh/kg$_{CSB}$
Füllstoffe, Träger		A-Kohle	(A-Kohlenstaub Sedimentationshilfe)		Sand 20–70 kg/m^3
Geometrie			H ~ 20 m		Außenschlaufe H/D $\geqslant$ 1
Flüssigleer-rohrgeschw. [m/h]					~ 400

8.6.1
Anaerobe Reaktoren

Anaerobe Abwasserreinigungsanlagen (Tabelle 8.11a) werden überwiegend im Bereich der lebensmittelverarbeitenden Industrie eingesetzt. Die hier vorkommenden hohen Konzentrationen an organischen Abwasserinhaltsstoffen sind eher leicht abbaubar. Die in den ersten drei Spalten aufgeführten Daten weisen entsprechend hohe CSB-Einlaufkonzentrationen und Raum-Zeit-Belastungen auf.

Die in den zwei rechten Spalten aufgeführten Untersuchungen zur Anaerobtechnik befassen sich mit Abwässern aus der Zellstoffbleiche, eine der größten Emittenten schwerabbaubarer chlororganischer Verbindungen [138, 141]. Die erzielten Raum-Zeit-Belastungen ($< 3\ \mathrm{kg_{CSB}/(m^3\,d)}$) liegen um mehr als eine Zehnerpotenz niedriger als bei Abwässern der Lebensmittelindustrie.

8.6.2
Aerobe Festbettreaktoren

Aerobe Festbettreaktoren (Tabelle 8.11b), wie z.B. der Tropfkörperreaktor (Abb. 8.24d) und der Scheibentauchkörper (RBC) (Abb. 8.24e), die bei der Reinigung kommunaler Abwässer Einsatz finden, werden mit relativ kurzen Verweilzeiten $< 2\,\mathrm{h}$ und geringen Raum-Zeit-Belastungen bis $4\ \mathrm{kg_{BSB_5}/(m^3\,d)}$ betrieben. Der Energiebedarf liegt unter $0{,}5\ \mathrm{kW/kg_{BSB_5}}$.

In der Abwassertechnik mit schwerabbaubaren Inhaltsstoffen werden die aeroben Festbettreaktoren vor allem geflutet eingesetzt, wobei Abwasser und Luft im Gleich- oder Gegenstrom durch eine Schüttung geführt werden.

8.6.3
Aerobe Fließbettreaktoren

Bei aeroben Fließbettreaktoren (Tabelle 8.11c), insbesondere bei Airlift-Schlaufenreaktoren, ist zur Aufrechterhaltung einer großen Zirkulationsgeschwindigkeit und damit erfolgreichen Fluidisierung des Feststoffes eine große Bauhöhe von Vorteil.

Für die Reinigung von Abwässern aus Chemiebetrieben oder von anderen schwerabbaubaren Abwässern werden aerobe Fließbettreaktoren häufig eingesetzt. Der Schritt vom aeroben Belebtschlamm zur immobilisierten Biomasse lief in vielen Fällen über die Zugabe von Aktivkohle oder Braunkohle als Sedimentationshilfe oder zur Unterstützung der Oxidation (Katox, Biohochreaktor). Bei Einlaufkonzentrationen bis ca. $1{,}5\ \mathrm{kg_{BSB_5}/m^3}$ werden Raum-Zeit-Belastungen zwischen $0{,}5$ bis $1\ \mathrm{kg_{BSB_5}/(m^3\,d)}$ bei Abbaugraden von 75 bis 90 % erreicht.

Der Energiebedarf wird im Biohochreaktor von *Hoechst* mit etwa $0{,}33\ \mathrm{kWh/kg_{O_2}}$ angegeben. Dieser Wert bezieht sich allein auf den Gaseintrag im optimalen Arbeitspunkt der eingesetzten Radialstromdüse [131]. Der Biohochreaktor ist ähnlich wie die *Bayer*-Turmbiologie bezüglich des Energieverbrauchs für den Sauerstoffeintrag und der Bauhöhe für die Sauerstoffausnutzung optimiert. Bei der Verfahrensweise mit Belebtschlamm nutzen die beiden Reaktortypen den eingetragenen Sauerstoff bei Bauhöhen von 20 m zu nahezu 80 % aus.

Der Energiebedarf im Pilot-Schlaufenreaktor mit immobilisierter Biomasse der Universität – GH Paderborn liegt aufgrund der Fluidisierung des Biokatalysators sowie zur Überwindung u. U. auftretender Stofftransportlimitierungen im Biofilm deutlich höher (letzte Spalte). Hier muß bis zu 1 kWh/kg$_{CSB}$ eingetragen werden. Allerdings wurde der Reaktor in diesem Einsatzbeispiel zum Abbau basischer Aromaten nicht bezüglich seiner Höhe auf minimalen Energieeintrag optimiert. Reaktoren mit größerer Bauhöhe sind energetisch günstiger zur Aufrechterhaltung einer großen Zirkulationsgeschwindigkeit und somit erfolgreichen Fluidisierung des Feststoffes [150].

Die Fluidisierung des Feststoffes bzw. die Bestimmung lokaler Größen wie z. B. Gas- und Feststoffgehalte in zwei- und dreiphasigen Systemen wurde bisher in Schlaufenreaktoren wenig untersucht. Da Abwasserreaktoren in Kompaktbauweise auf die wachstums- und stoffwechselphysiologischen Bedürfnisse von immobilisierten Mikroorganismen ausgelegt sein müssen, gilt das besondere Interesse bei der Entwicklung derartiger Reaktoren der Bestimmung obengenannter lokal veränderlicher Parameter sowie deren Einfluß auf den mikrobiellen Abbauprozeß, z. B. das Auftreten von Substrat- und Sauerstoffengpässen.

Vergleichende Untersuchungen zur Hydrodynamik und zum Stoffübergangsverhalten von Airlift-Schlaufenreaktoren unterschiedlicher Volumina von 2 bis 800 l mit äußerer und innerer Schlaufe im Hinblick auf eine Maßstabsvergrößerung wurden von Kochbeck et al. sowie Lindert et al. durchgeführt [150–154], (vgl. auch Abb. 8.24). Die geometrischen Baudaten der Reaktoren sind in Tabelle 8.12 wiedergegeben.

Tabelle 8.12. Dimensionen der untersuchten Reaktoren

Reaktor	Volumen [l]	Höhe [m]	Durchmesser Aufströmer [m]	Durchmesser Abströmer [m]
Außenschlaufe	2	0,7	0,05	0,023
Außenschlaufe	80	2,9	0,15	0,042
Außenschlaufe	800	7,9	0,30	0,100
Innenschlaufe	13	0,9	0,09	0,019
				0,026
				0,032
Innenschlaufe	70	1,8	0,19	0,044
				0,057
				0,069
Innenschlaufe	500	3,5	0,39	0,092
				0,110

In verfahrenstechnischen Grundlagenuntersuchungen wurden zur Simulation von mit Biomasse bewachsenen Trägermaterialien Modellfeststoffe u.a. Glaskugeln, Quarzsand und Kunststoffpartikeln unterschiedlicher Dichte und Körnungsgröße in den Reaktoren eingesetzt. Die eingebrachten Feststoffpartikeln üben einen wesentlichen Einfluß auf die Hydrodynamik des Reaktors aus. Für eine zuverlässige Durchmischung im Schlaufenreaktor gilt dabei, daß die absolute Strömungsgeschwindigkeit der Flüssigphase im Aufströmer größer sein sollte als die Partikelsinkgeschwindigkeit [151].

Kochbeck et al. [154] führten Versuche in Airlift-Schlaufenreaktoren mit innerer Schlaufe unterschiedlicher Volumina zwischen 13 und 500 l durch. Der Schlankheitsgrad der Reaktoren war in allen Fällen gleich (Höhe/Durchmesser des Aufströmers = 9). Als wichtige scale-up-Größe konnte das Flächenverhältnis zwischen Auf- und Abströmer verändert werden. Bei den Experimenten wurde der Einfluß der Reaktorgeometrie auf den Flüssigphaseumlauf, die Dispersion und den Stoffübergang untersucht und mit empirischen Korrelationen mit dem Flächenverhältnis und der Reaktorhöhe als unabhängige Variablen beschrieben.

Um die komplexen Vorgänge biologischer Abbauprozesse mit an Feststoffen trägerfixierter Biomasse näher beschreiben zu können, sind neben den bisherigen Forschungsaktivitäten zur Hydrodynamik, zum Stoffübergangsverhalten sowie zur optimalen Konstruktion derartiger Abwasserreaktoren verstärkte Untersuchungen auf dem Gebiet der Stoffwechselvorgänge im Biofilm und der Messung des Schereintrags durchzuführen.

8.7
Anwendungsbeispiele

Nachfolgend werden drei Anwendungsbeispiele vorgestellt, die im Labor-, Pilot- und im technischen Maßstab realisiert werden konnten. Dabei handelt es sich um die biologische Behandlung komplexer naphthalinsulfonsäurehaltiger Prozeßabwässer, den Abbau organischer Abwasserinhaltsstoffe aus Teerraffinerie-Abwässern und die biologische Abwasseraufbereitung von Umlaufwässern aus Spritzkabinen der industriellen Fahrzeuglackierung.

8.7.1
Mikrobielle Reinigung komplexer naphthalinsulfonsäurehaltiger Prozeßabwässer

Bei der Herstellung des Azofarbstoffvorproduktes Naphthol über den Reaktionsweg der Sulfonierung von Naphthalin fallen naphthalinmono- und -disulfonsäurehaltige sowie stark salzbelastete Prozeßabwässer an. Naphthol und seine Sulfonsäurederivate sind wertvolle Kupplungskomponenten in der kommerziellen Synthese von Azofarbstoffen. 1- und 2-Naphthol sind in gerin-

Tabelle 8.13. Zusammensetzung eines Abwassers aus der Naphthalinsulfonierung

Parameter	Konzentration	organischer Anteil
CSB	ca. 62 200 mg/l	–
DOC	ca. 22 100 mg/l	100,0 %
1 NS	1,17 Gew. %	24,3 %
2 NS	1,85 Gew. %	38,4 %
1,5 NDS	0,76 Gew. %	15,7 %
1,6 NDS	0,69 Gew. %	14,4 %
2,6 NDS	0,12 Gew. %	2,5 %
2,7 NDS	0,23 Gew. %	4,8 %
Na_2SO_4	10,0 Gew. %	–

gen Mengen im Steinkohleteer enthalten. Sie werden durch Alkalischmelze aus Naphthalin-1- (1 NS) und -2-sulfonsäure (2 NS) gewonnen. Die Monosulfonierung von Naphthalin unterhalb 80 °C ergibt vorwiegend 1 NS, oberhalb von 120 °C hauptsächlich 2 NS. Die weitere energetische Sulfonierung dieser Säuren führt zu Naphthalin-1,5- und -1,6- (1,5 NDS und 1,6 NDS) bzw. -2,6- und -2,7-disulfonsäure (2,6 NDS und 2,7 NDS) [155]. Die typische Abwasserzusammensetzung aus der Naphthalinsulfonierung zeigt Tabelle 8.13.

Bei den Untersuchungen zum biologischen Abbau der Naphthalin-mono- und -disulfonsäuren wurde ein dem Naphthol-Betriebsabwasser ähnliches, synthetisches Modellabwasser bestehend aus 1 NS und 2 NS sowie aus 1,5 NDS, 1,6 NDS und 2,6 NDS verwendet. Da die prozeßrelevante mikrobiell abbaubare Substanz 2,7 NDS für die Versuche nicht in genügend großen Mengen verfügbar war, wurde ihr Anteil im Modellabwasser durch die entsprechende Stoffmenge an 2,6 NDS ersetzt. Somit erhöht sich der Anteil an 2,6 NDS auf 7,3 %. Um den Stoffstrom durch die Laboranlage in einem handhabbaren Rahmen zu halten und den mikrobiellen Abbau nicht durch extrem hohe Salzgehalte zu stark zu beeinträchtigen, wurde das Abwasser im Vergleich zum Prozeß in einer Verdünnung um den Faktor 15 eingesetzt. Abbildung 8.25 illustriert die Abwasserzusammensetzung für die kontinuierlichen Experimente.

Auf der Grundlage der von Krull et al. [50] und Da Canalis et al. [51] erhaltenen experimentellen Ergebnisse zur Metabolisierung von Naphthalinsulfonsäuregemischen, entwickelten Krull und Hempel [52] für die biologische Behandlung dieses Abwassers eine zweistufige Anlage. Abbildung 8.26 zeigt die Reinigungsanlage bestehend aus zwei Airlift-Schlaufenreaktor-Einheiten mit zwischengeschaltetem Absetzbecken zur Trennung der in den Stufen eingesetzten verschiedenartigen Biozönosen.

In der ersten Reinigungsstufe der Laboranlage erfolgte bei Durchflußraten zwischen 0,12 1/h und 0,68 1/h (entsprechend einer mittleren Verweilzeiten von 8,4 und 1,5 h) der sequentielle Abbau der *Mono*sulfonsäuren 2 NS und 1 NS durch eine auf Bruchsand immobilisierte Einspezieskultur (*Pseudomonas testosteroni A 3*). In Abb. 8.27a sind der Abbaugrad für die *Mono*sulfonsäuren (Summe 1 NS und 2 NS) und die spezifische Abbauaktivität (Abbauleistung bezogen auf Biotrockenmassekonzentration) dargestellt. Der

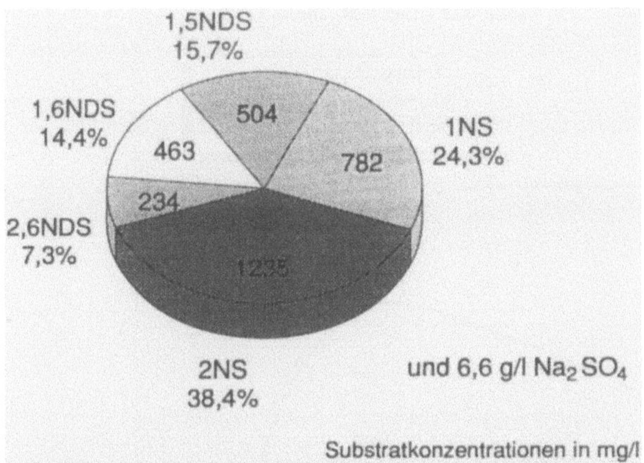

Abb. 8.25. Abwasserzusammensetzung des Modellabwassers

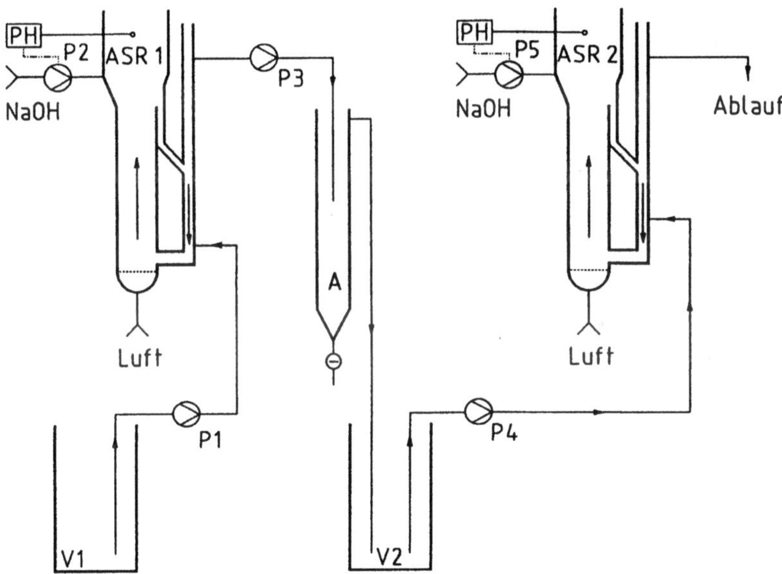

Abb. 8.26. Aufbau der zweistufigen Reinigungsanlage, A Absetzbecken, ASR Airlift-Schlaufenreaktor, P Pumpe, V Vorratstank

Abbaugrad liegt bis zu einer Durchflußrate von $D = 0,57$ l/h gleichbleibend bei ca. 74 %. Bei höheren Durchflußraten sinkt er aufgrund eines verschlechterten 2 NS-Abbaus in der ersten Stufe ab. Bei $D = 0,68$ l/h beträgt der Abbaugrad nur noch 30 %. Entsprechend der steigenden Durchflußrate steigt zunächst auch die spezifische Abbaurate bis etwa 1,1 mmol/(h g_{BTM}) bei $D = 0,57$ l/h. Der Durchbruch von 2 NS bei höheren Durchflußraten drückt sich im Absinken der spezifischen Abbauaktivität aus.

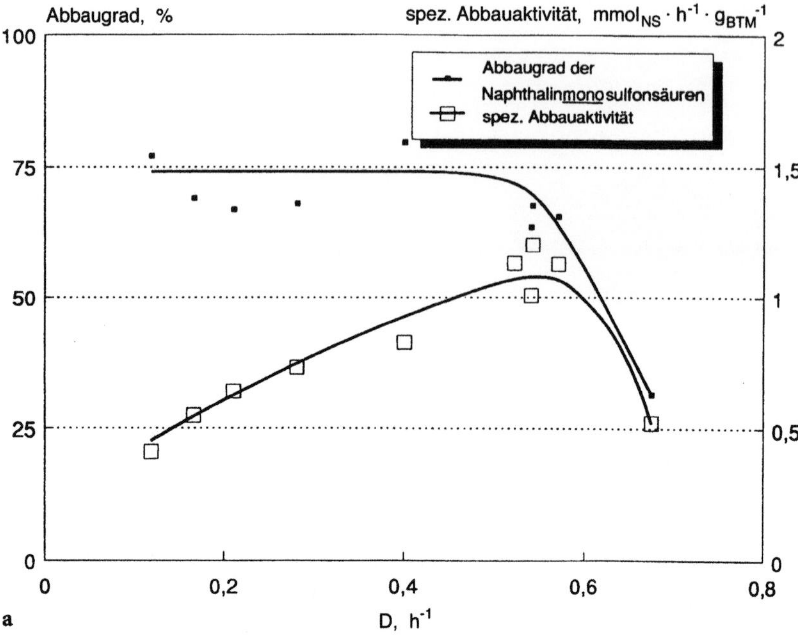

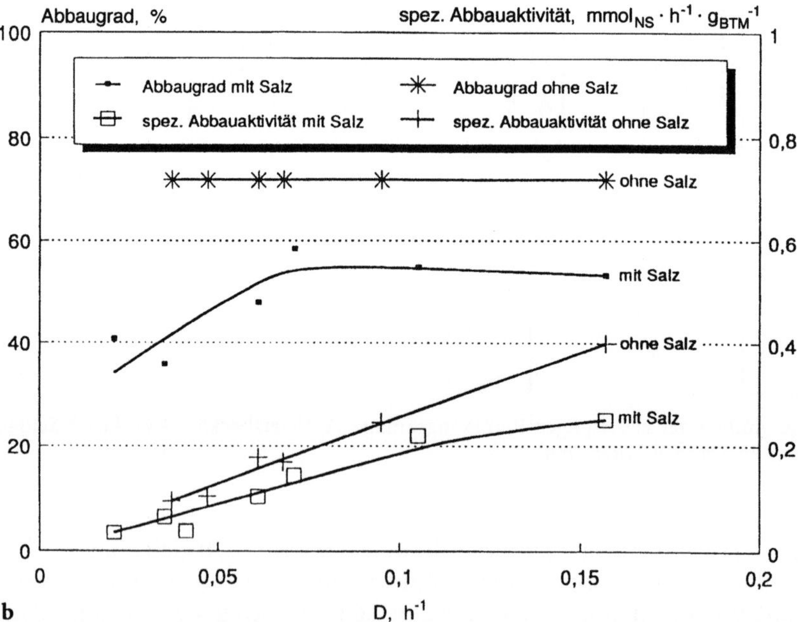

Abb. 8.27. a Abbaugrad der Naphthalinmonosulfonsäuren und spezifische Abbauaktivität in der ersten Reinigungsstufe (nur 1NS und 2NS), **b** Abbaugrad aller Naphthalinsulfonsäuren und spezifische Abbauaktivität des 1NS-, 1,5NDS-, 1,6NDS- und 2,6NDS-Abbaus in der zweiten Reinigungsstufe

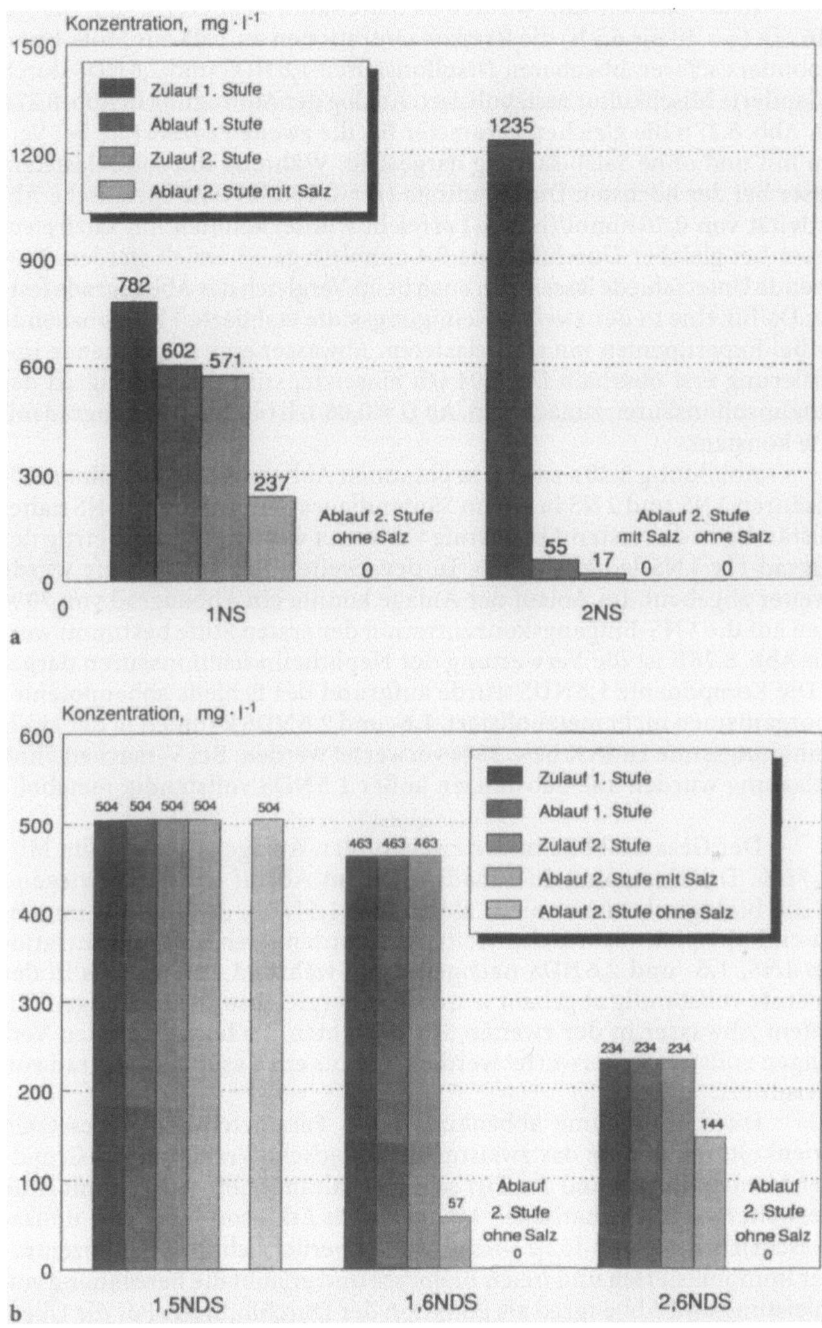

Abb. 8.28. a Mittelwerte des Abbaus der Naphthalin*mono*sulfonsäuren 1 NS und 2 NS, **b** Mittelwerte des Abbaus der Naphthalindisulfonsäuren 1,5 NDS, 1,6 NDS und 2,6 NDS

In der zweiten Stufe wurden im Durchflußratenbereich von 0,02 1/h bis 0,16 1/h ($\tau = 50$ bis 6,3 h) die Restkonzentrationen an 1 NS aus Stufe 1 und die besonders schwerabbaubaren *Di*sulfonsäuren 1,6 NDS und 2,6 NDS durch eine adaptierte Mischkultur metabolisiert. Analog der Auftragung in Abb. 8.27 a sind in Abb. 8.27 b die gleichen Parameter für die zweite Prozeßstufe bei Versuchen mit und ohne Salzbelastung dargestellt. Während mit salzbelastetem Abwasser bei der höchsten Durchflußrate ($D = 0,16$ 1/h) eine spezifische Abbauaktivität von 0,26 mmol/(h g_{BTM}) erreicht wurde, konnten mit salzfreiem Abwasser bei gleicher Durchflußrate 0,4 mmol/(h g_{BTM}) erzielt werden. Entsprechende Unterschiede lassen sich auch beim Vergleich der Abbaugrade feststellen. Da für eine in der zweiten Reinigungsstufe etablierte 1 NS-abbauende Kultur bei Experimenten mit salzbelastetem Abwasser eine ausreichende Immobilisierung erst oberhalb $D = 0,04$ 1/h einsetzte, stieg der Abbaugrad der Naphthalinsulfonsäuren zunächst an. Ab $D = 0,06$ 1/h blieb der Abbaugrad mit ca. 55 % konstant.

Abbildung 8.28 a zeigt den gesamten Abbau der Naphthalin*mono*sulfonsäuren 1 NS und 2 NS in einem Säulendiagramm. Während 2 NS nahezu vollständig in der ersten Abbaustufe verwertet werden konnte, betrug der Abbaugrad für 1 NS lediglich 23 %. In der zweiten Reinigungsstufe wurde 1 NS weiter abgebaut. Im Ablauf der Anlage konnte ein Abbaugrad von 70 % bezogen auf die 1 NS-Eingangskonzentration der ersten Stufe bestimmt werden. In Abb. 8.28 b ist die Verwertung der Naphthalin*di*sulfonsäuren dargestellt. Die Komponente 1,5 NDS wurde aufgrund des Fehlens abbaupotenter Mikroorganismen nicht metabolisiert. 1,6- und 2,6 NDS konnten in der zweiten Reinigungsstufe zu 88 % bzw. 38 % verwertet werden. Bei Versuchen ohne Salzbelastung wurden alle Substanzen außer 1,5 NDS vollständig metabolisiert.

Der Gesamtabbau in der zweistufigen Anlage ergab sich im Mittel zu 71 %. Der Restanteil an Schadstoffen im Ablauf wurde vorwiegend durch die biologisch bisher nicht abbaubare 1,5 NDS, die zu 16 % im Abwasser enthalten ist, verursacht. Weiterhin wurden noch Restkonzentrationen an 1 NS, 1,6- und 2,6 NDS nachgewiesen, während 2 NS bereits in der ersten Stufe vollständig abgebaut wurde. Bei Vergleichsuntersuchungen mit salzfreiem Abwasser in der zweiten Stufe konnten die letztgenannten Verbindungen vollständig verwertet werden, woraus ein Gesamtabbaugrad von 84 % resultiert.

Durch Aufnahme abbaukinetischer Parameter der eingesetzten Bakterienkulturen konnte das zweistufige biologische Verfahren auf Grundlage der *Monod*-Kinetik und des *Pirt'*schen Erhaltungsstoffwechsels mit Hilfe eines erweiterten mathematischen Modells nach Atkinson [156, 157] umfassend beschrieben werden [52]. Dieses Modell berücksichtigt die Konzentration der immobilisierten und freien Biomasse und erlaubt die Berechnung von Abbauleistung und Abbaugrad als Funktion der Durchflußrate. Für die Übertragung des Verfahrens in den technischen Maßstab stehen somit grundlegende Auslegungsdaten zur Verfügung.

8.7.2
Biologischer Abbau problematischer organischer Inhaltsstoffe aus Teerraffinerie-Abwasser

Bei der Aufarbeitung von Kokereirückständen und der Veredlung von Teer fällt ein komplexes Prozeßabwasser an, das mit neutralen, sauren (phenolischen) und basischen Aromaten belastet ist. Diese problematischen Abwasserinhaltsstoffe (vgl. Tabelle 8.2) werden in einer Gemeinschaftskläranlage nur unzureichend abgebaut. Im Rahmen eines industriellen Forschungsprojektes wurde die biologische Abbaufähigkeit der Inhaltsstoffe durch eine Teilstrombehandlung mit speziell an das Abwasser adaptierte Mikroorganismen (vgl. [29]) in einer zweistufigen Anlage untersucht. Das Fließschema der Anlage zeigt Abb. 8.29.

Im Pilotmaßstab diente als erste Stufe ein $1{,}5\ \mathrm{m^3}$-Airlift-Schlaufenreaktor mit Innenleitrohr und nachgeschaltetem Absetzbecken. Die zweite Stufe bildete ein $160\,\mathrm{l}$-Airlift-Schlaufenreaktor mit Außenschlaufe, der mit Bruchsand ($d = 200\ \mu\mathrm{m}$) als Träger für die Spezialbiologie im fluidisierten Zustand betrieben wurde [149, 158]. In der 2. Stufe wurde die in [29] und [159] beschriebene Mischkultur eingesetzt. Zur biologischen Trennung beider Stufen war eine kontinuierlich arbeitende Mikrofiltrationseinheit zwischengeschaltet. Abbildung 8.30 zeigt die zweite Abbaustufe der Anlage, wie sie in [149] beschrieben ist.

In Tabelle 8.14 sind Rahmendaten und Parameter der Anlage zusammengestellt.

Wie aus Tabelle 8.14 und Abb. 8.31 hervorgeht, werden in der ersten Stufe überwiegend Phenole und neutrale Aromaten abgebaut, während die biologisch schwerer abbaubaren Komponenten wie Pyridin, mono-, di- und trimethylierte Pyridine sowie Chinoline und Chinaldine erst in der zweiten Prozeßstufe biologisch eliminiert werden [149]. Die Bilanzierung der CSB-Reduktion über beide Stufen betrug ca. 88 %.

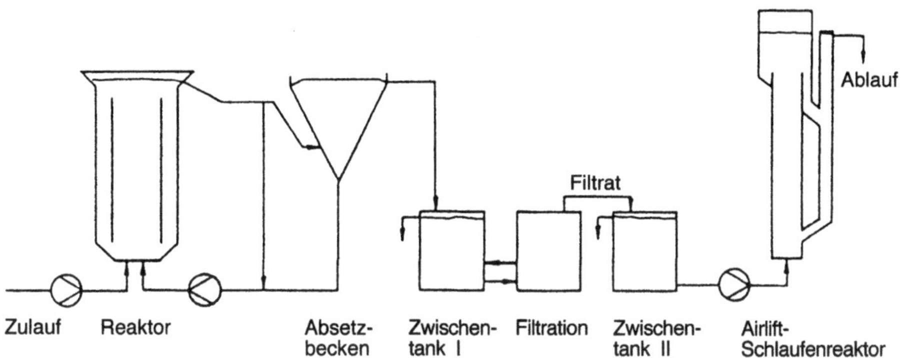

Abb. 8.29. Aufbau der zweistufigen Pilotanlage zum biologischen Abbau von Abwasserinhaltsstoffen aus der Steinkohleteerverarbeitung

Tabelle 8.14. Rahmendaten der zweistufigen Anlage

	1. Reinigungsstufe	2. Reinigungsstufe
Reaktorvolumen	1500 l	160 l
Trägermaterial	– Zugabe von Aktivkohle	Bruchsand ($d = 200\ \mu m$)
Trägerkonzentration	–	20–70 g/l
CSB_{ein}	4900 mg/l	1000 mg/l
Verweilzeit	25–9,5 h	4–2 h
CSB-Raumbelastung	5–12 kg/(m³ d)	5–15 kg/(m³ d)

Tabelle 8.15. Mittlere Abbaugrade in der Pilotanlage

	1. Stufe	2. Stufe	1. + 2. Stufe
CSB	75%	50%	88%
DOC	nicht bestimmt	56%	–
Phenole	94%	50%	97%
neutrale Aromaten	70%	85%	96%
stickstoffhaltige Aromaten	30%	75%	83%

Abb. 8.30. Zweite Reinigungsstufe der Pilotanlage

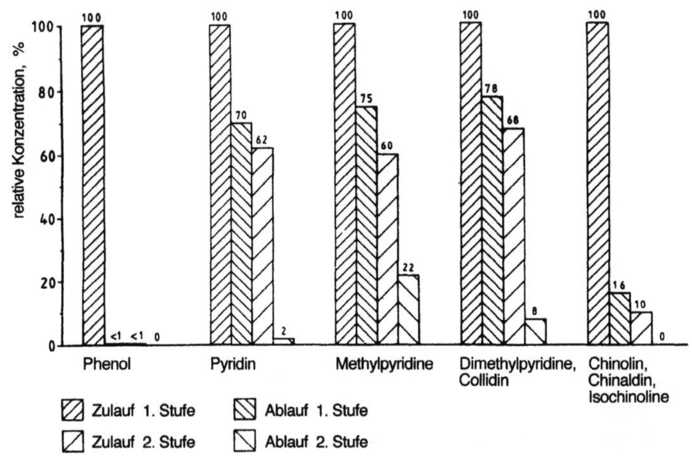

Abb. 8.31. Biologischer Abbau einiger schwerabbaubarer Abwasserinhaltsstoffe

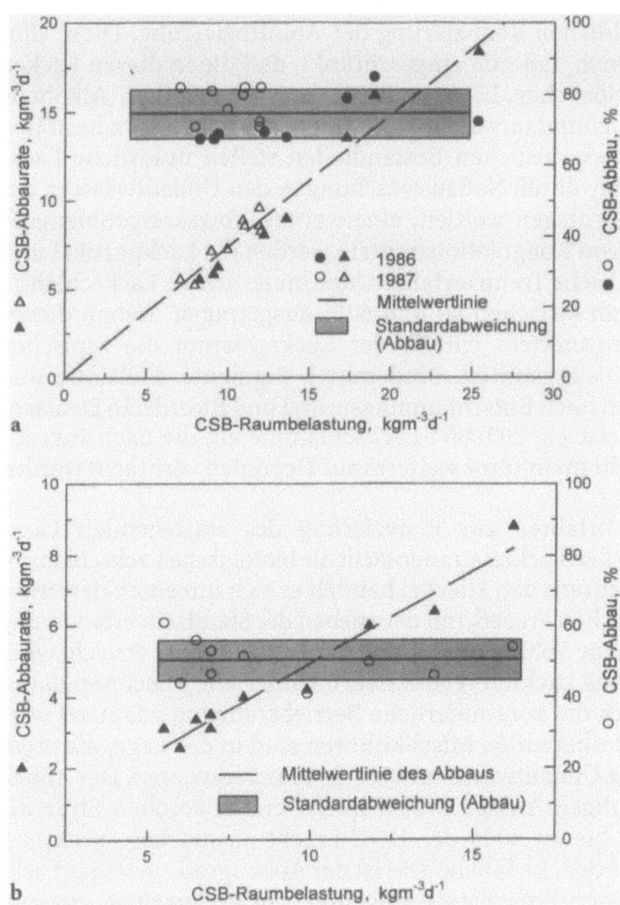

Abb. 8.32. a Abhängigkeit der CSB-Abbauleistung und des CSB-Abbaugrades als Funktion der CSB-Raumbelastung (1. Reinigungsstufe) **b** Abhängigkeit der CSB-Abbauleistung und des CSB-Abbaugrades als Funktion der CSB-Raumbelastung (2. Reinigungsstufe)

Die CSB-Abbaurate stieg in beiden Stufen linear mit der CSB-Raumbelastung, so daß die Abbaugrade über einen großen Bereich der Belastung konstant blieben (Abb. 8.32a und b). Eine weitere Steigerung erscheint daher über CSB-Raumbelastungen von 25 bzw. 15 kg/(d m^3) möglich [159]. Spitzenwerte der Raumbelastung der 2. Stufe reichten bis zu 40 kg/(d m^3).

8.7.3
Biologische Abwasseraufbereitung von Umlaufwässern aus Spritzkabinen der industriellen Fahrzeuglackierung

In Deutschland werden jährlich mehr als 500000 t Lack zur Beschichtung von Oberflächen eingesetzt [160]. Im Bereich der Fahrzeuglackierung führte die Einführung von wasserlöslichen Lacken („Wasserlacken") in der Automobilindustrie zu einer erheblichen Reduzierung der Abluftbelastung. Diese Umweltentlastung wird jedoch dadurch eingeschränkt, daß die in diesen Lacken enthaltenen gut wasserlöslichen Lösungsmittel (u.a. Glykolether, Alkohole, Polyole) die Spritzkabinenumlaufwässer stark mit organischen Inhaltsstoffen belasten. Neben den wasserlöslichen Bestandteilen stellen unlösliche Lackpartikel, die als Overspray durch Naßauswaschung in den Umlaufwässern der Spritzkabinen niedergeschlagen werden, eine weitere Abwasserproblematik dar. Durch den Einsatz von Koagulationsmitteln werden die Lackpartikel umhüllt und durch physikalische Trennverfahren kontinuierlich als Lackschlamm mit einem Feststoffgehalt zwischen 40 und 60% ausgetragen. Neben diesen sogenannten Entklebungsmitteln enthält der Lackschlamm die typischen Lackinhaltsstoffe wie Lösungsmittel, Bindemittel, Pigmente, Füllstoffe und Weichmacher sowie auch noch Entschäumungsmittel und Biozide. In Deutschland fallen auf diese Weise ca. 200000 t Lackschlämme an, die nach Inkrafttreten der TA-Abfall nicht mehr ohne weiteres auf Deponien verbracht werden dürfen.

Ein neues Verfahren zur Reduzierung des entstehenden Lackschlammes aus industriellen Lackierstraßen stellt die biologische Lackschlammentsorgung (BLSE-Verfahren) dar. Hierbei handelt es sich um einen dezentralen biologisch-physikalischen Prozeß, mit dem neben der Standzeitverlängerung der Umlaufwässer auch eine Volumenreduktion der Feststoffphase erreicht wird.

So konnten aus Lackiereiabwässern bakterielle Mischpopulationen angereichert und an die kontinuierliche Betriebsführung adaptiert werden [161, 162]. Die flockulierenden Mischkulturen sind in der Lage, die organischen Inhaltsstoffe der Umlaufwässer um 75–80% zu reduzieren. Der Abbau erfolgt in einer zweistufigen Anlage, wobei in der ersten aeroben Stufe die Lacklösungsmittel, die bis zu 50% der DOC-Fracht ausmachen, praktisch vollständig abgebaut werden. In Tabelle 8.16 ist der Abbaugrad einzelner Lacklösungsmittel in der ersten Prozeßstufe aufgeführt. In der zweiten, anaerob betriebenen Stufe werden Fettsäurederivate, Tenside und höhere Alkohole um-

Tabelle 8.16. Biologischer Abbau von Lacklösungsmitteln in der ersten Prozeßstufe

Substanz	Abbaugrad [%]
Butylglycol	98
Methylpyrrolidon	99
Butanol	97
Ethoxypropanol	95
Diaminoethanol	95

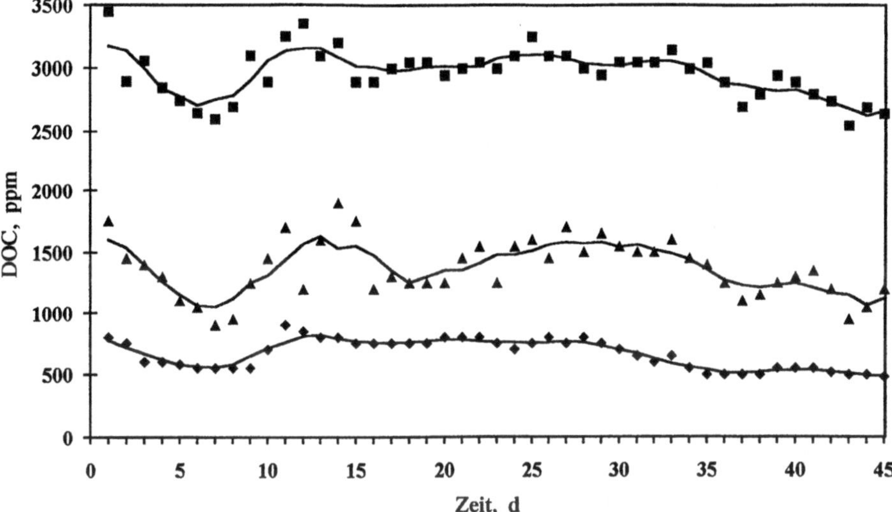

Abb. 8.33. DOC-Konzentrationen beim biologischen Abbau eines Abwassers aus der industriellen Fahrzeuglackierung bei zweistufiger Prozeßführung, ■ Vorlage, ▲ 1. Reaktor, ◆ 2. Reaktor

gesetzt (Abb. 8.33). Auf eine Biomasserückführung bzw. -rückhaltung durch Immobilisierung kann bei dem Verfahren verzichtet werden, da die Kulturen ein ausreichend schnelles und stabiles Wachstum zeigen.

Betriebsbedingt durch den Aufstellungsort ist die Bauhöhe der eingesetzten Airlift-Schlaufenreaktoren auf 6,5 m limitiert. Aufgrund der verschiedenartigen Abbaugeschwindigkeiten in den aeroben und anaeroben Stufen besitzt die Technikumsanlage, die für eine hydraulische Last von 250 l/h ausgelegt ist, zwei in Serie geschaltete Reaktoren mit einem Volumen von 500 l bzw. 1500 l. Die Begasung der Airlift-Schlaufenreaktoren (1. Stufe) erfolgt mit Druckluft (5 bar) über 6 bzw. 12 Lochdüsen mit einem Durchmesser von 4 mm. Damit können Gasdurchsätze von 80 Nm³/h im 500 l- und 134 Nm³/h im 1500 l-Reaktor realisiert werden [163]. Abbildung 8.34 zeigt die Konstruktionsdaten der eingesetzten Reaktoren in einer Übersicht.

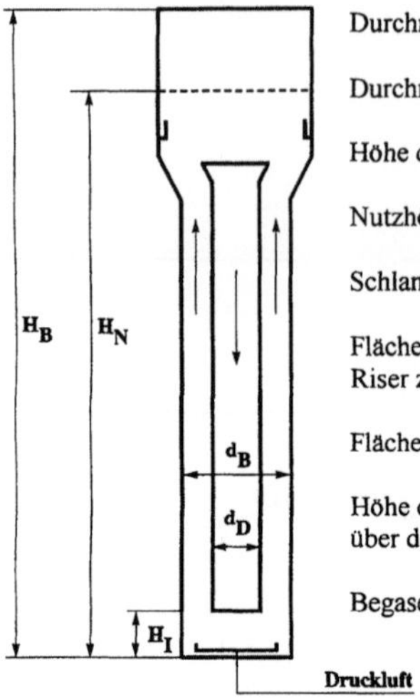

		500 l - Reaktor	1500 l - Reaktor
Durchmesser des Downcomers	d_D	0,129 m	0,199 m
Durchmesser des Bioreaktors	d_B	0,4 m	0,694 m
Höhe des Bioreaktors	H_B	6,5 m	6,5 m
Nutzhöhe	H_N	4,625 m	4,625 m
Schlankheitsgrad	H_B/d_B	12	7
Flächenverhältnis Riser zu Downcomer	A_R/A_D	8,3	11
Fläche des Riser	A_R	0,11 m^2	0,35 m^2
Höhe des Innenrohres über dem Boden	H_I	180/280/380 mm	260/360/460 mm
Begaserfläche	B_G	6 x 75,3 mm^2	12 x 75,3 mm^2

Abb. 8.34. Dimensionen der Reaktoren

Betriebsbedingt ergibt sich durch mitgeführte Lackschlammpartikel eine Feststoffbeladung des Abwassers von 1%. Die Feststoffabtrennung erfolgt nach der biologischen aeroben Behandlung über eine Druckentspannungsflotation, wie sie in [164] beschrieben ist. Der Klarlauf aus der Flotationsanlage wird über eine Entkeimungseinheit als Prozeßwasser in ein Speicherbecken für das Spritzkabinenumlaufwasser zurückgeführt. Das Flotat wird in einer anaeroben biologischen Stufe nachbehandelt, über einen Dekanter bis auf einen Trockensubstanzgehalt von ca. 50% entwässert und anschließend getrocknet [163]. Der Dekanter-Klarlauf kann nach Erfordernis in die aerobe Biologie oder als Prozeßwasser zurückgeführt werden.

Da durch die äußeren Aufstellungsbedingungen im Endausbau die Reaktorhöhe begrenzt bleiben wird und im Hinblick auf einen genügend großen Schlankheitsgrad das Volumen der Reaktoren nur geringfügig variabel ist, wird als Scale-up-Kriterium für die technischen Reaktoren in erster Linie das Flächenverhältnis zwischen Riser und Downcomer herangezogen [163]. Um die geometrischen Verhältnisse aus der Technikumsanlage übertragen zu können, sind in der Endausbaustufe ingesamt 4 Reaktoren mit 6–8 Innenleitrohren und einem Volumen von jeweils 15 m^3 geplant. Der Gesamtabwasserstrom wird nach der ersten aeroben Prozeßstufe auf drei parallelgeschaltete Reaktoren aufgeteilt, um die erforderliche Verweilzeit für den anaeroben Abbau der höhermolekularen Abwasserinhaltsstoffe zu gewährleisten.

8.8
Zusammenfassung

Der Einsatz von Spezialkulturen zur biologischen Behandlung von Abwässern mit schwerabbaubaren Inhaltsstoffen wird derzeit vom Labor- und Pilotmaßstab in den technischen Maßstab vollzogen. Da ein effektiver biologischer Abbau persistenter Abwasserinhaltsstoffe in zentralen Sammelkläranlagen nicht gegeben ist, müssen biologische Behandlungsanlagen direkt dem Entstehungsort – also bevor eine Verdünnung mit anderen, unter Umständen weniger belasteten Teilströmen stattfindet – nachgeschaltet werden. Eine derartige dezentrale Entsorgungsstufe ermöglicht verschiedene speziell dem Abwasserproblem angepaßte Lösungen. So kann z.B. eine mehrstufige Prozeßführung mit eventueller Trennung der Biozönose und der Anpassung der Spezialisten für jede Reinigungsstufe (Konkurrenzsubstrat, Cometabolismus, sequentieller Abbau) oder eine gezielte nichtbiologische Vorbehandlung durch physikalisch-chemische Maßnahmen eingesetzt werden.

Einer verstärkten Einführung der dezentralen biologischen Abwasserreinigung in den technischen Maßstab standen bisher folgende Probleme im Wege:

- schwankende Zusammensetzung des Abwassers hinsichtlich Substrat- bzw. Schadstoffkonzentration,
- unregelmäßige Anfallzeiten,
- geringe Wachstumsraten der Spezialkulturen,
- Betriebsschwankungen mit dem Auftreten toxischer Substanzen (u.a. Schwermetalle),
- hohe Salzlasten,
- nicht konstante pH-Werte und Temperaturen sowie
- das Überbrücken von Substratmangelsituationen.

In einer Vielzahl grundlegender Forschungsuntersuchungen und betrieblicher Erfahrungen konnte gezeigt werden, daß diese Probleme durch die Immobilisierung, d.h. die Fixierung der Spezialisten auf geeigneten Trägermaterialien wirkungsvoll überwunden werden können. Durch diese Immobilisierung ist eine Zellabtrennung und -rückhaltung ohne Desaktivierung der Mikroorganismen leicht möglich. Neben günstigen ökologischen Bedingungen für Mischkulturen in synergistischer Wechselwirkung, um die Fremdstoffe abzubauen, zeigen immobilisierte Bakterien gegenüber suboptimalen Bedingungen und störenden Einflüssen höhere Widerstandsfähigkeiten und lassen sich selbst unter wachstumslimitierten Bedingungen begrenzte Zeit zurückhalten. Insgesamt führt die Trägerfixierung zu einer deutlich verbesserten Prozeßstabilität sowie zu einer Erhöhung der Abbauleistung und dennoch zu geringeren Wachstumsraten, so daß weniger Überschußbiomasse produziert wird. Die Nachteile, die durch die Zellimmobilisierung auftreten, wie z.B. Stofftransporteinflüsse, Konzentrationsgradienten im Biokatalysator, Scherempfindlichkeit des Biokatalysators, Abtrennung und Entsorgung des Biomasseüberschusses, was im Festbett und bei Anwendung von porösen Trägern unter

Umständen schwierig ist, und die Erhöhung des Feststoffanteils, müssen gegenüber den obengenannten Vorteilen abgewogen werden.

Als geeignete Reaktoren zur Reinigung schwerabbaubarer Prozeßabwässer mit Hilfe immobilisierten Spezialkulturen haben sich in der Fremdstoff-Abwassertechnik je nach Anforderung anaerobe und aerobe Fließbettreaktoren (Airlift-Schlaufenreaktoren) durchgesetzt. Bei entsprechenden Biomassekonzentrationen und kurzen Verweilzeiten können sie als leistungsfähige, kompakte und dezentrale Reinigungseinheiten in den Produktionsprozeß mit hoher Betriebssicherheit integriert werden.

Zusammenfassend lauten die Anforderungen an ein Verfahrenskonzept zum Einsatz von Spezialkulturen zur biologischen Behandlung von Abwässern mit schwerabbaubaren Inhaltsstoffen:

- Anreicherung und Adaptation von geeigneten Spezialisten,
- Kenntnis der Abbauwege und Auffinden kritischer Abbauschritte,
- Aufklärung der Reaktionstechnik sowie Bestimmung praxisrelevanter Abbauparameter,
- Einführung reaktionstechnischer Maßnahmen wie
  • Immobilisierung der Mikroorganismen (im porösen Träger oder im Biofilm auf Trägeroberflächen),
  • Entwicklung spezieller Bioreaktoren (Festbett, Fließbett),
  • Wahl der Reaktionsführung (ein- oder mehrstufig, Vorbehandlung etc.),
- Laboruntersuchungen mit synthetischem Modell- und/oder Realabwasser,
- Abbauverhalten unter praktischen Bedingungen (Pilotversuche).

Man wird in Zukunft davon ausgehen können, daß eine Einrichtung zur Entsorgung von Schadstoffen integraler Bestandteil einer Produktionsanlage sein muß. Die Entsorgungsanlage kann somit auf den Produktionsprozeß zugeschnitten werden, und bei der Entwicklung bzw. nachträglichen Optimierung des Produktionsprozesses findet die Minimierung der Reststofferzeugung und des Wasserverbrauchs Berücksichtigung. Es ist einleuchtend, daß dieses Ziel nur erreichbar ist, wenn die Verfahren der chemischen und biologischen Verfahrenstechnik in Richtung der Umwelttechnik weiterentwickelt und neue Lösungsansätze aufgegriffen werden.

Abkürzungen

AOX	Adsorbierbare organisch gebundene Halogene
BTM	Biotrockenmasse
DOC	Gelöster organischer Kohlenstoff
TCC	Tricarbonsäurecyclus
2NS	Naphtalin-2-sulfonsäure
1NS	Naphthalin-1-sulfonsäure
1,4NDS	Naphthalin-1,4-disulfonsäure
1,5NDS	Napthalin-1,5-disulfonsäure
1,6NDS	Napthalin-1,6-disulfonsäure
2,6NDS	Napthalin-2,6-disulfonsäure

1,5 NDS	Napthalin-1,5-disulfonsäure
2,7 NDS	Napthalin-2,7-disulfonsäure
4 SC	4-Sulfobrenzcatechin
6 A 2 NS	6-Aminoaphthalin-2-sulfonsäure
5 AS	5-Aminosalicylsäure
8 A 2 NS	8-Aminoaphthalin-2-sulfonsäure
6 H 2 NS	6-Hydroxynaphthalin-2-sulfonsäure
EDTA	Ethylendiamintetraacetat
ED 3 A	Ethylendiamintriacetat
EDMA	Ethylendiaminmonoacetat
IAA	Iminoacetaldehydacetat
IDA	Iminodiacetat
N,N'-EDDA	Ethylendiamindiacetat
PCP	Pentachlorphenol
τ	Verweilzeit

Literatur

1. Diekmann R (1992) Einsatzmöglichkeiten von Bakterien bei der Behandlung von industriellen Abwässern. Wasser Abwasser Praxis 5:242–245
2. Cook AM, Thurnheer T, Kohler-Staub D, Gälli R (1986) Mikrobieller Abbau von Xenobiotika. Swiss Biotech 4:23–25
3. Edwards EA, Groic-Galic D (1992) Complete mineralization of benzene by aquifer microorganisms under strictly anaerobic conditions. Appl Environ Microbiol 58:2663–2666
4. Haigler BE, Pettigrew CA, Spain JC (1992) Biodegradation of mixtures of substituted benzenes by Pseudomonas sp strain JS150. Appl Environ Microbiol 58 (1992), 2237–2244
5. Khanna P, Rajkumar B, Jothikumar N (1992) Anoxygenic degradation of aromatic substances by Rhodopseudomonas palustris. Current Micobiol 25:63–67
6. Feige I, Müller-Hurtig R, Wagner F (1992) Biodegradation of solvents in varnish waste water of an airscrubber from automobile varnish shop. Bioprocess Engineering 7:291-296
7. Lobos JH, Leib TK, Tah-Mun Su (1992) Biodegradation of bisphenol A and other bisphenols by a gram-negative aerobic bacterium. Appl Environ Microbiol 58:1823–1831
8. Mohn WW, Kennedy KJ (1992) Limited degradation of chlorophenols by anaerobic sludge granules. Appl Environ Microbiol 58:2131–2136
9. Craik SA, Fedorak PM, Hrudey SE, Gray MR (1992) Kinetics of methanogenic degradation of phenol by activated-carbon-supported and granular biomass. Biotechnol Bioeng 40:777–786
10. Götz P, Hartmann L (1988) Gekoppelte Diffusion, Adsorption und Reaktion bei Biofilmen an Aktivkohle. GVC-Preprints „Verfahrenstechnische Aspekte der Immobilisierung von Enzymen und ganzen Zellen", Heidelberg, 65–79
11. Mörsen A, Rehm HJ (1989) Degradation of phenol by a mixed culture immobilized by adsorption. Dechema Biotechnology Conferences, Frankfurt a. M., Vol 3, Part B, 921–927
12. Dietrich G, Knoll G, Sembiring T, Winter J (1989) Anaerobic degradation of aromatic and halogenated aromatic compounds by pure and enrichment cultures. Dechema Biotechnology Conferences, Frankfurt a. M., Vol 3, Part B, 877–882
13. Hüppe P, Höke H, Hempel DC (1989) Biological treatment of phenols and nitogen-containing aromatic bases from industrial waste water effluents. Dechema Biotechnology Conferences, Frankfurt a. M., Vol 3, Part B, 929–932
14. Gerritze J, Gottschal JC (1992) Mineralization of the herbizide 1,3,6-trichlorobenzoic acid by a co-culture of anaerobic bacteria. FEMS Microbiol Ecol 101:89–98

15. Cook AM, Leisinger T (1991) Desulfonation of aromatic compounds. Proc Int Symp Environmental Biotechnology, Oostende, Belgium, Abstract book, Part 1:115–122

16. Altenbeck V, Diekmann R, Rüger W (1992) Monitoring of an 1-Methyl-2-pyrrolidone (MP) utilizing bacterial strain by gene probes. Dechema Biotechnology Conferences, Frankfurt a. M., Vol. 5:845–848

17. De Vos D, Verachtert H, Leuven KU (1991) Waste water treatment in rubber chemicals production plants: Biodegradation of benzothiazoles and benzimidazoles. Proc Int Symp Environmental Biotechnology, Oostende, Belgium, Abstract book, Part 1:131–134

18. Ewers J, Clemens W, Knackmuss HJ (1991) Biodegradation of chloroethenes using isoprene as co-substrate. Proc Int Symp Environmental Biotechnology, Oostende, Belgium, Abstract book, Part 1:77–84

19. Collin G Steinkohleteerchemie: Bedeutung, Produkte und Verfahren. Erdöl und Kohle – Erdgas – Petrochem 38 (1985), 489-496

20. Zeyer J, Kearney PhC (1983) Microbial metabolism of ^{14}C-nitroanilines to ^{14}C-carbon dioxide. Journal of Agriculture and Food Chemistry 31:304–308

21. Cripps RE, Watkinson RJ (1978) Polycyclic aromatic hydrocarbons: Metabolism and environmental aspects. In: Watkinson RJ (ed), Developments in biodegradation of hydrocarbons. Appl Science Publ Ltd, London

22. Shukla OP (1984) Microbial transformation of pyridine derivatives. Journal of Scientific and Industrial Research 43:98–116

23. Shukla OP (1986) Microbial transformation of quinoline by a Pseudomonas sp. Applied and Environmental Microbiology 51:1332–1342

24. Bennett JL, Updegraff DM, Pereira WE, Rostad CE (1985) Isolation and identification of four species of quinoline-degrading *Pseudomonas* from a creosote-contaminated site in Pensacola, Florida. Microbios letters, 147–154

25. Grant DJW, Al-Najjar TRR (1976) Degradation of quinoline by a soil bacterium. Microbios letters, 177–189

26. Al-Najjar TRR, Grout RJ, Grant DJW (1970) Degradation of 4-hydroxyquinoline by a soil Pseudomonas. Microbios Letters, 157–163

27. Dagley S, Johnson PA (1963) Microbial oxidation of kynurenic acid, xanthurenic acid and picolinic acid. Biochimica et Biophysica Acta 78:577–587

28. Ulonska A, Hecht V, Deckwer WD (1993) Verfahrenstechnische Untersuchungen zum aeroben mikrobiellen Abbau von Chinolin in einem 3-Phasen-Airliftreaktor mit immobilisierter Biomasse. 11. Jahrestagung der Biotechnologen, Nürnberg, Dechema (Hrsg), 65–66

29. Koch B, Ostermann M, Höke H, Hempel DC (1991) Sand and activated carbon as biofilm carriers for microbial degradation of phenols and nitrogen-containing aromatic compounds. Wat Res 25:1–8

30. Knackmuss HJ (1981) Degradation of halogenated and sulfonated hydrocarbons. In: Leisinger Th, Cook AM, Hütter R, Nüesch J (eds), Microbial degradation of xenobiotics and recalcitrant compounds. Academic, London, 190–220

31. Brilon C, Beckmann W, Hellwig M, Knackmuss HJ (1981) Enrichment and isolation of naphthalenesulfonic acid-utilizing *pseudomonas*. Appl Environ Microbiol 42:39–43

32. Brilon C, Beckmann W, Knackmuss HJ (1991) Catabolism of naphthalenesulfonic acids by *Pseudomonas sp. A 3* and *Pseudomonas sp. C 22*. Appl Environ Microbiol 42:44–55

33. Ohe T, Watanabe Y (1986) Degradation of 2-Naphtylamine-1-sulfonic acid by *Pseudomonas strain TA-1*. Agric Biol Chem 50:1419–1426

34. Ohe T, Ohmoto T, Kobayashi Y, Sato A, Watanabe Y (1990) Metabolism of naphthalenesulfonic acids by *Pseudomonas sp. TA-2*. Agric Biol Chem 54:669–675

35. Wagner K, Hempel DC (1986) Kinetic analysis of naphthalenesulfonic acid – biodegradation. 3rd World Congress of Chemical Engineering, Tokio, Preprints 10a–363

36. Wagner K, Hempel DC (1988) Biodegradation by immobilized bacteria in an airlift-loop reactor – influence of biofilm diffusion limitation. Biotechnol Bioeng 31:559–606

37. Lobas D, Gerdes-Kühn M, Hempel DC (1991) Wirkung von Salzlasten auf den bakteriellen Abbau von xenobiotischen Abwasserinhaltsstoffen. Korrespondenz Abwasser 38:1362–1372

38. Wittich RM, Rast HG, Knackmuss HJ (1988) Degradation of naphthalene-2,6- and naphthalene-1,6-disulfonic acid by *Moraxella sp.* Appl Environ Microbiol 54:1842–1847

39. Ohe T, Watanabe Y (1988) Microbial degradation of 1,6- and 2,6-naphthalinedisulfonic acid by *Pseudomonas sp. DS-1*. Agric Biol Chem 52:2409–2414

40. Nörtemann B (1987) Bakterieller Abbau von Amino- und Hydroxynaphthalinsulfonsäuren. Dissertation, Universität Stuttgart

41. Krull R, Nörtemann B, Kuhm A, Hempel DC, Knackmuss HJ (1991) Kinetic analysis of a chemostat culture with wall growth. In: Reuß M, Chmiel H, Gilles ED, Knackmuss HJ (eds) Biochemical Engineering – Stuttgart, Gustav Fischer, Stuttgart, 425–428

42. Beckmann W (1976) Zur biologischen Persistenz von sulfonierten aromatischen Kohlenwasserstoffen: Desulfonierung und Katabolismus der Naphthalin-2-sulfonsäure. Dissertation, Universität Göttingen

43. Krull R Universität – GH Paderborn, unveröffentiche Untersuchungen

44. Rast HG: Bayer AG, unveröffentlichte Untersuchungen

45. Cain RB, Farr DR (1968) Metabolism of arylsulphonates by microorganisms. Biochem J 106:859–877

46. Gibson DT (1968) Microbial degradation of aromatic compounds. Science 161:1093–1097

47. Ornston LN, Stanier RY (1966) The conversion of catechol and protocatechuate to β-ketoadipate by *Pseudomonas putida*. J Biol Chem 241:3076–3786

48. Feigel B (1990) Synergistischer Abbau von 4-Aminobenzolsulfonat durch *Hydrogenophaga palleronii* and *Agrobacterium radiobacter*. Dissertation, Universität Stuttgart

49. Feigel B, Knackmuss HJ (1991) Degradation of sulfanilic acid by a syntrophic culture. In: Reuß M, Chmiel H, Gilles ED, Knackmuss HJ (eds), Biochemical engineering – Stuttgart, Gustav Fischer, Stuttgart, 412–416

50. Krull R, Nörtemann B, Kuhm A, Hempel DC, Knackmuss HJ (1991) Der bakterielle Abbau von 2,6-Naphthalindisulfonsäure mit immobilisierten Mikroorganismen. gwf Wasser/Abwasser 132:352–354

51. Da Canalis C, Krull R, Hempel DC (1992) Bakterieller Abbau komplexer Naphthalinsulfonsäuregemische im Airlift-Schlaufenreaktor. gwf Wasser/Abwasser 133:226–230

52. Krull R, Hempel DC (1994) Biodegradation of naphthalenesulphonic acid containing sewages in a two-stage treatment plant. Bioprocess Eng 10:229–234

53. Luther M (1988) Nutzung von 1-Naphthalinsulfonsäure als Schwefelquelle für die Grünalge *Scenedesmus obliquus* im Vergleich mit Sulfat. KFA-Jülich, Jül-2236

54. Luther M, Soeder CJ (1987) Some naphthalenesulfonic acids as sulfur sources for the green microalga *Scenedesmus obliquus*. Chemosphere 16:1565–1578

55. Soeder CJ, Luther M, Kneifel H (1988) Abbaupotential von Mikroalgen unter besonderer Berücksichtigung der Desulfonierung aromatischer Sulfonsäuren. gwf Wasser/Abwasser 129:82–85

56. Luther M, Shaaban MM, Soeder CJ, Shafig YH, El-Fouly MH (1991) Abbau von 1,3,6(7)-Naphthalintrisulfonsäure durch Kooperation der Grünalge *Scenedesmus obliquus* mit einer Bakterienmischkultur. gwf Wasser/Abwasser 132:411–413

57. Nörtemann B, Baumgarten J, Rast HG, Knackmuss HJ (1986) Bacterial communities degrading amino- and hydroxynaphthalene-2-sulfonates. Appl Environ Microbiol 52:1195–1202

58. Nörtemann B, Knackmuss HJ (1988) Abbau sulfonierter Aromaten. gwf Wasser/Abwasser 129:75–79

59. Hattendorf C, Hempel DC (1990) Simultaneous degradation of aromatic sulfonic acids by specialized bacterial mixed cultures. Dechema Biotechnology Conferences, Part A, 4:581–584

60. Göbel C (1991) Reaktionstechnische Untersuchungen zum kontinuierlichen biologischen Abbau von Amino- und Hydroxynaphthalinsulfonsäuren. Dissertation, Universität – GH Paderborn

61. Zwicker B, Nörtemann B, Hempel DC (1992) Determination of the activity of mixed cultures degrading substituted naphthalene-2-sulfonic acids. Dechema Biotechnology Conferences, Part B, 5:899–902

62. Zwicker B (1993) Wechselwirkungen zwischen Bakterienstämmen in einer schadstoffabbauenden Mischkultur. Dissertation , Universität - GH Paderborn
63. Zwicker B, Nörtemann B, Hempel DC (1993) Einfluß der Populationszusammensetzung auf das Abbauverhalten einer schadstoffabbauenden Mischkultur. Kurzfassungen, 11. Jahrestagung der Biotechnologen, Nürnberg, 86-87
64. Diekmann R, Nörtemann B, Hempel DC, Knackmuss HJ (1988) Degradation of 6-aminonaphthalene-2-sulphonic acid by mixed cultures - kinetic analysis. Appl Microbiol Biotechnol 29:85-88
65. Diekmann R, Hempel DC (1989) Production rates of CO_2 by suspended and immobilized bacteria degrading 6-aminonaphthalene-2-sulphonic acid. Appl Microbiol Biotechnol 32:113-117
66. Hempel DC, Lindert M (1990) Behandlung von Abwässern mit schwerabbaubaren Inhaltsstoffen: Reaktionstechniken zum Einsatz immobilisierter Spezialkulturen. gwf Wasser/Abwasser 131:52-59
67. Knackmuss HG (1993) Mikrobieller Fremdstoffabbau: Mischkulturen versus Hybridstämme. In: GVC VDI-Gesellschaft Verfahrenstechnik und Chemieingenieurwesen, IUV Institut für Umweltverfahrenstechnik, Universität Bremen (Hrsg.), Preprints 1. Colloquium produktionsintegrierter Umweltschutz - Abwässer der Textil- und Wollverarbeitung. Bremen, 316-323
68. Wasser. Förderkonzept des BMFT im Rahmen des Programms „Umweltforschung und Umwelttechnologie" (1990) Kernforschungszentrum Karlsruhe GmbH, Projektträgerschaft Wassertechnologie und Schlammbehandlung
69. Frahne D, Wilking A (1993) Abwasserbehandlungsverfahren, die derzeitig in der Textilveredlungsindustrie angewandt werden oder in der Einführung begriffen sind. In: GVC VDI-Gesellschaft Verfahrenstechnik und Chemieingenieurwesen, IUV Institut für Umweltverfahrenstechnik, Universität Bremen (Hrsg), Preprints 1. Colloquium Produktionsintegrierter Umweltschutz - Abwässer der Textilindustrie und Wollverarbeitung. Bremen, 39-49
70. Anliker R (1977) Colour chemistry and the environment. Ecotoxicology and Environmental Safety 1:211
71. Cripps C, Bumpus JA, Aust SD (1990) Biodegradation of azo and heterocyclic dyes by Phanaerochaete chrysospotium. Appl Environ Microbiol 56:1114-1118
72. Bundesdeutsche Produktionsstatistik 1988, Farbe und Lack 3 (1989), 207
73. Zollinger H (1987) Color Chemistry, Verlag Chemie, Weinheim
74. Croissant B, Efferen K, Frahne D (1983) Reaktivfarbstoffe im Abwasser - sind sie durch ein bakterielles Symbiosesystem abbaubar? Melliand Textilberichte 9:686-689
75. Urushigawa Y, Yonezawa Y (1977) Chemico-biological interactions in biological purification system. II. Biodegradation of azocompounds by activated sludge. Bull Env Cont Tox 17:214-218
76. Yatome C, Ogawa T, Koga D, Idaka E (1981) Biodegradability of azo and triphenylmethane dyes by *Pseudomonas pseudomallei 13NA*. J Soc Dye Color 97:166-169
77. Pagga U, Brown D (1986) The degradation of dyestuffs: Part II. Behaviour of dyestuffs in aerobic biodegradation tests. Chemosphere 15:479-491
78. Walker R (1970) The metabolism of azo compounds: A review of the literature. Fd Cosmet Toxicol 8:659-676
79. Haug W, Schmidt A, Nörtemann B, Hempel DC, Stolz A, Knackmuss HJ (1991) Mineralization of the sulfonated azo dye Mordant Yellow 3 by a 6-aminonaphthalene-2-sulfonate-degrading bacterial consortium. Appl Environ Microbiol 57:3144-3149
80. Glässer A, Liebelt U, Hempel DC (1993) Anaerob-aerober Abbau von Farbstoff aus Abwässern der Textilveredlung. In: GVC VDI-Gesellschaft Verfahrenstechnik und Chemieingenieurwesen, IUV Institut für Umweltverfahrenstechnik - Universität Bremen (Hrsg), Preprints 1. Colloquium Produktionsintegrierter Umweltschutz - Abwässer der Textilindustrie und Wollverarbeitung. Bremen, 293-303
81. Haug W, Nörtemann B, Schmidt A, Hempel DC, Stolz A, Knackmuss HJ (1991) Vollständige bakterielle Mineralisation eines sulfonierten Azofarbstoffes. gwf Wasser/Abwasser 132:249-251

82. Frimmel FH, Grenz R, Kordik E, Dietz F (1989) Nitrilotriacetat (NTA) und Ethylendinitrilotetraacetat (EDTA) in Fließgewässern der Bundesrepublik Deutschland. Vom Wasser 72:175–184

83. Trapp St, Brüggemann, R, Kalbfus W, Frey S (1992) Organische und anorganische Stoffe im Main. gwf Wasser/Abwasser 133:495–504

84. Nusch EA, Eschke HD, Kornatzki KH (1991) Die Entwicklung der NTA- und EDTA-Konzentrationen im Ruhrwasser und daraus gewonnenes Trinkwasser. Korrespondenz Abwasser 38:944–949

85. dpa-Mitteilung: EDTA-Belastung von Gewässern soll bis 1996 halbiert werden. dpa 130 Umwelt/Inland, 5.10.1991

86. Lauff JJ, Steele DB, D, Coogan LA, Breifeller JM (1990) Degradation of the ferric chelate of EDTA by a pure culture of an *Agrobacterium* sp. Appl and Environ Microbiol 56:3346–3353

87. Nörtemann B, Imberg B, Hempel DC (1991) Biodegradation of Ethylenediaminetetraacetate (EDTA). Proc. Int. Symp. Environmental Biotechnology, Ostende, Belgium, Abstract book, Part 1, 259–262

88. Nörtemann B (1992) Total degradation of EDTA by mixed cultures and a bacterial isolate. Appl and Environ Microbiol 58:671–676

89. Gschwind N (1992) Biologischer Abbau von EDTA in einem Modellabwasser. gwf Wasser/Abwasser 133:546–549

90. Belly RT, Lauff JJ, Goodhue CT (1975) Degradation of ethylenediaminetetraacetic acid by microbial populations from an aerated lagoon. Appl Microbiol 29:787–794

91. Egli T (1994) Biochemistry and physiology of the degradation of nitrilotriacetic acid and other metal complexing agents. In: Ratledge C (Hrsg), Biochemistry of microbial degradation. Kluwer Academic, Niederlande, 179–195

92. Klüner T, Henneken L, Gehle M, Brüggenthies A, Nörtemann B, Hempel DC (1994) Katabolismus von Ethylendiamintetraacetat (EDTA). Bioforum 17, 284–288

93. Klüner T (1996) Chemie und Biochemie des mikrobiellen EDTA-Abbaus. Cuvillier, Göttingen

94. Henneken L (1995) Biologischer Abbau des Komplexbildners EDTA-Reaktionstechnik und Verfahrensentwicklung Fortschr.-Ber. VDI Reihe 15 Nr. 146, VDI, Düsseldorf

95. Lingens F (1988) Mikrobieller Abbau von aromatischen Verbindungen. In: Präve P et al. (Hrsg), Jahrbuch Biotechnologie 1988/89. Hanser, München, 297–318

96. Hütter LA (1990) Wasser und Wasseruntersuchung, Reihe: Laborbücher Chemie, 4. erweiterte Auflage Salle und Sauerländer, Frankfurt a.M.

97. Baldauf G (1992) Ist die Aufbereitung PBSM-belasteter Grundwässer für die Trinkwassernutzung ein Weg der Problemlösung? gwf Wasser/Abwasser 133:187–195

98. Kunz P, Frietsch G (1986) Mikrobiozide Stoffe in biologischen Kläranlagen. Immisionen und Prozeßstabilität. Springer, Berlin Heidelberg New York

99. Einsatzmöglichkeiten und Grenzen mikrobiologischer Verfahren zur Bodensanierung. In: Dechema (Hrsg), Mikrobiologische Reinigung von Böden. Beiträge des 9. Dechema-Fachgesprächs Umweltschutz, Frankfurt a.M. 1991

100. Augustin H, Bauer U (1982) Mikrobiozide Wirkstoffe als belastende Verbindungen im Wasser. Vom Wasser 58:297

101. Strubel V, Knackmuss HJ, Engesser KH (1991) Metabolism of dibenzofuran und dibenzodioxin as model for 2,3,7,8-Tetrachlorodibenzodioxin degradation. In: Reuß M, Chmiel H, Gilles ED, Knackmuss HJ (eds) Biochemical Engineering – Stuttgart, Gustav Fischer, Stuttgart, 421–424

102. Der Spiegel 1989, Nr 9:258–263

103. Knackmuss HG, Beckmann W, Dorn E, Reineke W (1976) Zum Mechanismus der biologischen Persistenz von halogenierten und sulfonierten aromatischen Kohlenwasserstoffen. Zbl Bakt Hyg, I. Abt Orig B 162:127–137

104. Nörtemann B, Klüner T, Gehle M, Henneken L, Brüggenthies A, Imberg B, Hempel, DC (1993) Einfluß von Metallionen auf den biologischen Abbau von EDTA. Poster Nr 270, VAAM-Frühjahrstagung Leipzig

105. Knackmuss HG (1979) Halogenierte und sulfonierte Aromaten – eine Herausforderung für Aromaten abbauende Bakterien. Forum Mikrobiologie 6:311–317
106. Schmitt M, Hempel DC (1993) Verbesserung der biologischen Abbaubarkeit durch Vorbehandlung mit Ozon. Korrespondenz Abwasser 40:1469–1475
107. Gilbert E (1974) Über den Abbau von organischen Schadstoffen im Wasser durch Ozon. Vom Wasser 43:275–290
108. Lapresa G, Bünning G, Stromeier B, Hempel DC (1993) Desinfektion von biologisch kontaminierten Abwässern in Rohrreaktoren mittels Ozon. wwt-Wasserwirtschaft, Wassertechnik 3:36–39
109. Lipphardt G (1994) Umweltschutz und Sicherheit: Die Verantwortung des Ingenieurs. Chem Ing Tech 66:465–469
110. Zlorkarnik M (1988) Umweltschutz – eine ständige Herausforderung des Innovationsgeistes der Ingenieure aller Fachdisziplinen. GVC-Diskussionstagung „Verfahrenstechnik der mechanischen, thermischen, chemischen und biologischen Abwasserreinigung", Baden-Baden, Bd 1:1–19
111. Nörtemann B, Hempel DC (1991) Application of adapted bacterial cultures for the degradation of xenobiotic compounds in industrial waste-waters. In: Martin AM (ed), Biological degradation of wastes. Elsevier applied science Ltd., London-New York, Chap 12:261–279
112. Wiesmann U (1991) Submers-Bioreaktoren zur Behandlung von Abwässern mit schwerabbaubaren Schadstoffen. GWF Wasser/Abwasser 132:161–169
113. Weiland P, Wulfert K (1986) Festbettreaktoren zur anaeroben Reinigung hochbelasteter Abwässer – Entwicklung und Anwendung. BTF – Biotech-Forum 3:152–158
114. Deckwer WD (1988) Bioreaktoren – derzeitiger Stand und erkennbare Entwicklungen. Chem Ing Tech 60:583–590
115. Kümmel R (1992) Biolfime in der Wassertechnik – Mechanismen, Möglichkeiten und Grenzen. In: Wagner R, Wasser Kalender, Jahrbuch für das gesamte Wasserfach, 94–112
116. Zlokarnik M (1986) Immobilisierung ganzer Zellen – eine Bestandsaufnahme aus bioverfahrenstechnischer Sicht. BTF – Biotech-Forum 3:212–218
117. Klein J (1981) Heterogene Biokatalyse mit polymerfixierten Mikroorganismen. Nachr Chem Tech 29:850–854
118. Characklis WG, Cooksey KE (1983) Biofilms and microbial fouling. Advances in Appl Microbiol 29:93–138
119. Trulear MG, Characklis WG (1979) Dynamics of biofilm processes. Proceedings 34th Industrial Waste Conference. Purdue University West Lafayette, 383–853
120. Gerdes-Kühn M, Diekmann R, Hempel DC (1989) Trägerfixierung von Spezialkulturen – eine wirkungsvolle Methode zum Abbau persistenter Abwasserinhaltsstoffe. Korr Abwasser 36:776–784
121. Heijnen JJ (1984) Biological industrial waste-water treatment minimizing biomass production and maximizing biomass concentration. Dissertation, TH Delft
122. Aivasidis A (1988) Entwicklung und praktische Umsetzung eines Biogashochlastverfahrens zur Reinigung stark belasteter Abwässer. GVC-Diskussionstagung „Verfahrenstechnik der mechanischen, thermischen, chemischen und biologischen Abwasserreinigung", Baden-Baden, Bd 2:137–168
123. Heijnen JJ (1984) Technik der anaeroben Abwassertechnik. Chem Ing Tech. 56:526–532
124. Heijnen JJ (1988) Large scale anarobic-aerobic treatment of complex industrial waste water using immobilized biomass in fluid bed and airlift suspension reactors. GVC-Diskussionstagung „Verfahrenstechnik der mechanischen, thermischen, chemischen und biologischen Abwasserreinigung", Baden-Baden, Bd 2:203–217
125. Hwang KY, Brauer H (1987) Anaerobe Abwasserreinigung mit Biogasproduktion im Pulsreaktor. BTF – Biotech Forum 4:118–130
126. Pascik I, Henzler HJ (1988) Die anaerobe Behandlung von Zellstoffabwässern mit an PUR-Trägermaterial immobilisierten Organismen. GVC-Diskussionstagung „Verfahrenstechnik der mechanischen, thermischen, chemischen und biologischen Abwasserreinigung", Baden-Baden, Bd 2:89–98

127. Seyfried CF (1988) Verfahrenstechnik der anaeroben Abwasserreinigung. Theorie und Praxis. GVC-Diskussionstagung „Verfahrenstechnik der mechanischen, thermischen, chemischen und biologischen Abwasserreinigung", Baden-Baden, Bd 2:99–136

128. Braha A (1987) Zum Stand der Technik in der biologischen Abwasserreinigung. wlb IFAT Report' 87, 107–120

129. Oehme C (1984) Trägerbiologien in der Abwassertechnik. Chem Ing Tech 56:599–609

130. Zlorkanik M (1982) Verfahrenstechnik der aeroben Abwasserreinigung. Chem Ing Tech 54:939–952

131. Müller G, Bruch W (1988) Aerobe Abwasserreinigung in turmförmigen Bioreaktoren. Stand der Technik. GVC-Diskussionstagung „Verfahrenstechnik der mechanischen, thermischen, chemischen und biologischen Abwasserreinigung", Baden-Baden, Bd 2:29–61

132. Atkinson B, Black GM, Pinches A (1981) The characteristics of solid supports and biomass support particles when used in fluidised beds. In: Cooper PF, Atkinson B (eds), Biological fluidised bed treatment of water and wastewater. Ellis Horwood, 75–109

133. Diekmann R, Naujoks M, Gerdes-Kühn M, Hempel DC (1990) Effects of suboptimal environmental conditions on immobilized bacteria growing in continuous culture. Bioprocess Eng 5:13–17

134. Gerdes-Kühn M, Hempel DC (1991) Biologische Schwermetallabtrennung aus industriellen Abwässern. EntsorgungsPraxis, 719–725

135. Gerdes-Kühn M, Rudolph E, Nörtemann B, Hempel DC (1991) Influence of heavy metal ions on the biodegradation of xenobiotic compounds. 4th World Congress of Chemical Engineering Karlsruhe, Preprints I:3.6–15

136. Rudolph E, Kleinemas E, Hempel DC (1993) Schwermetalleinfluß auf Xenobiotika abbauende Bakterien. gwf Wasser/Abwasser 134:457–461

137. Kennedy KJ, Van den Berg L (1985) Anaerobic downflow stationary fixed film reactors. In: Moo-Young M (ed), Comprehensive Biotechnology, Pergamon, 4, 1027–1049

138. Sahm H (1984) Anaerobic wastewater treatment. Adv Biochem Eng Biotechnology 29:83–115

139. Weiland P, Thomsen H, Wulfert K (1988) Entwicklung eines Verfahrens zur anaeroben Vorreinigung von Brennereischlempen unter Einsatz eines Festbettreaktors. GVC-Diskussionstagung „Verfahrenstechnik der mechanischen, thermischen, chemischen und biologischen Abwasserreinigung", Baden-Baden, Bd 2:169–186

140. Switzenbaum MS (1985) Fluidized bed anaerobic reactors. In: Moo-Young M (ed), Comprehensive Biotechnology, Pergamon, 4:1017–1026

141. Hakulinen R, Salkinoja-Salonen M (1981) An anaerobic fluidised-bed reactor for the treatment of industrial wastewater containing chlorophenols. In: Cooper PF, Atkinson B (ed), Biological fluidised bed treatment of water and wastewater. Ellis Horwood, 374–382

142. Porter KE (1985) High rate filters. In: Moo-Young M, Comprehensive Biotechnology, Pergamon, 4:963–981

143. Meßner K, Jaklin-Farcher S, Ertler G und Braha A (1988) Entfärbung und Dechlorierung von Bleicherei-Abwässern durch Phanerochaete chrysosporium immobilisiert auf Schaumstoff. Forum Mikrobiologie 11:492–497

144. Sekoulov J, Heinrich D, Völkel W, Richter H (1988) Einsatz von Festbettreaktoren beim Abbau von Schadstoffen. GVC-Diskussionstagung „Verfahrenstechnik der mechanischen, thermischen, chemischen und biologischen Abwasserreinigung". Baden-Baden, Bd 2:331–341

145. Westmeier F, Rehm HJ (1987) Degradation of 4-Chlorophenol in municipal wastewater by adsorptiv immobilized *Alcaligenes sp.* A 7–2. Appl Microbiol Technol 26:78–83

146. Andrews G (1988) Fluidized-bed bioreactors. Biotechn. and genetic Engineering Reviews 6:151–178

147. Oehme C (1986) Reinigung und Recycling von textilen Abwässern mit dem trägerbiologischen Airlift-Wirbelbettreaktoren. Meliand Textilberichte Heft 8:582–588

148. Fan LS, Fujie K, Long TR, Tang WT (1987) Characteristics of deaft tube gas-liquid-solid fluidized-bed bioreactor with immobilized living cells for phenol degradation. Biotech Bioeng 30:498–504

149. Hüppe P, Höke H, Hempel DC (1990) Biological treatment of effluents from a coal tar refinery using immobilized biomass. Chem Eng Technol 13:73–79
150. Kochbeck B, Lindert M, Hempel DC (1992) Hydrodynamics and local parameters in three-phase-flow in airlift-loop-reactors of different size. Chem Eng Sci 47:3443–3450
151. Lindert M (1992) Zur Maßstabsvergrößerung von Airlift-Schlaufenreaktoren. Dissertation Universität – GH Paderborn
152. Lindert M, Kochbeck B, Prüss J, Warnecke HJ, Hempel DC (1992) Scale-up of airlift-loop bioreactors based on modelling the oxygen mass transfer. Chem Eng Sci 47:2281–2286
153. Lindert M, Schäfer S, Kochbeck B, Hemmi M, Hempel DC (1993) Bestimmung von lokalen Gas- und Feststoffgehalten in einem Airlift-Schlaufenreaktor mit Hilfe der Time-Domain-Reflectometry. Chem Ing Tech 65:563–565
154. Kochbeck B, Wilden W, Hempel DC (1994) Scale-up of airlift reactors with inverse internal loop. Preprints 3. German/Japanese Symposium bubble columns, Schwerte, Germany
155. Beyer H (1963) Organic chemistry, Harri Deutsch Frankfurt a.M., Zürich
156. Atkinson B (1974) Biochemical reactors. Pion Limited, London
157. Atkinson B, Davies IJ (1972) The completly mixed microbial film fermenter – a method of overcoming wash-out in continuous fermentation. Trans Inst Chem Engrs 50:208–216
158. Koch B, Hüppe P, Höke H, Hempel DC (1988) Entwicklung und Einsatz eines biologischen Reinigungsverfahrens zum Abbau von Phenolen und stickstoffhaltigen Aromaten in Industrieabwässern. Preprints GVC-Tagung: „Verfahrenstechnik der mechanischen, thermischen, chemischen und biologischen Abwasserreinigung", Baden-Baden, 403–410
159. Höke H, Hempel DC (1990) Biologischer Abbau komplexer Gemische stickstoffhaltiger Aromaten in einem Teerraffinerie-Abwasser. gwf Wasser/Abwasser 131:660–664
160. Siever FL (1992) Neue Entwicklungen auf dem Gebiet des Direktrecyclings von Wasserlacken und Voraussetzungen für den Einsatz in der Praxis. Umweltschutz in der Lackiertechnik, Berichtsband DFO-Fachtagung, 11–17
161. Diekmann R, Altenbeck V, Rüger W (1991) Biological detoxification of varnish sludge systems. In: Verachtert H, Verstraete W (eds), International Symposium on Environmental Biotechnology, Koninklijke Vlaamse Ingenieursvereniging, Oostend – Belgium, 449–450
162. Diekmann R, Altenbeck V, Feldmann M, Rüger W (1992) Recycling of biologically treated waste water from industrial painting facilities. Dechema Biotechnology Conferences 5, VCH Verlagsgesellschaft, 947–950
163. Diekmann R, Feldmann M (1994) Einsatz von Suspensionsbioreaktoren bei der Abwasseraufbereitung für die industrielle Fahrzeuglackierung. In: VDI GVC – Jahrbuch 1994, VDI, Düsseldorf, 199–211
164. Hempel DC (1993) Flotation in der kommunalen und industriellen Abwassertechnik. Entsorgungspraxis 11:476–482

Hochleistungsverfahren und Bioreaktoren für die biologische Behandlung hochbelasteter industrieller Abwässer

A. Vogelpohl

9.1
Einleitung

Die steigenden Anforderungen an den Umweltschutz haben in den letzten zwanzig Jahren zu wesentlichen Fortschritten bei der Behandlung industrieller Abwässer geführt. Diese Entwicklung ist durch die Anwendung der Erkenntnisse der chemischen, mechanischen und thermischen Verfahrenstechnik auf die Probleme der biologischen Abwasserreinigung gekennzeichnet und führte zu Neuentwicklungen, wie die Bayer-TURMBIOLOGIE, den Hoechst-BIOHOCH-Reaktor oder das DEEP-SHAFT-Verfahren der ICI. Der besondere Vorteil dieser Verfahren ist der deutlich verringerte Luftbedarf, eine geschlossene, emissionsdichte Ausführung sowie die Verwendung platzsparender Reaktoren in Turmbauweise. In bezug auf den volumenbezogenen Umsatz unterscheiden sich diese Verfahren jedoch nicht wesentlich von der herkömmlichen Beckentechnologie, wie sie insbesondere bei der Reinigung kommunaler Abwässer eingesetzt wird. Erst die Entwicklung sogenannter Hochleistungsreaktoren führte zu Abwasserreinigungsverfahren, die sich durch eine deutlich verringerte Verweilzeit und einen zehn- bis dreißigfachen Durchsatz gegenüber den anderen Verfahren bei gleicher Reinigungsbelastung auszeichnen. Aufgrund ihres geringen Bauvolumens sind diese Reaktoren insbesondere auch für eine prozeßintegrierte Abwasserreinigung geeignet mit der Möglichkeit, durch eine an das jeweilige Abwasser optimal angepaßte Behandlungsweise ein gereinigtes Abwasser zu erzeugen, das unmittelbar in den Prozeß zurückgeführt werden kann.

Eine ähnliche Entwicklung, wie sie oben für den Bereich der aeroben Abwasserreinigungsverfahren, also der Verfahren, bei denen Sauerstoff zuzuführen ist, stattgefunden hat, ist auch für die anaeroben Verfahren zu verzeichnen. Denn neue Erkenntnisse, insbesondere über den Mechanismus der Vergärung bis hin zur Methanbildung, haben zu verbesserten Verfahren geführt, bei denen die Verweilzeit im günstigen Falle nur noch etwa zehn Stunden gegenüber zwanzig Tagen bei der klassischen anaeroben Faulung beträgt. Im folgenden wird über diese Entwicklung zusammenfassend berichtet, wobei nur die Verfahren vorgestellt werden, die technisch eingesetzt werden oder zumindest im Pilotmaßstab erprobt worden sind.

9.2
Aerobverfahren

Das am häufigsten eingesetzte Verfahren zur aeroben Reinigung von Abwässern ist das um die Jahrhundertwende in England entwickelte Belebungsverfahren. Hierbei wird dem Abwasser in offenen Becken mit einer Wassertiefe von ca. 3 m über Oberflächenbelüfter oder eine am Boden installierte Blasenbelüftung Luftsauerstoff zugeführt, mit dessen Hilfe Bakterien unterschiedlichster Zusammensetzung die im Abwasser befindlichen biologisch abbaubaren Inhaltsstoffe zu Kohlendioxid, Wasser und Biomasse umwandeln. Kennzeichnend für dieses Verfahren ist eine Biomassekonzentration von etwa $3-5$ g/l, eine BSB_5-Raumbelastung von unter 1 kg BSB_5/m^3 d oder eine BSB_5-Schlammbelastung von unter 0,3 kg BSB_5/kg TS d und ein Abbaugrad von über 95 % der organischen Inhaltsstoffe. Bei kommunalem Abwasser mit einer mittleren BSB_5-Konzentration von 250 mg/l ergibt sich hieraus eine Verweilzeit des Abwassers von mehr als sechs Stunden. Wegen der geringen Wassertiefe wird nur etwa $^1/_{10}$ des mit der Luft zugeführten Sauerstoffs ausgenutzt, woraus sich ein Sauerstoffertrag als Verhältnis von zugeführtem Sauerstoff zur aufgewandten Belüftungsleistung von etwa 1 kg O_2/kWh ergibt.

Die Neuentwicklungen im Bereich der Aerobverfahren haben das Ziel, die Nachteile dieses typischen Schwachlastverfahrens wie

- niedrige Raumbelastung,
- geringe Biomassenkonzentration,
- lange Verweilzeit,
- großvolumige Becken,
- Emission von Geruchs- und Schadstoffen aufgrund der offenen und großflächigen Bauweise

zumindest teilweise durch entsprechende konstruktive und betriebliche Maßnahmen zu vermeiden. Allen Neuentwicklungen gemeinsam ist die Verwendung geschlossener Behälter mit einem Höhe/Durchmesser-Verhältnis von eins bei der Verwendung von Blasensäulenreaktoren bis zu größer 100 beim DEEP-SHAFT-Verfahren. Neben der Kontrolle der Emissionen hat die geschlossene Bauweise vor allem den Vorteil, daß die Abluft konzentriert anfällt und dadurch einfacher einer Nachbehandlung unterzogen werden kann.

9.2.1
Blasensäulenreaktor

Blasensäulenreaktoren finden aufgrund ihrer einfachen Bauweise vielfältige Verwendung in der chemischen Industrie und wurden daher auch dort als erste

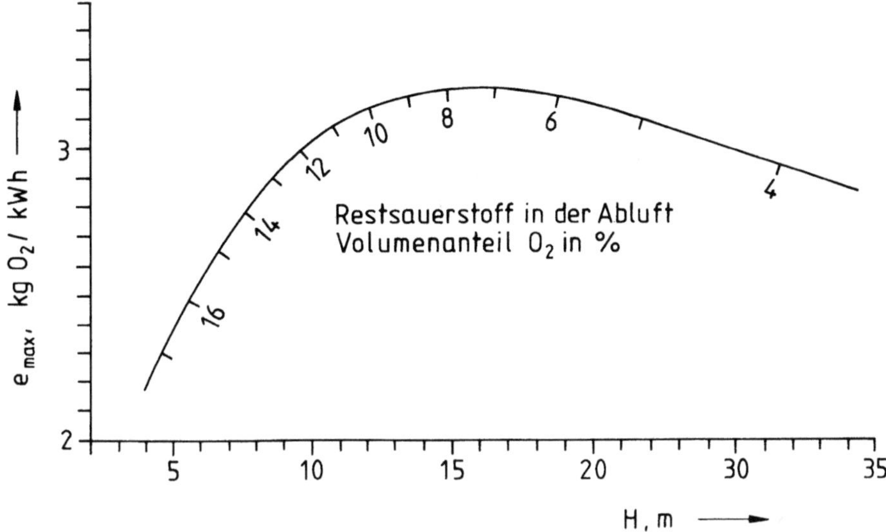

Abb. 9.1. Sauerstoffertrag in Abhängigkeit von der Wasserhöhe

für die Abwasserreinigung eingesetzt. Die Abwässer der chemischen Industrie enthalten in der Regel leichtflüchtige Komponenten, die bei der aeroben Abwasserreinigung durch die zugeführte Luft gestrippt und in die Abluft übertragen werden. Sofern dadurch die Grenzwerte der TA-Luft überschritten werden, ist eine Nachbehandlung der Abluft erforderlich, was aus wirtschaftlichen Gründen dazu zwingt, die Abluftmenge zu minimieren. Dies läßt sich am einfachsten durch eine Erhöhung der Wassertiefe und die damit einhergehende verbesserte Ausnutzung des Luftsauerstoffs erreichen. Den grundsätzlichen Zusammenhang zwischen dem Sauerstoffertrag, dem Restsauerstoff in der Abluft und der Wasserhöhe zeigt Abb. 9.1 am Beispiel der Bayer-TURMBIO-LOGIE [1]. Unter den dort gewählten Bedingungen liegt bei einer Wasserhöhe von 15 m der optimale Sauerstoffertrag bei etwa 3,2 kg O_2/kWh und der Restsauerstoffgehalt bei ca. 8 Vol %.

Den Aufbau der Bayer-TURMBIOLOGIE zeigt Abb. 9.2. Kern der Anlage ist ein Blasensäulenreaktor, dem unten über eine Vielzahl von Injektoren die erforderliche Luft in fein verteilter Form zugeführt wird. Als Treibwasser wird das ankommende Abwasser benutzt, wodurch eine gleichmäßige Verteilung des Abwassers über den gesamten Querschnitt und eine gute Vermischung von Abwasser und Luft erreicht wird. Die zur Rückführung des Bioschlamms erforderliche Nachklärung läßt sich durch ein angehängtes Becken, wie in Abb. 9.2 gezeigt, oder auch ein getrenntes Becken erreichen. Bei einer schlecht sedimentierenden Biomasse bietet sich die Schlammabtrennung durch Flotation als vorteilhafte Lösung an, wobei zusätzlich der für die Nachklärung erforderliche Flächenbedarf verringert wird.

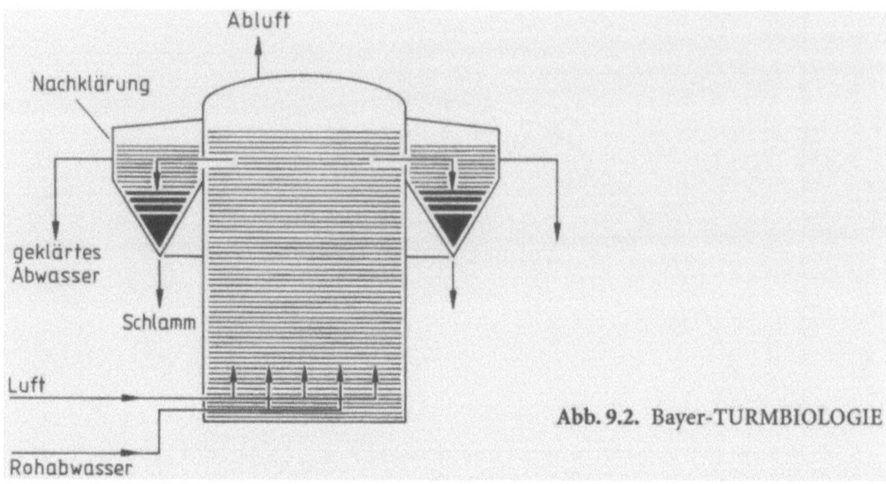

Abb. 9.2. Bayer-TURMBIOLOGIE

Der BIOHOCH-Reaktor der Hoechst AG [2] unterscheidet sich von der Bayer-TURMBIOLOGIE durch die Verwendung der Radialstromdüse (s. Abb. 9.4) als Begasungsapparat und durch die Verwendung von Leitrohren im Reaktor zwecks Verbesserung der Strömungsbedingungen. Abbildung 9.3 zeigt einen Schnitt durch einen BIOHOCH-Reaktor mit einer Wasserhöhe von ca. 20 m. Deutlich sind die koaxial angeordneten Leitrohre mit den darunter befindlichen Radialstromdüsen zu erkennen. Nach oben wird der eigentliche Reaktionsraum durch eine Lochplatte von der darüber liegenden Entgasungszone abgetrennt. Das gereinigte Abwasser fließt nach außen in die Nachklärung ab, wo die Trennung von Abwasser und Bioschlamm stattfindet. Wie aus dem Kennfeld der Radialstromdüse der Bauart RS 30/1500 für eine Wasserhöhe von 17,5 m in Abb. 9.4 hervorgeht, läßt sich mit dieser Düse unter optimalen Bedingungen ein Sauerstoffumsatz von ca. 75%, entsprechend einem Sauerstoffgehalt in der Abluft von 5 Vol %, bei einem Sauerstoffertrag von 3,8 kg O_2/kWh, erreichen. Die Bayer-TURMBIOLOGIE und der BIO-HOCH-Reaktor sind damit in ihrer Leistung weitgehend vergleichbar.

Von beiden Reaktoren existiert inzwischen eine Vielzahl von technischen Anwendungen, wobei die größten ausgeführten Reaktoren bei einem Abwasserdurchsatz von 60 000 m^3/d ein Reaktionsvolumen von ca. 20 000 m^3 aufweisen. Mit einer Schadstofffracht von 30 t BSB_5/d errechnet sich eine Raumbelastung von 0,9 kg BSB_5/m^3 d und eine Verweilzeit von acht Stunden, d.h. die Raumbelastung und die Verweilzeit liegen in derselben Größenordnung wie bei konventionellen Belebungsbecken.

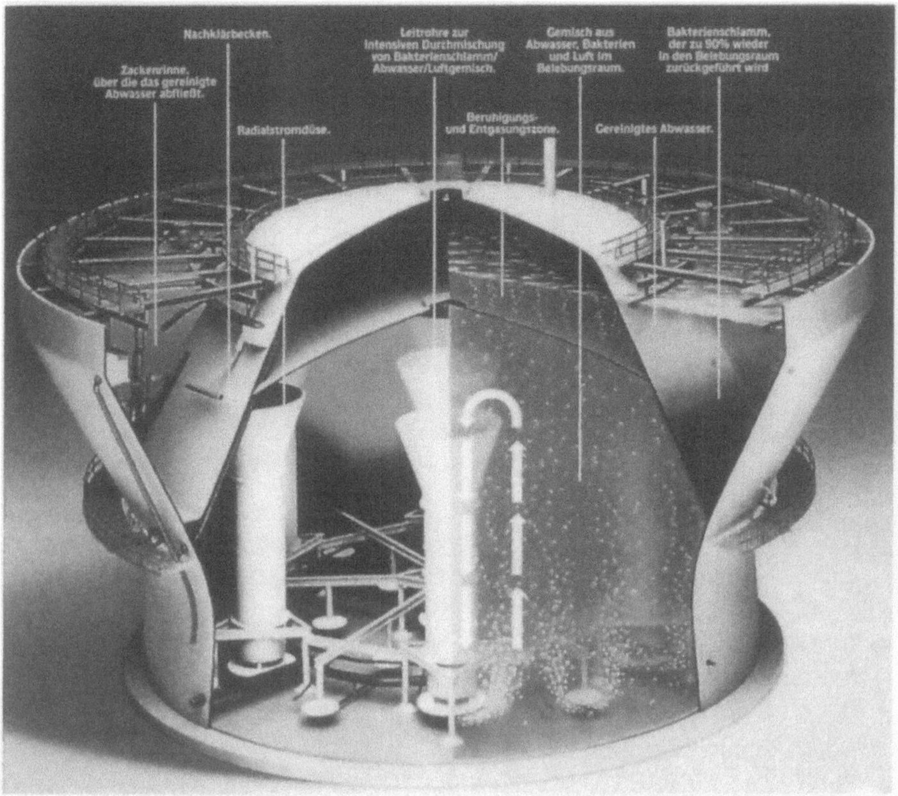

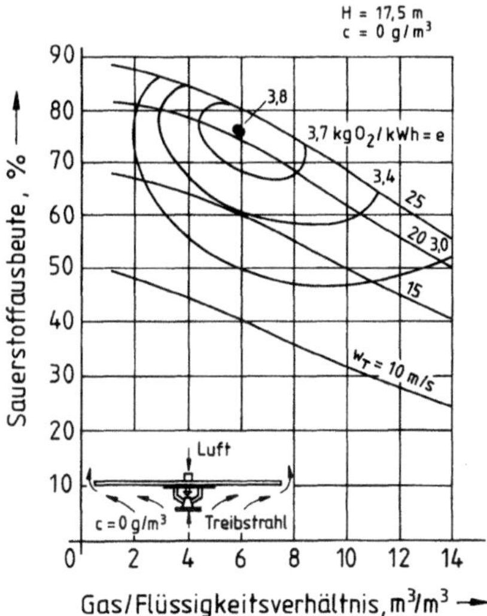

Abb. 9.3. BIOHOCH-Reaktor

Abb. 9.4. Kennfeld einer Radialstromdüse RSC 30/1500

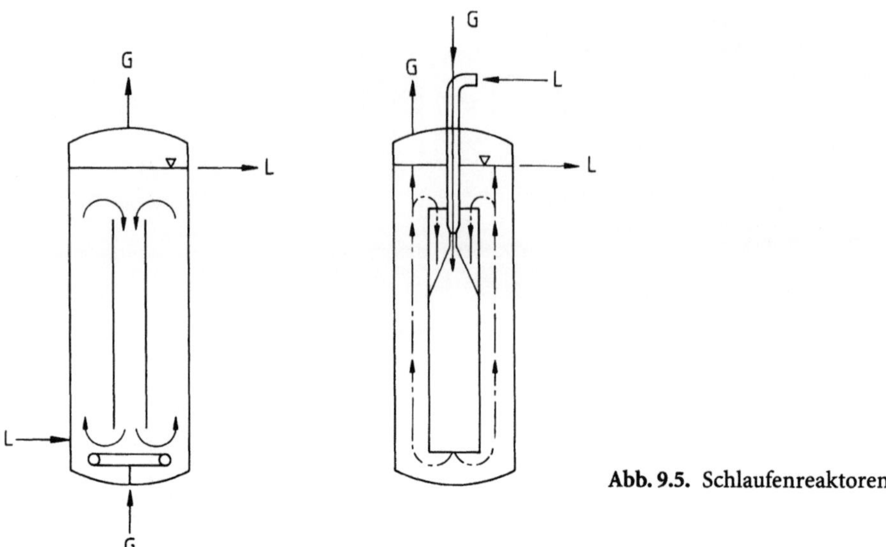

Abb. 9.5. Schlaufenreaktoren

9.2.2
Schlaufenreaktor

Schlaufenreaktoren nach Abb. 9.5 bestehen im wesentlichen aus einem zylindrischen Behälter mit einem Höhe/Durchmesser-Verhältnis von etwa 5–7. In den Behälter eingesetzt ist ein beidseitig offenes Rohr, dem von unten (Abb. 9.5 links) oder oben (Abb. 9.5 rechts) über eine Zweistoffdüse Flüssigkeit und Gas zugeführt wird. Der mit der Flüssigkeit und dem Gas eingetragene Impuls bewirkt eine innige Vermischung von Flüssigkeit und Gas im Bereich der Düse sowie mit dem umgebenden Fluid und eine ausgeprägte Schlaufenströmung um das Innenrohr. Aufgrund dieser definierten Strömungsführung bieten Schlaufenreaktoren weniger Probleme bezüglich der Maßstabsvergrößerung. Es ist daher nicht verwunderlich, daß die größten in der Praxis eingesetzten Reaktoren mit einem Durchmesser von bis zu 7 m und einer Höhe von bis zu 60 m Schlaufenreaktoren sind. Eine eingehende Beschreibung dieses Reaktortyps und seiner verschiedenen Bauarten gibt Schügerl [3].

Technisch eingesetzt in der aeroben Abwasserreinigung werden von den Schlaufenreaktoren bislang nur der ICI-DEEP-SHAFT-Reaktor [4] und der sogenannte Kompaktreaktor nach Abb. 9.5 rechts im Rahmen des HCR-Verfahrens der Otto Oeko-Tech [5]. Beim DEEP-SHAFT-Verfahren ist der Belebungsraum als Schacht von 50 bis 150 m Tiefe mit einem konzentrischen Innenrohr ausgeführt. Das Konzept dieses Verfahrens besteht nach Abb. 9.6 darin, daß durch Zufuhr von Start-Luft in den Ringraum (Riser) des mit Abwasser gefüllten Reaktors eine Aufwärtsströmung im Ringraum und eine Abwärtsströmung im Innenrohr (Downcomer) derart induziert wird, daß nach Abschalten der Start-Luft und Umschalten auf die Zufuhr von Prozeß-Luft in das Innenrohr, die an dieser Einleitstelle vorhandene Druckkraft der

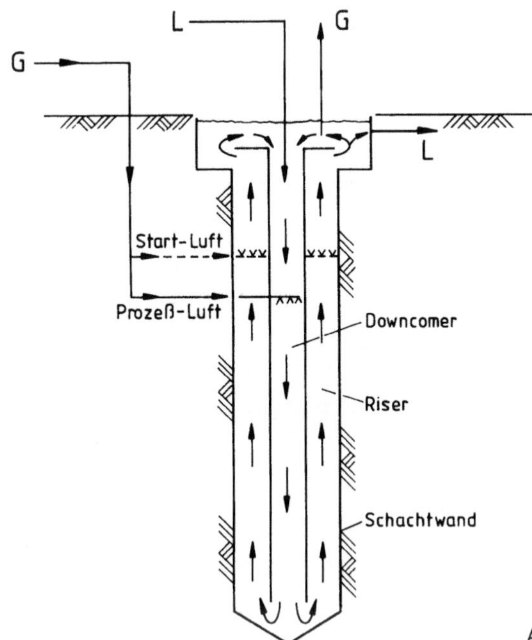

Abb. 9.6. ICI-DEEP-SHAFT-Verfahren

darüber liegenden gasfreien Abwassersäule ausreicht, die zugeführte Prozeß-Luft kontinuierlich zunächst im Downcomer nach unten und nach der Strömungsumkehr am Schachtboden im Riser aufwärts zu fördern. In der weltweit größten Anlage dieser Art mit einem Durchmesser von 2,8 m und einer Tiefe von 100 m werden täglich 20000 m^3 Abwasser einer Zellstoffabrik bei einer BSB$_5$-Raumbelastung von ca. 5,5 kg BSB$_5$/m^3 d gereinigt.

Beim HCR-Verfahren erreichen im Betrieb befindliche Anlagen mit einem Reaktorvolumen von bis zu 40 m^3 bei der Reinigung leicht abbaubarer Abwässer, wie sie in der Hefe- und Lebensmittelindustrie anfallen, Abbaugrade von über 80% bei einer Raumbelastung von bis zu 60 kg CSB/m^3 d und einem Sauerstoffertrag von ca. 1,5 kg O$_2$/kWh. Der größte bisher gebaute Kompaktreaktor mit einem Durchmesser von 5 m und einer Flüssigkeitshöhe von 12,5 m (s. Abb. 9.7) reinigt stündlich 42 m^3 Abwasser einer Papierfabrik mit einem CSB von 17 500 mg/l bei einem CSB-Abbaugrad von 73%. Die CSB-Raumbelastung beträgt 69 kg CSB/m^3 d. Wegen des hohen Sauerstoffbedarfs ist dieser Reaktor zusätzlich mit einer Begasung im Ringraum des Reaktors ausgestattet. Bei einer Sauerstoffausnutzung von 51% beträgt der Sauerstoffertrag 2,0 kg O$_2$/kWh.

Eine Weiterentwicklung des Kompaktreaktors ist der Prallstrahlreaktor nach Abb. 9.8, der sich durch einen extrem günstigen Sauerstoffertrag sowie durch einen sehr breiten Betriebsbereich auszeichnet. Auch beim Prallstrahlreaktor handelt es sich im Prinzip um einen Schlaufenreaktor, jedoch mit dem Unterschied, daß sich der Prallstrahlreaktor aus zwei spiegelbildlich angeordneten Schlaufen zusammensetzt, wodurch eine Prallzone entsteht, in

Abb. 9.7. Kompaktreaktor

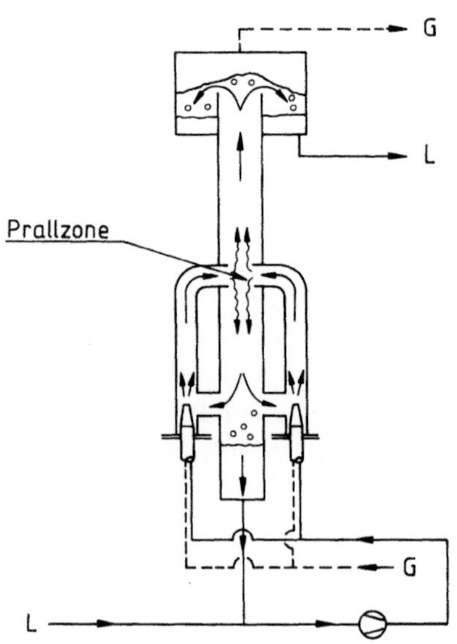

Abb. 9.8. Prallstrahlreaktor

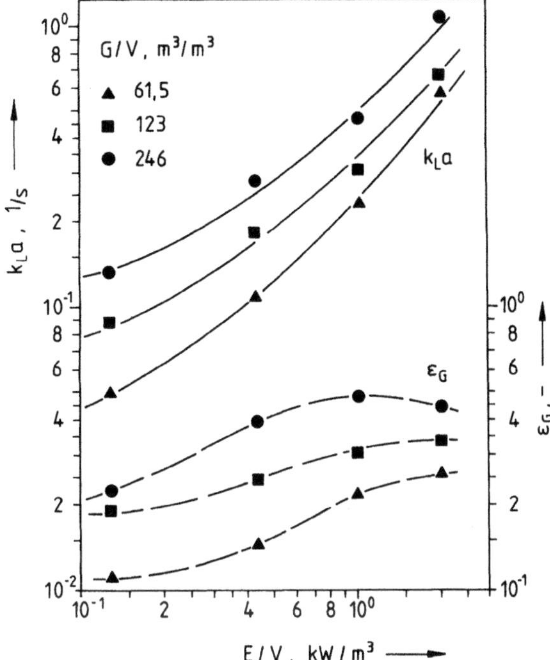

Abb. 9.9. Stoffübergangs-koeffizient und Gasgehalt des Prallstrahlreaktors

der die an den beiden Düsen gebildeten Zweiphasenströme aufeinanderprallen. Diese Tatsache hat eine dramatische Verbesserung des Stoffübergangs zur Folge, wie aus Abb. 9.9 zu ersehen ist, in welcher der in Reinwasser gemessene volumenbezogene Stoffübergangskoeffizient und der zugehörige Gasgehalt über dem volumenbezogenen Energieeintrag aufgetragen sind [6]. Neben der Größe des Stoffübergangskoeffizienten ist besonders bemerkenswert, daß dieser in der üblichen doppeltlogarithmischen Darstellung im Bereich höherer Energieeinträge eine Steigung von etwa eins aufweist, während die Steigung bei allen anderen Stoffaustauschapparaten etwa 0,3 – 0,7 beträgt. Diese höhere Wirksamkeit des Prallstrahlreaktors verdeutlicht auch ein Vergleich mit anderen Stoffaustauschapparaten entsprechend Abb. 9.10 in einer Darstellung nach [7].

Aufgetragen ist der maximale Sauerstoffeintrag über dem Sauerstoffertrag als Quotient aus dem maximalen Sauerstoffeintrag und dem dafür notwendigen Energieeintrag. Zunächst wird deutlich, daß – wie bereits oben ausgeführt – die Turmreaktoren (Bayer-TURMBIOLOGIE, Hoechst-BIO-HOCH-Reaktor) hinsichtlich des Sauerstoffeintrags dem in der kommunalen Abwasserreinigung üblichen Werten vergleichbar sind, hinsichtlich des Sauerstoffertrags jedoch höhere Werte aufweisen. Deutlich besser beim Sauerstoffeintrag sind die anderen angeführten Stoffaustauschapparate wie Umlaufreaktor, Turbinenrührer, Hubstrahlreaktor und Prallstrahlreaktor, wobei letzterer sich sowohl hinsichtlich des Sauerstoffeintrags als auch in bezug auf

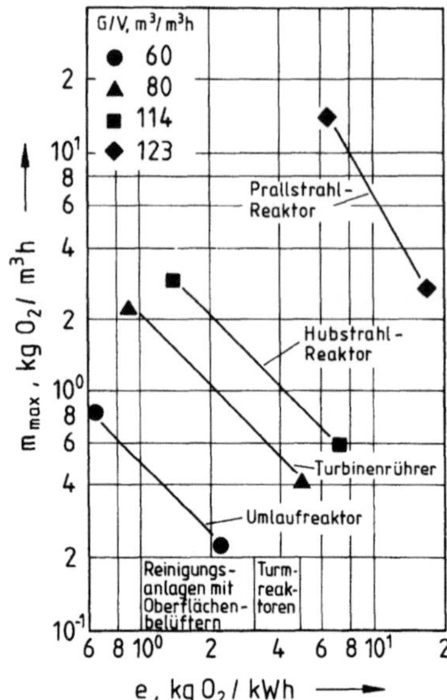

Abb. 9.10. Sauerstoffeintrag und Sauerstoffertrag aerober Verfahren

den Sauerstoffertrag deutlich hervorhebt. So ergaben denn auch Untersuchungen mit einem biologisch leicht abbaubaren Abwasser z.B. bei einem Energieeintrag von 0,2 kW/m³ einen CSB-Abbaugrad von über 90 % bei Raumbelastungen von bis zu 35 kg CSB/m³ d [8].

9.2.3
Hubstrahlreaktor (s. Kap. 10)

9.2.4
Festbettreaktor

Festbettreaktoren werden schon seit über 100 Jahren in der Form des Tropfkörpers für die Reinigung schwach belasteter kommunaler Abwässer eingesetzt. Tropfkörper zeichnen sich dadurch aus, daß sich auf der Oberfläche des im Reaktor befindlichen Füllkörpermaterials ein Biorasen ausbildet, wodurch die Mikroorganismen im Reaktor zurückgehalten werden. Festbettreaktoren bieten sich daher insbesondere für die Abwasserreinigung mit solchen Mikroorganismen an, die schlecht sedimentieren und daher nur schwierig vom Abwasser zu trennen sind, wie z.B. die Nitrifikanten bei der Nitrifikation. Tatsächlich läßt sich für diesen Anwendungsfall durch den Einsatz von Festbettreaktoren die Raum-Zeit-Ausbeute für die Oxidation von Ammonium zu Nitrat um das Zehnfache gegenüber konventionellen Suspensionsreaktoren bei praktisch vollständigem Umsatz des Ammoniums erhöhen [9]. Als Füllkörpermaterial werden poröse Füllkörper oder geordnete Packungen aus Kunststoff mit einer volumenbezogenen Oberfläche von bis zu 250 m²/m³ eingesetzt (s. Abb. 9.11).

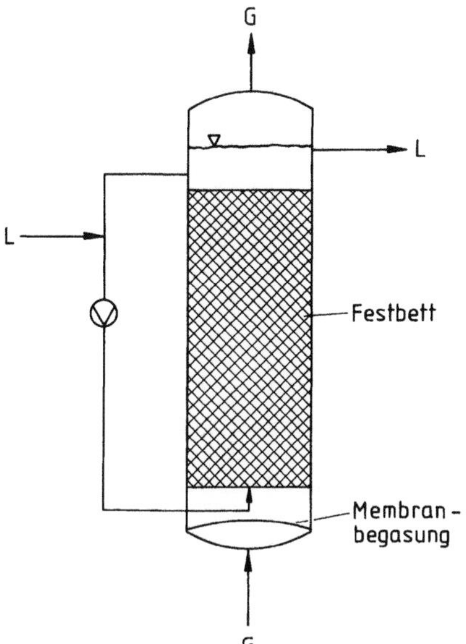

Abb. 9.11. Schema eines Festbettreaktors für die Nitrifikation

Auch für die Behandlung von schwer abbaubaren Abwasserinhaltsstoffen haben sich Festbettreaktoren bewährt, da diese Inhaltsstoffe vom Biorasen adsorbiert und dort so lange festgehalten werden, bis sie biologisch abgebaut sind. Unter diesen Voraussetzungen sind die Festbettreaktoren in der Lage, Aktivkohlefilter zu ersetzen, mit dem Vorteil, daß das „Adsorbens" wegen der biologischen Aktivität des Biorasens überhaupt nicht oder zumindest nur in sehr großen Zeitabständen regeneriert werden muß. Eine entsprechende Großanlage zeigt Abb. 9.12 [10].

9.2.5
Wirbelbettreaktor

Wirbelbettreaktoren zeichnen sich durch einen sehr guten Stoffaustausch und bei Verwendung von feinkörnigem Trägermaterial durch eine große volumenbezogene Stoffaustauschfläche aus. Sie bieten sich dadurch für die Immobilisierung von Mikroorganismen an. Trotz dieses Potentials, das in einer Vielzahl von Labor- und Pilotversuchen bestätigt wurde, haben Wirbelbettreaktoren für die aerobe Abwasserbehandlung bisher keine Anwendung gefunden.

Es gibt allerdings Bestrebungen, z.B. den von Gist-Brocades in Holland in den 80er Jahren entwickelten „Airlift-Reaktor" unter Zusatz von körnigem Trägermaterial für die aerobe Reinigung von Industrie- aber auch kommunalem Abwasser einzusetzen.

Eine Sonderentwicklung ist das Linde-Verfahren [11], bei dem in konventionelle Belebungsbecken offenporige Schaumstoffwürfel mit einer

Abb. 9.12. Festbettreaktor

Kantenlänge von 1–2 cm eingebracht werden. Durch die Besiedlung der Oberfläche der Schaumstoffwürfel steigt die Biomassenkonzentration auf 10–20 kg/m³, in Extremfällen auf bis zu 50 kg/m³ gegenüber der üblichen Konzentration von 3 kg/m³ an, mit einer entsprechenden Steigerung der Raum-Zeit-Ausbeute. Das Verfahren eignet sich sowohl zum Abbau von Kohlenwasserstoffverbindungen als auch – wegen des höheren Schlammalters – für die Nitrifikation und die Elimination schwer abbaubarer Verbindungen. Eingesetzt wird das Verfahren sowohl zur Behandlung kommunaler als auch industrieller Abwässer mit Anlagengrößen bis zu 900 000 Einwohnergleichwerten.

9.2.6
Sonstige Reaktoren

Die in der ehemaligen DDR sehr verbreiteten Tauchstrahlbelüfter werden auch heute noch unter der Bezeichnung IAB-Biotankreaktor für die Reinigung stark verunreinigter Industrie- und Deponiesickerwässer angeboten [12]. Das Funktionsprinzip dieser Reaktoren ist nach Abb. 9.13 dadurch gekennzeichnet, daß mittels einer Pumpe Wasser aus dem Tank einer oberhalb des Tanks angeordneten Düse zugeführt wird. An dieser wird Luft angesaugt und über einen Schacht fein dispergiert in das Wasser eingetragen. Bei einer Grund-

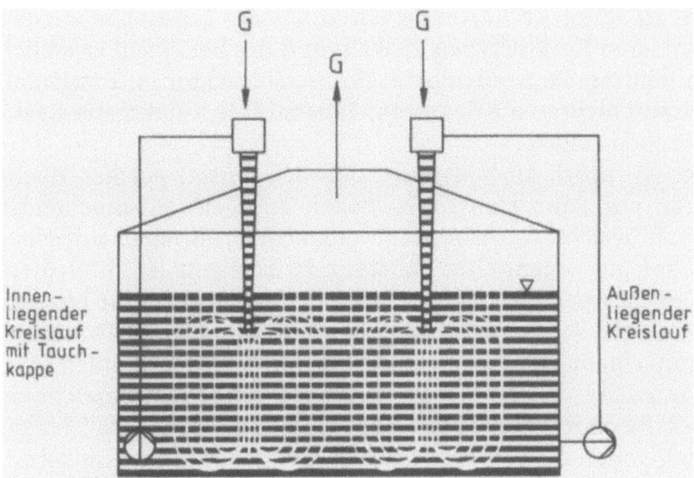

Abb. 9.13. Funktionsprinzip des IAB-Biotankreaktors

wassersanierung wurde mit diesem Reaktortyp bei einem Reaktorvolumen von 900 m³ und einem Volumenstrom von 300 m³/d mit einer Schadstoffkonzentration von 9500 mg CSB/l ein Abbaugrad von 75 % erzielt.

9.2.7
Zusammenfassung Aerobverfahren

Die neuen Verfahren zur Abwasserreinigung sind durch eine Abwendung von den offenen, großflächigen Belebungsbecken hin zur Behälterbauweise mit Wasserhöhen bis zu 30 m gekennzeichnet. Neben einer Ersparnis an Grundfläche hat dies vor allem den Vorteil einer besseren Sauerstoffausnutzung und eines entsprechend niedrigeren Luftbedarfs, wodurch eine eventuell notwendige Nachbehandlung der Abluft wesentlich erleichtert wird. Diese Anlagen vom Typ der Bayer-TURMBIOLOGIE oder des Hoechst-BIOHOCH-Reaktors sind inzwischen technisch ausgereift und finden vor allem im Bereich der Chemie und der Lebensmittelindustrie Verwendung. Ein Einsatz auch bei der Reinigung kommunaler Abwässer steht unmittelbar bevor.

Die Raum-Zeit-Ausbeute dieser Verfahren ist wegen des geringen volumenbezogenen Energieeintrags der konventioneller Belebungsbecken vergleichbar, und sie sind in dieser Hinsicht als Schwachlastanlagen einzustufen. Hohe Raum-Zeit-Ausbeuten setzen u. a. eine entsprechende Sauerstoffübertragungsleistung voraus, die sich nur durch einen erhöhten Energieeintrag erreichen läßt. Daß trotzdem günstige Sauerstofferträge erzielt werden können, verdeutlicht der in Abb. 9.10 gezeigte Vergleich unterschiedlicher Stoffaustauschapparate. Man erkennt, daß der Sauerstoffeintrag bei den Turmreaktoren weniger als 0,2 kg/h m³ beträgt, allerdings bei dem günstigen Sauerstoffertrag von bis zu 3,5 kg/kWh. Ähnliche und bessere Ergebnisse werden jedoch auch mit anderen Reaktortypen erreicht und das bei einem erheblich höheren Sauerstoffeintrag. So werden beim Prallstrahlreaktor im Extremfall Sauerstoffeinträge von mehreren Kilogramm Sauerstoff je Kubikmeter Reaktorvolumen und Stunde erzielt.

Hierbei ist jedoch zu bedenken, daß der Einsatz solcher Hochleistungs-Reaktoren nur dann sinnvoll ist, wenn auch ein entsprechender Bedarf an Sauerstoff besteht, d.h. ein leicht abbaubares Abwasser mit einer hohen Konzentration an organischer Substanz zu reinigen ist. Sind diese Voraussetzungen erfüllt, werden Raum-Zeit-Ausbeuten erreicht, die bis zum Hundertfachen über der Raum-Zeit-Ausbeute konventioneller Schwachlastanlagen liegen, mit einem entsprechend geringeren Reaktorvolumen. Nur diese Reaktoren sind daher als echte Hochleistungs-Reaktoren zu bezeichnen.

Welcher Reaktortyp in einem speziellen Anwendungsfall einzusetzen ist, läßt sich generell nicht beantworten, da insbesondere Industrieabwässer in ihrer Zusammensetzung und Belastung sehr unterschiedlich sind und die Art und die Struktur der sich jeweils bildenden Biomasse sowie deren Abtrennung und weitere Verwertung sowie die geforderte Reinheit des Abwassers die Auswahl ganz entscheidend beeinflussen. Eine gesicherte Auslegung ist daher in der Regel nur aufgrund von Ergebnissen aus Pilotversuchen und unter Beachtung der bei der jeweiligen Aufgabe vorliegenden Randbedingungen möglich.

9.3
Anaerobverfahren

Organisch hochbelastete Industrieabwässer werden zunehmend anaerob gereinigt mit den folgenden Vorteilen:

- keine Kosten für den Sauerstoffeintrag,
- wesentlich weniger Überschußschlamm,
- Produktion von Biogas, das als Energieträger genutzt werden kann,

wobei allerdings in der Regel eine aerobe Nachreinigung erforderlich ist, um die geforderten Einleitwerte zu erreichen und/oder die Stickstoffverbindungen abzutrennen.

Zum vermehrten Einsatz beigetragen haben insbesondere neue Erkenntnisse zur Mikrobiologie, Kinetik und Reaktionstechnik der anaeroben Abwasserreinigung [13–15], wonach die anaerobe Behandlung zweckmäßigerweise in zwei Stufen, nämlich einer Hydrolyse und Versäuerung gefolgt von einer Methanisierung, durchgeführt werden sollte. Entsprechend ausgeführte Anlagen erreichen inzwischen Raumbelastungen von bis zu 37 kg CSB/m^3 d bei einem Abbaugrad von bis zu 90%. Als Reaktoren werden hierbei überwiegend Blasensäulen, Festbett- und Wirbelschichtreaktoren eingesetzt.

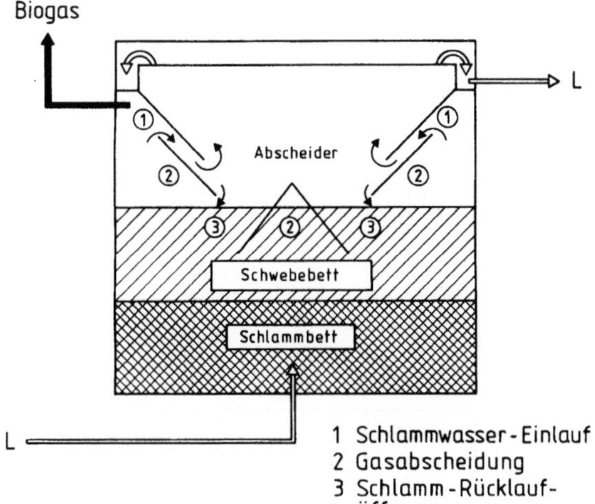

1 Schlammwasser-Einlauf
2 Gasabscheidung
3 Schlamm-Rücklauf-
  öffnung

Abb. 9.14. Funktionsschema
des UASB-Reaktors

9.3.1
Blasensäulenreaktor

Die Blasensäule in Form des UASB-Reaktors ist der bisher am häufigsten eingesetzte Apparatetyp zur anaeroben Reinigung von Abwässern, insbesondere aus der Lebensmittel-, Brennerei-, Brauerei- und Zuckerindustrie [16]. Voraussetzung für den Einsatz dieses Reaktortyps ist die Bildung leicht absetzbarer Flocken oder Pellets, wodurch sich am Boden des Reaktors ein Schlammbett mit einer Biomassenkonzentration von bis zu $70\,kg/m^3$ einstellt. Abbildung 9.14 zeigt das Funktionsschema des UASB-Reaktors, der vom Abwasser von unten nach oben durchströmt wird. Die im Schlammbett durch den Abbau des organischen Substrats entstehenden Methanblasen haften an den dort vorhandenen Pellets aus Biomasse, so daß diese aus dem Schlammbett aufsteigen. Durch die Aufnahme weiterer Blasen bildet sich oberhalb des Schlammbetts ein Schwebebett mit suspendierten Pellets aus. Schließlich kommt es im Abscheider zur Ablösung der Gasblasen, die durch entsprechende Einbauten unterstützt wird, und die Pellets sinken durch die Wirkung der Schwerkraft in die Suspension und das Schlammbett zurück.

Um einen Austrag von Biomasse zu vermeiden, darf die Geschwindigkeit der Flüssigkeit nicht zu hoch sein, wodurch die CSB-Raumbelastung auf $10-15\,kg\,CSB/m^3$ d beschränkt ist. Eine weitere Beschränkung liegt darin, daß nur solche Abwässer verarbeitet werden können, bei denen es zur Bildung der für den Betrieb des Reaktors unabdingbar notwendigen Pellets kommt. Der größte bisher gebaute UASB-Reaktor hat ein Volumen von $15\,000\,m^3$ und dient zur Reinigung eines Papierwassers.

Entsprechend den neueren Erkenntnissen zur Kinetik des anaeroben Abbaus verwendet das UHDE/SCHWARTING-Verfahren [17] zwei Blasensäulenreaktoren als Fermenter, wie in Abb. 9.15 gezeigt. Dabei findet im Fermenter I die Hydrolyse und Versäuerung der organischen Inhaltsstoffe und im

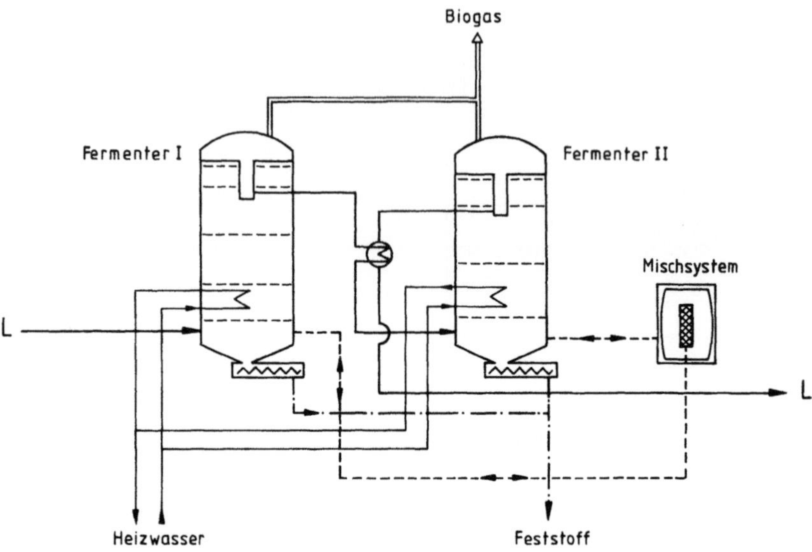

Abb. 9.15. Schema einer UHDE/SCHWARTING-Anlage

Fermenter II im wesentlichen die Methanbildung statt. Um eine Durchmischung der Reaktorinhalte und eine verbesserte Abtrennung des Biogases zu erreichen, wird periodisch die im „Mischsystem" (s. Abb. 9.15) gespeicherte Flüssigkeit in den Fermenter I gepumpt, wodurch ein entsprechendes Volumen aus dem Fermenter I in den Fermenter II überführt wird. Anschließend füllt sich das Mischsystem mit Flüssigkeit aus dem Fermenter II wieder auf. Eine Vermischung der Flüssigkeiten von Fermenter I und Fermenter II wird durch eine dazwischen liegende Membran vermieden. Durch diese – neben dem kontinuierlichen Durchfluß – zusätzlich verursachte Flüssigkeitsbewegung tritt an den Lochblechen der Fermenter eine Beschleunigung der Strömung ein, was eine verbesserte Entgasung und einen innigen Kontakt von Substrat und Mikroorganismen ermöglicht, ohne die Flockenstruktur zu zerstören.

Bei einem Abbau der organischen Substanz von bis zu 90 % werden mit diesem Verfahren, bei Verweilzeiten von einigen Tagen, Raumbelastungen bis zu 15 kg/m^3 d erreicht. Sofern die Art des Abwassers zu einer Flockenstruktur führt, die keine ausreichende Biomasserückhaltung zuläßt, können die Fermenter mit Füllkörpern als Besiedlungsfläche für die Mikroorganismen ausgestattet werden.

9.3.2
Schlaufenreaktor

Schlaufenreaktoren werden bei der anaeroben Abwasserreinigung nur bedingt eingesetzt, da ihr besonderer Vorteil in der Verbesserung des Stoffaustausches liegt, der bei anaeroben Reaktionen nur von untergeordneter Bedeutung ist.

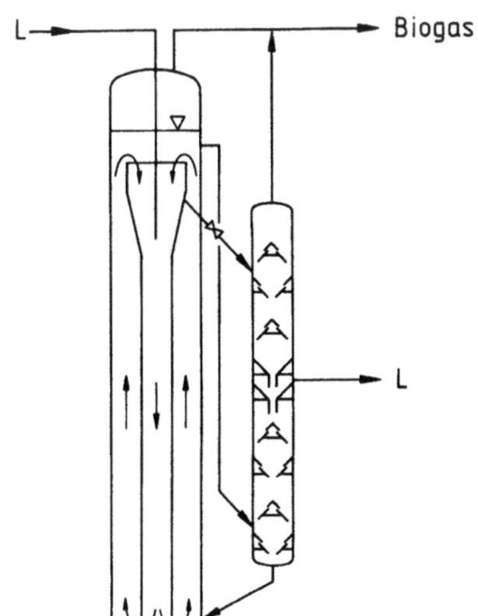

Abb. 9.16. VLT-Verfahren zur Abwasserreinigung

Mit einer zweistufigen Anlage, bestehend aus einem Schlaufenreaktor als zirkulierende Wirbelschicht und einem nachgeschalteten Wirbelzellenreaktor entsprechend Abb. 9.16, wurde ein mit 50 kg CSB/m³ belastetes Industrieabwasser bei einer Verweilzeit von 17 h und einer Raumbelastung von 69 kg CSB/m³ d zu 90 % abgebaut [18].

9.3.3
Hubstrahlreaktor (s. Kap. 10)

9.3.4
Festbettreaktor

Da die Raum-Zeit-Ausbeute eines biologischen Reaktors der Biomassenkonzentration proportional ist, ist eine möglichst hohe Biomassenkonzentration anzustreben. Bei schlecht sedimentierenden Organismen bietet sich als Methode der Biomasserückhaltung die Immobilisierung auf einem Trägermaterial an. Technisch eingesetzt werden neben Lavaschlacke und Füllkörpern aus Kunststoff insbesondere auch Sinterkörper aus Glasschwamm mit der extrem hohen volumenbezogenen Oberfläche von bis zu 50000 m²/m³. Ein Nachteil des Festbetts ist die Möglichkeit der Verlegung der Packung durch im Abwasser enthaltene Feststoffe oder suspendierte Biomasse, so daß das Abwasser entsprechend vorgereinigt und durch eine hinreichende Strömungsgeschwindigkeit und/oder periodisches Spülen einer Verlegung vorgebeugt werden muß.

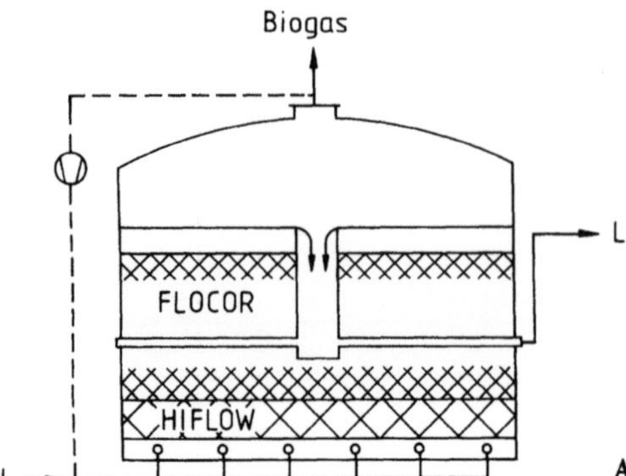

Abb. 9.17. Schema des FAL-Festbettreaktors

Ausgeführte Anlagen mit Füllkörpern aus Lavaschlacke oder Sinterglas haben für Abwässer aus der Lebensmittelindustrie Raum-Zeit-Ausbeuten bis zu 10 bzw. 40 kg CSB/m^3 d bei einem Abbaugrad von ca. 80 % ergeben. In einem mit HIFLOW/FLOCOR-Füllkörpern ausgestatteten Festbettreaktor der Bundesforschungsanstalt für Landwirtschaft (FAL) in Braunschweig nach Abb. 9.17 mit einem Volumen von 1800 m^3 konnten Schlempen aus Brennereien mit einem CSB-Wert von 15–55 kg/m^3 zu 90 % bei einer Raumbelastung von bis zu 9 kg CSB/m^3 d abgebaut werden [19].

Beim BIOTRON-Verfahren der Siemens AG [20] nach Abb. 9.18 handelt es sich um ein zweistufiges Verfahren, bei dem für die Methanstufe Festbett-Umlauf-Reaktoren in Modulbauweise eingesetzt werden. Als Trägermaterial kommen Lavaschlacke oder Füllkörper aus SIRAN-Glasschwamm oder Kunststoff zum Einsatz. Mit Lavaschlacke wurde bei der Behandlung von Abwasser eine Stärkefabrik bei Schadstoffkonzentrationen von 18,2 kg CSB/m^3 d ein Abbauwert von 75 % erreicht. Abwässer aus einer Fleischmehlfabrik mit einer Belastung von 18,4 kg CSB/m^3 wurden mit SIRAN-Füllkörpern bei einer Raumbelastung von 37 kg CSB/m^3 d zu 82 % abgebaut. Die hydraulische Verweilzeit betrug in beiden Fällen 24 h.

9.3.5
Wirbelbettreaktor

Wirbelbettreaktoren, in denen Trägerpartikel durch eine aufwärts gerichtete Strömung im expandierten oder fluidisierten Zustand gehalten werden, zeichnen sich gegenüber anderen Reaktorsystemen mit Biomasserückhaltung, z. B. Festbettreaktoren, durch betriebliche Vorteile aus. So kann wegen der größeren spezifischen Aufwuchsfläche der Trägerpartikel eine wesentlich höhere Biomassenkonzentration und damit eine größere Abbaurate erreicht werden. Außerdem besteht bei Abwässern mit einem höheren Gehalt an schwer abbaubaren suspendierten Feststoffen nicht die Gefahr, daß sich Feststoffe

Abb. 9.18. BIOTRON-Abwasserreinigungsanlage

unkontrolliert anreichern, die Schlammaktivität vermindern oder den Reaktor verstopfen.

Früher wurden in Wirbelbettreaktoren vorzugsweise feinkörniger Quarzsand und vereinzelt auch Aktivkohle oder Bims als Trägermaterial eingesetzt. Der Nachteil dieser Stoffe liegt u. a. darin, daß wegen der großen Partikeldichte hohe Betriebskosten für das Fluidisieren der Trägerstoffe entstehen, porenlose Trägerstoffe wie Sand nur langsam bewachsen und durch Abrieb häufig nur ein Bruchteil des eingesetzten Trägermaterials mit Biomasse kolonisiert ist.

Makroporöse Polyurethanträger (PUR) oder Trägermaterial aus Glasschwamm haben gegenüber natürlichen Trägerstoffen den Vorteil, daß die physiko-chemischen Eigenschaften in weiten Grenzen variiert werden können [21]. So bestehen durch Anpassung der Dichte und Sinkgeschwindigkeit der Träger viele Möglichkeiten, das Reaktorsystem und den Betrieb an die spezifischen Abwassereigenschaften anzupassen und den Energiebedarf für die Aufrechterhaltung des Wirbelbetts zu minimieren. Durch eine definierte Hohl-

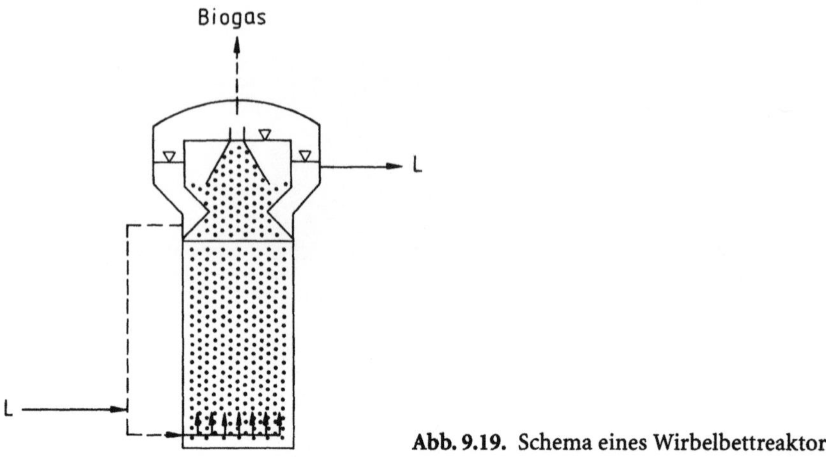

Abb. 9.19. Schema eines Wirbelbettreaktors

raumstruktur des Trägers mit vorwiegend offenen Makroporen kann sowohl eine schnelle mikrobielle Besiedlung als auch eine hohe Biomassenanreicherung pro Volumeneinheit erreicht werden. Gleichzeitig wird durch die offenporige Struktur der Trägeroberfläche die Gefahr eines Biomasseverlustes durch Ablösung des Biofilms vom Träger erheblich vermindert.

Unter Verwendung solcher makroporöser Polyurethanträger wurden die organischen Inhaltsstoffe des Abwassers aus einer Stärkeproduktion bei der Verweilzeit von weniger als einem Tag und einer Raumbelastung von 25 kg CSB/m^3 d zu 85% abgebaut [22].

Sehr gute Ergebnisse wurden auch bei der Behandlung des Abwassers einer Zuckerfabrik in einem mit PORAVER-Glasschwamm ausgestatteten Wirbelschicht-Pilotreaktor nach Abb. 9.19 mit einem Arbeitsvolumen von 0,46 m^3 erreicht. Bei einer Raumbelastung von 84 kg CSB/m^3 d ergab sich ein Abbau von bis zu 94%. Diese Werte liegen deutlich über mit Sand als Trägermaterial unter sonst gleichen Bedingungen erreichten Abbauwerten. Schwierigkeiten aufgrund der bei diesem Abwasser auftretenden massiven Kalkausfällungen, die zu Kalkgehalten von über 400 kg/m^3 führten, konnte dadurch begegnet werden, daß semikontinuierlich ein Teil des Trägermaterials aus dem Reaktor entfernt und durch neues ersetzt wurde [23].

Trägermaterial aus Basalt mit einer Korngröße von 0,3 mm wird in modifizierten, als Wirbelbettreaktor betriebenen UASB-Reaktoren eingesetzt, dem BIOBED-Verfahren der Gist-Brocades [24]. Diese Reaktoren (s. Abb. 9.20) werden dort verwendet, wo es aufgrund der Abwasserbeschaffenheit zu keiner Pelletbildung kommt, wie sie für den UASB-Reaktor notwendig ist. In einem BIOBED-Reaktor mit einem Volumen von 125 m^3 konnten bei einem Durchsatz von 600 m^3/d und einer Raumbelastung von 16,8 kg CSB/m^3 d bis zu 96% der organischen Inhaltsstoffe abgebaut werden.

Abb. 9.20. BIOBED-Reaktoren

9.3.6
Zusammenfassung Anaerobverfahren

Durch die Entwicklung zweistufiger Verfahren mit extrem hoher Biomasserückhaltung ist es gelungen, die Verweilzeit in anaeroben Reaktoren von über
20 Tagen beim klassischen Faulturm auf unter einen Tag bei einem Abbaugrad
von 80–95% zu reduzieren.

In technischen UASB-Reaktoren mit einem Volumen von bis zu
15 600 m^3 werden bei der Reinigung von Abwässern der Lebensmittel- und
Zuckerindustrie sowie von Bauereien und Brennereien Raumbelastungen bis
zu 28 kg CSB/m^3 d erreicht. Deutlich höhere Raumbelastungen sind durch den
Einsatz von Festbett- und Wirbelschichtreaktoren zu erwarten, bei denen in
Pilotanlagen Raumbelastungen bis zu 168 kg CSB/m^3 d nachgewiesen wurden.
In ersten technischen Anlagen dieser Art mit einem Reaktorvolumen von bis
zu 2300 m^3 werden inzwischen Raumbelastungen von bis zu 37 kg CSB/m^3 d
erzielt. Der Vorteil dieser Reaktoren liegt vor allem darin, daß durch die Immobilisierung der Biomasse am Trägermaterial eine Pelletbildung, wie sie der
UASB-Reaktor erfordert, entfällt und extrem hohe Konzentrationen an Biomasse erreicht werden.

Auch hier gilt wie bei den Aerobverfahren, daß für die Auslegung technischer Reaktoren in der Regel Pilotversuche mit halbtechnischen Anlagen vor Ort notwendig sind, um übertragbare Bemessungswerte für die geplante Großanlage zu erhalten.

Abkürzungen

BSB_5	Biochemischer Sauerstoffbedarf	kg BSB_5/m^3
c	Sauerstoffkonzentration	mg/l
CSB	Chemischer Sauerstoffbedarf	kg CSB/m^3
e	Sauerstoffertrag	kg O_2/kW h
E	Energieeintrag	kW
G	Gasvolumenstrom	m^3/h
H	Höhe	m
$k_L a$	volumenbezogener Stoffübergangskoeffizient	1/s
L	Abwasservolumenstrom	m^3/h
m_{max}	Maximaler Sauerstoffeintrag	kg O_2/m^3 h
TS	Biomassenkonzentration	g/l
V	Reaktorvolumen	m^3
w_T	Treibstrahlgeschwindigkeit	m/s
ε_G	Gasgehalt	–
λ	Gas/Flüssigkeitsverhältnis	–
η	Sauerstoffausbeute	%
ϑ	Tempertatur	°C

Literatur

1. Zlokarnik M (1985) In: Brauer H (ed) Biotechnology, Volume 2 VCH Verlagsgesellschaft, Weinheim, p 55
2. Hoechst AG, Frankfurt (1989) Firmenschrift SN 19031
3. Schügerl K (1991) Bioreaktionstechnik, Bd 2, Salle + Sauerländer, Aarau, Frankfurt am Main, Salzburg
4. Zlokarnik M (1982) Chem Ing Tech 54:93
5. Otto Oeko-Tech, Köln (1992) Firmenschrift Abwasser
6. Vogelpohl A, Gaddis ES (1992) Chem Ing Tech 64:185
7. Brauer H (1986) Chem Ing Tech 58:97
8. Sievers M (1993) Dissertation TU Clausthal
9. Vogelpohl A, Geißen S, Si-Salah H (1990) BioTec 11:44
10. Sekoulov I, Völkel W, Richter H (1988) In: GVC-Kongreß Verfahrenstechnik der mechanischen, thermischen, chemischen und biologischen Abwasserreinigung, VDI-Gesellschaft Verfahrenstechnik und Chemieingenieurwesen, Würzburg, p 217
11. Laßmann E, Reimann H (1987) Chem Ing Tech 59:132
12. Ingenieurbetrieb Anlagenbau Leipzig GmbH, Leipzig (1992) Firmenschrift
13. Wiesmann U (1984) Chem Ing Tech 60:464
14. ATV-Arbeitsberichte (1990) Korrespondenz Abwasser 37:1247
15. ATV-Arbeitsberichte (1993) Korrespondenz Abwasser 40:217
16. Eggert W, Borghans AJML, van Driel A (1988) umwelt + technik 6:24
17. Neumann U (1989) Chemische Industrie 10:16

18. Reule WE, Kiefer M (1992) In: wie [10], p 383
19. Weiland P (1988) In: wie [10], p 169
20. Siemens AG, Erlangen (1990) Firmenschrift
21. Pascik I (1990) Wat Sci Tech 22:33
22. Weiland P, Büttgenbach L (1989) Chemische Industrie 10:22
23. Buchholz K, Diekmann H, Jördening H-J, Pelligrini A, Zellner G (1992) Chem Ing Tech 64:556
24. Frankin RJ, Koevoets WAA, van Gils WMA, van der Pas A (1992) Wat Sci Tech 25:373

Aerobe und anaerobe biologische Behandlung von Abwässern im Hubstrahl-Bioreaktor

H. Brauer

10.1
Einleitung

Die biologische aerobe Abwasserbehandlung hat in den letzten beiden Jahrzehnten erhebliche Fortschritte erlebt. Den entscheidenden Anstoß zu dieser Entwicklung gab die chemische Industrie, die zu den größten Abwasserproduzenten zählt [1, 2]. Die chemische Industrie verfügt aber auch über die größten und leistungsfähigsten verfahrenstechnischen Forschungs- und Entwicklungsabteilung. Sie hatte also die geeigneten Einrichtungen, um das für die Umwelt immer bedrohlicher werdende Abwasserproblem auf neuen Wegen zu lösen.

Bei der Abwasserbehandlung haben sich im Laufe der Zeit drei Stufen bzw. Generationen entwickelt. Die erste Generation bilden die Rieselfelder. Die Behandlung des Abwassers erfolgte, wie man annahm, vornehmlich durch die im Boden befindlichen Mikroorganismen, die also an die Bodenbestandteile gebunden waren. Diese Bindung erwies sich im Verlauf von wissenschaftlichen Untersuchungen als nicht erforderlich. Man fand heraus, daß die Mikroorganismen ihre Stoffwandlungsprozesse auch frei schwebend im Wasser durchführen. Damit konnte man die Abwasserbehandlung vom Erdreich lösen und mit wesentlich verbesserter Effizienz in großen technischen Becken durchführen. Die Beckentechnologie bildet die zweite Generation der Abwasserbehandlungsverfahren.

Die Entwicklung der dritten Generation von Abwasserbehandlungssystemen wurde von der chemischen Industrie eingeleitet. Sie brach mit der Beckentechnologie und schuf einen für den großtechnischen Einsatz zur aeroben biologischen Abwasserbehandlung geeigneten Bioreaktor in Stahlkonstruktion. Die Firma Bayer AG schuf die „Turmbiologie" [3, 4] und die Hoechst AG die „Hochbiologie" [5, 6]. Beide Typen von Bioreaktoren arbeiten nach dem Prinzip der Blasensäule, wobei der von der Hoechst AG entwickelte Reaktor durch den Einbau von Leitrohren eine geordnete Zirkulationsströmung aufweist, die der sehr langsamen Durchflußströmung überlagert ist.

Wie sich bald herausstellte, war der biologische Abbauprozeß in diesen Turmreaktoren im Vergleich zu dem in herkömmlichen Beckenreaktoren nur wenig verändert worden [6]. Die erforderliche Reaktionszeit und somit auch das erforderliche Bauvolumen blieben weitgehend unverändert. Der mit den Turmreaktoren erzielte Fortschritt betraf vor allem den effizienten Sauerstoffeintrag sowie die geruchsfreie und lärmarme Betriebsweise. Die Turmreaktoren sind für die aerobe Behandlung mäßig belasteter Abwässer, also industrieller Mischabwässer geeignet.

Zu einer völlig anderen Situation führte die gezielte Entwicklung von Hochleistungs-Bioreaktoren. Dieses sind der Hubstrahlreaktor aus dem Berliner Institut für Verfahrenstechnik [7] und der Kompaktreaktor aus dem Clausthaler Institut für Verfahrenstechnik [8, 9]. Beide Reaktortypen zeichnen sich durch eine verhältnismäßig schlanke zylindrische Bauweise aus. In ihnen lassen sich hoch- und höchstbelastete Abwässer erfolgreich reinigen, wozu die für das Abwasser erforderliche Verweildauer im Bioreaktor nur etwa eine Stunde, also nur $^1/_{10}$ bis $^1/_{30}$ der in herkömmlichen Anlagen notwendigen Zeit, beträgt. Die Verkürzung der Verweildauer ist direkt proportional dem erforderlichen Baumvolumen der Bioreaktoren.

Hochleistungs-Bioreaktoren sind sehr kleinvolumige Reaktoren, da die in ihnen erzielbare biologische Abbauleistung je Einheit ihres Bauvolumens ungewöhnlich groß ist. Sie stellen die dritte Generation der Abwasserbehandlungsanlagen dar. Auf Grund ihres geringen Bauvolumens, ihrer emissionsdichten Bauweise und ihrer Form lassen sie sich in einen Produktionsprozeß voll integrieren. Damit bietet sich die Möglichkeit, das Abwasser dort zu behandeln, wo es produziert wird. Die Verantwortung für die Produktion und für die Behandlung der Abwässer liegt in einer Hand. Dieses ist die effektivste Befolgung des Verursacherprinzips. Es führt den Produzenten zwangsläufig zur Überprüfung seines Produktionsprozesses mit dem Ziel, die Abwasserproduktion durch geeignete prozeßtechnische Maßnahmen zu verringern und dadurch auch die Kosten für die Abwasserbehandlung zu senken. Die prozeßtechnische Integration der Abwasserbehandlung ermöglicht insbesondere bei der Anwendung des aeroben Verfahrens die Abwendung vom Mischabwasserkonzept, einem Konzept, bei dem die Absenkung der Schadstoffkonzentration durch Verdünnung, und zwar ohne Abbau des Schadstoffes, stets eine bedeutende Rolle spielt. Die biologische Behandlung produktionsspezifischer Abwässer kann in vielen Fällen zu einer Anwendung spezifischer und leistungsfähiger Bakterienarten führen und die erforderlichen Reaktionszeiten weiter herabsetzen. Die prozeßtechnische Integration der Abwasserbehandlung ist letztlich aber auch deshalb zweckmäßig, weil die meisten Kenntnisse über die Eigenschaften der Schadstoffe, über ihr Gefahrenpotential und über Methoden zu ihrer Beseitigung im allgemeinen dort vorhanden sind, wo die Schadstoffe produziert werden. Zur Realisierung der Strategie, Produktion und Behandlung von Abwässern in eine Hand zu legen, können Hochleistungs-Bioreaktoren eine wichtige Rolle spielen.

Die wichtigsten Anforderungen an Hochleistungsreaktoren lassen sich wie folgt zusammenfassen:

- Geringes Bauvolumen,
- geringer Grundflächenbedarf,
- geschlossene emissionsdichte Bauweise,
- hohe Abbauleistung je Volumeneinheit,
- Unabhängigkeit von Scaling-up-Problemen,
- gleichmäßige Vermischung aller Komponenten der Biosuspension im Reaktor,
- effizienter Sauerstoffeintrag bei aeroben Prozessen und
- effiziente Abführung der Biogasblasen während ihrer Entstehung bei anaeroben Prozessen.

Von den erwähnten Hochleistungs-Bioreaktoren werden im folgenden nur der Hubstrahlreaktor und der durch geringfügige Änderungen daraus entstandene Pulsreaktor behandelt.

10.2
Beschreibung des Hubstrahl- und des Pulsreaktors

Der Hubstrahlreaktor ist grundsätzlich zur Durchführung sowohl aerober Prozesse als auch anaerober Prozesse mit Biogasgewinnung geeignet. Zur Erhöhung der mikrobiellen Umsatzleistung wird der Hubstrahlreaktor jedoch zur Bakterienfixierung mit einem porösen Schwamm gefüllt und die Hubbewegung wird zeitlich auf einzelne Pulse begrenzt. Hierauf ist die Bezeichnung Pulsreaktor zurückzuführen.

10.2.1
Beschreibung des Hubstrahlreaktors für den aeroben biologischen Prozeß

10.2.1.1
Aufbau des Hubstrahlreaktors

Der Hubstrahlreaktor besteht aus einem schlanken zylindrischen Gefäß, in dem als wichtigstes Element ein Paket aus gelochten Scheiben angeordnet ist. Dieses Element wird über einen geeigneten Antrieb in eine periodische Hubbewegung versetzt. Die Hubamplitude beträgt 100 mm und ist gleich dem doppelten Abstand der Lochscheiben. Die Hubfrequenz f ist grundsätzlich variabel; im allgemeinen ist jedoch $f = 1\ s^{-1}$.

Das als Hubelement bezeichnete Lochscheibenpaket dient zur Erzeugung einer Strömung, die im gesamten Reaktorvolumen eine gleichmäßige Durchmischung der Biosuspension gewährleistet. Die bei der Hubbewegung in periodischen Abständen auftretenden Beschleunigungsphasen führen zur Bildung sehr kleiner Luftblasen und deren periodischen Erneuerung. Zwischen zwei aufeinander folgenden Beschleunigungsphasen ergibt sich zwangsläufig eine Verzögerungsphase, in welcher eine Koaleszenz der Blasen auftritt. Der periodische Wechsel zwischen Koaleszenz und Neubildung der Blasen führt zu dem für den Hubstrahlreaktor charakteristischen effizienten Sauerstoffeintrag.

Die Bewegung des Hubelementes erzeugt in der Biosuspension ausreichend hohe Scherspannungen, um Bakterienagglomerate in kleinste Einheiten aufzulösen, wobei im Grenzfall Einzelbakterien entstehen. Somit wird, als Voraussetzung für eine größtmögliche biologische Umsetzung der Schadstoffe, die größtmögliche, frei zugängliche Zelloberfläche erzeugt, durch die die Schadstoffe hindurchtreten müssen.

Abbildung 10.1 zeigt eine schematische Darstellung des Hubelementes. Das bei den Untersuchungen verwendete Hubelement hatte 14 Lochscheiben, deren Durchmesser $d_s = 285$ mm betrug. Die gelochten Scheiben sind im Abstand von 50 mm auf einer zentralen Hubstange befestigt. In jeder Scheibe befinden sich 78 Löcher mit je einem Durchmesser von $d_l = 12$ mm.

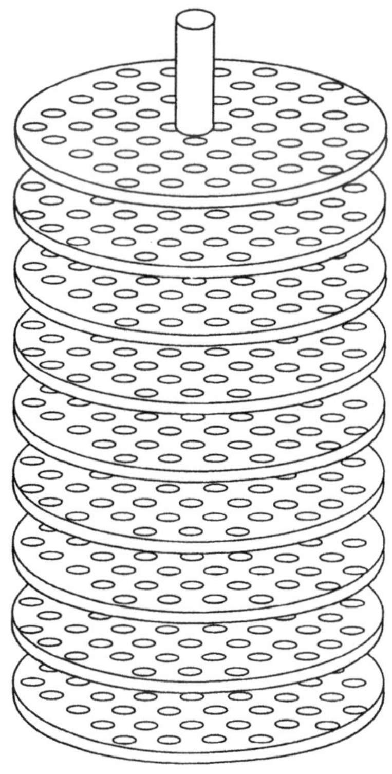

Abb. 10.1. Schematische Darstellung des aus gelochten Scheiben zusammengesetzten Hubelementes

Sie sind in den Eckpunkten gleichseitiger Dreiecke angeordnet. Der Abstand zwischen den Lochmittelpunkten ist $t_1 = 28$ mm. Das Teilungsverhältnis ergibt sich damit zu $t_1/d_1 = 2,33$. Die freie Durchströmfläche beträgt 18,3 % der Gesamtfläche der Scheibe.

10.2.1.2
Räumliche Strömung

Gemäß dem Aufbau des Hubelementes läßt sich das Volumen des Reaktors in eine große Zahl von parallel und hintereinander angeordneten Elementarzellen unterteilen. Abbildung 10.2 zeigt in schematisierter Form eine solche Zelle. Ihr Volumen beträgt etwa 32 cm^3. Die Zahl der Elementarzellen je Einheit des Reaktorvolumens beträgt etwa 32000 m^{-3}.

In jeder Elementarzelle tritt eine gleichartige Strömung auf. Gemäß Abb. 10.2 strömt die Biosuspension strahlförmig von unten in die Elementarzellen ein, teilt sich, wie angedeutet, auf und verläßt die Zelle durch drei Löcher in der nächst höher angeordneten Platte. Jedes dieser drei Löcher wird zusätzlich von zwei Teilströmen zweier benachbarter Elementarzellen durchströmt.

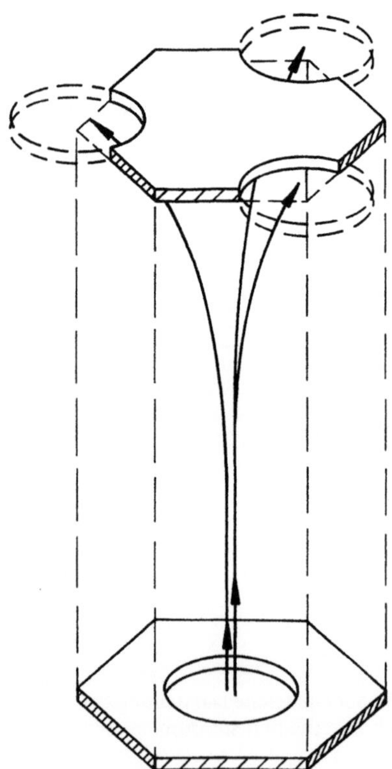

Abb. 10.2. Modell der Elementarzelle des Hubstrahlreaktors

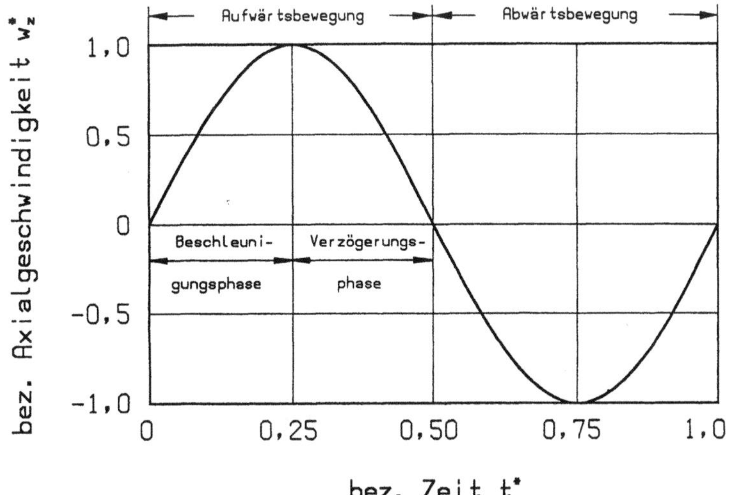

Abb. 10.3. Bezogene Axialgeschwindigkeit w_z^* der Biosuspension bei Eintritt in die Elementarzelle abhängig von der bezogenen Zeit t^*. $t^* = 0{,}29$; $f = 0{,}55^{-1}$; $z = 20$ mm

Zur Beschreibung der instationären Strömung in einer Elementarzelle wird eine dimensionslose Zeit t^* definiert [10]:

$$t^* \equiv t/t_h .\tag{10.1}$$

Hierin bedeuten t die reale Zeit und t_h die Periodendauer der Hubbewegung. Mit der periodisch wechselnden Bewegungsrichtung des Hubelementes ändert sich die Axialgeschwindigkeit w_z des Fluids bei Eintritt in die Zelle. Abbildung 10.3 zeigt den Zusammenhang zwischen der bezogenen Zeit t^* und der bezogenen Axialgeschwindigkeit w_z^*, die wie folgt definiert ist:

$$w_z^* \equiv w_z/w_{z,\,max} .\tag{10.2}$$

Hierin ist $w_{z,\,max}$ die bei Eintritt in die Elementarzelle maximal erreichte Geschwindigkeit bei $t^* = 0{,}25$ und $0{,}75$.

Der Wert von t^* ändert sich innerhalb einer Periode von $t^* = 0$ auf $t^* = 1$. Bei $t^* = 0$ befindet sich das Hubelement auf seinem unteren Totpunkt. Die Elementarzelle wird nicht durchströmt. Nach Einsetzen der Hubbewegung wird die Biosuspension beschleunigt. Sie erreicht ihre maximale Axialgeschwindigkeit bei $t^* = 0{,}25$. Im folgenden Zeitabschnitt, zwischen $t^* = 0{,}25$ und $t^* = 0{,}5$, verzögert sich die Hubbewegung und somit auch die Geschwindigkeit der Biosuspension bei Eintritt in die Elementarzelle. Bei $t^* = 0{,}5$ ist der untere Totpunkt der Hubbewegung erreicht, bei dem die Zelle nicht mehr durchströmt wird. In der folgenden Halbperiode wiederholt sich der beschriebene Vorgang bei umgekehrter Strömungsrichtung.

Die Beobachtung der instationären räumlichen Strömung in einer Elementarzelle führt zu den in Abb. 10.4 schematisch dargestellten Stromlinienfeldern [7]. Sie gelten für eine Schnittfläche, die so durch die Elementar-

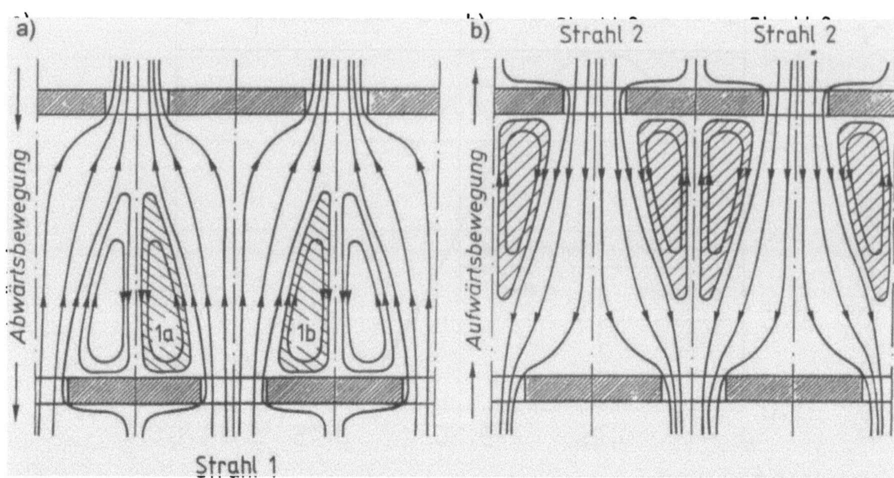

Abb. 10.4a, b. Schematische Darstellung der aus einem Strahl und dem ihn umschließenden Ringwirbel bestehenden räumlichen Strömung in einer Elementarzelle bei Ab- und Aufwärtsbewegung des Hubelementes

zelle gelegt ist, daß zwei der drei Ausströmlöcher geschnitten werden. Abbildung 10.4a zeigt die Strömung für die Abwärts- und Abb. 10.4b für die Aufwärtsbewegung des Hubelementes bei $t^* = 0,25$ bzw. $t^* = 0,75$.

Bei der Abwärtsbewegung des Hubelementes bildet sich gemäß Abb. 10.4a um den Strahl 1 ein Ringwirbel, dessen schraffierte Schnittflächen mit 1a und 1b bezeichnet sind. Dieser Ringwirbel entsteht dadurch, daß der Strahl die ihn umgebende Biosuspension mitreißt. Die Strahlströmung bildet zusammen mit dem sie umgebenden Ringwirbel die charakteristische Strömung in der Elementarzelle. Durch die Änderung der Bewegungsrichtung des Hubelementes löst sich die fluiddynamische Zelle auf. Es bilden sich drei neue, von oben kommende Fluidstrahlen, von denen in Abb. 10.4b nur zwei dargestellt und mit Strahl 2 bezeichnet sind. Für beide Strahlen sind die sich umschließenden Ringwirbel angedeutet.

Durch Vergleich der Stromlinienbilder für Aufwärts- und Abwärtsbewegung des Hubelementes stellt man fest, daß es während einer Hubperiode zu einer zweimaligen örtlichen Verlagerung der fluiddynamischen Elementarzellen kommt, die mit einer zweimaligen Bildung von Strahl und Ringwirbel verbunden ist. Dieser Vorgang führt zu einer sehr nachhaltigen Vermischung in der Biosuspension in der horizontalen Richtung. Eine ebenso starke Vermischung tritt aber auch in axialer Richtung auf Grund der Hubbewegung auf, die mittels der abwechselnd auf- und abwärts gerichteten Strahlen für einen Austausch der Biosuspension in hintereinander liegenden Elementarzellen sorgt.

Die bisher beschriebene Vermischung in der Biosuspension ist allein durch die Strömung und den stets vorhandenen molekularen Transport bedingt. Zusätzlich verstärkt wird diese Vermischung aber noch durch turbulenten Transport. Dieser ist durch die periodische Versetzung der Elementarzellen in Verbindung mit der gleichzeitigen Richtungsänderung der Strahlströmung bedingt. Periodisch veränderliche Makroströmungen erzeugen durch Überlagerungen aperiodische Mikroströmungen, also Turbulenz von hoher Intensität.

In umfangreicheren experimentellen Untersuchungen mittels der Laser-Doppler-Velozimetrie wurden die zeitlich gemittelte örtliche Geschwindigkeit $\overline{w}_z$ und die sie überlagernde zeitlich gemittelte örtliche Schwankungsgeschwindigkeit $\sqrt{\overline{w'^2_z}}$ bestimmt. Mit diesen beiden Größen läßt sich der Turbulenzgrad Tu bestimmen:

$$\mathrm{Tu} \equiv \sqrt{\overline{w'^2_z}/\overline{w}^2_z}. \tag{10.3}$$

Er läßt sich als Maß für die in der turbulenten Schwankungsbewegung enthaltenen Energie deuten.

Als Beispiel für die erzielten Ergebnisse sind in Abb. 10.5a–c die genannten Größen dargestellt. Die Messungen wurden in einer Höhe von $z = 20$ mm über der unteren Lochscheibe bei einer dimensionslosen Zeit von $t^* = 0,29$ und bei einer Hubfrequenz von $f = 0,5$ s^{-1} durchgeführt [11].

Die örtliche Geschwindigkeit $\overline{w}_z$ läßt die Strahlströmung deutlich erkennen. Die Schwankungsgeschwindigkeit $\sqrt{\overline{w'^2_z}}$ zeigt am Strahlrand ihren größten Wert. Erwartungsgemäß nimmt der Turbulenzgrad in diesem Bereich ungewöhnlich hohe Werte von weit über 100% an. Es handelt sich bei der Turbulenz in einer Elementarzelle des Hubstrahlreaktors um ungewöhnlich intensive Strahlrandturbulenzen.

Erwähnt sei an dieser Stelle aber auch, daß für den Mischprozeß im Hubstrahlreaktor primär die periodisch schnell wechselnde Makroströmung maßgebend ist. Dieses konnte Gupta [10] mittels theoretisch-numerischer Untersuchung des zeitlichen Ausgleichs von starken örtlichen Konzentrationsunterschieden nachweisen. Die festgestellte starke Turbulenz ist eine unvermeidbare Folge der periodisch veränderlichen Makroströmung. Sie ist für den Mischprozeß aber nur von sekundärer Bedeutung.

Die zeitlich schnell veränderliche Strömung übt einige sehr bedeutsame Wirkungen auf die Bakterien aus. Der biologische Umsatz wird durch die mechanische Deformationsbeanspruchung der Bakterien außerordentlich stark erhöht. Experimentelle Untersuchungen zeigten, daß die biologische Umsatzleistung im Hubstrahlreaktor bei einer Hubfrequenz von $f = 1$ s^{-1} um den Faktor 7 erhöht wird im Vergleich zur Umsatzleistung in einem Reaktor ohne nennenswerte mechanische Beanspruchung der Bakterien [7, 12].

Die mechanische Beanspruchung hat weiterhin zur Folge, daß auf der Außenschale der Bakterien eine Trennung der elektrischen Ladung stattfindet, die zu einer sehr nachhaltigen Agglomeratbildung führt, sobald die agglomeratzerstörende Beanspruchung aufhört. Dieses führt im Sedimentationsgefäß zu einem sehr dichten Sediment. Die in den Hubstrahlreaktor zurückgeführte Biomasse weist daher eine sehr hohe Konzentration auf. Folglich ist auf Grund der mechanischen Beanspruchung die Bakterienkonzentration auch im Hubstrahlreaktor ungewöhnlich hoch [7, 13].

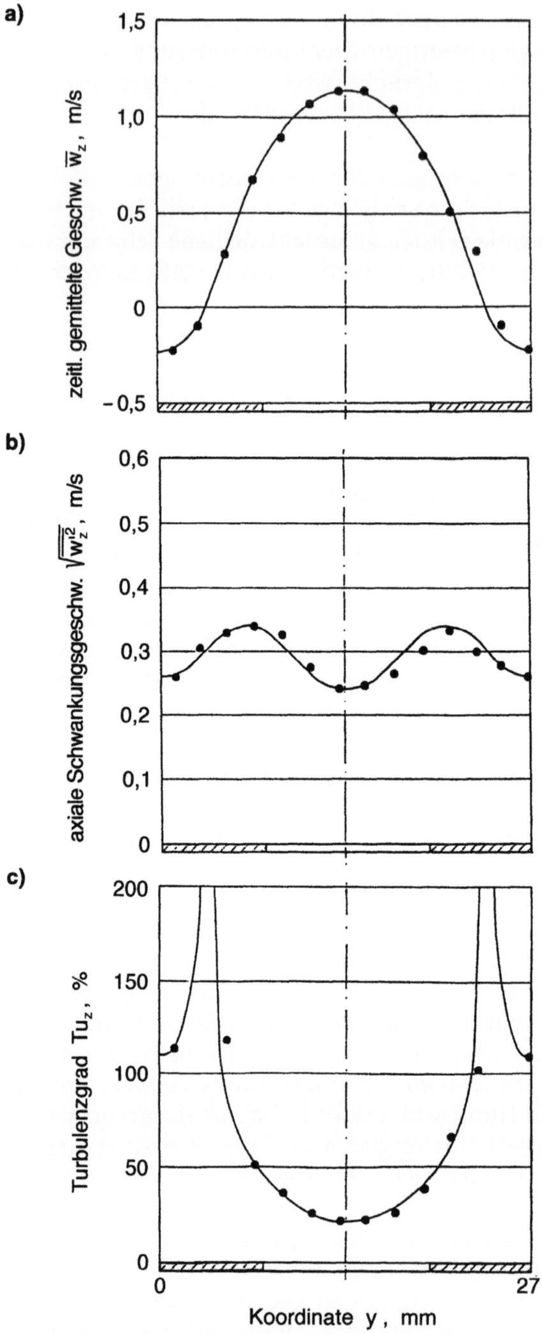

Abb. 10.5 a–c. Darstellung der zeitlich gemittelten örtlichen Geschwindigkeit $\overline{w}_z$, der zugehörigen Schwankungsgeschwindigkeit $\sqrt{\overline{w'^2_z}}$ und des Turbulenzgrades Tu. Die Meßebene lag 20 mm oberhalb der Grundplatte der Elementarzelle, die bezogene Zeit war $t^* = 0{,}29$ und die Hubfrequenz betrug $f = 0{,}5\ s^{-1}$

10.2.1.3
Dispergierung der Luft und Sauerstoffeintrag

Die Effizienz des Sauerstoffeintrages in die Biosuspension und folglich auch die Sauerstoffversorgung der Bakterien hängt direkt von der Dispergierung der Luft in der Biosuspension ab. Die dem Reaktor zugeführte Luft muß im Reaktor in eine möglichst große Zahl kleiner Blasen aufgeteilt werden, damit eine große Phasengrenzfläche entsteht, durch die der Sauerstoff in die Biosuspension übertreten kann.

Die Bildung der kleinen Blasen erfolgt aus großen Blasen, die sich mit der Flüssigkeit durch die Löcher der Scheiben bewegen. Dabei werden die großen Blasen in eine zylindrische Form gebracht, deren Durchmesser im Vergleich zu dem der Ausgangsblase sehr klein ist. Vom Kopfende dieser zylindrischen Schlauchblasen lösen sich auf Grund fluiddynamischer Instabilität des Schlauches die kleinen Blasen ab.

Die so erzeugten Blasen sind um so kleiner, je höher die Hubfrequenz f ist, also je mehr Energie vom Hubelement in die Biosuspension eingetragen wird.

Abbildung 10.6 vermittelt einen anschaulichen Eindruck vom Einfluß der Hubfrequenz f auf die Dispergierung der Luft und auf die Verteilung der Blasen im Reaktor. Der auf das Reaktorvolumen V_R bezogene Luftvolumenstrom $\dot{V}_g$ betrug 14 m³/(m³ h) und war für die drei Aufnahmen konstant.

Bei einer Hubfrequenz von f = 0,5 s^{-1} sind die Blasen noch sehr groß und steigen nach ihrer Entstehung zur nächsthöheren Lochscheibe auf. Dort bilden sie teilweise ein Luftpolster, aus dem sich größere Volumenelemente ablösen und erneut dispergiert werden. Bei Erhöhung der Hubfrequenz auf zunächst f = 0,75 s^{-1} und dann auf f = 1,0 s^{-1} werden die Blasen stetig kleiner und ihre Verteilung in der Biosuspension gleichmäßiger. Gleichzeitig wird die

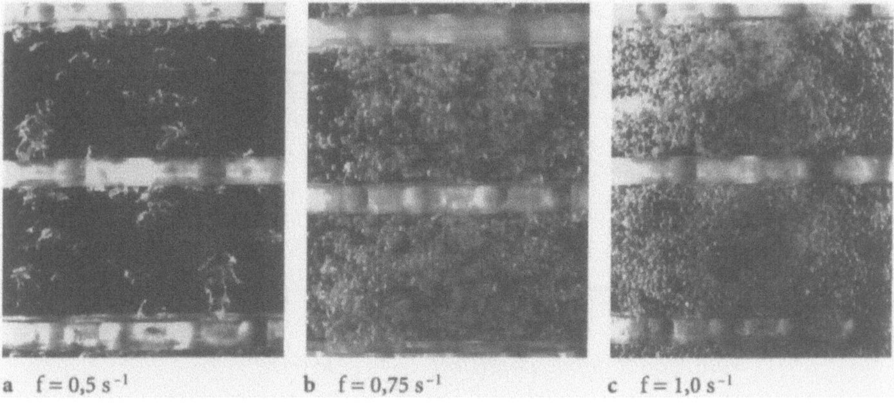

Abb. 10.6 a – c. Photographische Aufnahmen von in Wasser dispergierter Luft bei konstantem Luftvolumenstrom für drei Werte der Hubfrequenz f

Verteilung für den Blasendurchmesser stark eingeengt. Der mittlere Blasendurchmesser beträgt bei $f = 1{,}0\ s^{-1}$ etwa $d_p = 2-3$ mm; er wird mit steigender Luftbelastung etwas größer.

Während einer Hubperiode erfolgt eine zweimalige Neubildung der Blasen. Im Bereich der Totpunkte der Hubbewegung ergibt sich auf Grund der verschwindenden Durchflußgeschwindigkeit eine Koaleszenz der Blasen. Dieses ist die Voraussetzung für die nachfolgende Neubildung der Blasen. Dispergierung und Koaleszenz wechseln sich in einer Hubperiode ab. Die periodische Neubildung der Blasen führt zwangsläufig zu einer Beseitigung der Diffusionssperren, die durch Anlagerung von grenzflächenaktiven Stoffen in der Blasenoberfläche entstehen können.

Abbildung 10.6 läßt deutlich erkennen, daß bei zunehmender Hubfrequenz f nicht nur der Blasendurchmesser d_p deutlich abnimmt, sondern gleichzeitig die Zahl der Blasen im abgebildeten Reaktorvolumen zunimmt. Dieses ist dadurch bedingt, daß mit abnehmendem Blasendurchmesser die Steiggeschwindigkeit der Blasen ebenfalls abnimmt. Damit wird die Verweildauer der Blasen im Reaktor länger, und der Gasgehalt ε wird größer. Der Gasgehalt ist wie folgt definiert:

$$\varepsilon \equiv V_g/V_R. \tag{10.4}$$

Hierin bedeuten V_g das im Reaktorvolumen V_R befindliche Gasvolumen. In Abb. 10.7 ist der Gasgehalt abhängig von der volumenbezogenen Leistung N_R/V_R für einige Werte der volumenbezogenen Gasbelastung $\dot{V}_g/V_r$ angegeben [12]. Mit N_R wird die über das Hubelement in die Biosuspension ein-

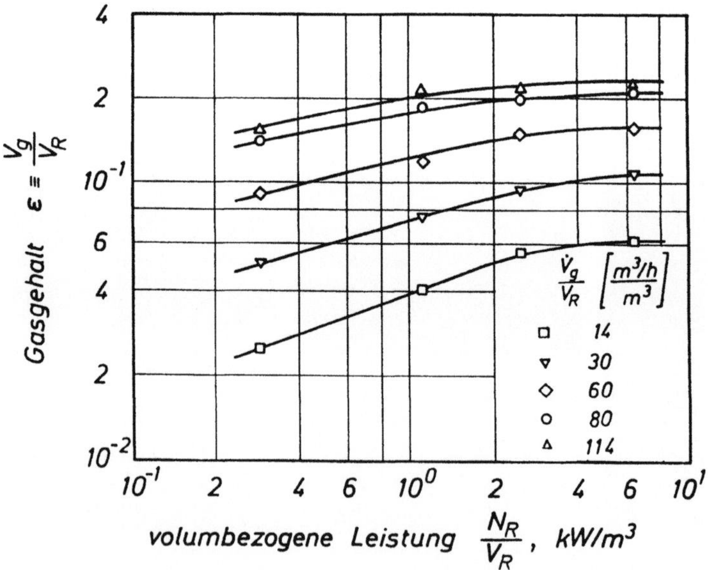

Abb. 10.7. Gasgehalt ε in mit Luft begastem Wasser abhängig von der volumenbezogenen Leistung N_R/V_R für mehrere Werte des volumenbezogenen Gasstromes $\dot{V}_g/V_R$

getragene mechanische Leistung bezeichnet. Bei einer bezogenen Leistung $N_R/V_R = 1$ liegt der Gasgehalt für die gewählten Werte der Gasbelastungen zwischen etwa 4 % und 20 %.

10.2.1.4
Sauerstofftransport in der Biosuspension

Die im Abwasser enthaltenen und mikrobiell umsetzbaren Schadstoffe werden von den Bakterien oxidiert. Die Reaktionsprodukte sind Zellsubstanz, Kohlenstoffdioxid und Wasser. Da das Abwasser mit den Schadstoffen den Reaktor kontinuierlich durchströmt, muß zur Aufrechterhaltung der Oxidationsreaktion der erforderliche Sauerstoff kontinuierlich zugeführt werden. Da das Wasser nur eine sehr geringe Speicherkapazität für Sauerstoff besitzt, kommt der Sauerstoffversorgung der Bakterien eine große technische Bedeutung zu. Die in die Biosuspension eingebrachten Luftblasen bilden den Sauerstoffspeicher, aus dem die Bakterien kontinuierlich mit Sauerstoff versorgt werden. Grundsätzlich ist diese Versorgung um so leichter zu gewährleisten, je größer die Zahl der Luftblasen und je gleichmäßiger ihre Verteilung innerhalb der Biosuspension ist. Im folgenden wird der Weg des Sauerstoffes von der Luftblase bis zum Bakterium verfolgt.

Die Sauerstoffversorgung der Bakterien ist ein komplizierter Prozeß, der sich, wie in Abb. 10.8 schematisch dargestellt, in die folgenden Schritte unterteilen läßt [14]:

1. Transport innerhalb der Luftblase zur Phasengrenzfläche.
2. Transport durch die Phasengrenzfläche.

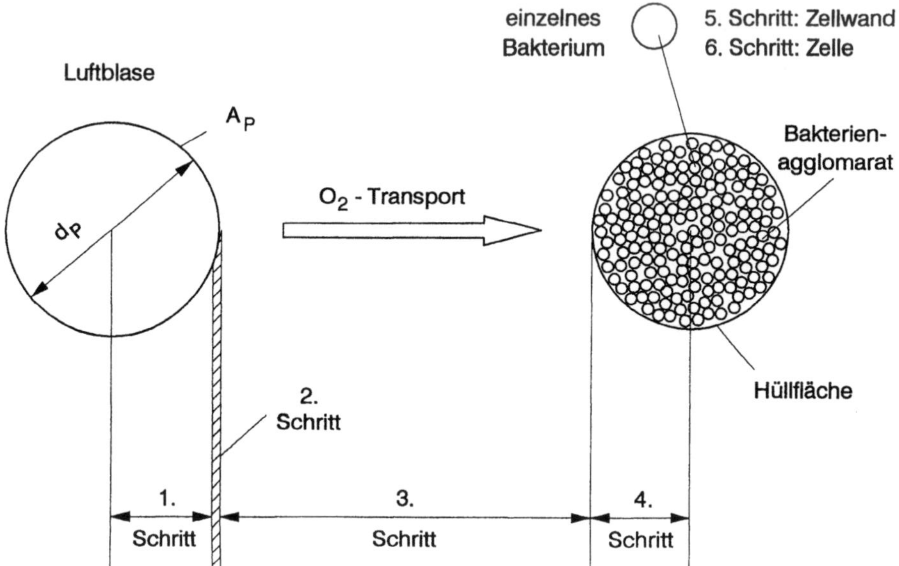

Abb. 10.8. Zur Erläuterung des Sauerstofftransportes in der Biosuspension

3. Transport in der Biosuspension von der Phasengrenzfläche der Luftblase zur Hüllfläche des Bakterienagglomerates.
4. Transport innerhalb des Bakterienagglomerates bis zur Zellwand jedes Einzelbakteriums.
5. Transport durch die Zellwand.
6. Transport innerhalb der Zelle.

Der in jedem dieser Schritte auftretende Widerstand gegen den Transport des Sauerstoffs soll erläutert werden.

Im ersten Schritt ist der Transportwiderstand auf Grund des kleinen Blasendurchmessers und der Zirkulationsströmung innerhalb der Blase sehr gering. Im Vergleich zu den anderen Widerständen, die längs des Transportweges auftreten, ist der Widerstand in der Blase praktisch zu vernachlässigen.

Ein wesentlicher Widerstand ist jedoch beim zweiten Schritt dann zu erwarten, wenn sich in der Phasengrenzfläche der Blasen grenzflächenaktive Substanzen anreichern, die eine Diffusionssperre gegen den Durchtritt des Sauerstoffs bilden. Dieser Widerstand läßt sich grundsätzlich nicht vermeiden, da man in den Abwässern fast immer mit grenzflächenaktiven Substanzen rechnen muß. Man kann den Widerstand jedoch erheblich vermindern, indem man die Diffusionssperren periodisch zerstört. Dieses läßt sich durch periodische Neubildung der Blasen erreichen.

Im dritten Teilschritt ist der Widerstand gegen den Sauerstofftransport um so geringer, je kürzer der Abstand zwischen den Blasen und den Bakterienagglomeraten und je stärker die Turbulenz der Biosuspension ist. Der Abstand zwischen den Blasen und den Agglomeraten läßt sich am wirkungsvollsten dadurch verringern, daß man eine große Zahl kleinster Blasen und Bakterienagglomerate erzeugt und in der Biosuspension gleichmäßig verteilt.

Der im vierten Schritt des Sauerstofftransports auftretende Widerstand ist insbesondere dadurch bedingt, daß innerhalb der Bakterienagglomerate im allgemeinen nur ein rein molekularer Transport möglich ist. Eine Unterstützung des Sauerstofftransports durch Konvektion und Turbulenz ist weitgehend auszuschließen. Somit läßt sich der Widerstand nur durch Zerkleinerung der Bakterienagglomerate erreichen.

Die Transportwiderstände im fünften und sechsten Schritt lassen sich verfahrenstechnisch nur wenig beeinflussen. Sollten sich auf der äußeren Bakterienschale Schleimschichten bilden, die als Diffusionssperren wirken können, so lassen sich diese durch mechanische Einwirkungen weitgehend beseitigen. Dieser Erfolg ist aber nur dann zu erzielen, wenn die Agglomerate weitgehend in Einzelbakterien zerteilt werden.

Zusammenfassend läßt sich sagen, daß die Widerstände gegen den Sauerstofftransport vor allem in der Oberfläche der Blasen und in den Bakterienagglomeraten liegen. Die höchste Effizienz in der Sauerstoffversorgung der Bakterien läßt sich somit dann erreichen, wenn folgende Forderungen erfüllt werden:

- Erzeugung einer großen Zahl kleiner Blasen,
- periodische Erneuerung der Blasen,

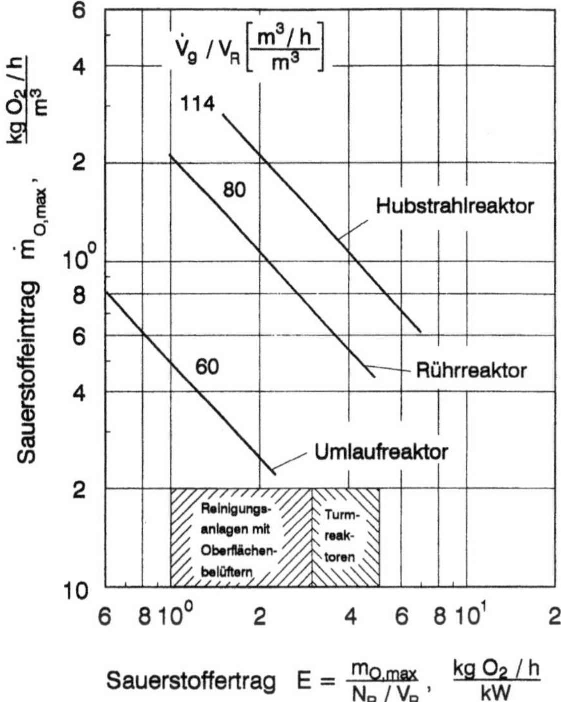

Abb. 10.9. Sauerstoffeintrag am Überflutungspunkt abhängig vom Sauerstoffertrag für verschiedene Gas/Flüssigkeit-Reaktoren und für Abwasserreinigungsanlagen

– gleichmäßige Verteilung der Blasen in der Biosuspension,
– Erzeugung kleinster Bakterienagglomerate,
– angemessene mechanische Beanspruchung der Bakterien,
– gleichmäßige Verteilung der Bakterien in der Biosuspension.

Werden diese Bedingungen erfüllt, dann ist nicht nur eine bestmögliche Versorgung der Bakterien mit Sauerstoff, sondern auch mit den umzusetzenden Schadstoffen gewährleistet.

Bei stationärem Betrieb eines Reaktors ist die Sauerstoffversorgung der Bakterien gleich der eingetragenen Menge des Sauerstoffs in die Biosuspension. Die mit dem Hubstrahlreaktor in die Biosuspension eingetragene Sauerstoffmenge wird an Hand von Abb. 10.9 erläutert.

Aufgetragen ist dort die je Zeit- und Volumeneinheit des Reaktors eingetragene Sauerstoffmenge, die mit Sauerstoffeintrag bezeichnet wird:

$$\dot{m}_O = \dot{M}_O / V_R, \tag{10.5}$$

über dem sogenannten Sauerstoffertrag E, der wie folgt definiert ist:

$$E \equiv \frac{\dot{m}_O}{N_R / V_R} = \frac{\dot{M}_O}{N_R} . \tag{10.6}$$

Mit $\dot{M}_O$ wird die je Zeiteinheit eingetragene Sauerstoffmasse, also der eingetragene Sauerstoffmassenstrom bezeichnet. Der Sauerstoffertrag E stellt den eingetragenen Sauerstoffmassenstrom je Einheit der aufzuwendenden mechanischen Leistung dar. Das Maximum von Sauerstoffeintrag und Sauerstoffertrag ergibt sich am Überflutungspunkt, also bei der maximalen Gasbelastung $\dot{V}_g/V_R$, die für jeden Reaktortyp eine spezifische Belastungsgröße ist. Aus Abb. 10.9 geht hervor, daß der Hubstrahlreaktor den größten Wert für den Sauerstoffeintrag bei einheitlichem Wert des Sauerstoffertrags E für die zum Vergleich herangezogenen Reaktoren aufweist [12].

Die für die drei Reaktoren angegebenen Kurven zeigen mit zunehmendem Ertrag E einen linearen Abfall des Eintrags. Dieser Zusammenhang läßt sich durch die einfache Beziehung ausdrücken:

$$\dot{m}_{O,\,max} = \frac{c}{E} = c\,\frac{N_R/V_R}{\dot{m}_{O,\,max}} \ . \tag{10.7}$$

Hieraus folgt:

$$\dot{m}_{O,\,max} = \sqrt{c\,N_R/V_R} \ . \tag{10.8}$$

Der maximale spezifische Sauerstoffeintrag ist also proportional der Wurzel aus dem spezifischen Energieaufwand. Mit c wird eine reaktortypische Konstante bezeichnet. Für den Hubstrahlreaktor ist $c = 4$; für den Rührreaktor mit Turbinenrührer ist $c = 2$, und für den Umlaufreaktor ist $c = 0,5$.

10.2.1.5
Leistungsbedarf des Hubstrahlreaktors

Das für den Hubstrahlreaktor charakteristische Hubelement führt die in Abb. 10.10 angedeutete Bewegung aus, wobei sich in einer Hubperiode zwei Richtungsänderungen ergeben. In jeder Halbperiode durchläuft das Hubelement eine Beschleunigungs- und eine Verzögerungsphase, wie in Abb. 10.3 bereits angedeutet wurde. Folglich ist der Energieaufwand für die Bewegung des Hubelementes eine starke Funktion der Zeit. In der Beschleunigungsphase steigt der Energieaufwand von null bis auf seinen maximalen Wert an und sinkt in der nachfolgenden Verzögerungsphase wieder auf null ab. Aus diesem Grunde ist es also sinnvoll, einen zeitlich

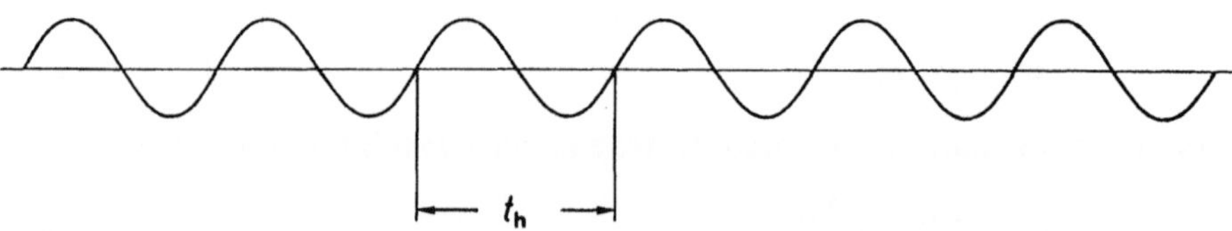

Abb. 10.10. Periodische Bewegung des Hubelementes bei aerobem Prozeß

gemittelten Wert für die zuzuführende mechanische Leistung N_R anzugeben. Der während einer Hubperiode zeitlich veränderliche Leistungsbedarf N_{tR} ist bei der Aufwärtsbewegung zwischen dem unteren und oberen Totpunkt maximal 1,7mal so groß wie der zeitlich gemittelte Leistungsbedarf N_R. Eine eingehende Analyse des zeitlich veränderlichen Leistungsbedarfs behandelt der Bericht von Grüger und Brauer [12].

Wie bereits ausführlich beschrieben, setzt sich das Volumen des Hubstrahlreaktors aus einer großen Zahl n_{zR} identischer Elementarzellen zusammen. Für jede einzelne Elementarzelle ist der Leistungsbedarf N_z. Damit ist der mittlere Leistungsbedarf für den gesamten Reaktor N_R durch die Gleichung:

$$N_R = n_{zR}\, N_z \tag{10.9}$$

gegeben. Für die auf eine Elementarzelle bezogene Leistung N_z ergab sich die Beziehung [12]:

$$N_z = 5{,}36\, \varrho_h\, d_z^2\, a^3\, f^3\, c\, \frac{1 - \varphi_l}{\varphi_l^2}\, (1 - \varepsilon)\,. \tag{10.10}$$

Hierin bedeuten ϱ_h die mittlere Dichte der Biosuspension, definiert durch:

$$\varrho_h = \varepsilon \cdot \varrho_g + (1 - \varepsilon)\, \varrho\,, \tag{10.11}$$

wobei ϱ_g und ϱ die Dichten für die dispergierte Luft und das Wasser sowie ε den Gasgehalt nach Gl. (10.4) bedeuten. Mit d_z wird der Durchmesser einer Elementarzelle bezeichnet, der wie folgt berechnet wird:

$$d_z = \sqrt{F_z\, 4/\pi}\,, \tag{10.12}$$

mit F_z als Querschnittsfläche einer Elementarzelle gemäß Abb. 10.2. Ferner sind in Gl. (10.10) a die Hubamplitude, f die Hubfrequenz und φ_l das Öffnungsverhältnis einer Lochscheibe, definiert durch:

$$\varphi_l \equiv n_{sz}\, (d_l/d_s)^3\,, \tag{10.13}$$

mit n_{sz} als Zahl der Löcher einer Scheibe sowie d_l und d_s als Durchmesser der Löcher und der Scheibe. Schließlich bedeutet in Gl. (10.10) der Faktor c eine die Strahlströmung durch die Löcher der Scheiben berücksichtigende Korrekturgröße, die zu c = 0,65 eingesetzt werden darf.

Die Leistung N_z ist gemäß Gl. (10.10) proportional der dritten Potenz der Hubfrequenz f. Erhöht man f beispielsweise um 25 %, so erhöht sich die Leistung N_z bereits um nahezu einen Faktor 2. Einen ebenfalls sehr großen Einfluß auf die Leistung N_z haben die Hubamplitude a und das Öffnungsverhältnis φ_l. Bei den für die Untersuchungen verwendeten Reaktoren waren a = 100 mm, was dem doppelten Scheibenabstand entspricht, und $\varphi_l = 0{,}138$.

10.2.2
Beschreibung des Pulsreaktors für den anaeroben biologischen Prozeß

10.2.2.1
Aufbau des Pulsreaktors

Die Grundstruktur des Pulsreaktors stimmt mit der des Hubstrahlreaktors überein. Der Raum zwischen den Lochscheiben wird jedoch mit einem hochporösen Schwamm aus Polyurethan ausgefüllt. An diesem siedeln sich die Bakterien an und bilden einen weitgehend geschlossenen Biofilm. Damit wird, trotz der sich nur sehr langsam vermehrenden Bakterien, eine verhältnismäßig große Menge an Bakterien, die sogenannte Biomasse, im Pulsreaktor festgehalten. Dieses ist eine wichtige Voraussetzung zur Erzielung einer für den anaeroben Prozeß hohen mikrobiellen Stoffumsetzung bzw. kurzen Verweilzeit des Abwassers im Pulsreaktor [15, 16].

Abbildung 10.11 zeigt eine rasterelektronenmikroskopische Aufnahme des Polyurethanschwammes. Er hat eine Dichte von 35 kg/m³ und einen Lückengrad von etwa 96%. Der Poreninnenraum hat einen mittleren Durchmesser von 4,3 mm. Benachbarte Poren sind durch Öffnungen in der Porenwand verbunden, deren Durchmesser im Mittel 1,25 mm beträgt. Mittels eines elektrischen Antriebes wird über einen Kurbelbetrieb dem mit Schwammblöcken gefüllten Hubelement in größeren Zeitabständen eine einperiodige Hubbewegung aufgezwungen. In Abb. 10.12 sind die Bewegungsdauer t_h und die Pausendauer t_p zwischen zwei aufeinander folgenden Hubbewegungen schematisch dargestellt. Die hierbei erzeugte Strömung und deren Wirkung werden im folgenden Abschnitt beschrieben.

10.2.2.2
Räumliche Strömung

Die im Pulsreaktor durch einperiodige Hubbewegung erzwungene Strömung in den Schwammblöcken hat Gupta mit theoretisch-numerischen Methoden untersucht [10]. In Abb. 10.13 sind für drei Werte der bezogenen Zeit t^* innerhalb einer Hubperiode die in einem Modell einer Elementarzelle berechnete Strömung in Form von Stromlinienfeldern dargestellt. Zum Vergleich sind für sonst gleiche Bedingungen in Abb. 10.14 die Stromlinienfelder in einer schwammfreien Elementarzelle angegeben.

Trotz des sehr großen Lückengrades des Schwammaterials wird die Strahlströmung in der Elementarzelle gedämpft. Der Strahl breitet sich wesentlich stärker aus als in der leeren Zelle.

Gleichzeitig wird den Wirbeln weniger Energie zugeführt, so daß sie an Größe einbüßen. Insgesamt ergibt sich in der mit Schwamm gefüllten Elementarzelle eine gleichmäßigere Durchströmung. Bei der Beurteilung der durch die Hubbewegung hervorgerufenen Vor- und Rückströmung sollte

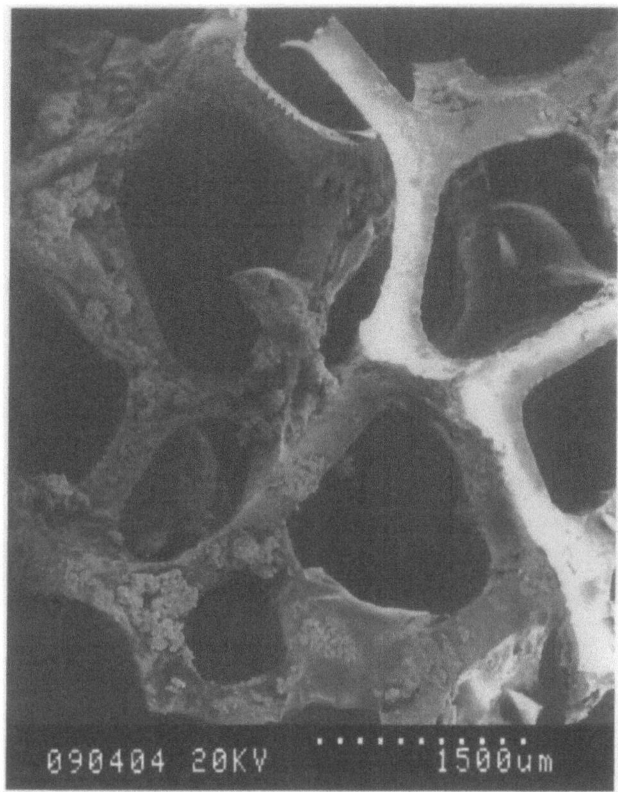

Abb. 10.11. Rasterelektronenmikroskopische Aufnahme von einem Schnitt durch den Polyurethanschwamm

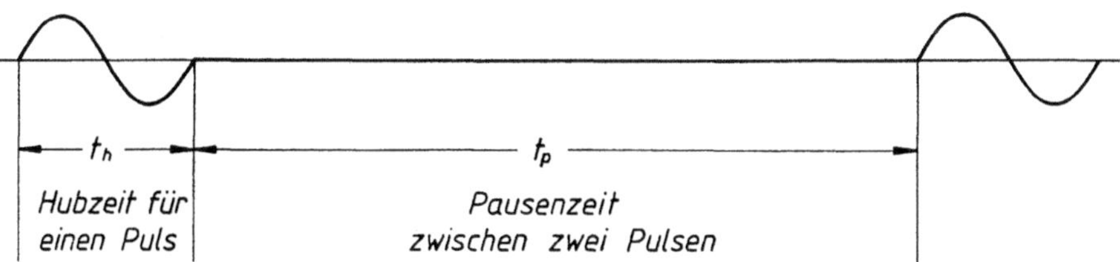

Abb. 10.12. Schematische Darstellung der Hubzeit t_h für einen Puls und der Pausenzeit t_p zwischen zwei Pulsen

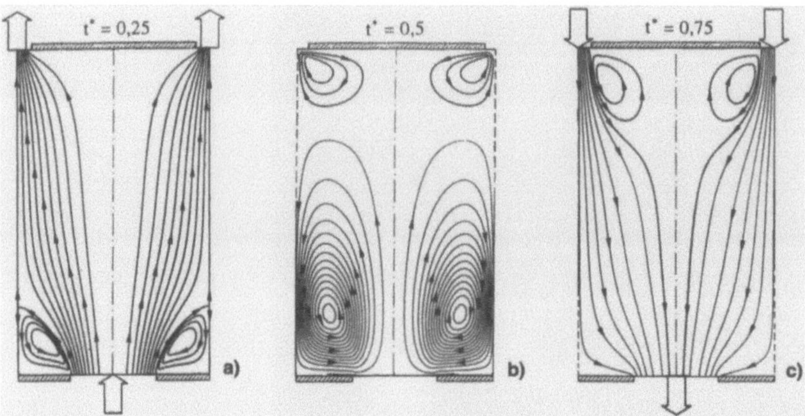

Abb. 10.13 a – c. Verlauf der Stromlinien in einem mit Schwammaterial gefüllten Modell einer Elementarzelle für drei Werte der bezogenen Zeit t*

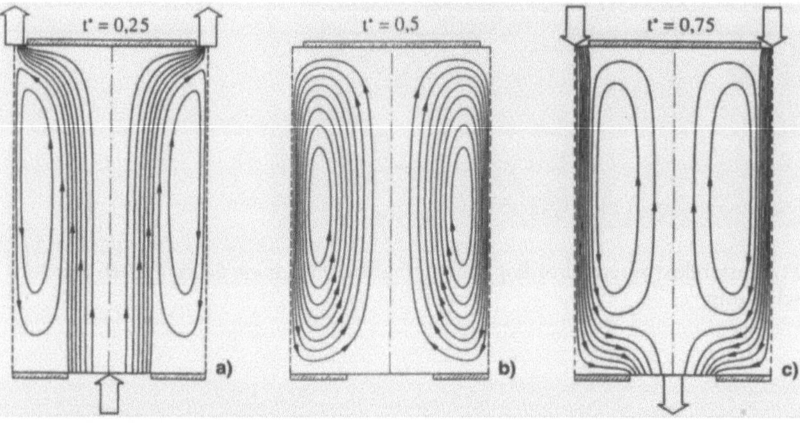

Abb. 10.14 a – c. Verlauf der Stromlinien in einem leeren Modell einer Elementarzelle für die gleichen Bedingungen wie in Abb. 10.13

beachtet werden, daß deren mittlere Geschwindigkeiten im Vergleich zu der sehr kleinen mittleren Durchflußgeschwindigkeit außerordentlich groß sind.

Die wesentlichen Eigenschaften der Strömung in der mit dem Schwamm gefüllten Elementarzelle lassen sich wie folgt zusammenfassen [15]:

- Die Durchströmung des Schwammaterials ist verhältnismäßig gleichförmig.
- Die Pulsbewegung des Hubelementes ruft in den Poren des Polymerschwammes eine kräftige lokale Rückströmung (Porenströmung) hervor.
- Die Porenströmung ermöglicht eine gleichmäßige Versorgung der an der inneren Oberfläche des Schwammes haftenden Bakterien mit Nährstoffen.
- Die Porenströmung reißt die von den Bakterien gebildeten und am Biofilm haftenden Biogasblasen bereits in einem sehr frühen Entwicklungsstadium

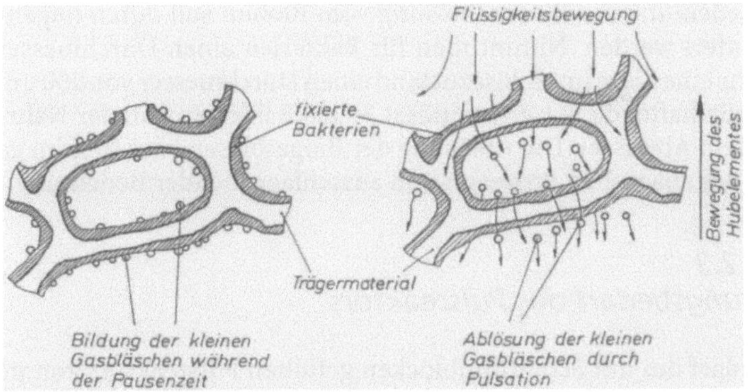

Abb. 10.15. Schematische Darstellung von Bildung und Ablösung der Biogasblasen vom Biofilm, der an der Oberfläche der Poren im Schwammaterial haftet

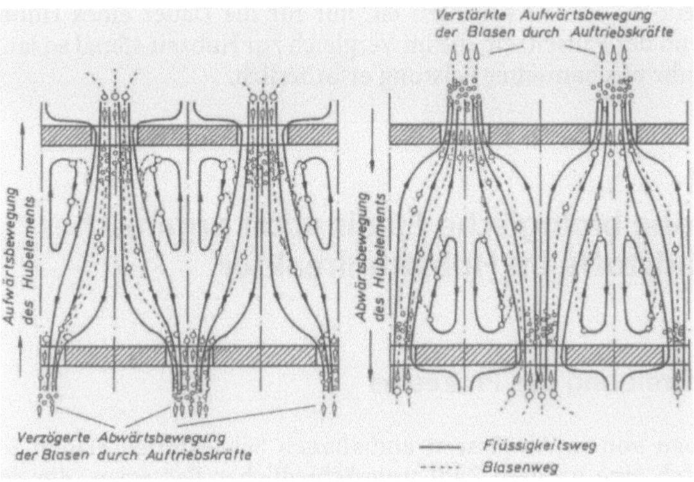

Abb. 10.16. Schematische Darstellung der Bewegung der Biogasblasen während eines Pulses

ab. Eine Behinderung der Stoffumsetzung der Bakterien durch die Blasen wird weitgehend vermieden.
- Die mit der Porenströmung verbundenen, zeitlich schnell veränderlichen Scherspannungen lösen die Überreste abgestorbener Bakterien aus dem Biofilm, so daß sie von der Durchflußströmung ausgetragen werden können.

Die Bildung der Biogasblasen erfolgt vornehmlich während der Pausendauer t_p. Die Ablösung der Blasen erfolgt während der Hubzeit t_h. Die abgelösten Blasen haben noch einen sehr kleinen Durchmesser, so daß sie ohne merkliche Behinderung durch die Poren und deren Öffnungen aufsteigen und zum Kopf des Reaktors gelangen können. Bildung und Ablösung der Biogasblasen sind in Abb. 10.15 und die Bewegung der Blasen während des Hubes in Abb. 10.16 schematisch dargestellt.

Die Bedeutung der Blasenablösung vom Biofilm soll durch folgendes Beispiel erläutert werden. Nimmt man für Bakterien einen Durchmesser von 0,5 μm und für eine Blase im Ablösezustand einen Durchmesser von 200 μm an, dann trennt die haftende Blase zumindest 30000 Bakterien von der Nährstoffzufuhr aus dem Abwasser. Die Ablösung der Biogasblasen vom Biofilm ist für die Effizienz des anaeroben Prozesses von ausschlaggebender Bedeutung.

10.2.2.3
Leistungsbedarf des Pulsreaktors

Der Leistungsbedarf des mit Schwammblöcken gefüllten Pulsreaktors konnte aus gerätetechnischen Gründen nicht gemessen werden. Während des Betriebes des Pulsreaktors konnte jedoch festgestellt werden, daß die erforderliche Leistung nur wenig höher ist als für den Reaktor ohne Schwammfüllung. Diese Leistung ist durch die Gln. (10.9) und (10.10) gegeben. Die hiermit gerechnete Leistung wird jedoch, was zu beachten ist, nur für die Dauer eines Hubes benötigt. Während der Pausenzeit, die im Vergleich zur Hubzeit 45mal so lang ist, ist keine Zufuhr mechanischer Leistung erforderlich.

10.3
Aerobe biologische Elimination organischer Schadstoffe im Hubstrahlreaktor

10.3.1
Beschreibung des Prozesses

Der aerobe Abbau von in Abwässern enthaltenen Schadstoffen erfolgt im allgemeinen durch eine größere Zahl unterschiedlicher Bakterien, die der Gruppe der Prokaryonten zuzuordnen sind. Gemäß der Zusammensetzung der Schadstoffe bildet sich im Bioreaktor eine abwasserspezifische Bakterienpopulation aus. Die Gesamtheit der verschiedenen Bakterienarten paßt sich den gegebenen Lebensbedingungen an. Der dabei wirksame Selektionsdruck ist auf natürliche Wechselwirkungen innerhalb der Population und auf äußere Beeinflussungen, wie Zusammensetzung des Abwassers, Sauerstoffversorgung, mechanische Beanspruchung, Temperatur usw. zurückzuführen.

In der aus Abwasser, Bakterien und Luftblasen bestehenden Biosuspension erfolgt der mikrobielle Abbau der Schadstoffe in stark vereinfachter Form nach folgender Bruttoreaktionsgleichung [17]:

$$\left.\begin{array}{l} \text{gelöste} \\ \text{organische} \\ \text{Verbindungen} \end{array}\right\} + O_2 \xrightarrow{\text{Bakterien}} \left\{\begin{array}{l} \text{neue Zellsubstanz} \\ \text{Stoffwechselprodukte} \\ \text{Kohlenstoffdioxid } (CO_2) \\ \text{Wasser } (H_2O) \\ \text{Energie} \end{array}\right.$$

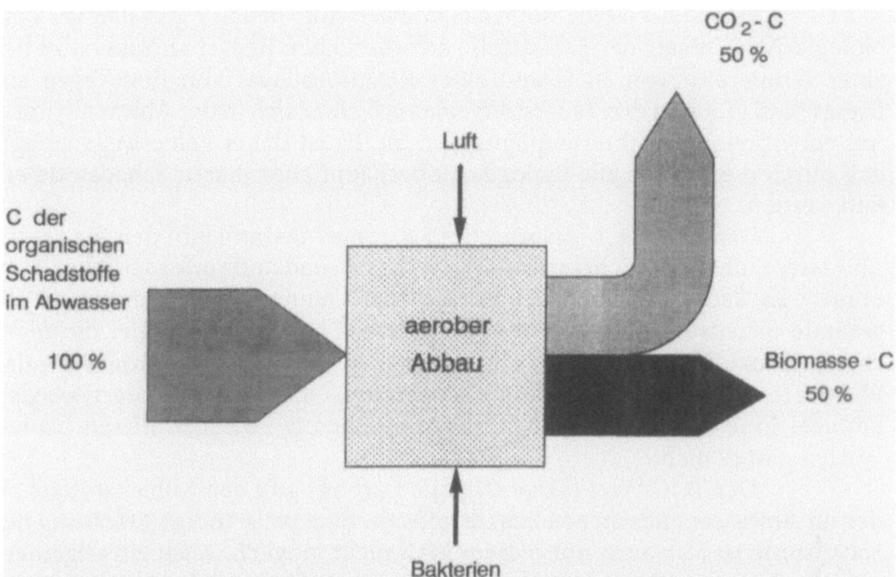

Abb. 10.17. Kohlenstoffbilanz beim aeroben Abbau organischer Schadstoffe

Die Bakterien wandeln unter Mitwirkung von Sauerstoff die gelösten und in kolloidaler Form vorliegenden Schadstoffe in einem sehr komplexen enzymatischen Prozeß exotherm in neue Zellsubstanz, verschiedene prozeßspezifische Stoffwechselprodukte, Kohlenstoffdioxid und Wasser um. Dabei muß eine ausreichende Menge an Spurenelemente, wie Phosphor, Stickstoff u. a. vorhanden sein. Die mikrobiell umgesetzten Schadstoffe und der Sauerstoff müssen zu den Bakterien hintransportiert und die Reaktionsprodukte von den Bakterien wegtransportiert werden. Da Wasser nur eine sehr geringe Löslichkeit bzw. Speicherkapazität für Sauerstoff besitzt, ist der Eintrag von Sauerstoff in die Biosuspension ein für die aerobe Abwasserbehandlung prozeßentscheidender Schritt.

In Abb. 10.17 ist für die Ausgangsstoffe und die Reaktionsprodukte eine Kohlenstoffbilanz in vereinfachter und schematisierter Form angegeben. Von dem mit den organischen Schadstoffen zugeführten Kohlenstoff (C) finden sich nach der Reaktion etwa 50 % in der Biomasse und der Rest im Kohlenstoffdioxid wieder. Die aerobe Abwasserbehandlung führt also zwangsläufig zur Produktion einer großen Menge an Biomasse. Die Verwendung bzw. die Weiterverarbeitung dieser Biomasse stellt nach wie vor ein sehr kritisches Problem der aeroben Abwasserbehandlung dar.

Über die Zusammensetzung der im Abwasser enthaltenen Schadstoffe nach Art und Konzentration liegen nur in seltenen Ausnahmen genauere Angaben vor. Zur Kennzeichnung der Schadstoffbelastung des Abwassers werden daher sogenannte Summenmaße verwendet. Dieses sind der BSB$_5$-Wert, der CSB-Wert und der TOC-Wert.

Der BSB$_5$-Wert (*Biologischer Sauerstoff-Bedarf*) gibt den für den biologischen Umsatz der Schadstoffe erforderlichen Bedarf an Sauerstoff bei einer Temperatur von 20 °C und einer Reaktionsdauer von fünf Tagen an. Dieses Maß gibt also den Sauerstoffverbrauch einer sich in der Abwasserprobe frei entwickelnden Bakterienpopulation an. Es ist daher keineswegs gesagt, daß durch dieses Maß alle biologisch überhaupt abbaubaren Schadstoffe erfaßt werden.

Der CSB-Wert (*Chemischer Sauerstoff-Bedarf*) gibt den für die im Abwasser enthaltenen, chemisch umgesetzten Schadstoffe erforderlichen Verbrauch an Sauerstoff an. Auch dieses Maß kennzeichnet keineswegs die gesamte Schadstoffbelastung des Abwassers. Es gibt Schadstoffe, die nicht chemisch oxidiert werden. Im allgemeinen ist der CSB-Wert größer als der BSB-Wert, da mehr Schadstoffe chemisch als biologisch oxidiert werden können. Einen allgemein gültigen Zusammenhang zwischen diesen beiden Werten gibt es nicht.

Der TOC-Wert (*Total Organic Carbon*) gibt den Kohlenstoffgehalt der im Abwasser enthaltenen Schadstoffe an. Eine vollständige Erfassung der Schadstoffe ist also auch mit diesem Maß nicht möglich. Auch ein allgemein gültiger Zusammenhang mit den beiden anderen Maßen läßt sich nicht angeben.

Der Erfolg einer biologischen Abwasserbehandlung läßt sich nur unter Verwendung eines dieser Summenmaße zur Kennzeichnung der Schadstoffkonzentration beschreiben. Man bedient sich dazu eines der beiden folgenden Umsatzgrade:

$$\varphi \equiv \frac{\varrho_z - \varrho_a}{\varrho_z} \qquad \text{Eliminationsgrad} \qquad\qquad (10.14)$$

oder

$$\varphi_b \equiv \frac{\varrho_z - \varrho_a}{\varrho_z - \varrho_{bn}} \qquad \text{biologischer Umsatzgrad} . \qquad\qquad (10.15)$$

Hierin bedeuten ϱ_z und ϱ_a die Schadstoffkonzentration im zulaufenden und im ablaufenden Abwasser. Mit ϱ_{bn} wird die Schadstoffkonzentration bezeichnet, die durch biologische Behandlung des Abwassers nicht weiter herabgesetzt werden kann. Sie ist an die Bakterienpopulation gebunden, die sich im Reaktor ausgebildet hat.

10.3.2
Verfahrenstechnische Prozeßparameter

Die beiden Umsatzgrade φ und φ_b sind eine Funktion verfahrenstechnischer Parameter, von denen die in der folgenden Gleichung enthaltenen häufig verwendet werden:

$$\left.\begin{array}{c}\varphi \\ \varphi_b\end{array}\right\} = 1\,(\mathrm{Re};\ \dot{V}_r^*,\ t_v^*;\ \varrho_z^*;\ \dot{V}_g^*;\ T^*) . \qquad\qquad (10.16)$$

Die dimensionsfreien Parameter sind wie folgt definiert:

$$\mathrm{Re} \equiv \frac{a^2 f}{\nu} \qquad \text{Reynolds-Zahl} \qquad (10.17)$$

$$\dot{V}_r^* \equiv \frac{\dot{V}_r}{\dot{V}_z + \dot{V}_r} \qquad \text{Rücklaufverhältnis} \qquad (10.18)$$

$$t_v^* \equiv f\, \frac{V_R}{\dot{V}_z + \dot{V}_r} = f\, t_v \qquad \text{bez. Verweilzeit} \qquad (10.19)$$

$$\varrho_z^* \equiv \frac{\varrho_z}{\varrho_{bn}} \qquad \begin{array}{l}\text{bez. Schadstoffkonzentration} \\ \text{im Zulauf}\end{array} \qquad (10.20)$$

$$\dot{V}_g^* \equiv \frac{\dot{V}_g}{\dot{V}_z} \qquad \text{bez. Luftvolumenstrom} \qquad (10.21)$$

$$T^* \equiv \frac{T}{T_{max}} \qquad \text{bez. Betriebstemperatur} \qquad (10.22)$$

Es bedeuten a Hubamplitude, f Hubfrequenz, ν kinematische Viskosität, $\dot{V}_z$ und $\dot{V}_r$ Volumenströme des Zulaufs und des Rücklaufs, V_R Reaktorvolumen, ϱ_z Schadstoffkonzentration im Zulauf, ϱ_{bn} die biologisch nicht weiter herabzusetzende Schadstoffkonzentration, $\dot{V}_g$ Luftvolumenstrom, T Betriebstemperatur und T_{max} Temperatur, bei der die Aktivität der Bakterienpopulation zum Erliegen kommt.

Die Reynolds-Zahl Re kennzeichnet die durch die Hubbewegung erzeugte Strahlströmung. Das Rücklaufverhältnis $\dot{V}_r^*$ kennzeichnet die Vermischung des aus dem Sedimentationsgefäß kommenden, bereits behandelten und mit Biomasse angereicherten Rücklaufstromes mit dem unbehandelten zulaufenden Rohwasser. Mit zunehmenden Werten von $\dot{V}_r^*$ werden gleichzeitig die rückgeführte Biomasse erhöht und die aus der Vermischung von Zu- und Rücklauf entstehende mittlere Schadstoffkonzentration erniedrigt. In der Praxis wird häufig das Rücklaufverhältnis zu $\dot{V}_r^* = 0{,}5$ gewählt, bei dem $\dot{V}_z = \dot{V}_r$ ist.

Ein besonders wichtiger verfahrenstechnischer Parameter ist die bezogene Verweilzeit t_v^*, die das Produkt aus tatsächlicher Verweilzeit t_v und der Hubfrequenz f darstellt. Ist bei einem bestimmten Wert von t_v der gewünschte Reinigungseffekt, ausgedrückt durch den Umsatzgrad φ bzw. φ_b erreicht, dann läßt sich das Reaktorvolumen V_R wie folgt berechnen:

$$V_R = t_v\, (\dot{V}_z + \dot{V}_r). \qquad (10.23)$$

Durchmesser und Höhe des Reaktors sind unter Berücksichtigung praktischer Gesichtspunkte zu wählen. Bewährt hat sich für das Verhältnis aus Durchmesser und Höhe ein Wert, der größer als etwa 1:4 ist. Besonders zu beachten ist, daß das Reaktorvolumen V_R eine lineare Funktion der Verweilzeit t_v ist.

Die bezogene Schadstoffkonzentration ϱ_z^* ist das Verhältnis aus der Zulaufkonzentration ϱ_z und der mikrobiell nicht weiter herabsetzbaren Konzentration ϱ_{bn}. Letztere ist eine für jedes Abwasser und die damit gekoppelte Bakterienpopulation spezifische Größe, die jeweils experimentell zu bestimmen ist.

Das Verhältnis aus Luftvolumenstrom $\dot{V}_g$ und Zulaufstrom $\dot{V}_z$ des Rohwassers muß so gewählt werden, daß, bei gegebener Schadstoffbelastung des Rohwassers, die Sauerstoffkonzentration in der Biosuspension gerade noch so hoch ist, daß eine maximale Aktivität der Bakterien gewährleistet ist. Dieser Schwellenwert der Sauerstoffkonzentration sollte, wegen der hohen Kosten für den Sauerstoffeintrag, mit einem kleinstmöglichen Wert von $\dot{V}_g^*$ erreicht werden.

Die bezogene Betriebstemperatur T^* ist so zu wählen, daß die Bakterienpopulation ihre maximale Aktivität entfalten kann. Sie ist stets kleiner als Eins. In vielen Fällen hat sich $T = 36\,°C$ als günstig herausgestellt. Mit $T_{max} = 45\,°C$ erhält man $T^* = 0{,}8$.

10.3.3
Einige Ergebnisse für den aeroben biologischen Prozeß

10.3.3.1
Angaben zum Abwasser und zu den Untersuchungsbedingungen

Die nachfolgend diskutierten Untersuchungsergebnisse sind an die spezifischen Eigenschaften des behandelten Rohwassers gebunden. Im vorliegenden Fall handelt es sich um ein hochbelastetes Filtratabwasser von den Berliner Entwässerungs-Werken. Es entsteht bei der thermischen Konditionierung von überschüssiger Bakterienmasse aus der Reinigung der kommunalen Abwässer. Durch die thermische Behandlung werden die Zellbestandteile hydrolytisch gespalten. Die entstehenden Verbindungen gehen in Lösung und bilden den Hauptteil der Schadstoffe. Die genaue Zusammensetzung der Schadstoffe ist bisher unbekannt. Wichtige Schadstoffe im Filtratabwasser sind die biologisch gut abbaubaren Aminosäuren und die nur sehr schwer oder gar nicht abbaubaren Melanoidine [18]. Letztere geben dem Abwasser eine dunkelbraune Färbung. Das angelieferte Abwasser hatte einen pH-Wert von etwa 6. Bei der Behandlung im Hubstrahlreaktor steig der pH-Wert auf 7,5 bis 8,5.

Die Schadstoffkonzentration wurde durch den TOC-Wert ausgedrückt. Bei den zahlreichen Lieferungen schwankte die Konzentration zwischen 3,5 und 5 kg TOC/m³ bzw. 12 und 16 kg CSB/m³. Der Ammonium-Stickstoff lag im Bereich von $1-16$ kg NH_4^+-N/m³. Bei zeitweiligen Änderungen des Konditionierungsverfahrens waren die Konzentrationen etwas niedriger. Der CSB-Wert lag im Bereich von $5-10$ kg CSB/m³ und der Ammonium-Stickstoff von $0{,}5-1{,}0$ kg NH_4^*-N/m³. Zur Durchführung der Untersuchungen wurden, entsprechend den Untersuchungszielen, die gewünschten Werte der Konzentration durch Verdünnung mit Leitungswasser eingestellt.

In umfangreichen Untersuchungen wurde festgestellt, daß der biologisch nicht abbaubare Anteil der im Rohwasser befindlichen Schadstoffe im Mittel 30 % betrug. Somit ergibt sich $\varrho_{bn}/\varrho_z = 0{,}3$. Ferner ergaben die Vorversuche folgenden Zusammenhang zwischen dem CSB- und dem TOC-Wert:

$$\varrho_{CSB} = 3{,}5\,\varrho_{TOC}. \tag{10.24}$$

Die Untersuchungen wurden in einem zweistufigen Hubstrahlreaktor mit einem aktiven Volumen von zweimal 72 l durchgeführt [12]. Die Hubamplitude blieb mit a = 100 mm stets unverändert. Der Luftvolumenstrom $\dot{V}_g$ wurde bei den sehr unterschiedlichen Betriebsbedingungen so eingestellt, daß die Sauerstoffkonzentration in der Biosuspension einen unteren Grenzwert von 2 g/m^3 nicht unterschritt.

Auf Grund der sehr guten Sedimentationseigenschaften der im Bioreaktor mechanisch stark beanspruchten Bakterien ergaben sich bei den sehr unterschiedlichen Betriebsbedingungen für die als Trockensubstanz (TS) gemessene Biomassekonzentration im Hubstrahlreaktor Werte zwischen $\varrho_{TS} = 15$ und 25 kg TS/m^3. Die Bakterienmasse lag offensichtlich in Form von Einzelbakterien vor. Abbildung 10.18 zeigt die rasterelektronenmikroskopische Aufnahme von einer sedimentierten Biomasse. Die vornehmlich kugel- aber auch stäbchenförmigen Bakterien haben einen Durchmesser von 0,4 µm. Zu beachten ist, daß keine fadenförmigen Bakterien vorhanden sind, die

Abb. 10.18. Rasterelektronenmikroskopische Aufnahme einer sedimentierten Bakterienmasse aus dem Hubstrahlreaktor

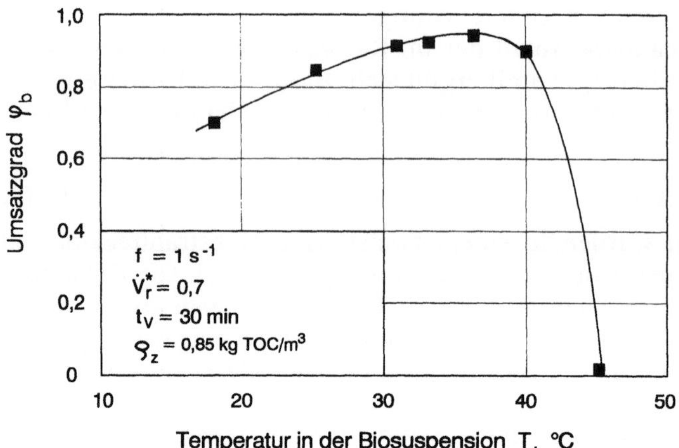

Abb. 10.19. Abhängigkeit des biologischen Umsatzgrades φ_b von der Temperatur T in der Biosuspension

bekanntlich die Blähschlammbildung fördern. Diese Bakterienarten können sich auf Grund der hohen mechanischen Beanspruchung im Hubstrahlreaktor nicht entwickeln.

10.3.3.2
Einfluß der Temperatur auf den Prozeß

In Abb. 10.19 ist die Abhängigkeit des biologischen Umsatzgrades φ_b von der in der Biosuspension herrschenden Temperatur T dargestellt. Mit zunehmender Temperatur steigt der Umsatzgrad zunächst an, erreicht bei T = 36 °C einen maximalen Wert von $\varphi_b = 0{,}96$ und fällt dann steil ab. Bei der für die im Reaktor befindliche Bakterienpopulation charakteristischen maximalen Temperatur, $T_{max} = 45$ °C, ist der Umsatzgrad $\varphi_b = 0$. Die Aktivität der Bakterien ist vollständig zum Erliegen gekommen. Die für den Prozeß optimale Temperatur ist somit $T_{opt} = 36$ °C, so daß $T_{opt}/T_{max} = 0{,}8$ ist. Die weiteren Untersuchungen wurden bei dieser optimalen Betriebstemperatur durchgeführt.

10.3.3.3
Einfluß der Verweilzeit und der Schadstoffbelastung
auf den Prozeß

Die Abhängigkeit des biologischen Umsatzgrades φ_b von der mittleren Verweilzeit t_v des Abwassers im Reaktor zeigt Abb. 10.20 für zwei Werte der Schadstoffkonzentration im Zulauf ϱ_z. Nach nur etwa 45 bis 60 Minuten hat der Umsatzgrad den Wert $\varphi_b \approx 1$ erreicht, unabhängig von der Konzentration im Zulauf. Bei der sehr kurzen Verweilzeit von 30 Minuten beträgt der biologische Umsatzgrad φ_b für $\varrho_z = 0{,}6$ kg TOC/m^3 noch $\varphi_b = 0{,}96$ und für

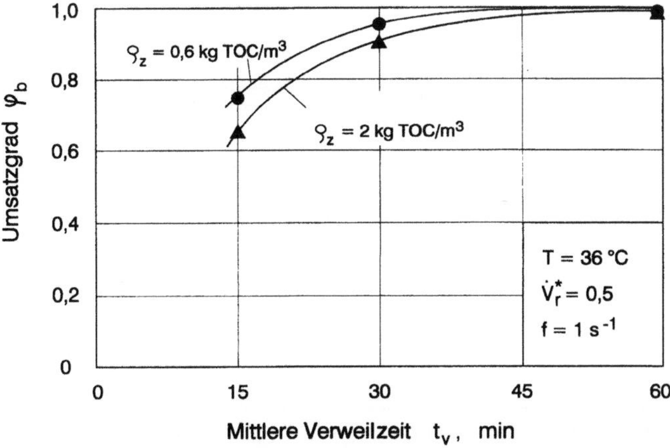

Abb. 10.20. Abhängigkeit des biologischen Umsatzgrades φ_b von der mittleren Verweilzeit t_v des Abwassers im Bioreaktor für zwei Werte der Zulaufkonzentration ϱ_z

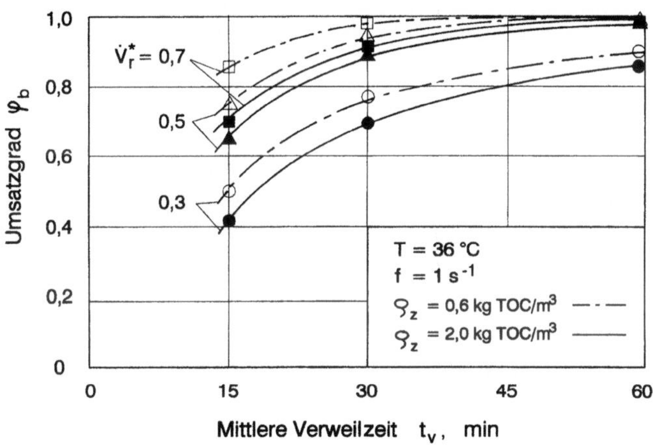

Abb. 10.21. Abhängigkeit des biologischen Umsatzgrades φ_b von der mittleren Verweilzeit t_v des Abwassers im Reaktor für drei Werte des Rücklaufverhältnisses $\dot{V}_r^*$ mit jeweils zwei Werten der Zulaufkonzentration ϱ_z

$\varrho_z = 2,0$ kg TOC/m³ immerhin noch $\varphi_b = 0,90$. Damit werden bei ungewöhnlich kurzen Verweilzeiten von 10 % oder weniger im Vergleich zu herkömmlichen Anlagen sehr hohe Werte für den biologischen Umsatzgrad φ_b erreicht.

10.3.3.4
Einfluß des Rücklaufverhältnisses auf den Prozeß

In Abb. 10.21 ist der biologische Umsatzgrad φ_b für drei Werte des Rücklaufverhältnisses $\dot{V}_r^*$ und der Verweilzeit t_v dargestellt. Bei jedem Wert von $\dot{V}_r^*$

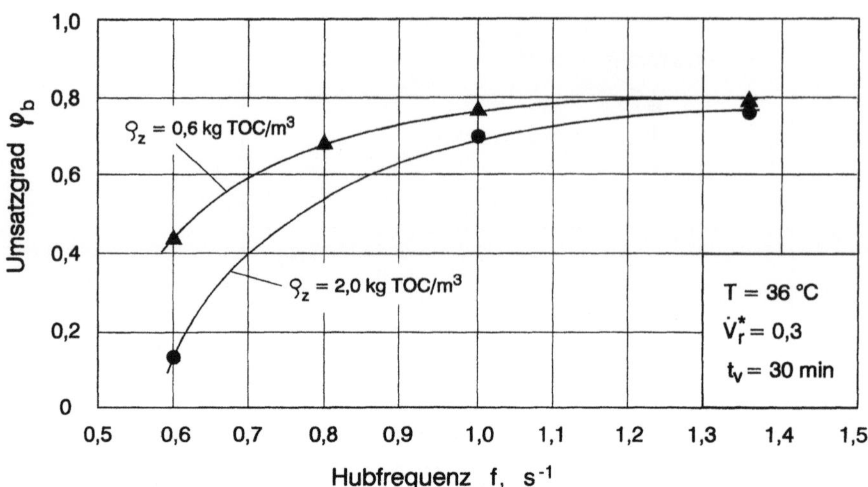

Abb. 10.22. Abhängigkeit des biologischen Umsatzgrades φ_b von der Hubfrequenz f für zwei Werte der Zulaufkonzentration ϱ_z bei dem sehr niedrigen Rücklaufverhältnis $\dot{V}_r^* = 0,3$

wurden zwei Werte für die Zulaufkonzentration gewählt. Wie zu erwarten, wird der Umsatzgrad mit zunehmendem Rücklaufverhältnis größer. Denn durch den erhöhten Rücklauf wird die Ablaufkonzentration ϱ_a durch verstärkte Vermischung des Zulaufs mit bereits gereinigtem Wasser herabgesetzt und der biologische Abbau durch Erhöhung der Bakterienmasse im Reaktor verstärkt.

10.3.3.5
Einfluß der Hubfrequenz auf den Prozeß

Für zwei Werte der Zulaufkonzentration ϱ_z ist in Abb. 10.22 der biologische Umsatzgrad φ_b abhängig von der Hubfrequenz f angegeben. Die Verweilzeit t_v war bei diesen Versuchen mit 15 Minuten festgelegt. Bei der Hubfrequenz von $f = 1$ s^{-1} stimmen die Meßwerte mit denen in Abb. 10.21 überein. Es zeigt sich, daß es wenig sinnvoll ist, die Hubfrequenz über $f = 1$ s^{-1} hinaus zu erhöhen, da es zu keiner wesentlichen Verbesserung des Umsatzgrades mehr kommt. Dabei ist zusätzlich zu beachten, daß die mechanische Leistung N, die gemäß Gl. (10.10) proportional zur dritten Potenz von f ist, mit erhöhter Frequenz sehr stark ansteigt.

10.3.3.6
Die Schlammbelastung

Zur Beurteilung des mikrobiellen Stoffumsatzes wird in der Abwassertechnik die „Schlammbelastung" herangezogen. Im Rahmen reaktionstechnischer

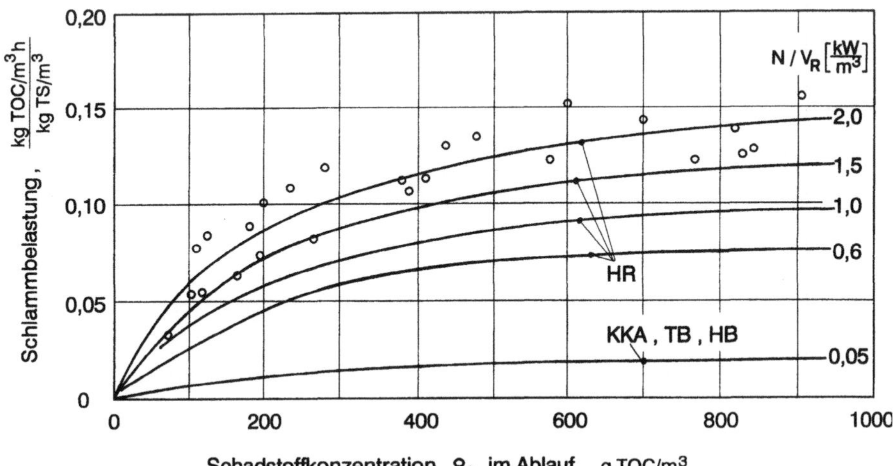

Abb. 10.23. Schlammbelastung bei aerober biologischer Abwasserreinigung abhängig von der Schadstoffkonzentration ϱ_a im Ablauf für verschiedene Werte der spezifischen mechanischen Leistung N/V$_R$, die den Reaktoren zugeführt werden muß

Betrachtungen stellt diese Größe die mikrobielle Reaktionsstromdichte (Stoffumsatz je Zeit- und Volumeneinheit, ausgedrückt durch kg TOC/(m³h)) bezogen auf die Bakterienkonzentration im Reaktor (ausgedrückt durch kg TS/m³) dar. Stark vereinfacht läßt sich die Schlammbelastung auch als Maß für den Umsatz je Einzelbakterium deuten.

In Abb. 10.23 ist die Schlammbelastung über der Schadstoffbelastung im Ablauf ϱ_a für mehrere Werte der volumenspezifischen Leistung N/V$_R$ dargestellt. Die mit HR bezeichneten Kurven gelten für den Hubstrahlreaktor. Bei der bezogenen Leistung N/V$_R$ = 2 kW/m³ hat die Frequenz den für normalen Betrieb empfohlenen Wert f = 1 s^{-1}. Meßwerte wurden zur Wahrung der Übersichtlichkeit nur für diese Kurve eingetragen. Die Kurve für N/V$_R$ = 0,05 kW/m³ gilt angenähert für kommunale Kläranlagen (KKA), für die Bayer Turmbiologie (TB) und für die Hochbiologie (HB) von Hoechst.

Aus dem Verlauf der Kurven in Abb. 10.23 geht hervor, daß die biochemische Aktivität der Bakterien im Hubstrahlreaktor bei N/V$_R$ = 2,0 kW/m³ etwa 7mal so groß ist wie in den konventionellen Anlagen. Diese Angabe kennzeichnet die mechanische Aktivierung der Bakterien im Hubstrahlreaktor.

Die biochemische Umsetzung der Schadstoffe im Hubstrahlreaktor ist das Produkt aus Schlammbelastung und der als Trockensubstanz gemessenen Bakterienmasse je Volumeneinheit im Reaktor. Diese Trockensubstanzkonzentration ist im Hubstrahlreaktor etwa 5- bis 10mal höher als in herkömmlichen Anlagen. Damit ist die mikrobielle Stoffumsetzung je Volumeneinheit im Hubstrahlreaktor theoretisch 35- bis 70mal größer als in herkömmlichen Anlagen für die Abwasserbehandlung.

Der Hubstrahlreaktor ist wegen seiner außerordentlich hohen biochemischen Stoffumsetzung je Volumeneinheit ein sehr kleinvolumiger Bioreaktor. Auf Grund seiner geringen Größe bietet der Hubstrahlreaktor die Möglichkeit, die aerobe biologische Abwasserreinigung unmittelbar in der Produktionsanlage durchzuführen, wo das Abwasser anfällt.

10.4
Biologische Elimination von Ammonium im Hubstrahlreaktor

10.4.1
Beschreibung des Prozesses

Neben den organischen Kohlenstoffverbindungen sind Stickstoff- und Phosphorverbindungen für die Störung des biologischen Gleichgewichts von Gewässern verantwortlich. Da für den Aufbau von Zellmasse auch Stickstoff und Phosphor benötigt werden, wird ein Teil dieser Verbindungen von den Bakterien durch Assimilation eliminiert. Bei höher belasteten Abwässern muß ein größerer technischer Aufwand zur Reduzierung von Stickstoff und Phosphor getrieben werden. Das Interesse richtet sich im folgenden vornehmlich auf die Elimination des Stickstoffs, der im Abwasser vor allem in Form von Ammonium vorliegt.

Die biologische Elimination des Ammoniums setzt sich aus den Teilprozessen Nitrifikation und Denitrifikation zusammen. Da die Nitrifikation in Anwesenheit einer höheren Konzentration von organischen Kohlenstoffverbindungen gehemmt wird, ist eine Reduzierung dieser Verbindungen in einem vorgeschalteten Reaktor erforderlich. Die Vorgänge in dieser zusätzlichen Stufe sind im vorangegangenen Abschnitt ausführlich behandelt worden.

Die Nitrifikation bezeichnet die exotherme biochemische Oxidation des Ammoniums (NH_4^+) mit dem zugeführten Sauerstoff (O_2) durch autotrophe Bakterien zu Nitrat (NO_3^-). Die Reaktion läuft entsprechend der folgenden stark vereinfachten Bruttoreaktionsgleichung ab:

$$NH_4^+ + O_2 + CO_2 \xrightarrow[\text{Bakterien}]{\text{autotrophe}} NO_3^- + 2\,H^+ + \text{Biomasse} + \text{Energie}\,.$$

Das Kohlenstoffdioxid (CO_2) dient den autotrophen Bakterien als Kohlenstoffquelle zum Aufbau der Zellsubstanz. Ammonium wird zum großen Teil oxidiert, zu einem geringen Teil in Biomasse assimiliert. Bei der Nitrifikation werden Wasserstoffionen (H^+) freigesetzt, die den pH-Wert des Abwassers absenken können. Die Nitrifikation läßt sich in die beiden Teilschritte Nitritation und Nitratation unterteilen.

Die Nitritation bezeichnet die Oxidation des Ammoniums (NH_4^+) durch autotrophe Bakterien der Gattung *Nitrosomonas* zu Nitrit (NO_2^-) gemäß der Reaktionsgleichung:

$$NH_4^+ + 1{,}5\,O_2 \xrightarrow{\text{Nitrosomonas}} NO_2^- + H_2O + 2\,H^+ + \Delta G\,.$$

Bei dieser Reaktion wird die Energie $\Delta G = 243{-}352\,kJ/mol$ frei, und es entstehen ferner Wasserstoffionen (H^+).

Die Nitratation bezeichnet die Oxidation des Nitrits (NO_2^-) durch die autotrophen Bakterien der Gattung *Nitrobacter* zu Nitrat (NO_3^-) gemäß der Reaktionsgleichung:

$$NO_2^- + 0{,}5\,O_2 \xrightarrow[\text{Bakterien}]{\text{heterotrophe}} NO_3^- + \Delta G\,.$$

Die freigesetzte Energie ist gering und beträgt $\Delta G = 63{-}99\,kJ/mol$.

Ein erfolgreicher Verlauf der Nitrifikation ist nur gewährleistet, wenn das Nitrit unmittelbar nach seiner Entstehung zu Nitrat weiteroxidiert wird. Es darf zu keiner Anreicherung von Nitrit im Reaktor kommen. Die Nitrifikation verläuft auf Grund der geringen Wachstumsgeschwindigkeit der Nitrifikanten (*Nitrosomonas* und *Nitrobacter*) wesentlich langsamer als der Abbau organischer Kohlenstoffverbindungen und erfordert daher eine verhältnismäßig lange Verweilzeit des Abwassers im Reaktor.

Die Denitrifikation bezeichnet die biochemische Reduktion des Nitrats (NO_3^-) zu molekularem Stickstoff (N_2). Die Reaktion läuft unter anaeroben Bedingungen ab. Heterotrophe fakultativ anaerobe Bakterien, die in der Biomasse der aeroben Vorstufe vorhanden sind, benutzen den Nitratsauerstoff anstelle des gelösten Sauerstoffs als Wasserstoffakzeptor. Das Nitrat wird über die Zwischenstufen Nitrit (NO_2^-), Stickstoffoxid (NO) und Distickstoffoxid (N_2O) bis zum molekularen Stickstoff (N_2) reduziert. Die summarische Reaktionsgleichung lautet:

$$NO_3^- + 5\,H^+ + 5\,e^- \xrightarrow[\text{Bakterien}]{\text{heterotrophe}} 0{,}5\,N_2 + 2\,H_2O + OH^- + \Delta G\,.$$

Bei der Denitrifikation werden Hydroxidionen (OH^-) frei, die den pH-Wert des Abwassers erhöhen können. Die freigesetzte Energie beträgt $\Delta G = 360\,kJ/mol$.

Für die Denitrifikation ist Wasserstoff (H^+) als Akzeptor des Nitratsauerstoffs notwendig. Die heterotrophen Bakterien benötigen zum Aufbau der Biomasse eine organische Kohlenstoffquelle. Kohlenstoff und Wasserstoff müssen daher durch biologisch verwertbare Kohlenwasserstoffverbindungen zur Verfügung gestellt werden. Hierzu wird Methanol (CH_3OH) wegen des niedrigen Preises und der schnellen und vollständigen Abbaubarkeit gewählt. Die Reaktionsgleichung für die Denitrifikation mit Methanol lautet:

$$NO_3^- + \frac{5}{6}\,CH_3OH \xrightarrow{\text{Bakterien}} \frac{1}{2}\,N_2 + \frac{5}{6}\,CO_2 + \frac{7}{6}\,H_2O + OH^- + \Delta G\,.$$

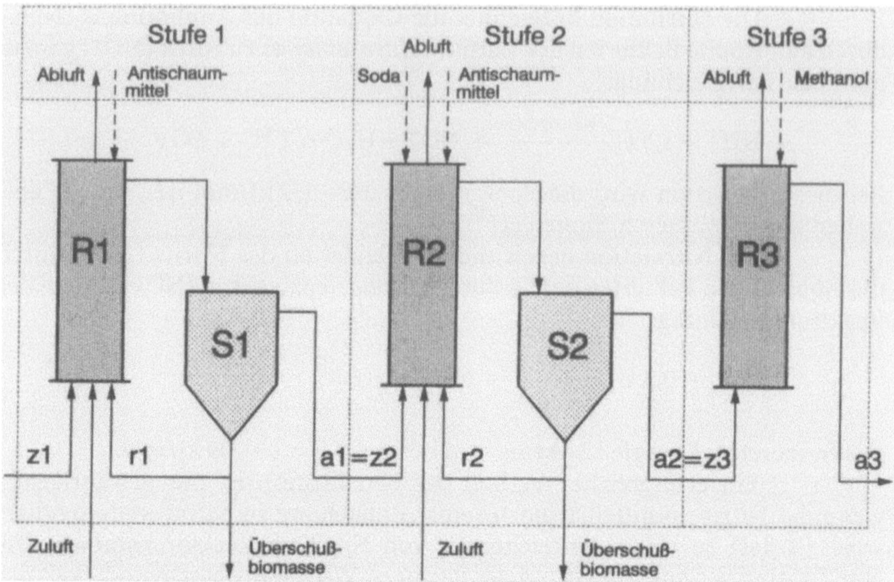

Abb. 10.24. Schematische Darstellung der dreistufigen Anlage zur biologischen Ammoniumelimination bestehend aus den Hubstrahlreaktoren R1 und R2 mit den Sedimentern S1 und S2, sowie dem Pulsreaktor R3; mit z1 bis z3 werden Zulaufströme zu den Reaktoren, mit a1 bis a3 Ablaufströme und mit r1 und r2 Rücklaufströme bezeichnet

Methanol wird mit dem Nitratsauerstoff zu Kohlenstoffdioxid (CO_2) und Wasser (H_2O) oxidiert. Die freigesetzte Energie beträgt $\Delta G = 126\,kJ/mol$ und ist geringer als bei molekularem Sauerstoff als Wasserstoffakzeptor.

10.4.2
Beschreibung der Anlage

Die zur biologischen Elimination von Ammonium verwendete Anlage ist in Abb. 10.24 schematisch dargestellt [19]. Sie besteht aus drei Stufen mit den Reaktoren R1, R2 und R3. In der ersten Stufe werden die organischen kohlenstoffhaltigen Schadstoffe aerob soweit eliminiert, daß sie die biologische Nitrifikation, die in der zweiten Stufe stattfindet, nicht hemmen können. Die zweite Stufe ist das Kernstück der gesamten Anlage, in der die für den gesamten Prozeß geschwindigkeitsbestimmende Nitrifikation abläuft. In der dritten Stufe erfolgt die Denitrifikation.

Die beiden ersten Stufen werden aerob betrieben. Sie bestehen jeweils aus einem Hubstrahlreaktor R1 bzw. R2 und einem Sedimentationsgefäß S1 bzw. S2. Die beiden Stufen sind biologisch getrennte Einheiten. Auf diese Trennung ist besonders sorgfältig zu achten, da die kohlenstoffabbauenden Bakterien die Nitrifikanten im Nitrifikationsreaktor R2 andernfalls dominieren würden und die Nitrifikation somit gehemmt würde.

Die anaerobe Denitrifikation findet in der dritten Stufe statt, die mit einem Pulsreaktor ausgestattet ist. Ein Sedimentationsgefäß erwies sich als nicht erforderlich. Die Denitrifikation verläuft im Vergleich zur Nitrifikation sehr schnell.

10.4.3
Ergebnisse für den Prozeß der Ammoniumelimination

Die Untersuchung des Prozesses wurde über insgesamt etwa 400 Tage durchgeführt. Das verwendete Abwasser war das in Abschnitt 10.3.3.1 bereits beschriebene Filtratabwasser aus den Berliner Entwässerungswerken. Dieses wurde in unverdünntem Zustand behandelt. Die Konzentration der Schadstoffe im Zulauf der Anlage wies daher im Verlauf der langen Versuchsdauer erhebliche Schwankungen auf.

10.4.3.1
Reduzierung der Kohlenwasserstoff-Verbindungen

Vor der Ammonium-Eliminierung muß in einer Vorstufe, der ersten Stufe mit dem Reaktor R1, der organische Schadstoff so weit reduziert werden, daß der verbleibende Rest in der nachfolgenden Stufe mit dem Reaktor R2 den Nitrifizierprozeß nicht mehr hemmt. Zum Aufbau von Zellsubstanz wird von den Nitrifikanten im Reaktor R2 Kohlenstoff benötigt, so daß auch in diesem Reaktor die CSB-Konzentration etwas absinken muß.

Während der gesamten Versuchsdauer blieben die folgenden Betriebsgrößen praktisch konstant: Hubfrequenz $f = 1\,s^{-1}$, Hubamplitude $a = 100\,mm$, Rücklaufverhältnis $V_r^* = 0{,}5$ und Temperatur der Biosuspension $T = 32\,°C$.

Abbildung 10.25 zeigt die CSB-Konzentration ϱ_C in den Zulaufströmen zu den drei Reaktoren R1 bis R3 und in dem Ablaufstrom von Reaktor R3. Während der Versuchszeit über etwa 400 Tage schwankte die CSB-Konzentration im Zulauf zum Reaktor R1 zwischen etwa $\varrho_C = 5$ und $11\,kg\,CSB/m^3$. Mit den am oberen Bildrand angegebenen Pfeilen werden die Zeitpunkte gekennzeichnet, an denen Abwasser einer neuen Lieferung in den Prozeß eingeleitet wird.

Die sehr starke Schwankung der CSB-Konzentration im Zulauf zum Reaktor R1 wird in diesem Reaktor während des CSB-Abbaus bereits sehr stark gedämpft. Eine weitere Glättung der Konzentration ϱ_C erfolgt durch den Abbau im Nitrifikationsreaktor R2. Im Reaktor R3, in dem die Denitrifikation stattfindet, wird die CSB-Konzentration praktisch nicht mehr geändert.

Die Verweilzeit t_v des Abwassers im ersten Reaktor R1 wurde, abgesehen von besonderen Versuchen, stets etwas niedriger gehalten als die im Nitrifikationsreaktor R2. Abbildung 10.26 zeigt die Verweilzeit t_v für den

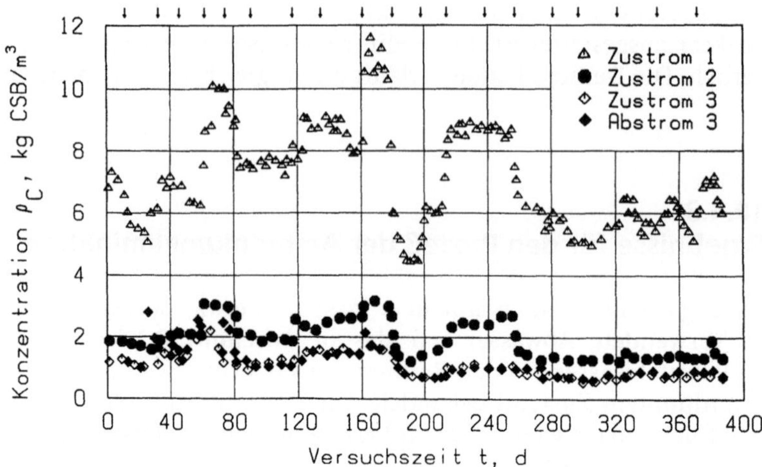

Abb. 10.25. Konzentration ϱ_C der organischen Kohlenstoffverbindungen im Abwasser der Zuströme und Abströme der drei Reaktoren abhängig von der Versuchszeit t; Pfeile am oberen Bildrand geben die Zeitpunkte für neue Abwasserlieferungen an

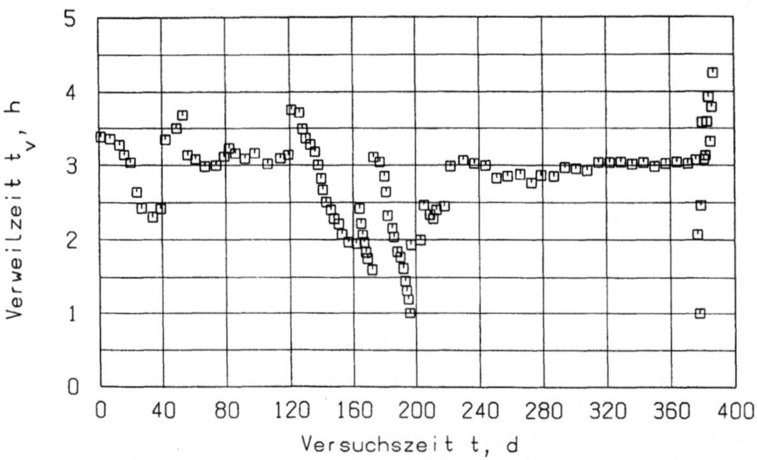

Abb. 10.26. Mittlere Verweilzeit t_v im CSB-Reaktor R1 bei einem Rücklaufverhältnis von $\dot{V}_r^* = 0,5$ abhängig von der Versuchszeit t

Reaktor R1. Die sehr starken Änderungen der Verweilzeit zwischen dem 120. und 240. Tag der Versuchsdauer haben praktisch keinen Einfluß auf die CSB-Eliminierung. Ursache dafür ist, daß die festgelegte Verweilzeit weit über der tatsächlich erforderlichen lag. Über weite Bereiche der Versuchsdauer lag die Verweilzeit bei etwa drei Stunden.

Der bezogene Luftvolumenstrom $\dot{V}_g/V_R$ wurde nach den Zielsetzungen für Detailuntersuchungen geändert. Abbildung 10.27 zeigt $\dot{V}_g^* \equiv \dot{V}_g/V_R$

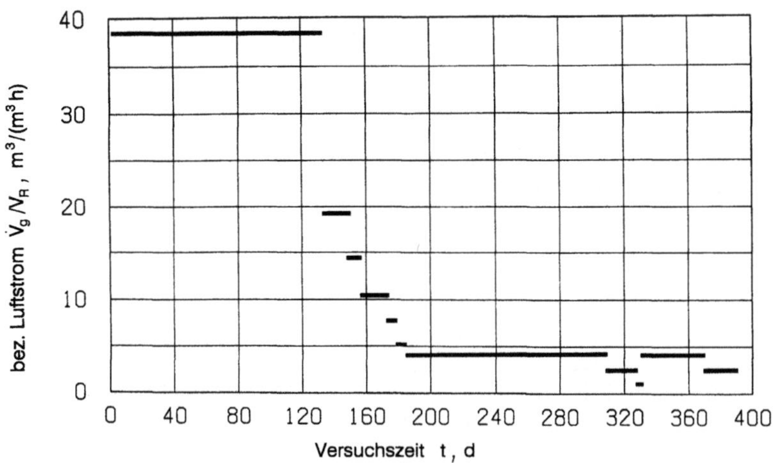

Abb. 10.27. Volumenbezogener Luftstrom $\dot{V}_g/V_R$ für den CSB-Reaktor R1 abhängig von der Versuchszeit t

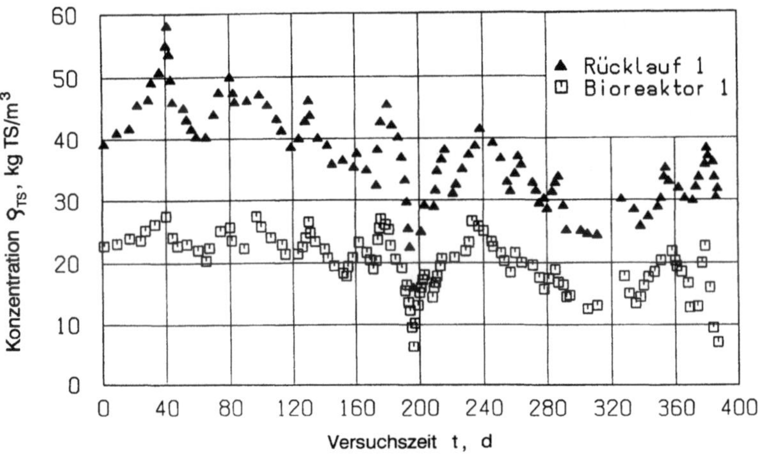

Abb. 10.28. Konzentration der getrockneten Biomasse ϱ_{TS} im CSB-Reaktor R1 und im Rücklauf abhängig von der Versuchszeit t

über der Versuchsdauer. Selbst bei einem so niedrigen Wert von $\dot{V}_g^* = 4{,}0$ war für den größtmöglichen Stoffumsatz im CSB-Reaktor die Sauerstoffversorgung vollkommen ausreichend. Eingehende Untersuchungen zeigten, daß die Sauerstoffkonzentration bis auf $0{,}1\,g\,O_2/m^3$ gesenkt werden konnte, ohne die Abbauleistung der Bakterien einzuschränken. Eine Sauerstofflimitierung trat erst unterhalb dieses Wertes auf.

Von entscheidender Bedeutung für den Stoffumsatz im CSB-Reaktor R1 ist ferner die im Reaktor befindliche Bakterienkonzentration ϱ_{TS}. Abbildung 10.28 zeigt diese Konzentration und die im Rücklauf. Sie sind unge-

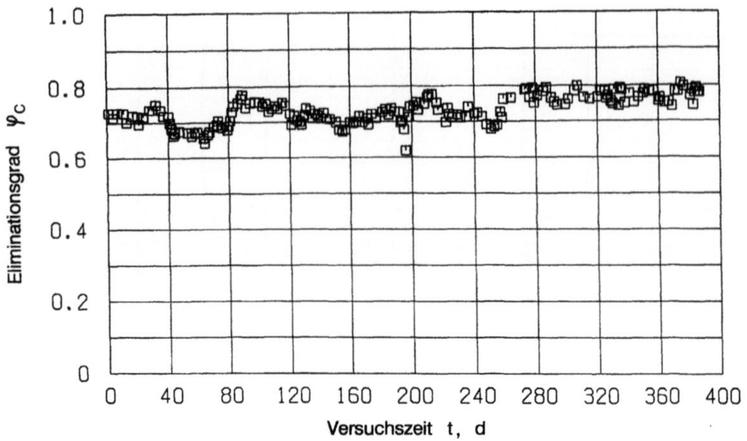

Abb. 10.29. Eliminationsgrad φ_C für die organischen Kolenstoffverbindungen im CSB-Reaktor R1 abhängig von der Versuchszeit t

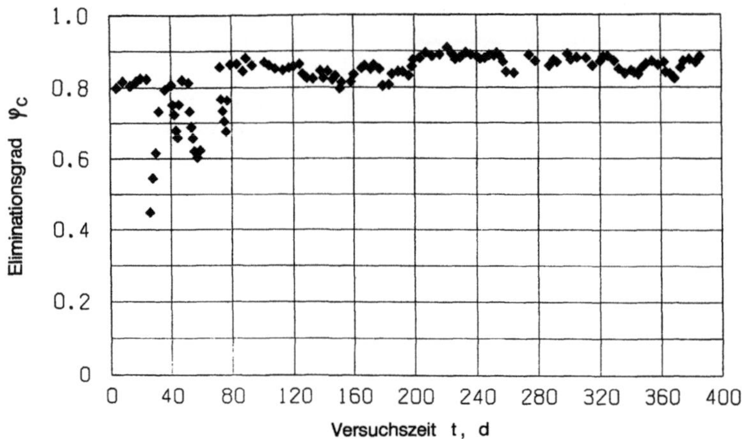

Abb. 10.30. Eliminationsgrad φ_C für die organischen Kohlenstoffverbindungen im CSB- und Nitrifikationsreaktor (R1 und R2) abhängig von der Versuchszeit t

wöhnlich hoch. Die Konzentration im Reaktor beträgt im Mittel etwa 20 bis 25 kg TS/m^3. Sie ist maßgebend für die hohe Abbauleistung je Volumen- und Zeiteinheit.

Auf Grund der hohen Bakterienkonzentration im Reaktor R1 ist ein entsprechend hoher Eliminationsgrad φ_C für die vom CSB-Wert erfaßten Schadstoffe zu erwarten. Der Eliminationsgrad ist durch Gl. (10.14) definiert. Er liegt zwischen 0,7 und 0,8 (s. Abb. 10.29). Da im Nitrifikationsreaktor R2 von den Bakterien zum Aufbau von Zellsubstanz kohlenstoffhaltige Verbindungen abgebaut werden, sinkt die CSB-Konzentration gemäß Abb. 10.25 weiter ab. Der für beide Reaktoren, R1 und R2, zusammen gebildete Eliminationsgrad φ_C liegt daher im Bereich von 0,8 bis 0,9 (Abb. 10.30). Entscheidend

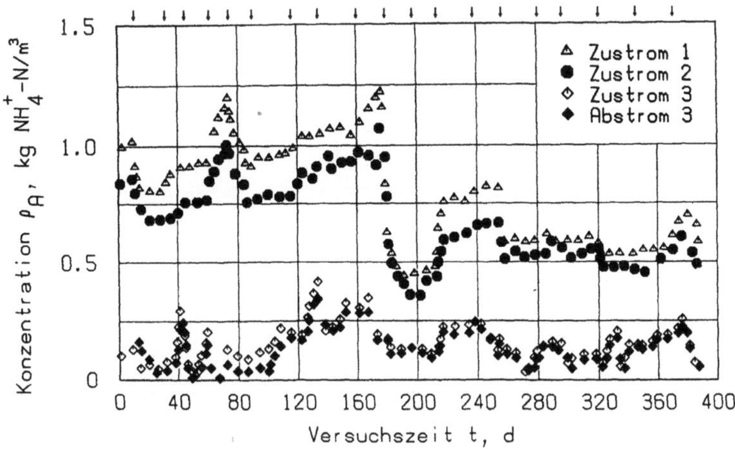

Abb. 10.31. Konzentration ϱ_A des Ammoniumstickstoffs (NH_4^+-N) im Abwasser der Zuströme und Abströme der drei Reaktoren abhängig von der Versuchszeit t; Pfeile am oberen Bildrand geben die Zeitpunkte für neue Abwasserlieferungen an

für die Funktionsfähigkeit der Nitrifikationssstufe ist jedoch die hohe Eliminationsrate für die CSB-Schadstoffe im Reaktor R 1.

10.4.3.2
Nitrifikation

Die Änderung des Ammoniumstickstoffes (NH_4^+-N) auf dem Wege des Abwassers durch die dreistufige Anlage ist in Abb. 10.31) durch die Konzentration ϱ_A dargestellt. Die Reduzierung von ϱ_A findet im wesentlichen im Nitrifikationsreaktor R 2 statt. Die starken Schwankungen der Ammoniumkonzentration im Rohwasser werden im Verlauf des Prozesses sehr stark gedämpft.

Die Konzentration im angelieferten Abwasser schwankt sehr stark und liegt im Bereich von 0,4 bis 1,25 kg NH_4^+-N/m³. Im Reaktor R 1 wird die Konzentration ϱ_A nur geringfügig abgesenkt. Ein Verlust des Ammoniumstickstoffes durch Ausstrippen in die Abluft kann auf Grund des niedrigen pH-Wertes von 7,5 bis 8,5 in der Biosuspension des Reaktors R 1 ausgeschlossen werden. Da im Abstrom von R 1 kein Stickstoff in Form von Nitrit und Nitrat nachgewiesen werden konnte, wird der eliminierte Stickstoff im Bioreaktor R 1 zum Aufbau von Biomasse assimiliert. Während der gesamten Versuchsdauer betrug das Verhältnis der abgebauten Konzentrationen ϱ_A und ϱ_C im Mittel 0,03 kg NH_4^+-N/kg CSB.

Die Reduzierung des Ammoniumstickstoffes im Denitrifikationsreaktor R 3 ist sehr gering und für den gesamten Prozeß ohne Bedeutung.

Zur Untersuchung reaktionskinetischer Fragestellungen, auf die hier nicht eingegangen wird, werden das Rücklaufverhältnis $\dot{V}_r^*$ und die Verweilzeit des Abwassers im Nitrifikationsreaktor R 2 im begrenzten Rahmen,

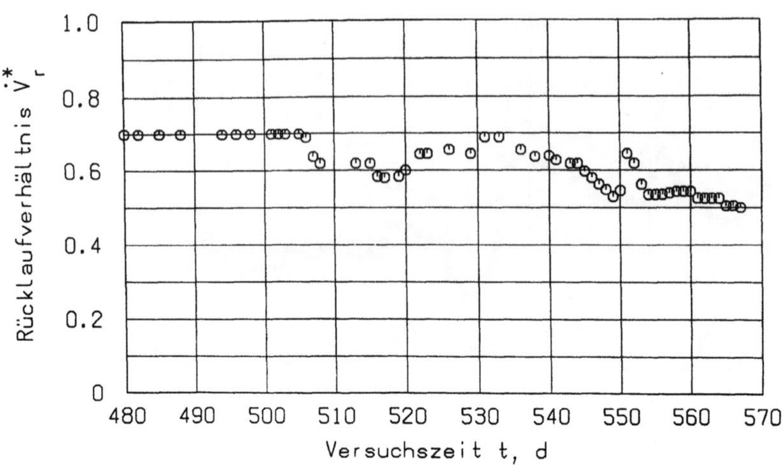

Abb. 10.32. Rücklaufverhältnis $\dot{V}_r^*$ für den Nitrifikationsreaktor R2 abhängig von der Versuchszeit t

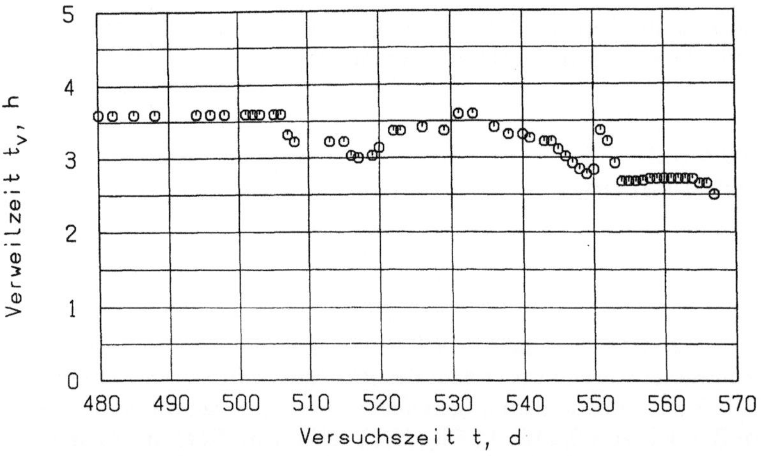

Abb. 10.33. Verweilzeit t_v des Abwassers im Nitrifikationsreaktor R2 abhängig von der Versuchszeit t

der bezogene Luftvolumenstrom $\dot{V}_g/V_R$ jedoch in stärkerer Weise verändert. Diese drei Betriebsparameter sind in den Abb. 10.32 bis 34 dargestellt. Das Rücklaufverhältnis $\dot{V}_r^*$ wurde im Verlauf der Versuchsdauer von 0,7 auf 0,5, die Verweilzeit t_v von 3,5 auf 2,5 Stunden abgesenkt, und die Änderung des bezogenen Luftvolumenstroms $\dot{V}_g/V_R$ betrug zwischen 5 und 2 m³/(m³ h). Die Sauerstoffversorgung der Bakterien war unter diesen Bedingungen stets gewährleistet. Die Sauerstoffkonzentration in der Biosuspension lag im allgemeinen bei 6 g O_2/m^3. In speziellen Versuchen konnte festgestellt werden,

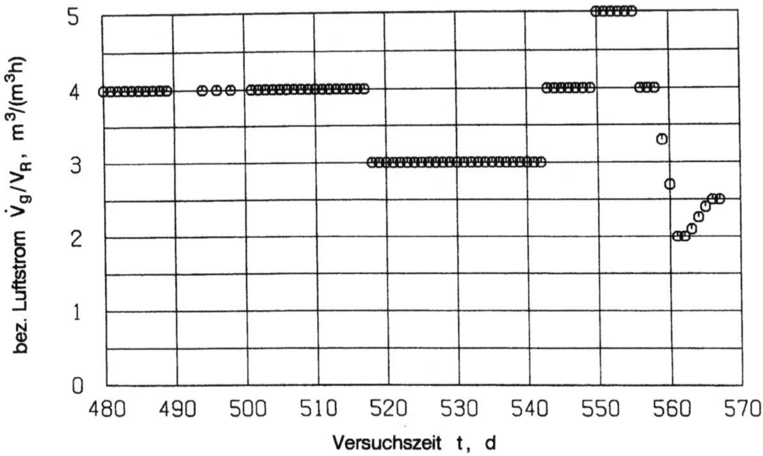

Abb. 10.34. Volumenbezogener Luftstrom $\dot{V}_g/V_R$ für den Nitrifikationsreaktor R2 abhängig von der Versuchszeit t

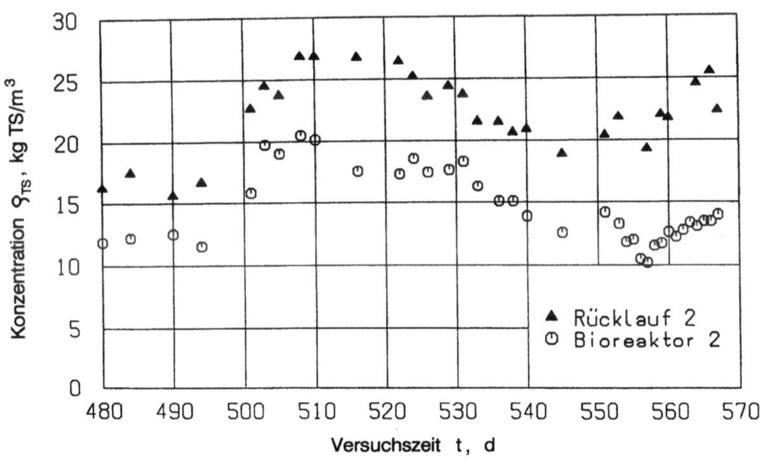

Abb. 10.35. Konzentration der getrockneten Biomasse ϱ_{TS} im Nitrifikationsreaktor R2 und im Rücklauf abhängig von der Versuchszeit t

daß die Nitrifikation bei Absenkung der Sauerstoffkonzentration bis auf 0,5 g O_2/m^3 nicht gehemmt wurde. Die Betriebstemperatur stellte sich bei allen Versuchen auf $T = 32\,°C$ ein, ohne daß eine Zusatzheizung vorgenommen wurde.

Unter den genannten Betriebsbedingungen stellte sich im Nitrifikationsreaktor R2 eine als Trockenstoff gemessene Biomassekonzentration von im Mittel $\varrho_{TS} = 15$ kg TS/m^3 ein. Der Verlauf der Biomassekonzentration im Rücklauf ist in Abb. 10.35 über eine längere Versuchsdauer hinweg dargestellt. Diese Konzentration ist im Mittel erheblich niedriger als die in

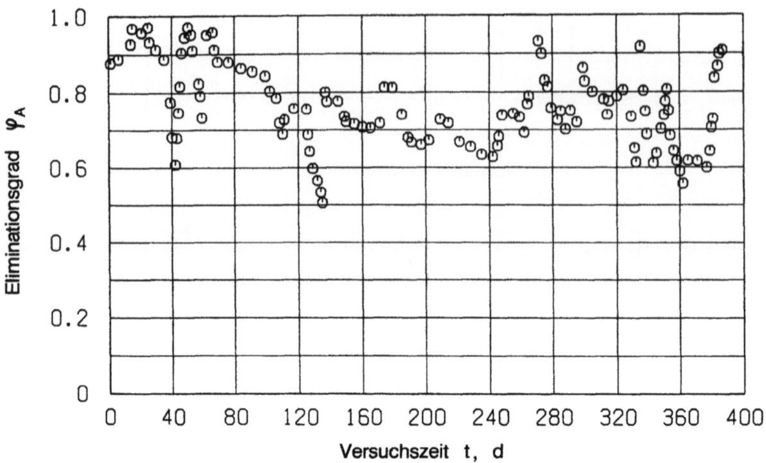

Abb. 10.36. Eliminationsgrad ϱ_A des Ammoniumstickstoffs (NH_4^+-N) im Nitrifikationsreaktor R2 abhängig von der Versuchszeit t_h

Abb. 10.28 für die CSB-Stufe angegebene. Dieser Unterschied liegt vor allem in dem langsamen Wachstum der Nitrifikanten.

Der erzielte Eliminationsgrad φ_A für das Ammonium im Nitrifikationsreaktor R2 ist in Abb. 10.36 über die Versuchsdauer dargestellt. Bei ausreichend langer Verweilzeit von $t_v = 3{,}5$ h kann eine nahezu vollständige Reduzierung des Ammoniumstickstoffs erreicht werden. In diesem Bereich beträgt der Eliminationsgrad etwa $\varphi_A = 0{,}9$. Wird die Verweilzeit t_v, wie gegen Ende der Versuchsdauer geschehen, verringert, sinkt der Eliminationsgrad im Mittel bis auf $\varphi_A = 0{,}75$ ab.

Berücksichtigt man die Stickstoffreduzierung durch Assimilation im CSB-Reaktor R1, so ergibt sich der in Abb. 10.37 dargestellte Eliminationsgrad φ_A für die gesamte Anlage. In der Versuchszeit zwischen dem 120. und 400. Tag beträgt der Eliminationsgrad im Mittel etwa 0,8. Eine ausführliche Beschreibung reaktionskinetischer Details bieten die Arbeiten von Walter und Brauer [19] sowie von Brauer und Annachhatre [20].

10.4.3.3
Denitrifikation

Die Denitrifikation erfaßt die Umwandlung des im Nitrat (NO_3^-) gebundenen Stickstoffs in molekularen Stickstoff (N_2). Dieser anaerobe Prozeß wurde im Pulsreaktor R3 durchgeführt, der mit Polyurethanschwamm gefüllt war. Der Pulsreaktor R3 wurde ohne Rückführung von Biomasse betrieben, so daß das Rücklaufverhältnis $\dot{V}_r^* = 0$ ist. Die Verweilzeiten im Denitrifikationsreaktor und im Nitrifikationsreaktor waren gleich lang.

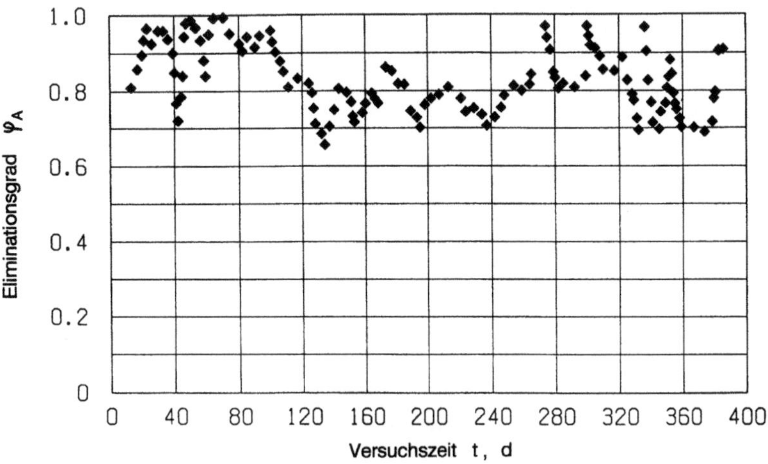

Abb. 10.37. Eliminationsgrad ϱ_A des Ammoniumstickstoffs (NH_4^+–N) im CSB- und im Nitrifikationsreaktor (R1 und R2) abhängig von der Versuchszeit t

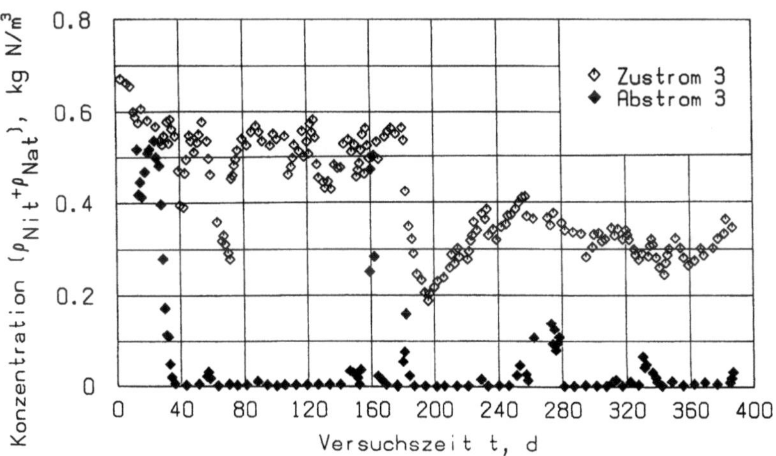

Abb. 10.38. Summe der Konzentrationen des Nitritstickstoffs ϱ_{Nit} und des Nitratstickstoffs ϱ_{Nat} im Denitrifikationsreaktor R3 abhängig von der Versuchszeit t

Abbildung 10.38 zeigt die Summe der Konzentrationen des Nitrit- und Nitratstickstoffs ϱ_{Nit} und ϱ_{Nat} im Denitrifikationsreaktor R3 über die Versuchsdauer t. Zu Beginn der Untersuchungen reicht die Konzentration abbaubarer Kohlenstoffverbindungen im Zustrom zum Reaktor R3 für die Denitrifizierung nicht aus. Mit der einsetzenden Dosierung von Methanol als Kohlenwasserstoffquelle vom 25. Versuchstag an setzt die Denitrifikation ein. Sie verläuft bei ausreichendem Angebot von Methanol in der folgenden Versuchsdauer nahezu vollständig. Im Abstrom liegt die Konzentration des

Nitritstickstoffs im Mittel unter 0,0005 kg $NO_2^- - N/m^3$, die des Nitrats unter 0,005 kg $NO_3^- - N/m^3$.

10.5
Anaerobe biologische Elimination von organischen Schadstoffen mit Biogasproduktion

10.5.1
Beschreibung des anaeroben Prozesses

10.5.1.1
Einige allgemeine Eigenschaften des Prozesses

Der anaerobe Prozeß zur Behandlung hochbelasteter Abwässer hat einige bemerkenswerte Eigenschaften, die sich im Vergleich zum aeroben Prozeß sowohl als Vorteile als auch als Nachteile erweisen. Auf diese Eigenschaften soll in Zusammenhang mit Abb. 10.39 zunächst eingegangen werden.

Die anaerobe Umwandlung der Schadstoffe ist ein Prozeß ohne Sauerstoffbedarf. Der mit den Schadstoffen zugeführte Kohlenstoff wird zu etwa 90 bis 95 % für die Produktion von Biogas und nur zu 1 bis 5 % für die

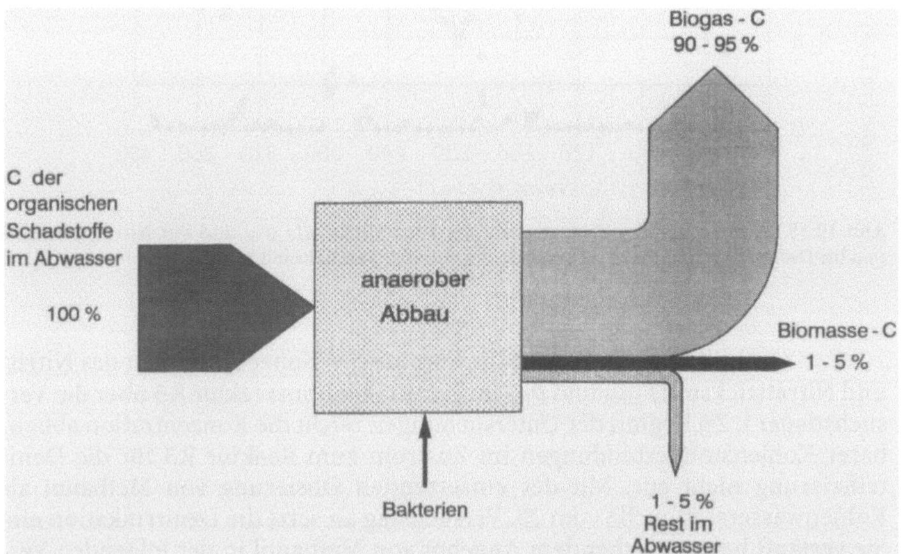

Abb. 10.39. Bilanz des Kohlenstoffs beim anaeroben Schadstoffabbau mit Biogasproduktion

Produktion von Bakterienmasse verwendet. Die anaerobe biologische Stoffwandlung verläuft wesentlich langsamer als die aerobe. Auch in modernen Reaktoren ist die Verweilzeit beim anaeroben Prozeß erheblich länger als in aerob betriebenen Reaktoren. Sie beträgt etwa vier bis zehn Stunden. In den heute noch weitgehend üblichen konventionellen Reaktoren beträgt die Verweilzeit dagegen viele Tage oder mehrere Wochen. In modernen Bioreaktoren mit sehr kurzer Verweilzeit für das Rohwasser kann der Methangehalt des Biogases bis zu 85 % betragen.

Für den aeroben Prozeß sind die Deckung des Sauerstoffbedarfs und die Aufarbeitung der erzeugten großen Biomasse sehr energie- und somit auch kostenintensive Teilschritte. Vergleichbare Kostenpositionen treten beim anaeroben Prozeß nicht auf. Hierin wird der entscheidende Vorteil des anaeroben über den aeroben Prozeß gesehen.

Für den anaeroben Prozeß ergeben sich wegen der langen Verweilzeit des Abwassers in dem Reaktor und folglich wegen des damit verbundenen großen Bauvolumens sehr hohe Investitionskosten. Ein weiterer, sehr bedeutsamer Nachteil des anaeroben Prozesses, der häufig nicht erwähnt wird, ist die Umwandlung des in den Schadstoffen organisch gebundenen Stickstoffs in Ammonium. Sein großes Gefahrenpotential für die Umwelt erfordert zusätzliche biologische oder physikochemische Abscheidemaßnahmen.

10.5.1.2
Biochemischer Ablauf des anaeroben Prozesses

In der aus Abwasser und Bakterien bestehenden Biosuspension werden die organischen Schadstoffe, die im wesentlichen aus Kohlenstoff (C), Wasserstoff (H), Sauerstoff (O) und geringen Mengen anderer Elemente (X) bestehen, nach folgender, stark vereinfachter Bruttoreaktionsgleichung umgewandelt [21]:

$$\text{CHOX} + \text{H}_2\text{O} \xrightarrow{\text{Bakterien}} \text{CH}_4 + \text{CO}_2 + \text{X}$$

Die Bakterien wandeln die im Wasser gelösten oder in kolloidaler Form vorliegenden Schadstoffe in Methan, Kohlendioxid und einige andere Stoffwechselprodukte um. Dieser Umwandlungsprozeß erfolgt unter Ausschluß freien Sauerstoffs.

Nach neueren Erkenntnissen verläuft die Stoffumwandlung in mehreren Stufen [22–25], die an Hand von Abb. 10.40 erläutert werden sollen:

1. In der ersten Stufe erfolgt extrazellulär die enzymatische Hydrolyse. Die dazu erforderlichen Enzyme, die Hydrolasen, werden von den fermentativen Bakterien erzeugt und in die Biosuspension abgegeben. Hochmolekulare organische Verbindungen wie Proteine, Polysaccharide und Fette werden in deren Monomere umgewandelt, also solche Bausteine, die zur weiteren Umwandlung durch die Zellwand ins Innere der Bakterien gelangen können und dann intrazellulär weiter umgesetzt werden. Aus Kohlehydraten, Eiweißstoffen, Fetten und Ölen entstehen beispielsweise Zucker, Aminosäuren, Glycerin und langkettige Fettsäuren.

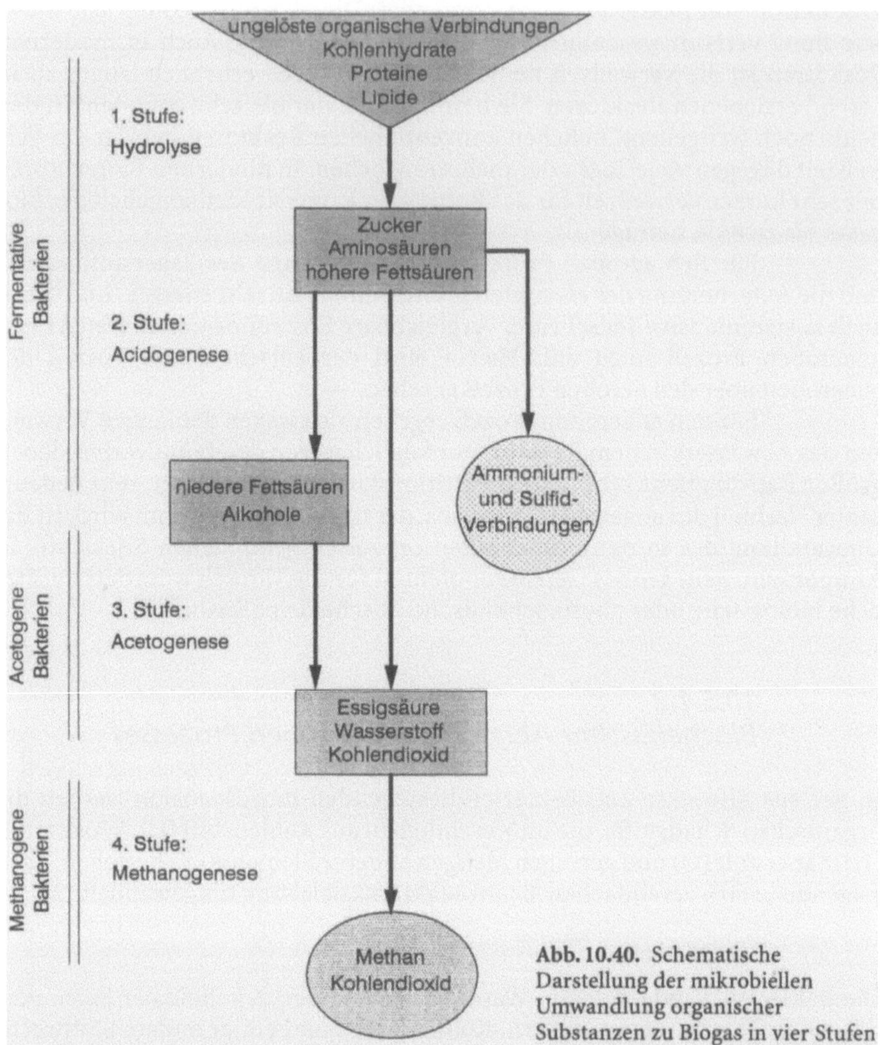

Abb. 10.40. Schematische Darstellung der mikrobiellen Umwandlung organischer Substanzen zu Biogas in vier Stufen

2. In der zweiten Stufe, der Acidogenese, werden die Hydrolyse-Produkte über mehr oder weniger lange Reaktionsketten fermentiert. Die Fermentationsprodukte sind eine Reihe einfacher organischer Verbindungen, hauptsächlich die sogenannten flüchtigen Fettsäuren, sowie Kohlendioxid und Wasserstoff in Gasform; aber auch Essigsäure kann sich hierbei bereits bilden. Ferner können geringe Mengen an Ethanol und Milchsäure entstehen. Obwohl die flüchtigen Fettsäuren wichtige Zwischenprodukte sind, wirken sie in höheren Konzentrationen inhibierend. Insbesondere die Methanbakterien reagieren auf die Zunahme der Säuren sehr empfindlich. Die in der zweiten Stufe ablaufenden Dekompositionsprozesse liefern zugleich die für

die Existenz der nichtmethanogenen Bakterien erforderliche Energie. Die zweite Stufe wird auch die „acitogene Stufe" genannt. Die an der Acidogenese beteiligten Bakterien sind zum Teil fakultative Aerobier, die auch in Gegenwart freien Sauerstoffs existieren bzw. ihren Stoffwechsel umstellen können. Indem sie den noch im Abwasser vorhandenen gelösten Sauerstoff aufzehren, schaffen sie die erforderlichen Lebensbedingungen für die strikten Anaerobier.

3. In der dritten Stufe, der Acetogenese, werden die Dekompositionsprodukte der zweiten Stufe unter anaerober Bedingung oxidiert. Die wichtigsten Oxidationsprodukte sind Essigsäure und Kohlendioxid sowie Wasserstoff. Sie dienen als Substrat für die Methanproduktion. In dieser „acetogenen Stufe" kommt dem Wasserstoffpartialdruck eine bedeutsame regulative Rolle zu; er bestimmt die Verteilung der Reaktionsprodukte.

4. In der vierten Stufe erfolgt die Methanbildung; sie ist die „methanogene Stufe". Zwei Reaktionsketten laufen in diesem Prozeß parallel. In der ersten Reaktionskette werden Kohlendioxid und Wasserstoff zu Methan und Wasser umgesetzt. In der zweiten Kette erfolgt die Umsetzung der Essigsäure in Methan und Kohlendioxid.

In den ersten drei Reaktionsschritten, der Hydrolyse sowie Acidogenese und Acetogenese, werden die Schadstoffe überwiegend chemisch verändert, aber nicht beseitigt. Nur ein geringer Teil des Kohlenstoffs wird abgebaut. Gebildet wird jedoch ausschließlich Kohlendioxid als kohlenstoffhaltiges Endprodukt. Erst in der vierten Stufe erfolgt mit der Methanbildung ein nahezu vollständiger Kohlenstoffabbau. In den vorausgehenden Stufen gebildete Zwischenprodukte wie Essigsäure, Kohlendioxid und Wasserstoff werden von den Methanbakterien in die gasförmigen Endprodukte Methan und Kohlendioxid umgewandelt. Fast alle methanogenen Bakterien können auf Wasserstoff und Kohlendioxid als einziger Energie- und Kohlenstoffquelle wachsen. Die Energieausbeute unter Standardbedingungen ist im Vergleich zu den anderen von den Methanbakterien verwertbaren Substraten aus diesen beiden Substraten am größten:

$$4\,H_2 + CO_2 \xrightarrow{\text{Bakterien}} CH_4 + 2\,H_2O \quad \Delta G = -145{,}6\,\text{kJ/mol}\,.$$

Neben der Verwertung von Wasserstoff und Kohlendioxid gibt es einige wenige methanogene Bakterienstämme, die zusätzlich Essigsäure zu Methan und Kohlendioxid fermentieren können:

$$CH_3COOH \xrightarrow{\text{Bakterien}} CH_4 + CO_2 \quad \Delta G = -31\,\text{kJ/mol}\,.$$

Die Bedeutung dieser Gruppe von Methanbakterien wird dadurch unterstrichen, daß in den meisten anaeroben Biosystemen etwa 70 % des Methans aus Essigsäure und nur etwa 30 % aus Wasserstoff und Kohlendioxid gebildet werden. Die Methanbildung aus Essigsäure ist damit quantitativ der wichtigere Prozeß.

Nur durch das Zusammenwirken der verschiedenen Bakterien an der vierstufigen Abbaukette ist eine erfolgreiche anaerobe Abwasserreinigung möglich. Dabei muß verhindert werden, daß es zu einer Limitierung oder Anreicherung einzelner Zwischenprodukte kommt. die Verteilung der Intermediate wird sehr stark durch den Wasserstoff-Partialdruck beeinflußt.

Besonders aufmerksam sei auf die in Abb. 10.40 angegebene Bildung von Ammonium- und Sulfidverbindungen gemacht. Diese Verbindungen werden in der zweiten Stufe des Abbauprozesses von den fermentativen Bakterien aus dem organisch gebundenen Stickstoff und Schwefel gebildet. Sie können insbesondere die Methanisierung hemmen. Es erweist sich daher als zweckmäßig, eine Abscheidung des Ammoniums in den anaeroben Prozeß zu integrieren.

10.5.1.3
Systematik der beteiligten Bakterien

Hydrolytische und fermentative Bakterien

Im Gegensatz zur hochspezialisierten Gruppe der Methanbakterien werden die Hydrolyse und die Fermentation der komplexen Schadstoffe von einer hinsichtlich Stoffwechselaktivität äußerst inhomogenen Mischpopulation durchgeführt. Die Zusammensetzung wird im wesentlichen von der qualitativen und quantitativen Substratbeschaffenheit bestimmt. Als überwiegend beteiligte Mikroorganismen sind *Bacteroides*- und *Bacillus*-Arten, Clostridien, Laktobazillen, Pseudomonaden und Enterobakterien zu nennen. Die darunter vertretenen fakultativen Aerobier sorgen mit der Aufzehrung von noch gelöstem Sauerstoff im Abwasser für ein ausreichend tiefes Redoxpotential, welches für die strikt anaeroben Bakterien notwendig ist.

Acetogene Bakterien

Die obligat wasserstoffproduzierenden acetogenen oder syntrophen Bakterien sind ausschließlich in Assoziationen mit Methanbakterien zu identifizieren. Bisher wurden drei Stämme isoliert: *Syntrophobacter wolinii*, *Syntrophomonas wolfei* und *Syntrophus buswellii*. Die Verdopplungszeiten liegen selbst unter optimalen Bedingungen nur zwischen zwei und fünf Tagen.

Darüber hinaus sind zwei weitere Bakteriengruppen in der Lage, Essigsäure zu bilden. Zu der einen Gruppe gehören fermentative und sulfatreduzierende Bakterien der Gattungen *Selenomonas*, Clostridien, *Ruminococcus* und *Desulfovibrio*. In Reinkulturen sind die Endprodukte ihrer Metabolismen höhere Fettsäuren, Alkohole, Essigsäure und Wasserstoff. In Mischkulturen mit Methanbakterien verschiebt sich jedoch die Verteilung der Endprodukte zugunsten der Essigsäurebildung.

Zu der anderen Gruppe gehören homoacetogene Bakterien, die in der Lage sind, aus Kohlendioxid und Wasserstoff Essigsäure zu bilden. Dieser Gruppe an Bakterien kommt besondere Bedeutung zu, da sie als Konkurrenten zu den Methanbakterien um den verfügbaren Wasserstoff auftreten.

Methanbakterien

Die methanogenen Bakterien bilden eine eigene Gruppe. Der Form nach sind sowohl Kokken, als auch Stäbchen, Spirillen und Sarcinen vertreten [26]. Sie unterscheiden sich von den anderen Bakterien nicht nur durch ihren Stoffwechseltyp, sondern auch durch einige Merkmale bezüglich der Zusammensetzung ihrer Zellbestandteile. Eine entfernte Verwandtschaft besteht noch zu den Halobakterien, mit denen zusammen sie als „Archaebakterien" bezeichnet werden.

Die Methanbakterien sind streng anaerobe Bakterien und gehören zu den sauerstoffempfindlichen Organismen. Sie benötigen zum Wachstum ein Redoxpotential von kleiner als -300 mV. Unter Einwirkung von Sauerstoff werden verschiedene Coenzyme und Faktoren in ihrer Funktion beeinträchtigt, so daß die Bakterien zum Teil sehr schnell abgetötet werden.

10.5.2
Beschreibung der Anlagen

Aus der Beschreibung des Prozesses ging hervor, daß die anaerobe Abwasserbehandlung nur dann erfolgreich verlaufen kann, wenn es zu keiner Limitierung oder Anreicherung von einzelnen Zwischenprodukten kommt. Da die Zusammensetzung der Abwässer nur in seltenen Fällen bekannt ist, kann über die Wirkung der Schadstoffe auch keine allgemeine Aussage gemacht werden. Die Erfahrung lehrt jedoch, daß bei nicht zu hohen Schadstoffbelastungen die Gefahr einer limitierenden Wirkung bestimmter Schadstoffe gering ist und der gesamte Abbauprozeß in einem Reaktor durchgeführt werden kann. Dagegen ist bei sehr hochbelasteten Abwässern deren Behandlung in zwei hintereinander geschalteten Reaktoren empfehlenswert. In diesem Falle findet im ersten Reaktor, dem Versäuerungsreaktor, vornehmlich der Prozeß bis zur Bildung der Essigsäure statt. Im zweiten Reaktor, dem Methanisierungsreaktor, findet dann hauptsächlich die Umsetzung der Essigsäure statt, wobei als Hauptprodukt das Methan entsteht. Im folgenden werden beide Anlagentypen beschrieben.

10.5.2.1
Einstufige Anlage

Das Kernstück der einstufigen Anlage ist ein Pulsreaktor, in dem der gesamte, vierstufige anaerobe Prozeß stattfindet. Zur Fixierung der Bakterienpopulation ist der Reaktor mit einem Schwammaterial gefüllt. Der Reaktor hat einen äußeren Durchmesser von 0,3 m, eine Höhe von 1,2 m und ein aktives Volumen von 70 Litern. Weitere Einzelheiten zum Pulsreaktor und zu den in ihm auftretenden Strömungsvorgängen sind in Abschnitt 10.2.2 beschrieben.

Die Funktionsweise der Anlage und der Weg von Abwasser und Biogas durch die Anlage werden an Hand der schematischen Darstellung in Abb. 10.41 beschrieben. Dieses Schema gilt für den Betrieb mit Rücklauf

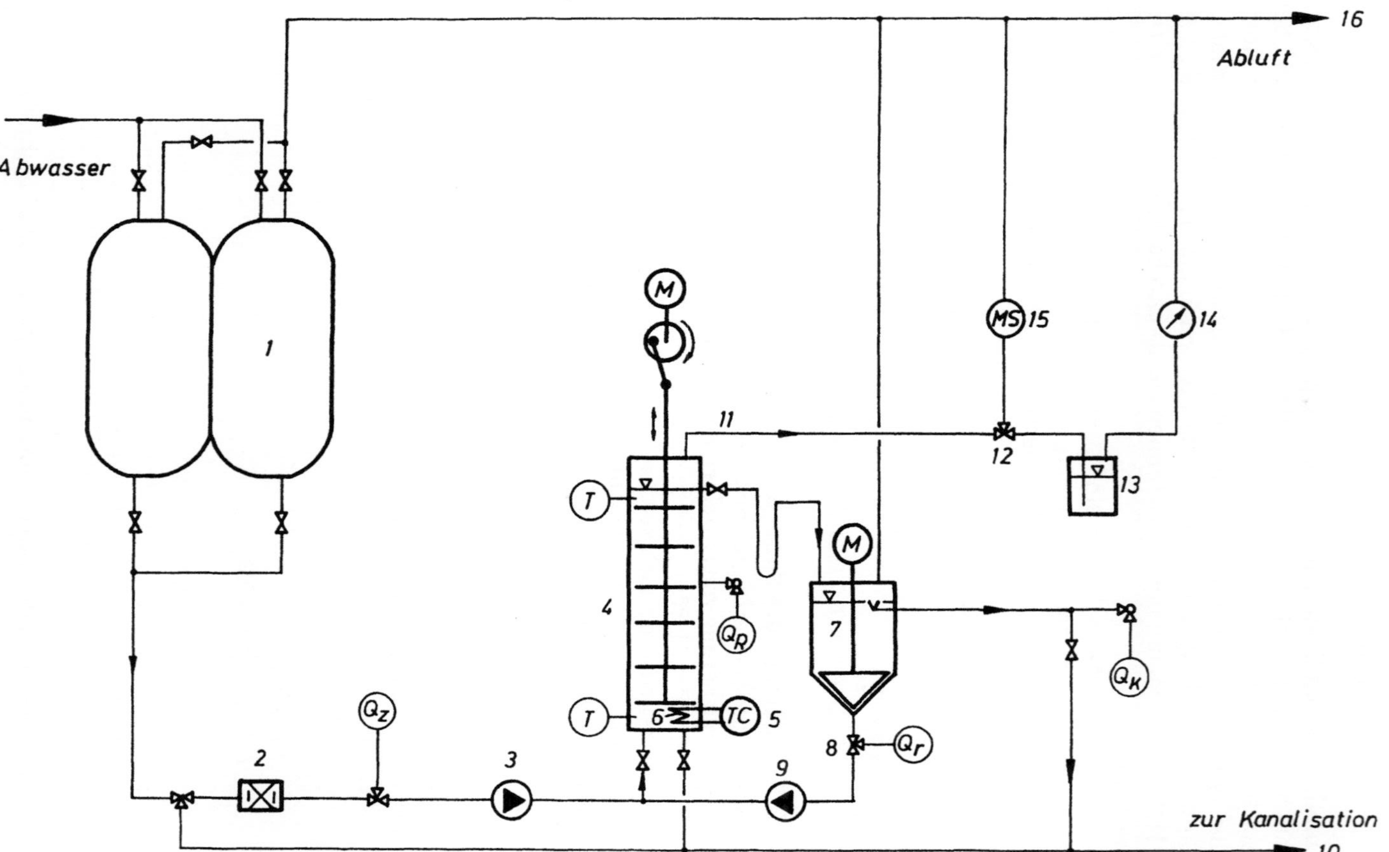

Abb. 10.41. Fließbild der einstufigen Anlage für die anaerobe Abwasserbehandlung mit Biogasproduktion

eines Teils des behandelten Abwassers. Durch Schließen des Kugelhahnes 8 und Abschalten der Pumpe 9 ergibt sich ein Betrieb ohne Rücklauf. In diesem Zustand wird der Pulsreaktor in reinem Durchlauf betrieben.

Das im Sammelbehälter (1) gespeicherte Abwasser wird über den Zulauffilter (2), der den im Sammelbehälter (1) gebildeten Bakterienteppich zurückhält, mittels der Schlauchpumpe (3) von unten in den gepulsten Bioreaktor (4) eingeleitet. Die im Abwasser befindlichen abbaubaren Schadstoffe werden dort mikrobiell abgebaut. Das gereinigte Abwasser verläßt den Reaktor am Kopf und gelangt in das Absetzbecken (7), wobei die Gasräume im Reaktor und im Absetzbecken durch einen Siphon getrennt sind. Im Absetzbecken erfolgt die Abtrennung der Bakterien vom biologisch gereinigten Abwasser. Der Trennprozeß führt zu einer Anreicherung der Bakterienmasse im unteren konischen Bauteil des Absetzbeckens. Die angereicherte Bakterienmasse wird durch ein sich langsam drehendes Räumwerk kontinuierlich zur Austrittsöffnung für den Rücklauf gefördert. Das abgezogene Biokonzentrat wird mittels einer Schlauchpumpe (9) dem Absetzbecken entzogen und als Rücklauf, gemischt mit dem Zulauf, in den Reaktor gefördert. Der Anteil des biologisch gereinigten Abwassers, der von den Bakterien befreit ist, verläßt das Absetzbecken durch eine Überlaufrinne zur Kanalisation (10). Beim Betrieb ohne Rücklauf wird der Rücklauf durch entsprechende Schaltung des Kugelhahns (8) gesperrt und die Pumpe (9) außer Betrieb gesetzt. Das Absetzbecken hat also keine Funktion mehr. Das den Reaktor verlassende biologisch gereinigte Abwasser fließt direkt zur Kanalisation.

Das produzierte Biogas verläßt den Reaktor (4) durch eine Öffnung in der Deckplatte und gelangt durch die Rohrleitung (11) je nach Schaltung des Dreiwegehahns (12) entweder über die Wasservorlage (31), die als ein einseitiges Ventil vor Eindringen von Luft in den Reaktor schützt, in die Gasuhr (14) oder über die Edelstahlkapillare in den Massenspektrometer (15) und anschließend in die Ablaufleitung (16).

Weitere Einzelheiten über die Anlage und Angaben zu den zugehörigen Meßeinrichtungen findet man in [15, 16].

10.5.2.2
Zweistufige Anlage

Eine zweistufige Anlage erweist sich bei der Behandlung sehr hoch belasteter Abwässer als sinnvoll. Die Anlage enthält zwei Pulsreaktoren, die zur Fixierung der Bakterien beide mit Schwammblöcken aus Polyurethan gefüllt sind. Die Reaktoren und die darin auftretenden Strömungsvorgänge wurden in Abschn. 10.2.2 bereits ausführlich beschrieben.

Im ersten Reaktor findet vornehmlich die Versäuerung der im Abwasser enthaltenen Schadstoffe, also deren Umsetzung bis zur Essigsäure statt. Im zweiten Reaktor läuft hauptsächlich die Umsetzung der Essigsäure zu Methan und Kohlenstoffdioxid ab. Diese Aufteilung des an Hand von Abb. 10.40 ausführlich beschriebenen vierstufigen Umwandlungsprozesses für die im

Rohwasser befindlichen Schadstoffe ist eine sehr starke Vereinfachung des wirklichen Prozesses. Die Versäuerung im ersten Reaktor ist unvollkommen. Sie wird im zweiten Reaktor fortgesetzt, da Anteile der Ausgangsstoffe und der Vorprodukte der Essigsäure in den zweiten Reaktor gelangen.

Die zweistufige Anlage enthält als integrierten Bestandteil einen Reaktor zur Auskristallisation des im ersten Reaktor gebildeten Ammoniums. Je nach Ziel der Untersuchungen konnte diese Einrichtung während des Betriebes zu- oder abgeschaltet werden.

Die Funktionsweise der Versuchsanlage und der Weg des Abwassers und des Biogases durch die Anlage sollen an Hand des Fließbildes in Abb. 10.42 beschrieben werden.

Das Abwasser wird aus den Lagertanks (1) mittels einer Pumpe (2) in den Vorratstank (3) gefördert. Hier wird das Rohabwasser mit Leitungswasser in einem gewünschten Verhältnis verdünnt. Anschließend wird ein konstanter pH-Wert eingestellt und mit einem pH-Meter kontrolliert. Da fast ausschließlich eine Erhöhung des pH-Wertes erforderlich ist, wird als Chemikalie eine Soda-Lösung (Na_2CO_3) aus einem Vorratsbehälter (4) zugegeben. Das Abwasser wird mittels einer Schlauchpumpe (5) von unten in den ersten Bioreaktor (6) gefördert. Die Biosuspension verläßt den Bioreaktor im oberen Teil durch einen Siphon und gelangt je nach Stellung eines Dreiwegehahns in den Kristallisationsreaktor (7) oder den Zwischenbehälter (8). Soll eine Auskristallisation des Ammoniums erfolgen, wird das Abwasser dem Kristallisationsreaktor von oben zugeführt. Der Kristallisationsreaktor ist mit einer Meßeinrichtung für den pH-Wert und einer Mischvorrichtung ausgestattet. Die für die Kristallisation notwendigen Chemikalien, Magnesiumoxid und Phosphorsäure, werden durch eine Öffnung im Deckel aus einem Vorratsbehälter (9) zudosiert. Am unteren konischen Bauteil des Kristallisationsreaktors befindet sich ein Dreiwegehahn. Je nach seiner Stellung kann das Kristallisat abgezogen oder an Ammonium armes Abwasser mittels einer Pumpe (10) in den Zwischenbehälter gefördert werden. Soll keine Ausfällung von Ammonium erfolgen, wird das Abwasser aus dem ersten Bioreaktor über einen Dreiwegehahn direkt in den Zwischenbehälter gefördert. Vom Zwischentank wird versäuertes und gegebenenfalls an Ammonium armes Abwasser mittels einer Schlauchpumpe (11) in den zweiten Bioreaktor (12) gefördert. Das Abwasser durchströmt den Bioreaktor von unten nach oben und fließt anschließend über einen Siphon und ein Absetzbecken (13) in die Kanalisation.

Durch Öffnungen in der oberen Deckplatte verläßt das entstehende Biogas die beiden Reaktoren und durchströmt jeweils einen der Behälter (14) und (15), die zur Schaumbekämpfung mit einem Silikon-Öl teilweise gefüllt ist. Das Biogas gelangt anschließend über die Wasservorlagen (16) und (17) zur entsprechenden Gasuhr (FI3) und (FI4). Nach Messung der Gasmenge wird das Biogas aus beiden Reaktoren über eine gemeinsame Abgasleitung abgeführt. Durch Umstellen eines Dreiwegehahns kann das Biogas zu einem Massenspektrometer (QR7) geleitet und analysiert werden.

Weitergehende Angaben über die Anlage und die zugehörigen Meßeinrichtungen findet man in den Berichten [27, 28].

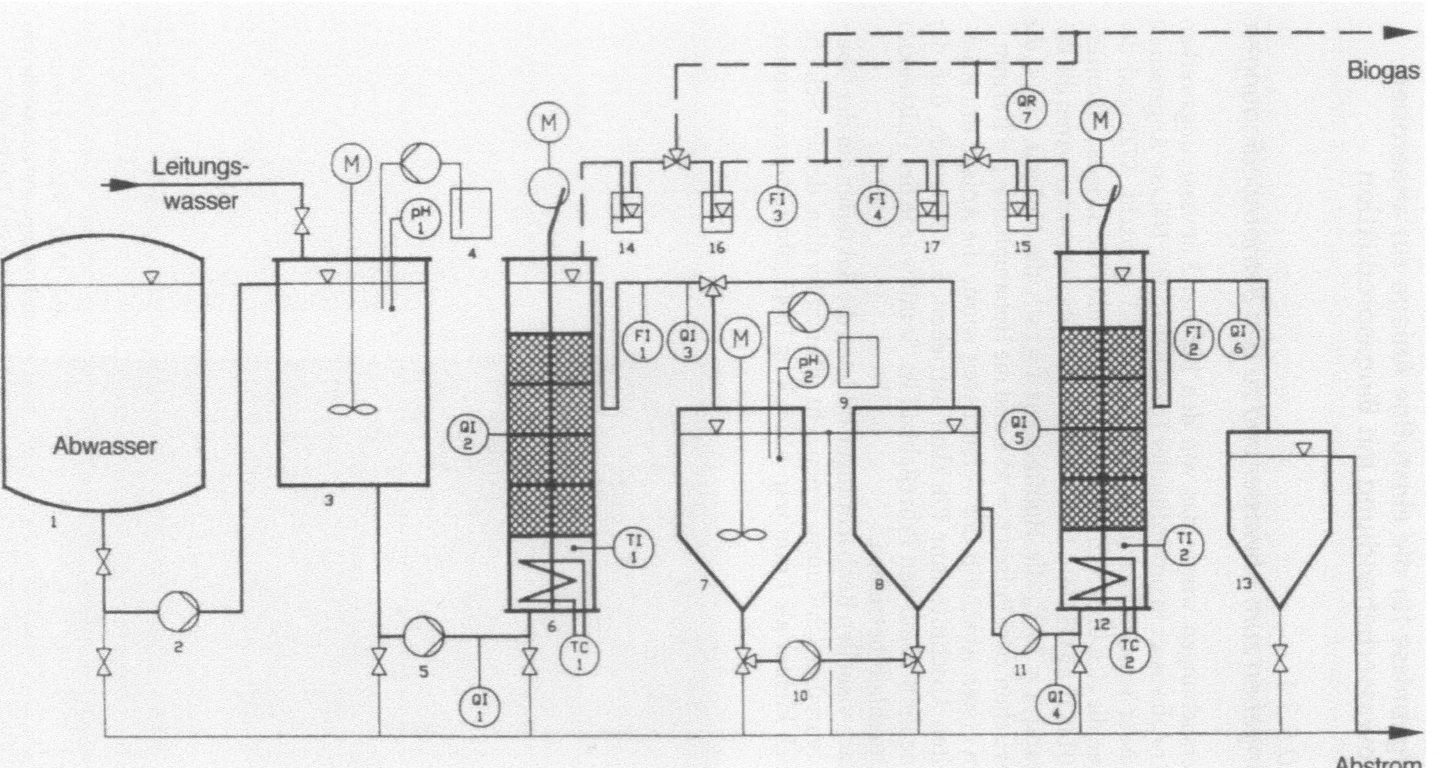

Abb. 10.42. Fließbild der zweistufigen Anlage für die anaerobe Abwasserbehandlung mit Biogasproduktion ohne und mit integrierter Auskristallisation von Ammonium

10.5.3
Ergebnisse für die einstufige Anlage zur anaeroben Abwasserbehandlung mit Biogasproduktion

10.5.3.1
Angaben zum Abwasser und zu den Betriebsbedingungen

Für die Untersuchungen wurde das von den Berliner Entwässerungswerken gelieferte Filtratabwasser in unverdünnter Form behandelt. Nähere Angaben zu diesem Abwasser wurden bereits in Abschn. 10.3.3.1 gemacht. Während der Versuchsdauer, die sich über 332 Tage hinzog, schwankte die Schadstoffkonzentration von 10 bis 15 kg CSB/m^3. Unveränderte Betriebsparameter waren die Betriebstemperatur T = 36 °C, die Hubfrequenz f = 1 s^{-1}, die Hubzeit t = 1 s, die Pausenzeit zwischen zwei Pulsen t_p = 45 s und die Hubamplitude a = 100 mm.

Im ersten Abschnitt der Versuchszeit wurde die Anlage mit Rücklauf, im zweiten Abschnitt ohne Rücklauf betrieben. Es zeigte sich, daß der Rücklauf ohne Einfluß auf den Prozeßablauf ist. Somit wurde der Pulsreaktor bei reinem Durchlauf betrieben.

Nach visuellen Beobachtungen bildeten die Bakterien auf der Oberfläche des Polyurethanschwamms einen sehr dünnen Biofilm, dessen Schichtdicke erheblich kleiner als 1 mm war. Abbildung 10.43 gibt rasterelektronen-

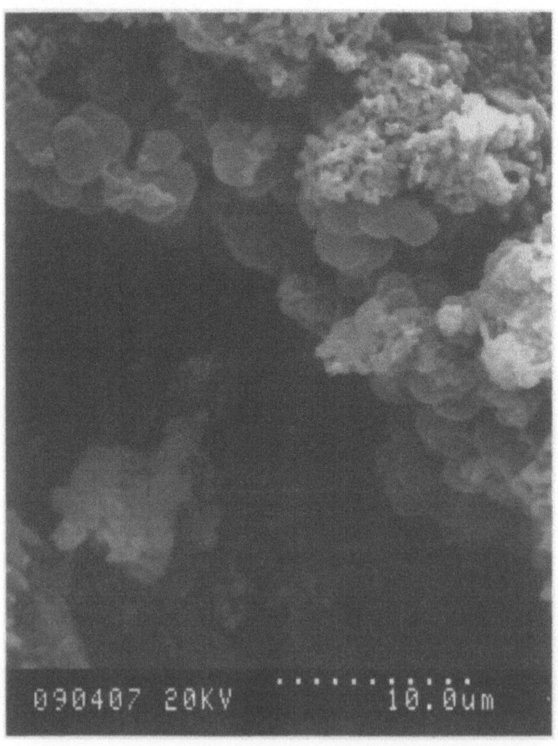

Abb. 10.43. Rasterelektronenmikroskopische Aufnahme von den fixierten Bakterien

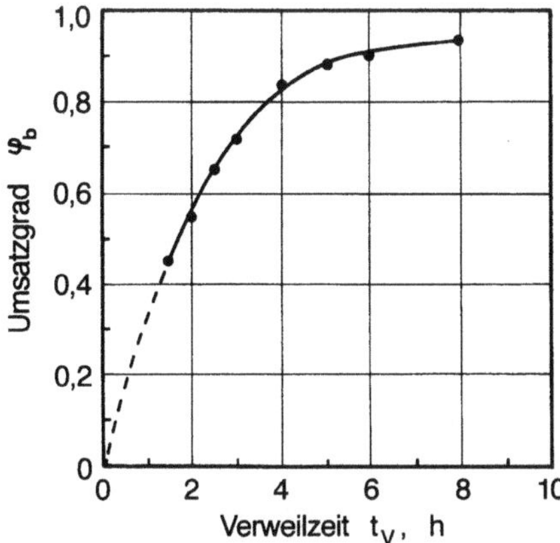

Abb. 10.44. Abhängigkeit des biologischen Umsatzgrades φ_b von der mittleren Verweilzeit t_v des Abwassers im anaerob betriebenen Pulsreaktor

mikroskopische Aufnahmen von den fixierten Bakterien wieder. Als erkennbare Spezies von Methanbakterien treten die kugelförmigen, in Viererpackungen lebenden Methansarcinen und die Stäbchen hervor.

Von den erzielten Ergebnissen der Untersuchungen werden im folgenden der biologische Umsatzgrad φ_b, die Gasproduktivität P_B, die Gasausbeute A_B und die Zusammensetzung des Biogases behandelt.

10.5.3.2
Biologischer Umsatzgrad

Der biologische Umsatzgrad φ_b ist durch Gl. (10.15) definiert. Er kennzeichnet das Verhältnis aus der tatsächlich erzielten und der biologisch möglichen Änderung der Konzentration des Schadstoffes im Abwasser.

In Abb. 10.44 ist der biologische Umsatzgrad φ_b über der Verweilzeit t_v des Abwassers im Pulsreaktor dargestellt. Es zeigt sich, daß der Umsatzgrad mit zunehmender Verweilzeit ansteigt und asymptotisch dem Wert $\varphi_b = 1$ zustrebt. Bei der technisch als sinnvoll erachteten Verweilzeit von $t_v = 4$ h ist $\varphi_b = 0{,}85$. Eine weitere, spürbare Erhöhung des biologischen Umsatzgrades würde sich nur bei ungewöhnlicher Verlängerung der Verweilzeit ergeben.

Eine in der Abwassertechnik häufig verwendete Darstellung findet man in Abb. 10.45. Hierin ist der Umsatzgrad φ_b über der Raumbelastung B_R aufgetragen, die allgemein wie folgt definiert ist:

$$B_R \equiv \frac{\dot{V}_z\, \varrho_z}{V_R} = \frac{\varrho_z}{t_v}\, \frac{1}{(1 + \dot{V}_r/\dot{V}_z)}\, . \tag{10.25}$$

Bei rücklauffreiem Betrieb, der hier angewendet wurde ist $\dot{V}_r/\dot{V}_z = 0$, so daß aus Gl. (10.25) folgt:

$$B_R = \varrho_z/t_v\, . \tag{10.26}$$

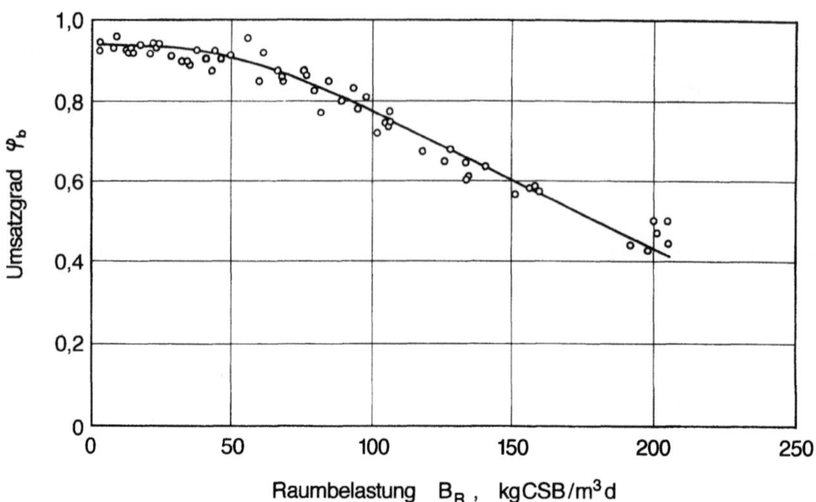

Abb. 10.45. Abhängigkeit des biologischen Umsatzgrades φ_b von der Raumbelastung B_R des anaerob betriebenen Pulsreaktors

Die Raumbelastung B_R ist der in den Reaktor eintretende Schadstoffmassenstrom $\dot{V}_z\,\varrho_z$ bezogen auf das Reaktorvolumen V_R bzw. die Schadstoffkonzentration im Zulauf ϱ_z dividiert durch die Verweilzeit t_v.

Gemäß Abb. 10.45 nimmt der Umsatzgrad φ_b mit zunehmender Raumbelastung bzw. abnehmender Verweilzeit t_v erwartungsgemäß ab. Bei einer Raumbelastung von $B_R = 75$ kg CSB/(m³d), die einer Verweilzeit von $t_v = 4$ h entspricht, ist der biologische Umsatzgrad $\varphi_b = 0,85$. Bei der höchsten verwendeten Raumbelastung von $B_R = 200$ kg CSB/(m³d), entsprechend $t_v = 1,5$ h, ist φ_b bis auf 0,45 abgesunken.

Von besonderer technischer Bedeutung ist der Einfluß der intermittierenden Pulsation auf die biologische Stoffumsetzung im Pulsreaktor. Hierauf wurde bereits in Abschn. 10.2.2 näher eingegangen. Der nach längerer Pausenzeit t_p aufgezwungene Puls löst die Biogasblasen vom Biofilm und sorgt daher für eine ungestörte Versorgung der Bakterien mit Nährstoffen. Aus Abb. 10.46 geht hervor, daß der Umsatzgrad φ_b von 0,85 auf 0,20 absinkt, wenn man die Pulsbewegung abstellt. In Einklang mit diesem Ergebnis steht die Änderung des Biogasgehaltes ε_B des Pulsreaktors. Mit intermittierender Pulsation beträgt der Gasgehalt nur 0,015, also 1,5%. Wird die Pulsbewegung eingestellt, dann steigt der Gasgehalt um den Faktor 10 auf 0,15, also auf 15%. Der erhöhte Gasgehalt führt zu einer empfindlichen Störung in der Versorgung der Bakterien mit Nährstoffen und somit zu dem sehr stark verringerten Schadstoffabbau.

Zur Untersuchung reaktionskinetischer Gesetzmäßigkeiten wird häufig die Reaktionsstromdichte $\dot{r}$ angegeben, die folgendermaßen definiert ist:

$$\dot{r} \equiv \frac{\varrho_z - \varrho_a}{t_v} = \frac{\varphi_b}{t_v}\,(\varrho_z - \varrho_{bn}) = \varphi_b\,B_R\,(1 - \varrho_{bn}/\varrho_z)\,. \tag{10.27}$$

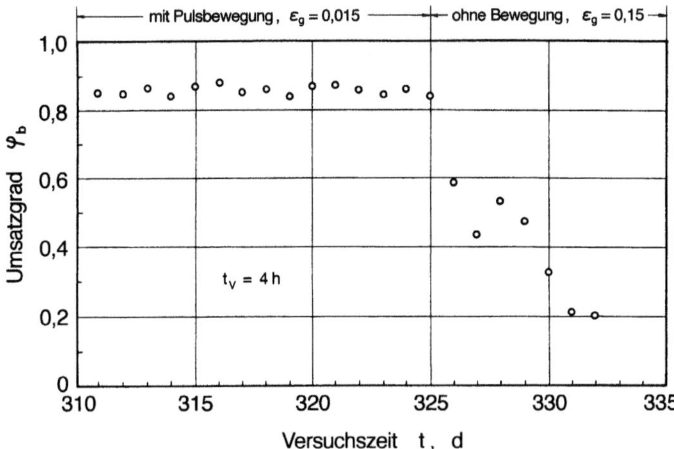

Abb. 10.46. Abhängigkeit des biologischen Umsatzgrades φ_b von der Versuchszeit t bei anaerob betriebenem Pulsreaktor mit und ohne Pulsbewegung bei einer Verweilzeit von $t_v = 4\,h$

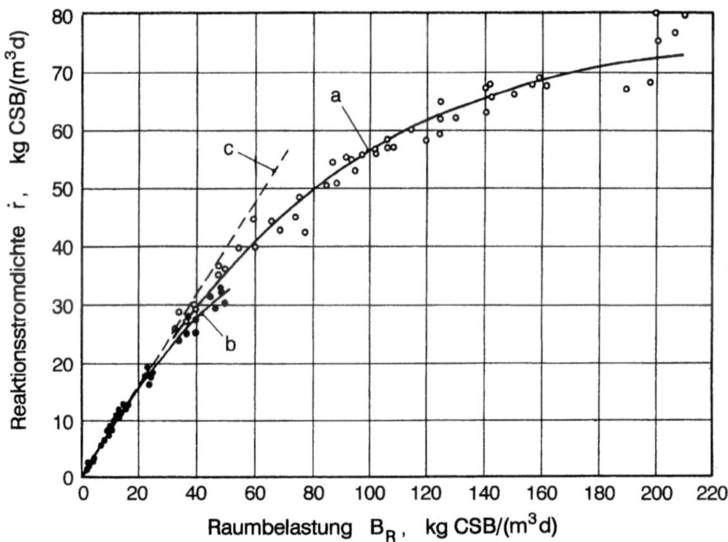

Abb. 10.47. Abhängigkeit der Reaktionsstromdichte $\dot{r}$ für den CSB-Abbau im anaerob betriebenen Pulsreaktor von der Raumbelastung B_R

Die Reaktionsstromdichte gibt die biologisch umgesetzte Schadstoffmasse je Volumeneinheit des Abwassers und je Zeiteinheit an. Gleichung (10.27) zeigt die enge Verknüpfung von $\dot{r}$ mit dem Umsatzgrad φ_b und der Raumbelastung B_R auf. Das Produkt $\varphi_b\,B_R$ ist der Schadstoffmassenstrom, der je Volumeneinheit des Reaktors biologisch umgesetzt wird. Diese Größe wird mit ΔB_R bezeichnet.

In Abb. 10.47 ist die Reaktionsstromdichte $\dot{r}$ über der Raumbelastung angegeben. Kurve a) gilt für den Betrieb ohne und Kurve b) mit Rücklauf. Die Kurven gehen praktisch zwanglos ineinander über. Kurve a) nähert sich mit steigenden Werten von B_R einem Endwert der Reaktionsstromdichte, der bei etwa $\dot{r} = 75$ kg CSB/$(m^3 d)$ liegt.

Kurve c) deutet an, daß die Reaktionsstromdichte $\dot{r}$ im Bereich kleiner Werte von B_R bzw. großer Werte von t_v eine lineare Funktion ist:

$$\dot{r} = c_1\, B_R, \tag{10.28}$$

mit $c_1 = 0,77$ [1/d]. Der Wert dieser Konstante steht in Einklang mit der Aussage, daß sich der Umsatzgrad im Bereich großer Werte der Verweilzeit dem Endwert $\varphi_b = 1$ nähert.

10.5.3.3
Produktion von Biogas

Neben einer wirksamen Reduzierung der Schadstoffkonzentration des Abwassers verfolgt die anaerobe Abwasserbehandlung die Produktion von Biogas. Das je Volumeneinheit des Pulsreaktors V_R und je Zeiteinheit erzeugte Biogasvolumen wird Gasproduktivität genannt und mit P_B [$m^3/(m^3 d)$] bezeichnet:

$$P_B = \dot{V}_B/V_R, \tag{10.29}$$

wobei $\dot{V}_B$ der Volumenstrom des Biogases ist. Die Abb. 10.48 und 10.49 zeigen die Auftragung der Gasproduktivität P_B über der Verweilzeit t_v und über der Raumbelastung B_R.

Im Bereich sehr kleiner Werte von t_v ist die Gasproduktivität praktisch konstant. Gemäß Kurve a) in Abb. 10.48 ist $P_B = 35$ [$m^3/(m^3 h)$]. Den Bakterien wird der umzusetzende Schadstoff im Überschuß angeboten. Mit zunehmender Verweilzeit wird dieser Überschuß zunächst verringert und schließlich in zunehmendem Maße den Bakterien zu wenig Nährstoff angeboten. Die Gasproduktivität P_B fällt gemäß Kurve b) in Abb. 10.48 mit $1/t_v$, also hyperbolisch ab. Da B_R nach Gl. (10.26) umgekehrt proportional der Verweilzeit t_v ist, nähert sich P_B mit zunehmenden Werten von B_R dem in Abb. 10.49 durch Kurve a) bezeichneten Grenzwert, der mit dem in Abb. 10.48 angegebenen übereinstimmen muß.

Für sehr kleine Werte von B_R muß P_B linear mit B_R ansteigen, was in Abb. 10.49 durch Kurve b) angedeutet ist. Sie entspricht der Kurve b) in Abb. 10.48.

10.5.3.4
Zusammensetzung des Biogases

Das Biogas setzt sich im wesentlichen aus Methan (CH_4) und Kohlenstoffdioxid (CO_2) zusammen. Die Anteile dieser beiden Komponenten gehen aus Abb. 10.50 hervor. Es zeigt sich, daß die Zusammensetzung des Biogases praktisch unabhängig von der Verweilzeit t_v ist. Auch die Betriebsweise des Pulsreaktors, ohne und mit Rücklauf, ist ohne wesentlichen Belang.

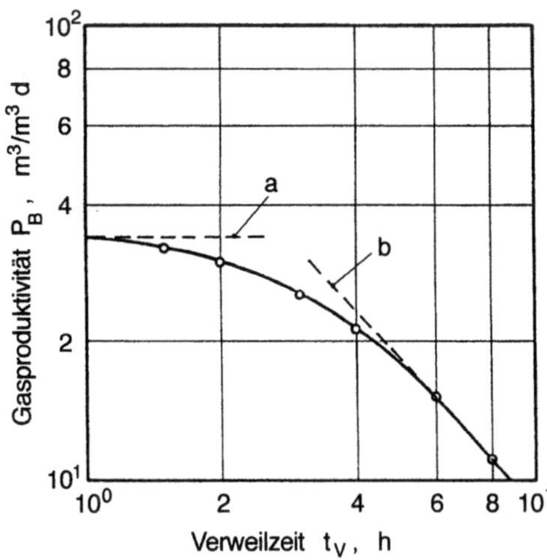

Abb. 10.48. Abhängigkeit der Gasproduktivität P_B von der Verweilzeit t_V des Abwassers im anaerob betriebenen Pulsreaktor

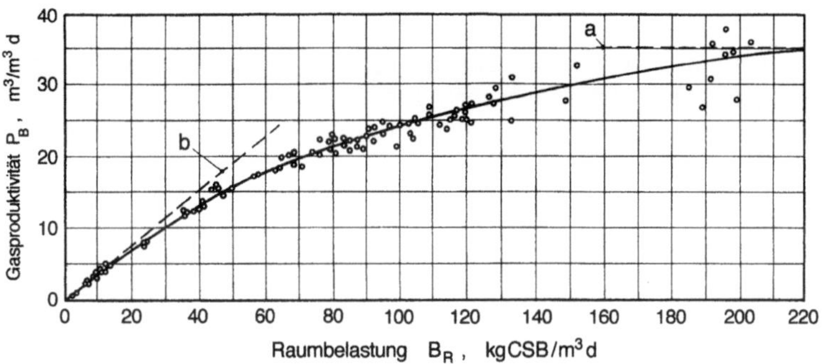

Abb. 10.49. Abhängigkeit der Gasproduktivität P_B von der Raumbelastung B_R des anaerob betriebenen Pulsreaktors

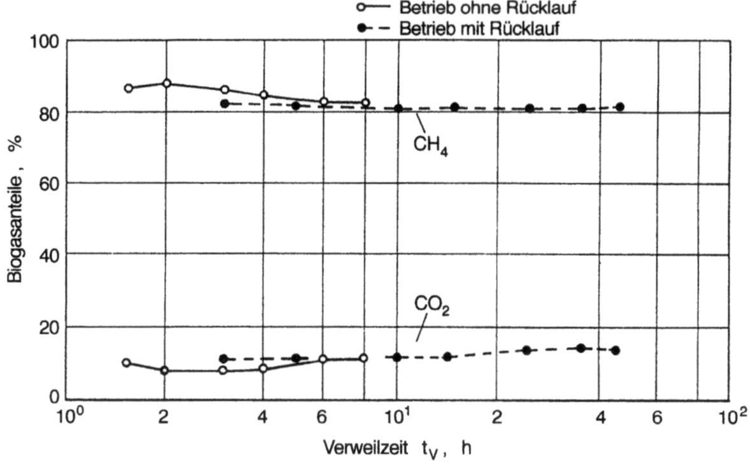

Abb. 10.50. Anteile von Methan und Kohlenstoffdioxid im Biogas aus dem anaerob betriebenen Pulsreaktor

Bemerkenswert ist jedoch der ungewöhnlich hohe Volumenanteil des Methans im Biogas von mehr als 80%. Die vollständige Analyse ergab für die Summe der Anteile von CH_4 und CO_2 etwa 95%. Weitere 3% sind N_2 und die restlichen 2% bestehen aus H_2 und Spuren anderer Gase, darunter auch H_2S.

Im pH-Bereich 7,5–7,8 liegt das Kohlendioxid im Pulsreaktor zu etwa 90–95% als Hydrogencarbonat in der Flüssigkeit gelöst vor. Mit zunehmendem Volumenstrom und somit verminderter Verweilzeit erhöht sich der Kohlenstoffdioxidaustrag mit der Flüssigkeit. Der Methananteil im Biogas nimmt demzufolge mit abnehmender Verweilzeit leicht zu.

10.5.3.5
Vergleich der Gasproduktivität in verschiedenen Reaktoren

Über der Raumbelastung B_R sind in Abb. 10.51 die Biogasproduktivitäten für den Pulsreaktor und fünf weitere Reaktoren, für die Ergebnisse aus Untersuchungen mit vergleichbaren Abwässern vorliegen, angegeben. Die Ergebnisse für die Reaktoren 2 bis 5 wurden von Hall und Javanovic [29], die für das Kontaktverfahren von Schlegel und Kalbskopf [30] mitgeteilt.

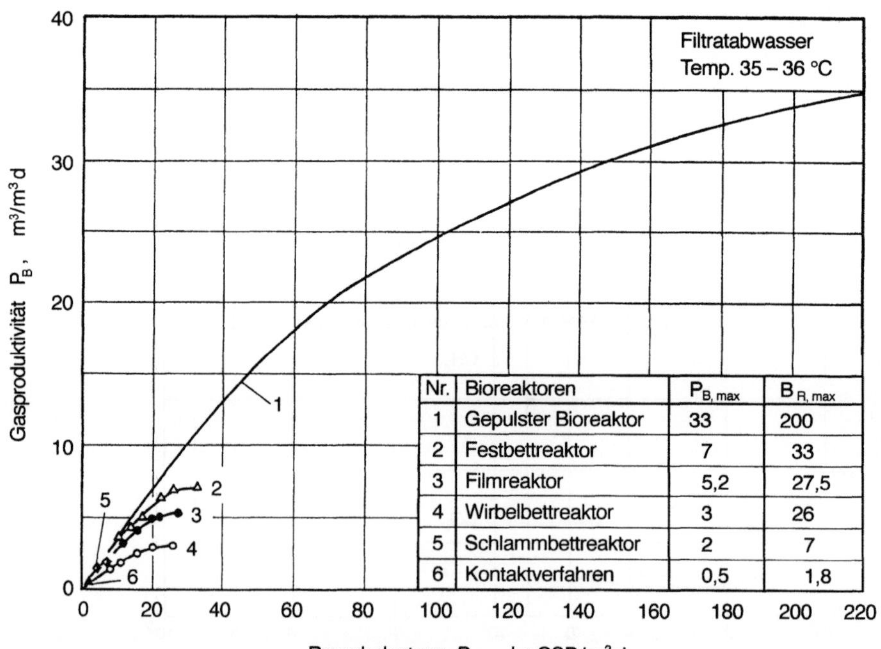

Nr.	Bioreaktoren	$P_{B, max}$	$B_{R, max}$
1	Gepulster Bioreaktor	33	200
2	Festbettreaktor	7	33
3	Filmreaktor	5,2	27,5
4	Wirbelbettreaktor	3	26
5	Schlammbettreaktor	2	7
6	Kontaktverfahren	0,5	1,8

Abb. 10.51. Vergleich der Gasproduktivität P_B verschiedener anaerob betriebener Reaktoren abhängig von der Raumbelastung B_R

Tabelle 10.1. Vergleich der Gasproduktivität verschiedener Bioreaktoren

		Gepulster Bioreaktor	Festbett-reaktor	Film-reaktor	Wirbelbett-reaktor	Schlamm-bettreaktor	Kontakt verfahren
maximale gemessene Werte	$B_{R,\,max}$ [kg CSB/m³ d]	200	33	27,5	26	7	–
	$P_{B,\,max}$ [m³/m³ d]	33	7	5,3	3	2	–
Daten für opti-malen Betrieb	B_R [kg CSB/m³ d]	75	20,6	19,1	21,7	5,9	1,8
	t_v [h]	4	14,3	15	13,3	49	189,6
	φ_n [%]	85	84	72	63	89	84
	P_B [m³/m³ d]	22	6	5	2,9	1,8	0,5

Die Raumbelastung der zum Vergleich herangezogenen Reaktoren ist außerordentlich gering, die erforderliche Verweilzeit des Abwassers in den Reaktoren daher sehr lang. Die bei maximaler Raumbelastung erzielbare Gasproduktivität bleibt zwangsläufig gering. Für den Pulsreaktor ist bei einer optimalen Verweilzeit von $t_v = 4\,h$ die Raumbelastung $B_R = 75\,kg\,CSB/(m^3\,d)$ und die Gasproduktivität $P_B = 22\,m^3/(m^3\,d)$. Weitere vorliegende Angaben sind in Tabelle 10.1 zusammengestellt.

10.5.4
Ergebnisse für die zweistufige Anlage zur anaeroben Abwasserbehandlung mit Biogasproduktion und mit integrierter Ammoniumabscheidung

Die zweistufige Anlage besteht aus zwei Pulsreaktoren, in denen der Versäuerungs- und der Methanisierungsprozeß stattfindet. Die Abscheidung des im Versäuerungsreaktor gebildeten Ammoniums erfolgt durch Auskristallisation in einer besonderen Einrichtung zwischen den beiden Reaktoren. Dadurch kann die Behinderung der Methanisierung durch das Ammonium weitgehend beseitigt werden. Im folgenden wird, nach Beschreibung der Eigenschaften des verwendeten Abwassers, auf die Betriebsergebnisse für die Versäuerungsstufe, die Ammoniumabscheidung und die Methanisierungsstufe eingegangen.

10.5.4.1
Angaben zum Abwasser

Als Abwasser wird eine Rübenmelasseschlempe eingesetzt, die bei der Alkoholproduktion als Destillationsrückstand anfällt. Die Schlempe wurde von der Versuchs- und Lehranstalt für Spirituosenherstellung und Fermentationstechnologie in Berlin zur Verfügung gestellt. Da sich die Untersuchungen über insgesamt 650 Tage hinzogen, waren 17 Abwasserlieferungen erforderlich, wobei die Eigenschaften des Abwassers starken Schwankungen unterlagen. Der CSB-Wert des angelieferten Abwassers lag zwischen 60 und 70 kg CSB/m^3. Das Verhältnis von BSB$_5$/CSB schwankte zwischen 0,77 und 0,88, so daß 12 bis 22 % der organischen Schadstoffe biologisch nicht abbaubar waren.

Die Rübenmelasseschlempe setzt sich aus Dextrinen, Zucker und zuckerähnlichen Stoffen, wie Harze und Gummi, sowie Stärke und organische Säuren zusammen. Weitere besonders wichtige Bestandteile sind die hochmolekularen Melanoidine und das Betain, die zu den biologisch am schwersten abbaubaren Stoffen gehören.

Durch seinen Stickstoffgehalt trägt das Betain zu der hohen Konzentration des Stickstoffes in der Schlempe bei. Die Konzentration des Gesamtstickstoffes liegt bei etwa 5 kg N/m^3. Daraus folgt ein besonders ungünstiges Kohlenstoff/Stickstoff-Verhältnis von C:N = 7:1. Der hohe Stickstoffüberschuß führt zu einer Bildung von Ammonium, welches die Methanisierung hemmt und daher in einer besonderen Anlage abgeschieden werden muß.

Weiterhin liegt Schwefel in Form von Sulfat in hoher Konzentration in der Schlempe vor. Der gesamte Sulfatgehalt beträgt etwa 5 kg/m^3.

Die Schlempe ist reich an unvergärbaren mineralischen Stoffen. Beispielsweise beträgt die Konzentration des Kaliums etwa 7–11 kg/m^3. Natrium und Calcium kommen ebenfalls in hoher Konzentration vor, während Magnesium und Phosphor kaum vorhanden sind. Die Zusammensetzung der angelieferten Schlempe ist in Tabelle 10.2 angegeben. Der pH-Wert der Schlempe ist bei Anlieferung etwa 4,0 bis 4.5.

Tabelle 10.2. Zusammensetzung der Rübenmelasseschlempe

Substanz	Abkürzung	[kg/m^3]
Chemischer Sauerstoffbedarf	CSB	60 –75
Trockensubstanz	TS	70 –95
organische Trockensubstanz	oTS	50 –68
organischer Kohlenstoff	TOC	28 –37
Gesamtstickstoff	N	4 – 5
Ammonium-Stickstoff	NH_4^+–N	0,3 – 0,5
Nitrat-Stickstoff	NO_3^-–N	0 – 0,05
Gesamtschwefel	S	1,7 – 2,3
Sulfat-Schwefel	SO_4^-–S	1,6 – 3,0
Phosphat	PO_4^{3-}	0 – 0,2
Kalium	K^+	6,6 –10,8
Natrium	Na^+	2,6 – 3,6
Calcium	Ca^{2+}	0,5 – 0,9
Magnesium	Mg^{2+}	0,04– 0,08

10.5.4.2
Ergebnisse für die Versäuerungsstufe

Betriebsbedingungen

Zur Durchführung der Untersuchungen an der Versäuerungsstufe wurden folgende Betriebsparameter konstant gehalten: Hubamplitude $a = 100$ mm, Hubfrequenz $f = 1\,s^{-1}$ und Pausenzeit $t_p = 45$ s. Die eingestellte Temperatur im Pulsreaktor lag zwischen 36 °C und 38 °C. Unter diesen Bedingungen hängt die bakterielle Stoffumwandlung nur noch von der Verweildauer t_v des Abwassers im Pulsreaktor, von der Konzentration der einzelnen Schadstoffe im Rohwasser und von der Konzentration der Biomasse im Reaktor ab.

Aus orientierenden Voruntersuchungen hatte sich ergeben, daß die anaerobe Behandlung der angelieferten Schlempe bei einem CSB-Wert von 60 bis 70 kg CSB/m^3 zu keinem technisch interessanten Erfolg führt. Der Eliminationsgrad für den CSB-Gehalt betrug nur etwa 30 %. Aus diesem Grunde wurde das Rohwasser mit Leitungswasser verdünnt. Die CSB-Konzentration im Zulauf zum Versäuerungsreaktor wurde auf diese Weise auf $\varrho_z \approx 30$ kg CSB/m^3 abgesenkt.

Für den gesamten Prozeß ist die Methanisierung der geschwindigkeitsbestimmende Teilschritt. Aus diesem Grunde wurde die Verweilzeit im Versäuerungsreaktor (Bioreaktor 1) stets etwas kleiner gewählt als die für den Methanisierungsreaktor (Bioreaktor 2). Abbildung 10.52 zeigt die Verweildauer im Bioreaktor 1. Sie wurde zwischen 9 und 28 Stunden variiert. Die optimale Verweildauer betrug 11 Stunden.

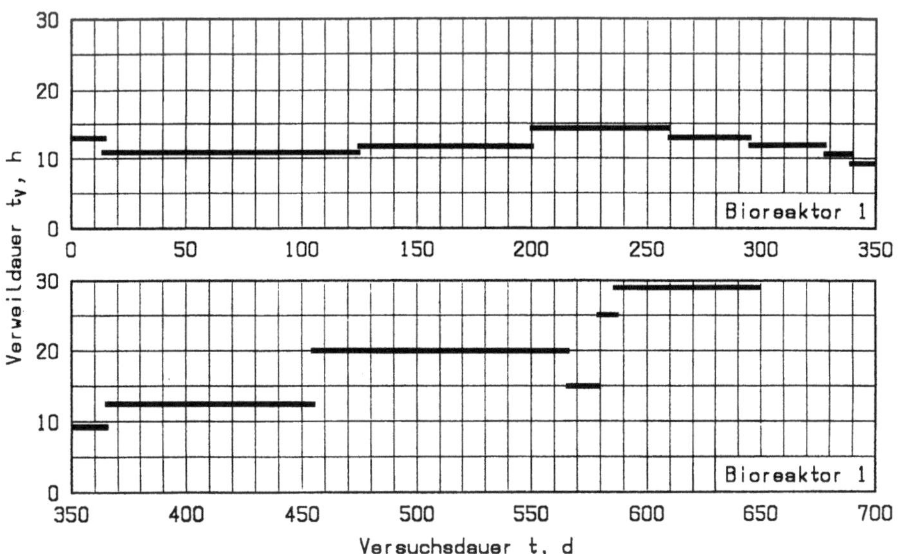

Abb. 10.52. Verweildauer t_v des Abwassers im Versäuerungsreaktor während der Versuchsdauer t

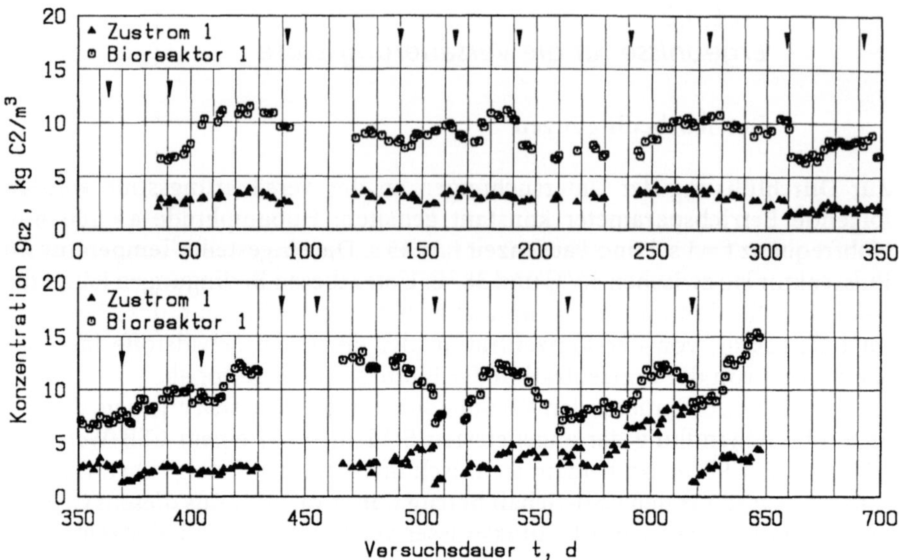

Abb. 10.53. Konzentration ϱ_{C2} der Essigsäure im Zustrom und im Versäuerungsreaktor über der Versuchsdauer t

Für den pH-Wert im Versäuerungsreaktor wurde ein Wert von oberhalb 5,2 angestrebt, um für die säurebildenden Bakterien ein optimales Milieu zu sichern. Während der gesamten Versuchsdauer von 650 Tagen schwankte der pH-Wert zwischen 6 und 7. Die Säurebildung bewirkt eine Abnahme, die Ammonifikation und die Sulfatreduktion einen Anstieg des pH-Wertes.

Versäuerung der komplexen organischen Verbindungen

Während der Versäuerung bleibt der CSB-Wert praktisch unverändert erhalten. Die im Zulauf befindlichen komplexen organischen Verbindungen werden mikrobiell in kleinere Molekülketten, die Säuren umgewandelt. dieser Umwandlungsprozeß soll am Beispiel der Essigsäure näher verfolgt werden.

In Abb. 10.53 ist die Konzentration der Essigsäure ϱ_{C2} im Zustrom und nach Einwirkung der Bakterien auf die zugeführten Schadstoffe im Bioreaktor 1, dem Versäuerungsreaktor, über der gesamten Versuchsdauer t dargestellt. Die Konzentration der Essigsäure erhöht sich im Mittel von etwa 3 auf etwa 10 kg C2/m^3.

Die Bildung der Essigsäure hängt in sehr starkem Maße von der Verweilzeit des Abwassers im Versäuerungsreaktor ab. Dieser Zusammenhang ist in Abb. 10.54 dargestellt. Über der Verweildauer t_v ist die Reaktionsstromdichte $\dot{r}_{C2}$ für die Essigsäure aufgetragen, die wie folgt berechnet wird:

$$\dot{r}_{C2} = \frac{\dot{M}_{C2,a} - \dot{M}_{C2,z}}{V_R} \, . \tag{10.29}$$

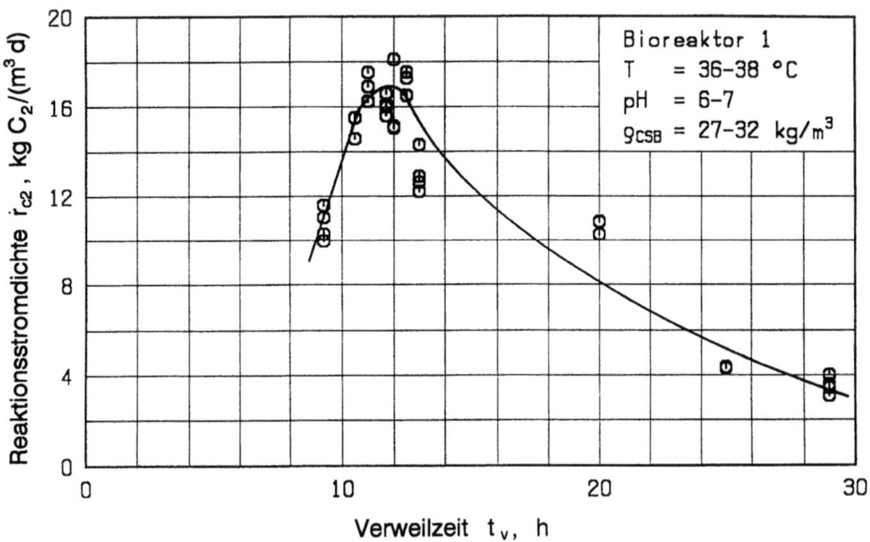

Abb. 10.54. Abhängigkeit der Reaktionsstromdichte $\dot{r}_{C2}$ für die Essigsäurebildung von der Verweilzeit t_v

Hierin bedeuten $\dot{M}_{C2,z}$ und $\dot{M}_{C2,a}$ die Massenströme der Essigsäure im Zulauf (z) und im Ablauf (a) des Reaktors; V_R ist das Reaktorvolumen. Die Reaktionsstromdichte $\dot{r}_{C2}$ hat ein sehr ausgeprägtes Maximum bei einer Verweildauer von $t_v = 12$ h. In diesem Maximum wurden pro Stunde und Kubikmeter des Pulsreaktors 17 kg Essigsäure produziert. Die Angaben in Abb. 10.54 gelten für eine CSB-Zulaufkonzentration von $\varrho_{CSB} = 27$ bis 32 kg CSB/m³ und einem pH-Wert von 6 bis 7.

Die Reaktionsstromdichte für die Essigsäure ist, wie in Abb. 10.55 zu sehen, eine lineare Funktion der CSB-Konzentration im Zulauf. Bemerkenswert ist, daß die hohe Essigsäurekonzentration, die bei den Versuchen erreicht wurde, den Umwandlungsprozeß noch nicht hemmt.

Einen vertieften Einblick in den Versäuerungsprozeß gewinnt man, wenn man die Anteile der Carbonsäuren an der Konzentration ϱ_{CSB} der gelösten organischen Kohlenstoffverbindungen betrachtet. Abbildung 10.56 zeigt diese Anteile im Zustrom zum Versäuerungsreaktor in Abhängigkeit vom pH-Wert. Nach der Verdünnung frisch angelieferter Schlempe liegt der pH-Wert bei 4,5. Hierbei beträgt der Gesamtanteil der fünf gemessenen Carbonsäuren an der CSB-Konzentration nur etwa 13 %. Bei längerer Lagerung der Schlempe im Vorratsbehälter erhöht sich der pH-Wert durch bereits ablaufende mikrobielle Reaktionen. Bei einem pH-Wert des Zulaufs von beispielsweise 7 erhöht sich der Anteil der Säuren an der CSB-Konzentration im Zulauf bereits auf 82 %. Dabei haben Essigsäure und Buttersäure mit 30 % und 28 % die höchsten Anteile.

In Abb. 10.57 sind für die Säuren die Anteile an der CSB-Konzentration nach mikrobieller Umsetzung im Versäuerungsreaktor abhängig von

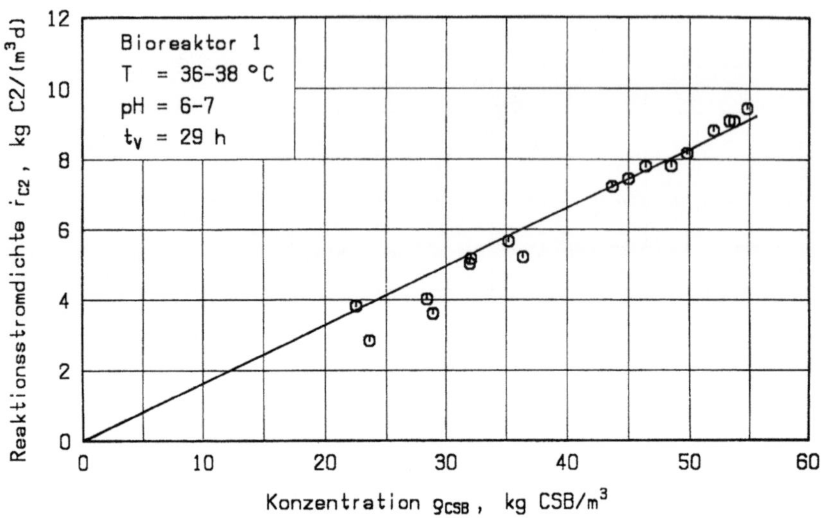

Abb. 10.55. Abhängigkeit der Reaktionsstromdichte $\dot{r}_{C2}$ für die Essigsäurebildung von der CSB-Konzentration im Zustrom zum Versäuerungsreaktor

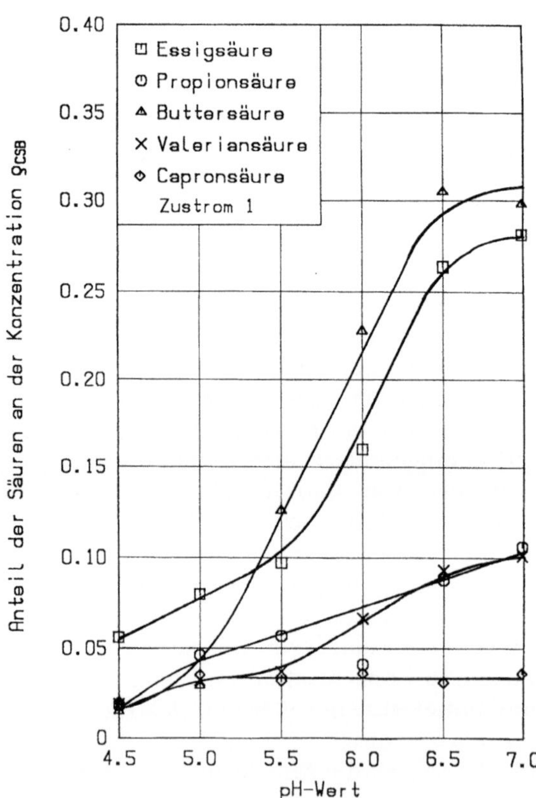

Abb. 10.56. Anteil der Säuren an der CSB-Konzentration ϱ_{CSB} abhängig von dem pH-Wert des Zustroms zum Versäuerungsreaktor

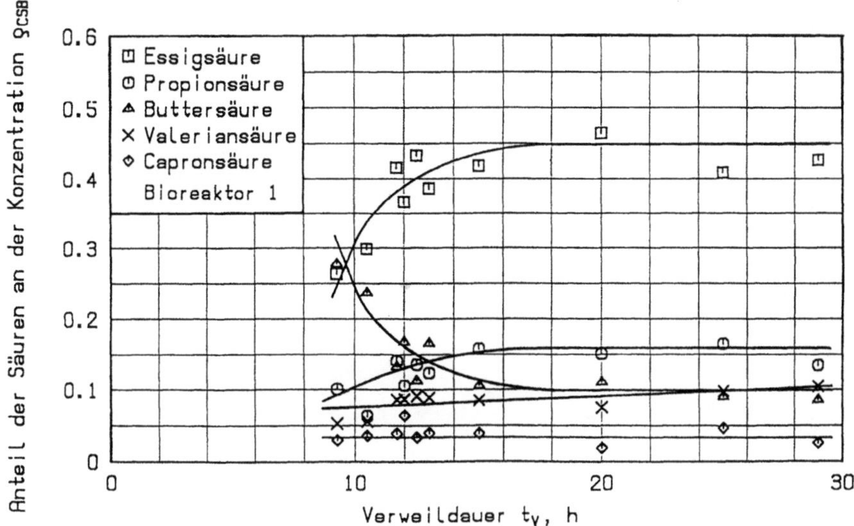

Abb. 10.57. Anteil der Säuren an der CSB-Konzentration ϱ_{CSB} im Versäuerungsreaktor abhängig von der Verweildauer des Abwassers im Versäuerungsreaktor

der Verweildauer t_V angegeben. Bei diesen Messungen wurde stets frisch angelieferte Schlempe verwendet, so daß der pH-Wert im Zulauf bei etwa 4,5 lag.

Bei einer Verweildauer von 9,3 h liegt der Anteil der Säuren an der CSB-Konzentration bei etwa 70%. Bei einer Verlängerung der Verweildauer t_V auf 11,7 Stunden steigt dieser Anteil auf seinen maximal möglichen Wert von 81%. Die restlichen Bestandteile der organischen Schadstoffe lassen sich, wie durch Messungen nachgewiesen wurde, nicht versäuern. Insofern erweist sich eine Verweildauer von etwa 12 Stunden als sehr günstig.

Ammoniumbildung in der Versäuerungsstufe

Das Ammonium wird zum einen mit dem Zulauf in den Versäuerungsreaktor eingetragen und zum anderen dort aus dem organisch gebundenen Stickstoff gebildet. In Abb. 10.58 ist die Konzentration des Ammonium-Stickstoffs (NH_4^+–N) im Zulauf und im Pulsreaktor über der Versuchsdauer t angegeben. Im Mittel steigt die Konzentration im ersten Abschnitt der Versuchsdauer von etwa 0,3 auf 1,3 kg NH_4^+–N/m^3.

Die Versuche zeigten, daß die Reaktionsstromdichte für die Ammoniumbildung ein sehr stark ausgebildetes Maximum bei einer Verweildauer von $t_V = 12$ Stunden aufweist. In diesem Maximum werden pro Stunde etwa 2,2 kg Ammonium-Stickstoff je Kubikmeter des Reaktorvolumens gebildet. Fast 85% des gesamten Stickstoffs, der im Abwasser enthalten ist, liegt dann als Ammonium-Stickstoff vor.

Erwähnt sei an dieser Stelle auch, daß der eingetragene Sulfatschwefel, im Mittel etwa 0,8 kg SO_4^{3-}/m^3, im Versäuerungsreaktor abgebaut

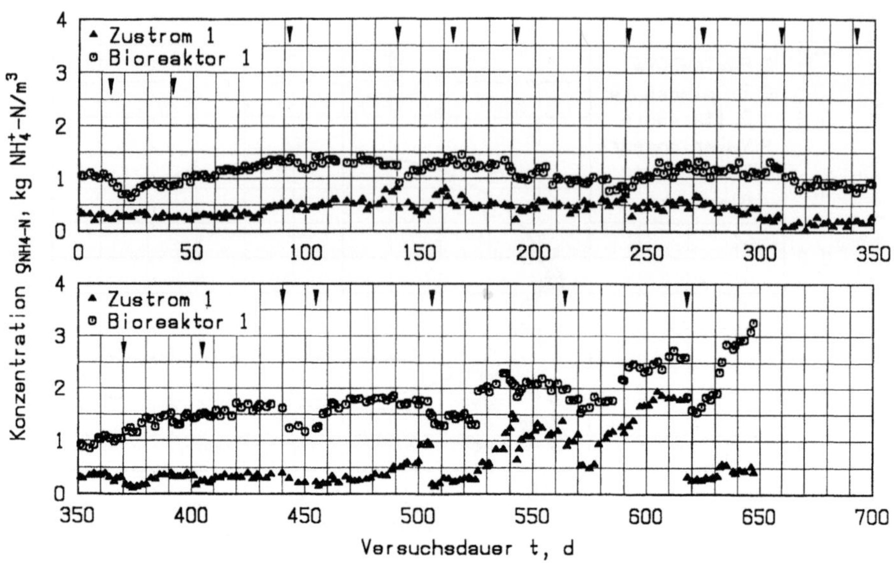

Abb. 10.58. Konzentration des Ammonium-Stickstoffs NH_4^+-N im Zustrom und im Versäuerungsreaktor über der Versuchsdauer t

wird. Dabei entsteht Sulfid-Schwefel, der, in Abhängigkeit vom pH-Wert, als Schwefelwasserstoff (H_2S), in Form von Hydrogensulfid (HS^-), oder in Form von Sulfid-Ionen (S^{2-}) im Abwasser vorkommt.

Weitere Einzelheiten des Versäuerungsprozesses sind in den bereits genannten Berichten [27, 28] enthalten.

Biogasbildung im Versäuerungsreaktor

Bereits bei der Umwandlung komplexer, hochmolekularer organischer Schadstoffe entsteht im Versäuerungsreaktor Biogas. Sein Volumenstrom $\dot{V}_B$ ist in Abb. 10.59 über der Versuchsdauer t aufgetragen. Im Langzeitmittel beträgt der Volumenstrom etwa 0,4 m³/d. Die mit dem Volumenstrom $\dot{V}_B$ und dem Reaktorvolumen V_R gebildete Gasproduktivität $P_B = \dot{V}_B/V_R$ ist in Abb. 10.60 über der Reaktionsstromdichte $\dot{r}_{C2}$ der Essigsäure dargestellt. Erwartungsgemäß ergibt sich ein linearer Zusammenhang.

Bei einer Verweildauer $t_v = 12$ h erreicht die Reaktionsstromdichte (Abb. 10.54) ihren maximalen Wert mit 17 kg C2/(m³ d). Hierbei beträgt nach Abb. 10.60 die Gasproduktivität $P_B = 9$ m³/(m³ d).

Das im Versäuerungsreaktor erzeugte Biogas setzt sich in Volumenanteilen zu etwa 60 bis 65 % aus Methan und zu etwa 20 bis 30 % aus Kohlendioxid zusammen. Den verbleibenden Rest bilden Stickstoff, Wasserstoff und Schwefelwasserstoff.

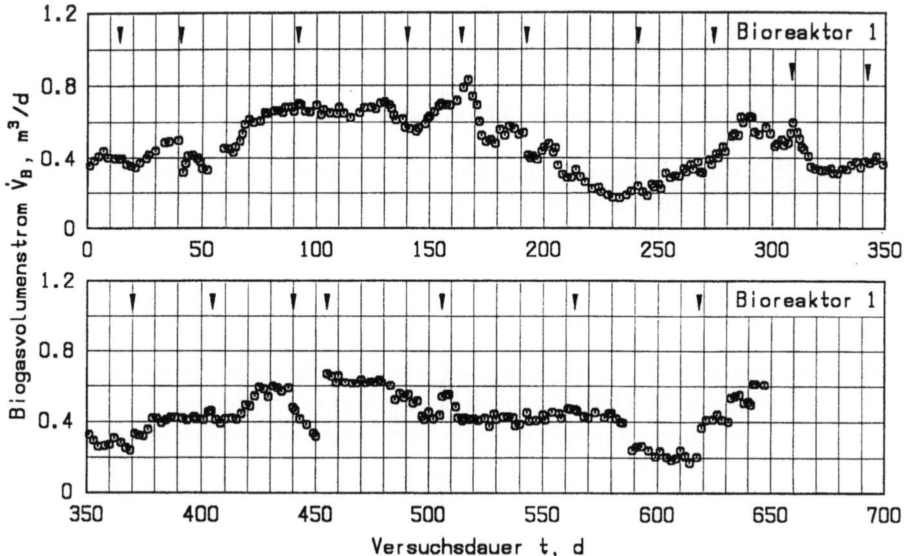

Abb. 10.59. Biogasvolumenstrom $\dot{V}_B$ über der Versuchsdauer t für den Versäuerungsreaktor

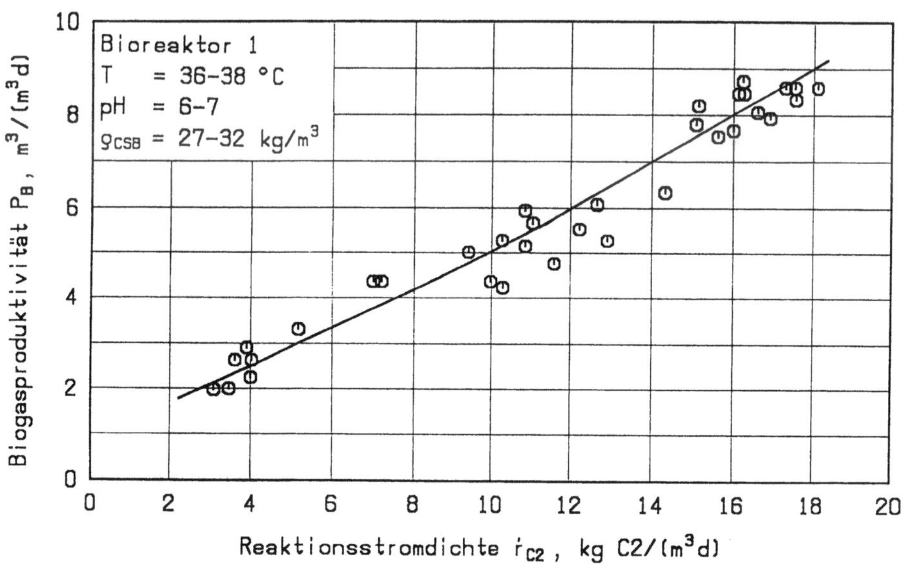

Abb. 10.60. Biogasproduktivität P_B über der Reaktionsstromdichte $\dot{r}_{C2}$ für die Essigsäure

10.5.4.3
Ergebnisse für die Ammoniumabscheidung

Hinweise zum Abscheideprozeß

Das im Ablauf des Versäuerungsreaktors enthaltene Ammonium wird durch Zugabe von Phosphorsäure und Magnesiumoxid in dem schwerlöslichen Kristall *Magnesium-Ammonium-Phosphat*, abgekürzt MAP genannt, gebunden. Die Reaktion verläuft nach der folgenden Bruttogleichung:

$$Mg^{2+} + NH_4^+ + HPO_4^{2-} + OH^- + 5\,H_2O \longrightarrow MgNH_4PO_4 + 6\,H_2O$$

Das MAP kristallisiert in rhombischen weißen Kristallen und kann in einem Sedimentationsgefäß leicht vom Abwasser getrennt werden.

Die Auskristallisation kann kontinuierlich betrieben werden. Sie zeichnet sich durch geringe Reaktionszeiten aus. Die Verweilzeit des Abwassers im Kristallisator hängt daher im wesentlichen von der Sedimentationszeit des MAP ab.

Der wichtigste Prozeßparameter ist der Umatzgrad φ_A, der wie folgt definiert ist:

$$\varphi_A \equiv \frac{\varrho_{Az} - \varrho_{Aa}}{\varrho_{Az}}. \tag{10.30}$$

Hierin bedeuten ϱ_{Az} und ϱ_{Aa} die Konzentration des Ammoniums im Zu- und Abstrom des Kristallisators. Die Konzentration des Ammoniums wird durch den Ammonium-Stickstoff ausgedrückt.

Einige Hinweise zur Auskristallisations-Einrichtung wurden in Abschnitt 10.5.2.2 gegeben.

Ergebnisse der Auskristallisation des Ammoniums

Die Effizienz der Ammoniumabscheidung durch Auskristallisation wird mittels des Umsatzgrades φ_A ausgedrückt. Der Umsatzgrad hängt stark vom pH-Wert ab, wie aus Abb. 10.61 hervorgeht. Im Bereich von pH = 5,5 bis 7 steigt der Umsatzgrad steil an. Das Maximum mit $\varphi_A \approx 0,80$ wird ab pH = 8 erreicht.

Dieses Ergebnis wird beim 1,2fachen Wert der stöchiometrisch erforderlichen Konzentration des Magnesiumoxids erreicht, so daß $\varrho_{MG}^* = 1,2$ ist. Die Phosphorsäure muß nicht im Überschuß zugegeben werden; $\varrho_{PO4}^* = 1$.

Sowohl der Umsatz des zugegebenen Magnesiumoxids als auch der Phosphorsäure hängen in der gleichen Weise wie der Umsatz des Ammoniums vom pH-Wert ab (Abb. 10.62 und 10.63). Aus den Abb. 10.61 bis 63 geht hervor, daß die Auskristallisation des Ammoniums bei einem pH-Wert oberhalb von 8 erfolgen sollte.

Weitere Angaben über die Details der Ammoniumabscheidung sind im Bericht [27] enthalten. Eine Änderung der CSB-Konzentration während der Ammoniumabscheidung wurde nicht beobachtet.

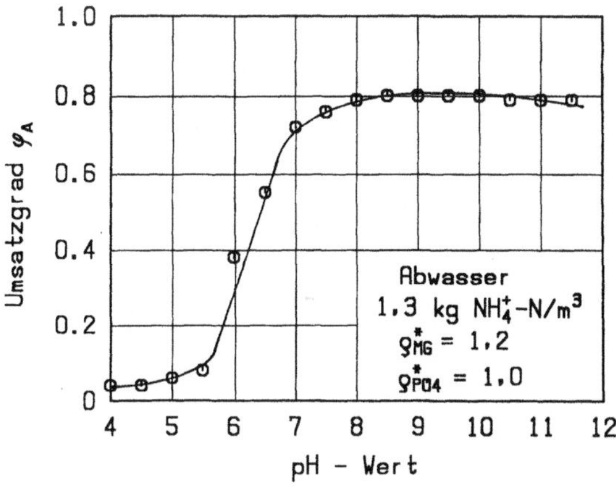

Abb. 10.61. Abhängigkeit des Umsatzgrades φ_A für Ammonium durch Auskristallisation vom pH-Wert

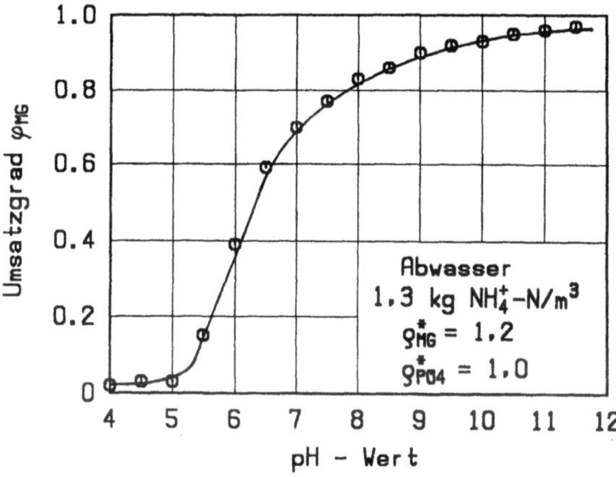

Abb. 10.62. Abhängigkeit des Umsatzgrades φ_{MG} für das zugesetzte Magnesiumoxid abhängig vom pH-Wert bei der Auskristallisation des Ammoniums

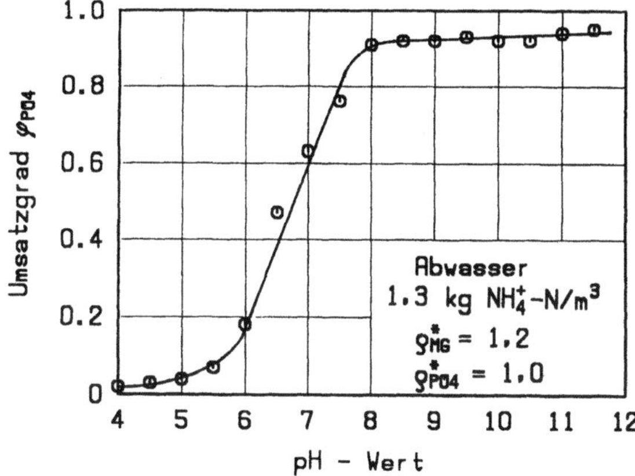

Abb. 10.63. Abhängigkeit des Umsatzgrades φ_{PO4} für die zugesetzte Phosphorsäure abhängig vom pH-Wert bei der Auskristallisation des Ammoniums

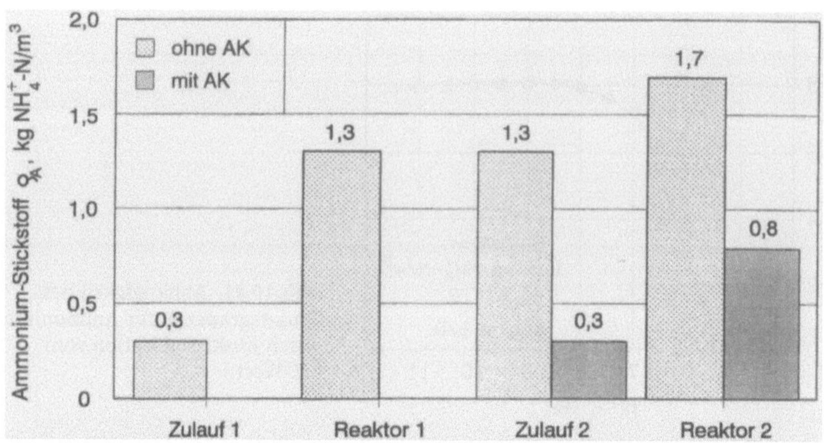

Abb. 10.64. Änderung des Ammonium-Stickstoffs auf dem Wege durch die Anlage ohne und mit Auskristallisation des Ammoniums

Abbildung 10.64 zeigt in einem Blockdiagramm die Änderung des Ammonium-Stickstoffs auf dem Weg durch die gesamte Anlage ohne und mit Auskristallisation zwischen den beiden Pulsreaktoren. Bemerkenswert ist die sehr starke Erhöhung des Ammoniumstickstoffs im Methanisierungsreaktor. Dieses ist darauf zurückzuführen, daß in diesem Reaktor der Abbau der hochmolekularen Ausgangsstoffe noch in erheblicher Weise fortgesetzt wird.

10.5.4.4
Ergebnisse für die Methanisierungsstufe

Betriebsbedingungen

Das im Methanisierungsreaktor behandelte Abwasser kommt entweder direkt aus dem Versäuerungsreaktor oder aus dem Kristallisator, in dem Ammonium abgeschieden wurde. Das Abwasser ist somit entweder reich oder arm an Ammonium.

Zur Untersuchung der optimalen Betriebsbedingungen wurden der pH-Wert im Zustrom auf etwa 6,5 und die Temperatur zwischen 36 °C und 38 °C eingestellt. Die Verweildauer t_v, angegeben in Abb. 10.65, wurde in weiten Grenzen, zwischen 10 und 30 Stunden geändert. Hiervon wurde nur während eines Störfalles zwischen dem 120. und 145. Tag der Versuchsdauer abgewichen.

CSB-Elimination

Die in der zweistufigen Anlage erzielte Reinigung des Abwassers erfolgt durch die CSB-Elimination im Methanisierungsreaktor. In Abb. 10.66 ist die CSB-Konzentration ϱ_{CSB} des Abwassers im Zustrom und im Bioreaktor 2 über der

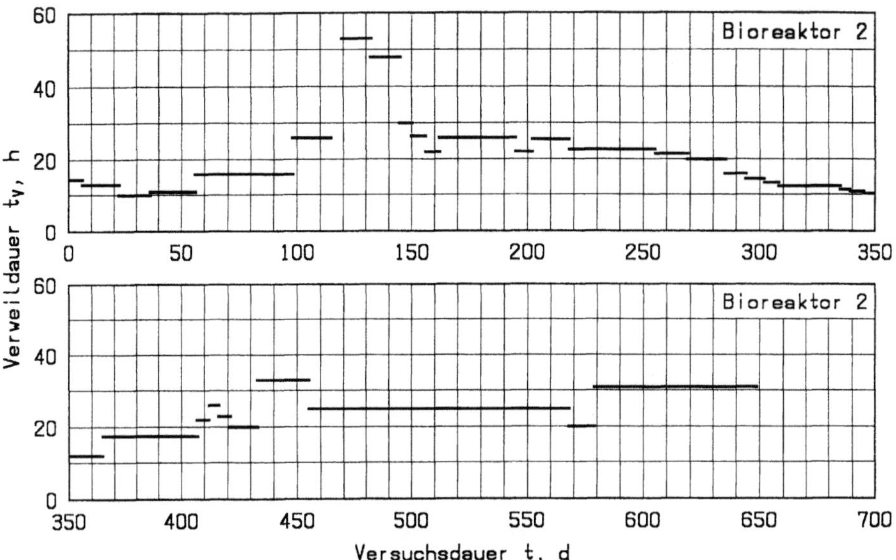

Abb. 10.65. Die während der Versuchsdauer t eingestellte Verweilzeit t_v des Abwassers im Methanisierungsreaktor

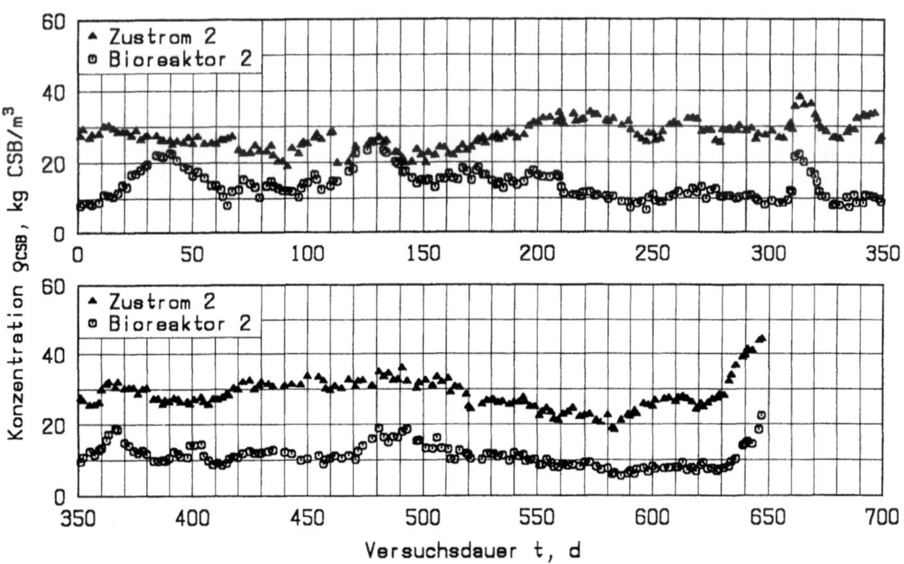

Abb. 10.66. CSB-Konzentration im Zustrom zum und im Methanisierungsreaktor über der Versuchsdauer t

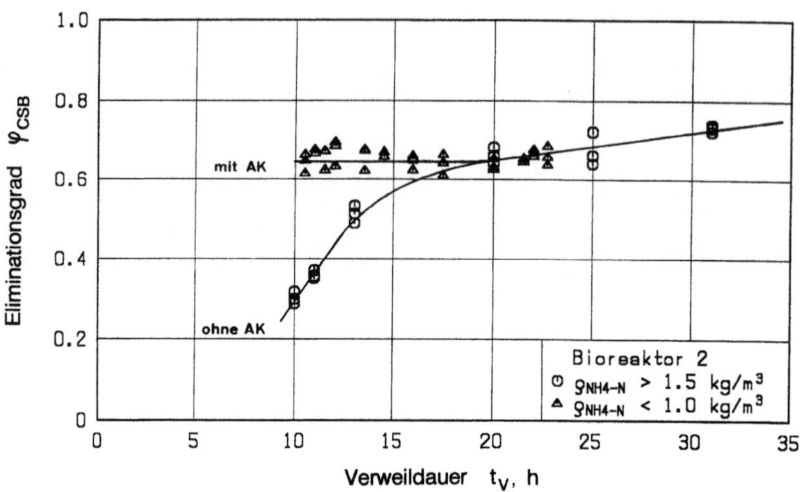

Abb. 10.67. Eliminierungsgrad φ_{CSB} über der Verweildauer t_v ohne ($\varrho_{NH_4\text{-}N} > 1{,}5\,\text{kg/m}^3$) und mit ($\varrho_{NH_4\text{-}N} < 1{,}0\,\text{kg/m}^3$) Ammoniumabscheidung (AK)

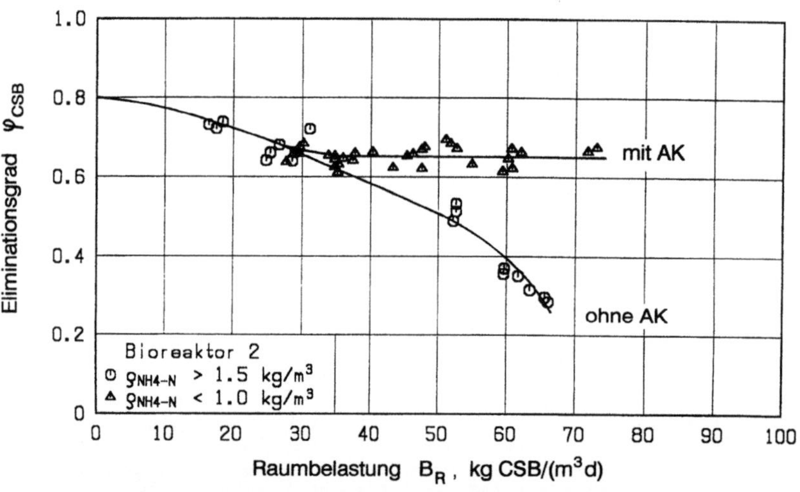

Abb. 10.68. Eliminierungsgrad φ_{CSB} über der Raumbelastung B_R ohne und mit Ammoniumabscheidung (AK)

Versuchsdauer t angegeben. Zusätzlich wurden die Konzentrationen von Carbonsäuren gemessen. Auf diese Ergebnisse wird hier jedoch nicht eingegangen. Es sei auf den Bericht [27] verwiesen.

Einen Eindruck von der Umwandlung der vom CSB-Wert erfaßten Schadstoffe vermittelt der Eliminationsgrad ϱ_{CSB}, der in Abb. 10.67 als Funktion der Verweilzeit t_v und in Abb. 10.68 als Funktion der Raumbelastung B_R dargestellt ist. Ohne Ammoniumabscheidung ist die Ammoniumkonzen-

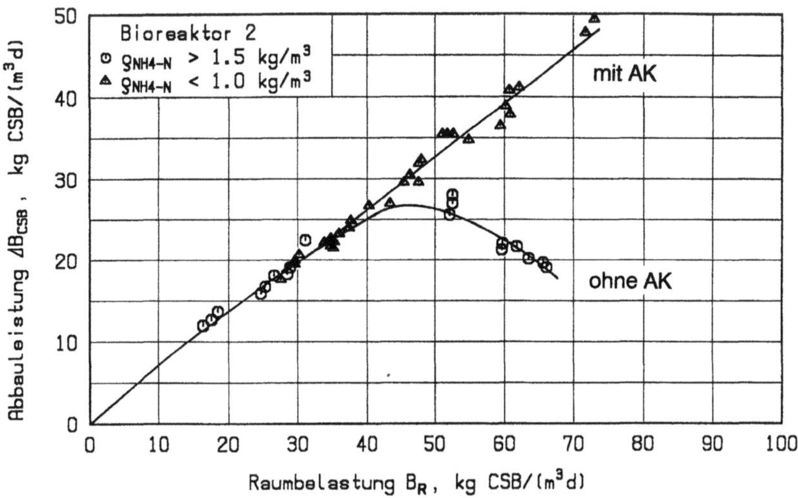

Abb. 10.69. CSB-Abbauleistung ΔB_{CSB} über der Raumbelastung B_R ohne und mit Ammonium-abscheidung (AK)

tration im Zustrom stets größer als $1{,}5\,\text{kg/m}^3$. Der Eliminationsgrad ϱ_{CSB} ist bei einer Verweilzeit von $t_v = 10\,\text{h}$ sehr niedrig, er beträgt nur 30 %. Mit zunehmender Verweilzeit steigt der Eliminationsgrad zunächst sehr stark, ab $t_v = 20\,\text{h}$ aber nur sehr schwach an. Man darf erwarten, daß der Eliminationsgrad bei sehr langer Verweilzeit des Abwassers im Pulsreaktor bis auf 80 % ansteigt, da sich 20 % der vom CSB-Wert erfaßten Schadstoffe als biologisch nicht abbaubar erwiesen.

Wird dem Abwasser nach der Versäuerung Ammonium entzogen, so daß seine Konzentration stets kleiner als $1\,\text{kg/m}^3$ ist, dann ist der Eliminationsgrad auch im Bereich niedriger Werte der Verweildauer mit $\varrho_{CSB} = 0{,}65$ noch sehr hoch. Mit guter Näherung darf man sagen, daß der Eliminationsgrad bei Auskristallisation des Ammoniums im untersuchten Bereich der Verweilzeit von dieser weitgehend unabhängig ist.

Da die Raumbelastung B_R umgekehrt proportional der Verweilzeit ist, spiegelt Abb. 10.68 die Ergebnisse von Abb. 10.67 wider. Zu beachten ist jedoch die verhältnismäßig geringer Raumbelastung, die zur Erzielung guter Werte des Eliminationsgrades eingehalten werden muß.

Die je Zeit- und Volumeneinheit des Reaktors abgebaute CSB-Menge, bezeichnet mit ΔB_R, ist in Abb. 10.69 über der Raumbelastung B_R aufgetragen. Hiernach ist bei einer Raumbelastung von $B_R = 70\,\text{kg CSB/(m}^3\text{d)}$ bei Ammoniumabscheidung der CSB-Abbau mehr als doppelt so hoch wie ohne Ammoniumabscheidung. Damit ist ein überzeugender Beweis erbracht, daß die Integration der Auskristallisation des Ammoniums in den Prozeß die CSB-Elimination erheblich erhöht und die Verweilzeit verkürzt.

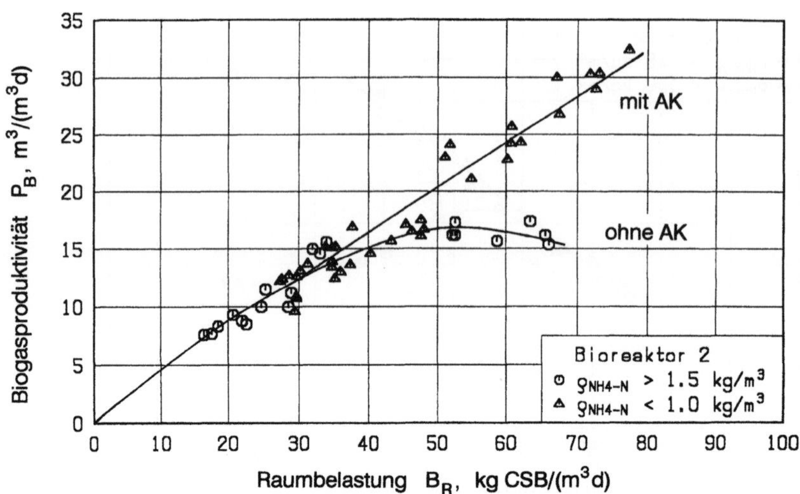

Abb. 10.70. Biogasproduktivität P_B über der Raumbelastung B_R ohne und mit Ammoniumabscheidung (AK)

Produktion des Biogases und seine Zusammensetzung

Die im Methanisierungsreaktor erzeugte Biogasmenge, ausgedrückt durch die Gasproduktivität P_B, hängt mit der CSB-Elimination eng zusammen. In Abb. 10.70 ist die Gasproduktivität P_B über der Raumbelastung B_R aufgetragen. Bei $B_R = 70$ kg CSB/(m^{3}d) beträgt die Gasproduktivität bei Ammoniumabscheidung $P_B = 28{,}5$ m^3/(m^3 d), ohne Ammoniumabscheidung aber nur etwa 15 m^3/(m^{3}d). Diese Werte stellen sich bei der extrem kurzen Verweilzeit von nur 10 Stunden ein. Auch auf die Gasproduktivität wirkt sich die Integration der Ammoniumabscheidung außerordentlich vorteilhaft aus.

Die Messungen zeigten, daß bei einem Abbau von 1 kg CSB 0,35 m^3 Methan entstehen. Dieser Methanertrag stimmt mit dem theoretischen Wert sehr gut überein. Es traten aber auch Situationen auf, in denen der Methanertrag über diesen theoretischen Wert hinaus bis auf 0,6 m^3 CH$_4$/kg CSB anstieg. Es konnte nachgewiesen werden, daß dieser Anstieg auf verstärkten Abbau des im Abwasser enthaltenen Betains zurückzuführen ist. Der Gehalt an Betain wird vom CSB-Wert nur partiell erfaßt.

Die Zusammensetzung des Biogases änderte sich während der Versuchsdauer nicht. Sie ist in Abb. 10.71 dargestellt. Besonders aufmerksam sei auf den Methangehalt gemacht, der 87,5 % beträgt. Das erzeugte Biogas ist also ungewöhnlich energiereich.

Ammoniumbildung in der Methanisierungsstufe

Mit dem Zustrom wird Ammonium in den Methanisierungsreaktor eingetragen und in ihm gebildet. Der Bildungsprozeß wies während der gesamten Versuchsdauer wegen wechselnder Betriebsbedingungen Schwankungen auf. Die

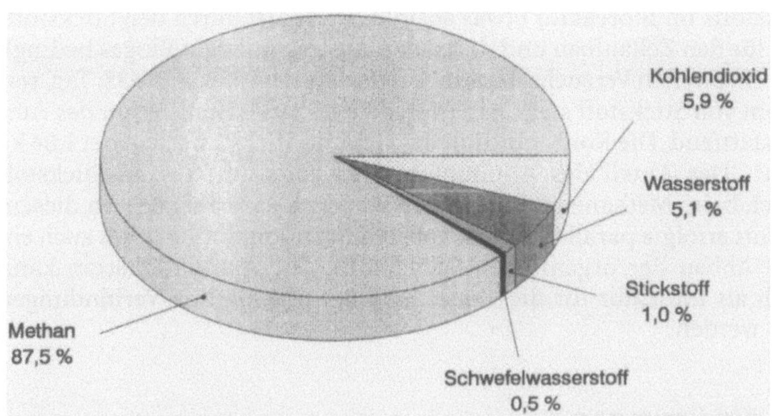

Abb. 10.71. Zusammensetzung des im Methanisierungsreaktor erzeugten Biogases

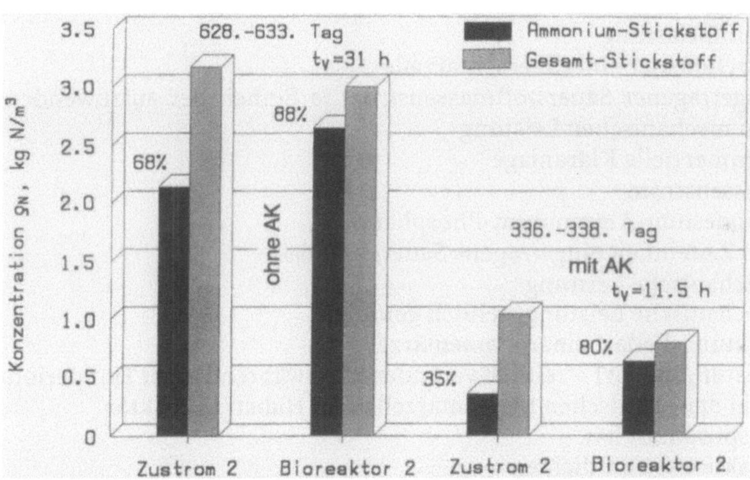

Abb. 10.72. Mittlere Konzentration des Ammonium-Stickstoffs und des Gesamt-Stickstoffs im Methanisierungsreaktor ohne und mit Ammoniumabscheidung (AK)

Ammoniumbildung soll daher für zwei ausgewählte Zeitabschnitte der Versuchsdauer an Hand von Abb. 10.72 erläutert werden.

Dargestellt sind die mittleren Konzentrationen für den Ammonium-Stickstoff und für den Gesamt-Stickstoff im Zustrom 2 und im Bioreaktor 2 für zwei verschiedene Zeitabschnitte. Zwischen dem 628. und 633. Tag erfolgte keine Auskristallisation des Ammoniums. Der Zustrom 2 weist also bereits eine sehr hohe Ammonium-Konzentration auf, die während des

Methanisierungsprozesses weiter erhöht wird. Waren im Zustrom bereits 68 % des Gesamt-Stickstoffs im Ammonium enthalten, so sind es nach dem Prozeß 88 %.

Man entnimmt Abb. 10.72 ferner, daß die Konzentration des Gesamt-Stickstoffs im Bioreaktor etwas absinkt. Dieses ist durch den Stickstoffverbrauch für den Zellaufbau und durch den Austrag mit dem Biogas bedingt.

Im zweiten Versuchsabschnitt, zwischen dem 336. und 338. Tag, war der Zustrom von Stickstoff stark entlastet, da eine Auskristallisation des Ammoniums stattfand. Die Konzentration des Gesamt-Stickstoffs liegt bei 1,04 kg NH_4^+–N/m^3. Der Anteil des Ammonium-Stickstoffs am Gesamt-Stickstoff erhöhte sich beim Methanisierungsprozeß von etwa 35 % auf 80 %. In diesem Zeitabschnitt erfolgte parallel zur fast vollständigen Ammonifikation auch ein sehr guter Abbau der organischen Schadstoffe. Die Ammonifikation kann daher auch als Indikator für die Umsetzung der organischen Verbindungen angesehen werden.

Abkürzungen

a	Hubamplitude
A_B	Gesamtausbeute
B_R	Raumbelastung
d_Z	Durchmesser einer Elementarzelle
E	eingetragener Sauerstoffmassenstrom je Einheit der aufzuwendenden mechanischen Leistung
KKA	kommerzielle Kläranlage
$\dot{M}$	Massenstrom
MAP	Magnesium-Ammonium-Phosphat
M_O	pro Zeiteinheit eingetragene Sauerstoffmasse
N	mechanische Leistung
N_R	mechanische Leistung, zeitlich gemittelt
N_Z	Leistungsbedarf einer Elementarzelle
N_{ZR}	Leistungsbedarf – zeitlich veränderlich – während einer Hubperiode
n_{ZR}	Zahl der identischen Elementarzellen im Hubstrahlreaktor
P_B	Gasproduktivität
$\dot{r}$	Reaktionsstromdichte
T	Betriebstemperatur
T^*	bezogene Betriebstemperatur
TB	Bayer Turmbiologie
t_h	Bewegungsdauer
T_{max}	Temperatur, bei der die Aktivität der Bakterienpopulation zum Erliegen kommt
T_p	Pausendauer
TS	Trockensubstanz
t_v	tatsächliche Verweilzeit
t_v^*	bezogene Verweilzeit
V_R	Reaktorvolumen

$\dot{V}_{z\,bzw.\,R}$ Volumenstrom des Zu- bzw. Rücklaufes
φ_l Öffnungsverhältnis einer Lochscheibe
φ_b biologischer Umsatzgrad
φ_A Eliminationsgrad Ammonium–N
φ_c Eliminationsgrad CSB
ϱ_A Konzentration NH_4^+–N
ϱ_{TS} Bakterienkonzentration
$\varrho_{z\,bzw.\,bn}$ Schadstoffkonzentration bzw. durch biologische Behandlung nicht weiter herabzusetzende Schadstoffkonzentration
ϱ_z^* bezogene Schadstoffkonzentration
$\varrho_{z\,bzw.\,a}$ Schadstoffkonzentration im zulaufenden bzw. im ablaufenden Abwasser
ϱ_h mittlere Dichte der Biosuspension kinematische Viskosität
v kinematische Viskosität

Literatur

1. Engelhardt H, Heltrich WG, Kehner K, Werner FL (1975) Die Abwasser- und Schlammbehandlung in der BASF-Kläranlage. Chemie-Technik 4:251–261
2. Engelhardt H (1977) System und Leistung der Kläranlage. In: Gewässerschutz am Rhein, 117–129. BASF-Symposium 12.11.1976, Ludwigshafen, Wissenschaft und Politik, Köln
3. Diesterweg G, Fuhr H, Reher P (1978) Die Bayer-Turmbiologie. Industrieabwasser, Juni:7–13
4. Zlokarnik M (1979) Sorption characteristics of slot injectors and their dependency on the coalescence behaviour of the system. Chem Eng Sci 34:1265–1271
5. Leistner H, Müller G, Sell G, Bauer A (1979) Der Bio-Hochreaktor – eine biologische Abwasserreinigungsanlage in Hochbauweise. Chem Ing Tech 51:288–294
6. Zlokarnik M (1985) Tower shaped reactors for aerobic waste water treatment. In: Rehm HJ, Reed G (eds) Biotechnology, VCH Verlagsgesellschaft mbH, Weinheim vol 2:537–569
7. Brauer H (1985) Biological waste water treatment in a reciprocating jet bioreactor. In: Rehm HJ, Reed G (eds) Biotechnology, VCH Verlagsgesellschaft mbH, Weinheim, vol 2:519–535
8. Vogelpohl A (1985) Biologische Reinigung von Abwässern mit dem Kompatkreaktor. Chem Ing 37 Januar:43–46
9. Vogelpohl A, Manger M und Mitarbeiter (1986) Abwasserklärung mit dem Kompaktreaktor. Umwelt 8:529–531
10. Gupta S (1992) Untersuchung der Strömung und des Konzentrationsausgleichs in der Wirbelzelle des Hubstrahlreaktors. VDI Fortschritt-Berichte, Reihe 3, Verfahrenstechnik Nr 296. VDI Düsseldorf
11. Brauer H, Schicker E, Meggyes T, Kuttig U (1992) Untersuchung der turbulenten Strömung in Wirbelzellen. Interner Bericht des Instituts für Verfahrenstechnik der Technischen Universität Berlin
12. Grüger W, Brauer H (1987) Verfahrenstechnische Untersuchung der Abwasserreinigung im Hubstrahlreaktor. VDI-Forschungsheft 643. VDI, Düsseldorf
13. Hubert M, Werner U (1983) Die Oberflächenladung von Mikroorganismen – eine neue Meßgröße zur Führung biotechnologischer Prozesse. Verfahrenstechnik 17:19–22
14. Brauer H, Sucker D (1979) Biological waste water treatment in a high efficiency reactor. Germ Chem Eng 2:77–86
15. Hwang KY (1986) Anaerobe Abwasserreinigung mit Biogasgewinnung in einem gepulsten Bioreaktor. Dissertation, Technische Universität Berlin

16. Hwang KY, Brauer H (1987) Anaerobe Abwasserreinigung mit Biogasproduktion im Pulsreaktor. Biotech-Forum 4:1–12
17. Moser A (1981) Bioprozeßtechnik, Springer, Wien New York
18. ATV-Ausschuß 2.6 (1972) „Aerobe biologische Abwasserreinigungsverfahren": Beschaffenheit und Behandlung von Filtraten thermisch konditionierter Schlämme. Korrespondenz Abwasser 10:236–243
19. Walter Ch, Brauer H (1990) Biologischer Abbau der Kohlenstoff-, Stickstoff- und Phosphorverbindungen eines hochbelasteten Abwassers in einer halbtechnischen dreistufigen Hubstrahlreaktoranlage. VDI-Forschungsheft 661. VDI, Düsseldorf
20. Brauer H, Annachhatre AP (1992) Wastewater nitrification kinetics using reciprocating jet bioreactor. Bioprocess Engineering 7:277–286
21. Buswell AM (1957) Fundamentals of anaerobic treatment of organic wastes. Sewage and Industrial Wastes 8:771–721
22. Sahm H (1981) Biologie der Methanbildung. Chem Ing Techn 53:854–863
23. Schobert SM (1981) Anaerobe Prozeßführung – Grundsätzliche mikrobiologische Überlegungen. 11. Abwassertechnisches Seminar. Berichte aus Wassergütewirtschaft und Gesundheitsingenieurwesen. TU-München 33:91–119
24. Märkl H (1980) Mikrobielle Methangewinnung. Fortschritte der Verfahrenstechnik 18:509–521
25. van Andel JGA, Bruere AM, Cohen A (1986) Role of anaerobic spore-forming bacteria in the acidogenic fermentation of glucose. Process Biochemistry April:45–48
26. Schlegel HG (1982) Allgemeine Mikrobiologie. Thieme, Stuttgart
27. Kuttig U, Brauer H (1992) Mehrstufige anaerobe Abwasserreinigung mit integrierter Auskristallisation von Ammonium. VDI Fortschrittberichte, Reihe 3: Verfahrenstechnik Nr 279. VDI, Düsseldorf
28. Glowatzki H, Brauer H (1992) Anaerobe Reinigung eines mit organischen und anorganischen Schadstoffen hoch belasteten Abwassers durch getrennte Versäuerung und Methanisierung. VDI Fortschrittberichte, Reihe 15: Umwelttechnik Nr 97. VDI, Düsseldorf
29. Hall ER, Janivic M (1983) Anaerobic treatment of thermal conditioning liquor with fixed and suspended processes. Proc Ind Waste Conf 37:719–728
30. Schlegel S, Kalbskopf KH (1982) Die Behandlung von Filtratabwässern thermisch konditionierter Schlämme nach dem anaeroben Belebungsverfahren. gwf-wasser/abwasser 123:203–208

Kombination biologischer und physikochemischer Verfahren zur Elimination organischer Schadstoffe

W. Dorau

11.1
Einleitung

Die hier vorgestellte Verfahrensentwicklung baut auf modernen Verfahren der Deponiesickerwasserbehandlung mittels Membrantechnik auf. Auf der Deponie Rastatt wurde Anfang der 80er Jahre erstmals in Deutschland eine Anlage im technischen Maßstab zur Reinigung von Deponiesickerwasser allein mittels Umkehrosmosemembranen gebaut und mit Erfolg betrieben. Da eine Umkehrosmose Stoffe nur trennt, fällt zwangsläufig ein Konzentrat an, in dem sich die zurückgehaltenen Stoffe in erhöhter Konzentration befinden. Da in der Anlage Rastatt keine Vorbehandlung erfolgte, enthielt das Konzentrat biologisch leicht abbaubare und biologisch schwer abbaubare organische Stoffe sowie Salze. Dieses Konzentrat wurde in die Deponie mit der Erwartung zurückgeführt, daß zumindestens der organische Anteil des Konzentrats dort biologisch abgebaut wird. Die Rückführung von schwer abbaubaren Stoffen und Salzen in die Deponie wurde und wird jedoch kritisch beurteilt, so daß bald Verfahren entwickelt wurden, die den biologisch leicht abbaubaren Anteil durch biologische Vorbehandlung minimieren und die die im Konzentrat angereicherten biologisch schwer abbaubaren organischen Stoffe sowie die Salze in einer thermischen Behandlungsstufe eindicken, trocknen bzw. pelletieren. Der aus der Konzentratbehandlung gewonnene Rückstand kann unterirdisch in Salzstöcken (Herfa-Neurode) abgelagert werden. Der Nachteil dieser Verfahrensweise besteht in den hohen Kosten für die thermische Behandlung und die unterirdische Ablagerung der Rückstände. Eine kritische Analyse des Einsatzes der Umkehrosmose führt zu der Erkenntnis, daß die hohe Rückhaltewirkung der Umkehrosmose für die meisten organischen Stoffe zwar sehr erwünscht ist, die Abtrennung der Neutralsalze jedoch einerseits zu einem hohen technischen und finanziellen Aufwand führt und andererseits in vielen Fällen nicht notwendig ist. Nur organisch hoch belastete Konzentrate können mit anderen, billigeren Verfahren entsorgt werden (z. B. Verbrennung). Um die hohen Behandlungskosten der Konzentrate zu vermeiden, galt es also nach Wegen zu suchen, einerseits das ausgezeichnete Rückhaltevermögen der Um-

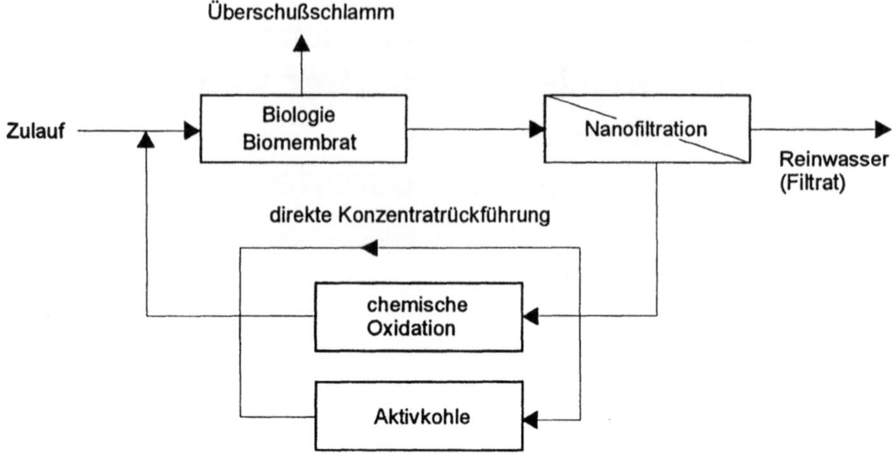

Abb. 11.1. Prinzipschema des Kombinationsverfahrens

kehrosmose für organische Stoffe zu erhalten und andererseits das Salz-
problem loszuwerden. Die Lösung dieses Problems brachte die Entwicklung
der Nanofiltrationsmembranen, die zwar ein etwas geringeres Rückhaltevermögen für organische Stoffe besitzen, einwertige Salze wie Chloride jedoch
weitgehend passieren lassen. Bei einer Behandlungsfolge aus biologischer
Behandlung und Nanofiltration besteht das Konzentrat der Nanofiltration zu
hohen Anteilen nur noch aus biologisch schwer abbaubaren organischen
Stoffen. Damit bei der Behandlung dieses Konzentrats nicht ein neues Rest-
stoffproblem entsteht, wurde vom Autor in Zusammenarbeit mit der Firma
Wehrle Werk AG, Emmendingen, ein Konzept entwickelt, das Konzentrat aus
der Nanofiltration mittels physikochemischer Verfahren wie Ozon- und
Wasserstoffperoxidstufen in Kombination mit UV-Strahlung zu behandeln
und das entlastete Wasser in die biologische Stufe zurückzuführen. Das Grund-
schema ist in Abb. 11.1 dargestellt.

Falls das Konzentrat mit fällbaren Stoffen belastet ist, können diese
durch Fällung abgetrennt werden. Das Behandlungsziel beim Einsatz der chemischen Oxidation ist nicht die vollständige Oxidation der biologisch schwer
abbaubaren Stoffe, sondern nur deren Teiloxidation. Vielfach werden durch
Teiloxidation biologisch schwer abbaubare Stoffe biologisch abbaubar und
können bei Rückführung in die biologische Stufe eliminiert werden. Dies ist
an einem Anstieg des BSB_5/CSB-Verhältnisses nach der chemischen Oxidation
erkennbar. Diese Vorgehensweise besitzt den Vorteil, daß durch die Aufkonzentrierung der refraktären organischen Stoffe in der Nanofiltration und
ihre nur teilweise Oxidation die chemischen Behandlungsstufen bei hohem
Wirkungsgrad betrieben und dadurch klein gehalten werden können.

Parallele Arbeiten an der Technischen Hochschule Aachen [3, 4]
zeigten, daß durch die wiederholte Rückführung biologisch schwer abbaubarer Stoffe in die biologische Stufe deren Abbauleistung für diese Stoffe

erheblich wächst (Adaptation). Erst wenn der Gehalt an biologisch nicht abbaubaren Stoffen zu hoch wird, muß die chemische Oxidation zugeschaltet werden bzw. muß der Kreislauf gegebenenfalls durch andere geeignete Verfahren (z. B. Aktivkohle) entlastet werden. Diese Entwicklungsarbeiten führten zu einem Verfahren, das von der Firma Wehrle Werk AG unter dem Namen Biomembrat-Plus® zum Patent angemeldet wurde. Dieses Verfahren ist nicht auf die Behandlung von Deponiesickerwasser beschränkt, sondern auf alle Abwässer mit höheren Anteilen biologisch schwer abbaubarer Stoffe anwendbar. Sofern die Behandlung des Konzentrats aus der Nanofiltration auf Verfahren der chemischen Oxidation beschränkt bleiben kann – dies dürfte für die meisten Anwendungen der Fall sein –, fallen im Gesamtprozeß nur geringe Mengen an Rückständen als Überschußschlamm aus der biologischen Stufe an.

11.2
Kombination aus biologischer Behandlungstufe, Nanofiltration und chemischer Oxidation

11.2.1
Biologische Behandlungsstufe

Im Prinzip kann für die biologische Behandlungsstufe jedes biologische Verfahren gewählt werden. Da mit Nanofiltrationsmembranen Ammonium nur schlecht zurückgehalten werden kann, empfiehlt es sich, in die biologische Behandlung die Entfernung des Ammoniums und des Nitrats durch biologische Nitrifikation und Denitrifikation einzubeziehen. In der Version des Biomembrat-Plus®-Verfahrens wird als biologische Stufe das ebenfalls von der Firma Wehrle Werk AG entwickelte Biomembrat®-Verfahren bevorzugt (Abb. 11.2).

Dieses Verfahren enthält als Besonderheit keine Sedimentation zur Rückführung des Belebtschlammes. Stattdessen wird das Abwasser durch eine Querstrom-Ultrafiltration geleitet, mit der soviel Abwasser filtriert wird wie jeweils der biologischen Stufe zugeführt wird. Durch den dadurch erreichbaren höheren Schlammgehalt bzw. das höhere Schlammalter in der biologischen Stufe gegenüber Verfahren mit Sedimentation weist dieses Verfahren auch ohne Nanofiltration und Abwasserrückführung bereits höhere Eliminationsleistungen bezüglich biologisch schwer abbaubarer Stoffe auf [5, 6, 8]. Für die Zusammenschaltung mit der Nanofiltration erweist sich die Ultrafiltration als Vorteil, da dann der Nanofiltration ein bereits feststoff- und bakterienfreies Abwasser zugeführt wird. Dieses Abwasser braucht zur Entfernung von größeren Partikeln vor der Nanofiltration nicht mehr vorzubehandelt zu werden. Gleichzeitig werden wegen des niedrigen BSB_5-Gehaltes und des Fehlens von Bakterien die Probleme durch Membran-Fouling minimiert.

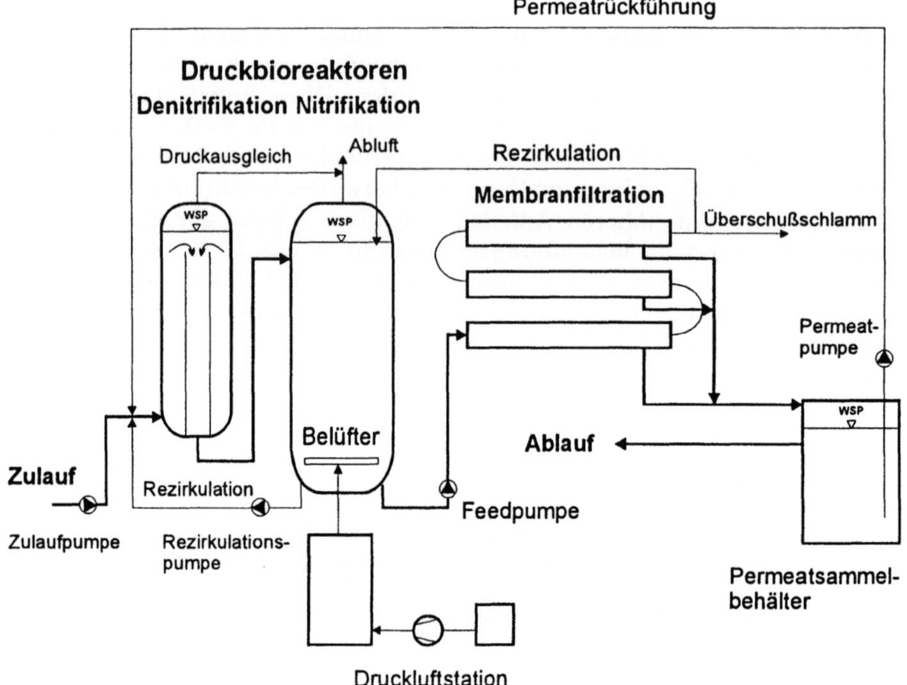

Abb. 11.2. Prinzipschema des Biomembrat®-Verfahrens

11.2.2
Nanofiltration

Nanofiltrationsmembranen liegen in ihrem Rückhaltevermögen zwischen Umkehrosmose- und Ultrafiltrationsmembranen. Falls das Behandlungsziel für organische Stoffe eine etwa gleich gute Abscheideleistung wie von Umkehrosmosemembranen verlangt, kann gegebenenfalls mit einer zweistufigen Nanofiltration gearbeitet werden. Bedingt durch die vorangegangene biologische Behandlung enthält der Zulauf zur Nanofiltration im wesentlichen nur noch

- biologisch schwer abbaubare organische Stoffe,
- biologisch nicht abbaubare organische Stoffe und
- anorganische Stoffe (z.B. Chloride, Schwermetalle).

Da sich in der Regel kleine organische Moleküle besser biologisch abbauen lassen als große Moleküle, besteht der organische Anteil nach der biologischen Vorbehandlung überwiegend aus großen Molekülen, die durch eine Nanofiltration sehr gut zurückgehalten werden können und ins Konzentrat der Nanofiltration gelangen. Da auch die Nanofiltration als Querstromfiltration betrieben wird, kann der Aufkonzentrierungsgrad des Konzentrats der Nano-

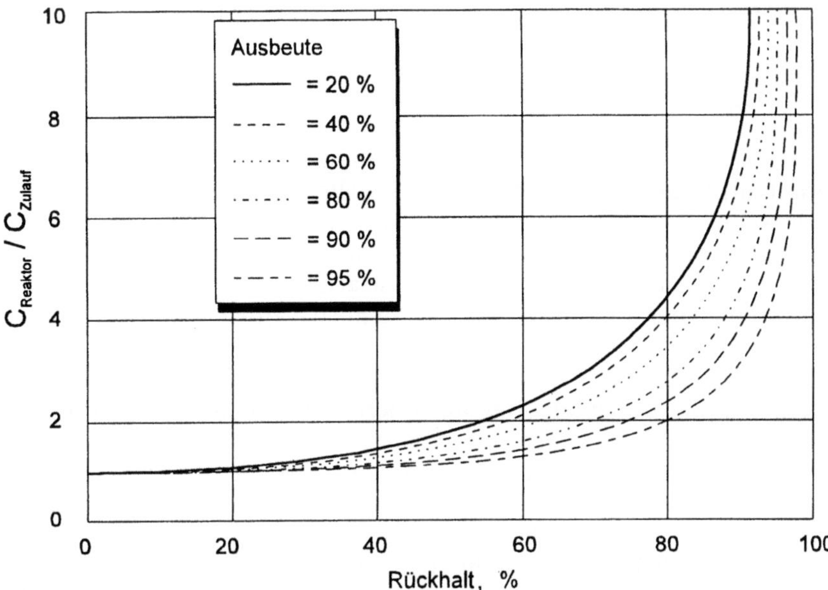

Abb. 11.3. Anreicherung biologisch nicht abbaubarer Stoffe im Kreislauf Biologie/Nanofiltration [4]

filtration variiert und auf die Bedürfnisse der chemischen Oxidation eingestellt und optimiert werden.

Wenn die nach der biologischen Behandlung noch verbleibenden organischen Stoffe überwiegend aus nur biologisch schwer abbaubaren Stoffen bestehen, besteht die Chance, das Konzentrat aus der Nanofiltration ohne chemische Oxidation direkt in die biologische Stufe zurückführen zu können. Wegen der erhöhten Konzentration dieser Stoffe im Kreislauf und einer wesentlich verlängerten Verweilzeit im System bzw. in der biologischen Stufe kann sich gegebenenfalls die Biologie an diese Stoffe adaptieren.

Werden biologisch nicht abbaubare Stoffe und mehrwertige Salze im Kreislauf nicht eliminiert, dann akkumulieren diese Stoffe im Kreislauf zu hohen Konzentrationen. Mit dem Anstieg der Konzentrationen werden diese Stoffe vermehrt durch den Überschußschlammabzug aus dem System ausgetragen. Desgleichen steigen wegen der höheren Konzentrationsdifferenzen an der Nanofiltrationsmembran auch die Ablaufkonzentrationen, so daß auch an dieser Stelle höhere Frachten ausgeschleust werden. Wie Abb. 11.3 vereinfacht zeigt, stellt sich in Abhängigkeit des Rückhaltevermögens der Membran ein stationäres Gleichgewicht zwischen Zulaufkonzentration und Konzentration im Belebtschlammreaktor ein. Ist der Anteil biologisch nicht abbaubarer Stoffe im Kreislauf zu hoch, dann ist entweder auf Dauer oder temporär der Kreislauf von diesen Stoffen zu entlasten.

Chemische Oxidation

Die chemische Oxidation im Konzentratrücklauf hat, wie bereits eingangs erwähnt, lediglich die Funktion, den Kreislauf vor zu hohen Konzentrationen nicht abbaubarer Stoffe zu schützen. Eine vollständige Oxidation ist nicht nötig. Ob und bei welchen CSB-Konzentrationen im Kreislauf eine chemische Oxidation auf Dauer oder temporär zugeschaltet werden muß, können nur abwassertechnische Versuche ergeben. Das Ziel dieser Versuche ist, eine maximale Aufkonzentrierung zu finden, bei der sowohl die Leistung der biologische Stufe weder gefährdet noch beeinträchtigt ist als auch die Ablaufkonzentrationen der Nanofiltration nicht zu hoch werden (evtl. zwei Nanofiltrationsstufen).

Ebenfalls durch Versuche muß geklärt werden, welches Oxidationsverfahren für die durch die Nanofiltration abgetrennten Stoffe optimale Resultate erbringt. Da die chemische Oxidation nicht auf die Erreichbarkeit bestimmter niedriger Konzentrationen hin betrieben werden muß, brauchen bei der Auswahl des Verfahrens und dessen Auslegung nur Kosten und Handhabungsgesichtspunkte beachtet zu werden.

An der RWTH Aachen durchgeführte Versuche zeigen die Vorteilhaftigkeit einer Teiloxidation bei hohen CSB-Konzentrationen (Abb. 11.4). Bei der Behandlung des Konzentrats aus der Nanofiltration kann im Bereich niedriger spezifischer Ozonmenge gearbeitet werden. Der lineare Kurvenverlauf bei hohen CSB-Konzentrationen weist auf einen stöchiometrischen Verbrauch des Ozons hin. Der unwirtschaftliche Bereich hohen spezifischen

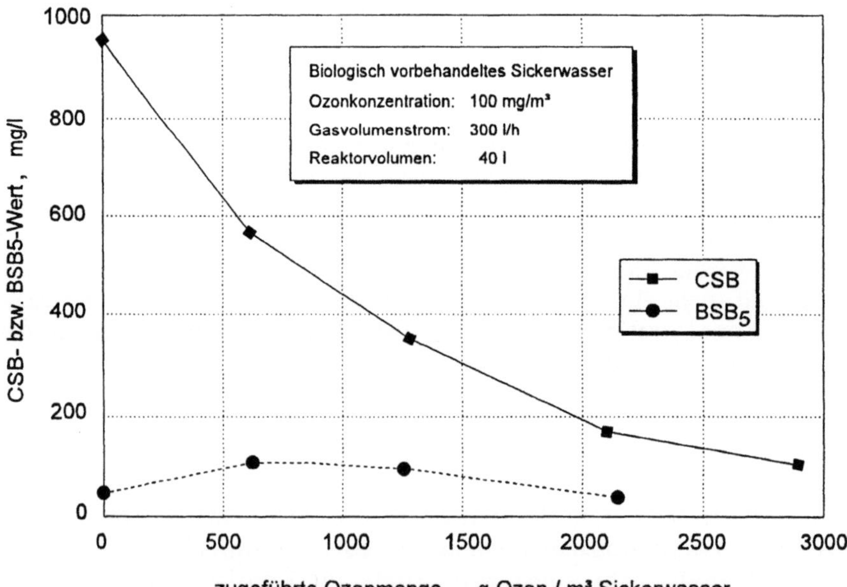

Abb. 11.4. Batchversuch zur chemischen Oxidation mittels Ozon [4]

Ozonbedarfes bei niedrigen CSB-Konzentrationen kann vermieden werden, da im Rücklauf keine niedrigen CSB-Konzentrationen erreicht werden müssen. Der BSB_5-Anstieg ist wegen des Rücklaufes in die biologische Stufe unproblematisch.

Wird die chemische Oxidation beispielsweise anstelle der Nanofiltration im Ablauf der biologischen Stufe betrieben, d.h. im Vollstrom, handelt man sich den Nachteil ein, daß die chemische Oxidation wegen der wesentlich geringeren Konzentration der biologisch schwer abbaubaren Stoffe im Vollstrom anstelle im Nanofiltrationskonzentrat energetisch ungleich ungünstiger arbeitet, zudem aber die niedrigen Ablaufwerte erreichen und garantieren muß. Es muß also eine wesentlich größere Anlage (Volumenstromverhältnis von Ablauf Biologie zu Nanofiltrationskonzentrat ca. 6:1) mit dem Behandlungsziel einer möglichst weitgehenden Oxidation gebaut werden. Auch bei einer derartigen Vollstrom-Anlage mit weitgehender Oxidation kann sich eine BSB_5-Erhöhung einstellen, die im Falle einer Direkteinleitung durch eine zweite biologische Anlage wieder erniedrigt werden muß. Da jedoch eine biologische Stufe bereits vorhanden ist, liegt es nahe, diese auch für die Eliminierung des BSB_5 nach der chemischen Oxidation auszunutzen. Da dies nur im Rückstrom zu erreichen ist, ist die Abtrennung und Aufkonzentrierung der biologisch schwer abbaubaren Stoffe durch eine Nanofiltration der folgerichtige Schritt mit den bereits genannten Kostenvorteilen. Die Anordnung der chemischen Oxidation nach einer biologischen Stufe birgt einen weiteren Nachteil. Da mit der chemischen Oxidation (zunächst) als Endbehandlungsstufe niedrige CSB-Einleitewerte eingehalten werden müssen, ist ein überstöchiometrischer Ozoneinsatz unvermeidbar. Wenn keine Vernichtung des überschüssigen Ozons installiert wird, steigen die Giftigkeitswerte für biologische Testorganismen zum Teil erheblich an [9].

11.3
Kombination aus biologischer Behandlungsstufe, Nanofiltration und Aktivkohle

Die Entlastung des Konzentrats aus der Nanofiltration mittels chemischer Oxidation vor Rückführung in die biologische Stufe besticht dadurch, daß bei dieser Behandlung keine zusätzlichen Reststoffe anfallen. Eine äquivalente Alternative dazu bietet der Einsatz von Aktivkohle, sofern die Aktivkohle regeneriert wird. Die an die Aktivkohle adsorbierten organischen Abwasserinhaltsstoffe werden letztlich auch oxidiert, nur geschieht dies auf thermischem Wege bei der – in der Regel externen – Regeneration der Aktivkohle. Diese Art der Oxidation von organischen Schadstoffen bietet für den Kläranlagenbetreiber den Vorteil, daß der Verfahrensschritt der Adsorption an Aktivkohle in der Kläranlage mit vergleichsweise geringen Investitionskosten und einem unkomplizierten Betrieb bewerkstelligt werden

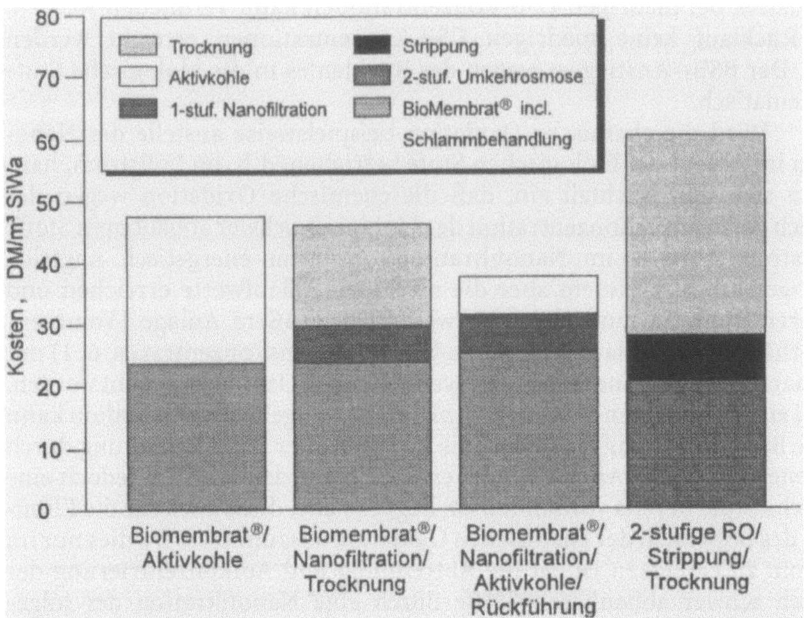

Abb. 11.5. Kostenvergleich zwischen verschiedenen Verfahrenskombinationen [4]

kann. Dies dürfte insbesondere bei kleinen Anlagen ohne Fachpersonal von Vorteil sein.

Der im vorigen Abschnitt beschriebene Kostenvorteil der CSB-Elimination im Konzentrat anstelle der Elimination im Ablauf der biologischen Stufe wurde in Versuchen der RWTH Aachen [4] am Beispiel der Behandlung von Deponiesickerwasser ermittelt. Die Beladbarkeit der Aktivkohle – gemessen als CSB – betrug im Ablauf der biologischen Stufe ca. 200 mg CSB/g Aktivkohle, im Konzentrat der Nanofiltration ca. 1300 mg CSB/g Aktivkohle (volumetrischer Konzentrationsfaktor CF_v ca. 10–12). Der Aktivkohlebedarf verringerte sich von 4,84 kg Aktivkohle/m³ Sickerwasser auf 0,74 kg Aktivkohle/m³ Sickerwasser. Die Versuchsbedingungen sind der Literaturstelle zu entnehmen. Die zitierten Verbrauchswerte sollen in erster Linie auf das Einsparpotential hinweisen. In gleicher Weise reduzieren sich auch die Kosten für die Investition der chemischen Oxidation. Nach Angaben der Firma Wehrle Werk AG als Systemhersteller bleibt ein deutlicher Kostenvorteil erhalten trotz der Zusatzkosten für eine etwas größere biologische Stufe (Konzentratrückführung) und für Installation und Betrieb der Nanofiltration (siehe Kostenvergleich in Abb. 11.5).

11.4
Kombination aus biologischer Behandlungsstufe und Aktivkohle

Eine nur aus biologischer Behandlung und anschließender Aktivkohleadsorption bestehende Abwasserbehandlung ist als Kompromiß zu werten, der höhere Behandlungskosten zugunsten eines technisch möglichst einfachen Betriebes in Kauf nimmt (jeweils im Vergleich zur im vorigen Abschnitt beschriebenen Verfahrensfolge). Wenn zur Adsorption regenerierbare Aktivkohle verwendet wird, bleibt der Vorteil eines geringen Reststoffanfalls bestehen (biologischer Überschußschlamm). Bei entsprechender Auslegung der Aktivkohlestufe sind ebenso niedrige CSB-Ablaufwerte wie bei einer Umkehrosmose zu erreichen, d. h. auch der Vorteil niedriger Ablaufkonzentrationen bleibt erhalten, unbeschadet der Einsicht, daß mit einer Umkehrosmose nicht dasselbe Stoffspektrum zurückgehalten wird wie mit einer Aktivkohlebehandlung. Da derartige Anlagen bei einigen Deponien betrieben werden und sich weitere im Bau befinden, wird die Leistungsfähigkeit am Beispiel einiger Betriebsergebnisse der Sickerwasserbehandlung der Zentraldeponie Fröndenberg-Ostbüren (Kreis Unna) veranschaulicht.

Der Sickerwasserbehandlungsanlage der Deponie Fröndenberg-Ostbüren wurden folgende Bemessungswerte zu Grunde gelegt:

Deponiesickerwasser	70 m^3/d
Kompostierung Prozeßwasser	10 m^3/d
Kompostierung Platz u. Straßenabwasser	10 m^3/d
Gesamtmenge	90 m^3/d
max. Anlagendurchsatz	125 m^3/d
CSB	4400 mg/l
BSB$_5$	3000 mg/l
NH$_4$–N	800 mg/l
AOX	0,7 mg/l

Die biologische Stufe ist als Biomembrat®-Anlage gestaltet und besteht aus drei Reaktoren von je ca. 45 m^3, von denen einer als vorgeschalteter Denitrifikationsreaktor betrieben wird. Aus den beiden Nitrifikationsreaktoren werden jeweils ca. 25 m^3/h (Rücklaufverhältnis RV = 5) und ca. 50 m^3/h (RV = 10) in den Denitrifikationsreaktor zurückgeführt. Da die Reaktoren als Druckreaktoren betrieben werden, wird eine Sauerstoffausnutzung von ca. 60 % erreicht. Zur Stützung der Biologie werden Essigsäure und Phosporsäure zudosiert. Die Ultrafiltration zur Abtrennung des gereinigten Abwassers der biologischen Stufe besitzt eine Membranfläche von ca. 44 m^2. In den folgenden Tabellen 11.1 bis 11.4 sind Ergebnisse von Betriebsmessungen für einige chemische Parameter und für den Aktivkohle- und Energieverbrauch sowie die Behandlungskosten dargestellt [2].

Tabelle 11.1. Monatsmittelwerte der biologischen Stufe

	Zulaufmenge m³/Monat	CSBzu mg/l	CSBab mg/l	NH$_4$–Nzu mg/l	NH$_4$–Nab mg/l
Sept. 93	822				
Okt. 93	1573	868	401	361	4,91
Nov. 93	238	1140	574	497	17,98[a]
Dez. 93	1538	811	443	291	2,45

[a] Anlagenfehlbedienung (Essigsäurezugabe zu hoch)

Tabelle 11.2. Adsorptionsverlauf an drei in Reihe geschalteten Adsorbern

	Zulauf Menge m³	Zulauf Adsorber 1 mg/l CSB	Ablauf Adsorber 1 mg/l CSB	Ablauf Adsorber 2 mg/l CSB	Ablauf Adsorber 3 mg/l CSB
09.12.93	0	740	< 15	< 15	< 15
11.12.93	130	502	< 15	< 15	< 15
19.12.93	540	320	< 15	< 15	< 15
22.12.93	664	197	28	< 15	< 15
24.12.93	790	170	34	< 15	< 15
26.12.93	914	226	42	< 15	< 15
29.12.93	1100	635	50	< 15	< 15
03.01.94	1375	199	121	< 15	< 15
05.01.94	1480	216	148	< 15	< 15
11.01.94	1890	460	125	54	17
13.01.94	2080	450	162	89	26

Tabelle 11.3. Energieverbrauch Oktober 1993

	kWh/Monat	kWh/m³	%
Ultrafiltration	16500	10,49	51
Kompressor	8280	5,26	26
Sonstiges	6040	3,84	19
Aktivkohlestufe	1500	0,95	5
Gesamt	32320	20,55	100

Bei der Bewertung der Ergebnisse ist zu berücksichtigen, daß der Zulauf zur Anlage einerseits hinsichtlich Menge und Konzentration stark schwankte und andererseits die Bemessungswerte (noch) nicht erreicht wurden. Bei Einleitegrenzwerten von 200 mg/l CSB und 0,5 mg/l AOX ist ein Austausch der Adsorberfüllung und ein Wechsel des Adsorbers 1 in die Position 3 theoretisch erst notwendig, wenn der Ablauf des Adsorbers 3 in die Nähe eines der Einleitegrenzwerte gerät. Wenn der Adsorber 1 seine maximale

Tabelle 11.4. Kosten der Sickerwasserbehandlung

Auslegung	
Auslegungssickerwassermenge	32 500 m³/a
mittlere jährliche Sickerwassermenge	24 000 m³/a
max. Anlagendurchsatz	6,00 m³/h
1. Investitionskosten (Anlagentechnik)	
1.1 Biologie	2 632 750 DM
1.2 Aktivkohle-Adsorption	200 000 DM
1.3 Gesamt netto	2 832 750 DM
brutto (15 % MwSt)	3 257 663 DM
2. Betriebskosten (Anlagentechnik)	
2.1 Kapitaldienst (10 Jahre Abschreibung, 8 % Verzinsung, KWF 14,9)	485 392 DM
2.2 Wartung, Reparaturen (3 %)	97 730 DM
2.3 Membranersatz (2 Jahre Standzeit)	17 600 DM
2.4 Personal 1 Mann/d	60 000 DM
2.5 Versicherungen (0,5 %)	16 288 DM
Zwischensumme I	677 010 DM
2.6 Chemikalien/Hilfsstoffe (Essig-, Phosphorsäure	50 000 DM
2.7 Elektrizität (0,24 DM/kWh)	115 200 DM
2.8 Aktivkohle (2,80 DM/kg Aktivkohle)	201 600 DM
2.9 Schlammentsorgung	0 DM
Zwischensumme II	366 800 DM
3. Gesamtsumme jährliche Betriebskosten	1 043 810 DM
4. spezifische Reinigungskosten bei mittlerer Sickerwassermenge	43,49 DM/m³
5. spezifische Reinigungskosten bei Auslegungswassermenge	36,11 DM/m³

Beladung erreicht hat, ist der Austausch natürlich schon zu diesem Zeitpunkt notwendig.

Recht nützlich ist eine Kostenübersicht über die Sickerwasserbehandlung mit allen Einschränkungen der Übertragbarkeit auf andere Verhältnisse. Bei einer Übertragung auf andere Anwendungsfälle sind die Beschaffenheit des Abwassers, die jeweiligen behördlichen Anforderungen und die örtlichen Randbedingungen zu beachten.

Abkürzungen

AOX	Adsorbierbare organische Halogene
BSB_5	Biochemischer Sauerstoffbedarf in 5 Tagen
CSB	Chemischer Sauerstoffbedarf
CF_v	volumetrischer Konzentrationsfaktor
RV	Rücklaufverhältnis

Literatur

1. Leitzke O (1993) Chemische Oxidation mit Ozon und UV-Licht unter einem Druck von 5 bar absolut und Temperaturen zwischen 10 und 60 °C, gwf Wasser Abwasser, 134 (1993) Nr 4, 202–207
2. NN Mitteilungen der Firma Wehrle Werk AG
3. Rautenbach R, Mellis R (1993) Optimierung biologischer Reinigungsstufen durch Nachbehandlung des Ablaufs mittels Nanofiltration und Konzentratrückführung, 4. Aachener Membran Kolloquium 9.–11.3.
4. Rautenbach R, Mellis R (1993) Erhöhter biologischer Abbaugrad durch Kombination einer biologischen Reinigungsstufe mit Membrantrennverfahren, Korrespondenz Abwasser, 40. Jahrg, 7:1138–1142
5. Staab KF, Knödler J, Urhahn M, Wagner F (1993) Reinigung von Gerbereiabwasser mit dem Biomembrat®-Verfahren, Das Leder, 44. Jahrg. Juni
6. Timm C, Wienands H, Brauch G, Schläger M (1993) Biologisches Hochleistungsverfahren zur Abwasserreinigung, Chemie-Umwelt-Technik, 13:42–45
7. Wagner F, Wienands H (1992) Biologie und Membrantechnik zur Abwasserreinigung, WasserAbwasserPraxis 2:88–94
8. Wagner F, Schalk P, Heubl H (1993) Abwasserreinigung in der Tierkörperverwertung, Die Fleischmehlindustrie, 9:173–177
9. Unveröffentlicht: Untersuchungen des Instituts für Wasser-, Boden- und Lufthygiene, Berlin

Thermische Verfahren zur Abwasserbehandlung

R. Marr

12.1
Einleitung

In Sammelabwässern werden üblicherweise eine Fülle von Stoffen gefunden, die selbst nach ständigem Verbessern der mechanischen und biologischen Reinigungsverfahren die Klärwerke ohne nennenswerte Abreicherung verlassen. Hierzu zählen unter anderem ionisch gelöste Schwermetalle wie Quecksilber, Cadmium und Blei und organische Halogenverbindungen, zum Beispiel Pflanzenschutzmittel und ihre Vorprodukte, die insbesondere wegen der Fortschritte bei der Analytik im Blickpunkt der Öffentlichkeit stehen. Die Ursache für den Verbleib vieler Stoffe im Ablauf der Kläranlagen liegt im spezifischen Verfahren der Biologie und in der starken Verdünnungswirkung der Kläranlagen.

Mechanisch schwer abzutrennende und biologisch schwierig abzubauende Wasserinhaltsstoffe können durch eine zusätzliche Abwasserbehandlung über thermische Verfahren reduziert werden. Dabei ist es in der Regel zweckmäßig, die „Problemabwässer" gezielt vorzubehandeln, d.h. so zu konditionieren, daß diese in eine Kläranlage oder direkt in Oberflächengewässer eingeleitet werden können. Die Abwasserbehandlung vor Ort wird auch gesetzlich erzwungen, wenn das Abtrennen der Abwasserinhaltsstoffe durch die Verdünnung in der Kläranlage erschwert oder gar unmöglich wird. Man kann sogar einen Schritt weitergehen und Abwasserteilströme so aufarbeiten, daß ein Teil der Abwasserinhaltsstoffe als Wertstoff in Produktionsprozesse zurückgeführt wird. Ferner ist auch an das Aufarbeiten von Abwasserströmen bis hin zu einem festen, deponiefähigen, im Volumen hinsichtlich des Abwassers stark reduzierten Rückstand zu denken.

Dieses Kapitel gibt eine Übersicht über die thermischen Verfahren zur Abwasserreinigung. Das Prinzip, auf dem alle thermischen Trennverfahren beruhen, ist der Konzentrationsunterschied einer Übergangskomponente in einer Abgeber- und einer Aufnehmerphase, wodurch der Stofftransport bis zur Einstellung des Phasengleichgewichtes bewirkt wird. In der Abwasserreinigung repräsentiert die verunreinigende Substanz die Übergangskomponente und das Abwasser die Abgeberphase. Im Gegensatz zur chemischen

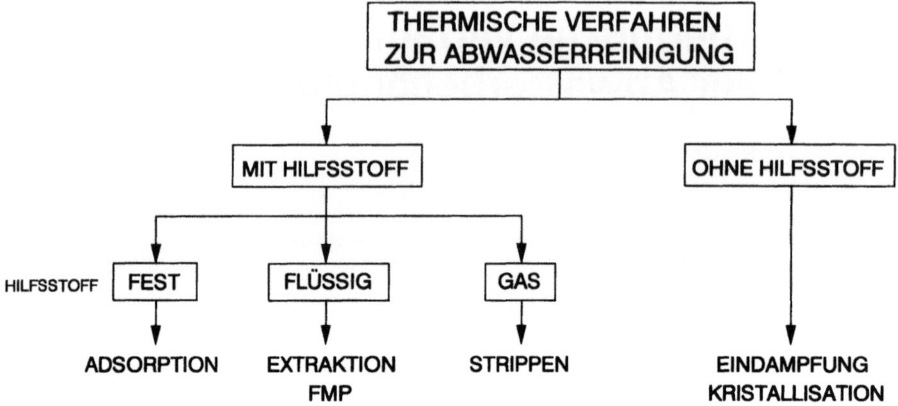

Abb. 12.1. Unterteilung der thermischen Verfahren zur Abwasserreinigung

Verfahrenstechnik erfährt die Übergangskomponente während der Trennoperation keine Stoffumwandlung. Aus diesem Grund stellen Solvent-Extraktion und Flüssig-Membran-Permeation, die eigentlich Ionenaustauschprozesse in der Flüssigphase sind, Grenzfälle zwischen thermischer und chemischer Verfahrenstechnik dar.

Die thermischen Verfahren zur Abwasserreinigung können, wie in Abb. 12.1 gezeigt, in Verfahren mit und ohne Hilfsstoff unterteilt werden:

- Verwendung eines Hilfsstoffes: Die Abtrennung der Verunreinigung erfolgt durch Kontaktierung des Abwassers mit einer Aufnehmerphase. Zu dieser Gruppe zählen Adsorption, Extraktion, Solvent-Extraktion, Flüssigmembran-Permeation und Strippen.
- Verfahren ohne Hilfsstoff: Das Abwasser wird durch *Separation in zwei Phasen* gereinigt, wobei die verunreinigende Substanz in konzentrierter Form in einer der austretenden Phasen verbleibt. Verdampfung und Kristallisation funktionieren nach diesem Prinzip.

Eine konkrete Trennlinie kann nicht in jedem Fall gezogen werden, da z.B. bei Kristallisationverfahren teilweise auch Hilfsstoffe verwendet werden.

12.2
Berechnungsgrundlagen

Entsprechend Abb. 12.1 können auch die Berechnungsgrundlagen in zwei Gruppen, nämlich Verfahren mit und ohne Hilfsstoff, unterteilt werden. Die Berechnungsgrundlagen aller Verfahren einer Gruppe beruhen auf dem selben Schema und werden in den folgenden Abschnitten allgemein dargestellt. Für detailliertere Berechnungen sei an dieser Stelle auf die einschlägige Literatur verwiesen [24–26, 30].

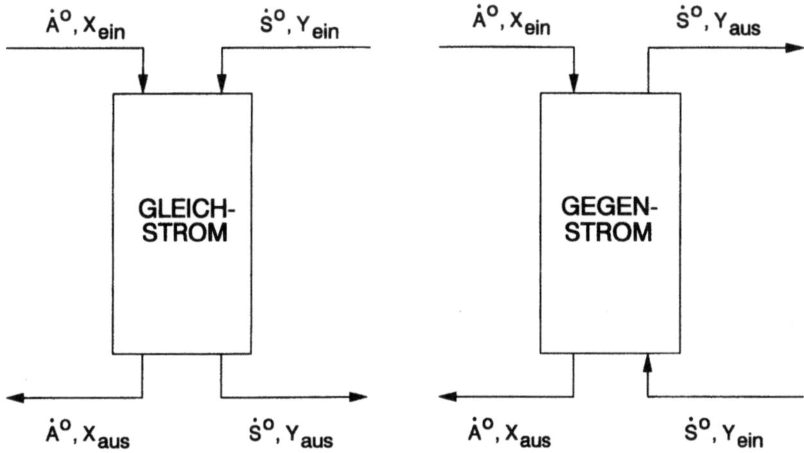

Abb. 12.2. Stromführung in Gleich- und Gegenstromapparat. A^o [kmol/s]: unbeladener Abwassermengenstrom; S^o [kmol/s]: unbeladener Mengenstrom der Aufnehmerphase; $X_{ein\ bzw.\ aus}$ [kmol/kmol]: Molbeladung des Abwassers mit der Übergangskomponente am Eintritt bzw. Austritt; $Y_{ein\ bzw.\ aus}$ [kmol/kmol]: Molbeladung der Aufnehmerphase mit der Übergangskomponente am Eintritt bzw. Austritt; Y^* [kmol/kmol]: Gleichgewichtsmolbeladung der Übergangskomponente in der Aufnehmerphase (s. Gl. 12.1)

12.2.1
Verfahren mit Hilfsstoff

In diesem Abschnitt werden die Grundlagen zur Bestimmung der *Hilfsmittelmenge* und der *Höhe des Trennapparates* bzw. der *Stufenzahl einer Trennkaskade* mit Hilfe einfacher verfahrenstechnischer Beziehungen dargestellt.

Die Berechnung des Kolonnendurchmessers bzw. des Volumens mehrstufiger Mixer/Settler-Kaskaden, die in erster Linie durch die Hydrodynamik bestimmt sind, wird hier nicht durchgeführt. Die nötigen Parameter für ihre Bestimmung können der Literatur [3, 4] entnommen werden oder sind von den Herstellern solcher Trennapparate in Erfahrung zu bringen.

Grundsätzlich können die Abwasser- und Aufnehmerphase im Trennapparat im Gleich- oder Gegenstrom geführt werden. Für den Fall des Gleichstromes kann in jedem Trennapparat nur eine theoretische Trennstufe, d.h. einmaliges Erreichen des Gleichgewichtes, verwirklicht werden. In Abb. 12.2 sind diese beiden grundsätzlichen Möglichkeiten der Stromführung dargestellt.

In einem Konzentrationsdiagramm kann der Zusammenhang zwischen den Molanteilen bzw. Molbeladungen der Übergangskomponente in der Abwasser- und der Aufnehmerphase im Gleichgewichtszustand graphisch dargestellt werden. Die Gleichgewichtskonzentration in der Aufnehmerphase ist eine Funktion der jeweiligen Abwasserkonzentration:

$$Y^* = f(X). \tag{12.1}$$

Für die Bilanzierung wird die Annahme getroffen, daß Abwasser- und Aufnehmerphase gegenseitig nicht löslich sind, wodurch die unbeladenen
Mengenströme von Abwasser und Hilfsstoff zwischen Apparateeintritt und
-austritt konstant sind. Ist die gegenseitige Löslichkeit nicht vernachlässigbar,
kann das Bilanzgleichungssystem nur auf iterativem Wege gelöst werden.

Aus einer Mengenbilanz der Übergangskomponente kann die
benötigte Menge an Aufnehmerphase berechnet werden, wobei als Konzen-
trationseinheit meist Beladungen verwendet werden, da hierbei die Betrieblinie zu einer Geraden wird:

$$X_{ein} \, \dot{A}^o + Y_{ein} \cdot \dot{S}^o = X_{aus} \cdot \dot{A}^o + Y_{aus} \cdot \dot{S}^o$$

$$\Rightarrow \frac{\dot{S}^o}{\dot{A}^o} = \frac{X_{ein} - X_{aus}}{Y_{aus} - Y_{ein}}. \tag{12.2}$$

Die Bestimmung der minimalen Hilfsstoffmenge erfolgt in Abhängigkeit von
der Krümmung der Gleichgewichtslinie. Für den Fall einer konkaven Gleichgewichtskurve tangiert die Betriebslinie die Gleichgewichtslinie und im Falle
einer konvexen oder geraden Gleichgewichtslinie schneidet die Betriebslinie
die Gleichgewichtslinie bei minimaler Hilfsstoffmenge. Da bei minimaler
Hilfsstoffmenge die Stufenzahl des Apparates unendlich ist, wird im Realfall
die effektiv eingesetzte Hilfstoffmenge entsprechend größer gewählt.

In Abb. 12.3 sind für einen Gegenstromapparat die Gleichgewichtslinie sowie die Betriebslinien für minimale und effektive Hilfsstoffmengen dargestellt.

Bei der Bestimmung der benötigten Stufenzahl wird zwischen diskontinuierlichem und kontinuierlichem Phasenkontakt von Abwasser und
Hilfsstoff unterschieden.

Diskontinuierlicher Phasenkontakt liegt bei Bodenkolonnen oder Mi-
xer/Settler-Kaskaden vor und die Stufenzahl wird mittels Trennstufenkonzept ermittelt. Dabei wird angenommen, daß in jeder Trennstufe der Gleichgewichtszu-

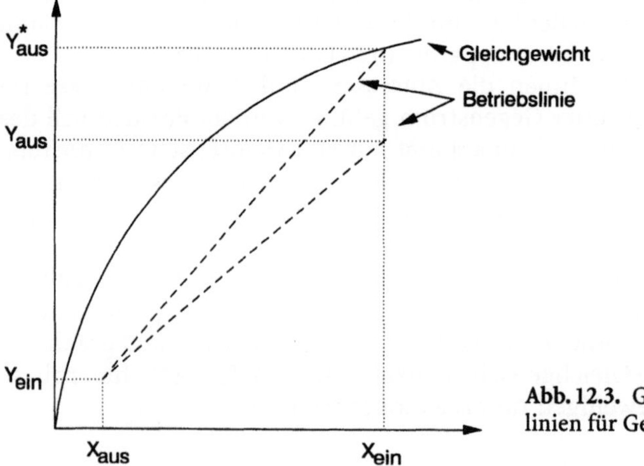

Abb. 12.3. Gleichgewicht und Betriebslinien für Gegenstrom

stand erreicht wird, sodaß diese theoretische Stufenzahl über einen Wirkungsgrad an die realen Gegebenheiten angepaßt wird. Rechnerisch erfolgt die
Bestimmung der Stufenzahl über eine stufenweise Bilanzierung der Übergangskomponente und graphisch wird eine Stufenkonstruktion im Konzentrationsdiagramm zwischen Gleichgewichtskurve und Betrieblinie durchgeführt.

Kontinuierlicher Phasenkontakt ist z.B. bei Füllkörperkolonnen
oder Sprühtürmen gegeben und zur Berechnung wird das Stoffaustausch-
konzept herangezogen. Durch Aufstellen der Stoffaustauschgleichung für einen differentiellen Kolonnenabschnitt kann mittels HTU-NTU-Konzept die
Höhe und die Anzahl der Übertragungseinheiten berechnet werden. Die Höhe
des Stoffaustauschapparates ergibt sich als Produkt der Werte HTU (= Höhe
einer Übertragungseinheit) und NTU (= Anzahl der Übertragungseinheiten).

12.2.2
Verfahren ohne Hilfsstoff

Das Abwasser wird nach dem Durchströmen eines Wärmetauschers in eine gasförmige – die *Brüden* – und eine flüssige Phase – das *Konzentrat* – aufgetrennt.
Bei der Berechnung wird davon ausgegangen, daß die *verunreinigende Substanz
zur Gänze im Konzentrat* verbleibt, daher besteht das Kondensat der Brüden aus
reinem Wasser oder enthält nur noch Komponenten, die entsprechend des geringen Dampfdruckunterschiedes zum Wasser mitverdampft wurden. Diese Inhaltsstoffe müssen in weiteren Reinigungsschritten abgetrennt werden. Die für
diese Verfahren in der Berechnung verwendeten Formelzeichen sind in Abb. 12.4
dargestellt und werden anschließend erklärt.

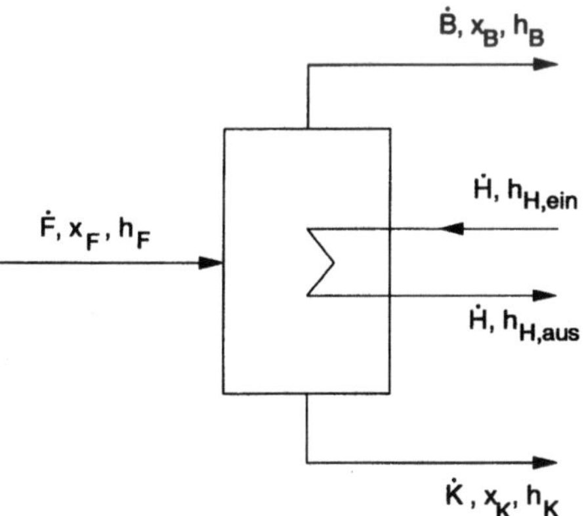

Abb. 12.4. Stromführung bei Separation des Abwassers. $\dot{F}$ [kmol/s] Abwassermengenstrom
am Eintritt, $\dot{B}$ [kmol/s] Brüdenmengenstrom, $\dot{K}$ [kmol/s] Konzentratmengenstrom,
$\dot{H}$ [kmol/s] Heizmittelmengenstrom, x_F [kmol/kmol] Molanteil der Verunreinigung am Eintritt, x_B [kmol/kmol] Molanteil der Verunreinigung in den Brüden, x_K [kmol/kmol] Molanteil
der Verunreinigung im Konzentrat, h_F [kJ/kmol] molare Enthalpie des Abwassers am Eintritt,
h_B [kJ/kmol] molare Enthalpie der Brüden, h_K [kJ/kmol] molare Enthalpie des Konzentrates,
$h_{H,\,ein}$ [kJ/kmol] molare Enthalpie des Heizmittels am Eintritt, $h_{H,\,aus}$ [kJ/kmol] molare
Enthalpie des Heizmittels am Austritt

Unter Verwendung einer Gesamtbilanz und einer Komponentenbilanz werden die entstehenden Mengen an Brüden und Konzentrat berechnet. Aus einer Energiebilanz um den Trennapparat werden der Wärmebedarf und die erforderliche Menge an Heizmittel bestimmt.

12.3
Adsorption

12.3.1
Grundlagen

Bei der Adsorption wird ein fester Hilfsstoff (= Adsorbens) eingesetzt, mit dessen Hilfe die Verunreinigung aus dem Abwasser entfernt wird. Der Trennmechanismus des Adsorptionsvorganges beruht auf den van der Waalschen Kräften, die nur über sehr kurze Distanzen wirksam sind und eine Anreicherung von im Abwasser enthaltenen Stoffen an der inneren Oberfläche eines porösen Festkörpers bewirken. Eine Rückgewinnung der adsorbierten Stoffe ist technisch möglich. Über eine Regeneration des Adsorptionsmittels durch Temperaturerhöhung, Druckverringerung oder Verdrängungsdesorption muß im Einzelfall aufgrund von Wirtschaftlichkeitsdaten entschieden werden.

Die wesentlichen Einflußgrößen für die Adsorption sind wie folgt:

- *Molekülstruktur.* Im allgemeinen werden verzweigte langkettige Moleküle besser adsorbiert als geradkettige. Art und Position von Substituenten beeinflussen die Adsorptionskapazität ebenso wie die Polarität in Abhängigkeit von den Oberflächeneigenschaften des Adsorbens.
- *Ionisation.* Der pH-Wert spielt bei dissoziierbaren Verbindungen eine wesentliche Rolle und muß so gewählt werden, daß der zu adsorbierende Stoff in der molekularen Form vorliegt [2].
- *Temperatur.* Der Temperatureffekt für wäßrige Lösungen ist für den Temperaturbereich (20 bis 35 °C), in dem sich die meisten Abwässer befinden, vernachlässigbar klein [1].
- *Mehrkomponentengemische.* Durch die Konkurrenz mehrerer adsorbierbarer Substanzen kommt es zu Überlagerungen und Verdrängungseffekten, wodurch die Beladungshöhe für jeden einzelnen Stoff erniedrigt wird [2].

Zur Charakterisierung von Adsorbentien wird vor allem deren *spezifische Oberfläche* benutzt, die hauptsächlich von der inneren Porosität bestimmt wird. Aufgrund ihrer charakteristischen Kristallstruktur werden kohlenstoffhaltige und oxidische Adsorptionsmittel unterschieden, darüber hinaus sind auch noch synthetische Adsorberharze bekannt.

Kohlenstoffhaltige Adsorbentien wie Aktivkohle oder Aktivkoks eignen sich wegen ihres hydrophoben Charakters ganz allgemein zur Adsorp-

Tabelle 12.1. Spezifische Oberfläche von Adsorbentien

Adsorptionsmittel	Spezifische Oberfläche [m^2/g]
Körnige Aktivkohle [3]	500 ... 800
Pulvrige Aktivkohle [3]	700 ... 1400
Aktivkoks [4]	≈ 100
Kieselgel engporig [4]	600 ... 850
Kieselgel weitporig [4]	250 ... 350
Aktivtonerde [4]	100 ... 400
Molekularsiebe [4]	500 ... 1000
Adsorberharze [2]	400 ... 500

tion von organischen und anderen unpolaren Verbindungen. Die Aktivkohle als der wichtigste Vertreter dieser Gruppe wird durch Verkohlung von Holz, Stein- oder Braunkohle oder Torf bei ca. 800 °C hergestellt. Physikalische Aktivierung erfolgt durch Einblasen von Dampf, Kohlendioxid oder Luft bei erhöhten Temperaturen, zusätzliche chemische Aktivierung kann durch Einsatz eines Katalysators erreicht werden.

Oxidische Adsorptionsmittel wie Kieselgel, Aktivtonerde – die porösen Formen des Aluminiumoxides – und Molekularsiebe können aufgrund ihrer Eigenschaften vor allem polare Stoffe aus dem Abwasser entfernen.

Synthetische Adsorberharze auf Polystyrolbasis können sowohl für die Abtrennung polarer als auch unpolarer Verbindungen eingesetzt werden, ihre Regeneration erfolgt mit Methanol oder Isopropanol.

Tabelle 12.1 gibt einen Überblick über die spezifischen Oberflächen der oben genannten Adsorptionsmittel.

Aus Wirtschaftlichkeitsgründen wurden in den letzten Jahren vermehrt Untersuchungen für die Einsatzmöglichkeiten alternativer und im Vergleich zur Aktivkohle billigerer Adsorbentien durchgeführt. In Tabelle 12.2 [8] findet sich eine Zusammenfassung von Labor- und Betriebserfahrungen mit Adsorptionsmitteln, die aus kohlenstoffhaltigen industriellen und landwirtschaftlichen Abfällen sowie mineralhaltigen Rohstoffen hergestellt werden, wobei die leichte Verfügbarkeit des jeweiligen Ausgangsmaterials als wichtigstes Kriterium zu dessen Einsatz gefordert wird.

12.3.2
Adsorptionsverfahren

Das thermische Verfahren der Adsorption wird in der Abwasserreinigung zur Entfernung von schwer abtrennbaren Geruchs-, Farb- und Geschmacksstoffen, von verschiedensten organischen Verbindungen und von einigen Schwermetallen eingesetzt. Aufgrund der geringen Selektivität und der eingeschränkten Möglichkeit zur Wiederverwendung des beladenen Adsorptionsmittels stellt die Adsorption, oft in Kombination mit anderen Reinigungsverfahren, häufig die letzte Stufe vor dem Vorfluter dar.

Tabelle 12.2. Anwendungsmöglichkeiten von alternativen Adsorptionsmittel [8]

alternatives Adsorptionsmittel	Anwendungsmöglichkeit
Autoreifen	Farbstoffe (Orange II, Säureschwarz 24), Phenol
Abfallschlamm einer Düngemittel-produktion	Schwermetalle (Cr, Hg, Pb, Cu, Mo)
Abfall einer Wollekarbonisierung	ionische Farbstoffe
Olivenkerne	Nitro- und chlorsubstituierte Phenole; geradkettige, verzweigte und cyclische Kohlenwasserstoffe
Olivenkerne und Mandelschalen	Farbstoffe (Methylenblau, Orange II, Kristallviolett, Viktoriablau, 4-Nitrophenol)
Obstkerne	Schwermetalle (ZnII, CdII, CuII)
Kokosnußschalen	Schwermetalle (CrIV), Farbstoffe (4-Nitrophenol)
Reiskornhülsen	Farbstoffe (Methylenblau, Sandocrylorange B-3 RLE, Lanasynschwarz BRL ABK); Schwermetalle (CrVI, CdII)
Sägewerksabfall aus Buchenholz	Farbstoffe (Methylenblau); Iod; Phenol; Pentachlorphenol; Dodecylbenzolsulfonat; p-Toluolsulfonat
Flugasche	Farbstoffe (Chromrot); Phenole
Chinaclay	Schwermetalle (AsIII, ZnII)

Verfahrenstechnisch unterscheidet man nach Einsatz der Adsorbentien das *Einrührverfahren* und das *Perkolationsverfahren* (Kolonnenverfahren).

Die folgende Einteilung der häufigsten Adsorberbauarten beziehen sich auf die Verwendung von Aktivkohle als Adsorbens, können aber grundsätzlich auch für den Einsatz anderer Materialien angewendet werden.

- *Einrührverfahren:*
  - Diskontinuierliche Adsorption im Mischer mit anschließender Filtration,
  - kontinuierliche Adsorption im Mischer mit anschließender Filtration,
  - kontinuierliche Adsorption im Mischer mit anschließender Sedimentation.
- *Perkolationsverfahren:*
  - Festbett,
    Einkolonnen-Adsorption,
    Mehrkolonnen-Adsorption in Parallelschaltung,
    Mehrkolonnen-Adsorption in Serienschaltung;
  - Rutschbett
    kontinuierliche Adsorption,
    halbkontinuierliche Adsorption.

Das *Einrührverfahren* stellt ein Verfahren dar, wobei pulverisierte Aktivkohle in die Lösung eingerührt und nach gewissen Verweilzeiten abfiltriert wird, sodaß die Filtrierbarkeit der Adsorbentien eine entscheidende Rolle spielt. Eingesetzt wird dieses Verfahren nur bei geringen Abwasserströmen oder bereits vorhandenem Belebtschlammverfahren.

Beim *Perkolationsverfahren* wird gekörnte oder in Preßlingen erzeugte Aktivkohle in Körnungen von ca. 2 bis 3 mm in vertikale Kolonnen gefüllt, die von oben nach unten oder in umgekehrter Richtung durchströmt werden. Die Schütthöhen der Adsorbentien betragen 2 bis 3 m [5], wobei Kontaktzeiten zwischen 15 und 60 Minuten einzuhalten sind [6]. Dazu bedarf es spezifischer Beaufschlagungen in der Größenordnung von 0,4 bis 1,2 m³/(m³·h) [7].

Aktivkohle in körniger Form ist das am häufigsten verwendete Adsorptionsmittel, das im Perkolationsverfahren eingesetzt wird. In *Festbettadsorbern* wird sie verwendet, wenn das Abwasser suspendierte Feststoffteilchen enthält und der Adsorbensbedarf relativ gering ist. Eine *einzelne Adsorptionskolonne* reicht aus, falls die Durchbruchskurve (= maximale Beladung des Adsorptionsmittels) eine große Steigung aufweist oder die Standzeit des Adsorbens sehr lang ist. *Mehrkolonnensysteme* kommen zum Einsatz, wenn der Adsorptionsprozeß zu Regenerationszwecken nicht unterbrochen werden darf oder die Dimensionen einer einzelnen Kolonne für die vorgesehene Aufgabe nicht ausreichend sind. In einer *parallelen Schaltung* wird jede Adsorptionsstufe mit unbeladenem oder regeneriertem Adsorbens versorgt, was zur Erzielung hoher Reinheitsgrade notwendig ist. In einer *seriellen Adsorberschaltung* durchströmen Abwasser und Adsorbens die einzelnen Adsorptionsstufen im Gegenstrom, wodurch die Kapazität des eingesetzten Adsorbens optimal genutzt wird. Diese Anordnung ist auch für Systeme mit zusammengesetzten Durchbruchskurven vorgesehen.

Rutschbettadsorber stellen im Prinzip mehrstufige Systeme in Gegenstromschaltung dar und werden bei großem Verbrauch an Adsorptionsmittel verwendet, sind jedoch bei biologisch aktivem Abwasser nicht effektiv. Im Gegensatz zu den *kontinuierlich* betriebenen Anlagen wird bei *halbkontinuierlicher* Fahrweise das beladene Adsorbens teilweise nach bestimmten Zeitintervallen ersetzt.

Bei der Adsorberauslegung sollte auch bereits die *Regeneration* des Adsorptionsmittels berücksichtigt werden, falls das beladene Adsorbens nicht verbrannt wird. Die Reaktivierung, die in der Praxis meist auf thermischem Weg bei etwa 1000 °C betrieben wird, kann bei einem Aktivkohlebedarf von mehr als 800 Jahrestonnen direkt in die Adsorptionsanlage integriert werden, bei geringeren Mengen erfolgt sie meist an zentraler Stelle [2]. In jedem Fall verringert sich die Adsorptionskapazität der regenerierten Aktivkohle, was in der Berechnung durch einen Regenerationsfaktor (= Verringerung der Adsorptionskapazität durch Regeneration) von 0,6 ... 0,9 berücksichtigt wird.

12.3.2.1
Spezifisches Anwendungsbeispiel

Als Anwendungsbeispiel sei eine Adsorberanlage, für die Reinigung von Wasch- und Reinigungsabwässer, die stark schwankende Konzentrationen an chlorierten Kohlenwasserstoffen aufweisen (300 bis 3500 ppm Dichlorethan),

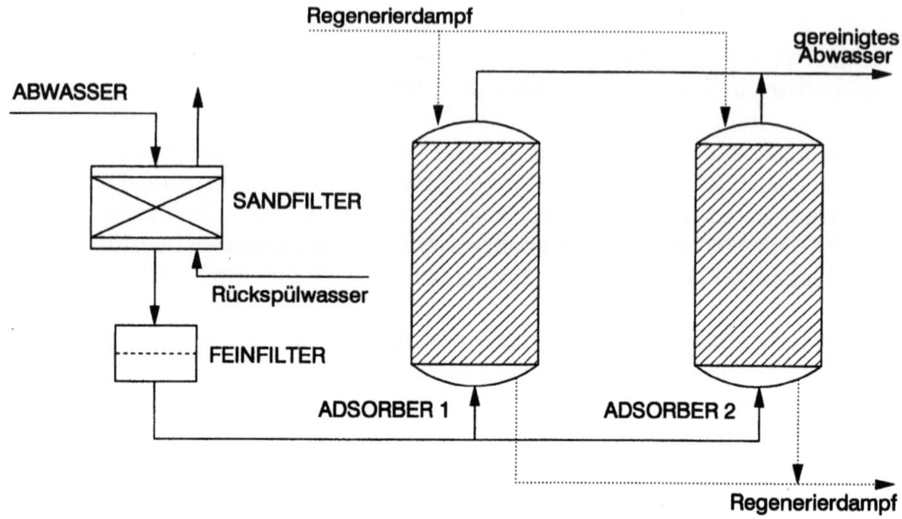

Abb. 12.5. Adsorptionsanlage zur Reinigung CKW-hältiger Abwässer

Tabelle 12.3. Betriebsdaten der Adsorptionsanlage zur Reinigung CKW-haltiger Abwässer [27, 28]

Abwassermenge	$12 \text{ m}^3/\text{h}$
Abwasser am Adsorbereintritt	
– pH-Wert	pH 1,5
– CKW-Konzentration	300 ... 3500 ppm
Abwasser am Adsorberaustritt	
– Tetrachlorethen-Konzentration	0,1 mg/l
– Chloroform-Konzentration	0,2 mg/l
– EOX-Konzentration	0,4 mg/l
Reinigungsleistung	99,5 %
Temperatur im Adsorber	20 ... 25 °C
Adsorbervolumen	2 m^3
spezifischer Dampfverbrauch für die Adsorbensregenerierung	15 kg/m^3
spezifische Betriebskosten	$6,20 \text{ DM/m}^3$

angeführt (Abb. 12.5). Zwecks Abscheidung von Feststoffteilchen wird das Abwasser zuerst über einen Sand- und einen Feinfilter geführt und anschließend in einen der beiden baugleichen Adsorber geleitet. Während sich der eine Adsorber im Betrieb befindet, wird der zweite regeneriert. Das gereinigte Abwasser gelangt anschließend in eine chemische Flockungsstufe und wird in weiterer Folge einem Belebtschlammbecken zugeführt.

Die Betriebsdaten und -kosten sind in Tabelle 12.3 zusammengefaßt.

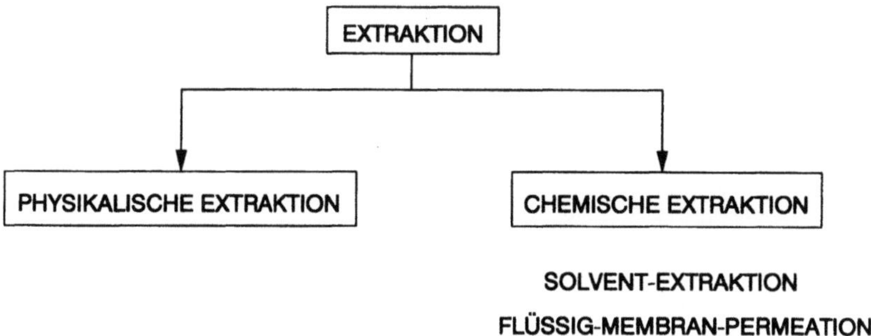

Abb. 12.6. Unterteilung der Extraktion

12.4
Extraktion

12.4.1
Grundlagen

Der Hilfsstoff bei der Extraktion ist die flüssige Aufnehmerphase und gemäß Abb. 12.6 kann die Extraktion in eine physikalische und eine chemische Extraktion unterteilt werden. Bei der physikalischen Extraktion erfolgt die Abtrennung von Substanzen aufgrund ihrer unterschiedlichen Löslichkeiten in der Abgeber- und der Aufnehmerphase. Im Gegensatz dazu werden bei der chemischen Extraktion die Substanzen durch einen chemischen Mechanismus getrennt. Die den Apparat verlassende Aufnehmerphase, die eine hohe Konzentration an abzutrennender Substanz aufweist, wird Extraktphase genannt und der gereinigte Abwasserstrom Raffinatphase.

12.4.2
Physikalische Extraktion

Die *unterschiedlichen Löslichkeiten* der Spezies in einer Abgeber- und einer Aufnehmerphase bewirken die Abtrennung von Substanzen.

Im einzelnen gründet sich die Extraktion auf folgende Teilschritte, die auch in Abb. 12.7 dargestellt sind.

1. Innige Durchmischung des Abwassers mit dem Extraktionsmittel bis zur Einstellung eines Verteilungsgleichgewichtes zwischen Extrakt- und Raffinatphase.
2. Trennung der beiden Phasen in einem Abscheider in eine Extrakt- und Raffinatschicht.

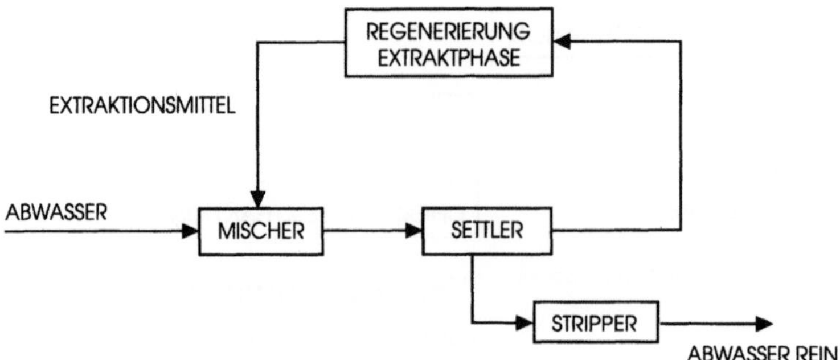

Abb. 12.7. Verfahrensschritte der physikalischen Extraktion

3. Aufarbeitung der Extraktphase mit Isolierung der extrahierten Stoffe und Rückgewinnung des extraktiv wirkenden Lösungsmittels, z. B. mittels Rektifikation.
4. Aufarbeitung der Raffinatphase durch Entfernung der Lösemittelreste, im allgemeinen über eine Dampfstrippung.

In der Abwasserbehandlung ist der Einsatz von Extraktionsanlagen zur Abtrennung von Phenolen und aromatischen Chlorkohlenwasserstoffen bekannt, wobei die Extraktion meist die erste Reinigungsstufe für höher konzentrierte Lösungen darstellt. Im Gegensatz zur Rektifikation bietet die Extraktion neben dem Vorteil des wesentlich geringeren Energiebedarfs vor allem auch die Möglichkeit, Stoffe mit geringem Siedepunktsunterschied zum Wasser und azeotropbildende Lösungen quantitativ aus dem Abwasser abzuscheiden.

Im den letzten Jahren wurden auch die Anwendungsmöglichkeiten der *Hochdruckextraktion* mittels überkritischem Kohlendioxid für die Abwasserreinigung untersucht [10–13].

Zur Beschreibung des Dreikomponentensystems Verunreinigung/ Abwasser/Extraktionsmittel kann ein Dreiecksdiagramm herangezogen werden, in dem vor allem gegenseitig teilweise mischbare Stoffsysteme anschaulich dargestellt werden. In Verteilungskurven wird die Konzentration der Übergangskomponente im Extraktionsmittel über der im Abwasser dargestellt.

Eine entscheidende Rolle für eine spezifische Abwasserreinigungsaufgabe spielt die Auswahl des Extraktionsmittels, wobei die folgenden Punkte zu beachten sind:

– Selektivität:
Selektivität bedeutet, daß vorrangig nur die Verunreinigung aus dem Abwasser abgetrennt wird. Für eine quantitative Abtrennung einer Verunreinigung soll die Selektivität daher möglichst groß sein. Dies wird einerseits durch einen großen Nernst'schen Verteilungskoeffizient der Übergangskomponente, wodurch ein kleines Mengenverhältnis von Extraktionsmittel zu Abwasser verwendet werden kann, erzielt. Andererseits wird eine hohe Selektivität auch durch einen kleinen Nernst'schen Verteilungskoeffi-

zient des Abwassers erreicht, was bedeutet, daß die gegenseitige Mischbarkeit von Extraktionsmittel und Abwasser gering ist. Insbesondere die *Wasserlöslichkeit* der Extraktionsmittel ist ein Hauptkriterium zu dessen Einsatzmöglichkeit, da dadurch die folgende Verfahrensstufe zur Entfernung der Lösungsmittelreste aus dem Abwasser nachhaltig beeinflußt wird.

– Dichte:
Für eine Minimierung der Zeit zur Phasentrennung nach dem Einstellen des Gleichgewichtes soll die Dichtedifferenz zwischen Extraktionsmittel und Abwasser möglichst groß sein.

– Grenzflächenspannung:
Hier sind mittlere Werte anzustreben, da bei kleiner Grenzflächenspannung ($\sigma < 0.001$ N/m) stabile Emulsionen gebildet werden, die nicht weiter verwendbar sind. Bei hoher Grenzflächenspannung ($\sigma > 0.05$ N/m) ist der Energieaufwand zur Dispergierung zu groß [14].

– Viskosität:
Niedrige Werte für die dynamische Viskosität ($\eta < 0.01$ Pa s) führen zu einer Verringerung des Stoffübergangswiderstandes und Erhöhung der Durchsätze [14].

Außerdem sind geringe *Korrosivität, Entflammbarkeit, Toxizität* und *Kosten* des Extraktionsmittels anzustreben. In Tabelle 12.4 sind die Daten häufig eingesetzter organischer Extraktionsmittel angeführt.

12.4.2.1
Typisches Anwendungsbeispiel

Phenolhaltige Abwässer einer Kunstharzproduktion werden, gemäß Abb. 12.8, in einer kontinuierlichen Extraktionskolonne mit anschließender Extrakt- und Raffinataufarbeitung gereinigt. In der mit Siebböden bestückten Extraktionskolonne

Tabelle 12.4. Organische Extraktionsmittel im Vergleich

Extraktionsmittel	Wasserlöslichkeit [Gew. %]	Dichte [kg/l]	Grenzflächenspannung gegen Wasser [10^3 N/m]	Viskosität [10^3 Pa s]
n-Butylacetat	0,70	0,871		0,732
i-Dekanol	< 0,01	0,840		
Methylisobutylketon (MIBK)	20	0,804		0,55
Toluol	0,06	0,873	36,1	0,585
Benzol	0,18	0,878	35,0	0,652
Methylenchlorid	1,30	1,324	26,5	0,449
Diisopropylether	1,20	0,726		0,380
Diisobutylketon	0,05	0,808		1,280

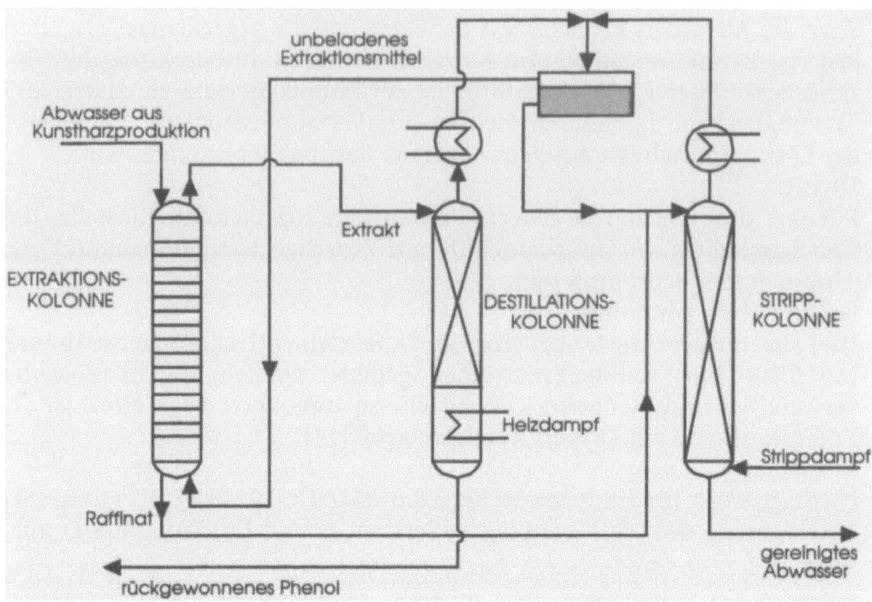

Abb. 12.8. Phenol-Extraktionsanlage

entzieht das im Gegenstrom geführte Extraktionsmittel Methylisobutylketon
(MIBK) dem Abwasser das Phenol. Die Extraktphase gelangt in die Destilla-
tionskolonne, worin das Phenol/MIBK-Gemisch getrennt wird. Das Kopfprodukt
MIBK gelangt zurück in den Extraktionsmittelkreislauf und das im Kolonnen-
sumpf gewonnene Phenol wird in die Produktion rückgeführt. Die Raffinatphase
der Extraktionskolonne wird in einer Strippkolonne mittels Wasserdampf vom
noch anhaftenden MIBK gereinigt und verläßt diese Kolonne als sauberes Abwasser. Die Prozeßdaten dieser Anlage sind in Tabelle 12.5 zusammengefaßt.

12.4.3
Chemische Extraktion

Die chemische Extraktion verwendet flüssige Ionenaustauscher und die Sub-
stanzabtrennung erfolgt durch einen chemischen Mechanismus und nicht
durch eine physikalische Verteilung wie in der physikalischen Extraktion. Die
organische Extraktionslösung setzt sich aus mehreren Komponenten zusammen. Die Reaktivkomponente ist wegen ihrer zumeist hohen Viskosität in
einem Verdünnungsmittel gelöst, ferner werden oft auch noch Lösungsvermittler (Modifikatoren) zugesetzt.

Nach der Wirkung der Extraktionsmittel lassen sich vier verschiedene Extraktionstypen unterscheiden.

– *Solvatisierende Extraktionsmittel* sind *Lewis-Basen* (Elektronendonatoren),
  die sich unstöchiometrisch durch eine koordinative Bindung an neutrale

Tabelle 12.5. Prozeßdaten der Phenol-Extraktionsanlage [29]

Abwassermenge	700 l/h
pH-Wert des Abwassers	pH 3
Abwasser vor der Reinigung	
– Phenol-Konzentration	4 … 9 Gew.%
Abwasser nach der Reinigung	
– Phenol-Konzentration	100 ppm
– MIBK-Konzentration	10 ppm
zurückgewonnenes Phenol	
– Menge	70…80 kg/h
– Wasser-Gehalt	0,02 Gew.%
– MIBK-Konzentration	0,1 Gew.%
Extraktionsmittel-Verluste	ca. 0,02 kg/h
Dampfverbrauch	140 kg/h
installierte elektrische Leistung	3 kW
Kühlwasserverbrauch	4 m³/h
Instrumentenluft	12 m³/h

Verbindungen anlagern. Die Wertsubstanz wird durch Solvatation in der organischen Phase gelöst, ähnlich dem Auflösen eines Kristalles in Wasser. Extrahiert werden mit solvatisierenden Extraktionsmitteln immer ungeladene, elektroneutrale Verbindungen, wie undissoziierte Säuren, Metallkomplexe oder organische Verbindungen. Die wesentlichen Vertreter dieser Gruppe sind Phosphor-, Phosphorsauerstoff- und Carbonsauerstoffverbindungen.

– *Kationentauscher* arbeiten nach dem selben Prinzip wie feste Ionentauscherharze, d.h. das Proton einer sauren funktionellen Gruppe wird gegen ein Metallion ausgetauscht. Ihr Vorteil gegenüber den Harzen ist, daß sie selektiv Schwermetalle extrahieren und nicht als Wasserenthärter wirken, so daß die Regenerationskosten gering und die Produktlösungen von hoher Qualität sind. Vertreter dieser Gruppe sind Carbon- und Sulfonsäuren, Phosphor-, Phosphon- und Phosphinsäuren, sowie deren Mono- und Dithioformen.

– *Anionenaustauscher* arbeiten ebenfalls nach dem Prinzip fester Ionenaustauscherharze. Man kennt aliphatische primäre, sekundäre, tertiäre und quaternäre Amine, wobei die ersten drei nur im sauren Milieu eingesetzt werden, da nur hier das extraktiv aktive Ammoniumion beständig ist. Quaternäre Amine sind auch im alkalischen Milieu stabil und einsetzbar.

– *Chelatisierende Extraktionsmittel* bilden mit dem zu extrahierenden Ion einen stabilen Komplex und bei der Komplexbildung spielt die räumliche Anordnung eine große Rolle. Dadurch wird eine gezieltere und selektivere Extraktion als bei den reinen Kationenaustauschern erreicht. Zu den wichtigsten Vertretern dieser Gruppe zählen aliphatische und aromatische Hydroxyoxime, Hydroxychinoline, Alkarylsulfonamide und neutrale Chelatbildner wie Polyole und undissoziierte Hydroxime.

Dem Extraktionsmittel werden noch Verdünnungsmittel und Lösungsvermittler zugegeben [15, 16].

- *Verdünnungsmittel.* Aufgrund der üblicherweise sehr hohen Viskosität des Extraktionsmittels wird dieses selten unverdünnt eingesetzt. Als Verdünnungsmittel werden hauptsächlich aliphatische, naphtenische und aromatische Substanzen verwendet. Der Einsatz chlorierter Kohlenwasserstoffe ist wegen ökologischer Aspekte äußerst eingeschränkt.
  Ein Verdünnungsmittel sollte folgende Kriterien erfüllen:
  - geringe Wasserlöslichkeit,
  - Flammpunkt 25 °C über Betriebstemperatur,
  - geringe Verdunstungsverluste,
  - keine Neigung zur Emulsionsbildung,
  - gutes hydrodynamisches Verhalten,
  - Beständigkeit gegen Zersetzung und
  - keine Toxizität.
- *Lösungsvermittler (Modifikator).* Wird bei der chemischen Extraktion die organische Phase durch die Metallaufnahme beim Extraktionsprozeß zu polar, kann es zur Bildung einer zweiten organischen Phase kommen. Eine organische Phase ist dabei hoch polar und metallhaltig, die zweite Phase entspricht weitgehend dem eingesetzten Verdünnungsmittel. Dieser Effekt tritt häufig bei der Verwendung kerosinähnlicher Verdünnungsmittel und hier sehr leicht bei Anionenaustauschsystemen auf. Durch Zugabe eines Lösungsvermittlers – meist längerkettige Alkohole – kann diese Aufspaltung der organischen Phase verhindert werden, da durch zusätzliche Solvatation des organischen Phasenkomplexes eine Homogenität der Extrahierphase erreicht wird.

Bei der Flüssigmembran-Permeation, die später noch eingehend beschrieben wird, werden dem Extraktionsmittel außerdem noch *Tenside* zugegeben, um die Vereinigung der beiden wäßrigen Phasen zu verhindern, wobei das Tensid der primären Emulsion zugesetzt wird. Dieser oberflächenaktive Stoff soll möglichst keinen Transportwiderstand für die abzutrennende Komponente darstellen, den Wassertransport gering halten und auch keinen katalytischen Einfluß auf die Zersetzung des Extraktionsmittels haben. Neben einigen Neuentwicklungen, über die aber noch zu wenig Informationen vorliegen, sind es hauptsächlich langkettige Polyamine, die für die Flüssigmembran-Permeation geeignet sind.

Tabelle 12.6 [16] zeigt die Löslichkeiten der einzelnen organischen Komponenten im Abwasser. Die Gesamtlöslichkeit der organischen Phase im Abwasser beträgt bei der Flüssigmembran-Permeation nur 2 bis 5 mg/l und bei der Solvent-Extraktion 30 bis 100 mg/l. Daher ist bei der Solvent-Extraktion im Gegensatz zur Flüssig-Membran-Permeation immer ein nachgeschalteter Verfahrensschritt zur Entfernung der organischen Komponenten erforderlich.

Die Prozeßschritte einer Anlage zur *Solvent-Extraktion* sind nachfolgend und in Abb. 12.9 dargestellt [15].

1. In der *Extraktionsstufe* gehen die Verunreinigungen vom Abwasser in die im Kreislauf geführte Extraktionslösung über.

Tabelle 12.6. Wasserlöslichkeit der Bestandteile der Extraktionslösung

	Solvent-Extraktion	Flüssigmembran-Permeation
Extraktionsmittel	10 ... 50 mg/l	10 ... 50 mg/l
aliphatische Lösungsmittel	< 5 mg/l	< 5 mg/l
aromatische Lösungsmittel	30 ... 100 mg/l	
Modifikator	40 ... 140 mg/l	
Tensid		1 mg/l
gesamte organische Phase	30 ... 100 mg/l	2 ... 5 mg/l

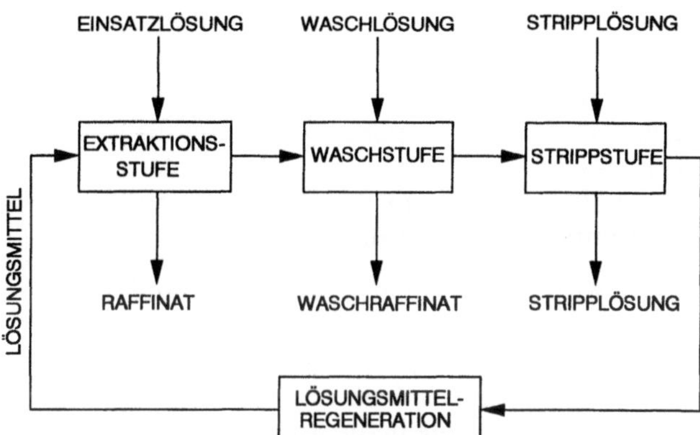

Abb. 12.9. Prozeßschema der Solvent-Extraktion

2. Die anschließende Wäsche der organischen Phase dient der Entfernung mit-extrahierter Begleitstoffe, daher ist diese *Waschstufe* nur bei der selektiven Rückgewinnung von Wertstoffen notwendig und kann in der Abwasser-reinigung im allgemeinen entfallen.
3. In der nachfolgenden *Strippstufe* werden die Verunreinigungen aus der Extraktionslösung wieder abgetrennt.
4. Das Extraktionsmittel wird vor der Rückführung in die Extraktionsstufe einer Regeneration unterzogen, was speziell bei Kationenaustauschern notwendig erscheint.

In der Abwasserreinigung kann die Solvent-Extraktion vor allem zur Elimi-nierung von Schwermetallen aus Viskose- und Galvanikindustrieabwässern, Zinkhütten und Rauchgasreinigungsanlagen sowie zur Entfernung von Am-moniak [32] und Phenol eingesetzt werden.

Die *Flüssig-Membran-Permeation* (FMP) ist eine Weiterentwick-lung der Solvent-Extraktion und stellt einen kombinierten Extraktions-/ Reextraktionsprozeß dar, wobei die Verunreinigungen aus dem Abwasser abgetrennt und in einer zweiten wäßrigen Lösung angereichert werden. Das Abwasser kommt bei diesem Prozeß mit einer Emulsion, die aus der organi-

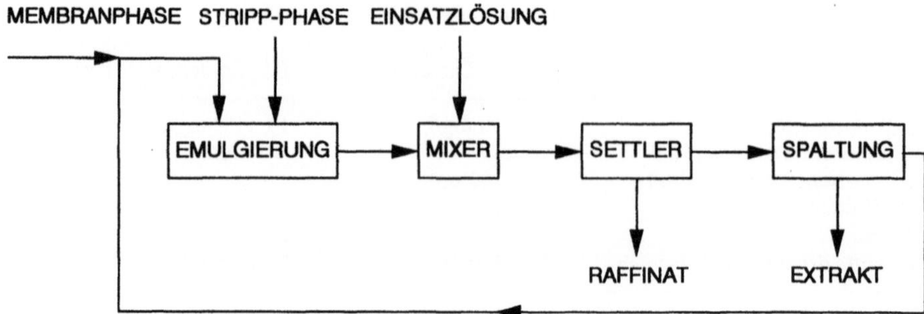

Abb. 12.10. Verfahrensschema der Flüssig-Membran-Permeation

schen Phase und dem Reextraktionsmittel hergestellt wird, in Kontakt. Die organische Phase wirkt dabei als flüssige Membran und trennt die Abwasserphase von der Aufnehmerphase

Das Verfahren der Flüssigmembran-Permeation setzt sich aus den folgenden Teilschritten zusammen (s. Abb. 12.10) [16]:

1. Die wäßrige *Abstreifphase* wird in der organischen *Membranphase* im ersten Schritt emulgiert.
2. Die Emulsion wird einem Permeationsapparat (Kolonne oder Rührkessel) zugeführt und mit der wäßrigen *Abgeberphase* vermischt. Hier erfolgt der Stoffübergang der Schadstoffkomponente in die Aufnehmerphase. Extraktion und Reextraktion erfolgen an jeder Membranseite eines Dispersphasetropfens.
3. Im nachfolgenden Settler werden die kontinuierliche und die disperse Phase getrennt abgezogen.
4. In einer zusätzlichen Stufe wird die Emulsion wieder in ihre Einzelkomponenten zerlegt, was meist mit einem *elektrostatischen Spalter* geschieht [33].

Obwohl Solvent-Extraktion und Flüssig-Membran-Permeation auf dem selben Trennmechanismus beruhen, sind dennoch einige Unterschiede zu beachten [16]:

- Vorteile der Flüssig-Membran-Permeation.
  - Durch die ständige, simultane Reextraktion steht immer freies Extraktionsmittel zur Verfügung, wodurch die Abtrennung deutlich besser ist; es besteht keine Gleichgewichtsbeschränkung.
  - Durch diese simultane Reextraktion ist weniger Extraktionsmittel nötig als in der Solvent-Extraktion und dadurch ist auch die Konzentration des beladenen Metall/Extraktionsmittel-Komplexes in der Membranphase deutlich geringer als in der Solvent-Extraktion. Eine Folge davon ist, daß das organische Lösungsmittel nach anderen Gesichtspunkten ausgewählt werden kann: Nicht mehr Lösungseigenschaften für den Komplex sind maßgebend, sondern Löslichkeit im Abwasser. Es können uneingeschränkt jene Lösungsmittel verwendet werden, welche die geringste Wasserlöslichkeit aufweisen.

- Andere Extraktionsmittel als in der Solvent-Extraktion sind einsetzbar: Stark saure Extraktionsmittel zeigen ausgezeichnete Extraktionseigenschaften für die Extraktion zahlreicher Schwermetalle, trotzdem sind sie in der Solvent-Extraktion nahezu unbekannt, vor allem weil die Reextraktion auch mit sehr starken Säuren praktisch nicht durchführbar ist. Die Ursache dafür liegt in einer Limitierung der Reaktionskinetik.
- Vorteile der Solvent-Extraktion.
  - *Kein Auftreten eines osmotischen Stromes*, der durch den Konzentrationsunterschied in den beiden wäßrigen Phasen verursacht wird und dem Primärstrom, dessen treibende Kraft der Unterschied in der Konzentration des Metall/Carrier-Komplexes zu beiden Seiten der Membran ist, entgegenwirken kann.
  - *Regenerationsmöglichkeit.* Zugesetzte Säure, die in der Solventextraktion zur Aktivierung des Extraktionsmittels notwendig ist, würde bei der Flüssigmembran-Permeation sofort in die Stripp-Phase diffundieren und von der Lauge, die üblicherweise zum Strippen verwendet wird, neutralisiert werden.
  - *Schlechte pH-Wert-Regelung* durch Zudosieren von Säure oder Lauge bei der Flüssigmembran-Permeation, da die Emulsionsstabilität beeinflußt wird und lokal der isoelektrische Punkt erreicht werden kann.
  - *Mehr Auswahl an Extraktionsmittel,* da insbesondere solvatisierende Extraktionsmittel und einige Kationenaustauscher, die im stark sauren Milieu solvatisierend wirken, in der Flüssigmembran-Permeation nicht verwendet werden können.
- Neutraler Unterschied.
  - Durch die Kombination von Extraktion und Reextraktion zu einer Stufe entfällt bei der Flüssigmembran-Permeation die Möglichkeit einer Waschstufe bei der Flüssigmembran-Permeation. Dies und der unterschiedliche Stofftransportmechanismus bedingen in jedem Fall eine schlechtere Selektivität, und es hängt vom Anwendungsfall ab, ob dies als Vor- oder als Nachteil aufzufassen ist. Im Falle der Abwasserreinigung ist dies eher als Vorteil aufzufassen, da möglichst alle Schwermetalle unselektiv aus dem Abwasser zu entfernen sind; für die Verwertung der Konzentrate ist dann allerdings eine hohe Selektivität erwünscht.

Zusammenfassend kann festgestellt werden, daß die Flüssigmembran-Permeation ein *Konzentrierungsverfahren* und die Solvent-Extraktion ein *Reinigungsverfahren* darstellt. Der Vorteil der Flüssigmembran-Permeation gegenüber der Solvent-Extraktion liegt im niedrigen Konzentrationsbereich, wo wegen des geringen Ionenaustausches keine pH-Kontrolle erforderlich ist, und wo der unterschiedliche Abtrennmechanismus hinsichtlich der Einhaltung geforderter Grenzwerte voll zur Wirkung kommt, da die gleiche Trennleistung bei der Solvent-Extraktion nur mit hoher Stufenzahl realisiert werden kann. Für den höheren Konzentrationsbereich ist jedoch die chemische Extraktion empfehlenswert, vor allem zur Reindarstellung von metallhaltigen Lösungen, da Waschstufen zwischen Extraktion und Reextraktion eingefügt werden können [30].

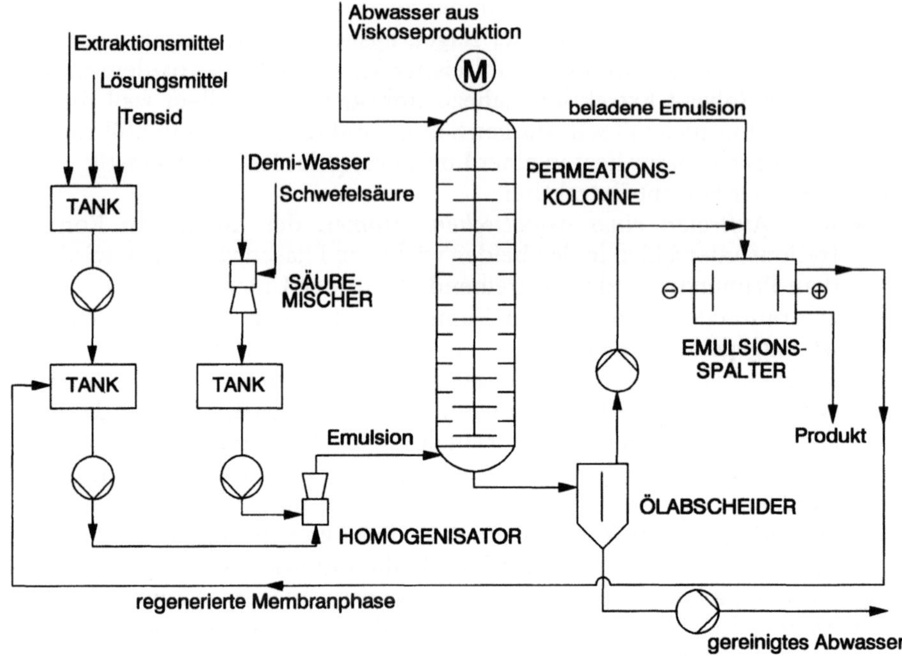

Abb. 12.11. Fließschema der Zink-Flüssigmembran-Permeation

12.4.3.1
Typisches Anwendungsbeispiel

Eine Anwendungsmöglichkeit der Flüssigmembran-Permeation stellt die Zinkabtrennung aus Abwässern der Viskoseindustrie dar, wie in Abb. 12.11 dargestellt. Bei der Viskoseproduktion werden Zinkionen in den Spinnbädern verwendet, um den Spinnprozeß und die Fasereigenschaften zu verbessern. Diese Zinkionen werden in den nachfolgenden Spülbädern ausgewaschen und mit dem Abwasser ausgetragen. Dieses Abwasser wird zunächst von Schwebstoffen befreit und gelangt anschließend in die Gegenstrompermeationsanlage, wo es mit einer Emulsion, bestehend aus Schwefelsäure als dispergierte Phase und einer organischen Membranphase, kontaktiert wird. Das Abwasser verläßt die Kolonne am unteren Ende und wird noch über einen Ölabscheider geleitet, um mitgerissene Emulsionströpfchen abzutrennen. Am Kolonnenkopf wird die Emulsion abgezogen und mittels eines elektrostatischen Spalters in die organische Membranphase und die innere Produktphase zerlegt. Die Membranphase wird in die Emulsionsherstellung rückgeführt, während die Produktphase nach einem Aufkonzentrierungsschritt für die Spinnbäder zur Verfügung steht. Bekannte Prozeßdaten sind in Tabelle 12.7 zuammengefaßt.

Tabelle 12.7. Prozeßdaten der Zink-Permeationsanlage [16]

Abwassermenge	75 m³/h
Abwasser vor der Reinigung	
– Zn-Konzentration	300 mg/l
– Mg-Konzentration	150 mg/l
– Ca-Konzentration	10 mg/l
– Fe-Konzentration	2 mg/l
– H_2SO_4-Konzentration	4 … 5 g/l
– Gehalt an suspendierten Feststoffen	20 mg/l
– Gehalt an Spinnbadadditiven	50 mg/l
Abwasser nach der Reinigung	
– Zn-Konzentration	15 mg/l
– Mg-Konzentration	150 mg/l
– Ca-Konzentration	10 mg/l
– Fe-Konzentration	1 mg/l
– H_2SO_4-Konzentration	5 … 6 mg/l
– Gehalt an Spinnbadadditiven	35 mg/l
– Gehalt an organischer Membranphase	3 mg/l
Produktstrom	
– Zn-Konzentration	40 … 50 g/l
– Mg-, Ca-, Fe-Konzentration	Spuren
– H_2SO_4-Konzentration	150 g/l
– Gehalt an Spinnbadadditiven	2 g/l
Schwefelsäure-Verbrauch	0,5 m³/h
organische Membranphase-Verbrauch	5 m³/h
installierte elektrische Leistung	40 kW
Kolonnendaten	
– Durchmesser	1600 mm
– Höhe	10 m
Investitionskosten	3,8 Mio. DM
Betriebskosten	0,2 DM/m³

12.5
Strippen

12.5.1
Grundlagen

Das Strippen ist der gegenläufige Prozeß zur Absorption und wird daher zu den thermischen Trennverfahren gezählt. Man versteht darunter das *Austreiben eines flüchtigen Stoffes* aus dem Abwasser *mittels Luft oder Dampf*. Das Strippen gehört zu den *Desorptionsprozessen*, wie auch die Vakuumentgasung, die Austreibung durch Entspannen oder die Desorption durch Temperaturerhöhung, das sogenannte Auskochen. Treibende Kraft ist der *Partialdruck-*

unterschied der Schadstoffkomponente zwischen der Abwasserphase und der Luft- bzw. Dampfphase. Da die Löslichkeit der Übergangskomponente im Abwasser in der Regel bei tiefen Temperaturen und erhöhten Drücken begünstigt wird, sind bei der Desorption höhere Temperaturen und niedrige Drücke anzuwenden. Einer Strippung sind speziell folgende Abwasserinhaltsstoffe zugänglich:

- Schwefelwasserstoff und hydrolisierbare Sulfide,
- Ammoniak,
- wasserdampfflüchtige Phenole,
- leichtflüchtige Kohlenwasserstoffe, insbesondere Aromaten.

12.5.2
Strippverfahren

Von ausschlaggebender Bedeutung für den Strippvorgang ist die gewählte Betriebstemperatur, sodaß Strippkolonnen in Abhängigkeit von den auszutreibenden Stoffen in einem Temperaturbereich von 40 bis 140 °C betrieben werden. Hohe Temperaturen von mehr als 120 °C sind z.B. bei der Austreibung von NH_3 erforderlich, um das Hydrolysegleichgewicht zugunsten von freiem NH_3 zu verschieben. Ebenfalls in Abhängigkeit vom spezifischen physikochemischen Verhalten der auszutreibenden Stoffe werden Drücke von 0,07 bis 3,4 bar eingestellt [9].

Als Strippmedium wird in der Regel Luft oder Dampf eingesetzt, und die Vor- bzw. Nachteile der verwendeten Medien sind wie folgt.

- Vorteile der Luftstrippung:
  - Energie kann auf niedrigem Niveau eingesetzt werden,
  - bei Temperaturen unterhalb des Siedepunktes ist eine Normaldruckfahrweise möglich,
  - Entsorgungsmöglichkeit der Abluft durch Verbrennung.
- Nachteile der Luftstrippung:
  - Je niedriger die Stripptemperatur, desto größer der Luftbedarf und umso größer die Kolonne,
  - Falls keine Möglichkeit zur Abluftrückführung gegeben ist, muß der Schadstoff durch einen weiteren Verfahrensschritt aus der Strippluft entfernt werden.
- Vorteil der Dampfstrippung:
  - Schadstoffe können in vielen Fällen als wäßrige Lösungen in einer Zweikolonnenschaltung zurückgewonnen werden.
- Nachteil der Dampfstrippung:
  - Höheres Energieniveau oder Vakuumaggregat erforderlich.

In Abhängigkeit von der Bemessung der Kolonne und den Betriebsbedingungen können nach heutigem Stand der Technik je nach Zielrichtung des Strippvorganges für die einzelnen Stoffgruppen die in Tabelle 12.8 angegebenen prozentualen Eliminationsgrade erreicht werden [9].

Tabelle 12.8. Prozentuelle Reinigungsleistung des Strippens für häufige Abwasserinhaltsstoffe

Komponente	Eliminationsgrad [%]
Schwefelwasserstoff	98…99
Ammoniak	90…94
Phenole	0…65
Cyanide	90…95
Aromaten	≈ 50

12.6
Eindampfung

12.6.1
Grundlagen

Die Verdampfung ist ein thermisches Trennverfahren, das zur Aufkonzentrierung von Prozeßabwässern dient, und wird daher in den meisten Fällen in Kombination mit anderen Reinigungsschritten (z.B. Kristallisation) eingesetzt. Die Reinigung des Abwassers erfolgt durch Zerlegung in eine *gasförmige Phase (Brüden)* und eine *flüssige Phase (Konzentrat)*. Von der Kristallisation und Trocknung unterscheidet sich die Verdampfung nur durch den höheren Restwassergehalt. Die zur Verdampfung des Abwassers notwendige Energie wird durch direkte oder indirekte Beheizung aufgebracht, wobei zur Erwärmung die Brüden derselben oder weiterer Verdampferstufen verwendet werden.

In der Praxis wird die Eindampfung vor allem zur Aufbereitung von Deponiesickerwasser und anderen salzhaltigen Abwässern eingesetzt. Die Trennung des Abwassers von den Verunreinigungen erfolgt aufgrund des unterschiedlichen Dampfdruckes. Kann die geforderte Reinheit nicht in einem Eindampfer erzielt werden, stellt die Rektifikation die logische Steigerungstufe für eine höhere Trennwirkung dar.

Bei Auswahl und Betriebsweise einer Verdampfungsanlage sind die folgenden Einflußgrößen zu berücksichtigen [17]:

- *Ungelöste Feststoffe,* die im Abwasser enthalten sind oder während des Eindampfens entstehen, erfordern die Wahl von Verdampfern mit geringer Neigung zur Krustenbildung und mit Abzugsmöglichkeiten für Feststoffe.
- Inhaltsstoffe, die durch thermische Zersetzung flüchtige Substanzen, Verkrustungen oder *Verharzungen* bilden können, erfordern die Wahl von Verdampfern mit geringer Aufenthaltszeit und/oder geringer Temperaturdifferenz zwischen Heiz- und Siederaum.
- Bei *wasserdampfflüchtigen Inhaltsstoffen* ist einer Anreicherung im Brüdenkondensat Rechnung zu tragen.

– *Oberflächenaktive Stoffe,* die zum Schäumen Anlaß geben können, erfordern besondere Abscheidekonstruktionen oder/und den Zusatz von Entschäumern.

Die Verdampfung erfordert infolge des Überganges von der Flüssig- in die Dampfphase naturgemäß viel Energie, die in erster Linie die Betriebskosten des Verdampfers verursachen. Eine bessere Ausnützung der durch den Heizdampf zugeführten Wärmemenge wird erreicht, wenn die erzeugten Brüden wieder als Heizdampf verwendet werden. Geschieht dies im gleichen Verdampfer, in dem sie entstanden sind, so führt dies zur sogenannten *Brüdenkompression.* Werden die aus dem Verdampfer abgezogenen Brüden als Heizdampf in einem anderen Verdampfer verwendet, wird dies Mehrstufenverdampfung genannt.

Mechanische Brüdenkompression. Die gesamten entstehenden Brüden werden mit Hilfe eines Verdichters auf einen höheren Druck und damit eine höhere Kondensationstemperatur gebracht und dann im gleichen Verdampfer, in dem sie entstanden sind, als Heizdampf verwendet. Der erforderliche Verdichtungsdruck muß so hoch sein, daß einerseits die Siedepunktserhöhung überwunden wird und andererseits noch ein hinreichend großes Temperaturgefälle für die Wärmeübertragung zur Verfügung steht. In der Praxis kommen in den meisten Fällen einstufige Radialverdichter zum Einsatz, in denen der Druck um den Faktor 1,8 erhöht wird, was einer Erhöhung der Sattdampftemperatur um 12 bis 18 K entspricht. Die Antriebsenergie des Verdichters liegt in der Regel bei weniger als 10 % der bei direkter Heizung zuzuführenden Wärmeenergie, allerdings entstehen durch die aufwendigere technische Konzeption höhere Investitionskosten.

Thermische Brüdenkompression. Ein Teil der entstandenen Brüden wird mit Hilfe eines Dampfstrahlverdichters komprimiert und im gleichen Verdampfer, in dem sie entstanden sind, als Heizdampf verwendet. In der Treibdüse des Dampfstrahlverdichters wird der Druck des Treibdampfes in Geschwindigkeit umgesetzt. Dadurch wird ein Teil der aus dem Verdampfer austretenden Brüden mitgerissen und in der Mischdüse mit dem Treibdampf vermischt. Im angeschlossenen Diffusor wird die Geschwindigkeit des Gemisches wiederum in Druck umgesetzt. Durch die einfache Konstruktion und das Fehlen beweglicher Teile sind die Investitionskosten bei vollkommener Betriebssicherheit und langer Lebensdauer niedrig. Der Treibdampfbedarf beträgt unter günstigen Bedingungen 50 % eines nur mit Frischdampf beheizten Verdampfers.

Mehrstufenverdampfung. Mehrere Verdampfer werden derart hintereinandergeschaltet, daß die in einer Stufe erzeugten Brüden in der jeweils darauffolgenden Stufe als Heizdampf benutzt werden. Voraussetzung dafür ist, daß der Betriebsdruck von Stufe zu Stufe abgesenkt wird. Mit zunehmender Stufenzahl tritt zunächst eine große, dann aber immer geringer werdende Dampfersparnis ein. Gebaut werden in der Praxis am häufigsten Verdampferanlagen mit bis zu vier Stufen.

Je nach Stromführung von Abwasser und Brüden werden drei Schaltungsvarianten unterschieden:

- In der verbreiteten *Gleichstromschaltung* durchströmen Lösung und Brüden die einzelnen Stufen in der gleichen Richtung. Das Abwasser tritt in die erste Stufe mit dem höchsten Druck-Temperatur-Niveau ein, wird von Stufe zu Stufe konzentrierter und verläßt die letzte Stufe auf dem niedrigsten Druck-Temperatur-Niveau. Pumpen zwischen den einzelnen Stufen sind nicht erforderlich, da das Konzentrat durch das Druckgefälle von Stufe zu Stufe gefördert wird. Diese Schaltung empfiehlt sich zur Eindampfung temperaturempfindlicher Lösungen, da das Konzentrat in den letzten Stufen thermisch schonend behandelt wird.
- Bei der *Gegenstromschaltung* strömen Lösung und Brüden in entgegengesetzter Richtung durch die einzelnen Stufen. Das Abwasser tritt auf dem niedrigsten Druck-Temperatur-Niveau ein und verläßt als Konzentrat die erste Stufe auf dem höchsten Druck-Temperatur-Niveau. Die Gegenstromschaltung hat den Vorteil, daß die konzentrierte Lösung im Verdampfer mit der höchsten Temperatur verdampft, wo ihre Viskosität geringer und damit der Wärmeübergang besser ist. Nachteilig ist die Notwendigkeit von Pumpen zur Überwindung des Druckgefälles zwischen den einzelnen Stufen. Diese Schaltung wird bevorzugt bei kalten Ausgangslösungen angewendet, da eine geringere Flüssigkeitsmenge auf höhere Temperatur aufgeheizt werden muß.
- Bei der *Parallelstromschaltung* wird das Abwasser auf die einzelnen Stufen verteilt und in jedem Verdampfer auf die geforderte Endkonzentration gebracht, während die Brüden die einzelnen Stufen hintereinander passieren. Wegen der unterschiedlichen Drücke in den einzelnen Stufen sind auch die Temperaturen der anfallenden Konzentrate verschieden. Diese Schaltung findet Anwendung, wenn bei der Eindampfung die Löslichkeitsgrenze unterschritten wird.

12.6.2
Anwendungsbeispiel

Als Einsatzmöglichkeit sei die Aufkonzentrierung eines ölhaltigen Abwassers, das in einer Faßreinigungsanlage anfällt, angeführt. Die Eindampfanlage ist dreistufig ausgeführt und die einzelnen Verdampfer arbeiten nach dem Naturumlaufprinzip, da das vorliegende Abwasser unkritisch bezüglich Verweilzeit und Produkttemperatur ist.

Das Abwasser wird, gemäß Abb. 12.12, nach Vorwärmung im Brüdenkondensator in die erste Verdampferstufe gepumpt, die mit Frischdampf beheizt wird. Ein Teilstrom des Konzentrates dieser Verdampferstufe wird in die zweite Stufe geführt, wobei die Brüden der ersten Stufe als Heizmittel dienen. Die dritte Stufe arbeitet analog, jedoch werden die Brüden dieser Stufe mit Hilfe des eintretenden Abwasserstromes und Kühlwassers kondensiert. Alle bekannten Prozeßdaten sind in Tabelle 12.9 zusammengefaßt.

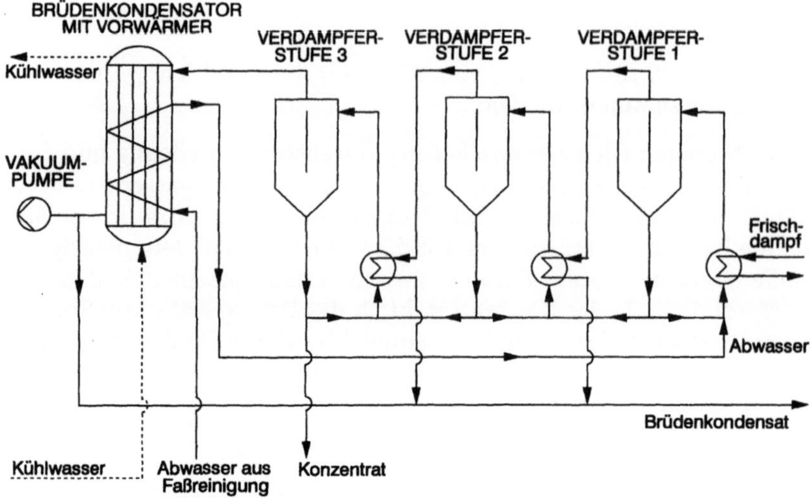

Abb. 12.12. Dreistufige Eindampfung für Abwasser einer Faßreinigungsanlage

Tabelle 12.9. Prozeßdaten der Faßreinigungswasser-Eindampfanlage [31]

Abwassermenge	1,6 m³/h
Abwasser vor der Eindampfung	
– Öl-Gehalt	0,5 Gew.%
– Temperatur	50 … 60 °C
Konzentrat	
– Menge	ca. 80 kg/h
– Öl-Gehalt	30 % Gew
– Temperatur	80 °C
Frischdampf (gesättigt)	
– Verbrauch	620 kg/h
– Druck	3 bar (Überdruck)
Kühlwasser	
– Verbrauch	ca. 23 m³/h
– Eintrittstemperatur	28 °C
– Austrittstemperatur	40 °C
installierte elektrische Leistung	ca. 9 kW
1. Verdampferstufe	
– Heiztemperatur	127 °C
– Wassersiedetemperatur	114 °C
– Produktsiedetemperatur	115 °C
2. Verdampferstufe	
– Heiztemperatur	114 °C
– Wassersiedetemperatur	102 °C
– Produktsiedetemperatur	101 °C
3. Verdampferstufe	
– Heiztemperatur	101 °C
– Wassersiedetemperatur	80 °C
– Produktsiedetemperatur	83 °C
Brüdenkondensator mit Vorwärmer	
– Druck	ca. 475 mbar
Gesamtinvestitionskosten	ca. 330 000,– DM

12.7
Kristallisation

12.7.1
Grundlagen

Kristallisieren ist das Überführen einer oder mehrerer Stoffe, die im Abwasser in gelöster Form enthalten sind, in den kristallinen Zustand. Die Übersättigung der Lösung wirkt als treibende Kraft und ermöglicht die Entstehung von Kristallkeimen und das Wachstum vorhandener Kristalle. Bei der Kristallisation wird die Löslichkeit der gelösten Stoffe durch Temperaturänderung und/oder Zusatz eines Stoffes, der mit der zu kristallisierenden Substanz ein Ion gemeinsam hat, oder durch Entzug des Lösungsmittel herabgesetzt [3]. Im Unterschied dazu werden bei der Fällung Reaktionspartner zusammengebracht, die in wäßrigen Lösungen spontan Feststoffe mit stark gestörtem Gitteraufbau bilden. Bei der Kristallisation bilden sich hingegen relativ langsam Kristalle mit einem Gitteraufbau, der im Grenzfall ideal sein kann.

Einflußparameter für die Kristallisation sind [18]:

- Zusätzliche Verunreinigungen im Abwasser.
  Das Kristallisat der Hauptkomponente weicht durch Einschlüsse von Fremdstoffen von der Idealform ab und es kann zur Bildung von Mischkristallen kommen.
- Kristallisationstemperatur.
  Das Löslichkeitsprodukt ist für die unterschiedlichen Stoffe mehr oder weniger stark von der Temperatur abhängig. Damit können Abschätzungen für den zu erwartenden Energiebedarf gemacht werden.
- Übersättigung.
  Die Übersättigung beeinflußt entscheidend die Keimbildungszahl und die anschließende Kristallwachstumsgeschwindigkeit.
- Spezifisches Gewicht der Kristalle.
  Die Abtrennung des Kristallisats vom Abwasser durch Filtrieren, Zentrifugieren oder Pressen beeinflußt die Qualität des Kristallisats.
- Phasenführung im Kristallisationsreaktor.
  Die Durchmischung der übersättigten Lösung im Kristallisationsreaktor hat starken Einfluß auf Keimbildung und Kristallwachstum.

Die Kristallisation ist ein zweistufiger Prozeß, der aus Keimbildung und Kristallwachstum besteht, wobei als Triebkraft jeweils die Übersättigung der Lösung wirkt. In der technischen Kristallisation laufen beide Vorgänge nebeneinander ab und beeinflussen sich gegenseitig.

Kristallkeimbildung. Die Bildung der Kristallkeime kann auf unterschiedliche Weise erfolgen:

- Primäre homogene Keimbildung durch Zusammenfügung von flüssigen Wachstumseinheiten ohne Beeinflussung durch andere Komponenten,

- primäre heterogene Keimbildung durch Vereinigung der flüssigen Substanzen mit Beeinflussung durch einen Fremdkörper,
- sekundäre Keimbildung durch Abrieb an bereits vorhandenen Kristallen.

Bei Überschreitung der Sättigungskurve kommt es nicht zum sofortigen Ausfall von Feststoff, da zur Bildung von neuer Oberfläche einer festen Phase die Grenzflächenenergie aufzubringen ist. In diesem metastabilen Bereich überwiegt diese Energie die freiwerdende Kristallisationsenergie und entstehende Keime haben die Tendenz, sich wieder aufzulösen. Nur durch lokale Energie- und Konzentrationsschwankungen kommt es zur weiteren Anlagerung von Feststoff. An der Überlöslichkeitskurve sind aufzuwendender und freiwerdender Energiebetrag gleich groß und es kommt zu größeren Keimbildungsraten.

Kristallwachstum. Das Kristallwachstum wird in zwei Schritte unterteilt:

1. Diffusion der kristallisierenden Komponente an die Kristalloberfläche,
2. Einbau dieser Atome, Ionen oder Moleküle in das Kristallgitter.

Außerdem spielt der Abtransport der frei werdenden Kristallisationswärme von der Kristalloberfläche bei der Größe der Wachstumsgeschwindigkeit eine Rolle.

Da Kristallwachstum und sekundäre Keimbildung konkurrierende Vorgänge sind, ergibt sich eine maximal zulässige Übersättigung.

12.7.2
Kristallisationsverfahren

Kühlungskristallisation. Dieses Verfahren bietet sich an, wenn die Löslichkeit des auszukristallisierenden Stoffes mit der Temperatur deutlich zunimmt, wie das etwa bei wäßrigen Lösungen von Kalium-, Natrium-, Ammoniumnitrat und Kupfersulfat der Fall ist. Die untersättigte Lösung wird in den Kristallisator eingespeist und dann entweder über einen äußeren Doppelmantel oder einen innen angeordneten Kühler gekühlt.

Bei *kontinuierlichem Betrieb* wird eine optimale Übersättigung angestrebt, die einerseits eine möglichst große Wachstumsgeschwindigkeit bewirkt, andererseits aber die Rate der Keimbildung so niedrig hält, daß sich ein ausreichend grobes Kristallisat ergibt.

Beim *chargenweisen Betrieb* besteht eine einfache Betriebsweise darin, die Lösung mit einer konstanten Kühlrate abzukühlen. Allerdings stehen am Beginn der Abkühlung keine Kristallkeime oder nur die kleine Impfgutoberfläche zur Verfügung. Damit ergibt sich eine hohe Übersättigung mit anschließend ausgeprägter Keimbildung. Am Ende der Abkühlung besitzt das Kristallisat zwar eine große Oberfläche, wächst aber aufgrund kleiner Übersättigungen nur noch sehr langsam. Die Abkühlrate sollte daher so eingestellt werden, daß die Übersättigung während des gesamten Kristallisationsvorganges konstant bleibt.

Verdampfungskristallisation. Die Lösungsmittelverdampfung ist dann vorteilhaft, wenn die Löslichkeit nur wenig mit der Temperatur ansteigt, nahezu konstant ist oder sogar abfällt. Als Beispiele sind wäßrige Lösungen von Natriumchlorid [19], Ammoniumsulfat und Kaliumsulfat zu nennen. Die gesättigte Lösung wird in den Kristallisator eingespeist und darin das Abwasser verdampft. Der Siedevorgang läuft hauptsächlich an der Verdampferoberfläche ab, was zu hohen lokalen Übersättigungen führen kann. Aus den bei der Kühlungskristallisation erwähnten Gründen ist eine konstante Übersättigung durch Variation der Verdampfungsrate anzustreben.

Vakuumkristallisation. Bei diesem Verfahren wird die Lösung durch Druck- und Temperaturabsenkung gleichzeitig verdampft und gekühlt. Das Vakuum wird häufig durch Dampfstrahler erzeugt und aufrecht erhalten. Da die Verdampfungsenthalpie der Lösung entzogen wird, erfolgt dadurch eine Abkühlung. In vielen Fällen ist es möglich, auf Kühlflächen, die immer die Gefahr einer Verkrustung mit sich bringen, zu verzichten. Allerdings reißt der an der Flüssigkeitsoberfläche austretende Dampf stark übersättigte Tröpfchen mit, welche an die Wand spritzen, nachverdampfen und dann dort zu heterogener Keimbildung und schließlich zum Verkrusten führen. Als Gegenmaßnahme empfiehlt sich das Spülen der Apparatewand.

Verdrängungs- und Reaktionskristallisation. Die Verdrängungskristallisation anorganischer Salze mit Hilfe von organischen Stoffen ist eher für Prozeßströme anzuwenden. Sie bietet möglicherweise gegenüber anderen Verfahren den Vorteil, den Energieverbrauch zu vermindern, denn die Verdampfungsenthalpie solcher Verdrängungsmittel ist meist erheblich kleiner als die von Wasser. Allerdings konkurrieren solche Verfahren mit der mehrstufigen Verdampfungskristallisation, mit Verfahren über Brüdenverdichtung oder mit der Kombination solcher Prozesse, welche eine Energieeinsparung bei der Kristallisation ermöglichen.

Die Verdrängungskristallisation von Natriumsulfat und Kalialaun aus wäßrigen Lösungen durch Methanol und von Ammoniumalaun mit Hilfe von Ethanol wurde bereits wissenschaftlich untersucht [20–22].

Bei der *homogenen* Reaktionskristallisation reagieren ein oder mehrere Reaktanden mit einer oder mehreren Komponenten in flüssiger Phase, im Falle einer *heterogenen* Reaktion wird häufig ein Reaktand gasförmig zugeführt.

Eingesetzt wird die Kristallisation vor allem in Kombination mit einer oder mehreren Verdampferstufen, in denen das Abwasser aufkonzentriert wird, und zur Regeneration von Prozeßlösungen durch Elimination von Metallsulfaten.

12.8
Zusammenfassung

Die Einsatzmöglichkeiten der thermischen Verfahrenstechnik für die Abwasserreinigung wurde in [23] in Abhängigkeit von den Einflußgrößen Abwasserinhaltsstoffe, Abwassermenge, Zulaufkonzentration, Ablaufkonzentration, Reinigungsleistung und spezifische Investitions- und Betriebskosten untersucht, wobei die Prozeßdaten von in Betrieb befindlichen Anlagen verwendet wurden.

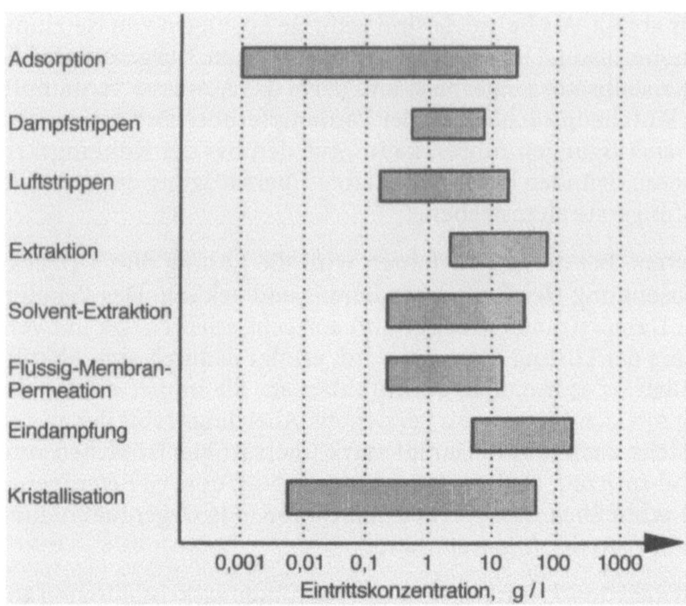

Abb. 12.13. Anwendungsbereiche der thermischen Abwasserreinigungsverfahren in Abhängigkeit der Zulaufkonzentration

Abbildung 12.13 zeigt den möglichen Bereich der Abwasserzulaufkonzentration für die vorgestellten thermischen Verfahren anhand von Daten aus [23].

Abkürzungen

A^0	unbeladener Abwassermengenstrom
S^0	unbeladener Mengenstrom der Aufnehmerphase
$X_{ein/aus}$	Molbeladung des Abwassers mit der Übergangskomponente am Ein- bzw. Austritt
$Y_{ein/aus}$	Molbeladung der Aufnehmerphase mit der Übergangskomponente am Ein- bzw. Austritt
Y^*	Gleichgewichtsmolbeladung der Übergangskomponente in der Aufnehmerphase
$\dot{F}$	Abwassermengenstrom am Eintritt
$\dot{B}$	Brüdenmengenstrom
$\dot{K}$	Konzentratmengenstrom
$\dot{H}$	Heizmittelmengenstrom
$x_{F/B/K}$	Molanteil der Verunreinigung am Eintritt/in den Brüden/im Konzentrat
$h_{F/B/K}$	molare Enthalpie am Eintritt/der Brüden im Konzentrat
$h_{H, ein/aus}$	molare Enthalpie des Heizmittels am Eintritt/am Austritt
MIBK	Methylisobutylketon
FMP	Flüssig-Membran-Permeation
CKW	Chlorkohlenwasserstoffe

Literatur

1. Perrich JR (1981) Activated Carbon Adsorption for Wastewater Treatment. CRC Press
2. Cornel P (1991) CIT 63:969
3. Hartinger L (1991) Handbuch der Abwasser- und Recyclingtechnik für die metallverarbeitende Industrie. Carl Hanser, München
4. Heitzinger P (1991) Die Verfahren zur Behandlung und Aufbereitung von Industrieabwässern. Diplomarbeit, Technische Universität Graz
5. Wirth H (1972) Adsorption in: Ullmanns Enzyklopädie der technischen Chemie, Bd 2. Chemie, Weinheim
6. Degussa AG (1983) Aktivkohlen für den Umweltschutz. Technische Druckschrift, Frankfurt
7. Kienle H (1970) Vom Wasser 37:265
8. Pollard SJT, Fowler GD, Sollars CJ, Perry R (1992) The Science of the Total Environment 116:31
9. (1986) in: Lehr- und Handbuch der Abwassertechnik, Bd 6. Ernst & Sohn, Berlin, München
10. Ghonasgi DS (1991) AIChEJ 37:944
11. Lemert RM, Johnston KP (1991) Ind Eng Chem Res 30:1222
12. Pahari PK, Sharma MM (1991) Ind Eng Chem Res 30:2015
13. Akman U, Sunol AK (1991) AIChEJ 37:215
14. Weiß C (1992) Flüssig/Flüssig-Extraktion. Vorlesungsunterlagen, Technische Universität Graz
15. Bart HJ (1987) Metallsalzextraktion – Stoffaustausch und Reaktionstechnik. Habilitationsschrift, Technische Universität Graz
16. Draxler J (1992) Flüssige Membranen für die Abwasserreinigung. Habilitationsschrift, Technische Universität Graz
17. (1985) in: Lehr- und Handbuch der Abwassertechnik, Bd 5. Ernst & Sohn, Berlin, München
18. Firmenschrift GEA Wiegand Kestner, Lille Cedex (F)
19. Kristallisation von NaCl in einem FC (Forced-Circulation)-Kristallisator. Laborübungsunterlagen, Technische Universität Graz
20. Fleischmann W, Mersmann A (1984) in: Jancic SJ, de Jong EJ (eds) Industrial Crystallization
21. Juzaszek P, Larson MA (1977) AIChEJ 23:460
22. Wirges HP (1984) Experimentelle Parameterprüfung bei Fällungskristallisationen. Vortrag auf der internen Sitzung des Fachausschusses „Kristallisation" der GVC, VDI-Gesellschaft Verfahrenstechnik und Chemieingenieurwesen
23. Pallier F (1994) Einsatzmöglichkeiten der thermischen Verfahrenstechnik in der Abwasserbehandlung. Diplomarbeit, Technische Universität Graz
24. Mersmann A (1980) Thermische Verfahrenstechnik, Spinger Berlin Heidelberg New York
25. Sattler K (1988) Thermische Trennverfahren: Grundlagen, Auslegung, Apparate, VCH Verlagsgesellschaft, Weinheim
26. VT 4 Stoffaustauschverfahren, Skriptum TU Graz
27. Bauer I (1984) Verminderung der Chlorkohlenwasserstofffrachten im Abwasser aus Betrieben der chemischen Industrie, Neuere Verfahrenstechnologien in der Abwasserreinigung, Abwasser- und Gewässerhygiene, Oldenburg
28. Huber LJ (1988) Waste Water Treatment at the Wacker Chemie Chemical-Petrochemical Plant, Burghausen, Water Science and Technologie
29. Schäfer HG (1991) Sauberes Abwasser aus der Phenolharzproduktion, Wasser, Luft und Boden, 6/1991
30. Bart HJ, Bauer A, Lorbach D, Marr R (1988) CIT 60:169
31. Firmenschrift GEA Wiegand GmbH & Co, Ettlingen
32. Marr R, Koncor M (1990) CIT 62:175
33. Draxler J, Marr R (1990) CIT 62:525

Mechanische Verfahren zur Abwasserbehandlung

M. H. Pahl, A. Fritz

13.1
Einleitung

Mechanische Verfahren zur Abwasserbehandlung nutzen die Partikelgröße und/oder Dichte der dispersen Phase, elektromagnetische Stoffeigenschaften sowie gelegentlich die unterschiedliche molekulare Beweglichkeit einzelner Komponenten zur Stofftrennung aus. Die mechanischen Trennverfahren lassen sich unterteilen in:

- Grobabscheiden,
- Zentrifugieren,
- Flotieren,
- Sedimentieren,
- Filtrieren,
- Trennen über semipermeable Membranen.

In Abb. 13.1 sind die Partikelgrößenbereiche angegeben, bei denen diese Verfahren bevorzugt eingesetzt werden. Das Grobabscheiden mit Rechen und

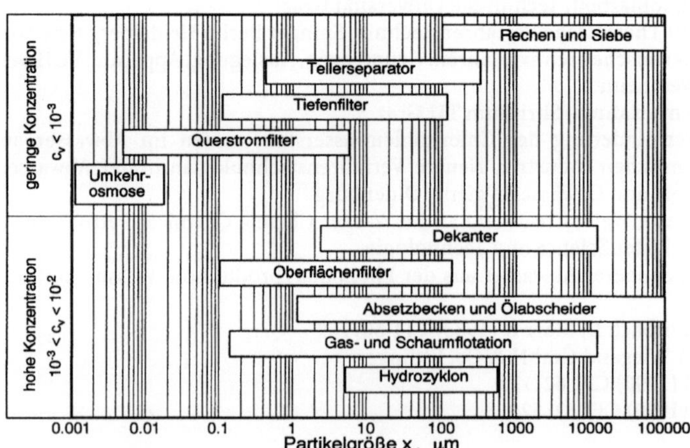

Abb. 13.1. Einteilung der mechanischen Abwasserbehandlungsverfahren nach Partikelgrößen

Sieben sowie das Sedimentieren wird in Kapitel 4 beschrieben. Die folgenden Abschnitte 13.2–13.5 befassen sich mit den übrigen Verfahren.

13.2
Trennen nach Dichte und Partikeldurchmesser

13.2.1
Grundlagen zum Einsatz von Zentrifugen in der Abwasserbehandlung

Zentrifugen dienen zur Abtrennung fester oder flüssiger Partikeln aus Flüssigkeiten. Die notwendige Voraussetzung für die Abtrennung der dispersen Phase im Zentrifugalfeld ist ein Dichteunterschied zur Flüssigkeit sowie eine von den Stoff- und Betriebsparametern abhängige, minimale Partikelgröße. Sie werden als Röhren- und Tellerseparatoren in der industriellen Abwasseraufbereitung und als Schneckenzentrifugen, sogenannten Dekantern, in der industriellen und kommunalen Schlammentwässerung eingesetzt. Andere Zentrifugenbauarten [1] haben in der Abwassertechnik z.Z. nur eine untergeordnete Bedeutung.

Werden in einer Flüssigkeit suspendierte Partikeln einem Beschleunigungsfeld ausgesetzt, so bewegen sie sich in Richtung des Feldes, wenn sie eine höhere spezifische Dichte als das umgebende Fluid besitzen und entgegen dieser Richtung, wenn ihre spezifische Dichte geringer ist. Die Beschleunigung a an einem mitbewegten Ort ist abhängig vom Abstand r zur Drehachse des Systems und von der herrschenden Winkelgeschwindigkeit ω und berechnet sich zu:

$$a = r \cdot \omega^2 . \tag{13.1}$$

Um die Vergleichbarkeit unterschiedlicher Zentrifugen zu erreichen, ist es üblich, die Beschleunigung a auf die Erdbeschleunigung g zu beziehen. Dieses Verhältnis wird Beschleunigungsfaktor Z genannt:

$$Z = \frac{r \cdot \omega^2}{g} . \tag{13.2}$$

Wird die Absetzgeschwindigkeit w_s für kleine Partikeln unter Schwerkrafteinwirkung mit dem Beschleunigungsfaktor Z multipliziert, erhält man die Ab-

Tabelle 13.1. Beschleunigungsfaktoren in Abwasserzentrifugen

Zentrifugenbauart	Beschleunigungsfaktor Z
Röhrenzentrifugen	13 000 – 17 000
Tellerzentrifugen	5 000 – 13 000
Dekanter	1 500 – 4 500

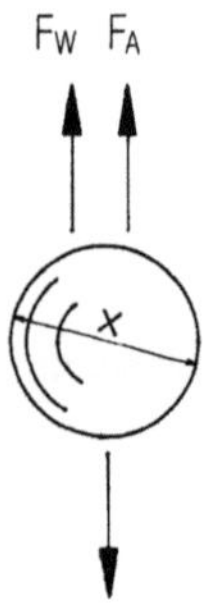

Abb. 13.2. Kräfte an einer suspendierten Partikel

setzgeschwindigkeit w_r im Zentrifugalfeld. Tabelle 13.1 zeigt die unterschiedlich hohen Beschleunigungsfaktoren verschiedener Bauarten [2]. Rotieren Flüssigkeit und Partikeln mit der gleichen Drehfrequenz ω um die Drehachse der Zentrifuge, so stellt sich an einer Partikel das in Abb. 13.2 dargestellte, vereinfachte Kräftegleichgewicht ein [3]. Die Summe der angreifenden Kräfte ergibt:

$$c_w \cdot \frac{\varrho_f}{2} \cdot \frac{\pi \cdot x_p^2}{4} \cdot w_r^2 = \frac{\pi \cdot x_v^3}{6} \cdot Z \cdot g \cdot (\varrho_s - \varrho_f) \, . \tag{13.3}$$

Die linke Seite der Gl. (13.3) beschreibt die Widerstandskraft F_W, die aufgewendet werden muß, um eine Partikel mit der relativen Geschwindigkeit w_r durch die Flüssigkeit zu bewegen. Die Dispersitätsgröße x_p gibt den Durchmesser einer Kugel gleicher Projektionsfläche und c_w den Widerstandsbeiwert der Partikel an. Die rechte Seite der Gleichung ist aus der Differenz von Zentrifugalkraft F_Z und Auftrieb F_A gebildet. Die Dispersitätsgröße x_v entspricht dem Durchmesser einer Kugel gleichen Volumens und $\varrho_s - \varrho_f$ ist die Dichtedifferenz zwischen disperser Phase und Flüssigkeit.

Hieraus folgt für die radiale Absetzgeschwindigkeit w_r einer Partikel in der Zentrifuge:

$$w_r = \sqrt{\frac{4}{3} \cdot \frac{|\Delta\varrho|}{\varrho_f} \cdot \frac{Z \cdot g}{c_w} \cdot \left(\frac{x_v}{x_p}\right)^2} \cdot x_v \, . \tag{13.4}$$

Für kleine, kugelförmige Partikeln läßt sich in Zentrifugen die Stokes-Beziehung zur Ermittlung des Widerstandsbeiwertes c_w heranziehen. Mit $c_w = 24/Re_p$, $x_v \approx x_p$, der kinematischen Viskosität v und der Partikel-Reynoldszahl $Re_p = w_r \cdot x_p / v$, wird aus Gl. (13.4):

$$w_r = \frac{\Delta\varrho}{18 \cdot \varrho_f} \cdot \frac{x^2}{v} \cdot Z \cdot g \, . \tag{13.5}$$

Die einfachste Bauform einer Zentrifuge in der Abwasserbehandlung ist die Röhrenzentrifuge. Sie ist nach Abb. 13.3, vereinfacht betrachtet, ein rotierendes Absetzbecken mit Zulauf, Absetztank und Überlauf. Die Suspension tritt

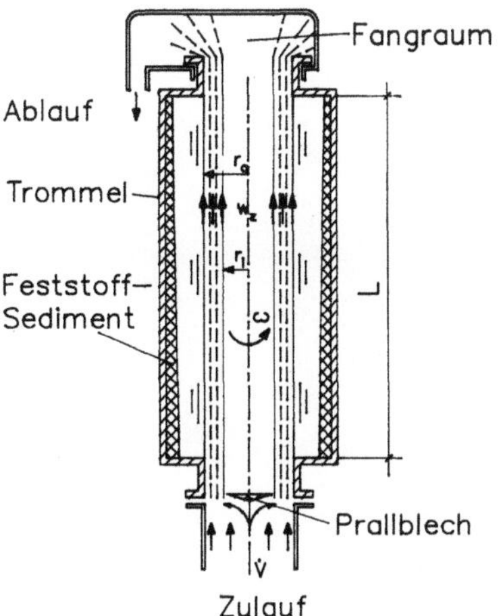

Abb. 13.3. Schematische Darstellung einer Röhrenzentrifuge

durch den Zulauf in die schnelldrehende Trommel ein, wird durch ein Prall-
blech umgelenkt und auf die herrschende Winkelgeschwindigkeit ω beschleunigt, strömt dann mit der mittleren axialen Geschwindigkeit w_z durch die
Zentrifuge hindurch und tritt schließlich über den Überlauf als geklärte Flüssigkeit in den Fangraum. Die Feststoffe verbleiben an der Wand der Trommel.

Die Partikeln, die sich zunächst in der dünnen Schicht $(r_a - r_i)$ befinden, besitzen eine axiale Geschwindigkeitskomponente w_z, die durch den
Volumenstrom $\dot{V}$ festgelegt wird und eine radiale w_r, die sich aufgrund der
angreifenden Kräfte nach Abb. 13.2 einstellt. Aus $dt = dz/w_z$ und $w_r = dr/dt$
folgt die Gleichung der Partikelbewegung in einer Röhrenzentrifuge nach
Integration über die Länge L zu:

$$\int_{r_i}^{r_a} \frac{w_x}{r} \cdot dr = \frac{\Delta\varrho}{18 \cdot \varrho \cdot v} \cdot x_T^2 \cdot \omega^2 \cdot \int_0^L dz \, . \tag{13.6}$$

Es wird angenommen, daß die axiale Geschwindigkeit w_z über der Sedimen-
tationsstrecke $(r_a - r_i)$ gleich ist. Mit dem Volumenstrom $\dot{V}$ erhält man:

$$w_z = \frac{\dot{V}}{\left(r_a^2 - r_i^2\right) \cdot \pi} \, . \tag{13.7}$$

Damit läßt sich Gl. (13.6) lösen und zur maßgeblichen Trennpartikelgröße x_T
umstellen.

$$x_T = \sqrt{\frac{18 \cdot \varrho \cdot v}{|\Delta\varrho| \cdot \omega^2} \cdot \frac{\dot{V}}{\left(r_a^2 - r_i^2\right) \cdot \pi \cdot L} \cdot \ln\frac{r_a}{r_i}} \, . \tag{13.8}$$

Aus dieser einfachen Bauform der Röhrenzentrifuge leiten sich prinzipiell alle
anderen Abwasserzentrifugentypen ab.

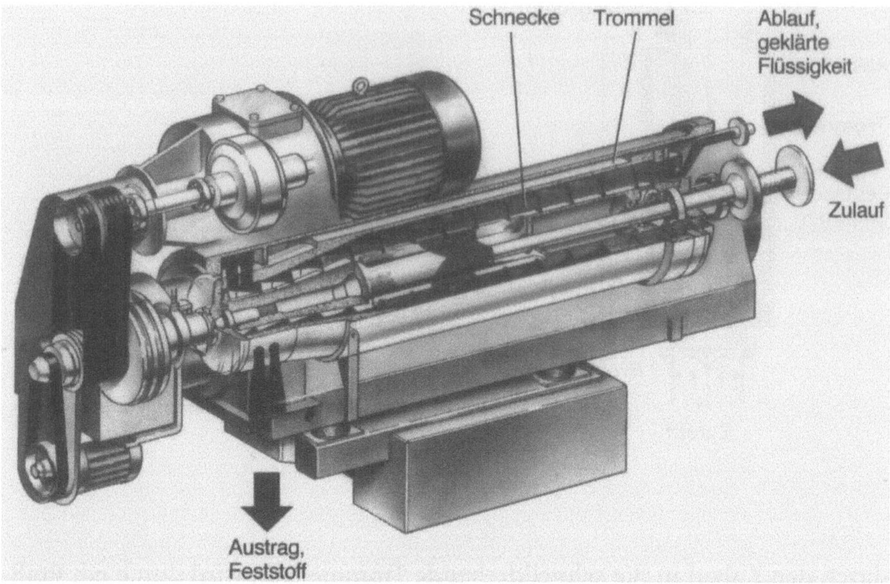

Abb. 13.4. Dekanter (Westfalia-Separator, Oelde)

13.2.2
Dekanter

Die üblichen Röhrenzentrifugen nach Abb. 13.3 lassen sich so lange in einem Abwasserstrom betreiben, bis die Absetzröhre mit Feststoff gefüllt ist. Dann müssen sie zerlegt, gereinigt und wieder zusammengebaut werden. Um dieses umständliche und diskontinuierliche Verfahren zu vermeiden und einen dauernden Betrieb zu ermöglichen, ist bei den Dekantern nach Abb. 13.4 eine Schnecke eingebaut, die sich mit einer geringen Differenzdrehfrequenz zur Trommel bewegt. Sie schert den an der Trommelwand abgeschiedenen Feststoff ab und transportiert ihn aus der Trennzone, entlang eines sich verjüngenden Konus über den Flüssigkeitsspiegel in die Trockenzone, wo er weiter entfeuchtet und schließlich ausgetragen wird. Durch die unterschiedliche Drehfrequenz zwischen Trommel und Schnecke wird mit dem Abscheren des Feststoffes ein Drehmoment übertragen. Dieses hängt von den Stoffeigenschaften und der Menge des Feststoffes ab. Eine große Feststoffmenge verursacht ein größeres Drehmoment als eine kleine. Es gibt ein auf die Dimensionierung und Festigkeit der Anlagenteile abgestimmtes, maximal zulässiges Drehmoment, das nicht überschritten werden darf. Einfache Dekanter haben eine festeingestellte Differenzdrehfrequenz zwischen Trommel und Schnecke. Damit ist die Fördergeschwindigkeit des Schlamms festgelegt. Eine kleine Differenzdrehfrequenz bewirkt eine längere Verweilzeit des Schlammes, was bei geringen Zulaufkonzentrationen zu einer besseren Trennung führt, bei hohen Konzentrationen aber zu einer Überschreitung des zulässigen Drehmoments. Daher werden für Abwasserbehandlungsanlagen mit schwankender Feststoffkonzentration im Zulauf Dekanter mit regelbarer Differenzdrehfrequenz eingesetzt. Hier haben sich die Zwei-Getriebe- und die Zwei-Motoren-Antriebe bewährt, die drehmomentabhängig die Differenzdrehfrequenz regeln und somit eine optimale Schlammentwässerung gewährleisten [2, 4, 5].

Durch die ständige Reibung zwischen Feststoff und Trommelinnenseite müssen abrasive Partikeln in einem Vorbehandlungsschritt abgetrennt werden. Dies geschieht üblicherweise mit Hydrozyklonen und Drehbürstensieben im Zulauf zum Dekanter.

Dekanter sind bauartbedingt verhältnismäßig langsame Zentrifugen mit Beschleunigungsfaktoren $Z = 3000 - 4000$. Daher liegen die abgeschiedenen Partikeln in einem Bereich $x > 2\ \mu m$ bei kleinen Durchsätzen. Um hohe Durchsätze $\dot{V}$ bei hohem Abscheidegrad q zu erreichen, sind die Dekanter meist mit Flockungsmittel-Dosieranlagen im Zulauf ausgerüstet. Das Flockungsmittel wird in flüssiger Form als Polyelektrolytlösung direkt vor Eintritt in den Dekanter dem Abwasserstrom zugegeben, so daß die Flockenbildung gleichzeitig mit dem Trennprozeß abläuft.

Dekanter werden mit Durchsätzen von $\dot{V} = 0,3 - 140\ m^3/h$ als Eindicker oder zur Entwässerung von Schlämmen eingesetzt. In kommunalen Kläranlagen entwässern Vollmantelschneckenzentrifugen, wie die Dekanter auch bezeichnet werden, Überschuß und Faulschlämme. Bei Zulaufkonzentrationen $c_M = 0,005 - 0,06$ (kg Feststoff)/(kg Suspension) können Suspensionen mit einer Konzentration im Ablauf von $c_M = 0,2 - 0,35$ (kg Feststoff)/(kg Suspension) erzielt werden. Der Gesamtabscheidegrad liegt gewöhnlich bei $q = 0,95 - 0,98$.

13.2.3
Separatoren

Separatoren sind sehr schnell laufende Zentrifugen mit Beschleunigungsfaktoren bis zu $Z = 13\,000$. Sie eignen sich zur Abtrennung von sehr feinen Feststoffpartikeln oder Flüssigkeiten mit sehr geringen Dichteunterschieden zum Abwasser. In der industriellen Abwasserbehandlung werden sie als Klärseparatoren, z.B. zur Abtrennung von Hefen und Milchsäurebakterien, zur Eindickung von biologischen Überschußschlämmen sowie zur Vorklärung ölhaltiger Waschwässer eingesetzt [2]. Wie aus Abb. 13.1 entnommen werden kann, ist die Abtrennung von Partikeln mit einer Größe $x \geq 0,4\ \mu m$ möglich. Tellerseparatoren erreichen eine gute Klärung des Abwassers meist ohne Zugabe von Flockungsmitteln.

Abbildung 13.5 zeigt den Aufbau eines Tellerseparators. Es handelt sich hierbei um einen Klärseparator mit diskontinuierlichem Austrag.

Der Tellerseparator ist geprägt durch ein mit einem Neigungswinkel φ versehenes Tellerpaket und einer Tellerzahl bis über $N_T = 250$. Das zu klärende Abwasser tritt durch eine Hohlwelle in den Separator, wird dann über

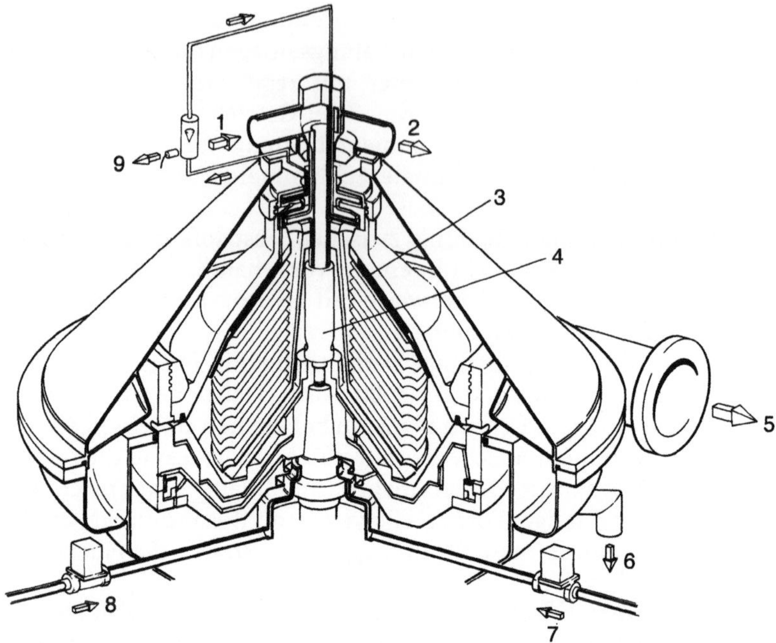

Abb. 13.5. Schematischer Aufbau eines Tellerseparators mit Regeleinrichtung zur Selbstentleerung (Westfalia Separator, Oelde). *1* Zulauf, *2* Ablauf, *3* Fühlerflüssigkeitsnahme, *4* verschiebbare Welle, *5* Feststoffaustrag, *6* Ablauf der Steuerflüssigkeit, *7* Öffnungsflüssigkeit, *8* Schließflüssigkeit, *9* Füllstandregler

radiale Ringkanäle nach außen geleitet und im äußeren Bereich der Trommel dem Tellerpaket zugeführt. Die gestapelten Teller bilden eine Vielzahl enger Separierungsräume, in denen das Abwasser aufwärts in Richtung Drechachse strömt. Auf dem Weg durch den schmalen Spalt zwischen den Tellern wandert der Feststoff radial nach außen, trifft bereits nach kurzer Wegstrecke auf die durch den Teller gebildete schräge Wand und wird von den Fliehkräften nach außen in den Feststoffsammelraum gezogen. Die geklärte Flüssigkeit strömt nach innen und von dort über einen Überlauf oder Greifer nach draußen.

Durch einen in den Feststoffraum hineinragenden Kanal wird ein geringer Teil der zu klärenden Flüssigkeit als Fühlerflüssigkeit abgezogen. Ist der Feststoffraum gefüllt, versiegt der Fühlerflüssigkeitsstrom. Dieses Signal nutzt eine Regeleinrichtung, um den Zulauf zu unterbrechen und Öffnungsflüssigkeit, meist Wasser, in die untere Hälfte des Separators zu leiten. Die Gehäusehälften fahren auseinander und der Feststoff spritzt in einen Fangraum. Nach der Entleerung strömt eine Schließflüssigkeit ein, die die Gehäusehälften wieder zusammendrückt.

Abbildung 13.6 zeigt schematisch die Strömungsverhältnisse in einem Einzelseparierungsraum zwischen zwei Tellern. Je mehr Teller übereinander angeordnet und je enger die dazwischen liegenden Spalten sind, um so größer wird die zur Verfügung stehende Klärfläche. Die Klärfläche und der

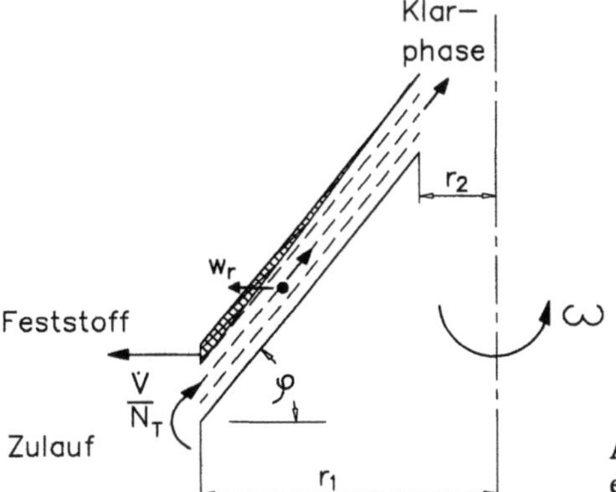

Abb. 13.6. Geometrische Bedingungen in einem Einzelseparierungsraum

erreichbare Beschleunigungsfaktor eines Tellerseparators sind um ein Vielfaches höher als die eines Dekanters, so daß bei gleichem Durchsatz und Verweilzeit ein besseres Trennergebnis erzielt wird. Die Berechnung der Trennpartikelgröße x_T erfolgt unter Berücksichtigung der geänderten geometrischen Verhältnisse und die Anzahl der Einzelseparierungsräume N_T analog zur Gl. (13.8) und wird [2]:

$$x_T = \sqrt{\frac{18 \cdot \varrho \cdot v}{|\Delta\varrho| \cdot \omega^2} \cdot \frac{\dot{V}}{N_T} \cdot \frac{3}{2 \cdot \pi \cdot (r_1^3 - r_2^3) \cdot \tan\varphi}} \, . \tag{13.9}$$

Bei der Verwendung von Greifern statt Überläufen ist eine schaum- und spritzfreie Entnahme des geklärten Abwassers möglich. Greifer sind feststehende, dem Laufrad einer Kreiselpumpe nachgebildete Entnahmeöffnungen, die in die geklärte Flüssigkeit hineinragen. Die rotierende Flüssigkeit tritt in die Kanäle tangential ein und strömt unter Druckzunahme nach innen in die Hohlwelle. Von dort gelangt die Flüssigkeit bei Drücken bis zu 10 bar nach draußen, so daß Ablaufpumpen entfallen können.

Klärseparatoren werden mit Flüssigkeitsdurchsätzen $\dot{V} = 4{-}55 \text{ m}^3/\text{h}$ angeboten. Trotz hervorragender Trennleistung sind sie für hohe Feststoffkonzentrationen im Zulauf nicht immer geeignet, da die kleinen Feststoffräume und Austragungseinrichtungen nur bedingt hohe Feststoffdurchsätze ermöglichen.

13.2.4
Beispiel: Äquivalente Klärfläche

Zur Beurteilung der Wirksamkeit eines Tellerseparators wird die notwendige Klärfläche eines Absetzbeckens mit gleichen Trenneigenschaften angegeben. Hierzu wird die Trennpartikelgröße x_T der Grenzpartikel von Absetzbecken und Separator gleichgesetzt. Eine Partikel, die entlang des Absetzbeckens strömt, besitzt die axiale Geschwindigkeit w_z und die Sinkgeschwindigkeit $w_{s,g}$. Nun sind die Maße des Absetzbeckens so zu wählen, daß die Grenz-

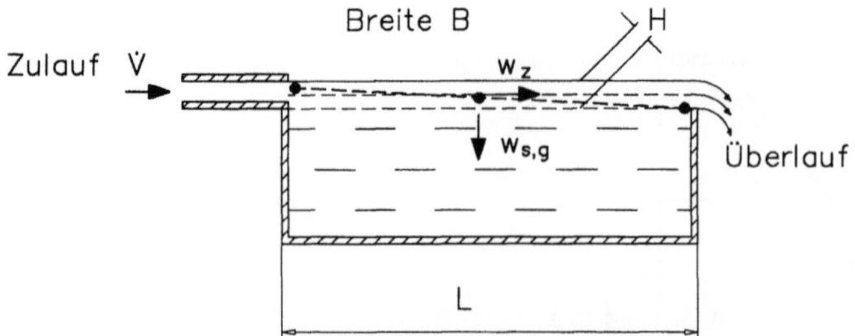

Abb. 13.7. Geometrische und hydrodynamische Bedingungen in einem Absetzbecken

partikel gerade abgeschieden wird. Mit den Bezeichnungen nach Abb. 13.7 gilt für die Verweilzeit t im Absetzbecken:

$$t = \frac{L}{w_z} = \frac{H}{w_{s,g}} \; .$$

Stellt man diese Gleichung um und multipliziert mit der Beckenbreite B, so ergibt sich:

$$L \cdot B = \frac{H \cdot B \cdot w_z}{w_{s,g}} \Rightarrow A_{\ddot{a}q} = \frac{\dot{V}}{w_{s,g}} \; .$$

Die Daten des Separators sind mit den Bezeichnungen nach Abb. 13.6:

$$r_1 = 0{,}42 \text{ m}; \; r_2 = 0{,}17 \text{ m}; \; \varphi = 50°; \; n = 4800 \text{ min}^{-1}; \; N_T = 210 \; .$$

Es soll für den Volumenstrom $\dot{V}_{ES}$ des Einzelseparierungsraums gelten:

$$\dot{V}_{ES} = \frac{\dot{V}}{N_T} = w_{s,g} \cdot A_{\ddot{a}q} \; .$$

Die Sinkgeschwindigkeit einer Partikel im Schwerefeld $w_{s,g}$ erhält man aus Gl. (13.5) mit $Z = 1$:

$$w_{s,g} = \frac{1}{18} \cdot \frac{\Delta \varrho}{\varrho} \cdot \frac{x^2}{v} \cdot g \; .$$

Die Winkelbeschleunigung berechnet sich zu:

$$\omega = 2 \cdot \pi \cdot n = 502{,}7 \, \frac{1}{s} \; .$$

Die Berechnung einer dem Absetzbecken äquivalenten Klärfläche erfolgt, indem Gl. (13.9) umgestellt und durch $w_{s,g}$ dividiert wird. Dann gilt:

$$A_{\ddot{a}q} = \frac{\dot{V}}{N_T \cdot w_{s,g}} = \frac{2 \cdot \pi}{3 \cdot g} \cdot \omega^2 \cdot (r_1^3 - r_2^3) \cdot \tan \varphi = 4447 \text{ m}^2 \; .$$

Die Mantelfläche eines Separierungsraums hat die Form eines Kegelstumpfs mit der Größe $A_{ES} = (r_1 - r_2) \cdot \pi \cdot \tan \varphi = 0{,}55 \text{ m}^2$ und repräsentiert eine äquivalente Klärfläche von $A_{äq} = 4447\ \mathrm{m}^2$. Bei der Anzahl von 210 Einzelseparierungsräumen wird im Separator eine äquivalente Gesamtklärfläche von $A_{äq,\,ges} = 933\,870\ \mathrm{m}^2$ erreicht.

13.2.5
Grundlagen der Flotation

In der Abwasserbehandlung dienen Flotationsverfahren zur Abtrennung hydrophober Partikeln, Tropfen oder Flocken. Durch Anlagern von feinsten Gasblasen, Abb. 13.8a, wird der Auftrieb der dispersen Phase soweit erhöht, daß sie aufschwimmt und an der Oberfläche des Flotierbeckens einen stabilen, schaumartigen Schwimmschlamm bildet, den ein Oberflächenräumer (Skimmer) austrägt. Flotationsanlagen kommen mit ca. 30–50% der Klärfläche einer Sedimentationsanlage aus, da die Aufstiegsgeschwindigkeit der gasblasenbeladenen Partikeln meist viel größer ist, als die natürliche Sedimentationsgeschwindigkeit der unbeladenen Teilchen. Die Verweilzeit des Abwassers im Flotierbecken ist entsprechend kurz.

Die in der Abwasserbehandlung eingesetzten Flotationsverfahren unterscheiden sich hauptsächlich in der Art, durch die das Gas in das Abwasser eingetragen wird und dort ausreichend feine Gasblasen bildet.

Man findet:

– Druck-Entspannungs-Flotation.
Bei dieser Variante wird die Luft zunächst unter Druck im Wasser physikalisch gelöst. Nach dem Henry-Gesetz ist die Menge des gelösten Gases im Sättigungszustand proportional dem Partialdruck p_i in der Gasphase und dem Adsorptionskoeffizienten ξ_i. Es gilt allgemein:

$$c_i = \xi_i \cdot p_i . \tag{13.10}$$

Setzt man für das Gasgemisch Luft näherungsweise einen Gemischadsorptionskoeffizienten $\xi_{Luft} = (828{,}45 - 0{,}65 \cdot T + 0.0072 \cdot T^2)\,(\mathrm{Norm\,dm}^3)/(\mathrm{m}^3\ \mathrm{Wasser} \cdot \mathrm{bar})$ an, der nur von der Temperatur T in °C abhängt, und ersetzt man zudem den Partialdruck p_i durch den herrschenden Gesamt-

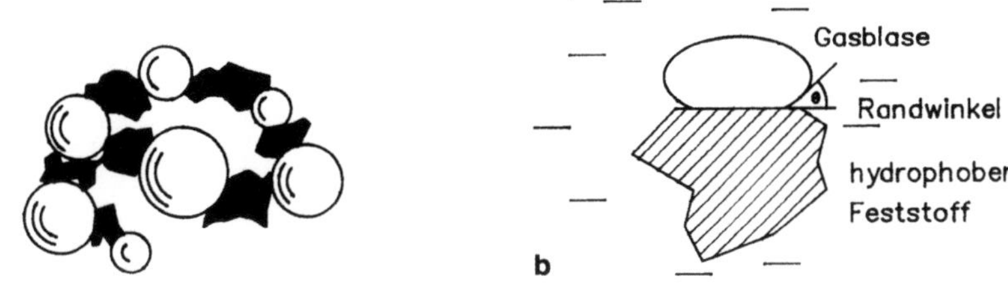

Abb. 13.8a, b. Gasanlagerungen an Feststoffen; **a** Gas/Feststoffagglomerat; **b** Randwinkel an einer hydrophoben Partikel

druck p, so läßt sich die gelöste Luftmenge im Sättigungsgleichgewicht berechnen.

Wird das luftgesättigte Wasser anschließend in einem geeigneten Ventil auf Umgebungsdruck entspannt, so entbindet die Luft wieder und es entstehen feine Gasblasen, die zur Flotation der dispersen Phase dienen. Die erzielten Gasblasen haben eine Größe $x < 100\,\mu m$. Dies reicht aus, um sich auch an schwach hydrophobe Partikeln noch gut anzulagern. Die Druck-Entspannungs-Flotation gehört zu den in der Abwasserbehandlung am häufigsten eingesetzten Flotationsverfahren.

– Begasungsflotation.

Bei der Begasungsflotation leiten Zuführrohre Druckluft über dem Beckenboden in das Wasser ein. Die Einstellung der Blasengrößen geschieht im Scherfeld eines Stator/Rotorsystems. Das Wasser/Luft-Gemisch wird zunächst von dem sternförmigen Rotor radial beschleunigt und dann an den Statorspalten geschert, so daß kleine Gasblasen entstehen. Die Energie der beschleunigten Flüssigkeit reicht aus, um die Gasblasen gleichmäßig im Flotierbecken zu verteilen. Der Vorteil dieser Bauart ist der frei einstellbare Luftmengeneintrag sowie die einfache Bauart ohne voluminöse Druckbehälter. Die Blasenfeinheit der Druck-Entspannungsflotation läßt sich jedoch selten erreichen. Die Begasungsflotation wird vorrangig in der Erzaufbereitung eingesetzt.

– Entgasungsflotation.

Die Entgasungsflotation nutzt ebenfalls die unter Druck erhöhte Löslichkeit von Luft in Wasser aus. Nach Abb. 13.9 wird der Abwasserstrom im Zulaufschenkel eines U-förmigen Schachtes abwärts geführt und über Fritten oder Filterkerzen mit Luft angereichert. Schließlich kommt es zu einer Luftsättigung des Abwassers am tiefsten Punkt des Schachtes. Nun steigt der

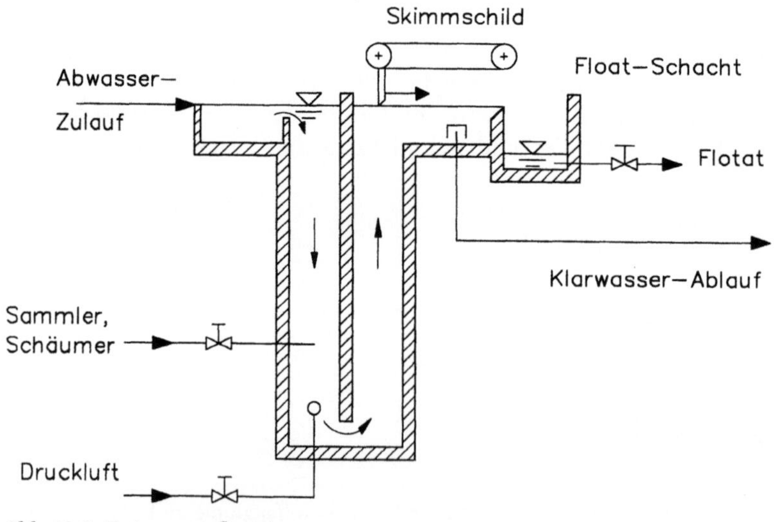

Abb. 13.9. Entgasungsflotation

Abwasserstrom im anderen Schenkel wieder abwärts und die gelöste Luft entbindet. Da der Vorgang durch die niedrigen Abwassergeschwindigkeiten nur allmählich abläuft, findet die Entbindung an den als Keimstellen wirkenden Schmutzpartikeln statt. Somit entstehen die Luftblasen ‚in situ' an den Partikeln, so daß eine hohe Ausnutzung der vorhandenen Luftmenge möglich ist. Dieses Verfahren zeichnet sich durch den geringsten Luftbedarf aus und wird meist dort eingesetzt, wo bereits luftgesättigtes Abwasser unter entsprechendem Druck vorliegt, z. B. im Anschluß an eine Turmbiologie zur Abtrennung und Rückführung des biologischen Schlammes aus dem gereinigten Abwasser.

- Elektroflotation
Bei der Elektroflotation werden die Gasblasen durch eine Elektrolyse des Abwassers erzeugt. Hierzu tauchen zwei Elektroden in das elektrisch leitfähige Abwasser ein und zerlegen die Wassermoleküle bei einer Spannung $U \approx 10\,V$ in gasförmigen Wasserstoff und Sauerstoff. Es lassen sich mit diesem Verfahren Gasblasen mit einem Durchmesser $x < 50\,\mu m$ erzeugen, wodurch eine gute Haftung an den Schmutzpartikeln begünstigt wird. Bei der Verwendung einer Opferanode aus Fe- oder Al-Verbindungen läßt sich bei einigen Stoffen gleichzeitig mit der Blasenerzeugung eine Flockung erzielen. Das Verfahren ist jedoch gegenüber den oben genannten kosten- und wartungsintensiver.

In allen Flotationsverfahren, außer der Entgasungsflotation, bei der das Gas ‚in situ' entbindet, werden die Gasblasen am Beckenboden erzeugt.

Damit ist es zu einer erfolgreichen Abscheidung eines Stoffes aus dem Abwasser kommen kann, müssen folgende Mechanismen wirken, von denen jeder die Wahrscheinlichkeit p_j besitzt [12].

- Die Blasen und Partikeln kollidieren mit der Wahrscheinlichkeit p_C.
- Die Blasen haften mit p_{Ad} an der Partikel.
- Die Blasen-Partikel-Aggregate überstehen die mechanische Beanspruchung während des Aufstiegs mit p_B.
- Die Blasen-Partikel-Agglomerate werden mit der Wahrscheinlichkeit p_R vom Räumer erfaßt und ausgetragen.

Da jeder Mechanismus erfüllt werden muß, gilt das Multiplikationstheorem der Wahrscheinlichkeit. Es folgt für die Gesamtabscheidung $p_A = p_C \cdot p_{Ad} \cdot p_B \cdot p_R$. Die Wahrscheinlichkeit p_C für den Zusammenstoß einer Luftblase mit einer Partikel läßt sich durch die Menge der Gasblasen steuern. Während der kurzen Kollisionszeit muß die Gasblase den dünnen Wasserfilm zwischen den beiden Phasen verdrängen. Ist die Partikeloberfläche hydrophob, so läuft der Verdrängungsvorgang schnell ab, da die angelagerte Gasblase die freie Grenzflächenenergie γ des Mehrphasensystems verringert. Es bildet sich gemäß Abb. 13.8b ein Kontaktwinkel θ zwischen Partikeloberfläche und Gasblase aus [11]. Ist $\theta > 0°$, so ist die Bedingung für ein Anhaften gegeben. Bei $\theta > 10°$ ist der Kontakt bereits ausreichend, die Beanspruchungen in einer Flotationsanlage zu überstehen [12]. Der Kontaktwinkel θ läßt sich mit der Young-Gleichung durch das Verhältnis der freien Grenzflächenenergien γ zwischen

Feststoff und Gas (sg), Feststoff und Flüssigkeit (sl) sowie zwischen Flüssigkeit und Gas (lg) bestimmen zu:

$$\cos \Theta = \frac{\gamma_{sg} - \gamma_{sl}}{\gamma_{lg}}.$$ (13.11)

Für Partikeln einer Größe x < 15 µm ist eine Kollision mit bereits vorhandenen Blasen nur schwer möglich [13]. Diese sehr kleinen Partikeln wirken jedoch als Keime zur Entlösung der Luft aus dem übersättigtem Fluid. Die Wahrscheinlichkeit für diesen Vorgang hängt von der noch vorhandenen Luftübersättigung ab.

Fette, Öle, Kohle und Paraffine lassen sich sehr gut flotieren, da sie eine stark hydrophobe Oberfläche besitzen und eine spezifische Dichte, die sich nur wenig von der des umgebenden Wassers unterscheidet. Man findet daher die Flotation als ein etabliertes Verfahren bei der Behandlung ölhaltiger Abwässer, von Schlachtereiabwässern, bei der Kohleaufbereitung und zur Abtrennung biologischer Schlämme.

Besitzen die Partikeln eine sehr schwach hydrophobe oder gar hydrophile Oberfläche, was für viele Abwasserinhaltsstoffe zutrifft, müssen dem Abwasser zur Erhöhung der Anhaftwahrscheinlichkeit p_{Ad} sogenannte Sammler hinzugefügt werden. Sammler sind organische, grenzflächenaktive Substanzen, die an einer Kohlenwasserstoff-Kette eine chemisch aktive polare Gruppe besitzen. Die polare Gruppe ist in der Lage, die Wassermoleküle von der Partikeloberfläche zu verdrängen und dort selbst zu adsorbieren. Die nach außen gerichteten unpolaren Kohlenwasserstoffketten bilden nun eine neue, hydrophobe Partikeloberfläche, an die sich die Luftblasen bevorzugt anlagern. Zur Erhöhung der mechanischen Stabilität der Blasen-Partikel-Aggregate im aufschwimmenden Flotat werden sogenannte Schäumer, ebenfalls wie die Sammler grenzflächenaktive Substanzen, als weitere Reagenzien in das Abwasser gegeben. Zur Vermeidung unerwünschter Beeinflussung von Schäumer und Sammler ist eine genaue Dosierung notwendig.

13.2.6
Druck-Entspannungs-Flotation

Die Druck-Entspannungs-Flotation wird meist im Recycleverfahren wie in Abb. 13.10 betrieben. Dazu wird ein Teil des bereits geklärten Wassers im Luftsättigungsbehälter unter Druck mit Luft gesättigt, anschließend in einem Entspannungsventil auf den im Flotierbecken herrschenden Druck entspannt und über eine Ringdüse unterhalb des Abwassereintritts zugeführt. Die aufsteigenden Gasblasen vermischen sich intensiv mit dem Abwasserstrom, schwimmen mit den angelagerten Partikeln auf und bilden dort einen mehrere Zentimeter dicken Schwimmteppich. Ein bewegliches Skimmschild, das dicht über der Wasserlinie angebracht ist, räumt den Schwimmschlamm in die Float-Taschen, von dem aus er zur Zwischenlage-

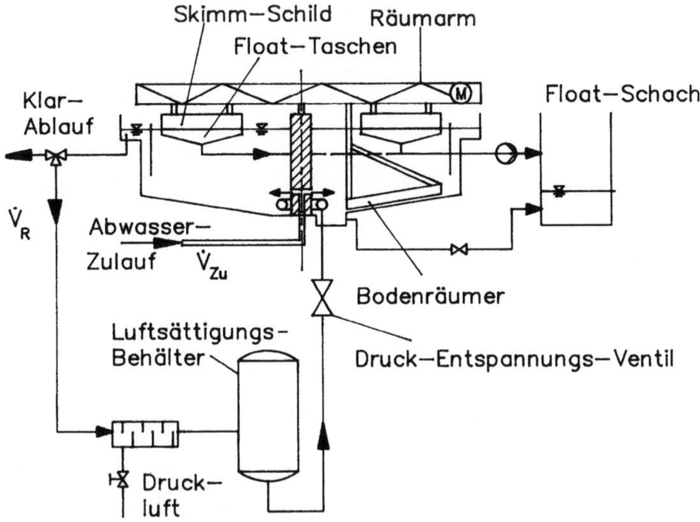

Abb. 13.10. Flotation im Recycle-Verfahren

rung in den Float-Schacht fließt. Ein Bodenräumer befördert anfallende Sedimente in einen Sumpf, der ein Verbindungsrohr zum Floatschacht besitzt und gelegentlich durch Öffnen des dort angebrachten Schiebers entleert wird.

Das Recycle-Verfahren hat gegenüber den Teil- und Vollstromverfahren, bei denen ein Teil oder das gesamte ungeklärte Abwasser luftgesättigt wird, den Vorteil, daß die unter Druck betriebenen Anlagenteile nicht mit Schmutzwasser in Berührung kommen.

Durch Änderung des Recycleverhältnisses $\dot{V}_R/\dot{V}_{Zu}$ läßt sich die benötigte Luftmenge in weiten Grenzen regeln, ohne den Druck im Luftsättiger zu ändern. Übliche Betriebsparameter für dieses Verfahren sind [15]:

Betriebsdrücke $p_ü$ = 4,5–7,0 bar,
Recycle-Verhältnis $\dot{V}_R/\dot{V}_{Zu}$ = 0,2–2,0,
Klärflächenbelastung 3–6 (m³ Abwasser)/(m² · h).

Als Bauformen finden sowohl Rundbecken, als auch Rechteckbecken Verwendung. Rundbecken werden aus Stahl oder Beton mit Durchmessern von D = 6–24 m für Durchsätze bis $\dot{V}_{max}$ = 2600 m³/h Abwasser gebaut. Bis zu drei Räumarme, an denen sowohl die Skimmschilde als auch die Bodenräumer angebracht sind, befördern das Flotat in die Float-Taschen und den Bodenschlamm in den Sumpf.

In Tabelle 13.2 sind einige Abmessungen für Rund- und Rechteckbecken sowie maximale Zulaufströme zusammengestellt.

Die Klärflächenbelastung bei der Druck-Entspannungs-Flotation sollte 4–6 m³/(m² h) nicht überschreiten, wobei ein Recycle-Anteil von $\dot{V}_R/\dot{V}_{Zu}$ = 0,2–0,5 üblich ist.

Tabelle 13.2. Abmessungen von Rund- und Rechteckbecken

Klärfläche A_{Kl} m^2	Rechteckbecken $L \cdot B \cdot H$ m	Rundbecken $D \cdot H$ m	Zulaufstrom $\dot{V}_{Zu}$ m^3/h
50– 60	$20,0 \cdot 3,0 \cdot 2,3$	$\varnothing\ 8,0 \cdot 3,0$	ca. 280
120–130	$25,0 \cdot 5,0 \cdot 2,8$	$\varnothing\ 13,0 \cdot 3,0$	ca. 760
165–175	$25,0 \cdot 7,0 \cdot 2,8$	$\varnothing\ 15,0 \cdot 3,0$	ca. 1040
430–450	keine Angaben	$\varnothing\ 24,0 \cdot 3,2$	ca. 2600

13.3
Trennen nach der Größe: Filtration

Die Filtration ist ein Verfahren zur Abtrennung von Partikeln oder Tropfen aus Flüssigkeiten mit Hilfe eine Filtermittels. Ist die Gewinnung des Feststoffes aus der Suspension vorrangiges Ziel der Filtration, so spricht man von Trenn-, Scheide- oder Eindickfiltration. Ist das Filtrat der Wertstoff, nennt man das Verfahren Klärfiltration. In der Abwasserbehandlung stehen beide Ziele gleichermaßen im Vordergrund, denn neben dem gereinigten Abwasser soll ein möglichst trockener Filterrückstand gewonnen werden, den man als Abfall oder Wertstoff deponiert, verbrennt oder verwertet.

Unterteilt man die verschiedenen Filtrationsverfahren nach den vorherrschenden Wirkprinzipien, so sind die Oberflächen- und die Tiefenfiltration bekannt. Die Oberflächenfiltration nach Abb. 13.11a findet auf Sieben, Tüchern und Porenmembranen statt und es bildet sich ein stetig wachsender Filterkuchen aus den Partikeln der Suspension, den man durch geeignete Maßnahmen abnehmen und somit in reiner Form gewinnen kann. Die in Abb. 13.11b dargestellte

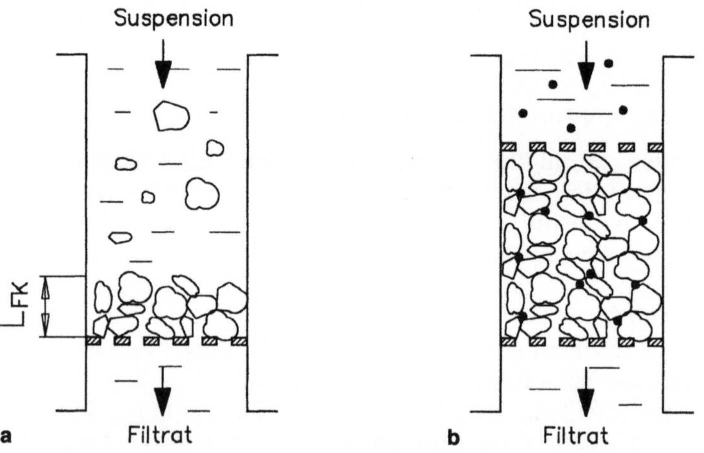

Abb. 13.11a, b. Filtrationsarten; **a** Oberflächenfiltration; **b** Tiefenfiltration

Tiefenfiltration findet an den inneren Oberflächen einer Schüttung aus Kies, Sand, Kieselgur, Aktivkohle sowie in einem Faserbett aus Cellulose oder Glasfasern statt. Die Aufnahmekapazität der Tiefenfilter für Feststoffe ist gering und so dienen sie meist zur Abfiltrierung niedrigkonzentrierter, kolloidaler Verschmutzungen, wie z.B. bei der Eisenhydroxidabtrennung aus Brunnenwasser [8, 9]. Neben den beiden Filtrationshauptgruppen werden auch Mischformen eingesetzt, wie z.B. die Precoat- und Anschwemmfiltration. Bei der Precoatfiltration wird zunächst eine grobe Stützschicht aus großen, starren Partikeln auf ein Filtertuch angefiltert, bevor die eigentliche Suspension einströmt. Die Precoatschicht wirkt nun wie ein Tiefenfilter und ermöglicht eine spätere Kuchenabnahme. Bei der Anschwemmfiltration wird ein Filterhilfsmittel, das einen grobporösen, fülligen Filterkuchen bildet, mit der Suspension vermischt und gemeinsam gefiltert. Neben den konventionellen Filterapparaten, bei denen die Suspension orthogonal zum Filtermittel einströmt, werden zunehmend sogenannte Querstromfiltrationsverfahren zur Abwassereindickung eingesetzt. Hierbei strömt die Suspension mit hoher Geschwindigkeit parallel zu einer mikroporösen Membrane. Durch den herrschenden Innendruck durchdringt ein kleiner Teilstrom die Membrane und wird als Filtrat auf deren Rückseite gewonnen. Das Prinzip der Querstrom- oder auch Corss-Flow-Filtration beruht auf einem Klassiereffekt im turbulenten Suspensionsstrom, der nur einen Teil der suspendierten Partikeln auf das Filtermittel gelangen läßt. Somit können geringe Kuchenhöhen erzielt werden.

13.3.1
Grundlagen der Filtration

Betrachtet man das Filtermittel, den Filterkuchen und auch die Schüttung eines Tiefenfilters als verzweigtes Porensystem, durch das die Suspension unter Abgabe der Partikeln hindurchströmt, so lassen sich die Gesetze der Kapillarströmung anwenden. Meist sind die gebildeten Kanäle so eng, daß eine rein laminare Strömung vorliegt. Dann gilt ganz allgemein für die mittlere Geschwindigkeit $\bar{v}_p$ in Kapillaren das Poiseuille-Gesetz:

$$\bar{v}_p = \frac{d_h^2 \cdot \Delta p}{32 \cdot \eta \cdot L_p} \; . \tag{13.12}$$

Sie ist somit vom hydraulischen Durchmesser d_h, dem Druckgefälle Δp, der Porenlänge L_p und der Viskosität η abhängig. Überträgt man die Porenströmung auf die Verhältnisse in einer Schüttung, so wird der hydraulische Durchmesser durch eine Funktion der spezifischen Oberfläche S_v, die Porengeschwindigkeit durch die Geschwindigkeit im leeren Kanal $\bar{v}_{Fi} = \dot{V}_{Fi}/A_{Fi}$ und die Porenlänge durch die Höhe L der Schüttung ersetzt [7]. Mit der Porosität ε wird aus Gl. (13.12):

$$\bar{v}_{Fi} = \left(\frac{4 \cdot \varepsilon}{S_v \cdot (1 - \varepsilon)}\right)^2 \cdot \frac{\varepsilon \cdot \Delta p}{32 \cdot \eta \cdot L} \cdot \left(\frac{L}{L_p}\right)^2 . \tag{13.13}$$

Durch Zusammenfassen der konstanten Zahlenwerte und Einführung der Dispersitätsgröße x_{sv}, die den Durchmesser einer Kugel gleicher spezifischer Oberfläche angibt und eine Funktion des Formfaktors f ist, ergibt sich aus Gl. (13.13) die als Kozeny-Carman-Gleichung bekannte Beziehung für die Filtratgeschwindigkeit $\overline{v}_{Fi}$ zu:

$$\overline{v}_{Fi} = \frac{1}{K} \cdot \frac{1}{\eta} \frac{\varepsilon^3 \cdot x_{SV}^2}{(1-\varepsilon)^2} \cdot \frac{\Delta p}{L} \; ; \quad x_{SV} = \frac{6}{f \cdot S_{SV}} \tag{13.14}$$

Der Parameter K in Gl. (13.14) ist eine Funktion der Anordnung und der Geometrie der Partikeln [6, 16]. Für sehr viele Anwendungsfälle, in denen die Porosität des Filterkuchens zwischen $\varepsilon = 0{,}3-0{,}4$ liegt und die Partikeln isometrisch und nicht deformierbar sind, wird $K \approx 160-180$. Der Parameter K und die stoffcharakterisierenden Größen lassen sich zu einem auf die Filterkuchenhöhe bezogenen, spezifischen Durchflußwiderstand α zusammenfassen:

$$\alpha = \frac{(1-\varepsilon)^2 \cdot K}{\varepsilon^3 \cdot x_{SV}^2} \, . \tag{13.15}$$

Bei der Filtration werden mit der Suspension ständig Partikeln an das Filtermittel herangetragen. Der sich bildende Filterkuchen wächst proportional mit der gefilterten Suspensionsmenge V_{Fi} an. Sind die pro Filtratmenge abgeschiedene Feststoffmasse φ in kg/m^3, die Filterfläche A_{Fi} und die Porosität ε bekannt, läßt sich die Filterkuchenhöhe L berechnen zu:

$$L_{Fk} = \frac{\varphi \cdot V_{Fi}}{(1-\varepsilon) \cdot \varrho_s \cdot A_{Fi}} \, . \tag{13.16}$$

Zusätzlich zum Durchflußwiderstand des Filterkuchens setzt das Filtermittel der Durchströmung den Filtermitteldurchflußwiderstand β entgegen. Der Filtermitteldurchflußwiderstand β ergibt sich für einen spezifischen Durchflußwiderstand des Filtermittels α_{FM} und der Dicke L_{FM} zu:

$$\beta = \alpha_{FM} \cdot L_{FM} \, . \tag{13.17}$$

Aus der Hintereinanderschaltung der Widerstände des Filterkuchens und des Filtermittels läßt sich die Differentialgleichung der Filteranordnung aufstellen und man erhält:

$$\frac{dV}{dt} = \frac{A_{Fi}}{\eta} \cdot \frac{\Delta p_{Fi}}{\dfrac{\alpha' \cdot \varphi \cdot V_{Fi}}{A_{Fi}} + \beta} \; ; \quad \alpha' = \frac{\alpha}{\varrho_s \cdot (1-\varepsilon)} \, . \tag{13.18}$$

Die Lösungen der Gl. (13.18) hängen vom Verlauf des Filtrationsdrucks Δp_{Fi} und des Filtratvolumenstroms $\dot{V}_{Fi}$ während der Filtration ab. Bei einfachen, mit Druckluft betriebenen Filterapparaten oder bei der Vakuumfiltration ist Δp_{Fi} konstant. Dagegen ist bei Verdrängerpumpen der Filtratvolumenstrom eine konstante Größe. Filteranlagen mit Kreiselpumpen besitzen eine Abhängigkeit des Filtrationsdrucks vom Quadrat des Volumenstroms. Für die Konstant-Druck-Filtration berechnet sich der Filtratvolumenstrom zu:

$$\frac{t}{V_{Fi}} = \frac{\eta \cdot \alpha' \cdot \varphi}{2 \cdot A^2 \cdot \Delta p} \cdot V_{Fi} + \frac{\eta \cdot \beta}{A_{Fi} \cdot \Delta p} \,. \tag{13.19}$$

Zur Quantifizierung der Parameter α' und β aus Gl. (13.19) läßt sich im Labor ein sogenannter Handfilterversuch durchführen. Nach der Messung des Filtratvolumens über der Zeit, stellt man ein t/V-V-Diagramm auf, aus dem die Parameter grafisch ermittelt werden können [7]. Die Integration von Gl. (13.18) für konstanten Filtratvolumenstrom $\dot{V}_{Fi}$ liefert die Lösung:

$$\Delta p_{Fi}(t) = \dot{V}_{Fi} \cdot \eta \cdot \left(\frac{\alpha' \cdot \varphi}{A_{Fi}^2} \cdot \dot{V}_{Fi} \cdot t + \beta \right) \,. \tag{13.20}$$

Man erkennt, daß in Gl. (13.20) der Filtrationsdruck Δp_{Fi} proportional mit der Filtrationszeit t wächst. Sind die Partikeln in der zu filternden Suspension verformbar, was u.a. auf biologische Zellen in Bio- und Faulschlämmen sowie auf Leimabwässern zutrifft, so ist bei der Auslegung und Berechnung der Betriebsparameter die Auswirkung der Kompressibilität auf die Porosität und den Durchströmungswiderstand zu beachten. Empirische Ansätze liefern eine Druckabhängigkeit dieser Größen der Form [17, 18]:

$$\alpha = \alpha_0 \cdot \left(\frac{\Delta p_{Fi}}{\Delta p_{Fi,0}} \right)^m \,. \tag{13.21}$$

So ergibt sich z.B. für Hefezellen ein Exponent m = 0,9 für Drücke $\Delta p_{Fi} > 1,0$ bar und m = 0 für $\Delta p_{Fi} \leq 1,0$ bar. Ist eine Kompressibilität des Filterkuchens zu erwarten, sollte die Druckabhängigkeit des Filterkuchenwiderstandes vorher in Laborversuchen ermittelt werden.

13.3.2
Druckfiltration in Filterpressen

Bei der Abtrennung von Verunreinigungen aus dem Abwasser fallen an verschiedenen Stellen dünnflüssige Schlämme an. Bei den kommunalen Abwässern sind dies u.a. Überschußschlämme aus der Nachklärung oder Faulschlämme aus der biologischen Abwasseraufbereitung. Diese Suspensionen besitzen eine auf die Abwassermasse bezogene Trockensubstanz (TS) von ca. $c_M = 0,01 - 0,07$ kgTS/kg und sind meist durch Zugabe von Flockungsmitteln oder Filterhilfsstoffen konditioniert, d.h. sie bilden einen gut durchströmbaren, voluminösen Filterkuchen. Neben der Reinigung des Abwassers ist die Gewinnung eines möglichst stark entwässerten, stichfesten Filterkuchens das verfahrenstechnische Ziel. Hierzu werden häufig Filterpressen eingesetzt. Neben der konventionellen, mit hohem Filtrationsdruck betriebenen Oberflächenfiltration, erlauben Filterpressen auch das Waschen und Trocknen des Filterkuchens. Filterpressen werden meist als Rahmen- oder als Kammer-

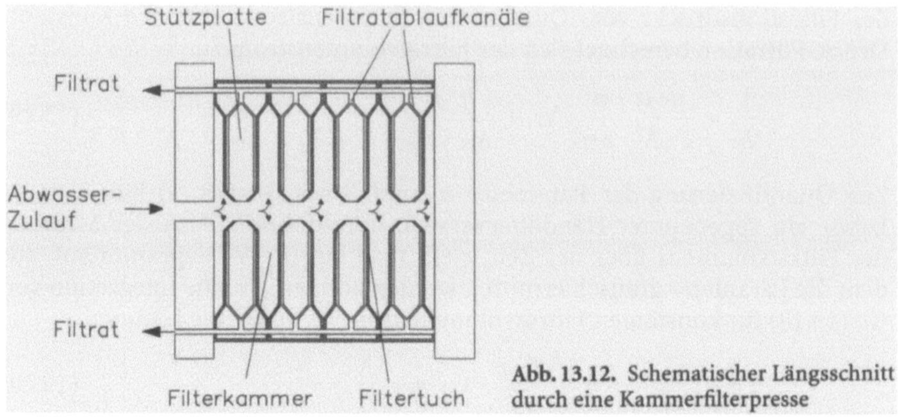

Abb. 13.12. Schematischer Längsschnitt durch eine Kammerfilterpresse

filterpressen eingesetzt. Letztere finden immer häufiger als Membranfilterpressen Anwendung, da sie eine zusätzliche mechanische Entwässerung des Filterkuchens bewirken und einen geringeren Energiebedarf als die üblichen Kammerfilterpressen besitzen. Abbildung 13.12 zeigt schematisch einen Längsschnitt durch eine Kammerfilterpresse. Ein Filterelement besteht aus einer mit feinen Kanälen versehenen Stützplatte, über die das Filtertuch gespannt ist. Die Filterfläche steht gegenüber den Plattenrändern zurück und bildet mit dem benachbarten Filterelement eine Kammer. Das auf den Rändern aufliegende Filtertuch wirkt durch spezielle Werkstoffwahl oder durch Imprägnierung als Dichtung und verhindert ein Austreten der Suspension aus den Kontaktbereichen zwischen den einzelnen Platten. Der Suspensionszulauf ist in der Mitte der Filterelemente angeordnet und das Filtrat fließt durch außenliegende Kanäle ab. Auf einem Traggerüst sind die einzelnen Filterelemente als Plattenpaket angeordnet. Zum Betrieb werden die rechteckigen Plattenpakete mit einer Spindel oder über Hydraulikstempel zusammengedrückt. Die Schließkraft beträgt etwas das 1,1fache der durch den Filtrationsdruck verursachten Kraft. Bei großen Filterelementen beträgt die Schließkraft ca. 6000 kN.

Rahmenfilterpressen unterscheiden sich von den Kammerfilterpressen dadurch, daß anstelle einer zurückstehenden Filterfläche Rahmen als Abstandshalter zwischen planparallelen Filterelementen eingefügt sind. Durch den Einsatz unterschiedlich breiter Rahmen ist eine Anpassung an wechselnde Filterkuchenhöhen möglich.

Bei der Membranfilterpresse ist jedes zweite Filterelement zusätzlich mit einer elastischen, undurchlässigen Membrane ausgerüstet, die sich zwischen der Stützplatte und dem Filtertuch befindet und mit Rillen versehen ist. Nach einer festgelegten Zeit unterbricht die Schlammzufuhr, und es strömt die Nachdrückflüssigkeit hinter die Membranen und bläht sie auf. Die Kammer wird nun solange verkleinert, bis die gegenüberliegenden Filterkuchen aufeinandertreffen. Ist die gewünschte Entwässerung des Filterkuchens erreicht, wird der Nachpreßdruck abgebaut und dadurch die Filterkammern

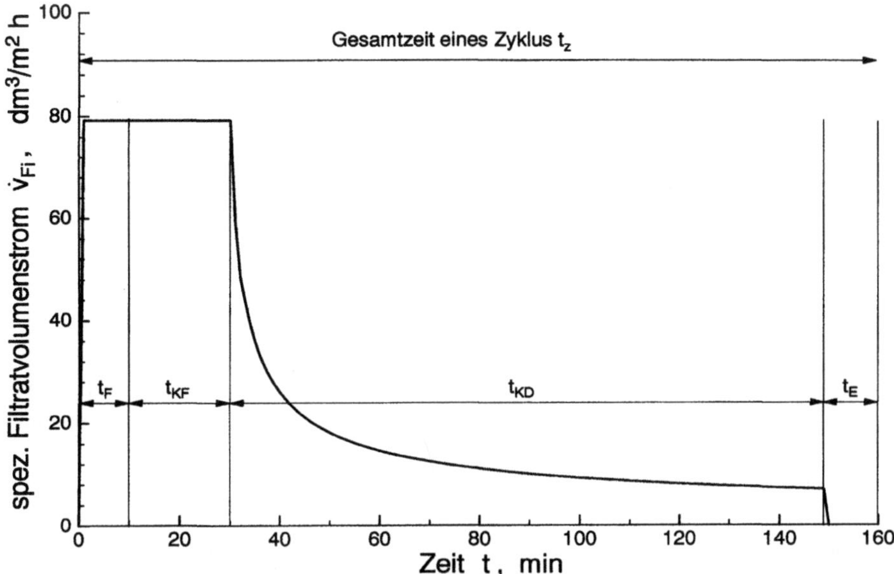

Abb. 13.13. Filtrationszyklus einer Kammerfilterpresse

vollständig druckentlastet. Nach Öffnen der Filterpresse fällt der entwässerte Filterkuchen gravimetrisch oder mit Hilfe von Auswerfern aus der Kammer in einen darunterliegenden Bunker.

Moderne Filterpressen besitzen ein Stahlgerüst sowie Filterplatten aus Kunststoff, z. B. Polypropylen. Damit können auch aggressivere Suspensionen gefiltert werden. Die Filtertücher werden meist aus monofilen Polymergeweben, PP oder PA, gefertigt und zur besseren Kuchenabnahme einseitig kalandriert.

Der gesamte Filtrationszyklus nach Abb. 13.13 erstreckt sich bei einfachen Kammerfilterpressen über die *Gesamtzeit* t_z und setzt sich aus folgenden Einzelphasen zusammen.

- Die *Kammerfüllzeit* t_F beschreibt den Zeitraum, in dem die zunächst vollständig leere Kammer drucklos mit der Suspension gefüllt wird. Die darin enthaltene Luft entweicht über das Filtermittel. Ist $\dot{V}_P$ der von der Pumpe erzeugte Volumenstrom, und V_K das gesamte Kammervolumen, so wird:

$$t_F = \frac{V_K}{\dot{V}_P} \ . \tag{13.22}$$

- Die *Konstant-Filtratstrom-Zeit* t_{KF} beginnt, sobald die Kammer vollständig mit Suspension gefüllt ist. Die Pumpe fördert einen konstanten Volumenstrom $\dot{V}_P$ in die Kammer, der unter Abgabe des Feststoffes als Filtrat gewonnen wird. Es baut sich ein Filterkuchen auf, der den Durchflußwiderstand erhöht, so daß der Druck gemäß Gl. (13.21) proportional mit der Zeit steigt bis der Maximaldruck $\Delta p_{Fi,\,max}$ erreicht ist.

Tabelle 13.3. Zusammensetzung des Kammerfilterpressen-Zyklus

Filtrierbarkeit der Suspension	Anteil an der Gesamtzeit				Summe $\sum t_i/t_Z$
	t_F/t_Z	t_{KF}/t_Z	t_{KD}/t_Z	t_E/t_Z	
gut	0,11	0,18	0,50	0,21	1
schlecht	0,05	0,22	0,63	0,10	1

– Die *Konstant-Druck-Zeit* t_{KD} schließt sich nach Erreichen des maximalen Filtrationsdruckes an. Die Pumpen halten nun den Filtrationsdruck $\Delta p_{Fi,max}$ über eine Regeleinrichtung konstant. Die Filtration erfolgt nun nach Gl. (13.19), bis das vorgegebene Abbruchkriterium, meist ein minimaler Filtratvolumenstrom, erreicht ist.
– Die *Entleerungszeit* t_E ist die Zeitspanne, die benötigt wird, die Filterpresse zu öffnen, den Filterkuchen auszubringen und die Platten wieder zu schließen. Bei älteren Maschinen wird der Filterkuchen noch zum Teil manuell abgestreift, moderne Filterpressen arbeiten in der Regel voll automatisiert mit zwischen den Platten angebrachten Auswerfern. Damit wird die Gesamtzeit t_z eines Filterzyklus:

$$t_z = t_F + t_{KD} + t_{KF} + t_E \,. \tag{13.23}$$

Die einzelnen Zeitabschnitte und ihre Anteile an der Gesamtzeit sind in Tabelle 13.3 aufgeführt. Es zeigt sich, daß die Konstantdruck-Zeit t_{KD} über die Hälfte der Gesamtzeit beträgt.

13.3.3
Querstromfiltration mit Mikro- und Ultrafiltrationsmembranen

Bei der Querstromfiltration in Abb. 13.14 wird die Membrane parallel von der zu trennenden Suspension überströmt und quer dazu das Filtrat abgezogen. Die Membrane bildet die Wand eines Strömungskanals, in dem ein großer Suspensionsstrom axial mit der mittleren Querstromgeschwindigkeit w_E strömt. Durch den herrschenden Überdruck Δp_{Fi} zwischen Strömungskanal und Membranrückseite tritt ein Teilstrom mit der örtlichen, radialen Geschwindigkeit v_{Fi} durch die Membrane, wird als Klarphase in einem Filtratraum gesammelt und über den Filtratablauf abgeführt. Die mittlere Querstromgeschwindigkeit beträgt meist $w_E = 2-6\,\text{m/s}$ und der spezifische Filtratvolumenstrom variiert für verschiedene Anwendungen zwischen $\dot{v}_{Fi} = 36-3600\,\text{l/(m}^2\text{h)}$. Der Suspensionsstrom ist wesentlich größer als der Filtratstrom, und in vielen Fällen beträgt $\dot{V}_{Sus} \approx 50 \div 500 \cdot \dot{V}_{Fi}$. Somit wirkt sich der Verlust des Teilstroms kaum merkbar auf die hydrodynamischen Bedingungen im Strömungskanal aus, und die mittlere Überströmgeschwindigkeit w_E ändert sich zwischen Ein- und Austritt des Filters praktisch nicht. Dagegen

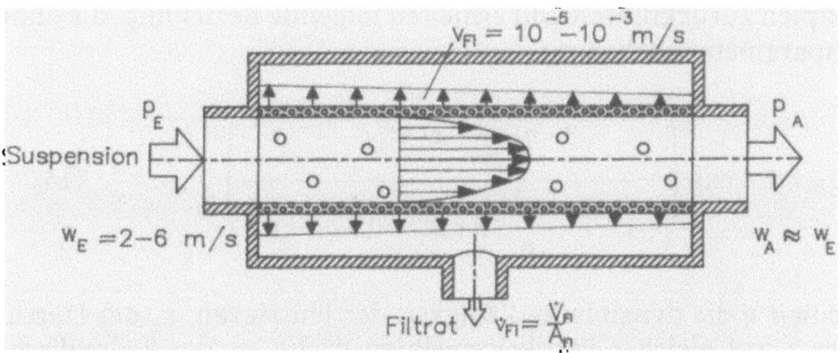

Abb. 13.14. Hydrodynamische Bedingungen in einem Querstromfilter

nimmt die Filtratgeschwindigkeit v_{Fi} mit wachsender Filterlänge infolge des unvermeidlichen axialen Reibungsdruckabfalls Δp_{Fr} ab. Die Aufgabe des Suspensionsstromes bei der Querstromfiltration ist, die Bildung eines Filterkuchens aus Partikeln der Suspension zu *verhindern*, zu *verringern* oder zu *kontrollieren*. Damit unterscheidet sich die Querstromfiltration von der konventionellen Filtration, bei der alle Partikeln auf das Filtermittel gelangen. Bei der konventionellen Filtration entspricht der Suspensionsstrom in etwa dem Filtratstrom. Dagegen ist ersterer bei der Querstromfiltration sehr viel größer und hat die Aufgabe, die Partikeln in Schwebe zu halten und ihr Absetzen auf der Membrane zu verhindern. Aus diesem Grund ist der Querstrom turbulent und energiereich. Der höhere Energieeinsatz soll dafür zu einer höheren flächenspezifischen Filtratausbeute führen. Somit liegt der Einsatzbereich der Querstromfiltration nur bei schwer filtrierbaren Suspensionen.

Hierzu zählen Suspensionen und Emulsionen mit stark verformbaren Partikeln, wie Öl- und Farbtropfen, Fette und biologische Zellen sowie Suspensionen mit besonders feinen Partikeln aus Pigmenten, Makromolekülen und anderen, schlecht filtrierbaren Kolloiden. Die Querstromfiltration eignet sich neben der Gewinnung einer Klarphase, auch zur Eindickung von Suspensionen.

Das Trennprinzip beruht auf zwei gegenläufigen Effekten. Zum einen werden die Partikeln durch die Schleppwirkung des Filtratssogs zur Membrane transportiert und verursachen dort eine Konzentrationszunahme, zum anderen werden die Konzentrationsunterschiede durch die Turbulenz des Querstroms und die Brownsche-Wärmebewegung wieder abgebaut. Beide Mechanismen konkurrieren miteinander und hängen in unterschiedlicher Weise von der Partikelgröße ab. Dies führt zu einer bevorzugten Anlagerung kleiner Partikeln auf der Membrane und zwar umso deutlicher, je größer die Querstromgeschwindigkeit w_E und je kleiner die Filtrationsgeschwindigkeit v_{Fi} gewählt wird. Dieser Klassiereffekt läßt sich auf eine Abscheidewahrscheinlichkeit q_A zurückführen. Er wurde bereits von Fischer und Raasch [19, 20], Schock und Rautenbach [21], Fane et al. [22] sowie Lu et al. [24] beobachtet und qualitativ beschrieben. Pahl und Fritz [23, 25] konnten diese Abscheidewahrscheinlichkeit auf physikalische

Grundprinzipien zurückführen und erhielten folgende Beziehung, die ohne Anpassungsparameter auskommt:

$$q_A = 1 - \exp\left(-\frac{3 \cdot \eta \cdot \dfrac{x_p^2}{x_h} \cdot \pi \cdot v_{Fi}^2 \cdot \dfrac{L}{w_E}}{k \cdot T + \dfrac{x_v^3}{6} \cdot \pi \cdot (\varrho_s + 0{,}5\,\varrho_f) \cdot v'^2}\right). \tag{13.24}$$

Hierin bedeuten η die dynamische Zähigkeit der Flüssigkeit, x_p der Durchmesser einer Kugel gleicher Partikelprojektionsfläche, x_h der hydraulische Durchmesser einer Partikel, x_v der Durchmesser einer Kugel gleichen Partikelvolumens, L die Länge der Filterstrecke, k die Bolzmann-Konstante, T die absolute Temperatur, v' die turbulente Schwankungsgeschwindigkeit, ϱ_s die spezifische Dichte der Partikeln und $(x_v^3 \cdot \pi/6) \cdot 0{,}5 \cdot \varrho_f$ die mitbeschleunigte Flüssigkeitsmasse. Für kreisförmige Strömungskanäle und ein turbulent ausgebildetes Strömungsprofil mit Grenzschichtabsaugung wird $v' \approx 0{,}14 \cdot w_E$.

Die Filtratgeschwindigkeit v_{Fi} in Gl. (13.24) läßt sich näherungsweise durch den spezifischen Filtratvolumenstrom $\dot{v}$ ersetzen. Nach Darcy gilt mit dem zeitabhängigen Durchflußwiderstand $\alpha \cdot L_{Fk}(t)$ des Filterkuchens und β der Membrane:

$$\dot{v} = \frac{\dot{V}_{Fi}}{A} = \frac{\Delta p}{\eta \cdot (\alpha \cdot L_{Fk}(t) + \beta)} \approx v_{Fi}. \tag{13.25}$$

In Abb. 13.15 sind Kurven unterschiedlicher Abscheidewahrscheinlichkeit für die eingetragenen Stoff- und Geometriedaten und einer für die Querstrom-

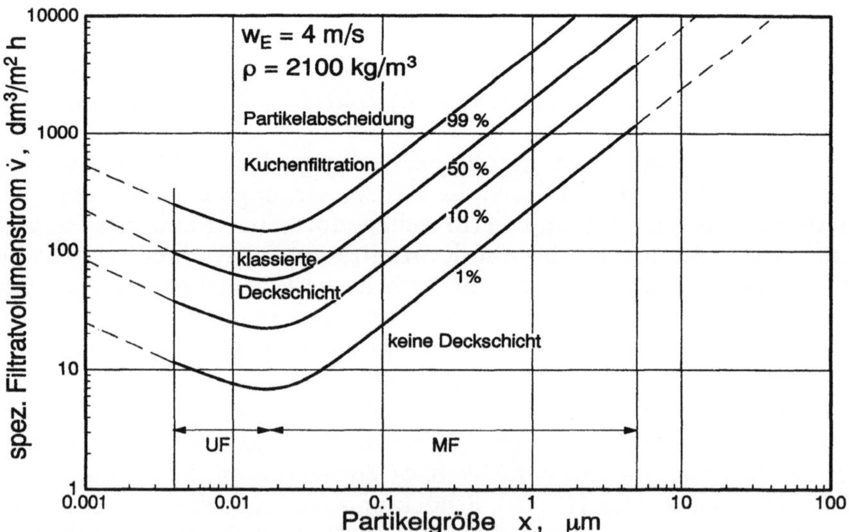

Abb. 13.15. Zustandsdiagramm der Querstromfiltration

filtration üblichen Querstromgeschwindigkeit $w_E = 4$ m/s eingetragen. Es ergibt sich für jede Partikelgröße ein anderer spezifischer Filtratvolumenstrom. Der linke ansteigende Ast der Kurven wird durch die Zunahme der Partikelbeweglichkeit infolge der Wärmebewegung verursacht und beschreibt den Bereich der Ultrafiltration. Bei Erreichen einer Partikelgröße $x = 4-6$ nm endet der Partikelcharakter der dispersen Phase. Damit ist die Voraussetzung einer viskosen Reibung zwischen Fluid und Partikel nicht mehr vollständig erfüllt, und die Gl. (13.24) verliert ihre Gültigkeit.

Der rechte Ast steigt proportional mit der Partikelgröße an und beschreibt die Partikelbeweglichkeit infolge der Turbulenz und wird als Mikrofiltration bezeichnet. Eine Gültigkeitsgrenze ist mit der Bedingung einer schleichenden Partikelumströmung bei $x = 4-5$ µm erreicht.

Es wird angenommen, daß unterhalb der Grenzkurve $q_A = 1\%$ keine Partikeln mehr abgeschieden werden. Die Membrane bleibt deckschichtfrei. Eine Deckschicht aus klassierten, bevorzugt kleinen Partikeln bildet sich zwischen den Grenzkurven $q_A = 1\%$ und 99%. Darüber entspricht die Querstromfiltration der reinen Kuchenfiltration.

Durch Steigerung der Querstromgeschwindigkeit läßt sich nach Abb. 13.16 die Grenzkurve $q_A = 1\%$ zu höheren spezifischen Filtratvolumenströmen verschieben.

Sowohl bei der Ultra- wie auch bei der Mikrofiltration werden Porenmembranen eingesetzt, d.h. die Membranen besitzen feinste Strömungskanäle, durch die das Filtrat laminar hindurchströmt. Die Form der Kanäle und damit die Struktur der Membrane kann sehr unterschiedlich sein und hängt vom verwendeten Membranwerkstoff ab. Organische Membranen aus Polypropylen (PP), Polyamid (PA), Polytetrafluorethylen (PTFE),

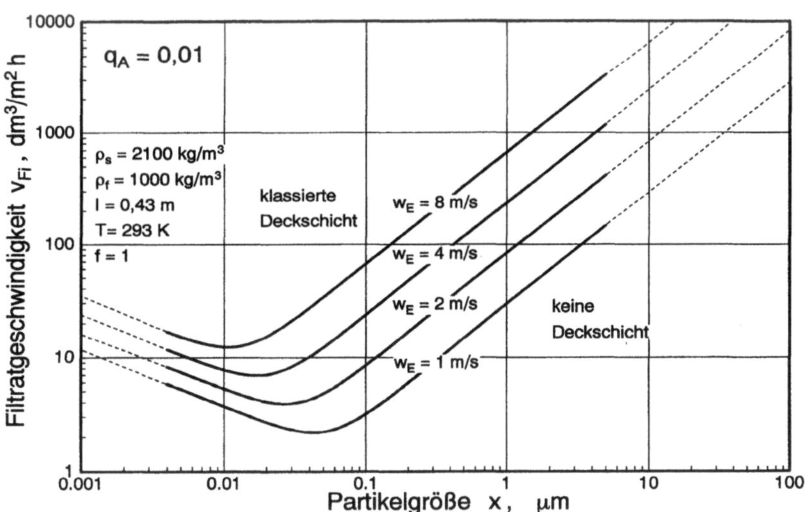

Abb. 13.16. Grenzkurven der deckschichtfreien Querstromfiltration bei unterschiedlichen Querstromgeschwindigkeiten

Tabelle 13.4. Durchflußwiderstand β und Trenngrenze einiger handelsüblicher Membranen

	Membranwerkstoff/ Halbzeugform	spez. Durchfluß- widerstand $\beta/+/\mathrm{m}^{-1}$	Trenngrenze $\mu\mathrm{m}$ bzw. Dalton
Mikrofiltration	PA (flach)	$1{,}5 \cdot 11^{11}$	$0{,}1\ \mu\mathrm{m}$
	PA (flach)	$5{,}5 \cdot 10^{10}$	$0{,}2\ \mu\mathrm{m}$
	PA (flach)	$2{,}7 \cdot 10^{10}$	$0{,}4\ \mu\mathrm{m}$
	PP (flach)	$7{,}5 \cdot 10^{10}$	$0{,}2\ \mu\mathrm{m}$
Ultrafiltration	PES (Rohr)	$6{,}5 \cdot 10^{12}$	100 000 Dalton
	CA (flach)	$1{,}5 \cdot 10^{13}$	30 000 Dalton
	CA (flach)	$2{,}4 \cdot 10^{12}$	100 000 Dalton

Poly(ether)sulfon (PES, PS), Cellulosenitrat (CN) sowie Celluloseacetat (CA) besitzen meist eine Schwamm- oder Kapillarstruktur. Sie haben Porositäten bis $\varepsilon = 0{,}8$. Gesinterte Membranen aus Aluminiumoxid und Zirkonoxid haben dagegen den Charakter eines Haufwerkes. Ihre Porositäten sind wesentlich geringer und betragen $\varepsilon < 0{,}4$.

In Tabelle 13.4 sind einige gebräuchliche Porenmembranen aufgeführt. Es zeigt sich, daß die Ultrafiltrationsmembranen einen um zwei Zehnerpotenzen höheren Durchflußwiderstand besitzen als Mikrofiltrationsmembranen. Der Porendurchmesser wird bei Ultrafiltrationsmembranen üblicherweise in Dalton angegeben. Ein Dalton entspricht dem Molekulargewicht eines isometrischen Testmoleküls, meist einem Polysaccharid, wie z. B. Dextran T 20, mit einem Molekulargewicht von 20 000 kg/kmol. Überschlägig ergibt sich für die Trenngrenze von 100 000 Dalton ein nominaler Porendurchmesser von ca. 7–12 nm, je nach Form und Stoff des Moleküls.

Auf einem grobporösen Trägermaterial, das die mechanische Festigkeit des Filtermittels bestimmt, ist als Trennschicht eine feinporige, nur wenige Mikrometer dicke Membrane aufgebracht.

Trotz des asymmetrischen Aufbaus liegen die Durchflußwiderstände der Ultrafiltrationsmembranen noch um den Faktor 10–100 höher als die der üblichen Mikrofiltrationsmembranen. Eine quasi-deckschichtfreie Filtration läßt sich bei wäßrigen, niederviskosen Flüssigkeiten nur mit Ultrafiltrationsmembranen durchführen, da die hohen Durchflußwiderstände kleine spezifische Filtratvolumenströme ermöglichen und somit eine geringe Partikelabscheidung bewirkt. Übliche spezifische Filtratvolumenströme für reines Wasser sind $\dot{V}_{Fi} = 50{-}150\ \mathrm{l/(m^2\,h)}$ bei mittleren Filtrationsdrücken $\Delta p_{Fi} = 2{-}5$ bar und Querstromgeschwindigkeiten bis $w_E = 4$ m/s.

Im Einsatzbereich turbulent durchströmter Querstromfilter haben sich Rohr- und Rechteckkanalformen durchgesetzt. Die Rohr- und Rohrbündelfilter nach Abb. 13.17a bestehen aus einer oder mehreren rohrförmigen Membranen aus Kunststoff, Keramik oder Kohlenstoff. Die Rechteckkanalbauformen in Abb. 13.17b werden meist als Plattenpaket aus hintereinander durchströmten Kassetten eingesetzt. Die Membranen sind als gewebeverstärkte Folien auf einen mit Nuten versehenen Stützkörper aufgebracht, über den das Filtrat abgeführt wird.

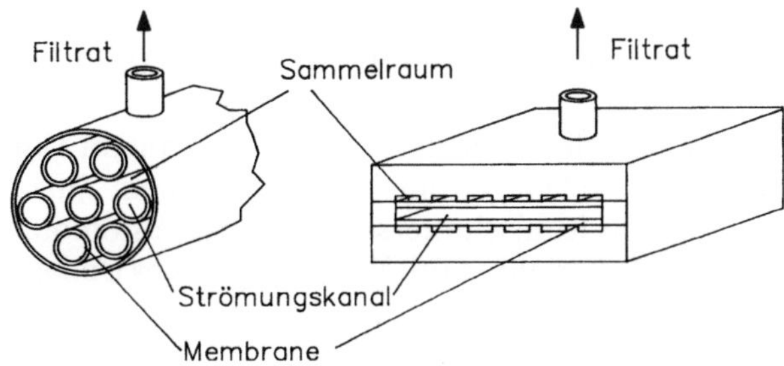

Abb. 13.17 a, b. Bauformen turbulent durchströmter Querstromfilter; **a** Rohrbündel; **b** Rechteckkanal

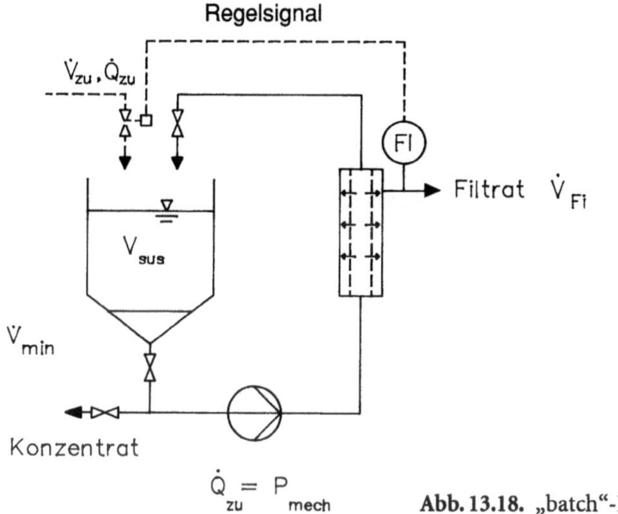

Abb. 13.18. „batch"-Prozeß

Querstromfiltrationsanlagen sind einfache, meist nicht-temperierte und kostengünstige Anlagen. Die Energie, die durch die Pumpen zunächst als mechanische Energie dem Suspensionsstrom zugeführt wird, dissipiert durch den Reibungsverlust in den Strömungskanälen und im Entspannungsventil vollständig in Wärme, so daß die Temperatur im Laufe der Filtrationszeit zunimmt. Es lassen sich nach Abb. 13.18 prinzipiell zwei Prozeßführungen zur Aufkonzentrierung einer Suspension im Querstrom unterscheiden, nämlich der „batch"-Prozeß zur Aufkonzentrierung mit *abnehmenden* Umlaufvolumen und der „batch"-Prozeß zur Aufkonzentrierung mit *konstantem* Umlaufvolumen.

Der „batch"-Prozeß mit abnehmenden Umlaufvolumen ist verbreitet in mobilen Reinigungsanlagen zur Chargen-Aufbereitung von Kühlschmierstoffen, zur Kompressorkondensat-Rückgewinnung oder zur Wiederaufarbeitung von Offset-Prozeßwässern. Hierzu werden Ultrafiltrationsmembranen oder periodisch gereinigte Mikrofiltrationsmembranen eingesetzt, so daß sich im Zeitmittel ein konstanter Filtratvolumenstrom ergibt. Die Restmenge V_{min}, die am Ende der Filtration übrigbleibt und die Temperaturerhöhung maßgeblich bestimmt, ist meist technisch vorgegeben.

Der „batch"-Prozeß zur Aufkonzentrierung mit konstantem Umlaufvolumen wird in fest installierten Anlagen mit kontinuierlichem Zulauf eingesetzt, z.B. zur Aufarbeitung von Kühlschmierstoffen in der Automobilindustrie. Im Gegensatz zum „batch"-Verfahren mit Verringerung des Umlaufvolumens, wird ständig kältere Suspension in dem Maß in den Kreislauf eingespeist, wie erwärmtes Filtrat herausströmt, so daß der Prozeß einer Grenztemperatur entgegenstrebt.

Das Prinzip der Querstromfiltration in turbulent durchströmten Rohrfiltern findet man auch bei Umkehrosmoseanlagen, die mit partikelhaltigen Abwässern (z.B. Deponie-Sickerwasser) beschickt werden (s. Abschn. 13.5.2). Auch dabei werden die hier vorgestellten Anlagenvarianten eingesetzt.

13.3.4
Beispiel: Querstromfiltration

Eine Suspension aus Wasser und feindispersen Partikeln soll im Querstrom bei konstantem spezifischen Filtratvolumenstrom v_{Fi} aufkonzentriert werden. Aus der Partikelgrößenanalyse ist die kleinste Partikelgröße $x_{min} = 0{,}3$ µm bekannt. Die Anlage ist so ausgelegt, daß eine Querstromgeschwindigkeit $w_E = 4$ m/s bei einem mittleren Druck $\Delta p_{Fi} \leq 3$ bar eingestellt werden kann. Die Dichte der dispersen Phase beträgt $\varrho_f = 2100$ kg/m^3. Mit welcher Membrane läßt sich die Filtration unter diesen Bedingungen durchführen.

1. Ein konstanter Filtratvolumenstrom läßt sich nur für deckschichtfreien Betrieb realisieren. Es gilt in guter Näherung für die deckschichtfreie Filtration: $q_A = q_A(x_{min}) < 0{,}01$.
   Mit $x_{min} = 0{,}3$ µm und $w_E = 4$ m/s läßt sich aus Abb. 13.15 ein spezifischer Filtratvolumenstrom $\dot{v}_{Fi} = 80$ l/(m$^2 \cdot$ h) ermitteln.
2. Aus Gl. (13.25) berechnet sich β für einen verschwindenden Deckschichtwiderstand $\alpha \cdot L_{FK} \Rightarrow 0$ sowie dem mittleren Filtrationsdruck $\Delta \bar{p}_{Fi} = 3$ bar:

$$\beta = \frac{3 \cdot 10^5 \cdot 3\,600\,000}{1 \cdot 10^{-3} \cdot 80} = 1{,}35 \cdot 10^{13}\,\frac{1}{m}\;.$$

Nach den in Tabelle 13.4 aufgeführten Daten läßt sich dieser Filtermittelwiderstand nur für eine CA(flach)-Membrane, 30 000 Dalton, $\beta = 1{,}5 \cdot 10^{13}$ 1/m, erfüllen. Der spezifische Filtratvolumenstrom ergibt sich dann zu $\dot{v}_{Fi} = 72$ l/(m$^2 \cdot$ h). Eine weitere Erhöhung der Querstromgeschwindigkeit ist für diesen Fall nicht sinnvoll, da eine Steigerung des spezifischen Filtratvolumenstroms nach Gl. (13.25) im deckschichtfreien Betrieb nur durch eine gleichzeitige Erhöhung des Anlagendruckes möglich ist.

13.4
Trennen nach der Ladung

13.4.1
Grundlagen des Stofftransports
in einem elektrischen Feld

Ist ein Stoff, z. B. ein Salz, in einer Flüssigkeit dissoziiert, so besitzen seine Ionen eine eindeutige Ladung und lassen sich in einem elektrischen Feld trennen. Die positiv geladenen Ionen werden Kationen genannt und wandern zur Kathode. Die Ionen, die sich auf die Anode zubewegen sind negativ geladen und heißen Anionen. Sind j verschiedene Ionensorten mit der jeweiligen Wertigkeit f_j in der Flüssigkeit enthalten, so besitzt jedes Ion der Sorte j eine Ladung $f_j \cdot |e|$ entsprechend des f_j-fachen der Elementarladung $|e| = 1{,}6022 \cdot 10^{-14}$ A·s. Die Anzahl der positiven und negativen Ladungen ist gleich. Daher reicht es aus, nur die Kationen zu betrachten. Der Ladungstransport und damit der Stromfluß wird von der Wanderung der Ionen durch das Fluid zur Elektrode bestimmt. Mit der Kathodenfläche A_K, dem flächenbezogenen molaren Stoffstrom $\dot{n}_j^+$ und der Avogadrozahl N_A, die die Anzahl der Moleküle in einem Mol angibt, wird der gesamte durch Ionen übertragene Strom I:

$$I = \sum_0^j \left(\dot{n}_j^+ \cdot f_j \right) \cdot A_K \cdot N_A \cdot |e| \,. \qquad (13.26)$$

Nutzt man diesen Ladungstransport zur Stofftrennung aus, so bietet man dem Stoffgemisch eine Stromdichte $i = I/A_K$ an. Diese steht jedoch nicht vollständig dem Ionentransport zur Verfügung, da in technischen Apparaten immer Verlustströme auftreten. Die Stromausbeute zur Stoffübertragung sei daher $\zeta \cdot i$. Nun läßt sich Gl. (13.26) zu einem spezifischen molaren Kationenstrom $\dot{n}^+$ umformen und man erhält:

$$\dot{n}^+ = \frac{i \cdot \zeta}{N_A \cdot |e|} \; ; \quad \dot{n}^+ = \sum_0^j \left(\dot{n}_j^+ \cdot f_j \right) \,. \qquad (13.27)$$

Die Gl. (13.27) besagt, daß die Steigerung der Stromdichte i eine proportionale Zunahme des molaren Stoffstroms hervorruft. Dies ist in einer technischen Anlage jedoch nur dann der Fall, wenn die Stromdichte kleiner als die Grenzstromdichte i_{max} ist. Die Grenzstromdichte läßt sich dadurch kennzeichnen, daß an der Elektrode ein Ionenmangel auftritt. Die Ionen sind in ihrer Beweglichkeit durch ihren Diffusionskoeffizienten in der Flüssigkeit beschränkt. Es bildet sich eine Konzentrationsgrenzschicht aus, in der die Ionenkonzentration an der Elektrode bei Erreichen der Grenzstromdichte verschwindet. Mit dem Diffusionskoeffizienten D der Kationen in der Flüssigkeit und der volumenbezogenen Molkonzentration c^+ im Abstand der Grenzschichtdicke δ_c läßt sich die Grenzstromdichte i_{max} nach [30] angeben zu:

$$i_{max} = \frac{2 \cdot D \cdot c^+}{\delta_c} \cdot N_A \cdot |e| \, . \tag{13.28}$$

Die Grenzschichtdicke δ_c kann durch strömungstechnische Maßnahmen beeinflußt werden.

13.4.2
Elektrodialyse

Die Elektrodialyse nutzt den Stofftransport im elektrischen Feld in Verbindung mit der selektiven Durchlässigkeit von Ionenaustauschermembranen aus, um einen ionenreichen Flüssigkeitsstrom ab- oder aufzukonzentrieren. Sie findet Anwendung [32]

- bei der Brack- und Meerwasserentsalzung,
- bei der Rückgewinnung metallhaltiger Prozeßwässer,
- bei der Enthärtung und Vollentsalzung von Wasser und
- bei der Entsäuerung von Fruchtsäften.

Wird die Elektrodialyse zur Entsalzung eines Flüssigkeitsstroms mit der Konzentration c_E im Eintritt auf c_A im Austritt angewendet, so müssen sich nach Abb. 13.19 Kationen (K)- und Anionenaustauschermembranen (A) in der Reihenfolge der Anordnung abwechseln. Die Kationen sind mit M^+ gekennzeichnet, die Anionen mit S^-. Den Abschluß auf jeder Seite bilden die Zellen mit den Elektroden, die, um Verkrustungen zu vermeiden, mit einer Spülflüssigkeit durchströmt werden. Die gesamte Membrananordnung einer Elektrodialyse wird Elektodialyse-Stack genannt. Die durch die Parallelschaltung der Membra-

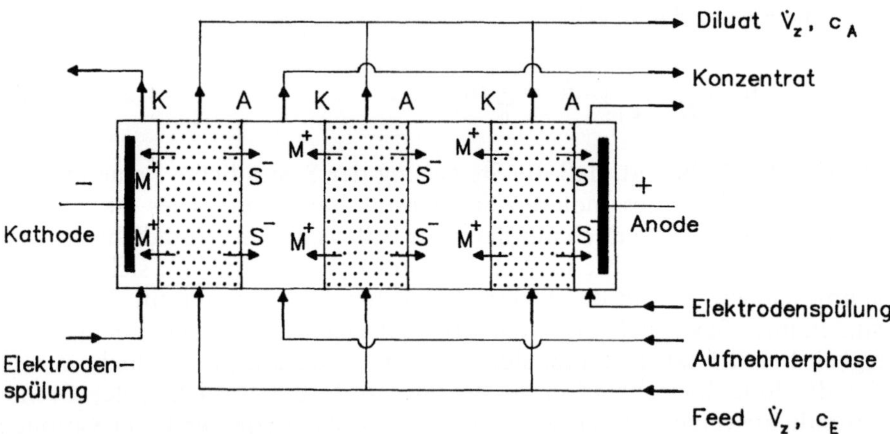

Abb. 13.19. Elektrodialysezelle

nen entstandenen Spalte werden abwechseln von der zu entsalzenden Flüssigkeit und einer Aufnehmerphase durchströmt und zwar so, daß für die zu entsalzende Flüssigkeit in Richtung des Ionentransports eine für diese Ionen durchlässige Austauschermembrane angeordnet ist. Der Spalt, durch den die Aufnehmerphase strömt wird in der Richtung des Ionenstroms durch eine für diese Ionen undurchlässige Membrane begrenzt. Auf diese Weise gelangen die Salzionen aus der zu entsalzenden Flüssigkeit in die Aufnehmerphase, aus der sie nicht mehr entweichen können. Zur Berechnung der notwendigen Membranfläche reicht es aus, nur die Kationenaustauschermembranfläche A_K zu berechnen, da sich die Anionenaustauschermembrane als Komplement von gleicher Größe ergibt. Der axiale, molare Salzstrom im Spalt beträgt $c^+ \cdot \dot{V}_z$. Die molare Salzbilanz an einem differentiellen Abschnitt eines Spaltes liefert:

$$\dot{n}^+ \cdot dA = -\dot{V}_z \cdot dc^+ . \tag{13.29}$$

Bei Integration vom Eingang der Elektrodialysezelle bis zum Austritt erhält man unter der Annahme, daß sich weder der Volumenstrom $\dot{V}_z$ noch die Stromausbeute $\varsigma \cdot i$ über den gesamten Stapel ändern, die Beziehung:

$$\dot{n}^+ \cdot A_K = \dot{V}_z \cdot \left(c_E^+ - c_A^+\right) . \tag{13.30}$$

Durch Einsetzen von Gl. (13.34) in Gl. (13.37) ergibt sich die erforderliche Fläche der Kationenaustauscher-Membrane zu:

$$A_K = \frac{\dot{V}_z \cdot \left(c_E^+ - c_A^+\right) \cdot N_A \cdot |e|}{i \cdot \zeta} . \tag{13.31}$$

Die Stromausbeute und die Stromdichte lassen sich durch eine entsprechende Strömungsführung und der damit verbundenen Grenzschichtreduzierung steigern. Übliche Geschwindigkeiten in technischen Anlagen sind $w_s = 3-6$ cm/s bei Spalthöhen $h = 0,5-2$ mm. Die angelegte Spannung U beträgt ca. $10-20$ V, und es werden Stromdichten bis $i = 60$ A/m^2 verwirklicht.

Die Einsatzmöglichkeiten werden durch die Variation der Reihenfolge von Kationen- und Anionenaustauschermembranen bestimmt. So läßt sich beispielsweise bei einer Parallelschaltung von ausschließlich Anionenaustauschermembranen der Säuregehalt einer Flüssigkeit herabsetzen. Weitere Anwendungsmöglichkeiten finden sich in [26, 32].

13.5
Trennen aufgrund der molekularen Beweglichkeit

13.5.1
Osmotischer Druck

Grenzt eine höher konzentrierte Lösung an eine niedrig konzentrierte, so bewirkt die molekulare Beweglichkeit der Stoffe einen Konzentrationsausgleich.

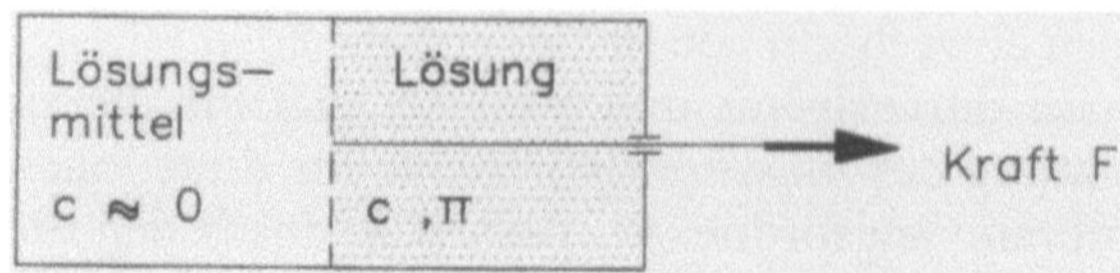

Abb. 13.20. Der osmotische Druck als Kraftwirkung auf eine semipermeable Membrane

Die Tendenz einer gelösten Substanz, durch Diffusion in die weniger konzentrierte Lösung einzudringen, ist als Differenz der osmotischen Drücke $\Delta\Pi$ auf einen als semipermeable Membran ausgeführten Stempel meßbar. Solange der Stempel mit der Kraft $F = \Delta\Pi \cdot A_s$ festgehalten wird, befindet sich das System im Gleichgewicht. Für verdünnte Lösungen gilt nach van't Hoff der lineare Zusammenhang:

$$\Pi = c \cdot \tilde{R} \cdot T. \tag{13.32}$$

Der osmotische Druck Π ist nach Gl. (13.32) proportional der auf das Volumen bezogenen, molaren Konzentration c des gelösten Stoffes, der Temperatur T sowie der allgemeinen Gaskonstante $\tilde{R}$. Der physikalische Vorgang der Umkehrosmose setzt ein, wenn die Kraft F größer als diejenige wird, die den Stempel in Abb. 13.20 im Gleichgewicht hält. Der Stempel bewegt sich dann solange nach rechts, bis die steigende Konzentration in der rechten Kammer einen der Kraft entsprechenden, osmotischen Druck erzeugt. Dadurch wird reines Lösungsmittel freigesetzt.

13.5.2
Umkehrosmose

Die Umkehrosmose wird technisch eingesetzt in der Trinkwasseraufbereitung zur Entsalzung von Meer- und Brackwasser, in der Prozeßwasseraufbereitung und z.B. bei der Behandlung hochbelasteter Deponiesickerwässer. Umkehrosmose-Anlagen werden im Querstrom betrieben, um lokale Konzentrationspolarisationen über der Membrane zu vermeiden. Je nach Anwendung kommen unterschiedliche Membranmodule zum Einsatz. Bei der Trink- und Prozeßwasseraufbereitung werden meist Wickelmodule, wie in Abb. 13.21 gezeigt, eingesetzt, da sie eine große Membranfläche auf kleinem Raum und einen geringen spezifischen Energiebedarf besitzen. Die gute Durchmischung der Lösung über der Membrane wird durch die Abstandshalter zwischen den Membranflächen erzeugt. Um Ablagerungen auf den Membranen zu vermeiden, muß die Lösung feststofffrei sein. Hierzu sind der Umkehrosmose-Einheit meist aufwendige Filteranlagen vorgeschaltet. Bei zusätzlich feststoffbelasteten Abwässern, z.B. den Deponie-Sickerwässern, werden meist Rohrmodule mit einem Durchmesser der Strömungskanäle bis zu einem Zoll verwendet. Die Querstromgeschwindigkeit ist hierbei so hoch gewählt, daß die Bildung einer Deckschicht auf der Membrane verhindert wird. Die rechnerische Auslegung einer

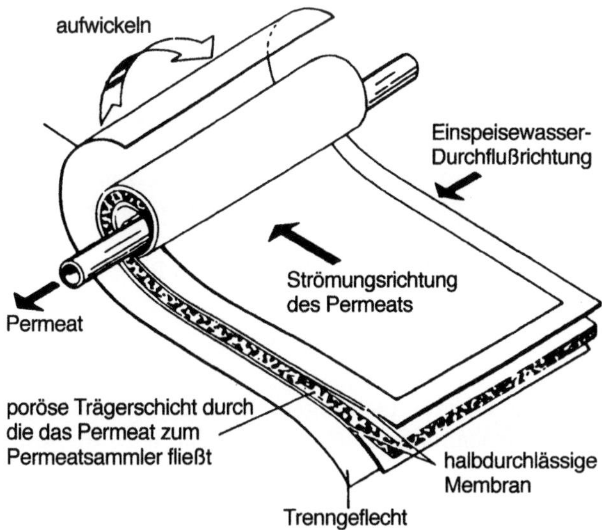

Abb. 13.21. Aufbau eines Wickelmoduls (Hager und Elsässer, Stuttgart)

Umkehrosmose-Anlage ist nur für einfache, ideale Lösungen (Salzwasser, Zuckerlösungen usw.) möglich. Besteht die Lösung aus organischen Stoffen oder aus Gemischen, sind zusätzlich umfassende Versuche zum Trennverhalten der Membrane notwendig. Durch die Querstromtechnik ist eine Konzentrationspolarisation der gelösten Stoffe über der Membrane, bei den dort vorkommenden, niedrigen Permeatgeschwindigkeiten fast vollständig ausgeschlossen, so daß allein der Lösungsmitteltransport durch die Membrane betrachtet werden kann. Faßt man die Membrane als ein Kontinuum auf, im Gegensatz zu den bisher beschriebenen Porenmembranen, so wird das Lösungsmittel zunächst an der Membranoberfläche gelöst, dann transportiert und auf der Rückseite der Membrane entlöst. Dieses Prinzip wird vom Lösungs-Diffusions-Modell aufgegriffen [27]. Für den spezifischen Massenstrom $\dot{m}_P$ des Permeats (Reinwasser) gilt:

$$\dot{m}_P = \varrho_f \cdot C_1 \cdot (\Delta p - \Delta \Pi) . \tag{13.33}$$

Der osmotische Druck, der auf die Membrane wirkt, ergibt sich aus der Konzentrationsdifferenz zwischen Feed-(Zulauf) und Permeatseite zu:

$$\Delta \Pi = C_2 \cdot (c_F - c_P) . \tag{13.34}$$

Im Falle idealer Lösungen gilt nach Gl. (13.32) $C_2 = \tilde{R} \cdot T$.

Der Salztransport in das Permeat wird mit nachfolgender Beziehung erfaßt:

$$\dot{m}_S = C_3 \cdot (c_F - c_P) . \tag{13.35}$$

C_1 und C_3 sind Parameter, die sich für die Stoffpaarungen Membrane/Wasser und Membrane/Salz individuell ergeben. Sie werden häufig als Membrankonstanten aus Standardtests ermittelt und in den Unterlagen zur Membrane mitgeliefert. Dagegen ist C_2 als Parameter der van't Hoff Gleichung ein Stoffwert der gelösten Substanz und der Temperatur. Die spezifischen Massenströme $\dot{m}$ in Gln. (13.33) und (13.35) beziehen sich auf die Membranfläche A_{Fi}. Die austretende, aufkonzentrierte Lösung wird Retentat genannt. Der osmotische Druck steigt entlang der Membranstrecke durch die Aufkonzentrierung an, während der Anlagendruck aufgrund des unvermeidlichen Reibungsdruckabfalls Δp_R sinkt.

Die Ausbeute ϕ gibt das Verhältnis von Permeat- zu Feedstrom an:

$$\phi = \frac{\dot{m}_P}{\dot{m}_F}. \tag{13.36}$$

Mit ϕ lassen sich unter bestimmten Vereinfachungen Näherungsgleichungen zur Auslegung einer Umkehrosmoseanlage angeben. Zunächst wird die Konzentration c_R im Retentat mit Gl. (13.36):

$$c_R = \frac{c_F}{1 - \phi} \tag{13.37}$$

sowie die mittlere Konzentration in der Anlage:

$$\overline{\Delta c} = c_F \cdot \frac{\phi}{(1 - \phi) \cdot \ln \dfrac{1}{1 - \phi}}. \tag{13.38}$$

Der wirksame Filtrationsdruck $\overline{\Delta p}$ läßt sich aus dem Druck im Feedstrom p_F und mit dem Reibungsdruckabfall Δp_R angeben zu:

$$\overline{\Delta p} = p_F - \frac{\Delta p_R}{2}. \tag{13.39}$$

Setzt man die Gln. (13.38) und (13.39) in Gl. (13.32) ein, erhält man den Permeatmassenstrom $\dot{M}_P$:

$$\dot{M}_P = A_{Fi} \cdot \varrho_f \cdot C_1 \cdot (\overline{\Delta p} - C_2 \cdot \overline{\Delta c}). \tag{13.40}$$

Hieraus läßt sich überschlägig die Fläche für eine einstufige Meerwasser-Entsalzungsanlage ausrechnen.

Dient die Umkehrosmose zur Reinigung von Abwässern aus Deponien, so wird zur Gewinnung eines in den Vorfluter einleitbaren Filtrats meist eine zweistufige Umkehrosmose-Anlage eingesetzt. Mit ihr ist eine Reduzierung des CSB, des Ammoniums und des AOX auf die Grenzwerte prinzipiell möglich. Die Auswahl der Membrane erfolgt im Experiment. Um jedoch aufwendige Filtrationsvorstufen einzusparen, wird das nur grob gereinigte Abwasser zunächst in einer mit Rohrmodulen bestückten 1. Umkehrosmose-Stufe gereinigt und das dort gewonnene, feststofffreie Permeat einer 2. Stufe, die mit energetisch günstigen Wickelmodulen ausgestattet ist, zugeführt. Die Partikelablagerung auf der Membrane, der Energieeinsatz, die Erwärmung und die Prozeßführung sind in

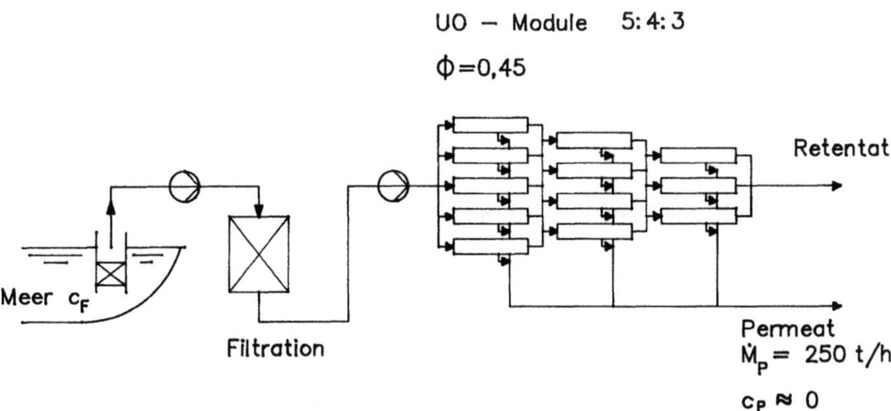

Abb. 13.22. Einstufige Meerwasser-Entsalzungsanlage

Abschn. 13.3.4 für die Querstromfiltration hergeleitet. Die Angaben gelten auch für Durchströmung von Rohrfiltermodulen aus Umkehrosmosemembranen.

13.5.3
Beispiel: Meerwasser-Entsalzung

Mit der Meerwasser-Entsalzung nach Abb. 13.22 sollen $\dot{M}_P = 250$ t/h Trinkwasser gewonnen werden. Es wird eine Umkehrosmose-Membrane gewählt, die als Wickelmodul mit der Bezeichnung SW 30 HR 4040 der Fa. Filmtec, Minneapolis (USA), zur Verfügung steht. Die Rückhaltung gegenüber Salz liegt bei ca. 99 %. Die Membran-Konstante ist mit $C_1 = 2,15 \cdot 10^{-7}$ m/(s bar) angegeben und der maximale Druck soll nicht mehr als $p_{max} = 70$ bar betragen. Ein Modul besitzt die Fläche $A_{Fi,j} = 27,3$ m^2. Der maximale Feed-Volumenstrom für ein Modul darf $\dot{M}_{P,j} = 3,6$ m^3/h nicht überschreiten bei einem maximalen Druckverlust von ca. $\Delta p_R = 1,7$ bar.

Der Salzgehalt im Zulauf beträgt 35 kg/m^3, und es wird eine Ausbeute $\phi = 0,45$ angestrebt. Ferner soll überall die Temperatur $T = 293$ K herrschen und ein Gesamtdruckabfall von max. 5 bar über alle Module nicht überschritten werden.

Rechnung:

Zur Berechnung des osmotischen Drucks nach Gl. (13.34) benötigt man molare Konzentrationsangaben. Mit einer Molmasse $\tilde{M} = 58,44$ kmol/kg von NaCl ergibt sich die molare Salzkonzentration unter Berücksichtigung der Dissoziation von NaCl in zwei Ionen zu:

$$c_F = \frac{(1^{Na^+} + 1^{Cl^-}) \cdot 35}{58,44} \; \frac{kg \cdot kmol}{m^3 \cdot kg} = 1,2 \; \frac{kmol}{m^3} \; .$$

Mit Gl. (13.38) wird die mittlere molare Konzentration:

$$\overline{\Delta c} = 1,2 \cdot \frac{0,45}{(1 - 0,45) \cdot \ln \dfrac{1}{1 - 0,45}} = 1,64 \, \frac{kmol}{m^3} \, .$$

Der Salzgehalt im Permeat wird vernachlässigt, so daß durch Einsetzen der mittleren Konzentration der wirksame osmotische Druck berechnet werden kann.

$$\Delta \Pi = 1,64 \cdot 8314 \cdot 293 \, \frac{kmol \cdot J \cdot K}{m^3 \cdot kmol \cdot K} = 39,95 \, bar \, .$$

Aus Gl. (13.39) erhält man den mittleren Anlagendruck zu:

$$\overline{\Delta p} = 70 - \frac{5}{2} = 67,5 \, bar \, .$$

Durch Umstellung der Gl. (13.40) läßt sich die Membranfläche ausrechnen. Sie wird:

$$A_{Fi} = \frac{250\,000}{3600 \cdot 1000} \cdot \frac{1}{2,15 \cdot 10^{-7} \cdot (67,5 - 39,95)} \, \frac{kg \cdot m^3 \cdot s \cdot bar}{s \cdot kg \cdot m \cdot bar}$$

$$= 11\,724 \, m^2 \, .$$

Somit werden ca. 430 einzelne Wickelmodule benötigt. Aus Gl. (13.36) folgt ein Feedmassenstrom von $\dot{M}_F = \dot{M}_P/\phi = 556$ t/h. Zur Ermittlung der Modulreihen für eine Tannenbaumstruktur nach Abb. 13.22 wird überschlägig der zulässige Gesamtdruckverlust durch den max. Druckverlust des Wickelmoduls geteilt. Danach dürfen drei Modulreihen hintereinander angeordnet werden. Gewählt wird eine Anordnung gemäß 5:4:3. Die Tannenbaumstruktur wird angewendet, um in den hintereinandergeschalteten Modulreihen näherungsweise gleiche Strömungsbedingungen zu bekommen. Der Feedstrom verteilt sich für diese Anordnung in der ersten Reihe auf $(430/(5 + 4 + 3)) \cdot 5 = 180$ Module. Jedes Wickelmodul dieser Reihe wird mit $\dot{M}_F/180 = 3,1$ t/h durchströmt und bleibt somit unter dem zulässigen Maximalwert. Dies gilt ebenso für die nachfolgenden Modulereihen (ohne Rechnung).

Zur Berechnung der Retentatkonzentration wird Gl. (13.37) herangezogen. Sie liefert:

$$c_R = \frac{1,2}{1 - 0,45} = 2,2 \, \frac{kmol}{m^3} \, .$$

Dies entspricht einer Salzfracht von 63,6 kg/m^3.

Beim Austritt aus der Umkehrosmoseanlage besitzt das Retentat noch eine erhebliche Druckenergie, die in einer Turbine zurückgewonnen werden kann.

Abkürzungen

TS	Trockensubstanz
CSB	Chemischer Sauerstoffbedarf
AOX	adsorbierbare organische Halogen-Kohlenwasserstoffe

Formelzeichen

$A_{äq}$	äquivalente Klärfläche
A_{FI}	Filterfläche
A_K	Fläche der Kationenaustauscher-Membrane
B	Breite
D	Diffusionskoeffizient
H	Höhe
I	elektrischer Strom
K	Filterparameter
L	Länge
L_{FK}	Filterkuchenhöhe
L_P	Porenlänge
N_A	Avogadro-Zahl
N_T	Telleranzahl
$\tilde{R}$	allgemeine Gaskonstante
S_V	spezifische Partikeloberfläche
T	Temperatur
U	elektrische Spannung
$\dot{V}$	Volumenstrom
$\dot{V}_P$	Pumpenvolumenstrom
V_K	Kammervolumen
Z	Beschleunigungsfaktor
a	Zentrifugalbeschleunigung
c	Konzentration
c_M	Zulaufkonzentration
c_W	Widerstandsbeiwert
d_h	hydraulischer Durchmesser
e	Elementarladung
f	Formfaktor, Wertigkeit
g	Erdbeschleunigung
i	elektrische Stromdichte
k	Boltzmann-Konstante
L	Länge
$\dot{m}_F$	spezifischer Zulaufmassenstrom
$\dot{m}_P$	spezifischer Permeatmassenstrom
$\dot{m}_s$	spezifischer Salzmassenstrom
$\dot{n}$	Molenstrom
$p, p_i, p_ü$	Druck, Partialdruck, Überdruck

p_A	Gesamtabscheidewahrscheinlichkeit
p_{Ad}	Haftwahrscheinlichkeit
p_c	Kollisionswahrscheinlichkeit
p_B	Beanspruchwahrscheinlichkeit
p_R	Austragungswahrscheinlichkeit
q, q_A	Abscheidegrad, Abscheidewahrscheinlichkeit
r	Radius
r_a	äußerer Durchmesser
r_i	innerer Durchmesser
t	Zeit
t_E	Entleerungszeit
t_F	Kammerfüllzeit
t_{KD}	Konstant-Druck-Zeit
t_{KF}	Konstant-Filtratstrom-Zeit
t_z	Gesamtzeit
$\bar{v}_p$	mittlere Porengeschwindigkeit
$\bar{v}_{Fi}$	mittlere Filtrationsgeschwindigkeit im Leerrohr
w_E	mittlere Querstromgeschwindigkeit
w_r	radiale Geschwindigkeitskomponente
$w_{s,g}$	Sedimentationsgeschwindigkeit im Schwerefeld der Erde
w_z	axiale Geschwindigkeitskomponente
x	Partikeldurchmesser
x_h	hydraulischer Partikeldurchmesser
x_p	Durchmesser einer Kugel gleicher Projektionsfläche
x_T	Trennpartikelgröße
x_v	Durchmesser einer Kugel gleichen Volumens
α, α'	spezifischer Durchflußwiderstand des Filterkuchens
β	Filtermittelwiderstand
δ_c	Konzentrationsgrenzschichtdicke
ε	Porosität
η	dynamische Viskosität
γ	Grenzflächenenergie
ν	kinematische Viskosität
ξ_{Luft}	Henry-Koeffizient für Luft in Wasser
Π	Osmotischer Druck
ϱ_f	spezifische Dichte der Flüssigkeit
ϱ_s	spezifische Dichte der Partikeln
ζ	Stromausbeute
ϕ	Permeatausbeute
Θ	Randwinkel
ω	Drehfrequenz
φ	Neigungswinkel, Feststoffbeladung des Abwassers

Literatur

1. Trawinski H (1988) In: Ullmann's Encyclopedia of Industrial Chemistry, Vol B2, 5th Edition, VCH, Weinheim
2. Hemfort H (1983) Separatoren. Technisch-wissenschaftliche Dokumentation Nr 1, 2. Aufl, Westfalia Separator AG
3. Brauer H (1971) Grundlagen der ein- und Mehrphasenströmung, Sauerländer, Aarau
4. Weiß S (1985) Verfahrenstechnische Berechnungsmethoden, Teil 3, Mechanisches Trennen in fluider Phase. VCH, Weinheim
5. Stahl W (1987) Fest-Flüssig-Trennung, Skriptum des Universitätsseminars, 7. Aufl, Karlsruhe
6. Alt C (1980) Stand der Filtrationstheorie und seine Bedeutung für die praktische Anwendung. Aufbereitungs-Technik 21, 4:177–183
7. Alt C (1988) Filtration. Ullmann's Encyclopedia of Industrial Chemistry, Vol B2, 5th Edition, VCH, Weinheim
8. Gimbel R (1978) Untersuchung der Partikelabscheidung in Schnellfiltern. Dissertation, Universität Karlsruhe (TH)
9. Gimbel R (1984) Abscheiden von Trübstoffen aus Flüssigkeiten in Tiefenfiltern. Veröffentlichung des Bereichs und des Lehrstuhls für Wasserchemie am Engler-Institut der Universität Karlsruhe (TH), Heft 25, ZfGW, Frankfurt
10. Gries W (1992) Maschinelle Entwässerung von Abwässerschlämmen in Kammerfilterpressen. awt-Abwassertechnik, 2
11. Schubert H (1986) Aufbereitung fester mineralischer Rohstoffe. Band II, 3. Aufl, VEB-Deutscher Verlag für Grundstoffindustrie, Leipzig
12. Yarrar B (1988) Flotation. Ullmann's Encyclopedia of Industrial Chemistry, Vol B2, 5th Edition, VCH, Weinheim
13. Gudmar P (1972) Flotation. Ullmanns Enzyklopädie der technischen Chemie. Band 2, Verfahrenstechnik I, 4. Aufl, Chemie, Weinheim
14. Richter H (1981) Die Flotation – ein geeignetes Verfahren zur Aufbereitung öl- und fetthaltiger Abwässer. Fette – Seifen – Anstrichmittel 83, 1:10–17
15. Richter H (1981) Die Flotation – ein modernes Verfahren der Abwasseraufbereitung. Chem-Ing-Tech 48, 1:21–26
16. Pahl MH (1975) Über die Kennzeichnung diskret disperser Systeme und die systematische Variation der Einflußgrößen zur Ermittlung eines allgemeingültigeren Widerstandsgesetzes der Porenströmung. Dissertation, Universität Karlsruhe (TH)
17. Rushton A, Khoo HE (1977) The Filtration Characteristics of Yeast. J Appl Chem Biotech 27:99–109
18. Tiller FM (1953) The Role of Porosity in Filtration, Part 1. Chem Eng Progr 49:469
19. Fischer E (1987) Untersuchungen zum Trennprozeß bei der Querstromfiltration, Universität Karlsruhe (TH)
20. Raasch J (1992) Untersuchungen zur Querstromfiltration. Filtrieren und Separieren 6, 32:148–155
21. Schock G, Rautenbach R (1987) Mikrofiltration kolloidaler Suspensionen und Ultrafiltration makromolekularer Lösungen – Versuche zur Deckschichtbildung und zur Vorausberechnung des Permeatflusses. Chem Ing Tech 59, 3:242–243
22. Fane AG (1986) Ultrafiltration of Suspensions. J Membr Sci 20:249–259
23. Pahl MH, Fritz A (1993) Membranfiltration mit und ohne Querstrom. Aufbereitungstechnik 34, 2:57–68
24. Lu WH, Ju Sc (1989) Selective Particle Deposition in Crossflow Filtration. Separation Scince and Technology 24, 7:541–554
25. Fritz A (1993) Reinigung druckfarbenbelasteter Abwässer durch Membranfiltration. CUT'93 Congress Umwelt und Technik, Erfurt
26. Rautenbach R Membranverfahren. Vorlesungsskript, RWTH Aachen, WS (1991/1992)
27. Rautenbach R, Albrecht R (1981) Membrantrennverfahren – Ultrafiltration und Umkehrosmose. Sauerländer, Frankfurt/Main

28. Rippberger S (1993) Betrachtungsansätze zur Cross-Flow-Filtration. Chem Ing Tech 65, 5:533–540
29. Schlichting H (1965) Grenzschichttheorie. 5. Aufl, G Braun, Karlsruhe
30. Mersmann A (1986) Stoffübertraguang. Springer, Berlin Heidelberg New York
31. Marquardt K (1990) Menbranverfahren zur Erfüllung neuer Abwassergrenzwerte. Abfallwirtschaftsjournal 2, 4:197 ff
32. Marquardt K (1993) Membranverfahren in der Praxis. Teil 1–3, Galvanotechnik 84, Nr 3–5

Chemische Verfahren zur Abwasserbehandlung[1]

K. Kermer

14.1
Flockung/Fällung

14.1.1
Grundlagen und Begriffe

Bei der Abwasserbehandlung laufen Flockungs- und Fällungsprozesse zeitlich häufig nebeneinander ab. Deshalb werden diese Verfahrensschritte trotz unterschiedlicher Wirkprinzipien im folgenden gemeinsam behandelt.

14.1.1.1
Flockung

Als Flockungsverfahren bezeichnet man Verfahren zur Eliminierung vorwiegend kolloidaler und anderer in stabiler Suspension befindlicher anorganischer und/oder organischer Wasserinhaltsstoffe durch Flockungsmittel bzw. Flockungsmittelkombinationen. Die dabei zu entfernenden Teilchen (Durchmesser etwa 1 nm bis 100 μm, Dichte ca. $1,0-2,7\,\mathrm{g/cm^3}$) werden in eine abscheidbare Form überführt.

Die entscheidenden Teilschritte der Flockung sind die Entstabilisierung und der Transport der entstabilisierten Teilchen. Die Entstabilisierung kann in Abhängigkeit von der Art des eingesetzten Flockungsmittels auf verschiedene Weise erfolgen, und zwar durch Koagulation, Einschlußflockung und Flockulation, wobei es sich nur bei der Koagulation um einen echten Entstabilisierungsvorgang handelt. Das Wirkprinzip der *Koagulation* beruht auf der Verminderung der elektrostatischen Abstoßungskräfte der Teilchen. Man unterscheidet zwischen unspezifischer und spezifischer Koagulation. Bei der

---

[1] Vgl. auch Kermer K (1991) Physikalisch – chemische Verfahren zur Wasser-, Abwasser-, Schlammbehandlung u. Wertstoffrückgewinnung, Teil 1, Verlag für Bauwesen, Berlin.

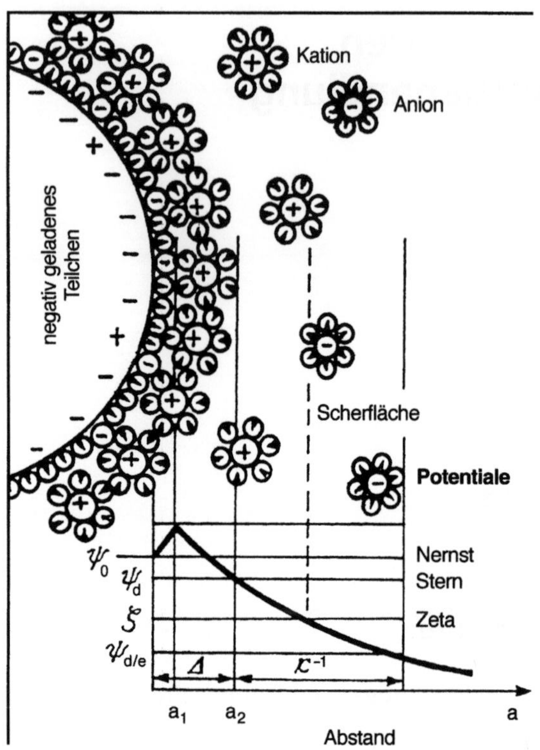

Abb. 14.1. Potentialmodell. a_1 innere Helmholtz-Ebene, a_2 äußere Helmholtz-Ebene, Δ Stern-Schicht, $\varkappa$ diffuse elektrochemische Doppelschicht, Wasserdipol

ersteren erfolgt eine Kompression des diffusen Anteils der elektrochemischen Doppelschicht, s. Abb. 14.1, durch wenig hydrolysierbare Ionen, z. B. Alkali- und Erdalkalisalze (Erhöhung der Elektrolytkonzentration), während bei der spezifischen bzw. Adsorptionskoagulation die Entstabilisierung auf der Verminderung (Neutralisation) der Oberflächenladung durch Adsorption von Gegenionen basiert. Die *Einschlußflockung*, s. Abb. 14.2, auch als „Mitfällung" bezeichnet, beruht auf der „Einhüllung" der abzutrennenden Feststoffteilchen in sich bildende, voluminöse, stark wasserhaltige Niederschläge des Flockungsmittels, z. B. Aluminium- oder Eisenoxidhydrat. Bei der *Flockulation* werden die einzelnen Trübstoffteilchen durch Polymermoleküle miteinander verknüpft, s. Abb. 14.2. Nach dem Brückenbildungsmechanismus verbindet ein Polymermolekül zwei oder mehrere Trübstoffteilchen, wobei die Polymermoleküle zu Brücken zwischen ihnen werden. Je nachdem, ob die Bindung physikalisch oder chemisch erfolgt, unterscheidet man zwischen Adsorptions- und Reaktionsbrückenmodell. Beim Ladungsmosaikwechselwirkungsmodell, s. Abb. 14.2, werden die Trübstoffteilchen mosaikartig mit Polymermolekülen entgegengesetzter Ladung belegt, was die Entstabilisierung der Dispersion zur Folge hat. Unter Praxisbedingungen laufen häufig verschiedene Entstabilisierungsmechanismen nebeneinander ab.

Bei den Transportvorgängen unterscheidet man zwischen perikinetischer und orthokinetischer Phase. Perikinetische Transportvorgänge er-

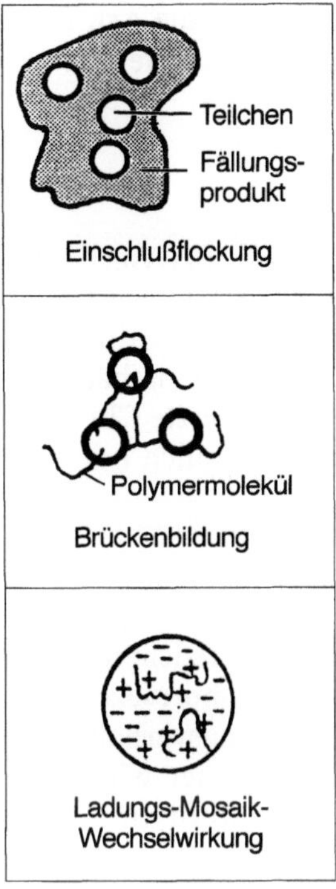

Abb. 14.2. Flockungsmodelle

geben sich aus der *Brown*schen Molekularbewegung, d. h. aus der Diffusion der Teilchen. Durch Zusammenstöße der entstabilisierten Wasserinhaltsstoffe, bzw. durch Anlagerung von Flockulanten an dieselben, werden Mikroflocken gebildet. Die perikinetische Phase der Flockung ist bei einem Teilchendurchmesser von etwa 1 µm beendet. Der Transport der gebildeten Mikroflocken zueinander, d. h. die Bildung von Makroflocken, wird als orthokinetische Phase der Flockung bezeichnet.

Betrachtet man den Flockungsvorgang mit Metallsalzen, so sind folgende Teilschritte erwähnenswert:

- intensive Vermischung Wasser/Flockungsmittel,
- Hydrolyse des Flockungsmittels,
- Bildung von Mikroflocken (perikinetische Phase der Flockung),
- Bildung von Makroflocken (orthokinetische Phase der Flockung, geschwindigkeitsbestimmender Schritt),
- Trennung wäßrige Phase/Makroflocken durch Sedimentation, Flotation oder Filtration.

Nach Schell und Bernhardt [2] wird der optimale Flockungseffekt dann erreicht, wenn die Oberflächenladung der abzutrennenden Teilchen bzw. die Ladungskonzentration des aufzubereitenden Wassers, Null ist. Bei Flockungsmittelüberdosierung kann eine Umladung der Wasserinhaltsstoffe und damit eine Verschlechterung der Flockung eintreten. Einfluß auf den Flockungsvorgang haben u. a. der pH-Wert, die Temperatur, der Salzgehalt, die Art, Form und Ladung der zu eliminierenden Stoffe, der Energieeintrag, die Art und Menge des Flockungsmittels sowie die Reaktorgeometrie.

pH-Wert

Flockungsvorgänge sind häufig pH-abhängig. Der optimale pH-Wert sollte experimentell ermittelt werden. Bei der Flockung mit $Al_2(SO_4)_3$, $FeCl_3$ bzw. $FeSO_4$ sinkt infolge Hydrolyse der pH-Wert des aufzubereitenden Mediums ab. Die pH-Werterniedrigung ist um so größer, je kleiner die Carbonathärte des Wassers (bzw. seine Pufferkapazität) und je größer die zugesetzte Chemikalienmenge ist. Die pH-Anhebung kann durch Kalkwasser, -milch oder Natronlauge erfolgen.

Zetapotential

Durch Messung der Wanderungsgeschwindigkeit kolloidaler Teilchen mittels Streulichtmikroskop im Gleichstromfeld einer Mikroelektrophoresezelle läßt sich eine Größe berechnen, die Rückschlüsse auf das Flockungsverhalten der Abwasserkolloide ermöglicht und als Zetapotential bezeichnet wird. Man versteht darunter den Teil der Galvanispannung, der dem diffusen Teil der elektrischen Doppelschicht an der Phasengrenze Kolloid/Wasser entspricht. Das Zetapotential (ζ-Potential) ist deshalb ein Grenzflächenpotential, s. Abb. 14.1.

ζ-Potentiale liegen bei einer elektrophoretischen Wanderungsgeschwindigkeit der Kolloidteilchen von $1 \cdot 10^{-4}$ bis $5 \cdot 10^{-4}$ cm/s im Bereich von ± 50 mV. Bei der Koagulation neutralisiert das Flockungsmittel (z. B. Eisen- oder Aluminiumsalze), das infolge Hydrolyse positiv geladene Spezies bildet, s. Abschn. 14.1.1.3, negativ geladene Wasserkolloide, wodurch das Zetapotential herabgesetzt wird. Eine Überdosierung ist zu vermeiden, da eine Umladung (Restabilisierung) der Kolloidteilchen möglich ist. Im Potentialbereich von -5 mV $< \zeta$-Potential $< +5$ mV ist die Flockung optimal [3]. Bezüglich der Steuerung der Flockungsmittelzugabe auf der Basis von ζ-Potentialmessungen sind in der Literatur widersprüchliche Aussagen enthalten. Andere Meßsysteme gehen von der Bestimmung der Partikelladung aus, Streaming Current Detector [4], und nutzen dieses Meßsignal in Verbindung mit Volumenstrommessungen zur Chemikaliendosierung. Trotz dieser Geräte wird man auch in Zukunft auf Laborflockungsversuche nicht verzichten können.

Energieeintrag

Flockungsvorgänge werden nicht nur durch die Art und Menge der eingesetzten Flockungsmittel bzw. Flockungsmittelkombinationen sowie von den Milieubedingungen (z. B. pH-Wert) beeinflußt, sondern auch durch die Höhe des Energieeintrages während der einzelnen Phasen der Flockenbildung. Durch den Eintrag von Energie wird gewährleistet, daß ein Kontakt zwischen

Trübstoff und Flockungschemikalie stattfindet. Der Energieeintrag darf jedoch nicht so hoch sein, daß bereits gebildete Flocken wieder zerschlagen werden. So wird z.B. beim Umwälzen von Wasser durch Rühren Energie eingetragen. Durch den Rührer wird den Flüssigkeitsschichten, die sich in Rührernähe befinden, eine größere Geschwindigkeit erteilt als den in der Nähe der Wand des Flockungsreaktors. Die Größe der gegenseitigen Verschiebung benachbarter laminarer Strömungen (Flüssigkeitsschichten) wird modellmäßig durch den sogenannten Geschwindigkeitsgradienten G beschrieben. Damit ist G auch gleichzeitig ein Maß für die Häufigkeit des Zusammentreffens kolloidialer oder anderer dispergierter Teilchen. In jedem Reaktor existieren eine Vielzahl unterschiedlicher G, so daß man aus praktischen Erwägungen mit einem mittleren Geschwindigkeitsgradienten $\overline{G}$ rechnen muß. Für Rührreaktoren mit einfachem Rührer gilt [5, 6]:

$$\overline{G} = \sqrt{M\,2\,\pi\,n/\eta\,V} \quad \text{bzw.} \quad \overline{G} = \sqrt{P/\eta\,V} \tag{14.1}$$

mit

$\overline{G}$ in s^{-1}	mittlerer Geschwindigkeitsgradient,
M in $kg \cdot m^2/s^2$	Drehmoment des Rührers,
n in s^{-1}	Drehzahl des Rührers,
V in m^3	Volumen des Wassers im Reaktor,
η in $kg/(m \cdot s)$	dynamische Viskosität des Wassers,
P in W	vom Wasserkörper aufgenommene Rührleistung.

Das Wachstum der Flocken ist sowohl von $\overline{G}$ als auch von der Rührzeit abhängig. Das Produkt aus dem mittleren Geschwindigkeitsgradienten und der Zeitdauer des Energieeintrages wird als *Camp*-Zahl Ca bezeichnet, ein dimensionsloses Ähnlichkeitskriterium für Rührvorgänge bei Flockungsprozessen: $Ca = \overline{G} \cdot t$.

Sind die Camp-Zahlen bei Flockungsanlagen, die sich in Reaktor- und/oder Rührerform unterscheiden, gleich, sind auch die Transportvorgänge, die zur Flockenbildung führen, vergleichbar. Für die Bildung gut sedimentierbarer Flocken ist jedoch nicht die eingetragene Gesamtenergie, sondern die während der beiden Rührphasen zugeführte Energie entscheidend. In der Mischphase wird eine möglichst hohe Turbulenz angestrebt. Besondere Aufmerksamkeit ist der Langsamrührphase zu widmen, da hier die Bildung der Makroflocken erfolgt.

Flockungsversuche

Aufgrund der unterschiedlichen Beschaffenheit der Abwässer und der Vielzahl der angebotenen Flockungsmittel und Flockungsmittelkombination sind labor- und kleintechnische Versuche zur optimalen Gestaltung des Flockungsprozesses erforderlich. Durch derartige Versuche ist u.a. feststellbar, welche Flockungsmittelarten und -mengen, Milieubedingungen (z.B. pH-Wert) und welcher Energieeintrag eingehalten werden sollten, um einen hohen Wirkungsgrad zu erzielen.

Bei kleintechnischen Versuchen wird die beste Übertragbarkeit der Ergebnisse dann erreicht, wenn man ein Segment der zu konzipierenden Großanlage als Versuchsreaktor wählt. Werden großtechnische Versuche durchgeführt, können auch bereits vorhandene Behälter, Mischeinrichtungen, Klärtrichter, Filter, Sedimentationsbecken bzw. Flotationsanlagen genutzt werden. Untersuchungsschwerpunkte sind der Einfluß von Volumenstrom- und Beschaffenheitsschwankungen auf den Flockungsprozeß.

14.1.1.2
Fällung

Verfahren zur Entfernung gelöster Wasserinhaltsstoffe durch Zugabe wasserlöslicher Fällungsmittel, die mit den zu eliminierenden Stoffen wasserunlösliche und damit abscheidbare Verbindungen eingehen, werden als Fällung bezeichnet. Hierbei werden neue chemische Substanzen gebildet.

Beispiel:

$$Mg^{2+} + NH_4^+ + PO_4^{3-} \xrightarrow{H_2O} MgNH_4PO_4 \cdot 6H_2O \tag{14.2}$$

Folgende Teilschritte sind von Bedeutung:

- intensive Vermischung Wasser/Fällungsmittel,
- Bildung des Reaktionsprodukts (kristalliner oder amorpher Niederschlag),
- Trennung Wasser/Fällungsprodukt durch Sedimentation, Flotation oder Filtration.

Da Fällungsreaktionen in der Regel stöchiometrisch verlaufen, ist es möglich, unter Berücksichtigung weiterer Milieubedingungen (z.B. pH-Wert) die erforderlichen Fällungsmittelmengen auf der Basis des Löslichkeitsproduktes zu berechnen. Für ein binäres Salz gilt das Dissoziationsgleichgewicht $AB \rightleftharpoons A^+ + B^+$ und das Massenwirkungsgesetz

$$K_c = c_A^+ \cdot c_B^+ / c_{AB} \tag{14.3}$$

mit

$\quad c_A^+, c_B^+$ Konzentrationen der Ionen A^+ und B^+,
$\quad c_{AB}$ Konzentration des undissozierten Salzes,
$\quad K_c$ Dissoziationskonstante.

In gesättigter Lösung mit einem Bodenkörper an AB ist c_{AB} konstant und man kann deshalb c_{AB} in die Konstante K_c einbeziehen. Die neue Konstante, $K_c \cdot c_{AB} = c_A^+ \cdot c_B^+$, wird als Löslichkeitsprodukt L bezeichnet. Die Werte sind Tabellen zu entnehmen.

Beispiel: Für Silberchlorid gilt bei 20 °C:

$$L_{AgCl} = c_{Ag^+} \cdot c_{Cl^-} = 1{,}61 \cdot 10^{-10} \ mol^2/l^2 \ .$$

Unter der Voraussetzung, daß im Abwasser keine Ionensorten vorhanden sind, die die Löslichkeit des AgCl beeinflussen, errechnet sich die Silberionenkonzentration wie folgt:

$$c_{Ag^+} \equiv c_{Cl^-} = \sqrt{L_{AgCl}} = \sqrt{1{,}61 \cdot 10^{-10}}\,,$$

$$c_{Ag^+} = 1{,}27 \cdot 10^{-5}\ mol/l\,.$$

Die Restkonzentration an Ag^+-Ionen beträgt $1{,}27 \cdot 10^{-5}\,mol/l$ ($\equiv 1{,}37\ mg/l$).

Wird bei der Fällung der Ag^+-Ionen das Fällungsmittel (z.B. NaCl) im Überschuß dosiert, so muß die Konzentration der Ag^+-Ionen weiter abnehmen, da das Löslichkeitsprodukt aus Ag^+- und Cl^--Ionen konstant bleibt.

Ist im Abwasser nach der Ausfällung der Ag^+-Ionen ein Cl^--Überschuß von z.B. 50 mg/l ($\equiv 1{,}41 \cdot 10^{-3}\,mol/l$) vorhanden, so erhält man aus dem Löslichkeitsprodukt die neue Ag^+-Ionenkonzentration:

$$c_{Ag^+} = L_{AgCl}/c_{Cl^-} = 1{,}61 \cdot 10^{-10}/1{,}41 \cdot 10^{-3}\,,$$

$$c_{Ag^+} = 1{,}14 \cdot 10^{-7}\ mol/l \equiv 0{,}012\ mg/l\,.$$

Es ist auch möglich, daß infolge Komplexbildung, z.B.

$$Ag^+ + 2\,CN^- \rightarrow [Ag\,(CN)_2]^-\,,$$

die Silberchloridfällung trotz Fällungsmittelüberschusses unvollständig ist oder ausbleibt, wenn die Ag^+-Ionenkonzentration $\ll 1 \cdot 10^{-5}\,mol/l$ erniedrigt wird. Dadurch weicht der errechnete bzw. tabellierte Wert der Löslichkeit eines Fällungsproduktes signifikant von den unter Praxisbedingungen erreichbaren ab. Löslichkeitserhöhend wirkt auch der Neutralsalzgehalt des behandelten Wassers. Unter Löslichkeit versteht man die Sättigungskonzentration eines Stoffes bei einer vorgegebenen Temperatur, wenn dieser mit dem Lösungsmittel, z.B. Wasser, zusammengebracht wird. Die entsprechenden Werte sind einschlägigen Tabellenbüchern zu entnehmen.

14.1.1.3
Chemikalien

Primärflockungsmittel

Von den Metallsalzen auf Eisen- bzw. Aluminiumbasis besitzen gegenwärtig

Aluminiumsulfat-18-Hydrat,	$Al_2(SO_4)_3 \cdot 18\,H_2O$
Eisen(III)-chlorid-6-Hydrat,	$FeCl_3 \cdot 6\,H_2O$
Eisen(II)-sulfat-7-Hydrat,	$FeSO_4 \cdot 7\,H_2O$

sowie Mischprodukte aus Eisen- und Aluminiumverbindungen die größte Bedeutung. Bei der Flockung mit dieser Stoffgruppe entstehen durch Hydrolyse positiv geladene Kolloide, die entgegengesetzt geladene Abwasserinhaltsstoffe destabilisieren.

Das folgende Beispiel zeigt stark vereinfacht die Hydrolyse von Aluminiumsalzen ohne Berücksichtigung der Hydratisierung der Al^{3+}-Ionen:

$$Al^{3+} + H_2O \rightleftharpoons Al(OH)^{2+} + H^+ \tag{14.4}$$

$$Al(OH)^{2+} + H_2O \rightleftharpoons Al(OH)_2^+ + H^+ \tag{14.5}$$

$$Al(OH)_2^+ + H_2O \rightleftharpoons Al(OH)_3 + H^+ \tag{14.6}$$

Neben den Metallsalzen werden als Primärflockungsmittel auch Aluminate und polymere Metallverbindungen eingesetzt. Letztere sind durch eine höhere Ladung und größere Oberfläche gekennzeichnet, z.B. $Al_{13}O_4(OH)_{24}^{7+}$. Die Al-Konzentration der Produkte beträgt 27–120 g/l. Hierbei handelt es sich um teilneutralisierte Aluminiumsalze (pH < 4,0) mit einer Basizität bis ca. 50 %. Besonders effektiv sind polymere Spezies, die Sulfatliganden enthalten. Im Gegensatz zu den monomeren Ionen, s.o., erfolgt die $Al(OH)_3$-Bildung aus diesen polymeren Verbindungen langsamer, was sich vorteilhaft auf die Destabilisierung der kolloidalen Wasserinhaltsstoffe auswirkt. Die Dosierung der Primärflockungsmittel erfolgt aus Vorratsbehältern mittels Dosierpumpen. Hierbei sind je nach Chemikalie säure- bzw. alkalibeständige Werkstoffe einzusetzen.

Aufgrund der Vielzahl der angebotenen Flockungsmittel und Flockungsmittelkombinationen ist die Auswahl des geeignetsten Produktes nicht immer einfach. Folgende Kriterien sollten berücksichtigt werden:

- Wirksamkeit,
- Herkunft,
- produktbedingter Schlammanfall,
- Preis,
- Konzentration,
- Lagerfähigkeit,
- Handhabbarkeit,
- Begleitstoffe (Inertstoffe, Wasserschadstoffe, insbesondere störende Schwermetalle),
- Art der Gegenionen (Chlorid, Sulfat),
- Einfluß auf die Schlammbeschaffenheit (Entwässerung, Verwertung),
- Einfluß auf den pH-Wert des zu behandelnden Wassers,
- Service des Chemikalienhändlers.

Bezieht man die Phosphatfixierung durch Gewässersedimente und die Herkunft der Chemikalien („Abfallprodukt" aus anderen Produktionsprozessen oder unter „Vergeudung" von Rohstoffen und Energie hergestellt) in die Überlegungen nach dem günstigsten Flockungs- und Fällungsmittel ein, so sollten vorzugsweise aluminium- und chloridhaltige „Abprodukte" eingesetzt werden.

Flockulanten (Flockungshilfsmittel)

Man versteht darunter hochmolekulare organische Flockungsmittel (Molmasse bis zu 10^6 g/mol), ohne die zahlreiche Flockungsprobleme nicht zufriedenstellend lösbar wären. Sind am Polymeraufbau auch geladene Monomere beteiligt, bezeichnet man diese Substanzen auch als Polyelektrolyte.

Die organischen Flockungsmittel werden durch Zusammensetzung (Polymertyp), Molmasse, Ladung, Ladungsdichte, Wirkstoffkonzentration, Restmonomer-Konzentration und Lieferform charakterisiert. Erwähnenswert ist weiterhin, daß Polymere über einen größeren pH-Bereich wirksamer als Primärflockungsmittel sind und der produktbedingte Schlammanteil vernachlässigbar ist. Die Anwendung erfolgt entweder für sich allein oder in Kombination mit Metallsalzen.

Die Produkte kommen als hochviskose Flüssigkeiten oder in fester Form (granuliert) in den Handel. Sie werden im allgemeinen als 0,05 bis 0,1%ige wäßrige Lösungen oder nach Angaben des Herstellers dosiert. Auf eine gute Einmischung mit den zu behandelnden Medien ist zu achten.

Weitere Flockungsmittel

Neben den Primärflockungsmitteln und organischen Polymeren haben Mischprodukte, z.B. Primärflockungsmittel und Polymer, Polymer und Bentonit, Bentonit mit Calciumcarbonat, Kalkhydrat und Braunkohlenstaub, Tonmineralien (Bentonite) sowie industrielle Abprodukte, z.B. Abfallbeizen, Kaliendlaugen, Elektrofilterasche, eine gewisse Bedeutung erlangt.

14.1.2
Verfahren und Anlagen

Konventionelle Flockungsverfahren

„Konventionelle Flockungsverfahren" sind durch die räumliche Trennung von Flockungs- und Absetzteil gekennzeichnet. Der Reinigungseffekt und die Oberflächenbelastung können durch verschiedene Maßnahmen erhöht werden:

- Optimierung des Flockungsmitteleinsatzes,
- Anordnung eines Mischbeckens (Aufenthaltszeit einige Minuten) vor dem Flockungsreaktor,
- Optimierung des Energieeintrages im Flockungsteil,
- Vermeidung stark mechanischer Beanspruchungen der Flocken zwischen Flockungs- und Absetzbecken (ein Zwischenpumpen zerstört z.B. die im Flockungsreaktor gebildeten Makroflocken und setzt deren Sedimentationsgeschwindigkeit in der nachgeschalteten Absetzstufe wesentlich herab),
- Einbau von Strömungsleiteinrichtungen, wie Parallelplatten, Lamellen oder Röhrenwabenelemente, in den Absetzraum.

Anlagen mit Schlammkreislauf

Bei den Schlammkontaktanlagen mit Suspensionskreislauf erfolgt ein intensiver Kontakt des Rohwassers mit bereits vorher gebildeten Flocken durch mehrfaches Umwälzen des Flockungsschlamm-Wasser-Gemisches. Flockungs- und Absetzteil bilden räumlich eine Einheit. Das Verfahren ist für schwer aufzubereitende Wässer (z.B. bei ungelösten Stoffen bis 2000 mg/l) geeignet, die lange Kontaktzeiten sowie hohe Flockungsmittelmengen erfordern, und zudem gegenüber Belastungsschwankungen anpassungsfähig. Weitere Vorteile sind die Möglichkeit des kurzzeitigen Anfahrens nach Stillstandszeiten und die Einsparung von Chemikalien durch intensiven Schlammkontakt. Von Nachteil sind die relativ hohen Anlagenkosten und der komplizierte Bauaufwand im Vergleich zu den Sedimentationsbecken.

Rohrflockung

Bei der Rohrflockung findet die Bildung sedimentierfähiger Flocken in Rohren mit speziellen Einbauten statt. Gegebenenfalls dosiert man nach der Einmischung des Primärflockungsmittels vor der Makroflockenbildung noch ein Flockungshilfsmittel.

Fällung

Fällungsanlagen bestehen in der Regel aus dem Reaktionsteil sowie einer Einrichtung zur Fest/Flüssig- Trennung durch Sedimentation, Flotation bzw. Filtration (s.a. Abschn. 14.3.2).

14.1.3
Anwendungsbeispiele

14.1.3.1
Metallsulfidfällung

Durch die Neutralisationsfällung, s. Abschn. 14.3, sind die von den Wasserbehörden geforderten Schwermetallrestkonzentrationen nicht immer erreichbar. Eine Möglichkeit, um den Anforderungen zu entsprechen, ist die Sulfidfällung. Sind die Löslichkeitsprodukte der Metallsulfide klein (z.B. As_2S_3, HgS, PbS, CdS, CuS), so ist die Fällung bereits bei stark sauren pH-Werten quantitativ. Bei Verbindungen mit relativ großem Löslichkeitsprodukt (z.B. CoS, NiS, ZnS) ist ein alkalischer Fällungs-pH-Wert erforderlich. Als Fällungsmittel kommen H_2S, Na_2S und NaHS zur Anwendung. Seit einigen Jahren werden zur Elimination von Schwermetallen auch Organosulfide eingesetzt, die noch schwerer lösliche Niederschläge als Sulfide bilden. Der optimale pH-Wert der Sulfidfällung ist versuchsmäßig zu ermitteln, um „gut" absetzbare bzw. filtrierbare Schlämme zu erhalten. Zur Vermeidung von Abluftbelastungen mit H_2S arbeitet man häufig bei pH-Werten > 7,0, in der Regel bei 7,0 – 8,0.

Der Sulfidüberschuß wird mit Eisensalzen beseitigt, wobei durch den Fällungsmittelüberschuß auch feindisperse Metallsulfide gebunden werden.

14.1.3.2
Behandlung von Zellstoffabwasser

Zellstoffabwässer sind wegen der Lignine nur teilweise biologisch abbaubar. Eine weitergehende CSB-Reduzierung ist durch Flockung der organischen Substanzen möglich. Um den Bedarf an Neutralisationsmitteln zu reduzieren, wird das einstufig biologisch vorbehandelte Abwasser in zwei Volumenströme geteilt. Der eine Volumenstrom wird mit Eisen- bzw. Aluminiumsalzen im sauren pH-Bereich (pH ca. 4,5) geflockt, der andere mit Magnesiumverbindungen und Kalkhydrat versetzt (pH > 10,5). Nach Abtrennung der Flockungsschlämme werden beide Teilströme vereinigt. Das Verhältnis der beiden Volumenströme ist so zu wählen, daß sich nach deren Mischung ein pH-Wert von etwa 7,0 einstellt.

14.2
Oxidation/Reduktion[1]

14.2.1
Grundlagen und Begriffe

Oxidation und Reduktion sind die beiden Teilprozesse einer Redoxreaktion. Die Oxidationsreaktion ist mit der Abgabe von Elektronen, die Reduktionsreaktion mit der Aufnahme von Elektronen verbunden. Die entwickelten Definitionen können zu der folgenden Gleichung zusammengefaßt werden:

$$\text{Reduktionsmittel} \underset{\text{Reduktion}}{\overset{\text{Oxidation}}{\rightleftharpoons}} \text{Oxidationsmittel} + \text{Elektronen}$$

Beispiel

$$\text{Oxidation} \quad 2\,Fe^{2+} \rightarrow 2\,Fe^{3+} + 2\,e^{-} \tag{14.7}$$

$$\text{Reduktion} \quad \tfrac{1}{2}\,O_2 + H_2O + 2\,e^{-} \rightarrow 2\,OH^{-} \tag{14.8}$$

$$\text{Redoxreaktion} \quad 2\,Fe^{2+} + \tfrac{1}{2}\,O_2 + H_2O \rightarrow 2\,Fe^{3+} + 2\,OH^{-} \tag{14.9}$$
(Gesamtumsatz)

Aus dem Beispiel ist ersichtlich, daß das Oxidationsmittel Sauerstoff unter Aufnahme von Elektronen (Elektronenakzeptor) zu Hydroxylionen reduziert wird. Gleichzeitig wird Eisen(II) unter Abgabe von Elektronen (Elektronendonator) zu Eisen(III) oxidiert.

---

[1] Vgl. auch Kermer K (1991) Physikalisch-chemische Verfahren zur Wasser-, Abwasser-, Schlammbehandlung und Wertstoffrückgewinnung, Teil 1, Verlag für Bauwesen, Berlin.

Die wichtigsten bei der Abwasserbehandlung eingesetzten Oxidations- bzw. Reduktionsmittel sind:

Hypochlorige Säure (Chlorwasser), max. Cl_2-Gehalt bei 20 °C etwa 7,3 g/l, entsteht neben Salzsäure beim Einleiten von Chlor in Wasser.

$$Cl_2 + H_2O \rightleftharpoons HCl + HOCl \tag{14.10}$$

Die Dissoziation der hypochlorigen Säure (HOCl) ist pH-abhängig, $HOCl \rightleftharpoons OCl^- + H^+$. Im sauren pH-Bereich ist die Lage des Gleichgewichts stark nach links verschoben, während bei pH-Werten > 8,0 vorwiegend Hypochlorit vorliegt. Hypochlorige Säure reagiert mit oxidierbaren Abwasserinhaltsstoffen unter Salzsäurebildung, was einen weiteren pH-Abfall zur Folge hat.

Natriumhypochlorit (Chlorbleichlauge), max. Aktivchlorgehalt etwa 150 g/l, pH-Wert 10,0 bis 11,0, wird durch Einleiten von Chlor in Natronlauge gewonnen.

$$Cl_2 + 2\,NaOH \rightleftharpoons NaCl + NaOCl + H_2O \tag{14.11}$$

Natriumhypochloritlösung zerfällt unter Sauerstoffabgabe. Sie ist deshalb kühl und in lichtundurchlässigen Gefäßen zu lagern.

Wasserstoffperoxid wird in unterschiedlichen Konzentrationen gehandelt. Es ist chemisch instabil und zerfällt langsam in Sauerstoff und Wasser. Der Zerfall wird durch feinverteilte Stoffe, gelöste Schwermetalle sowie Licht und Wärmeeinwirkung beschleunigt. H_2O_2 enthält deshalb Stabilisatorzusätze.

Ozon wird beim Verbraucher durch Einwirkung sogenannter stiller elektrischer Entladungen auf Luft oder technischen Sauerstoff in Ozongeneratoren hergestellt. O_3 ist eines der stärksten Oxidationsmittel. Die Löslichkeit in Wasser ist von seiner Konzentration in der Gasphase und von der Temperatur abhängig.

Schwefelige Säure und ihre *Salze* (Na_2SO_3, $NaHSO_3$) erhält man bei der Auflösung von Schwefeldioxid in Wasser bzw. Natronlauge.

$$SO_2 + H_2O \rightleftharpoons H_2SO_3 \tag{14.12}$$

Die Löslichkeit von SO_2 in Wasser beträgt bei 20 °C ca. 100 g/l. Die Sättigungskonzentrationen der o.g. Salze liegen bei weitaus höheren Werten.

Eisen(II)-Sulfat bildet eine Reihe von Hydraten. Das technisch wichtigste ist das Heptahydrat ($FeSO_4 \cdot 7\,H_2O$). Eisen(II)-sulfat wirkt insbesondere im alkalischen Milieu reduzierend. Bei 20 °C sind etwa 260 g/l löslich.

Bei der Chlorung von Wasser und Abwasser ist in Abhängigkeit von der Art und der Konzentration der organischen Inhaltsstoffe mit der Bildung von Haloformen und weiteren organischen Chlorverbindungen zu rechnen. Haloforme ist die Sammelbezeichnung für Trihalogenmethanverbindungen mit der allgemeinen Formel HCXYZ, wobei XYZ gleiche oder verschiedene Halogene sein können, z.B. $CHCl_3$, $CHBrCl_2$. Die Entstehung derartiger Substanzen kann eingeschränkt werden, wenn vor der Chlorung die Konzentration der organischen Substanzen reduziert wird, z.B. durch Flockungsmittel. Bei der Abwasserbehandlung mit Oxidationsmitteln wird deshalb Chlor zunehmend durch Ozon bzw. Wasserstoffperoxid ersetzt, um bei organisch belasteten Medien die Bildung chlororganischer Substanzen weitestgehend einzuschränken, da derartige Stoffe kanzerogen sein können.

14.2.2
Verfahren und Anlagen

Die Dimensionierung von Großanlagen ist in der Regel auf der Basis von Laborversuchen möglich. Hierbei werden die Chemikalien intensiv mit dem zu behandelnden Abwasser vermischt und Proben nach Ablauf unterschiedlicher Versuchszeiten analysiert. Für die Auslegung der Behälter sind der Abwasseranfall (z.B. in m^3/h) und die Reaktionszeit die wichtigsten Parameter. Letztere ist je nach Redoxsystem von verschiedenen Einflußfaktoren abhängig, z.B. Konzentration der Reaktionspartner, Temperatur, pH-Wert, Katalysatoren.

An die Reaktoren für Oxidations- und Reduktionsprozesse werden im allgemeinen keine besonderen Anforderungen gestellt. Vom Apparatebau werden entsprechende Behälter angeboten, deren Größe dem Abwasseranfall, der erforderlichen Reaktionszeit und den örtlichen technologischen Bedingungen anzupassen ist. Als Behältermaterialien werden unter Berücksichtigung des Korrosionsschutzes neben Plaste vorwiegend Beton, Stahlbeton und Stahl (gegebenenfalls beschichtet) eingesetzt.

Die Oxidation der Inhaltsstoffe von organisch hochbelasteten Industrieabwässern und Schlämmen mit Luft oder reinem Sauerstoff bei höheren Temperaturen und Drücken vor allem zu Kohlendioxid und Wasser wird als Naßverbrennung oder Naßoxidation bezeichnet. Durch Einsatz von Katalysatoren sind auch niedrigere Temperaturen bzw. Drücke möglich. Damit die Naßoxidation ohne äußere Energiezufuhr abläuft, ist eine Mindestkonzentration an organischer Substanz erforderlich. Verdünnte Medien sind deshalb vorher einzudicken, oder dem Reaktor ist zusätzlich Energie zuzuführen. Angestrebt wird jedoch, daß durch Naßoxidation zusätzlich Energie freigesetzt wird (z.B. Heizdampf) oder der Prozeß wenigstens energetisch autark abläuft.

Oxidationsverfahren, die den neuesten Stand der Technik repräsentieren sind die Photooxidation (Kombination von Ozon bzw. Wasserstoffperoxid mit UV-Strahlung) und die Ozon-Festbettkatalyse. Die Besonderheit der Photooxidation besteht darin, daß kurzlebige Hydroxylradikale ($H_2O_2 + UV \rightarrow 2 \cdot OH$) gebildet werden, die eines der höchsten Oxidationspotentiale besitzen. Grundvoraussetzung für die Ozon- bzw. Wasserstoffperoxid-Festbettkatalyse ist die Ad- bzw. Chemisorption der Reaktionsteilnehmer auf der Katalysatoroberfläche, die aufgrund der Vielfalt der Abwasserinhaltsstoffe möglichst unspezifisch sein sollte. Trübstoffe sind vorher aus dem Abwasser weitestgehend zu entfernen, da dadurch der Wirkungsgrad der UV-Strahler beeinträchtigt wird. Bei gefärbten Abwässern, z.B. aus Textilveredelungsbetrieben, kann die Radikalbildung durch Eisen(II)-Salze unterstützt werden. Zu beachten ist weiterhin, daß einige anorganische Abwasserinhaltsstoffe (z.B. Carbonat) als Radikalfänger wirken, was einen Anstieg der Energiekosten zur Folge hat.

Neben der UV-Stahlung werden auch γ-Strahlen sowie hochenergetische Elektronenstrahlen zur Mineralisierung organischer Abwasserinhaltsstoffe eingesetzt. Es bleibt abzuwarten, in welchem Umfang diese Verfahren praxiswirksam werden.

Der Vorteil der Naßoxidationsverfahren besteht darin, daß organische Stoffe, einschließlich persistente Substanzen, zu Kohlendioxid und Wasser umgesetzt werden. Es ist jedoch auch möglich, daß persistente Stoffe nicht vollständig mineralisiert sondern umstrukturiert werden, wodurch eine Verbesserung der biologischen Abbaubarkeit erreicht wird. In der Regel weist das Abwasser nach der Behandlung noch eine organische Restbelastung auf.

Die Dosierung der Chemikalien wird sowohl diskontinuierlich (Stand- oder Chargenverfahren) als auch kontinuierlich (Durchlaufverfahren) praktiziert. Erwähnenswert ist auch die direkte Einspeisung in Rohrleitungen und Gerinne. Kriterien für die Verfahrensauswahl sind neben Menge (bzw. Volumenstrom) und Beschaffenheit auch die Art des Anfalls des zu behandelnden Wassers. Diskontinuierliche Verfahren werden vor allem für stoßweise anfallende Abwässer und für Konzentrate eingesetzt.

14.2.3
Anwendungsbeispiele

14.2.3.1
Cyanidoxidation

Bei der Reaktion von Cyanid mit Chlor (Chlorwasser) bzw. Natriumhypochloritlösung entsteht als Zwischenprodukt das stark giftige Chlorcyan, das zu Cyanat hydrolysiert.

$$CN^- + OCl^- + H_2O \xrightarrow{\text{schnell}} ClCN + 2\,OH^- \qquad (14.13)$$

$$ClCN + 2\,OH^- \xrightarrow{pH > 10,5} CNO^- + Cl^- + H_2O \qquad (14.14)$$

Fällt während der Reaktion der pH-Wert unter 10,5 ab, z.B. bei der Entgiftung mit Chlorwasser, ist zusätzlich NaOH zu dosieren. Das „ungiftige" Cyanat kann entweder mit weiterem Chlor (pH-Werte möglichst < 8,5) zu Stickstoff und Kohlensäure (bzw. Hydrogencarbonat) oder durch Hydrolyse zu Ammonium und Hydrogencarbonat umgesetzt werden. Die Geschwindigkeit der Hydrolyse nimmt mit abnehmendem pH-Wert zu.

$$CNO^- \xrightarrow{\substack{Cl_2, \text{ Oxidation} \\ \hline \text{Hydrolyse}}} \begin{array}{l} N_2, HCO_3^-, (CO_2, CO_3^{2-}) \\ NH_4^+, HCO_3^-, (CO_3^{2-}, NH_3) \end{array} \tag{14.15}$$

Der Chlorbedarf beträgt gemäß den Gl. (14.13) und (14.14) für die CNO^--Bildung 2,73 g/g CN^-. In der Praxis ist jedoch mit höheren Werten zu rechnen, da ein Teil des CNO^- zu CO_2 und N_2 oxidiert wird.

Die Temperatur sollte bei der CN^--Entgiftung 35 °C möglichst nicht überschreiten und der pH-Wert $> 10,5$ liegen, da sonst die Gefahr des Entweichens von Chlorcyan (Absaugung erforderlich!) besteht. Die CN^--Oxidation zu Cyanat ist in Abhängigkeit vom pH-Wert, der Temperatur und der Hypochloritkonzentration nach etwa 15 min beendet. Aus Sicherheitsgründen sollten etwa 30 min eingehalten werden. Schwermetallkomplexe erfordern längere Reaktionszeiten, da die Entgiftung nur entsprechend der Nachdissoziation des CN^- erfolgen kann. Die Komplexe des Eisens sind sehr stabil und gegenüber Cl_2 praktisch beständig. Zink-, Kupfer- und Cadmiumkomplexe sind relativ leicht oxidierbar. Die Reaktionsgeschwindigkeiten sind mit der Oxidation der Alkalicyanide vergleichbar. Bei Nickelkomplexen wird mit Reaktionszeiten $\geqslant 60$ min gerechnet [8]. Zur quantitativen Oxidation von $[Ni(CN)_4]^{2-}$ sind z. B. nach Schlegel und Straub [9] bei Vermeidung von Chlorüberschüssen Reaktionszeiten bis zu 12 h (pH etwa 12) erforderlich. Die Entgiftung des Nickelkomplexes ist deshalb in Durchlaufanlagen nicht möglich.

Bei der Cyanidoxidation mit Ozon entsteht zunächst ebenfalls Cyanat, das gemäß Gl. (14.15) weiter reagiert. Der theoretische Ozonbedarf beträgt bei der Reaktion zu CNO^- 1,85 kg/kg CN^- und bei der Totaloxidation 4,6 kg/kg CN^-. Der Umsatz zu CNO^- ist in der Regel bei niedrigen CN^--Konzentrationen nach wenigen Minuten beendet. Konzentriertere Lösungen erfordern längere Reaktionszeiten.

Bei der Oxidation von CN^- mit Wasserstoffperoxid zu CNO^- sind je nach pH-Wert, Temperatur, CN^--Gehalt, H_2O_2-Überschuß sowie Art und Konzentration der Schwermetalle Reaktionszeiten von ca. 30 min bis 2 h erforderlich. Die weitere CNO^--Reaktion erfolgt durch Hydrolyse (s. Gl. 14.15). Aufgrund der längeren Reaktionszeit im Vergleich zu Ozon ist die Entgiftung mit Wasserstoffperoxid vorzugsweise diskontinuierlich durchzuführen. H_2O_2 ist im Überschuß zu dosieren, und zwar bei niedrigen CN^--Konzentrationen über das Doppelte der theoretischen Menge.

Cyanid ist auch mit Luftsauerstoff an Aktivkohle oxidierbar. Hierbei wird das cyanidhaltige Abwasser (keine Konzentrate) durch mit Aktivkohle (Katalysator) gefüllte Kolonnen bzw. Rieseltürme geleitet und im Gegenstrom Luft zugeführt. Zur Beseitigung von Feststoffablagerungen ist das Aktivkohlebett regelmäßig mit Wasser rückzuspülen und bei Bedarf, zur Entfernung fest haftender Beläge, mit verdünnten Säuren zu behandeln. Von Nachteil sind bei der katalytischen Cyanidoxidation die langen Reaktionszeiten und die dadurch hervorgerufenen hohen Investitionskosten.

14.2.3.2
Chromreduktion

Chrom(VI)-Verbindungen müssen vor der Neutralisationsfällung reduziert werden. Der Umsatz von Chromat bzw. Dichromat ist mit Schwefeldioxid (SO_2), schwefligerSäure (H_2SO_3), Natriumhydrogensulfit ($NaHSO_3$), Natriumsulfit (Na_2SO_3), Natriumdithionit ($Na_2S_2O_4$), Hydrazin (N_2H_4), Eisen(II)-sulfat ($FeSO_4$) und elektrochemisch möglich. Bevorzugte Reduktionsmittel sind SO_2 bzw. H_2SO_3, Na_2SO_3 und $NaHSO_3$.

$$Cr_2O_7^{2-} + 5\,H^+ + 3\,HSO_3^- \rightarrow 2\,Cr^{3+} + 3\,SO_4^{2-} + 4\,H_2O \qquad (14.16)$$

Aus der Reaktionsgleichung ist ersichtlich, daß während der Reduktion H^+-Ionen verbraucht werden. Es ist deshalb von Fall zu Fall zusätzlich Säure zu dosieren, um den erforderlichen Reduktions-pH-Wert < 2,5 einzuhalten. Der Umsatz ist nach wenigen Minuten beendet. Der Reaktionsverlauf ist durch Messung des Redoxpotentials sehr gut kontrollierbar. Nach der Reduktion ist die Mischung mit Abwasserteilströmen zu vermeiden, die noch Oxidationsmittel enthalten, z.B. aus der NO_2^- - bzw. CN^--Entgiftung, da die Gefahr der Chrom(VI)-Rückbildung besteht. Abwässer, die sowohl Cyanid als auch Chrom enthalten, sind deshalb zuerst oxidativ (Zerstörung des Cyanids und komplexer Cyanidverbindungen) zu behandeln.

14.2.3.3
Zementation

Eine gewisse Sonderstellung unter den Reduktionsverfahren nimmt die Zementation ein. Hierbei werden gelöste edle Metalle, z.B. Kupfer, durch Zugabe unedlerer Metalle, z.B. Zink, abgeschieden. Das Reduktionsmittel wird in Form feiner Späne oder als Pulver eingesetzt. Um ein Blockieren der Oberfläche des Opfermetalls zu vermeiden, ist für ausreichende Turbulenz zu sorgen (z.B. durch Rühren) und ein pH-Wert einzustellen, bei dem das Reduktionsmittel in Lösung bleibt.

14.2.3.4
Elektrokatalytische Metallabscheidung

Die Elektrokatalyse ist ein Verfahren zur Reinigung von Prozeßabwässern unter Verwendung elektrochemisch wirksamer Katalysatoren, an denen ohne äußere Stromzufuhr Oxidations- und Reduktionsvorgänge ablaufen. So können beispielsweise chromathaltige Spülabwässer aus Galvanikbetrieben mit Wasserstoff zu Chrom(III) reduziert werden, während Metalle mit einem positiven Standardpotential (Cu^{2+}, Cu^+, Hg_2^{2+}, Ag^+, Au^+, Au^{3+}) bis zum Metall reduziert werden. Als Katalysator ist mit Platin imprägnierte Aktivkohle geeignet:

$$Cu^{2+} + 2\,e^- \rightarrow Cu \tag{14.17}$$

$$H_2 \rightarrow 2\,H^+ + 2\,e^- \tag{14.18}$$

$$Cu^{2+} + H_2 \rightarrow Cu + 2\,H^+ \tag{14.19}$$

Zur Regenerierung des Katalysators wird bei schwach sauren pH-Werten Luftsauerstoff in den Reaktor eingetragen.

$$Cu \rightarrow Cu^{2+} + 2\,e^- \tag{14.20}$$

$$\tfrac{1}{2}O_2 + 2\,H^+ + 2\,e^- \rightarrow H_2O \tag{14.21}$$

$$\tfrac{1}{2}O_2 + 2\,H^+ + Cu \rightarrow Cu^{2+} + H_2O \tag{14.22}$$

Durch die Elektrokatalyse können die o.g. Metalle aufkonzentriert und/oder von unedlen Metallen abgetrennt werden.

14.3
Neutralisation/Fällungsneutralisation[1]

14.3.1
Grundlagen und Begriffe

Die Umsetzung von Säuren mit Basen (oder umgekehrt), die mit hoher Geschwindigkeit erfolgt, wird als *Neutralisation* bezeichnet, z.B.:

$$NaOH + HCl \rightarrow NaCl + H_2O \tag{14.23}$$

Der wesentliche Vorgang besteht dabei in der Vereinigung von Wasserstoff- und Hydroxylionen zu undissoziiertem Wasser.

$$H^+ + OH^- \rightarrow H_2O \tag{14.24}$$

Beim pH-Wert 7,0, dem *Äquivalenz-* oder *Neutralpunkt*, sind die H^+- und OH^--Ionenkonzentrationen (besser Ionenaktivitäten, vgl. Lehrbücher Physikalische Chemie) gleich groß. Lösungen $<$ pH 7,0 bezeichnet man als sauer und solche $>$ pH 7,0 als basisch (bzw. alkalisch). Der Endpunkt der Neutralisationsreaktion wird durch Messung des pH-Wertes ermittelt. Der pH-Wert ist definitionsgemäß der negative dekadische Logarith-

---

[1] Vgl. auch Kermer K (1990) Physikalisch-chemische Verfahren zur Wasser-, Abwasser-, Schlammbehandlung und Wertstoffrückgewinnung, Teil 2, Verlag für Bauwesen, Berlin.

mus der Wasserstoffionenkonzentration, genauer der Wasserstoffionen-
aktivität:

$$pH = - \log a_{H^+} \qquad (14.25)$$

mit

$$a_{H^+} = c_{H^+} \cdot f_{H^+} \qquad (14.26)$$

a_{H^+} Aktivität der Wasserstoffionen,
c_{H^+} Konzentration der Wasserstoffionen,
f_{H^+} Aktivitätskoeffizient der Wasserstoffionen.

Die Neutralisation ist erforderlich, um Schäden an wasserführenden Systemen, Minderungen der Reinigungsleistung biologischer Kläranlagen bzw. der Selbstreinigungskraft der Gewässer und Betriebsstörungen bei anderen Wassernutzern zu vermeiden.

Enthält das zu neutralisierende Abwasser gelöste Metalle, so werden diese teilweise als Hydroxide, Oxidhydrate oder basische Salze gefällt. Derartige chemische Umsätze bezeichnet man als *Fällungsneutralisation*, z.B.

$$Ni^{2+} + Ca(OH)_2 \rightarrow Ni(OH)_2 + Ca^{2+} \qquad (14.27)$$

Darüber hinaus ist auch die Bildung schwerlöslicher Carbonate und Phosphate möglich. Den Neutralisationsmittelbedarf erhält man durch Titration saurer Abwässer mit Basen bzw. basischer Abwässer mit Säuren (Abb. 14.3). Aus der Abbildung ist ersichtlich, daß in der Nähe des Äquivalenzpunktes aufgrund der logarithmischen Abhängigkeit des pH-Wertes von der H^+-Ionenkonzentration kleine Mengen konzentrierte Säure bzw. Lauge große Änderungen des pH-Wertes hervorrufen. Aus derartigen Kurven können ggf. auch die Fällungs-pH-Bereiche der Schwermetallionen ermittelt werden.

14.3.2
Verfahren und Anlagen

Es wird zwischen diskontinuierlich und kontinuierlich arbeitenden Neutralisationsanlagen unterschieden. Erstere sind bei der Behandlung kleiner Abwassermengen und bei starken Konzentrationsschwankungen zu wählen. Das Abwasser wird in Behältern bzw. Becken aus Beton mit chemikalienbeständiger Auskleidung, Kunststoff, Stahl oder anderen Materialien aufgefangen und danach unter Umpumpen, Rühren oder Einblasen von Luft mit Neutralisationschemikalien ($NaOH$, $Ca(OH)_2$, Na_2CO_3, H_2SO_4, CO_2, HCl u.a.) versetzt, bis der vorgegebene pH-Wert erreicht ist. Im allgemeinen dosiert man feste Neutralisationsmittel in gelöster Form. Eine Ausnahme bildet Kalk, der aufgrund seiner geringen Wasserlöslichkeit als Suspension eingesetzt wird. Zur Aufschlämmung des Kalkes kann häufig das zu neutralisierende Medium verwendet werden. Die Trockendosierung von Kalk ist seltener anzutreffen. Bei der Verwendung fester bzw. suspendierter Neutralisationsmittel ist eine gute Durchmischung der Reaktionspartner erforderlich, um ein schnelles Auflösen der Chemikalien zu erreichen.

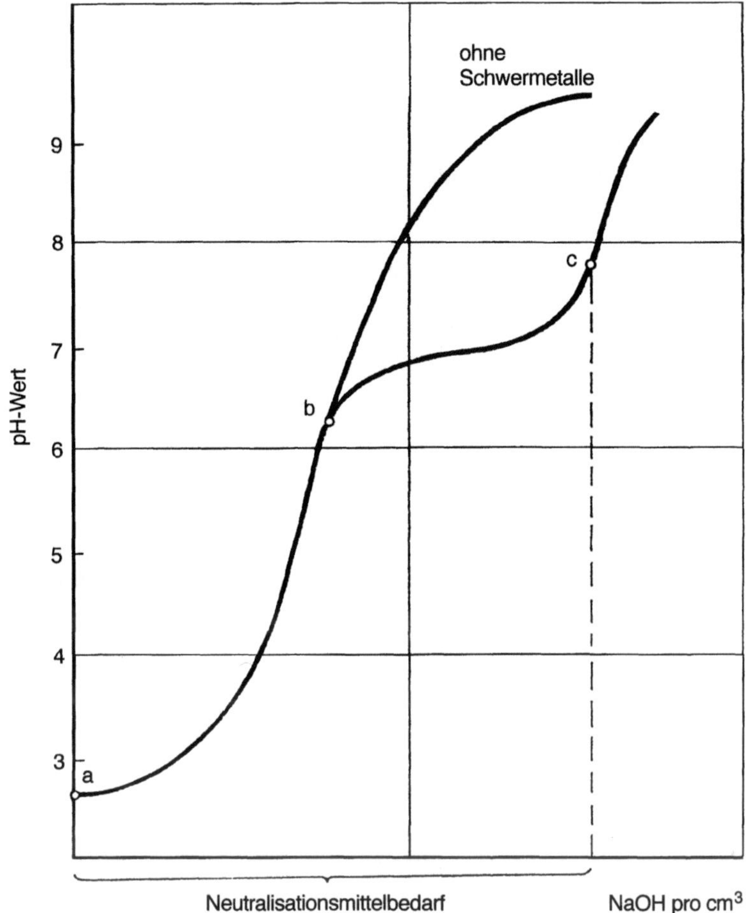

Abb. 14.3. Schematische Darstellung der Titrationskurve eines sauren Abwassers mit und ohne gelöste Schwermetalle; NaOH pro cm³. **b** Beginn der Metallausfällung, **c** Ende der Metallausfällung, **a** bis **b** Chemikalienverbrauch zur Neutralisation des sauren Abwassers, **b** bis **c** Chemikalienverbrauch zur Fällung der Metallionen

Nach der Neutralisation wird die Mischeinrichtung abgestellt, so daß der Schlamm sedimentieren kann. Im überstehenden Klarwasser ist nochmals der pH-Wert zu messen. Sollten signifikante pH-Änderungen eingetreten sein, ist erneut zu mischen und Neutralisationsmittel zu dosieren. Die Abtrennung ungelöster Stoffe kann im Neutralisationsbecken bzw. in einer nachgeschalteten Absetz-, Flotations- bzw. Filteranlage erfolgen. Bei Bedarf werden vor der Fest/Flüssigtrennung Flockungsmittel und/oder Flockungshilfsmittel dosiert.

Kontinuierlich arbeitende Neutralisationsanlagen erfordern einen pH-Meß- und Regelkreis, bestehend aus einer oder mehreren Meßelektroden, Meßverstärker, Regler und Dosierorganen für Chemikalien. Für die Auslegung des regeltechnischen Teils sind Angaben zur Reaktionszeit erforderlich. Das zu neutralisierende Abwasser wird mit der aus der Titrationskurve ermittelten Chemikalienmenge versetzt und nach Mischung der Komponenten die Änderung des pH-Wertes in Abhängigkeit von der Reaktionszeit gemessen.

Bei starken Volumenstrom- und Konzentrationsschwankungen des zu behandelnden Abwassers sollten der Neutralisationsanlage Pufferbecken vorgeschaltet werden. Unter Umständen kann auch eine Vorbehandlung von Abwasserteilströmen zur Verkleinerung des Reaktorvolumens einer Neutralisationsanlage führen. Ist bei Havarien im Produktionsprozeß mit dem Anfall stark saurer bzw. stark basischer Konzentrate zu rechnen, sind diese getrennt zu speichern und über einen längeren Zeitraum in die Neutralisationsanlage einzuspeisen. Geschlossene Reaktoren sind erforderlich, wenn mit der Entstehung toxischer Stoffe, wie z. B. H_2S oder HCN, zu rechnen ist.

14.3.3
Anwendungsbeispiele

Vor der Einleitung in die Neutralisationsanlage sind cyanidhaltige Abwässer zu entgiften und Chrom(VI) ist zu Chrom(III) zu reduzieren. Komplexbildnerhaltige Abwasserteilströme sind getrennt zu behandeln. Die Eliminierung der Schwermetalle ist weiterhin vom Fällungs-pH-Wert und von der Art des Neutralisationsmittels abhängig. Der optimale pH-Wert (gute Schlammsedimentation, niedrige Restkonzentration an gelösten Metallen) ist bei Abwässern, die unterschiedliche Metalle enthalten, durch Laborversuche zu ermitteln.

Bei der Neutralisationsfällung von *Zink* mit Natronlauge, günstigster pH-Bereich 8,5 – 11,0, werden in Abhängigkeit vom pH-Wert und von den Anionen des Abwassers basische Zinksalze gebildet, wobei der $Zn(OH)_2$-Anteil mit steigendem pH-Wert größer wird. Versetzt man zinkhaltige Medien mit Natronlauge, so bildet sich zunächst ein weißer, voluminöser Niederschlag, der vorwiegend aus Zinkoxidhydrat besteht und im Überschuß des Fällungsmittels bei pH > 11,0 unter Komplexbildung löslich ist.

$$Zn(OH)_2 + 2\,NaOH \rightarrow Na_2\,[Zn(OH)_4] \tag{14.28}$$

Bei der Fällung mit Kalk entsteht das schwer lösliche Calciumsalz, so daß der amphotere Charakter des Zinkoxidhydrats nicht in Erscheinung tritt. Mit Natriumcarbonat erhält man im pH-Bereich von 7,0 bis 9,5 einen weißen, amorphen Niederschlag von basischem Zinkcarbonat, der etwa der Formel $2\,ZnCO_3 \cdot 3\,Zn(OH)_2$ entspricht [10].

Kupfer erfordert Fällungs-pH-Werte > 7,0. In Abhängigkeit vom pH-Wert und den Anionen des Abwassers entstehen voluminöse Niederschläge von Kupferoxidhydrat und basischen Kupfersalzen. Bei der Neutralisation mit Natriumcarbonat entsteht basisches Kupfercarbonat der Zusammensetzung $2\,CuCO_3 \cdot Cu(OH)_2$, das jedoch löslicher als die Oxidhydratfällung mit NaOH bzw. $Ca(OH)_2$ ist [10].

Die Bildung basischer Salze bei der Fällung von *Nickel* mit Natronlauge bzw. Kalkhydrat ist weitaus weniger ausgeprägt als beispielsweise bei

Kupfer und Zink. Bei der Fällung mit Natriumcarbonat entsteht basisches Nickelcarbonat wechselnder Zusammensetzung. Bei der Fällung mit NaOH sollte der pH-Wert mindestens 9,0 betragen.

Chrom ist bereits ab pH 6,5 fällbar. Bei Zugabe von Natronlauge ist bei pH-Werten etwa > 8,5 mit einer teilweisen Wiederauflösung des Niederschlages zu rechnen. Natriumcarbonat ist als Neutralisationsmittel ungeeignet, da bei Überdosierung lösliche Carbonat- und Hydrogencarbonatkomplexe gebildet werden.

Die Fällung von *Cadmium* mit NaOH bzw. $Ca(OH)_2$ erfordert relativ hohe pH-Werte (pH > 10,0). Von Vorteil ist die Neutralisation mit Natriumcarbonat. Im pH-Bereich von 7 bis 9 entsteht nahezu reines Cadmiumcarbonat. Das Schlammvolumen ist im Vergleich zur Fällung mit NaOH bzw. $Ca(OH)_2$ geringer.

Die Fällungs-pH-Werte der Metalle beziehen sich auf „Einstoffsysteme". Bei Anwesenheit mehrerer Metalle sind niedrigere pH-Werte und niedrigere Restmetallkonzentrationen möglich.

Bei der Neutralisationsfällung von Metallionen werden die von den Wasserbehörden festgelegten Überwachungswerte nicht immer eingehalten. Mögliche Ursachen sind:

- Unterdosierung des Fällungsmittels,
- unterschiedliche Fällungs-pH-Werte der einzelnen Metalle,
- die Anwesenheit von Komplexbildnern,
- sehr hohe Metallsalzgehalte (Konzentrate),
- Erhöhung der Löslichkeit der Fällungsprodukte durch Fremdelektrolyteinfluß (Neutralsalz),
- Inlösunggehen einiger Metalloxidhydrate bei höheren pH-Werten,
- unzureichende Trennung des Neutralisationsschlammes von der wäßrigen Phase,
- fehlende oder unzulängliche Meß- und Regelungstechnik,
- hydraulische Überlastung der Anlage,
- Bedienungsfehler.

Abkürzungen

G Geschwindigkeitsgradient
$\overline{G}$ mittlerer Geschwindigkeitsgradient
M Drehmoment eines Rührers
n Drehzahl eines Rührers
V Volumen des Wassers im Reaktor
$\sqrt{\eta}$ Dynamische Viskosität des Wassers
P vom Wasserkörper aufgenommene Rührleistung
t Zeitdauer des Rühreintrages
Ca Camp-Zahl
c Konzentration eines Stoffes
K_C Dissoziationskonstante

L   Löslichkeitsprodukt
a   Aktivität
f   Aktivitätskoeffizient

Literatur

1. Sehn P (1984) Zum Einfluß von Polyelektrolyten auf die Partikelhaftung in wäßrigen Systemen. TH Karlsruhe, Dissertation
2. Schell H, Bernhardt H (1986) Z f Wasser- und Abwasserforschung 19:60
3. Fischer G (1966) Wirkungsweise des Schwebefilterverfahrens bei der Enteisenung von Grundwasser. TU Dresden, Dissertation
4. Krumwiede R (1991) Umwelt 6:331
5. Walther H-J, Winkler F (1981) Wasserbehandlung durch Flockungsprozesse. Akademie, Berlin
6. Grombach P (1985) Handbuch der Wasserversorgungstechnik. R. Oldenbourg, München Wien
7. Burkert H, Horacek H (1986) Chem Ing Techn 4:279
8. Knorre H (1975) Galvanotechnik 5:374
9. Schlegel H, Straub E (1982) Metalloberfläche 11:539
10. Hartinger L (1976) Taschenbuch der Abwasserbehandlung für die metallverarbeitende Industrie. Hanser, München Wien

W. Dorau

15 Einsatz der Mikrofiltration zur Entfernung von Krankheitserregern und Phosphor aus Abwasser

15.1 Einleitung

Warum Entfernung von Krankheitserregern aus kommunalem oder ähnlichem Abwasser?

Seit der strikten Trennung von Trinkwassergewinnung und Abwasser- bzw. Fäkalienbeseitigung sind fäkalbedingte Massenerkrankungen über die Einnahme von Trinkwasser und Nahrungsmitteln in den europäischen Staaten selten geworden. Dennoch ist die Gefahr, sich mit Krankheitserregern zu infizieren, die mit menschlichen Ausscheidungen auf dem Wege über die Abwasserableitungen und Klärwerke in die Oberflächengewässer gelangen, nicht gebannt, sondern nur verlagert. Zwar können die üblichen mechanisch-biologischen Abwasserbehandlungsanlagen humanpathogene Bakterien und Viren bereits um 90 bis 99 % verringern (s. Abb. 15.1), im so gereinigten

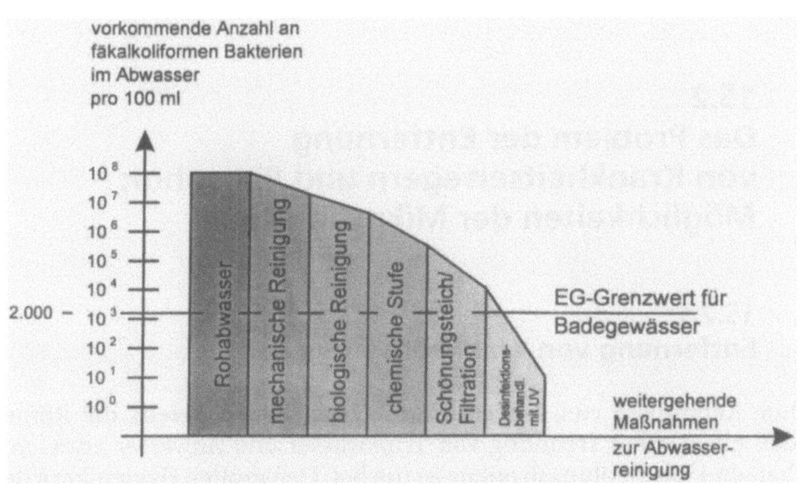

Abb. 15.1. Abnahme fäkalkoliformer Bakterien bei der Abwasserbehandlung (nach Popp [32])

Abwasser sind aber trotzdem noch so viele Krankheitserreger enthalten, daß die Klärwerksabläufe aus seuchenhygienischer Sicht eine permanente Kontaminationsquelle der Oberflächengewässer darstellen. In der Regel sind weder die Einleitungsstellen der Klärwerke allgemein bekannt und entsprechend gekennzeichnet noch wird an den belasteten Gewässerabschnitten auf die gesundheitliche Gefährdung aufmerksam gemacht, so daß insbesondere Badende sich des gesundheitlichen Risikos nicht unmittelbar bewußt werden können. Da insbesondere in den Ballungsgebieten und in den Nahbereichen der Abwassereinleitungsstellen Gewässer zu einem erheblichen Anteil aus Abwässern bestehen können, sind trotz Verdünnung noch nennenswerte Konzentrationen an humanpathogenen Keimen in den Gewässern zu erwarten und bei entsprechenden Untersuchungen des Instituts für Wasser-, Boden- und Lufthygiene des Bundesgesundheitsamtes (seit 1.7.1994: Umweltbundesamt Institut für Wasser-, Boden- und Lufthygiene) auch gemessen worden. Untersuchungen [7, 17, 18] zeigen, daß Krankheitserreger in Konzentrationen, wie sie in Gewässern mit Abwassereinleitungen vorkommen, für Badende zu einem nicht unerheblichen Risiko werden können. In den Ländern der Europäischen Gemeinschaft regelt die Richtlinie für die Qualitätsanforderungen an Badegewässer [1], wann ein Gewässer als Badegewässer zugelassen werden kann. Auch bei Einhaltung der in der EG-Badegewässer-Richtlinie festgesetzten Grenzwerte für Fäkalkeime ist noch ein signifikantes Infektionsrisiko vorhanden. In zahlreichen Gewässern, in denen die Parameter der EG-Richtlinie nicht eingehalten werden, ist mit einem dementsprechend höheren Erkrankungsrisiko zu rechnen.

In den nachfolgenden Kapiteln wird dargestellt, daß mit Hilfe von Mikrofiltrationsmembranen Gewässer sehr wirkungsvoll vor Krankheitserregern aus Abwässern geschützt werden können. Gleichzeitig eröffnet diese Technik die Chance, einen zweiten Problemkreis der Gewässerverschmutzung, die Eutrophierung bzw. Algenmassenentwicklung als Folge zu hoher Phosphorgehalte in Abwässern und Gewässern, erfolgreich zu bekämpfen [14].

15.2
Das Problem der Entfernung von Krankheitserregern und Phosphor: Möglichkeiten der Mikrofiltration

15.2.1
Entfernung von Krankheitserregern

Auch ohne Kenntnisse von Bakterien und Viren hatten bereits die Römer erfaßt, daß eine strikte Trennung von Trinkwasser und Abwasser etwas mit Gesundheit und mit Siedlungshygiene zu tun hat. Den großen Hygienikern des 19. und beginnenden 20. Jahrhunderts blieb es vorbehalten, die wissenschaftliche Begründung dafür im Zuge der Entdeckungen von Bakterien und Viren als Krankheitserreger, als Verursacher von Seuchen nachzuliefern. Der Ende des 19. Jahrhunderts einsetzende Bau von Kanalisationen beseitigte zwar das Abwasser als unmittelbare Infektionsquelle. Es war jedoch auch den damaligen Hygienikern bewußt, daß das Problem zunächst nur örtlich verschoben, nicht aber endgültig gelöst ist, wenn die Krankheitskeime, deren Kontakt bzw. Aufnahme es strikt zu unterbinden gilt, im nächsten Gewässer wiederzufinden sind. Dieses essentielle Ziel der Abwasserbeseitigung, nämlich die Unschädlichmachung der Krankheitserreger, ist aus dem Blickfeld der Abwasserfachleute geraten, seit fäkalbedingte Seuchen bis auf Einzelerkrankungen zurückgedrängt wurden. Da in der Regel nur noch Einzelerkrankungen vorkommen und Erkrankungen nach der Nutzung von Oberflächengewässern (z. B. nach dem Baden) in Deutschland im Gegensatz zu anderen Staaten nicht meldepflichtig sind, ist eine Zuordnung der Erkrankungen zu Übertragungspfaden schwierig, häufig sogar unmöglich. Trotz erschwerter Zuordnungsmöglichkeiten ist das wasserbedingte Infektionsrisiko aus Untersuchungen in Staaten mit entsprechender Meldepflicht bekannt bzw. bezifferbar. Es steigt mit zunehmender Freizeitnutzung abwasserkontaminierter Gewässer und deren Nutzung zur Trinkwassergewinnung. Das Risiko einer Infektion mit Krankheitserregern ist zu ihrer Konzentration im Wasser proportional, jedoch sind bei gleichem Infektionsrisiko je nach Erregerart unterschiedlich hohe Erregermengen zur Auslösung einer Infektion notwendig. Insbesondere Viren und Parasiten können bereits durch sehr geringe Erregermengen bzw. Erregerkonzentrationen, wie sie in abwasserkontaminierten Gewässern zu finden sind, Infektionen verursachen [7, 17, 18]. Daher muß erstrebt werden, die Anzahl von Krankheitserregern in Klärwerksabläufen drastisch abzusenken oder gar auf Null zu reduzieren. Dies würde auch die seuchenhygienische Sicherheit der Trinkwasseraufbereitung dort bzw. dann erhöhen, wo bzw. wenn humanpathogene Keime aus Oberflächengewässern in die Trinkwasseraufbereitung gelangen können [14].

In abwasserkontaminierten Gewässern Badende setzen sich einer Gesundheitsgefährdung auch dann aus, wenn das mit Krankheitserregern verunreinigte kommunale Abwasser vor seiner Einleitung in Gewässer in den üblichen mechanisch-biologischen Kläranlagen geklärt wird. Die mechanisch-biologische Abwasserreinigung, im Normalfall bestehend aus mechanischer Klärung, biologischer Stufe und Sedimentation als Nachklärung, vermag in der Regel Konzentrationen an Fäkalkeimen von z. B. 10^8 KBE/100 ml *E. coli* (KBE *k*olonie*b*ildende *E*inheiten) nur um ein bis zwei Zehnerpotenzen zu senken. In der üblichen Denkweise erscheinen Eliminationsraten von 90 bis 99 % als sehr hoch. Eine Reduktion der Keimgehalte um 1–2 Zehnerpotenzen pro 100 Milliliter ist jedoch bei so hohen Keimgehalten hygienisch völlig unzureichend (s. Abb. 15.1). Dabei ist die Abwasserbehandlung durch geeignete Maßnahmen (Mikrofiltration, Klärschlammverbrennung) durchaus in der Lage, Krankheitserreger vollständig zu entfernen bzw. zu vernichten.

Da der Badespaß und der Gesundheitswert des Schwimmens räumlich nicht auf (hygienisch einwandfrei geführte) Hallenbädern begrenzt ist, liegt es nahe, Flüsse und Seen wieder hygienisch einwandfrei zu diesem Zweck nutzen zu wollen. Andererseits ist das Einleiten von Abwasser in unsere Gewässer als Teil unserer Zivilisation und als Teil unseres Siedlungshygienekonzeptes nicht mehr wegzudenken und kann und soll auch nicht rückgängig gemacht werden. Aus diesem Zielkonflikt erwächst die Aufgabe, die Behandlung von Abwasser so zu gestalten, daß beide Funktionen miteinander verträglicher gestaltet werden. Mikrofiltrationsmembranen erweisen sich – wie dargestellt werden wird – als fast ideales Hilfsmittel, dieses Ziel zu erreichen.

Die praktisch vollständige Entfernung von Krankheitserregern mittels Mikrofiltration, und zwar – wie im folgenden Abschnitt näher erläutert – undifferenziert nach der Art der Erreger, bietet eine enorme hygienische Sicherheit bei der Einleitung von Abwasser in Gewässer. Im Zuge dieser undifferenzierten Abscheidung, insbesondere von Bakterien und Parasiten, werden auch alle *antibiotikaresistenten* Krankheitserreger zurückgehalten, die aus menschlichen und tierischen Ausscheidungen stammend in die Kanalisation und damit zur Kläranlage gelangen. Bei einem hohen Anschlußgrad der Bevölkerung an Kanalisationen wird auf diese Weise ein hoher Anteil antibiotikaresistenter fäkaler humanpathogener Krankheitserreger durch den Engpaß der Kläranlage geschleust. Auf Grund hier nicht näher erläuterter Transfermechanismen (Plasmidtransfer) kann sich die *Eigenschaft* der Antibiotikaresistenz in der biologischen Abwasserbehandlungsstufe auf Bakterien (pathogene und nicht pathogene) ausbreiten, die vorher diese Eigenschaft nicht besaßen. Die Kläranlage ist somit jene Stelle, die einerseits aktiv an der Ausbreitung von Antibiotikaresistenzen mitwirken kann und andererseits ist sie derjenige Ort, wo antibiotikaresistente Mikroorganismen letztmalig vor ihrer unkontrollierten Ausbreitung in die Umwelt bekämpft werden könnten. Dies trifft auch auf gentechnisch manipulierte Mikroorganismen zu, die herstellungsbedingt immer mit einer Antibiotikaresistenz zu Selektionszwecken ausgerüstet werden. Die praktisch vollständige Verhinderung der Ausbreitung von Antibiotikaresistenzen aller möglichen Arten und Ursachen, bezogen auf diesen wichtigen Ausbreitungspfad, ist ein wichtiger Anreiz für die vollständige Entfernung von ausbreitungsfähigen Mikroorganismen aus kommunalen Abwässern bzw. ein wichtiges Argument für die Anwendung von solchen Abwasserhygienisierungsverfahren, die verfahrensbedingt Mikroorganismen praktisch vollständig und undifferenziert zurückhalten können.

15.2.2
Überlegungen zur Auswahl der Mikrofiltration

In Zusammenhang mit der Auswahl geeigneter Techniken zur Entfernung von Krankheitskeimen ist zunächst auf das Problem der meßtechnischen Erfassung der *tatsächlichen* Keimbelastung eines Abwassers hinzuweisen. Problematisch, zum Teil sogar irreführend, sind Messungen der tatsächlichen Mengen an Keimen im Abwasser und im Gewässer insbesondere dann, wenn das Wasser *partikelhaltig* ist. Mit den üblichen Meßverfahren werden nicht einzelne Keime, sondern koloniebildende Einheiten (KBE) gezählt. Bei der Messung auf Nährböden ist prinzipiell nicht feststellbar, ob eine Kolonie von nur einer einzigen Bakterie oder von einem an einem Partikel haftenden oder zu einer Bakterienflocke agglomerierten beliebig großen Bakterienhaufen ausgelöst wurde. Gleiche Zahlenwerte können deshalb sehr unterschiedliche Keimmengen repräsentieren. Diese Meßunsicherheit ist zwangsläufig um so höher, je mehr Feststoffe ein Wasser enthält, wie beispielsweise nur sedimentiertes Abwasser. Die Messung niedriger Keimgehalte kann bei trübstoffhaltigem Wasser deshalb keine Sicherheit bieten, daß nicht lokal hohe, infektionsauslösende Keimkonzentrationen vorhanden sind.

Problematisch und äußerst fragwürdig ist die Desinfektion trübstoffhaltigen Wassers und Abwassers, wenn nicht sichergestellt ist, daß die jeweilige desinfizierende Wirkung die Trübstoffe zu durchdringen vermag. Erreicht wird dieses Ziel bei thermischen und zum Teil bei chemischen Verfahren, sofern die Einwirkzeit ausreichend bemessen ist. In Krankenhäusern, wo Abwasser mit noch höheren Feststoffgehalten desinfiziert werden muß, wird deshalb nur thermisch und chemisch desinfiziert, und zwar so weit, daß alle Krankheitserreger mit Sicherheit abgetötet bzw. inaktiviert sind. In diesem Fall spielt auch die Meßunsicherheit keine Rolle. Bei Verfahren, die zur Desinfektion UV-Strahlung einsetzen, müssen Trübstoffe vorher so gründlich entfernt werden, daß theoretisch nur noch Einzelbakterien und -viren übrigbleiben, damit diese mit ausreichender Sicherheit von der UV-Strahlung erfaßt werden können. Da die zur Zeit angebotenen Verfahren der Abwasserdesinfektion mittels UV-Strahlung häufig ohne eine vorangegangene gründliche Feststoffentfernung angeboten und betrieben werden und darüber hinaus keine vollständige Infektion bewirken, ist wegen der oben dargelegten Meßproblematik unklar, welche tatsächlichen Keimmengen sich im Einzelfall hinter den gemessenen Keimgehalten verbergen. Ein nach Kläranlagen beobachteter Wiederanstieg von Keimzahlen (fälschlicherweise als Wiederverkeimung bezeichnet) kann bei trübstoffhaltigem Wasser sowohl mit Reparaturmechanismen nur teilweise geschädigter Bakterien als auch mit Flockenzerfall (Erhöhung der Anzahl koloniebildender Einheiten) erklärt werden.

Kritisch sind in der technischen und wissenschaftlichen Literatur berichtete Desinfektionsleistungen von UV-Strahlen auch deshalb zu bewerten, weil wegen der Vergleichbarkeit der Leistungsdaten die Desinfektionsleistungen der Strahler zwangsläufig bei einem vergleichbaren Strahlerzustand, d.h. bei frisch gereinigten Strahlern, gemessen werden (sollten). Die so ermittelten Leistungsdaten weichen jedoch von den Leistungsdaten im Routinebetrieb, auf den es letztlich ankommt, zum Teil gravierend ab (d.h. die Eliminationsleistung kann zum Teil bereits nach wenigen Tagen Routinebetrieb um Größenordnungen niedriger sein [34]).

Bei der politischen Festsetzung von Keimgehalt-Grenzwerten sollte folgendes bedacht werden: Wenn bei der Festsetzung von Hygieneparametern bzw. mikrobiologischen Grenzwerten auf Grund politischer Kompromisse nur Teil-Desinfektionen erreicht zu werden brauchen, und wenn deshalb Desinfektionsverfahren angewendet werden können, deren Desinfektionswirkung auf einer unvollständigen chemischen oder physikalischen Schädigung der Keime beruht, dann bedeutet eine unvollständige Desinfektion (unvollständig bezüglich des Schädigungsgrades und der Anzahl der Keime) nichts anderes als eine Selektion von Keimen, die diese Prozedur überstehen. Solche Bedingungen sind ideal zur Resistenzbildung. Um Resistenzbildungen nicht unnötig zu fördern, sind – da sich am politischen Procedere nichts ändern wird – deshalb solche Verfahren vorteilhaft, die verfahrensbedingt entweder Keime vollständig entfernen oder die bei nur teilweiser Entfernung die nicht entfernten Keime ohne Schädigung, d. h. ohne Anreiz zur Resistenzbildung, passieren lassen. Die durch Filtration zunächst nur abgetrennten Keime sind in einem zweiten Schritt vollständig zu zerstören. Diese Anforderungen werden durch die Mikrofiltration in idealer Weise erfüllt. Das abgetrennte Filtrat, im wesentlichen Belebtschlammflocken mit anhaftenden Krankheitserregern enthaltend, kann problemlos in die Kläranlage zurückgeführt werden. Da die abgetrennten und zurückgeführten Krankheitserreger nur eine unbedeutende Erhöhung der mit dem Rohabwasser zugeführten Keimfracht ausmachen und diese bereits im ersten Durchlauf durch die Kläranlage um 90 bis 99 % eliminiert wurde und da ferner die Sedimentation keine Selektionsmechanismen für pathogene Erreger besitzt, kann sich keine Aufkonzentrierung pathogener Keime einstellen.

Als Meßlatte für Desinfektionsleistungen von Abwasser-Desinfektionsanlagen dienen mangels anderer gesetzlicher Vorgaben die Grenzwerte der EG-Badegewässer-Richtlinie. Diese sind im wesentlichen auf die verfahrenstechnisch bedingte unzureichende Keimentfernung konventioneller Kläranlagen sowie auf die Keimreduktion einer nicht definierten Gewässerstrecke zwischen Abwassereinleitung und Badestelle ausgerichtet. Die Gewässerstrecke zwischen Abwassereinleitung und Badestelle wird dabei hygienisch geopfert. Damit das Baden in Gewässern angesichts der unzureichenden Keimentfernung bestehender Kläranlagen und häufig zu kurzer Gewässerstrecken zwischen Abwassereinleitung und Badestelle amtlich überhaupt noch genehmigt werden kann, müssen zwangsläufig die Grenzwerte entsprechend hoch sein. Dies wird besonders deutlich an der Diskrepanz zwischen den mikrobiologischen Grenzwerten der EG-Badegewässer-Richtlinie (z. B. 2000 KBE *E. coli* in 100 ml) und den zur Zeit empfohlenen Werten für die Überwachung von Schwimmbecken (kein *E. coli* in 100 ml).

Wenn zur Erhöhung der Effektivität von Desinfektionsverfahren Feststoffe sehr weitgehend entfernt werden müssen, liegt es nahe, sich gleich einer Feststoffentfernung zuzuwenden, die Partikel bis in die Größenordnung von Bakterien sicher abtrennt. Eine solche Abtrennung ist durch eine Mikrofiltration mit Mikrofiltrationsmembranen der Porenweite $\leq 0{,}2\,\mu\text{m}$ gegeben. Diese Methode beruht auf dem Größenausschluß von Partikeln, die größer als die Porengröße einer Membrane sind. Bakterien (Größe ca. $5\,\mu\text{m}$) und an Feststoffen adsorbierte Viren zählen hier als Partikel (s. Abb. 15.2). Typische Fragestellungen bei der Desinfektion durch UV-Strahlung, wie ausreichende Durchlichtung, Belagbildung auf den Strahlern, ausreichender Energieeintrag, geeignete Wellenlänge, unterschiedliche Empfindlichkeit der Bakterien und Viren, Reparaturmechanismen der Bakterien, Resistenzbildung, Einfluß des Trübstoffgehaltes etc., brauchen bei der Anwendung einer Mikrofiltrationsmembrane nicht diskutiert zu werden. In diesem Fall reicht für die Entfernung allein der Größenunterschied zwischen Membranpore und Partikel aus. Auch

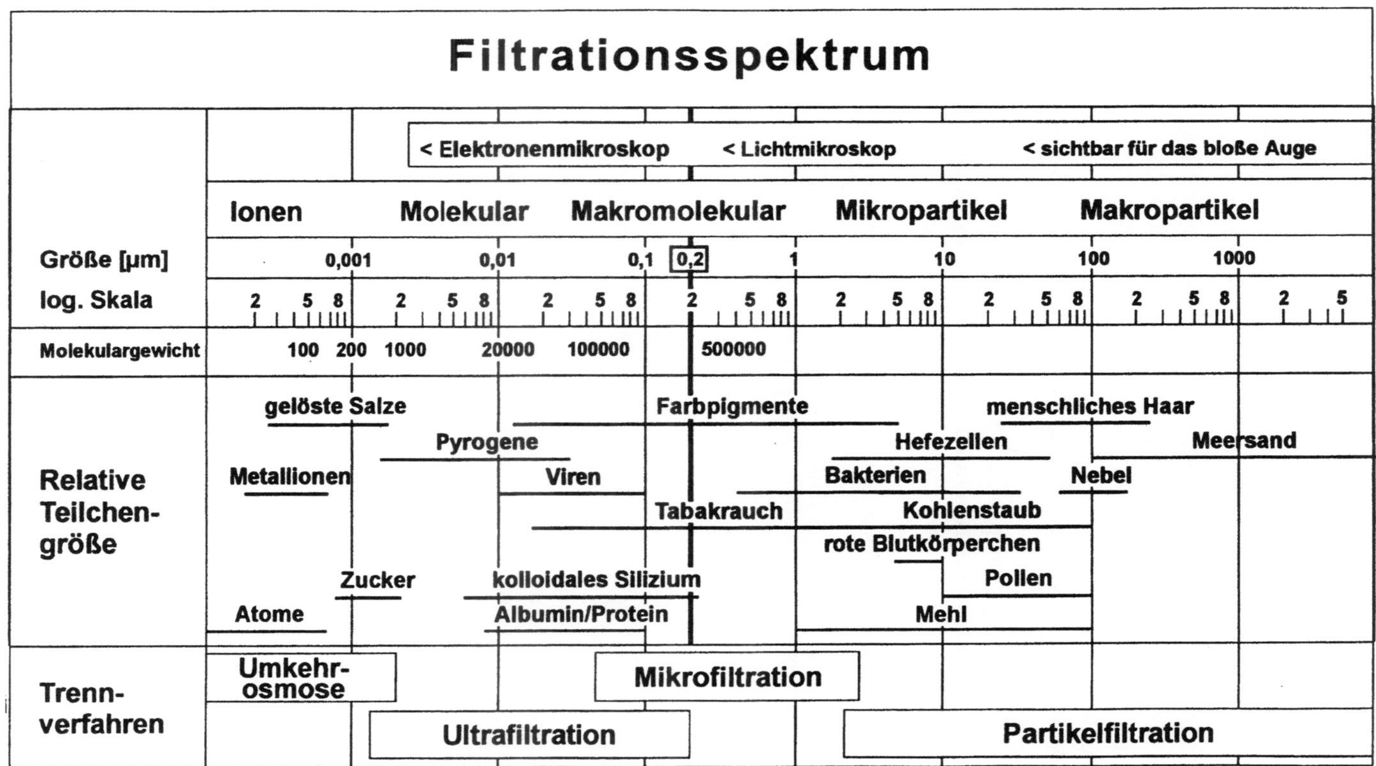

Abb. 15.2. Filtrationsspektrum verschiedener Trennverfahren

die vorher dargestellte Meßunsicherheit wird bedeutungslos, wenn – wie bei der Mikrofiltration häufig festgestellt – keine Indikatorbakterien mehr in 100 oder 1000 ml nachgewiesen werden können.

Bei der Auswahl einer geeigneten Methode zur Entfernung von Krankheitserregern aus Abwasser sind außerdem folgende Kriterien zu beachten:

- geeignet für sehr große und kleine Wassermengen bzw. Kläranlagen,
- keine Chemikalien, die Schadstoffe erzeugen (d.h. Ausschluß von z.B. Chlor, keine Problemverlagerungen),
- möglichst geringer Energieverbrauch (d.h. Ausschluß thermischer Verfahren),
- möglichst vollständige, unspezifische Entfernung von Bakterien und Viren,
- wegen der parallel anzustrebenden Vermeidung von Algentoxinen und -allergenen möglichst ein Kombinationsverfahren, das auch das Phosphorproblem löst,
- technisch möglichst einfach zu betreiben und zu überwachen,
- vertretbare Kosten.

Der Entfernung von Keimen mittels Mikrofiltrationsmembranen liegt die Erkenntnis zugrunde, daß auch bei der mechanisch-biologischen Abwasserbehandlung die Abtrennung der Feststoffe in der Nachklärung ein wesentlicher Reinigungsschritt ist. Bei dieser Betrachtungsweise dient die biologische Verfahrensstufe lediglich dazu, im Wasser gelöste Stoffe in einen anderen Aggregatzustand zu überführen, sei er nach Mineralisation gasförmig (CO_2, N_2) oder fest (Bakterienmasse, Überschußschlamm), oder gelöste Stoffe wenigstens in oder an Feststoffe anzulagern (Ab-, Adsorption). Der Feststoffabtrennung als letztem Behandlungsschritt kommt als Nachweis der vorangegangenen klärtechnischen Anstrengung sowohl bezüglich des Verfahrenszieles als auch gegenüber den Aufsichtsbehörden entscheidende Bedeutung zu. Die Sedimentation als traditionell letzter Verfahrensschritt der mechanisch-biologischen Abwasserbehandlung erfüllt zwar in der Regel ihre Aufgabe, die Zurückführung des Belebtschlammes in die biologische Stufe. Dafür ist sie auch konzipiert. Sie versagt jedoch definitionsgemäß bei der Abtrennung von Schwebstoffen, d.h. gegenüber Einzelbakterien oder sehr kleinen bzw. leichten Flocken. Mit anderen Worten: Die Sedimentation besitzt Feststoffen gegenüber keine Barrierewirkung. In den nicht abscheidbaren Schwebstoffen sind jedoch noch so viele Krankheitserreger enthalten, daß so behandeltes Abwasser nach wie vor seuchenhygienisch bedenklich ist.

Die verfahrenstechnische Aufgabe der Abtrennung auch dieser Stoffe ist gelöst, wenn das Abwasser z.B. durch Membranen gedrückt wird, deren Poren so klein sind, daß sowohl Bakterienagglomerationen als auch einzelne Bakterien allein auf Grund ihrer Größe zurückgehalten werden. Die Erfahrung hat gezeigt, daß diese bei einer nominellen Porengröße von 0,2 µm der Fall ist (s. Abb. 15.2). Neben den ca. 5 µm großen Bakterien ist Abwasser noch mit einer zweiten Gruppe von Krankheitserregern, den Viren, belastet, die wesentlich kleiner als 0,2 µm sind. Theoretisch dürfen Viren durch 0,2-µm-Mikrofiltrationsmembranen nicht zurückgehalten werden. Versuche und

Praxiserfahrungen bei der Rückhaltung von Viren weisen jedoch eine überraschend hohe, zum Teil ähnliche Rückhalterate wie die von Bakterien auf (s. Abb. 15.16).

Eine Erklärung für die Abscheidung auch dieser kleineren Partikel könnte sein, daß Viren eine hohe Neigung zur Adsorption an Feststoffen besitzen und in realen Abwässern genügend lange Adsorptionszeiten zur Verfügung stehen. In der Virologie wird die hohe Adsorptionsneigung der Viren dazu benutzt, Viren mit Hilfe von Flockungsmitteln wie den in der Klärtechnik benutzten Eisen- oder Aluminiumsalzen aus homogenen Lösungen abzutrennen bzw. sie im Flockungsmittelsediment anzureichern. Die ohnehin vorgesehene Zugabe von Fällungsmitteln zur Entfernung des Phosphors kommt der Adsorptionsneigung der Viren für diese Fällmittel entgegen und unterstützt somit zusätzlich die Entfernung von Viren.

15.2.3
Entfernung von Phosphor

Die Ergänzung der biologischen Abwasserreinigung um eine Maßnahme zur Keimentfernung ist für die Verbesserung des Hygienestandards zwar notwendig, reicht aber nicht aus, um die Gesundheitsgefährdungen im Gefolge der Algenmassenentwicklung (toxische Stoffwechselprodukte, Allergene [22]) zu verhindern, abgesehen von allen anderen negativen Begleiterscheinungen der Algenmassenentwicklung. Um beide Gefährdungen und Beeinträchtigungen zu beseitigen, müssen sowohl pathogene Keime als auch die den Algenwuchs verursachenden Nährstoffe, insbesondere Phosphor (Phosphat) weitestgehend, d. h. quasi vollständig, aus dem Abwasser entfernt werden. Politisch und fachlich ist die Einsicht durchaus vorhanden, daß ohne eine Phosphorelimination eine Gewässersanierung in bezug auf die Algenmassenentwicklung nicht erreicht werden kann. Weniger weit verbreitet ist jedoch die Einsicht, daß es sich dabei neben den wichtigen ästhetischen Aspekten auch um ein hygienisches Problem handelt.

Wenn man die Entfernung von pathogenen Keimen aus dem Abwasser mittels Mikrofiltration als reine Partikelabscheidung verinnerlicht hat, liegt es nahe, eine solche Vorgehensweise auch bezüglich gefällter Phosphorverbindungen zu untersuchen. Ein Musterbeispiel für die Umwandlung eines im Wasser gelösten Stoffes in die feste Phase ist die klassische Fällung der Phosphate durch Zugabe von Metallsalzen oder Kalk. Obwohl die Phasenumwandlung sehr rasch verläuft, ist der klärtechnische Erfolg bisher begrenzt, weil sich sehr kleine, sich in Schwebe haltende Phosphatflocken mittels Sedimentation nicht zurückhalten lassen. In der traditionellen Abwasserreinigung gibt man sich entweder mit den durch Sedimentation erreichbaren Abscheideraten zufrieden oder man versucht durch Zugabe von Polyelektrolyten größere, besser absetzbare Flocken zu bilden. Bei Einsatz der Mikrofiltration ist zu erwarten, daß selbst kleinste Phosphatflocken zurückgehalten werden können, und damit eine drastisch bessere Abscheidung gefällter Phosphate erreicht werden kann. Entsprechende Versuche des Instituts für Wasser-, Boden- und Lufthygiene haben diese Erwartungen bestätigt. In zunächst mehr orientierenden Versuchen sank der Phosphatgehalt zum Teil bis zur analytischen Nachweisgrenze von ca. 1 µg/l P [13].

Die derzeit betriebene Phosphatelimination auf Kläranlagen krankt daran, daß die zur Verhinderung der Eutrophierung notwendigen niedrigen Phosphor-Schwellenkonzentrationen (Vollenweidersche Werte) nicht erreicht, in der Regel auch nicht angestrebt werden, weil sie gesetzlich nicht vorgeschrieben sind. Phosphorgehalte von 1–2 mg/l P *können keine* oder nur marginale Wirkung im Gewässer erreichen, weil sie noch um den Faktor 100 zu hoch sind. Dies bewirkt den paradoxen Zustand, daß die mit dem Argument der Sparsamkeit bzw. der leeren Kassen knapp gehaltenen Mittel für die Phosphatelimination gleichzeitig eine Geldverschwendung bedeuten. In Berlin können lehrbuchhaft beide Verhaltensweisen nebeneinander studiert werden. Dort, wo durch eine konsequente Phosphorelimination die Phosphor-Schwellenkonzentration im Gewässer (z.B. Schlachtensee [23, 24]) unterschritten wird, sind selbst im Hochsommer noch ausgezeichnete Sichttiefen gegeben, während sich bei den übrigen Gewässern die Algenmassenentwicklung ungehindert entfaltet, trotz eingehaltener aber zu hoher Phosphorgrenzwerte in den Abläufen der Großklärwerke.

Die Phosphatelimination wird allgemein als dritte Reinigungsstufe bezeichnet. Wenn anstelle der konventionellen Fällungsverfahren (Simultanfällung, Nachfällung mit Sedimentation oder Sandfiltration) die Kombination aus Fällung und Mikrofiltration als dritte Reinigungsstufe eingesetzt wird, können fällbare Phosphorverbindungen, insbesondere leicht fällbare bzw. leicht pflanzenverfügbare Phosphate, auf so niedrige Konzentrationen reduziert werden, daß von so gereinigtem Abwasser praktisch keine Eutrophierung mehr ausgelöst werden kann. Wenn Phosphatelimination technisch, finanziell und von der Wirkung im Gewässer her überhaupt einen Sinn machen soll, dann nur, wenn für dieses Ziel entsprechend leistungsfähige Verfahren eingesetzt, und dieses Ziel auch tatsächlich erreicht wird.

15.3
Das Funktionsprinzip der Mikrofiltration

15.3.1
Allgemeine Beschreibung

Die Wirkungsweise der Mikrofiltration soll nur kurz beschrieben werden, Details sind in der Fachliteratur nachzulesen. Die Mikrofiltration basiert auf der Abtrennung von partikelförmigen Feststoffen durch poröse Membranen aus Kunststoff oder poröser Keramik. Zurückgehalten werden alle Stoffe, die größer als die Poren der Membrane bzw. der Poren der sich auf der Membrane ablagernden Deckschicht sind. Daraus folgt, daß Stoffe in gelöster Form (Atome, Ionen, Moleküle) nicht zurückgehalten werden können. Die zurück-

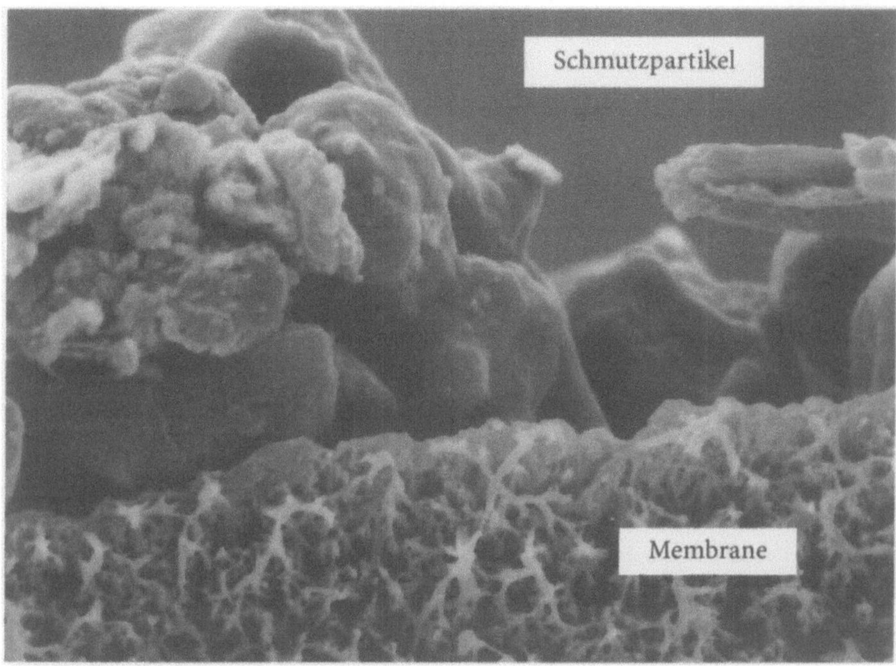

Abb. 15.3. Querschnitt durch eine Membrane mit auf der Oberfläche abgelagerten Schmutzstoffen (Werkfoto Fa. Memtec)

gehaltenen Stoffe lagern sich bei der Betriebsweise der direkten Filtration auf der Membranoberfläche ab (Oberflächenfiltration) oder reichern sich bei überströmten Membranen im Rezirkulationsstrom an (Querstrom-, Crossflow-Filtration). Abbildung 15.3 zeigt die Vergrößerung eines Querschnittes durch eine Membrane und die aufgelagerte Deckschicht. Für den Feststoffrückhalt einer Mikrofiltrationsmembrane ist nicht nur die nominelle Porengröße wichtig, sondern auch die Struktur der sich ausbildenden Deckschicht. Diese wiederum ist von der Art der Stoffe sowie von der Betriebsweise der Membrane als überströmte Membran (Querstrom-Filtration, Crossflow-Filtration) oder nicht überströmte Membran (direkte Filtration, dead-end-Filtration) abhängig (s. Abb. 15.4). Bei überströmten Membranen bemüht man sich, den Aufbau einer Deckschicht durch turbulente Strömung über der Membranoberfläche zu begrenzen bzw. zu verlangsamen. Bei nicht überströmten Membranen ist der Aufbau einer Deckschicht zwangsläufig gewollt und Teil des Feststoff-Rückhaltekonzeptes. Je nach Art und Struktur der Deckschicht bzw. der sich formenden Feststoffe können auch Partikel, die kleiner als die nominelle Porengröße sind, zurückgehalten werden. Die bei dieser Betriebsweise erreichte gute Abscheidung von Viren kann möglicherweise auch auf die Deckschichtbildung zurückzuführen sein, zumindest wird sie durch die Deckschichtbildung begünstigt.

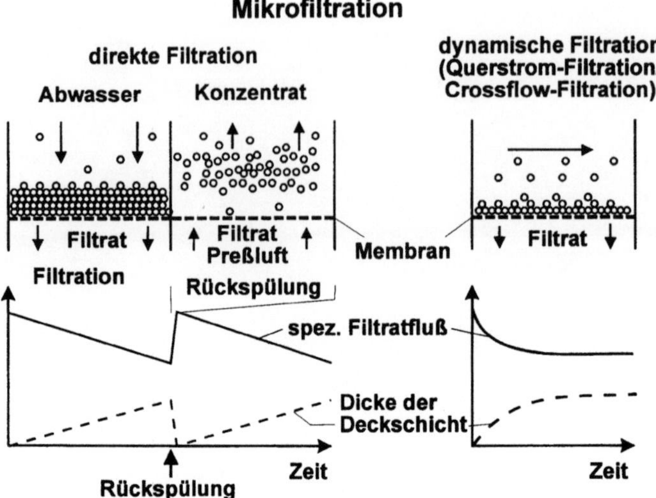

Abb. 15.4. Betriebsweisen der Mikrofiltration

Da die anwachsende Deckschicht den Flux mit der Zeit auf unzulässig niedrige Werte vermindern würde, muß sie von Zeit zu Zeit durch Rückspülung entfernt werden. Die Rückspülung kann sowohl zeitgesteuert als auch bedarfsabhängig (z.B. bei Überschreiten eines Differenzdruckes) ausgelöst werden. Die direkte Filtration bietet den Vorteil, daß bei ihr der nicht unbeträchtliche Energieaufwand für die Rezirkulation entfallen kann.

15.3.1.1
Vorversuche

Nach der vorliegenden Literatur [25], nach Untersuchungsberichten bestehender technischer Anlagen [6, 15] sowie den eigenen Untersuchungen [13] kann der quasi vollständige Rückhalt von Bakterien allein auf Grund des Größenunterschiedes zwischen Poren und Bakterien als sicher angenommen werden (s. Abb. 15.14 und 15.15), vorausgesetzt, daß die Membranen mechanisch intakt sind und keine sonstigen Undichtigkeiten vorhanden sind. Eine Verkeimung der Membranen auf der reinen Seite mit seuchenhygienisch unbedeutsamen Keimen der Umgebungsluft, meßbar als Koloniezahl, ist dann nicht zu vermeiden, wenn die reine Seite nicht steril betrieben wird. Die Verkeimung kann lediglich durch entsprechende Betriebsführung (Spülen, Reinigen) begrenzt werden. Da es bei der Abwasserreinigung nur auf die Abtrennung humanpathogener Keime ankommt und diese sich bei den üblichen Umgebungsbedingungen auf Kläranlagen nicht vermehren können, ist aus seuchenhygienischer Sicht ein steriler Betrieb nicht notwendig. Wenn trotz vollständig abgeschiedener humanpathogener Bakterien im Filtrat noch höhere Koloniezahlen meßbar sind, bedeutet dies nicht, daß der Filter schadhaft ist oder selektiv nur Indikatorkeime abtrennt, sondern lediglich, daß die reine Seite nicht steril betrieben wird.

Die Leistungsdaten für Flux, Rückhalt von Phosphat und Gesamtphosphor in Abhängigkeit von Fällmittelart und -menge müssen durch Versuche ermittelt werden. Sofern die Aufgabenstellung auch die Entfernung von Viren umfaßt, sollte auch dies durch Versuche, am besten mit dem später zu reinigenden, realen Abwasser, gesichert werden.

15.3.1.2
Betriebscharakteristika/Systemauswahl

Im Gegensatz zu den hydraulisch offenen Durchflußsystemen der mechanisch-biologischen Abwasserreinigung besitzt eine Membranfilteranlage für Partikel, die größer als die nominelle Porengröße sind – und bei erlaubter Deckschichtbildung auch darunter –, ein absolutes Sperrverhalten für Feststoffe. Eine hydraulische Überlastung hat bei hydraulisch offenen Systemen (z. B. Klärbecken) regelmäßig eine Erhöhung der Feststoffkonzentration durch Ausschwemmung und damit eine Verschlechterung des Reinigungsergebnisses zur Folge. Erhöhte Feststoffgehalte im Zulauf eines Membranfilters werden entweder durch häufigeres Rückspülen oder Zuschalten von Reserveeinheiten aufgefangen. Da die Porengröße konstant bleibt, bleibt auch der Feststoffgehalt im Ablauf konstant niedrig. Ein Membranfilter bietet somit für das zu schützende System (Gewässer, Brauchwasser, Produkt) eine hohe inhärente Sicherheit und fordert andererseits vom Betreiber ein höheres Maß an Aufmerksamkeit gegenüber den der Membrane vorgeschalteten Reinigungsstufen (was man durchaus auch positiv beurteilen sollte!). Systembedingt ist ein Membranfilter nicht geeignet zur Bewältigung von Überlastungen z. B. durch massive Bläh- oder Schwimmschlammbildung. Bei richtiger Auslegung wird nur der vorgeschaltete Vorfilter überlastet und verstopft.

Die Systemauswahl wird von der Aufgabenstellung, technischen Gesichtspunkten, Kosten und den örtlichen Gegebenheiten beeinflußt. Ob eine Querstromfiltration oder eine direkte Filtration (dead-end-Filtration) unter technischen und kostenmäßigen Gesichtspunkten für den hier dargestellten Anwendungsfall der Keim- und Phosphatentfernung günstiger ist, muß von Fall zu Fall beurteilt werden. Hinzuweisen ist in diesem Zusammenhang auf das Biomembran®-Verfahren, bei dem Ultrafiltrationsmembranen die Funktion der Sedimentation übernehmen. Die Ultrafiltration wird in diesem Verfahren als Querstromfiltration betrieben [33].

Da Membranfilteranlagen im technischen Maßstab und als Praxisanlagen, die kommunales Abwasser nachreinigen, bisher nur für ein System bekannt sind, das Hohlfasern bei direkter Filtration einsetzt, beschränkt sich die weitere Verfahrensbeschreibung auf dieses System.

15.3.2
Theoretische Betrachtungen
zur Hohlfaser-Mikrofiltration

Das eigentliche Trennelement des im folgenden dargestellten Systems ist eine poröse Hohlfaser aus Kunststoff (z.B. Polypropylen) mit folgenden Daten:

Tabelle 15.1. Eigenschaften der zur Mikrofiltration verwendeten Hohlfasermembrane

Außendurchmesser	0,65 mm
Innendurchmesser	0,31 mm
Länge	400 mm (1 m^2 Modul)
	1000 mm (10 m^2, 15 m^2 Modul)
Porosität, Lückengrad	ca. 70%
transmembraner Druck	ca. 0,1–1 bar
Filtrierrichtung	von außen nach innen
Spülung	mit Preßluft (6 bar) von innen nach außen
chemische Reinigung	alkalisch (verdünnte Natronlauge), sauer (z.B. Zitronensäure), Tenside als Zusatz

Abbildung 15.5 zeigt in der oberen Bildhälfte eine Vergrößerung der Hohlfaser. In der unteren Bildhälfte ist die poröse Struktur des Membranmaterials deutlich zu erkennen.

Eine der wichtigsten Merkmale des beschriebenen Hohlfasermembran-Systems ist die Umkehrung der Filtrierrichtung von außen nach innen im Gegensatz zu den meisten als Querstromfilter betriebenen Rohrmembranen mit einer Filtrierrichtung von innen nach außen (s. Abb. 15.6).

Diese Anordnung bringt eine Reihe von Vorteilen. Sie erlaubt es, die in Tubularmodulen üblichen Rohrdurchmesser von ca. 5–6 mm (und mehr) bis in die Größenordnung von Hohlfasern (< 1 mm) zu verringern, ohne daß die maximale abscheidbare Partikelgröße im gleichen Verhältnis abnimmt. Die Packungsdichte und damit die Membranoberfläche pro Volumeneinheit kann erheblich erhöht werden. Die Verringerung des Außendurchmessers einer Rohrmembran z.B. auf ein Zehntel ergibt bei gleichbleibendem Hüllrohrvolumen eine Steigerung der Membranfläche auf etwa das 10fache. Das 1-m^2-Modul mit einem Hüllrohr-Innendurchmesser von 45 mm enthält ca. 3000 Hohlfasern, das größere 10-m^2-Modul faßt ca. 10 000 Hohlfasern bei einem Hüllrohr-Innendurchmesser von ca. 120 mm. Da die Außenfläche von Hohlfasern der hier betrachteten Abmessungen etwa doppelt so groß wie die Innenfläche ist, ergibt sich ein zusätzlicher Gewinn an Filtrationsfläche. Dies ist beim Vergleich von flächenbezogenen Filtrationsleistungen (Flux) verschiedener Modulsysteme zu beachten. Als maximale abscheidbare Partikelgröße werden je nach Modulgröße 0,2 bis 0,5 mm genannt. Dies ist bei der Auslegung des Vorfilters zu beachten.

Die Umkehr der Filtrierrichtung erlaubt es ferner, von der Querstromfiltration auf die direkte Filtration ohne Überströmung überzugehen.

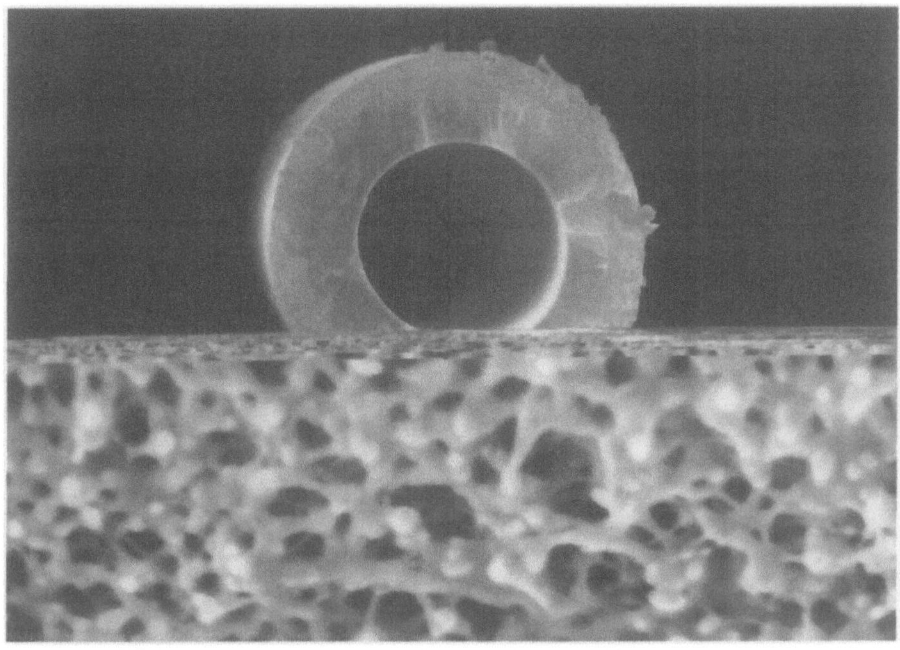

Abb. 15.5. Vergrößerung einer Hohlfasermembrane (Vergrößerung 50- bzw. 7000fach, Werkfoto Fa. Memtec)

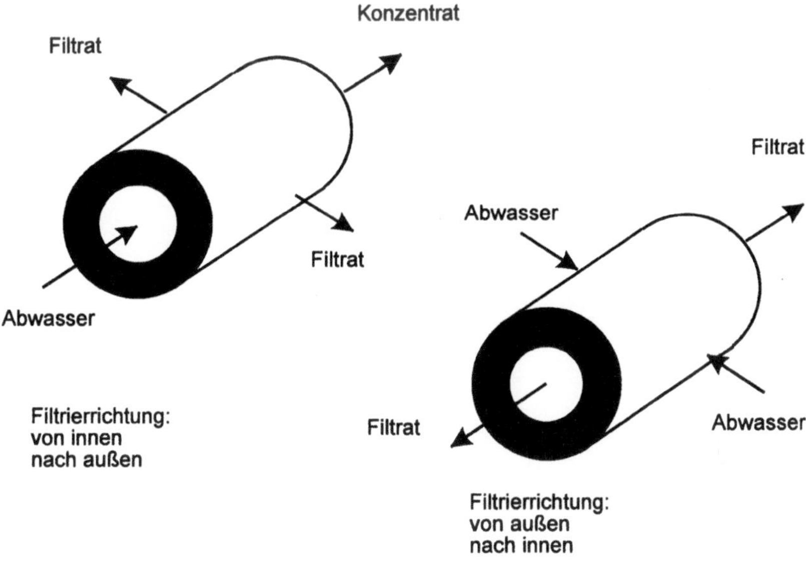

Abb. 15.6. Filtrierrichtung

Der Wegfall der Rezirkulation hat eine erhebliche Senkung des Energieverbrauches zur Folge.

15.3.2.1
Kinetik des Partikel- und Flüssigkeitstransportes im Hohlfasermodul

Um eine Vorstellung für die Transportvorgänge im Innern eines mit Hohlfasern gefüllten Moduls bei direkter Filtration zu erhalten, sind einige vereinfachte Rechnungen nützlich und aufschlußreich. Die Rechnungen beziehen sich auf die Daten eines 10-m²-Moduls (Daten s. Tabelle 15.2; zur Bezeichnung von Geschwindigkeiten und Durchmessern bzw. Radien s. Abb. 15.7).

Tabelle 15.2. Bezugsdaten für die Kinetik des Partikel- und Flüssigkeitstransports

Anzahl der Hohlfasern im Hüllrohr	10 000
Hüllrohr-Innendurchmesser	120 mm
Querschnittsfläche des Hüllrohres innen (leer)	11 310 mm²
freie Querschnittsfläche des Hüllrohres innen	8 000 mm²
Querschnittsfläche/Durchmesser des pro Hohlfaser zur Verfügung stehenden Querschnittes (s. Abb. 15.7)	1,13 mm²/1,20 mm
rechnerischer Abstand zwischen den Fasern	0,41 mm (1,06 mm – 0,65 mm)
Innerdurchmesser der Faser	0,31 mm
mittlerer Faserdurchmesser	0,48 mm
Außendurchmesser der Faser	0,65 mm
gesamte Faseroberfläche (innen)	9,374 m²
gesamte Faseroberfläche (außen)	19,16 m²
mittlerer Flux, bezogen auf die Faseroberfläche (innen)	0,08 m³/m² h
Lückengrad	ca. 70 %

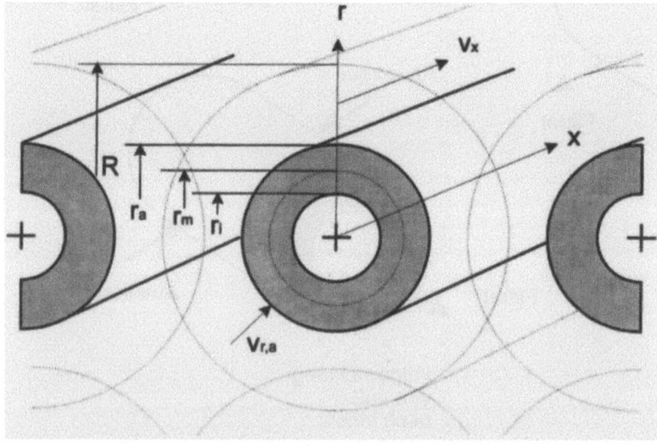

Abb. 15.7. Bezeichnung und Indizierung der Variablen

Bei der Berechnung der Fließgeschwindigkeit v_x im freien Strömungsraum längs der Hohlfasermembranen werden folgende Annahmen gemacht:

- Der Druck bzw. Druckgradient längs der Faser ist nur eine Funktion von x.
- Das Abwasser verhält sich wie eine Newtonsche Flüssigkeit.
- Es wird der Strömungsverlauf entlang eines gespannten Einzelfadens betrachtet.
- Die Ringfläche $(R^2 - r_a^2) \cdot \pi$ ist der rechnerische pro Faser zur Verfügung stehende Strömungsquerschnitt ($R = 0{,}6$ mm bzw. $r_a = 0{,}325$ mm für das 10-m^2-Modul).

Radiale Fließgeschwindigkeit im Innern der Faser und an der Faseroberfläche

- Mittlere radiale Fließgeschwindigkeit $v_{r,i}$ an der Faseroberfläche (innen):

$$v_{r,i} = \frac{0{,}08 \text{ m}^3 \cdot \text{h} \cdot 10^3 \text{ mm}}{\text{m}^2 \cdot \text{h} \cdot \text{m} \; 3600 \text{ s} \cdot \text{m}} = 0{,}02 \text{ mm/s}$$

- mittlere radiale Fließgeschwindigkeit $v_{r,m}$ durch die Hohlfaserwand, bezogen auf den mittleren Faserdurchmesser von 0,48 mm und einen Lückengrad von 70 %:

$$v_{r,m} = \frac{0{,}08 \text{ m}^3 \cdot \text{h} \cdot 10^3 \text{ mm}}{0{,}7 \cdot 1{,}65 \text{ m}^2 \cdot \text{h} \cdot 3600 \text{ s} \cdot \text{m}} = 0{,}02 \text{ mm/s}$$

- mittlere Fließgeschwindigkeit $v_{r,a}$ an der Faseroberfläche (außen):

$$v_{r,a} = \frac{0{,}08 \text{ m}^3 \cdot 9{,}374 \text{ m}^2 \cdot \text{h} \cdot 10^3 \text{ mm}}{\text{m}^2 \cdot \text{h} \cdot 19{,}16 \text{ m}^2 \cdot 3600 \text{ s} \cdot \text{m}} = 0{,}011 \text{ mm/s}$$

Berechnung des Druckverlaufes

Für ein ringförmiges Element gilt der Schubspannungsansatz:

$$\frac{\partial \tau}{\partial x} \cdot 2 \pi r \cdot dx = - \frac{\partial p}{\partial x} \cdot (R^2 - r^2) \cdot \pi \qquad \text{mit} \quad \tau = \eta \cdot \frac{dv}{dr}$$

$$\eta \cdot \frac{\partial^2 v_x}{\partial r \, \partial x} \cdot 2 \pi r \cdot dx = - \frac{\partial p}{\partial x} \cdot (R^2 - r^2) \cdot \pi \quad \rightarrow$$

$$\frac{\partial^2 v_x}{\partial r \, \partial x} = - \frac{1}{2 \pi \eta} \cdot \frac{\partial^2 p}{\partial x^2} \cdot \left(\frac{R^2}{r} - r \right) \qquad \rightarrow$$

$$\int \frac{\partial^2 v_x}{\partial x \, \partial r} \cdot dr = - \frac{1}{2 \eta} \left(\frac{\partial^2 p}{\partial x^2} \right) \cdot \int_{r_a}^{R} \left(\frac{R^2}{r} - r \right) \cdot dr \quad \rightarrow$$

$$\frac{\partial v_x}{\partial x} = - \frac{1}{2 \eta} \cdot \left(\frac{\partial^2 p}{\partial x^2} \right) \cdot \left[R^2 \ln \frac{r}{r_a} - \frac{1}{2} \cdot (r^2 - r_a^2) \right]$$

Der an der Stelle x noch verbliebene Mengenstrom errechnet sich aus dem Mengenstrom Q_0 an der Stelle $x = 0$ minus dem auf der Strecke x durch die Membranoberfläche abgeflossenen Mengenstrom.

$$Q_0 - v_{r,a} \cdot 2 \pi r_a \cdot x = \int_{r_a}^{R} v_x \cdot 2 \pi r \cdot dr \quad \text{mit} \quad Q_0 \, v_{r,a} \cdot 2 \pi r_a \cdot L \quad \text{bzw.}$$

$$\frac{Q_0}{L} = v_{r,a} \cdot 2 \pi r_a$$

Differenzierung nach x: $\quad -\frac{Q_0}{L} = \int_{r_a}^{R} \left(\frac{\partial v_x}{\partial x}\right) \cdot 2 \pi r \cdot dr$

Einsetzen der Gleichung für $\dfrac{\partial v_x}{\partial x}$ liefert:

$$-\frac{Q_0}{L} = -\frac{\pi}{\eta} \cdot \left(\frac{\partial^2 p}{\partial x^2}\right) \cdot \int_{r_a}^{R} \left[R^2 \ln \frac{r}{r_a} - \frac{1}{2} (r^3 - r_a^3 r) \right] \cdot dr = -\frac{\pi}{\eta} \cdot \left(\frac{\partial^2 p}{\partial x^2}\right) \cdot k$$

Daraus folgt mit

$$k = R^4 \ln \frac{R}{r_a} - \frac{5 R^4}{8} + \frac{R^2 r_a^2}{2} - \frac{r_a^4}{8} :$$

$$\int \left(\frac{\partial^2 p}{\partial x^2}\right) \cdot dx = \left(\frac{\partial p}{\partial x}\right) = \frac{\eta \cdot Q_0}{\pi k} \cdot \frac{x}{L} + c_1 \quad \text{mit} \quad \left(\frac{\partial p}{\partial x}\right)_{x=1}$$

$$= 0 = \frac{\eta \cdot Q_0}{\pi k} \cdot \frac{L}{L} + c_1$$

$$\int \left(\frac{\partial p}{\partial x}\right) \cdot dx = p = \frac{\eta \cdot Q_0}{\pi k} \cdot \frac{x^2}{2 L} - \frac{\eta \cdot Q_0}{\pi k} \cdot x + c_2 \quad \text{mit} \quad p_{x=0} = p_0 = c_2$$

$$\boxed{p = p_0 - \frac{\eta \cdot Q_0 \cdot L}{\pi \cdot k} \cdot \left(\frac{x}{L} - \frac{x^2}{2 L^2}\right)}$$

Die Druckdifferenz über die gesamte Faserlänge beträgt gemäß den Vorgaben für ein 1 m langes Modul ca. 0,002 bar. Gegenüber der transmembranen Druckdifferenz von 0,5 bis 1 bar ist der Druckabfall im Modul in Längsrichtung vernachlässigbar. Dies bedeutet, daß in einem regelmäßig freigespülten Modul die transmembrane Druckdifferenz als treibende Kraft für den Flux und damit auch die radiale Geschwindigkeit $v_{r,a}$ entlang der Hohlfaser als konstant zu betrachten sind.

Berechnung der Geschwindigkeit v_x in Längsrichtung

$$\frac{\partial v_x}{\partial x} = -\frac{1}{2\pi\eta} \cdot \left(\frac{\partial^2 p}{\partial x^2}\right) \cdot \left[R^2 \ln\frac{r}{r_a} - \frac{1}{2} \cdot (r^2 - r_a^2)\right]$$

mit

$$\left(\frac{\partial^2 p}{\partial x^2}\right) = \frac{\eta \cdot Q_0}{k \cdot L}$$

$$v_x = \int\left(\frac{\partial v_x}{\partial x}\right) \cdot dx = -\frac{Q_0}{2k} \cdot [\ldots] \cdot \frac{x}{L} + c$$

mit

$$v_{x=L} = 0 = -\frac{Q_0}{2k} \cdot [\ldots] + c$$

$$v_x = \frac{Q_0}{2k} \cdot [\ldots] \cdot \left(1 - \frac{x}{L}\right)$$

$$\boxed{v_x = \frac{Q_0}{2k} \cdot \left[R^2 \ln\frac{r}{r_a} - \frac{1}{2}(r^2 - r_a^2)\right] \cdot \left(1 - \frac{x}{L}\right)}$$

Berechnung der Radialgeschwindigkeit v_r

Der an der Stelle x in x-Richtung noch vorhandene Mengenstrom ist gleich dem auf der Strecke (L − x) radial durch die Membranoberfläche abfließende Strom:

$$\int_{r_a}^{r} v_x \cdot 2\pi k \cdot dr = -\int_{r_a}^{r}\left(\frac{\partial v_r}{\partial r}\right) \cdot 2\pi r \cdot (L - x)\, dr$$

$$\int\left(\frac{\partial v_r}{\partial r}\right) \cdot dr = v_r = \frac{Q_0}{2kL} \cdot \int\left[R^2 \ln\frac{r}{r_a} - \frac{1}{2}(r^2 - r_a^2)\right] \cdot dr$$

$$v_r = -\frac{Q_0}{2kL} \cdot \left[R^2 r\left(\ln\frac{r}{r_a} - 1\right) - \frac{1}{2}\left(\frac{r^3}{3} - r r_a^2\right)\right] + c$$

$$v_r (r = r_a) = v_{r,a} = -\frac{Q_0}{2kL} \cdot \left[-R^2 r_a + \frac{r_a^3}{3}\right] + c$$

$$\boxed{v_r = v_{r,a} - \frac{Q_0}{2kL} \cdot \left[R^2 r \ln\frac{r}{r_a} - R^2 r - r_a) - \frac{1}{2}\left(\frac{2 r_a^3 + r^3}{3} - r r_a^2\right)\right]}$$

15.3.2.2
Berechnung der Wandhaftungskräfte auf ein Partikel

Für die Beurteilung, ob ein Partikel im Einzugsbereich einer Porenöffnung an der Membranwand „haften" oder im Flüssigkeitsstrom in

Schwebe bleibt, sind zwei gegenläufige Effekte in ihrer Größenordnung abzuschätzen,

- die auf die Wand gerichtete Strömung, die ein Partikel an die Membranoberfläche drückt, und
- der Geschwindigkeitsgradient in Axialrichtung, der ein Partikel in Richtung größerer Axialgeschwindigkeiten bewegt (d.h. in Schwebe hält).

Zur Vereinfachung der Rechnungen werden die Berechnungen für ein kugelförmiges Partikel mit 10 µm Durchmesser durchgeführt (zum Vergleich: Länge einer Bakterie ca. 5 µm).

Abschätzung der auf die Membranoberfläche gerichteten Kraft

Da bei realen Flüssigkeiten jeder Geschwindigkeit eine Druckdifferenz als treibende Kraft zugeordnet ist, muß es auch in radialer Richtung eine wenn auch sehr kleine Druckdifferenz geben. Sie erlaubt eine Abschätzung, mit welcher Kraft ein Partikel gegen die Membranwand „gedrückt" wird. Für sehr kleine Geschwindigkeiten gilt das „Stokes'sche Gesetz" für umströmte Einzelkugeln in strenger Form.

$$\psi = \frac{24}{Re} \equiv \frac{W/F}{\varrho \cdot v_r^2/2} \quad \text{mit} \quad Re = \frac{v_r \cdot d_k}{\nu}$$

Es bedeuten:

ψ = Widerstandszahl
Re = Reynoldszahl
W = Widerstandskraft, die der Strömung entgegengesetzt wird
F = Querschnittsfläche der Kugel
ϱ = Dichte der Flüssigkeit
v_r = Anströmgeschwindigkeit (Radialgeschwindigkeit)
d_k = Kugeldurchmesser

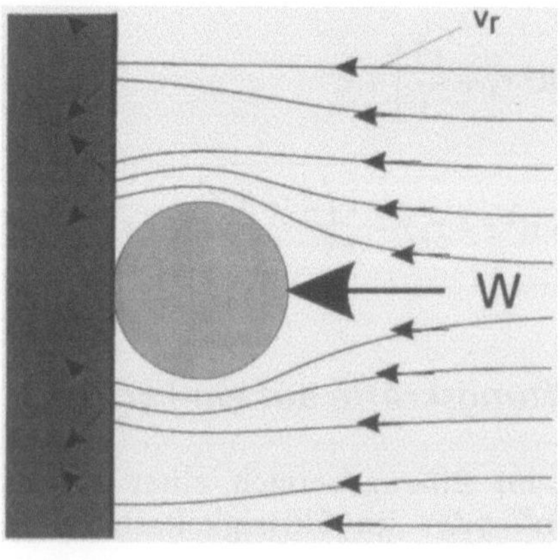

Abb. 15.8. Auf einen Partikel wirkende Kraft W auf Grund der auf die Membranwand gerichteten Geschwindigkeitskomponente v_r

v = kinematische Zähigkeit
η = dynamische Zähigkeit

$$W = \frac{24 \cdot v}{v_r \cdot d_k} \cdot \frac{\varrho \cdot v_r^2 \cdot F}{2} = 3 \cdot \eta \cdot v_r \cdot d_k \cdot \pi$$

$$\boxed{W = \frac{9{,}42}{10^{13}}\ N}$$

Abschätzung der von der Membranoberfläche weggerichteten Kraft

Für die Umströmung einer Kugel gilt bei laminarer Strömung vereinfacht die
Bernoulli'sche Stromfaden-Gleichung
Es bedeuten:

A = Auftriebskraft
p_w = Druck an der der Wandung (Membranoberfläche) zuge-
       wandten Seite der Kugel
ϱ = Dichte der Flüssigkeit
p = Druck auf der der Strömung zugewandten Seite der Kugel
v_x = Längsgeschwindigkeit an der der Strömung zugewandten
       Seite der Kugel an der Stelle $x = L/2$ (Beispiel)

$$A = \Delta p \cdot F = (p_w - p)\, F = \frac{\varrho \cdot v_r^2 \cdot F}{2} = \frac{1\ \text{kg} \cdot 2{,}7^2\ \text{mm}^2 \cdot 0{,}01^2 \cdot \pi \cdot \text{mm}^2}{10^3\ \text{cm}^3 \cdot 2 \cdot \text{s}^2 \cdot 4}$$

$$A = \frac{2{,}9 \cdot \text{kg} \cdot \text{mm}^4}{10^7\ \text{cm}^3 \cdot \text{s}^2} \cdot \frac{\text{Ns}^2\ \text{m} \cdot \text{cm}^3}{\text{kgm} \cdot 10^3\ \text{mm} \cdot 10^3\ \text{mm}^3}$$

$$\boxed{A = \frac{2{,}9}{10^{13}}\ N}$$

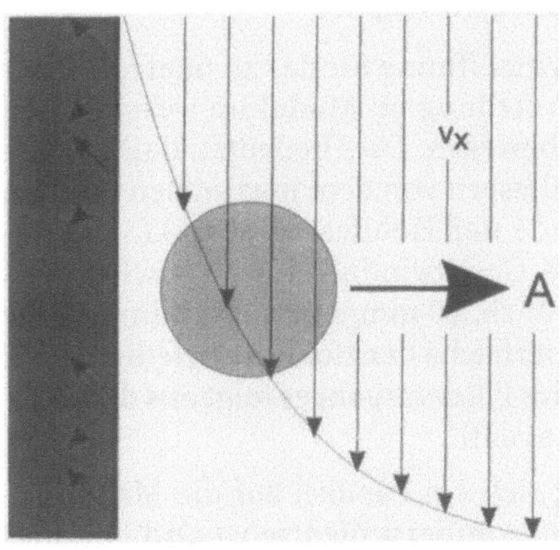

Abb. 15.9. Auf eine Partikel wirkende
Auftriebskraft A auf Grund des
Geschwindigkeitsgradienten in der
Geschwindigkeitskomponente v_x

Bei dem gewählten Beispiel einer Kugel von 10 µm Durchmesser halten sich die entgegengesetzten Kräfte an der Stelle $x = 500$ mm in etwa im Gleichgewicht. Die Dimensionsanalyse zeigt, daß die auf die Membranoberfläche gerichtete Kraft W nur proportional zum Durchmesser d_k ist, während die von der Membranoberfläche abweisende Auftriebskraft A proportional d_k^2 ist. Daraus folgt, daß bei Teilchen > 10 µm diejenige Kraft überwiegt, die Partikel im Flüssigkeitsstrom hält. Dieses Verhalten wird dadurch unterstützt und beschleunigt, daß die die Wandhaftungskraft bestimmende Geschwindigkeit v_r mit zunehmendem Abstand von der Membranwand rasch abnimmt. Wegen der sehr viel größeren Geschwindigkeit entlang der Hohlfasern werden Partikel > 10 µm unbehelligt durch Radialkräfte so weit bis ans Ende des Faserstranges befördert, bis schließlich die Längsgeschwindigkeit v_x so niedrig wird, daß die Wandhaftungskraft überwiegt.

Die Rechnung zeigt aber auch, daß bei kleinsten Partikeln wie z. B. Einzelbakterien die Wandhaftungskraft die Auftriebskraft deutlich übersteigen kann ($d = 1$ µm: $W \sim 10^{-13}$ N; $A \sim 10^{-17}$ N). Die sehr kleinen Partikel bleiben innerhalb einer Grenzschicht von wenigen µm infolge der Sogwirkung der porösen Membran an der Membranoberfläche haften, bis bei der Preßluftrückspülung die Sogwirkung aufgehoben und durch eine Abstoßung umgekehrt wird. Ob die Partikel im echten Sinne haften bleiben oder durch die Strömungskräfte in Längsrichtung weitergeschoben werden, hängt von der lokalen Rauhigkeit der Membranoberfläche ab. Einzelne Vergrößerungen mit dem Elektronenmikroskop weisen auf eine eher glatte Oberfläche hin.

Da bei größeren Partikeln diejenige Kraft größer ist, die die Partikel in der Schwebe hält, bewirken die auf Partikel entgegengesetzt wirkenden Kräfte einen Klassierungseffekt derart, daß sehr kleine, sich zufällig in Wandnähe befindende Partikel tendenziell sich eher zur Membranwand bewegen (d. h. sich von der sehr kleinen Radialströmung einfangen lassen), während die Masse der größeren Partikel – in der Regel Belebtschlammflocken – der Axialströmung folgend in Schwebe bleibt und zum Modulende befördert wird (Anmerkung: Dieser Klassierungseffekt ist in jeder 2-Phasenströmung (fest/flüssig bzw. fest/gasförmig) zu beobachten).

Schlußfolgerungen für den Partikeltransport

Im direkten Filterbetrieb ist nur die Eintrittsöffnung für das zu filternde Wasser geöffnet. Das Wasser muß sich zur Verteilung im Modul im wesentlichen in Längsrichtung entlang der Hohlfaser bewegen. Dies bedeutet, daß die Geschwindigkeit des Wassers längs der Hohlfasern von dem maximalen Wert an der Eintrittsöffnung bis auf Null am Ende der Hohlfasern absinkt. Die Berechnungen ergeben, daß die maximale Geschwindigkeit v_x zwischen den Hohlfasern an der Eintrittsöffnung ($x = 0$) ca. 60 mm/s beträgt, während die größte radiale Geschwindigkeit an der Oberfläche der Hohlfasern lediglich ca. 0,01 mm/s erreicht. Für das Verständnis des Filtervorganges folgt aus dem Vergleich der Geschwindigkeitskomponenten, daß

- die Radialgeschwindigkeit v_r, mit der sich ein Partikel auf die Membranoberfläche zubewegt, – absolut gesehen – äußerst niedrig ist und überdies

mit größer werdendem Abstand von der Membranoberfläche gegen Null geht, und
- die Axialgeschwindigkeit v_x bereits wenige µm über der Faseroberfläche um Größenordnungen größer als die Radialgeschwindigkeit $v_{r,a}$ ist und dies quasi bis zum Ende des axialen Strömungsweges so bleibt.

Dies bedeutet, daß Schwebestoffe zunächst ans Ende der Fasern verfrachtet werden und dort auf Grund der niedrigen Geschwindigkeiten von wenigen µm/s sehr schonend, d.h. ohne oder mit nur geringer Kompression abgelagert werden. Das Senkrechtstellen der Module mit dem Konzentratauslaßventil unten begünstigt diesen Vorgang. Geringe Kompression bedeutet, daß selbst bei sehr weichem, verformbaren Material wie Bakterienflocken die Deckschicht durchlässig bleibt. Die Verfrachtung der Schmutzstoffe ans Ende der Faserstrecke böte zwei Vorteile. Erstens bleibt die Membranoberfläche über weite Teile der Faserlänge nicht oder nur niedrig bedeckt, d.h. der Flux ist in diesem Bereich nicht beeinträchtigt. Zweitens lagert sich der Schmutz bevorzugt in derjenigen Zone (d.h. in der Nähe des Auslaßventils) ab, die beim Spülen mit Preßluft die größte Turbulenz des Luft/Wassergemisches aufweist.

Auf Grund der niedrigen Durchtrittsgeschwindigkeit des Wassers durch die Membran ist der Filtervorgang auf der Membranoberfläche eher mit einer behutsamen Sedimentation der Partikel auf einer porösen Fläche (d.h. ohne Gegenströmung des verdrängten Wassers) beschreibbar. Wegen der geringen kinetischen Energie senkrecht zur Membranoberfläche wird der Feststoff nicht oder nur wenig komprimiert und kann durch die kombinierte Preßluft/Wasserspülung wieder leicht aus dem Modul ausgetragen werden.

Der einzige Unterschied der berechneten zu den realen Strömungsbildern ist der, daß die Membranfasern zueinander keinen konstanten Abstand aufweisen und daß die Porenverteilung auf der Membranoberfläche inhomogen ist. Der den Partikeltransport bestimmende große Unterschied zwischen Axial- und Radialgeschwindigkeit wird von diesen Inhomogenitäten jedoch nicht beeinflußt.

Solange die Poren der Membranoberfläche durch die hohe Axialgeschwindigkeit (hoch im Vergleich zur Radialgeschwindigkeit) offengehalten werden und somit die transmembrane Druckdifferenz im wesentlichen innerhalb der Membranwand abgebaut wird, bleibt der Druck im Modul konstant. Dies bedeutet, daß sich im abgelagerten Feststoff am Ende der Hohlfasern kein Druckgradient aufbauen kann. Erst wenn alle Poren an der Membranoberfläche mit einer Deckschicht überzogen sind, d.h. das Wasser sich durch die Deckschicht hindurch zur Membranoberfläche bewegen muß, kann sich in der Deckschicht ein Druckgradient aufbauen, der das abgelagerte Material zusammenbackt. Daß es dazu nicht kommt, dafür soll die Preßluft/Wasserspülung sorgen, die abgelagertes Material in regelmäßigen Abständen (ca. 20–30 Minuten bei gereinigtem kommunalen Abwasser) sowohl von den Hohlfasern im freien Strömungsraum – soweit sich dort etwas abgelagert hat – als auch vom Ende der Hohlfasern abhebt und fortspült. Der Aufbau einer

Konzentratzone am Ende der Hohlfasern kann an einem einfachen Rechenmodell illustriert werden. Die Annahmen dazu sollen lauten:

- Da nur sehr geringe Kräfte auf den sich ablagernden Belebtschlamm wirken, habe der Belebtschlamm einen Schlammvolumenindex, d.h. ein spezifisches Volumen, von $I_{SV} = 100$ ml/g. Diese Annahme ist den Verhältnissen bei der Sedimentation von Belebtschlamm nachempfunden. Ohne daß sich an den Schlußfolgerungen wesentliches ändert, können auch andere Werte angenommen werden.
- Die Feststoffbelastung des Abwassers beträgt 10 mg/l.
- Der Volumenstrom beträgt im 10-m^2-Modul ca. 800 l/h.
- Resultierende Feststoffmenge: 8000 mg/h.
- Das Modul steht senkrecht; der Konzentratauslaß ist unten.
- Die Feststoffe bestehen im wesentlichen aus Partikeln $> 10\,\mu$m.

Ein sedimentierter (d.h. nicht komprimierter) Belebtschlamm mit dem obigen Schlammvolumenindex und einer Feststoffmenge von 8000 mg/h füllt pro Stunde ein Volumen von 800 ml. Daraus errechnet sich eine Schichthöhe des in einer Stunde am Konzentratauslaß abgelagerten Materials von 100 mm (freie Querschnittsfläche des Moduls = 8000 mm^2).

Die Strömungsprofile werden in diesem Fall durch die Reduzierung des freien Strömungsraumes um 10 % in einer Stunde nicht wesentlich geändert. Lediglich die Stelle, an der die Axialgeschwindigkeit gegen Null geht, wird vorverlagert. Dies paßt mit Untersuchungen bzw. Beobachtungen überein, bei denen während üblicher Rückspülintervalle von 15 bis 30 Minuten kein signifikanter Abfall des Fluxes gemessen wurde. Würde die Preßluft/Wasserspülung z.B. ausgesetzt, wüchse nach dieser Überlegung der Filter nach oben hin zu, d.h. die von der Strömung freigehaltene Filterfläche und damit der Flux verringerten sich mit der Zeit. Ein entsprechender Versuch ohne Spülung wurde mit gereinigtem kommunalen Abwasser über ca. 6 Stunden gefahren. Der Flux sank in dieser Zeit von ca. 80 l/m^{2}h auf ca. 30 l/m^{2}h. Dies kann man in relativ guter Übereinstimmung mit der Modellrechnung interpretieren als Rückgang der durch die Längsströmung freigehaltenen Membranoberfläche auf ca. 40 % bzw. als Anstieg der Schichthöhe auf ca. 600 mm. Eine Preßluft/Wasserspülung stellte den vorherigen Flux von ca. 80 l/m^{2}h wieder her. Abgesehen davon, daß eine Modellvorstellung, die eine gleichmäßige Deckschichtbildung auf den Hohlfasern annimmt, mit der Strömungskinetik kollidiert, ergäbe eine in 6 Stunden gleichmäßig auf den Hohlfasern abgelagerte Materialmenge eine Schichthöhe über der Membranfläche von ca. 0,24 mm. Diese Schichthöhe wäre bereits größer als der halbe Abstand zwischen den Hohlfasern von ca. 0,20 mm. Laborerfahrungen mit Flächenfiltern gleicher Porengröße weisen aus, daß derartige Filter ohne Rückspülung sehr viel früher verstopft sind.

Es ist anzumerken, daß sich in der Realität keine scharfe Trenngrenze zwischen freiem Strömungsraum und der Zone mit abgelagertem Material ausbilden wird. Andererseits wird die mit abgelagertem Material überdeckte Membranfläche noch einen Flux aufweisen, der in der Modellrechnung vernachlässigt wurde. Nichtsdestoweniger vermag die Modellrechnung eine Vorstellung über den Verlauf der Feststoffablagerung und die

Größenordnungen zu vermitteln. Die Interpretation physikalischer Gesetze und die bisherigen Versuchs- und Praxisergebnisse sprechen eher für eine Modellvorstellung, die den Strömungsraum eines Hohlfasermoduls unterteilt in eine kleinere Konzentratzone am Ende der Filterstrecke und in eine größere Zone mit relativ ungestörtem Flux.

15.3.2.3
Mechanismen der Preßluft-Rückspülung

Membran-Mikrofilter sind theoretisch reine Oberflächenfilter. Partikel, die größer als die jeweiligen Poren sind, werden zurückgehalten. Kleinere Partikel und gelöste Stoffe passieren die Membran; soweit die Theorie. Was Theoretiker und Praktiker gleichermaßen interessiert, ist das Phänomen, daß der Flux einer fabrikneuen Membran, insbesondere der sogenannte Wasserwert (Flux mit reinem Wasser), scheinbar irreversibel auf den Flux der eingearbeiteten Membran von z.B. weniger als einem Zehntel sinkt, und dies trotz vorschriftsmäßiger Rückspülung und Reinigung. Folgende Überlegungen und Beobachtungen versuchen, diesen Vorgang zu erhellen.

Für das Verständnis ist es wichtig festzuhalten, daß der mit ca. 70% angegebene Lückengrad des Materials nicht identisch mit dem Lückengrad an den inneren und äußeren Membranoberflächen ist. Elektronenmikroskopische Aufnahmen deuten auf eine geringere Porenzahl an der Oberfläche hin als es bei einem Lückengrad von 70% entspricht. Eine geringere Porosität an den Oberflächen als im Inneren des schwammartigen Membranmaterials bedeutet strömungstechnisch, daß das Wasser einen höheren Widerstand beim Eintritt in das poröse Material und ebenso beim Austritt zu überwinden hat. Im Inneren selbst ist die Strömungsgeschwindigkeit anfangs bei noch offenen Poren besonders niedrig, da sich die Strömung auf viele offene Poren verteilen kann. Niedrige Strömungsgeschwindigkeiten in Kombination mit Strömungstoträumen in den Poren sind für Ablagerungen prädestiniert. Auch bei sehr kleinen Poren von ca. 0,2 µm gibt es organisches und anorganisches Feinmaterial, das in die Poren eindringen und sich dort festsetzen bzw. verfestigen kann. Wenn der Mikrofiltration noch eine Fällung vorgeschaltet ist, kann erwartet werden, daß Restreaktionen in wenig durchströmten Poren Ablagerungen bilden. Übrig bleibt nach einiger Zeit bei einer solchen Betrachtungsweise ein Kanalsystem mit den größten Gängen und den kürzesten Verbindungen zwischen Eintritts- und Austrittsporen. Theoretisch sollte das Rückspülmedium (hier: Preßluft) während der Rückspülung die im Innern abgelagerten Partikel wieder herausbefördern. Die Rückspülung kann Teilchen jedoch nur dann bewegen, wenn sich vor und hinter den Teilchen eine Druckdifferenz aufbaut bzw. aufbauen kann, die groß genug ist, die festsitzenden Teilchen zu lösen, oder wenn ausreichend große Schleppkraft und Turbulenz gelockertes Material mitzunehmen vermag. Zu beachten ist, daß die volle Druckdifferenz von 6 bar bei Hohlfasermembranen nur zwischen Innen- und Außenseite der Hohlfaser anliegt. Zwischen Kanälen in Querrichtung oder kurzen inneren Verzweigungen kann sich weder theoretisch noch praktisch ein hohes Δp ausbilden, so daß eingedrungenes Material dort irreversibel festsitzt. Wenn sich in diesem Stadium in den übriggebliebenen Durchgangskanälen Teilchen verklemmen, dann können diese, da sich der Druck über seitliche Verzweigungen nicht mehr abbauen kann, mit der vollen Druckdifferenz von 6 bar wieder freigesprengt werden. Dies kann dann als Zustand einer eingearbeiteten Membran interpretiert werden.

Aus den theoretischen Betrachtungen folgt, daß bezüglich der Rückspülbarkeit diejenigen (symmetrischen) Membranen optimal sind, die an den inneren und äußeren Oberflächen eine ebenso hohe Porösität wie im Innern des Membranmaterials besitzen. Dann nämlich können sich keine oder nur wenige innere Zonen mit schwacher Durchströmung ausbilden, theoretisch zumindestens nicht. Ob dies herstellungstechnisch möglich ist, bleibt zu untersuchen.

Von Membranherstellern wird (abwehrend) darauf hingewiesen, daß der Prozeß der Stoffabscheidung ausschließlich auf der Membranoberfläche bzw. in der Deckschicht auf der Membranoberfläche stattfindet. Im Inneren der Membran sei kein Fremdmaterial zu finden; der Druckverlust werde im wesentlichen durch die Deckschicht verursacht. Diese Aussage mag richtig sein, wenn Fällungsreaktionen ausgeschlossen werden können, und wenn die kleinsten Partikel immer größer als die größten Porenöffnungen sind. Zu erklären ist dadurch nicht, daß in den meisten realen Anwendungen der Flux trotz Rückspülung nicht wieder auf den Anfangsflux einer neuen Membrane zurückgeht.

Unabhängig von möglichen Ablagerungen in der Membrane wird sich der Filtration von Abwasser, das noch biologisch abbaubare organische Stoffe enthält, ein biologischer Rasen auf der Membranoberfläche ausbilden. Aus Wirbelschichtreaktoren ist bekannt, daß sich in einer Art Selektionsprozeß sessile Bakterien selbst auf relativ glattem Sand ansiedeln. Da die poröse Membranoberfläche einerseits genügend Ankerpunkte für einen Aufwuchs bietet und andererseits der Energieeintrag der Rückspülung nicht ausreichen dürfte, um alle sessilen Bakterien abzureißen, ist damit zu rechnen, daß auf der Membranoberfläche ständig ein Bakterienfilm vorhanden ist, der ebenfalls eine Fluxminderung bewirkt. Wenn auch der Energieeintrag der Rückspülung nicht ausreichen dürfte, alle sessilen Bakterien zu entfernen, so vermag er jedoch die Dicke des Bewuchses auf tolerablem Niveau zu halten. Bezüglich des Filterbetriebes bzw. des Reinigungsergebnisses kann ein derartiger biologischer Rasen wie ein Filterhilfsmaterial wirken mit allen Vorteilen beim Rückhalt kleiner Partikel, jedoch auch mit dem Nachteil einer zusätzlichen Fluxminderung.

Es wurde bereits darauf hingewiesen, daß das Ziel der Abwasserfiltration der Rückhalt pathogener Keime ist, nicht jedoch die Herstellung eines sterilen bzw. keimfreien Wassers. Wenn Betriebsweise und Konstruktion den Zutritt von Keimen der Umgebungsluft auf der sogenannten reinen Seite zulassen, ist zu erwarten und wird auch durch Messung der Koloniezahl belegt, daß Bakterien auch auf der Innenseite der Membrane aufwachsen. Mechanisch können diese Keime bei Hohlfasern nicht entfernt werden. Der Aufwuchs wird lediglich durch die Spülwirkung des Filtrats (letztlich durch den transmembranen Differenzdruck) und zusätzlich durch die chemische Reinigung in Grenzen gehalten. Eine symmetrische Membran wie die hier beschriebene hat eventuell den Vorteil, daß bei der Preßluft-Rückspülung die Innenseite der Membranwand ebenfalls als Oberflächenfilter wirkt. Zu beachten ist bei dieser Anordnung, daß die Druckdifferenz, mit der Bakterien oder andere kleinste Partikel während des Rückspülens von der Membraninnenseite in die Membranwand gedrückt werden könnten, wesentlich größer ist als die entgegengerichtete transmembrane Druckdifferenz des Filterbetriebes, die sich wieder herauszubefördern hätte. Auch wenn bei der Abwasserreinigung ein steriler Betrieb der reinen Seite von der Zielsetzung her nicht notwendig ist, könnten diese Überlegungen es nahelegen, den Zutritt von Umgebungsbakterien zur reinen Seite konstruktiv durch Vorschaltung eines Sterilfilters bei der Ansaugung der Preßluft zu verhindern.

15.3.2.4
Chemische Reinigung

Damit sich in das Innere einer Membran eingedrungene Bakterien oder hineingewachsenes Pilzmyzel nicht weiter ausbreiten, wird von Zeit zu Zeit chemisch gereinigt. Die Reinigungsflüssigkeit hat die Aufgabe, lebendes Material abzutöten und organisches und anorganisches Material, soweit chemisch möglich, aufzulösen oder wenigstens zu lösen. Die Module bzw. die Modulblöcke werden dazu außer Betrieb genommen und mit einer Reinigungsflüssigkeit, in der Regel verdünnte Natronlauge, eventuell zusammen mit Tensiden, über mehrere Stunden gefüllt. Ein vollständiges Auflösen eingedrungener oder ausgefällter Stoffe nur durch Natronlauge ist nicht zu erwarten, da nicht alle Stoffe durch Natronlauge aufgelöst werden können. Deshalb wird empfohlen, im Wechsel alkalisch und sauer zu reinigen. Tenside, sofern sie überhaupt notwendig sind, sollten biologisch abbaubar sein. Aus dem vorherigen Abschnitt über die Mechanismen der Preßluft-Rückspülung im Membraninnern wird deutlich, wie wichtig das völlige Auflösen des in der Membran abgelagerten Materials ist. Für die nicht oder nicht völlig aufgelösten Partikel gelten dann wieder die oben beschriebenen Ausschleusungsprobleme.

15.4
Anlagenaufbau und Funktionsbeschreibung
der Mikrofiltration am Beispiel
eines getesteten Filtrationsverfahrens

Getestet wurde ein Mikrofiltrationsverfahren, das eine poröse Hohlfaser als Membrane einsetzt und ähnlich der klassischen Sandfiltration direkt filtert (keine Querstromfiltration). Sowohl die Versuchsanlage im Institut für Wasser-, Boden- und Lufthygiene, Berlin, als auch die bereits gebauten technischen

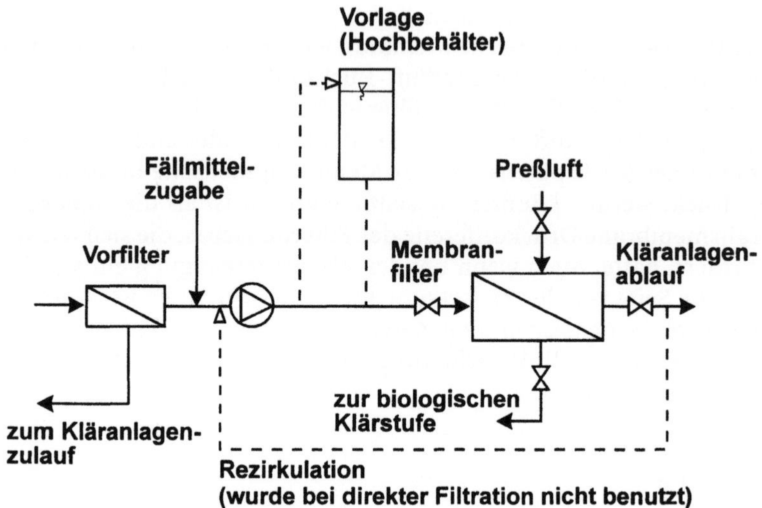

Abb. 15.10. Vereinfachtes Fließschema der direkten Mikrofiltration

Anlagen bestehen aus nur wenigen, technisch relativ anspruchslosen Bauelementen:

- Vorfilter,
- Fällmittelzugabe,
- Vorlagebehälter,
- Kreiselpumpe,
- Filtermodul(e),
- steuerbare Ventile,
- Preßlufterzeugung (ölfrei),
- elektronische Steuerung,
- Chemikalienbehälter.

Im Unterschied zu den technischen Anlagen wurde in die Versuchsanlage eine
Phosphatfällung integriert. Die Funktionsbeschreibung folgt dem Wasserpfad
durch die Anlage (s. Abb. 15.10).

Vorreinigung

Jede Mikrofiltrationsanlage muß mit einem Vorfilter ausgerüstet sein. Der
Vorfilter hat die Aufgabe, das Filtermodul vor der Blockade durch im Kläranlagenablauf noch vorhandene gröbere Stoffe wie Zigarettenfilter, Watte-
stäbchen oder Plastikteilchen und dem Verstopfen z.B. bei massivem
Schlammabtrieb zu schützen. Die Spalt- oder Lochweite des Vorfilters ist auf
den Membranfilteryp abzustimmen. Für technische Anlagen empfehlen sich
einfache, automatisch rückspülbare Filter. Der Filterrückstand ist je nach
Beschaffenheit separat weiterzubehandeln oder an geeigneter Stelle in den
Klärprozeß zurückzuführen.

Fällungsmittelzugabe

Bei der Zugabe der Fällungschemikalien ist wie üblich auf eine gute Einmischung in den Abwasserstrom und eine ausreichende Reaktionsstrecke bzw. Reaktionszeit zu achten. Bei den bisherigen Versuchen wurde mit Eisen(III)-chlorid gearbeitet. Auf die Zugabe von Flocken bildenden Flockungshilfsmitteln (Polyelektrolyten) wurde verzichtet, einerseits weil befürchtet wurde, daß sie die Membranen verkleben könnten, andererseits weil untersucht werden sollte, wie hoch das Rückhaltevermögen für kleinste, nicht oder nur geringe agglomerierte Phosphatflocken ist. Da eine Nachfällung im filtrierten Wasser nicht beobachtet wurde, ist anzunehmen, daß alles gefällte Phosphat im Membranfilter zurückgehalten wurde.

Beschickung

Abgesehen von Kleinanlagen mit nur wenigen Modulblöcken erscheint die Einspeisung des Abwassers über einen zwischengeschalteten Hochbehälter zweckmäßig bzw. vorteilhaft, von dem aus das Abwasser allein durch die Schwerkraft durch die Membranfilter gedrückt wird. Dies wurde in der australischen Anlage auch so realisiert. Die Zahl der Zulaufpumpen kann dadurch auf je eine Förderpumpe und Reservepumpe verringert werden. Der Zulauf zu den Filtern vergleichmäßigt sich. Bei Änderungen des Abwasserflusses im Tagesgang und bei erhöhtem Zustrom infolge Regens bewirkt der unterschiedliche Füllstand im Hochbehälter innerhalb der zulässigen Schwankungsbreite eine automatische Regelung des Fluxes der Membranen. Bei hohem Zustrom steigt der Füllstand bzw. der statische Druck auf die Membranen, was einen höheren transmembranen Differenzdruck bzw. einen höheren Flux zur Folge hat. Wenn Fällungschemikalien vor der Zulaufpumpe zudosiert werden, kann der Hochbehälter zusätzlich als Reaktionsraum für die Flockenbildung fungieren. Bei vorübergehend sehr niedrigem Abwasserzustrom, wenn das Abschalten von Modulblöcken nicht lohnt, kann Filtrat zur Aufrechterhaltung des Filterbetriebes in den Hochbehälter zurückgepumpt werden.

In der Versuchsanlage wurde das vorgefilterte Abwasser über einen Vorlagebehälter mittels Kreiselpumpe durch das Filtermodul gedrückt (Δp 0,5 bis 1 bar).

Membranfilter

Das eigentliche Trennelement sind zu Modulen und Modulblöcken zusammengefaßte, parallel angeströmte poröse Hohlfasern aus Kunststoff (Polypropylen). Die wichtigsten technischen Daten sind bereits vorher genannt worden. Abbildung 15.11 zeigt das Prinzipschema eines Moduls im Betriebszustand der direkten Filtration, d.h. mit geschlossenem Konzentratauslaß.

Preßluft/Wasserspülung

Bei der direkten Filtration baut sich auf der Membranoberfläche relativ schnell eine den Durchfluß vermindernde Deckschicht auf. Die Aufgabe der Preß-

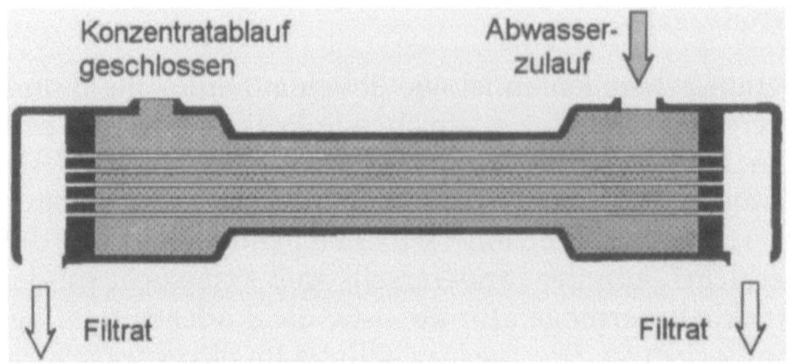

Abb. 15.11. Prinzipschema eines Hohlfasermoduls im direkten Filterbetrieb

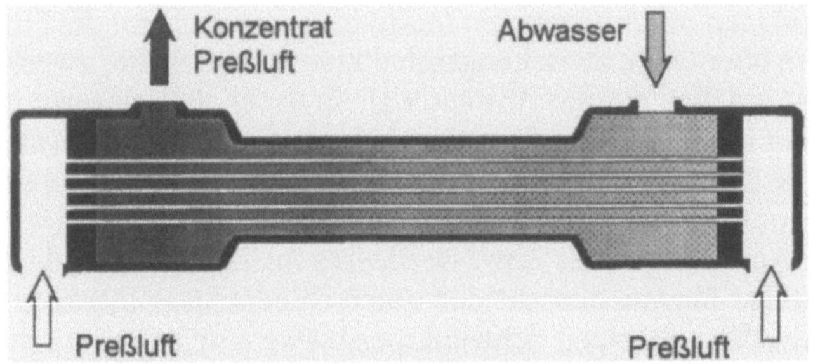

Abb. 15.12. Prinzipschema eines Hohlfasermoduls während der Rückspülung

luft/Wasserspülung ist es, die auf der Membranoberfläche abgelagerten Feststoffe abzulösen, aus dem Modul als Konzentrat auszuschleusen und den im
Laufe des Filterns abgefallenen Flux wieder anzuheben. Im Gegensatz zu Quer-
stromfiltern wird nicht mit Filtrat rückgespült, sondern mit Preßluft frei-
geblasen (s. Abb. 15.12). Dabei laufen elektronisch gesteuert folgende Takte ab:

1. Absperren aller wasserführenden Ventile,
2. Öffnen des Preßluftventils, so daß das gesamte Modul unter einem Überdruck von 6 bar steht,
3. Gleichzeitiges und schlagartiges Öffnen des Wassereinlaß- und Konzentratauslaßventils,
4. Austrag des unter hoher Turbulenz von der Membranoberfläche abgelösten
   und aufgewirbelten Feststoffes aus dem Modul,
5. Absperren der Preßluft,
6. Schließen des Konzentratauslaßventils und Wiederbenetzen der Membran,
7. Öffnen des Filtratauslaßventils,
8. Filtrieren.

Die Takte 1 bis 5 werden bei einem Spülzyklus mehrfach durchlaufen. Der
gesamte Spülvorgang dauert ca. zwei Minuten. Bei geöffnetem Konzen-

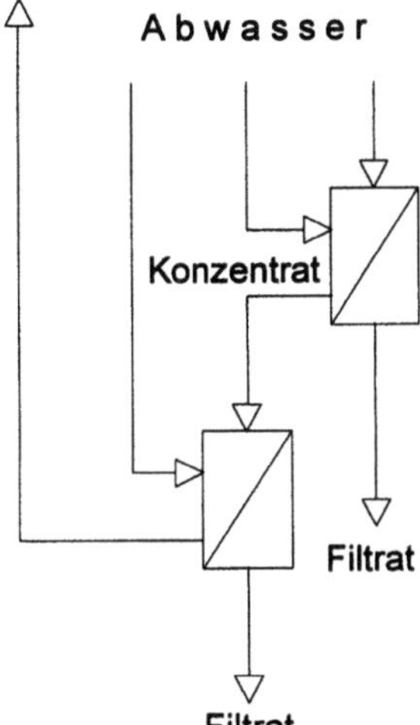

Abb. 15.13. Schaltung zur Aufkonzentrierung von Rückspülkonzentrat

tratauslaß (Takt 4) baut sich der Vordruck der Zulaufpumpe im Modul selbst ab. Dadurch wird ein hoher Volumenstrom durch das Modul geschickt, der zusammen mit der ebenfalls austretenden Preßluft eine hohe Turbulenz erzeugt.

Für die Rückspülung wird kein Filtrat bzw. Reinwasser benötigt. Der auf den Membranen abgelagerte Schmutz wird mit Abwasser aus dem Modul gespült. Im Normalfall besteht das abgelagerte Material aus Belebtschlamm und gefällten Phosphorverbindungen und kann deshalb problemlos in das Belebungsbecken zurückgeführt werden. Um die hydraulische Rückbelastung der Kläranlage so gering wie möglich zu halten, kann das Retentat je nach gewünschtem Aufkonzentrierungsgrad mehrfach mikrofiltriert werden (s. Abb. 15.13), entweder mit separaten Modulen oder mit entsprechenden Ventilschaltungen.

Nachrüstbarkeit von Kläranlagen

Im Prinzip kann jede Kläranlage mit einer Mikrofiltration nachgerüstet werden. Der ohnehin notwendige Vorfilter muß auf die Größe und Art der nach der Nachklärung noch vorhandenen Feststoffe abgestimmt werden. Die Menge der Feststoffe muß zwar bei der Auslegung der Mikrofiltration berücksichtigt werden, die Betriebsergebnisse der bestehenden Anlagen weisen jedoch aus, daß große Feststoffschwankungen ohne Beeinträchtigung der Ablaufqualität verkraftet werden können. Wichtigste Auslegungsgröße ist der Flux. In den bisherigen Versuchen in Berlin zeichnen sich Fluxdaten ab, die für biologisch gereinigtes Berliner Abwasser und die untersuchte Hohlfasermembran bei $80-90\,l/m^2h$, bezogen auf eine transmembrane Druckdifferenz von 0,5 bis 1 bar, liegen (Anmerkung: Bezugsfläche ist die Innenfläche der Hohlfasern. Die

Außenfläche ist etwa doppelt so groß!). Mehrmonatige Tests sind zu empfehlen, um den Einfluß jahreszeitlicher Änderungen der Abwasserbeschaffenheit und -temperatur auf den Flux zu erkennen.

Übertragbarkeit von Untersuchungsergebnissen auf Betriebsanlagen

Bei der Übertragbarkeit ist streng zu unterscheiden zwischen Anlagenteilen, die modularen Charakter besitzen, und deren Charakteristik sich auch bei großen Anlagen nicht ändert, und Anlagenteilen mit nicht-modularem Charakter. Da Mikrofiltrationsanlagen aus technisch einfachen Bauelementen bestehen, brauchen sich Voruntersuchungen zur Dimensionierung und wissenschaftliche Untersuchungen nur auf das Filtrationskonzept (direkte Filtration/Querstromfiltration/Reinigungsstrategie) und das Abscheideverhalten des Filtermoduls für das zu reinigende Abwasser zu konzentrieren. Untersuchungsanlagen sollten deshalb alle Schaltungen wie die späteren Betriebsanlagen enthalten. Desgleichen sollte das Filtermodul ein Original-Betriebsmodul sein. Wenn dies gewährleistet ist, ist wegen des modularen Aufbaus von Membranfilteranlagen die Übertragbarkeit der *Abscheideleistungen* der Membranen für *beliebig große* Betriebsanlagen sichergestellt. Vereinfacht dargestellt: Salmonellen, die wegen ihrer Größe durch die Poren einer einzelnen Hohlfasermembrane nicht hindurch passen, werden dies auch dann nicht tun, wenn das Abwasser einer Großkläranlage mit Millionen identischen Hohlfasern gefiltert wird. Da sich die Poren auch nicht durch Verschleiß aufweiten können (eher verstopfen), bleibt das Abscheidemuster auch zeitlich beständig. Nicht so sicher ist das Langzeitverhalten bezüglich des Fluxes zu beurteilen, da noch zu wenig Erfahrungen vorliegen, welche Abwasserbestandteile die Durchlässigkeit einer Membrane beeinflussen. Hier wird man auf Erfahrungen (so sie vorhanden sind) zurückgreifen müssen, inwieweit das Rückspül- und Reinigungskonzept der Filteranlagen den gemessenen Flux für die vorgesehene Betriebszeit der Membranen sicherstellt (Garantien verlangen!), oder eigene Erfahrungen sammeln müssen.

Betriebsmittelverbräuche für Energie und Chemikalien lassen sich nur bedingt auf größere Anlagen übertragen. Zum Teil könne sie, da Energie nur für Pumpen und Kompressorluft benötigt wird, für diese Aggregate mit ausreichender Sicherheit theoretisch berechnet werden.

15.5
Untersuchungsergebnisse

Die im September 1990 in Betrieb genommene australische Anlage wurde von September 1991 bis Januar 1992 in einem fünfmonatigen Meßprogramm untersucht. Ein ausführlicher Untersuchungsbericht enthält Auslegungsdaten, Leistungsdaten, Betriebserfahrungen und Kosten [6]. Weitere Untersuchungsergebnisse eines einjährigen Testbetriebes einer Versuchsanlage im Institut für Wasser-, Boden- und Lufthygiene, Berlin, sind im Bericht [13] dargestellt. Von diesem Test werden hier nur einige wesentliche und typische Ergebnisse gezeigt. Die Versuche mit der Hohlfasermembrananlage (1 m² Modul) verfolgten folgende Ziele:

- technische Beurteilung bezüglich Störanfälligkeit und Konstanz der Abscheideleistung,
- Überprüfung der aus dem Untersuchungsbericht und der wissenschaftlichen Literatur bekannten Abscheideleistungen bezüglich Bakterien (Indikatorkeime) und Viren (Phagen),
- Erweiterung des bisher bekannten Anwendungsbereiches (Entfernung von Krankheitserregern) um die Phosphorelimination,
- Vergleich mit einer parallel betriebenen „konventionellen" Versuchsanlage, bestehend aus Fällung/Flockung, Sedimentation, Sandfiltration, UV-Behandlung.

Der Untersuchungszeitraum umfaßte ein Jahr (Febr. 1992 bis Febr. 1993). Nach einer anfänglichen Beobachtungsphase von einigen Wochen wurde die Versuchsanlage einschließlich Fällung ohne Unterbrechung (d.h. Tag-Nacht-Betrieb) betrieben. Die Versuchsergebnisse wurden mit einem Filtermodul unbekannter Vorgeschichte erzielt. Die Anlage lief – abgesehen von einigen kurzzeitigen peripheren Störungen – ohne ständige personelle Kontrolle störungsfrei durch. Störungen wurden von seiten der Abwasserbeschaffenheit befürchtet (z. B. durch Fettpartikel), traten jedoch nicht auf. Die Abb. 15.14 und 15.16 zeigen typische Ergebnisse des etwa 9monatigen Meßzeitraumes bis Febr. 1993.

Sowohl die Ergebnisse der Daueruntersuchung (Abb. 15.14) als auch spätere Aufstockungsversuche (Abb. 15.15) zeigen am Beispiel von *E. coli*, daß Bakterien *unabhängig* von der Zulaufkonzentration und der Keimart allein auf Grund des Größenunterschiedes zwischen Bakterien und Membranporen *vollständig* zurückgehalten werden. Gelegentlich beobachtete wenige Indikatorkeime im Filtrat können, falls sie nicht auf Kontaminationen während der Probennahme beruhen, dem Vorhandensein einiger großer Poren zugeordnet werden, durch die theoretisch gelegentlich einige wenige Keime dringen könnten. Man beachte dabei das Trefferverhältnis von $10^7 : 1$. Unter dem Aspekt der Verhinderung der Infektionsauslösung, also dem eigentlichen Verfahrensziel, sind sie bedeutungslos. Für Bakterien kann prinzipiell keine Eliminationsrate angegeben werden, da die Membranen als absolute Sperre wirken. Dasselbe gilt für native Viren, die im Originalabwasser Zeit und Gelegenheit hatten, sich an Feststoffe zu adsorbieren (Abb. 15.16). Wie wichtig die Feststoffmatrix für den Rückhalteerfolg ist, zeigen spätere Untersuchungen mit feststofffreiem Trinkwasser und zudotierten Viren, bei denen die Abscheiderate auf vergleichsweise bescheidene Eliminationsraten von ca. 50% sank.

Die Erwartungen an eine deutlich bessere Abscheiderate gefällter Phosphorverbindungen wurde im wesentlichen bestätigt. Da die Versuche mehr der Orientierung und dem Vergleich zwischen verschiedenen Feststoff-

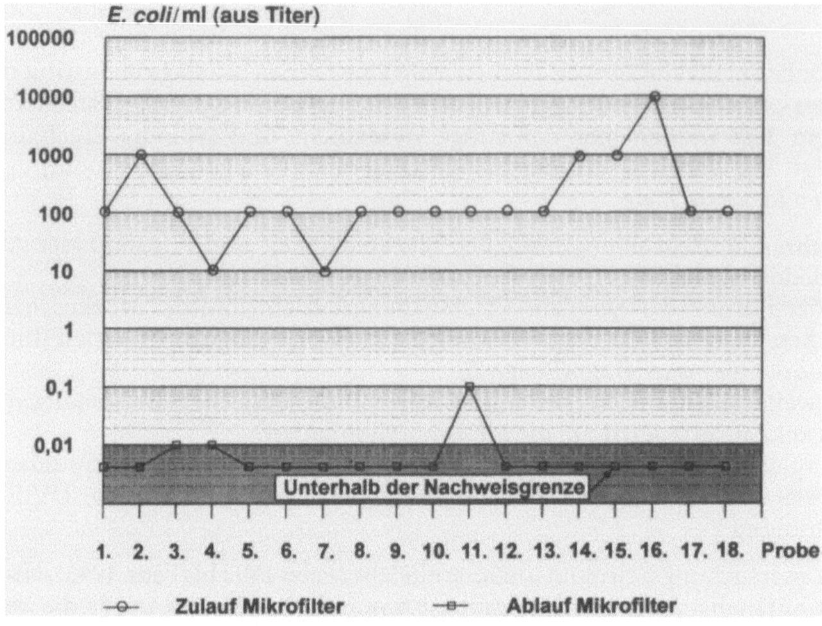

Abb. 15.14. Abscheidung von *E. coli* (Dauerversuch)

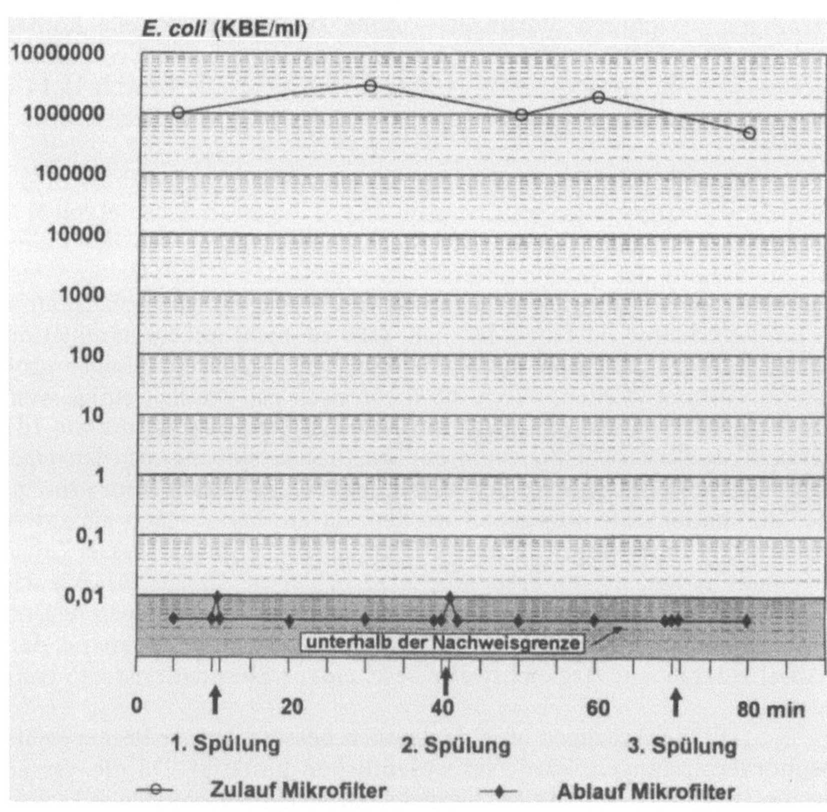

Abb. 15.15. Abscheidung von *E. coli* (Aufstockungsversuch)

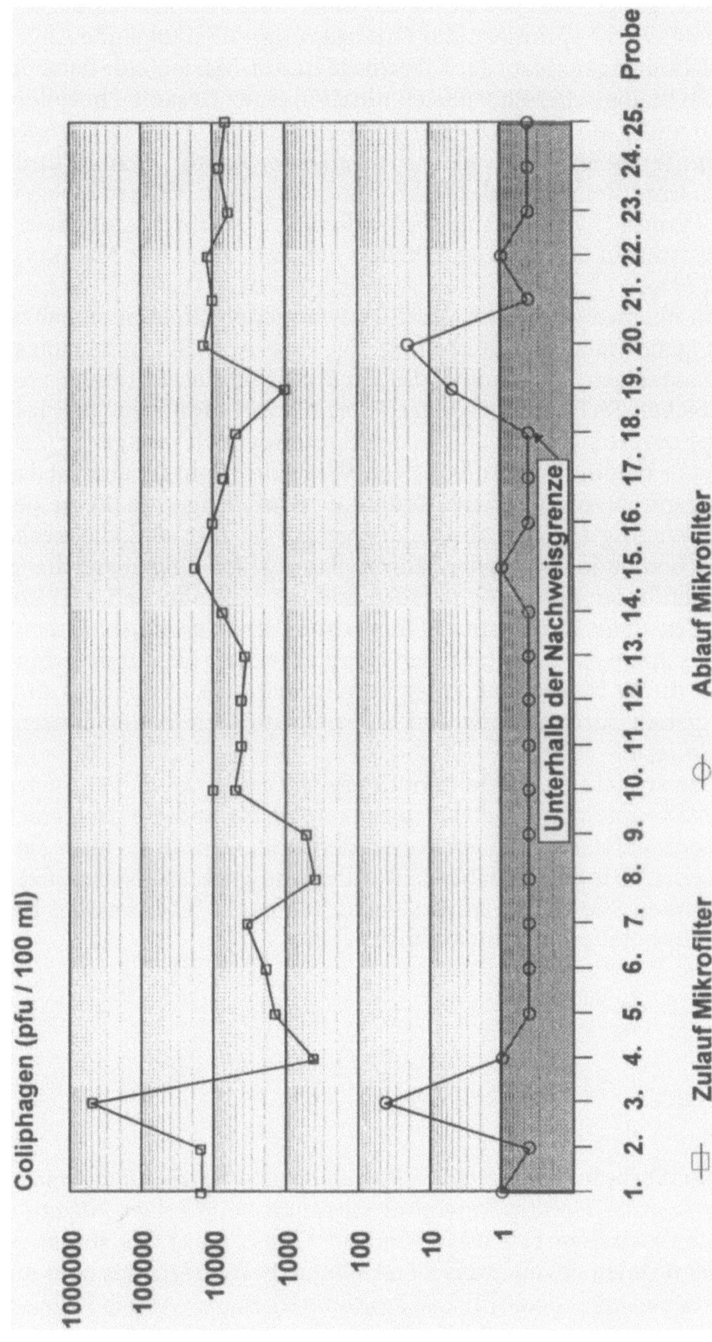

Abb. 15.16. Abscheidung von Coliphagen

rückhaltemethoden galten, sind sie bezüglich des Fällmitteleinsatzes bei der Mikrofiltration noch nicht optimiert. Zur Orientierung sollen folgende Angaben dienen. Der Kläranlagenablauf der Kläranlage Berlin-Marienfelde hatte im Meßzeitraum nach biologischer Phosphatelimination einen Gesamt-Phosphorgehalt von ca. 0,6 mg/l (Monatsmittel zwischen 0,53 und 0,73 mg/l P). Dieser Ablauf wurde zum Teil über ein Ausgleichsbecken, zum Teil direkt zur Mikrofiltration geführt. Unmittelbar vor der Mikrofiltration wurde $FeCl_3$ in Mengen zwischen 4,8 bis 24 mg/l (1,7 bis 8,2 mg/l Fe) zudosiert. Der Durchschnittswert der PO_4-P-Konzentration lag bei 6 µg/l, *häufig bei oder unter der Nachweisgrenze von 1 µg/l PO_4-P.*

Die an einem technischen Modul gewonnenen Ergebnisse haben bereits insofern grundsätzliche Bedeutung für eine Anti-Eutrophierungsstrategie, als sie aufzeigen, daß es grundsätzlich möglich ist, mit einer vergleichsweise einfachen Technik partikuläre Phosphorverbindungen (Biomasse; gefällte Phosphorverbindungen) bis in den Spurenbereich weniger µg/l zu entfernen. Wegen des modularen Aufbaus von Mikrofiltrationsanlagen ist das Ergebnis unabhängig davon, wieviele Module in Großanlagen in Reihe geschaltet werden. Wichtig für das Abscheideergebnis ist nur, daß die Reaktionsstrecke zwischen Zudosierung der Fällmittel und Mikrofilter ausreichend lang ist, um allen fällbaren Phosphor zu fällen und um Mikroflocken $> 0,2$ µm zu erzeugen. Unter dem Gesichtspunkt eines möglichst geringen Chemikalieneinsatzes erscheint es vorteilhaft, den Hauptanteil der Phosphorverbindungen zunächst durch biologische Phosphorelimination zu entfernen und danach den Restgehalt durch Fällung und Mikrofiltration bis in den Spurenbereich zu vermindern.

Es ist zwar nicht das Verfahrensziel der Mikrofiltration, Parameter wie CSB, BSB_5, AOX und Schwermetalle zu senken. Insoweit diese nach einer Sedimentation noch partikelgebunden vorhanden sind, werden sie auch entsprechend reduziert. Die zusätzliche CSB-Minderung ist als Nebeneffekt natürlich willkommen. Sie betrug in den Versuchen ca. 20 %, kann aber bei mangelhafter Sedimentation bedeutend höher sein.

15.6
Kosten

Die nachfolgenden Verbrauchsziffern und Kosten beziehen sich auf die untersuchte Technologie einer Hohlfasermembranfiltration bei *direkter Filtration* für Anlagengrößen zwischen 12000 bis 50000 m³/Tag (2 Q_{TW}). Sie stammen aus veröffentlichten Daten des australischen Untersuchungsberichtes über die dort betriebene technische Anlage [6] und aus Unterlagen bzw. Angebotsdaten des Herstellers. Da sich beide Quellen nicht signifikant unterscheiden, werden die letzteren als *geschätzte Daten* wiedergegeben. Von der Übertragung der hier genannten Kosten auf andere Verfahren, Betriebsweisen mit deutlich unterschiedlichen Energie- und Chemikalienverbräuchen etc. wird abgeraten.

Tabelle 15.3. Betriebskosten der Mikrofiltration von mechanisch-biologisch gereinigtem kommunalen Abwasser

Energiebedarf für Preßluftrückspülung	$0{,}1$ kWh/m^3
Energiebedarf für Pumpen	$0{,}066$ kWh/m^3
Gesamtenergiebedarf incl. Nebenaggregate	$0{,}17$ kWh/m^3
Energiekosten (DM 0,26/kWh)	$0{,}045$ DM/m^3
Kosten für Membranersatz	$0{,}084$ DM/m^3
(Standzeit: ca. 3,5 Jahre)	
Chemikalienkosten	$0{,}035$ DM/m^3
Wartung	$0{,}029$ DM/m^3
Anlagenüberwachung	$0{,}005$ DM/m^3
Gesamte Betriebskosten:	$0{,}20$ DM/m^3

Die Kosten sind auch nicht zu vergleichen mit denjenigen von Querstrom-Mikrofiltrationsanlagen, die als Kleinanlagen in der industriellen Produktion und Abwasservorbehandlung Anwendung finden.

Betriebskosten

Die Angaben in Tabelle 15.3 beziehen sich auf die Filtration von mechanisch-biologisch gereinigtem kommunalen Abwasser bei einer Anlagengröße von max. 48000 m^3/Tag (Regenwetterfluß) bzw. 19200 m^3/Tag (Trockenwetterfluß).

Kapitalkosten

Die Kapitalkosten von ca. 0,30 DM/m^3 umfassen nach Firmenangaben alle zum Betrieb, zur Steuerung und Überwachung notwendigen Anlagenkomponenten, ausgenommen alle ortsabhängigen Kosten wie Transport, Einhausung, Montage, Energie- und Wasser/Abwasserzufuhr. Die Kosten wurden geschätzt für eine zehnjährige Abschreibungszeit bei 6 % Verzinsung.

Die obige Kostenschätzung soll und kann nur eine Orientierungshilfe sein. Sie soll vor allem zeigen, daß zwei wichtige Gewässerschutzziele in einem Schritt zu tragbaren Kosten *endgültig* erreichbar sind.

Abkürzungen

A	Auftriebskraft
AOX	Adsorbierbare organische Halogenverbindung
BSB$_5$	Biochemischer Sauerstoffbedarf in fünf Tagen
CSB	Chemischer Sauerstoffbedarf
d_k	Kugeldurchmesser
F	Querschnittsfläche der Kugel
I_{SV}	Schlammvolumenindex
KBE	koloniebildende Einheit
L	Länge der Hohlfaser

p   Druck auf der der Strömung zugewandten Seite der Kugel
p_w Druck an der der Wandung (Membranoberfläche) zugewandten Seite der Kugel
Q_{TW} Abwassermengenstrom in 24 Stunden bei Trockenwetter
r   Radius
R   Radius der Ringfläche des rechnerisch pro Faser zur Verfügung stehenden Strömungsquerschnittes (R = 0,6 mm für das 10-m²-Modul)
Re   Reynoldszahl
v   Fließgeschwindigkeit
W   Widerstandskraft, die der Strömung entgegengesetzt ist
ψ Widerstandszahl
ϱ Dichte
ν kinematische Zähigkeit
η dynamische Zähigkeit.

Indizes

a   außen
k   Kugel
i   innen
m   in der Mitte der Faserwand, bezogen auf eine durchschnittliche Wanddicke
r   radial
0   am Ort x = 0
x   am Ort x.

Literatur

1. Richtlinie des Rates der europäischen Gemeinschaften über die Qualität der Badegewässer (76/160/EWG), Amtsblatt der europäischen Gemeinschaften Nr L 31/1–7 (1976)
2. Hinweise für den Einsatz von UV-Anlagen zur Desinfektion von Trinkwasser und von Brauchwasser für Lebensmittelbetriebe. Bayerisches Landesamt für Wasserwirtschaft, Merkblatt Nr I 7–3 vom 29.11.1983
3. Bekanntmachung der Neufassung der Trinkwasserverordnung. Bundesgesetzblatt (1990) Teil I, Nr 66: 2612–2630
4. Abwasserdesinfektion nach biologischer Reinigung. Arbeitsbericht der Abwassertechnischen Vereinigung (ATV) (1987) Korrespondenz Abwasser 12:1329–1337
5. Untersuchungen zur Keimreduktion im gereinigten Abwasser durch UV-Bestrahlung. (1991) Informationsberichte des Bayerischen Landesamtes für Wasserwirtschaft, 3:151
6. Demonstration of Memtec microfiltration for disinfection of secondary treated sewage. (1992) Water Board, Memtec Limited, Dept of Industry, Technology and Commerce, Blackheath, NSW Australia, 240 pp
7. Asano T, Skaji RH (1990) Virus risk analysis in wastewater reclamation and reuse. In: Hahn HH, Klute R (ed) Chemical Water and Wastewater Treatment. S 483–496, Springer, Berlin Heidelberg New York
8. Chang JCH, Ossoff SF, Lobe DC, Dorfman MH, Dumais CM, Qualls RG, Johnson JD (1985) UV inactivation of pathogenic and indicator microorganisms. Appl Environ Microbiol 49:1361–1365

9. Chrtek S, Popp W (1991) UV Disinfection of secondary effluents from sewage treatment plants. Water Science Technol 24:343–346
10. Dizer H, Bartocha W, Bartel H, Seidel K, Lopez-Pila JM, Grohmann A (1993) Use of UV radiation to inactivate bacteria and coliphages in pretreated waste water. Water Res 27:397–403
11. Dizer H, Bartocha W, Bartel H, Seidel K, Lopez-Pila JM, Grohmann A (1993) Inaktivierung von Bakterien und Coliphagen in stark abwasserbelastetem und durch Flockungsfiltration aufbereitetem Oberflächenwasser mittels UV-Bestrahlung. Zentralblatt für Hygiene und Umweltmedizin
12. Dizer H, Lopez-Pila JM (1992) Virologische Untersuchungen in Vorflutern, Uferfiltrat und aufbereitetem Trinkwasser in Berlin, Gutachten, 16 S, Institut für Wasser-, Boden- und Lufthygiene des Bundesgesundheitsamtes
13. Dizer H, Althoff W, Bartocha W, Bohn H, Dorau W, Grohmann A, Kopplin C, Lopez-Pila JM, Seidel K (1993) Inaktivierung von Bakterien und Viren in Klärwerksabläufen durch Flockungsfiltration, UF-Bestrahlung und Mikrofiltration in verschiedenen Pilotanlagen, Gutachten, 54 S, Institut für Wasser-, Boden- und Lufthygiene des Bundesgesundheitsamtes
14. Dorau W (1996) Mikrofiltration als Schlußreinigung in der Abwasserreinigung, Notwendigkeit, verfahrenstechnische Einbindung, Kosten. Gewässerschutz-Wasser-Abwasser Bd 152:51/1–28
15. Dorau W (1996) Mikrofiltration als Schlußreinigung bei der Abwasserbehandlung. Wasser und Boden 1/1996:23, 24, 35–38
16. Gelzhäuser P (1989) Keimreduktion in Abwasser durch UV-Bestrahlung. Korrespondenz Abwasser 36:134–159
17. Gerba CP, Rose JB (1993) Estimating viral disease risk from drinking water. Water Sci and Technol 27:134–159
18. Haas C (1983) Estimation of risk due to low doses of microorganisms: a compartion of alternative methodologies. Am J of Epidemiol 118:573–582
19. Havelaar AH (1986) F-specific RNA bacteriophages as model viruses in water treatment processes. Proefschrift, in het Rijksinstituut voor Volksgesundheid en Milieuhygiene, Bilthoven, Holland
20. Havelaar AH, Niewstad Th J, Muelemans CCE, van Olphen M (1991) F-specific RNA bacteriophages as model viruses in UV disinfection of wastewater. Water Science Technol 24:347–352
21. Jacangelo HG, Laine J-M, Carns KE, Cummings EW, Mallevialle J (1991) Low-Pressure Membrane Filtration for Removing Giardia and Microbial Indicators. Journal AWWA:597–106
22. Kautek L, Chorus I, Deuckert I (1993) Erkrankungen nach dem Baden in Berlin und Umland 1991/1992, Bundesgesundheitsblatt 10/93:405–409 (weitere Literatur in diesem Heft: S 397–418)
23. Klein G (1989) Anwendbarkeit des OECD-Vollenweider-Modells auf den Oligotrophierungsprozeß an eutrophen Gewässern. Vom Wasser 73:365–373
24. Klein G, Chorus I (1991) Nutrient Balances and phytoplankton dynamics in Schlachtensee during oligotrophication. Verh Internat Verein. Limnol 24:873–879
25. Kolega M, Grohmann GS, Chiew RF, Day AW (1991) Disinfection and clarification of treated sewage by advanced microfiltration. Water Sci, Technol 23:1609–1618
26. Langlais B, Triballeau DS, Faivre M, Bourbigot MM (1992) Microfiltration used as a means of disinfection downstream a bacterial treatment stage on fixed-bed bacteria. Environ. Quality and Ecosystem vol VA:135–145
27. Leuker G, Hingst V (1992) Untersuchungen zur Bestimmung der Diskrepanz zwischen der rechnerisch ermittelten und experimentell belegbaren Wirksamkeit von UV-Anlagen zur Wasserdesinfektion. Zbl Hyg 193:237–252
28. Qualls RG, Flynn MP, Johnson JD (1983) The role of suspended particles in ultraviolet disinfection. J Water Pollut. Control Fed 55:1280–1285
29. Qualls RG, Chang JCH, Ossoff SV, Johnson JD (1984) Comparison of methods of enumerating coliforms after UV disinfection. Appl Environ Microbiol 48:699–701

30. Qualls RG, Ossoff SF, Chang JCH, Dorman MH, Dumais CM, Lobe DC, Johnson JD (1985) Factors controlling sensitivity in ultraviolet disinfection of secondary effluents. J Water Pollut Control Fed 57:1006–1011
31. Rodgers FG, Gurrie R, Bulmore M (1982) Effect of faecal material on the inactivation of poliovirus type 1 by ultraviolet irradiation. In: Viruses and disinifection of water and wastewater (ed: Butler M, Medlen AR, Morris R) pp 378–384. University of Surrey Print Unit, Guildford
32. Schleypen P, Lesel T, Popp W (1989) UV-Bestrahlung von Abwasser unter Betriebsbedingungen. Korrespondenz Abwasser 36:458–461
33. Wagner F, Wienands H (1992) Biologie und Membrantechnik zur Abwasserreinigung. WasserAbwasserPraxis 2/92 (Sonderdruck)
34. Wissenschaftlicher Erfahrungsaustausch im Rahmen des BMFT-Verbundforschungsprogramms Abwasserhygienisierung, 1991 und 1993, Norderney

16 Aufarbeitungsverfahren für Rückstände aus Abwasserbehandlungsanlagen

J. Schaffer

16.1 Verfahrensauswahl/Rahmenbedingungen

16.1.1 Begrifflich-theoretischer Bezugsrahmen

Aufarbeitungsverfahren für Rückstände aus Abwasserbehandlungsanlagen müssen in den nächsten Jahren zunehmend als Komponenten einer Abfallverwertungstechnologie einerseits und des nachhaltigen Wirtschaftens andererseits entwickelt werden.

Neue Möglichkeiten zur Vermeidung und zum Recycling von Rückständen werden den aus der Siedlungswasserwirtschaft stammenden begrifflich-theoretischen Bezugsrahmen verändern.

Davon unbenommen lassen sich die zu erwartenden Anwendungen qualitativ aus der in Abb. 16.1 dargestellten Zusammensetzung von Rückständen aus Abwasserbehandlungsanlagen ableiten. Herkunftsbedingt können die Anteile der einzelnen Komponenten aber sehr unterschiedlich sein. Dementsprechend ist eine weitere Klassifizierung möglich.

In Tabelle 16.1 werden die besonders typischen Schlämme unter diesem Gesichtspunkt aufgelistet. Die zum Teil langjährigen Erfahrungen im Umgang mit diesen Schlämmen gestatten es, allgemeine Verwertungsregeln zu formulieren.

Die Tabelle verweist deshalb auf folgende grundsätzliche Empfehlungen:

Regel 1: Durch möglichst sortenreine Rückhaltung und Wiederverwendung der Rückstände am Anfallort ist die potentielle Menge der Schlamminhaltsstoffe reduzierbar.

Regel 2: Meßbar schadstoffbelastete, nicht sortenreine Abwasserschlämme sind möglichst separat aufzukonzentrieren und entweder dem Recycling zuzuführen, kontrolliert zu verbrennen oder als Sonderabfall zu entsorgen.

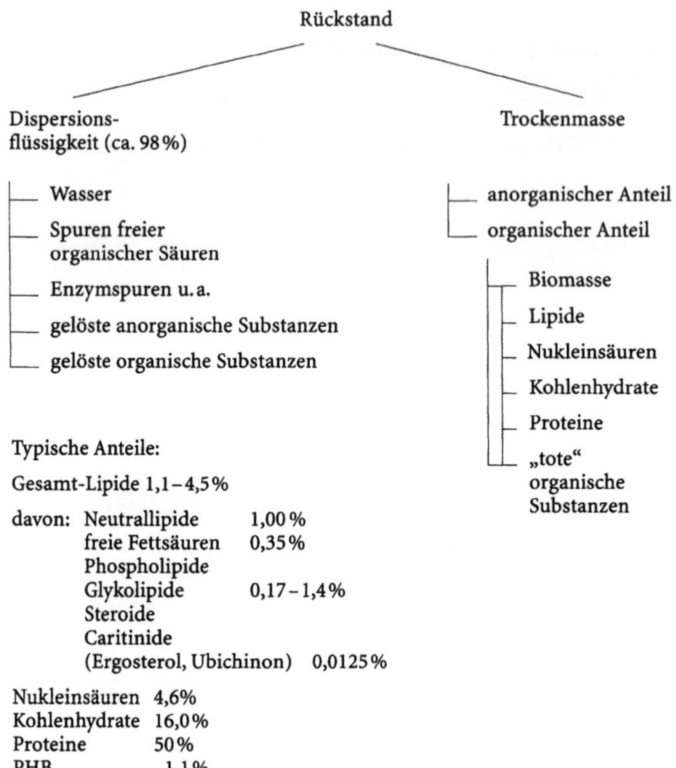

Abb. 16.1. Zusammensetzung der Rückstände aus Abwasserbehandlungsanlagen

Tabelle 16.1. Verwertungsregeln für Abwasserschlämme

Regel	Schlammart (nach Kaiser [26])
R 1/2	Lösungsmittelhaltige Schlämme
R 2/3	Schlämme aus Leichtflüssigkeitsabscheidern
R 2/3	Mineralölschlämme
R 1	Metallhydroxidschlämme
R 2	Schlämme aus Beschichtungsstoffen
R 2	Harz- und Klebstoffschlämme
R 2	Rechengut aus der Gewässernutzung
R 1	öl- und lösemittelfreie Schlämme aus Sandfängen
R 2/3	Schlämme aus der Wasseraufbereitung
R 2	Rückstände aus Abwasseranlagen (außer Klärschlämme)
R 1	Eisenhaltige Schlämme
R 1	Kalkschlamm, Gipsschlamm, Schlämme aus Beton, Zement- und Kalksandsteinherstellung
R 1	Carbonatationsschlamm
R 1	Rübenerde
R 2/(3)	Schlämme, Schlammgut aus Druckerei, Papier- und Pappeverarbeitung

Regel 3: Enthalten Schlämme als Substrat (Nährstoff) nutzbare organische Inhaltsstoffe, ist grundsätzlich die Verbringung in biologische Abwasserbehandlungsanlagen anzustreben.

Vor diesem Entscheidungshintergrund lassen sich alle anderen Betrachtungen auf die Aufarbeitung der Rückstände großer, moderner Abwasserbehandlungsanlagen fokussieren. Diese sind heute ohne biologische Behandlungsstufe undenkbar.

Eine Auswertung zum biologischen Abbauverhalten der organischen Inhaltsstoffe eines typischen Fabrikationsabwassers ließ über einen längeren Auswertungszeitraum (1987–1990) hinweg folgende Materialbilanz zu:

- ca. 45–75% des Gesamtabbaus der als Substrat dienenden Abwasserinhaltsstoffe benötigen die Mikroorganismen in der Nahrungskette zur Abdeckung des Energiebedarfs der Mischkultur,
- ca. 17–44% des Gesamtbedarfs erscheinen als Zuwachs an Bioschlamm,
- ca. 8–12% fließen als abbaufähiger Anteil in den Vorfluter ab [14].

Unter Verallgemeinerung der Tatsache, daß diese oder eine ähnliche Zusammensetzung biologisch determiniert ist, wird die Zusammensetzung der aufzuarbeitenden Rückstände wesentlich durch die Zusammensetzung fester, aber vor der biologischen Behandlung mechanisch abtrennbarer Schwebstoffe bestimmt.

Die grundsätzlichen Quellen aufzuarbeitender Rückstände einer solchen Behandlungsanlage werden modellhaft in Abb. 16.2 dargestellt. (Rechengut und Sand werden im folgenden nicht weiter betrachtet.) Typische Stoffströme können Tabelle 16.2 entnommen werden [21].

Eine bedeutsame Meßgröße für die der Abwasserbehandlung zugeführten Stoffströme stellen die realisierten Einwohnergleichwerte (EGW) dar.

Regel 4: Überschußschlamm ist die Bezeichnung für die bei der biologischen Abwasserreinigung durch Zuwachs neu gebildete Biomasse, die aus dem Prozeß abgezogen werden muß, um in der Abwasserbehand-

Tabelle 16.2. Klärschlammaufkommen in Deutschland

	ABL 1990	NBL 1992	ABL + NBL 1998
Schlammenge	50 Mio. t/Jahr	10 Mio. t/Jahr	77 Mio. t/Jahr
davon Trockenmasse	2,5 Mio. t/Jahr[a]	207 000 t/Jahr[a]	4,0 Mio. t/Jahr
Organ. Substanz	1,25 Mio. t/Jahr	100 000 t/Jahr	2,0 Mio. t/Jahr
Landw. verwertet	714 244 t/Jahr	85 000 t/Jahr	1,2 Mio. t/Jahr
Stickstoff (N)	96 000 t/Jahr		
Phosphat (P_2O_5)	92 000 t/Jahr		
Kalium (K_2O)	10 499 t/Jahr		
Kalk (CaO)	184 000 t/Jahr		
Magnesium (MgO)	25 000 t/Jahr		

[a] Erhebung wurde im Statistischen Jahrbuch 1993 wie folgt präzisiert:
  2,83 Mio. t Klärschlamm und Fäkalien,
  1,87 Mio. t Schlamm aus industrieller Abwasserreinigung,
  0,79 Mio. t Schlamm aus Wasseraufbereitung.

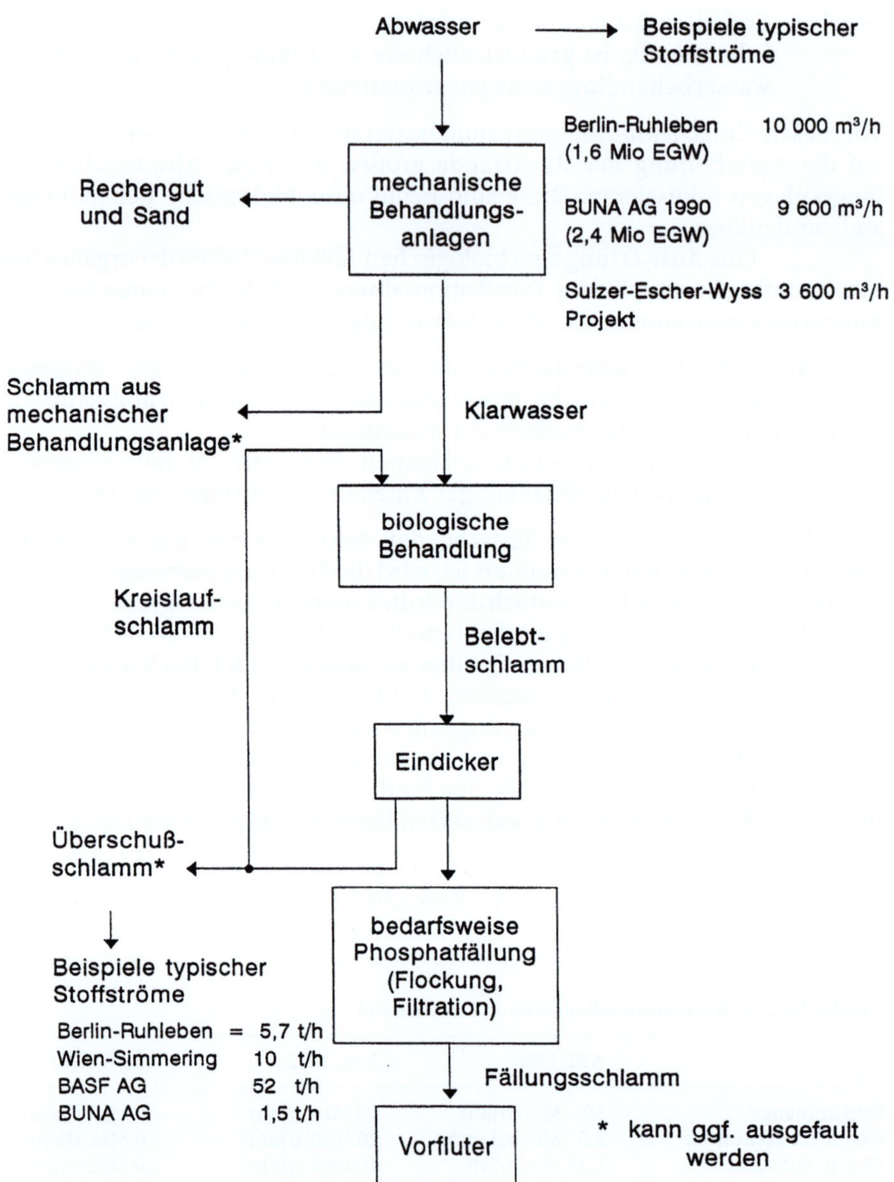

Abb. 16.2. Charakteristische Klärschlammquellen

lungsanlage eine bestimmte Biomassekonzentration einhalten zu können.
Er besteht aus den verschiedenen zur Abwasserreinigung eingesetzten Mikroorganismen und geringen Anteilen adsorbierter Schwebstoffe und Kolloide aus dem Abwasser.
Der Überschußschlamm stellt eine Untermenge der Klärschlämme dar (vgl. Abb. 16.2).

Regel 5: Klärschlamm ist die Bezeichnung für alle auf physikalischem Wege aus Originalabwasser oder behandeltem Abwasser abziehbaren Schwebstoffe.

Regel 6: Die Verwertung der Überschußmassen erfordert in jedem Falle eine separate Überprüfung der Problemlösung unter den folgenden Gesichtspunkten:

- Gesetzliche Rahmenbedingungen,
- zu behandelnder Mengenstrom,
- Leistungsfähigkeit der potentiellen Problemlöser,
- verfügbares bzw. entwickelbares Firmenpotential,
- Verwertungskonzept für die Anfallstoffe und/oder -energien,
- Finanzierbarkeit der zu erwartenden Problemlösung,
- Möglichkeiten der geschäftsmäßigen Realisierung.

Die Entscheidungsregel gilt grundsätzlich und wird deshalb in den nachfolgenden Ausführungen nicht wiederholt. Für die Durchführung einer diesbezüglichen Feasibility-Studie kann auf den in Abb. 16.3 skizzierten Ablauf Bezug genommen werden.

Abb. 16.3. Feasibility-Studie zur Klärschlamm-Verwertung

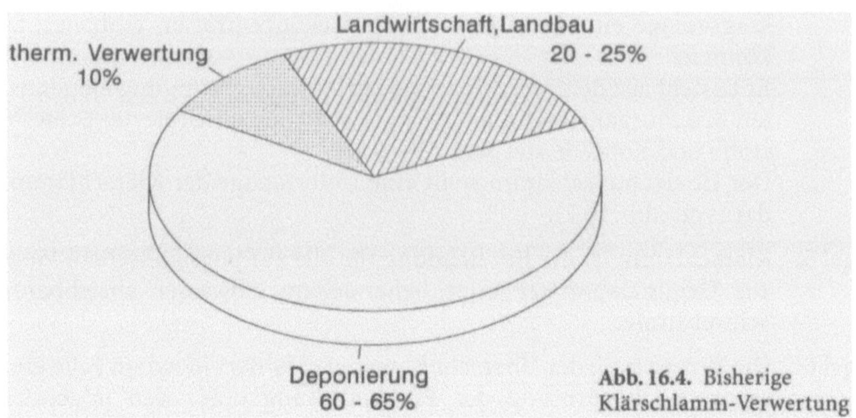

Abb. 16.4. Bisherige Klärschlamm-Verwertung

Tabelle 16.3. Verfahrenstechnische Entwicklungsschwerpunkte bei der Klärschlamm-Behandlung

– Ionenaustauscher	– Pervaporation
– Elektrodialyse	– Kristallisation
– Elektrolyse	– Eindampfung
– Retardation	– Verdunstung
– Membranverfahren	– Neutralisation
– Flüssigmembrantechnik	– Flotation

Die in Abb. 16.4 [40] zusammengefaßten typischen Entsorgungswege leisten nur beschränkte Hilfestellung bei der Entscheidungsfindung:
Rasche signifikante Veränderungen im Technologiepotential (vgl. Tabelle 16.3
[26]), aber auch veränderte rahmenrechtliche Bedingungen und mental bedeutsame Akzeptanzprobleme verweisen deutlich auf einen Innovationsdruck
und bekräftigen die in Abb. 16.3 dargestellte Vorgehensweise.

Es bleibt abzuwarten, ob das derzeitige Entscheidungsverhalten
(praktisches Verbot der Klärschlammverwertung auf Grünland und Feldfutteranbauflächen, nur noch kurzfristige Akzeptanz der Deponierung entwässerter Klärschlämme [15]) zukunftsbestimmend sein kann.

Die in Abb. 16.5 [43] wiedergegebene momentane Kostenstruktur
verweist einerseits auf die kostentreibende Relevanz der geschilderten Rahmenbedingungen, läßt aber andererseits das Kostensenkungspotential durch
gewinnwirksame Wertschöpfung aus Klärschlammverwertung erkennen.

Informationen zu den tatsächlich zu beseitigenden Klärschlammvolumen in Abhängigkeit von der Anlagengröße können Abb. 16.6 entnommen werden [41].

Die Szenarien der zukünftigen Technologieentwicklung sind z. Z.
nur unscharf skizzierbar. Es darf aber davon ausgegangen werden, daß – je
nach Anwendungsfall – Verfahren zur biotechnologischen Beseitigung der

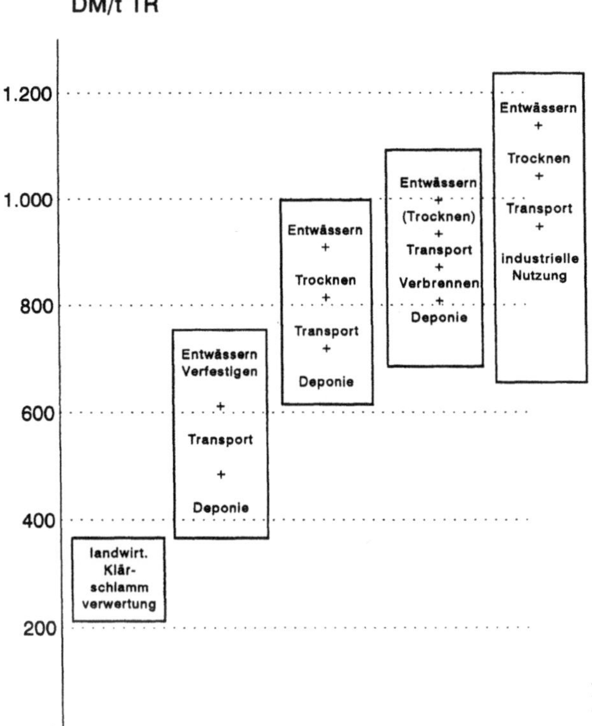

Abb. 16.5. Firmenschätzung zu Kostenbereichen bei der Klärschlamm-Entsorgung

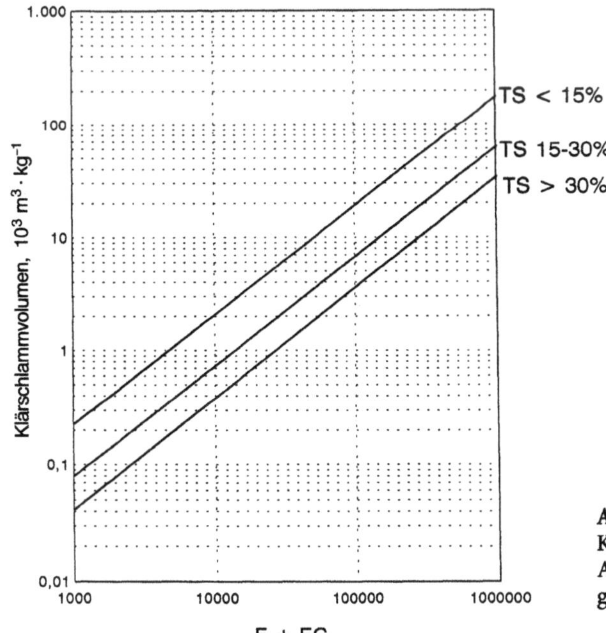

Abb. 16.6. Beseitigtes Klärschlammvolumen in Abhängigkeit von der Anlagengröße

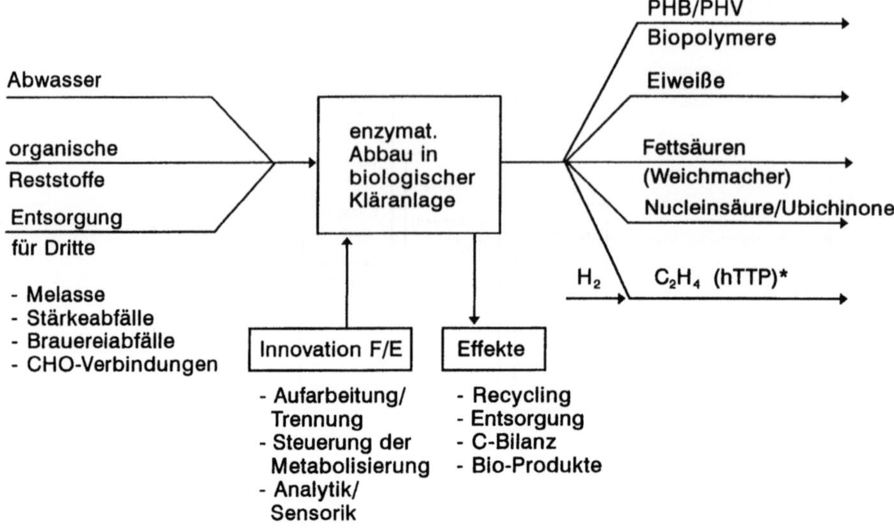

Abb. 16.7. Klärschlämme: Entsorgung, C-Bilanz, Bioprodukte

organischen Abwasserinhaltsstoffe ohne nennenswerten Biomasseanfall (z. B. Jülicher Biogas-Hochleistungsverfahren [16]) gleichberechtigt neben Behandlungsverfahren mit komplizierter Verfahrensstruktur (vgl. Abb. 16.10) bestehen können. Die Mitbenutzung großer Abwasserbehandlungsanlagen zur Entsorgung auch anderer Rückstände (vgl. Abb. 16.7) ist z. Z. noch stark umstritten, könnte aber eine interessante Option für zukünftige Entwicklungen darstellen.

16.1.2
Vorbehandlung der Schlämme

Über die in Abb. 16.1 dargestellte stoffliche Zusammensetzung der Schlämme hinaus können spezielle Gesichtspunkte in Zusammenhang mit der späteren Aufarbeitung eine Rolle spielen (Abb. 16.8):

- Mengenanteil und Zusammensetzung der Dispersionsflüssigkeit,
- Beimengung gelöster oder kolloidaler Kontaminanten zur Dispersionsflüssigkeit,
- Existenz sorptiv an die Festsubstanz gebundener chemischer Kontaminanten,
- Kontamination der Trockenmasse durch beigemengte Feststoffe,
- hygienische Bedenklichkeit der vorhandenen Mikroorganismen,
- Gefahr des unkontrollierbaren bzw. unerwünschten mikrobiologischen Befalles der Schlämme.

Maßnahme / Absenkung bzw. Abwendung	Abtrennung von Einzelkomponenten				Zumischung v. Drittkomponenten			Bakterizide Fungiz.	physik. Behandlung Pasteur.
	H_2O	chem. Kontamin.	Denitrifizierg.	Ausfaulung	CaO	Kohle o. a.	Flockungsmittel		
Komponenteneigenschaften									
Flüssigkeitsanteil	++	(+)	±	+	+	+	+	0	0
gelöste oder kolloidale Anteile im H_2O	+	+	±	0	?	+	+	0	0
an TS sorbierte Drittstoffe	±	±	±	±	(+)	0	0	0	0
mit TS vermischte Drittstoffe	0	0	++	++	?	0	0	0	0
Gruppeneigenschaften									
Hygienische Bedenklichkeit der MO	0	0	±	+	++	±	0	(+)	+
Gefahr des unkontrollierten MO-Befalls	0	0	±	+	++	0	0	(+)	+
Heizwert	+	0	±	-	-	+	+	-	0

Abb. 16.8. Vorbehandlung der Schlämme, ++ ausgezeichnete Eignung, + gute Eignung, ○ Eignung nur fallweise, – Eignung fraglich

---

Tabelle 16.4. Beispielhafte Problemstellung: Chemische Dekontamination

---

1. Aufgabenstellung
400 kg/h Schlamm mit einem Anteil von 20 % Trockenmasse sind von Schwermetallen zu befreien.

2. Problemlösung
2.1 Reaktive Entfernung der Schwermetalle aus dem Schlamm durch Einsatz von Mineralsäuren
2.2 – Bestimmung des Einsatzverhältnisses ausgehend von stöchiometrischen Verhältnissen,
    – ggf. Begünstigung des Behandlungsverfahrens durch Aufkonzentrierung der Trockensubstanz vor der Behandlung,
    – Fällung der in Lösung gegangenen Schwermetalle mit Kalziumhydroxid,
    – Eliminierung von Restmengen an Schwermetallen (z.B. Cd) durch Carbonatfällung.
2.3 Einsatz der behandelten Schlämme z.B. in der Ziegel- und Zementindustrie.

3. Vorteile
gut geeignet bei kostengünstigem Kalziumhydroxid-Angebot

4. Referenz [2]
Pilotanlage Rud. Otto Mayer, Hamburg

Regel 7: Die eigentliche Verwertung von Klärschlämmen kann erheblich begünstigt werden, wenn die wirtschaftlich akzeptable Abtrennung einer oder mehrerer der störenden Drittkomponenten gelingt.

Häufigstes Beispiel für diese Behandlung ist die Abtrennung der Dispersionsflüssigkeit (Wasser), welche in Abschn. 16.3 abgehandelt wird.

Bei spezieller Indikation kommt auch eine chemische Dekontamination in Frage (vgl. Beispiel in Tabelle 16.4).

Die Wirtschaftlichkeit der chemischen Dekontamination ist aber zumeist an hohe Anteile anorganischen Materials in der Festsubstanz gebunden. Die chemische Behandlung eignet sich deshalb u. U. gut zur Behandlung von Biomassen, welche auf anorganischen Substanzen trägerfixiert sind.

Varianten der chemischen Dekontamination nach dem Wirkprinzip der Desorption unter Kreislaufführung der eingeführten Wirksubstanzen und Prozeßwässer [9] sind ebenfalls sinnvoll prüfbar.

Spezielle Verfahren zur (z. B. mikrobiologischen) Denitrifizierung und zur Phosphatfällung können ebenfalls zur chemischen Dekontamination gezählt werden.

Die in Abb. 16.2 dargestellte Phosphatfällung verweist auf eine weitere Möglichkeit der Vorbehandlung.

Regel 8:   Zur Vorbereitung spezieller Verwertungen ist auch in großen Mengen die Zumischung von Drittsubstanzen sinnvoll.

Energetisch bedenklich, aber praktisch relevant ist die Zumischung von Branntkalk zur Wasserbindung.

Begünstigend für die thermische Nutzung kann die Zumischung von Kohlepartikeln oder hochkohlenstoffhaltigen Drittsubstanzen sein.

Der Einsatz von Flockungsmitteln oder Flockungshilfsmitteln erfolgt immer im Zusammenhang mit der weiteren mechanischen Auftrennung.

Die Zumischung bakterizider oder fungizider Substanzen zur Hygienisierung der Schlämme spielt praktisch kaum eine Rolle. Die Hygienisierung erfolgt bevorzugt unter Einsatz physikalischer oder kombinierter Verfahren.

16.1.3
Komplexe Verfahrensgestaltung

Das Kernproblem der komplexen Verfahrensgestaltung resultiert aus dem Widerspruch zwischen dem wirtschaftlichen Wert der im Schlamm enthaltenen Komponenten einerseits und ihrer Gewinnungskosten andererseits. Beispiele für auf anderem Wege hergestellte und katalogmäßig angebotene Inhaltsstoffe werden in Tabelle 16.5 zusammengefaßt.

Bekannt gewordene Nutzungskonzepte verweisen aber nur auf die Verwendung von Stoffgemischen. Sie können Tabelle 16.6 entnommen werden. In dieser Tabelle nicht berücksichtigt ist der Heizwert der Trockensubstanz. Der derzeitige Stand der Technik wird aber bestimmt durch die energetische Nutzung der Schlamminhaltsstoffe [4].

Leider wird in vielen der veröffentlichten Beispiele das Verfahrenskonzept dadurch gekennzeichnet, daß der Energieinhalt der Schlämme im Aufarbeitungsverfahren selbst genutzt wird. Diese Verfahren sind dann vielfach energieautonom, aber nicht kostenneutral. Bestimmend für die Verfahrensgestaltung waren in solchen Fällen aus deponierechtlichen oder anderen Überlegungen resultierende Gesichtspunkte der Reduzierung der organischen Inhaltsstoffe (insbesondere Problemstoffe).

Tabelle 16.5. Auf anderem Wege hergestellte und katalogmäßig angebotene Klärschlamminhaltsstoffe

Stoff	Preis nach [59]	
2 Deoxy-D-Ribose aus DNS	100 g	1016,00 DM
Glucosamin	500 g	140,00 DM
Ribose	100 g	132,50 DM
Ubichinon Q 10	1 g	333,10 DM

Tabelle 16.6. Beispiel zur Nutzung der Schlamminhaltsstoffe

Komponente	Nutzungskonzept	Kriterien
Elemente		
P, N	Verbesserung nährstoffarmer Böden	Zumischung von K und Mg
Verbindungen		
anorganische Verbindungen	Zuschlagstoffe in der Bauindustrie	Ausschluß der Eluierbarkeit von Schadstoffen
Monomere/niedermol. org. Verbindungen	– Substrat für biotechnologische Prozesse – Gewinnung und Vermarktung von Einzelkomponenten	– intensive analytische Begleitung – Reinheitsgarantie
höhermolekulare org. Verbindungen	Futtereiweiß Biopolymergewinnung	Freiheit von Störkomponenten Möglichkeit der Totalaufarbeitung
Kombinationen		
Pflanzennährstoffe u. org. Verbindungen	Pflanzendüngung und Verbesserung der Bodenstruktur	kontrolliert niedrige Gehalte an Schwermetallen und org. Schadstoffen

Als Schlüssel für alle weiteren Behandlungs-, Anwendungs- und Entsorgungswege kann – unabhängig von den standortabhängig geltenden rahmengesetzlichen und politischen Bedingungen – die Trocknung angesehen werden [17].

Standardqualität eines aufgearbeiteten Schlammes ist Klärschlamm-Trockengranulat mit 95 % Trockenmasseanteil. Wesentliches Zwischenstadium auf diesem Wege ist ein entwässerter Schlamm, der im Extremfall bis zur Stichfestigkeit entwässert ist und 5 bis zu 60 % Trockenmasseanteil enthält. Normale Trockenmasseanteile liegen bei 25 %.

Unter Verzicht auf ursprünglich vorhandene organische Inhaltsstoffe wird vielfach die Trockensubstanz vor der Fest-Flüssig-Trennung einer Faulung unterworfen. Diese unter Einsatz bestimmter Mikroorganismenstämme durchgeführte Behandlung ist ihrem Charakter nach eine kalte Pyrolyse mit Pyrolysegasgewinnung. Der verbleibende organische Rest eignet sich immer noch für die Kompostierung, welche ihrem Charakter nach eine kalte Verbrennung mit weitgehender Energievernichtung darstellt.

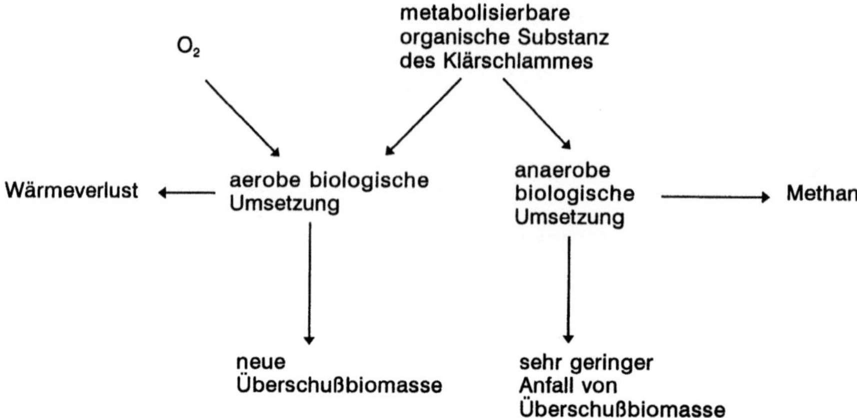

Abb. 16.9. Unterschied zwischen aerober und anaerober Umsetzung der Klärschlamm-inhaltsstoffe

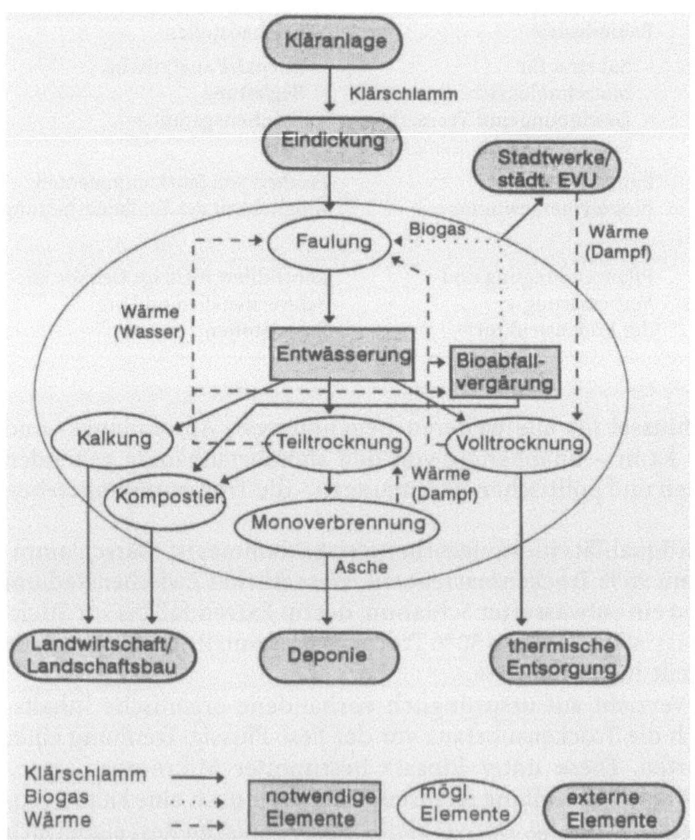

Abb. 16.10. Möglichkeiten der stofflichen und energetischen Vernetzung bei der Klärschlamm- und Bioabfallbehandlung

Aus Sicht der Wirtschaftlichkeit ist die Erfahrung zu berücksichtigen, daß sich die anaerobe biologische Umsetzung der Klärschlamminhaltsstoffe bei der Biogasgewinnung funktionsbedingt günstiger als die aerobe Mineralisierung realisieren läßt [31]; (vgl. hierzu Abb. 16.9).

Die beim Ausfaulen gewonnenen methanreichen Faulgase können thermisch genutzt werden. Ab Anlagengrößen von ca. 20 000 EGW (bezogen auf die Abwasserbehandlungsanlage) ist eine Verwertung des Faulgases in Gasmotoren dem Verheizen vorzuziehen [12].

Alternativ zum Ausfaulen kommt der Einsatz als Co-Substrat in Vergärungsanlagen in Frage.

Ein in Anlehnung an Helmut Kaiser konfiguriertes Maximalverfahren ist in Abb. 16.10 [19] dargestellt.

Darin nicht enthalten ist die Möglichkeit der stofflichen Nutzung, welche als eigenes Verfahrenskonzept in Abschnitt 4 dargestellt ist. Den Versuch einer strukturierten Darstellung des zu vollziehenden Entscheidungsprozesses enthält Abb. 16.11.

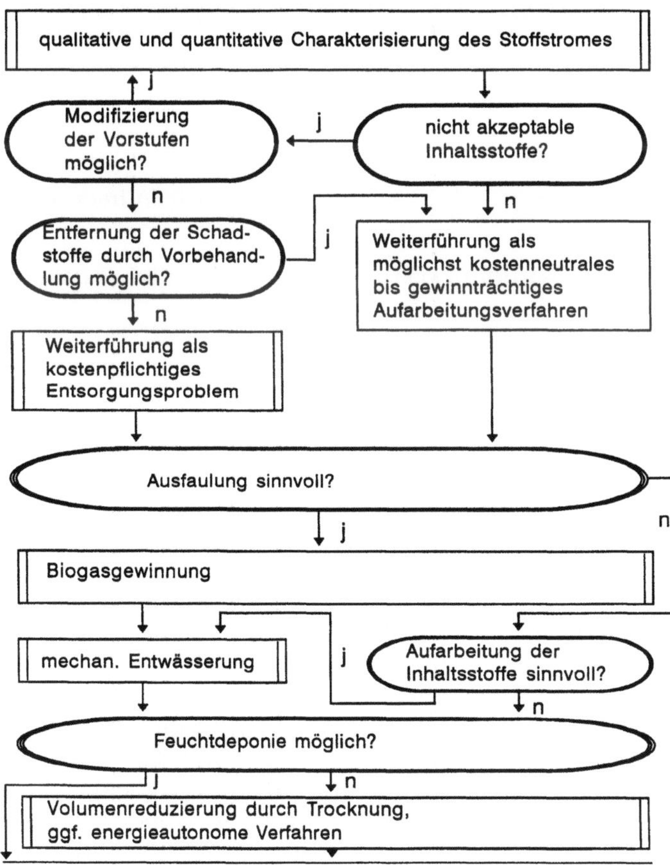

Abb. 16.11. Entscheidungsprozeß bei der Verfahrensgestaltung

Tabelle 16.7. Eignung zur Klärschlammverwertung

Verfahren (Elemente)	Eignung zur Klärschlammverwertung	Behandlungskosten
Vergärung		
anaerobe Vergärung [18]	+	100–220 DM/t
Kalkung	+	
Teiltrockung und Verbrennung	±	
Kompostierung		
aerobe Kompostierung	+	
unter 30 kt/a	+	120–140 DM/t Schlamm[a]
über 80 kt/a	+	70–90 DM/t Schlamm
Volltrocknung	±	
landwirtsch. Ausbringen (Entwässerung, Transport, Ausbringen [20])	+	150–350 DM/t Trockenmasse
stoffliche Verwertung (versch. Konzepte)	±	
Deponie (Entwässerung, Verfestigung, Deponie [20])	–	400–850 DM/t Trockenmasse
(Entwässerung, Trocknung, Deponie [20])	±	550–950 DM/t Trockenmasse
(Entwässerung, Trocknung, Verbrennung, Reststoffdeponie [20])	+++	650–1200 DM/t Trockenmasse

[a] Einschließlich Restentsorgung, Vertrieb, Gewinn und MwSt. durchschnittlich 60 DM/t.

Die in Frage kommenden Verfahrenskomponenten zu bewerten muß letztlich der Einzelfallprüfung vorbehalten bleiben. Eine grobe Orientierung kann Tabelle 16.7 entnommen werden.

Zur rechtzeitigen Einschaltung kompetenter Technologieträger eignet sich eine von Reimann [20] vorgelegte Übersicht (Tabelle 16.8).

Zunehmend entscheidungsbestimmend könnte das CO_2-Reduktionsportfolio werden. Ein ausgesuchtes Bewertungsergebnis für verschiedene Varianten im Verbund ist in Abb. 16.12 dargestellt [19].

Nach neueren Untersuchungen bieten insbesondere integrierte Gesamtkonzepte diese Option. Als besonders interessant könnte sich die Kombination zwischen der Vergärung/Methanisierung von Bioabfällen und der Druckvergasung getrockneter Klärschlämme erweisen [47]. Die dabei entstehenden Behandlungsgebühren für organische Abfälle (einschließlich Restentsorgung, Verwaltungskosten, Vertriebskosten usw.) werden durchsatzabhängig in der Größenordnung von unter 100 bis über 200 DM erwartet (vgl. Abb. 16.13 [18]).

Tabelle 16.8. Hersteller von Schlammbehandlungsaggregaten und -anlagen

Firmen	Eindicker, Konzentratoren	Stabilisierungsanlagen (aerob, anaerob)	Hygienisierungsanlagen	Konditionierungsanlagen	Filterpressen (Kammer- und Band-)	Zentrifugen, Separatoren	Verbrennungs-, Verschwelungs- und Trocknungsanlagen
ACHTHAL, Ottobrunn			■				
ALFA-LAVAL, Hamburg		■		■			■
Apparatebau-Münster, Dägeling							
Apparatebau Salzkotten, Salzkotten							
Dr. Baer, Frankfurt							■
Balcke-Dürr, Ratingen							
Gebr. Bellmer, Niefern			■				■
BUDERUS GUSS, Wetzlar							
Buss-SMS, Butzbach	■						■
Deutsche Babcock-Borsig, Berlin							
Diestel, Mölln			■				■
Dorr-Oliver, Wiesbaden	■						■
Frings, Bonn						■	
GEA Canzler, Düren	■						
GEA Wiegand, Ettlingen							
Geiger, Karlsruhe			■			■	■
Göttsche & Schwarzlmüller, Stelle			■				
Gütling, Fellbach	■		■				■
Hahnewald, Dresden		■	■				
Hilpert, Nürnberg		■	■			■	■
Ingenieurbetrieb Anlagenbau Leipzig, Leipzig	■			■		■	■
Keramchemie, Siershahn							■

Tabelle 16.8 (Fortsetzung)

Firmen	Eindicker, Konzentratoren	Stabilisierungsanlagen (aerob, anaerob)	Hygienisierungsanlagen	Konditionierungsanlagen	Filterpressen (Kammer- und Band-)	Zentrifugen, Separatoren	Verbrennungs-, Verschwelungs- und Trocknungsanlagen
KWG Schweriner Maschinenbau, Schwerin							
KHD Humboldt Wedag, Köln	■	■		■			■
Kraftanlagen AG, Heidelberg	■		■	■			
Linde, Höllriegelskreuth						■	
Lipp, Tannhausen	■	■					
Lödige, Paderborn		■	■	■			■
Lurgi, Frankfurt	■	■	■	■	■	■	■
MAHLE Industriefilter, Ohringen							
Maier, Bielefeld							
Mannesmann Anlagenbau, Düsseldorf	■	■	■	■	■	■	■
Mannesmann Seiffert, Berlin	■			■			■
NEMA, Wiefelstede		■		■	■	■	■
Niemann Chemie, Porta Westfalica	■						
NSW, Nordenham							
OSNA, Osnabrück							
PASSAVANT-Werke, Aarbergen	■		■	■		■	■
Petkus Wütha, Wütha					■		
Roediger, Hanau	■		■	■	■	■	■
ROMPF, Driedorf-Roth	■		■	■	■	■	■
RWO, Bremen							
Saarberg-Interplan, Saarbrücken							
Schachtbau Nordhausen, Nordhausen							■

Tabelle 16.8 (Fortsetzung)

Firmen	Eindicker, Konzentratoren	Stabilisierungsanlagen (aerob, anaerob)	Hygienisierungsanlagen	Konditionierungsanlagen	Filterpressen (Kammer- und Band-)	Zentrifugen, Separatoren	Verbrennungs-, Verschwelungs- und Trocknungsanlagen
Schiffsanlagenbau Barth, Barth		■					■
Schmidding-Werke, Köln							
Schreiber, Langenhagen							
Schünemann, Bremen		■					
Schulze, Gladbeck	■	■	■	■	■	■	■
Schwarting, Flensburg						■	
Serck, Geesthacht							
SIGRI, Meitingen							
Smidth, Lübeck	■		■				
STAMAG, Regis-Breitingen							
Thyssen, Essen				■			■
TA, Breitenfelde							
Uhde, Dortmund	■					■	
Ultrafilter, Haan							
UTAG, Halle	■			■	■	■	■
Voltz, Frankfurt							
WABAG, Kulmbach	■	■	■	■	■	■	■
Walzbau, Darmstadt							
Walther, St. Borschbach							■
Westfalia Separator, Oelde		■		■			■
WINDHOFF, Neuenkirchen			■				■
Zenit, Neunkirchen							

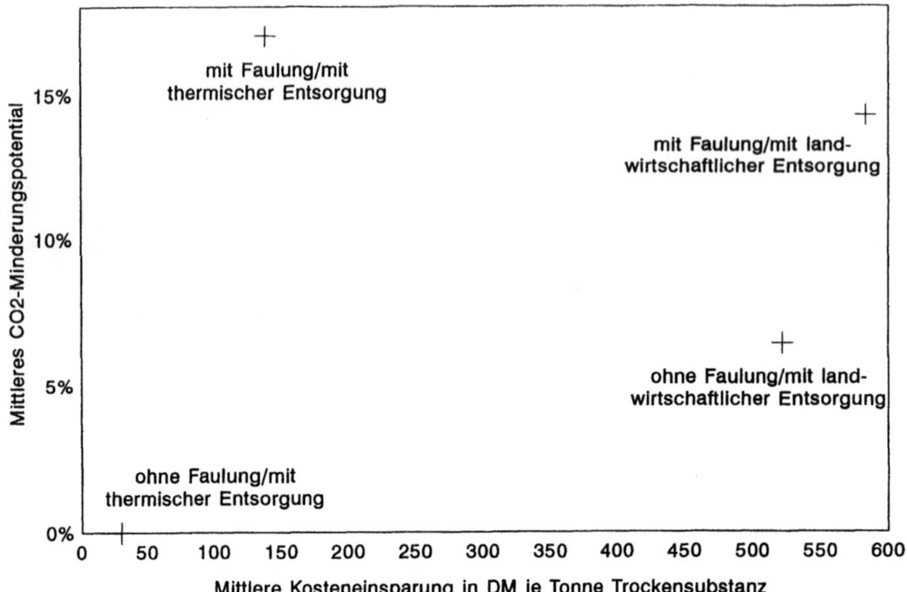

Abb. 16.12. Kosten-/CO_2-Reduktionsportfolio für verschiedene Varianten der Klärschlammentsorgung

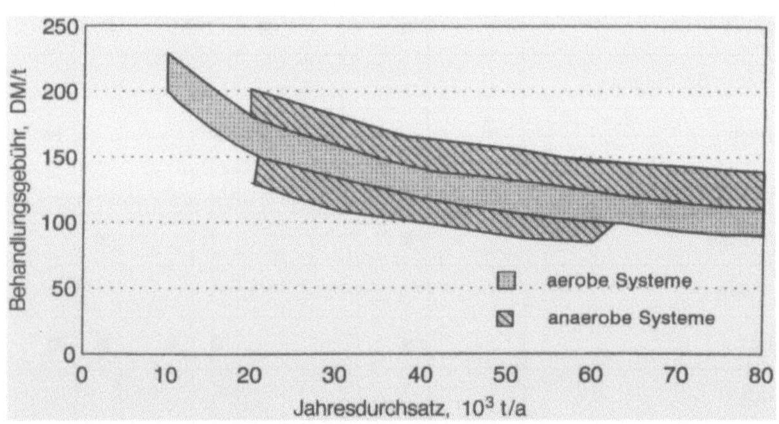

Abb. 16.13. Behandlungsgebühren für organische Abfälle einschließlich Restentsorgung, Ver-
waltung und Vertrieb Gewinn und MwSt. (durchschnittlich 60 DM/t), Quelle: Helmut Kaiser
Unternehmensberatung, EBB Nr. 300/1994

16.2
Land- und forstwirtschaftliche Verwertung

16.2.1
Direktes Ausbringen

Regel 9: Das Einbinden von Klärschlämmen in biologische Kreisläufe bietet sowohl hinsichtlich der Kostenbelastung als auch hinsichtlich der ökologischen Stoffverwertung die günstigste Verwertung [21].

Nach Untersuchungen, welche von Kaiser [21] veröffentlicht wurden, „enthält eine der deutschen Klärschlammverordnung entsprechende Gabe von 5 t (TS)/ha im Zeitraum von 3 Jahren im Durchschnitt Pflanzennährstoffe im Wert von 400,– DM. Zudem führen die Klärschlammgaben zu deutlichen Verbesserungen der Bodenstruktur sowie zu einer Erhöhung der Gehalte an Humus, Phosphaten und Kalk". Leider gilt diese Positivaussage nur für Klärschlämme, welche frei von bedenklichen Schadstoffmengen, insbesondere Schwermetallen und persistenten organischen Schadstoffen, sind [17, 21]. Beispiele für solche Anwendungen können den Tabellen 16.9 und 16.10 entnommen werden.

Regel 10: Das Ausbringen von Klärschlämmen in die Natur setzt in jedem Fall eine Ökoverträglichkeitsprüfung voraus.

Unzulänglichkeiten in der vollständigen analytischen Charakterisierung der Klärschlämme, aber auch fahrlässiges bis vorsätzliches Fehlverhalten beim Klärschlammeinsatz in der Landwirtschaft haben hier zu großen Akzeptanzproblemen geführt.

Tabelle 16.9. Beispiel zur Verwendung von Klärschlamm im Gartenbau

---

1. Aufgabenstellung
Einsatz von 0,4 kt/a Klärschlamm im Landschaftsbau

2. Problemlösung
Vermischen des auf ca. 28 % Restfeuchte entwässerten Klärschlammes mit fein aufgeschlossenem Ton (Kaolinit) und Einsatz als Strangpreßgranulat (Tonpaneele).
Nutzung der Kationenaustauschkapazität des Kaolinits zur Immobilisierung der Schwermetallbelastung.
Einsatz der pelletierten bis bausteingroßen Formlinge im Landschaftsbau zur Abdeckung von Deponien, zur Rekultivierung usw.

3. Vorteile
- Nutzung der Düngewirkung der Klärschlamminhaltsstoffe,
- Einsparung von Deponiekosten,
- stoffgerechte Renaturisierung.

4. Referenz
Ton-Klärschlamm-Mischverfahren [62].

Tabelle 16.10. Beispiel zur landtechnischen Verwendung von ausgefaultem Klärschlamm

---

1. Aufgabenstellung
Landtechnische Verwertung von 10 kt/a Klärschlamm im Zustand nach der Ausfaulung.

2. Problemlösung
Mechanische Vermischung des auf 20 % TS aufkonzentrierten Faulschlammes mit gesiebter Ölschieferschlacke im Verhältnis 1:2 (DD 3409274) und Verwendung als Oberbodenersatz.

3. Vorteile
Der Effekt besteht lt. DD 3409274 in der „Ummantelung eines mineralischen Trägermaterials mit großer verzahnter Oberfläche und hohem Wasserretentionsvermögen dergestalt, daß ein in großer Schichtdicke erosionsfrei auftragbares erdähnliches Material mit 95 % mineralischen und 5 % organischen Anteilen, sowie einem Wasseraufnahmevermögen von ca. 35 % bei einem pH-Wert im schwach sauren Bereich entsteht". Signifikante Ertragssteigerungen waren nachweisbar (Effekt der organischen Inhaltsstoffe). Das Material ist gut lagerfähig.

4. Referenz (lt. [27])
– südhessische Gas und Wasser AG, Darmstadt.
– Klärwerke der Stadt Darmstadt (1990).

Trotz der in Tabelle 16.2 genannten Mengenströme stagniert die direkte Verwertung von Klärschlämmen. Da sich objektive Grenzen aber nur aus der biogenen Verwertung ergeben, ist es für die Einsatzvorbereitung entscheidend, Szenarien zur Reaktion und Migration aller Schlamminhaltsstoffe und zur Wechselwirkung mit möglichen Biozönosen in verschiedenen Kulturen auszuarbeiten und zu bewerten. Dabei ist eine zwischengeschaltete Kompostierung mit zu betrachten.

Regel 11: Wegen der besonders restriktiven rahmenrechtlichen Probleme sind Untersuchungen nach Regel 9 und Regel 10 nur nach sorgfältiger Prüfung aller Vorschriften, Verordnungen usw. sinnvoll.

Noch 1992 wurde prognostiziert, daß eine novellierte Klärschlammverordnung die Verwertung auf Grünland- und Feldfutteranbauflächen praktisch verbieten wird [15, 17].

Anmerkenswert ist die Tatsache, daß beim Einsatz von Klärschlämmen in der Rekultivierung stark kalkhaltiger Halden eine nachweisbare Immobilisierung von Schwermetallen möglich ist [22] (vgl. a. Tabelle 16.10).

Die in der Literatur beschriebene großflächige Nutzung speziell konditionierter Klärschlämme bei Wacker im Bereich der Rekultivierung von Deponien, bei Straßenbegleitgrünflächen, bei Lärmschutzwänden und in Grünanlagen verweist auf potentiell großen Nutzungsbedarf.

16.2.2
Vergärung und Kompostierung

Die bisherigen Feststellungen zum direkten Ausbringen gelten analog für Rückstände aus der Vergärung von Klärschlämmen. Damit wird nochmals auf den im Abschn. 16.3 zitierten Kostenspareffekt kombinierter Verfahren verwiesen.

Die in Abb. 16.10 geschilderten Möglichkeiten können vor dem geschilderten Entscheidungshintergrund aber nur grobe Hinweise darstellen. Die Vergärung und Kompostierung von Klärschlämmen – als Sonderverfahren zur stofflichen Verwertung der Klärschlämme im Abschn. 16.4.3 dargestellt – interessieren für die land- und forstwirtschaftliche Verwertung schwerpunktmäßig unter dem Blickwinkel der landwirtschaftlich nutzbaren Rückstände (insbesondere die Komposte). Zu besonderen Gesichtspunkten dieser Verfahren sind in jedem Falle kompetente Technologieträger oder Kompostierungsunternehmen zu befragen. Hierzu folgende Beispiele: Kompostierung von Klärschlamm und Rindenmulch, Klärschlamm-Kompostierung nach dem SEVAL/FAL-Verfahren [28], Klärschlammkompostierung mit Grünschnitt und Baumschredder-Material [40] u. a.

Allgemeingültige Hinweise liegen angesichts der stürmischen Entwicklung dieser Technologie noch nicht vor. So ist z. B. noch nicht abzusehen, ob die im praktischen Experiment [17] nachgewiesene Eignung von Trockengranulat für die Kompostierung größere Bedeutung erlangen kann. Ebenso ist unklar, welche kostentreibenden Charakterisierungen der zu kompostierenden Schlämme allein aus haftungsrechtlichen Gesichtspunkten erforderlich sind, um die Kompostierung von Klärschlämmen risikolos zu machen. Zu beachten sind ebenfalls die zu erwartenden Rotteverluste, metabolisieren doch rein bakterielle Biomassen im Idealfall nur zu CO_2 und H_2O.

Für die Entscheidungsvorbereitung wichtig sind die Kenntnis des Temperaturverlaufes während der Kompostierung und die Stoffbilanz vgl. Abb. 16.14 [28] und 16.15 [28]). Unstrittig ist das Anwendungsspektrum des fertigen Kompostes. In Abb. 16.16 sind die verschie-

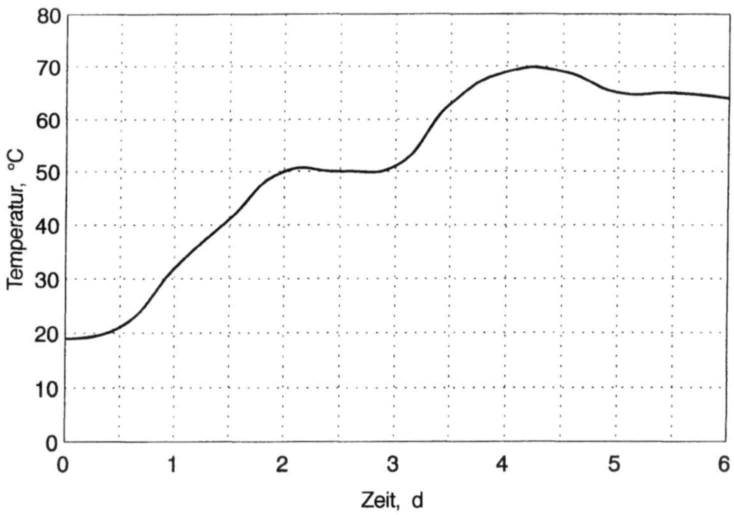

Abb. 16.14. Temperaturverlauf bei der Rotte im Bioreaktor

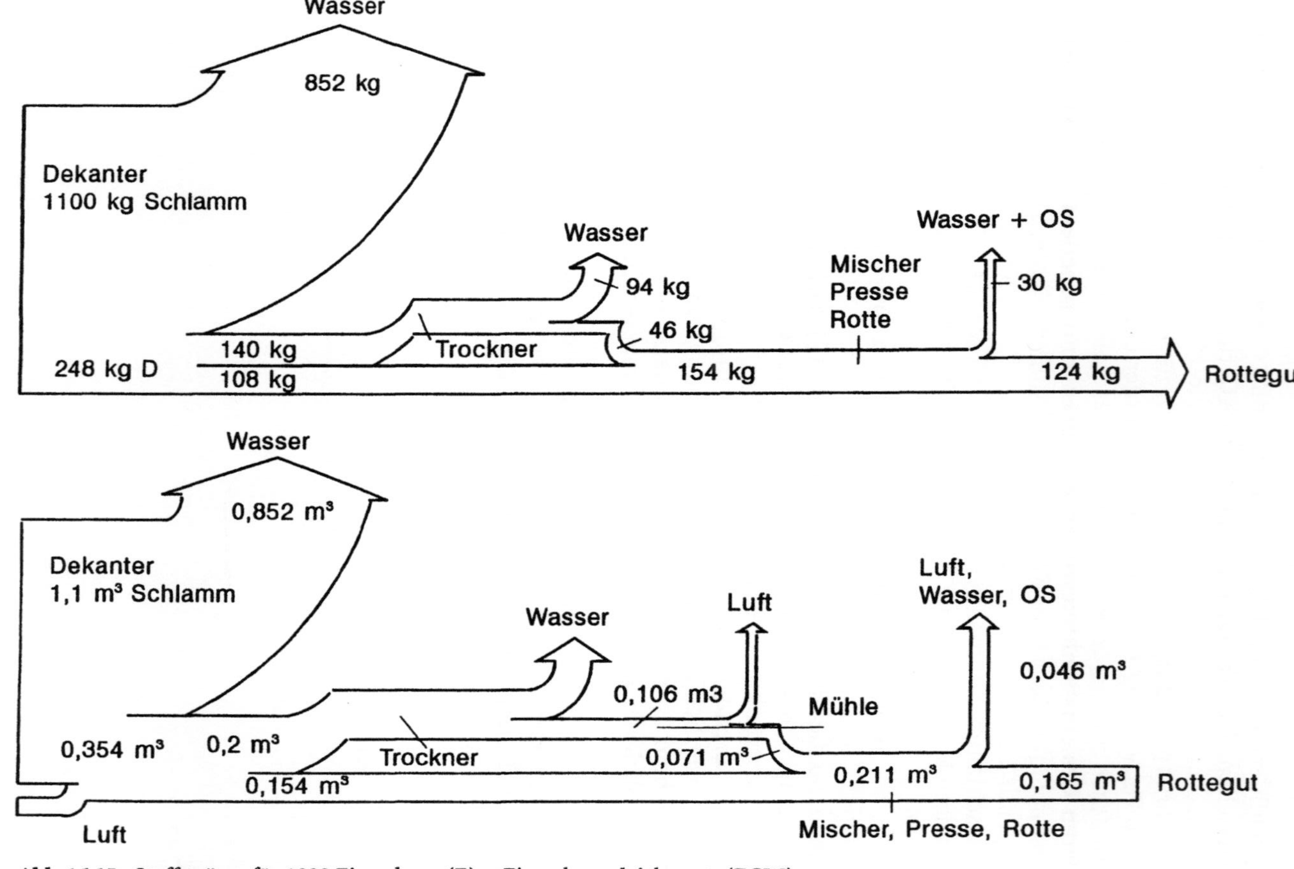

Abb. 16.15. Stoffströme für 1000 Einwohner (E) + Einwohnergleichwerte (EGW)

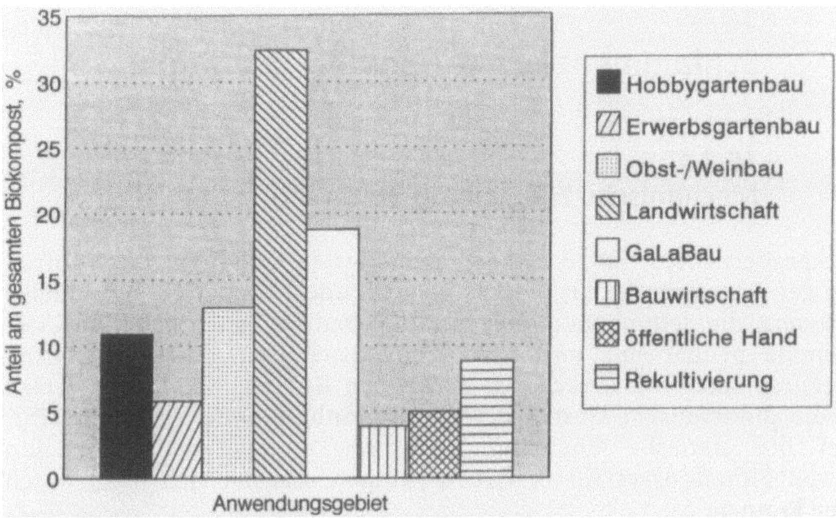

Abb. 16.16. Anwendung von Biokompost BDE/VBS 1992

Tabelle 16.11. Kriterien des Kompostabsatzes gegliedert nach Kompostarten BDE/VBS 1992

Kompostart	Kompost gesamt %	Biokompost %	Müllkompost %	Rindenprodukt %
Kompostabsatz				
regionaler Absatz	67	88	100	11
überregionaler Absatz	33	12	0	89
Kompostabsatz				
lose Ware	88	96	100	68
Sackware	12	4	0	32
Kompostabsatz				
mit Erlösen	69	68	21	94
ohne Erlöse	16	25	0	2
gegen Zusatzleistungen	15	7	79	4

denen Anwendungsgebiete und deren Anteil am gesamten anfallenden Biokompost dargestellt [23]. Nach welchen Kriterien der gesamte anfallende Kompost, nicht nur der Biokompost, abgesetzt wird, ist Tabelle 16.11 zu entnehmen. Diese Tabelle belegt die sehr differenzierte wirtschaftliche Bewertung. Allgemeingültige Entscheidungsrichtlinien liegen noch nicht vor.

16.3
Schlammentwässerung und -trocknung

16.3.1
Mechanische Fest-Flüssig-Trennung

Anerkanntermaßen ist das kostengünstigste Verfahren zur Abtrennung der Schwebstoffe aus unbehandelten oder biologisch behandelten Abwässern die Sedimentation. Technologiebedingt fallen dabei die Klärschlämme primär nur mit den bereits genannten geringen Trockensubstanzgehalten an. Ursache ist neben den Besonderheiten des Verfahrens die physikalische Gestalt der Schlamminhaltsstoffe. Im allgemeinen endet die statische Eindickung bei 8% TS. Ein alternativer Einsatz von Flotationsverfahren, Hydrozyklonen o.ä. hat sich nicht durchsetzen können.

Regel 12: Der Einsatz von Apparaten zur mechanischen Fest-Flüssig-Trennung zur weiteren Aufkonzentrierung der gewonnenen Abwasserschlämme stellt in jedem Fall die erste Behandlungsstufe des Aufarbeitungsverfahrens dar.

Für die weitere Aufkonzentrierung der abgetrennten Schlämme wird der Stand der Technik durch kontinuierliche Sedimentierzentrifugen und kontinuierlich oder absatzweise arbeitende Auspreßapparate repräsentiert. Falls nötig werden der apparativen Aufkonzentrierung geeignete Flockungsverfahren vorgeschaltet, um die Gestalt, Größe und Entwässerbarkeit der vorliegenden Inhaltsstoffe zu gewährleisten.

Historisch bedeutsam war der Einsatz von Trockenbeeten, also die Sickerfiltration in Verbindung mit Lufttrocknung.

Die Problemlösungen zur Entwässerung sind inzwischen soweit standardisiert, daß Ausrüstungsauswahl und Technologieempfehlung weitgehend kompetenten Technologieträgern überlassen werden, welche beispielhaft in Tabelle 16.8 zusammengefaßt wurden.

Regel 13: Entscheidend für die Kostenstruktur der Entwässerungsanlage ist die Vorgabe der erwünschten Restfeuchte.

Ist ohnedies eine thermische Nachbehandlung vorgesehen, können im Sinne der Polyoptimierung der Gesamtkosten hier auch höhere Restfeuchten akzeptabel sein. Dieser Gesichtspunkt ist besonders bedeutsam, wenn der Feststoff in eine nachgeschaltete Trocknung oder Verbrennung über Dickstoffpumpen eingetragen werden soll [17]. Als Grenze der Pumpfähigkeit wird häufig eine Feststoffmassekonzentration von 30…35% TS genannt.

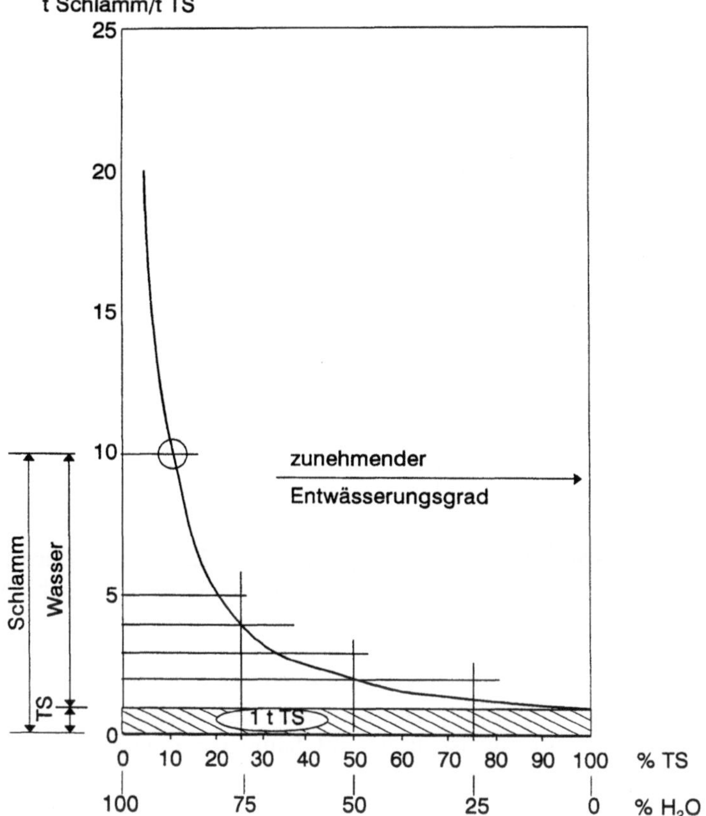

Abb. 16.17. Schlammenge in Funktion des Entwässerungsgrades

16.3.2
Thermische Trocknung

Regel 14: Abgesehen von Ausnahmen ist nur die thermische Trocknung in der Lage, Klärschlamm sicher auf eine Trockenmassekonzentration über 35% aufzukonzentrieren. Sie erreicht aber normalerweise nicht die in der Klärschlammverordnung geforderte Mindestkonzentration von 95%.

Trotz sachlicher Eignung der Vielzahl der zur technischen Reife entwickelten Trocknungsverfahren spielen Wirbelschicht- und Dünnschichttrockner eine besondere Rolle; vgl. Beispiele in Tabelle 16.12. Die hierin genannten Technologieträger wurden nach dem Zufallsprinzip ausgewählt. Spezielle Aspekte der Systemgestaltung, wie Mehrstufigkeit usw. [11, 3], sind jeweils fallweise zu prüfen.

Der Prozeßerfolg wird neben der deutlichen Restfeuchtesenkung auch durch eine Keimzahlreduzierung (z.B. von 10^6 Enterobacteriaceen/g auf 10^1 Enterobacteriaceen/g [17]) charakterisiert. Eine dem Stand der Technik

Tabelle 16.12. Trocknungsverfahren für Klärschlämme

Verfahren	Wirkprinzip	Literatur
Sulzer Chemtech	Wirbelschichttrocknung mit direktem Schlammeintrag	[17]
KETA (Babcock)	dampfbeheizte Scheibentrockner mit aus Hohlscheiben aufgebautem Rohr mit Dickstoffpumpe	[24, 64]
KHD-Humboldt Wedag	Dampfwirbelschichttrockner Scheibentrockner Trommeltrockner kombiniertes Zentrifugier- und Trocknungsverfahren (CENTRIDRY)	[64, 66, 67]
GEA Canzler	Dünnschichttrockner	[64, 65]

entsprechende Anlagengestaltung garantiert nicht nur die Einhaltung der im BImSchG vorgegebenen Vorschriften, sondern garantiert auch den Ausschluß von Geruchsfreisetzungen und unerwünschten Oxidationsreaktionen o. ä.

Technisch üblich wird der Klärschlamm bei niedriger Temperatur (z. B. 85 °C) getrocknet. Dadurch kann der Abgang von Zersetzungsprodukten in den Brüden vermieden werden [17]. Der Gasraum des Trockners wird bei geeigneter Fahrweise näherungsweise inert mit Sauerstoffkonzentrationen < 8 % belastet [17]. Das Verfahrensschema einer üblichen technischen Anlage zur Trocknung von Klärschlamm zeigt Abb. 16.18 [44]. Welche Verwertungswege für das gewonnene Trockengranulat offen stehen, ist in Abb. 16.19 dargestellt, und am Beispiel der Kläranlage Dornbirn, Österreich, ist der Verfahrensweg einer tatsächlich in Betrieb stehenden Anlage skizziert (Abb. 16.20).

Wie in Abb. 16.21 [24] am Beispiel der Klärschlammentwässerungs- und -trocknungsanlage (KETA) Hamburg gezeigt wird, ändert sich die Anlagenstruktur vom Grundsatz her auch dann nicht, wenn der Schlammentwässerung und -trocknung eine partielle stofflich/energetische Nutzung (hier durch Ausfaulung) vorgeschaltet worden ist.

Regel 15:   Neben den wirtschaftlichen Vorteilen erfüllt die Klärschlammtrocknung folgende qualitative Voraussetzungen:

- Möglichkeit der nachfolgenden stofflichen Verwertung,
- Möglichkeit der Erweiterung um eine Verbrennungsstufe,
- keine Verwertungseinschränkungen [25].

Der bei der Trocknung entstehende Wasserdampf wird mit den ausgegasten Komponenten kondensiert. Überflüssige Wärme kann für den Verbrauch, z. B. zum Beheizen, speziell bei der Schlammfaulung, eingesetzt werden. Die installierten Verdampfungsleistungen gehen bis zu 16 t/h (Sulzer/Chemtech-Verfahren). Der typische Entsorgungspreis kann bei 35 % TS bis zu 170 DM/t betragen [21].

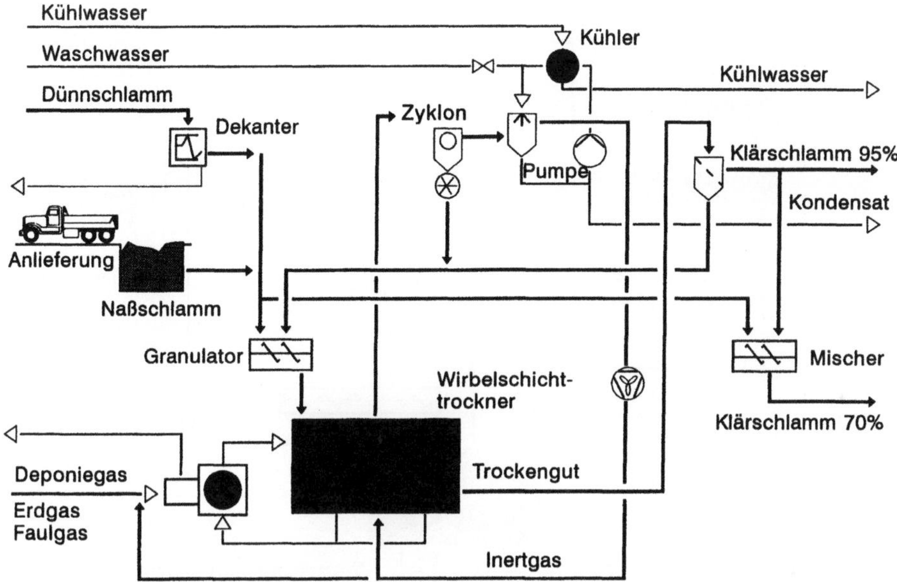

Abb. 16.18. Trocknung von Klärschlamm

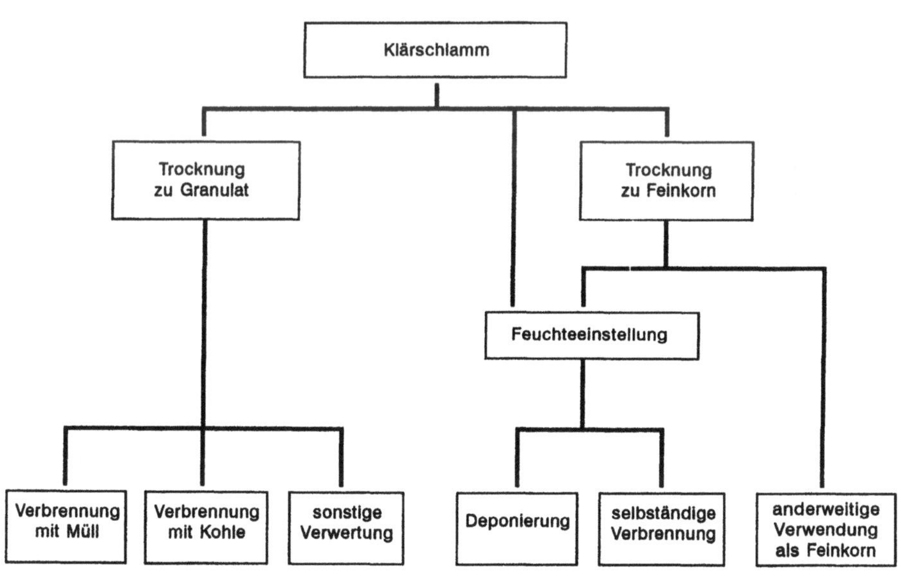

Abb. 16.19. Klärschlammaufbereitung

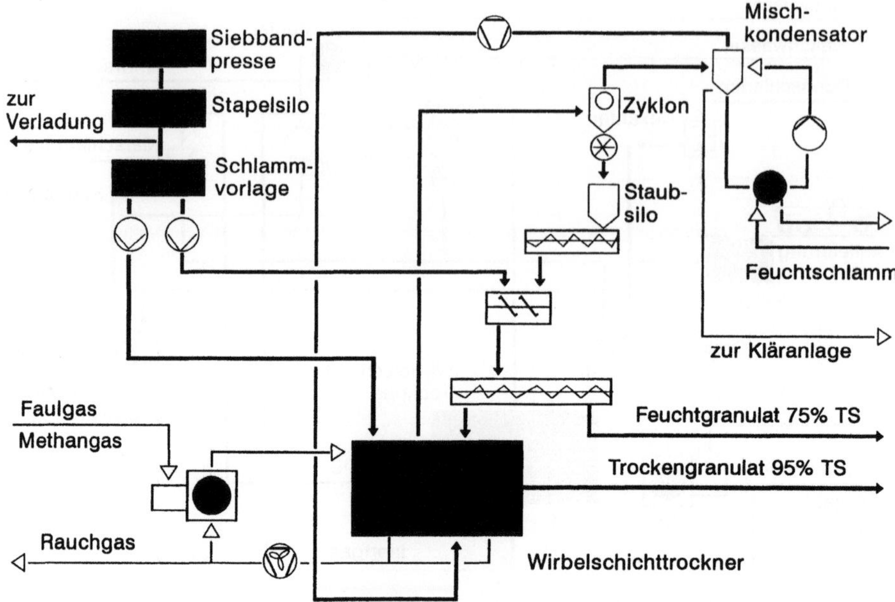

Abb. 16.20. Klärschlammtrocknungsanlage Dornbirn

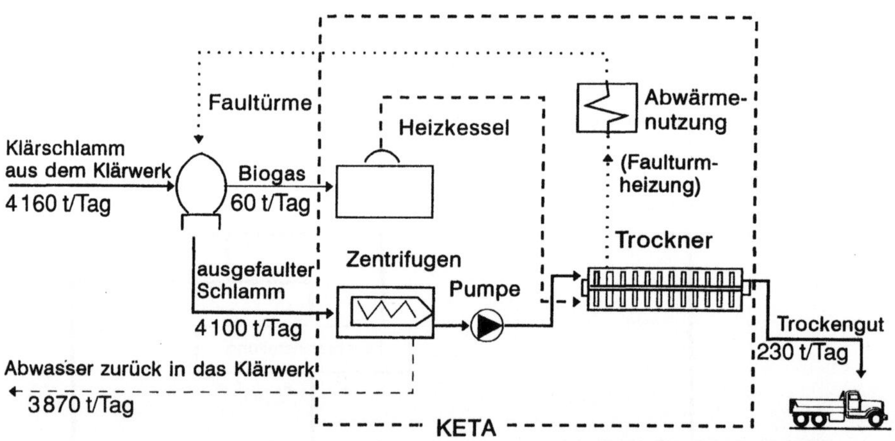

Abb. 16.21. Einbindung der KETA in das Klärwerk, —— Klärschlamm, —— Biogas, - - - Dampf, ···· Abwärmenutzung, - - - - Abwasser

Wesentliche Einsatzvoraussetzungen wurden von Florin und Kröhl wie folgt zusammengefaßt: „Energieverbrauch und Personalaufwand sind durch weitgehend automatischen Betrieb, auch beim An- und Abfahren, durch optimale Anlagengestaltung sowie Nutzung der Abwärme gering zu halten. Den abrasiven Produkteigenschaften muß die Konstruktion der Anlage Rechnung tragen, damit der Aufwand für Reparaturen und Wartung gering bleibt" [17].

16.4
Verfahren der partiellen oder totalen Verwertung der Schlamminhaltsstoffe

16.4.1
Überblick

Da die Nutzungseinschränkung der in Abwasserbehandlungsanlagen anfallenden Klärschlämme im wesentlichen auf die Konzentrationen der Begleitstoffe (Schwermetalle, persistente Chlorverbindungen u. ä.) zurückzuführen ist, kommen für die totale stoffliche Nutzung nur solche Aufarbeitungsverfahren in Frage, welche die Entfernung und schadlose Beseitigung dieser Stoffe auf Dauer garantieren.

Die im Abschn. 16.2 dargestellten Nutzungsvarianten werden vor diesem Hintergrund auch zukünftig nur in besonders geprüften Fällen direkt anwendbar sein. Der stoffliche Hintergrund der Nutzung von Biomassen aus Abwasserschlämmen resultiert aus deren Zusammensetzung (vgl. auch Abb. 16.1). Da Biomassen aus biologischen Abwasserbehandlungsanlagen fast ausschließlich aus Einzellern bestehen, sind ihre Inhaltsstoffe in relativ engen Grenzen determiniert: Eiweiße, Lipide, Kohlenhydrate, Nukleinsäuren/Proteine. Die Biomasse von Belebtschlämmen ist definitionsgemäß der Anteil der Trockensubstanz, der zur Stoffwechselleistung, d.h. zur Reinigung des Abwassers fähig ist. Die im Bild erfaßten organischen Inhaltsstoffe haben nach geeignet betriebener Dehydratisierung einen so hohen Heizwert, daß sie prinzipiell als Alternativprodukt handelsüblicher Brennstoffe in Frage kommen. Die im Abschn. 16.5 näher erläuterte Schlammverbrennung ist in diesem Sinne die primitivste Form einer totalen stofflichen Verwertung der Schlamminhaltsstoffe.

Trotzdem konnte sich die Mitverbrennung von pumpfähig gehaltenem aufkonzentrierten Klärschlamm, stichfesten Schlammschollen oder Trockengranulaten in Kohlekraftwerken bisher nicht auf breiter Front durchsetzen [21].

Als Alternative zur Klärschlammverbrennung können die in Tabelle 16.12 erfaßten Varianten der rohstofflichen Nutzung bakterieller Biomassen sehr interessant sein [21]. Sie sind als Recycling, allerdings im Sinne eines „Downcycling", anzusehen, also keine Entsorgung durch Vernichtung. Der stoffliche Charakter der einzelnen Inhaltsstoffe der Klärschlämme spielt hierbei noch eine untergeordnete Rolle.

Diesen stofflichen Aspekt berücksichtigt aber ein am Standort Stade realisiertes Recyclingkonzept, bei dem durch saure Lyse die Zellmembranen der Biomasse zerstört und Biomoleküle hydrolysiert werden. Die gewonnenen Reaktionsprodukte eignen sich so ausgezeichnet als Substrat für die vorgeschaltete biologische Abwasserbehandlungsanlage, daß 90% des Klärschlammes durch dieses Recycling entsorgt werden können [29]. Der besondere Nutzen dieses Verfahrens ist am besten dann abschöpfbar, wenn

Tabelle 16.12. Varianten der rohstofflichen Nutzung bakterieller Biomassen

Verfahren in der industriellen Klärschlammnutzung	theoretisch mögliche Verwertungskapazität (t TS/a)	realisierbar bei forcierten Aufklärungsmaßnahmen (t TS/a)
Verwertung von Klärschlamm in Asphaltmischanlagen[a]	900 000	250 000
Verwertung von Klärschlamm bei der Zementherstellung	1 250 000	300 000
Herstellung von Leichtzuschlagstoffen aus Klärschlamm	1 600 000	300 000
Summe	3 750 000	850 000
Prozentualer Anteil am heutigen Klärschlammaufkommen	150 %	34 %

[a] DE 05 CO2FO11-10 4020552 „Verfahren zur Verwertung von Klärschlämmen als Füller für Asphalt".

eine biologische Abwasserbehandlungsanlage (z.B. durch Wegfall ursprünglich der Bemessung zu Grunde gelegter Substratströme) die Erhaltung der Biozönose durch „Zufütterung" erfordert.

Regel 16: Die eigentliche stoffliche Nutzung der Klärschlamminhaltsstoffe setzt die chemische Umsetzung der Inhaltsstoffe mit separater Gewinnung und Verwertung der Reaktionsprodukte voraus.

Beispiel für ein solches Verfahren ist das in Tabelle 16.13 dargestellte Verfahren der Temperatur-Druck-Hydrolyse in Verbindung mit einer funktionierenden Umkehr-Osmose der Reaktionsprodukte [30].

16.4.2
Stoffliche Nutzung für chemische Umsetzung

Das grundsätzliche Reaktionsschema der stofflichen Nutzung zeigt Abb. 16.22 (nach [30]). Interessant ist, daß auch hier die für die Schlammverbrennung typische Prozeßkette:

- Entwässerung,
- chemische Umsetzung (dort Pyrolyse, hier Hydrolyse),
- Nutzung der Umsetzungsprodukte (dort Pyrolysegas als Brennstoff, hier Gewinnung organischer Reaktionsprodukte)

eingesetzt wird. Dabei wird nochmals deutlich, daß allein die separate Gewinnung der Reaktionsprodukte die Klärschlammverwertung von der Klärschlammvernichtung abgrenzt. Die Aussage gilt gleichermaßen für den Einsatz anderer chemischer Umsetzungen wie z.B. Oxidation, Vergasung, Konvertierung, Hydrierung usw., (vgl. Tabelle 16.14). Die dabei gewinnbaren

Tabelle 16.13. Beispiel zur stofflichen Nutzung bakterieller Biomassen

1. Aufgabenstellung
Gewinnung von Hydrolyseprodukten der Schlamminhaltsstoffe.

2. Problemlösung
- Druckhydrolyse in der Flüssigphase (Spaltung der Kovalenzbindungen der organischen Klärschlamminhaltsstoffe durch Reaktion der Verbindung mit HOH (vgl. Abb. 2) in wäßriger Phase,
- Umwandlung von in der Biomasse akkumulierten Problemstoffen in wasserlösliche Verbindungen,
- Öl-Wasser-Trennung,
- Gewinnung von Wertstoffen aus dem Hydrolyseöl,
- Aufarbeitung der wäßrigen Hydrolysatphase durch fraktionierte Umkehrosmose,
- Verwertung der Restöle bei der Synthesegaserzeugung.

3. Vorteile
Temperaturabhängige Einstellbarkeit des Verhältnisses der Reaktionsprodukte und des Umsatzes (Fettsäuren, Fettalkohole, Fettamine u.a. im Hydrolyseöl; Aminosäuren, Alkohole, kurzkettige Carbonsäuren, Ketosäuren, Purin u.a. in der AS-Fraktion; dekontaminierte Restmasse usw.).

4. Referenz
Experimentell mit 20 l/h Durchsatz erprobtes Verfahrenskonzept des Still-Otto-Forschungslabors in Bochum 1988 [30].

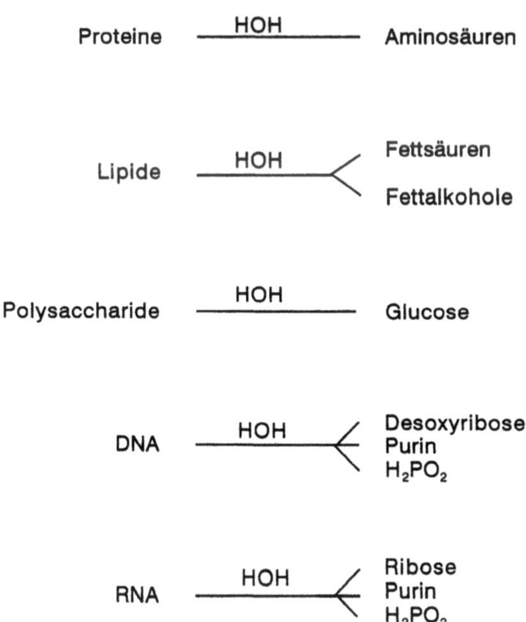

Abb. 16.22. Reaktionsschema der Temperatur-Druck-Hydrolyse in Verbindung mit einer fraktionierenden Umkehrosmose der Reaktionsprodukte

Tabelle 16.14. Beispiel zur Gewinnung von Reaktionsprodukten aus Klärschlamm

---

1. Aufgabenstellung
Synthesegasgewinnung aus Klärschlamm als Alternative zur Verbrennung

2. Problemlösung
Chemische Umsetzung eines geeigneten Reststoffmixes aus festen, flüssigen und pastösen organischen Stoffen mit Sauerstoff und Wasserstoff bei einem Betriebsdruck von 25 bar und 800–1300 °C (Festbettdruckvergaser mit integrierter Gaskühlung und Wärmegewinnung/ Schacht-Reaktoren mit reduzierender Atmosphäre) für einen Massenanteil von max. 50 % Klärschlamm im Gemisch mit Kohle, Kunststoff usw.
Wahlweise Einsatz des Synthesegases in der CO-Konvertierung zur Herstellung von Methanol oder zur energetischen Verwertung.

3. Vorteil
Einsatz vorhandener Vergasungsanlagen zur Reststoffverwertung einschließlich Klärschlammverwertung.

4. Referenz
Verwertung 80 bis 130 kt/a getrockneter und nasser Klärschlamm mit Trockenkohle agglomeriert bzw. brikettiert durch LBV-Reststoffverwertungszentrum am Standort Schwarze Pumpe (Brieske Senftenberg) [60].

Reaktionsprodukte unterscheiden sich teilweise drastisch von den in Abb. 16.22 dargestellten Hydrolyseprodukten. Der Einsatz der Druckoxidation ausschließlich zur Mineralisierung der Klärschlamminhaltsstoffe leitet über zur Verbrennung (vgl. hierzu Abschn. 16.5, speziell die Tabellen 16.27 und 16.28).

Verallgemeinerte Erfahrungen für eine dauerhafte wirtschaftliche Realisierung derartiger Konzepte fehlen noch. Für große Biomassemengen bei weiterer Verfahrensoptimierung wirtschaftlich interessant ist die Möglichkeit der totalen extraktiven Aufarbeitung von Biomassen (Abb. 16.23 und Tabelle 16.14).

Eine endgültige Bewertung dieses Nutzungskonzeptes liegt z. Z. nicht vor. Daß die Inhaltsstoffe aus dem Bioschlamm prinzipiell gewonnen werden können, ist der gegenwärtige Stand des Wissens [21, 33, 34, 49] und wird im Abschn. 16.4.4 nochmals diskutiert.

Als Voraussetzung für die wirtschaftliche Nutzung eines der zitierten Konzepte der rohstofflichen oder stofflichen Nutzung industrieller Klärschlämme wird von Kaiser ein Entsorgungspreis von 150–170 DM/t (bezogen auf entwässerten Klärschlamm mit 35 % TS) angegeben [21].

Regel 17:   Allen Varianten der rohstofflichen oder stofflichen Nutzung von Klärschlämmen ist gemeinsam, daß im Einzelfall z. Z. noch erhebliche Anforderungen an die Entwicklung des Technologiepotentials existieren und in jedem Falle die Wirtschaftlichkeit einer solchen Nutzungsvariante kritisch zu betrachten ist.

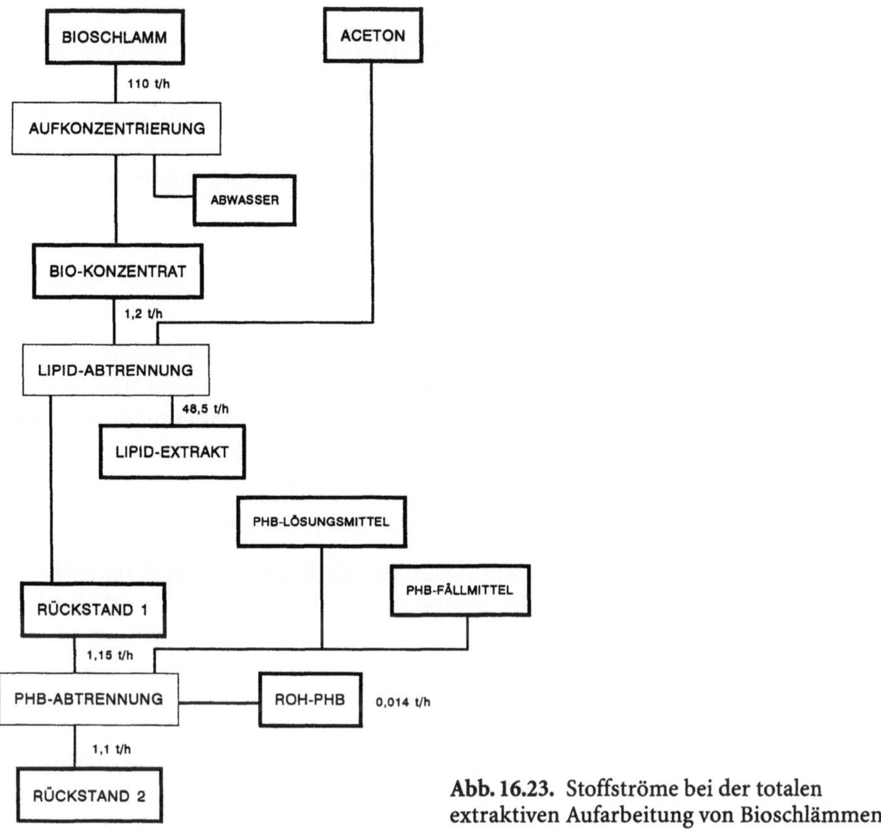

Abb. 16.23. Stoffströme bei der totalen extraktiven Aufarbeitung von Bioschlämmen

Tabelle 16.15. Beispiel zur totalen extraktiven Aufarbeitung von Bioschlämmen aus einer industriellen Abwasserbehandlungsanlage

---

1. Aufgabenstellung
Stoffliche Verwertung von 8,6 kt/a Trockensubstanz aus einer industriellen Abwasserbehandlungsanlage (ca. 1 t/h).

2. Problemlösung
Zweistufige Extraktion der mechanisch und thermisch auf 5 % Restfeuchte eingeengten Trockenmasse
(Lipidextraktion mit Methanol)
- Kreislauffahrweise des Methanol
- Verkauf des Lipides
- weitere Extraktion der entfetteten Biomasse mit einem Lösungsmittel für Hochpolymere (insbesondere PHB)
- Verwertung des hochproteinhaltigen Extraktionsrückstandes als Pelletierungsmittel

3. Vorteile/Amortisation
- Kosten ohne Erlöse   6217 DM/t TS
- Kosten abzüglich Erlöse   4111 DM/t TS

4. Referenz
BMFT-Projekt „Ökoverträgliche Stoffe aus bakteriellen Abfallbiomassen", BUNA AG, Zentralbereich Forschung und Entwicklung, 1991

16.4.3
Schlammvergärung/Schlammfaulung/Kompostierung

Eine Sonderform der stofflichen Nutzung stellt die Verwertung in einer nachgeschalteten Fermentation dar. Hier dienen nahezu alle Inhaltsstoffe der Klärschlämme als Substrat für die Ernährung von Mikroorganismen, z. Z. vorzugsweise von methanbildenden Bakterien.

Regel 18: Voraussetzung für den Einsatz von Klärschlämmen in Vergärungs- oder Faulungsanlagen ist ein dauerhaft hinreichendes Nährstoffangebot.

Regel 19: Der Einsatz von Klärschlämmen in Methanisierungsanlagen wird in weiten Grenzen durch problematische Begleitstoffe (Schwermetalle, nicht immobilisierbare organische Problemstoffe, anorganische oder organische Inertstoffe) nicht beeinträchtigt.

Regel 20: Biogas ist bei Beachtung der technischen Regeln als Brennstoff unproblematisch und wirtschaftlich verwertbar.

Der im Ergebnis der Biogasherstellung anfallende Rückstand stellt rekursiv wieder eine Biomasse im Sinne der Definition in den Abschnitten 16.1 und 16.4.1 dar.

Wesentlich ist eine Einengung des Schlammvolumens typischerweise auf 10 % des ursprünglichen Wertes. Zu beachten ist die damit einhergehende Aufkonzentrierung inerter anorganischer oder problembehafteter und nicht biologisch abbaubarer organischer Inhaltsstoffe.

Das aktuelle Technologiepotential zur anaeroben Vergärung von Biomassen ist in [31] zusammengefaßt und dort zugänglich. Einen Überblick über die z. Z. verfügbaren Verfahren liefert Tabelle 16.16 [31].

Tabelle 16.16. Verfügbare Verfahren zur Vergärung von Bioschlämmen

---

- Verfahren mit einstufiger thermophiler Trockenfermentation
  - Heidemij Realisatie – BIOCEL-Verfahren
  - Organic Waste System N.V. – DRANCO-Verfahren
  - Schmidt AG/Bühler – KOMPOGAS-Verfahren
  - Valorga Prozeß – VALORGA-Verfahren
- Verfahren mit einstufiger mesophiler Naßfermentation
  - Gesellschaft für Verfahrenstechnik – ARENHA-Verfahren
  - Deutsche Babcock Anlagen – DBA-WABIO-Verfahren
  - Stadt Rottweil – ROTTWEIL-Verfahren
- Verfahren mit einstufiger thermophiler Naßfermentation
  - Linde KCA Dresden GmbH – LINDE-Verfahren
  - Herrmansdorfer Entwicklungsgesellschaft/Krüger Bigadan – KRÜGER-Verfahren
  - Jysk Biogas A/S – Jysk-Verfahren
- Verfahren mit zweistufiger mesophiler Naßfermentation
  - Biotechnische Abfallverwertung GmbH – BTA-Verfahren
  - Paques Solid Waste Systems B.V. – PRETHANE-/RUDAD-Verfahren
- Verfahren mit zweistufiger thermophiler Naßfermentation
  - Uhde GmbH/Schwarting GmbH – SCHWARTING-Verfahren

Nach vorliegenden Untersuchungen beträgt die Verweilzeit im Faulbehälter 10,4–14,3 d [35].

Gemäß den im Abschn. 16.4.2 dargelegten Sachverhalten eignet sich die aerobe Vergärung von Biomassen ihrem Charakter nach als „kalte" Verbrennung entsprechend, grundsätzlich nicht als Verwertungsvariante (kein Beitrag zur Humusbildung u. a.).

Regel 21: Der Einsatz von Klärschlämmen von Kompostierungsanlagen kommt vorzugsweise dann in Frage, wenn begünstigende thermische Effekte erzielt werden oder wenn die Struktur und zusammensetzungverbessernde, nicht problembehaftete Drittstoffe (Spurenelemente) im Klärschlamm dominieren. Gegebenenfalls können Kostenspareffekte begünstigend wirken.

Diese im Sinne der Totalverwertung der einzelnen Inhaltsstoffe wenig geeigneten Varianten eignen sich sehr wohl als CO_2-neutrale Varianten der Kreislaufbildung. Weitere Details hierzu sind bereits im Abschn. 16.2 behandelt.

16.4.4
Gewinnung ausgesuchter Inhaltsstoffe oder Fraktionen

16.4.4.1
Proteine

Der ernährungsphysiologische Wert der aus bakteriellen Biomassen gewinnbaren Proteine ist unstrittig (Abb. 16.24 [51] und Tabelle 16.17 [50]). Wesent-

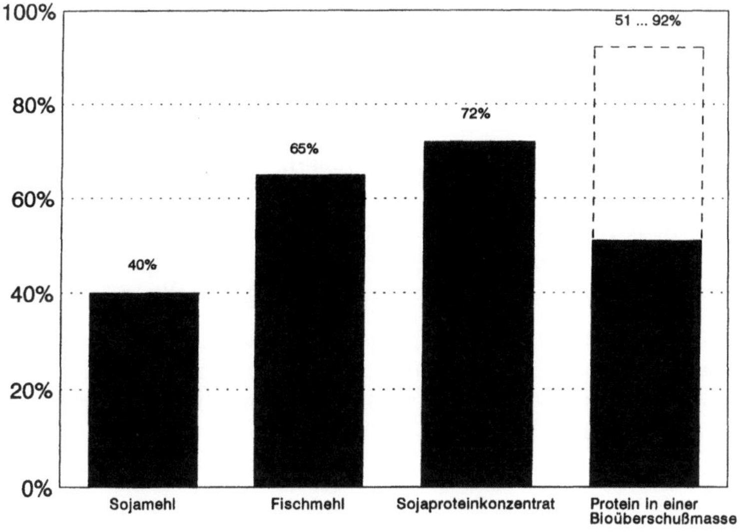

Abb. 16.24. Proteingehalt in ausgesuchten Biomassen

Tabelle 16.17. Rattenversuchsergebnisse bei Proteinverfütterung

Proteingehalt in Trockensubstanz	68%
N-Einnahme	117–135 mg/Tag
LMZ	1,2–1,3 g/Tag
Scheinbare Verdaulichkeit des Rohproteins	66,7–67,7%
Biologische Wertigkeit	66,2–89,0%

Tabelle 16.18. Typisches Aminosäurespektrum aus bakteriellen Biomassen

Nukleinsäuren (% TS) g/16 g N	10,67
Lysin	6,0
Histidin	2,1
Arginide	6,0
Asparagine	8,5
Threonin	4,3
Serine	3,1
Glutamine	9,3
Proline	4,0
Glycine	5,6
Alanine	7,5
Valine	5,6
Isoleucin	4,6
Leucine	7,6
Tyrosine	3,9
Phenylalanine	5,3
Cystein	0,5
Methionine	2,4
Tryptophan	2,4

lich einschneidender wirken genehmigungsrechtliche und wirtschaftliche Schwierigkeiten.

Noch nicht einschätzbar sind die Möglichkeiten zur Gewinnung und Verwertung der in Biomassen als Proteinbausteine nachweisbaren Aminosäuren (ein typisches Aminosäurespektrum zeigt Tabelle 16.18)

Regel 22: Im Ergebnis einer wertschöpfenden stofflichen Verwertung der Inhaltsstoffe bakterieller Biomassen, wie sie in Klärschlämmen auffindbar sind, bieten sich am ehesten gemischte Proteinfraktionen als Zielprodukt an [50–53, 32].

Dabei ist es unerheblich, ob das Aufarbeitungsverfahren durch extraktive und/oder reaktive (z. B. enzymatische) Umsetzungen bestimmt wird. Beispiele für Verwertungskonzepte sind in Tabelle 16.19 zusammengestellt [51, 32].

Tabelle 16.19. Beispiele für Verwertungskonzepte

Bezeichnung	Zielmarkt
Protein-Kohlenhydrat-Gemisch	Fermentation auf Milchsäure/Acrylsäure anaerobe Fermentation zur Methangewinnung Substrat für Enzymfermentation (z.B. Proteasen für Waschmittelindustrie)
Protein zur Saatgutpilierung	Land- und Gartenbau
Proteinhydrolysate	Co-Substrat für Fermentationen
Proteinpräparate	Hilfsmittel bei der Polymerverarbeitung (z.B. PVC-Stabilisierung)

Tabelle 16.20. Löseeigenschaften von Aceton und Methanol

	Aceton	Methanol
Neutrallipide	+++	++
freie Fettsäuren	+++	++
Farbpigmente	+	+++
Phospholipide	–	+++

Löseeigenschaften: +++ = sehr gut; ++ = gut; + = mangelhaft; – = keine.

16.4.4.2
Lipide

Grundsätzlich extraktiv zugänglich sind die lipophilen Zellinhaltsstoffe, welche z.B. vor der extraktiven Proteingewinnung anfallen. Die Auswahl der einzusetzenden Lösungsmittel erfolgte nach deren Verfügbarkeit am Standort. Aceton und Methanol wurden als geeignete Lösungsmittel empfohlen [54]. Beide Lösungsmittel zeigen auf Grund ihrer differierenden Polarität unterschiedliche Löseeigenschaften für die Gesamtheit der Lipidbestandteile in der mikrobiellen Zelle (s. Tabelle 16.20), wobei diese Eigenschaften gleichzeitig auch zur Auftrennung der Wertprodukte im Lipidextrakt genutzt werden können.

Die Verwendung von Aceton als Extraktionsmittel zeichnet sich durch gute selektive Aufnahmefähigkeit für Schwermetallchloride bei Unlöslichkeit von NaCl, KCl sowie verschiedenen anderen Salzen aus [36]. Damit ergibt sich die Chance, die Problemstoffe in einem nachgeschalteten thermischen Trennprozeß in einen Seitenstrom zu lenken und so für die Entsorgung oder sogar Verwertung zu erschließen.

Da die Lipide selbst wieder ein kompliziertes Mehrstoffsystem darstellen, sind sie potentiell interessant für die stoffliche Verwertung im Gemisch (Tabelle 16.21 [42]) aber auch als Einzelsubstanz (Tabelle 16.22 [42]).

Tabelle 16.21. Verwendungsmöglichkeiten der Lipide

- Gesamtverwertung als Substrat für Fermentationen
- Isolierung spezieller Lipidbestandteile, z. B.
  - Glykolipide; Biotenside
  - Ubichinon (spez. Inhaltsstoff für Medikamente und Wachstumsregulatoren)
  - Fettsäuren (Einsatz als Emulgatoren, Lösungsvermittler, Aktivierungsmittel, Stabilisatoren in Textil-, Kautschuk- und Kunststoffindustrie)
  - Phospholipide (Möglichkeiten des Einsatzes in der Flüssigkristallherstellung)

- Gesamtverwertung als Einsatzstoff in der Landwirtschaft
  - Formulierungshilfsmittel für Pestizide
  - als Haftvermittler bei der Inkrustierung von Getreide- und Gemüsesamen
- Nutzung des Gesamtlipids als Heizöl
  - lösungsmittelfrei, besitzt einen deutlich besseren Heizwert als Rohbraunkohle
- Bekannte Einsatzgebiete von Gesamtlipid
  - Bohrspülmittel
  - Schalöl für Bauindustrie
  - Zusatz zu Pflanzenschutzmitteln

Tabelle 16.22. Wirkungsweise von Bakterienlipiden

- Lipidextrakte/Lipidfraktionen
  - biologisch abbaubare Tenside, ggf. Modifizierung
  - Hilfsmittel bei der Formulierung von agrochemischen Wirkstoffen mit der Zielsetzung der Einsparung von Tensiden und Wirkstoffen
  - streßabschwächende Mittel bei der Kultivierung von land- und forstwirtschaftlichen Kulturpflanzen
  - Supplement bei der mikrobiellen Lipasegewinnung (Ausbeuteerhöhung)
- Phosphatide
  - Haftverbesserer in Bitumenproduktion
  - teilweise antiphytovirale Wirksamkeit

- Fettsäuren
  - teilweise fungizide Wirksamkeit
- Biochinone
  - Wirkstoffe in der Pharmazie

Regel 23:   Mangels geeigneter verallgemeinerungsfähiger Referenzen lassen sich z. Z. noch keine Prognosen zur praktischen Verwertbarkeit der im Klärschlamm enthaltenen Lipide als Rohstoff, aufgearbeitete Stoffgemische oder verwertbar gewonnene Einzelsubstanzen geben.

In der Fachliteratur [45] dargestellte Verwertungsstudien zeigen, daß Gewinnung und Verwertung durch den z. Z. praktisch kaum möglichen Ausschluß von Problemstoffen und die begrenzten verfahrenstechnischen und wirtschaftlichen Möglichkeiten erschwert werden.

16.4.4.3
Hochpolymere bakterielle Speicherlipide

Neben Verfahren zur konventionellen chemischen Herstellung biologisch abbaubarer Spezialpolymere (z. B. Kohlendioxid-Ethenoxid-Copolymere) bieten alle zellulär und speziell mikrobiell synthetisierten Polymere die Chance der biologischen Abbaubarkeit. Aus der Vielzahl der Biopolymeren konnten bisher neben der Polymilchsäure und der Polyglycolsäure die Poly-β-Hydroxy-Buttersäure und ihre Copolymere praktische Bedeutung erlangen [45]. Als Grundlage für die Gewinnung dieser Polymere wird allgemein eine zielgerichtete Fermentation auf Basis der Substrate

- Methanol,
- Sucrose,
- Glucose,
- Ethanol und
- Essigsäure

als unerläßlich angesehen [14]. Einer erfolgreichen Vermarktung dieses Produktes standen bis vor kurzem noch zu hohe Produktionskosten im Vergleich zu herkömmlichen Polymeren auf Erdölbasis – bedingt durch die relativ hohen Einstandspreise der zur Bakterienzucht benötigten Rohstoffe – entgegen. Als gleichermaßen kostentreibend erwiesen sich die Aufarbeitungsverfahren. Dementsprechend hoch sind die Marktpreise.

Obwohl bei zwangsweise anfallenden Biomassen die Kosten für Substrate und die Fermentationsstufe buchhalterisch nicht ins Gewicht

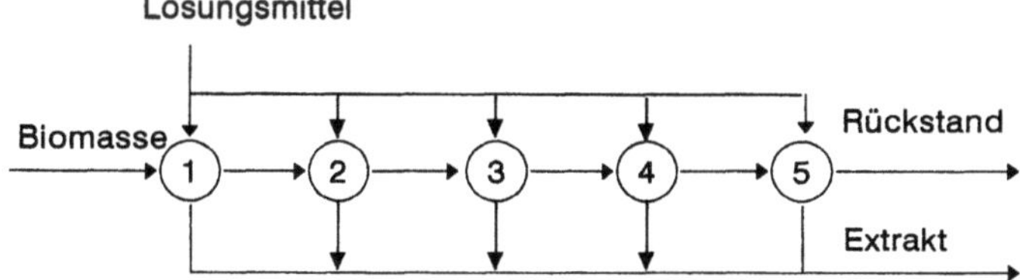

Vorbehandlung
Extraktion der Lipidfraktion

Extraktionsbedingungen
Lösungsmittel: Butylacetat 99 (5 Schritte)
Verhältnis Biomasse/Lösungsmittel: 1 : 5
Verweilzeit in jedem Schritt: 15 min
Siedepunktbedingungen

Ergebnisse
100 % des extrahierbaren Biopolymers abgetrennt (100 % entsprechen dem praktisch möglichen Betrag an extrahierbarer Substanz. Dieser Betrag ist abhängig vom gewählten technologischen Prozeß.)

Abb. 16.25. Extraktives Verfahren zur Gewinnung von Biokunststoffen

fallen, spielen Aktivitäten zur Gewinnung der als bakterielles Speicherlipid in den Zellen verschiedener Mikroorganismen nachweisbaren Poly-β-Hydroxy-Buttersäure u.a. wegen der geringen Gehalte praktisch keine Rolle.

Regel 24: Die separate Gewinnung von Biokunststoffen aus Klärschlämmen wird auf absehbare Zeit nur im Ausnahmefall – und dabei nur bei wirtschaftlicher Totalvermarktung der Inhaltsstoffe – sinnvoll dargestellt werden. Diese Aussage gilt gleichermaßen für enzymatische wie für lytische oder extraktive Verfahren (Abb. 16.25 [55]).

16.5
Schlammverbrennung und -entsorgung/ Deponievorbereitung und -ausführung

16.5.1
Einführung in die Verbrennung

Regel 25: Obwohl die Verbrennung unter O_2-Überschuß ihrem Charakter als Oxidation entsprechend auch eine stoffliche Umsetzung der Inhaltsstoffe darstellt, unterscheidet sie sich von der stofflichen Nutzung durch die Zielstellung:

Vollständige Mineralisierung der Schlamminhaltsstoffe mit integrierter Energienutzung.

Neben verbrennungsinerten Drittprodukten treten nur Metallsalze, CO_2 und H_2O als Zielprodukte auf. Obwohl damit der ökologische Kreislauf geschlossen werden kann, sind bedarfsweise aus ökotoxikologischen Gründen Stäube, lösliche Schlackebestandteile und nicht umgesetzte Reaktionszwischenprodukte aus den Rauchgasen und Schlacken zu entfernen. Die Deponie der Rückstände ist problemlos. Das Auswaschen von Schadstoffen kann ausgeschlossen werden. Die Verbrennung von Klärschlämmen unterscheidet sich von der Verbrennung zum Zwecke der Energiegewinnung insofern, daß die freigesetzte Energie in der Mehrzahl der Fälle bei der Konditionierung (insbesondere Trocknung der zu verbrennenden Klärschlämme) selbst benötigt wird. Dabei ist es vom Grundsatz her unerheblich, ob im Sinne einer optimalen Führung des technischen Prozesses eine Methanisierung o.ä. Schwelprozesse oder die Trocknung integriert sind (vgl. Abb. 16.26 [6]).

Unter der Voraussetzung einer selbstgängigen Verbrennung soll die zu behandelnde Mindestmenge für den wirtschaftlichen Betrieb einer Klärschlammverbrennungsanlage 7,2 kt/a Trockenmasse nicht unterschreiten [56].

Regel 26: Solange die Verbrennung ausschließlich zum Zwecke der Mineralisierung der Klärschlamminhaltsstoffe eingesetzt wird, können auch Verfahren der Niedertemperaturnaßoxidation als „kalte" Verbrennung bezeichnet und in die Bewertung einbezogen werden.

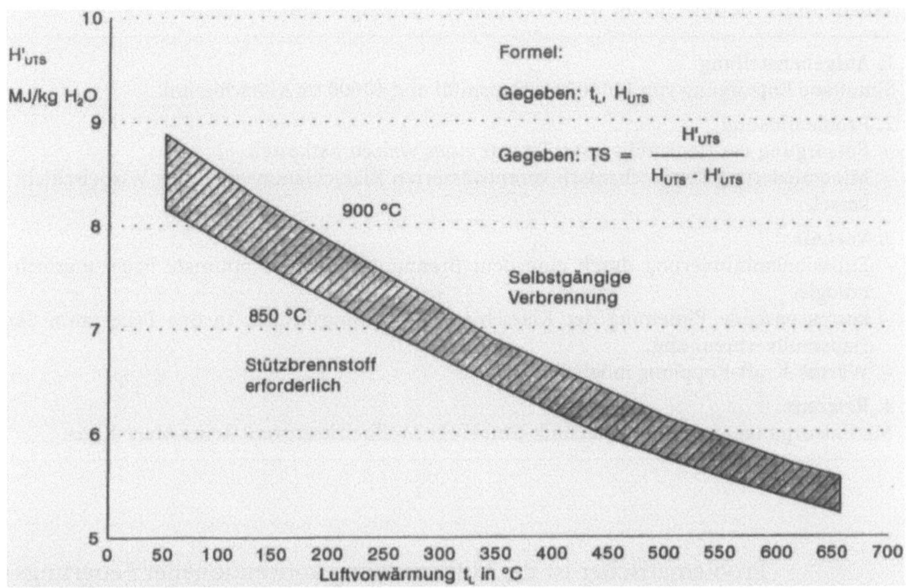

Abb. 16.26. Kriterium für selbstgängige Verbrennung, H_{UTS} auf Restfeuchte bezogener massenbezogener Heizwert (MJ/kg H_2O), t_L Verbrennungsluftvorwärmung (°C), Heizwert OTS 19–23 MJ/kg, zusätzliche thermische Entwässerung nur bei fehlender Zufeuerung – Scheibentrockner – Dünnschichttrockner

16.5.2
Konventionelle Verbrennung

Nach geeigneter Einstellung der Restfeuchte (nach [37] weniger als 20 %) kann Klärschlamm in normalen Festbrennstoff-Feuerungen verwertet werden (Tabelle 16.23). Als Kriterien werden genannt [57]:

- Heizwert größer 11 000 kJ/kg,
- Feuerungswirkungsgrad größer 75 %,
- Nutzung der Wärme.

Der Stand der Technik wird dadurch gekennzeichnet, daß durch Wahl hoher Verbrennungstemperaturen und eine geeignete Rauchgasbehandlung persistente Chlorverbindungen sicher zerstört werden und ihre Rekombination unterbunden wird [15]. Die Temperaturauswahl gestattet es, auf den Ausstoß von Asche völlig zu verzichten. Ergebnis der Verbrennung ist dann ein (verglastes) Schmelzgranulat, welches die Eluierung von anorganischen Schadstoffen (insbesondere Schwermetallen) grundsätzlich ausschließt [15].

Das Prozeßleitsystem muß dabei so ausgelegt werden, daß auch bei den in der Praxis üblichen Mengen- und Zusammensetzungsschwankungen die Forderungen der 17. BImSchV sicher eingehalten werden [38]. Vor diesem Hintergrund garantieren spezielle Klärschlammverbrennungsanlagen eine optimale Prozeßführung.

Tabelle 16.23. Beispiel für die Klärschlammverbrennung in einem Müllheizwerk

---

1. Aufgabenstellung
Simultane Entsorgung von 130000 t/a Hausmüll und 40000 t/a Klärschlamm.

2. Problemlösung
- Entsorgung des Hausmülls unter Einsatz eines Walzenrostkessels,
- Mineralisierung der mechanisch vorentwässerten Klärschlämme in einem Wirbelschicht-kessel.

3. Vorteile
- Emissionsminimierung durch eine dem Brenngut angepaßte optimale Feuerungstech-nologie,
- kostensparende Einleitung der Klärschlammtrocknungsbrüden in den Feuerraum der Hausmüllverbrennung,
- Wärme-Kraft-Kopplung möglich.

4. Referenz
ML Entsorgungs- und Energietechnik GmbH für Müllheizkraftwerk Rems-Murr-Kreis.

Problematischer ist die Mitbenutzung konventioneller Feuerungs-anlagen, wird doch die Mitverbrennung von Klärschlamm in Kraftwerken als Hauptanteil der industriellen Nutzung mit einem Anteil von 60 % im Jahre 2000 prognostiziert [10].

Zu beachten sind auch hier rahmenrechtliche Bedingungen, welche z. B. Limitierungen des zulässigen Mengenanteils vorschreiben. Z. B. soll bei der Mitverbrennung in Steinkohle-Schmelzkraftwerken bis zu einem Feue-rungswärmeanteil von 25 % nicht der gesamte Rauchgasstrom, sondern nur ein Teilstrom der 17. BImSchV unterliegen [15].

Die Tabellen 16.24 [15] und 16.25 [15] geben einen Einblick in weitere praktische Probleme und verweisen auf die Notwendigkeit, erfahrene Technologieträger in die Problemlösung zu integrieren. Der Stand der Tech-nik wird bestimmt durch Wirbelschichtfeuerungen, Etagenöfen und Etagen-wirbler [6]. Tabelle 16.26 gibt weiterhin einen Einblick in typische Problem-lösungen vor dem Hintergrund der 15 realisierten Einsatzfälle im Jahre 1990.

Typische Betriebskosten in Abhängigkeit vom Durchsatz Schlamm-trockensubstanz pro Stunde sind in Abb. 16.27 veranschaulicht.

Regel 27:   Klärschlammverbrennungsanlagen sind bei Beachtung des aktuel-len Standes der Technik frei von ökologischen Risiken.

Bei der Verbrennung entstehende Stickoxide (NO_X) können bedarfsweise durch selektive nicht-katalytische Reduktion abgefangen werden [56].

16.5.3
Hydrothermische Hochdruckoxidation

Im Gegensatz zur Oxidation im vergleichsweise hohen Temperaturbereich können Klärschlämme auch bei niedrigen Temperaturen und hohem Druck

Tabelle 16.24. „Thermische Behandlung" von Klärschlamm (KS)

Art der thermischen Behandlung	Müllverbrennungsanlage (MVA)		Wirbelschichtverbrennung Etagenofen		Zementofen Asphaltmischanlage	Trockenfeuerung, z.B. Braunkohlekraftwerk	Schmelzfeuerung z.B. Steinkohlekraftwerk
KS-Feststoffgehalt % TR	30–40%	ca. 90%	40–50%		75–90%	mech. entwässert	min. 90%
KS-Anteil	max. 15%	max. 50%	100%		max. 50 kg TS/t Klinker	max. 2–3% der Braunkohle durch KS ersetzbar	max. 256% der Feuerungswärmeleistung
KS-Aufbereitung -Aufgabe	Mischung vor oder auf Rost mit Müll	Einblasen von getr. u. gemahlenem KS	Aufgabe wie mechan. entwäss. bzw. getrocknet		gemahlen bzw. Aufgabe wie getrocknet	Mahltrocknung zus. mit Braunkohle	Mahlung zus. mit Steinkohle
Feuerungsart für KS-Anteil	Rostfeuerung	Staubfeuerung	Wirbelschicht	Etagenofen	Staubfeuerung bzw. Gutbett	Staubfeuerung	Staubfeuerung mit Schmelzkammer für Asche
Abgasreinigung (17. BImSchV)	vorhanden, evtl. Erweiterg.erford. wegen Erhöhung des Staubanteils u. Volumenstr.	Staubanteils	komplette Rauchgasreinigung erforderlich		nur Entstaubung vorh., kompl. Rauchgasreinig. erforderlich	vorhanden	vorhanden
Ausbrand	unvollständig, KS fällt durch Rost	unvollständig, Verweilzeit unkontrolliert	gut	Nachverbrennung der Rauchgase erforderlich	im Zementofen gut bei Asphaltanlage Feststoffbrennkammer erf.	gut	gut

Tabelle 16.24 (Fortsetzung)

Art der thermischen Behandlung	Müllverbrennungsanlage (MVA)	Wirbelschichtverbrennung Etagenofen		Zementofen Asphaltmischanlage	Trockenfeuerung, z.B. Braunkohlekraftwerk	Schmelzfeuerung z.B. Steinkohlekraftwerk
Rückstandsentsorgung/-Verwertung	Deponie	Deponie		Einbindung in Produkt	Deponie	Verwertung des Schmelzkammergranulates: Strahlmittel, Straßenbau, Baustoffzuschlag
Bewertung	MVA's durch Hausmüll ausgelastet Entsorgung sehr kostenspielig, hohe Staubproduktion, von 1 t TS müssen ca. 500 kg deponiert werden	ausgereifte Technik von 1 t TS müssen ca. 500 kg deponiert werden	technisch überholt	Hg und Cd im Rauchgas, Werte der 17. BImSchV können mit KS ohne Nachrüstung der Rauchgasreinig. nicht eingehalten werden	Verfahren kostengünstig, jedoch hohe Deponiekosten, da von 1 t TS ca. 500 kg deponiert werden müssen	ökologisch günstigstes Verfahren, da organ. Schadstoffe bei hohen Temperaturen zerstört und nur ca. 5 kg von 1 t TS deponiert werden müssen

Tabelle 16.25. Schadstoffbelastung durch die „thermische Klärschlammbehandlung"

Art der thermischen Behandlung	Verbrennung mit Hausmüll (MVA)	Verbrennung in Wirbelschicht (WS)	Verbrennung in Schmelzzyklon	Schmelzvergasung
Oxidationsmittel	Luftsauerstoff	Luftsauerstoff	Luftsauerstoff und reiner Sauerstoff	reiner Sauerstoff
Steuerung der Verbrennung	bedingt möglich Stoßfeuerbelastungen durch Plastik u. ä. unvermeidbar	gut steuerbar	gut steuerbar	durch Vergasung und anschließende Verbrennung von kleinen Gasvolumina optimal steuerbar
Abgas- bzw. Reaktionsgastemperatur	850–1050 °C	850–950 °C	1500–1600 °C	1500–1600 °C
Abgas- bzw. Reaktionsgasvolumen im Betriebszustand je kg Klärschlamm (TS)	24–30 m³/kg TS	24–30 m³/kg TS	25–27 m³/kg TS	ca. 1,7 m³/kg TS
Schwermetalle in festen Rückständen	auslaugbar	auslaugbar	glasartige Rückstände vernachlässigbar gering auslaugbar	glasartige Rückstände vernachlässigbar gering auslaugbar
Dioxine im Rohgas	vorhanden	weniger als bei MVA	weniger als bei WS	unter Nachweisgrenze
Dioxine im Flugstaub	vorhanden	weniger als bei MVA	Flugstäube werden eingeschmolzen, damit unter Nachweisgrenze	Flugstäube werden eingeschmolzen, damit unter Nachweisgrenze

Tabelle 16.25 (Fortsetzung)

Art der thermischen Behandlung	Verbrennung mit Hausmüll (MVA)	Verbrennung in Wirbelschicht (WS)	Verbrennung in Schmelzzyklon	Schmelzvergasung
Phosphorpentoxid im Rohgas	vorhanden	vorhanden	vorhanden	entsteht nicht in reduzierender Atmosphäre
Ausbrandqualität, Dioxin-Neubildung	Ausbrand bedingt akzeptierbar, erhöhte Dioxinbildung	Ausbrand besser als bei MVA, entspr. geringere Dioxinbildung	Ausbrand besser als bei WS, entspr. geringere Dioxinbildung	Vergasungsgas kann ähnlich Erdgas optimal verbrannt werden, Dioxine unter Nachweisgrenze
NOx-Bildung	etwa gleiche NOx-Belastung		durch höhere Feuerraumtemperatur erhöhte NOx-Bildung	in reduzierter Atmosphäre bei Vergasung keine, bei anschließender Oxidation geringe NOx-Bildung durch gut kontrollierte Verbrennung

Tabelle 16.26. Typische Problemlösungen

In Deutschland existierten im Jahr 1990 15 Anlagen zur Klärschlammverbrennung [1];
Beispiele:

- Deutsche Babcock Anlagen AG Krefeld

  halbtechnische Versuchsanlage zur Schlammtrocknung (Kontakttrockner) und Wirbelschichtverbrennung (Klärschlamm mit mittlerem TS-Gehalt von 49–50 % wirtschaftlich
  verbrannt) [4]

- Berliner Wasser-Betriebe

  Wirbelschichtverbrennung mit hohem technischem Entwicklungsstand

- Wiener Entsorgungsbetriebe Simmering [6]

  Durchsatz Wirbelschichtöfen: 250 t TS/d
  Temperatur: 850 °C
  Heizwert Klärschlamm: ca. 16 000 kJ/kg TS
  ab TS-Gehalt von ca. 37 % verbrennt der Rohschlamm selbstgängig

- BASF AG Ludwigshafen

  seit 3/1992 zwei neue Verbrennungslinien für Klärschlammfilterkuchen in Betrieb; 2 Wir-
  belschichtöfen mit je ca. 33 m³ Filterkuchendurchsatz 26 t/h je Linie (ca. 5 t/h Klärschlamm-
  TS) [13]
  Luftvorwärmung: 450 °C
  Dampfproduktion: 2 · 35 t/h, 63 bar, 420 °C [6]

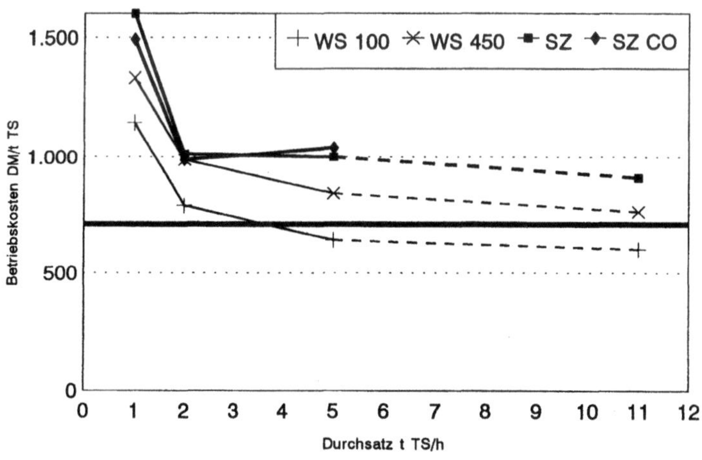

Abb. 16.27. Betriebskostenvergleich „thermische Klärschlamm-Behandlung"; Richtwerte
einschließlich Trocknungskosten und Deponiegebühr unter Berücksichtigung einer Strom-
gutschrift von 0,08 DM/kWh, [WS 100 Wirbelschichtverbrennung/Deponiegeb für Rück-
standsentsorgung 100 DM/t, WS 450 Wirbelschichtverbrennung/Deponiegeb für Rückstands-
entsorgung 450 DM/t, SZ Verbrennung im Schmelzzyklon, SZ CO Verbrennung im
Schmelzzyklon nach dem Corminverfahren, ——— Kosten der Verbrennung von Klärschlamm in Steinkohlekraftwerken mit Schmelzkammerfeuerung einschließlich Trocknungskosten

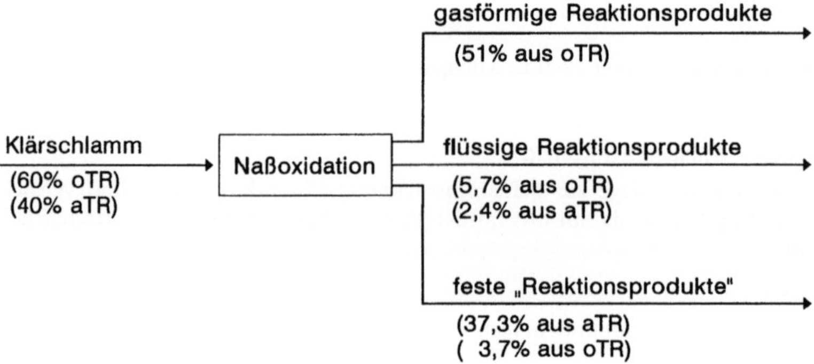

Abb. 16.28. Grobes Reaktionsschema der Naßoxidation (ohne Beachtung der Phasenzusammensetzung)

Tabelle 16.27. VerTech-Naßoxidation

---

1. Aufgabenstellung
Sichere, schadstofffreie Klärschlammineralisierung auf minimierter Baufläche

2. Problemlösung
Nutzung der Gravitation durch Installation des Reaktors in eine 1,2 km tiefe Rohrsonde (Durchmesser 700)

3. Vorteile

TOC	< 3 Ma%
Glühverlust	$> 5\%$
Rest CSB	ca. 2% im Abwasser
N_2-Rest in atro	$4,6\%$
N_2-Umsatz in NH_4^+-N	$> 90\%$
Nitratanteil im Effluent	$< 2\%$

möglich: nachgeschaltete biologische Prozeßwasserbehandlung
- Keine Schwermetalle im Abgas; N_2 ca. 1,8% (ca. 165 mg/l),
- C als $CaSO_4$,
- im Filtrat 91% der Chloride,
- P im Reststoff über unlösliche Verbindungen,
- Sulfide und organisch gebundener S in Sulfatumgebung,
- Kationen überwiegend im Reststoff,
- starke K- und Na-Löslichkeit im Prozeßwasser,
- Reduktion der organischen Stoffe wird soweit geführt, daß Deponiekriterien der TA Siedlungsabfall sicher eingehalten werden. Die mit dem Abwasser abgeführte Schadstofflast entspricht der Indirekteinleitqualität und kann erforderlichenfalls weiter reduziert werden.

4. Referenz
Anlage zur Behandlung von 23 kt/a Schlammtrockenmasse in Apeldoorn (NL)
VerTech-Verfahren der Mannesmann Anlagenbau AG

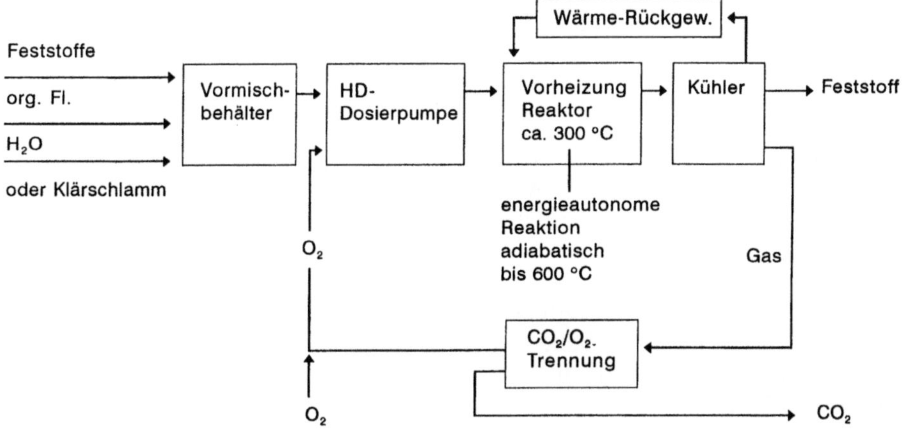

Abb. 16.29. Hochdruckoxidation der Fa. Modec, USA [49], verwirklicht ist eine Hochdruckoxidation von Pharma-Chemie-Schlämmen in Pfinztal bei Karlsruhe mit einem Durchsatz von 1,5 m³ pro Tag. Anlagenhersteller: Lentjes Anlagen- und Rohrleitungsbau GmbH Ratingen

Tabelle 16.28. Beispiel zur schadlosen Umsetzung von Klärschlamminhaltsstoffen

---

1. Aufgabenstellung
Schadlose Umsetzung der Klärschlamminhaltsstoffe zum Zweck der Verwertung *oder* Deponie.

2. Problemlösung
- Reaktive Umsetzung der Klärschlamminhaltsstoffe mit Wasser und Sauerstoff oberhalb des kritischen Punktes des Wassers,
- Ausnutzung des außerordentlichen Lösungsvermögens von überkritischem Wasser für biologische und andere organische Stoffe für eine günstige Verfahrensgestaltung (vgl. Abb. 16.23).

3. Vorteile
- Gewinnung ökologisch einwandfreier Zersetzungsprodukte (CO_2, H_2O, Oxide, Salze),
- günstiges Kosten-Nutzungs-Verhältnis,
- günstige Anpassung an wechselnde Schlammzusammensetzung [61].

4. Referenz
Versuchsanlage für 1,5 m³/d Pharma-Chemie Klärschlamm in Pfinztal bei Karlsruhe (Gelände der Fraunhofer Stiftung) auf Basis des PCT-Patentes WO 93/00304 (CO2F 11/08) der Modell Development Corporation [62, 63].

---

oxidiert werden. Ein grobes Reaktionsschema der Naßoxidation ist in Abb. 16.28 zu sehen. Zur Illustration ist zudem in Tabelle 16.27 die VerTech-Naßoxidation skizziert und Tabelle 16.28 erläutert ein Beispiel zur schadlosen Umsetzung von Klärschlamminhaltsstoffen zum Zweck der Verwertung oder Deponierung. Eine weitergehende Illustration zu dem in Tabelle 16.28 angeführten Beispiel bietet Abb. 16.29. Hierin ist der schematische Ablauf der von der Fa. Modec, USA, [49] entwickelten Hochdruckoxidation von Klärschlämmen gezeigt. Eine Anlage zur Behandlung von 1,5 m³ pro Tag steht in Pfinztal bei Karlsruhe.

Tabelle 16.29. Tiefschachtverfahren zur hydrothermischen Hochdruckoxidation

Temperatur	280 °C
Aufenthaltszeit	50 min
Druck	10,4 MPa
Oxidans	Reinsauerstoff
Reaktortyp	Tiefschachtreaktor
Einsatzbereiche	Abwasser/Schlammbehandlung
Referenzen	Longmont (USA), Apeldoorn (NL)

Da es in letzter Zeit gelungen ist, ein Tiefschachtverfahren für diese Zwecke zu entwickeln (Tabelle 16.29 [46]), ist auch die normalerweise flächenaufwendige Verbrennung auf noch vor kurzer Zeit undenkbar kleinen Stellflächen möglich.

Eine Vielzahl von Alternativverfahren erfordert auch die Konsultation erfahrener Technologieträger.

Die hydrothermische Hochdruckoxidation vermeidet einerseits einige Probleme der klassischen Verbrennung, erfordert aber hinsichtlich der Reaktionsströme Nachbehandlungen, wie sie auch für konventionelle Verbrennungen typisch sind.

Hervorzuheben ist der Vorteil, daß die Rückstände problemlos entwässert werden können und normalerweise die Zuordnungskriterien für eine zugelassene Deponierung erfüllen [39].

16.5.4
Deponievorbereitung und -ausführung

Da in Deutschland vor dem Hintergrund der Gesetze und Verordnungen (Abfallgesetz, Klärschlammverordnung, TA Siedlungsabfall, regionale und lokale Rechtsvorschriften usw.) die Deponierung von Klärschlämmen nicht mehr möglich sein wird, stellen Verbrennung oder Naßoxidation die einzige Alternative zur stofflichen Nutzung dar. Nach dem derzeitigen Stand des Wissens garantiert nur die Verbrennung weniger als 5 % organischen Anteil in den Rückständen (vgl. Forderung der TA Siedlungsabfall) [15].

In erster Näherung darf davon ausgegangen werden, daß sowohl Trockengranulat, wie es bei der Hochtemperaturverbrennung anfällt, als auch reaktionsstabilisierter entwässerter Feuchtschlamm hinsichtlich ihrer Transport- und Einbaueigenschaften problemlos sind. Als Maß für die Einbaueigenschaften dient neben der Eluierbarkeit des eingebauten Deponiegutes die Scherfestigkeit. Derzeit gilt als Richtwert für die Scherfestigkeit 10 kN/m², für die Zukunft wird ein Richtwert von 25 kN/m² erwartet [58].

Die fortlaufenden Überlegungen zur Rohstoffnutzung zwingen zur getrennten Betrachtung der Nutzung vorhandener Deponien einerseits und zukünftiger Deponiekonzepte andererseits.

Hinsichtlich der zukunftsträchtigen Gestaltung der Deponiekonzepte erscheint aber eine Orientierung ausschließlich auf den Einsatz aus der

Ökosphäre entnommener anorganischer Verbindungen in die Deponie sinnvoll zu sein. Dieses Ziel ist vor dem Hintergrund der geschilderten Nutzungskonzepte der organischen Klärschlamminhaltsstoffe realistisch und zukunftsträchtig.

Abkürzungen

ABL	Alte Bundesländer
aTR	anorganische Klärschlamminhaltsstoffe
BDE	Bundesverband der Deutschen Entsorgungswirtschaft
BImSchG	Bundesimmissions-Schutz-Gesetz
CSB	chemischer Sauerstoffbedarf
DNA	Desoxyribonukleinsäure
E	Einwohner
EG, EGW	Einwohnergleichwerte
EVU	Energieversorgungsunternehmen
H_{UTS}	auf Restfeuchte bezogener massenbezogener Heizwert
HD	Hochdruck
KETA	Klärschlammentwässerungs- und Trocknungsanlage
KS	Klärschlamm
LMZ	Lebendmassezunahme
MO	Mikroorganismen
MVA	Müllverbrennungsanlage
NBL	Neue Bundesländer
OS	Organische Substanz
oTR	organische Klärschlamminhaltsstoffe
PHB	Polyhydroxybuttersäure
PHV	Polyhydroxyvaleriansäure
RNA	Ribonukleinsäure
TOC	Totalorganic Carbon
TR	Trockenrückstand mit Wasseranteil
TS	Reine Trockensubstanz (ohne Wasseranteil)
WS	Wirbelschicht

Literatur

1. Goldberg B (1992) Wasserwirtschaft – Wassertechnik 7:320
2. Chemische Dekontamination schwermetallhaltiger Schlämme (1992) Wasser, Luft und Boden. 1–2:83
3. Energieeinsparung mit zweistufigem Schlammtrocknungsverfahren (1992) Wasser, Luft und Boden 6:59
4. Kleinbrahm A (1992) Wasser, Luft und Boden 1–2:19
5. Otte-Witte R, Räuber M (1990) Wasser, Luft und Boden 9:24
6. Wefing H, Bierbach H (1990) Wasser, Luft und Boden 9:70
7. IFAT-Report 1993 Wasser, Luft und Boden
8. Felgner, Kramer, Meißner (1990) Wasserwirtschaft – Wassertechnik 8:228
9. WETECH (1993) Wasser, Luft und Boden 4:32

10. Gebel J, Dahm W, Kollbach J, Bestvater D (1992) Wasser, Luft und Boden; ENVITEC-Report, 12
11. Umweltschonende Klärschlammtrocknung (1992) Wasser, Luft und Boden 11–12:38
12. Kordes B, Bäuerl U (1986) Korresp. Abwasser 33:Nr 2, 96
13. Großanlage zur Klärschlammverbrennung in Betrieb (1992) Wasser, Luft und Boden 6:11
14. Schaffer J (1991) Ökoverträgliche Stoffe aus bakteriellen Abfallbiomassen. Forschungsbericht der BUNA AG zum Vorhaben des BMFT (30 K 005 703), Schkopau
15. Steier R (1992) Chem Ing Tech 64:4, 362
16. Aivasidis A, Wandrey C Biogas-Hochleistungsverfahren zur Reinigung stark belasteter Abwässer. In: Präsentationsschrift „Institut für Biotechnologie 2". Kernforschungsanlage Jülich GmbH
17. Florin G, Kröhl PB (1994) PROCESS 1:4, 50
18. Environment Business Briefing Nr 300 Helmut Kaiser Unternehmensberatung, Tübingen
19. Environment Business Briefing Nr 307 (1994) Helmut Kaiser Unternehmensberatung, Tübingen
20. Reimann DO (1993) Umwelt 23:5, 278
21. Environment Business Briefing Nr 285 (1993), 5 Helmut Kaiser Unternehmensberatung, Tübingen
22. Originalmitteilung Friedrich W BUNA GMBH Schkopau, Zentrale Forschung
23. Kehres, Bertram (1993) BDE-Situationsanalyse Kompostwirtschaft. Originalmitteilung aus dem Bundesverband der Deutschen Entsorgungswirtschaft, Köln
24. KETA-Klärschlammentwässerungs- und Trocknungsanlage Firmenschrift der DEUTSCHEN BABCOCK ANLAGENBAU GMBH
25. Kamp G (1993) CAV 9:93
26. Wasseraufbereitung und Abwasserbehandlung Studie der Fa. Helmut Kaiser-Unternehmensberatung Tübingen Dezember 1992 (unveröffentlicht)
27. Wache J (1991) Umwelt 21:9, 495
28. Schuchardt F Entsorgungspraxis Spezial/Klärschlamm 1988, 18
29. „High Tech für den Umweltschutz" Chem Rundschau, 5.7.1991
30. Tippmer K (1990) Umwelt 20:10, 528
31. Chancen und Risiken für die anaerobe Behandlung von organischen Abfällen – Biogaserzeugung. Multiclient-Studie der Helmut Kaiser Unternehmensberatung, Tübingen (unveröffentlicht)
32. Gewinnung von Proteinen aus industriellen Abfallstoffen und ihre Verwendung (1964) DECHEMA-Monographien 52, Nr 895–911
33. Folch J et al. (1957) J Bio Chem 226:497
34. Haferburg D (1982) Acta Biotechnologica 2:337
35. Shin KC (1981) Chem Rundschau 34:18, 1
36. Keil B, Heront V et al. (1961) Laboratoriumstechnik der organischen Chemie. Akademie, Berlin, 485
37. Schultheß W VDI-Nachrichten, 18.3.1994
38. Fa. Bailey MD Automation GmbH (1994) Angebot für die Prozeßführung für einen Wirbelschichtofen zur Schlammverbrennung
39. Mannesmann Anlagenbau (1994) Umwelt Technologie Aktuell 5:3, 238
40. „Wir klären Schlammprobleme – Jetzt und in der Zukunft" Firmenschrift der R + T Umwelt GmbH
41. Loll U, Riegler G (1979) Korrespondenz Abwasser Bd 26 (10):570
42. Originalmitteilung Voigt B (1994) Wissenschaftlich-Technische Gesellschaft Leipzig eV
43. Sulzer Escher Wyss Firmenschrift
44. SULZER Chemtech Firmenschrift
45. TA-Studie „Nachwachsende Rohstoffe", Chemieindustrie Sachsen-Anhalt (1991). Chemie AG Bitterfeld-Wolfen, BUNA AG Schkopau, Filmfabrik Wolfen, Fakultät für Lebensmitteltechnologie der Humboldt-Universität zu Berlin, Leuna Werke AG, focon-Ingenieurgesellschaft für Umwelttechnologie- und Forschungsconsulting mbH, Bitterfeld

46. Mannesmann Anlagenbau AG. Ein neues umweltverträgliches und wirtschaftliches Verfahren zur Klärschlammaufarbeitung Firmenschrift
47. Environment Business Briefing Nr 315 (1994) Helmut Kaiser Unternehmensberatung, Tübingen
48. Umwelting. (1994) 9:107
49. Präve P, Faust U, Sittig W, Sukatsch DA (1987) Handbuch der Biotechnologie. Oldenburg, München Wien
50. Originalmitteilung Wendlandt KD Umweltforschungszentrum Leipzig-Halle GmbH
51. Behrens U, Fiedler S (1974) Acta hydrochim. hydrobiol. 2:1, 43
52. Thomanetz E, Bardtke D (1978) gwf-Wasser/Abwasser 119:3, 141
53. Timm Th Proteinkunststoffe Ullmanns Enzyklopädie der technischen Chemie Bd 19:559
54. Schaffer, J (1991) Ökoverträgliche Stoffe aus bakteriellen Abfallbiomassen. Forschungsbericht. BUNA AG, Schkopau
55. Schaffer, J (1993) Chem Ing Tech 65:9, 1050
56. Lüdecke A, Orloff B (1994) Entsorgungspraxis 9:9, 52
57. Environment Business Briefing Nr 311, 4 Helmut Kaiser Unternehmensberatung, Tübingen
58. Melsa AK (22./23.11.1993) Stand der Technik und Verfahrensvarianten von Klärschlamm-Entwässerungstechniken mit zeitgemäßen Aggregaten. Seminar „Klärschlammentsorgung in den neuen Bundesländern", Dresden
59. Biochemikalien, organische Verbindungen für die Forschung und Diagnostika (1994). SIGMA-ALDRICH Vertriebs GmbH
60. Schneider J, Seifert W, Buttker B (22./23.11.1994) Verwertung von Reststoffen in den Vergasungsanlagen des Reststoffverwertungszentrums Schwarze Pumpe. Seminar „Klärschlammentsorgung in den neuen Bundesländern", Dresden, (modifizierte Fassung vom 14.9.1994)
61. Standort Chemie, 8.7.1994, 17
62. Umweltmagazin (1994) 9:107
63. Chem Manager (1994) 8:6
64. Verband Deutscher Maschinen- und Anlagenbau (1991) Wer baut Maschinen und Anlagen. Hoppenstedt Wirtschaftsverlag, Darmstadt
65. Deutsche Gesellschaft für Chemisches Apparatewesen, Chemische Technik und Biotechnologie e. (1991) ACHEMA-Jahrbuch. Bd 2. DECHEMA, Frankfurt (Main)
66. Schilp R, Epper W (1993) Chemie-Umwelt-Technik 13:60
67. KHD Humboldt Wedag AG Firmenschriften

Sachverzeichnis

H.-C. Flemming

Biofouling bei Membranprozessen

1995. XIII, 181 S. 114 Abb. Geb. **DM 98,-**; öS 764,40; sFr 86,50 ISBN 3-540-58596-6

In diesem Buch wird detailliert das Hintergrundwissen vermittelt, wie es zu Biofouling kommt, es werden Untersuchungsmethoden vorgestellt, Nachweis- und und Monitoring-Verfahren sowie Gegenmaßnahmen und Vermeidungsstrategien aufgezeigt und zukünftige Strategien skizziert.

E. Heitz, H.-C. Flemming, W. Sand

Microbially Influenced Corrosion of Materials
Scientific and Engineering Aspects

1996. XII, 360 pp. 211 figs., 59 tabs. Hardcover ca. **DM 128,-**; ös 934,40; sFr 113,- ISBN 3-540-60432-4

This book presents case histories, theoretical explanations, and methods for the detection, sanitation and prevention of biologically influenced corrosion.

H. Lemmer, T. Griebe, H.-C. Flemming

Ökologie der Abwasserorganismen

1996. XX, 313 S. 73 Abb., 5 in Farbe, 18 Tab. Geb. **DM 128,-**; öS 934,40; sFr 113,- ISBN 3-540-60402-2

Anhand konkreter Beispiele werden Möglichkeiten und Grenzen klassischer und gentechnischer Methoden zur Charakterisierung der Abwassermikroorganismen demonstriert.

K. Pöppinghaus, W. Filla, S. Sensen, W. Schneider

Abwassertechnologie
Entstehung, Ableitung, Behandlung, Analytik der Abwässer

2., völlig neubearb. Aufl. 1994. XX, 1098 S. 292 Abb. Geb. **DM 268,-**; öS 2090,40; sFr 234,- ISBN 3-540-58000-X

Die Neuauflage wurde hinsichtlich der neuen Philosophie der Abwasserentsorgung überarbeitet und bietet einen umfassenden Einstieg in die neuheitliche Abwassertechnologie.

Springer-Verlag, Postfach 31 13 40, D-10643 Berlin, Fax 0 30 / 82 07 - 3 01 / 4 48, e-mail: orders@springer.de